第三十届全国水动力学研讨会暨第十五届全国水动力学学术会议文集

Proceedings of the 30th National Conference on Hydrodynamics & 15th National Congress on Hydrodynamics

(上册)

吴有生　邵雪明　王　军　主编

EDITORS-IN-CHIEF: Yousheng Wu, Xueming Shao, Jun Wang

主办单位

《水动力学研究与进展》编委会

中国力学学会

中国造船工程学会

合肥工业大学

中国科技技术大学

Sponsors

Editorial Board of Journal of Hydrodynamics

Chinese Society of Theoretical and applied Mechanics

Chinese Society of Naval Architecture and Marine Engineering

Hefei University of Technology

University of Science of Technology of China

海洋出版社

China Ocean Press

2019年 · 北京

图书在版编目(CIP)数据

第三十届全国水动力学研讨会暨第十五届全国水动力学学术会议论文集/吴有生主编.
—北京:海洋出版社,2019.8

ISBN 978-7-5210-0391-8

Ⅰ.①第… Ⅱ.①吴… Ⅲ.①水动力学-学术会议-文集 Ⅳ.①TV131.2-53

中国版本图书馆 CIP 数据核字(2019)第 149077 号

责任编辑:方 菁
责任印制:赵麟苏
海洋出版社 出版发行
http://www.oceanpress.com.cn
北京市海淀区大慧寺路 8 号 邮编:100081
上海商务联西印刷有限公司印刷 新华书店北京发行所经销
2019 年 8 月第 1 版 2019 年 8 月第 1 次印刷
开本:787 mm×1092 mm 1/16 印张:93.75
字数:210 千字 定价:280.00 元(上下册)
发行部:62132549 邮购部:68038093 总编室:62114335
海洋版图书印、装错误可随时退换

第三十届全国水动力学研讨会暨
第十五届全国水动力学学术会议文集

承 办 单 位

合肥工业大学 土木工程学院

合肥工业大学 资源与环境工程学院

合肥工业大学 机械工程学院

中国科学技术大学 近代力学系

《水动力学研究与进展》编辑部

中国力学学会流体力学专业委员会水动力学专业组

中国造船工程学会船舶力学委员会

中国船舶科学研究中心水动力学重点实验室

上海市船舶与海洋工程学会船舶流体力学专业委员

第三十届全国水动力学研讨会暨第十五届全国水动力学学术会议文集

编辑委员会

目　录

大会报告

分会场主题报告

水动力学基础

水动力学试验与测试技术

计算流体力学

工业流体力学

船舶与海洋工程水动力学

海岸环境与水利水电和河流动力学

Simulation-based study of wind–wave interactions under various sea conditions

HAO Xuan-ting, LI Tian-yi, CAO Tao, SHEN Lian

(Department of Mechanical Engineering and Saint Anthony Falls Laboratory,
University of Minnesota, Minneapolis, Minnesota 55455, USA, Email: shen@umn.edu)

Abstract: Despite their impact on the ocean environment, key physical processes in wind-wave interactions are poorly understood. Using a solver developed for undulatory boundaries, we perform numerical simulations of wind-wave systems under various sea conditions, including wind over monochromatic waves, early wind-wave generation, and wind over a broadband wave field. Our results show that the wave direction and wave age can significantly change the streamwise vorticity distribution in the wind field. Different wave patterns are observed in the process of wind-wave generation. In a broadband wave field, the wave growth rate due to wind input is found to depend on the wave steepness.

Key words: wind-wave interaction, direct numerical simulation, large eddy simulation, phase-resolved wave simulation

1 Introduction

Connecting the marine atmospheric boundary layer and the upper ocean, wind-wave interactions play a critical role in the ocean environment. While there have been extensive studies on the physical processes in wind-wave interactions[1], the fundamental mechanisms remain elusive due to the complexity in wind and wave fields. On the ocean, the wind is highly turbulent, and the wave field is nonlinear and irregular. On the other hand, a better understanding of these processes can help improve the performance of large-scale climate models[2]. In recent years, numerical simulations have been widely used in the study of wind-wave interactions with the advancement in computing power[3-5]. In particular, numerical simulations based on the Navier–Stokes equations have proven to be an accurate and valuable approach to investigate the fundamental mechanism of the interaction between wind and waves.

In the present study, we perform high-fidelity simulations to explore the physical processes in wind-wave interactions. We aim to improve the understanding on these physical processes by examining the role of key physical parameters such as wind speed, peak wave length, and wave steepness. In the following sections, we first review the numerical method we use[6-8] and problem setup, and then present the simulation results under different sea conditions.

2 Numerical Method and Problem Setup

In the present study, the wind simulation is based on a solver developed for simulation of viscous flows with undulatory boundaries[6-8]. We briefly review the basic solver. The Navier–Stokes equations are first transformed from the physical domain to the computational domain through the following coordinate transformation: $\tau = t$, $\xi = x$, $\psi = y$, $\zeta = (z-\eta)/(\bar{H}-\eta)$, where $\eta = \eta(x, y, t)$ is the ocean surface elevation and $\bar{H}$ is the mean vertical height of the physical domain. The transformed equations are:

$$\frac{\partial u}{\partial \xi} + \zeta_x \frac{\partial u}{\partial \zeta} + \frac{\partial v}{\partial \psi} + \zeta_y \frac{\partial v}{\partial \zeta} + \zeta_z \frac{\partial w}{\partial \zeta} = 0 \tag{1}$$

$$\frac{\partial u}{\partial \tau} + \zeta_t \frac{\partial u}{\partial \zeta} + u\left(\frac{\partial u}{\partial \xi} + \zeta_x \frac{\partial u}{\partial \zeta}\right) + v\left(\frac{\partial u}{\partial \psi} + \zeta_y \frac{\partial u}{\partial \zeta}\right) + w\zeta_z \frac{\partial u}{\partial \zeta}$$

$$= -\frac{1}{\rho_a}\left(\frac{\partial p^*}{\partial \xi} + \zeta_x \frac{\partial p^*}{\partial \zeta}\right) + \nu_a \nabla^2 u \tag{2}$$

$$\frac{\partial v}{\partial \tau} + \zeta_t \frac{\partial v}{\partial \zeta} + u\left(\frac{\partial v}{\partial \xi} + \zeta_x \frac{\partial v}{\partial \zeta}\right) + v\left(\frac{\partial v}{\partial \psi} + \zeta_y \frac{\partial v}{\partial \zeta}\right) + w\zeta_z \frac{\partial v}{\partial \zeta}$$

$$= -\frac{1}{\rho_a}\left(\frac{\partial p^*}{\partial \psi} + \zeta_y \frac{\partial p^*}{\partial \zeta}\right) + \nu_a \nabla^2 v \tag{3}$$

$$\frac{\partial w}{\partial \tau} + \zeta_t \frac{\partial w}{\partial \zeta} + u\left(\frac{\partial w}{\partial \xi} + \zeta_x \frac{\partial w}{\partial \zeta}\right) + v\left(\frac{\partial w}{\partial \psi} + \zeta_y \frac{\partial w}{\partial \zeta}\right) + w\zeta_z \frac{\partial w}{\partial \zeta}$$

$$=-\frac{1}{\rho_a}\left(\zeta_z\frac{\partial p^*}{\partial \zeta}\right)+\nu_a\nabla^2 w \tag{4}$$

Here, (u, v, w) denote wind velocities, ρ_a is the air density, ν_a is the air viscosity, and p^* is the modified pressure.

The time derivative then becomes:

$$\frac{\partial}{\partial t}=\frac{\partial}{\partial \tau}+\frac{\zeta-1}{H-\tilde{\eta}}\frac{\partial \tilde{\eta}}{\partial t} \tag{5}$$

In the computational domain, the Laplace operator is:

$$\nabla^2=\frac{\partial^2}{\partial \xi^2}+\frac{\partial^2}{\partial \psi^2}+2\zeta_x\frac{\partial^2}{\partial \xi \partial \zeta}+2\zeta_y\frac{\partial^2}{\partial \psi \partial \zeta}+(\zeta_x^2+\zeta_y^2+\zeta_z^2)\frac{\partial^2}{\partial \zeta^2}+(\zeta_{xx}+\zeta_{yy})\frac{\partial}{\partial \zeta} \tag{6}$$

While the solver was originally developed for direct numerical simulation (DNS), it can be easily extended to large eddy simulation (LES) to accommodate the needs of simulating the coupled wind-wave system under various sea conditions. In the present study, we consider three types of canonical problems, namely monochromatic waves, developing wave field from an initially flat surface, and a broadband wave field. For the first type of problems, the wind turbulence is resolved using wall-resolved LES. The wave motions are prescribed using the Airy wave solution, which provides the necessary Dirichlet boundary condition of the surface velocity and geometry to the wind turbulence solver. For the second type, our focus is on the early stage of wind-wave growth, and a DNS solver similar to that for wind simulation is used to simulate the wave field. On the water side, Neumann boundary condition of velocity, i.e., the shear stress, and Dirichlet boundary condition of pressure are imposed on the top of the domain. The continuity of interface velocity and shear stress is achieved through an effective iteration scheme. Fully nonlinear kinematic and dynamic boundary conditions on the wave surface are enforced. In the third case, the wind turbulence is simulated using wall-modelled LES, and the wave motions are resolved using a high-order spectral (HOS) model[9]. More details of the numerical scheme and validations can be found in literature[6-8].

The simulation parameters are summarized in Table 1. The wave ages in the monochromatic wave cases WFW01, WOW01, WOW04, and broadband wave case BRDW are defined as c_p/U_0, where c_p denotes the peak wave speed and U_0 denotes the mean wind speed at the top of the physical domain. Similarly, the Reynolds numbers in these cases are defined as

$U_0\lambda_p/\nu$, with λ_p denoting the peak wave length. In the case CWW, because the focus is on the transient process of the early-stage wave growth, the properties of the characteristic wave component, such as the peak wave, change too rapidly during the simulation to define a characteristic wave age value cannot be defined. The Reynolds numbers in this case are defined as $u_*^a\bar{H}^a/\nu^a$ and $u_*^w\bar{H}^w/\nu^w$, where the superscripts a and w denotes the air side and the water side, respectively. In all cases, the wind turbulence is initialized with random fluctuations added to a mean profile and first simulated with no-slip boundary condition over a flat surface. When fully developed, the wind turbulence is coupled with different wave solvers. For case BRDW, the initial wave field is constructed from an empirical spectrum[10] and each individual wave component is assigned a random phase. For case CWW, the data is collected immediately at the time of wind-wave coupling, while for others, the data is not collected until a sufficiently long time for the wind-wave field to fully develop.

Table 1 Summary of simulation parameters

Cases	Numerical Scheme	Grid Resolution	Wave age	Reynolds Number
WFW01			0.1	
WOW01	Wall-resolved LES (wind) – prescribed airy wave	$(384, 384, 193)$	–0.1	30000
WOW04			–0.4	
CWW	DNS (wind) – DNS (wave)	$(128, 128, 128)$ (wind) $(128, 128, 128)$ (wave)	Changing with time	268 (air side) 120 (water side)
BRDW	Wall-modelled LES (wind) – HOS (wave)	$(256, 128, 256)$ (wind) $(512, 256)$ (wave)	0.54	4.8×10^6

3 Results

In the first part of study, we investigate the turbulence statistics in a three-dimensional top-velocity-driven Couette flow over progressive water waves (Fig. 1). To examine the effects of the propagating direction and speed of surface wave on the wind field, we adopt three different wave ages (Table 1). Here, the positive wave age means that the surface wave is travelling following the mean wind, while the negative wave age represents the opposite case. The Airy wave solution is used to prescribe the motions of the progressive water waves.

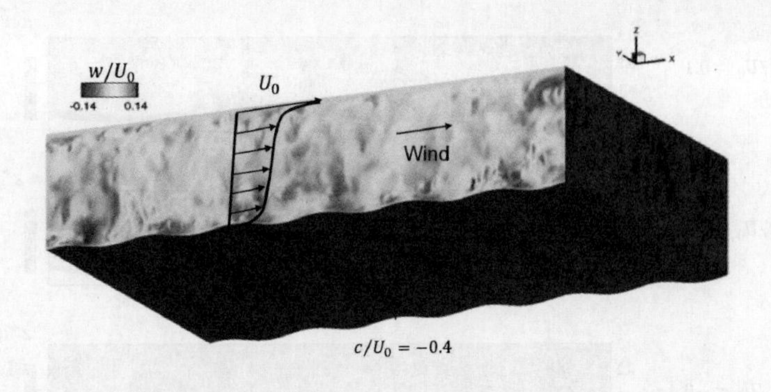

Fig. 1 Instantaneous field of vertical velocity in the wind opposing wave case WOW04.

Fig. 2 illustrates the phase-averaged field of $z^+\ \overline{\omega_x\omega_x}^+$ in case WFW01, WOW01, and WOW04. As shown, both the propagating direction and speed of the surface wave remarkably affect the intensity of $z^+\ \overline{\omega_x\omega_x}^+$. Specifically, by comparing results between case WFW01 and WOW01, one can clearly observe that under the opposing wave condition, the intensity of $z^+\ \overline{\omega_x\omega_x}^+$ is much smaller than that in the following wave case. Moreover, as the opposing wave speed increases, the suppression of $z^+\ \overline{\omega_x\omega_x}^+$ is more pronounced, as illustrate by Fig. 4(c). In addition to the intensity, the location of strong streamwise vorticity varies with both progressive direction and speed of the surface wave. As illustrated by Fig. 2(a) and (b), our results show that the area of high $z^+\ \overline{\omega_x\omega_x}^+$ shifts closer to the surface wave crest in the opposing wave case, and this trend is more obvious as the opposing surface wave propagates faster.

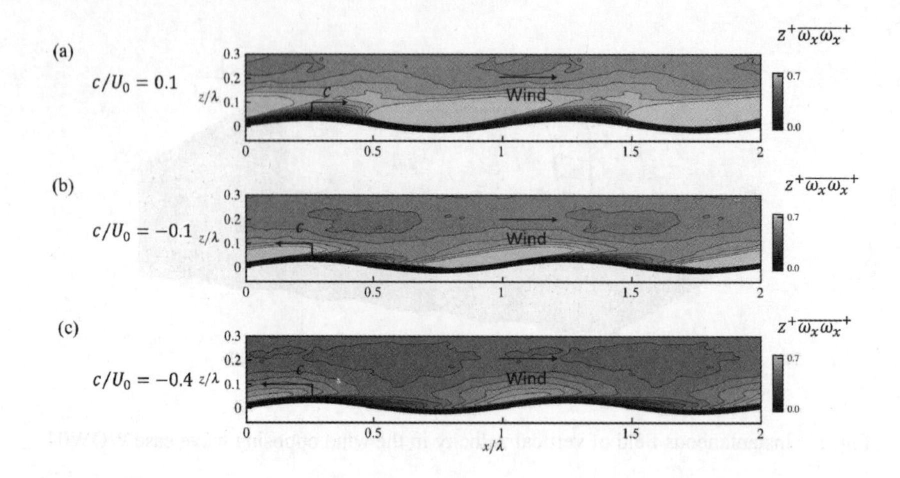

Fig. 2 Contours of phase-averaged $z^+\overline{\omega_x\omega_x}^+$ in the turbulent wind field over surface gravity waves of various wave ages (see Table 1): (a) WFW01, (b) WOW01, and (c) WOW04. The superscript '+' denotes normalization by wall units.

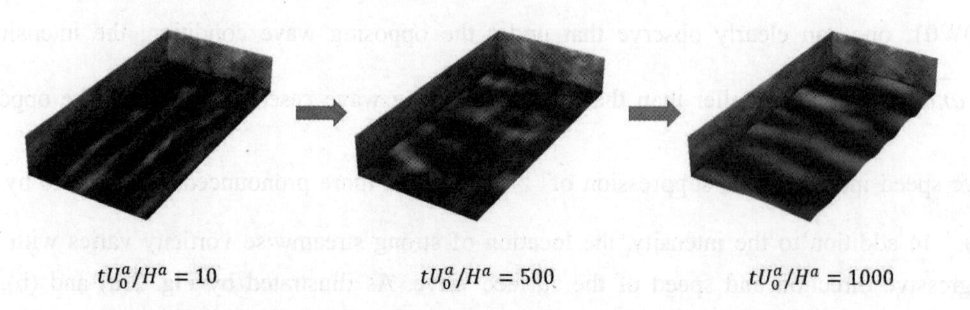

Fig. 3 Different patterns of wave field during the wind-wave generation process.

In the case CWW, the simulation domains are $(L_x, L_y, H^a) = (2\pi, \pi, 1)$ and $(L_x, L_y, H^w) = (2\pi, \pi, 1)$ for the air side and water side, respectively. The density ratio and viscosity ratio between air and water are kept realistic. The non-dimensional time step based on the top air velocity U_0^a and domain height H^a is chosen as $tU_0^a H^a = 0.001$. When the wind is exerted, the turbulent airflow distorts the flat water surface and irregular wave patterns grow with the time. Fig. 3 shows different times of the wind-wave generation process. The surface patterns see a drastic change from the initial streak-like pattern to the eventually wave-dominant pattern. Fig. 4 shows an instantaneous flow field when the dominant wave patterns have been generated.

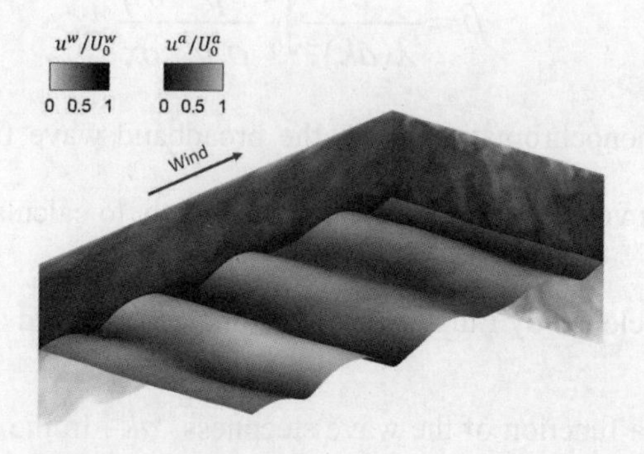

Fig. 4 Instantaneous flow field when dominant waves have been generated by turbulent wind.

In the final part, we examine a wind-wave system of realistic parameters, with wind turbulence simulated over a broadband wave field. To illustrate the effect of broad-band waves on the momentum transfer, we calculate the quadrant ratio $Q_r = -(Q2+Q4)/(Q1+Q3)$ as a function of the wage age c_p/U_a following Sullivan *et al.*[11] Here $Qi\ (i=1,2,3,4)$ denotes the turbulent momentum flux in different quadrants[12] and U_a is a reference speed in the wind field. As shown in Fig. 3, the quadrant ratio in the present study is close to the values found in previous experiments and simulations[2,11,13-15], indicating that the contribution of ejections and sweeps dominates the momentum flux.

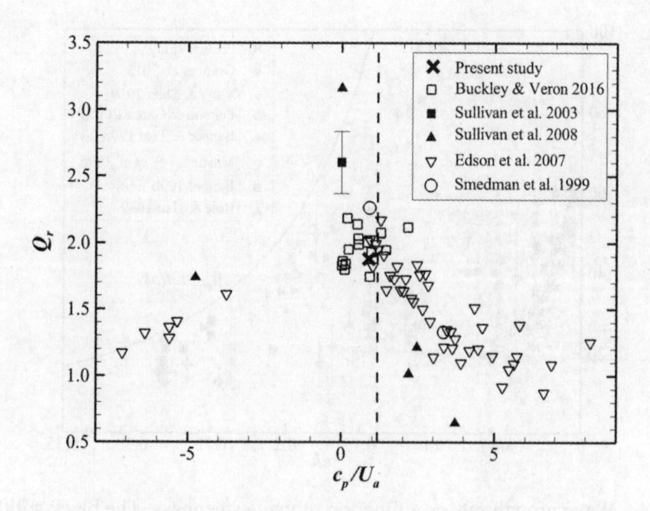

Fig. 3 Quadrant ratio as a function of the wave age. The vertical dashed line denotes the boundary of wind-wave equilibrium.

The wave growth rate due to the work done by the pressure in the wind field is defined by[16-17]:

$$\beta = \frac{2}{\lambda(ak)^2}\int_0^\lambda \frac{p}{\rho_a u_*^2}\frac{\partial \eta}{\partial x}\mathrm{d}x$$

Compared with monochromatic waves, the broadband wave field contains multiple wave components and the above equation cannot be used directly to calculate β. To address this issue, we use a technique developed by Liu *et al.*[18] to estimate β based on Fourier decomposition. In Fig. 4, we plot β as a function of the wave steepness ak. In the present study, the maximum wave steepness of the broadband wave field is around 0.10. The wave components are not as steep as the monochromatic waves and narrow-band waves in previous studies[4,19-24]. Therefore, the values of β are much lower than the upper limit when the stress at the air-water surface is entirely balanced by the form drag. Our result is reasonably well compared with the compiled data from literature. It should be noted that Fig. 4 cannot be used directly for determining the quantitative relation between the wave growth rate and wave steepness, because wave age can also affect its value.

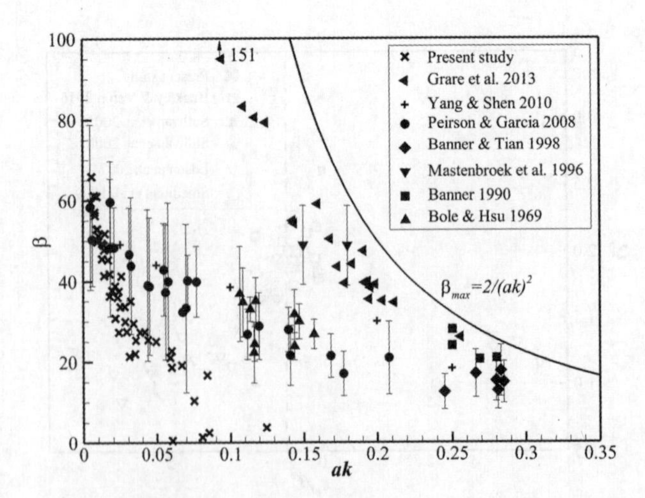

Fig. 4 Wave growth rate as a function of wave steepness. The black solid line denotes the theoretical upper limit.

4 Conclusions

We have performed numerical simulations of the coupled wind-wave system under different sea conditions. The wind turbulence solvers include DNS, wall-modeled LES, and wall-resolved LES. The wave motions are prescribed in wind over monochromatic wave cases, and resolved using the DNS solver and HOS method in the wind-wave generation case and the broadband wave case, respectively. In the monochromatic wave cases, the wave directions and wave ages are found to have a controlling impact on the streamwise vorticity in wind turbulence. In the process of wind-wave generation, the wave field changes from a streak-dominant pattern to a wave-dominant pattern. The result of the broadband wave case, where wind and waves are close to equilibrium, shows that the wave energy growth induced by wind input is dependent on the wave steepness.

References

1 Sullivan PP, McWilliams JC. 2010. Dynamics of winds and currents coupled to surface waves. Annu. Rev. Fluid Mech. 42:19–42

2 Edson J, Crawford T, Crescenti J, Farrar T, Frew N, et al. 2007. The coupled boundary layers and air-sea transfer experiment in low winds. Bull. Am. Meteorol. Soc. 88(3):341–356

3 Sullivan PP, Mcwilliams JC, Moeng C. 2000. Simulation of turbulent flow over idealized water waves. J. Fluid Mech. 404:47–85

4 Yang D, Shen L. 2010. Direct-simulation-based study of turbulent flow over various waving boundaries. J. Fluid Mech. 650:131–180

5 Zonta F, Soldati A, Onorato M. 2015. Growth and spectra of gravity--capillary waves in countercurrent air/water turbulent flow. J. Fluid Mech. 777:245–259

6 Yang D, Shen L. 2011. Simulation of viscous flows with undulatory boundaries. Part I: Basic solver. J. Comput. Phys. 230(14):5488–5509

7 Yang D, Shen L. 2011. Simulation of viscous flows with undulatory boundaries: Part II. Coupling with other solvers for two-fluid computations. J. Comput. Phys. 230(14):5510–5531

8 Yang D, Meneveau C, Shen L. 2013. Dynamic modelling of sea-surface roughness for large-eddy simulation of wind over ocean wavefield. J. Fluid Mech. 726:62–99

9 Dommermuth DG, Yue DKP. 1987. A high-order spectral method for the study of nonlinear gravity waves. J. Fluid Mech. 184:267–288

10 Hasselmann K, Barnett TP, Bouws E, Carlson H, Cartwright DE, et al. 1973. Measurements of Wind-Wave

Growth and Swell Decay during the Joint North Sea Wave Project (JONSWAP). Deutsches Hydrographisches Institut

11 Sullivan PP, Edson JB, Hristov T, McWilliams JC. 2008. Large-eddy simulations and observations of atmospheric marine boundary layers above nonequilibrium surface waves. J. Atmos. Sci. 65(4):1225–1245

12 Wallace JM, Eckelmann H, Brodkey RS. 1972. The wall region in turbulent shear flow. J. Fluid Mech. 54(01):39

13 Smedman A, Högström U, Bergström H, Rutgersson A. 1999. A case study of air--sea interaction during swell conditions. J. Geophys. Res. Ocean. 104:25833–25851

14 Sullivan PP, Horst TW, Lenschow DH, Moeng C-H, Weil JC. 2003. Structure of subfilter-scale fluxes in the atmospheric surface layer with application to large-eddy simulation modelling. J. Fluid Mech. 482:101–139

15 Buckley MP, Veron F. 2016. Structure of the airflow above surface waves. J. Phys. Oceanogr. 46(5):1377–1397

16 Donelan MA. 1999. Wind-induced growth and attenuation of laboratory waves. In Wind-over-Wave Couplings: Perspectives and Prospects, eds. SG Sajjadi, NH Thomas, JCR Hunt, pp. 183–94. Clarendon

17 Li PY, Xu D, Taylor PA. 2000. Numerical modelling of turbulent airflow over water waves. Boundary-Layer Meteorol. 95(3):397–425

18 Liu Y, Yang D, Guo X, Shen L. 2010. Numerical study of pressure forcing of wind on dynamically evolving water waves. Phys. Fluids. 22(4):041704

19 Bole JB, Hsu EY. 1969. Response of gravity water waves to wind excitation. J. Fluid Mech. 35(04):657–675

20 Banner ML. 1990. The influence of wave breaking on the surface pressure distribution in wind-wave interactions. J. Fluid Mech. 211:463–495

21 Mastenbroek C, Makin VK, Garat MH, Giovanangeli JP. 1996. Experimental evidence of the rapid distortion of turbulence in the air flow over water waves. J. Fluid Mech. 318:273–302

22 Banner ML, Tian X. 1998. On the determination of the onset of breaking for modulating surface gravity water waves. J. Fluid Mech. 367:107–137

23 Peirson WL, Garcia AW. 2008. On the wind-induced growth of slow water waves of finite steepness. J. Fluid Mech. 608:243–274

24 Grare L, Peirson WL, Branger H, Walker JW, Giovanangeli J-P, Makin V. 2013. Growth and dissipation of wind-forced, deep-water waves. J. Fluid Mech. 722:5–50

梢涡空化起始预报及噪声特性研究

彭晓星*[1]，徐良浩[1]，宋明太[1]，张凌新[2]，王本龙[3]

曹彦涛[1]，刘玉文[1]，洪方文[1]，颜开[1]

1 中国船舶科学研究中心 船舶振动噪声重点实验室，无锡，214082,

2 浙江大学 力学系， 杭州，301127

3 上海交通大学 工程力学系，上海，200240

* Email: henrypxx@163.com

摘要：梢涡空化是船舶推进器常见而复杂的空化现象，其形成和演化特性研究具有重要的工程意义。本研究以 $NACA66_2$-415 椭圆水翼为研究对象，首先对水翼梢涡全湿流场和梢涡空化流场开展了精细测量和高分辨率数值模拟，获得了涡流的速度分布、涡核半径、最低压强、雷诺应力等流场特征。然后采用来流气核控制技术，对不同来流气核情况下的梢涡空化初生开展了试验研究，获得了不同攻角、不同水速、不同含气量的梢涡空化初生试验数据，同时对涡流场中单气核及多气核迁移和生长过程开展了数值模拟研究，提出了在梢涡空化初生研究中定量表征气核谱的方法，综合分析了升力系数、雷诺数、含气量和气核谱分布对梢涡空化初生的影响，结合理想涡理论模型以及气泡动力学理论，建立了考虑尺度效应和水质影响的梢涡空化初生预报模型。最后采用噪声与高速摄像同步测量技术，在国内实验室首次发现并可重现梢涡空化中的“涡唱”现象，并通过理论分析阐明了涡唱发生的机理。

关键词：梢涡；空化；流场测量；噪声；预报

1 引言

旋涡流动是自然界普遍存在的流动现象，是流体力学中重要的研究课题。梢涡空化作为一种重要的空化类型，是水动力学特有的研究领域，由于旋涡涡心低压的存在，梢涡常常成为流场中最先发生空化的区域，而且由于旋涡流动的特点，使得水中自由气核和溶解气体对梢涡空化的形成和演化较之其他类型的空化有更大的影响，形成旋涡空化中水-汽-气并存的复杂结构。尽管对梢涡空化研究的历史很长，但目前对梢涡空化机理的认识尚缺乏系统性，人们已经认识到水质对旋涡空化有重要的影响，但还缺乏定量研究。这在很大程度上限制了对梢涡空化起始预报的精度和对梢涡空化危害性的抑制。

梢涡空化起始机理研究主要集中在螺旋桨梢涡空化研究领域[1]，其核心是解决梢涡空化起始预报的尺度效应问题。旋涡空化起始主要与涡流中心的最低压力有关，涡流中心处的最低压力通常可由 Rankine 和 Burgers 等建立的线涡模型来描述，取决于速度环量（旋涡强度）和涡核半径。为了分析宏观流动参数对梢涡涡流的影响，Fruman 等[2]以及 Boulon 等[3]测量了不同流动条件下的水翼梢涡流场分布，发现梢涡强度与水翼的载荷系数密切相关。但有关水翼或推进器叶片上的涡系耦合作用的研究还很少。

除了涡心内部的平均压力，涡流内部湍流脉动引起的压力脉动对旋涡空化也有重要起始影响。Arndt & Keller[4]采用 LDV 和全息照相技术，测量了椭圆翼梢涡内部压力的脉动，表明低压区的压力脉动水平非常显著，可直接影响梢涡空化起始。Ran & Katz[5]以及 Gopalan 等[6]在剪切湍流的相干结构中发现小尺度涡的瞬间压力要远远低于平均压力。由于相关实验结果较少，对非定常脉动效应的影响尚未有定性和定量化的认识。目前已认识到湍流脉动对旋涡空化起始的重要影响，但是如何模化旋涡流脉动压力依然是空化起始研究中悬而未决的问题。

气核大小和分布是影响旋涡空化起始的另一重要因素。气核是水中存在的微小气泡，尽管气核存在的机理尚存在争议，但气核在水中大量存在却是不争的事实，气核被涡流捕捉的时间与气核的浓度、尺度分布密切相关。由于水体中气核分布的差异，常导致实际起始空化数与理论值出现偏差。Briancon-Marjollet & Merle[7]研究了气核浓度和气核大小对空化起始的影响，发现不同气核分布下的起始空化数差别很大。为了准确预报梢涡空化的起始空化数， Arndt & Maines[8]建议在强水(含气量少，气核尺寸小)中使用消失空化数来判断空化起始，以代替弱水(含气充足，气核尺寸大)中的起始空化数。

对工程应用而言，旋涡空化起始机理的研究目的是为了构建普适的旋涡空化起始预报方法。目前的旋涡空化起始预报方法，以涡流最低平均压力为核心建立起始空化数与无量纲流动参数间的关系，并通过系数修正提高预报的普适性，但仍存在严重的“尺度效应”问题。这主要是因为尽管人们已经知道涡流结构、水质气核条件对旋涡空化起始有重要影响，但对影响规律缺乏系统、精确、定量的研究成果，难以将其考虑在减小尺度效应的预报方法中。

旋涡空化的演化过程包括空泡在旋涡流场中的发展、变形和溃灭，其流动结构的不稳定是产生噪声和振动的主要因素。由于在旋涡流中存在很大的压力梯度与速度梯度，在此作用下空泡会产生很强的变形与脉动，从而引起显著的压力脉动与噪声辐射。Briancon-Marjollet & Merle[7]在实验中发现了梢涡空泡中的异常噪声，该噪声的发生使得整体环境噪声提高了 25 分贝以上。Maines & Arndt[9]将这种噪声命名为唱音，他们发现唱音发生时柱状梢涡空泡呈现两种模态，一种是正常的涡流旋转，一种是空泡表面的逆向旋转，并且这种逆向旋转呈螺旋形向上游发展。

本研究在前人研究工作的基础上，重点研究梢涡流场的形成及流场结构对梢涡空化起始的影响，特别是包括含气量和气核的影响，同时对梢涡演化发展观察中的噪声特性开展研究和分析。

2 梢涡形成及流动结构与梢涡空化起始的关系

梢涡流场和分析采用试验测量和数值模拟相结合的方法。试验测量在的中国船舶科学研究中心空化机理水洞中进行。试验模型采用 NACA66_2-415 椭圆水翼（图 1）。梢涡流场测量分别采用 LDV 和 SPIV 两种方法，测量布置和测量坐标如图 2 所示。针对绕水翼流场采用高精度 DES 方法和局部网格加密方法，获得了与测量较为吻合的数值模拟结果。图 3 是 LDV 测量结果与数值模拟结果的比较。

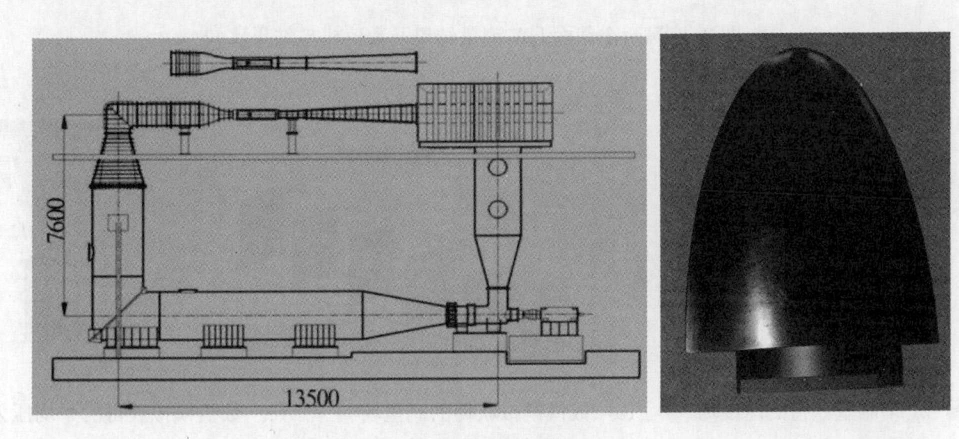

图 1 试验水筒和试验模型

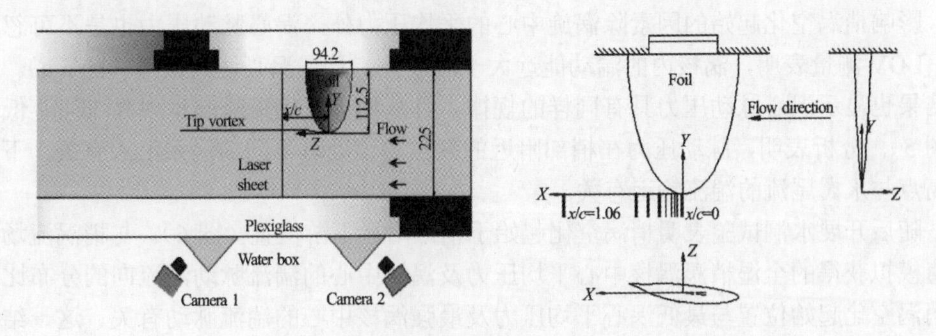

图 2 SPIV 布置与测量坐标示意

SPIV 和数值模拟获得了梢涡形成和演化过程中不同截面速度和涡量场，以及由绕涡核的速度和涡核尺度决定的涡心平均压力的变化（图 4）。研究表明，梢涡形成过程的梢涡从梢部开始发展，有多处涡系汇集到梢涡中，到达下游一定位置时，涡流趋于稳定并基本保持不变，涡心压力沿轴向呈现高-低-高的特征，最低压力出现在接近翼梢的下游位置。

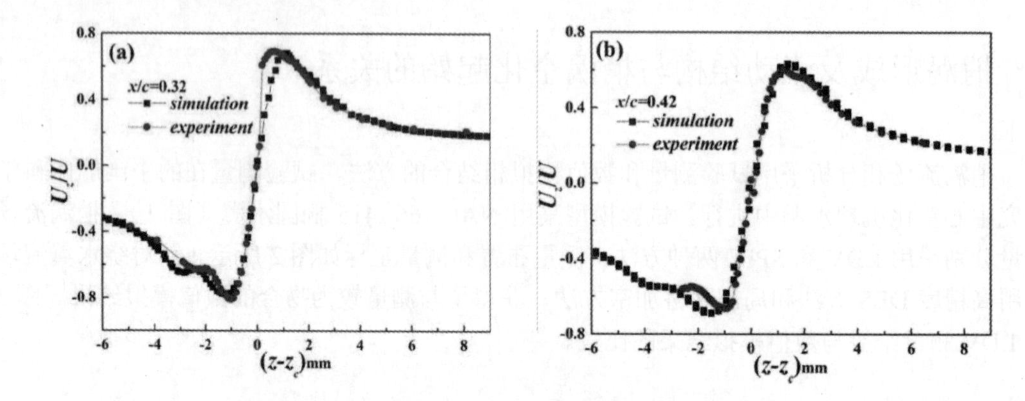

图 3 梢涡两个截面 LDV 测量结果及数值模拟结果比较

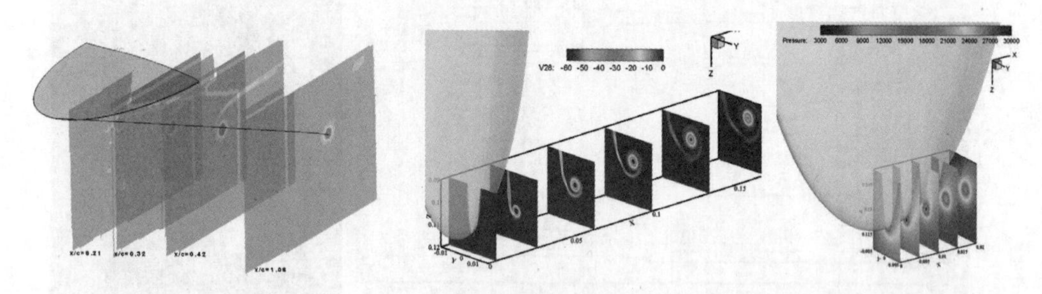

(a) SPIV 测量获得的速度场　　(b) 数值模拟获得的涡量场　　(c) 数值模拟获得的平均压力场

图 4 梢涡形成及演化过程

影响梢涡空化起始的因素除涡旋中心的平均压力外，涡心脉动压力也是不可忽略的因素。LDV 测量表明，涡核内的湍动能远大于涡核外，且在涡心达到极值（图 5 a）。数值模拟结果也显示涡心脉动压力具有同样的规律，且从梢部开始沿流向呈现高-低-高-低的趋势（图 5）。分析表明，脉动压力在梢部附近的高点与该处有不同的涡系汇入有关，下游的局部高点与水翼尾流的湍流输运有关。

随后开展水洞试验表明梢涡空化起始于梢部附近下游位置（图 6）。与梢涡流场测量和数值模拟获得的全湿梢涡涡核中心平均压力及涡核中心的湍流脉动沿流向的分布比较，说明梢涡空化起始位置与最低涡心平均压力及最强涡核中心的湍流脉动有关。这一结论部分解释了梢涡空化起始点与最小涡心压力点间的偏差，并为建立新的梢涡空化起始模型提供的试验依据。

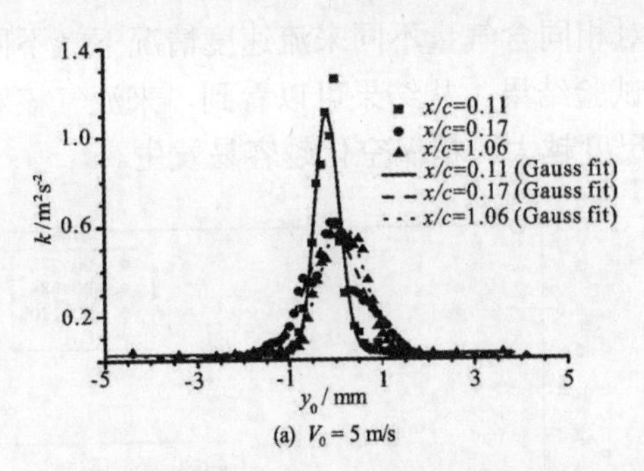

a. LDV 测量获得的涡核附近湍动能

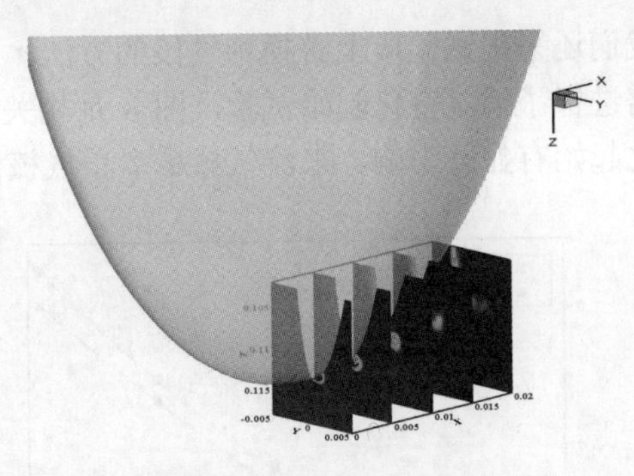

b. 数值模拟获得的沿流向压力脉动云图

图 5 涡心湍流脉动与压力脉动

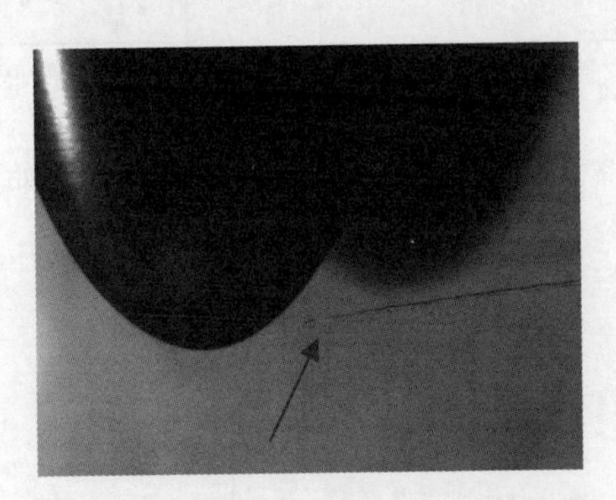

图 6 高速摄像获得的梢涡空化起始位置

3 考虑气核影响的梢涡空化起始预报模型

影响梢涡空化起始的因素包括水翼攻角、雷诺数和水质。以 $NACA66_2$-415 椭圆水翼为模型，首先针对不同含气量的水质在不同攻角和不同来流速度下进行了梢涡空化起始试验，由于理论分析和试验都说明水翼攻角与升力系数成线性关系，结果分别以升力系数和雷诺数表达，结果见图 7。从试验结果可以看出，升力系数对梢涡空化起始的影响大致符合理论分析获得的 2 次方关系，但不同含气量影响不同，高含气量更易发生空化；雷诺数的影响则更为复杂，对较低的含气量，雷诺数增加梢涡空化起始略早发生，但影响有限，而对高含气量，低雷诺数时梢涡空化起始显著提前，并随雷诺数增加起始空化数逐步下降。这一现象可以用气核在梢涡流场中的发育时间解释，高含气量同时意味着水中含有较多的气核，较低的来流水速（试验中较低的雷诺数）为气核提供了更多的生长时间，而较大的水翼攻角则提供了较高的漩涡强度（低压）。所以较大的升力系数、较高的含气量和较低的雷诺数，更易发生空化。

我们还采用试验段上游播种气核的方法，对相同含气量不同来流速度情况下，不同的气核谱进行了梢涡空化起始试验，图 8 是相关试验结果。从结果可以看到，来流气核对梢涡空化起始有显著影响，来流气核越多、气核尺度越大，梢涡空化越容易发生。

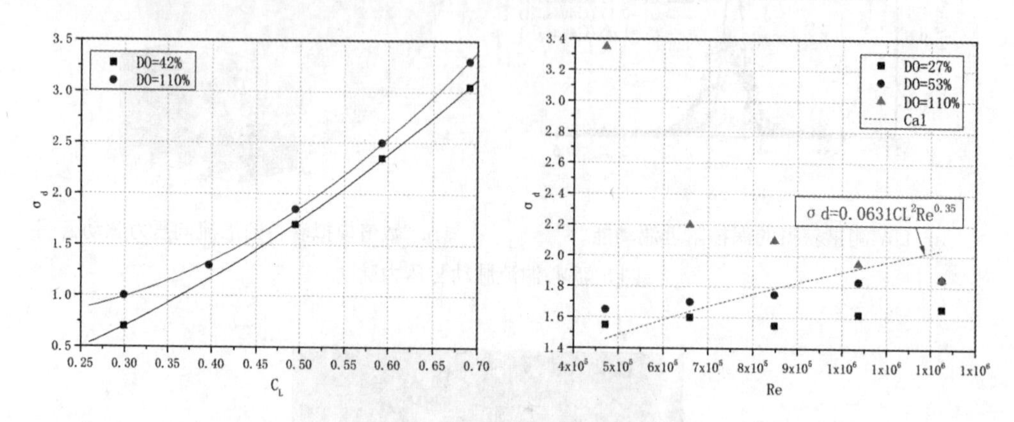

图 7 不同含气量下雷诺数和升力系数对梢涡空化起始试验结果

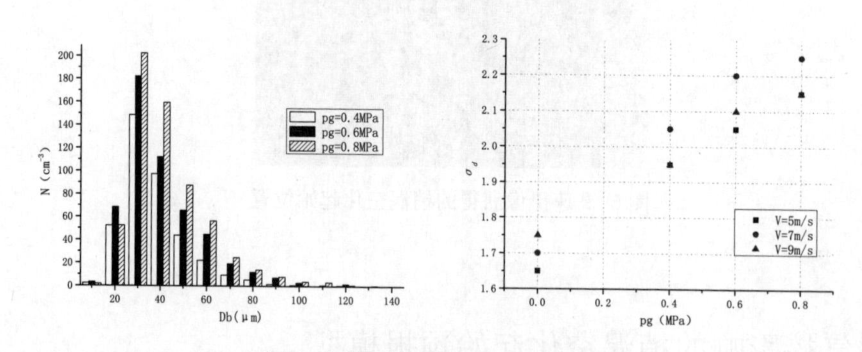

图 8 来流气核与初生空化数的关系

为了理解并定量刻画水质对梢涡空化初生的影响，开展了涡流场中单气核、多气核运动的研究。流场采用欧拉描述，气核运动采用拉格朗日描述，气核受力中主要考虑了 Stokes 力和压差力。图 9 是单气核在二维涡流场中移动轨迹，单气核研究表明，气核在涡流中的轨迹呈现螺旋线型，周向运动由流体速度驱动，径向运动由压差驱动。涡流参数、气核初始位置以及气核尺寸均对气核轨迹具有显著影响，气核尺寸越大，卷入涡心的时间就越短，结果定性解释了梢涡空化初生过程中的经典疑问，即弱水中空化初生位置位于上游，强水中空化初生位置位于下游。多气核在三维流场中的模拟结果如图 10 所示，研究发现，当给定气核谱分布，最早发生爆发性生长的气核既不是尺寸最大的气核，也不是数目最多的气核，而是数目中等、尺寸中等的气核。

传统梢涡空化初生预报模型无法考虑气核分布的影响，这也是梢涡空化尺度效应的主要来源。在试验和数值模拟的基础上，通过解析方法建立了快速筛选涡流中临界气核 R 的准则，以临界气核抗拉强度作为水质的理论表征，建立了包含气核谱分布的梢涡空化初生预报模型：

$$\sigma_i = KC_L^2\mathrm{Re}^m - \frac{1}{\frac{1}{2}\rho U^2}\frac{4S}{3R\sqrt{3\left[\frac{p_\infty - p_v}{2S/R}\right]+1}}$$

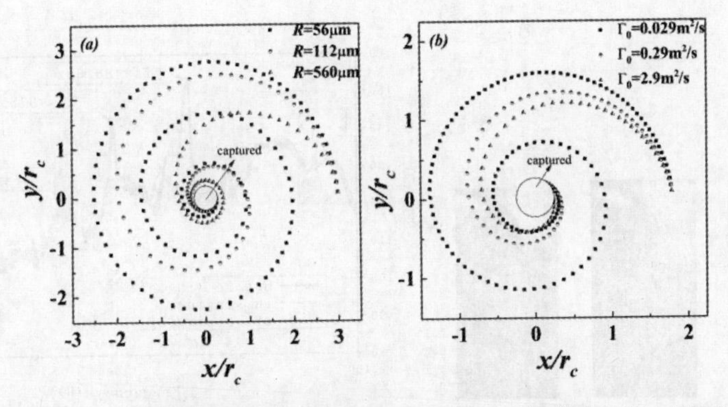

图 9 (a) 环量为定值时不同半径气核的轨迹，(b)同一气核在不同环量下的轨迹

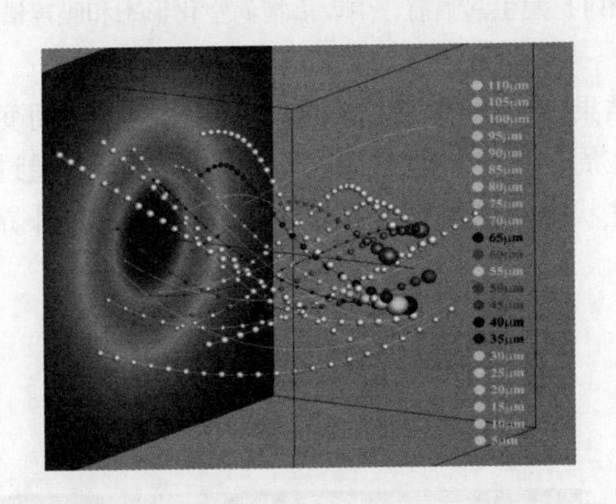

图 10 不同半径气核的在旋涡流场中的运动轨迹

4 空化涡唱现象的实验室生成和机理分析

“涡唱”是旋涡空化演化过程中的独特现象，发生涡唱时在某个特殊频率下噪声会提高 20dB 以上，国外在 20 世纪末曾有报道，但在其他实验室难以重现，对其发生条件和内在机理尚不清楚。我们在试验室发现了梢涡演化过程中的涡唱现象，并对发生“涡唱”的梢涡空化形态特性和发生机制进行了分析研究。

首先联合高速摄像观察与噪声测量，获得了可靠再现梢涡空化涡唱的临界参数和实验条件，为研究涡唱特征和形成机制提供了实验条件。图 11 是来流 7m/s，空化数 1.2 时发生“涡唱”时的梢涡空化形态及噪声谱。试验观察发现，涡唱发生在梢涡空化形态转换的工况，空化数较小时梢涡空化强烈，空化形态呈螺旋状，而空化数较大时梢涡空化形态呈细线状。当水翼梢部存在少量附着透明空泡时，当附着透明空泡边界出现有规律的脉动，原来的螺旋状空化形态也开始不稳定，空泡表面出现类似波动的情况，同时出现涡唱现象。不同试验条件下涡唱试验表明，水翼攻角、来流速度和水中含气量对“涡唱”的噪声频率和幅值有重要影响。

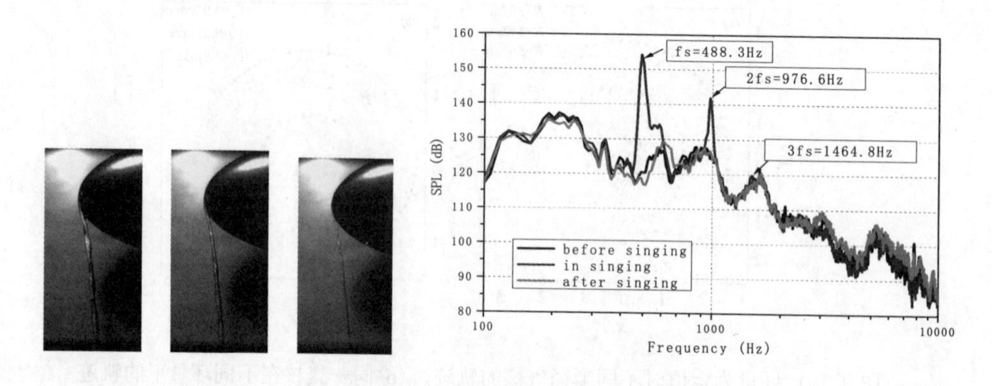

图 11 发生涡唱前、中、后梢涡空化形态和噪声谱

根据高速摄像实验结果，对涡唱发生时梢涡空化直径随时间变化进行分析（图 12），说明涡唱时空化界面存在周期振动，且频率与涡唱主频相同，通过柱状汽泡动力学分析确认涡唱主频为受控边界柱状空泡的本征频率，说明涡唱是一种外界激励诱导的共振现象，其周期可表达为：

$$T_N = \frac{4\pi^2 r_b^2}{\Gamma}\sqrt{\ln\left(\frac{r_D}{r_b}\right)}$$

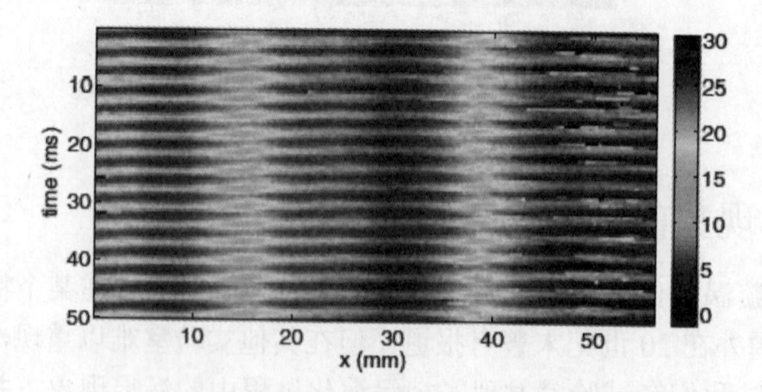

图 12 涡唱发生前后梢涡空化直径随时间变化

关于涡唱发生的激励机制，国外学者曾对柱状空泡的震荡模态进行分析，发现其一阶模态和二阶模态频率均与涡唱频率不符，我们采用表面波传播理论中的色散关系，发现一阶模态和二阶模态叠加波的差频可能是涡唱的激励源，如图 13 所示，详细推导和分析可参见文献[30]。

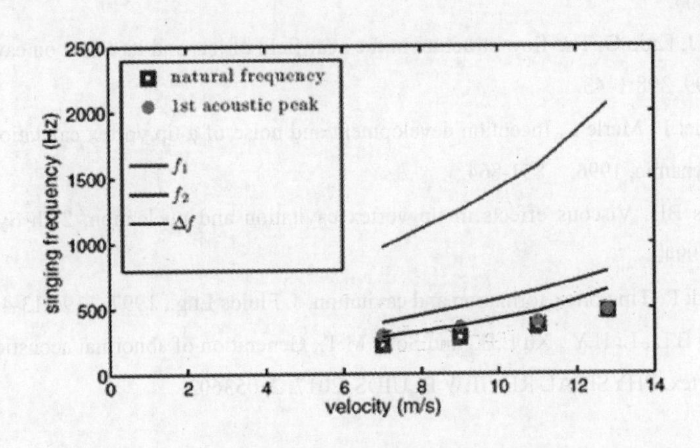

图 13 涡唱发生预报公式与试验比较

4 结论

本研究以 $NACA66_2$-415 椭圆水翼为模型，采用试验观察测量、数值计算和理论分析方法对梢涡流场的形成和特征进行了系统研究，全面分析了影响梢涡空化起始的涡心平均压力，湍流脉动，及包括含气量和气核的水质等因素，建立考虑气核影响的梢涡空化起始预报模型。同时对梢涡空化演化过程中的涡唱现象开展了研究，掌握实验室产生空化涡唱条件，并通过梢涡空化界面波动的试验测量和理论分析，分析提出空化涡唱的本质和发生机理。

致谢

本文工作获得国家自然科学基金重点项目（11332009）资助。

参考文献

1 Arndt R, Cavitation in vertical flows, Annu. Rev. Fluid Mech., 2002, 34:143–175.

2 Fruman DH, Dugue C, Pauchet A et al., Tip vortex roll-up and cavitation, 19th Symposium on naval hydrodynamic, 1992.

3 Boulon O, Franc JP, Michel JM, Tip vortex cavitation on an oscillating hydrofoil, J. Fluids Eng., 1997,

119:752–758.

4 Arndt R, Keller AP, Water quality effects on cavitation inception in a trailing vortex, J. Fluids Eng., 1992, 114:430-438.

5 Ran B, Katz J, Pressure fluctuations and their effect on cavitation inception within water jets, J. Fluid Mech., 1994, 262:223–263.

6 Gopalan S, Katz J, Knio O, The flow structure in the near field of jets and its effect on cavitation inception, J. Fluid Mech., 1999, 398:1–43.

7 Briancon-Marjollet L, Merle L, Inception development and noise of a tip vortex cavitation, 21th Symposium on naval hydrodynamic, 1996, 851-864.

8 Arndt R, Maines BH, Viscous effects in tip vortex cavitation and nucleation, 20th Symposium on naval hydrodynamic, 1994.

9 Maines BH, Arndt R, Tip vortex formation and cavitation, J. Fluids Eng., 1997, 119:413-419.

10 Peng X.X., Wang B.L., Li H.Y., Xu L.H., and Song M.T., Generation of abnormal acoustic noise: singing of a cavitating tip vortex, PHYSICAL REVIEW FLUIDS, 2017, 2, 053602.

Study on the prediction of tip vortex cavitation inception and the vortex cavitation noise

PENG Xiao-xing[1], XU Liang-hao[1], SONG Ming-tai[1], ZHANG ling-xin[2], WANG Ben-long[3]

CAO Yan-tao[1], LIU Yu-wen[1], HONG Fang-wen[1], YAN Kai[1]

(1 National Key Laboratory on Ship Vibration and Noise, China Ship Scientific Research Center, Wuxi 214082

2 Department of Mechanics, Zhejiang University, Hangzhou 310027

3 Department of Engineering Mechanics, Shanghai Jiao Tong University, Shanghai 200240

(Email: henrypxx@163.com)

Abstract: Tip vortex cavitation (TVC) is an common and complex cavitation phenomenon in marine propeller. In present paper the elliptic hydrofoil with section NACA 662-415 is chosen as a model, tip vortex flow field was studied first by experimental measurements and numerical simulation. Velocity distributions, vortex core size, average pressure and turbulence fluctuation in the vortex were obtained to analyze the relation with TVC inception. In addition, the effect of water quality including air content and nuclei distributions on TVC inception was explored by test and numerical modeling. Combining with lift coefficient, Reynolds number and nuclei, a new prediction formula of tip vortex cavitation inception is proposed. Finally the vortex singing was studied, which is a special noise phenomenon in the development tip vortex cavitation. The way to repeatable generate the phenomenon at various Reynolds number and cavitation number was found in our laboratory. The mechanism of the vortex singing in cavitating tip vortex is presented.

Key words: Tip vortex; cavitation, flow field, noise, prediction

热对流的稳定性和数值模拟

孙德军， 万振华

(中国科学技术大学近代力学系,安徽合肥 230027, Email: dsun@ustc.edu.cn)

摘要： 热对流是自然界和工程应用中的常见现象，相关流动的稳定性和湍流是流体力学研究的重要问题。近年来，我们在 Rayleigh-Bénard 对流的线性和弱非线性稳定性、湍流热对流数值模拟等方面开展了研究。针对圆筒内 Rayleigh-Bénard 对流的不稳定性，得到了轴对称对流的稳定性边界，发现了二次分叉之外仍存在稳定的非平凡轴对称解，并采用能量分析方法解释了失稳特性的成因。研究了侧壁加热时圆筒内热对流不稳定性Prandtl 数的依赖性，揭示了小 Prandtl 数时的剪切不稳定性机制、大 Prandtl 数时的浮力不稳定性机制，在中等 Prandtl 数时流动失稳的剪切机制与浮力机制存在相互竞争。针对非 Oberbeck-Boussinesq 假设(NOB)效应对二维方腔热对流线性和弱非线性不稳定性的影响，NOB 效应强度由无量纲温差 ϵ 衡量，研究表明 NOB 效应对临界 Rayleigh 数(Ra)和扰动增长率的首阶修正正比于 ϵ^2，宽方腔中 NOB 效应会增强流动稳定性，而窄方腔中会减弱稳定性，并通过能量分析定量考察了可压缩性、黏性和浮力作用对扰动动能增长的贡献。通过弱非线性分析和直接数值模拟研究了 NOB 效应对分叉过程的影响，发现了丰富的分叉过程。在快速旋转球壳中，采用完全可压缩方程研究了热对流的首次失稳，发现了一种新的准地转模态，并证明了传统的滞弹模型在低 Ra 数、强可压缩条件下会失效。基于直接数值模拟研究了湍流方腔热对流的流动反转现象，结果表明倾斜效应对反转发生具有双重作用，在常规单涡反转中倾斜会抑制反转，而在双涡反转中倾斜起促进作用。此外，在具有 NOB 效应对流系统中发现了一类新的反转模式，并从涡动力学角度解释了该反转的触发机制。最后，基于数值模拟系统地研究了贯穿湍流 Rayleigh-Bénard 对流，首次给出了系统中中心温度偏移量、动能输运效率等与密度倒置参数间的统一规律。

关键词： 对流；稳定性；数值模拟；非 Oberbeck-Boussinesq 效应；弱非线性

Stability and numerical simulation of thermal convection

SUN De-jun, WAN Zhen-hua

(Department of Modern Mechanics, University of Science and Technology of China,Hefei230027, Email: dsun@ustc.edu.cn)

Physics informed machine learning for turbulence modeling

XIAO Heng
Department of Aerospace and Ocean Engineering, Virginia Tech Blacksburg, VA 24060, USA

1 Background

Turbulence is among the last unsolved problems in classical physics, and it impacts many issues of societal importance including energy, environment, and climate. Accurate pre- dictions of turbulent flows are of vital importance for the design and operation of mission- critical systems such as aircraft, gas turbine engines, and nuclear power plants [1-3]. Currently, RANS simulations are still the workhorse simulation tool for industrial turbulent flows, as direct numerical simulations and large eddy simulations (LES) are still too ex- pensive computationally [4]. RANS simulations rely on turbulence models to represent the unresolved physics. These models introduce large uncertainties into the results, severely impairing their predictive capabilities [5-9]. Such difficulties have been highlighted in recent reviews [10-11].

Development of turbulence models has been stagnant for decades, which is evident from two observations. First, the number of costly wind tunnel tests performed in a typical design cycle of a commercial airplane was reduced from 75 in the 1970s to 10 in the 1990s, but this number has been stagnant since then, with turbulence models being the major bottleneck in predictive accuracies [5]. Second, currently used turbulence models ($k-\varepsilon$[12], k–ω[13], Spalart–Allmaras[14]) were all developed decades ago despite unsatisfactory performance for many flows. Generations of researchers have labored for many decades on dozens of turbulence models, yet none of them achieved predictive generality. Flow-specific tuning and “fudge functions” are still an indispensable part of RANS simulations [15].

Recently, researchers have attempted using machine learning to augment turbulence models. For example, Duraisamy et al. [16-18] introduced a multiplicative discrepancy field to the source term of the turbulence transport equations. Ling et al. [19] proposed a tensor basis neural network based on Pope’s general algebraic stress model and learned the coefficients therein from DNS databases. Zhang et al. [20] utilized such a methodol- ogy to investigate the plane channel flows achieve successful predictions. Weatheritt and Sandsberg [21-22] used symbolic regression and gene expression programming for learning the coefficients in algebraic turbulence models. In this work, we introduce and demonstrate the procedures toward a complete machine learning framework for predictive turbulence modeling, including learning Reynolds stress discrepancy function, predicting Reynolds stresses in different flows, and propagatingthe predicted Reynolds stresses to mean flow fields.

2 Methodology

The aim of the present work is to introduce and demonstrate the physics-informed machine learning (PIML) framework for predictive turbulence modeling. Specifically, given high- fidelity data (e.g., Reynolds stresses from DNS simulations) from a set of training flows, the framework aims to improve the standard RANS prediction for different flows for which DNS data are not available. As illustrated in Fig. 1, there are four essential components in the PIML framework: (1) construction of the input feature set, (2) representation of the Reynolds stress discrepancy as the response, (3) construction of the regression function of the discrepancy with respect to input features, and (4) propagation of corrected Reynolds stresses to mean velocities. As in traditional constitutive modeling, a data-driven constitu- tive model should have invariance under Galilean transformation and coordinate rotation. The frame-independence requirement is satisfied by properly choosing inputs (mean flow features **q**) and outputs (discrepancies of the modeled Reynolds stresses) for the machine learning [23]. Details of the method are presented in our previous works [23-24].

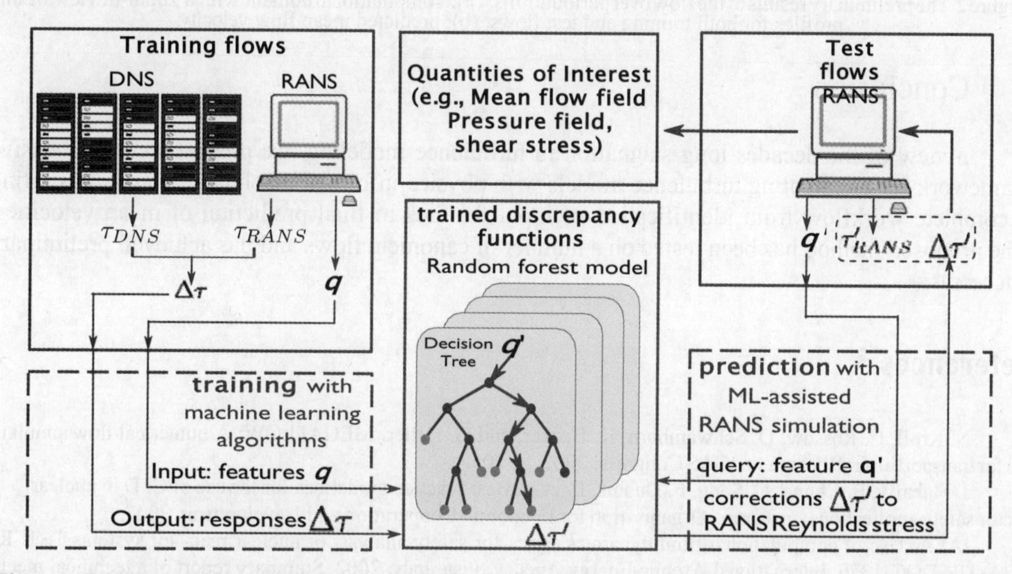

Figure 1: Schematic of Physics-Informed Machine Learning (PIML) framework for predic- tive turbulence modeling

3 Numerical Results

We have tested our method on a number of simple flows, including square duct flows, periodic hill flows [23-24], and high Mach number flat boundary layer flows [25]. Here we present the results of flow over periodic hills as an example. The test flow is the flow over periodic hills at Re = 5600, and the training flow is the flow with a steeper hill profile. The comparison of mean velocity field in Fig. 2 shows that the mean velocity obtained by the machine-learning-assisted turbulence modeling framework has a better agreement with the DNS data, particularly in the recirculation region. Compared with the RANS simulation results, our machine-learning-assisted turbulence model predicts a flow pattern that agrees much better with the DNS data.

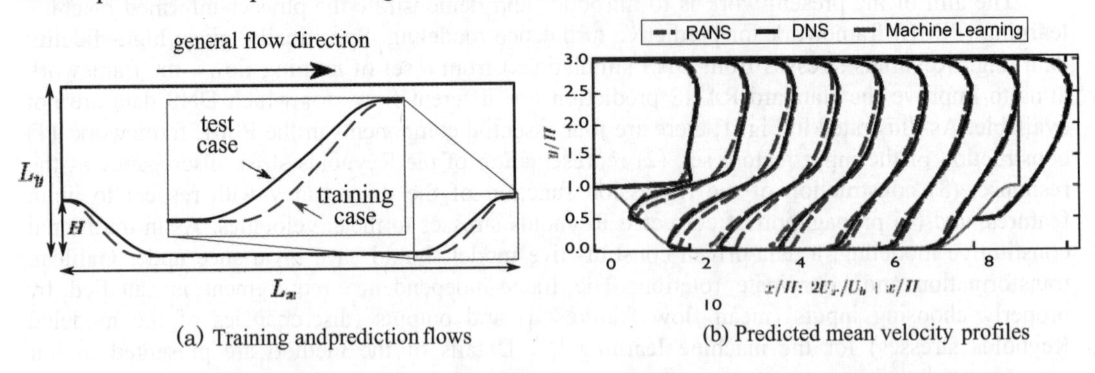

(a) Training andprediction flows (b) Predicted mean velocity profiles

Figure 2 The preliminary results of the flow over periodic hills. (a): computational domain with a zoom-in view of hill profiles for both training and test flows. (b): predicted mean flow velocity

4 Conclusion

In view of the decades long stagnation in turbulence modeling, we present a comprehensive framework for augmenting turbulence models with physics-informed machine learning, illustrating a complete workflow from identification of input features to final prediction of mean velocities. The proposed method has been tested on a number of canonical flows and has achieved preliminary successes.

References

1 N. Kroll, C. Rossow, D. Schwamborn, K. Becker, and G. Heller. MEGAFLOW: A numerical flow simulation tool for transport aircraft design. in ICAS Congress, 2002: 1– 105.

2 J. Mahaffy, B. Chung, C. Song, F. Dubois, E. et al. Best practice guidelines for the use of CFD in nuclear reactor safety applications. tech. rep., Organisation for Economic Cooperation and Development, 2007.

3 IAEA. Use of computational fluid dynamics codes for safety analysis of nuclear reac- tor systems.Tech. Rep. IAEA-TECDOC-1379, International Atomic Energy Agency, Pisa, Italy, 2002. Summary report of a technical meeting jointly organized by the IAEA and the Nuclear Energy Agency of the OECD.

4 P.Moin , J. Kim. Tackling turbulence with supercomputers," Scientific American, 1997, 276(1): 46–52.

5 F. T. Johnson, E. N. Tinoco, N. J. Yu. Thirty years of development and appli- cation of CFD at Boeing commercial airplanes, Seattle. Computers & Fluids, 2005, 34(10): 1115–1151.

6 T. Oliver , R. Moser. Uncertainty quantification for RANS turbulence model pre- dictions. in APS Division of Fluid Dynamics Meeting Abstracts, 2009, 1,

7 M. Emory, R. Pecnik, , G. Iaccarino. Modeling structural uncertainties in Reynolds-averaged computations of shock/boundary layer interactions. in 49th AIAA Aerospace Sciences Meeting including the New Horizons Forum and Aerospace Expo- sition, 2011. Orlando, FL, 2011 (AIAA, Reston, VA, 2017), paper 2011-479.

8 M. Emory, J. Larsson, G. Iaccarino. Modeling of structural uncertainties in Reynolds-averaged Navier-Stokes closures. Physics of Fluids, 2013, 25,(11): 110822.
9 T. A. Oliver, R. D. Moser. Bayesian uncertainty quantification applied to RANS turbulence models. in Journal of Physics: Conference Series, 2011, 318: 042032, IOP Publishing.
10 K. Duraisamy, G. Iaccarino, H. Xiao. Turbulence modeling in the age of data. Annual Review in Fluid Mechanics, 2019, 51, To appear. Also available asarXiv preprint arXiv:1804.00183.
11 H. Xiao , P. Cinnella. Quantification of model uncertainty in RANS simulations: A review. Progress in Aerospace Sciences, 2019, 108: 1–31.
12 B. Launder, B. Sharma. Application of the energy-dissipation model of turbulence to the calculation of flow near a spinning disc. Letters in Heat and Mass Transfer, 1974,1(2): 131–137,.
13 F. R. Menter. Two-equation eddy-viscosity turbulence models for engineering appli- cations. AIAA Journal, 1994, 32(8): 1598–1605.
14 P. R. Spalart , S. R. Allmaras. A one equation turbulence model for aerodynamic flows. AIAA Journal, 1992, 94.
15 P. R. Spalart. Philosophies and fallacies in turbulence modeling. Progress in Aerospace Sciences, 2015, 74: 1–15.
16 A. P. Singh, S. Medida, K. Duraisamy. Machine learning-augmented predictive modeling of turbulent separated flows over airfoils. AIAA Journal, 2017, 55(7): 2215–2227.
17 B. Tracey, K. Duraisamy, J. J. Alonso. A machine learning strategy to assist turbulence model development. AIAA Paper, 2015. AIAA 2015-1287.
18 E. J. Parish , K. Duraisamy. A paradigm for data-driven predictive modeling using field inversion and machine learning. Journal of Computational Physics, 2016, 305: 758–774.
19 J. Ling, A. Kurzawski, J. Templeton. Reynolds averaged turbulence modelling using deep neural networks with embedded invariance. Journal of FluidMechanics, 2016, 807:155–166.
20 Z. Zhang, X.-d. Song, S.-r. Ye, et al. Application of deep learning method to Reynolds stress models of channel flow based on reduced-order modeling of DNS data. Journal of Hydrodynamics, 2019, 31(1): 58–65.
21 J. Weatheritt , R. Sandberg. A novel evolutionary algorithm applied to alge- braic modifications of the RANS stress–strain relationship. Journal of Computational Physics, 2016,325: 22–37.
22 J. Weatheritt , R. D. Sandberg. The development of algebraic stress models using a novel evolutionary algorithm. International Journal of Heat and Fluid Flow, 2017.
23 J.-L. Wu, H. Xiao, E. G. Paterson. Physics-informed machine learning approach for augmenting turbulence models: A comprehensive framework. Physical Review Fluids, 2018,3: 074602.
24 J.-X. Wang, J.-L. Wu, H. Xiao. Physics-informed machine learning approach for reconstructing Reynolds stress modeling discrepancies based on DNS data. Physical Review Fluids, 2017, 2(3): 034603.
25 .-X. Wang, J. Huang, L. Duan, H. Xiao. Prediction of Reynolds stresses in high- Mach-number turbulent boundary layers using physics-informed machine learning. Theoretical and Computational Fluid Dynamics, 2019, 33,(1): 1–19.

粗糙元的宽高比对 Rayleigh-Bénard 对流系统传热的影响

董道良，王伯福，周全

（上海大学上海市应用数学和力学研究所，上海，200072，Email: qzhou@shu.edu.cn）

摘要：本文主要研究粗糙元宽高比对系统传热的影响。我们选取了 5 个高度相同宽高比不同的粗糙元模型，参数范围为 $10^6<Ra<10^9$、Pr=0.7。根据模型中粗糙元分布的特点，我们大致将模型分成两类，一类是大宽高比粗糙元稀疏分布的模型；另一类是小宽高比粗糙元密集分布的模型。结果发现大宽高比的稀疏模型对 Rayleigh-Bénard(RB) 系统传热的增强效果比小宽高比的密集模型要好很多。其促进传热的机理不是更多羽流的激发与释放，而是特殊几何形状对流体的约束不同，导致大尺度环流更加靠近上下边壁，使热边界层变薄，进而促进了热输运

关键词：湍流热对流；传热；粗糙元；

1 引言

在传统的 Rayleigh-Bénard (RB) 系统中，假设上下导板是光滑的。然而，在大多数应用和自然现象中，更多的是粗糙的壁面，壁面粗糙元可以在传热等方面发挥重要作用。例如，大气和海洋中的对流受地球表面粗糙地形的影响；表面粗糙元通常用于增强加热/冷却装置中的热传输。近几年来，有关湍流 RB 对流粗糙元对传热的研究发展迅速。实验研究方面，对于 $Nu=A(Pr,\Gamma)Ra^{\beta}$ 的标度律关系有不同的结果。许多公布的实验数据与 Malkus 预测的标度律[1]一致，同时一些人观察到标度律指数 β 的增加。在由 Shen 等的实验研究中[2]，当粗糙元的高度大于热边界层的平均厚度时，前因子 $A(Pr,\Gamma)$ 增加了大约 20%。后来发现热输运增强是由于粗糙元尖端释放出更多的热羽流[3]。Du &Tong[4]通过增加粗糙度元素的高度，发现前因子 $A(Pr,\Gamma)$的快速增加。Roche[5], Qiu[6], Tisserand[7] Salort[8] 和 Wei[9] 等也发现了标度律的变化，从 β=1/3 到 β=1/2。此外， Xie &Xia[10] 和 Rusaouën 等[11]的最近两项实验研究发现标度律的二次转变，其标度指数下降到 1/2 以下，而传热量仍然大于光滑的情况。总的来说，标度律取决于具体的粗糙元性质和所研究的 Ra 数和 Pr 数范围。

Jiang 做了一个很有趣的研究[12]，他在对流槽的上下板做了方向相反的棘齿粗糙元结构，发现在非对称粗糙元结构中，传热对大尺度环流的方向很敏感。

由于计算机计算能力的提高，粗糙导板 RB 对流的三维直接数值模拟越来越流行。Stringano 等 [13]研究了底部带有 V 形粗糙单元的圆柱对流槽内的传热，并与相关实验结果[2]进行了印证性比较。Wagner 和 Shishkina[14]研究了具有扁平小长方体粗糙元的三维矩形平行六面体对流槽，并观察到了两种标度律区域。Srikanth 等[15]对上平板带有正弦粗糙元的二维对流槽进行了直接数值模拟，研究了大尺度环流与边界层的相互作用。正如参考文献[13,16]所观察到的，表面粗糙元并不总是能增强热传递，当粗糙度高度很小时，它也会降低整体热传递。Zhang 等[17]解释了这种传热减少的机理，主要是因为在粗糙元高度较小时，流体黏性起主导作用，致使温度边界层变厚，热量被限制在粗糙元之间的腔体内，因此传热降低。在使用正弦粗糙元的二维数值研究中[18-19]，也发现标度律 β 取决于粗糙元的波长。Zhu 等[20]揭示了标度律的转变在于主流区热耗散和边界层热耗散之间的比率的变化。Ra 数的进一步增加导致粗糙元表面均匀覆盖较薄的热边界层，并恢复了经典的边界层控制状态，从而使标度指数减小到接近光滑情况的值。

RB 湍流热对流系统的核心关键问题之一是热量如何被输运的。目前的相关研究大多数是研究上下板光滑的模型及粗糙元规则排列的模型，但实际的自然界中的粗糙壁面的粗糙元排列不是规则的，并且粗糙元的不同排列方式对系统传热和流动结构的研究较少，因此研究粗糙元不同排列的 RB 对流系统，对我们认识和理解自然界中对流问题和湍流传热的机理有重要意义。

2 物理模型及数值方法

在 Oberbeck–Boussinesq 近似下，选取的特征长度为 H，特征速度为 κ/H，特征温度为 Δ，特征时间为 H^2/κ，无量纲化后 RB 对流系统的控制方程组为：

$$\nabla\cdot \boldsymbol{u}=0, \tag{1}$$

$$\frac{\partial \boldsymbol{u}}{\partial t}+(\boldsymbol{u}\cdot\nabla)\boldsymbol{u}=-\nabla p+Pr\nabla^2\boldsymbol{u}+RaPrT\,\hat{e}_y, \tag{2}$$

$$\frac{\partial T}{\partial t}+(\boldsymbol{u}\cdot\nabla)T=\nabla^2 T. \tag{3}$$

以上的方程组分别描述了系统的质量，动量，和能量的守恒。方程组中的 $\boldsymbol{u}$ 是速度矢量，T 是温度，p 是压力，g 是重力加速度，$\hat{e}_y$ 为竖直方向的单位矢量。

本章中研究的几何构形如图 1 所示。从模型 1-1 到模型 1-5，各个模型中粗糙元的高度不变，h=1/24，不同模型中粗糙元的宽高比不同，宽高比较小时，粗糙元的数目增加，粗糙元间的腔体数量也增加，但是不同模型中粗糙元的总面积是相同的。如图 1 所示，模型 1-1 到模型 1-5 粗糙元的数量逐渐增加，模型 1-1 只有一个粗糙元，最为接近光滑模型。所有模型中的粗糙元都是等腰三角形。我们通过这 5 个模型研究上下导板粗糙元的宽高比对 RB 对流系统传热的影响。

在我们的数值模拟计算中，Pr 数固定在 Pr=0.7，Ra 数的变化范围为 $10^6<Ra<10^9$，数据收集的时间超过 $500\tau_f$，这里 $\tau_f=\sqrt{RaPr}$ 是自由落体时间。为了捕捉边界层里面的流动，对边界层处的谱元进行了加密。在每个谱元中根据谱元法采用了 P 级高斯求积节点，进一步在每个计算单元里面划分成 $P\times P$ 网格，在本文中，P=11。

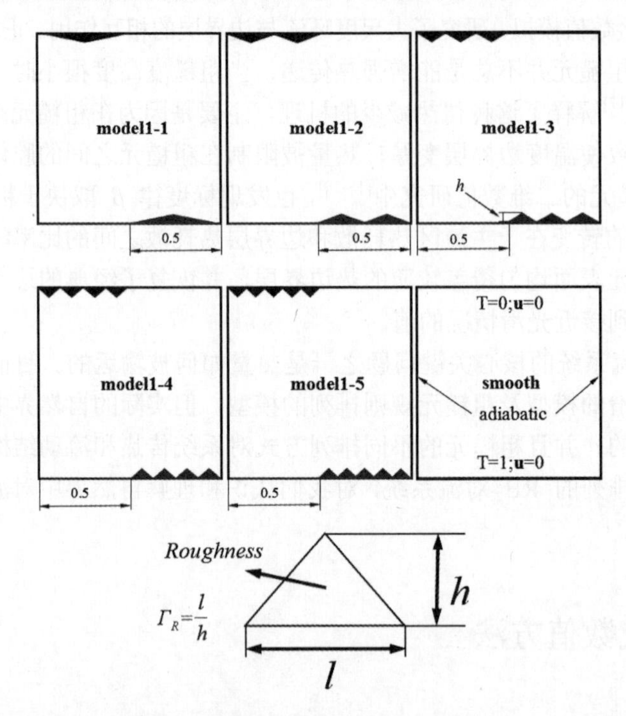

图1　五种宽高比 Γ_R 不同的粗糙模型和光滑模型的简图，粗糙元的宽高比 Γ_R 定义为底边长l与高h之比。上下粗糙元高度固定为h=1/24，粗糙元的宽高比 Γ_R 从模型 1-1 到模型 1-5 依次为 Γ_R=12，Γ_R=6，Γ_R=4，Γ_R=3，Γ_R=2.4。

本文中，为了验证数值结果的正确性，设置了验证算例，并将其结果跟已发表论文中的结果进行了比较（表 1）。计算结果与文献[21]中有限差分的结果相比误差小于 1%。从表 1 中可以看出，本文结果与文献结果符合地非常好，两种数值方法的数值解误差很小，从而验证了本文结果的可靠性。

表 1　不同 Ra 数下计算结果与 Zhang 等[21]的比较

Ra	10^6	10^7	10^8	10^9
Nu	6.29	11.35	25.02	53.12
Ref.[21]	6.30	11.37	25.25	53.51

3　粗糙元宽高比对系统传热的影响

我们首先比较了在不同 Ra 数下，5 种粗糙模型对系统传热的影响。具体的结果见图 2，为了清晰的观察不同模型对传热的影响，我们用相同 Ra 数情况下光滑模型的 Nu 数对所有的传热 Nu 数进行归一化。从 Nu 数的比值的变化曲线可以清楚地看到不同模型对 RB 系统传热的影响。从图中我们可以观察到在低 $10^6 \le Ra \le 10^8$ 范围内，模型 1-3、模型 1-4 和模型 1-5 的热传递都受到抑制，这与文献中的结果[13,16,17]是一致的。传热受抑制最多的点是宽高比最小的模型 1-5，对应的 $Ra = 2\times10^7$。而粗糙元宽高比较大的粗糙模型则展现出了完全不同的现象，模型 1-1 的传热效率大于光滑模型 5% ~7%左右，模型 1-2 的传热效率则与光滑模型差别不大。当 $10^8 \le Ra \le 10^9$ 时，归一化后的 Nu 数一般随 Ra 数的增大而增大。

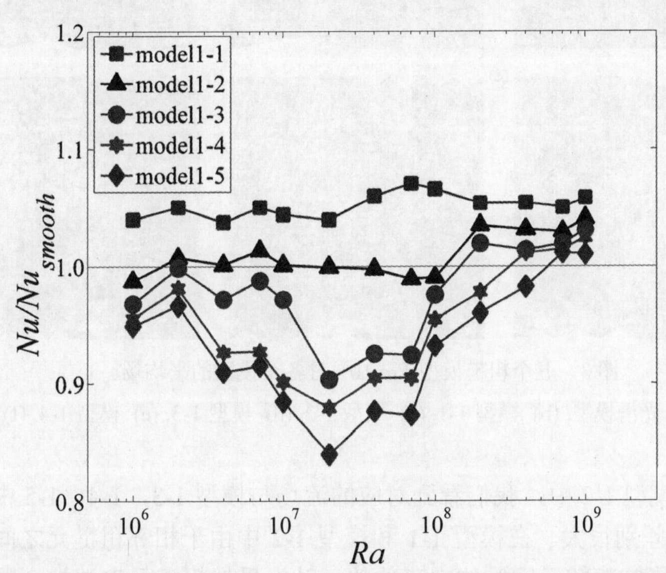

图 2　五个粗糙模型对系统传热影响随 Ra 数的变化情况。图中的纵坐标表示对传热影响的相对比率大小，该比率是用光滑情况下的模型的传热 Nu_{smooth} 进行归一化

整体来看 Γ_R 较大的稀疏模型(模型 1-1，模型 1-2)其 Nu 数的变化要比 Γ_R 密集模型(模型 1-3，模型 1-4，模型 1-5)稳定。因此对于模型 1-3，模型 1-4，模型 1-5 来说传热在

低 Ra 数区间传热降低，在高 Ra 数区间传热增加；而模型 1-1 和 1-2 对 RB 系统的传热的影响与 Ra 数的关系不大，尤其是模型 1-1，其影响传热的机制与其它模型影响系统传热的机理是不同的。

图 3 是 $Ra=1\times10^8$ 时光滑模型和 5 个粗糙模型的平均温度场和速度场。从图中可以看到，5 个粗糙模型都会把上下导板的冷热流体限制在粗糙元之间的腔体内。但由于粗糙元的几何尺寸的不同，粗糙元的 Γ_R 较大时(模型 1-1 和模型 1-2 中)粗糙元间的腔体对腔体中携带热量的流体的限制作用远远小于其他 3 个模型。当携带热量的流体不能被充分地与主流区中的流体混合时，RB 对流系统的热输运受到抑制。在这里不同 Γ_R 的粗糙元(模型 1-3、模型 1-4、模型 1-5)降低传热的机理可以用 Zhang 等[17]的工作解释。从平均流场的图中可以看到，在模型 1-3、模型 1-4、模型 1-5 中，流体的粘性在相邻粗糙元之间的腔体中起主导作用，而大尺度环流很难影响到粗糙元之间腔体内流体的流动。因此，在这种情况下，热输运效率更低。

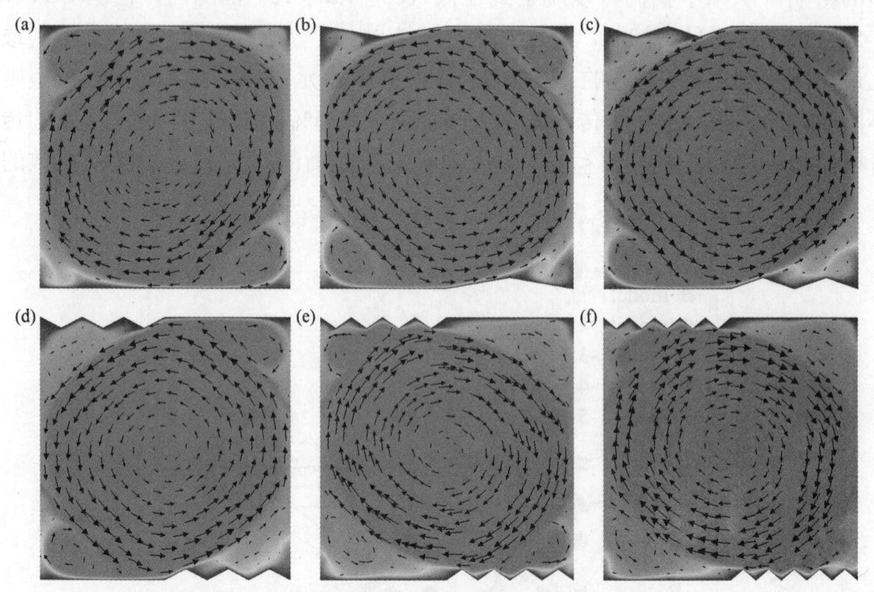

图 3　五个粗糙模型 $Ra=10^8$ 时各个模型的平均场。

(a) 光滑模型, (b) 模型 1-1, (c) 模型 1-2, (d) 模型 1-3, (e) 模型 1-4, (f) 模型 1-5

在模型 1-1 和模型 1-2 中，我们看到对应的流场与模型 1-3，1-4，1-5 中的流场相似，但是对应的 Nu 数差别很大。在模型 1-1 和模型 1-2 中由于相邻粗糙元之间的距离较大，大尺度环流更容易影响粗糙元间腔体内流体的运动。虽然粗糙元尖端处会释放更多的羽流[3,19]。但这两个模型中粗糙元数量较少，粗糙元尖端释放的羽流数量也相对较少。因此这两个模型的传热效率高于其他三个模型的原因不是释放羽流的数量的增加。通过并分析流场很难说明这两个模型传热效率高于其他模型的原因。接下来我们将通过其他手段揭示这两个模型传热更高的机理。

通过以上分析我们可以得知，模型 1-1 和模型 1-2 传热与其他模型传热机理不同的原因，不是粗糙元促进了羽流的释放。我们考虑流体平均动能的空间分布是不是影响其传热的机理的原因。带着这个推测，我们计算了不同模型的平均动能场，动能定义为：

$$K=({v_x}^2+{v_y}^2)/2 \tag{4}$$

计算结果如图 4 所示，通过图中不同模型的平均动能分布我们发现了模型 1-1 和模型 1-2 传热异于其他模型的原因。从图中可以明显地看到，所有模型的高动能区域都在对流槽的边壁附近。光滑模型、模型 1-1 和模型 1-2 的高动能带比其他模型更加靠近边壁，更加靠近上下边壁的高动能流体带走了更多的热量，这种情况下热量输运的机制不再是以羽流的释放为主，而是上下板附近局部对流强度的增加进而导致热量更容易被大尺度流动结构带走。

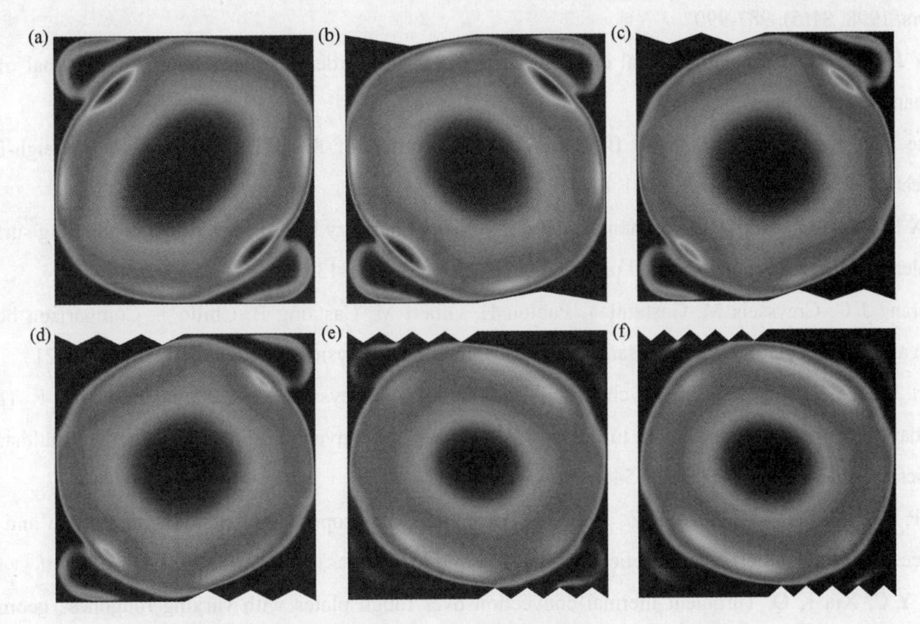

图 4　五个粗糙模型 $Ra=10^8$ 时各个模型的平均动能场。

(a) 光滑模型, (b) 模型 1-1, (c) 模型 1-2, (d) 模型 1-3, (e) 模型 1-4, (f) 模型 1-5

因此模型 1-1 和模型 1-2 的传热机制主要是几何形状对流体的约束。特殊的几何形状使得对流系统的高速流动区域趋近于边壁，导致系统热输运由羽流释放输运变为大尺度流动结构输运，因此这两个模型的传热情况与其它模型不同。从图中我们给出定性的分析解释，模型 1-2 中上下板高动能区域的分布情况与光滑模型相近，所以在 $Ra \leq 10^8$ 时，模型 1-2 中的传热与光滑模型近似相等，在 $Ra \geq 10^8$ 时，由于温度边界层变薄粗糙元尖端释放更多的羽流，因此传热相对增加。而模型 1-1 中的高动能区域更加靠近上下边壁，因此大尺度流动结构可以带走更多的热量，因此模型 1-1 的传热在计算的 Ra 数范围内比光滑模型要高。

参考文献

1 Malkus, W V R. The Heat Transport and Spectrum of Thermal Turbulence. Proceedings of the Royal Society of London, 1954, 225(1161): 196-212

2 Shen Y, Tong P, Xia K Q. Turbulent convection over rough surfaces. Physical Review Letters, 1996, 76(6): 908-911

3 Du Y B, Tong P. Enhanced Heat Transport in Turbulent Convection over a Rough Surface. Physical Review Letters, 1998, 81(5): 987-990

4 Du Y B, Tong P. Turbulent thermal convection in a cell with ordered rough boundaries. Journal of Fluid Mechanics, 2000, 407: 57-84

5 Roche P E, Castaing B, Chabaud B, Hebral B. Observation of the 1/2 power law in Rayleigh-Bénard convection. Physical Review E, 2001, 63(4): 045303

6 Qiu X L, Xia K Q, Tong P. Experimental study of velocity boundary layer near a rough conducting surface in turbulent natural convection. Journal of Turbulence, 2005, 6(30): 1-13

7 Tisserand J C, Creyssels M, Gasteuil Y, Pabiou H, Gibert M, Castaing B. Chillà F. Comparison between rough and smooth plates within the same Rayleigh-Bénard cell. Physics of Fluids, 2011, 23(1): 6421

8 Salort J, Liot O, Rusaouen E, Seychelles F, Tisserand J C, Creyssels M, Castaing B, Chilla F. Thermal boundary layer near roughnesses in turbulent Rayleigh-Bénard convection: Flow structure and multistability. Physics of Fluids, 2014, 26(1): 529-546

9 Wei P, Chan T S, Ni R, Zhao X Z, Xia K Q. Heat transport properties of plates with smooth and rough surfaces in turbulent thermal convection. Journal of Fluid Mechanics, 2014, 740: 28-46

10 Xie Y C, Xia K Q. Turbulent thermal convection over rough plates with varying roughness geometries. Journal of Fluid Mechanics, 2017, 825: 573-599

11 Rusaouën E, Liot O, Castaing B, Salort J, Chillà F. Thermal transfer in Rayleigh-Bénard cell with smooth or rough boundaries. Journal of Fluid Mechanics, 2018, 837: 443-460

12 Jiang H C, Zhu X J, Mathai V, Verzicco R, Lohse D, Sun C. Controlling Heat Transport and Flow Structures in Thermal Turbulence Using Ratchet Surfaces. Physical Review Letters, 2018, 120(4): 044501

13 Stringano G, Pascazio G, VerziccoR. Turbulent thermal convection over grooved plates. Journal of Fluid Mechanics, 2006,557: 307-336

14 Wagner S, Shishkina O. Heat flux enhancement by regular surface roughness in turbulent thermal convection. Journal of Fluid Mechanics, 2015, 763: 109-135

15 Toppaladoddi S, Succi S, Wettlaufer J S. Breaking the boundary layer symmetry in turbulent convection

using wall geometry. Eprint Arxiv, 2014, 2-7

16 Shishkina O, Wagner C. Modelling the influence of wall roughness on heat transfer in thermal convection. Journal of Fluid Mechanics, 2011, 686:568-582

17 Zhang Y Z, Sun C, Bao Y, Zhou Q. How surface roughness reduces heat transport for small roughness heights in turbulent Rayleigh-Bénard convection. Journal of Fluid Mechanics, 2018, 836:R2

18 Toppaladoddi S, Succi S, Wettlaufer J S. Tailoring boundary geometry to optimize heat transport in turbulent convection. Europhysics Letters, 2015, 111(4):1-6

19 Toppaladoddi S, Succi S, Wettlaufer J S. Roughness as a Route to the Ultimate Regime of Thermal Convection. Physical Review Letters, 2017, 118(7):074503

20 Zhu X J, Stevens R J A M, Verzicco R, Lohse D. Roughness-Facilitated Local 1/2 Scaling Does Not Imply the Onset of the Ultimate Regime of Thermal Convection. Physical Review Letters, 2017,119(15):154501

21 Zhang Y, Zhou Q, Sun C. Statistics of kinetic and thermal energy dissipation rates in two-dimensional turbulent Rayleigh-Bénard convection. Journal of Fluid Mechanics, 2017,814:165-184

The effect of rough element on heat transfer in Rayleigh–Bénard convection

DONG Dao-liang, WANG Bo-fu, ZHOU Quan

(Shanghai Institute of Applied Mathematics and Mechanics,Shanghai University, Shanghai, 200072, Email: qzhou@shu.edu.cn)

Abstract: In this paper, the effect of aspect ratio of rough elements on heat transfer of the system is studied. Five rough models with the same height and different aspect ratio were selected. The parameters ranged from $10^6 < Ra < 10^9$ and $Pr = 0.7$. According to the characteristics of rough element distribution in the model, we roughly divide the model into two categories, one is the sparse distribution model of rough element with large aspect ratio, the other is the dense distribution model of rough element with small aspect ratio. The results show that the heat transfer enhancement effect of the sparse model with large aspect ratio is much better than that of the dense model with small aspect ratio. Its mechanism of promoting heat transfer is not more plume excitation and release, but different restrictions on fluid due to special geometry, which results in large-scale circulation closer to the upper and lower walls, thinning the thermal boundary layer and further promoting heat transport.

Key words: Turbulent heat convection; Heat transfer; Roughness;

Target to reduce friction drag by roughness elements: Doable or Not?

XU Hui [1,2]

1. Department of Aeronautics, Imperial College London, London, UK
2. Shanghai Jiao Tong University

Abstract: Drag is the force by which a fluid resists the relative motion of a solid. The fluid can be external or internal to the wall boundaries which can be rigid or compliant. Flow control aims at minimising the drag force.
In this talk, we will discuss about the challenging of deploying flow control strategies to achieve friction drag reduction for wall-bounded flowsand how to investigate the potential problems in validating the strategies precisely. Generally, the drag consists of three categories: profile drag, induced drag and wave drag. Here, we will not discuss induced drag and wave drag since theyare respectively related to vorticity and supersonic flows.The talk will be focused onthe skin frictiondrag which is categized into the profile drag and related to two kinds of strategies: laminar flow control and turbulent drag reduction. These two strategies are clearly proposed for two kinds of flows: laminar and turbulent flows.We either need to delay laminar-turbulent transition or enhance turbulence.
The classical process of the laminar–turbulent transition is subdivided into threestages: receptivity, linear eigenmode growth and nonlinear breakdown to turbulence. Along-standing goal of laminar flow control (LFC) is the development of drag-reductionmechanisms by delaying the onset of transition. The process of laminar to turbulenttransition has been shown to be influenced by many factors, such as surfaceroughness elements, slits, surface waviness and steps. These surface imperfections cansignificantly influence the laminar–turbulent transition by influencing the growth of TSwaves inaccordance with linear stability theory and then nonlinear breakdown alongwith 3D effects (Kachanov 1994). Since the existence of TS waves was confirmed bySchubauer&Skramstad (1948), numerous studies aiming to stabilise or destabilisethe TS modes have been carried out in order to explore and explain different pathsto transition. If the growth of the TS waves is reduced or completely suppressed,and providing no other instability mechanism comes into play, it has been suggestedtransition could be postponed or even eliminated (Davies & Carpenter 1996). Despiteroughness elements being traditionally seen as an impediment to the stability of theflat plate boundary layer, recent research has shown this might not always be the case.Reibert et al. (1996) used spanwise-periodic discreteroughness elements to excite themost unstable wave and found unstable

waves occur only at integer multiples of theprimary disturbance wavenumber and no subharmonicdisturbances are destabilised.Following this research, Saric, Carrillo &Reibert (1998) continued to investigate theeffect of spanwise-periodic discrete roughness whose primary disturbance wavenumberdid not contain a harmonic at _s D12 mm (the most unstable wavelength according tolinear theory, where _s denotes the crossflow disturbance wavelength in the spanwisedirection). By changing the forced fundamental disturbance wavelength to 18 mm,the 18, 9 and 6 mm wavelengths were present. Saric et al. (1998) found the linearlymost unstable disturbance (12 mm) was completely suppressed. Shahinfar et al. (2012)showed that classical vortex generators, known for their efficiency in delaying, or eveninhibiting, boundary layer separation can be equally effective in delaying transition.An array of miniature vortex generator (MVGs) was shown experimentally to stronglydamp TS waves. However, the MVGs might induce bypass transition due to large amplitude of disturbances. It is needed to mention that any localised irregularity, impurity, etc. occurs on the surface, this may cause a local wedge of a turbulent boundary layer. Therefore, for laminar-turbulent transition, we have problems or obstacles: attachment line contamination (fuselage boundary layer) and crossflow instabilities (boundary layer crossflow vortices); effects of steps, gaps, waviness, structural deformations in flight; bypass transition (3-D roughness, indentations, bumps, rivets), insects, dirt, erosion, rain, ice crystals and so on, which makes laminar-flow control challenging in deployment. In Fig 1, we illustrate the pathway to turbulent by a shallow surface indentation.

Figure 1. Transition induced by a shallow dimple

Further, a turbulent boundary layer is able to deal with flow separation. We know thatthedimples on a golf ball, which are increasing the skin-friction drag, give rise to improvedperformance because the increased surface roughness trips the boundary layer andsignificantly lowers the dominant pressure drag.To reduce the turbulent skin-friction drag, by using riblets, a modest skin-friction drag reduction can be achieved. The selective suction technique, which combines suction to gain an asymptotic turbulent boundary layer and riblet to fix the location of low-speed streaks, is able to get a drag reduction. In this talk, we will not discuss the turbulent boundary layer drag reduction which gives a largest drag reduction up to 60% of the corresponding drag and will focus on delay transition since it is about to achieve an order of magnitude lower skin-friction drag.

Reference

1 Mohamed Gad-el-hak, Flow Control Passive, Active, and Reactive Flow Management, Cambridge University Press, 2006.
2 Hui Xu_, Shahid Mughal, Erwin R. et al. Destabilisation and Modification of Tollmien-Schlichting Disturbances by a Three Dimensional SurfaceIndentation. Journal of Fluid Mechanics, 2017,819: 592-620.
3 Hui Xu, Jean-Eloi W. Lombard, Spencer J. Sherwin. Influence of localised smooth steps on the instability of a boundary layer, Journal of Fluid Mechanics, 2017,817: 138-170.
4 Hui Xu, Spencer Sherwin, Philip Hall,et al. Behaviors of Tollmien-Schlichting waves undergoing small-scale distortion, Journal of Fluid Mechanics, 2016, 792: 499-525.

高阶谱方法与 CFD 方法耦合的数值模拟技术

庄园，万德成*

(上海交通大学 船舶海洋与建筑工程学院 海洋工程国家重点实验室 高新船舶与深海开发装备协同创新中心，上海 200240，*通讯作者 Email: dcwan@sjtu.edu.cn)

摘要：高阶谱方法是一种可以快速准确的造波方法，可以对非规则波以及真实海域下的多向不规则波进行模拟。本文将高阶谱方法与本课题组 CFD 求解器 naoe-FOAM-SJTU 进行结合，利用高阶谱方法对非线性的波浪的快速准确模拟，以及 CFD 方法求解复杂波面情况和波浪与结构物相互作用的优点进行船海工程水动力学问题的数值模拟。

关键词：高阶谱方法；CFD 方法；naoe-FOAM-SJTU 求解器；粘势流耦合

1 引言

对于海洋工程来说，波浪的生成和演化一直是工程界和学术界颇为关心的问题。尤其是非规则波和真实海况的强非线性和复杂性，使得对于结构物在不规则波和真实海况中的受力和运动响应情况的研究颇为困难。数值计算的解决了实验中需要大量耗费人力物力的情况，同时计算流体力学的发展也使得数值水池的构建成为主流。然而，一方面如何快速生成不规则波以及开阔海域下的波浪；另一方面如何确保生成的波浪的准确性，都是值得探讨的问题。

对于计算流体力学来说，因其可以模拟复杂水面情况，解决非线性问题以及考虑黏性效应的情况计算结果更加真实而得到广大研究者的青睐。然而对于计算流体力学方法（CFD）来说，长时间模拟大范围的多向不规则波是极为耗费时间和计算资源的，同时对于不规则波来说，如果关注非规则波演化下的极大波对结构物的影响，应用纯 CFD 方法来计算也极为耗时。因此，考虑一种快速高效的造波方法，且对其进行应用，是本文考虑的主要内容。高阶谱方法[1-5]是一种伪谱方法,该方法借助快速傅里叶变换可以对水平面的速度势快速精确求解，因此利用高阶谱方法进行造波，可以快速准确地建造规则波、不规则波以及多向不规则波和模拟大范围的真实海况。通过将 CFD 方法与高阶谱方法进行结合，可以对固定结构物、海洋工程结构物、FLNG 船以及船舶的自航操纵在不规则波以及多向不规则波中进行模拟，探究物体与强非线性、大波高波浪相互作用的现象。

本课题组对耦合的求解器进行了空场造波的验证[6]，因此，在保证耦合后 CFD 区域内的波浪与 HOS 造波结果相一致的情况下，我们对 CFD 区域内加入物体进行了数值模拟。

对于该耦合方法来说，主要的优势体现在保留了应用 CFD 方法计算物体时的真实性和处理复杂问题的机动性的同时，相应减少了 CFD 计算需要的大量资源。对于非规则波来讲，如果应用 CFD 进行计算，需要保证在物体前方至少保留一到两个波长来保证波浪的演化发展。同时，非规则波的随机性导致波浪的波高演化随机发生，对于工程上最关心的恶劣海况，可能会在几百秒或者是几千秒之后发生。这对于全域 CFD 来讲，是一件极为耗时、且会发生数值粘性耗散导致波浪无法达到理论值的情况。因此，我们采用势流理论进行对波浪的演化计算，一是可以得到完全发展起来的波浪，减少应用全域 CFD 计算波浪发展演化的时间；而是通过程序可以任意选取 HOS 波浪结果中的时间和区域，可以对某一时刻产生的极大波进行模拟研究，或对某一区域产生的畸形波进行研究。

本文将从以下几个部分进行探讨：①对高阶谱方法与本组 CFD 求解器 naoe-FOAM-SJTU 以及 naoe-FOAM-os 的耦合方法进行简要介绍，以及演示应用高阶谱方法[7-8]进行的造波；②对耦合后的求解器进行数值模拟，验证其是否可以计算平台在耦合方法下的波浪物体相互作用情况；③对船舶在波浪中运动，验证耦合方法下的波浪增阻，模拟 FLNG 船在多向不规则波中与舱内流体晃荡的耦合情况。

2 高阶谱方法与单向耦合方法

本节将会简要介绍高阶谱方法（HOS）和应用 HOS 与 CFD 进行单向耦合的方法。

HOS 方法是应用伪谱法求解势流理论中动力运动自由面边界条件的偏微分方程而来的一种快速速度势展开的方法。自由面动力边界条件为

$$\frac{\partial \phi}{\partial t}+gz+\frac{1}{2}(\nabla\phi)^2=0 \tag{1}$$

其中 ϕ 为速度势，g 为重力加速度，z 是垂直方向坐标，t 为时间。自由面运动边界条件为：

$$\frac{\partial \eta}{\partial t}+\nabla_x\phi\bullet\nabla_x\eta=\frac{\partial \phi}{\partial z} \tag{2}$$

其中 η 为自由面波高。对于高阶谱方法来说，利用对于水平面速度势进行对一个小波陡的同阶小量进行摄动展开，这样我们给定小量一个阶数 M，得到：

$$\phi(\mathbf{x},z,t)=\sum_{m=1}^{M}\phi^{(m)}(\mathbf{x},z,t) \tag{3}$$

对 m 阶的 $z=\eta$ 的速度势进行在 $z=0$ 处傅里叶展开：

$$\phi^{s}(\mathbf{x},t)=\phi(\mathbf{x},\eta,t)=\sum_{m=1}^{M}\sum_{k=1}^{M-m}\frac{\eta^k}{k!}\frac{\partial^k}{\partial z^k}\phi^{(m)}(\mathbf{x},0,t) \tag{4}$$

在满足拉普拉斯方程和边界条件下，将方程（1）和（2）写成最终形式：

$$\eta_t + \nabla_x \phi^s \bullet \nabla_x \eta - (1 + \nabla_x \eta \bullet \nabla_x \eta)[\sum_{m=1}^{M} \sum_{k=0}^{M-m} \frac{\eta^k}{k!} \sum_{n=1}^{N} \phi_n^{(m)}(t) \frac{\partial^{k+1}}{\partial z^{k+1}} \psi_n(\mathbf{x}, 0)] = 0 \tag{5}$$

$$\begin{aligned} &\phi_t^s + \eta + \frac{1}{2} \nabla_x \phi^s \bullet \nabla_x \phi^s - \frac{1}{2}(1 + \nabla_x \eta \bullet \nabla_x \eta) \times \\ &[\sum_{m=1}^{M} \sum_{k=0}^{M-m} \frac{\eta^k}{k!} \sum_{n=1}^{N} \phi_n^{(m)}(t) \frac{\partial^{k+1}}{\partial z^{k+1}} \psi_n(\mathbf{x}, 0)]^2 = -Pa \end{aligned} \tag{6}$$

方程（5）和方程（6）为展开成关于模态波高 $\phi_n^{(m)}$ 的 ϕ^s 和 η 的方程。这些变量可以根据时间和初始化条件得到。

在得到 HOS 关于速度、水平面波高以及压力等参数的情况下，本文应用开源 HOS 软件 HOS-ocean[7]和 HOS-NWT[8]得到结果，通过 Grid2Grid[9]将 HOS 的结果进行三维重构，并将该数据写成可以与 CFD 软件进行数据交换。利用 OpenFOAM 中的开源程序包 waves2Foam[10]中的松弛区，本文填加了一个与 HOS 相交流的接口，可以将 HOS 的结果提供给 CFD 计算域。

$$\phi = \alpha_R \phi_{\text{computed}} + (1 - \alpha_R) \phi_{\text{target}} \tag{7}$$

在利用 HOS 提供造波信息后，重新编译本课题组 CFD 求解器 naoe-FOAM-SJTU 和 naoe-FOAM-os，可以进行波浪与物体的相互作用数值模拟。

3 数值结果

3.1 开阔海域下的高阶谱方法造波

对于本文中的 HOS 结果均采用开源软件 HOS-ocean[7]和 HOS-NWT[8]得到。文中的规则波与单向不规则波均采用 HOS-NWT 计算得到，多向不规则波则采用 HOS-ocean 进行计算。图 1 所以为利用 HOS-ocean 计算得到的多向不规则波，该波浪场的区域为 4.2km×4.2km，采用 JONSWAP 谱得到的 Hs=10.5m，Tp=9.5s 的开阔海域下的真实海浪场情况。在长时间模拟的情况下，当 t=627s 时，在图 1（a）所示黑色框的区域内，将会出现畸形波，如图 1（b）所示。利用高阶谱方法，可以快速得到恶劣情况下的波浪。同时，HOS-ocean 也可以模拟聚焦波。图 2 所示为 ITTC 波浪谱得到的 Hs=2.4m，Tp=7.07s 的聚焦波，聚焦时间为 49.5 秒，波浪场区域为 1.5km×1.5km。

在应用高阶谱方法可以数值模拟真实海况的情况下，可以对物体在海浪中的运动响应和受力情况进行进一步的分析。

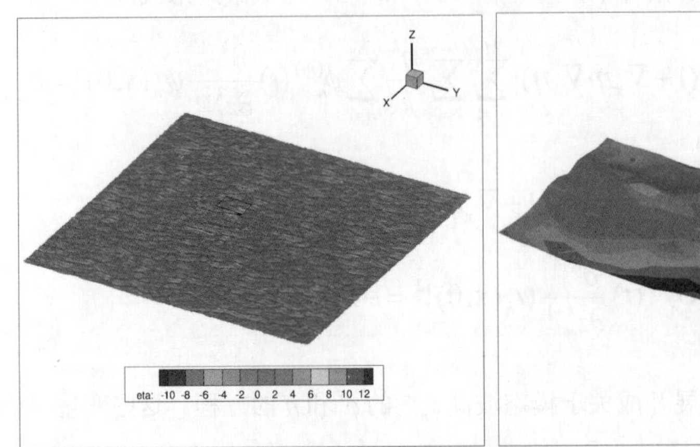

(a) JONSWAP 谱全场多向不规则波 (b) 出现畸形波的区域

图 1 基于 HOS-ocean 建造的 JONSWAP 谱多向不规则波

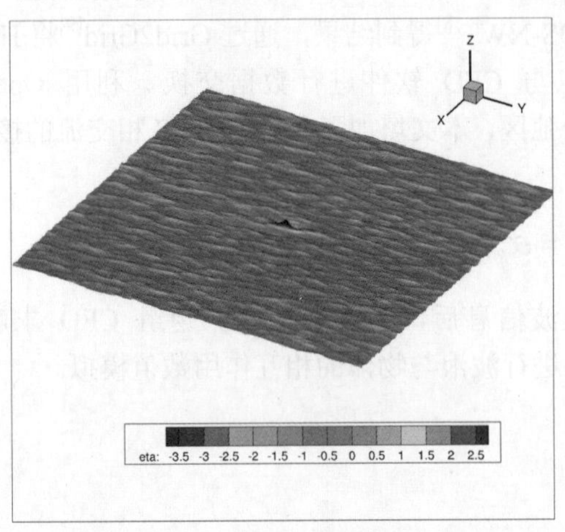

图 2 基于 HOS-ocean 建造的聚焦波

3.2 固定平台（圆柱）在波浪中的数值模拟

首先对于固定平台进行了耦合方法造波下的数值模拟。基于耦合方法，对圆柱平台进行了规则波、单向不规则波和多向不规则波的数值模拟。

3.2.1 规则波工况

本节主要探讨了对于耦合方法造波情况下，计算域的大小对圆柱与波浪相互作用的影响。本节主要应用规则波，对两种不同 CFD 计算域下的固定圆柱进行了数值模拟，来比较计算域大小对结果的影响。计算工况如表 1 所示。图 3 所示为计算域配置，网格示意图如图 4 所示，总网格数为 27 万，总 CPU 时间为 73039 秒。图 5 和图 6 分别为在纯 CFD 区域内和在 HOS 全场下的流场信息。波浪会在遇到立柱时沿其迎浪面进行爬升，另一部分波浪将分成两股从侧面推进，形成“边波”。而边波最终会在背面叠加，波面大幅度上升。可以看出，在外场计算域扩大的情况下，CFD 内的计算可以免去等待波浪发展的时间。

表 1　单圆柱计算工况

参数名称	数值
圆柱直径/m	16
圆柱吃水/m	24
波长/m	76.44
波高/m	4.7775
波浪周期/s	7

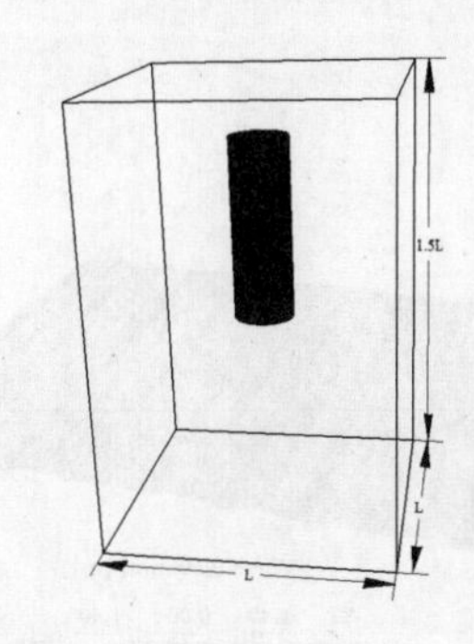

图 3　单圆柱计算域布置

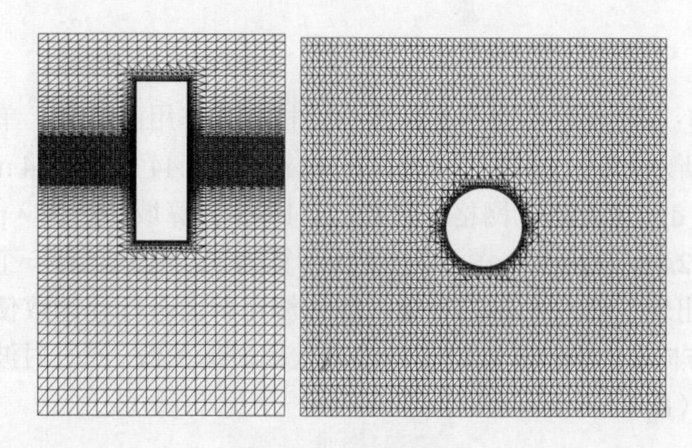

图 4　平面网格布置

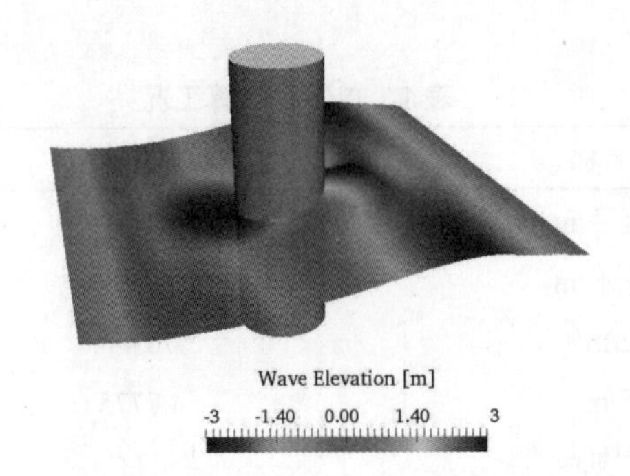

图 5　T=29.4s 时 CFD 计算域内波面图

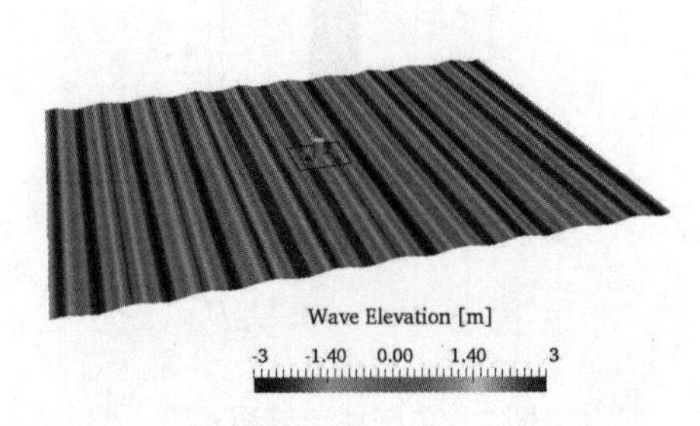

图 6　T=28.7s 时全场计算域内波面图

3.2.2 不规则波工况

本节则为单向不规则波与多向不规则波与圆柱相互作用的结果。单向不规则波浪与圆柱相互作用如图 7 所示。其中 CFD 计算域: -76.44 m<x<76.44 m, -76.44 m<y<76.44 m, -76.44 m<z<38.22 m, 水深 d：76.44 M. 网格：114.6 万 HOS 计算域：x: 20 λ p, y: 20 λ p，波浪为 JONSWAP 谱，Hs=2.8m, Tp=5s。图示为 CFD 计算为 33s 时刻，有一个较大的波峰经过圆柱，使得圆柱周围出现了波浪反射的现象，即边波在背面进行叠加致使波高陡然增大。图 8 所示为在圆柱 x 方向 ± 8.2063m 处设置的浪高仪的时历曲线。同时对波浪在圆柱体上的受力情况进行了输出（图 9）。

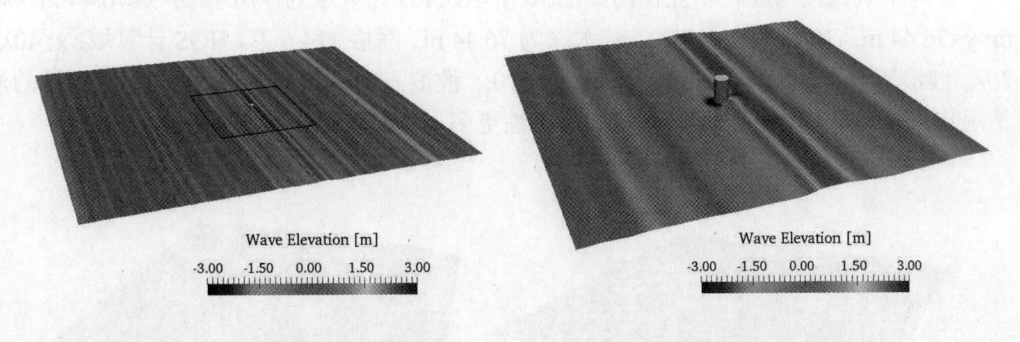

(a) 全场计算域内波面　　(b) CFD 计算域内波面

图 7　T=33s 时波面图

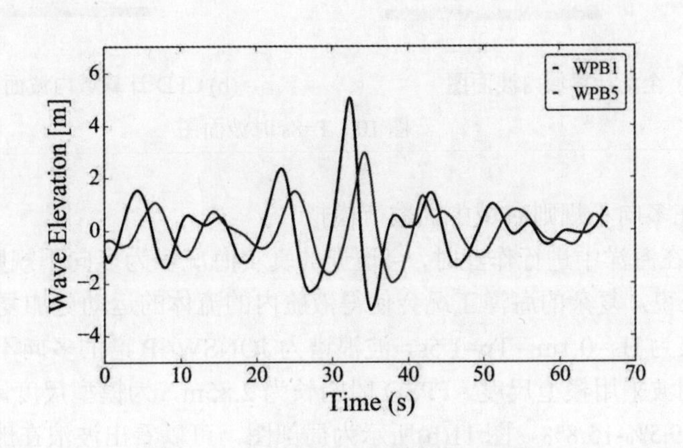

图 8　圆柱周围波面演化时历曲线

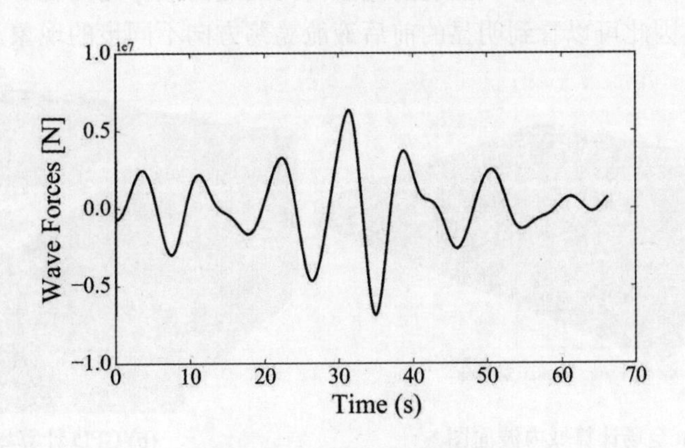

图 9　圆柱受力时历曲线

多向不规则波与圆柱相互作用如图 10 所示，CFD 计算域为：$-76.44\ \mathrm{m}<x<76.44\ \mathrm{m}$, $-76.44\ \mathrm{m}<y<76.44\ \mathrm{m}$, $-76.44\ \mathrm{m}<z<38.22\ \mathrm{m}$, 水深为 76.44 m. 网格 114.6 万，HOS 计算域：x: $40\lambda_p$, y: $20\lambda_p$, 波浪选取 JONSWAP 谱 Hs=2.8m, Tp=10s, 波浪方向参数为 1.57。多向不规则波的波浪情况更为复杂，波频和波长的数据和随机性更多，物理情况更为复杂。

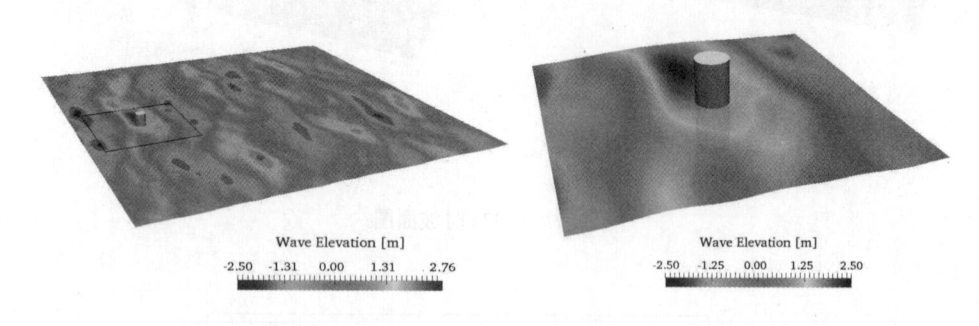

(a) 全场计算域内波面图　　　(b) CFD 计算域内波面图

图 10　T=8s 时波面图

3.3 FPSO 船舶在多向不规则海域中的数值模拟

FPSO 船舶在海洋中进行作业时，会遭遇的真实海况多为多向不规则波。对于带有液舱的 FPSO 船舶来说，复杂的海洋工况会使得液舱内的流体的运动更加复杂。HOS 计算域为 60m×50m，波浪为 Hs=0.1m，Tp=1.5s，波浪谱为 JONSWAP 谱的多向不规则波。外域 HOS 以及多向不规则波采用模型尺度。FPSO 船船长为 2.85m，为模型尺度，前后两个液舱，充液率前后舱为 19.5%-15.8%。图 11(b)所示为局部图，可以看出波浪在船舶周围的爬升，以及流体在液舱里的剧烈晃荡。观察两液舱可以发现，前舱的液体出现了明显的绕 y 轴晃荡的情况，并在舱壁产生了爬升和翻卷的现象；而后舱的液体则为绕 x 轴晃荡的情况。因为波浪的多向性，因此可以看到明显的前后液舱晃荡方向不同步的现象。

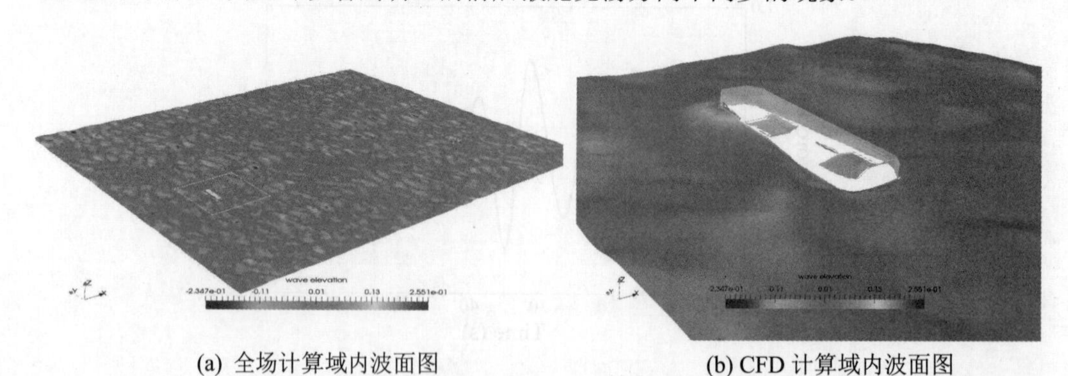

(a) 全场计算域内波面图　　　(b) CFD 计算域内波面图

图 11　FPSO 船舶在多向不规则波中的示意图

3.4 船舶波浪增阻

在耦合模型与重叠网格结合后，我们可以计算更为广泛的海洋工程难题。本节对船舶在波浪中的波浪增阻问题应用耦合模型进行了数值模拟和验证。如图 11 所示，采用 KCS 船舶模型，船型的尺度如表 2 所示。船舶航速为 2.017m/s，采用重叠网格方法，使得 CFD 计算域可以在 HOS 域中进行移动，数值模拟真实情况中的船舶运动情况。

图 11 KCS 模型

表 2 KCS 船型主尺度

主尺度	单位	全尺度	模型尺度
缩尺比	-	-	37.9
垂线间长	m	232.5	6.0702
水线宽	m	32.2	0.8498
吃水	m	19	0.2850
排水量	t	51958719	955.7888
湿表面积	m^2	9424	3.747
重心纵向位置	-	-1.48	-1.48
重心垂向位置	m	-	0.093

KCS 船在 λ/L=1.15 的一阶 Stokes 深水规则波中垂荡和纵摇的时历曲线如图 12 所示，可以看出垂荡和纵摇的运动响应随时间的变化具有周期性。同时，对 CFD 模型、耦合模型以及实验数据进行比较，可以看出，耦合模型得到的数值结果比纯 CFD 得到的结果与实验结果更为接近。表 3 为 CFD 模型和耦合方法得到的垂荡和纵摇的传递函数。

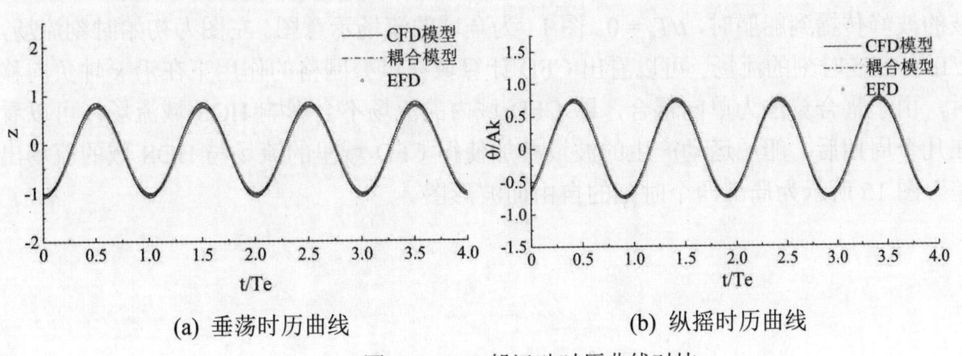

(a) 垂荡时历曲线　　(b) 纵摇时历曲线

图 12 KCS 船运动时历曲线对比

表 3　垂荡和纵摇的传递函数（$\lambda / L = 1.15$）

	CFD 模型	耦合模型
TF3	0.830	0.914
TF5	0.783	0.748

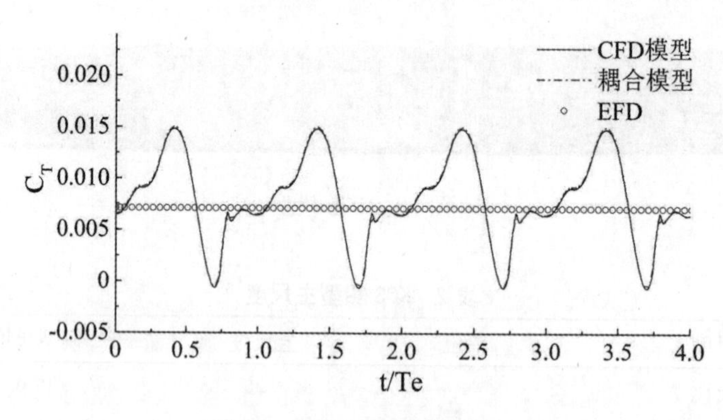

图 13　总阻力系数时历曲线

图 13 所示为 KCS 船总阻力系数时历曲线图。图中的 CFD 模型和耦合模型时历曲线相差不大。表 4 所示为波浪增阻系数在纯 CFD 方法和耦合方法下的数据。波浪增阻系数 C_{aw} 定义为：

$$C_{aw} = \frac{R_{x,\mathrm{calm}} - R_{x,\mathrm{wave}}}{\rho g A^2 B_{WL}^2 / L_{pp}} \tag{8}$$

表 4　波浪增阻系数

	CFD 模型	耦合模型
C_{aw}	10.912	10.664

给出 λ/L = 1.15 工况下计算所得的全域示意图以及局部四个时刻的自由面波形图。规定规则波的波峰传播到船艏时，$t/T_e = 0$。图 14 为全域的流场示意图。左图为初始时刻流场，右图为 t/Te = 0.75 时刻的流场。可以看出 CFD 计算域在重叠网格的作用下在沿 x 轴负向移动，同时，由于耦合算法为单向耦合，即 CFD 域内的流场不会影响 HOS 域流场，可以看出右图在几个周期后，船舶运动产生的波浪叠加使得 CFD 域里的流场与 HOS 域的流场出现了偏差。图 15 所示为局部四个时刻的自由面波形图。

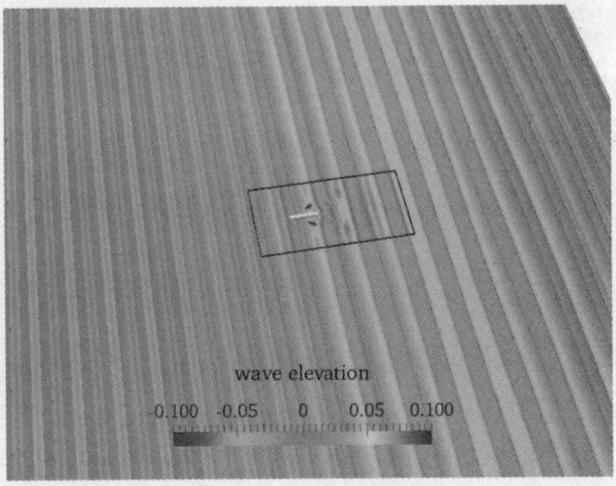

图 14　全域下的流场示意图

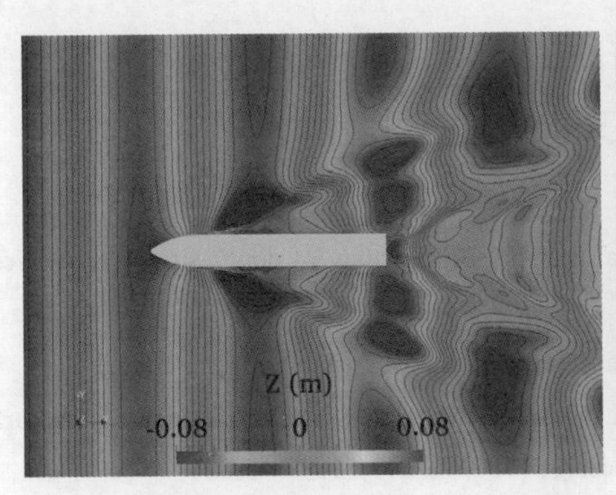

(*a*) t/Te = 0

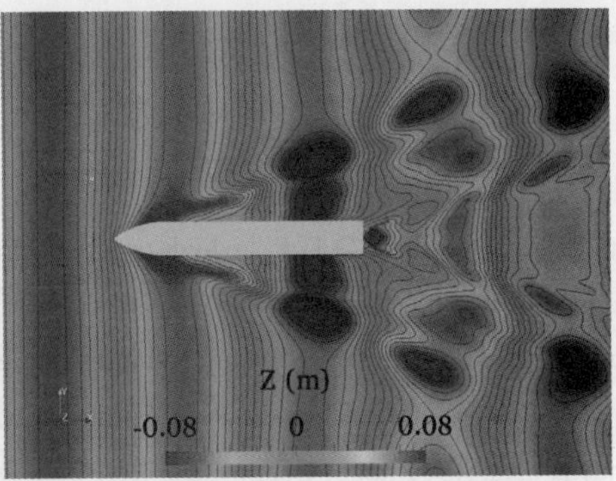

(*b*) t/Te = 0.25

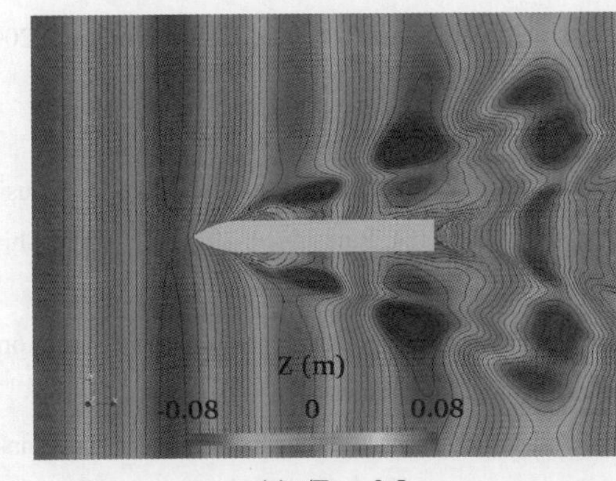

(*c*) t/Te = 0.5

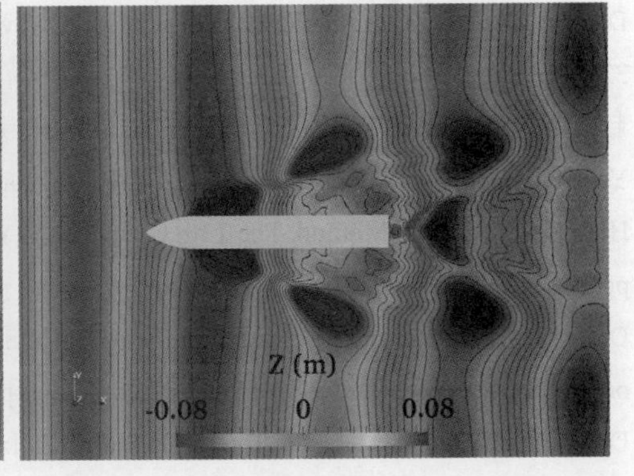

(*d*) t/Te = 0.75

图 15　自由面波形图

本文对将势流理论高阶谱方法与 CFD 方法相结合，应用高阶谱方法快速准确造波的特性，以及 CFD 方法中粘流理论的优势，给出了平台在规则波、单向不规则波、多向不规则波中的波浪平台相互作用现象；并模拟了带有液舱的 FPSO 船在多向不规则波中的液舱晃荡现象；基于重叠网格，模拟计算了规则波中的 KCS 船波浪增阻问题，并与实验和纯 CFD 方法进行了对比验证。

致谢

本文得到国家自然科学基金（51879159，51490675，11432009，51579145）、长江学者奖励计划(T2014099)、上海高校特聘教授(东方学者)岗位跟踪计划(2013022)、上海市优秀学术带头人计划(17XD1402300)、工信部数值水池创新专项课题(2016-23/09)资助项目。在此一并表示感谢。

参考文献

1 Dommermuth D G, Yue D K P. A high-order spectral method for the study of nonlinear gravity waves. J. Journal of Fluid Mechanics, 1987, 184: 267-288.

2. Schmid PJ, Henningson D S. Stability and transition in shear flows. New York, Springer Verlag, 2000.

3 West B J, Brueckner K A, Janda R S, Milder D M, Milton R M. A new numerical method for surface hydrodynamics. J. Journal of Geophysical Research: Oceans, 1987, 92(C11): 11803-11824.

4 Toffoli A, Onorato M, Bitner - Gregersen E M, Mobaliu J. Development of a bimodal structure in ocean wave spectral. J. Journal of Geophysical Research: Oceans, 2010, 115(C3)

5 Dommermuth D. The initialization of nonlinear waves using an adjustment scheme. J. Wave Motion, 2000, 32(4): 307-317.

6 赵西增, 孙昭晨, 梁书秀. 高阶谱数值方法及其应用. J. 船舶力学, 2008, 12(5): 685-691.

7 Yuan Z, Decheng W, Benjamin B, Pierre F, Regular and Irregular Wave Generation in OpenFOAM using High Order Spectral Method, The 13th OpenFOAM Workshop (OFW13), June 24-29, 2018, Shanghai, China, pp.189-192

8 Ducrozet G, Bonnefoy F, Le Touzé D,Pierre F. HOS-ocean: Open-source solver for nonlinear waves in open ocean based on High-Order Spectral method. J. Computer Physics Communications, 2016, 203: 245-254.

9 Ducrozet G, Bonnefoy F, Le Touzé D, Pierre F. Implementation and validation of nonlinear wavemaker models in a HOS numerical wave tank. J. International Journal of Offshore and Polar Engineering, 2006, 16(03).

10 Choi Y M, Gouin M, Ducrozet G, Benjamin B, Pierre F. Grid2Grid: HOS Wrapper Program for CFD solvers. J. arXiv preprint arXiv:1801.00026, 2017.

Numerical simulation based on a coupled method with High-Order Spectral method and CFD method

ZHUANG Yuan,WAN De-cheng

(Collaborative Innovation Center for Advanced Ship and Deep-Sea Exploration, State Key Laboratory of Ocean Engineering, School of Naval Architecture, Ocean and Civil Engineering, Shanghai Jiao Tong University, Shanghai, 200240. Email: dcwan@sjtu.edu.cn)

Abstract: High-Order Spectral method (HOS) is a pseudo-spectral method, which exhibits high efficiency and accuracy in dealing with propagation of irregular waves or open-sea waves. In this paper, we combined HOS with our in-house CFD solver, naoe-FOAM-SJTU and naoe-FOAM-os, to show the ability of our new combined solver in numerical simulations. The combination of HOS and CFD not only dismiss the time consuming in nonlinear wave propagation, but also solve the problem in complex phenomenon during wave and structure interaction.

Key words: High-Order Spectral method; CFD method; naoe-FOAM-SJTU solver; potential-viscous combination.

仿飞鱼跨介质无人平台的探索研究

邓见，王书虹，路宽，邵雪明

(浙江大学航空航天学院，杭州，310027，Email: zjudengjian@zju.edu.cn)

摘要：跨介质飞行器是一种既能在空中飞行，又能在水下潜航的新概念飞行器，它兼有飞行器的速度和潜航器的隐蔽性。本文以自然界的飞鱼为模仿对象，研究了一种仿飞鱼的跨水气介质无人平台。仿生飞鱼的身体长度约25cm，排水重量约为0.18kg。作为探索性研究，本文主要采用计算流体力学的手段，研究了仿生飞鱼水下游动、水面滑跑及空中滑翔阶段的水动\空气动力学特性。首先，针对空中滑翔阶段，提出了三种不同的飞鱼外形，比较了不同攻角下的升阻力系数、升阻比等关键气动参数，并采用三自由仿真模型，对飞鱼的空中滑翔轨迹进行了预测。研究结果表明飞鱼的最大升力系数为1.03、升阻比为4.7，与前人的风洞试验结果吻合；飞鱼空中滑翔的最远水平距离可达 45.4m、最高飞行高度可达 13.2m，与生物学家的现场观测结果吻合很好。在研究水中游动与水面滑跑过程中，重点比较了飞鱼达到巡航状态所需功率，以证明飞鱼可以通过水面滑跑过程进一步加速到起飞状态。首先，对于水下游动状态，当巡游速度为10m/s，尾鳍拍动频率为145Hz时，在小拍动幅度工况下，飞鱼达到巡游状态需要的输入功率约为 350W，此时，通过身体重量计算出的肌肉功率密度为3664W/kg，该数值可以在生物学上找到合理解释。当飞鱼在水面滑跑时，同样输入功率为350W时，滑飞速度可达到16.5m/s。显然，飞鱼通过水面滑跑进一步将自身加速到起飞状态。

关键词：仿生飞鱼；跨介质飞行器；滑翔；滑跑；游动

A preliminary study on aerial-aquatic unmanned vehicle mimicking flying fish

DENG Jian, WANG Shu-hong, LU Kuan, SHAO Xue-ming

(School of Aeronautics and Astronautics, Zhejiang University, Hangzhou, 310027.
Email: zjudengjian@zju.edu.cn)

Abstract: Aerial-aquatic unmanned vehicles are new concepts of robots with hybrid and multi-modal locomotion, referring specifically to those that can both swim in water and fly in air. They have both advantages of moving as fast as aircrafts and low detestability as submerged. In this paper, we study a new concept of aerial-aquatic unmanned vehicle mimicking flying fish, which is 0.25 m in length and 0.191 kg in weight. Its hydrodynamic characteristics are studied by computational fluid dynamics (CFD), with all the three locomotive modes considered, i.e., swimming, taxiing and gliding. First, in the gliding stage, three different geometries are considered, between which the lift, drag coefficients, and lift-to-drag ratio are compared. Furthermore, we build a three-degree-of-freedom (3-DOF) dynamic model to predict the gliding trajectories. The results show that a maximum lift force coefficient of 1.03 and a maximum lift-to-drag ratio of 4.7 can be achieved, consistent with the previous wind tunnel experiments. The flying fish can reach a distant up to 4.5 m, and a height of 13.2 m, indicating an extraordinary gliding performance. In the stages of underwater swimming and surface taxiing, we focus on the direction comparison in power consumption between these two modes. Underwater, when the fish swims at a constant speed of 10 m/s, the minimum power required is 350 W, achieved at a flapping frequency of 145 Hz and with a small flapping angle. The corresponding muscle density for the fish is 3664 W/kg, which is considerably higher than the normal muscle power density for a fish, but still a reasonable estimation for a real flying fish at this length scale. In contrast, in the taxiing stage, at the same level of power input, i.e., 350 W, the fish can reach a speed of 16.5 m/s. It is apparently evidenced that the flying fish can be further accelerated before take-off by taxiing on the water surface.

Key words: Biomimetic flying fish; Aerial-aquatic unmanned vehicles; Gliding; Taxiing; Swimming.

海洋飞沫及其相变与海–气边界层湍流输运特性的研究

唐帅[1,2]，于轩[2]，潘明[1]，沈炼[2]，董宇红[1]

(1.上海大学 上海市应用数学和力学研究所 上海 200072，Email: dongyh@shu.edu.cn)

(2. 明尼苏达大学 机械工程系，明尼苏达州 美国 55155 Email: shen@umn.edu)

摘要：作为气–海界面普遍存在的现象，风切削波峰和水面下气泡空化等生成的海面飞沫及其汽化过程对海洋与大气间的动量、热量、水汽交换过程产生显著影响，是气旋和风暴生成发展的重要因素之一。建立和模化海面飞沫滴效应与大气边界层动量和热量交换过程的数学物理模型，是理解气–海边界层湍流输运特性以及相互作用原理的前提。本项研究以耦合 level-set 方法和 volume-of-fluid 方法的两流体直接数值模拟，结合基于点–力模型的欧拉–拉格朗日方法波浪破碎过程中飞沫生成和弥散以及气流的运动，讨论在各种波龄、波陡条件下不同粒径的液滴的运动状态。进而研究对气–海界面的动量、热通量及水汽通量的动力学影响，探讨边界层动量通量和热通量改变中飞沫滴的贡献。

关键词：海洋飞沫；相变；拉格朗日粒子追踪；直接数值模拟；气–海界面

参 考 文 献

1 Andreas, E.L. A review of the sea spray generation function for the open ocean. In Atmosphere-ocean interactions; Perrie, W.A.; WIT Press; Southampton, UK, 2002; 1-46.

2 Veron, F. Ocean Spray. Annu. Rev. Fluid Mech. 2015, 47: 507-538.

3 Liu C, Tang S, Shen L, Dong Y, Study of Heat Transfer Modulation by Different Inertial Particles in Particle-laden Turbulent Flow, Journal of Heat Transfer-ASME, 2018, 140:112003.

4 Tang S, Yang Z, Liu C, Dong Y, Shen L. Numerical Study on the Generation and Transport of Spume Droplets in Wind over Breaking Waves. Atmosphere. 2017, 8: 248.

5 Pan M, Liu C, Li Q, Tang S, Shen L, Dong Y. Impact of spray droplets on momentum and heat transport in a turbulent marine atmospheric boundary layer. Theoretical & Applied Mechanics Letters, 2019, 9: 71-78.

Study of sea spray and evaporation on turbulent transport in a marine atmospheric boundary layer

TANG Shuai[1,2], YANG Zi-xuan[2], PAN Ming[1], SHEN Lian[2], DONG Yu-hong[1]

(Shanghai Institute of Applied Mathematics and Mechanics, Shanghai University, Shanghai 200072, Chin，Email: dongyh@shu.edu.cn)

（Department of Mechanical Engineering, University of Minnesota, Minneapolis, MN 55414, USA）

Email: shen@umn.edu)

Abstract: Ocean spray consists of small water droplets ejected from the ocean surface following surface breaking wave event. These drops get transported in the marine atmospheric boundary layer, in which they exchange momentum and heat with the atmosphere, thereby enhancing the intensity of tropical cyclones. In this computational framework, the water and air are simulated on fixed Eulerian grid with the density and viscosity varying with the fluid phase. The air-water interface is captured accurately using a coupled level-set and volume-of-fluid method. The generation of droplets is captured by comparing the fluid particle velocity of water and the phase speed of the wave surface. The trajectories of sea spray droplets are tracked using a Lagrangian particle-tracking method. Simulation cases with different parameters are performed to study the effects of wave age and wave steepness. The flow and droplet fields obtained from simulation provided a detailed physical picture of the problem of interest. The interactions of the droplets with turbulent airflow including mass, momentum, and energy exchange are investigated also. We found a balancing mechanism exists in the droplet effects on the turbulent drag coefficient. For the heat transfer, as droplet mass loading increasing, the total Nusselt number decreases due to the depression of turbulent heat flux and enhanced negative droplet convective flux.

Key words: Ocean spray; Phase change; Lagrangian particle-tracking; DNS; Air-water interface.

涡旋式流体机械非稳态数值模拟及泄漏流动分析

郭鹏程*，孙帅辉，王贤文，宋哲

(西安理工大学西北旱区生态水利国家重点实验室，西安，710048，Email: guoyicheng@126.com)

摘要：结合动网格技术建立了包含径向间隙与轴向间隙的涡旋流体机械三维非定常数值模型，对其在不同压比下的流场和性能进行模拟计算，并采用性能实验对模型进行验证。结果表明径向间隙泄漏的速度远大于轴向间隙的泄漏速度。径向间隙内的泄漏为紊流而轴向间隙内的泄漏为层流，最大泄漏量均发生在排气开始后。对不同转角下径向间隙泄漏量进行了计算和分析，并与喷管模型的泄漏量计算结果进行对比确定了修正系数。当泄漏间隙两侧压比高于临界压比时，径向间隙内最大马赫数大于1而轴向间隙内最大马赫数小于1。本研究将为预测和降低间隙泄漏量，提高涡旋流体机械的性能提供理论依据和手段。

关键词：涡旋压缩机；非稳态数值模拟；泄漏；动网格

1 引言

间隙泄漏，直接决定着涡旋压缩机的运行效率。如何准确地理解泄漏流动机理与预测间隙泄漏量是当前涡旋压缩机性能提高的主要挑战。

涡旋压缩机的泄漏间隙包含径向间隙与轴向间隙。数值模拟方法相对于传统的腔体模型[1]，能够在更少假设条件下对间隙泄漏进行计算，并能获得沿泄漏流道的压力分布和速度分布。在采用 CFD 方法进行涡旋压缩机的数值研究中，轴向间隙往往被忽略[2-4]。Cui[2]对涡旋压缩机内部流场进行了数值模拟，指出径向间隙的泄漏是一个动态过程，随着压缩机转角进行周期性的变化。Sun 等[4]采用数值方法对径向间隙流道内的压力和速度进行了计算，指出压力先降低后升高，而速度则先升高后降低，速度的最大值可能大于本地音速。相对于径向泄漏间隙，轴向泄漏间隙的泄漏面积较大，涡旋压缩机的性能对轴向间隙更为敏感。Picavet[5]采用数值方法对带有中间排气阀的涡旋压缩机进行了计算，模拟中考虑了轴向间隙，但没有详细讨论泄漏的影响。Hesse[6]采用 Twinmesh 和 CFX 对带双间隙泄漏的

基金项目：国家自然科学基金(51839010)，陕西省重点研发计划(2017ZDXM-GY-081)、陕西省教育厅服务地方专项计划(17JF019)和陕西省自然科学基础研究计划（2018JM5147）

通讯作者：郭鹏程，E-mail: guoyicheng@126.com.

涡旋真空泵进行了模拟，指出间隙泄漏和换热是工作腔内压力提升的重要影响因素。Gao等[7]利用 PumpLinx 建立了带顶部密封的涡旋压缩机的数值模型，但在模型的轴向间隙中，由于渐开线的法线方向被阻塞，所以仅对轴向间隙的切向泄漏进行了分析。Song 等[8]用 FLUENT 对涡旋膨胀机的流场进行了瞬态模拟，指出轴向间隙泄漏在对称工作腔之间也存在，是造成工作腔内压力分布不均和二次流的主要原因，同时沿着涡线的轴向间隙压力分布不均匀。

综上所述，当前研究集中于研究泄漏对性能的影响，而对于泄漏流动的机理和泄漏量的研究还较少。本文建立了具有轴向间隙的三维非定常数值模拟模型，并进行实验验证，分析了径向泄漏流和切向泄漏流的流动机理，为预测和降低间隙泄漏量提供理论意依据。

2 数学模型

2.1 几何模型与网格生成

本文以涡旋制冷压缩机为研究对象，流体域网格采用 PumpLinx scroll 模板生成，其中，径向间隙网格随腔体网格生成，间隙网格层数与腔体内网格数量相同。轴向间隙采用独立流体域单独生成网格，并对其运动进行定义。

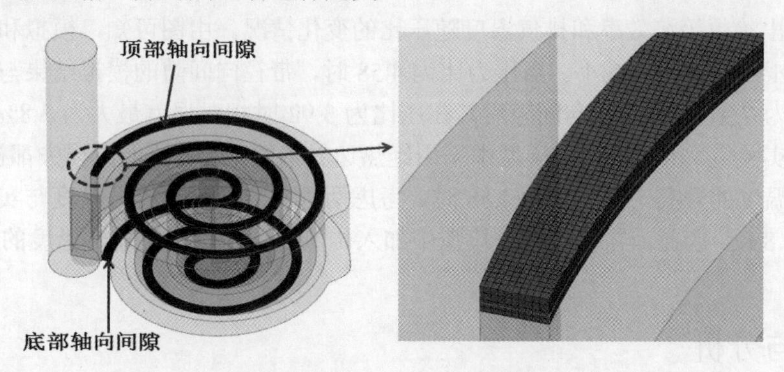

图 1 轴向间隙流体域网格生成示意图

2.2 边界条件与网格无关性验证

模型计算工况和网格无关性见文献[4]，本文中以工况一进口温度 307.7K，进气压力 0.627MPa，排气压力 2.146MPa 为计算工况为，工质为 R22，模型转速设置为 2880r/min。计算中，通常认为高转速下气体在压缩腔中停留时间很短，来不及与外界进行换热，工作过程可视为绝热过程，因此壁面条件为无滑移绝热壁面。

2.3 性能测试与模型验证

为了验证本文所建立的三维非稳态数值模型的准确性本文计算了仅考虑径向间隙和考虑径向和轴向两种间隙的压缩机性能参数，并根据样机试验测试结果[9]其进行了验证，如图 2 和图 3 所示。

通过模拟值和实验值的比较发现，模拟值和实验值的变化趋势基本保持一致，带有轴向和径向双间隙的模拟值与试验值吻合程度更好，计算精度更高。如图 2 所示，模拟容积效率随压比的增大而减小，在高压比工况下，模拟值与试验值之间存在着较大的误差。当压比为 4.58 时，双间隙模型的容积效率计算值与实验值相比偏差最大。图 2 中，模拟和实验的 COP 同样随着压力比的增大而减小。在 CFD 模型中加入轴向间隙后，模拟 COP 显著降低，双间隙模型的 COP 模拟值低于实验值。

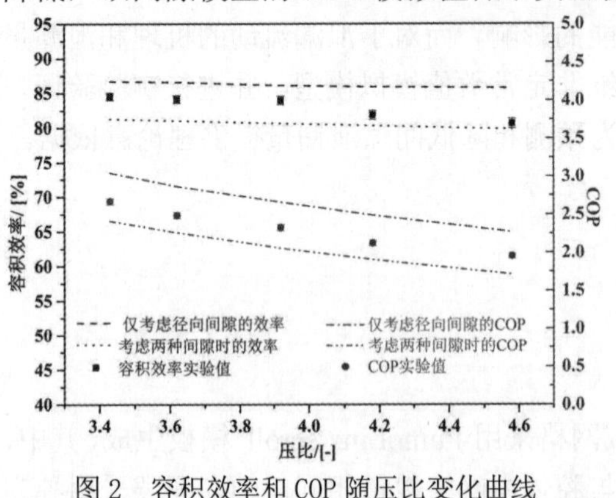

图 2 容积效率和 COP 随压比变化曲线

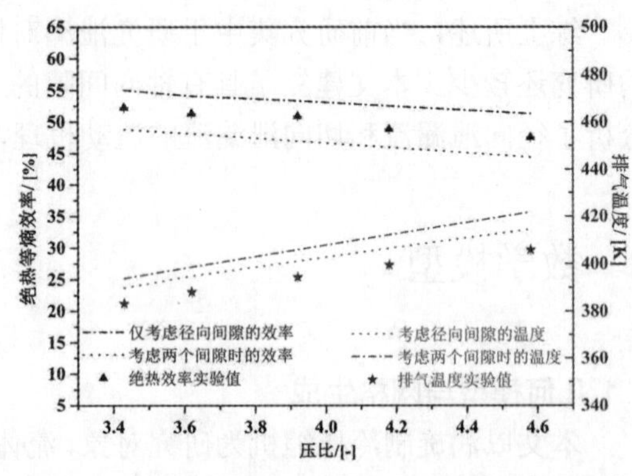

图 3 绝热等熵效率和排气温度随压比变化曲线

图 3 给出绝热等熵效率和排气温度随压比的变化情况。由图可知，模拟和实验的绝热等熵效率随压比的增大而减小。当压力比为 4.58 时，带径向间隙的模拟结果与实验结果相对误差最大为 7.9%，加入轴向间隙后，在压比为 3.92 时相对误差最大为 3.8%。模拟排气温度均高于实验值。由于在模拟模型中采用绝热边界条件，所有的能量损失都被工质吸收，导致了排气温度的升高。在压比为 4.58 时，考虑两种间隙模型的排气温度与实验排气温度最大偏差 15.8 K。因此，需要在数值模型中加入传热模型，以减小排气温度的偏差。

3 结果与分析

3.1 泄漏流动分析与径向间隙泄漏量计算

图 4(a)所示为两个间隙中最大泄漏速度与雷诺数随转角的变化曲线。在图 4（a）中，径向间隙中的雷诺数大于 4000，表明径向间隙中的流动是湍流。对于湍流流动，摩擦损失是雷诺数和壁面相对粗糙度的函数。轴向间隙中的雷诺数均小于 2100，表明流动为层流。对于层流流动，摩擦损失仅与雷诺数有关。在模拟模型中，壁面条件默认为是平稳运动的，可能会导致切向泄漏流的摩擦损失减小。因此，需要考虑涡旋壁面的粗糙度，以准确预测 CFD 模型中的切向泄漏流量。

图 4(b)所示为 CFD 计算的径向间隙泄漏质量流量随转角的变化曲线。从图中可以看出，在排气开始之前，径向间隙泄漏质量流量几乎呈直线上升。排气开始后，径向间隙泄漏量

相对保持在一个较大的值。在排气过程的末段，径向间隙泄漏质量流量开始迅速减小。从图 4(a)中可以看出，径向间隙泄漏主要发生在排气开始后，在转角为 470°至 750°的范围内，泄漏质量流量约占整个工作过程径向间隙泄漏的一半。轴向间隙泄漏速度在曲轴转角为 470°时达到最大值 113 m/s，由于轴向间隙泄漏面积随曲轴转角的增大而减小，所以最大轴向间隙泄漏质量流量可能发生在 470°。从 310°～520°的转角范围内，轴向间隙泄漏质量流量可能是压缩过程结束时总轴向间隙泄漏的主要部分组成。此外，轴向间隙泄漏速度远低于径向间隙泄漏速度，这表明在一定的曲轴转角下，轴向间隙泄漏质量流量将低于径向间隙泄漏质量流量。

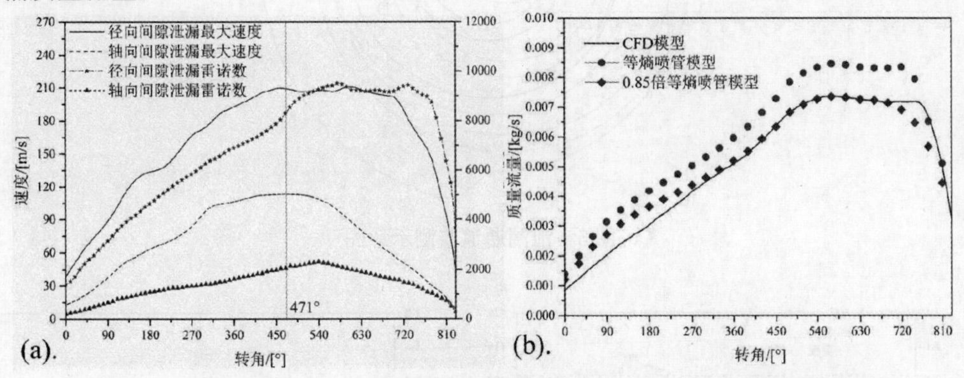

图 4　间隙流动参数分布：(a) 最大流速与雷诺数 (b) 径向间隙泄漏质量流量

为了确定等熵喷管模型计算的泄漏量与实际气体泄漏量之间的误差，计算了模型在理想等熵喷管模型[4]下的泄漏量，如图 4(b)所示。从计算结果可以看出，排气开始后，采用 CFD 模型计算的径向间隙泄漏质量流量约为等熵喷管模型计算的质量流量的 0.85 倍，小于等熵喷管模型计算出来的泄漏质量流量。由此可知，利用等熵喷管模型计算的泄漏质量流量误差较大，需要对等熵喷管模型计算公式进行修正。

3.2 泄漏特性分析

如图 5 所示，弧 AB 为径向间隙泄漏通道，线段 CD 为轴向间隙泄漏通道，点 A 和点 C 在同一腔体中，近似认为 B 点的压力等于 D 点处的压力。沿轴向间隙泄漏通道 CD 的压力和温度分布如 6(a)所示，沿径向间隙泄漏通道的局部马赫数变化如图 6(b)所示。由图 6(a)可以看出，压力在泄漏路径的入口和出口处急剧下降，表明流量损失主要发生该位置。在出口处，CD 线最后一点的温度远高于低压工作室中的温度。出口温度 T_{is} 的计算值远低于模拟的出口温度，其原因是轴向间隙泄漏的流动损失比理想喷嘴泄漏模型的流动损失大得多。因此，大部分来自压降的膨胀功转化为热力学能，而不是动能。由于这里的进口压力与背压之比约为 2.549，大于临界压比 1.795，所以沿 CD 线的马赫数应达到 1。但是，CD 线上的最大局部马赫数仅为 0.6，如图 6(b)所示。说明轴向间隙泄漏需要在更高的压比下才能达到音速。

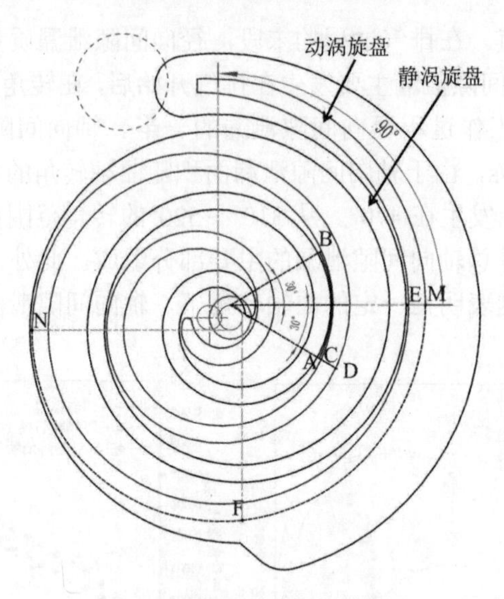

图 5　泄漏通道监测示意图

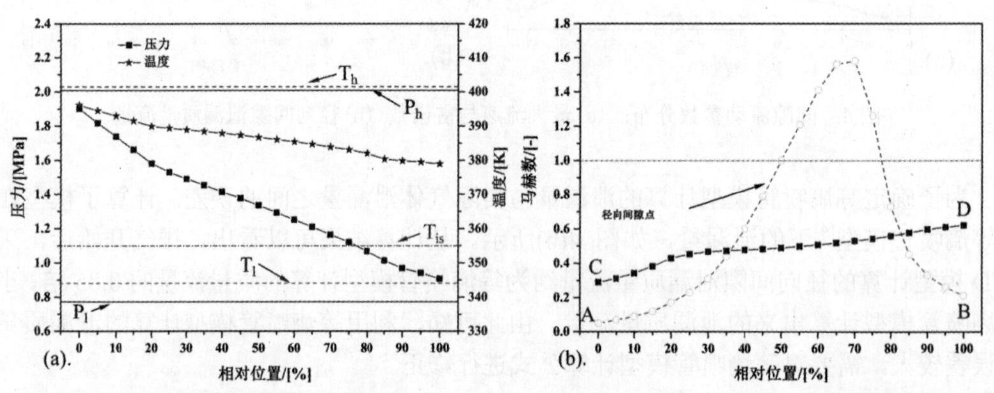

图 6 泄漏通道参数分布 (a). 泄漏线 CD 上的压力和温度分布 (b). 泄漏线上的马赫数分布

沿着弧线 AB 的马赫数分布如图 6(b)所示。马赫数首先逐渐增大并在相对位置 70%处达到峰值，然后迅速减小。马赫数从 50%到 77%的相对位置均大于 1，说明流动是超音速的。其原因是径向间隙的结构实际上是缩放喷管而不是渐缩喷管，当压比高于临界压比时，径向间隙中的泄漏流将继续加速到超音速。

4　结论

本文建立了包含轴向间隙的涡旋式制冷压缩机的三维瞬态仿真模型。对两个间隙中的泄漏流动进行了分析。

（1）模型加入轴向间隙后，预测精度除排气温度外得到提高，在数值模型中加入换热模型有助于排气温度的精确预测。

（2）切向泄漏速度远大于径向泄漏速度，所以切向泄漏流主要为湍流，而径向泄漏为层流。应考虑涡旋壁面的粗糙度，以准确预测 CFD 模型中的切向泄漏流量。

（3）采用 CFD 模型计算的径向间隙泄漏量与等熵喷管模型计算的泄漏质量流量的比值约为 0.85.

（4）当泄漏间隙的压力比大于喷管临界压比时，切向泄漏流为超音速流动，而径向泄漏仍然由于较大的流量损失而保持亚音速流动。

参考文献

1 Sun S, Zhao Y, Li L, et al. Simulation research on scroll refrigeration compressor with external cooling. International Journal of Refrigeration, 2010, 33(5):897-906.

2 Cui M. Numerical Study of Unsteady Flows in a Scroll Compressor. Journal of Fluids Engineering 2006; 128: 947-955.

3 Yue X, Lu Y, Zhang Y, et al. Computational fluid dynamics simulation study of gas flow in dry scroll vacuum pump. Vacuum 2015; 116: 144-152.

4 Sun S, Wu K, Guo P, et al. Analysis of the three-dimensional transient flow in a scroll refrigeration compressor. Applied Thermal Engineering 2017; 127:1086-1094.

5 Picavet A, Angel B. Numerical simulation of the flow inside a scroll compressor equipped with intermediate discharge valves. In: International Compressor Engineering Conference at Purdue 2016; 1177.

6 Spille-Kohoff A, Hesse J, Andres R, et al. CFD simulation of a dry scroll vacuum pump with clearances, solid heating and thermal deformation. IOP Conference Series: Materials Science and Engineering, In: 10th International Conference on Compressors and their Systems 2017; 232.

7 Gao H, Ding H, Jiang Y, et al. 3D Transient CFD Simulation of Scroll Compressors with the Tip Seal. In: 9th International Conference on Compressors and Their Systems at City University 2015.

8 Song P, Zhuge W, Zhang Y, et al. Unsteady Leakage Flow Through Axial Clearance of an ORC Scroll Expander. Energy Procedia 2017; 129: 355-362.

9 Sun S, Guo P, Feng J, Zheng X, et al. Experimental investigation on the performance of scroll refrigeration compressor with suction injection cooling, In: 4th Joint US-European Fluids Engineering Division Summer Meeting Collocated with the ASME 2014; V01BT10A047.

Transient numerical simulation and leakage flow analysis of scroll fluid machinery

GUO Peng-cheng, SUN Shuai-hui, WANG Xian-wen, SONG Zhe

(State Key Laboratory of Eco-hydraulics in Northwest Arid Region, Xi'an University of Technology, Xi'an, 710048. Email: guoyicheng@126.com)

Abstract: A three-dimensional unsteady numerical model of a scroll fluid machine with radial and axial clearances is established by means of dynamic mesh. The flow field and performance under different pressure ratios were simulated and the model was verified by performance experiments. The results show that the leakage velocity of radial clearance is much higher than that of axial clearance. The leakage in radial clearance is turbulent and the leakage in axial clearance is laminar flow. The maximum leakage occurs after the start of discharge process. The radial clearance leakage amount under different crank angles was calculated and analyzed. Compared with the calculation results of the nozzle model, the correction coefficient is determined. When the pressure ratio on both sides of the leakage clearance is higher than the critical pressure ratio, the maximum Mach number in the radial clearance is greater than 1 and the maximum Mach number in the axial clearance is less than 1. This study will provide theoretical basis and means for predicting and reducing the amount of clearance leakage and improving the performance of scroll fluid machinery.

Key words: Scroll compressor; Transient numerical simulation; Leakage; Dynamic mesh.

船舶螺旋桨流场及水动力数值分析

洪方文，张志荣，刘登成，郑巢生

（中国船舶科学研究中心，船舶振动噪声重点实验室，无锡 214082 Email: hongfangwen@sina.com）

摘要： 随着数值和计算机技术的飞速发展，计算流体力学已经发展成为流体力学的主要研究手段，作为船舶优化设计和航行性能分析的基本工具，在船舶水动力学分析中得到广泛应用。本文针对船舶螺旋桨流动模拟，描述使用的网格模式、数值方法，探讨水动力计算结果对网格尺度、几何精细度表达、边界层网格形式的依赖性和敏感性，同时在数值模拟的基础上分析螺旋桨叶片边界层、梢涡、尾涡的流动特征，以及螺旋桨流动与水动力的联系。

关键词： 螺旋桨；CFD；水动力；流场

1 引言

在节能减排和船舶市场极度不景气的环境下，船舶节能技术的开发和应用成为当前船舶领域的研究热点，船舶水动力节能装置设计对计算流体力学(CFD)提出了很高的要求。在船舶快速性分析中，CFD 计算精度达到 3%是可接受的，但要分析节能装置的节能效果，这样的计算精度很难满足要求，因为一般节能装置的节能效果也恰好在 3%左右。为建立基于 CFD 技术的船舶节能装置设计和评估技术，进一步完善船舶 CFD 技术，提高其计算精度，是一件势在必行的工作。

船舶 CFD 始于 20 世纪 60 年代，并在 80 年代开始模拟螺旋桨相关问题 [1-2]，但早期主要通过鼓动盘的方式体现螺旋桨的影响。真正螺旋桨黏性流场 CFD 计算出现于 90 年代初期 [3-5]，在90年代中期定常流计算已相当广泛，并开始应用到螺旋桨水动力性能的预报中 [6-8]）。到 90 年代末期，螺旋桨 CFD 已经比较成熟，可以较好地预报螺旋桨敞水性能。1998 年，22 届 ITTC 推进技术委员会在法国 Grenoble 专门举行了 RANS/面元法螺旋桨性能比较计算研讨会 [9-11]，研讨会的主要结论是 RANS 和面元法都可十分精确的预报螺旋桨的敞水性能，能够用于螺旋桨设计阶段的性能预报。21 世纪，CFD 广泛应用到螺旋桨的精细流动模拟和性能分析上 [12-15]，现对螺旋桨的流动分析更加精细，已经发展到模拟螺旋桨叶片表面湍流转捩流动，并分析转捩对螺旋桨水动力性能的影响 [16-17]。国内，20 世纪 90 年代后期开始发展螺旋桨黏流 CFD [18-20]，但到 21 世纪，由于商用软件的普及，螺旋桨 CFD 主要以商用软件应用为主[21-23]。

在各类文章中很少看到研究各类参数对螺旋桨水动力数值计算精度的影响，本文将研究网格尺度、几何表达精细度，以及边界层网格厚度等参数对螺旋桨敞水性能数值计算的影响，以及描述螺旋桨周围的主要流动特征。

2 数值方法

2.1 控制方程

控制方程使用旋转坐标系下不可压缩流体雷诺平均质量和动量守恒方程：

$$\nabla \bullet \vec{V} = 0 \tag{1}$$

$$\rho \frac{\partial \vec{V}}{\partial t} + \nabla \bullet \left(\vec{V}\vec{V}\right) + 2\rho\vec{\Omega} \times \vec{V} + \rho\vec{\Omega} \times \vec{\Omega} \times \vec{r} = -\nabla p + \nabla \bullet \bar{\bar{\tau}} \tag{2}$$

其中ρ是流体密度，$\vec{V}$是相对速度矢量，$\vec{\Omega}$是坐标系的旋转速度，p是压力，$\vec{r}$是位置矢量，t是时间，$\bar{\bar{\tau}}$是应力张量，其中包含黏应力项和湍流引起的雷诺应力项，其具体形式如下。

$$\bar{\bar{\tau}} = \mu\left(\nabla \vec{V} + \nabla \vec{V}^{T}\right) + (-\rho\overline{\vec{V}'\vec{V}'}) \tag{3}$$

上式中右边第一项是黏应力项，第二项是雷诺应力项。在 Boussinesq 假设下，雷诺应力项的计算公式为：

$$-\rho\overline{\vec{V}'\vec{V}'} = \mu_t\left(\nabla \vec{V} + \nabla \vec{V}^{T}\right) + \frac{2}{3}\rho k\vec{i}\vec{i} \tag{4}$$

$\vec{i}\vec{i}$为单位并矢，k为湍流强度，μ_t为湍流黏性，使用$SST\ \ k-\omega$湍流模型计算。

2.2 数值求解

流动的数值求解使用有限体积法。动量守恒方程和湍流方程中的对流项离散使用二阶迎风格式，扩散项使用二阶中心差分格式，流场中物理量梯度计算使用基于单元的 Green-Gauss 方法。离散方程求解利用 SIMPLE 方法和 Gauss-Seidel 迭代，同时求解过程中使用多重网格技术加速迭代的收敛。压力计算松驰因子取 0.3，速度计算松驰因子取 0.7，湍流计算松驰因子取 0.8。计算中各方程的收敛条件为 10^{-4}，但整过计算过程的收敛通过螺旋桨的推力系数变化来判断，当螺旋桨推力系数变化小于 10^{-3} 时，认为计算过程收敛，结束计算。

2.3 初边条件

在旋转坐标系下，假设流动具有与螺旋桨叶片数相同的周期性，计算区域取一个流道的扇形区域。进口在螺旋桨前方 6D 处，出口在螺旋桨后方 10D 处，区域半径为 6D，D 是螺旋桨的直径。为了划分高质量的网格，把计算区域划分为 6 块子区域，子区域形式示意在辐射面内如图 1。

计算区域边界包含进口边界，出口边界，顶部圆周边界，螺旋桨叶片，桨毂，前轴，后轴，周期边界。进口边界和顶部圆周边界施加速度进口边界条件，设定进口速度和湍流相关参数。出口边界施加压力边界条件，给定出口压力。螺旋桨叶片和桨毂使用不可滑移物面边界条件。前轴和后轴使用滑移物面边界条件。周期边界施加周期边界条件。计算的速度初始条件使用绝对坐标下的来流均匀速度。

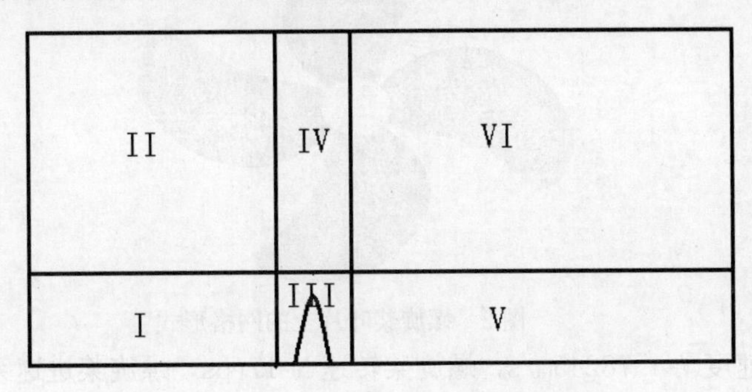

图 1 计算区域划分形式示意

3 对象和网格

研究对象选为 28000DTW 多用途船的螺旋桨模型，模型编号为 PM1154，主参数见表 1。

表 1 螺旋桨模型 PM1154 主参数

直径 D(m)	0.2097
叶数 Z	4
075r 螺距比 P/D	0.7380
盘面比 AE/A0	0.58
075r 弦长 C(m)	0.0664
旋向	右旋

在计算域内，包含螺旋桨的区域使用非结构化网格，其他区域使用结构化网格。螺旋桨叶片导随边网格加密，导随边网格尺度以 1% D 为基础变化，叶片上的网格形式见图 2。叶片附近网格以螺旋桨叶片上的网格尺寸为基础，向外以 1.1 的比例增长。在螺旋桨的进口区域，轴向布置 15 个网格，进口处尺寸为 1.0D，与螺旋桨区域交接处为 6%D。在螺旋桨的出口区域，轴向布置 20 个网格，出口处尺寸为 1.0D，与螺旋桨区域交接处为 6%D。径向

使用 15 个网格。在顶面处尺寸为 1.0D，与螺旋桨区域交接处为 12%D。周向均匀布置 40 个网格。螺旋桨的前后区域使用桶型平推网格。在研究中将按这里描述的网格为基础进行加密和稀疏。

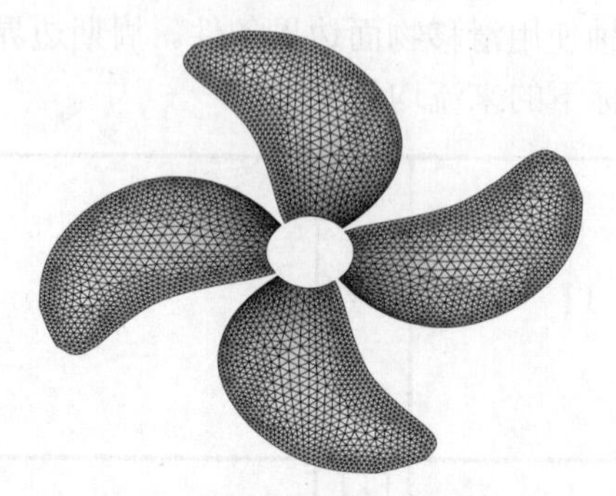

图 2　螺旋桨叶片上的网格形式

计算中进口速度 V=1.78245m/s，螺旋桨转速 N=17rps，螺旋桨进速系数 $J = 0.5$，计算中参考压力为一个大气压，出口相对压力设为 0.0。

4　网格敏感性分析

为了分析敞水性能的网格敏感性，逐渐加密上节描述的基础网格，生成六套密度不同网格。六套网格最密处（螺旋桨的导随边）的网格尺寸分别为 2.0mm(1% D)，1.0mm(0.5% D)，0.5mm(0.25% D)，0.25mm (0.125% D)，0.125mm(0.0625% D)，0.0625mm(0.03125% D)。六套网格总体情况如表 2。首先利用 $SST\ k-\omega$ 湍流模型计算了 28000DTW 螺旋桨模型的水动力性能，接着计算了无黏流动情况下的螺旋桨模型水动力，计算结果如图 3。

表 2 网格主要参数

名称	最小网格尺寸	无边界层网格		有边界层网格	
		网格总数	y+	网格总数	y+
pm01	2.0mm	20 万	100～250	24 万	15
pm02	1.0mm	52 万	50～200	64 万	1~5
pm03	0.5mm	118 万	40～160	145 万	1~5
pm04	0.25mm	270 万	20～100	338 万	1~5
pm05	0.125mm	750 万	20～60	927 万	1~5
pm06	0.0625mm	2850 万	10～40	3330 万	1~5

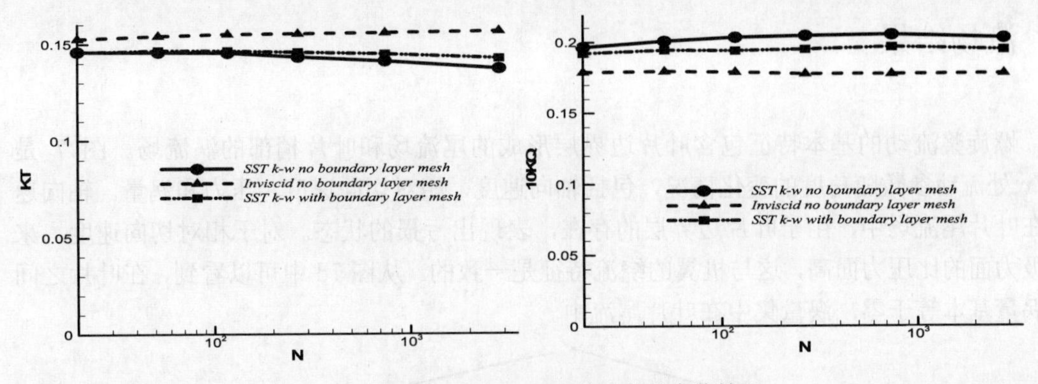

图 3　KT 和 KQ 随网格总数的变化情况

从图 3 可以看出随网格的加密，无黏流计算结果变化很小，而对于使用 $SST\ k-\omega$ 湍流模式计算结果变化很大。在网格数从 20 万到 118 万， kt 减小 0.5%，而网格数从 750 万增加到 2850 万时，kt 减小了 2.8%，这与网格收敛性预想是不一致的。一般随着网格数的增加，计算结果的变化会越来越小，最后保持不变，达到收敛。而现在的计算中网格数达到近 3000 万时，计算结果还保持了 3%的变化，并呈增大的趋势，这是很不理想的事情。出现这种情况可能是由于壁面附近边界层内流动复杂性引起的。边界层总体分为三层来对待：①y+<5 为黏性底层，速度分布具有线性关系；②y+>500 的外层，流动由大尺度主导；5< y+<500 的湍流层。湍流层又分为两层，30<y+<500 时为充分湍流区，速度分布具有指数关系，5<y+<30 时为过渡层，速度分布难以简单表达。在湍流模式中壁面边界条件是与第一层网格的高度相关的，当网格变化时，壁面网格尺寸同样变化。当壁面处的第一层网格落在不同的区域时，边界条件的处理方式不一样，这样就可能引起计算结果的不同。从表 2 中可以看到随着网格的加密，壁面附近第一层网格的高度变化很大，从 250 变化到 10，正好从湍流充分区变到过渡区。如此看来，研究计算结果对网格的敏感性时，边界层内的网格需要保持不变。基于这一原因，对上面六套网格进行改进，在螺旋桨壁面上加了统一高度的边界层网格，网格层数为 14，高度为 0.3mm。利用新的六套网格重新计算水动力，从图 3 中可以看出，网格的收敛性得到了改善，kt 的最后变化为 1.6%。不过从变化曲线看，并没有表现出随网格数增大，变化越来越小的良好收敛行为。

产生以上计算结果不随网格加密收敛的原因还可能来自两个方面：①螺旋桨叶片的导随边处理不合理；②边界层网格的厚度不够。螺旋桨叶片实际加工过程中，导随边使用导园进行光滑处理。为了保持计算中几何的准确性，这里对螺旋桨导随边进行精细处理，用圆弧进行光滑(图 4)。另外对边界层网格进行加厚，由 0.3mm 加厚到 0.0012mm（图 5)，扩充四倍。导边/随边精细化处理，及加厚边界层网格后水动力计算结果如图 6，计算的网格收敛性得到明显改善，最后变化为仅为 0.1%。

5 流场结果

螺旋桨流动的基本特征包含叶片边界层形成的尾流场和叶片梢部的涡流场。图 7 是 0.7r 处流动参数随角度的变化情况，包括轴向速度，相对切向速度，压力和涡量。轴向速度在叶片尾流场中，由于叶片边界层的存在，表现出亏损的状态。对于相对切向速度，来自吸力面的比压力面高，这与机翼的绕流特征是一致的。从图 7d 中可以看到，在叶片之间的涡量基本等于零，涡量集中在叶片尾流中。

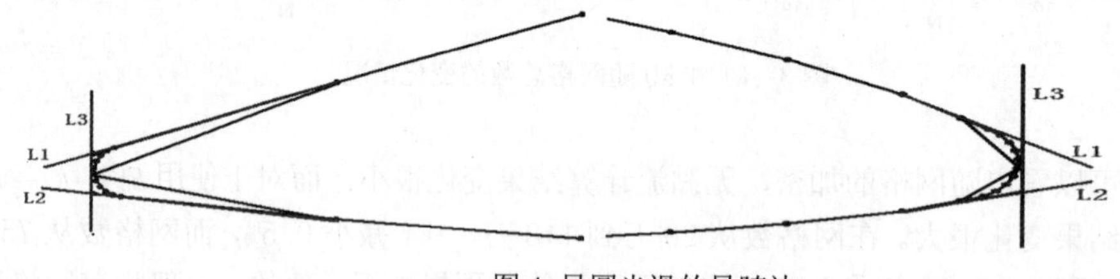

图 4 导圆光滑的导随边

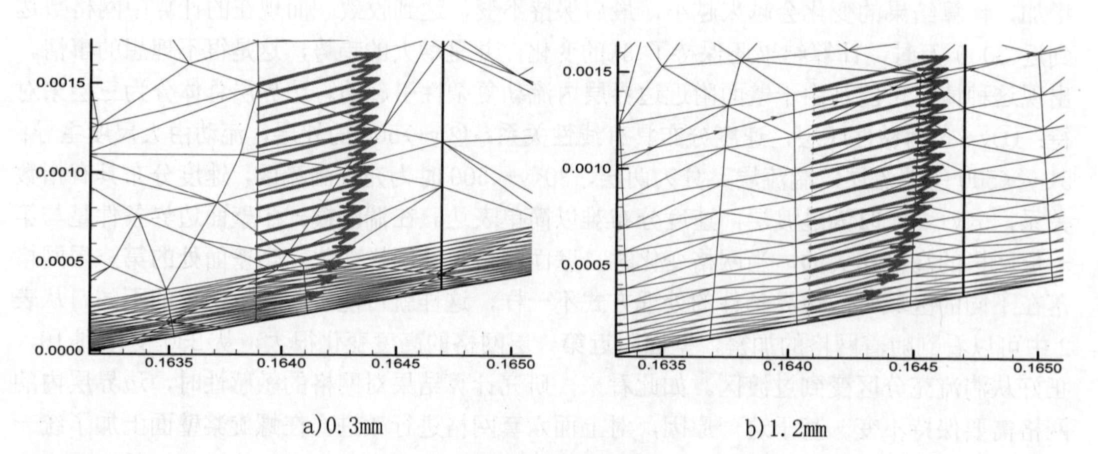

a) 0.3mm　　b) 1.2mm

图 5 边界层网格

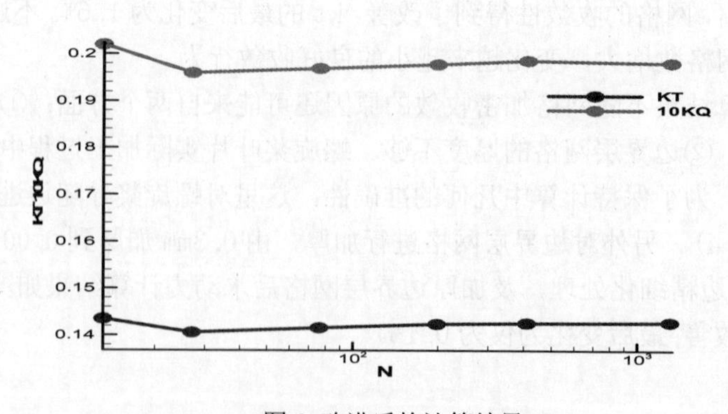

图 6 改进后的计算结果

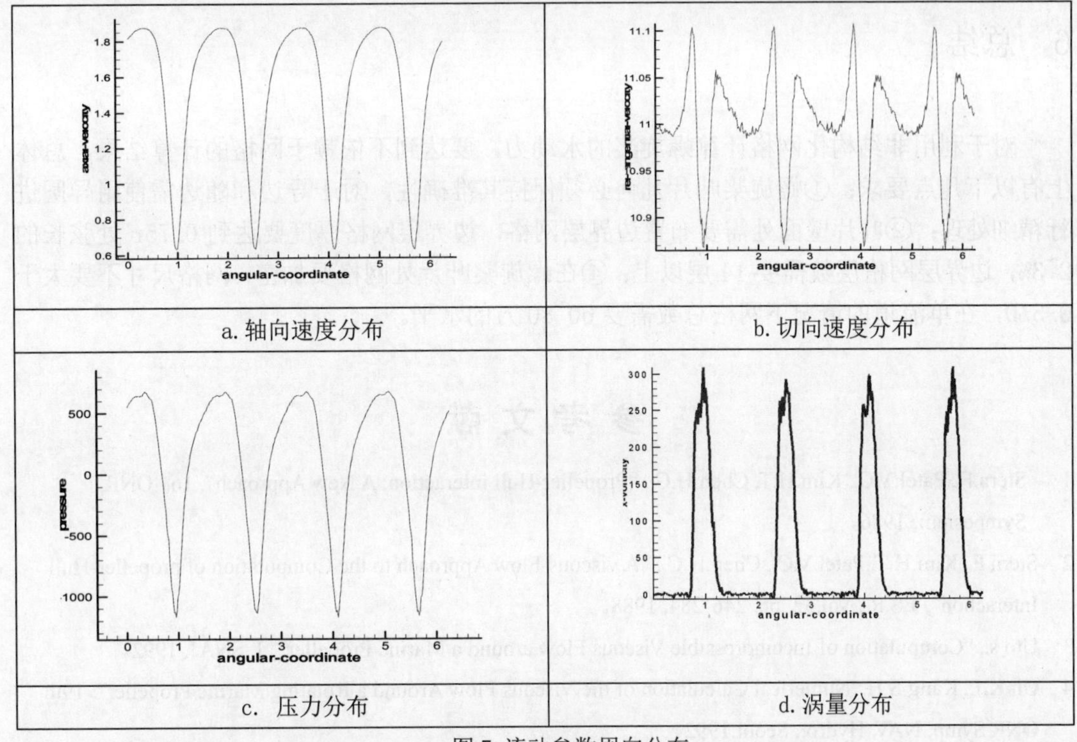

a. 轴向速度分布

b. 切向速度分布

c. 压力分布

d. 涡量分布

图 7 流动参数周向分布

图 8 是等半径圆柱面内叶片尾流场发展的情况。从图中可以看出叶片尾流场由两层组成，两层内的涡量相反。两层的起源来自于叶片的压力面和吸力面的边界层流动，压力面和吸力面边界层的径向涡量符号正好相反，致使尾流场内涡量的符号也相反。图 9 是螺旋桨尾部轴向横截面内的涡量分布，可以看出涡量集中在叶片的尾流和梢涡流动中。叶片尾流包含两层轴向涡量，同样两层内轴向涡量符号相反。根据螺旋桨理论两层内的涡量之和应该等于螺旋桨叶片泻出涡。在梢部区域有明显的涡量集中区域，这是螺旋桨的梢涡。梢涡同样包含两块区域，正涡量的主区域和负涡量的辅区域。负涡量的辅区域是由于梢涡涡旋运动把叶片压力面的负涡量输运的结果。

图 8 叶片尾流

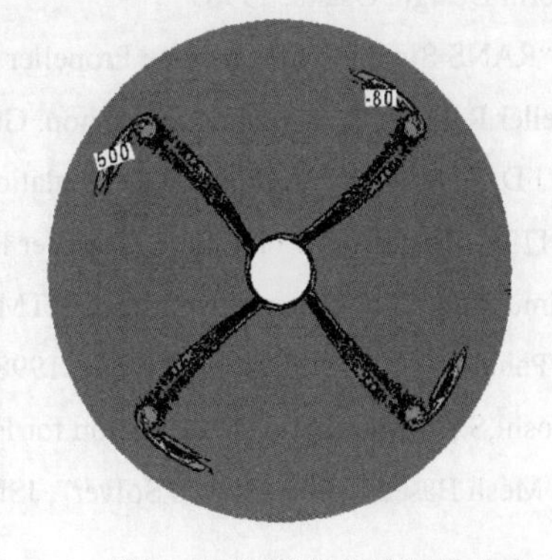

图 9 叶片尾流内的涡量分布

6 总结

对于利用非结构化网格计算螺旋桨的水动力，要达到不依赖于网格的计算结果，总体上有以下几点要求：①螺旋桨叶片几何必须保持其准确性，对于导边和随边需使用导圆进行精细处理；②叶片壁面处需要布置边界层网格，边界层网格厚度要达到 0.75r 处弦长的 2~3%，边界层网格层数需要 14 层以上；④在螺旋桨叶片处网格要加密，网格尺寸不要大于 0.5%D，在单流道的情况下网格总数需要 60~80 万的水平。

参 考 文 献

1 Stern.F., Patel.V.C., Kim.H.T, Chen.H.C., "Propeller-Hull interaction: A New Approach", 16th ONR Symposium, 1986。

2 Stern.F., Kim.H.T, Patel.V.C., Chen.H.C., "A viscous-Flow Approach to the Computation of propeller-Hull Interaction", J.S.R., Vol.32, pp. 246-284, 1988。

3 Uto s., "Computation of Incompressible Viscous Flow around a Marine Propeller", J. SNAJ, 1992。

4 Oh K.J., Kang S.H."Numerical Calculation of the Viscous Flow Around a Rotating Marine Propeller", 19th ONR Symp. NAV. Hydro., Seoul,1992。

5 Stern.F., Zhang D., Chen B., Kim.H., Jessup.S., "Computing of Viscous Marine Propeller Blade and Wake Flow", 20th ONR, California, 1994。

6 Stanier M., "The application of 'RANS' code to Model propeller DTRC4119", DRA Tenchnical Report DRA/UWS/CUGM/TR95018,1995。

7 Stanier M., "The application of 'RANS' code to investigate propeller Wake", DRA Tenchnical Report DRA/SS/SSHE/TR95003,1995。

8 Abdel－Maksoud M., Menter F., Wuttke H., "Numerical Computation of the viscous flow around the series 60 CB=0.6 Ship with Rotating Propeller", Third Osaka Colloquium on Advanced CFD Applications to Ship Flow and Hull Form Design, Osaka, 1998。

9 Chen B, Stern F,"RANS Simulation of Marine Propeller P4119 at design condition", 22nd ITTC Propulsion Committee Propeller RANS/Panel Method Workshop, Grenble, 1998。

10 Tang D H, Chen J D, Zhou W X,"Comparative calculations of propeller performance by RANS/Panel Menthod", 22nd ITTC Propulsion Committee Propeller RANS/Panel Method Workshop, Grenble, 1998。

11 Uto S,"RANS Simulation of turbulent flow around DTMB4119 propeller", 22nd ITTC Propulsion Committee Propeller RANS/Panel Method Workshop, Grenble, 1998。

12 Rhee,S.H., and Joshi,S., "Computational Validation for Flow around a Narine Propeller Using Unstructructured Mesh Based Navier-Stokes Solver", JSME Int J., Ser,.B, 48(3), 2005。

13 Martin Vyšohlíd, Krishman Mahesh, “Large Eddy Simulation of crashback in marine propellers”, 26th SNH, 2006。

14 Bensow R.E., Liefvendahl M., Wilstrom N., “Propeller Near Wake Analysis Using LES with a Rotating Mesh”, 26th SNH. 2006。

15 Baltazar J., Rijpkema D., J.A.C. Falcäo de Campos“On the Use of the Y-Re_θ Transition Model for the Prediction of the Propeller Performance at Model-Scale”，Fifth International Symposium on Marin Propulsors，2017。

16 Xiao Wang, Keith Walters, Computational analysis of marine-propeller performance using transition-sensitive turbulence modeling, Journal of fluids engineering, Vol. 134，2012。

17 Kumar P.,Mahesh K.,“Large eddy simulation of propeller wake instabilities”，J. Fluid Mech. Vol. 814, 2017。

18 唐登海，董世汤. 船舶螺旋桨周围黏性流场数值预报与流场分析.水动力研究与进展，1997(4).

19 唐登海、丁恩宝. 螺旋桨流道区域分块数值网格生成方法.702 所科技报告，2000.。

20 张志荣. 水面舰船综合黏性流场的实用化 CFD 研究.中国船舶科学研究中心博士学位论文，2004.

21 韦喜忠，非结构有限体积法在螺旋桨大涡模拟中的应用.中国船舶科学研究中心硕士论文，2008.

22 冯雪梅，陈凤明，蔡荣泉. 使用 Fluent 软件的螺旋桨敞水性能计算和考察. 船舶,2006(1).

23 洪方文，张志荣，常煜，等，基于 Fluent 的螺旋桨水动力性能数值分析平台，2006 FLUENT 用户大会文集，2006。

Numerical simulation on the flow fields and hydrodynamic performance of propeller

HONG Fang-wen, ZHANG Zhi-rong, LIU Deng-cheng, ZHENG Chao-sheng

（China Ship Scientific Research Center, Wuxi 214082，Email: hongfangwen@sina.com）

Abstract: With the rapid development of numerical technique and computer technology, computational fluid dynamics (CFD) has become the main research means of hydrodynamics. As a basic tool for ship optimization design and navigation performance analysis, CFD has been widely used in ship hydrodynamics analysis. In this paper, the mesh type and numerical method used for ship propeller flow simulation were described. The dependence and sensitivity of hydrodynamic calculation results on grid size, geometric expression precision and grid form of boundary layer were discussed. On the basis of numerical simulation, the flow characteristics of boundary layer, tip vortex and wake vortex of propeller blade and the relationship between propeller flow and hydrodynamic performance were analyzed.

Key words: propeller, CFD, hydrodynamic performance, flow fields

钝体尾迹区通气空泡流动特性研究

王志英[1]，黄彪[2]，王国玉[2]

(1. 中国科学院力学研究所流固耦合系统力学重点实验室，北京，100190
2. 北京理工大学机械与车辆学院，北京，100081，Email: huangbiao@bit.edu.cn)

摘要：本研究采用实验的方法开展了不同雷诺数和通气量下，钝体尾迹区通气空泡流动特性的研究。依据雷诺数 Re 和通气率 Q_v 建立了通气空泡气液两相流的流型图谱。根据通气空泡流动特征，将其分为两大类，分别是旋涡脱落型和相对稳定型。当通气率 Q_v=0. 0866 时，雷诺数的改变不影响空泡流型，均属于旋涡脱落型。当通气率为 Q_v=0. 278 时，钝体尾部有空泡包裹，随着雷诺数的增加，空泡长度显著减小，空泡形态由相对稳定型向旋涡脱落型转变。当雷诺数保持一致时，随着通气率的增加，均出现了由旋涡脱落型向相对稳定型转变的趋势。随着雷诺数的增加，由旋涡脱落型转变为相对稳定型所需要的通气率增大。

关键词：通气空泡；旋涡脱落；实验研究

1 引言

超空泡减阻是一种实现水下航形体高速航行的重要技术，已被国外用于研制新一代水下超高速武器，譬如超空泡舰船，超空泡子弹，超空泡射弹以及超空泡鱼雷等。超空泡的实现方式有两种：一种是在足够高的速度下液体汽化形成的汽相超空泡（自然超空泡）；另一种是通过在低压区通入不可凝气体，形成的气相超空泡（也称为通气超空泡[1-2]）。由于后者能够在相对较小的速度下实现超空泡的形成，从而得到了更加广泛的应用[3]。

自 20 世纪 40 年代以来，国内外研究人员就通气空泡流动中涉及的物理现象进行了广泛、深入的研究。研究重点主要聚焦于超空泡形成条件和超空泡尾部泄气方式。而当通气超空泡受到扰动时或通气量不足以形成稳定超空泡时，往往呈现出大尺度空泡旋涡脱落现象。Harwood 等[4]对水翼通气空化中空泡的生成、溃灭及稳定性进行了研究，提出通气空泡的稳定性与回射流的角度有关。Wang 等[5]细致地描述了通气云状空泡脱落的细节，给出了回射流的形成、空泡脱落演化特征。研究均表明，回射流的发展是旋涡脱落的重要因素。而当流体绕过钝体时，会在钝体尾迹区出现旋涡交替脱落的现象，这种旋涡的交替脱落同样会导致流动的不稳定性[6]。Belahadji 等[7]通过高速摄像研究了楔形后湍流尾迹区空化旋涡结构的初生与发展，提出了表征旋涡脱落频率的斯特罗哈数 St 和涡街特征参数与空化数的关系。Barbaca 等[8]研究了不同参数下（通气量和弗汝德数），钝体后通气空泡形态结构，尤其是回射流的流动特性。

由于空泡的脱落会影响稳定超空泡的生成，为了形成稳定可控的通气超空泡，本研究针对通气空泡展开了大量的实验研究，分析其空泡流型特征及其转变规律。

2 实验装置与方法

2.1 空化水洞

实验在一闭式循环空化水洞进行。该水洞的主要由贮水池、真空泵、压力罐、导流片、实验段、管路、轴流泵及电机等组成。

2.2 通气系统

为了形成稳定可控的空泡，基于水洞实验装置，设计了包括空气压气机、压力控制阀、气体稳压储存罐、转子流量计和相关控制部件及管路组成的通气系统。该系统中，通过压力控制阀控制通入流场气体的压力，气体的体积流量由转子流量计准确控制。

2.3 实验模型

设计了钝体实验模型，钝体前端的角度为 60°，半圆柱直径 D=20mm。半圆柱后侧布有三排直径为 d=2mm 的通气孔，气孔均匀分布在半圆柱表面，每一排有 6 个，共有 18 个通气孔。

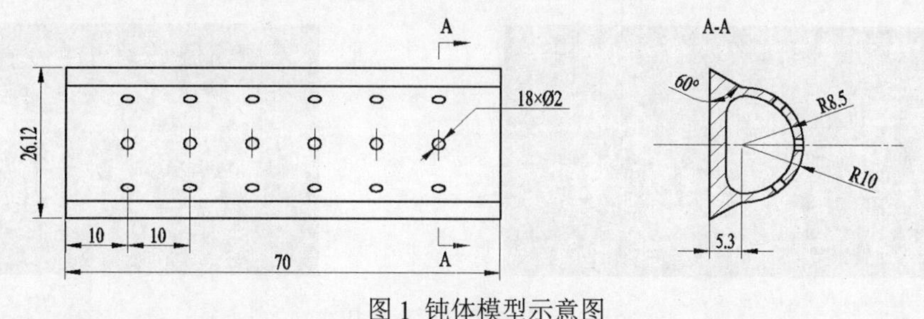

图 1 钝体模型示意图

3 结果与讨论

3.1 通气空泡流型特征

在不同来流和通气条件下，绕钝体通气空泡呈现出不同的流场结构和流型特征。为了表达通气空泡流型的转变规律，以通气率 Q_v 和雷诺数 Re 作为关键参数，提出了绕钝体通气空泡流型图谱[9]，如图 2 所示。将其划分为旋涡脱落型和相对稳定型两大类。旋涡脱落型中包含：涡街型(BvK)、涡线型(BvKF)和排涡型(AV)。相对稳定型中包含：过渡型(AVRJ)、回射流型(RJ)和超空泡型(SS)。不同雷诺数下均出现了由旋涡脱落型向相对稳定型转变的趋势。随着雷诺数的增加，旋涡脱落型转变为相对稳定型所需要的通气率增加。

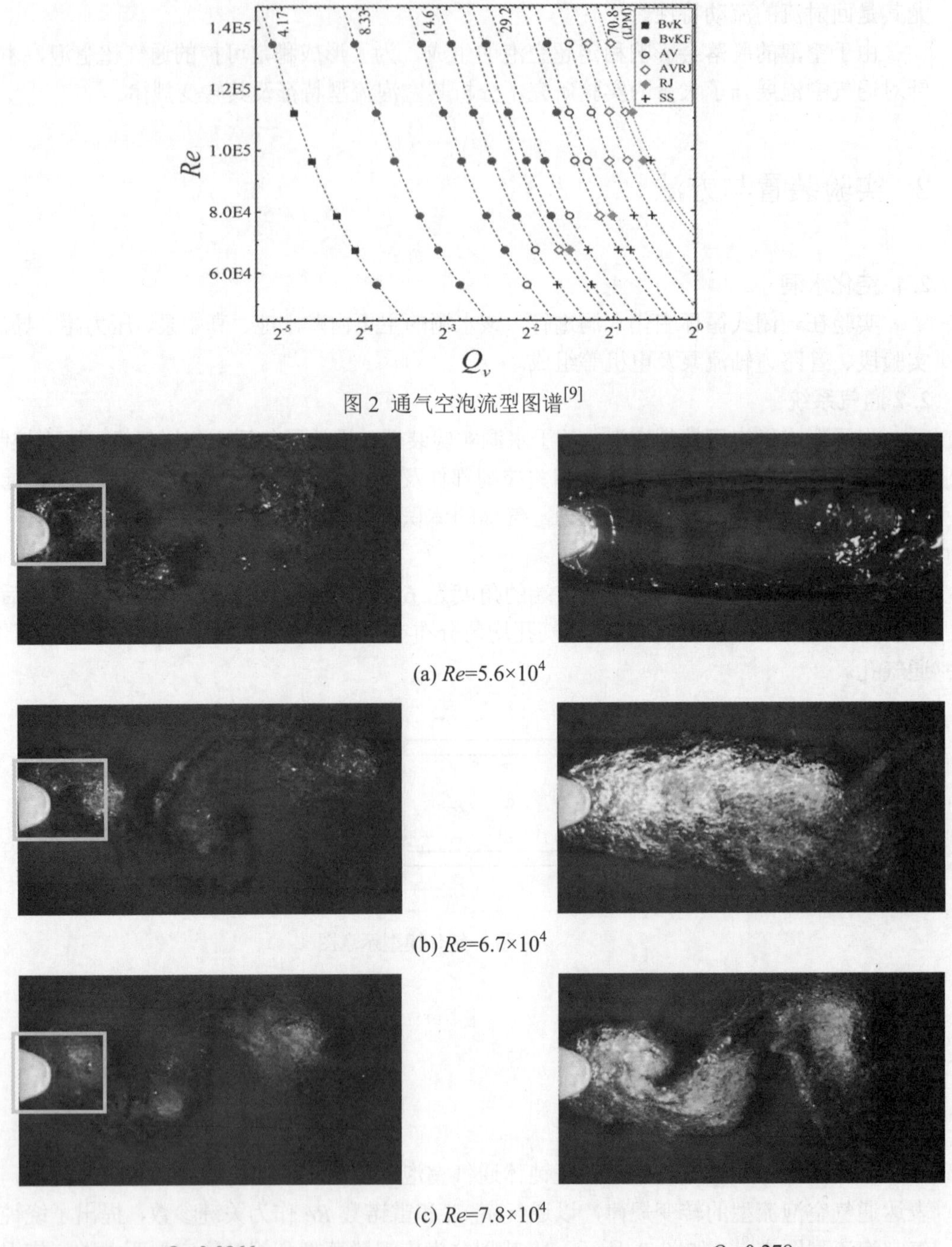

图 2 通气空泡流型图谱[9]

(a) Re=5.6×10^4

(b) Re=6.7×10^4

(c) Re=7.8×10^4

Q_v=0.0866 Q_v=0.278

图 3 通气率 Q_v =0.0866（左）和 Q_v =0.278（右）时，不同雷诺数下的空泡形态

图 3 给出了通气率分别为 Q_v=0.0866，0.278 时，不同雷诺数下湍流尾迹区的空泡形态图。从图 3 中可以看出，不同通气率下，雷诺数对湍流尾迹区空泡形态的影响较大。在通

气率较小 Q_v=0.0866 时，三种雷诺数下的空泡流型均属于旋涡脱落型。在钝体尾部空泡涡团交替脱落，脱落后的空泡涡团在尾迹区形成空泡涡街。但在不同雷诺数下，小尺度空泡形态的表现却显著不同，如图中黄色框所示。雷诺数为 $Re=5.6\times10^4$ 时，水气掺混较少，通入流场的气体形成清晰透明的小尺度空泡，离散的小尺度空泡汇聚形成大空泡涡团。当雷诺数增大到 $Re=6.7\times10^4$ 时，水气掺混，流场中湍流强度增大使离散空泡发生破碎，空泡的尺寸变小。Karn 等[10]在文中也得到相同的结论，在固定的通气率下，随着流场中液体速度的增加，空泡破碎，空泡尺寸减小。继续增加雷诺数到 $Re=7.8\times10^4$ 时，流场中的速度足够大，压力降低到饱和蒸汽压以下，发生自然空化。此时的流场不再是气液两相流，而是气、汽、液三相流，空泡形态为雾状。由于涡心处的压力较低，通入的气体形成空泡，被卷吸凝聚在空泡涡团的中心，涡团周围是发生自然空化产生的汽泡。

当通气率为 Q_v=0.278 时，钝体尾部有附着空泡包裹。随着雷诺数的增加，附着空泡长度减小，空泡流型也发生了变化。雷诺数为 $Re=5.6\times10^4$ 时，在该通气率下，为透明的气腔，属于超空泡型。雷诺数增大到 $Re=6.7\times10^4$ 时，附着空泡长度减小，水气掺混明显，空泡内部存在回射流，表现为回射流型。空泡与回射流的相互作用导致空泡尾部涡团的脱落。继续增加雷诺数到 $Re=7.8\times10^4$，空泡长度进一步减小，表现为涡线型，由于气、汽、液三相的掺混，空泡涡团呈雾状。

3.2 通气空泡非定常特性分析

为了研究雷诺数对空泡涡团脱落非定常特性的影响，图 4 给出了通气率 Q_v=0.0866，雷诺数 $Re=5.6\times10^4$，$Re=7.8\times10^4$ 时，空泡形态随时间的发展演化过程。空泡形态均属于同一流型，即涡线型，但不同雷诺数下空泡形态存在很大的差异。当雷诺数 $Re=5.6\times10^4$ 时，在 t_1 时刻，通入的气体，形成离散的小尺度空泡。小尺度空泡聚集在钝体尾部的上部，形成上空泡涡团。随着时间的发展，上空泡涡团发展到一定程度后开始脱落，如 t_2 时刻所示。在 t_3 时刻，上空泡涡团脱落并向下游运动，由于下空泡涡团的卷吸作用，脱落的空泡涡团发生拉伸变形，形成由游离小空泡组成的空泡涡线。在 t_4 时刻，下空泡涡团继续发展并即将脱落，而已脱落的上空泡涡团旋转着向下游运动，旋转过程中小尺度空泡在涡心位置处聚集，且空泡涡团逐渐变得规则。为了展示在空泡发展过程中流场中的小尺度空泡的行为特征，在图中给出突出空泡随时间的形态变化，如图中黄色框所示。从图中可以清晰地看出，随着时间的推移，游离的小空泡发生变形、破碎，同时由于重力的作用向上漂移。而雷诺数 $Re=7.8\times10^4$ 时，钝体尾部压力降低到了饱和蒸汽压，发生空化现象，空泡涡团呈现为亮白色雾状。在空泡区域内是小尺度气泡和汽泡的混合。在 t_1 时刻，由于空泡涡心是低压区，通入的气体形成气泡，被卷吸到上空泡涡团中心，呈现亮色透明状，如黄色框所示。在 t_2 时刻，上空泡涡团直径发展到一定程度后，开始变形并准备脱落，透明气泡运动到空泡涡团边缘。在 t_3 时刻，上空泡涡团脱落，包裹在空泡涡团内的气泡变形，呈月牙状，并将从脱落的空泡涡团中剥离出来。在 t_4 时刻，已脱落的上空泡涡团进入高压区，汽泡溃灭，同时气泡团破碎成小尺度气泡，如黄色框中所示，而下涡团继续发展。

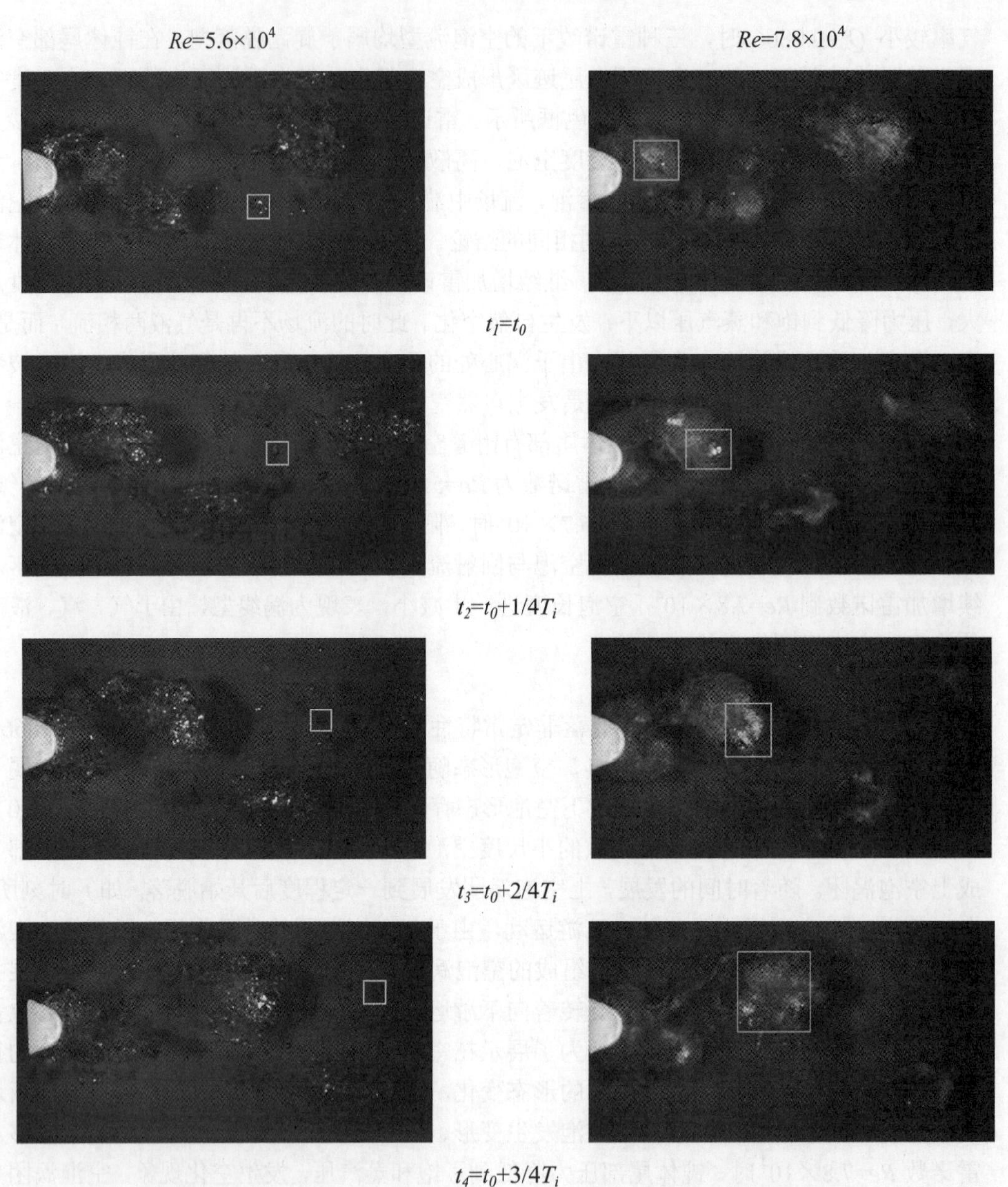

图 4 通气率 Q_v=0.0866（左）和 Q_v=0.278（右）时，不同雷诺数下的空泡形态

参 考 文 献

1 Franc J, and Michel J. Fundamentals of cavitation [M]. Dordrecht, The Netherlands, 2005, Chap9, 193.

2 Kawakami E and Arndt R E A. Investigation of the behavior of ventilated supercavities[J]. Journal Fluids Engineering, 2011, 133(9): 1-11.

3 Jiang C X, Li S L, Li F C et al. Numerical study on axisymmetric ventilated supercavitation influenced by

drag-reduction additives[J]. International Journal of Heat and Mass Transfer, 2017, 115:62-76.

4 Harwood C M, Yin L Y, Ceccio S L. Ventilated cavities on a surface-piercing hydrofoil at moderate Froude numbers: cavity formation, elimination and stability [J]. Journal of Fluid Mechanics, 2016, 800:5-56.

5 Wang Y W, Huang C G, Du T Z, et al. Shedding phenomenon of ventilated partial cavitation around underwater projectile[J]. Chinese Physics Letters, 2012, 29 (1): 014601.

6 林宗虎，李永光，卢家才等. 气液两相流旋涡脱落特性及工程应用[M]. 北京，化学工业出版社，2001.

7 Belahadji B, Franc J P., Michel J M. Cavitation in the rotational structures of a turbulent wake [J]. J. Fluid Mech. 1995, 287:383-403

8 Barbaca L, Pearce B W, Brandner P A. Experimental study of ventilated cavity flow over a 3-D wall-mounted fence[J]. International Journal of Multiphase Flow, 2017, 97:10-22.

9 Wang Z Y, Huang B, Zhang M D, Wang G Y, Zhao X. Experimental and numerical investigation of ventilated cavitaing flow structures with special emphasis on vortex shedding dynamics. International Journal of Multiphase Flow. 2018, 98:79-95.

10 Karn A, Shao S, Arndt R E A, et al. Bubble coalescence and breakup in turbulent bubbly wake of a ventilated hydrofoil [J]. Experimental Thermal and Fluid Science, 2016, 70: 397-407.

The characteristics of ventilated cavitating flow in the wake over a bluff body

WANG Zhi-ying, HUANG Biao, WANG Guo-yu

(1. Key Laboratory for Mechanics in FluidSolid Coupling Systems,Institute of Mechanics，Beijing，100190

2. School of Mechanical and Vechicular Engineering, Beijing Institute of Technology, Beijing，100081, Email: huangbiao@bit.edu.cn)

Abstract：In this paper, the characteristics of ventilated cavitating flow in the wake over a bluff body were investigated by experimental method. The flow pattern map of ventilated cavitating flow at different flow conditions is obtained. They are classified into two principally different categories: vortex shedding type and relatively stable structures. When the gas entrainment coefficient is 0.0866, the flow patterns are all belonged to vortex shedding type, even if the Reynolds number changes. When the gas entrainment coefficient is 0.278, there is a ventilated cavity attached the bluff body. With the increase of Reynolds number, the length of the cavity decreases significantly, and it changes from the relatively stable type to the vortex shedding type. When the Reynolds number remains fixed, with the increase of gas entrainment coefficient, the vortex shedding type will transform to the relatively stable type. With the increase of Reynolds number, the critical value of gas entrainment coefficient to change the flow patterns increases.

Key words：Ventilated cavitating flow; Vortex shedding; Experimental method

船后非均匀进流条件下螺旋桨空化水动力性能的数值分析

龙云[1,2]，韩承灶[1,2]，季斌[1*]，龙新平[1,2]

(1. 水资源与水电工程科学国家重点实验室, 武汉大学, 武汉, 430072，Email: jibin@whu.edu.cn

2. 水射流理论与新技术湖北省重点实验室, 武汉大学动力与机械学院, 武汉, 430072;)

摘要：本文对运行在船后非均匀进流条件下的螺旋桨非定常空化流动进行了数值模拟研究，计算中采用了 k-ω SST 湍流模型和 Zwart-Gerber-Belamri 空化模型。文中对船后螺旋桨空化绕流情况的预测与试验结果吻合较好。计算中采用了三套系统加密的网格进行网格无关性分析，采用安全系数法对计算的推力系数进行数值不确定度估算，结果显示数值不确定度较小，数值计算结果较为可信。此外，本文将柱坐标系下的涡量输运方程运用到船后螺旋桨空化流动的分析中，对螺旋桨空化与涡的相互影响进行研究。结果表明涡量的分布和输运与螺旋桨空化演变密切相关，空化会促进涡量的产生和输运。进一步的分析显示，拉伸扭曲项的分布区域比其他项要大，同时膨胀收缩项和斜压矩项对涡量的产生也有较大影响。

关键词：空化；空化流动；船舶螺旋桨；非均匀进流

1 引言

空化是一个复杂的非定常多相流动问题，由于空化经常会导致螺旋桨的噪声、振动和剥蚀等有害后果，因而受到研究者大量的关注。空化对螺旋桨的运行效率和运行安全影响重大，所以有必要对运行在船后尾流中的螺旋桨空化演变规律进行研究。相对于试验和理论研究，数值模拟因其快速准确、提供的流场信息丰富而成为研究螺旋桨空化流动的一个有力工具。

许多学者从数值模拟的角度对螺旋桨空化流动进行了研究和探索。Wu 等[1]采用 *k-ω* SST 模型模拟了进口流速非均匀分布的单独螺旋桨的空化流动现象，得到的结果和试验较为符合，进一步的噪声分析研究表明空化会诱导出较多高频成分的噪声。Ji 等[2-3]运用 *k-ω* SST 和 Partially-averaged Navier-Stokes (PANS)对螺旋桨的空化流动开展了更为广泛的研究，结果显示 PANS 模型比常规的 SST 模型能够模拟出更好的空化形态，流场的非定常特性也更加明显。除此之外，Di Mascio 等[4]采用了混合模型 Detached eddy simulations (DES)方法来进行数值计算，结果表明此模型对于螺旋桨空化的模拟精度较好，模拟效果相比较于 RANS 方法有较大改进。这些研究丰富了大家对螺旋桨空化流动规律的认识，然而关注运行在真实船体后方的螺旋桨空化流动的研究较少[5]。为此，本文采用了 k-ω SST 湍流模型和 Zwart-Gerber-Belamri 空化模型[6]，着眼于准确地将运行在船后尾流中的螺旋桨非定常空化模拟出来，并进一步开展网格影响和空化与涡相互影响的研究。

2 计算设置

本文采用的船体和螺旋桨几何模型由中国船舶科学研究中心提供，图 1 为计算模型和边界设置情况。螺旋桨和船体的模型尺寸为：螺旋桨直径 D_m 为 252mm，船体的设计水线长 L_{WL} 为 9m，船体的型宽 B 为 1.35m。计算域大小和边界设置情况为：速度进口距离船体 $1L_{WL}$，压力出口距离船体 $2L_{WL}$，水面设置为对称面，船体和螺旋桨表面设置为无滑移壁面。本文采用全结构化网格划分，共生成三套系统加密的网格，分别为网格 1、网格 2 和网格 3，网格节点数分别约为 2800 万、1000 万和 360 万，网格 3 的网格生成示意图如图 2 所示。进口速度设置为 6.5m/s，出口压力根据空化数推算得到，本文计算的空化数为 0.3397。

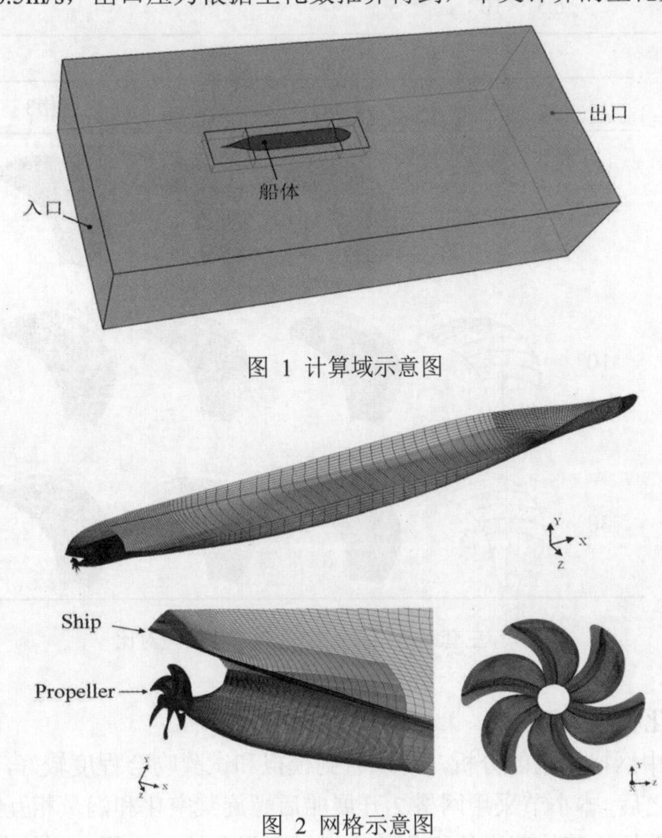

图 1 计算域示意图

图 2 网格示意图

3 结果与讨论

3.1 网格影响分析

表 1 为三套网格计算得到的螺旋桨推力系数和运用安全系数法[7, 8]得到的不确定度估算结果。与试验的推力系数对比可以看到，模拟值与试验值接近，且随着网格加密模拟的推力系数逐渐变大，但是相邻之间的差异在变小。估算的不确定度很小，说明计算的结果具有较高的准确性和可信度。图 3 为三套网格预测的空化演变和试验记录的图像的对比结果。可以看到，随着螺旋桨旋转进入船体尾流再离开尾流区，螺旋桨表面的空化呈现周期性的增长和消减的现象，试验和模拟均很好的捕捉到了这一现象。此外，模拟预测的空化区域较试验记录区域偏大，这可能是模拟预测的船体尾流与试验尾流之间的差异所造成的。

表 1 推力系数模拟情况和不确定度分析结果

	网格 1	网格 2	网格 3	试验
K_T	0.1975	0.1974	0.1971	0.1989
不确定度	6.57×10^{-4}			

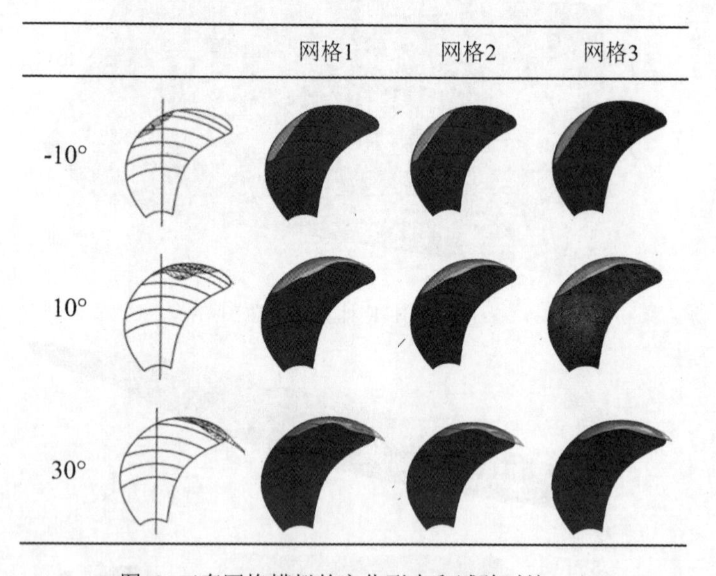

图 3 三套网格模拟的空化形态和试验对比

3.2 螺旋桨和空化相互作用分析

综合 3.1 节中网格影响的分析，可以看到模拟和试验吻合程度较好，在综合考虑计算消耗和模拟精度之后，本小节采用网格 2 开展船后螺旋桨空化和涡量相互影响的分析。图 4 为模拟得到的船后螺旋桨的蒸汽体积分数、涡量和涡量输运方程各项的分布情况。其中云图所截取的平面位于 x 轴正向 $0.2D_{\mathrm{m}}$ 处，此时螺旋桨位置位于图 3 中螺旋桨旋转角度 30°处。从图中可以看到，片空化有从螺旋桨表面脱离的现象，涡量主要沿着气液两相交界面分布，而在空化内部区域的涡量量级相对较小，拉伸扭曲项的分布区域比其他项要稍大，膨胀收缩项则由于相变过程的存在而较为明显，斜压矩项的分布区域相对较小，但是由于空化过程导致的压力和密度梯度的不平行，使得斜压矩项对涡量的产生有较大影响。

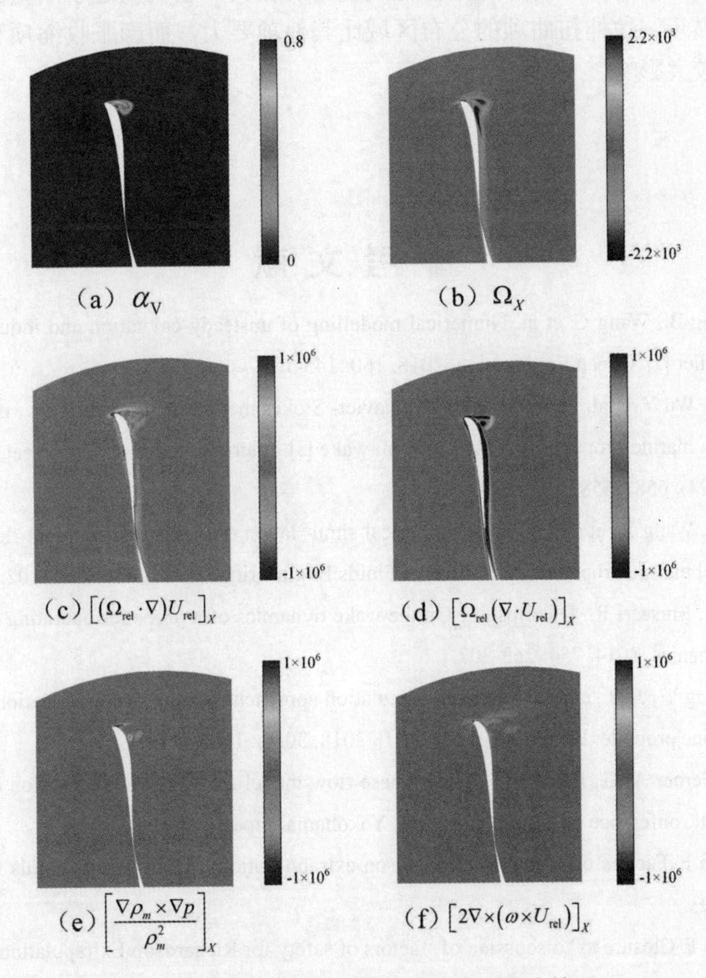

图 4 螺旋桨空化和涡量输运方程各项分布情况

4 结论

本文采用 k-ω SST 湍流模型和 Zwart-Gerber-Belamri 空化模型对船后螺旋桨的空化绕流情况进行数值模拟，文中对网格造成的影响和螺旋桨空化与涡量的相互影响进行了分析，主要结论如下：

（1）计算预测的船后螺旋桨空化绕流情况与试验结果吻合较好，模拟结果很好的捕捉到了螺旋桨片空化周期性的增长和消减现象。

（2）计算的推力系数的数值不确定度较小，数值计算结果较为可信。随着网格数量增加，模拟的推力系数逐渐变大，但是相邻之间的差异在变小。

（3）涡量的分布和输运与螺旋桨空化演变密切相关，空化促进了涡量的产生和输运。进一步的分析显示，拉伸扭曲项的分布区域比其他项要大，而膨胀收缩项和斜压矩项则对涡量的产生有较大影响。

参 考 文 献

1 Wu Q., Huang B., Wang G. et al. Numerical modelling of unsteady cavitation and induced noise around a marine propeller [J]. Ocean Engineering, 2018, 160: 143-155.

2 Ji B., Luo X., Wu Y. et al. Partially-averaged Navier- Stokes method with modified , model for cavitating flow around a marine propeller in a non-uniform wake [J]. International Journal of Heat and Mass Transfer, 2012, 55(23-24): 6582-6588.

3 Ji B., Luo X., Wang X. et al. Unsteady numerical simu- lation of cavitating turbulent flow around a highly skewed model marine propeller [J]. Journal of Fluids Engineering, 2011, 133(1): 011102.

4 Di Mascio A., Muscari R., Dubbioso G. On the wake dynamics of a propeller operating in drift [J]. Journal of Fluid Mechanics, 2014, 754: 263-307.

5 Han C Z , Long Y , Ji B , et al. An integral calculation approach for numerical simulation of cavitating flow around a marine propeller behind the ship hull[J]. 2018, 30(6): 1186-1189.

6 Zwart P. J., Gerber A. G., Belamri T. A two-phase flow model for predicting cavitation dynamics[C]. Fifth Inter- national Conference on Multiphase Flow. Yokohama, Japan. 2004.

7 Xing T., Stern F. Factors of safety for Richardson extrapo- lation [J]. Journal of Fluids Engineering, 2010, 132(6): 061403.

8 Xing T., Stern F. Closure to “discussion of ‘factors of safety for Richardson Extrapolation’” (2011, ASME J. Fluids Eng., 133, p. 115501) [J]. Journal of Fluids Engi- neering, 2011, 133(11): 115502.

Numeircal simulation of cavitating turbulent flow around a marine propeller operating with non-uniform inflow condition

LONG Yun[1,2], HAN Cheng-zao[1,2], JI Bin[1,2*], LONG Xin-ping[1,2]

(1. State Key Laboratory of Water Resources and Hydropower Engineering Science, Wuhan University, Wuhan 430072, Email: jibin@whu.edu.cn

2. Key Laboratory of Jet Theory and New Technology of Hubei Province, School of Power and Mechanical Engineering, Wuhan University, Wuhan, 430072)

Abstract: In this paper, the numerical simulation of the unsteady cavitating flow of propellers operating with non-uniform inflow conditions is presented. The k-ω SST turbulence model coupled with the Zwart-Gerber-Belamri cavitation model is used in the calculation. The prediction of the cavitating flow around the propeller is in good agreement with the experimental results. In the calculation, three sets of grids are used for grid-independent analysis. The numerical uncertainty of the calculated thrust coefficients is estimated by the factor o safety method. The results show that the numerical uncertainty is small and the numerical results are credible. In addition, the vorticity transport equations in the cylindrical coordinate system are applied to the analysis of the cavitating flow of the propeller behind the hull, and the interaction between the propeller cavitation and the vortex is studied. The results show that the distribution and transport of vorticity are closely related to the evolution of propeller cavitation, and cavitation promotes the generation and transport of vorticity. Further analysis shows that the distribution area of the vortex streching term is larger than the other items. The vortex dilatation term and the baroclinic term have a great influence on the generation of the vorticity.

Key words: Cavitation; Cavitating flow; propeller and ship; non-uniform inflow.

沟槽-超疏水复合壁面湍流边界层高效减阻机理的 TRPIV 实验研究

姜楠，王鑫蔚，范子椰

（天津大学机械工程学院力学系，天津市现代工程力学重点实验室，天津 300354，Email: nanj@tju.edu.cn）

摘要：在重力溢流式低湍流度循环水洞中，采用高时间分辨率粒子图像测速技术（TRPIV），对沟槽-超疏水复合壁面的湍流边界层减阻机理进行了实验研究。这种减阻壁面综合了沟槽减阻和超疏水减阻两种被动减阻技术的优势。以 300Hz 的拍摄频率，测量了光滑壁面（P），超疏水壁面（SH），沟槽壁面（R）和沟槽-超疏水壁面（RS）四种壁面的平板湍流边界层瞬时速度场的时间序列样本，实验基于动量厚度和自由来流速度的雷诺数 $\mathrm{Re}_{\theta}=1451$，对比分析了四种壁面的平板湍流边界层平均速度剖面和雷诺应力剖面。通过对平均速度剖面的对数律区进行拟合，获得了壁面摩擦速度、壁面摩擦切应力、壁面摩擦系数及其对应的减阻率。利用湍流边界层瞬时速度场的空间条件采样和相位平均方法，获得相干结构的空间特征形态，并通过分析对比不同壁面上壁湍流相干结构特征，以湍流相干结构被动控制为切入点分析了沟槽-超疏水复合减阻壁面的减阻机理。

关键词：湍流边界层；沟槽；超疏水；TRPIV；相干结构；减阻

1 引言

工程技术中的大量问题与湍流边界层密切相关。相对于层流边界层，湍流边界层使壁面摩擦阻力大幅度增加，能耗和壁面振颤加剧，机械效率下降，从而对系统和结构物的安全可靠性构成严重威胁。表面摩擦阻力在各种运输工具中的总阻力中占有很大的比例，例如：常规的运输机和水上船只，其表面摩擦阻力约占总阻力的 50%；对于水下运动的物体如潜艇，这个比例可达到 70%；而在长距离管道输送中，泵站的动力消耗几乎全部用于克服壁面摩擦阻力。在这些运输工具表面的大部分区域，流动都处于湍流状态，因此，从机理上分析湍流边界层中的流动结构及其形成原因，进而提出控制湍流边界层的有效方法成为湍流控制的前沿课题，而控制湍流边界层的主要目的之一就是减小壁面摩擦阻力，减小能耗，降低噪声，减少排放。所以研究湍流边界层减阻意义重大。

有关减阻的研究可追溯到 20 世纪 30 年代，但直到 60 年代中期，研究工作主要是减小表面粗糙度，隐含的假设是光滑表面的阻力最小。70 年代阿拉伯石油禁运和由此引起的燃油价格上涨激起了持续至今的湍流减阻研究。NASA 兰利研究中心的研究人员发现沿流向的微小沟槽表面能有效地降低壁面摩擦阻力，突破了表面越光滑阻力越小的传统思维方式[1]。对三角形截面的纵向沟槽进行研究发现，当其高度和间距的无量纲尺寸$h^+ \leq 25$和$s^+ \leq 30$时具有减阻效果，沟槽的尺寸为$h^+ = s^+ = 15$时可减阻 8%左右。对模拟鲨鱼体表肤齿微结构的刀片状沟槽研究发现，$s^+ = 17$，$h^+ = 0.5s^+$的刀片状沟槽中得到了 9.9%减阻效果，这里s^+和h^+分别指的是内尺度无量纲化的刀片状沟槽的间距和高度。内尺度无量纲化的沟槽截面积的开方l^+可作为更好的指标来衡量沟槽的减阻效果，具有最佳减阻效果的沟槽尺寸为$l^+ \approx 10.7$[2]。

自然界中有很多动植物表面都具有疏水性，例如荷叶、水稻等植物叶子的表面，蝴蝶、蝉、蜻蜓等昆虫的翅膀等。这种疏水性是由一定粗糙度表面上微米级突起以及纳米级蜡状物共同作用引起的。近十年来，超疏水表面因其疏水性而具有的减阻性质，引起了极大关注。Min 等[3]对超疏水壁面湍流减阻的直接数值模拟结果表明，超疏水壁面可产生滑移，其中流向滑移有益于减阻，展向滑移不利于减阻，超疏水表面的减阻特性是流向滑移和展向滑移共同作用的结果。

沟槽壁面和超疏水壁面均可用于船舶及鱼雷、潜艇、赛艇的表面，以实现减小阻力和噪声，提高航速和航程等目的。单纯的沟槽壁面和超疏水壁面的减阻率一般都不超过 10%。

沟槽-超疏水复合壁面减阻技术是一种新型的壁湍流被动减阻技术，它综合了沟槽壁面减阻技术和超疏水壁面减阻技术的优势，利用沟槽限制超疏水壁面产生的展向滑移，弥补了超疏水在展向滑移增阻的缺点，同时不需要任何额外的能量注入，不需要增加任何额外的减阻装置，其产生的减阻率并不是沟槽壁面减阻率和超疏水壁面减阻率的简单叠加，而是高于沟槽壁面减阻率和超疏水壁面减阻率之和，因而是一种新型的高效减阻技术。美国密西根大学的 Amirreza Rastegari 和 Rayhaneh Akhavan[4]采用格子-玻尔兹曼方法对沟槽-超疏水复合壁面减阻机理进行了直接数值模拟研究，但目前对沟槽-超疏水复合壁面减阻机理的实验研究还鲜有报道。

本文在重力溢流式低湍流度循环水洞中，采用高时间分辨率粒子图像测速技术（TRPIV），对沟槽-超疏水复合壁面的湍流边界层减阻机理进行了实验研究，以 300Hz 的拍摄频率，拍摄了光滑壁面（P），超疏水壁面（SH），沟槽壁面（R）和沟槽-超疏水壁面（RS）四种壁面的平板湍流边界层瞬时速度场的时间序列样本，对比分析了四种壁面的平板湍流边界层平均速度剖面，获得了壁面摩擦速度及其对应的减阻率。并通过分析对比不同壁面上壁湍流相干结构特征，分析了沟槽-超疏水复合壁面的减阻机理。

2 沟槽超疏水复合减阻壁面模型的制备

在 12 块 130mm×130mm×10mm 的光滑铝合金平板表面用精密数控加工中心分别铣出槽宽深分别为 0.6mm，0.8mm，1.0mm，1.2mm，1.4mm，1.6mm 的模型各两块，将其中的一组 6 块沟槽板和一块光滑板再使用飞秒激光加工技术，在表面刻蚀出具有导向性的 35 微米宽，间隔 15um 的 U 型微槽，生成了具有 153° 接触角的稳定的超疏水结构壁面，在基于湍流边界层动量厚度和自由来流速度的雷诺数 $Re_\theta = 2586$ 的实验工况下，仍能保持壁面不润湿（图 1）。所以本文的实验模型板为 1 块普通光滑亲水板、1 块超疏水板、6 块沟槽板、6 块沟槽超疏水板共 14 块平板模型。

图 1　制备的沟槽-超疏水复合壁面模型和超疏水壁面模型

3　实验设备和测量技术

3.1　重力溢流式低湍流度循环水洞

实验在天津大学北洋园新校区流体力学实验室新建成的重力溢流式低湍流度循环水洞（图 2）进行，水洞的流速由 4 个不锈钢潜水泵组合控制，采用无极变频调速，水洞实验段尺寸 600mm 宽，700mm 深，4000mm 长，最大流速 0.5m/s，来流背景湍流度小于 0.1%。一块长宽厚分别为 3700mm×590mm×10mm 的铝合金大平板水平固定在水洞实验段中心线上，平板前缘为 1：8 半椭圆头尖劈形，直径 3mm 的绊线放置于平板前缘下游 20mm 处，以加速边界层转捩为充分发展的湍流边界层，在距离平板前缘 3120 毫米的中心线位置，切割 130mm×130 mm 的带台阶的方形通孔，用于轮流更换 14 块不同的测试小平板（图 3），配合形成的表面平整无台阶，测量证实，流动在该位置已经发展为充分发展的湍流边界层(图 4)。

图 2 天津大学流体力学实验室重力溢流式低湍流度循环水洞

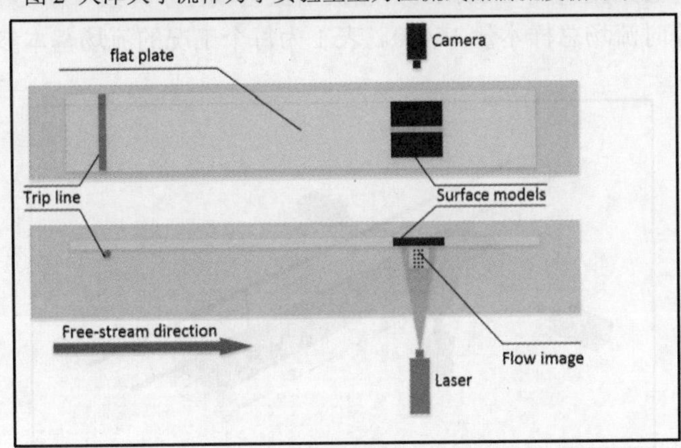

图 3 平板组装模型示意图

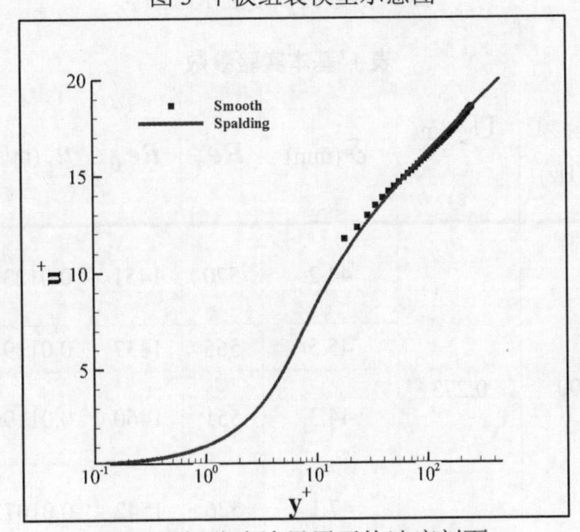

图 4 平板湍流边界层平均速度剖面

3.2 高时间分辨率粒子图像测速系统（TRPIV）

实验中用到的 PIV 系统包含高速相机，激光器，同步器，示踪粒子以及软件系统。光源系统由激光器、导光臂和片光源组合透镜组成。激光器是 Litron Laser 公司生产的 LDY DualPower 304 型 PIV 专用激光系统。拍摄所用高速相机为 Dantec 公司 Speed Sense 系列 CMOS 相机，1280 像素×800 像素，8G 内部循环缓存，最多能够存储 8216 张粒子图像，且具有较高的感光度。实验用两种相机镜头，一种为 Nikon 公司所生产的焦距为 60mm 的定焦镜头；另一种为 Nikon 公司所生产的焦距为 200mm 的定焦镜头，分别拍摄大小两种视场流动图像。实验所用的示踪粒子为 Dantec 公司生产的聚酰胺（Polyamid seeding particles，PSP-50），粒子直径为 20um，密度 1.03g/cm^3。实验使用的 PIV 图像处理软件为 Dantec 公司开发的 Dynamics Studio，具有良好的人机交互界面，控制部分操作简洁，数据后处理部分囊括了绝大部分的基础算法。

本文实验的自由来流速度 0.273m/s，相机拍摄区域位于绊线下游 3.1m 处，拍摄帧率 300 帧/秒，拍摄瞬时流场总样本量 16430。表 1 为每个工况的流场基本参数。

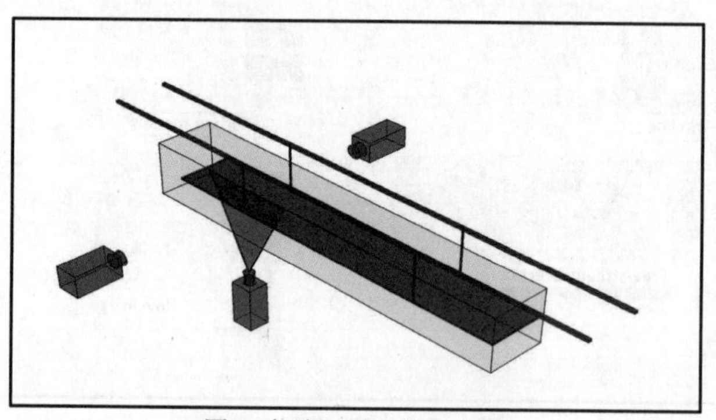

图 5 实验测试方位示意图

表 1 基本实验参数

	瞬时场数	采样频率(Hz)	U_∞ (m/s)	δ (mm)	Re_τ	Re_θ	u_τ (m/s)	减阻率(%)	s^+	lg^+
P	16430	300	0.273	44.2	570	1451	0.01237			
SH				45.5	565	1437	0.01191	7.4		
R				44.3	551	1460	0.01194	6.9	23	15.9
SR				47.1	526	1542	0.01073	24.8	21	13.6

4 实验结果分析与讨论

图 6a 是无量纲化的各工矿平均速度剖面。对比图 6b 和 6c 中的流法向湍流度和雷诺切应力，可发现 3 个减阻的壁面在近壁区域展现出明显的降低趋势。这表明超疏水壁面，沟槽壁面和沟槽-超疏水壁面可以抑制近壁区产生的高雷诺应力事件，而且沟槽-超疏水壁面在流向湍流度和雷诺切应力中均为最低值，这和它均有最佳的减阻效果相对应。

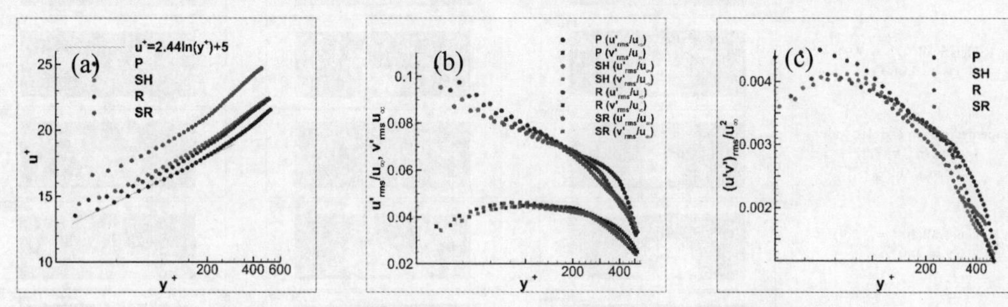

图 6（a）平均速度剖面；（b）湍流度；（c）雷诺切应力

图 7 给出近壁区 y=0.05 δ 处用 λci 方法获得的壁湍流相干结构展向涡头的平均拓扑形态，发现相干结构展向涡头为典型的顺时针负向涡结构，向下游有一定的倾斜攻角，而且相干结构展向涡头的流线刻画出焦点-鞍点的奇异动力系统。沟槽、超疏水、沟槽-超疏水减阻壁面相干结构展向涡头的攻角都比水力光滑壁面有所减小，其中沟槽-超疏水减阻壁面相干结构展向涡头的攻角最小，只有 17°，说明沟槽-超疏水减阻壁面相干结构最不活跃。

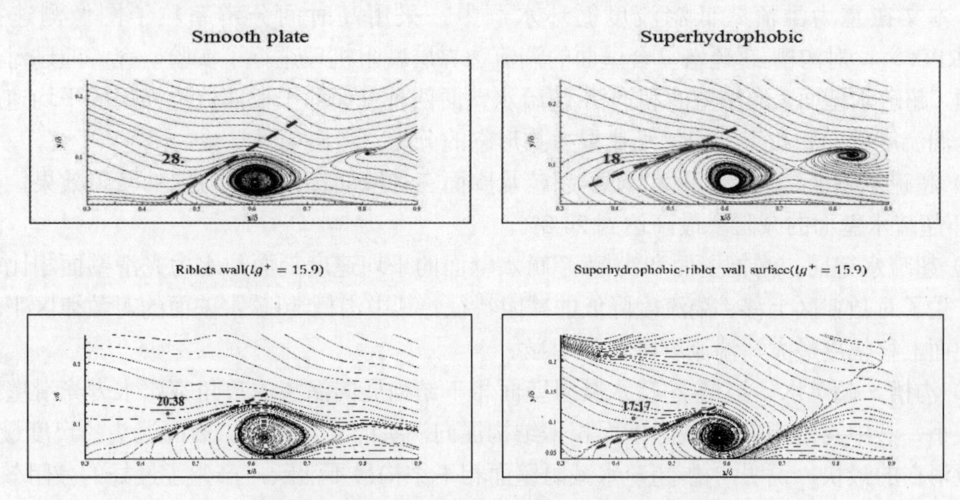

图 7 壁湍流相干结构的二维鞍-焦奇异动力系统

图 8 给出了近壁区 y=0.05 δ 处用 λci 方法获得的壁湍流相干结构展向涡头随时间的发展演化过程，可以看到，沟槽、超疏水、沟槽-超疏水减阻壁面相干结构展向涡头的尺度都比水力光滑壁面有所减小，其中第四排沟槽-超疏水减阻壁面相干结构展向涡头的尺度最

小，而且消亡的最快。说明沟槽-超疏水减阻壁面缩短了相干结构的持续时间，加快了相干结构的消亡速度，产生了减阻效果。

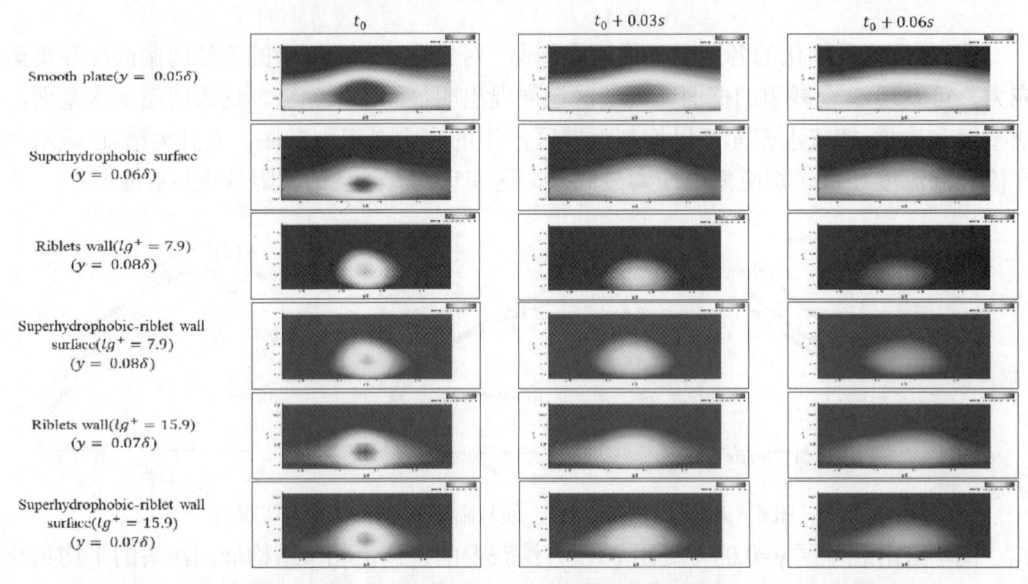

图 8 用 λci 方法获得的壁湍流相干结构展向涡头随时间的发展演化

5 结论

本文在重力溢流式低湍流度循环水洞中，采用高时间分辨率粒子图像测速技术（TRPIV），对沟槽-超疏水复合壁面的湍流边界层减阻机理进行了实验研究。通过对光滑壁面，超疏水壁面，沟槽壁面和沟槽-超疏水壁面四种壁面的平板湍流边界层的平均速度剖面、湍流度剖面和相干结构二维典型拓扑形态的分析，得出如下结论：

（1）超疏水壁面、沟槽壁面和沟槽-超疏水壁面三种壁面都产生了一定的减阻效果，其中沟槽-超疏水壁面的减阻率最高达到 24.8%。

（2）超疏水壁面、沟槽壁面和沟槽-超疏水壁面的平均速度剖面与水力光滑壁面相比较，都产生了对数律区上移、湍流度降低的减阻特征，其中沟槽-超疏水壁面的对数律区平均速度剖面上移幅度最大、湍流度降低最明显。

（3）沟槽、超疏水、沟槽-超疏水减阻壁面相干结构展向涡头的攻角都比水力光滑壁面有所减小，其中沟槽-超疏水减阻壁面相干结构展向涡头的攻角最小，展向涡头的尺度最小，而且消亡的最快，说明沟槽-超疏水减阻壁面相干结构最不活跃，产生了最好的减阻效果。

致谢：本课题的研究得到了国家自然科学基金项目 11732010、11572221、11872272、U1633109、11802195 以及国家重点研发计划项目(2018YFC0705300)的资助。

参 考 文 献

1 Dean B, Bhushan B, Shark-skin Surfaces for Fluid-drag Reduction in Turbulent Flow: A Review[J], Philosophical Transactions of the Royal Society A: Mathematical, Physical and Engineering Sciences, 2010, 368 (1929): 4775-4806.

2 Choi K, European Drag-Reduction Research-Recent Developments and Current Status[J], Fluid Dyn. Res., 2000, 26 (5): 325-335.

3 Min T, Kim J. Effects of hydrophobic surface on skin-friction drag [J]. Physics of Fluids, 2004, 16(7): 55-58.

4 Amirreza Rastegari , Rayhaneh Akhavan, The common mechanism of turbulent skin-friction drag reduction with superhydrophobic longitudinal microgrooves and riblets[J], J. Fluid Mech., 2018, 838:68-104.

TRPIV experimental investigation of drag reduction mechanism by superhydrophobic-riblet surface in turbulent boundary layer

JIANG Nan, WANG Xin-wei, FAN Zi-ye

(Department of Mechanics, School of Mechanical Engineering, Tianjin University. Tianjin 300354)

Email: nanj@tju.edu.cn

Abstract: Drag reduction experiments of turbulent boundary layer flow over a unique superhydrophobic-riblet surface, which combining two passive drag-reduction technique of superhydrophobic surface and riblet surface, are performed in a water tunnel with time-resolved Particle Image velocimetry (TRPIV) measurement. The Reynolds number based on the momentum thickness of turbulent boundary layer is Re_θ=1451 . Mean velocity and turbulence intensity profiles in the working cases of natural flat plat, riblet wall, superhydrophobic surface and superhydrophobic-riblet surface are compared. The skin friction velocity is fitted by logarithmic law mean velocity profile to calculate the drag reduction rate. The topology and evolution of coherent structures are presented by conditional phase-lock average methods. Then, the relationship between the outer layer structures and skin drag reduction rate is investigated, by stressing the distinctive dynamic features of the turbulent structures over the superhydrophobic-riblet wall surface.

Key words: turbulent boundary layer; superhydrophobic; riblet; drag-reduction; coherent structures

双浮子波浪能发电装置的数值模拟与试验研究

徐潜龙，李晔

（上海交通大学 船舶海洋与建筑工程学院，多功能拖曳水池，东川路800号，上海 200240）

摘要 在海洋波浪能开发领域，振荡浮子式波浪能发电装置（floating-point absorber, FPA）是被广泛采用的一种设计形式。本文对一种垂荡式双浮子波浪能发电装置的水动力学模型进行研究，并采用边界元法（BEM）与计算流体力学法（CFD）对装置的垂荡运动与能量转换特性进行数值模拟分析。同时，设计制作了几何缩尺比为1/100与1/33的双浮子波浪能发电装置模型，并在波浪水池进行试验探究模型装置在极端海况和常规海况下的运动性能与能量转换特性。通过引入二次黏性阻尼项，边界元法对模型装置的运动与能量转换特性的模拟结果与试验和CFD结果吻合较好，验证了该方法的准确性，具有实际的应用价值。

关键词 波浪能；点吸收装置；边界元法；计算流体力学法；黏性阻尼

1 引言

随着人类环保意识的提高与传统化石能源的日益枯竭。可再生能源越来越受到世界各国的重视。海洋能蕴藏丰富，是富有前景的可再生能源。波浪能由于其储量庞大，分布广阔，多样性强等诸多优点，已经成为诸多海洋能中最有潜力的能源之一。近些年来，世界各国提出了许多不同种类的波浪能发电装置[1]，其中双浮子点吸收式装置被广泛应用于实际中。

该装置通过浮子间的相对运动驱动系统发电，因此浮子在波浪中的水动力分析是研究的重点。数值分析方法主要有解析法[2-3]，边界元法[4-6]，计算流体力学法[7]等。边界元方法基于势流理论，具有计算速度快，结果收敛性好等特点，被广泛用于流体计算中。本研究采用边界元法，建立双浮子点吸收式装置的动力学计算模型，并进行了水池模型试验。数值结果与试验数据吻合良好，验证了该方法的准确性和实用性。

2 数值模型

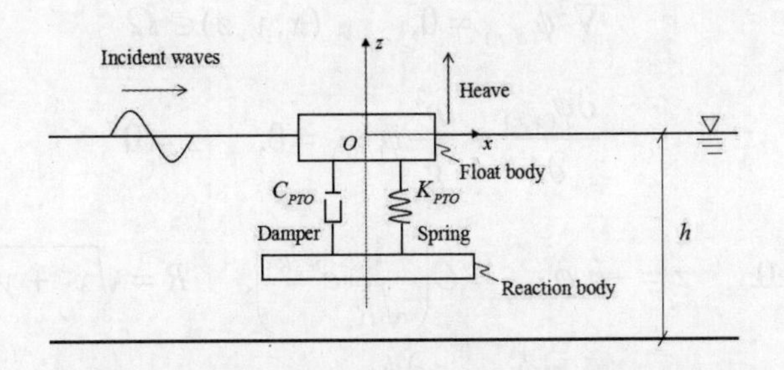

图 1 双浮子点吸收式波浪能装置动力学模型示意图

2.1 动力学模型

双浮子垂荡式 FPA 动力学模型如图 1 所示，由漂浮子、悬浮子和能量吸收装置组成。能量吸收装置（power take-off, PTO）通常可视为一个“弹簧-阻尼器”，其作用于两浮子间的作用力为：

$$f_{pto} = -c_{pto}u_r - k_{pto}z_r \tag{1}$$

浮子运动方程为[8]：

$$\begin{bmatrix} K_1(\omega)+K_{pto} & K_c(\omega)-K_{pto} \\ K_c(\omega)-K_{pto} & K_2(\omega)+K_{pto} \end{bmatrix} \begin{pmatrix} z_1 \\ z_2 \end{pmatrix} = \begin{pmatrix} f_{e1} \\ f_{e2} \end{pmatrix} \tag{2}$$

上式中

$$K_j = -\omega^2\left[m_j + A_j(\omega)\right] - i\omega B_j(\omega) + k_j \tag{3}$$

$$K_{pto} = k_{pto} - i\omega c_{pto} \tag{4}$$

式(1)至式(4)中，k_{pto} 和 c_{pto} 分别为 PTO 的弹性刚度系数和能量吸收阻尼；A_j 和 B_j（漂浮子 $j=1$，悬浮子 $j=2$）分别为垂荡附加质量和兴波阻尼系数；k_j 为静水回复力系数；K_c 为浮子间的水动力耦合刚度系数，一般情况下可忽略不计；$f_{ej} = \mathrm{Re}\left(F_{ej}e^{-i\omega t}\right)$ 为波浪激励力；z_j 为浮子垂荡运动复振幅，对应速度复振幅 $u_j = -i\omega z_j$；z_r 和 u_r 为浮子间相对运动复位移与复速度；ω 为波浪圆频率。波浪激励力与水动力系数可由边界元法求出，求解运动方程后可得双浮子 FPA 一个周期内平均输出功率为：

$$P = \frac{1}{2}c_{pto}\left\|u_r\right\|^2 \tag{5}$$

2.2 边界元方法（BEM）

如图（1）所示，假设流场无黏无旋且不可压缩，则存在总速度势：

$$\Phi(x,y,z,t)=\mathrm{Re}\left[\phi_I+\phi_d+u_1\phi_{r1}+u_2\phi_{r2}\right]e^{-i\omega t} \tag{6}$$

式中ϕ_I为入射波速度势，ϕ_d为绕射势，ϕ_{r1}为漂浮子垂荡引起的单位速度辐射势，ϕ_{r2}为悬浮子垂荡引起的单位速度辐射势。绕射势和辐射势满足如下边界条件：

$$\nabla^2\phi_{(d,r)}=0, \qquad (x,y,z)\in\Omega \tag{7}$$

$$\frac{\partial\phi_{(d,r)}}{\partial z}-\frac{\omega^2}{g}\phi_{(d,r)}=0, \qquad z=0 \tag{8}$$

$$\frac{\partial\phi_{(d,r)}}{\partial z}=0, \qquad z=-h\ \phi_{(d,r)}=O\left(\frac{1}{\sqrt{R}}e^{ik_0R}\right), \qquad R=\sqrt{x^2+y^2}\to\infty \tag{9}$$

$$\frac{\partial\phi_d}{\partial n}=-\frac{\partial\phi_I}{\partial n}, \qquad \text{on } S_{b1}\,\&\,S_{b2} \tag{10}$$

$$\frac{\partial\phi_{r1}}{\partial n}=\begin{cases}n_3, & \text{on } S_{b1}\\ 0, & \text{on } S_{b2}\end{cases}, \quad \frac{\partial\phi_{r2}}{\partial n}=\begin{cases}0, & \text{on } S_{b1}\\ n_3, & \text{on } S_{b2}\end{cases} \tag{11}$$

n_3为物面上单位法向量沿垂向的分量。为求解如上边值问题，运用边界积分方程：

$$\alpha(p)\phi_{(d,r)}(p)+\iint_{S_{b1}+S_{b2}}\phi_{(d,r)}(q)\frac{\partial G(p,q)}{\partial n_q}\mathrm{d}s=\iint_{S_{b1}+S_{b2}}G(p,q)\frac{\partial\phi_{(d,r)}(q)}{\partial n_q}\mathrm{d}s \tag{12}$$

上式中$G(p,q)$为频域自由面格林函数。本研究运用常数面元法对积分方程进行离散，根据边界条件式(7)-(11)解得未知绕射势ϕ_d和辐射势ϕ_r，进而计算出波浪激励力和水动力系数[9]：

$$A_j=\rho\iint_{S_{bj}}\mathrm{Re}\left(\phi_{rj}\right)n_3\mathrm{d}s\,, \quad B_j=\rho\omega\iint_{S_{bj}}\mathrm{Im}\left(\phi_{rj}\right)n_3\mathrm{d}s \tag{13}$$

$$f_{ej}=i\rho\omega\iint_{S_{bj}}(\phi_I+\phi_d)\,n_3\mathrm{d}s \tag{14}$$

考虑浮子运动时流体黏性的影响，对于每个浮子，可认为受到的黏性力按如下公式计算[10]：

$$f_{vj}=-\frac{1}{2}\rho S_{cj}C_{dj}U_j\left|U_j\right| \tag{15}$$

上式中$U_j=\mathrm{Re}\left(u_je^{i\omega t}\right)$。式中$S_{cj}$为浮子截面面积，$C_{dj}$为黏性拖曳力系数。将式（15）代入运动方程（1）中，运用迭代法便可解出浮子的运动响应。

2.3 计算流体力学方法（CFD）

本文采用 RANS 模型（Reynolds-Averaged Navier–Stokes）在商用 CFD 软件 STAR-CCM+上对双浮子波浪能装置进行数值模拟。

3 试验与数据对比

3.1 试验模型

极端海况试验与常规海况试验分别在加州大学伯克利分校与加州大学圣迭戈分校波浪水池进行，试验 FPA 模型如图 2 所示。试验中一个微型的液压阀作为 PTO 装置捕获波浪能。试验过程中 PTO 阻力通过压力传感器进行测量，一个高速摄像追踪系统用于测量浮子的运动。试验中默认弹簧刚度系数为 0，能量吸收阻尼约为 200Ns/m。试验波浪周期范围为 0.8～2.6s，波高为 0.08m。

图 2 1/33 试验模型(左)；1/100 试验模型（右）

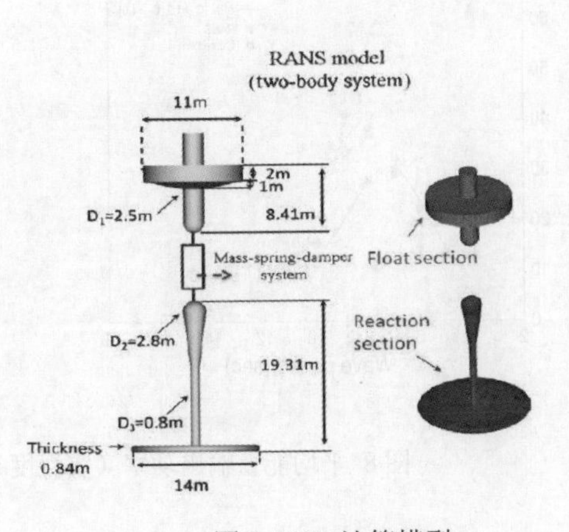

图 3 RANS 计算模型

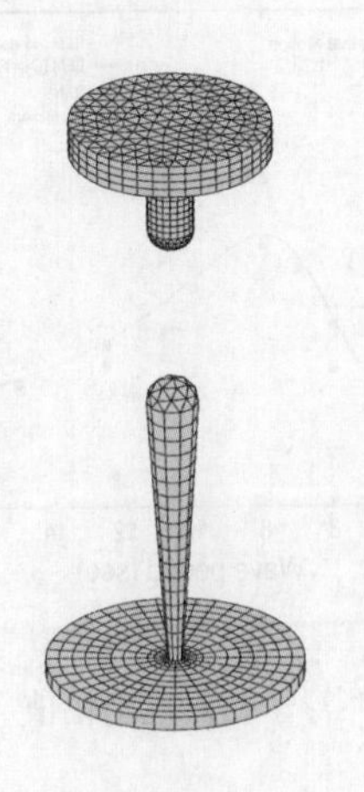

图 4 BEM 面元划分

3.2 数据对比

极端海况下，本文在实尺度下采用 RANS 方法，在 CFD 软件 STAR-CCM+中对双浮子 FPA

模型 3 个自由度（纵荡、垂荡和纵摇）进行了数值模拟，通过实验测量得到的浮子运动响应时历曲线如图 5 和图 6 所示，RANS 模拟结果与实验数据的对比图可参考文献[11]。

常规海况下，为了验证本文边界元法的可靠性，且便于对比，我们在实尺度下采用 RANS 方法，在 CFD 软件 STAR-CCM+中对双浮子 FPA 模型进行了数值模拟，计算模型如图 3 所示，边界元法中面元划分如图 4 所示。模型试验、RANS 和 BEM 得出的浮子相对运动和能量输出功率如图 7 和图 8 所示。由图中结果可知，在非共振区，BEM 计算的双浮子 FPA 运动响应和功率输出结果与 RANS 结果和试验数据吻合较好，表明此时黏性对装置的运动和能量捕获性能影响较小。在共振区，不考虑黏性的 BEM 结果明显大于 RANS 结果和试验数据，表明在共振状态下黏性对浮子的运动和能量捕获性能影响较大。此外，通过 BEM 模拟发现，悬浮子运动时黏性拖曳力系数约为 4，而漂浮子系数约为 1.2，表明在浮子运动过程中，悬浮子受到的黏性阻尼较大，原因主要在于运动时在漂浮子上容易出现大量涡脱落和流动分离现象。

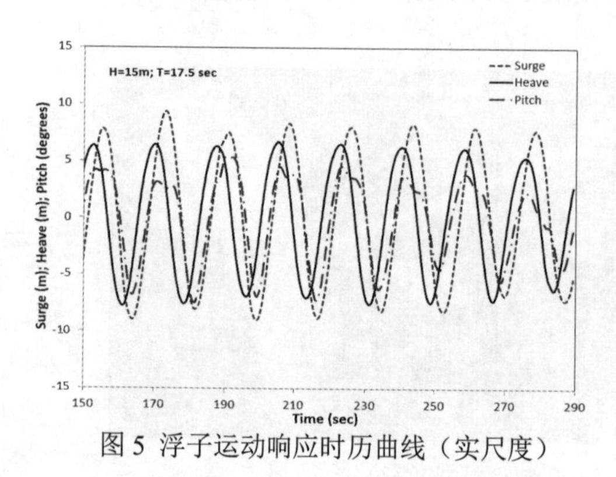

图 5 浮子运动响应时历曲线（实尺度）

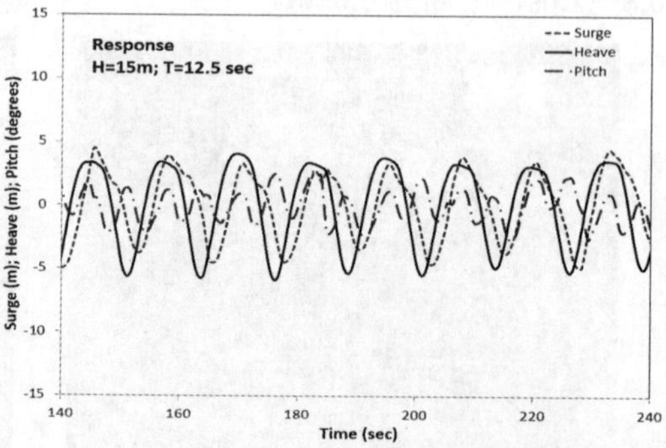

图 6 浮子运动响应时历曲线（实尺度）

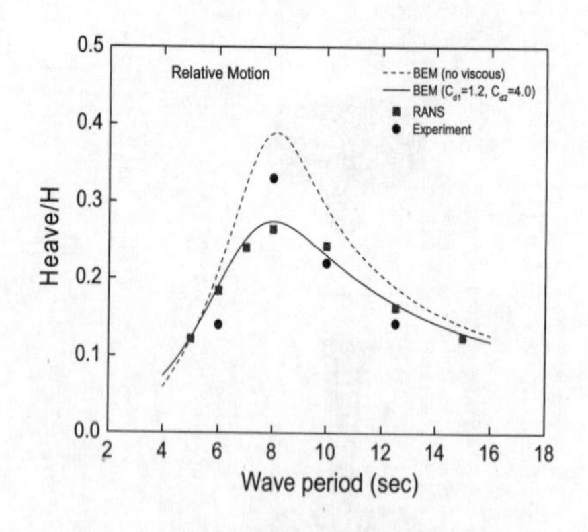

图 7 浮子相对运动幅值（实尺度）

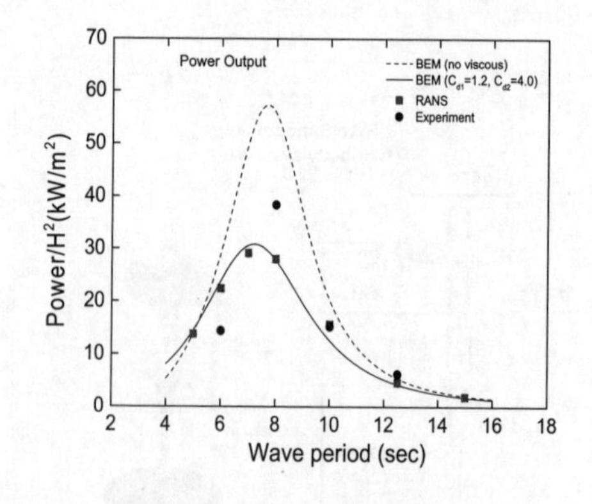

图 8 平均能量输出功率（实尺度）

4 结论

本文通过 RANS 方法与频域 BEM 方法,对双浮子 FPA 进行了数值模拟，并进行了模型试验。通过以上研究可以得到了如下结论：①RANS 方法可以准确预报双浮子在极端海况与常规海况下的运动和能量捕获特性；②BEM 法可以有效预报双浮子 FPA 在非共振区的水动力性能；③双浮子 FPA 处于共振状态时，黏性对系统性能影响较大。当然最后指出，还需通过试验进一步验证本文方法的有效性。

参考文献

1 Li Y, Yu YH. A synthesis of numerical methods for modeling wave energy converter-point absorbers. Renewable and Sustainable Energy Review, 2012, 16:4352–4364.

2 Siddorn P., Eatock Taylor R. Diffraction and independent radiation by an array of floating cylinders. Ocean Engineering, 2008, 13:1289-1303.

3 Mclver P. Wave forces on arrays of floating bodies. Journal of Engineering Mathematics, 1984, 18(4):273-285.

4 Payne GS, Taylor JRM, Bruce T, et al. Assessment of boundary-element method for modelling a free-floating sloped wave energy device. Part 1. Numerical modelling. Ocean Engineering, 2008, 35(3-4):333-341.

5 Payne GS, Taylor JRM, Bruce T, et al. Assessment of boundary-element method for modelling a free-floating sloped wave energy device. Part 2. Experimental validation. Ocean Engineering, 2008, 35(3-4):342-357.

6 Xu Q, Li Y, Lin Z. An improved boundary element method for modelling a self-reacting point absorber wave energy converter. Acta Mechanica Sinica, 2018, 34(6):1015-1034.

7 Yu,YH, Li,Y. Reynolds-averagednavierstokessimulationoftheheave performance of a two-body floating-point absorber wave energy system. Computers and Fluids, 2013, 73:104–114.

8 Beatty S, Hall M, Buckham B, et al. Experimental and numerical comparisons of self-reacting point absorber wave energy converters in regular waves. Ocean Engineering, 2015, 104:370-386.

9 戴遗山，段文洋. 船舶在波浪中运动的势流理论[M]. 北京：国防工业出版社, 2008.

10 Tao L, Cai S. Heave motion suppression of a Spar with a heave plate. Ocean Engineering, 2004, 31:669-692.

11 Xu Q, Li Y, Yu YH, et al. Experimental and numerical investigations of a two-body floating-point absorber wave energy converter in regular waves. Journal of Fluids and Structures, 2019. (Accepted)

A numerical simulation and an experimental investigation of a two-body wave energy converter

XU Qian-long, LI Ye

(Multi-function Towing Tank, School of Naval Architecture, Ocean and Civil Engineering, Shanghai Jiao tong University, 800 Dongchuan Rd., Shanghai, 200240 China)

Abstract In the field of harnessing energy from ocean wave resources, floating-point absorber wave energy converters (WEC) are widely adopted in design. This paper focuses the hydrodynamics of a heaving two-body floating-point absorber WEC, and performs numerical analyses and simulations of heave and power generation of it in frequency-domain using boundary element method (BEM) based on three-dimensional (3D) potential theory. In the present BEM, 3D free-surface Green function is introduced, which is calculated by a series method in far-field and a integral method in near-filed, respectively. Meanwhile, the conventional algorithm for the Green function is improved in this paper, which increases computational rate and accuracy. Moreover, a 1/33-scale model of the two-body FPA was used and a wave tank test was performed. A RANS simulation is also performed for investigation of the FPA model. Including viscous damping of a quadratic term empirically, the BEM results of heave and power generation of the FPA WEC agree fairly well with those from the RANS simulation and the experimental measurements, which indicates that the present BEM is feasible for modeling FPA WECs.

Key words wave energy, point absorber, boundary element method, computational fluid dynamics, viscous damping.

基于光滑粒子动力学（SPH）方法的流固耦合问题模拟研究

刘谋斌， 张智琅

(北京大学工学院，北京，100871，Email: mbliu@pku.edu.cn)

摘要：流固耦合问题广泛存在于自然现象及工程系统中。该问题涉及固体在流场作用下的运动、变形与破坏的各种行为以及固体位形对流体运动的影响，往往具有强非线性、时变性，含有介质大变形以及运动界面。因此采用传统的网格类方法模拟该类问题往往具有很大的挑战性。光滑粒子动力学方法（SPH）是一类拉格朗日型无网格粒子方法，能够自然追踪运动界面，方便处理大变形，为模拟流固耦合问题提供了有益的选择。本文阐述了 SPH 方法及其在典型流固耦合问题中的成功应用。方法上介绍了不同的高精度 SPH 格式，提高 SPH 稳定性及效率的改进方法，以及 SPH 与其他方法耦合框架下对于流固耦合界面的处理方式[1-3]。应用上，本文模拟了流体与刚体、弹性体、柔性体、颗粒体耦合作用问题，以及带有极限载荷的流固耦合问题，如爆炸冲击问题[4]。

关键词：流固耦合，光滑粒子动力学方法，计算流体力学，计算固体力学

参 考 文 献

1 Zhang ZL, Liu MB. A decoupled finite particle method for modeling incompressible flows with free surfaces. Appl Math Model 2018; 60:606–33.

2 Zhang ZL, Walayat K, Huang C, Liu MB. A finite particle method with particle shifting technique for modeling particulate flows with thermal convection, Int J Heat Mass Trans 2019; 128:1245-1262.

3 Zhang ZL, Walayat K, Chang JZ, Liu MB. Meshfree modeling of a fluid-particle two-phase flow with an improved SPH method. Int J Numer Methods Eng 2018; 116:530–569.

4 Liu MB and Zhang ZL. Smoothed particle hydrodynamics (SPH) for modeling fluid-structure interactions.

SCIENCE CHINA Physics, Mechanics & Astronomy 2019; 62:984701.

Smoothed particle hydrodynamics (SPH) for modeling fluid-structure interactions

LIU Mou-bin, ZHANG Zhi-lang

(College of Engineering, Peking University, Beijing, 100871.

Email: mbliu@pku.edu.cn; zlzhang@pku.edu.cn)

Abstract: Fluid-structure interactions (FSI) are widely involved in many natural phenomena and engineering applications. It is very challenging to numerically simulate FSI problems with conventional grid-based methods due to the nonlinearity and time-dependent nature inherent in FSI together with possible large deformations and moving interfaces. The smoothed particle hydrodynamics (SPH) method is a truly Lagrangian, meshfree and particle method, and it can conveniently treat large deformations and naturally capture the rapidly moving interfaces and free surfaces. In this paper, we introduce the sucessful applications of SPH and its modified versions for solving FSI problems. The methodology of SPH along with the conventional and highly accurate approximation schemes are firstly described [1-3]. Next, the treatments of FSI interfaces using pure SPH method and the hybrid approaches of SPH with other grid-based or particle-based methods are discussed. In applications, we introduce the SPH modeling of FSI problems with rigid, elastic and flexible structures, those with granular materials, and with extremely intensive loadings [4].

Key words: Fluid-structure interaction (FSI), Smoothed particle hydrodynamics (SPH), Computational fluid dynamics (CFD), Computational solid dynamics (CSD).

射流泵式空化发生器流动机理及其杀菌应用研究

王炯，许霜杰，左丹，龙新平*

(水射流理论与新技术湖北省重点实验室，武汉，430072，Email: xplong@whu.edu.cn

武汉大学动力与机械学院 武汉 430072)

摘要：射流泵式空化发生器是一种基于射流泵的工作原理，将孔板空化与文丘里管空化的特点相结合，利用高速射流卷吸低速流体在低压环境下诱发剧烈漩涡空化的新型空化发生器。本研究对射流泵式空化发生器的全流动工况外特性和内部空化流动特性进行了研究，建立了外特性参数变化与内部流动规律之间的关联关系， 最后利用射流泵式空化发生器对大肠杆菌细胞进行了空化处理实验。按照空化发生的机制和操作工况，射流泵式空化发生器的空化阶段可以分为两大类，即大流量比空化阶段、小流量比和负流量比空化阶段。在大流量比阶段，空化发生于喷嘴射流的剪切层内并随主流向下游进一步发展，随着出口压力下降，依次出现空化初生阶段、空化发展阶段、不稳定的极限空化阶段以及稳定的极限空化阶段。其中，在不稳定极限空化阶段，空化云在喉管内往复振荡。在稳定极限空化阶段，空化云延伸至扩散管并保持相对稳定的状态。在小流量比和负流量比空化阶段，随着流量比的减小，出口压力增大，射流发展被严重限制。其空化区域从喉管进口附近逐渐向上游移动，并依次出现回流停滞型空化阶段以及反向输运空化阶段。此时，面积比对空化的发生发展至关重要。当面积比较大时，空化只能发展至回流停滞型空化阶段。空化杀菌结果表明，射流泵式空化发生器的空化流动对大肠杆菌具有良好的灭杀效果。随着出口压力的提高，杀菌效率也逐渐增大。杀菌率随着处理时间呈现先缓慢增大后迅速增大再趋于平缓的规律，表明射流泵式空化发生器空化处理大肠杆菌存在损伤累计效应。另外，不同初始浓度下杀菌率变化情况基本相似，初始浓度越低，其相对处理时间越短，灭菌效果越好。本研究对于射流泵的空化特性研究以及水力空化的应用研究具有重要的借鉴意义。

关键词：空化发生器；射流泵；空化；杀菌

Research on flow mechanism and its sterilization application of jet pump cavitation reactors

WANG Jiong, XU Shuang-jie, ZUO Dan, LONG Xin-ping*

(Hubei Key Laboratory of Waterjet Theory and New Technology, Wuhan 430072, Email: xplong@whu.edu.cn
School of Power and Mechanical Engineering, Wuhan University, Wuhan 430072, China)

Abstract: As a new type of cavitation reactor based on the working principle of jet pump, the jet pump cavitation reactor combines the cavitation characteristics of orifice plate and venturi tube, which the high-speed jet sucks low-speed fluid and induces severe vortex cavitation in low-pressure environment. In this paper, researches were conducted to investigate the external parameters, internal cavitation characteristics and its relationships in jet pump cavitation reactor under the whole flow conditions. Also, the experiments on the treatment of *E. coli* cells by jet pump cavitation reactor were carried out. According to the cavitation mechanism and operating conditions, the cavitation stage of jet pump cavitation reactors can be divided into two categories, namely, large flow ratio cavitation stage, low and negative flow ratio cavitation stage. In large flow ratio cavitation stage, cavitation occurs in the shear layer of the nozzle jet and develops further downstream with the mainstream. As the outlet pressure decreases, inception cavitation stage, developing cavitation stage, unstable limited cavitation stage and stable limited cavitation stage appear successively. In unstable limited cavitation stage, the cavitation cloud keeps on oscillating back and forth in the throat. In stable limited cavitation stage, the cavitation cloud develops to the diffuser and keeps stable. In low and negative flow ratio cavitation stage, as the flow ratio decreases and outlet pressure increases, the cavitation development is severely restricted. The cavitation region moves upstream from the throat gradually, then the backflow stagnation cavitation stage and the reverse transport cavitation stage appear successively. The area ratio is crucial for the occurrence and development of cavitation. Particularly, when the area ratio is large enough, cavitation can only develop to backflow stagnation cavitation stage. The results of cavitation sterilization show that the cavitation flow of jet pump cavitation reactor has a good killing effect on e. coli cells. With the increase of the outlet pressure, the bactericidal rate is also gradually enhanced. The bactericidal rate increases slowly at first, then rapidly and finally gradually with the treatment time, indicating that the cumulative damage effect of e. coli cells accounts for a major role in cavitation treatment by jet pump cavitation reactor. In addition, the change of bactericidal rate at different initial concentrations is basically similar. The lower the initial concentration, the shorter the relative treatment time, and the better the sterilization effect. This study has significant reference for hydraulic cavitation characteristics and application of jet pump.

Key words: Cavitation reactor; Jet pump; Cavitation; Sterilization

双气室振荡水柱波能装置水动力特性研究

宁德志，王荣泉，Mayon Robert

(大连理工大学海岸和近海工程国家重点实验室，大连，116024，Email: dzning@dlut.edu.cn)

摘要：为了应对持续增长的能源需求和使用化石能源引发的环境问题，世界各国都在寻求开发可再生能源。波浪能作为海洋可再生能源的一种吸引了世界各海洋国家的关注。在众多的波浪能转换技术中，振荡水柱（OWC）式波能装置被广泛认可为最先进技术之一。关于在 OWC 水动力特性的研究中，绝大部分都是基于单气室 OWC 装置，然而该装置只有波浪频率在其共振频率附近时才是高效的。为了提高装置的能量转换效率和在更宽波频条件下吸收波能的能力，双气室式 OWC 波能装置被提出来并进行了一定的测试。作为作者前期单气室 OWC 装置研究工作的拓展，本研究考虑具有两个独立气室的固定式 OWC 波能装置，并与单气室 OWC 波能装置的水动力性能进行了对比。采用实验和数值的方法对双气室 OWC 装置的水动力效率、波面变化和气室压强进行了模拟研究。数值模型是基于完全非线性高阶边界元方法，并引入人工黏性来近似由于气室前墙诱发的水体黏性效应。模型实验在大连理工大学的波流水槽内开展。研究发现，与单气室 OWC 装置相比，双气室 OWC 装置能够拓宽有效频带宽度和改善水动力性能，这些发现有助于实际工程中 OWC 波能装置的设计和应用。

关键词： OWC；双气室；水动力特性；完全非线性；波浪水槽

1 引言

随着化石能源的日益枯竭以及环境问题的日益严重，世界各国都在寻求开发可在生能源。占地球表面 71%的海洋拥有波浪能、潮流能、风能等多种可再生能源，其储量巨大。波浪能作为一种优质的海洋能，其能流密度高、储量大。在众多的波浪能转换技术中，振荡水柱（OWC）式波能装置由于其结构形式和机械性能简单而被广泛认可为最先进技术之一。在近几十年，学者们关于 OWC 装置的水动力性能开展了很多研究，但是绝大部分研究都是基于单气室结构的 OWC 波能装置。然而，通过研究也发现，OWC 波能装置通常要在入射波浪频率和装置的共振频率接近时，其能量转换效率才较高[1-3]。为了提高 OWC 波能装置的能量转换效率，双气室结构 OWC 波能装置的概念被提了出来。Rezanejad 等[4]用解析和数值研究了拥有台阶地形的双气室 OWC 装置的水动力性能。Ning 等[5]研究了单 PTO

双气室OWC装置的水动力性能。Elhanafi等[6]基于CFD模型研究了离岸固定式双气室OWC装置的水动力性能。Ning 等[7]试验研究了双气室 OWC 装置的水动力性能。研究发现，双气室结构能提高 OWC 装置的水动力性能，本研究将探讨具有双气室 OWC 波能装置的水动力性能，并与单气室OWC的水动力性能进行对比。

2 物理模型试验

模型试验在大连理工大学海岸和近海工程国家重点实验室的波流水槽中进行，水槽长69 m，宽2.0 m，深1.8 m，试验布置如图1所示。水槽在纵向方向被薄板分成了1.2 m和0.8 m宽两部分，模型安装在0.8 m宽部分，距离造波板50 m远。试验中采用弗汝德相似准则，模型的长度比尺取为1: 20。

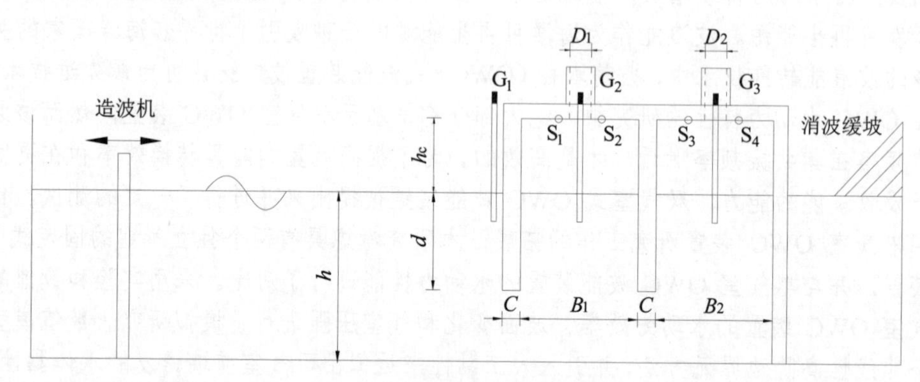

图1 模型试验布置示意图

双气室OWC装置靠海和靠岸的气室分别命名为1#气室和为2#气室。1#和2#气室的气孔直径分别为D_1和D_2；1#和2#气室的气室宽度分别B_1和B_2；墙体的吃水深度和厚度分别为d和C。试验中布置了3个浪高仪来监测不同位置的波面变化，G_1布置在前墙外侧，G_2和G_3分别布置在1#和2#气室的中心位置，其中G_1位置的浪高仪离墙面的距离为0.02 m。在离1#气室和2#气室气孔中心0.15 m的地方分别布置了两个点压力计，用来测量气室内部的气体压强变化，气室内气体压强取气室内两个测点的平均值，即$p_{a1}=(P_{S1}+P_{S2})/2$，$p_{a2}=(P_{S3}+P_{S4})/2$，式中：p_{a1}和p_{a2}分别代表1#气室和2#气室内部的气体压强，P_{S1}和P_{S2}分别代表1#气室中S_1和S_2两个测点的压强值，P_{S3}和P_{S4}分别代表2#气室中S_3和S_4两个测点的压强值。采样频率设为50 Hz，每组实验至少重复两次，取两次稳定结果的平均值作为最终试验结果。入射波波周期范围为1.0 ~ 2.3 s，入射波幅为0.03 m。

3 数值模型

本研究基于完全非线性势流理论和高阶边界元方法建立了波浪与双气室 OWC 波能装置相互作用的二维数值水槽。如图2所示，建立笛卡尔坐标系Oxz，定义坐标原点O位于静水面上，z 轴竖直向上为正，x 轴水平向右为正。由于是二维数值水槽，图 2 中 B_{O1} 和 B_{O2} 分别表示 1#和 2#气孔的开孔宽度，其余几何参数与图 1 中一致。

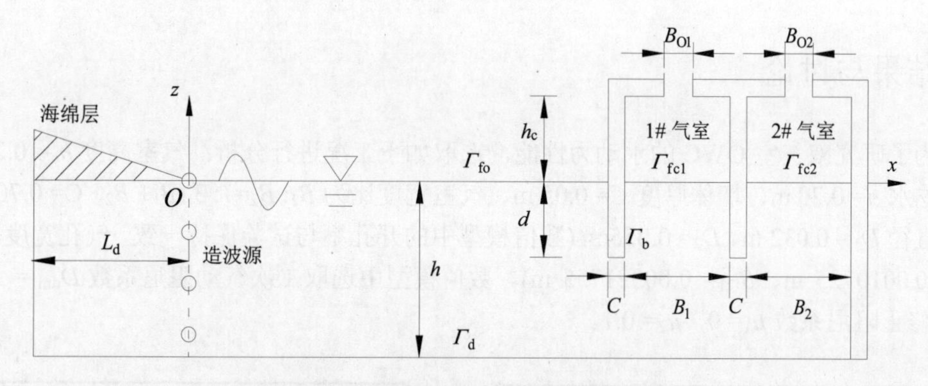

图 2　双气室 OWC 数值水槽示意图

数值模型中采用域内源造波技术产生入射波浪，因此，控制方程为泊松方程（Poisson equation）；在数值水槽的左端布置了系数为$\upsilon(x)$、长度为 L_d 的海绵层吸收出流波浪和反射波浪；在 1#和 2#气室内部分别引入修正系数为μ_1 和μ_2 的修正阻尼项等效涡旋脱落和流动分离等黏性效应，因此，速度势ϕ满足如下自由水面边界条件：

$$\begin{cases} \dfrac{\mathrm{d}X(x,z)}{\mathrm{d}t} = \nabla\phi - \upsilon(x)(X - X_0) \\ \dfrac{\mathrm{d}\phi}{\mathrm{d}t} = -g\eta + \dfrac{1}{2}(\nabla\phi\cdot\nabla\phi) - \dfrac{p_{a(1,2)}}{\rho} - \upsilon(x)\phi - \mu_{(1,2)}\dfrac{\partial\phi}{\partial n} \end{cases} \tag{1}$$

式中：$\boldsymbol{X}=(x, z)$为自由水面上水质点的瞬时位置；η为自由水面的铅垂位移；p_a 为气室内部自由水面上的气体压强，由气室内部的自由水面变化引起。假定其他压强与气孔处气流速度成二次关系，可以得到气室内部的气体压强：

$$p_{a(1,2)}(t) = D_{dm(1,2)}\left|U_{d(1,2)}(t)\right|U_{d(1,2)}(t) \tag{2}$$

式中：D_{dm} 为气动阻尼系数，U_d 为气孔处的气流速度。气室吸收的波能可以通过下式求得：

$$P_{0(1,2)} = \frac{1}{T}\int_t^{t+T} Q_{(1,2)}(t)p_{a(1,2)}(t)\,\mathrm{d}t \tag{3}$$

式中：Q 为通过气孔的体积流量。因此，气室的能量转换效率可以按下式求得：

$$\xi_{1,2} = \frac{P_{0(1,2)}}{P_{inc}} \tag{4}$$

式中：P_{inc} 表示入射波能。双气室 OWC 装置的整体能量转换效率可以通过其两个子气室的能量转换效率求和得到$\xi=\xi_1+\xi_2$。

在数值模型中，数值水槽的长度设为 5 倍入射波波长，其中 1.5 倍波长用作海绵层；空间步长和时间步长分别设为$\Delta x = \lambda/30$ 和$\Delta t = T/80$。

4 结果与讨论

为了研究双气室 OWC 的水动力性能，选取如下工况进行分析：气室高度 h_c= 0.2 m、墙体吃水 d= 0.20 m、墙体厚度 C= 0.05 m、气室宽度比为 B_1: B_2=1: 3 (B_1+ B_2+ C= 0.70 m)、气孔直径 D_1= 0.032 m、D_2= 0.055 m (数值模型中的开孔率与试验保持一致，气孔宽度取为：B_{O1}= 0.0010725 m、B_{O1}= 0.00321755 m)。数值模型中选取二次气动阻尼系数 D_{dm1}= D_{dm2}= 1.0，修正阻尼系数 μ_1= 0，μ_2= 0.1。

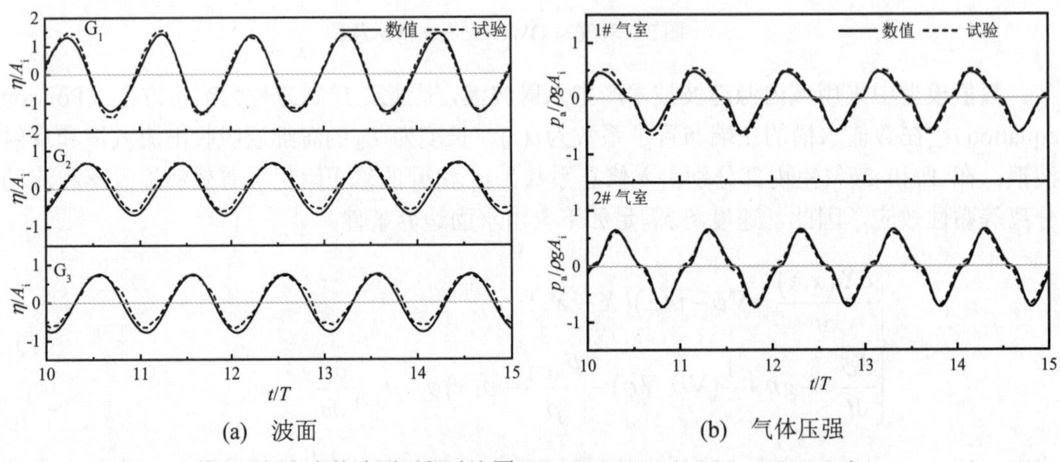

(a) 波面 (b) 气体压强

图 3 气室内外波面历程对比图（B_1: B_2 = 1: 3, d= 0.20 m, T= 1.5 s）

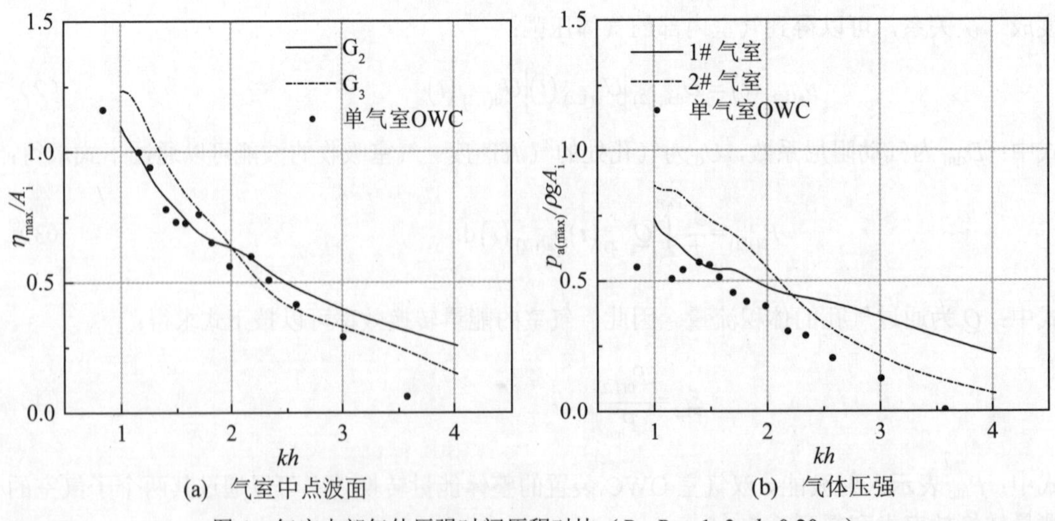

(a) 气室中点波面 (b) 气体压强

图 4 气室内部气体压强时间历程对比（B_1: B_2 = 1: 3, d= 0.20 m）

图 3(a)和(b)分别给出了入射波周期 T= 1.5s 时波面历程和气室内气体压强历程的数值结果与试验结果对比图。从图 3 中可以的看出，数值结果与试验结果吻合良好，说明建立的数值模型是准确的。

图 4 给出了单气室和双气室 OWC 装置气室中点波面和气室内部压强最大值随 kh 变化情况，波面和气体压强的最大值分别用 η_{max} 和 $p_{a(max)}$ 表示。从图 4 中可以看出，在大部分波况下，双气室 OWC 两个子气室内部的波面和压强比单气室的要大。这表明，双气室 OWC 装置内部的水柱运动要比单气室的剧烈，进而促使双气室 OWC 有更大的能量转换效率。

图 5 给出了双气室 OWC 装置与单气室 OWC 装置能量转换效率的对比。从图 5 中可以看到双气室 OWC 的整体效率比单气室 OWC 的要高，且双气室 OWC 装置的有效频带宽度比单气室 OWC 装置的也要大。

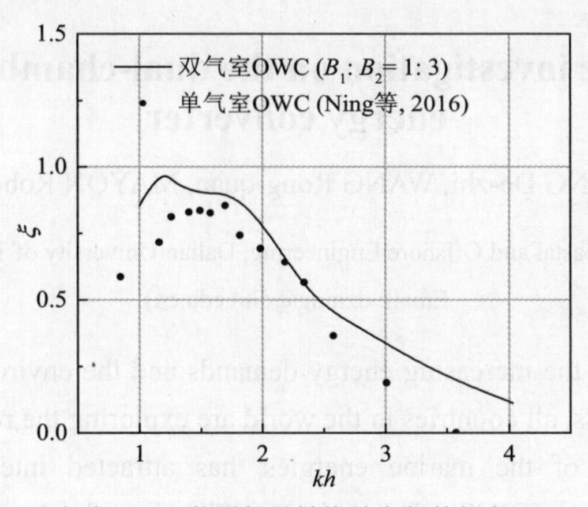

图 5　双气室 OWC 装置能量转换效率与单气室 OWC 对比

5　结论

通过对双气室 OWC 波能装置开展一系列数值模拟与试验研究，发现：相对于单气室结构，双气室结构的 OWC 装置能够拓宽装置的有效频带宽度和提高装置的能量转换效率，为 OWC 装置的进一步优化提供了新思路。

参考文献

1　Falcão A.F.D. Wave-power absorption by a periodic linear array of oscillating water columns. Ocean Eng. , 2002, 29(10): 1163-1186.

2　Morris-Thomas M.T., Irvin R.J., Thiagarajan K.P. An investigation into the hydrodynamic efficiency of an oscillating water column. Journal of Offshore Mechanics and Arctic Engineering-Transactions of the Asme, 2007, 129(4): 273-278.

3　Ning D.Z., Wang R.Q., et al. An experimental investigation of hydrodynamics of a fixed OWC

Wave Energy Converter. Appl. Energy 2016, 168: 636-648.
4 Rezanejad K., Bhattacharjee J., Soares C.G. Analytical and numerical study of dual-chamber oscillating water columns on stepped bottom. Renew. Energy 2015, 75: 272-282.
5 Ning D., Wang R., Zhang C. Numerical Simulation of a Dual-Chamber Oscillating Water Column Wave Energy Converter. Sustainability, 2017, 9(9): 1599.
6 Elhanafi A., Macfarlane G., Ning D. Hydrodynamic performance of single–chamber and dual–chamber offshore–stationary Oscillating Water Column devices using CFD. Appl. Energy 2018, 228: 82-96.
7 Ning D.-Z., Wang R.-Q., et al. Experimental investigation of a land-based dual-chamber OWC wave energy converter. Renewable Sustainable Energy Rev. , 2019, 105: 48-60.

Hydrodynamic investigation on the dual-chamber OWC wave energy converter

NING De-zhi, WANG Rong-quan, MAYON Robert

(State Key Laboratory of Coastal and Offshore Engineering, Dalian University of Technology, Dalian, 116024. Email: dzning@dlut.edu.cn)

Abstract: To copy with the increasing energy demands and the environment problems derived from the use of fossil fuels, all countries in the world are exploring the renewable energy sources. The wave energy, one of the marine energies, has attracted international attention. The Oscillating Water Column (OWC) device is considered to be one of the most advanced technology among the diverse wave energy converters. Most of the previous hydrodynamic investigations on the OWC device were mainly focus on the single-chamber OWC, however, the single-chamber OWC device is to be an efficient absorber only when it operates at near-resonance. To improve the wave energy conversion hydrodynamic performance, the dual-chamber OWC device is designed and experimentally and numerically investigated. As an extension of the author's previous research work on the single-chamber OWC device, the hydrodynamic performance of an OWC device with two sub-chambers is experimentally and numerically investigated. The numerical model is based on the fully nonlinear potential flow theory and higher-order boundary element method, an artificial damping term is introduced to consider the viscus effects near the front wall. The physical tests were carried out in the wave-current fume in Dalian university of technology. It is found that the dual-chamber OWC device broadens the effective frequency bandwidth and performs better than the single-chamber device. these findings help to improve the design and operational performance of OWC devices.

Key words: OWC; Dual-chamber; Hydrodynamic; Fully nonlinear; Wave flume.

裂隙中双分子反应性溶质运移实验与模拟

刘雅静，刘咏，马雷，钱家忠

(合肥工业大学地下水科学与工程研究所，合肥，230009，Email: qianjiazhong@hfut.edu.cn)

摘要：地下水环境中的化学作用对溶质运移具有重要的影响，然而对于双分子反应性溶质运移的研究，以往大多是在多孔介质中展开的，并且传统的对流弥散方程不能很好的解决“过度预报”生成物浓度以及生成物“拖尾”问题。为了揭示双分子反应性溶质在裂隙介质中的运移机理，论文以苯胺（AN）和1,2-萘醌-4-磺酸钠（NQS）为例，开展了单个裂隙中双分子反应性溶质运移实验与模拟研究，重点研究了裂隙开启度、水流属性以及运移路径的影响，建立了考虑随时间衰减的反应性溶质运移数学模型(ADRE)并进行数值求解，进行了模型参数分析，与现有的对流弥散方程(ADE)模型及随机的截断幂函数模型(TPL)进行比较，得到ADRE模型对溶质运移峰值浓度预报精度较高，而不能很好捕捉“拖尾”现象，TPL模型捕捉“拖尾”现象的能力高于ADRE模型，其机理有待进一步研究[Grants: 41831289; 41877191]。

关键词：双分子反应；溶质运移；裂隙；拖尾；过度预报

Experimental and simulation of bimolecular reactive solution transport in fractures

LIU Ya-jing, LIU Yong, MA Lei, QIAN Jia-zhong

(Institute of groundwater science and engineering, Hefei University of Technology, Hefei, 230009. Email: Liuyong@hfut.edu.cn; qianjiazhong@hfut.edu.cn)

Abstract: Chemical action in groundwater environment has an important impact on solute transport. However, most of the studies on bimolecular reactive solute transport have been carried out in porous media in the past, and the traditional advection-dispersion equation (ADE) can not solve the problem of "over-prediction" of the concentration of products and "long-tail" of products. In order to reveal the transport mechanism of bimolecular reactive solutes in fracture media, In this paper, we take the bimolecular reactive as an example，the aniline (AN) and 1,2-napthoquinone-4-sulfonic (NQS) acid were used as the chemical reactants. The effects of fracture aperture, flow properties and transport path were mainly studied. A mathematical model of reactive solute transport (ADRE) considering time decay was established and solved numerically. The parameters of the model were analyzed. Compared with advection-dispersion equation (ADE) model and the stochastic Truncated Power-law (TPL) function model, it is concluded that the ADRE model is more precise in predicting the peak concentration of solute transport, but the "long-tail" can not be fitted well. The TPL model is better than ADRE model to fit the "long-tail", and its mechanism needs to be studied further [Grants: 41831289; 41877191].

Key words：Bimolecular reactive; Solute transport; Fracture; “Long tail”; Over-prediction.

深水气井测试水合物沉积堵塞预测与防治技术

张剑波[1]，张伟国[2]，王志远[1,3]，童仕坤[1]，潘少伟[1]，付玮琪[1]，孙宝江[1,3]

(1.中国石油大学（华东）石油工程学院海洋油气与水合物研究所，青岛 266580，Email: wangzy1209@126.com；2.中海石油深圳分公司深水工程技术中心，深圳 518067；3.非常规油气开发教育部重点实验室（中国石油大学（华东）），青岛 266580)

摘要：天然气水合物沉积堵塞是影响深水气井测试安全的重要因素。本文考虑水合物生成区域变化，水合物生成、沉积和分解特征等，研究了深水气井测试管柱中的水合物沉积堵塞特征，建立了水合物沉积堵塞风险预测方法，模拟分析了深水气井测试管柱中的水合物沉积堵塞规律。结果表明：深水气井测试管柱中的水合物层厚度分布是非均匀的，测试时间越长，管壁上的水合物层厚度越大，发生水合物堵塞的风险越大。研究提出通过控制水合物沉积最危险处的水合物层厚度不超过临堵塞厚度来优化抑制剂注入浓度，可以有效降低水合物抑制剂注入浓度。此外，探讨了通过合理改变不同测试产量的测试顺序来预防深水气井测试过程中的水合物堵塞。本文工作可为现场水合物堵塞高效防治提供有价值的参考。

关键词：深水气井测试；天然气水合物；沉积堵塞；水合物层厚度；防治方法

1 引言

在深水气田勘探开发过程中，气井测试是获取储层参数的关键手段，对深水气田安全高效开发至关重要。由于深水区域海水温度低，深水气井测试时管柱内会出现低温高压井段，极易满足水合物生成条件[1-5]。水合物一旦在测试管柱内生成，易沉积附着在管壁上导致流动障碍，会造成严重的经济损失[6-9]。同时，深水特殊的环境特点导致测试管柱中的水合物堵塞治理十分复杂、耗时长、费用高昂[10-12]。该问题已成为影响深水气井测试安全的重要因素，制约着深水气田高效开发的进程，已受到国内外学者和作业人员的广泛关注[7,13-16]。

目前深水气井测试过程中常用的水合物防治方法是通过加入过量的热力学抑制剂来完全抑制管柱中的水合物生成，包括醇类（甲醇、乙二醇等）和盐类（氯化钠、氯化钾等）[17]。

这种方法虽效果显著，但存在抑制剂注入量大、对设备要求高、成本高、不环保等缺点，尤其是对于高含水井[18]。因此，探索高效且环保的水合物堵塞防治方法对保障深水气井测试安全和维护海洋环境至关重要。

为解决上述问题，笔者展开一系列深入研究，结合深水气井井筒温度压力预测，水合物生成、沉积和分解计算等，研究了深水气井测试过程中的水合物沉积堵塞规律，探讨了不同的水合物堵塞防治方法，可以为现场水合物堵塞高效防治提供有价值的参考。

2 深水气井井筒温度压力预测

井筒温度压力的准确预测是确定深水气井测试过程中水合物生成区域的基础。在深水气井测试过程中，高速流动的可压缩气体携带少量液体由井底向井口流动。不同井深位置处的井身结构不同，由管柱向周围环境的径向传热速率不同，且管柱有效内径变化会导致节流效应。以气体在流动过程中的焓变为研究对象，考虑节流效应、气体体积变化做功及水合物生成和沉积等影响，以泥线为分界点，分别针对不同井深位置建立了考虑水合物生成和沉积影响的深水气井井筒温度场方程[19-20]。

泥线以下井段：

$$\begin{aligned}&\frac{2}{vr_{\mathrm{ti}}^2}\cdot\frac{r_{\mathrm{to}}U_{\mathrm{to}}k_{\mathrm{e}}}{k_{\mathrm{e}}+T_{\mathrm{D}}r_{\mathrm{to}}U_{\mathrm{to}}}\cdot(T_{\mathrm{ei}}-T_{\mathrm{f}})-\frac{\partial}{\partial z}[\rho_{\mathrm{a}}(H+gz\cos\theta+\frac{1}{2}v^2+\frac{fv^2}{2D})]\\&=\frac{\partial}{\partial t}[\rho_{\mathrm{a}}(C_{\mathrm{f}}T_{\mathrm{f}}+gz\cos\theta+\frac{1}{2}v^2)]+\frac{\Delta h\cdot R_{\mathrm{h}}}{M_{\mathrm{h}}}\end{aligned}\tag{1}$$

式中，v 为流速，m/s；r_{ti} 为测试管柱内半径，m；r_{to} 为测试管柱外半径，m；U_{to} 为以管柱外表面为基准面的总传热系数，W/(m^2·K)；T_{f} 为管柱内流体的温度，K；k_{e} 为地层导热系数，W/(m·K)；T_{D} 为无量纲时间；T_{ei} 地层温度，K；ρ_{a} 为流体密度 kg/m^3；g 为重力加速度，9.81m/s^2；z 为距井底的距离，m；θ 为井斜角，°；H 为气体的焓，J，其计算见参考文献[19]；f 为摩擦因子；C_{f} 为管柱中流体的比热容，J/(kg·K)；D 为管内径，m；t 为时间，s；Δh 是水合物生成焓，J/mol; M_{h} 是水合物摩尔质量，kg/mol; R_{h} 是水合物生成速率，kg/s。

泥线以上井段：

$$\begin{aligned}&\frac{2r_{\mathrm{go}}U_{\mathrm{go}}}{vr_{\mathrm{ti}}^2}\cdot(T_{\mathrm{sea}}-T_{\mathrm{f}})-\frac{\partial}{\partial z}[\rho(H+gz\cos\theta+\frac{1}{2}v^2+\frac{fv^2}{2D})]\\&=\frac{\partial}{\partial t}[\rho(C_{\mathrm{f}}T_{\mathrm{f}}+gz\cos\theta+\frac{1}{2}v^2)]+\frac{\Delta h\cdot R_{\mathrm{h}}}{M_{\mathrm{h}}}\end{aligned}\tag{2}$$

式中，r_{go} 为隔水管外半径，m；U_{go} 为以隔水管外表面为基准面的总传热系数，W/(m^2·K)；T_{sea} 为海水温度，K。

地层产出流体沿测试管柱从井底向井口流动的过程中，要克服摩擦阻力、自身重力和加速度引起的压力损失，压力将沿着流体流动方向逐渐降低。同时，若是管柱中存在水合物生成及沉积情况，管壁上会出现一层逐渐增厚的水合物层，管柱有效内径将逐渐减小，流体运动过程中所受的摩阻增大，进而造成管柱中压降逐渐增大。根据动量守恒，可以建立以下井筒压力场方程[19-20]：

$$\frac{\partial}{\partial t}(Av)+\frac{\partial}{\partial t}(A\rho_{\mathrm{a}}v^{2})+A\rho_{\mathrm{a}}g\cos\theta+\frac{\mathrm{d}(Ap)}{\mathrm{d}z}+\frac{\mathrm{d}(AF_{\mathrm{r}})}{\mathrm{d}z}=0 \tag{3}$$

式中，A 为流通面积，m^2；p 为流体压力，Pa；F_{r} 为沿程摩阻损失，Pa。

在井筒温度压力分布计算的基础上，结合天然气水合物相平衡理论[21]，可以得到深水气井测试管柱中的水合物生成区域。本文采用 Wang 等[19]提出的方法来对不同测试条件下的水合物生成区域进行定量预测，为后面的水合物生成、沉积和分解提供基础。

3 水合物生成、沉积和分解计算

水合物生成、沉积和分解的准确计算是判断测试管柱中水合物堵塞风险的关键。如图 1 所示，在水合物生成区域内，气液接触会生成固体状的水合物，部分水合物会在管内壁上发生沉积，引起流体有效流动通道减小。而在水合物生成区域之外，之前沉积在管壁上的水合物会因为管柱中流体温度的升高和压力的降低而分解，进而扩大流体有效流动通道。

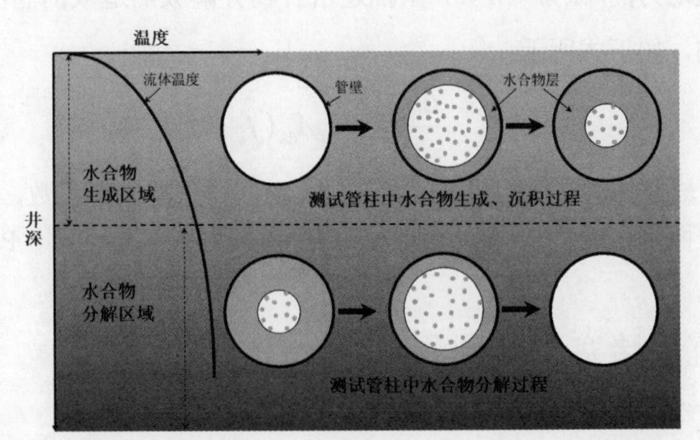

图 1　深水气井测试管柱中水合物生成、沉积和分解示意图

在深水气井测试过程中，产气量高，并伴随一定量的产水，测试管柱内往往呈现典型的环雾流流动特征。水合物生成速率主要受过冷度和气液接触面积影响，目前Turner等[22]

提出的动力学模型被广泛用于计算以气为主的流动体系中的水合物生成速率。

$$R_{\mathrm{h}}=\frac{M_{\mathrm{h}}}{M_{\mathrm{g}}}F_{\mathrm{mh}}C_{\mathrm{k1}}\exp(\frac{C_{\mathrm{k2}}}{T_{\mathrm{s}}})A_{\mathrm{gf}}\cdot\Delta T_{\mathrm{sub}} \tag{4}$$

式中，M_{g}是平均气体摩尔质量，g/mol；F_{mh}是表征传质传热强度的系数，无因次；C_{k1}和C_{k2}是动力学参数；T_{s}是系统温度，K；A_{gs}是气液接触面积，m^2；T_{sub}是热力学过冷度，K。

前人的研究[4,5,15]表明在含自由水的气体流动体系中生成的水合物部分会沉积附着在管壁上形成一定厚度的水合物层，导致流动障碍。Wang等[4,8]研究表明管壁液膜中生成的水合物会因于管壁间的黏附力而全部沉积附着在管壁上，而气相中由液滴生成的水合物颗粒只有小部分会沉积附着在管壁上。故管壁上总的水合物沉积速率可由下式表示：

$$R_{\mathrm{dh}}=\frac{M_{\mathrm{h}}}{M_{\mathrm{g}}}F_{\mathrm{mh}}C_{\mathrm{k1}}\exp(\frac{C_{\mathrm{k2}}}{T_{\mathrm{s}}})A_{\mathrm{gf}}\cdot\Delta T_{\mathrm{sub}}+\frac{C_{\mathrm{he}}}{C_{\mathrm{le}}}R_{\mathrm{dl}}A_{\mathrm{gf}}\mathrm{S}_{\mathrm{d}} \tag{5}$$

式中，R_{dh} 为水合物沉积速率，kg/s；R_{dl} 为环雾流中的液滴沉积速率，可由 Schadel 等[23]提出的经验公式求得，$\mathrm{kg/(m^2\cdot s)}$；C_{he} 为气相中水合物颗粒浓度，$\mathrm{kg/m^3}$；C_{le} 为气相中液滴粒浓度，$\mathrm{kg/m^3}$；S_{d} 为有效沉积系数，无因次。

天然气水合物分解速率受分解驱动力和分解表面积的影响。水合物分解是吸热的，会造成周围未分解的水合物温度降低，导致水合物分解驱动力随着时间减小。Goel等[24]提出用水合物分解驱动力的n次方（$n<1$）来描述水合物分解吸热造成的温度降低对后期水合物分解速率的影响，如下式所示：

$$\frac{\mathrm{d}n_{\mathrm{d}}}{\mathrm{d}t}=K_{\mathrm{d}}A_{\mathrm{ds}}(f_{\mathrm{e}}-f_{\mathrm{g}})^n \tag{6}$$

式中，n_{d} 为 t 时刻分解的气体的量，mol；K_{d} 为水合物分解速率常数，$\mathrm{mol/(m^2\cdot Pa\cdot s)}$；$A_{\mathrm{ds}}$ 为水合物分解表面积，m^2；f_{e} 和 f_{g} 分别为三相平衡逸度和气体逸度，Pa.

4　水合物沉积堵塞风险预测

深水气井测试管柱中的水合物堵塞风险可以由水合物层厚度表征，水合物层厚度越大，说明发生水合物堵塞的风险越大。考虑水合物沉积对流体流动的影响，Wang等[4]提出用0.5倍管柱半径作为发生堵塞的临界水合物层厚度。管壁上的水合物层生长受水合物生成、沉积和分解的共同影响。测试管柱中水合物持续生成和沉积会增大水合物堵塞风险，而水合物分解则会降低水合物堵塞风险。在这两种情况下的水合物层厚度计算方法是不同的。

当测试管柱中的温度压力满足水合物生成条件时，管壁上的水合物层是水合物不断生成和沉积积累的结果。在此情况下，管壁上的水合物层厚度可以由下式表示：

$$\delta_{\mathrm{i}}^{\mathrm{j+1}} = r_{\mathrm{ti}} - \left(\frac{\rho_{\mathrm{h}} \pi r_{\mathrm{e,i}}^{\mathrm{j}\ 2} - \Delta m_{\mathrm{hd,i}}^{\mathrm{j+1}}}{\rho_{\mathrm{h}} \pi \cdot \mathrm{d}z} \right)^{0.5} \tag{7}$$

式中，δ 为水合物层厚度，m；r_{e} 为管柱有效内径，m；Δm_{hd} 为沉积在管壁上的水合物质量，kg；i 为位置节点；j 为时间节点。

当测试管柱中的温度压力不满足水合物稳定条件时，在管壁上形成的水合物层会逐渐分解，导致水合物层厚度逐渐减小。在此情况下，管壁上的水合物层厚度可以由下式计算：

$$\delta_{\mathrm{i}}^{\mathrm{j+1}} = r_{\mathrm{p}} - \left(\frac{\rho_{\mathrm{h}} \pi r_{\mathrm{e,i}}^{\mathrm{j}\ 2} + \Delta m_{\mathrm{dc,i}}^{\mathrm{j+1}}}{\rho_{\mathrm{h}} \pi \cdot \mathrm{d}z} \right)^{0.5} \tag{8}$$

式中，Δm_{dc} 为管壁上分解的水合物质量，kg。

5　应用与讨论

应用上述理论，对一口深水案例井在测试过程中的水合物沉积堵塞风险进行预测和分析。该井是一口深水直井，水深为 1530m，井深为 3440m，测试时气体产量为 44 万方/d，液体产量为 20 方/d，其余基础参数如表 1 所示。

表 1　案例井基础参数

参数	取值	参数	取值
水深	1530 m	钢材导热系数	43.2 W/(m·K)
海水导热系数	1.73 W/(m·K)	海面温度	23 ºC
海水比热	3890 J/(kg·K)	地温梯度	0.03 K/m
海水密度	1025 kg/m³	天然气相对密度	0.631
地层压力	37.6 MPa	套管内径	216.8mm
地层温度	90.5℃	测试管柱内径	85.6mm

5.1 水合物沉积堵塞规律分析

在测试管柱中温度压力计算的基础上，对深水气井测试过程中的水合物生成、沉积和分解进行预测，得到测试管柱中不同位置处的水合物层生长情况（图 2）。从图 2 中可以看出，管壁上出现水合物沉积层的位置随着测试时间增加而逐渐缩短，这主要是因为测试时间越长，管柱中的流体温度越高，导致测试管柱中的水合物生成区域越小。同时，管壁上的水合物层厚度随测试时间增加而逐渐生长，且水合物层在管壁上的非均匀分布也变得更加明显，这意味着发生水合物堵塞的风险增大。此外，在一定测试产量条件下，测试管柱内壁上的水合物层厚度达到发生堵塞的临界厚度需要一定的时间，这说明在此时间之内测试管柱中不会发生水合物堵塞，即测试过程是比较安全的。因此，在现场测试过程中，我们应该通过采取有效方法来控制测试管柱中的水合物层厚度在临界堵塞厚度以内，以实现深水气井的安全高效测试。

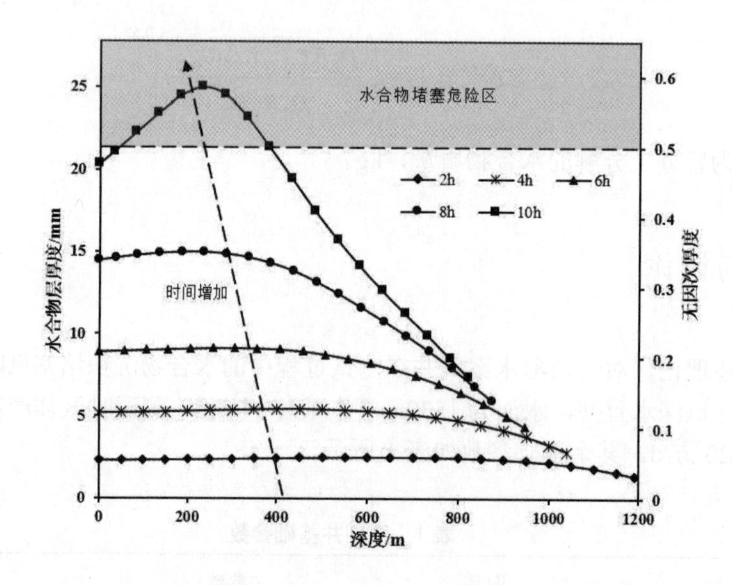

图 2　不同测试时间下管柱中水合物层生长分布

图 3 是深水气井测试关井情况下测试管柱中的水合物层生长情况。从图 3 可以看出，关井情况下测试管柱中的水合物层生长分布是不均匀的，距离井口越近的地方，管壁上的水合物层厚度越大，这主要是由周围环境温度越低造成水合物生成和沉积速率增大引起的。同时，关井时间越长，测试管柱中不同位置处的水合物层厚度逐渐增大，但水合物层生长的速率逐渐减小。这主要是由关井后管柱中的温度变化引起的，管柱内温度越接近环境温度，水合物生成和沉积速率越小，导致管壁上的水合物层生长越慢。通过对比图 2 和图 3 可知，关井情况下测试管柱中的水合物层生长速率远慢于测试流动情况。在较短的关井时间内，测试管柱中的水合物层生长对后期开井测试流动产生影响较小，发生水合物堵塞的

可能性较小。因此，当深水气井测试过程中关井时间较短时，可以考虑不采取水合物堵塞防治措施。

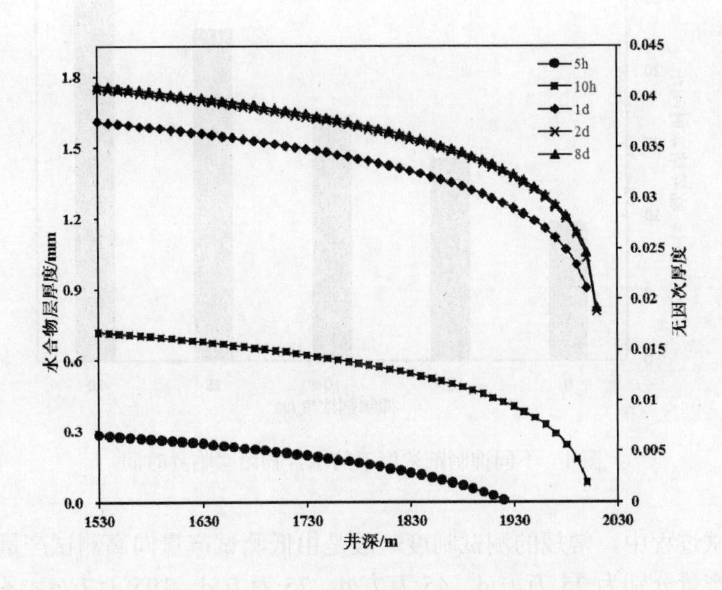

图 3　关井情况下管柱中水合物层生长分布

5.2 水合物沉积堵塞防治方法

在水合物沉积堵塞风险预测的基础上，提出两种针对深水气井测试的水合物堵塞防治方法。一种是通过优化水合物抑制剂浓度来防治测试管柱中的水合物堵塞；另一种是通过改变不同测试产量的测试顺序来防治测试管柱中的水合物堵塞。

在上述研究的基础上，提出深水气井测试过程中注入的抑制剂浓度只要能保证测试管柱中的水合物沉积层不影响正常测试流动即可，保证沉积最危险处的水合物层厚度不超过临界堵塞厚度。图 4 是预测得到的不同抑制剂（MEG）浓度条件下测试管柱中水合物沉积层达到临界堵塞厚度所需的时间。从图 4 中可以看出，随着抑制剂浓度的增大，管壁上的水合物层厚度达到临界堵塞厚度所需的时间越长，意味着发生水合物堵塞的风险减小。当抑制剂浓度达到 20%后，测试管柱中发生水合物堵塞的临界时间将远超 30 h。因此，可以根据不同的测试时间要求来确定合理的水合物抑制剂注入浓度。在本文案例中，若设计测试时间为 23 h，则根据此方法得到的保证测试管柱中不发生水合物堵塞的抑制剂注入浓度为 15%，与传统方法相比（本文算例条件下是 25%），该方法可以至少降低抑制剂注入量 40%。因此，该方法可以在有效预防水合物堵塞的前提下大幅降低抑制剂注入浓度，提高深水气井测试的经济性。

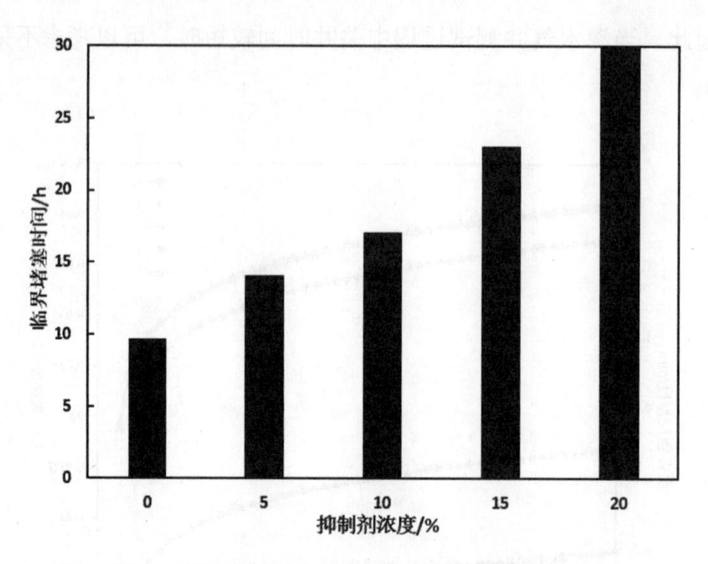

图 4　不同抑制剂浓度下的水合物堵塞临界时间

在现场测试过程中，常规的测试制度一般是由低测试产量向高测试产量正序变化。本文选取的测试产量分别为 25 万方/d、45 万方/d、75 万方/d、105 万方/d，各产量测试时间分别为 10h、8h、4h、4h。在这种测试顺序下，低产量下的水合物生成区域是连续的，水合物会在低测试产量下持续生成和沉积，易导致测试管柱中发生水合物堵塞。本文对该案例中不同气体流量的测试顺序进行了调整，新的测试顺序变为 25 万方/d、75 万方/d、45 万方/d、105 万方/d，在该测试顺序下管柱中的水合物沉积层生长情况如图 5 所示。从图中可以看出，在第一测试产量下，测试管柱中会发生水合物生成和沉积，造成管壁上的水合物层厚度逐渐增大，但又会在第二测试产量下逐渐分解。在第三测试产量下，测试管柱中会再次发生水合物生成和沉积，并在第四测试产量下逐渐分解。这主要是由于在 25 万方/d 和 45 万方/d 条件下均满足水合物生成条件，造成管壁上的水合物层逐渐生长变厚；而在 75 万方/d 和 105 万方/d 条件下均不满足水合物生成条件，测试产量的低高交错会使得在低产量下生成沉积在管壁上的水合物逐渐分解。在此测试顺序下，测试管柱中水合物层厚度的最大值只占到管半径的 33.59%。相比于常规测试顺序，该方法能在不使用抑制剂的情况下明显降低测试管柱中的水合物堵塞风险，由此说明了该方法的有效性和适用性。但鉴于不同测试产量的测试顺序改变，可能需要改变气藏评价方式，该方法的实施仍需要进一步展开深入研究。

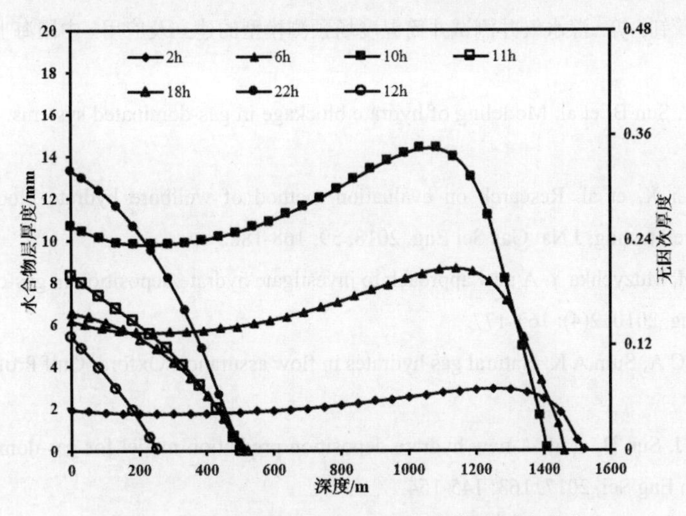

图 5　改变测试顺序条件下的水合物层厚度变化

6　结论

本文考虑水合物生成区域变化，水合物生成、沉积和分解特征等，研究了深水气井测试过程中的水合物沉积堵塞特征，模拟分析了测试管柱中的水合物沉积堵塞规律，探讨了不同的水合物堵塞防治方法，可为深水气井测试水合物堵塞防治工作提供一定参考。

（1）深水气井测试管柱中水合物沉积层厚度是非均匀分布的，测试时间越长，管壁上出现水合物沉积层的位置逐渐缩短，不同位置处的水合物层厚度越大，且非均匀分布性越明显，发生水合物堵塞风险增大。关井情况下的水合物层生长速率远慢于测试流动情况，当关井时间较短时，测试管柱中发生水合物堵塞的可能性较小。

（2）与传统的水合物防治方法相比，通过控制发生水合物沉积最危险处的水合物层厚度不超过临界堵塞厚度来优化抑制剂注入浓度，可以明显降低所需抑制剂的注入浓度，提高深水气井测试的经济性。

（3）通过合理改变不同测试产量的测试顺序，可以利用高测试产量下流体温度的升高和压力的降低来分解低测试产量下生成的水合物，该方法能在不注入水合物抑制剂的条件下显著降低水合物堵塞风险。但要在现场测试过程中应用该方法还需进一步展开深入研究。

参 考 文 献

1　杨少坤, 代一丁, 吕音, 等. 南海深水天然气测试关键技术. 中国海上油气, 2009, 21(4): 237-241.

2　李建周, 高永海, 郑清华, 等. 深水气井测试过程水合物形成预测. 石油钻采工艺, 2012, 34(4): 77-80.

3 张崇, 任冠龙, 董钊, 等. 深水气井测试井筒温度场预测模型的建立及应用. 中国海上油气, 2016, 28(5): 78-84.

4 Wang Z, Zhao Y, Sun B, et al. Modeling of hydrate blockage in gas-dominated systems. Energy Fuels, 2016, 30: 4653-4666.

5 Liu W, Hu J, Li X, et al. Research on evaluation method of wellbore hydrate blocking degree during deepwater gas well testing. J Nat Gas Sci Eng, 2018, 59: 168-182.

6 Jassim E, Abdi M, Muzychka Y. A new approach to investigate hydrate deposition in gas-dominated flowlines. J Nat Gas Sci Eng, 2010, 2(4): 163-177.

7 Sloan E D, Koh C A, Sum A K. Natural gas hydrates in flow assurance. Oxford, Gulf Professional Publishing, 2011.

8 Wang Z, Zhang J, Sun B, et al. A new hydrate deposition prediction model for gas-dominated systems with free water. Chem Eng Sci, 2017, 163: 145-154.

9 Sun B, Fu W, Wang Z, et al. Characterizing the rheology of methane hydrate slurry in a horizontal water-continuous system. SPE J, 2019.

10 Reyna E, Stewart S. Case history of the removal of a hydrate plug formed during deep water well testing. SPE/IADC Drilling Conference, 2001.

11 Freitas A, Gaspari E, Carvalho P, et al. Formation and removal of a hydrate plug formed in the annulus between coiled tubing and drill string. Offshore Technology Conference, 2005.

12 Dai, Z, Luo D, Liang W. Gas hydrate prediction and prevention during DST in deep water gas field in South China Sea. Abu Dhabi International Petroleum Exhibition and Conference. 2015.

13 李中, 杨进, 王尔钧, 等. 高温高压气井测试期间水合物防治技术研究. 油气井测试, 2011, 20(1): 35-37.

14 戴宗, 罗东红, 梁卫, 等. 南海深水气田测试设计与实践. 中国海上油气, 2012, 24(1):25-28.

15 Lorenzo M D, Aman ZM, Kozielski K, et al. Underinhibited hydrate formation and transport investigated using a single-pass gas-dominant flowloop. Energy Fuels, 2014, 28: 7274-7284.

16 Wang Z, Zhao Y, Zhang J, et al. Quantitatively assessing hydrate-blockage development during deep-water-gas-well testing. SPE J, 2018, 23(4): 1166-1183.

17 Sohn Y H, Kim J, Shin K, et al. Hydrate plug formation risk with varying watercut and inhibitor concentrations. Chem Eng Sci, 2015, 126, 711-718.

18 Creek J L. Efficient hydrate plug prevention. Energy Fuels, 2012, 26(7): 4112-4116.

19 Wang Z, Sun B, Wang X, et al. Prediction of natural gas hydrate formation region in wellbore during deep-water gas well testing. J. Hydrodyn, 2014, 26(4): 568-576.

20 Zhang J, Wang Z, Zhang W, et al. An integrated prediction model of hydrate blockage formation in deep-water gas wells. Int. J. Heat Mass Transf, 2019, accept.

21 Javanmardi J, Moshfeghian M. A new approach for prediction of gas hydrate formation conditions in aqueous electrolyte solutions. Fluid Phase Equilib, 2000, 168(2): 135-148.

22 Turner D, Boxall J, Yang S, et al. Development of a hydrate kinetic model and its incorporation into the

OLGA2000® transient multiphase flow simulator. The Fifth International Conference on Gas Hydrates, 2005.

23 Schadel S A, Leman G W, Binder J L, Hanratty T J. Rates of atomization and deposition in vertical annular flow. Int. J. Multiph. Flow, 1990, 16: 363-374.

24 Goel N, Wiggins M, Shah S. Analytical modeling of gas recovery from in situ hydrates dissociation. J. Petro. Sci. Eng, 2001, 29(2): 115-127.

Prediction and prevention of hydrate deposition and blockage during deepwater gas well testing

ZHANG Jian-bo[1], ZHANG Wei-guo[2], WANG Zhi-yuan[1,3], TONG Shi-kun[1], PAN Shao-wei[1], FU Wei-qi[1], SUN Bao-jiang[1,3]

(1.Offshore Petroleum Engineering Research Center, School of Petroleum Engineering, China University of Petroleum (East China), Qingdao 266580, Email: wangzy1209@126.com; 2.Technical Center of Deepwater Engineering, CNOOC Shenzhen Branch Comnpany, Shenzhen, 518067; 3.Key Laboratory of Unconventional Oil & Gas Development (China University of Petroleum (East China)), Ministry of Education, Qingdao 266580)

Abstract: Hydrate deposition and blockage is an important factor influencing the safety of deepwater gas well testing. Considering the variation of hydrate stability region, the characteristics of hydrate formation, deposition and decomposition, the characteristics of hydrate deposition and blockage during deepwater gas well testing were studied in this work. A method for hydrate deposition and blockage prediction was established, and the law of hydrate deposition and blockage in the test tubing was simulated and analyzed. The results show that the distribution of hydrate layer thickness in the testing tubing is non-uniform. The longer the testing time, the thicker the hydrate layer on the pipe wall, and the greater the risk of hydrate blockage. It is proposed that the concentration of hydrate inhibitors can be optimized by controlling the thickness of hydrate layer at the most dangerous point of hydrate deposition not to exceeds the critical thickness for hydrate blockage, which can effectively reduce the injection concentration of hydrate inhibitors. In addition, the prevention of hydrate blockage in deepwater gas well testing by reasonably changing the testing orders of different gas production rates was discussed. This work can provide valuable reference for the efficient prevention and management of hydrate blockage in the field.

Key words: Deepwater gas well testing; Gas hydrate; Deposition and blockage; Hydrate layer thickness; Prevention method.

水下爆炸无网格 SPH 模型与计算方法研究

孙鹏楠 [1]，明付仁 [2]，王平平 [2]，孟子飞 [2]，张阿漫 [2]

(Ecole Centrale Nantes, LHEEA Lab (ECN and CNRS), Nantes, 44300, France)

(哈尔滨工程大学 船舶工程学院，哈尔滨，150001，Email: zhangaman@hrbeu.edu.cn)

摘要：水下爆炸是一个极其复杂的多相流现象。水下爆炸产生的冲击波和气泡脉动载荷对海洋结构物的安全性构成严重威胁，因此针对水下爆炸的数值模拟研究在船舶与海洋工程领域具有重要意义。本研究将介绍一种适用于水下爆炸模拟的光滑粒子流体动力学（Smoothed Particle Hydrodynamics，SPH）方法，突出 SPH 方法在模拟水下爆炸过程中的几个关键数值技术。文中将采用两个基础的数值算例对 SPH 模拟结果进行验证和分析。本文的 SPH 方法未来还可推广应用到空泡溃灭的数值模拟中。

关键词：水下爆炸；冲击波；气泡；光滑粒子流体动力学；多相流；流固耦合

1 引言

近场水下爆炸及其对海洋结构物的毁伤研究是船舶与海洋工程水动力学领域的一个重要课题[1]，但是由于该问题涉及多相和多物理场（水、空气、爆炸产物和结构等）之间的强烈耦合作用，力学机理十分复杂，因此目前仍没有一套方法能够对近场水下爆炸从炸药起爆、冲击波传播到气泡脉动、射流的过程进行精确预报。光滑粒子流体动力学（Smoothed Particle Hydrodynamics, SPH）方法由于将流场或结构离散成拉格朗日运动的粒子，计算全程不需要网格，也不需要对多相界面进行追踪，因此它十分适合处理带有复杂界面（水-气或流体-结构）的多相流固耦合水动力学问题[2-3]。

尽管现有文献中，针对水下爆炸问题的 SPH 数值模拟已有丰富的研究成果[3-8]，但是在以下几个方面仍然略显不足：①现有 SPH 方法的计算精度较低，尤其对于压力场的求解常常带有较为强烈的压力波动；②大部分 SPH 方法只能模拟水下爆炸的炸药起爆和冲击波传播等初期现象，而对后期爆轰产物的持续膨胀和溃灭等过程无能为力；③现有 SPH 方法由于大多采用单一的粒子分辨率，计算规模较小，计算效率较低。

基金项目：本文受到国家自然科学基金（编号：51609049）的资助

针对以上几方面的不足，将对 SPH 方法进行进一步改进提高，设法将其应用到近场水下爆炸的数值研究中。本研究将开展以下几个改进工作。

（1）对近场水下爆炸 SPH 方法采用更高精度的粒子插值格式，提高其计算精度，同时可在连续性方程中施加人工耗散项[2]来消除压力场噪声。

（2）采用新的数值处理技术，提高 SPH 方法对水下爆炸后期流场演化的模拟能力。

（3）采用变光滑长度和多级粒子分辨率技术[2]，提高 SPH 方法的计算效率和计算规模。

本研究将首先介绍 SPH 方法基本原理和相关数值技术，随后基于两个算例，分别模拟水下爆炸冲击波传播和近壁面处水下爆炸气泡的演化过程，以此对改进的 SPH 方法的有效性和计算结果的精度进行验证。

2 光滑粒子流体动力学方法

无网格光滑粒子流体动力学方法与传统的有网格算法不同，前者将流场离散成网格，而后者将流场离散成粒子，在此基础上进行数值求解。SPH 方法中，离散的控制方程写成如下形式[1]：

$$
\begin{cases}
\dfrac{D\boldsymbol{u}_i}{Dt} = -\sum_j \dfrac{m_j}{\rho_j}\dfrac{p_i+p_j}{\rho_i}\nabla_i W_{ij} + \boldsymbol{g} + \gamma\sum_j \dfrac{m_j}{\rho_j} h_{ij} c_{ij} \pi_{ij} \nabla_i W_{ij} \\
\dfrac{D\rho_i}{Dt} = \rho_i \sum_j \dfrac{m_j}{\rho_j}(\boldsymbol{u}_i - \boldsymbol{u}_j)\cdot\nabla_i W_{ij} + \beta\sum_j \dfrac{m_j}{\rho_j} h_{ij} c_{ij} \psi_{ij} \nabla_i W_{ij} \\
\dfrac{De_i}{Dt} = \dfrac{1}{2}\sum_j \dfrac{m_j}{\rho_j}\dfrac{p_i+p_j}{\rho_i}(\boldsymbol{u}_i - \boldsymbol{u}_j)\cdot\nabla_i W_{ij} - \dfrac{1}{2}\gamma\sum_j \dfrac{m_j}{\rho_j} h_{ij} c_{ij} \pi_{ij}(\boldsymbol{u}_i - \boldsymbol{u}_j)\cdot\nabla_i W_{ij} \\
\dfrac{D\boldsymbol{x}_i}{Dt} = \boldsymbol{u}_i,\ \psi_{ij} = 2(\rho_i - \rho_j)\dfrac{(\boldsymbol{x}_i - \boldsymbol{x}_j)}{\left|\boldsymbol{x}_i - \boldsymbol{x}_j\right|^2} - \left(\langle\nabla\rho\rangle_i^L + \langle\nabla\rho\rangle_j^L\right),\ \pi_{ij} = \dfrac{(\boldsymbol{u}_i - \boldsymbol{u}_j)\cdot(\boldsymbol{x}_i - \boldsymbol{x}_j)}{\left|\boldsymbol{x}_i - \boldsymbol{x}_j\right|^2}
\end{cases}
\tag{1}
$$

式中，ρ、$\boldsymbol{m}$、$\boldsymbol{u}$、e、$\boldsymbol{x}$ 和 p 分别是流体粒子的密度、质量、速度、比内能、位移和压力。$\boldsymbol{g}$ 为重力加速度，W 为 Wendland 核函数，c 为声速，$\beta = 0.1$，人工黏性系数 γ 在 0.1～1 之间取值。$\langle\nabla\rho\rangle_i^L$ 为密度梯度，可采用修正的 SPH 梯度算子进行计算。该算子在核函数内粒子缺失和粒子分布不均匀的条件下，均能满足二阶精度，详见文献[8-9]。因此，对于连续方程中的速度散度项，也可采用修正的散度算子进行计算。

为将上述连续性方程，动量方程和能量方程解耦分别求解，须引入状态方程将压力和密度与内能联系起来。对于水下爆炸的冲击波传播过程的模拟，水的状态方程通常采用 Mie-Gruneisen 状态方程[8,10]，爆炸产物的状态方程采用 Jones-Wilkins-Lee (JWL) 状态方程[8,10-11]，而对于爆炸生成的气泡的模拟，本研究推荐采用 Tait 状态方程[2]来模拟水和气体的压力。使用 Tait 状态方程时，为了考虑气体的真实压缩性，须采用气体的真实声速，而对于水的模拟，为增大时间步长，可在满足弱可压条件下选取合适的声速大小[9]。

对于体积变化较大的多相流问题，由于粒子体积的膨胀和收缩，粒子的间距也发生较大的变化，为保证核函数半径内的粒子数量相对不变，需要对光滑长度进行更新，本文推荐采用 Benz[12]提出的光滑长度更新技术，光滑长度 h 随时间的变化率[1,12]如下：

$$\frac{\mathrm{d}h}{\mathrm{d}t}=-\frac{h}{\alpha\rho}\frac{D\rho}{Dt} \tag{2}$$

式中，α 为所求解问题的维度。由于水下爆炸气泡的强度参数（即气泡初始压力与环境压力的比值）可达几百，因此气泡的最大半径可膨胀至初始半径的几十甚至上百倍，导致在气泡膨胀过程中，气体粒子的数量需随着体积的增加而增加，而在气泡收缩过程中，粒子数量需要相应减少，以此保证在水气界面处，气体粒子和水粒子的体积大致相等，从而确保计算的精度和稳定性。本研究通过气体粒子的撕裂和融合算法[8]，在气体粒子体积膨胀过程中，二维条件下将一个粒子撕裂成 4 个粒子，三维问题中撕裂为 8 个粒子；而在气泡收缩过程中，两个小粒子融合为一个粒子。通过持续的粒子撕裂和融合，确保计算过程中气体粒子体积和水粒子体积始终大致相等。值得一提的是，粒子撕裂和融合前后，需满足质量、线动量和能量的守恒[14]。

在 SPH 数值模拟过程中，粒子分布越均匀，模拟精度越高[8]。采用文献[13]给出的粒子位移修正技术，在计算过程中，对粒子分布的均匀性进行修正，即 $\boldsymbol{x}\rightarrow\boldsymbol{x}+\delta\boldsymbol{x}$，其中 $\delta\boldsymbol{x}$ 由文献[13]中的人工位移修正公式给出。值得一提的是，对于大密度比的水气两相流的模拟，在水气界面处须采用类似于自由面的修正方法[13]，对水粒子只施加 $\delta\boldsymbol{x}$ 的切向修正分量而将其法向修正分量设为 0，对于所有的气体粒子，直接施加 $\delta\boldsymbol{x}$ 的全部分量。

本文的固壁边界采用固定虚粒子法[13]。对于自由场水下爆炸的模拟，为防止冲击波在计算域边界处反射，推荐采用文献[1]给出的无反射边界法。

3 水下爆炸冲击波模拟与验证

为验证本研究数值模型的正确性，本节对水下爆炸的冲击波传播过程进行了数值模拟和验证。计算模型如图 1 所示，计算域为 $0.5\mathrm{m}\times0.5\mathrm{m}\times0.5\mathrm{m}$ 的立方体水域，水域中心为直径为 $d_0=0.036\ \mathrm{m}$ 的球形装药，药包密度为 $1630\mathrm{kg/m^3}$，药包质量为 $0.04\mathrm{kg}$。SPH 模拟中，初始粒子间距为 $\Delta x=0.002\mathrm{m}$，爆点设置在球心。

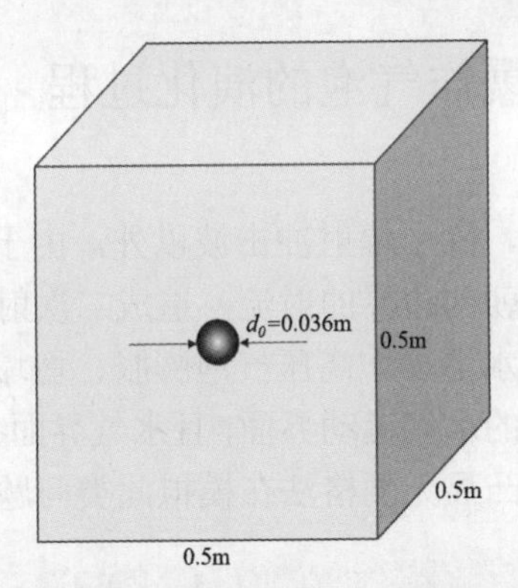

图 1　水下爆炸的光滑粒子流体动力学模拟中，装药和流场的尺寸参数示意图

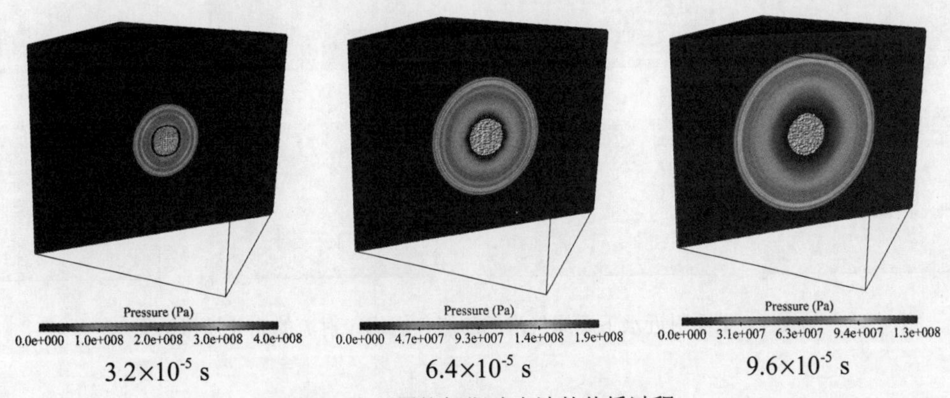

图 2　水下爆炸初期冲击波的传播过程

装药引爆后，不同时刻的爆炸气泡膨胀和冲击波传播过程如图 2 所示。药包引爆后，装药瞬间变成高压气体，逐渐向外膨胀，水中的冲击波呈球状以声速向外辐射传播。为定量验证光滑粒子流体动力学模型计算结果的准确性，图 3 将爆距为 $R/r=7.0$ 和 $R/r=9.0$ 处的冲击波时历曲线的 SPH 结果与 Zamyshlyaev[15]所给经验公式预报结果进行了对比，其中 R 为压力测点与装药中心的距离，r 为初始球形药包的半径。可见，SPH 较为准确地预报了水下爆炸的冲击波载荷。

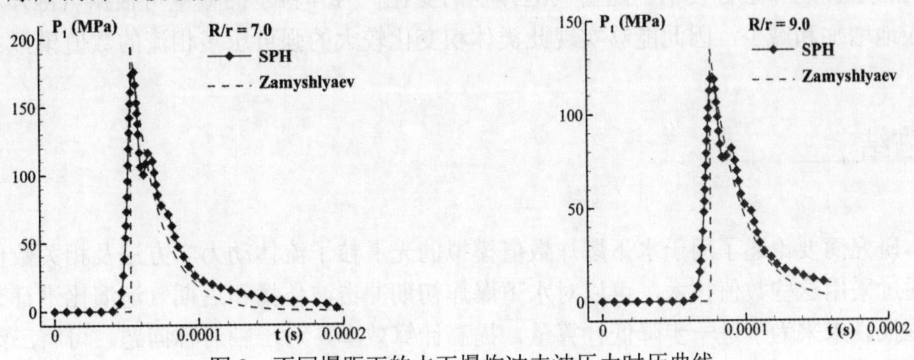

图 3　不同爆距下的水下爆炸冲击波压力时历曲线

3 近边界条件下水下爆炸气泡的演化过程

对于贴近边界的水下爆炸，除了辐射冲击波以外，由于爆炸气泡在收缩过程中边界会产生吸附效应，因此诱导产生朝向边界的射流，造成二次射流毁伤。本节采用改进的 SPH 方法，在二维框架内，模拟了水下爆炸高压气泡膨胀、坍塌、射流和二次膨胀等现象。本算例涉及到壁面边界和大变形的水气运动界面，且水气界面在运动过程中发生撕裂和融合，边界条件较为复杂，因此能够凸显无网格法在模拟此类问题时的优势。

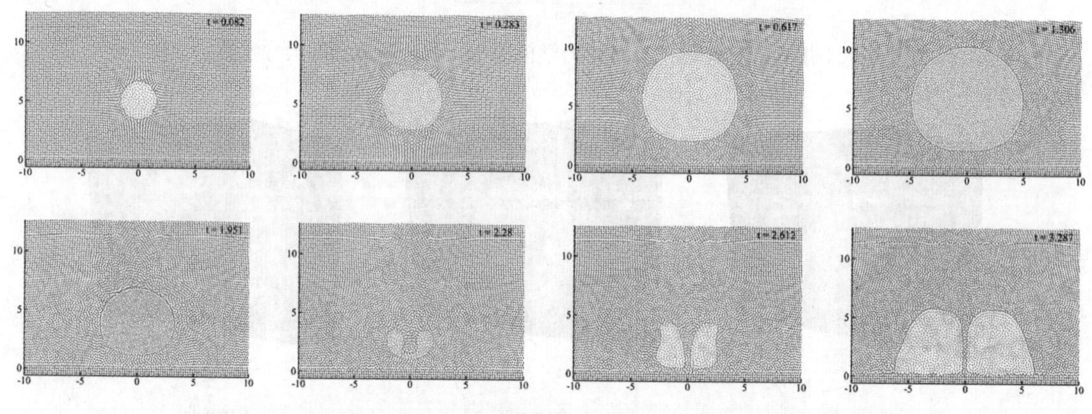

图 4 壁面附近水下爆炸气泡的膨胀、坍塌、射流的 SPH 模拟结果

图 4 给出了初始半径为 $R_0 = 0.556\text{m}$，初始压力 $P_b = 3\times10^6\text{Pa}$，环境压力为 $P_0 = 1\times10^5\text{Pa}$，距离壁面为 $d_0 = R_0$ 的高压气泡在不同时刻的形状演化过程。SPH 模拟中，初始高压气泡密度为 $\rho_b = 200\text{kg/m}^3$，水密度为 $\rho_w = 1000\text{kg/m}^3$，初始粒子间距为 $\Delta x = 0.2\text{m}$。在膨胀阶段，由于壁面的存在，气泡贴近壁面部分的膨胀受到了限制，导致气泡未呈现圆形，而在收缩阶段，气泡上表面收缩速度更大，形成了朝向壁面的射流，气泡射流后，撕裂成两部分；随后体积达到最小值，接着产生了二次膨胀。改进的 SPH 方法由于采用了自适应的粒子撕裂和融合技术，随着气泡体积的变化，气体粒子的数量可根据气泡体积变化自适应地增加和减少，因此能够实现此类体积变化较大的强可压多相流的数值模拟。

4 总结

本研究简要论述了用于水下爆炸数值模拟的光滑粒子流体动力学方法及相关数值技术。通过采用这些数值技术，可以对水下爆炸初期冲击波传播和后期气泡演化进行数值模拟和预报。未来为了进一步降低计算量，提高计算效率，对于轴对称问题，可将三维 SPH 控制方程放在柱坐标系中进行求解，实现计算量的降低；对于三维非轴对称问题，可将 SPH

方法与有限体积法进行耦合，在水下爆炸药包附近的流场采用 SPH 求解，而流场的外围采用有限体积法求解，此举可大大降低 SPH 的粒子数，提高计算效率；另外，为求解水下爆炸与结构物的耦合作用问题，可将本文的 SPH 模型与有限元法进行耦合，为解决工程实际问题服务。本研究的水下爆炸 SPH 数值模型未来还可进一步推广用于空泡演化和射流的数值模拟和分析中。

参考文献

1 Wang P P, Zhang A M, Ming F R, et al. A novel non-reflecting boundary condition for fluid dynamics solved by smoothed particle hydrodynamics. Journal of Fluid Mechanics, 2019, 860: 81-11.4

2 Sun P N, Le Touzé D, Zhang A M. Study of a complex fluid-structure dam-breaking benchmark problem using a multi-phase SPH method with APR. Engineering Analysis with Boundary Elements, 2019, 104: 240-258.

3 Liu G R, Liu M B. Smoothed Particle Hydrodynamics: A Meshfree Particle Method[M]. World Scientific, 2003..

4 张之凡，王成．近场水下爆炸空化效应对结构的载荷特性研究．北京力学会.北京力学会第二十四届学术年会会议论文集, 2018:8.

5 杨文山，孟晓宇，王祖华．SPH方法模拟水下爆炸研究进展．舰船科学技术, 2012, 34(12):3-6, 14.

6 杨刚，韩旭．TNT炸药水下爆炸压力场的SPH模拟研究．中国力学学会.庆祝中国力学学会成立50周年暨中国力学学会学术大会2007论文摘要集（下）. 2007.

7 明付仁．水下近场爆炸对舰船结构瞬态流固耦合毁伤特性研究．哈尔滨工程大学, 2014.

8 Liu M B, Liu G R, Lam K Y, et al. Smoothed particle hydrodynamics for numerical simulation of underwater explosion. Computational Mechanics, 2003, 30(2): 106-118

9 Zhang A M, Sun P N, Ming F R, et al. Smoothed particle hydrodynamics and its applications in fluid-structure interactions. Journal of Hydrodynamics, 2017, 29(2): 187-216

10 明付仁,张阿漫,杨文山．近自由面水下爆炸冲击载荷特性三维数值模拟.爆炸与冲击，2012, 32(05): 508-514.

11 师华强，宗智，贾敬蓓．水下爆炸冲击波的近场特性．爆炸与冲击, 2009, 29(02): 125-130.

12 Benz W, Smooth Particle Hydrodynamics: A Review. Springer Netherlands, 1990

13 Sun P N, Colagrossi A, Marrone S, et al. The δplus-SPH model: Simple procedures for a further improvement of the SPH scheme. Computer Methods in Applied Mechanics and Engineering, 2017, 315: 25-49

14 Vacondio, R., Rogers, B., Stansby, P., et al. Variable resolution for SPH: a dynamic particle coalescing and splitting scheme. Computer Methods in Applied Mechanics and Engineering, 2013, 256: 132-148

15 Zamyshlyaev B V, Yakovlev Y S. Dynamic loads in underwater explosion. Naval intelligence support center, 1973

Study on meshless SPH model and numerical method for underwater explosion problems

SUN Peng-nan[1], MING Fu-ren[2], WANG Ping-ping[2], MENG Zi-fei[2], ZHANG A-man[2]

([1] Ecole Centrale Nantes, LHEEA Lab (ECN and CNRS), Nantes, 44300, France)

([2] College of Shipbuilding Engineering, Harbin Engineering University, Harbin, 150001,

Email: zhangaman@hrbeu.edu.cn)

Abstract: Underwater explosion is an extremely complex phenomenon of multiphase flow. The shock wave and bubble pulsation load generated by an underwater explosion pose a threat to the safety of marine structures. Therefore, the numerical simulation of underwater explosion is of great importance in the field of shipbuilding and ocean engineering. This paper introduces a smooth particle hydrodynamics method for the simulation of underwater explosions, highlighting several key numerical techniques which have significant effects on the accuracy of the numerical results. Two numerical examples are presented to verify and analyze the SPH simulation results. The present SPH method can also be further extended and applied to the modelling of cavitation bubbles.

Key words: Underwater explosion; Shock wave; Bubble dynamics; Smoothed Particle Hydrodynamic; Multiphase flow; Fluid-Structure Interaction

渤海及辽河口湿地海域风暴潮过程的数值模拟研究

冀永鹏[1]，张洪兴[2]，王旖旎[1]，徐天平[1]，张明亮[1*]

(1. 大连海洋大学，海洋科技与环境学院，辽宁大连，116023；Email:zhmliang_mail@126.com; 2. 大连理工大学，港口、海岸与近海工程国家重点实验室，辽宁大连，116025)

摘要：近岸海域潮滩多植被，这些植被在消散波能、保护海岸线及岸堤免受侵蚀，特别是调节极端海洋灾害方面发挥了重要的作用。本研究采用有限体积法建立了基于非结构三角形网格的深度平均二维浅水数值模型，对界面通量的计算采用 Roe 格式，并引入干湿处理技术解决潮流涨落、风暴潮等陆地入侵产生的动边界问题。植物拖曳力作为源项放入动量方程中来表示植被对水体的阻力作用。首先对孤立波和长周期波在斜坡海岸的传播进行了分析和验证；其次数值探究 9711 号台风“温妮”过境期间北黄海及渤海海域的风场、气压场，以及台风对研究海域水位、流场结构的影响；最后讨论 9711 号台风“温妮”期间辽河口红海滩湿地水域风暴潮陆地入侵、增减水特征。

关键词：风暴潮；植被作用；二维浅水；渤海及辽河口

1 前言

风暴潮是由于台风、气压骤降、温带气旋等原因形成的一种灾害性自然现象，表现为海平面的异常升高。一般情况下风暴潮引起的海平面升高并不大，而当风暴潮恰逢天文潮向近岸运动，加上地形的影响，就会造成海平面的急剧上升，在沿岸地区形成极大的灾害。我国拥有 1.8 万 km 的海岸线，作为海洋大国，我国曾多次发生严重的海洋灾害，其中风暴潮发生频率最高，造成的损害最为严重。据《2017 年中国海洋灾害公报》数据统计，风暴潮造成的直接经济损失占全年各类海洋灾害经济损失的 87%，可见风暴潮的危害十分严重。因此，迫切需要对风暴潮及其灾害状况进行预测，这对减少人员伤亡和降低经济损失具有重要的作用和意义。

数值模拟是近年来人们认识和研究水体的一种重要的研究方法。随着数值模拟技术的不断发展，人们越来越认识到数值模拟的优越性。数值模拟不仅能够模拟自然界水体中水动力和水环境的动态变化过程，还能发现一些未被探知的物理现象，对水体存在的问题进

基金项目：国家自然科学基金(51879028)；辽宁省海洋与渔业厅科研项目(201725)

作者简介：张明亮(1976-)，男，黑龙江海林人，博士，教授，主要从事波流植物相互作用研究。E-mail：zhmliang_mail@126.com；电话：13478986601

行预报，具有一定的前瞻性[1]。数值模拟可以用于风暴潮以及灾况的预测，在风暴潮研究中也发挥了重要的作用。国内外学者已经开展了很多相关的工作，如荷兰 Delft 水利研究院开发的三维水动力——水质模型（Delft3D）模型；美国麻省理工大学的 FVCOM (An unstructured Finite Volume Coastal Ocean Model)模式也应用于风暴潮的模拟预测。20 世纪 80 年代，Jelesnianski 等 [2]在 SPLASH 基础上进一步发展了新一代二维 SLOSH (Sea, Lake, and Overland Surges from Hurricanes) 风暴潮预报模式，该模式可以有效保证近岸复杂地形处的高分辨率，进而更加精确地模拟风暴潮造成的漫滩效应，能够预报风暴潮的陆地侵入范围；于福江等[3]基于球坐标系建立发展了东海风暴潮预报模型，此模型采用网格嵌套方式来提高局部海域的分辨率，模拟分析了 9216 号风暴潮在渤海海域的传播；马进荣[4]等建立了球坐标系二维风暴潮预报模型，用改进的 ADI 法求解该模型，并以渤海、黄海、东海为研究区域，对 9711 号台风进行风暴潮模拟，模拟结果与实测值较为符合。

本文基于质量和动量守恒的浅水方程，建立了非结构三角形网格下的深度平均二维浅水数值模型。应用该模型首先对非破碎孤立波在海滩上的传播以及植被作用下长周期波在海岸上的传播进行了模拟，验证了该模型的准确性；然后对 9711 号台风“温妮”期间黄、渤海区域以及辽河口红海滩湿地的风暴潮进行了模拟研究。

2　浅水水流数学模型

2.1 控制方程

由 Navier-Stokes 方程深度平均的二维浅水方程包括连续性方程和动量方程，其具体形式为：

$$\frac{\partial h}{\partial t}+\frac{\partial uh}{\partial x}+\frac{\partial hv}{\partial y}=0 \tag{1}$$

$$\frac{\partial hu}{\partial t}+\frac{\partial (huu)}{\partial x}+\frac{\partial (huv)}{\partial y}-\frac{\partial}{\partial x}\left(v_t h\frac{\partial u}{\partial x}\right)-\frac{\partial}{\partial y}\left(v_t h\frac{\partial u}{\partial y}\right)=\frac{\tau_{wx}-\tau_{bx}}{\rho_w}-gh\frac{\partial \eta}{\partial x}-ghS_{px}+f_c hv-f_x \tag{2}$$

$$\frac{\partial hv}{\partial t}+\frac{\partial (huv)}{\partial x}+\frac{\partial (hvv)}{\partial y}-\frac{\partial}{\partial x}\left(v_t h\frac{\partial v}{\partial x}\right)-\frac{\partial}{\partial y}\left(v_t h\frac{\partial v}{\partial y}\right)=\frac{\tau_{wy}-\tau_{by}}{\rho_w}-gh\frac{\partial \eta}{\partial y}-ghS_{py}-f_c hu-f_y \tag{3}$$

上述方程中：t 是时间；x 和 y 是笛卡尔水平坐标；u、v 分别代表 x 和 y 方向上深度平均的流速；η 为水位；v_t 表示动力涡黏性系数；τ_{bx} 和 τ_{by} 分别表示 x 和 y 方向上的底部摩擦项；f_c 是科氏力因子；g 是重力加速度；ρ_w 是水体密度；τ_{wx} 和 τ_{wy} 分别为 x 和 y 方向上的风应力项；S_{px} 和 S_{py} 分别表示 x 和 y 方向上的气压项。

2.2 植被阻力作用

近岸植被对水流的阻碍作用通过在动量方程的源项中添加一个考虑密度、高度、拖曳力系数等植被参数的植被拖曳力项来表示，其具体表达为[5-6]：

$$f_x = \frac{1}{2} NC_D(h) b_v \min(h_v, h) u\sqrt{u^2 + v^2}, \quad f_y = \frac{1}{2} NC_D(h) b_v \, min(h_v, h) v\sqrt{u^2 + v^2} \tag{4}$$

上式中N为植被密度；$C_D(h)$代表植被深度平均的拖曳力系数；b_v是植被宽度；h_v为植被高度。上述植被参数由现场实测或实验室试验获得。

2.3 台风作用

参数化台风风场一般由台风内部风场和环境风场两个矢量场叠加得到。台风内部风场环绕着台风中心形成，呈对称分布状态；与此同时，整个台风作为一个整体在大气中运动，这会产生一个移动环境风场，它与台风的移动速度有关。通过不断调试，最终选择Jelesniansca 65 台风模型计算台风气压场和风场。考虑到以经验公式为基础的台风模型并不能很好地模拟距离台风较远海域的台风风场和气压场，因此必须考虑背景风场的影响，本研究中背景台风数据由亚太数据研究中心获得。整个海域的台风风场由台风模型计算的台风风场和背景风场耦合得到。

3 数值模拟

3.1 非破碎孤立波在斜坡海滩上的爬坡

孤立波在近岸水域的传播及伴随的爬坡在近岸水动力中扮演着十分重要的角色，本研究基于深度平均的二维浅水模型来研究非破碎孤立波在斜坡海滩上的爬坡和衰退过程[7]。该试验水槽地形由平底河床和 1:19.85 的斜坡构成。孤立波从左侧开边界进入水槽并向右侧斜坡传播，根据一阶孤立波理论定义其水面高程和速度[8]。该算例水深 h_0=1m，计算域由长度为 0.02 m 的三角形网格组成，时间步长设置为 0.001 s，最小水深设置为 0.0001 m，底床曼宁系数参数化为 0.01。为了方便比较，数值结果以无量纲化的形式进行表达：$x^* = x / h_0$，$\eta^* = \eta / h_0$ 和 $t^* = t\sqrt{g / h_0}$。H_w 为波高，图 1 展示了 $H_w/h_0 = 0.0185$ 非破碎孤立波在斜坡上爬坡和退水对比。入射孤立波在早期阶段（$t^* = 50$ 之前）沿斜坡爬升，大约在 $t^* =$ 55 时达到最大爬坡高度，最大爬坡高度可达 0.078 左右；随后出现退水，在 $t^* =$ 70 时退到 $\eta^* \approx -0.017$ 处，形成了水位“凹陷”。综上所述，模型模拟结果与实验数据吻合良好，该模型可以准确地预测孤立波在斜坡海滩上的传播。

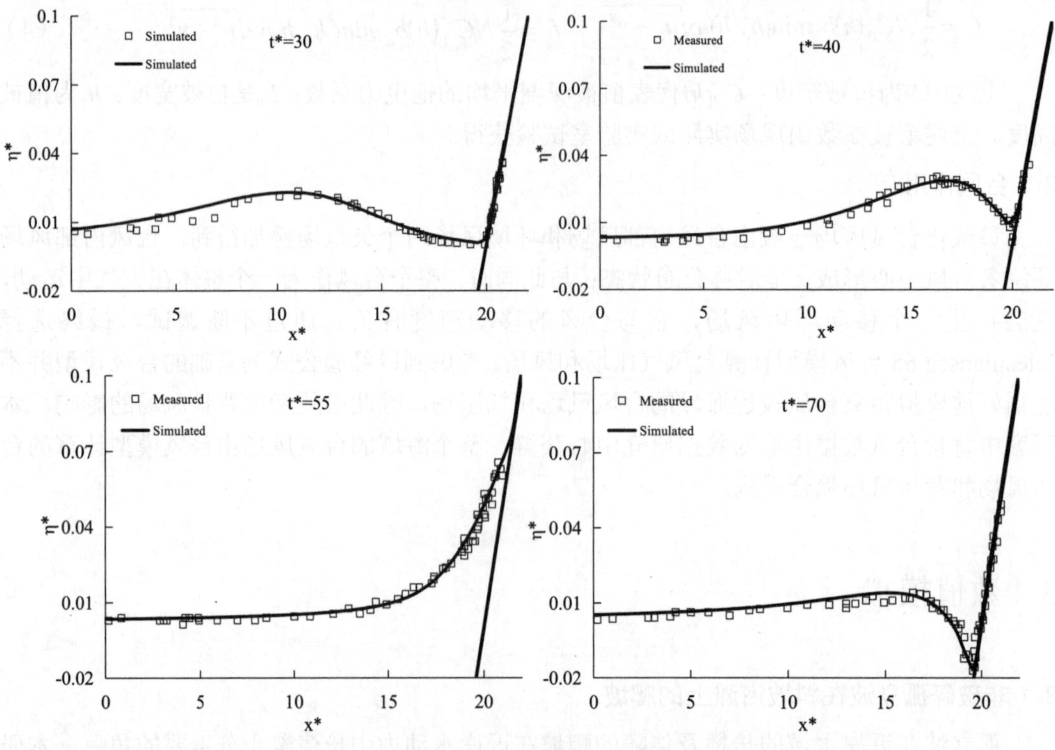

图 1 H_s/h_0 = 0.0185 非破碎孤立波在 1:19.85 斜坡上爬坡和退水对比

3.2 长周期波在植被海滩上爬升

本算例模拟了长周期波在植被海滩上的爬坡和波能衰减过程，该试验在 Saitama 大学实验室完成[9]。植被由直径为 0.005 m 的木制圆柱体代替，植被密度设为 2200 株/ m^2，植被拖曳力系数 C_D 参数化为 2.5。周期为 20 s、波高为 0.16 cm 的入射正弦波从右侧开边界（水深为 0.44 m）进入计算海域，并向左侧传播到斜坡海滩上。为了探究长周期波在植被海滩上的演进，在 B_g = 0m 和 0.4 m 的工况条件下沿水槽的中心位置依次布设 6 个测点（G1-G6）来测量不同时刻的水位值；在 B_g = 0.07 m 的工况条件下沿植被区后 G6 所在横截面再次布设 6 个测点测量不同时刻的流速值，植被分布以及测点布局见图 2。

计算域由长度为 0.01 m 的均匀三角形网格组成，时间步长为 0.002s，干湿床的临界值设置为 0.001 m，曼宁系数为 0.012。图 3 为长周期波在有无植被工况条件下波高、波谷和波峰实测值和模拟值的对比。由图 3 可知，在无植被工况条件下长周期波的波高由于浅化而逐渐增加，而植被的存在能够有效衰减波高的增加，其中 G6 点（植被区后）的衰减率可达到 38.96%；此外植被的阻碍作用还可以减小长周期波的最大爬坡。图 4 显示了植被区后和非植被区后（B_g = 0.07 m）流速的比较，非植被区后的峰值流速可以达到 0.42 m/s，是植被区后峰值流速的 3.07 倍。综上所述，本模型可以准确预测长周期波在植被海滩上传播。植被可以有效地衰退长周期波在斜坡海滩上的爬升；然而植被带间断的存在会在间断出口处产生较大流速，对间断口位置的护岸产生不利影响。

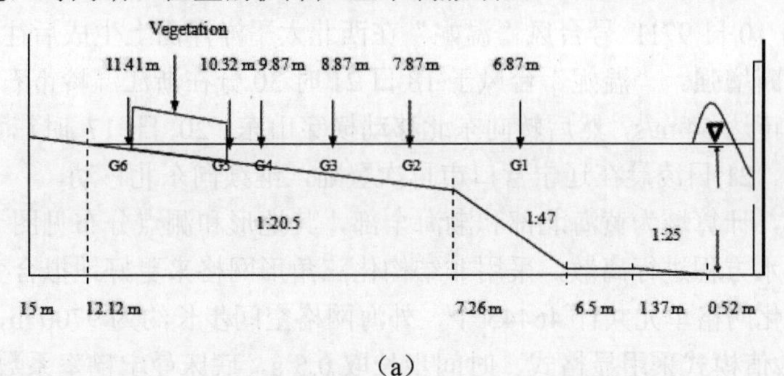

（a）

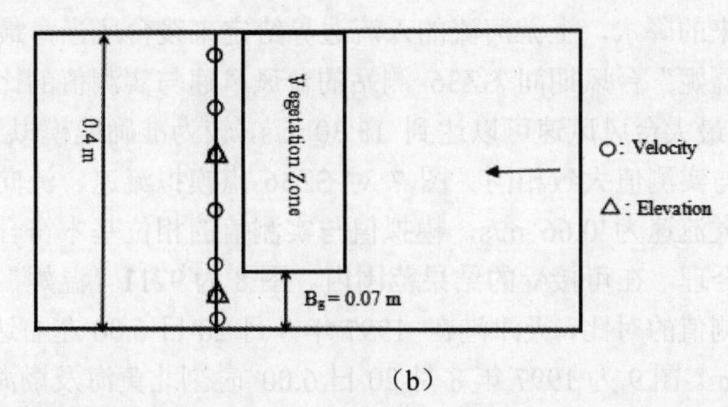

（b）

图 2 长周期波明渠试验设置：（a）纵向分布，（b）植被区和测点平面分布

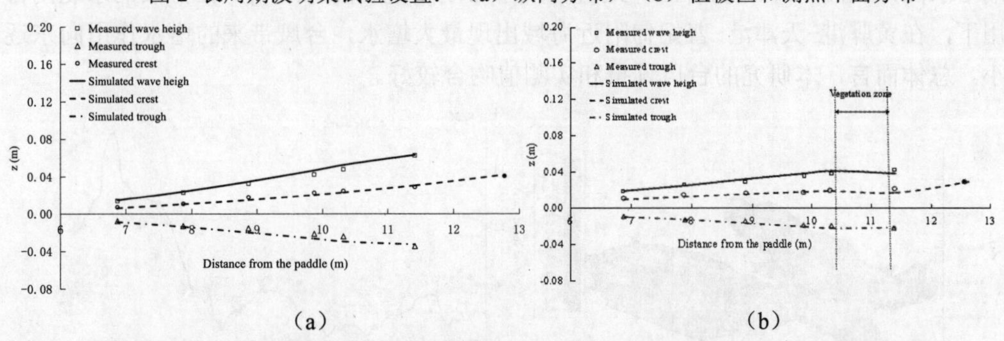

（a）　　（b）

图 3 波高、波峰和波谷实测值和模拟值的对比：(a)无植被工况，(b)有植被工况

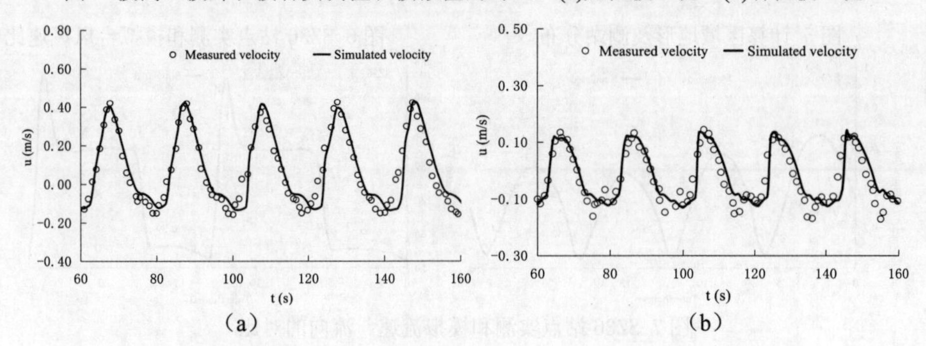

（a）　　（b）

图 4 植被间断后（a）和植被区后（b）中心位置的速度-时间序列

3.3 “温妮”台风期间风暴潮在黄、渤海区域的数值模拟

1997 年 8 月 10 日 9711 号台风“温妮”在西北太平洋洋面上生成后往中国沿海移动，随后台风强度不断增强。“温妮”台风于 18 日 21 时 30 分在浙江温岭市石塘镇沿海登陆，近中心最大风力可达 54 m/s，然后转向东北移动横穿山东，20 日 17 时在黄河三角洲的羊角沟一带入渤海，21 日凌晨在辽宁营口市再次登陆，继续向东北移动。

在该算例中，计算域为黄海北部和渤海全部，其地形和测点分布见图 5。数值模式基于有限体积对浅水方程进行离散，采用非结构化三角形网格来更好地拟合变化复杂的岸线和地形，非结构化网格单元共计 46445 个，外海网格空间步长约为 9700 m，近岸网格空间步长约 65 m。数值模式采用显格式，时间步长取 0.5 s，底床曼宁糙率系数为 0.014。考虑到台风过程给当地带来的降水，上游河流的入流边界给定来袭台风当月最大径流量。图 6 给出了模型模拟的“温妮”台风期间 SZ36 测站的台风风速与实测值的比较。“温妮”台风期间，SZ36 测站的最大台风风速可以达到 13.30 m/s，较为准确地模拟到最大台风速度，模拟的风速变化趋势与实测值大致相同。图 7 对 SZ36 点模拟流速、流向和实测值进行了对比，该点模拟的最大流速为 0.66 m/s，模拟值与实测值的相位基本符合，振幅误差范围较小，模拟结果基本合理，在可接受的结果范围内。图 8 为 9711“温妮”台风期间天津港模拟风暴潮增水与实测值的对比，天津港在 1997 年 8 月 20 日 6:00 左右达到增水极值，此时最大增水可达 2.06 m。图 9 为 1997 年 8 月 20 日 6:00 时刻北黄海及渤海风场、气压场和风暴潮增水图，从图 9 中可以看出，此时台风中心刚刚进入渤海海域，在持续的东北向台风作用下，在黄骅港-天津港-曹妃甸附近海域出现最大增水，台风带来的增水作用向东逐渐减小。总体而言，本研究的台风预报和实测值吻合较好。

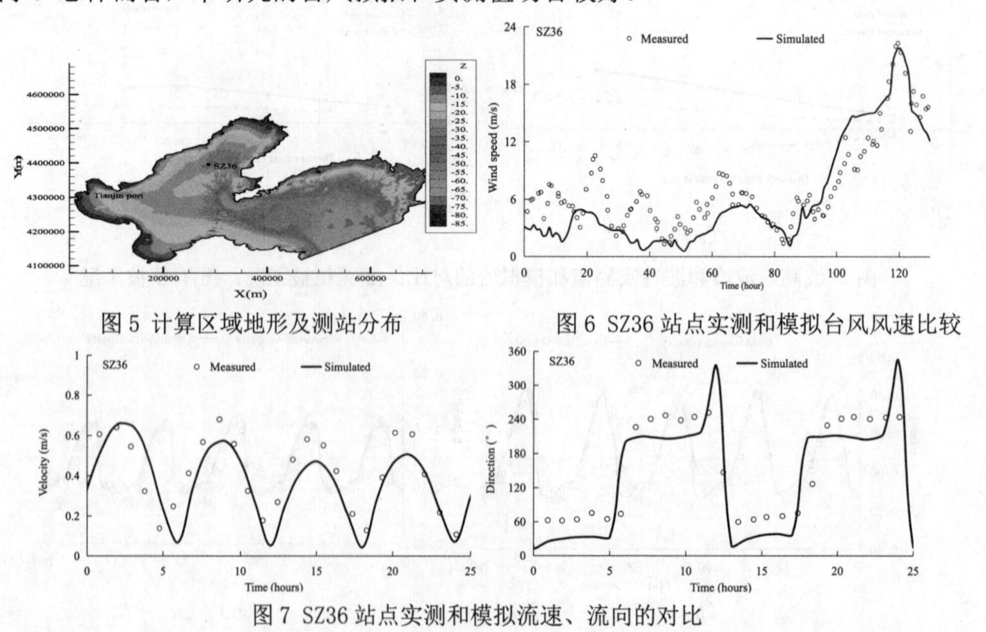

图 5 计算区域地形及测站分布

图 6 SZ36 站点实测和模拟台风风速比较

图 7 SZ36 站点实测和模拟流速、流向的对比

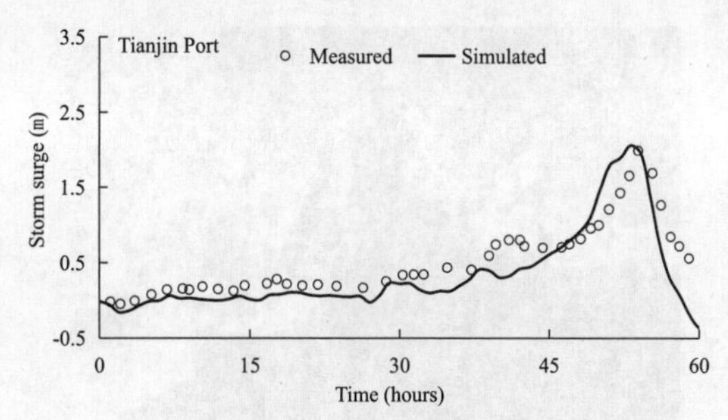

图 8 9711“温妮”台风期间实测和模拟风暴潮对比

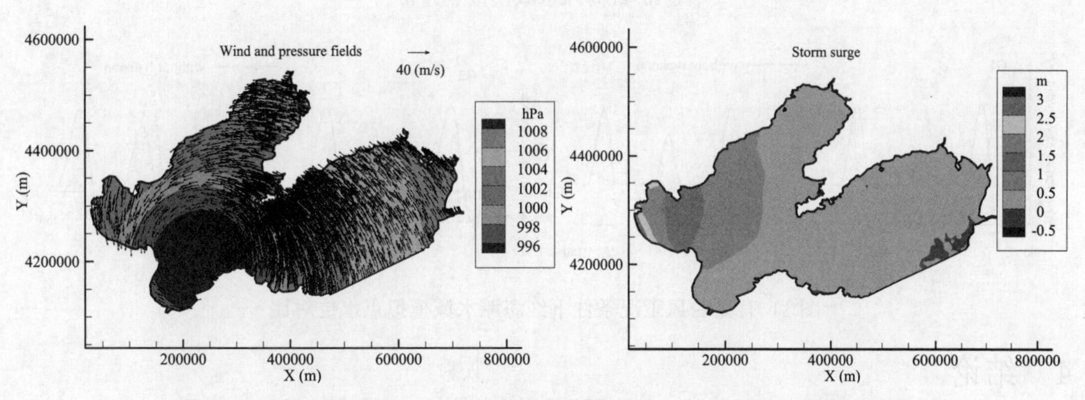

图 9 1997 年 8 月 20 日 6:00 北黄海及渤海风场、气压场和风暴潮增水图

3.4 “温妮”台风期间风暴潮在红海滩水域的传播

湿地对近岸海域以及河口的水动力特性发挥着重要作用，它能够减少风暴潮、海水入侵以及海岸侵蚀等带来的危害。湿地植被对风暴潮及其引起的巨大波浪有着明显削弱作用，能够降低波浪的传播速度，从而有效地保护海岸，减少风暴潮对海岸造成的破坏。因此，对湿地风暴潮的数值模拟研究具有很重要的意义。本研究对“温妮”台风期间辽河口红海滩湿地的风暴潮进行模拟研究。根据 2017 年遥感影像和现场调查发现：辽河口红海滩湿地主要植被为翅碱蓬。根据现场实测将翅碱蓬植被相关物理参数定义如下：宽度为 0.002 m，密度为 250 株/m^2。考虑到翅碱蓬为半刚性植被，植被拖曳力系数参数化为 0.3。

图 10 为辽河口红海滩水域范围以及测点的分布位置。图 11 为有无台风工况条件下红海滩湿地海域两个模拟点的水位历时变化（起算时间为格林尼治时间 1997 年 8 月 14 日 4 点）。从图 10 中可以看出，当台风中心经过辽河口海域后，在向岸风和逆气压的综合作用下，G1 和 G2 模拟点涨潮时间在 T = 134 h 到 T =178 h 时间段内潮流到达时间有所提前；G1 模拟点在这一时间段内相应的滞水时间分布由 21 h 增加到 23 h；G1 模拟点和 G2 模拟点在 T = 159 h 左右出现最大增水，增水值分别为为 2.34 m 和 2.86 m，模拟结果很好的反映了台风影响下红海滩水域海水的传播和运动情况。

图 10 红海滩水域模拟点分布

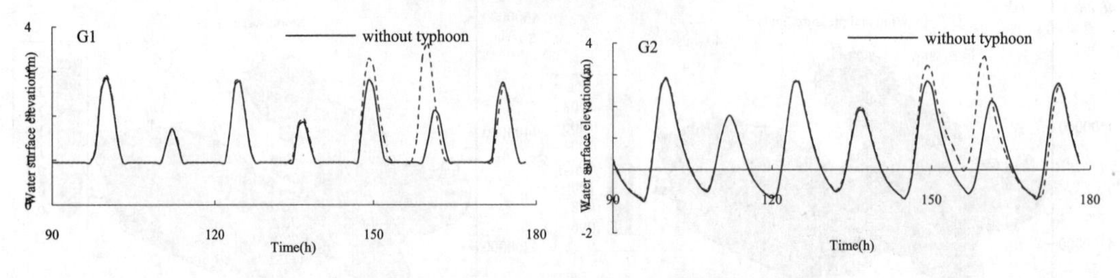

图 11 有无台风工况条件下红海滩水域模拟点水位对比

4 结论

本研究基于深度平均二维浅水模型模拟了孤立波和长周期波在斜坡海滩上的传播，验证了该模型有较高的模拟精度，同时也能较好的处理干湿边界的问题。在此基础上模拟了9711号台风“温妮”在北黄海和渤海的运动过程，以及台风过境期间北黄海及渤海海域的增减水状况；探究了9711号“温妮”台风过境期间红海滩水域的潮流变化，结果表明：“温妮”台风中心过境后，在强大的向岸风和逆气压作用下红海滩水域滞水时间有所增加，并出现明显增水；该水域潮流陆地淹没范围在台风作用下明显扩大，淹没区内流速显著增加。综上所述，本研究实测值和模拟结果都比较一致，因此所建模型能够良好地模拟台风及风暴潮的传播。

参 考 文 献

1 张明亮. 近海及河流环境水动力数值模拟方法与应用[M].北京：科学出版社, 2015.

2 Jelesnianski C P, Chen J, Shaffer W A. SLOSH: Sea, Lake, and Overland Surges from Hurricanes [R]. NOAA Technical Report NWS 48, 1992.

3 于福江，张占海. 一个东海嵌套网格台风暴潮数值预报模式的研制与应用[J]. Acta Oceanologica Sinica, 2002, 24(4): 23-33.

4 马进荣,张金善,宋志尧.渤、黄、东海海域 9711 号风暴潮数值模拟[J].海洋通报, 2008, 27(06): 15-19.

5 Tang J, Shen S D, Causon D M, Qian L, Mingham CG. Numerical study of periodic long wave run-up on a rigid vegetation sloping beach [J]. Coastal Engineering, 2017, 121: 158-166.

6 Beudin A, Kalra T S, Ganju N K, Warner J C. Development of a coupled wave-flow-vegetation interaction model [J]. Computer Geoscience, 2017, 100: 76-86.

7 Geernaert G L. On the importance of the drag coefficient in air-sea interactions [J]. Dynamics of Atmospheres and Oceans, 11 (1):19-38.

8 Zhang M, Zhang H, Zhao K, Tang J, Qin H. Evolution of wave and tide over vegetation region in nearshore waters. Ocean Dynamics, 2017, 67 (8): 973-988.

9Thuy N.B, Tanimoto K, Tanaka N, Harada K, Iimura K. Effect of open gap in coastal forest on tsunami run-up-investigations by experiment and numerical simulation [J]. Ocean Engineering, 2009, 36: 1258-1269.

Numerical Simulation of Storm surge process in Bohai Sea and Liaohe Estuary Wetland

JI Yong-peng[1]，ZHANG Hong-xing[1]，WANG Yi-ni[1]，XU Tian-ping[1]，ZHANG Ming-liang[1]*

（1. Dalian Ocean University, School of Ocean Science and Environment, Dalian, Liaoning, 116023;2. Dalian University of Technology, State key Laboratory of Coastal and Offshore Engineering, Dalian, Liaoning, 116025）

Abstract：Coastal tidal flats are covered with vegetation,which play an important role in dissipating wave energy and protecting coastline and bank from erosion, especially in regulating extreme marine disasters.In this paper, a depth-averaged two-dimensional shallow water numerical model based on unstructured triangular meshes is established by using the finite volume method.The Roe scheme is used to calculate the interfacial flux, the Roe approximate Riemann solver coupled with drying-wetting boundary technique is proposed to evaluate the interface fluxes and track the moving shoreline caused by the land intrusion of tsunamis as well as the evolution of tidal current. The drag force induced by vegetation is added to momentum equations as internal source to express vegetation effects on flows.Firstly, the propagation of solitary wave and long-period wave along the slope coast is analyzed and verified.In typhoon simulation, Typhoon Jelesnianski65 model is selected to predict typhoon wind field and atmospheric pressure field, and the influence of background wind field is considered at the same time. The wind field, atmospheric pressure field and the influence of typhoon 9711 on the water level and flow field structure in the North Yellow Sea and the Bohai Sea during the transit of Typhoon 9711 are investigated. Then, the key points are studied in the storm surge land invasion, variation of tidal level and the characteristics of storm surge in the Red Beach wetland of Liaohe estuary during 9711 Typhoon "Winnie".

Key words：Storm surge; Vegetation; Two-dimensional shallow water; Bohai Sea and Liaohe Estuary

喷水推进泵模型数值模拟研究

张伟，李宁，张志远，陈建平，陈刚

(喷水推进技术重点实验室，中国船舶工业集团公司第七〇八研究所，上海，200010，Email: waynezw0618@163.com)

摘要：针对喷水推进泵水动力性能，设计了喷水推进泵模型，在空泡水洞中对进速系数 J=0.2～1.0 下全湿及空泡工况下推力、扭矩等进行了测量，并使用高速摄影对空泡形态进行观测。为研究喷水推进泵的数值模拟方法，实验室组织了喷水推进技术研讨会，共14个团队就喷水推进泵模型水动力特性开展了背靠背的数值模拟，以对数值计算方法进行验证。各团队采用不同的软件使用 RANS 方法对全湿流动进行了模拟，获取了流场及外特性。本文对该结果进行了分析。尽管软件、网格等有较大差异，K_T，K_Q 预报结果与实验结果的误差多集中在实验值的±5%以内，大多略低于实验值，且当大进速系数下，误差增高。流场计算结果的网格依赖性较大，尤其是湍流强度。空泡工况结果有待进一步验证。

关键词：喷水推进泵；数值模拟；验证

1 引言

喷水推进泵是喷水推进器的关键部件，其水动力性能的计算是设计中的重要环节。随着计算能力的大幅提升以及大规模并行计算技术的普及，当前阶段基于粘流的 CFD 方法已被广泛用于各类推进器以及船与推进器组合的水动力计算。在螺旋桨方面，国际上已有一些标模，如 E779A1[1]、PPTC2[2]。这些模型有可靠的水动力性能实验、流场测量实验以及空泡实验。所以出现了大量针对这些螺旋桨标模的数值计算工作。目前，大多数螺旋桨流场的数值计算使用 RANS 方法，过往的研究发现计算结果也存在许多差异。为此欧盟专门组织了 CRS PROCAL[3]项目，由 10 家单位使用各类 CFD 求解器对 E779A 的水动力及空泡性能进行计算，分析数值方法的可靠性与有效性。这些工作为螺旋桨的水动力计算方法进行了验证，提供了经验。然而在喷水推进领域，尚未见标模测试数据，仍对各类 CFD 方法在喷水推进泵水动力计算的可靠性及有效性缺乏足够的验证。为此，针对常见的喷水推进泵产品特点，设计了喷水推进泵模型，并在循环水槽中开展了水动力、流场及空泡的实验测量，得到了进速系数 J 下的推力、扭矩，及入口处流场中速度分布。在此基础上组织了

14 组团体使用常见的商用 CFD 软件，对该模型试验进行了数值模拟研究。由于数值计算结果的样本是目前本领域内最多的，因此有一定的代表性。本文基于这些结果分析了网格对数值计算结果的影响，在此基础上又比较了不同软件及湍流模型对计算结果的影响。并通过比较关键位置处流场的计算结果分析了影响数值计算过程中的关键影响因素。在本次比对中，空泡模拟的结果尚未找到明显的规律，有待进一步的研究。因此进对实验结果加以分析。

2 模型

本次计算的模型是一个前置导叶型喷水推进泵，该模型主要由一个 6 叶转子、一个 8 叶定子以及一个导管组成见图 1。水动力试验在空泡水洞中完成，实验环境的温度、水的密度、粘性系数以及空泡实验的环境压力均在实验时进行了测量，可向本实验室索取不在本文中单独列出。除一个团队以外其余各参与团队使用了空泡水洞测试段内型作为计算区域。在本文中主要介绍目前喷水推进泵敞水实验的数值模拟结果。

图 1 喷水推进泵测试模型的几何外形

图 2 喷水推进泵的空泡水洞测试实验

2 CFD方法

本次数值计算的研究共计收到 14 份计算报告，分别采用了两种不同的商业软件，StarCCM+、Ansys fluent、Ansys CFX。其中 8 个团队使用了 StarCCM+，5 个团队使用了 Ansys CFX，1 个团队使用了 Ansys fluent。各团队根据所使用的软件选择旋转区域以刻画喷水推进泵转子。且所有的团队均计算了全部的转子叶片及定子叶片，没有团队使用单个通道或者叶片结合周期性边界的方法开展数值模拟工作。虽有个别团队还开展了非定常计算，但所有团队都首先开展了定常计算。所有的定常计算均使用旋转坐标系结合计算区域交界面的方法开展了数值模拟。在计算中使用了 RANS 方法，使用到标准 k-ε 模型、RNG k-ε 模型、Realizable k-ε 模型、SST k-ω 模型以及涡黏性输运模型共计 5 种湍流模型。计算区域空间的离散共涉及到全六面体网格、多面体网格以及 Trim 网格 3 种网格，图 3 给出各种网格的示例。各团队所使用的网格类型、软件名称及湍流模型见表 1.

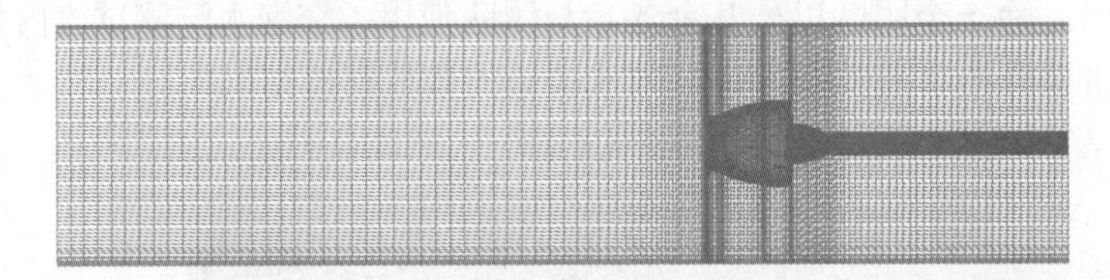

(a)全六面体网格

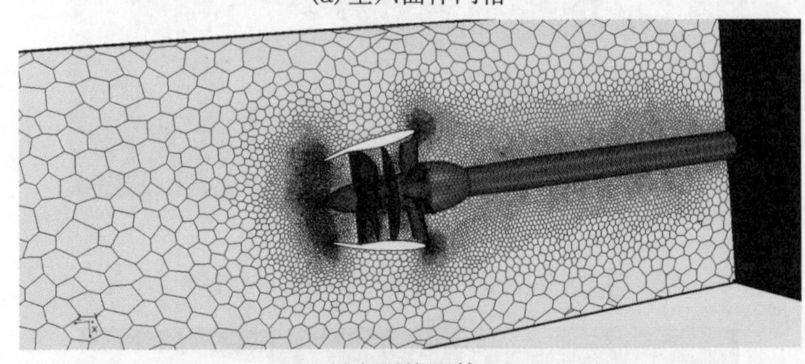

(b)面体网格

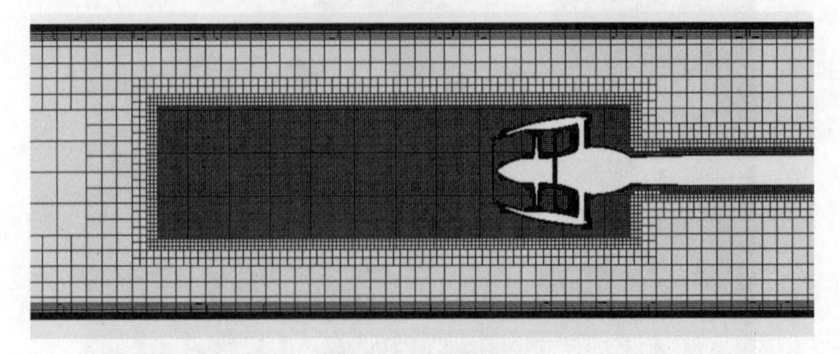

(b)Trim 网格

图3 三种网格类型

表 1 各团队使用软件、网格及湍流模型列表

编号	1	2	3	4	6	7	8	9	10	11	12	13	14
软件	S[1]	S	S	S	S	S	C[2]	F[3]	S	S	C	C	C
网格	T[4]	H[5]	T	T	T	P[6]	H	H	P	P	H	H	H
湍流模型	SST[7]	SST	SST	SST	SST	SST	STD[8]	SST	Real[9]	SST	RNG[10]	EVT[11]	SST
网格数量	362	1126	382	1216	1102	-	687	633	240	520	1080	1080	1080

注：1 S 指 StarCCM+，2 C 指 Ansys CFX，3 F 指 Ansys fluent，4 T 指 Trim 型网格，5 H 指全六面体网格， 6 P 指多面体网格；7 SST 指、SST k- ω模型， 8 STD 指标准 k- ε 模型，9 Real 指 realizable k- ε 模型，10 RNG 指 RNG k- ε 模型，11 EVT 指涡黏系数输运模型；网格数量单位为万；另：团队 5 的数据缺失。

计算中计算域一侧给定速度入口边界条件，另一侧为压力出口边界条件。其余为固壁边界条件，输入参数为进速系数，定义为：

$$J=\frac{V_A}{nD}$$

其中，n 为转速，D 为转子直径，V 为入流速度。对于推进器性能分别计算了叶轮推力系数：$K_{T_R}=\frac{T_R}{\rho n^2 D^4}$ ，导叶推力系数：$K_{T_S}=\frac{T_S}{\rho n^2 D^4}$，导管推力系数：$K_{T_D}=\frac{T_D}{\rho n^2 D^4}$ ，推进器总推力系数： $K_T=K_{T_R}+K_{T_S}+K_{T_D}$，叶轮力矩系数： $K_Q=\frac{Q_R}{\rho n^2 D^5}$，推进器效率：$\eta=\frac{J}{2\pi}\frac{K_T}{K_Q}$。

虽然各团队提供了网格总数，但是 Y+的数据难以简单的定量化给出。且网格总数与网格的空间分布有密切关系。比如有部分团队在喷水推进泵下游也进行了网格加密处理，从而增加了网格总数，但泵本身的网格数量影响不大。因此，定量化衡量网格对计算结果的影响仍有待研究。

3 数值模拟结果与讨论

各团队均采取了多套网格进行了分析，其中团队 1，9 对 J=0.6 工况采用 ITTC 理查德森外推法进行了不确定度分析，其中 1 团队采用了三套网格，网格数分别是 213 万、362 万以及 694 万。团队 9 采用的三套网格分别是 85 万、229 万及 633 万网格。不确定度分析结果分别见表 2 和表 3。可见对于该工况计算的不确定均小于 1%。

表 2 团队 1 推进器水动力值的验证

	R_G	P_G	C_G	$U_G(\%S_C)$	$\delta^*_G(\%S_C)$	$U_{GC}(\%S_C)$	S_C
K_T	0.312	3.358	2.203	0.558	0.361	0.197	0.497
$10K_Q$	0.480	2.119	1.084	0.760	0.705	0.055	0.992

表 3 团队 9 推进器水动力值的验证

	R_k	p_k	C_k	U_G （%S_c）	δ_G^* （%S_c）	U_{Gc} （%S_c）	S_C	收敛状态
K_T	-0.241	-	-	0.261	-	-	-	振荡收敛
$10K_Q$	0.176	4.99	4.65	0.945	0.530	0.416	0.976	单调收敛
η	0.494	2.03	1.02	0.551	-0.539	0.012	0.644	单调收敛

表 4 团队 12～14 推进器水动力性能不确定度 U_G（%S_c）

		K_T	K_Q
J=0.2	EVT	1.223958	0.117188
	RNG	0.78125	0.078125
	SST	0.872396	0.065104
J=0.4	EVT	1.354167	0.143229
	RNG	1.015625	0.104167
	SST	0.820312	0.104167
J=0.6	EVT	1.575521	0.143229
	RNG	0.846354	0.104167
	SST	0.872396	0.104167
J=0.8	EVT	1.627604	0.15625
	RNG	1.015625	0.117188
	SST	0.598958	0.117188
J=1.0	EVT	1.835938	0.169271
	RNG	1.080729	0.130208
	SST	1.028646	0.117188

而团队 12～14 也使用该方法通过系统化加密网格的方式分析了计算结果中的不确定度。此 3 个团队采用相同的网格，在这套网格下 SST 和标准 k-ε 模型的不确定度要低于 EVT 模型，但总体而言 K_T 的的不确定度在 1% 左右，而的 K_Q 不确定度低于 1%。另在这三组计算中发现，当进速系数进一步增大时，其 K_T、K_Q 的不确定度和误差均会增加。大流量工

况下的数值计算结果精度有待进一步研究。

所有计算得到的 K_T、K_Q 性能曲线建图 4，图中给出了实验结果以及±5%的误差范围，大多数计算结果均在±5%误差内，但是多集中在 0~-5%的区域，即计算结果相比实验数据偏小。考虑到数值计算结果的不确定度大小，误差应是由湍流模型造成的模型误差。同时发现当进速系数 J 大于 1 时误差有增加的趋势。

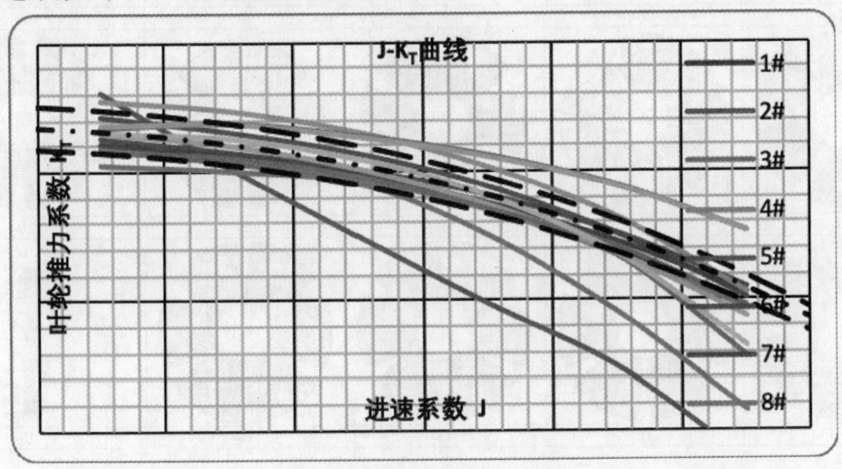

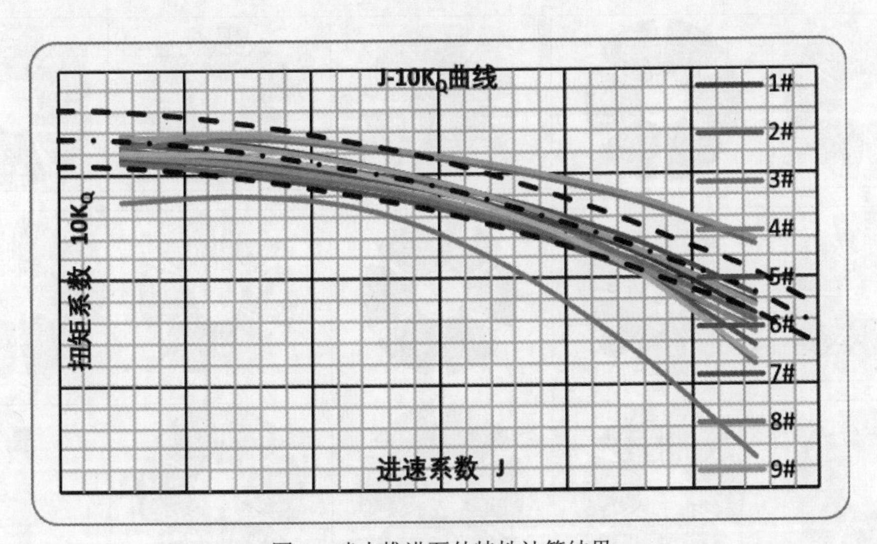

图 4　喷水推进泵外特性计算结果

由于大多数团队在不同工况下计算获取的叶轮表面压力系数趋势接近，故仅给出 J=0.8 时叶轮压力面与吸力面压力系数分布（图 5），定性而言几乎所有团队对叶轮表面高压和低压区域分布及计算结果一致，个别团队由于叶顶分辨率较高，可以分辨出叶顶泄露区域。

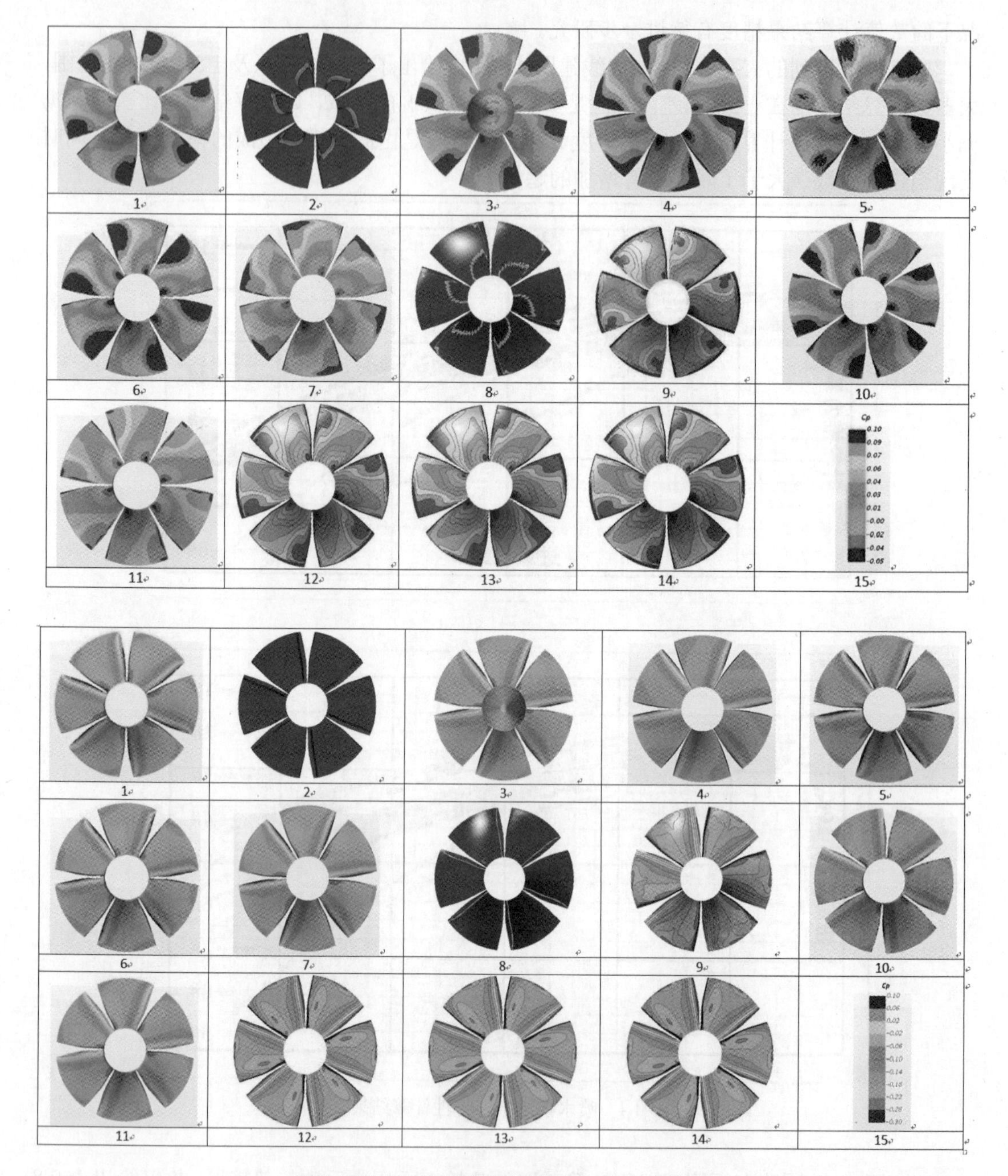

图 5 叶轮压力面及吸力面处压力系数计算云图

J=0.8 时中纵剖面的速度大小云图见图 6，射流尾迹的计算结果由于下游网格的差异不同而明显不同。由于考虑到常规的水动力计算仅计及 K_T、K_Q 所以一些团队并未对下游网格进行加密处理。实际的计算结果也表明下游尾流的分辨程度对性能曲线的影响不大。

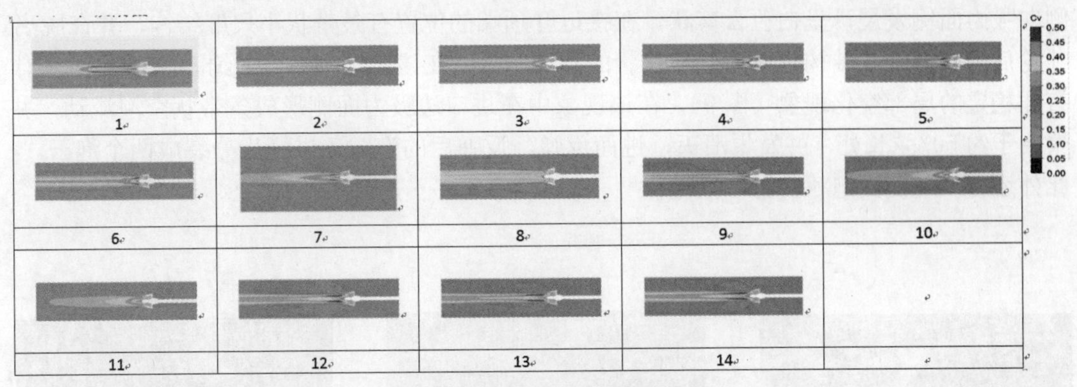

图 6 计算域中纵面速度系数云图

较之速度和压力系数，湍流强度 I 的计算结果有明显差异，J=0.8 时叶轮压里面的湍流强度 I 云图见图 7，其中团队 13 采用了涡黏系数模型因此未能计算湍流强度。其余各团队计算结果在湍流强度的空间分布形态乃至量值大小的范围都存在明显的差异。由于多家单位均采用了 SST 模型，所以其计算结果的差异有可能与边界层内网格的分布有密切的关系。

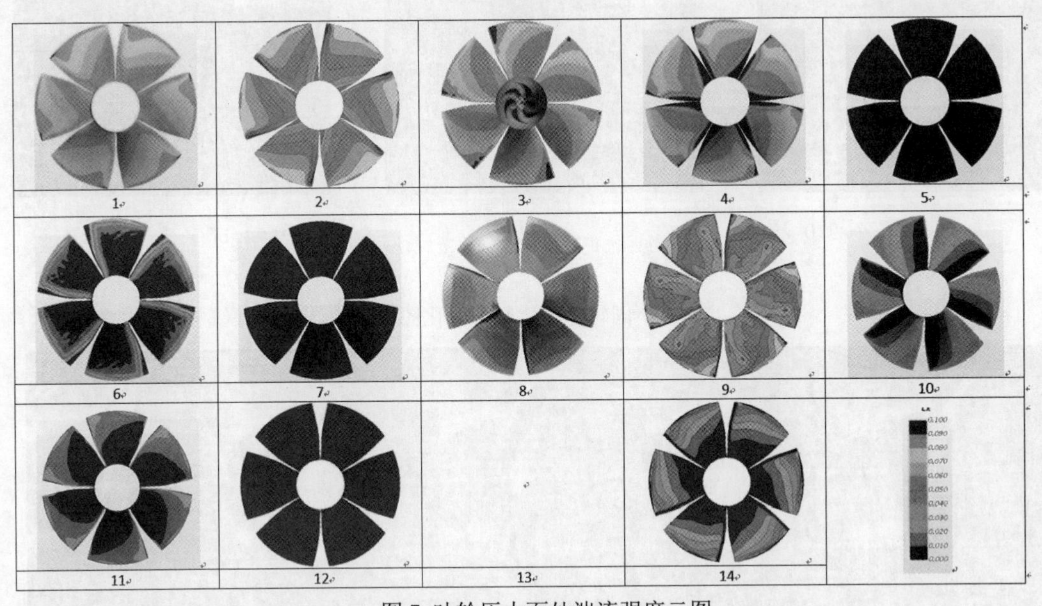

图 7 叶轮压力面处湍流强度云图

此外，本研究中还通过高速摄影的方式观测了 J=0.6 时转速空泡数 σ 为 2.0，3.55，4.17 下叶轮附近的空泡流动形态，如图 8。其中 σ 为 3. 55 及 4. 17 时仅观测到细小的梢涡空化现象，切梢涡空化的起始位置并不在叶片上。

而 σ 为 2. 0 时存在明显的梢隙涡空泡，该梢隙涡空泡形成于转子叶片的顶端，由压力面侧向吸力面侧发展，呈白色云雾状，在接近叶顶端的位置有条带状小尺度结构，并在脱离叶轮后形成螺旋状结构进而演化成丝状的湍流结构。在该工况下，位于约 50% 半径处还伴有非稳定的局部空化现象（图 9），在该现象中在进口边吸力面侧形成条带状空泡流动，并聚集于约 50%弦长处，并发生溃灭，进而反弹，反弹后的泡云还进一步分裂成两个泡云。此外还可以观测到泡状的游移空泡。

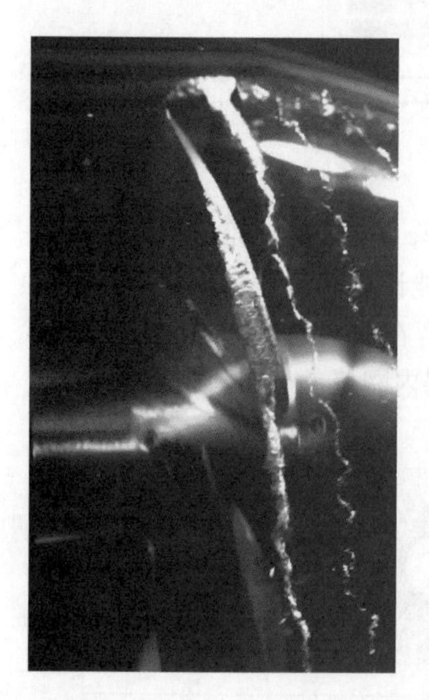

σ =2.0　　σ =3.55　　σ =4.17

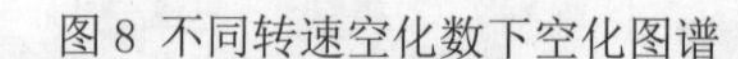

图 8 不同转速空化数下空化图谱

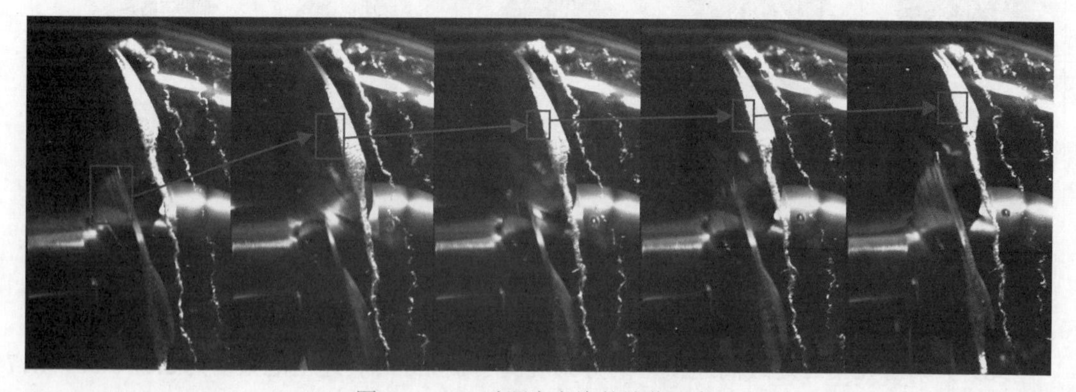

图 9 σ =2.0 时顺态空泡的演化现象

然而目前阶段，暂未见理想的数值计算结果。大部分团队所得到的空化计算结果，会出现大面积的片空泡，以及较少的梢涡空泡（图 10）。

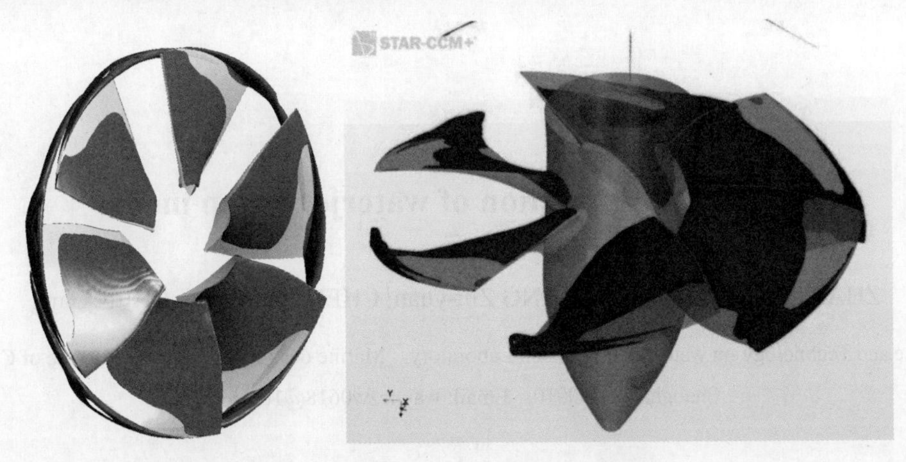

图 10 σ =2.0 某两个团队的空化计算结果

4 结论

本文设计了前置导叶型喷水推进泵模型，并在空泡水洞中开展了水动力性能测量及空泡的观测研究。在此基础上组织了 14 组团队就 J=0.2-1.0 的水动力性能以及 J=0.6 时转速空泡数 σ 为 2.0，3.55，4.17 下的空泡流动数值模拟研究。14 组团队采用了 3 种常见的 CFD 软件，涉及 3 种网格划分方法，其中定常水动力计算使用了 5 种常见的湍流模型。其中对 K_T、K_Q 的计算结果集中在±5%误差内，但是多集中在 0~-5%的区域，即计算结果相比实验数据偏小。部分团队基于理查德森外推法对数值计算结果进行了不确定度分析。考虑到不确定的大小约在 1%，认为误差多来自于湍流模型。流场计算结果中压力场计算结果较为相似，而湍流强度偏差较大，需寻找定量化分析方法找出差别及误差源以改进计算结果。此外，初步比对了空泡计算结果，但目前阶段数值计算与实验存在明显差异，需进一步开展相关研究形成准确的空泡流动的预报方法。

参 考 文 献

1 Salvatore,F., Streckwall, H., van Terwisga,T. Propeller cavitation modeling by CFD- Resuls from the VIRTUE 2008 Rome workshop, SMP09,Trodheim, Norway, June.2009

2 Klasson, O., Huva, T. Postam Propeller test case(PPTC). Proc. of the SMP2011, Hamburg,Germany.2011

3 Vaz,G., Hally, D.,Huba, T. Cavitating flow calculations for the E779A Propeller in Open water and behind

conditions: Code comparison and Solution validation.SMP15, Austin, Texas, June,2015.

Numerical simulation of waterjet pump model

ZHANG Wei，LI Ning，ZHANG Zhi-yuan, CHEN Jian-ping，CHEN Gang

(Science and Technology on water-jet propulsion Laboratory，Marine design and research institute of China，Shanghai，200010, Email: waynezw0618@163.com)

Abstract：To better understand the hydrodynamic of the water-jet pump, a model pump is designed and tested in the cavitation tunnel for advance ratio J=0.2-1.0. The statistic such as thrust coefficient and torque coefficient are measured. The cavitation patterns are captured through high speed camera. Our lab had invited 14 groups to carry out numerical simulation for the pump to validate the CFD method. RANS codes are adopted for non-cavitation condition. Results of performance are compared with our measurement work. The comparison error for solutions of K_T，K_Q from these groups are almost in the range of ±5%. Most of solutions are smaller than the results with larger errors high advance ratio. Flow patterns are sensitive to the meshes used in the simulation especially for the turbulence intensity. Further studies should be performed for cavitation condition.

Key words：water-jet；numerical simulation; validation

一种高保真超长黏性数值波浪水槽

赵西增，聂隆锋

（浙江大学海洋学院，浙江舟山 316021；Email:xizengzhao@zju.edu.cn）

摘要：为实现波浪的超长距离传播和调制演变过程，本文提出了一种高保真的黏性数值波浪水槽。分别采用包含单元均值和点值的有限体积法求解纳维斯托克斯方程、具有二次曲面性质和高斯积分的双曲正切函数(THINC/QQ)方法来重构自由面，建立以 OpenFOAM 底层函数库为基础的 VPM-THINC/QQ 数学模型。在 300 米长的水槽中对波群进行模拟，得到波群的长时间演化过程，并与文献结果进行对比。结果表明本文开发的高精度数值波浪可有效模拟波浪的长时间传播和演变过程。

关键词：超长水槽；非线性波；有限体积法；VPM-THINC/QQ 模型；波浪变形

1 引言

数值波浪水槽[1-2]是研究水波问题的一种重要手段。基于Navier-Stokes方程建立的黏性流数值波浪水槽能够捕捉流场中的流动细节，是目前最接近真实物理水槽的一类数值工具。但是，为了控制计算中的数值耗散，基于传统一阶或二阶方法的数值模型通常对时间步长与网格大小有着严格的要求。这使得这类数值波浪水槽在应用中的计算成本巨大，其发展也因此受到了制约。为开发可靠且更经济的黏性流数值波浪水槽，本文将尝试使用高精度的两相流模型作为数值求解器，检验水槽在模拟波浪的长时间传播和演变过程等方面的性能。

基金信息：国家自然科学基金(51679212)；浙江省杰出青年基金项目(LR16E090002)；中央高校基本科研业务费专项资金资助(2018QNA4041)

2 控制方程和边界条件

不可压缩流体的控制方程：

$$\nabla\cdot\boldsymbol{U}=0 \tag{1}$$

$$\frac{\partial\rho U}{\partial t}+\nabla\cdot(\rho U\otimes U)=-\nabla p+(\nabla\cdot(\mu\nabla U)+\nabla U\cdot\nabla\mu)+F_{\sigma}-g\cdot x\nabla\rho \tag{2}$$

$$\frac{\partial\alpha}{\partial t}+U\cdot\nabla\alpha=0 \tag{3}$$

其中，$\boldsymbol{U}$ 为流体质点速度，p 为相对动压力，ρ为流体密度，μ为动力黏性系数，g 为重力加速度，F_{σ}为表面张力。α是流体体积分数，且 $0\leqq\alpha\leqq1$。网格单元是空气时，$\alpha=0$;网格单元为水时，$\alpha=1$，网格单元是自由面时，$0<\alpha<1$。网格内的流体特性可以用下式来表示：

$$\lambda=\lambda_1\alpha+\lambda_2(1-\alpha) \tag{4}$$

其中，λ代表网格单元内流体的密度ρ或者黏性系数μ。

连续和动量方程采用高阶有限体积法 VPM[3-4]求解，质量运输方程采用 THINC/QQ[5]求解，建立以 OpenFOAM 底层函数库为基础的 VPM-THINC/QQ 数学模型。根据线性造波理论[6]，波浪产生可以采用推板造波法[7-8]来实现。

3 数值波浪水槽的建立

数值水槽长 300m，高 5.2m，如图 1 所示。数值波浪参数如下表 1 所示，包括初始均匀波和和初始弱调制波在内的两种波列。在水槽中布置一定数量的浪高仪记录波面序列和 Chiang 等人[9-10]的物理实验结果进行对比。为了收集足够的波面数据对水槽各个断面处进行频谱计算，表 1 中每个工况都进行了长达 500s（物理时间）的模拟。

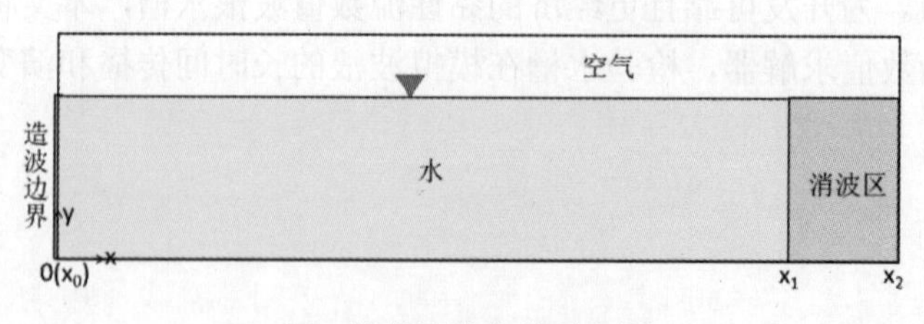

图 1 数值波浪水槽示意图

表 1 波浪参数

算例	T_c(s)	$\varepsilon=k_c a$	$k_c h$	$\delta=\Delta\omega/(\omega_c\varepsilon)$	$a_\pm/a_c$	波高(m)	波长(m)
F301	1.6	0.110	5.5	\	\	0.140	4.0
F305	1.6	0.149	5.5	\	\	0.190	4.0
T172	1.6	0.109	5.5	0.89	0.3	0.139	4.0
T091	1.6	0.130	5.5	0.87	0.3	0.165	4.0

(1) 初始均匀波列的波面函数如下：

$$\eta = a_c \sin(\omega_c t) \tag{5}$$

其中 η 是水面位移，a_c 与 ω_c 分别是载波的给定振幅与角频率。

(2) 初始弱调制波列的波面函数如下：

$$\eta(t) = a_c \sin(\omega_c t) + a_\pm \sin(\omega_\pm t + \phi_\pm) \tag{6}$$

$$\omega_\pm = \omega_c \pm \Delta\omega，\ \phi_\pm = -\pi/4，\ a_0^2 = a_c^2 + a_+^2 + a_-^2 \tag{7}$$

式中 a_c 与 $a_\pm$ 分别是载波与两个边带波的给定振幅，ω_c 与 $\omega_\pm$ 分别是对应的角频率，$\Delta\omega$ 是载波与边带波之间的频率差，而 $\phi_\pm$ 是对应的初始相位差。a_0 为波列的总振幅。

4 结果分析

4.1 初始均匀波

F301 工况的模拟结果如图 2 所示。图 2 中为各个断面处水面高程随时间的变化序列。图中第一个断面位置距离造波边界 19m，大约相当于 5 倍波长，可看出，波浪在传播的前期除波前的渐变以外都保持着均匀形态。而接下来的几个波面序列显示，随着波浪的继续传播，波浪开始发生调制现象：波能向波前集中，形成一组较短的陡波。这一发展过程与 Chiang 中进行的物理实验结果一致。波浪的非线性与色散的综合效应是形成这种有趣现象的原因。

当载波的初始波陡增大时，这种波浪的调制现象变得更加显著。图 3 中为 F305 工况的模拟结果，该工况中的载波初始波陡较大，为 $k_c h$=0.149。从图 3 中可以发现，这一工况中同样出现了波前的波能集中，并且发展速度要快于 F301 工况。F301 工况中在 $k_c x$=369 断面处出现了波前的大波高现象，在 F305 工况中的 $k_c x$=181 断面处已经出现。另外，波前的首个波群在水槽中段经历了波能集中后，在水槽的尾端恢复了平缓的形态，同时，在波前的起伏段之后形成了第二组较短的陡波。这些现象同样也在 Chiang 中的物理实验出现。

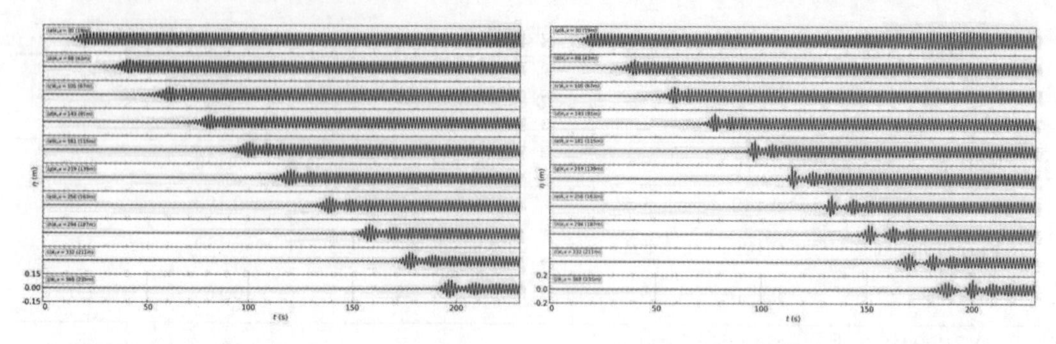

图 2 不同位置处的波面序列（F301）　　图 3 不同位置处的波面序列（F305）

4.2 初始弱调制波

初始均匀波列的调制现象仅发生在波前。本节将在载波的基础上，施加两个边带波，以模拟后续波列在小扰动作用下的不稳定机制。图 4 与图 5 分别为 T172 工况中水槽各个断面位置处记录的波面序列和其对应的频谱图，其中波面序列仅截取了稳定段的数据。图 4 中第一个断面处的波面序列与初始形态相近，表明该处的波面只是载波与边带波的线性叠加。随着波浪的传播，开始出现调制现象，这可以从图 5 的频谱中清楚地看到。从 k_cx=87 处的频谱，即图 5b 中可以看到，载波的幅值减小，同时在上边带的右侧出现了两个明显的峰值，说明部分波能向高频段转移。在 k_cx=163 处，载波的幅值继续减小，两个边带波的幅值增加，并开始超过载波的幅值。调制现象在 k_cx=201 位置达到最强，此时，下边带的幅值要明显大于载波。而从 k_cx=244 位置开始，波列发生解调，载波的幅值逐渐回升。随着解调的继续进行，波能的分布逐渐向初始形态恢复。

值得注意的是，上边带波的幅值在水槽尾端并未能恢复到初始状态，而是几乎降低到了零的水平。这与 Chiang 中的物理实验结果存在差异，在物理实验中，上边带波的能量也出现了损失，但损失的程度较小。本文中上边带波（高频波）的衰减主要是由数值黏性引起的，而物理实验中的波能损失是由于水槽边壁与底部的黏性效应导致的，在水槽宽度与深度足够的情况下，这种物理黏性能起到的作用很小。可以看到，虽然本文的模拟中出现了耗散，但依然重现了物理实验中几个关键的现象，包括在调制发生时出现的少量波能向高频段转移，载波波能传递给两个边带波现象，以及解调过程中出现的幅值谱逐渐恢复初始形态的现象。Segur 等[11]指出，这种波浪的衰减，在边带波振幅较小的情况下，会对实验现象产生显著的影响。据此，可以预见，如果数值耗散更加严重，那么以上的实验现象将难以重现。图 6 和图 7 是 T091 工况的模拟结果。首先，从水槽中段（k_cx=163~287）的波面图可以见出，当调制发生时，波能集中到了由 3 个独立波形组成的波群当中，并且这个波群相比 T172 工况中的更加窄。在 k_cx=244 断面位置，窄波群中出现了一个异常的大波高，与此同时，从水槽的截图中可以看到波浪在这一位置附近发生了破碎。Chiang 等[9]的物理实验也出现了波浪破碎现象，但发生的区域是从 k_cx=259~320 断面，与本文的结果稍有不同。

波浪破碎发生以后，波列开始解调，与 T172 工况明显不同的是，在这一工况中，波列在水槽尾端并未恢复初始的波形。图 7 直观地显示了这一过程中波能的转化。在 $k_c x$=244 断面位置之前的波能演变规律与 T172 中相似，而在这个位置之后，上边带的波能逐渐减小，但下边带的波能并未减小，而是与载波一致，继续增大。到水槽尾端位置，上边带的能量消耗殆尽，同时，下边带与载波保持着相当的幅值。Chiang 等以及 Tulin 与 Waseda[12]的物理实验也在波浪破碎以后发生了这样的演变，而导致波列永久降频的原因正是波浪破碎。

5 结论

本文基于改进的有限体积法 VPM 和高精度的界面捕捉方法 THINC/QQ 建立了以 OpenFOAM 底层函数库为基础的 VPM-THINC/QQ 数学模型，分别对初始均匀波与初始弱调制波进行了长时间演变模拟。本模拟可重现了物理实验中出现的几个关键现象。

(1) 初始均匀波列在经历长时间传播以后，出现了明显的波前不稳定，即波能向波前集中，形成一组较短的陡波。

(2) 波陡为ε=0.109 的初始弱调制波列在传播过程中，经历了载波与边带波之间的波能传递后，最终又恢复到初始形态的过程。

(3) 而波陡增大到ε=0.130 时，在传播过程中，载波的波能同样会传递给边带波，波列中出现一个异常的大波高并发生波浪破碎，破碎以后的波列不会恢复到初始形态，最终频率较低的下边带波与载波保持相近的幅值。

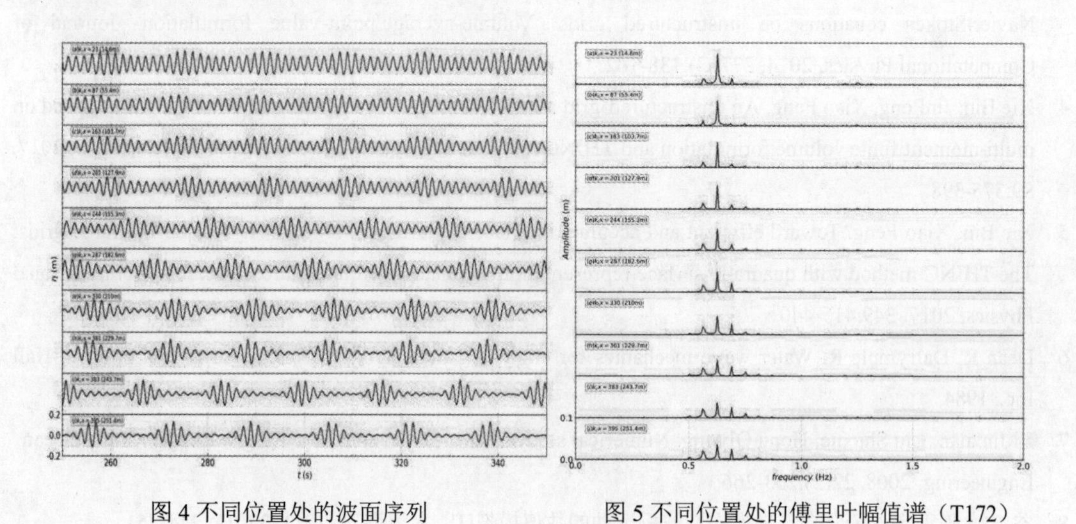

图 4 不同位置处的波面序列　　　　图 5 不同位置处的傅里叶幅值谱（T172）

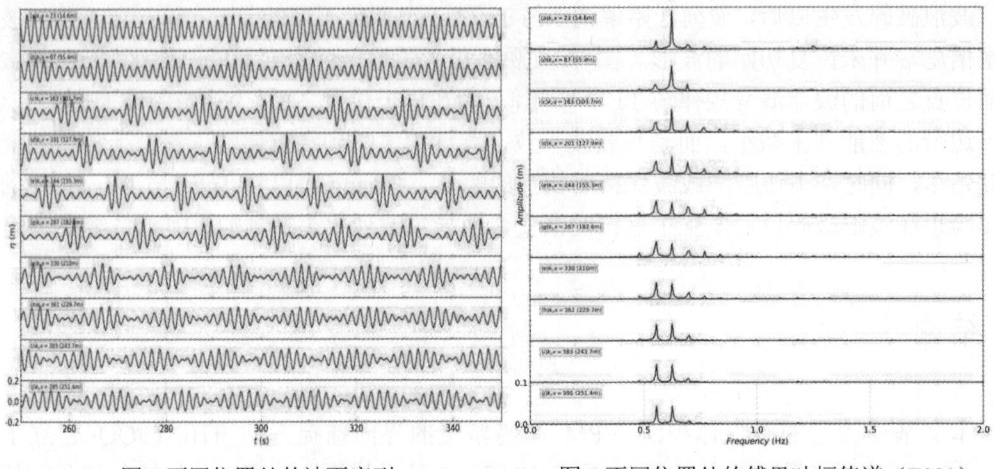

图 6 不同位置处的波面序列　　图 7 不同位置处的傅里叶幅值谱（T091）

参 考 文 献

1 刘秀丽,段梦兰,高攀,等. 基于 OpenFOAM 的数值波浪水槽研究[J]. 复旦学报(自然科学版), 2015,54(03):373-378+385.

2 常爽,黄维平,付图南等. 黏性数值波浪水池中聚焦波浪的生成和与结构物的相互作用[J]. 水动力学研究与进展(A 辑), 2018,33(03):344-351

3 Xie Bin, Ii Satoshi, Ikebata Akio, et al. A multi-moment finite volume method for incompressible Navier-Stokes equations on unstructured grids: Volume-average/point-value formulation. Journal of Computational Physics, 2014, 277(C):138-162

4 Xie Bin, JinPeng, Xiao Feng. An unstructured-grid numerical model for interfacial multiphase fluids based on multi-moment finite volume formulation and THINC method. International Journal of Multiphase Flow, 2017, 89:375-398

5 Xie Bin, Xiao Feng. Toward efficient and accurate interface capturing on arbitrary hybrid unstructured grids: The THINC method with quadratic surface representation and Gaussian quadrature. Journal of Computational Physics, 2017, 349:415-440

6 Dean R, Dalrymple R. Water wave mechanics for engineers and scientists. New Jersey, USA:Prentice-Hall Inc., 1984.

7 Li Jinxuan, Liu Shuxue, Hong Qiyong. Numerical study of two-dimensional focusing waves[J]. China Ocean Engineering, 2008, 22(2):253-266.

8 谷汉斌,陈汉宝,栾英妮等. 平推式造波板运动的数值模拟[J]. 水道港口, 2011, 32(04):244-251.

9 Chiang W S. A study on modulation of nonlinear wave trains in deep water[D]. Taiwan: National Cheng Kung University,2005.

10 Chiang W S, Hwung H H. Steepness effect on modulation instability of the nonlinear wave train[J]. Physics

of Fluids. 2007, 19(1):014105.

11 Segur H, Henderson D, Carter J, et al. Stabilizing the benjamin–feir instability[J]. Journalof Fluid Mechanics. 2005, 539:229-271.

12 Tulin M P, Waseda T. Laboratory observations of wave group evolution, including breaking effects[J]. Journal of Fluid Mechanics. 1999, 378:197-232.

High fidelity extra-long viscosity numerical wave tank

ZHAO Xi-zeng, Nie Long-feng

(Ocean College,Zhejiang University,Zhoushan 316021,Zhejiang,China,Email:xizengzhao@zju.edu.cn)

Abstract:In order to realize the ultra-long-distance propagation and modulation evolution of waves, this paper proposes a high-fidelity viscous numerical wave trough. The finite volume method including cell mean and point values is used to solve the Navier-Stokes equation, the hyperbolic tangent function (TINC/QQ) method with quadratic properties and Gaussian integral to reconstruct the free surface, and establish the OpenFOAM underlying function. Library-based VPM-THINC/QQ mathematical model. The wave group was simulated to obtain the long-term evolution process of the wave groupin a 300-meter-long water tankand compared with literature results. The results show that the high-precision numerical waves developed in this paper can effectively simulate the long-term propagation and evolution of waves.

Key words: Water tank;wave modulation; VPM-THINC/QQ model; Wave deformation

颗粒在幂律流体剪切流中运动和分布研究

胡箫，欧阳振宇，林建忠

(浙江大学航空航天学院流体工程研究所，杭州，310027，Email: mecjzlin@public.zju.edu.cn)

摘要：本研究采用 IB-LBM 方法研究颗粒在幂律流体剪切流场中的运动和分布。研究结果表明，颗粒在剪切变稀流体中容易偏离中线平衡位置，而在剪切增稠流体中则趋向于中线。在剪切变稀流体中，颗粒在较低雷诺数时便可形成具有均匀间距的排列，在高雷诺数时颗粒的间距将发生波动；当幂律指数为 0.8 时，颗粒的间距呈正弦式规律变化。当流场雷诺数小于临界雷诺数时，颗粒形成具有均匀间距的排列，且雷诺数越大，间距越小。幂律指数越小，则临界雷诺数越低。增加颗粒直径，颗粒间距随雷诺数先增加后降低。

关键词：颗粒运动；幂律流体；直接数值模拟；格子玻尔兹曼方法

1 引言

两相颗粒流广泛存在于自然界和生活中，如血细胞和药物颗粒在血液中的流动，污染颗粒物在呼吸道中的运动[1]，微流控芯片中颗粒高效分离输运[2]等。实际颗粒流的流体相通常为非牛顿流体[3-4]，而颗粒在非牛顿流体中惯性聚集对颗粒分离筛选具有重要应用价值[2]。

惯性聚集效应最早由 Segre & Siberberg[5]发现，即颗粒会聚集到离管道中线 0.6 倍半径的环形区域内。此后大量研究者开始研究颗粒的惯性迁移问题。Matas [6]观察到较大雷诺数下颗粒在圆管中的惯性聚集现象，并称为颗粒成串。Humphry [7]实验研究有限雷诺数下颗粒在轴向和横向位置，发现颗粒聚集位置和数量取决于单位长度颗粒数。Kulkarni [8]研究两颗粒在有限雷诺数牛顿流体剪切流中的运动，发现颗粒出现旋转和反向运动的新流动轨迹。Choi [9]研究了二维流场简单剪切流中颗粒在黏弹性流体中的成串现象，发现颗粒数量和流场特性影响颗粒的成串结构和长度。Firouznia [10]实验研究颗粒在牛顿流体和剪切变稀流体剪切流场中的相互作用，发现非牛顿流体影响颗粒间的相互作用和颗粒运动轨迹。Nie [3]研究了两颗粒在幂律流体剪切流场中的运动及两颗粒向中心固定的圆柱靠近时的运动轨迹，发现高雷诺数和低幂律指数时，颗粒更容易绕过固定圆柱运动。Ouyang [11]研究了自驱动颗粒在幂律流体中相互靠近时水动力相互作用及效率。

综上所述，虽然以往对于颗粒的排列现象已有一些研究结果，但颗粒在幂律流体剪切流中运动时，幂律指数、壁面效应和有限雷诺数时惯性作用对颗粒排列现象的影响尚不清楚，而这对于颗粒的分离、筛选和计数等具有重要的应用价值。因此，采用浸没边界-格子玻尔兹曼(IB-LBM)方法研究颗粒在幂律流体剪切流中的运动，探讨颗粒在剪切变稀和剪切增稠作用下的惯性迁移以及雷诺数、幂律指数对颗粒间距的影响。

2 数值模拟方法

黏性不可压缩流动可用含有外力项的单松弛格子玻尔兹曼 (LBE) 方程表示为[3,11]：

$$f_i(\mathbf{r}+\Delta t\mathbf{e}_i, t+\Delta t) = f_i(\mathbf{r},t) + \frac{1}{\tau}(f_i^{eq}(\mathbf{r},t) - f_i(\mathbf{r},t)) + \Delta t\frac{w_i\rho}{c_s^2}\mathbf{e}_i\cdot\mathbf{f}, \tag{1}$$

$$f_i^{eq}(\mathbf{r},t) = \rho w_i[1+\frac{3}{c^2}\mathbf{e}_i\cdot\mathbf{u} + \frac{9}{2c^4}(\mathbf{e}_i\cdot\mathbf{u})^2 - \frac{3\mathbf{u}^2}{2c^2}], \tag{2}$$

式中：τ 为松弛时间，Δt 为单位格子时间，$f_i(\mathbf{r}, t)$为 t 时刻 $\mathbf{r}$ 处速度方向 $\mathbf{e}_i$ 的粒子密度分布函数，c_s 为声速 $c_s^2=c^2/3$，c 为格子速度，$\mathbf{f}$ 为外力，$f_i^{eq}(\mathbf{r}, t)$ 为平衡分布函数。w_i 为权函数，对于离散速度空间，当选择二维 9 速度模型(D2Q9)时，格子模型各方向权系数为 w_i=4/9, i=0、w_i=1/9, i=1~4、w_i=1/36, i=5~8，ρ 和 $\mathbf{u}$ 为流体的宏观密度和速度。

$$\rho = \sum f_i, \qquad \mathbf{u} = \frac{1}{\rho}\sum f_i\mathbf{e}_i. \tag{3}$$

幂律流体的黏性依赖于当地流场，其有效黏度与流体的剪切率相关$\mu = m|\gamma|^{n-1}$，式中 m 和 n 分别为幂律系数和行为指数，n=1 表示黏度为常数 m 的牛顿流体，n<1 和 n>1 分别表示剪切变稀和剪切变稠流体，γ为应变率张量。本文流场雷诺数定义为 $Re=(2U_0)^{2-n}H^n/m$。

3 方法验证

为验证模型与方法，先计算颗粒在牛顿流体剪切流运动轨迹，壁面长度 L 为 2000Δx(Δx=1)，两板间距 H 为 80Δx，颗粒直径 D 为 20Δx。如图 1，说明计算的运动轨迹与参考文献[3,12-14]结果具有很好的一致性。本文还计算了牛顿流体剪切流场中两个颗粒在中线上以相同速度相向运动的轨迹，如图 2 所示，与文献[12]非常吻合，说明两颗粒在分离过程中分别向上下剪切板方向运动，并在上下板的剪切作用下又再次回到中线平衡位置。

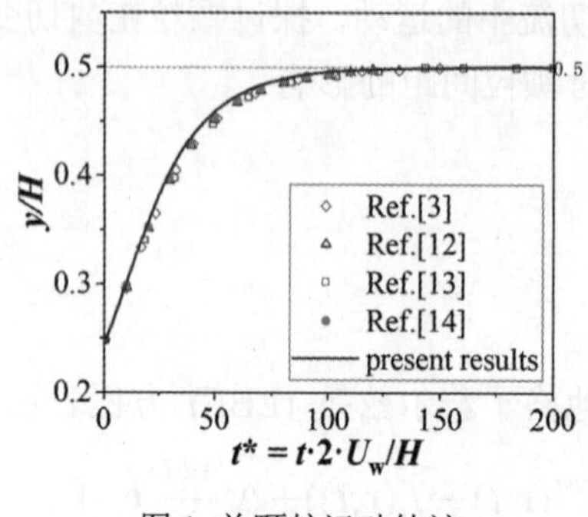

图 1 单颗粒运动轨迹

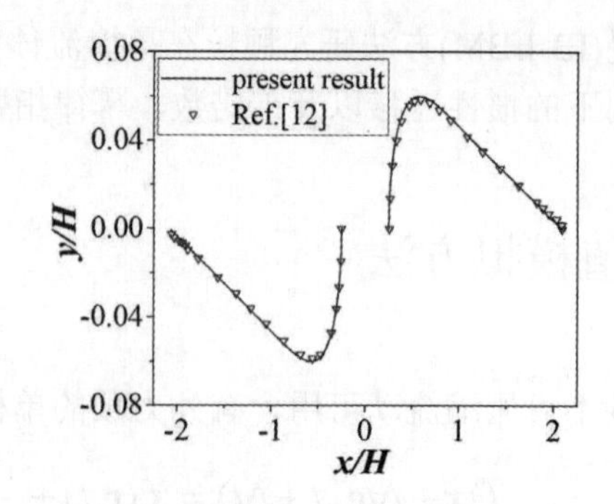

图 2 相向运动两颗粒运动轨迹

4 结果与讨论

4.1 单颗粒在幂律流体中的运动

用同样的流场计算雷诺数 Re=45、90、135 和 200，n=0.6、1.0 及 1.2 时，单颗粒往中线平衡位置迁移轨迹随时间变化，由图 3(a)可知，n=0.6 的剪切变稀流体中，小 Re 时颗粒迁移到中线位置，随着 Re 数增加，颗粒偏离中线，Re 数越大，颗粒离中线越远。图 3(b) n=1.0，只有 Re=200 时颗粒未迁移到中线。当 n 为 1.2 时，图 3(c)中颗粒能迁移到中线，且 Re 数越大，颗粒越快到中线。

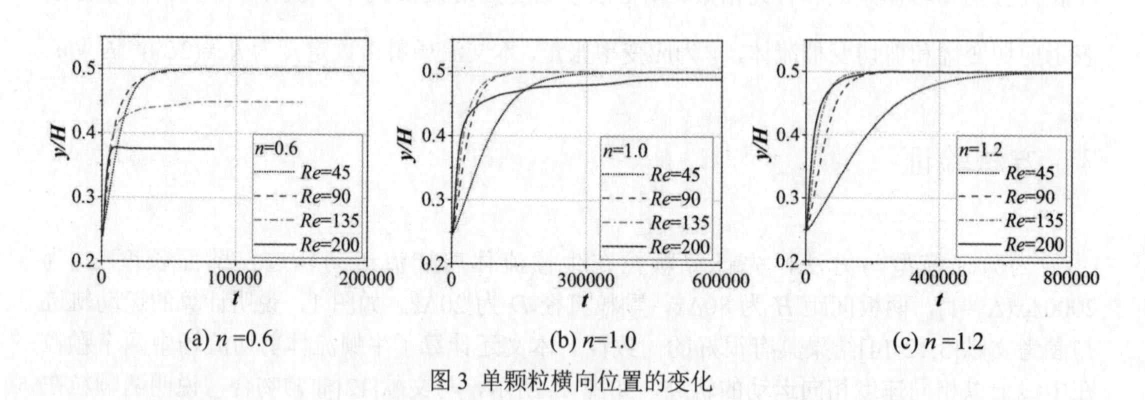

(a) n =0.6　(b) n=1.0　(c) n =1.2

图 3 单颗粒横向位置的变化

4.2 幂律指数对颗粒轨迹的影响

计算 3 个颗粒的情形，颗粒初始间距相等且为 1.6D(D=25)，流场 Re 数为 135。三个颗粒的运动轨迹如图 4 所示，当 n=0.6 时，三颗粒没能稳定在中线，而是沿下板运动方向一直向下游运动。图 4(b)中，当 n=0.8 时，颗粒也未稳定在中线，而是在中线附近转圈。n=1.0 和 n=1.2 的运动轨迹规律一样，颗粒运动到中线后，其水平方向坐标稳定不变。

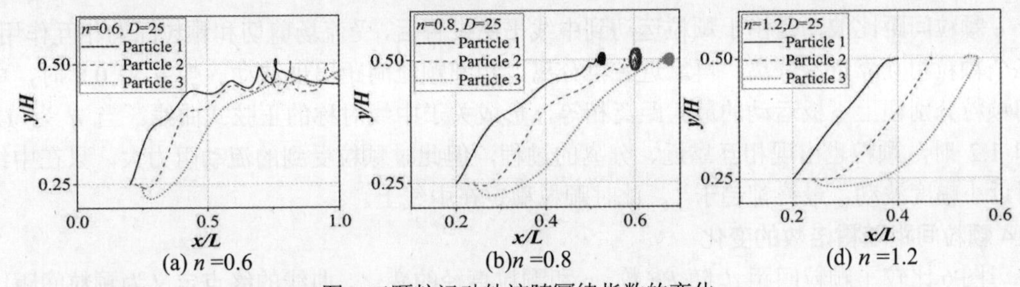

(a) n =0.6　(b)n =0.8　(d) n =1.2

图 4 三颗粒运动轨迹随幂律指数的变化

4.3 幂律指数对颗粒间距影响

为比较颗粒间距随雷诺数变化，定义颗粒间距比为 $D_p=\Delta x_2/\Delta x_1=(x_3-x_2)/(x_2-x_1)$，式中 D_p 为颗粒间距比，x_1、x_2、x_3 分别为颗粒 1、2、3 水平方向的位置。分别计算在 n=0.6、0.8、1.0 和 1.2 流体中，颗粒间距比随雷诺数的变化。由图 5 可见，n=0.6，Re 越大，颗粒间距比的波动越大，颗粒流经通道曲线短、用时少。对 n=0.8，Re=135 时，颗粒间距比出现正弦式波动，且随时间增加波动趋于稳定；继续增加 Re 数，颗粒间距比波动幅度增加而呈无规律性；降低 Re 则数可以形成均匀间距的颗粒串。在 n=1.2，Re=200 时，颗粒间距比振幅也增大，但颗粒间距比相对相同 Re 数的剪切变稀流体和牛顿流体振幅较小，且呈现出随剪切时间的增加而不断减小的趋势，Re 数增加到 300 时，颗粒间距才大幅度增加。可见幂律指数 n 越大，颗粒间距比越容易稳定趋于 1，但稳定用时更长，而剪切变稀流体在较低 Re 数时就可以更快形成均匀的颗粒间距，从而有利颗粒分离。

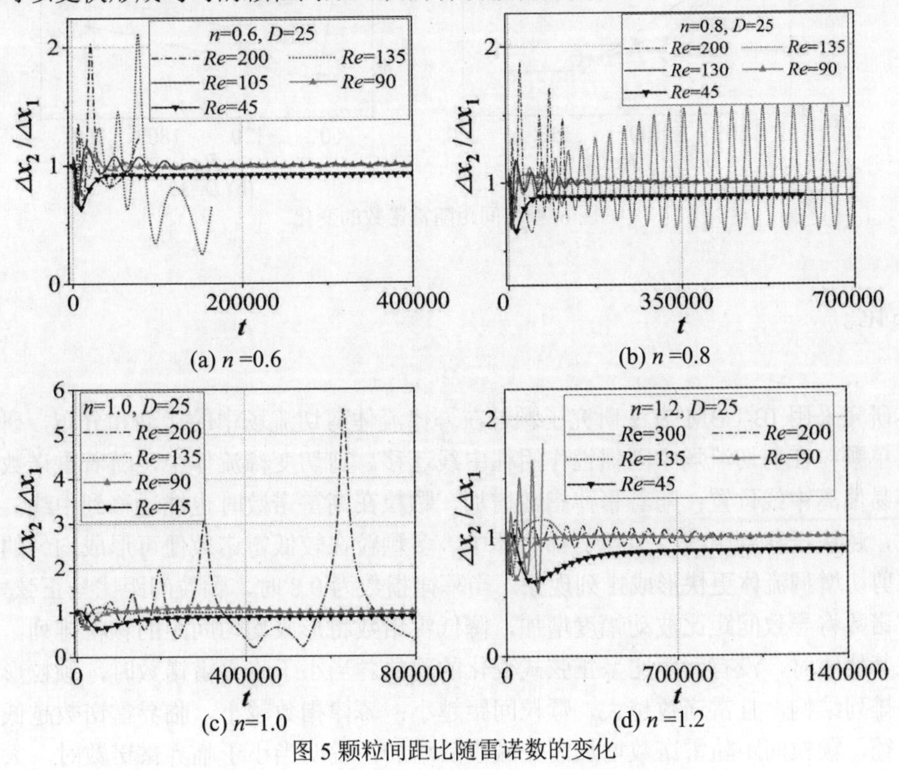

(a) n =0.6　(b) n =0.8

(c) n=1.0　(d) n =1.2

图 5 颗粒间距比随雷诺数的变化

颗粒间距比波动是由于颗粒运动到中线平衡位置后，受流场剪切和颗粒间的相互作用，三个颗粒相互靠近、分离，再靠近、再分离，相邻颗粒间距出现波动。当 n 为 0.8 时，中间颗粒分别往上下板运动的最大距离相等，形成关于中线对称的正弦式曲线。当 n 为 1.0 和 1.2 时，颗粒也出现相互靠近、分离的过程，但此时颗粒受到的流动阻力大，只在中线附近小幅度波动，最终都趋于 1，此时颗粒稳定在中线上。

4.4 颗粒间距随雷诺数的变化

图 6 比较了颗粒间距 d_p 随 Re 数、n 和颗粒直径的变化，曲线的终点定义为颗粒间距比稳定时的临界 Re 数，大于该雷诺数时颗粒间距比发生波动。由图 6(a)可见，小直径颗粒 D=25 (阻塞率为 0.313)时，Re 越低，颗粒间距越大。随 Re 数的增大，流场剪切作用增强，颗粒间距减少。当继续增加 Re 数，颗粒间距比波动，表现为临界雷诺数，对比不同 n 的临界 Re 数可知，n 越小，临界 Re 越小。增加颗粒直径 D=35(阻塞率为 0.438)，如图 6(b)所示，颗粒间距随雷诺数增加先减小后增加，说明当小于临界雷诺数时，大直径颗粒随雷诺数增加，越容易形成均匀间距的颗粒排列结构。

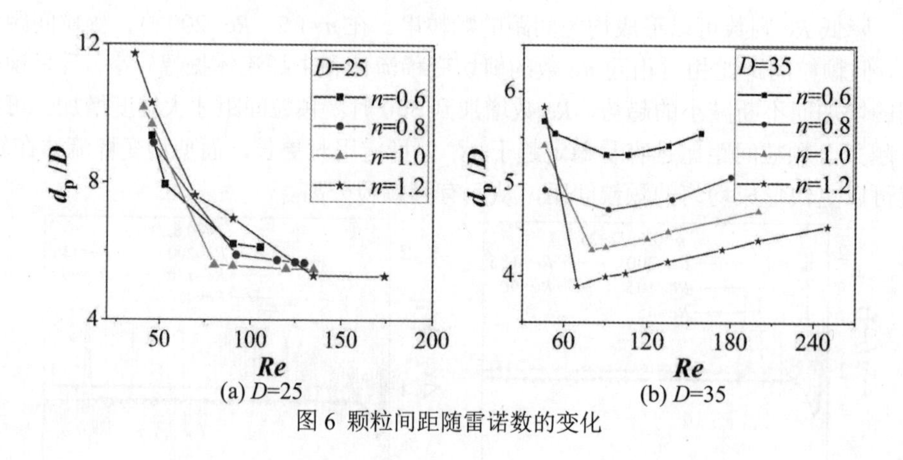

(a) D=25　　(b) D=35

图 6 颗粒间距随雷诺数的变化

5 结论

本研究采用 IB-LBM 方法研究了颗粒在幂律流体剪切流场中的运动和分布，研究结果表明，单颗粒在剪切流场中因惯性作用往中线迁移。剪切变稀流体中，随着雷诺数增加，颗粒容易偏离中线位置；随着幂律指数增加，颗粒在高雷诺数时也能迁移到中线，且雷诺数越大，越快迁移到中线。剪切变稀流体中，多颗粒在较低雷诺数便可形成均匀的颗粒间距，比剪切增稠流体更快形成排列现象。当幂律指数为 0.8 时，颗粒间距比呈正弦式变化，增大雷诺数将导致间距比波动幅度增加，降低雷诺数将形成均匀间距的颗粒排列，当幂律指数取其他值时，没有间距比呈正弦式变化的现象。当小于临界雷诺数时，颗粒形成间距稳定的排列结构，且雷诺数越大，颗粒间距越小；幂律指数越小，临界雷诺数越低。增加颗粒直径，颗粒间距随雷诺数增加而先减小后增加，说明当小于临界雷诺数时，大直径颗粒随雷诺数增加，越容易形成均匀间距的颗粒排列结构。

致谢

该项目受到国家自然科学基金重点项目（11632016）的资助。

参 考 文 献

1 Haddadi H, Naghsh-Nilchi H, Di Carlo D. Separation of cancer cells using vortical microfluidic flows Biomicrofluidics, 2018, 12(1): 014112.

2 Daniel S, Di Carlo D. Nonlinear microfluidics. Analytical Chemical. 2019, 91(1):296–314.

3 Nie D M, Lin J Z. Behavior of three circular particles in a confined power-law fluid under shear. Journal of Non-Newtonian Fluid Mechanics, 2015, 221: 76-94.

4 Qi Z, Kuang S, Rong L,Yu A. Lattice Boltzmann investigation of the wake effect on the interaction between particle and power-law fluid flow. Powder Technology, 2018, 326: 208-221.

5 Segré G, Silberberg A. Radial poiseuille flow of suspensions. Nature, 1961, 189(4760): 209–210.

6 Matas J, Morris J F, Guazzelli E. Inertial migration of rigid spherical particles in Poiseuille flow. Journal of Fluid Mechanics, 2004, 515: 171-195.

7 Humphry K J, Kulkarni P M, Weitz D A, et al. Axial and lateral particle ordering in finite Reynolds number channel flows. Physics of Fluids, 2010, 22: 081703.

8 Kulkarni P M, Morris J F. Pair-sphere trajectories in finite-Reynolds-number shear flow. Journal of Fluid Mechanics, 2008, 596: 413-435.

9 Choi Y J, Hulsen M A. Alignment of particles in a confined shear flow of a viscoelastic fluid. Journal of Non-Newtonian Fluid Mechanics, 2012, 175-176: 89-103.

10 Firouznia M, Metzger B, Ovarlez G, et al. The interaction of two spherical particles in simple-shear flows of yield stress fluids. Journal of Non-Newtonian Fluid Mechanics, 2018, 255: 19-38.

11 Ouyang Z, Lin J, Ku X. The hydrodynamic behavior of a squirmer swimming in power-law fluid. Physics of Fluids, 2018, 30(8): 083301.

12 Yan Y, Morris J F, Koplik J. Hydrodynamic interaction of two particles in confined linear shear flow at finite Reynolds number. Physics of Fluids, 2007, 19(11): 113305.

13 Feng J, Hu H H, Joseph D D. Direct simulation of initial value problems for the motion of solid bodies in a Newtonian fluid. Part 2. Couette and Poiseuille flows. Journal of Fluid Mechanics, 1994, 277: 271-301.

14 Feng Z G, Michaelides E E. The immersed boundary-lattice Boltzmann method for solving fluid–particles interaction problems. Journal of Computational Physics, 2004, 195: 602-628.

The migration and distribution of particles in power-law shear flow

HU Xiao, OUYANG Zheng-yu, LIN Jian-zhong

(Department of Mechanics, Zhejiang University, Hangzhou, 310027. Email: mecjzlin@public.zju.edu.cn)

Abstract: In this paper, the IB-LBM method is used to study the migration and distribution of particles in the shear flow of power-law fluid. The results show that the particles tend to deviate from the centerline equilibrium position in the shear thinning fluid and tend to the centerline in the shear thickening fluid. In the shear thinning fluid, the particles can form a uniform spacing at a lower Reynolds number, and the spacing of the particles will fluctuate at a high Reynolds number. When the power-law index is 0.8, the mean particle spacing ratio will form the steady sinusoidal changes. When the Reynolds number is less than a certain Reynolds number, the particles will form the particle trains with uniform spacing, and the mean particle spacing decrease with increasing the Reynolds number. And the smaller of the power law index is, the lower of the critical Reynolds number will be. For the larger particle, the mean particle spacing decrease firstly and then increase slowly for increasing the Reynolds number.

Key words: Particle migration; Power-law fluid; Direct numerical simulation; LBM

倾斜圆柱体入水流体动力特性数值仿真研究

夏维学[1]，王聪[2]，魏英杰，杨柳
（哈尔滨工业大学 航天学院，哈尔滨 150001）

摘要：为了研究倾斜圆柱体入水流体动力特性，采用大涡湍流模型（LES）、VOF 均值多相流模型以及重叠网格技术，对倾斜圆柱体入水过程开展数值仿真研究。计算结果表明：倾斜圆柱体入水头空泡闭合时间几乎等于常数 $t_{ds}{}^2g/D\approx 3.1$，初始速度和倾角的影响较小。圆柱体入水轨迹均呈现先向 x^-方向移动后向 x^+方向移动的变化规律。圆柱体倾角在入水初期（$v_0t/D<2$）受入水冲击的影响较小，随后随圆柱体下降快速增加。空泡闭合形成的局部高压使得力系数迅速衰减。

关键词：倾斜圆柱体；数值仿真；入水空泡；动力特性；

1 引言

实验研究运动体入水已经超过一个世纪，但是直到 20 世纪 60 年代才有学者采用数值仿的方法研究入水。限于当时的计算条件和计算方法，使用的仿真模型都比较简单，且主要采用有差分法求解 N-S 方程[1,2]。但是有限差分法鲁棒性较弱，同时对于求解三维模型精度不高。随着基于有限体积法的湍流模型、多相模型的建立和完善[3]，以及计算机科学技术的快速发展，使得数值仿真方法成为研究运动体入水重要手段。

空泡闭合时间与液体介质黏度和表面张力成正相关关系，而与气体密度无关[4]。空气密度对高速射弹入水空泡演化以及空化效应也有明显的影响[5]。佛汝德数 Fr 对低速运动体入水过程的空泡动力特性以及流体动力特性起着支配作用[6]。此外 Gaudet[7]等获得了低 Fr 数条件下运动体入水空泡闭合时间以及阻力系数与 Fr 的关系。圆柱体入水尤其是倾斜圆柱体入水主要采用实验的方法来研究[8-9]。大连理工大学孙铁志等[10]采用 LES 湍流模型对圆柱体倾斜入水开展了数值仿真，研究不同初始倾角流场结构特性。学者 Derakhshanian[11] 论证了采用 ABAQUS 研究回转体入水的可行性。

运动入水被广泛应用于船舶制造、海洋工程、军事科学、体育运动等领域。然而入水

1. 夏维学，博士研究生，Email：16B918044@stu.hit.edu.cn
2. 王 聪，教授 博导，Email：alanwang@hit.edu.cn

运动涉及多相流动、瞬时冲击、非线性载荷等复杂力学。运动体砰击自由液面后，在尾迹流域中形成入水空泡，空泡动力将严重影响动体后续弹道，甚至导致弹道失稳。目前已公开的关于倾斜圆柱体垂直入水数值仿真的研究较少，而倾斜圆柱体在工程应用中具有良好是模型相似性，如海洋平台受海浪砰击、舰船砰击水面等。因此开展倾斜圆柱入水仿真研究，从机理上探究圆柱体入水空泡演化以及流体动力，对跨介质武器、海洋平台等结构设计具有重要意义，同时对理论研究入水载荷特性提供数据参考。

2 数值计算方法

2.1 控制方程

本研究忽略传热以及介质不可压缩，对圆柱体入水过程开展数值仿真研究。LES 根据网格尺度计算求解旋涡尺度，然后选择相应的过滤算法对流场旋涡进行过滤。对于尺度较大的涡旋直接求解 N-S 方程，而对于亚尺度的涡旋进行近似求解[12]。对于流场内任意变量 ϕ，可以由直接求解部分 $\overline{\phi}$ 和近似求解部分 ϕ' 组成，即 $\phi = \overline{\phi} + \phi'$。

本研究采用隐式过滤器计算涡旋尺度，过滤旋涡后的连续性方程以及动量方程为：

$$\frac{\partial \overline{u}_i}{\partial x_i} = 0 \tag{1}$$

$$\frac{\partial \overline{u}_i}{\partial t} + \frac{\partial(\overline{u}_i \overline{u}_j)}{\partial x_j} = -\frac{1}{\rho}\frac{\partial \overline{p}}{\partial x_i} + \nu \frac{\partial}{\partial x_j}\left(\frac{\partial \overline{u}_i}{\partial x_j} + \frac{\partial \overline{u}_j}{\partial x_i}\right) - \frac{\tau_{ij}}{\partial x_j} \tag{2}$$

式中，u_i 分别笛卡尔坐标系的速度分量，i=1,2,3；ρ为水介质密度，ρ= 998.2kg/m^3；p 为单元格上的正压力；τ_{ij} 为亚单元尺度旋涡应力

$$\tau_{ij} = \overline{u_i u_j} - \overline{u}_i \overline{u}_j \tag{3}$$

式中非线性项 $\overline{u_i u_j}$ 被 Leonard[12]定义为 $\overline{u_i u_j} = \overline{\overline{u}_i \overline{u}_j} + \overline{\overline{u}_i u'_j} + \overline{\overline{u}_j u'_i} + \overline{u'_i u'_j}$。引入亚单元尺度旋涡应力使得控制方程不封闭，因此采用 Boussinesq 假设对 τ_{ij} 进行求解：

$$\tau_{ij} - \frac{1}{3}\tau_{kk}\delta_{ij} = -\mu_t \left(\frac{\partial \overline{u}_i}{\partial x_j} + \frac{\partial \overline{u}_j}{\partial x_i}\right) \tag{4}$$

式中，μ_t 亚单元尺度湍流黏度，$\mu_t=\rho\Delta^2 S_w$。Δ为过滤网格尺度，$\Delta = \min\left(\kappa d, C_w V_C^{1/3}\right)$。式中，冯卡门常数$\kappa$=0.41，$d$ 为最近壁面距离，V_c 为控制单元体积以及单元常数 C_w=0.544。S_w 为控制体变形参数，$S_w = (\overline{\boldsymbol{S}_d} : \overline{\boldsymbol{S}_d}^{3/2}) / (\overline{\boldsymbol{S}_d} : \overline{\boldsymbol{S}_d}^{5/4} + \overline{\boldsymbol{S}} : \overline{\boldsymbol{S}}^{5/2})$。式中 $\overline{\boldsymbol{S}_d}$ 和 $\overline{\boldsymbol{S}}$ 分别为过滤流场张量和应变率张量，$\overline{\boldsymbol{S}_d} = [\nabla\overline{\boldsymbol{u}} \cdot \nabla\overline{\boldsymbol{u}} + (\nabla\overline{\boldsymbol{u}} \cdot \nabla\overline{\boldsymbol{u}})^T]/2 - \mathrm{tr}(\nabla\overline{\boldsymbol{u}} \cdot \nabla\overline{\boldsymbol{u}})\boldsymbol{I}/3$，$\overline{\boldsymbol{S}} = (\nabla\overline{\boldsymbol{u}} + \nabla\overline{\boldsymbol{u}}^T)/2$。

VOF 多相流模型各个流场之间共享数据，并忽略相与相之间相对滑移。任一控制单元

的体积分数关系为，$\alpha_{air}+\alpha_{water}=1$，式中 α_{air} 和 α_{water} 分别为空气和水的体积分数。本研究定义气水交界面体积分数为 $\alpha_{interface}=0.5$。

2.2 建立计算模型

基于 Star-CCM+数值仿真平台，采用重叠网格技术对倾斜圆柱体入水过程开展三维数值仿真研究。圆柱体入水过程视为刚形体，忽略结构变形。参考美国“三叉戟Ⅱ”潜射导弹几何参数，设计圆柱体长 L=180mm，直径 D=29mm，质量 m=152.15g，密度ρ=1.28g/mm^3。图 1 给出了仿真计算域、网格划分和边界条件。由于倾斜圆柱体入水后具有 X 方向的位移，因此计算域较宽；而限制圆柱体在 Z 方向的位移，因此相应计算域较窄。为了减小计算网格量，采用切割体网格法在入水有空泡区域加密网格，在圆柱体运动区域采用相对稀疏网格，而对于远离圆柱体区域采用非常稀疏的网格。圆柱体区域重叠网格采用 ICEM 划分的结构化网格，并在近壁面区域生成边界层网格，底层网格高度保证 $y+<1$。本研究背景网格数量为 230 万，重叠网格 180 万。

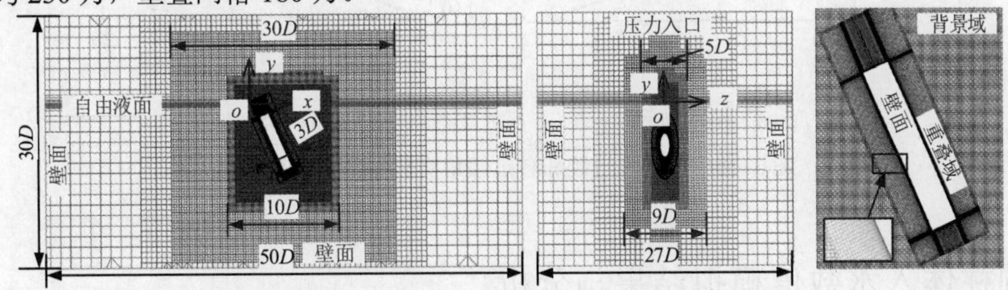

图 1 计算域几何参数及其网格划分和边界条件设置示意图

2.3 数值结果验证

为验证数值计算方法的正确性，开展初始速度 v_0=2.5m/s，初始初始倾角 α=110°的圆柱体入水仿真，并将仿真结果与实验对比。

图 2 为圆柱体入水空泡数值模拟和实验结果对比，从图 2 中可以看出，空泡敞开、空泡从圆柱体表面分离以及空泡收缩闭合过程都与实验结果吻合很好。同时数值模拟和实验的入水空泡时间特性也能准确匹配。通过空泡演化过程对比，验证了采用的多相流模型计算空泡动力的准确性。

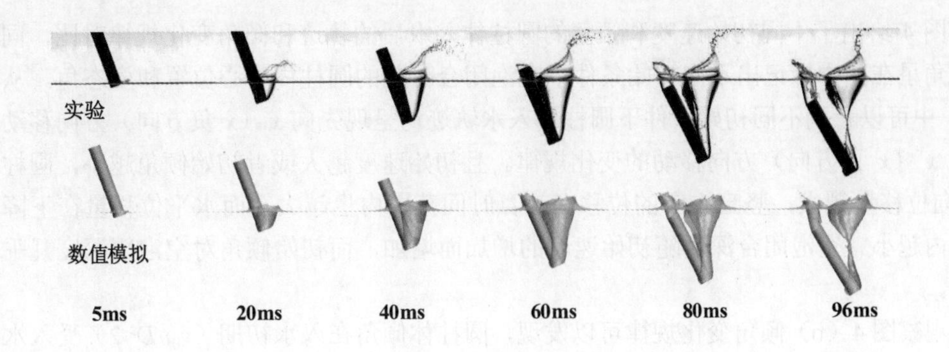

图 2 圆柱体入水空泡形态实验和数值结果对比

当圆柱体底部接触自由液面瞬间，定义接触点为坐标原点、x 水平向右、y 竖直向上穿过圆柱体质心、z 垂直于纸面向外的笛卡尔坐标（图 1）。根据上述坐标定义，将圆柱体入水过程数值模拟和实验的轨迹以及转角进行对比（图 3）。图 1 中竖直位移 y 和水平位移 x 采用圆柱体直径 D 进行无量纲处理，入水时间 t 使用 v_0t/D 进行无量纲处理。可以看到，数值模拟结果和实验的轨迹和转角变化规律几乎一致。

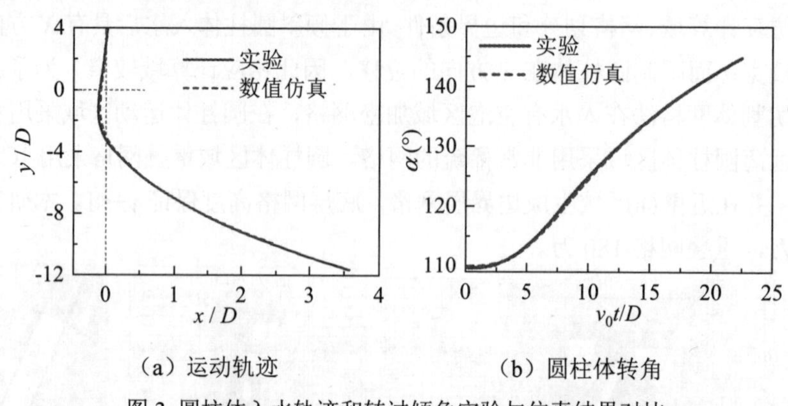

（a）运动轨迹　　（b）圆柱体转角

图 3 圆柱体入水轨迹和转过倾角实验与仿真结果对比

3 圆柱体入水数值模拟结果与分析

表 1 中给出了不同初始速度和初始倾角圆柱体入水初始参数。

表 1 数值模拟初始参数

仿真模型	初始倾角 α_0 /（°）	初始速度 v_0 /（m/s）
圆柱体	110	1、3、5
	101、111、121	2.6

3.1 轨迹及倾角研究

图 4 给出了不同初始速度和倾角的圆柱体入水后的轨迹和倾角变化规律对比，同时采用五角星在图中标记出不同初始条件下空泡闭合时刻的圆柱体中心位置和姿态角。从图 4（a）中可以看到不同初始条件下圆柱体入水轨迹均呈现先向 x^-（x 负方向）方向移动，然后向 x^+（x 正方向）方向移动的变化规律。且初始速度越大或者初始倾角越小，圆柱体向 x^- 方向位移量越大，竖直方向的位移在计算时间范围内也越大，而水平位移量在下降相同深度内越小。空泡闭合深度随初始速度的增加而增加，而初始倾角对空泡闭深度几乎没有影响。

观察图 4（b）倾角变化规律可以发现，圆柱体倾角在入水初期（v_0t/D<2）受入水冲击

载荷影响较小，因此在入水初期倾角几乎没有发生变化，随后入水倾角随无量纲入水时间快速增加。不同初始倾角圆柱体入水后，圆柱体倾角变化规律相似；而当入水倾角相同时，初始速度越小的圆柱体倾角增加越快。圆柱体入水无量纲空泡闭合时间 v_0t_{ds}/D（t_{ds} 为入水头空泡闭合时间）随初始速度的增加而增加，而不同初始倾角圆柱体入水空泡闭合时间 v_0t_{ds}/D 几乎相同。

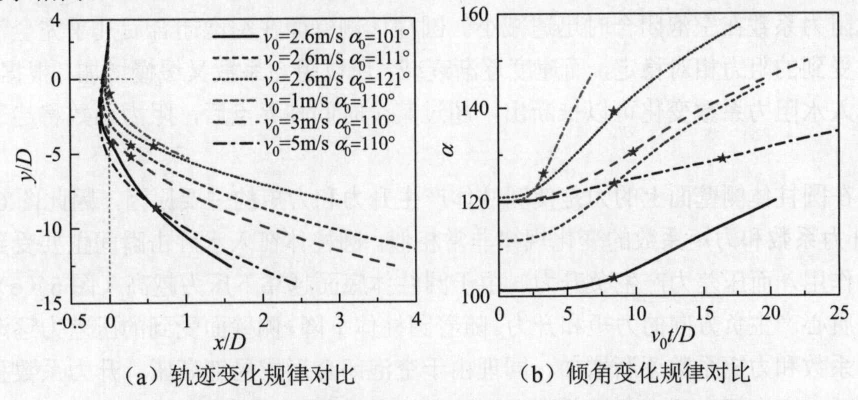

（a）轨迹变化规律对比　　（b）倾角变化规律对比

图 4 不同初始速度和倾角圆柱体入水轨迹和倾角变化规律对比

采用 $t_{ds}{}^2g/D$ 对不同初始条件下的圆柱体入水空拍闭合时间进行无量纲处理，获得了如图 5（a）所示的空泡闭合时间 $t_{ds}{}^2g/D$ 随弗劳德数 Fr 的变化规律。从图 5 中可以看出，圆柱体在不同弗汝德数 Fr 条件下入水空泡闭合时间几乎保持定值 $t_{ds}{}^2g/D\approx 3.1$。不同圆柱体入水空泡闭合前 5ms 的空泡形态如图 5（b）所示。对于入水速度大的圆柱体，空泡在入水较深的位置开始向内收缩，且空泡壁面越粗糙。从头空泡靠近圆柱体一侧向内凹陷程度可以推断出，v_0 或 α_0 越大的圆柱体入水空泡从圆柱体表面分离形成的分离射流对空泡影响越明显。此外还可以观察到，v_0 或 α_0 越大的圆柱体入水空泡直径也越大。

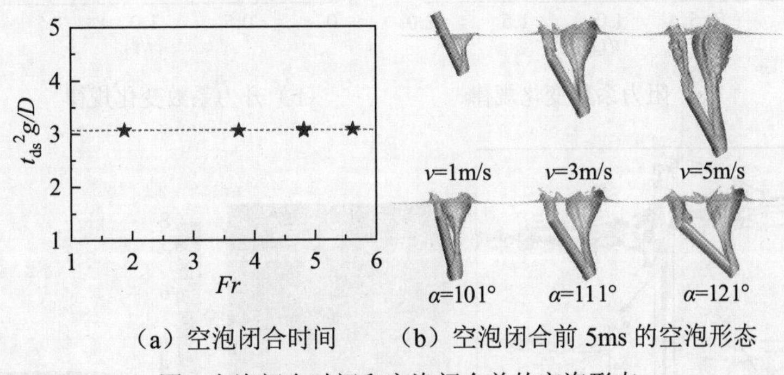

（a）空泡闭合时间　　（b）空泡闭合前 5ms 的空泡形态

图 5 空泡闭合时间和空泡闭合前的空泡形态

3.2 水动力特性研究

图 6（a～c）分别为圆柱体入水阻力系数 $C_d=F_d/(0.5\rho v^2\cdot\pi D^2/4)$、升力系数 $C_l=F_l/(0.5\rho v^2\cdot\pi D^2/4)$以及力矩系数 $C_m=F_m/(0.5\rho v^2\cdot\pi D^2/4\cdot L)$随时间的变化规律，其中 v 为圆柱体瞬时速度，入水时间 t 采用空泡闭合时间 t_{ds} 进行无量纲处理。不同初始条件下的圆柱体

砰击自由液面过程中，阻力系数在砰击自由液面瞬间出现一个较大的脉冲值，然后随着圆柱体下降逐渐增加，在空泡闭合后阻力系数逐渐趋于一个定值。从入水砰击阻力系数的局部放大图中可以看到，初始倾角或初始速度越小，圆柱体阻力系数越大。此外初始速度较小或者初始倾角较大的圆柱入水后，入水冲击达到脉冲峰值的时间越长。由于空泡闭合时在闭合点附近形成局部高压区域（图 6（d）），在圆柱体上产生一个与阻力方向相反的压差力，因此阻力系数在空泡闭合时迅速减小。圆柱体侧壁面在空泡闭合后几乎完全沾湿，因此圆柱体受到的阻力相对稳定，而速度逐渐衰减，所以阻力系数又缓慢增加。根据 α_0=121° 的圆柱体入水阻力系数变化可以推断出，超过某个时间临界点后，阻力系数将趋于一个常数。

作用在圆柱体侧壁面上的力是使圆柱体产生升力和力矩的主要原因，因此图 6（b）和（c）中升力系数和力矩系数的变化规律非常相似。圆柱体在入水砰击瞬间主要受到底面的压差力的作用，而压差力产生负升力。由于圆柱体底面越靠下压力越高（图 6（e）），因此在圆柱体质心产生负方向的力矩和升力。随着圆柱体下降，侧壁面受到的压差力逐渐增加，因此升力系数和力矩系数逐渐增加。同理由于空泡闭合形成局部高压，升力系数和力矩系数迅速衰减。空泡闭合后，力矩系数逐渐趋于一个常数。而由于圆柱体旋转将诱导垂直圆柱体侧表面的负升力，以及速度逐渐衰减，因此升力系数也缓慢增加。

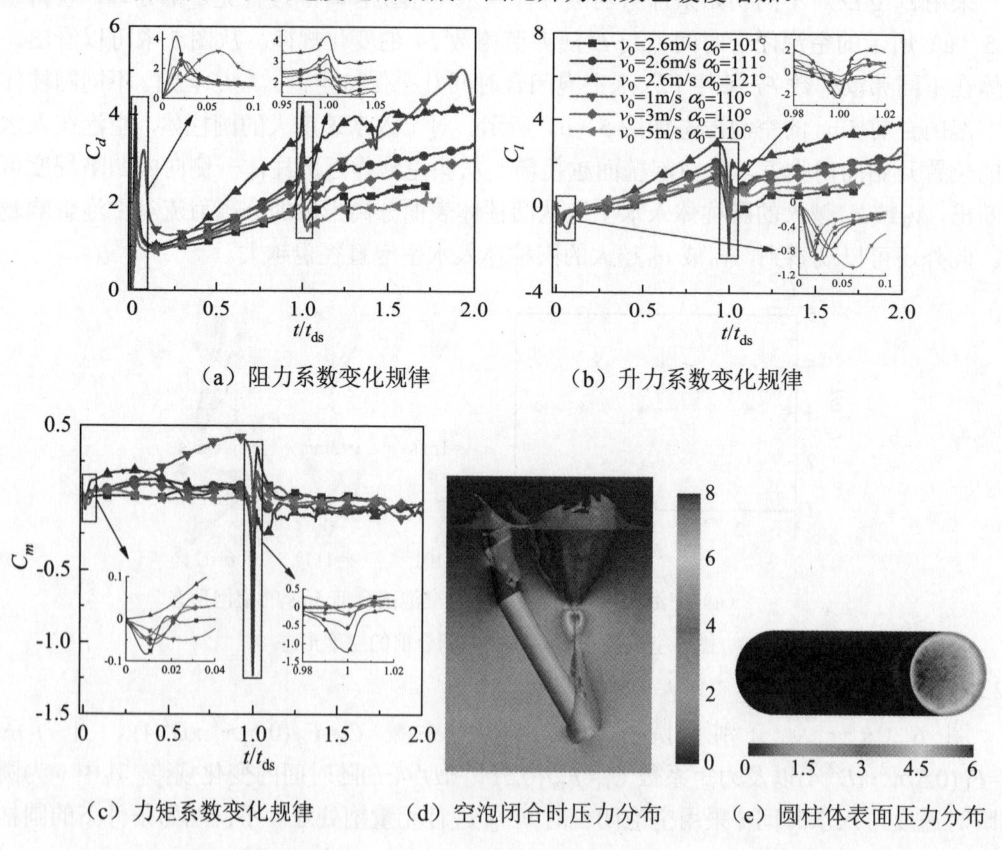

（a）阻力系数变化规律　（b）升力系数变化规律

（c）力矩系数变化规律　（d）空泡闭合时压力分布　（e）圆柱体表面压力分布

图 6 圆柱体入水力系数随入水时间的变化规律以及流场压力（kPa）分布

4 结论

基于 LES 模拟技术，开展了不同初始倾角和初始速度对圆柱体运动轨迹、倾角变化规律以及流体动力特性的影响研究。通过分析获得了如下结论：

（1）建立了基于 LES 湍流模型的倾斜圆柱体入水模拟算法，并通过与实验结果对比，验证了数值计算方法的准确性。

（2）圆柱体入水轨迹均呈现先向 x^-方向移动，然后向 x^+方向移动。圆柱体倾角在入水初期（$v_0t/D<2$）几乎没有发生变化，随后随着时间推移快速增加。

（3）在本研究初始倾角和速度范围内，头空泡闭合深度随初始速度增加而增加，而几乎不受初始倾角的影响，此外不同初始条件下的圆柱体入水空泡闭合时间 t_{ds} 几乎相同。

（4）圆柱体砰击入水后阻力系数逐渐增加。入水砰击载荷在圆柱体质心产生负方向的升力和力矩。空泡闭合时在闭合点附近形成局部高压，使得各个力系数迅速衰减。

参考文献

1 Cointe R, Armand J-L. Hydrodynamic Impact Analysis of a Cylinder[J]. Journal of Offshore Mechanics and Arctic Engineering, 1987, 109(3): 237–243.

2 陈学农，何友声．平头物体三维带空泡入水的数值模拟[J]. 力学学报, 1990, 22(2): 129–138.

3 Moukalled F, Mangani L, Darwish M. The Finite Volume Method in Computational Fluid Dynamics[M]. Springer International Publishing, 2016.

4 Quan S, Hua J. Numerical studies of bubble necking in viscous liquids[J]. Physical Review E, 2008, 77(6): 066303.

5 陈晨马庆鹏．空气域压力对高速射弹入水流场影响[J]. 北京航空航天大学学报，2015, 41(8): 1443–1450.

6 Glasheen J W, McMahon T A. Vertical water entry of disks at low Froude numbers[J]. Physics of Fluids, 1996, 8(8): 2078–2083.

7 Gaudet S. Numerical simulation of circular disks entering the free surface of a fluid[J]. Physics of Fluids, 1998, 10(10): 2489–2499.

8 Wei Z, Hu C. Experimental study on water entry of circular cylinders with inclined angles[J]. Journal of Marine Science and Technology, 2015, 20(4): 722–738.

9 路中磊，魏英杰，王聪，等．基于高速摄像实验的开放腔体圆柱壳入水空泡流动研究[J]. 物理学报, 2016, 65(1): 301–315.

10 Hou Z, Sun T, Quan X,et al. Large eddy simulation and experimental investigation on the cavity dynamics and vortex evolution for oblique water entry of a cylinder[J]. Applied Ocean Research, 2018, 81: 76–92.

11 Derakhshanian M S, Haghdel M, Alishahi M M, et al. Experimental and numerical investigation for a reliable simulation tool for oblique water entry problems[J]. Ocean Engineering, 2018, 160: 231–243.

12 Leonard A. Energy Cascade in Large-Eddy Simulations of Turbulent Fluid Flows[J]. Advances in Geophysics, 1974, 18: 237–248.

Numerical investigationonwater entry hydrodynamics of inclined cylinder

XIA Wei-xue, WANG Cong, WEI Ying-jie, YANG Liu

(School of Astronautics,Harbin Institute of Technology,Harbin 150001, China)

Abstract: The turbulence model of LES, multiphase model of VOF and overset mesh method are employed to numerical investigate the hydrodynamics of water entry by an inclined cylinder.Time of pinch-off for the head cavity is almost a constant of $t_{ds}^2 g/D$=3.1. The effect of initial conditions investigated in herein on the time can be ignored.All the cylinder firstly moves to x^-, then moves to x^+. Attitude angle of cylinder is less affected by impact load at the initial stage of water entry (v_0t/D<2). Then the attitude angle increases quickly as the descent of cylinder. High pressure created by the pinch-off leads to arapid drop of force coefficients.

Key words: inclined cylinder; numerical simulation; water entry cavity; hydrodynamics;

表面闭合优先发生情况下入水动力学建模与分析

王宇飞[1,2,*]，叶秉晟[1,2]，王一伟[1,2]，黄晨光[1,2]

1. 中国科学院力学研究所流固耦合系统力学重点实验室，北京，100190

2. 中国科学院大学工程科学学院，北京，100049

*Email: wangyufei18@mails.ucas.ac.cn

摘要：本文研究了三维细长弹体以固定速度垂直入水问题，研究范围被限制在表面闭合优先于深闭合发生情况下的空气腔形成阶段。我们建立了弹体发射实验装置，通过高速相机拍摄了入水过程的时序图像。我们还在开源流体力学平台 OpenFOAM®上开发了基于压力的可压缩多相求解器，用于开展入水流场特性数值模拟研究，采用数值计算得到的空泡形态与实验结果吻合良好。本文讨论了在不同佛汝德数工况下，弹体阻力系数、压力分布、空腔轮廓和流动特性随着无量纲时间的变化规律。分析结果表明，阻力系数在接触水面的瞬间发生突变达到峰值，随后快速下降并达到一个相对稳定的值，空腔入口处和弹体的肩部存在着明显的低压，随着气体侵入的减少和空气腔体积的增大，泡内的整体压力不断降低。

关键词：入水；空泡动力学；表面闭合；空腔内部压力；OpenFOAM®

1 引言

结构物入水作为一种自然界中的常见现象，从科学角度看，是包含了复杂非线性多项流动与自由液面大变形的典型流固耦合问题，并伴有湍流和涡的产生；从工程角度看，射弹入水的相关研究普遍具有国防工业、船舶海洋工程和航空航天等领域的背景，其成果运用前景广泛。

对于入水问题，很长时间以来，冲击载荷和弹体的水下运动学规律一直是学者们关注的焦点，大量文献通过采用实验或数值模拟手段对这类问题进行了反复深入的探讨。随着科技进步，高速摄像机已经具备了每秒拍摄万张以上照片的能力，可以准确记录入水流动的形成和发展过程和空泡形态变化[2-3]。Aristoff 等[4]通过大量实验揭示了疏水性物体入水后，空气腔有 4 种可能的闭合形式，包括准定常闭合、浅闭合、深闭合以及表面闭合，其中 Bond 数、Froude 数和 We 数是决定出现哪种闭合方式的关键无量纲参数。更先进的图像粒子测速同样被用于研究入水问题，通过测量流场的速度分布情况，进一步获取流场结构。基于 N-S 方程求解的数值模拟方法能够较为准确的对流场的速度压力分布进行计算。马庆鹏等人[1]基于有限体积法离散、求解雷诺时均 N-S 方程，采用 Schnerr-Sauer 空化模型，并引入动网格技术，对带有不同角度锥头二维圆柱体的高速入水问题开展数值模拟研究，得到不同头型条件下高速入水运动参数及空泡形态发展规律、流场的压力分布及速度分布规律。

随着机理研究的深入，精细的流场数值模拟方法逐渐成为了入水研究的重要和热点手段。本文基于大涡模拟(Large Eddy Simulation, LES)方法，考虑流体可压缩性和空化效应，基于 OpenFOAM 软件二次开发新求解器计算了弹体入水问题，并将空泡形态与实验结果对比证实了数值模拟的可靠性。本文讨论了在不同佛汝德数工况下，弹体阻力系数、压力分布、空腔轮廓和流动特性随着无量纲时间的变化规律。

2 数值模拟方法

在入水问题中，考虑低压区可能出现的空化相变效应，流场中包含水、水蒸气与不可凝结空气介质，流场内任意流体微团均由三相介质以不同的比例混合而成，本文采用流体体积(Volume of Fluid, VOF)方法求解多相流动及模拟交界面变化。

令 α_l、α_v、α_a 为 3 种介质的体积分数，则有：

$$\alpha_l+\alpha_v+\alpha_a=1 \tag{1}$$

对于可压缩流体，可以写出各相的质量守恒方程：

$$\begin{aligned}
&\frac{\partial \alpha_l}{\partial t}+\nabla\cdot(\alpha_l \mathrm{u})=-\frac{\alpha_l}{\rho_l}\frac{D\rho_l}{Dt}+\frac{\dot{m}}{\rho_l}\\
&\frac{\partial \alpha_v}{\partial t}+\nabla\cdot(\alpha_v \mathrm{u})=-\frac{\alpha_v}{\rho_v}\frac{D\rho_v}{Dt}-\frac{\dot{m}}{\rho_v}\\
&\frac{\partial \alpha_a}{\partial t}+\nabla\cdot(\alpha_a \mathrm{u})=-\frac{\alpha_a}{\rho_a}\frac{D\rho_a}{Dt}
\end{aligned} \tag{2}$$

其中 $\dot{m}$ 为质量传输源项， ρ_l、ρ_v、ρ_a 分别为液体、水蒸气和空气的密度。混合物的动量方程可写为:

$$\frac{\partial \rho \mathrm{u}}{\partial t}+\nabla\cdot(\rho \mathrm{uu})=-\nabla p+\nabla\cdot\left[\mu_{eff}\left(\nabla \mathrm{u}+(\nabla \mathrm{u})^T-\frac{2}{3}(\nabla\cdot \mathrm{u})\mathrm{I}\right)\right]+\rho \mathrm{g}+\sigma\kappa\nabla\alpha_1 \tag{3}$$

其中 ρ 和 μ 代表整个流场区域的密度和动力黏度，表达式为:

$$\rho=\alpha_l\rho_l+\alpha_v\rho_v+\alpha_a\rho_a \tag{4}$$

$$\mu=\alpha_l\mu_l+\alpha_v\mu_v+\alpha_a\mu_a \tag{5}$$

大涡模拟方法最先由 Smagorinsky 提出，目前被认为是模拟湍流的重要手段之一。大涡模拟首先在选定区域内采用滤波操作，将涡分为大尺度涡和小尺度涡，对于大涡直接通过求解 N-S 方程得到，对于小尺度的涡通过引入亚格子模型，体现其对于大尺度涡的影响。

在大涡模拟中，经过滤波操作以后的物理以横杠标记：

$$\bar{\varphi}(x,t)=\int G\left(\left|x-x'\right|\right)\varphi(x',t)\,\mathrm{d}V' \tag{6}$$

其中 $G\left(\left|x-x'\right|\right)$ 代表滤波函数，本文中采用盒式滤波，

$$G\left|x-x'\right|=\begin{cases}\dfrac{1}{\Delta x_1\Delta x_2\Delta x_3} & \left|x_i'-x_i\right|\le\dfrac{\Delta x_i}{2}\quad i=1,2,3\\ 0 & \left|x_i'-x_i\right|>\dfrac{\Delta x_i}{2}\quad i=1,2,3\end{cases} \tag{7}$$

其中，Δx_1、Δx_2 和 Δx_3 代表网格各个方向的尺寸。

对于可压缩流动，为了避免滤波后产生的非线性应力项，使方程封闭，因此还需采用 Favre 滤波，滤波后 N-S 方程中产生的亚格子应力张量通过 Boussinesq 假设封闭：

$$\tau_{ij}-\frac{1}{3}\tau_{kk}\delta_{ij}=-2v_t\tilde{S}_{ij} \tag{8}$$

其中 v_t 代表湍流涡黏系数，$\tilde{S}_{ij}$ 代表应变率张量，$\tilde{S}_{ij}=\dfrac{1}{2}\left(\dfrac{\partial\tilde{u}_j}{\partial x_i}+\dfrac{\partial\tilde{u}_i}{\partial x_j}\right)$。

亚格子黏性项通过 Smagorinsky-Lilly 模型封闭，$v_t=\rho L_s^2\sqrt{2\tilde{S}_{ij}\tilde{S}_{ij}}$，$L_s$ 为亚格子的混合长度。我们之前的工作显示，采用这种方法可以有效准确的模拟多相界面及其流动情况[5-6]。

本节以 90° 圆锥头型的实心圆柱体作为研究对象进行数值模拟。定义坐标原点在弹头和弹身交界面的圆心处，固定弹体不动，液体从速度入口流入，压力出口设置为一个标准大气压。对计算域划分了结构化网格，边界层网格进行了加密，网格数约为 884 万，如图 1 所示，时间上采用一阶隐式离散，空间上采用高斯线性插值，时间步长通过克朗数 C_o 控制，且满足 $C_o<0.5$。入水的初速度 $V_0\in[30,50]$ m/s，对应 Fr 数从 31.91～53.19。

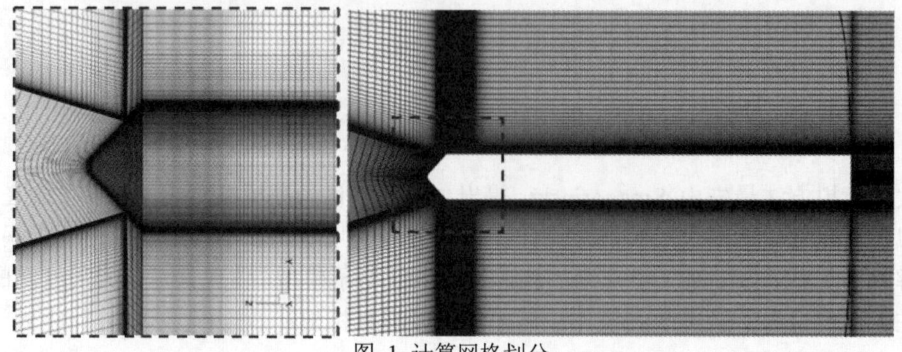

图 1 计算网格划分

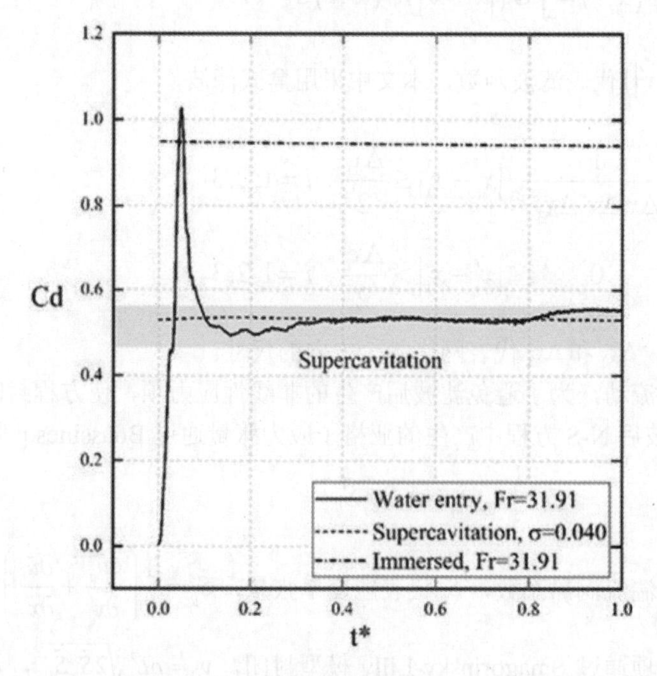

图 2 阻力系数对比

3 结果与讨论

本节首先对弹体入水过程中的阻力系数进行了记录，阻力系数在弹头接触水面的瞬间发生突变达到峰值，随后快速下降并达到一个相对稳定的值，这表明在入水过程中冲击载荷的影响十分剧烈。图 2 将航行体入水过程中阻力系数的变化和水下航行与超空化流动完全形成，稳定时的阻力系数进行了对比，水下航行的速度和入水初速度一致，超空化情况来流速度为 70m/s，对应空化数 0.040，我们发现，水下航行时的阻力系数远大于入水相对稳定时阻力系数，而入水稳定后的阻力系数大致与超空化的情况相当，期减阻原理与超空化类似。航行体入水过程中，会附着一个包裹弹体的空气腔，只有弹体头部一小部分和液体接触，因此阻力系数远小于一般水下航行时的状态。

锥头试件入水时，只有头部与液体接触，水动力载荷集中分布在很小的区域内，因此头锥表面上的压力分布是工程中重要的关注对象。图为$t^*=0.267S$，$Fr=31.91$时的头锥附近压力分布。头锥表面压力梯度变化十分剧烈，在头锥顶点处压力最大，而在航行体的肩部，液体与弹体壁面发生流动分离，在这一区域压力达到最低，低于一个标准大气压。

图3为Fr=31.91时空泡轮廓随无量纲时间的变化，为了方便对比，将水平液面变换到同一高度上，可见空气腔的轮廓尺寸随着时间的推进不断增长，在水平液面的地方，水平方向的直径一开始会快速增加，由于泡内外压力差的作用，扩张速度会不断减慢，然后向内收缩，最终闭合，在本文研究的范围内，空泡体积随着无量纲时间的增加而增大。

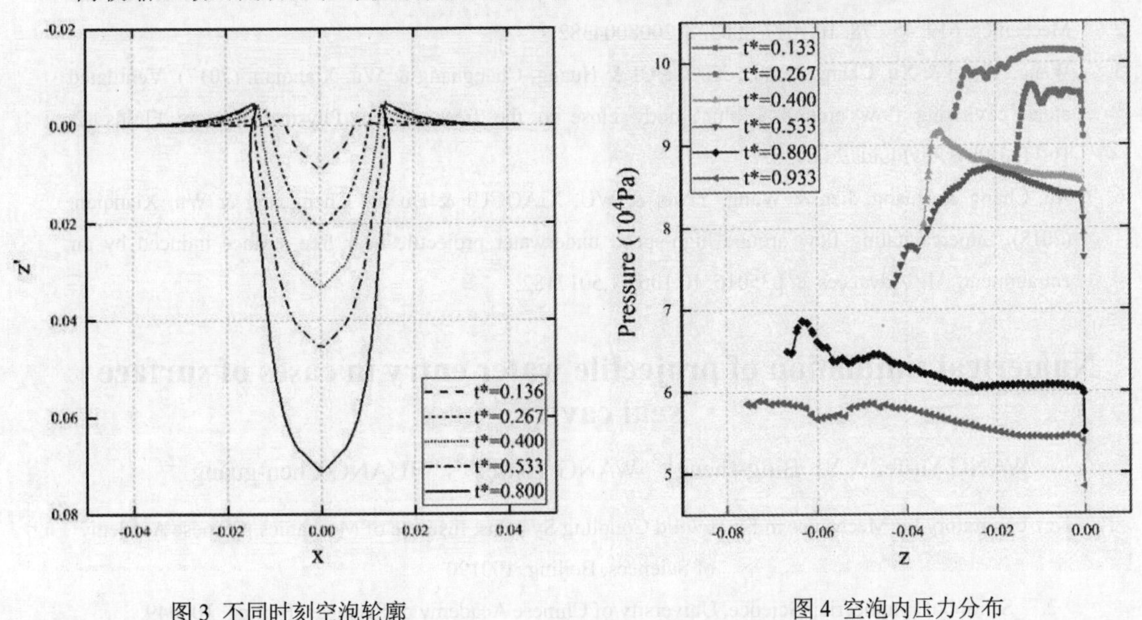

图3 不同时刻空泡轮廓　　　　图4 空泡内压力分布

图4为Fr=31.91时航行体肩部和水平液面附近压力最低点连线上的压力随无量纲时间的变化，除了水平液面和航行体肩部存在的明显压降以外，泡内压力变化相对平缓。从整体上看，自t*=0.267时刻开始，泡内的平均压力随着时间推进不断降低，这是因为涡旋的运动诱会导自由液面向中间合拢，使得气体分子无法侵入空泡内部，随着航行体向水下运动，空泡体积不断增大，这就使得泡内空气密度减小，压强降低，与之对比，入水的初始阶段，空泡敞开与大气域连通，气体分子可以顺利进入空泡内，故维持了空泡内密度压力的相对稳定。总而言之，涡旋运动及其引发的连锁效应最终导致了空泡闭合。出乎我们意料的一点是，在本文研究范围内，空泡内的最低压力始终高于饱和蒸气压，因此并无空化现象发生，空泡内部没有因相变产生的水蒸气，但是泡内的压力随着无量时间和Fr的增加有降低的趋势，因此，当弗劳德数进一步增大时，就有可能在某个时间发生空化。

参 考 文 献

1 马庆鹏, 魏英杰, 王聪,等. 不同头型运动体高速入水空泡数值模拟[J]. 哈尔滨工业大学学报, 2014, 46(11):24-29.

2 Vincent, Lionel & Xiao, Tingben & Yohann, Daniel & Jung, Sunghwan & Kanso, Eva. (2017). The Dynamics of Water Entry. Journal of Fluid Mechanics. 846. 10.1017/jfm.2018.273.

3 G. Bodily, Kyle & J. Carlson, Stephen & Truscott, Tadd. (2014). The water entry of slender axisymmetric bodies. Physics of Fluids. 26. 072108. 10.1063/1.4890832.

4 M. Aristoff, Jeffery & Bush, John. (2009). Water entry of small hydrophobic spheres. Journal of Fluid Mechanics. 619. 45 - 78. 10.1017/S0022112008004382.

5 Wang, Yiwei & Xu, Chang & WU, XIAOCUI & Huang, Chenguang & Wu, Xianqian. (2017). Ventilated cloud cavitating flow around a blunt body close to the free surface. Physical Review Fluids. 2. 10.1103/PhysRevFluids.2.084303.

6 Xu, Chang & Huang, Jian & Wang, Yiwei & WU, XIAOCUI & Huang, Chenguang & Wu, Xianqian. (2018). Supercavitating flow around high-speed underwater projectile near free surface induced by air entrainment. AIP Advances. 8. 035016. 10.1063/1.5017182.

Numerical simulation of projectile water entry in cases of surface seal cavity

WANG Yu-fei[1,2], YE Bing-sheng[1,2], WANG Yi-wei[1,2]，HUANG Chen-guang[1,2]

1. Key Laboratory for Mechanics in Fluid Solid Coupling Systems, Institute of Mechanics, Chinese Academy of Sciences, Beijing, 100190.
2. School of Engineering Science, University of Chinese Academy of Sciences, Beijing, 100049.

Email: wangyufei18@mails.ucas.ac.cn

Abstract: Water entry of a 3-D slender projectile with a constant vertical velocity is considered in this passage, we constrain the scope of our investigation to cavity forming stage with surface seal occurs prior to deep seal. A pressure-based compressible multiphase solver with Kunz cavitation model is developed within OpenFOAM® platform. The results analysis indicate the drag coefficient is generally independent with *Fr* number, the pressure distribution inside the semi-open cavity is also observed and discussed, obvious pressure drop appear near the cavity entrance and the projectile's shoulder. The average pressure in cavity decreases with time because reduction of air invasion and the volume of cavity increases continuously.

Key words: water entry , surface seal, cavity pressure, OpenFOAM®

基于欧拉—拉格朗日观点的圆管内纳米流体流动换热的数值研究

张明建，田茂诚，张冠敏，范凌灏

（山东大学能源与动力工程学院，山东济南，250061，Email：tianmc65@sdu.edu.cn）

摘要：本研究采用单相流模型和 DPM 模型（欧拉—拉格朗日离散相模型）分别模拟了 Cu—水纳米流体在水平圆管内流动换热的特性。模拟结果得出 DPM 模型相对于单相流模型具有更高的准确性。并从纳米流体热物性以及纳米粒子微运动两种角度分析了纳米粒子强化流动换热的原因：纳米流体强化换热不仅仅是热物性的提高，同时也是纳米粒子微运动强化了动量和能量的交换，增强换热。

关键词：纳米流体；对流换热；DPM；数值模拟

1 引言

近十几年来，对于纳米流体的研究主要通过实验和数值模拟的方法。文献[1]中通过实验研究了 Cu 纳米流体在水平圆管中的对流换热特性和流动特性。对于纳米流体的数值模拟主要有两种模型：单相流模型[2-4]和两相流模型。所谓的单相流模型就是固相和液相均被假定为连续相，两相之间处于热平衡和相对运动平衡。由于单相流模型的性质，颗粒运动对流动的影响的现象可以认为是单相流模型中未知和无法解释的现象。但是纳米流体终究是由液体与固体组成的两相流，具有两相流的流动特性，单一的单相流模型并不能从机理上去解释纳米流体强化换热的原理。鉴于此，本研究将采用欧拉—拉格朗日离散型模型，研究纳米流体在水平圆管中流动换热以及流动特性。

2 数值分析模型

2.1 几何模型

因圆管的对称性，将三维问题简化为二维问题。计算模型所用的条件与文献[1]中完全一致，管长 L=1500mm,其中前 700mm 作为入口稳定段，D=10mm。

2.2 数学模型

在离散相模型中，粒子与流体的相互作用通过之间的作用力来表示。其中包括颗粒所受到的阻力、布朗作用力、热泳力、虚拟质量力以及由于由于压力梯度所产生的作用力。固相和液相之间的动量和能量交换通过源相建立,源项 S_u 和 S_E 分别代表流体与纳米粒子之间的动量和能量的双向耦合[5]。

$$\nabla \bullet \mathbf{V} = 0 \tag{1}$$

$$\frac{\partial \mathbf{V}}{\partial \mathrm{t}} + (\mathbf{V} \bullet \nabla)\mathbf{V} = \frac{1}{\rho}(-\nabla p + \mu \nabla^2 \mathbf{V}) + S_u \tag{2}$$

$$\frac{\partial T}{\partial \mathrm{t}} + V \bullet \nabla T = \frac{1}{(\rho c_p)} \nabla \bullet (\kappa \nabla T) + S_E \tag{3}$$

$$S_{\mathrm{u}} = \frac{\mathrm{d}Vp}{\mathrm{d}t} m_p \tag{4}$$

$$\frac{\mathrm{d}Vp}{dt} = F_D + F_B + F_T + F_V + F_P \tag{5}$$

$$F_{\mathrm{D}} = \frac{18\mu_f}{d^2{}_p \rho_p C_C} \tag{6}$$

$$F_B = \frac{216 \upsilon K_B T}{\pi^2 \rho_f{}^5 C_C (\frac{\rho p}{\rho f})^2} \tag{7}$$

$$F_T = \frac{7.02\pi d_p \mu_f (K + 21.18Kn)}{m_p \rho_f T (1 + 3.42Kn)(1 + 2K + 4.36Kn)} \nabla T \tag{8}$$

$$F_V = 0.5 \frac{\rho_f}{\rho_p} \frac{d(\mu_f - \mu_p)}{dt} \tag{9}$$

$$F_{\mathrm{P}} = (\frac{\rho_{\mathrm{f}}}{\rho_p}) \mu_p \frac{\mathrm{d}\mu_f}{\mathrm{d}x} \tag{10}$$

$$S_E = \frac{\mathrm{d}T_p}{dt} m_p \mathrm{c_{pp}} \tag{11}$$

$$\frac{\mathrm{d}T_p}{\mathrm{d}t} = \frac{6\kappa_f NU_p}{\rho_p c_{pp} d_p} (T_f - T_p) \tag{12}$$

$$NU_{\mathrm{p}} = 2 + 0.6 \mathrm{Re}^{0.5}{}_p \mathrm{Pr}^{\frac{1}{3}}{}_f \tag{13}$$

$$\mathrm{Re}_p=\frac{\rho_f \mathrm{d_p}\left|u_f-u_p\right|}{\mu_f} \tag{14}$$

2.3 边界条件

数值模拟软件为 FLUENT，基液为水，纳米粒子为 Cu，粒子直径为 100nm,入口雷诺数范围为 800～2000，入口边界条件为速度入口，入口温度为 300K，出口边界条件为压力出口，出口压力为 0 Pa,壁面为恒热流无滑移边界条件。纳米粒子射入方式为进口面射入，纳米粒子的追踪为非稳态追踪，粒子流量由雷诺数、粒子密度、入口直径和粒子体积分数决定。动量、能量都采用二阶迎风格式离散方程，压力与速度耦合采用 SIMPLE 算法。计算过程中进行如下假设：①忽略纳米流体中粒子与粒子之间的团聚作用；②考虑到粒子所受范德华力与其他作用力相比太小，忽略范德华力的影响；③流体处于充分发展段且不考虑辐射的影响。

3 结果与讨论

3.1 传统单相流预测公式

单相流模型，即假设纳米粒子与基液处于运动平衡和热平衡，两者拥有相同的速度与温度，单相流模型的核心内容是:纳米流体的热物性。本次试验与模拟所采用的纳米粒子为 Cu,粒子直径为 100nm,本研究将采用精度较高的纳米流体热物性预测式[6]。

3.2 数值模型验证

本研究对于圆管的模拟采用的是二维轴模型，在管长 x 和管径 r 方向进行网格划分，取 Re=800 时的工况进行网格无关性验证。考虑到 r 和 x 方向网格数的影响，采用了 6 种网格情况：10×1000、20×1000、30×1000、50×1000、75×1000、50×2000。由计算结果来看当网格数为 50×1000 时，网格对于 NU 数的影响已经非常小，因此该模拟计算采用 50×1000 的网格数量。

在进行纳米流体流动换热之前，首先进行了纯水的在该模型流动换热的特性分析，并与已有的经验公式和实验结果进行分析，计算结果如图 1 所示。从模拟结果发现，模拟结果与实验和经验公式十分接近，三者误差在 4%以内，从而可见该模型具有很高的精度。

3.3 与文献数据对比

为了比较两种模型的模拟结果的准确性，将两种模型模拟结果与文献中的实验结果进行了对比。

由图 2 左侧纳米流体对流换热系数折线图可以看出：在纳米粒子体积分数较低时（Vol=0.5%），两种模型的模拟结果的偏差不大（单相流模型的最大偏差为 6.7%，DPM 模型的偏差在 3%以内）。由此可得在低纳米粒子体积分数的情况下，DPM 模型更加准确；不过单相流模型的偏差也在允许范围内，考虑到模拟的时间问题，单相流模型也是一个不错的选择。

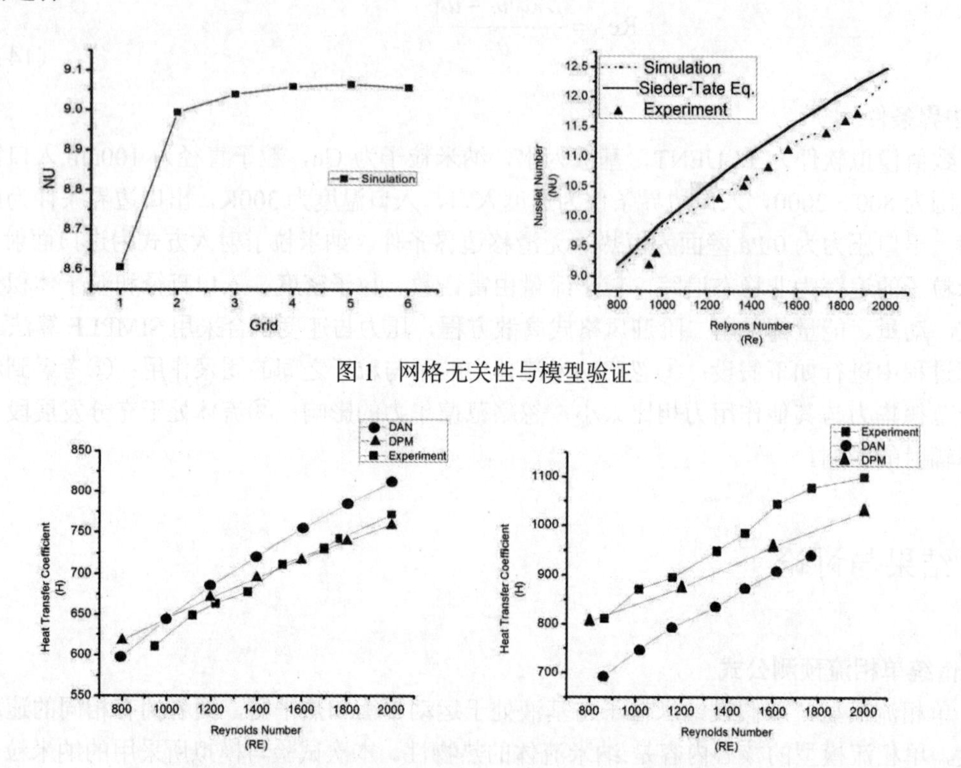

图 1 网格无关性与模型验证

图 2 纳米流体对流换热系数（左 vol=0.5%,右 vol=2%）

图 2 右侧纳米流体对流换热系数折线图可以看出：在纳米粒子体积分数偏高时（Vol=2%），单相流模型的结果与实验结果偏差过大（最大偏差在 15%左右），DPM 模型相对于单相流模型与实验结果更加吻合（最大偏差为 8%）。由此可得在高纳米粒子体积分数的情况下，DPM 模型更加准确；单相流模型偏差过大而不能准确的模拟出实验的真实情况。

3.4 结果分析

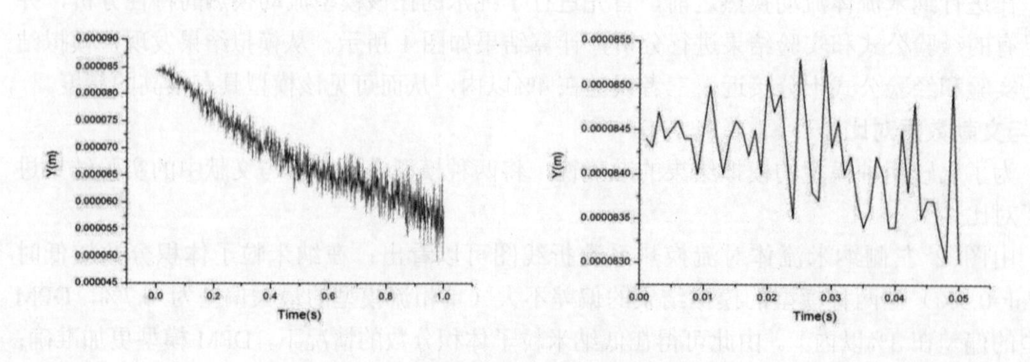

图 3 流动中纳米粒子的轨迹

图 3 左是粒子在 1s 时间内在 Y 方向的运动轨迹，从图可以看到纳米粒子会在不同流体层内的相互运动，因此这样会导致不同流体层内粒子与液体进行热量交换，导致纳米粒子的速度和温度发生显著的变化。图 3 右为粒子在 0.05s 时间内在 Y 方向的运动轨迹。轨迹线中存在的脉动现象，说明流体中纳米颗粒所受布朗力而产生的布朗运动特征。纳米粒子的运动轨迹的几何形状具有显著的分形特征，其中包括很小的波动以及大的涨落。

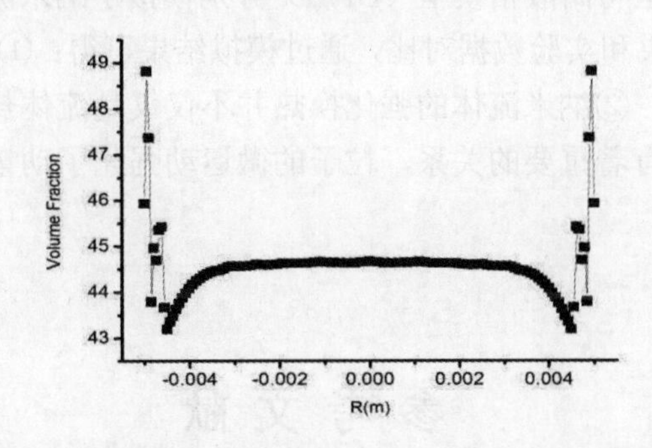

图 4 纳米粒子在管内充分发展段区域体积分数分布

由图 4 可得在壁面边界层范围内纳米粒子的浓度达到最大，然后沿着径向方向先减小后增大，到达中心流场区域后浓度保持恒定。纳米粒子在近壁区的富集导致了边界层内纳米颗粒体积分数的急剧增加，形成了高浓度的纳米流体层，极大地促进了边界层内部能量的传递。已知纳米粒子在流体内部与流体存在相对滑移，近壁处纳米粒子的聚集使得相间滑移效应更加明显。纳米粒子的存在即破坏了边界层结构，大量的剧集现象提高了边界层内部整体的热导率，使得换热能力大幅度提升。

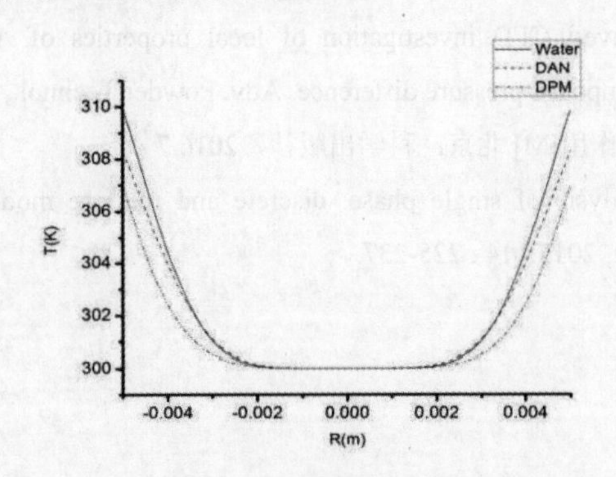

图 5 *Re*=1600，流体出口温度分布

由图 5 纯水、单相流模型和 DPM 模型纳米流体出口处温度分布可知，由于纳米粒子的在壁面的聚集，使得壁面边界层的温度降低，并且从出口界面温度分布可以看出，纳米粒子在流体内的存在，作为了流体内的换热介质。起到了“搅拌”的作用，由于其较高的热导率，使得温度分布更加均匀，换热得到增强

4 结论

本研究采用单相流模型与离散相模型（DPM）分别模拟了纳米流体在水平圆管内的层流流动换热，并将模拟结果和实验数据对比，通过模拟结果可得：①DPM 模型相对于单相流模型具有更高的准确度；②纳米流体的强化换热并不仅仅是流体热物理性质的改变，与流体内纳米粒子的微运动有着重要的关系，粒子的微运动强化了动量和能量的交换，增强换热。

参 考 文 献

1 李强，宣益民.铜-水纳米流体流动与对流换热特性[J].中国科学（E 辑），2002，32（3）：331-337.

2 S.R. Hosseini, M. Sheikholeslami, M. Ghasemian, D.D. GanjiNano fluid heat transfer analysis in a microchannel heat sink (MCHS) under the effect of magnetic field by means of KKL model Powder Technol., 2018,324: 36-47.

3 A. Purusothaman, N. Nithyadevi, H.F. Oztop, et al. Al-salemThree dimensional numerical analysis of natural convection cooling with an array of discrete heaters embedded in nanofluid filled enclosure Adv. Powder Technol., 2016,27: 268-280.

4 H.H. Najafabadi, M.K. Moraveji CFD investigation of local properties of Al2O3/water nanofluid in a converging microchannel under imposed pressure difference. Adv. Powder Technol., 2017,28: 763-774.

5 董双岭.纳米流体流动与相间作用[M].北京：科学出版社，2016.7

6 A. Albojamal, K. Vafai. Analysis of single phase, discrete and mixture models, in predicting nanofluid transport Int. J. Heat Mass Transf., 2017,114 : 225-237.

Numerical study on flow and heat transfer of nanofluids in a circular tube based on euler-lagrangian

ZHANG Ming-jian, TIAN Mao-cheng, ZHANG Guan-min, FAN Ling-hao

(School of Energy and Power Engineering, Shandong University, Jinan, Shandong 250061, China, Email: tianmc65@sdu.edu.cn)

Abstract: In this paper, the single-phase flow model and the DPM model (Euler-Lagrangian discrete phase model) are used to simulate the flow and heat transfer characteristics of Cu-water nanofluids in horizontal tubes. The simulation results show that the DPM model has higher accuracy than the single-phase flow model. The reasons for the enhanced flow heat transfer of nanoparticles were analyzed from the perspectives of nanofluid thermal properties and nanoparticle micromotion. Nanofluid enhanced heat transfer is not only the improvement of thermal properties, but also the micro-motion of nanoparticles enhances the exchange of momentum and energy, and enhances heat transfer.

Key words: nanofluid, convection heat transfer, DPM, numerical simulation

分层流体中运动振荡质量源激发内波尾迹研究

王欣隆，魏岗，杜辉，王少东

(国防科技大学 气象海洋学院，南京，211101， Email: wxl_90@foxmail.com)

摘要：本研究采用一种等效移动振荡质量源来模拟有限深分层流体中运动物体的尾流效应，结合内波本征值问题及 Fourier 变换等方法，得到了计算有限深分层流体中移动振荡源生成内波垂向位移场和流场的表达式。此法适用于有限深度中的任意分层流体。利用该理论模型，对两层密度分层流体和不同浮频率的线性分层流体进行了数值模拟。针对物体运动速度、分层强度、振荡频率对尾迹内波的波形、波幅的影响进行了分析，发现除了运动速度外，分层强度也会影响尾迹内波各模态的临界相速度，从而影响了尾迹中横波的存在和散波的张角，浮频率和振荡频率的增大均使尾迹内波的波幅随之线性增长，这说明了分层环境中的密度梯度越大，运动物体激发的内波波幅越大，运动物体的振荡越强，激发的内波也越强。而振荡频率的引入则解释了物体高速运动时横波系的存在和散波系的分离。

关键词：内波；尾迹；分层流体；质量源

1 引言

内波激发源的角度，可以将分层流体中运动物体生成的内波分为两类：第一种为体效应内波，主要由运动物体排水体积的运动变化与背景密度分层流体相互作用产生的内波，也称为 Kelvin 型内波；第二种为尾迹效应内波，主要由物体尾部的尾流与背景密度分层流体相互作用产生的内波，也称为非 Kelvin 型内波。

尾迹效应生成的内波非常不稳定，其激发源更为复杂。Milder[1]提出的一个模型，利用 Fourier 变换得到水平波数域上的内波控制方程，结合上下刚性边界条件求解相应的内波本征值问题，计算对应的 Green 函数，通过卷积得到波数域上波高的表达式，最后通过 Fourier 逆变换得到空间域上的波高场。Robey[2]利用 Milder[1]定常移动源模型，将尾流等效为圆柱体模型，结合实验得到的内波相关波速和尾流增长规律，给出了尾流等效圆柱体移动速度、长度和直径的确定方法，并与实验结果进行了比较，内波波幅随拖曳速度变化规律与实验吻合良好，但波形结构有些差异。Voison[3]将其激发源等效为一个以一定频率振荡的点源，结果显示随机内波被限制在一个锥形体内。随后 Voison[4]又给出了在时间和空间上周期分布的脉动点源的集合这一更加完整的理论模型。Gorodtsov 等[5]提出了体源表示法，受其启发，Dupont 等[6]改进了脉动点源集合，提出移动振荡球形源模型，模拟物体尾部周期性涡泄生成内波问题，与实验结果比较，在内波波系及波形方面，两者符合良好；但是该模型是在浮力频率为常数和无界条件下导出的，对于分层环境和边界适应性较差。Broutman 等[7]基于实验观察结果，提出了湍流尾迹的移动脉冲源汇组合法。Voisin[4]指出这种脉冲源汇在时间上是离散的周期性发生的，在空间上是相互交错排列的。梁川等[8]受尾流周期性涡泄现象启发，提出移动脉动的点源方法，丰富了内波波形波系的表达，但并未对脉动频率的选择进行研究。尤云祥等[9]指出，理论和数值的研究结果很难与实验完全吻合，在不同方面存在差异，这是由于尾迹激发源成分较为复杂，简化等效源模型只模拟了尾迹中的主要激发源。

本研究在尤云祥等[9]提出的等效质量源方法和梁川等[8]提出的移动脉动点源方法的基础上，考虑周期性涡泄激发的内波影响，建立了考虑振荡的等效质量源方法，并对振荡频率对内波波幅的影响作了初步研究，尝试建立起尾迹效应内波的振荡频率与物体运动速度之间的关系。

2 建模与求解

在理论处理上，对于有限尺度物体的 Kelvin 型内尾迹，通常采用移动源汇或偶极子来模拟其远场的运动，然而单纯的源汇或偶极子不能真实地反映出物体的体积效应，模拟结果与实际流场往往存在较大的误差。将一些源汇或偶极子进行适当的组合，使之成为一个体源，来模拟运动物体内波的激发源，这样处理不仅数值模型相对简单，而且物理模型更加直观。

对水下移动质量源的内波生成问题，由于它引起的水面位移很小，可以将水面视作一个刚性平面。在这种“刚盖假设”下，垂向速度方程为：

$$
\begin{aligned}
&\frac{\partial^2}{\partial t^2}\left[\frac{\partial}{\partial z}\left(\rho_0\frac{\partial w}{\partial z}\right)+\rho_0\Delta_h w\right]+\rho_0N^2\Delta_h w=\frac{\partial^3}{\partial t^2\partial z}\left(\rho_0 Q\right)\\
&w=0\quad(t=0),w=0\quad(z=0,H)
\end{aligned}
\tag{1}
$$

由于 $w=\partial\eta/\partial t$，根据式（1）可以得到垂向位移方程：

$$
\begin{aligned}
&\frac{\partial^2}{\partial t^2}\left[\frac{\partial^2\eta}{\partial z^2}+\Delta_h\eta\right]+N^2\Delta_h\eta=\frac{\partial^2 Q}{\partial t\partial z}\\
&\eta=0\quad(z=0,H)
\end{aligned}
\tag{2}
$$

设移动质量源为一个移动速度为U的细长回转体，对称轴中点的运动轨迹为$y(t)=(Ut,0,z_0)$，即移动质量源的对称轴中点位于水面下$z=z_0$处，且移动方向与轴的正向相同。记$r=f(\xi)$为细长回转体的表面方程，$2a$为细长回转体对称轴长度，那么可以表示为Q：

$$Q=\left[U\int_{-a}^{a}q(\xi)\delta(x-Ut-\xi)\mathrm{d}\xi\right]\delta(y)\delta(z-z_0) \tag{3}$$

考虑频率为ω_0的移动振荡质量源Q'可以表示为：

$$Q'=\left[U\int_{-a}^{a}q(\xi)\delta(x-Ut-\xi)\mathrm{d}\xi\right]\delta(y)\delta(z-z_0)e^{i\omega_0 t}=Qe^{i\omega_0 t} \tag{4}$$

可推导通过傅里叶变换和逆变换得到移动振荡质量源产生内波的垂向位移可以近似为

$$\tilde{\eta}(\overline{x},y,z,t)=\frac{2\pi b^2 ai}{U}\sum_{m=1}^{+\infty}\frac{\sin(\omega_m a/U)/(\omega_m a/U)-\cos(\omega_m a/U)}{(\omega_m a/U)^2}\times\frac{e^{i(\omega_0\pm\omega_m)\overline{x}/U}}{U-c_{gm}\dfrac{\omega_0\pm\omega_m}{kU}}c_{pm}^3 k\phi_m(z)\phi_m'(z_0)e^{i\omega_0 t} \tag{5}$$

当$\omega_0=0$时，式(5)退化为不考虑振荡的等效质量源生成内波的垂向位移，与尤[9]的结果一致。

3 结果分析

密度分层的海水可以分成密度均匀的上混合层、厚度很薄的强跃层及密度随深度变化极微的下层，若将跃层简化为间断面，并忽略下层密度的微小变化，则可用两层流体分层模型来近似。当跃层厚度较大时，跃层内部流体密度一般随着深度加深而线性增大。本研究选取了两层分层流体和线性分层流体模型，对运动小球生成内波情况进行分析研究。图1为本文设置的分层环境的密度和浮频率剖面图。

图1中实线为与实际海洋分层环境的强跃层分布，两条虚线为以不同斜率增加的线性分层密度分布。针对强跃层分布，首先给出不同速度下第一模态和第二模态的内波等相线（图2）。图2中实线表示第一模态，虚线表示第二模态，当$U<4.5$cm/s 时，第一和第二模态内波既有横波又有散波；当$4.5\text{cm/s}<U<20.1\text{cm/s}$时，第二模态内波横波消失，仅有散波且散波张角在(t, y)平面内几乎不变，但第一模态内波既有横波又有散波，并且散波张角随U增大而逐渐增大。当$U>20.1$cm/s 时，第一模态内波横波消失，仅有散波且散波张角在(t, y)平面内几乎不变（当然在(x, y)空间平面内张角变小）。第二模态及高阶模态的横波和散波的变化规律类似，只是临界相速度随模态阶数增大而减小。由图2还可发现，当两

个模态均存在横波和散波时，低价模态散波张角较小，分布在图形中间。随着速度增大，两个模态的散波张角均增大，低阶模态张角迅速增大并占据整个波形而成为主要波系。

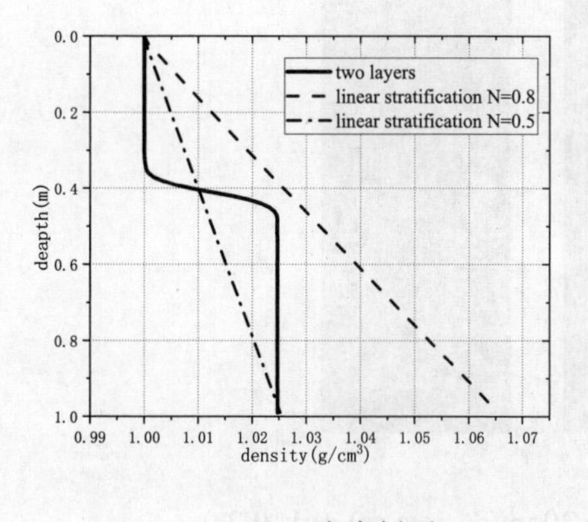

a) 密度剖面

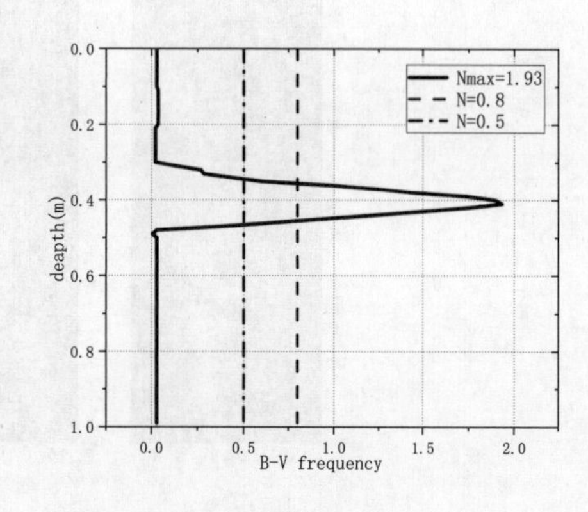

b) 浮频率剖面

图 1 密度和浮频率剖面

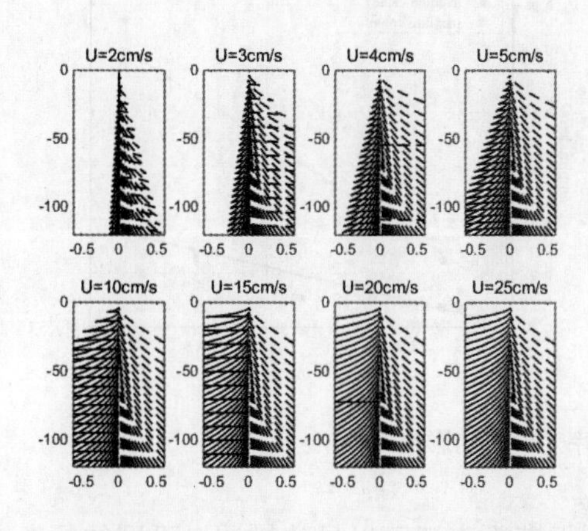

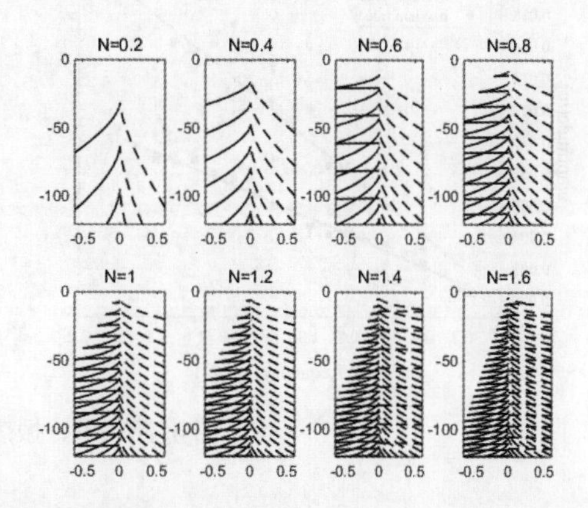

图 2 速度、浮频率对等相线的影响

如果在线性分层流体中，运动物体的速度保持不变，那么随着浮频率的增大，内波张角也逐步增大，并且 N 对模态波形结构的影响与速度相反。当 $N>1.3$ 时，第一和第二模态内波既有横波又有散波；当 $0.5<N<1.3$ 时，第二模态内波横波消失，仅有散波且散波张角在(t, y)平面内几乎不变，但第一模态内波既有横波又有散波，并且散波张角随 N 增大而逐渐增大。当 $N<0.5$ 时，第一模态内波横波消失，仅有散波且散波张角在(t, y)平面内几乎不变（当然在(x, y)空间平面内张角变小）。

图 3 显示了尾迹内波在不同振荡频率下的内波波形图，选取运动物体生成内波场中的一个定点，对不同浮频率下内波的最大波幅和平均波幅进行统计，得到的结果如图 4 所示。对于在线性分层环境 N 为常值时，随着 N 的增大，内波的最大波幅和平均波幅也随之线性增大，针对本文数值实验中振荡频率 ω_0 的影响，其作用与浮频率的影响类似，随着 ω_0 的

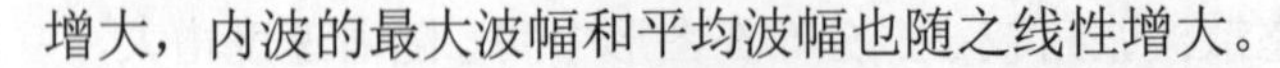
增大，内波的最大波幅和平均波幅也随之线性增大。

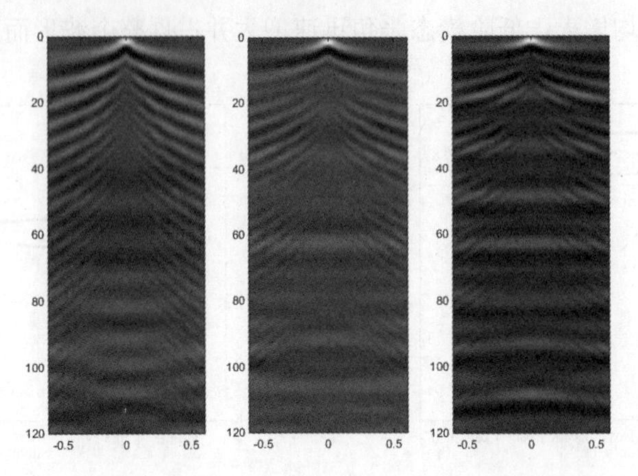

图 3 不同振荡频率下的波形图（$U = 20\text{cm/s}$， ω_0=0, 0.1, 0.2 ）

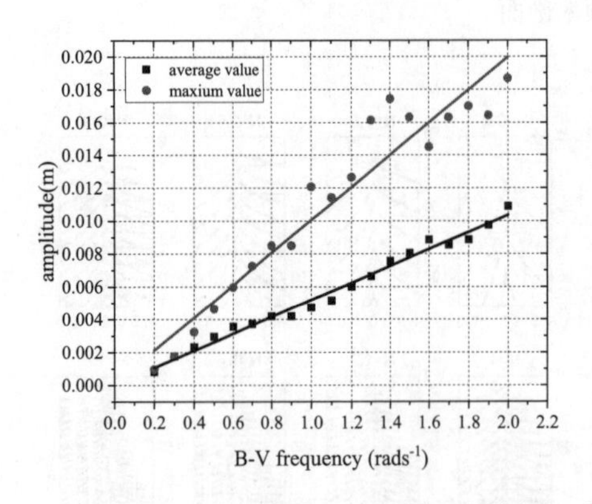

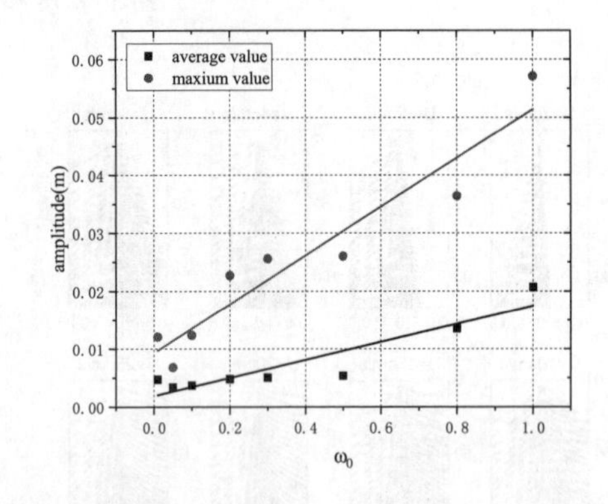

图 4 浮频率、振荡频率对波幅的影响

梁川等[8]对移动振荡点源的研究指出不同的振荡频率还可以导致横波以不同的频率出现，由于 ω_0 的引入，会使得原来对称的左右奇点发生偏移，即

$$(\omega_0 - k_x U)^2 - {\omega_m}^2 = 0 \Rightarrow \omega_0 - k_x U = \pm \omega_m \tag{6}$$

记 $(\omega_0 - k_x U) = -\omega_m$ 为左奇点，$(\omega_0 - k_x U) = \omega_m$ 为右奇点。通过分析发现：无论 U 多大，只要 $\omega_0 \neq 0$，总存在一个最小波数 $k_{\min}$ ，使得在 $k \in (0, k_{\min})$ 范围内 k_y 为虚数，这说明一定存在横波系；由于 ω_0 的存在，使得左右奇点对应的最小波数 $k_{\min}$ 不同，从而出现两个不同张角的散波系。

5 结论

针对目前运动物体尾流激发内波的研究状况，本研究采用一种振荡质量源方法来模拟分层流体中运动物体的尾流效应，得到了计算有限深分层流体中回转体生成内波垂向位移场和流场的表达式，针对不同速度、浮频率和振荡频率的尾迹内波进行了分析。

由于振荡频率的引入，解释了当运动物体的速度大于临界速度时，定常源计算将不出现横波，而实验在各个速度下都存在横波的现象；当拖曳速度较大时，会出现两个不同张角的散波系,而用移动振荡源方法计算得到的结果具有上述特点。分析发现，这是由于振荡频率的引入,当用留数定理求奇点积分时，会使原来对称的左右奇点发生偏移，从而导致横波的出现和散波系的分离。

针对不同速度和浮频率下数值求解获取的内波数据进行分析，结果发现随着除物体运动速度外，分层环境的强弱也可能影响横波的出现，从理论上看主要是物体的运动速度和分层环境浮频率的大小影响了各个模态的内波临界相速度。浮频率和振荡频率的增大均使尾迹内波的波幅随之线性增长，这说明了分层环境中的密度梯度越大，运动物体激发的内波波幅越大，运动物体的振荡越强，激发的内波也越强。

参考文献

1 Milder M.. Internal waves radiated by a moving source. Vol. 1: Analytical simulation[J]. National Technical Information Service Document No. AD, 1974: 782-262.

2 Robey H F. The generation of internal waves by a towed sphere and its wake in a thermocline[J]. Physics of Fluids, 1997, 9(11): 3353-3367.

3 Voisin B. Internal wave generation by turbulent wakes[J]. Mixing in Geophysical Flows(ed Redondo J M & Métais O),1995: 291-301.

4 Voisin B, Ermanyuk E V, Flór J B. Internal wave generation by oscillation of a sphere,with application to internal tides[J]. Journal of Fluid Mechanics, 2011, 666: 308-357.

5 Gorodtsov V A, Teodorovich E V. Study of internal waves in the case of rapid horizontal motion of cylinders and spheres[J]. Fluid Dynamics, 1982, 17(6): 893-898.

6 Dupont P, Voisin B. Internal waves generated by a translating and oscillating sphere[J].Dynamics of Atmospheres and Oceans, 1996, 23(1-4): 289-298.

7 Broutman D, Rottman J W. A simplified Fourier method for computing the internal wavefield generated by an oscillating source in a horizontally moving, depth-dependent background[J]. Physics of Fluids, 2004, 16(10): 3682-3689.

8 梁川, 洪方文, 姚志崇,等. 有限深分层流体中运动物体尾流生成内波的一种移动脉动源方法[J]. 水动力学研究与进展, A 辑, 2015, 30(1):9-17.

9 尤云祥, 赵先奇, 陈科,等. 有限深密度分层流体中运动物体生成内波的一种等效质量源方法[J]. 物理学报, 2009, 58(10):6750-6760.

Internal wave patterns generated by a translating and pulsating mass source in a stratified fluid of finite depth

WANG Xin-long, WEI Gang, DU Hui, WANG Shao-dong

(College of Meteorology and Oceanography, National University of Defense Technology, Nanjing, 211101. Email: wxl_90@foxmail.com)

Abstract: In this work, an equivalent translating and pulsating mass source is used to simulate the wake effect of moving objects in stratified fluids. A mathematical formula for the vertical displacement of the internal waves generated by such a source is derived using both the associated eigenvalue problem and the Fourier transform method. This method is applicable to any stratified fluid with a finite depth. This theoretical model was used to numerically simulate two layers of density-stratified fluids and linear-stratified fluids with different buoyant frequencies. In addition to the velocity of the moving object, both the stratification intensity and the pulsating frequency influence the waveform, amplitude and flow field of the internal wave. The velocity and the stratification intensity were found to affect the critical phase velocity of each mode of the internal waves, thus affecting the existence of the transverse wave and the opening angle of the divergent waves. The increase in the buoyant frequency and the pulsation frequency linearly increase the amplitude of the wave, indicating that the increase in the density gradient leads to an increase in the amplitude, stronger pulsation of the moving object and greater internal wave excitation. The introduction of the pulsating frequency accounts for both the existence of the transverse waves and the separation of the divergent waves.

Key words: internal wave; wake; stratified fluid; pulsating mass source;

超声激励下刚性边界附近双空化气泡耦合运动特性研究

黄潇，胡海豹，杜鹏

(西北工业大学航海学院，西安，710072，Email: huangxiao@nwpu.edu.cn)

摘要：本研究基于黏性势流理论，通过求解边界积分方程对超声场中刚性边界附近双空泡运动过程中的迁移、坍塌特性开展研究。利用黏性 Rayleigh-Plesset 方程的解析解验证本文数值模型的有效性之后，通过改变超声波幅值 p_a，发现在强超声（$p_a > 1$ bar）和弱超声（$p_a < 0.5$ bar）场中，快速坍塌和近球形振荡迁移分别为双空泡的主要运动形式；而在中等强度超声波区间内气泡界面则会出现强烈的不稳定性，产生多种模态的振荡变形。当波频不大于空泡固有频率 f_n 时，空泡将获得更高的坍塌射流速度和更大的迁移幅度。

关键词：超声空泡；刚性边界；边界元法

1 引言

液体中的空化气泡在受到超声波调制时，会发生迁移、脉动、坍塌等动力学过程[1-3]。这使微空泡在医学、化学及物理清洗方面有重要的应用[4-5]。当浸没在超声场中的气泡群在靠近刚性边界附近运动时，气泡间、气泡与刚性边界之间发生较强的耦合作用，其背后的力学机理有待揭示。

对于超声空泡动力学行为的研究，主要存在理论求解，实验观测和数值仿真等手段[6-8]。理论求解适用于保持球形脉动的气泡，而空泡在相距较近的情况下发生相互作用，会产生明显形变，与理论值存在较大误差[9]。空化气泡尺度在$O(\mu$m)至O(mm)量级，一个脉动周期时间为$O(\mu$s)至O(ms)量级，这要求实验中高速摄影系统有很高的拍摄频率和空间分辨率，如果想清晰观察到气泡坍塌射流的发展情况，在目前的技术层面还比较难实现。

数值模拟能够清晰地捕捉空泡运动过程中气—液界面的位置，同时可以给出流场中的压力、速度分布等信息，是揭示空泡运动背后力学机理的有效工具。目前针对超声场中空泡运动的数值研究，有基于全流域解析的直接数值模拟方法[10-13]，同时有只需要对边界离散且自动满足远场边界条件的边界元方法[14-16]。后者因无需求解流场而明显提升计算效率[17, 18]。采用该方法，研究者对行波[9]和驻波[19]超声场中单空泡动力学行为进行了模拟和分析。

基金项目：中国博士后科学基金资助项目（2019M652748）；陕西省自然科学基础研究计划资助项目（2019JQ-448）

由于空泡尺寸较小，当其在流场中脉动和迁移时，流场的黏性效应体现得比较明显。因此在采用边界元方法求解气泡动力学行为时，采用了 D. D. Joseph 等提出的黏性修正势流理论[20]，计入气泡的气—液边界层内部的法向和切向应力，从而模拟气泡受到流场黏性效应的影响。该理论在求解上浮气泡运动的过程中得到了应用，并且模拟结果与真实情况比较符合[21]。在验证了本文的数值模型与考虑黏性效应的 Rayleigh-Plesset 方程吻合较好后，研究了双空化气泡在强、弱以及中等强度超声场作用下，近刚性边界情况时的迁移、脉动及坍塌射流等动力学行为。

2 理论模型

2.1 超声场中气泡动力学的边界元计算方法

水中空泡常成群存在，彼此之间存在相互作用。本研究以双气泡为研究单位，探究其在近刚性边界附近超声场中的演化情况（图 1）。为简化模型，假设双气泡初始时刻大小相同均为R_0，型心分别处于O_1和O_2，相距D_b且到壁面的初始距离均为D_w。在刚性边界上建立直角坐标系，z轴垂直向上。有超声波垂直于刚性边界入射，经边界反射叠加后在流场中形成驻波场p_∞

$$p_\infty = p_{atm} + 2p_a\cos(kz)\cos(2\pi ft) \tag{1}$$

式中，p_{atm}表示静水压力，p_a为声波幅值，k和f分别为波数和波频。

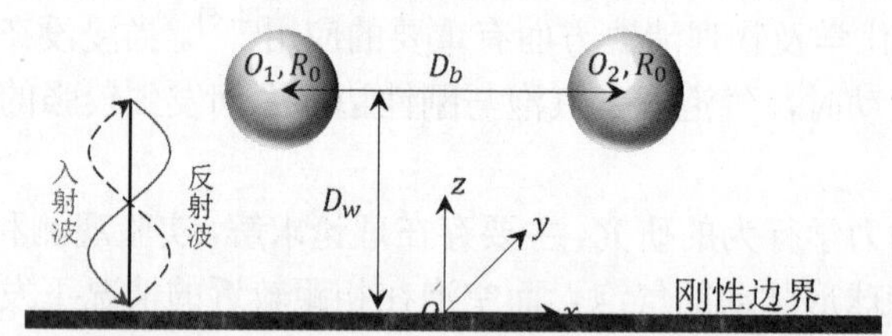

图 1 驻波场$p_\infty(x,z,t)$中，近刚性边界双气泡布置示意图

空泡内部气体由水蒸气和不可冷凝气体两部分组成，空泡在运动中不可冷凝气体压力遵循绝热运动方程；因此空泡任意时刻内压$p_b(t)$为

$$p_b(t) = p_v + p_{nc}\left[V_0 / V(t)\right]^{\varsigma} \tag{2}$$

式中，p_v为饱和蒸气压力，p_{nc}为不可冷凝部分气体在初始时刻贡献的压力；V_0为气泡初始体积；ς为多变指数，能够反映状态方程的类型，文中取值 1.4。初始时刻空泡处于平衡状态，满足

$$p_l = p_b - p_{vc} - 2\sigma\kappa + 2\mu\frac{\partial^2\varphi}{\partial n^2} \tag{3}$$

对于流场中气泡表面一点压力 p_l，由气泡内压 p_b 及表面张力 $2\sigma\kappa$，等效剪切黏性应力的黏性修正压力 p_{vc} 和法向黏性应力 $2\mu\partial^2\varphi/\partial n^2$ 共同平衡。其中 σ 为表面张力，κ 为界面曲率，μ 为流体的动力黏性系数；n 是界面法向，以指向流场外为正方向。认为流场不可压缩且没有旋度，则存在速度势 φ，使得流场中速度 $\boldsymbol{v}=\nabla\varphi$；且流场的控制方程为 Laplace 方程

$$\nabla^2\varphi=0 \tag{4}$$

应用格林第二公式，可以导出边界积分方程来求解流场边界上的速度势，即

$$c(\boldsymbol{r})\varphi(\boldsymbol{r})=\oiint_S\left(G(\boldsymbol{r},\boldsymbol{q})\frac{\partial\varphi(\boldsymbol{q})}{\partial n}-\frac{\partial G(\boldsymbol{r},\boldsymbol{q})}{\partial n}\varphi(\boldsymbol{q})\right)\mathrm{d}S(\boldsymbol{q}), \tag{5}$$

式中，$\boldsymbol{r}$ 和 $\boldsymbol{q}$ 分别为流场边界的控制点和积分点；S 为流场边界；c 为流场立体角，对于光滑边界上的点，$c=2\pi$；G 和 $\partial G/\partial n$ 被称作核函数，其中 $G=1/|\boldsymbol{r}-\boldsymbol{q}|$。在本研究中，通过“镜像法”计入刚性边界的作用，即将 $G'=1/|\boldsymbol{r}-\boldsymbol{q}|+1/|\boldsymbol{r}-\boldsymbol{q}'|$ 与 $\partial G'/\partial n$ 代入式(5)；其中 $\boldsymbol{q}'$ 是 $\boldsymbol{q}$ 关于刚性边界的镜像点。

本研究中，流场的边界即气泡的水-气界面，通过运动学和动力学边界条件来更新边界的位置 $\boldsymbol{r}$ 和边界速度势 φ

$$\frac{\mathrm{d}\boldsymbol{r}}{\mathrm{d}t}=\nabla\varphi \tag{6}$$

$$\frac{\mathrm{d}\varphi}{\mathrm{d}t}=\frac{1}{2}|\nabla\varphi|^2+\frac{1}{\rho}\left(p_v+p_{nc}\left(\frac{V_0}{V}\right)^{\varsigma}-p_{vc}-2\sigma\kappa+2\mu\frac{\partial^2\varphi}{\partial n^2}-p_0-2p_a\cos(kz)\cos(2\pi ft)\right) \tag{7}$$

计算中，用流体密度 ρ，压力 $\Delta p=p_{atm}-p_v$，初始时刻气泡半径 R_0 分别为特征参量对变量进行无量纲化，无量纲参数以右上角加“*”表示，有

$$R^*=\frac{R}{R_0}, D_{b/w}^*=\frac{D_{b/w}}{R_0}, t^*=\frac{t}{R_0}\sqrt{\frac{\Delta p}{\rho}}, v^*=\sqrt{\frac{\Delta p}{\rho}}, f^*=fR_0\sqrt{\frac{\rho}{\Delta p}}, \varphi^*=\frac{\varphi}{R_0}\sqrt{\frac{\rho}{\Delta p}} \tag{8}$$

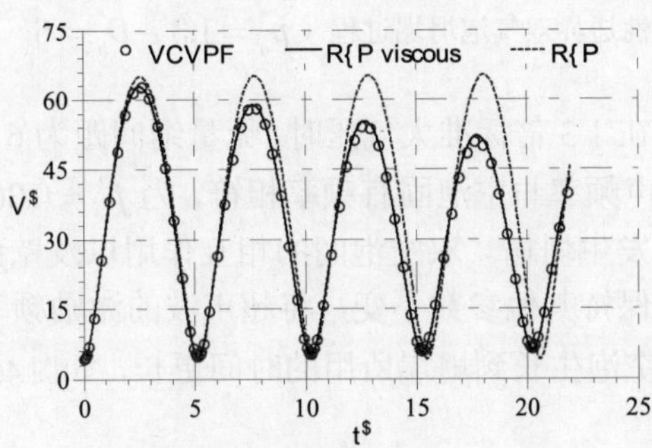

图 2 基于黏性修正势流理论(VCVPF)的边界元法计算所得的单气泡脉动体积时历曲线与 Rayleigh-Plesset 解析解（有黏性、无黏）对比

2.2 模型验证

本研究中的流体均为水，因此取动力黏性系数 $\mu=1.002\times10^{-3}$ Pa·s，密度为 $\rho=999$ kg/m^3；图 2 给出了基于黏性修正势流理论(VCVPF)的边界元法和计入黏性、不计入黏性的 Rayleigh-Plesset(R-P)方程对脉动气泡体积随时间变化的预估情况。其中，气泡由初始内部压力 $p_b^*=10$ 开始脉动。从图 2 中可以看出，基于黏性势流理论的计算结果在 4 个气泡脉动周期后仍然可以很好地与黏性 R-P 方程吻合。气泡初始半径为 5 μm，雷诺数 $Re=R_0\sqrt{\Delta p\rho}/\mu=50$；此时黏性效应比较明显，多周期脉动后气泡脉动幅度和周期相比无黏性环境，显著减小。因此对于尺度为微米的气泡在水中运动的情况，计入黏性效应是必要的，本研究的黏性修正势流理论模型可以真实预测气泡在水中的运动情况。

3 不同强度声场中近壁面气泡动力学特性

3.1 强声场中的气泡坍塌特性

气泡受到流场压力扰动后发生脉动的固有频率为

$$f_n=\frac{1}{2\pi R_0}\sqrt{\frac{3p_0}{\rho}+\frac{4\varsigma}{\rho R_0}} \tag{9}$$

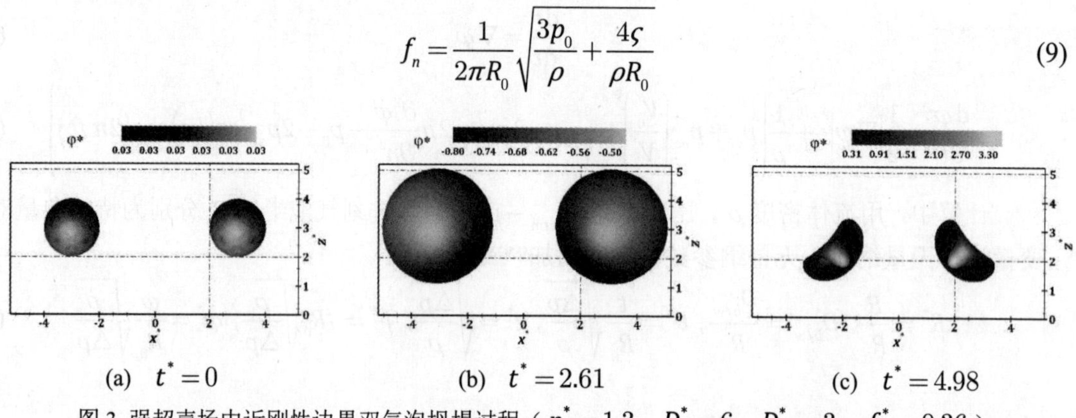

(a) $t^*=0$　(b) $t^*=2.61$　(c) $t^*=4.98$

图 3 强超声场中近刚性边界双气泡坍塌过程（$p_a^*=1.3$，$D_b^*=6$，$D_w^*=3$，$f^*=0.36$）

图 3 给出了超声幅值在 1.3 倍标准大气压时，无量纲间距为 6 的两枚空泡在距离壁面 3 处的动力学行为。此时超声频率与空泡固有频率相符，为 $f^*=0.36$。在强超声波的激励下，空泡生长达到最大体积后发生坍塌。双空泡间的相互作用以及壁面对空泡的联合影响使得坍塌射流指向斜下方。而保持其他参数不变，将超声波的激励频率降低为 f_n 的一半时，空泡坍塌阶段射流更扁平，空泡生长到坍塌所用的时间更长，如图 4(a)所示。空泡整体也呈现更为扁平的形态。

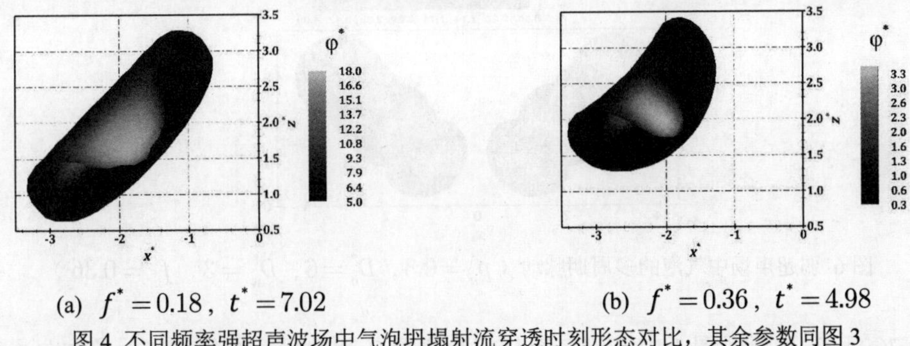

(a) $f^*=0.18$，$t^*=7.02$ (b) $f^*=0.36$，$t^*=4.98$

图 4 不同频率强超声波场中气泡坍塌射流穿透时刻形态对比，其余参数同图 3

从图 5 则可以看出，当超声波频率明显高于气泡的共振频率时（$f^*=0.72$），空泡在高频扰动流场中只做小幅度振荡，如图 5(a)。而当超声频率不高于共振频率时，强声压使空泡在一个脉动周期内发生坍塌。对比共振工况（$f^*=0.36$）和低频工况（$f^*=0.18$），频率较低时，由于低压区持续的时间相对更长，空泡会在低压区发生更加显著的膨胀，吸收更多能量。最终在超声波高压区中发生更强的坍塌过程。同时，整个过程也经历更长时间。由式(8)，该超声压下低频工况时射流速度能达到90 m/s；加之低频声波诱导射流宽度较大的特点，可得到低频作用下射流强度更大的结论，可被用来实现结构清洗[22]。

3.2 弱声场中的气泡迁移特性

当其他参数不变，减弱声场强度至 $p_a^*=0.3$，此时尽管声波频率能够激发气泡共振，气泡仍会经历多周期的脉动，而非在第一次达到最大体积后发生坍塌，出现穿透对侧气泡壁面的水射流。从图 6 中可以看出，双气泡在共振过程中不断发生非球形变形，在收缩阶段产生指向对方及壁面的射流。而射流的强度又不足以穿透对侧壁面，因此经过多周期的脉动，气泡之间持续靠拢且朝向壁面运动。弱声场中气泡的这种特性通常被用来实现药物或细胞在生命体内部的输运。

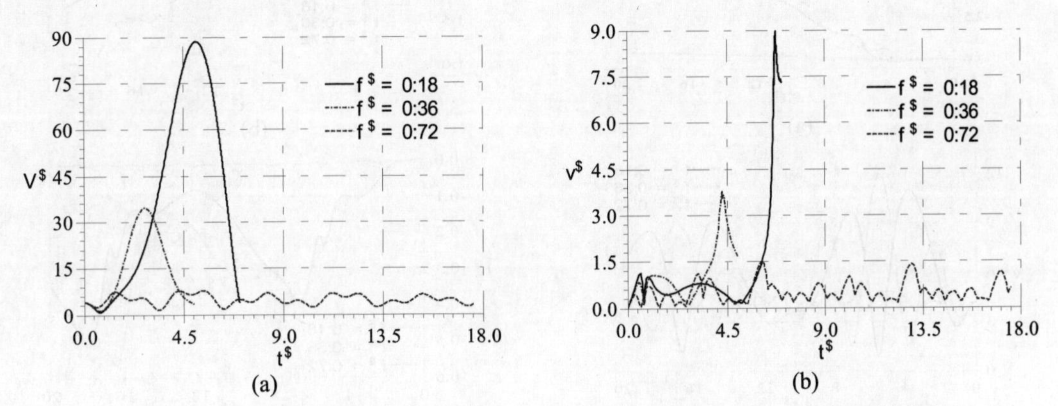

图 5 $p_a^*=1.3$ 时不同频率下的气泡体积、边界运动速度时历曲线，其余参数同图 3

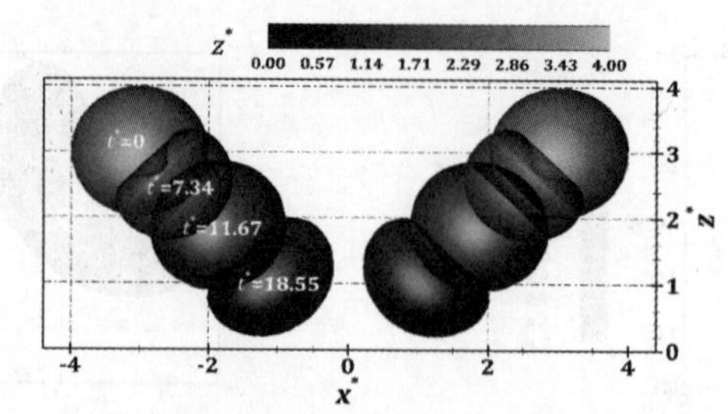

图 6 弱超声场中气泡的多周期脉动（$p_a^*=0.3$，$D_b^*=6$，$D_w^*=3$，$f^*=0.36$）

图 7(a)和(b)展示了图 1 中左侧气泡从初始位置 O_1 朝向另一个气泡（$+x^*$ 方向）和刚性边界（$-z^*$ 方向）运动的时历曲线。与强声波工况类似，不高于气泡共振频率的声波对气泡迁移的影响比较显著。并且共振状态下气泡的迁移行为更加明显。从体积周期上来看，如图7(c)，共振条件下，气泡能够达到更大的体积。而脉动本身又以每三次为一个循环周期，下一个周期中的脉动因流场的黏性效应而被削弱。

在研究气泡运动时，Benjamin 和 Ellis 首先引入开尔文冲量来描述气泡运动过程中的迁移情况，其表达式为

$$I_K^*=\oiint_{S_b}\varphi^*\boldsymbol{n}\mathrm{d}S \tag{10}$$

图 7(d)中无量纲开尔文冲量的 z^* 方向分量表明，气泡在整个脉动过程中朝向刚性边界运动时，冲量整体表现为负值。再结合图 6，在 $t^*=7.34$ 和 $t^*=18.55$ 两个射流发展时刻，I_K^* 呈现较大的负值，而在 $t^*=11.67$ 发生射流回弹时，I_K^* 也回复到了较小的负值。因此，开尔文冲量能够同时表征气泡迁移方向和射流发展情况。

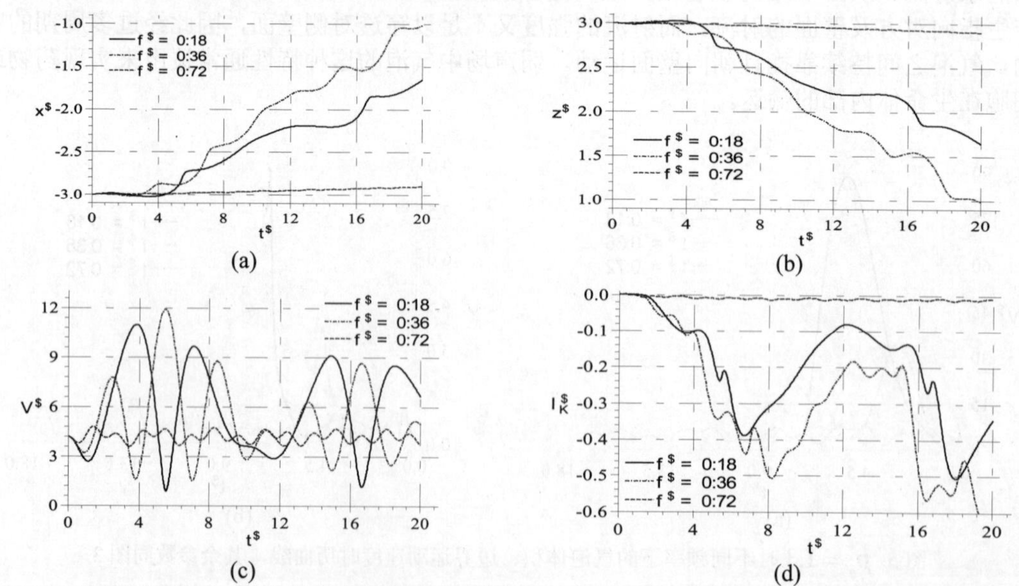

图 7 不同频率下弱超声场中气泡动力学特性时历曲线 (a) 气泡 1 型心横向迁移；(b) 气泡 1 型心垂向迁移；(c) 气泡 1 体积变化；(d) 气泡 1 垂向 Kelvin 冲量；其余参数同图 6

3.3 中等强度声场中气泡的演化特性

将中等强度声场定义为声波幅值在 0.5～1.0 个标准大气压之间。此时气泡的运动形式也介于上两节中气泡处于强声场和弱声场的情况。图 8(a)中当 $p_a^* = 0.5$ 时，气泡运动仍然以迁移为主导。只是相比 $p_a^* = 0.3$ 的工况中射流发展更强烈。而在 $p_a^* = 0.8$ 时，气泡运动以快速坍塌为主导，气泡在第一个脉动周期中发生坍塌，如图 8(b)所示。

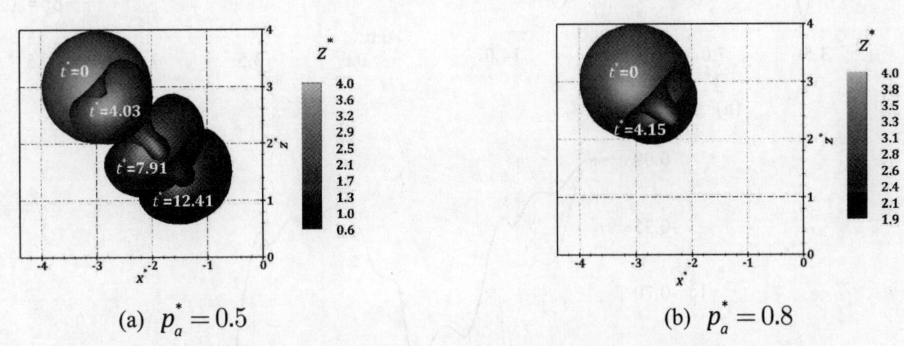

(a) $p_a^* = 0.5$ (b) $p_a^* = 0.8$

图 8 中等强度超声场中气泡的不同演化形式（$D_b^* = 6$，$D_w^* = 3$，$f^* = 0.36$）

图 9 则给出了空泡体积变化曲线，型心垂向迁移曲线以及开尔文冲量垂向分量。气泡在受到较强声波诱导下短时间内能表现出更强的动力学特性，自身随气泡坍塌射流的穿透而溃灭。结合(a)和(b)两图结果，发现气泡在收缩阶段发生明显迁移，而在膨胀过程中位置基本保持不变。

4 结语

本研究采用基于黏性修正势流理论的边界元模型，对超声场中刚性边界附近的双空化气泡运动进行模拟。所建立的数值模型在预测气泡多周期脉动体积变化时，与黏性 Rayleigh-Plesset 方程解析结果吻合良好。本研究讨论了双气泡在强声场、弱声场及中等强度声场中的动力学行为，发现在强声场中，当超声激励频率不大于空泡自身固有频率时，空泡在一个脉动周期内发生坍塌，在边界、声压和对面气泡的联合作用下，坍塌射流指向斜下方且在本研究的工况下能达到每秒近百米的速度，是实现超声空泡清洗的重要因素；在弱声场中，气泡在共振状态下发生明显的迁移运动，彼此相互靠近且朝向边界迁移，空泡在坍塌阶段发生的射流强度不足以穿透对侧气泡表面，在每周期内膨胀阶段发生回弹，这种类型的空泡可被用来在生物医疗中输运药物和细胞。中等强度的声波作用下的气泡则兼具强弱声场气泡性质，影响因素较多，可作为下一步研究工作的重点。

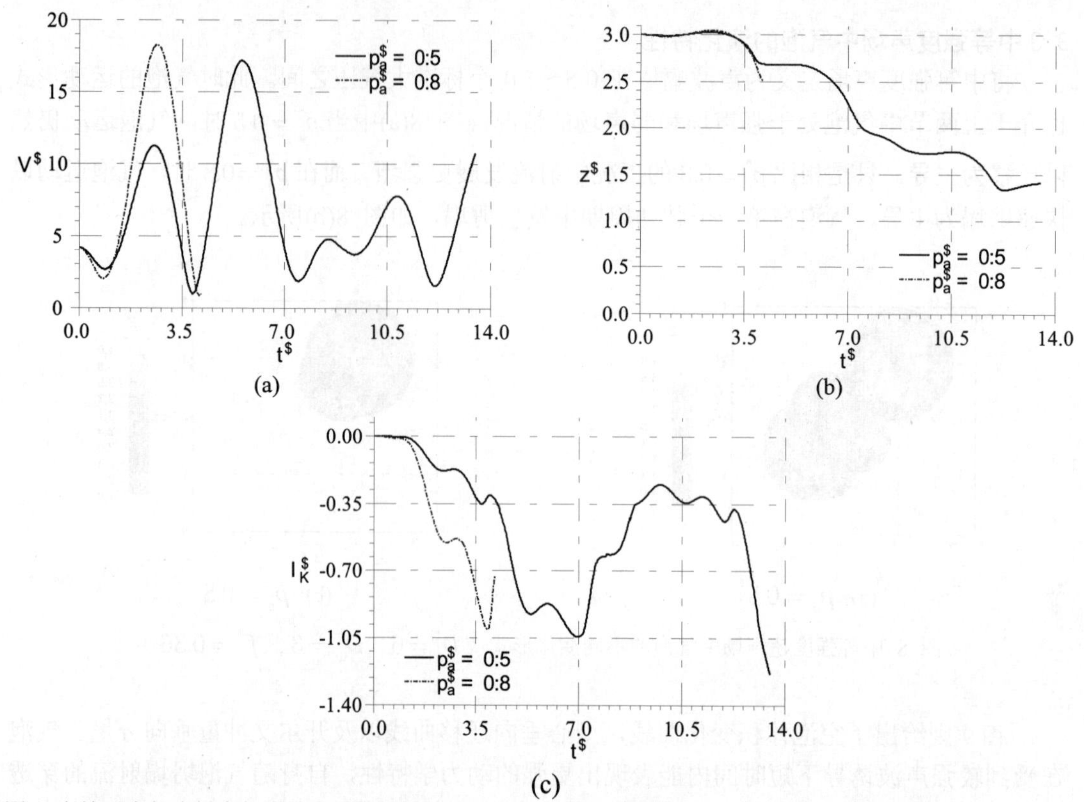

图 9 中等强度超声场中气泡动力学特性时历曲线 (a) 气泡 1 体积变化；(b) 气泡 1 型心垂向迁移；(c) (d) 气泡 1 垂向 Kelvin 冲量；其余参数同图 8

参 考 文 献

1 Pelekasis N A, Gaki A, Doinikov A, Tsamopoulos J A. Secondary Bjerknes forces between two bubbles and the phenomenon of acoustic streamers [J]. J Fluid Mech, 2004, 500: 313-347.

2 Jiang L, Ge H, Liu F, Chen D. Investigations on dynamics of interacting cavitation bubbles in strong acoustic fields [J]. Ultrason Sonochem, 2017, 34: 90-97.

3 Huang X, Wang Q-X, Zhang A M, Su J. Dynamic behaviour of a two-microbubble system under ultrasonic wave excitation [J]. Ultrason Sonochem, 2018, 43: 166-174.

4 Cosgrove D. Ultrasound contrast agents: An overview [J]. Eur J Radiol, 2006, 60(3): 324-330.

5 Curtiss G A, Leppinen D M, Wang Q X, Blake J R. Ultrasonic cavitation near a tissue layer [J]. J Fluid Mech, 2013, 730: 245-272.

6 Miller D L, Pislaru S V, Greenleaf J F. Sonoporation: Mechanical DNA Delivery by Ultrasonic Cavitation [J]. Somatic Cell and Molecular Genetics, 2002, 27(1): 115-134.

7 Ochiai N, Ishimoto J. Computational study of the dynamics of two interacting bubbles in a megasonic field [J]. Ultrason Sonochem, 2015, 26: 351-360.

8 Zhang Y, Zhang Y, Li S. The secondary Bjerknes force between two gas bubbles under dual-frequency acoustic excitation [J]. Ultrason Sonochem, 2016, 29: 129-145.

9 Wang Q X, Manmi K. Three dimensional microbubble dynamics near a wall subject to high intensity ultrasound [J]. Phys Fluids, 2014, 26(3): 032104.

10 Lechner C, Koch M, Lauterborn W, Mettin R. Pressure and tension waves from bubble collapse near a solid boundary: A numerical approach [J]. J Acoust Soc Am, 2017, 142(6): 3649.

11 Ochiai N, Ishimoto J. Numerical investigation of multiple-bubble behaviour and induced pressure in a megasonic field [J]. J Fluid Mech, 2017, 818: 562-594.
12 Ma X, Huang B, Li Y, Chang Q, Qiu S, Su Z, Fu X, Wang G. Numerical simulation of single bubble dynamics under acoustic travelling waves [J]. Ultrason Sonochem, 2018, 42: 619-630.
13 Qiu S, Ma X, Huang B, Li D, Wang G, Zhang M. Numerical simulation of single bubble dynamics under acoustic standing waves [J]. Ultrason Sonochem, 2018, 49: 196-205.
14 Klaseboer E, Fong S W, Turangan C K, Khoo B C, Szeri A J, Calvisi M L, Sankin G N, Zhong P E I. Interaction of lithotripter shockwaves with single inertial cavitation bubbles [J]. J Fluid Mech, 2007, 593: 33-56.
15 Ye X, Yao X L, Han R. Dynamics of cavitation bubbles in acoustic field near the rigid wall [J]. Ocean Eng, 2015, 109: 507-516.
16 Chahine G L, Kapahi A, Choi J K, Hsiao C T. Modeling of surface cleaning by cavitation bubble dynamics and collapse [J]. Ultrason Sonochem, 2016, 29: 528-549.
17 Cheng A H D, Cheng D T. Heritage and early history of the boundary element method [J]. Eng Anal Bound Elem, 2005, 29(3): 268-302.
18 Liu Y J. Fast multipole boundary element method: theory and applications in engineering [M]. New York, USA: Cambridge University Press, New York, USA, 2009.
19 Manmi K, Wang Q. Acoustic microbubble dynamics with viscous effects [J]. Ultrason Sonochem, 2017, 36: 427-436.
20 Joseph D D, Wang J. The dissipation approximation and viscous potential flow [J]. J Fluid Mech, 2004, 505: 365-377.
21 Zhang A M, Ni B Y. Three-dimensional boundary integral simulations of motion and deformation of bubbles with viscous effects [J]. Comput Fluids, 2014, 92: 22-33.
22 Ohl C-D, Arora M, Dijkink R, Janve V, Lohse D. Surface cleaning from laser-induced cavitation bubbles [J]. Appl Phys Lett, 2006, 89(7): 074102.

On the interaction between two cavitation bubbles above a solid boundary in ultrasonic field

HUANG Xiao, HU Hai-bao, DU Peng

(School of Marine Science and Technology, Northwestern Polytechnical University, Xi'an, 710072, Email: huangxiao@nwpu.edu.cn)

Abstract: The translation and compression of two interacting cavitation bubbles in standing unltrsonic wave filed is solved by the boundary integral equation based on the viscous correction potential flow theory. The model is validated through Rayleigh-Plesset equation. The quick collapse and translation with spherical oscillation are two prominent motions for bubbles in strong ($p_a > 1$ bar) and weak ($p_a < 0.5$ bar) wave, respectively. In the meidum wave field, the surface instability of the bubble appears. And the high-speed collapsing water jet appears when the wave frequency is not greater than the bubble natural frequency.

Key words: Acoustic cavitation bubbles; Solid boundary; Boundary element method

密度分层情况下气泡浮射流结构数值研究

张添豪，牛小静

(清华大学水沙科学与水利水电工程国家重点实验室，北京，100084, Email: nxj@tsinghua.edu.cn)

摘要：本研究使用开源计算流体力学类库 OpenFOAM 对密度分层环境中的气泡浮射流问题进行数值模拟，研究截面上液相垂向速度和气相分数的分布规律。数值模拟结果很好地再现了气泡浮射流的双羽流结构，并与试验数据吻合良好。数值结果表明，当环境流体密度均匀时，液相垂向速度和气相分数在横截面上呈高斯分布；当环境流体密度分层时，气泡浮射流卷吸的流体会在一定高度剥离下沉，形成双羽流结构，此时气相分数的分布与高斯分布吻合较好，但液相垂向速度的分布与高斯分布吻合较差。结果分析表明，采用一个正高斯分布和一个负高斯分布叠加来对液相垂向速度进行描述，可以得到较为满意的结果。

关键词：气泡浮射流；OpenFOAM；密度分层；双羽流

1 背景介绍

海底井喷溢油的水下过程是典型的油气多相浮射流问题，在深海密度分层环境下表现为复杂的动力结构，溢油追踪模型常采用一维断面积分模型模拟。气泡浮射流作为多相浮射流的典型代表，研究气泡浮射流截面上各相速度和体积分数的分布有助于完善和改进一维断面积分模型。

对于均匀水体中浮射流流场结构的研究有许多。经典的试验研究均表明，环境密度均匀条件下气泡浮射流在横断面上的流速和气相分数分布具有很好的自相似性，在充分发展区域满足高斯分布。如 Iguchi 等 [1]曾通过气泡浮射流试验观测证明了不同高度横截面上的流速分布和气相分数分布满足高斯分布并具有自相似性。Rensen 等[2]通过试验分析了气泡羽流的非恒定特征，观测得到气相分数的时均分布也很好地满足高斯分布。

而环境密度分层情况下气泡浮射流的流动结构则要相对复杂。McDougall [3]通过试验观测提出密度分层情况下的双羽流结构。在环境流体密度分层的气泡浮射流中，具有较大浮力通量的气泡会卷吸底部较重流体向上运动，这部分重流体在上升过程中受到周围较轻环境流体的负浮力作用会逐渐减速，最终从浮射流主体周围剥离并向下运动，在

资助项目：国家自然科学基金面上项目“水下井喷油气混合物多相浮射流研究”(51479101)

浮力中性层形成水平侵入层。在剥离影响的范围，浮射流主体附近的液相垂向速度是向下的。Seol 等 [4]通过水箱试验模拟了密度分层条件下的气泡浮射流，观测卷吸流体的影响范围，但未观测流速场。

随着计算机计算能力的发展，近年来使用数值方法模拟气泡浮射流结构的研究越来越多，如 Fraga 等 [5]使用 Eulerian-Lagrangian 大涡模拟的方法模拟均匀环境下气泡浮射流的流动，得到流速的分布服从高斯分布并具有自相似性。本研究使用基于 Euler-Euler 框架的开源计算流体力学类库 OpenFOAM 模拟环境流体密度分层情况下的气泡浮射流，研究其流场结构。

2 数值模型

数值模拟基于开源计算流体力学类库 OpenFOAM 的 reactingMultiphaseEulerFoam 求解器。模型以 Euler-Euler 多相流方程为控制方程，采用 LES 模拟紊流。本研究工作对求解器进行了修改，添加了温度和染色剂浓度的对流扩散方程，用于模拟密度分层条件、追踪卷吸流体影响范围。

第 Φ 相的连续性方程和动量方程分别为

$$\frac{\partial\left(\alpha_\phi\rho_\phi\right)}{\partial t}+\nabla\cdot\left(\alpha_\phi\rho_\phi\mathbf{U}_\phi\right)=0 \tag{1}$$

$$\frac{\partial\left(\alpha_\phi\mathbf{U}_\phi\right)}{\partial t}+\nabla\cdot\left(\alpha_\phi\mathbf{U}_\phi\mathbf{U}_\phi\right)= -\frac{\alpha_\phi\nabla p}{\rho_\phi}+\alpha_\phi \mathrm{g}+\nabla\cdot\left(\alpha_\phi\nu_{eff}\nabla\mathbf{U}_\phi\right)+\mathbf{M}_\phi \tag{2}$$

其中，下标 Φ 表示第 Φ 相，α 表示相分数，ρ 为密度，$\mathbf{U}$ 为速度，p 为压强，ν_{eff} 为有效粘度。**M** 为相间动量交换项，只考虑离散相与连续相之间的相互作用，包括拖曳力、升力和虚拟质量力。

假设环境流体密度分层仅由温度 T 引起，根据 Boussinesq 近似，$\rho=\rho_{\mathrm{r}}[1-\beta(T-T_r)]$，其中 ρ_r 为水的参考密度，T_r 为参考温度，β 为水的热胀系数。温度场的控制方程为

$$\frac{\partial T}{\partial t}+\nabla\cdot\left(\mathbf{U}T\right)=\kappa\nabla^2 T \tag{3}$$

其中 κ 为扩散系数。

为了追踪被卷吸流体的运动，模拟过程中在入口处加入染料，染料的输移扩散范围反映被卷吸流体的运动轨迹。染料在流体中满足对流扩散方程

$$\frac{\partial C_{dye}}{\partial t} + \nabla \cdot \left(\mathbf{U} C_{dye} \right) = \kappa \nabla^2 C_{dye} \tag{4}$$

其中 C_{dye} 为染料浓度。

3 模型验证

Seol 等 [4]采用平面激光诱导荧光技术对密度分层情况下的气泡浮射流进行试验观测。试验在 38cm×80cm×38cm 的有机玻璃水箱中进行，起泡器位于水箱底部中央，直径为 14mm，空气流量保持为 0.1L/min。另外还在水箱底部注入染色剂，追踪水箱内流体的运动轨迹。对瞬时染料浓度场的分布图进行处理可以得到浮射流的剥离高度和截留高度。

数值模拟依据试验设置，计算域的几何尺寸为 38cm×80cm×38cm 的长方体，采用均匀正方体网格，网格单元的尺寸为 1cm×1cm×1cm。初始时水箱内水柱高度为 0.7m，环境流体密度分层的条件与 Seol 等 [4]一致。气体进口边界位于水箱底部中心 2cm×2cm 处，保持进口处的空气流量为 0.1L/min，进口处气体流速为 0.42cm/s。水和空气的基本物理参数取 25℃下的值。取 30s 到 75s 的瞬时场处理得到时均场。

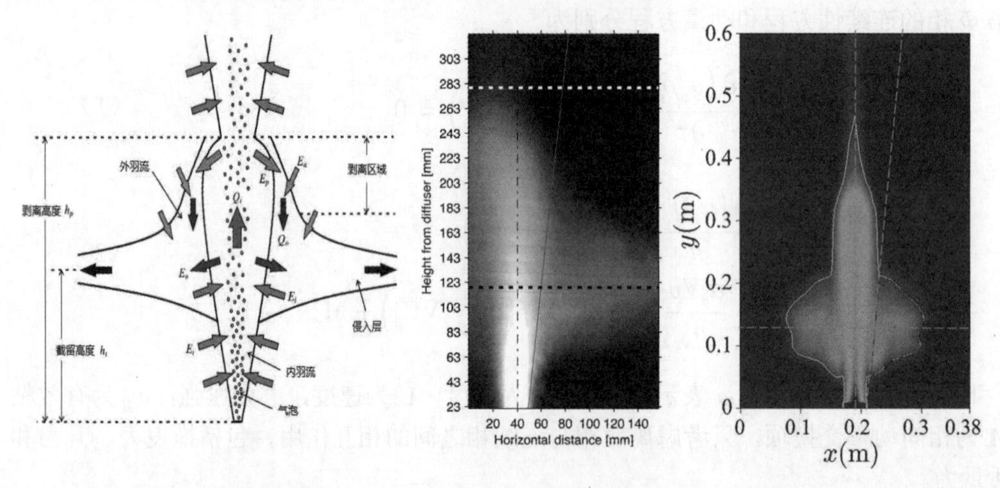

（a）浮射流结构示意图[4][6]　（b）Seol 等试验浮射流结构　（c）数值模拟得到的浮射流结构

图 1 Seol 等（2009）试验和本研究数值模拟得到的结果

图 1（a）是气泡羽流在密度分层环境中所呈现的双羽流结构示意图[3,6]。在环境流体分层情况下，气泡从底部中心进入水箱，由于气泡和流体的密度相差很大，因而具有较大浮力通量的气泡会携带底部密度较大的流体向上运动。在运动的过程中，被卷吸流体的密度比周围流体大，因而会受到向下的浮力作用。在负浮力的作用下，大密度流体的动量逐渐减小，直至为零时从气柱周围剥离。剥离的流体向下运动，最终形成一个水平侵入层。被卷吸的流体开始剥离的高度称为剥离高度，水平侵入层所在的高度称为截留高度。气柱核

心附近受剥离作用影响很小的区域为内羽流，内羽流外部流体剥离和截留的区域为外羽流。

图 1(b)是 Seol 等[4]通过试验观察得到的时均气泡浮射流结构，图 1(c)是本文数值模拟得到的浮射流结构，可以看到本文模拟出了和 Seol 等（2009）[4]试验观测类似的双羽流结构。根据模拟结果得到浮射流的截留高度为 0.132m，时均剥离高度为 0.330m；而 Seol 等（2009）通过图像分析给出截留高度为 0.145m，剥离高度为 0.312m。模拟得到的浮射流形态特征参数与试验接近，稍微偏小。模型验证的结果表明该数值方法可以较好地模拟出气泡浮射流的双羽流结构，模拟的精度较好，因此可以用于研究分层环境中的多相浮射流问题。

4 浮射流结构结果分析

计算域的几何尺寸为 40cm×80cm×40cm 的长方体，采用均匀正方体网格，网格单元的尺寸为 1cm×1cm×1cm。气体进口边界位于水箱底部中心 2cm×2cm 处，液相初始速度为 0，水箱内水深 0.7m，顶部 0.1m 为空气。水和空气的物理参数使用 25℃和标准大气压下的值。初始时水箱内水深 0.1m 以内的区域密度保持为 1000kg/m^3，水深 0.1m 以下的区域流体密度线性分层。设置 4 个算例，密度梯度分别为 0kg/m^4，-20kg/m^4、-50kg/m^4 和 -100kg/m^4，其中第一种为密度均匀情况。

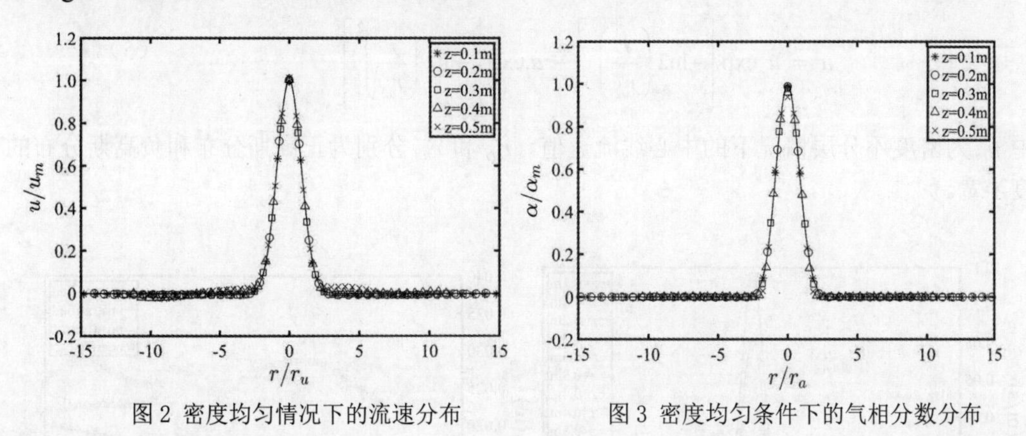

图 2 密度均匀情况下的流速分布　　图 3 密度均匀条件下的气相分数分布

对于密度均匀的算例，取 0.1～0.5m 间隔 0.1m 的 5 个横截面进行分析，将液相流速和气相分数无量纲化后分别画到同一张图上。图 2 为液相垂向速度的分布图，图 3 为气相分数的分布图，其中 r_u 是速度半宽，即流速为 $u_m/2$ 处距中心线的距离，r_a 为气相分数半宽。从图中可以看出，在环境流体密度不分层的情况下，不同高度截面上的液相垂向速度和气相分数的分布均很好地服从高斯分布并具有自相似性。

密度梯度为-50kg/m^4 的算例与密度均匀情况时类似，做同样的处理可以得到液相流速和气相分数的分布图。从图 4 中可以看到，受浮射流剥离-截留作用的影响，液相的垂向速度会出现负值，因此使得计算所得数据与高斯分布曲线吻合较差。而图 5 中气相分数的分布和不分层情况基本一致，与高斯曲线吻合良好。

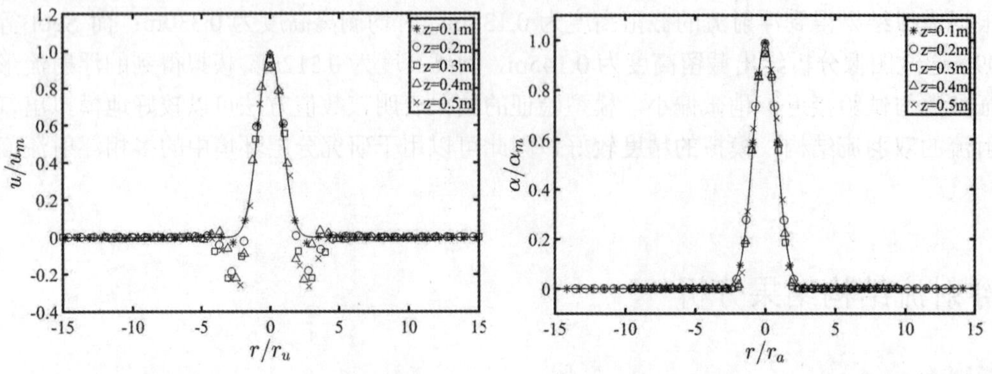

图 4 密度梯度为-50kg/m⁴时的流速分布　　图 5 密度梯度为-50kg/m⁴时的气相分数分布

考虑密度分层环境下的气泡浮射流可模化为一个正向气泡浮射流与一个负密度浮射流的线性叠加，这里尝试使用一个正的高斯分布与一个负的高斯分布叠加来描述流速分布。其中正高斯分布的峰值采用密度不分层情况的峰值，负高斯分布表示相比不分层情况由于密度分层的影响所造成的流速变化。拟合的表达式为

$$u = u_m \exp\left[-\ln 2\left(\frac{r}{r_{u1}}\right)^2\right] - a_1 \exp\left[-\ln 2\left(\frac{r}{r_{u2}}\right)^2\right] \tag{5}$$

其中 u_m 为密度不分层情况下的中心线流速值，r_{u1} 和 r_{u2} 分别为正高斯分布和负高斯分布的速度半宽。

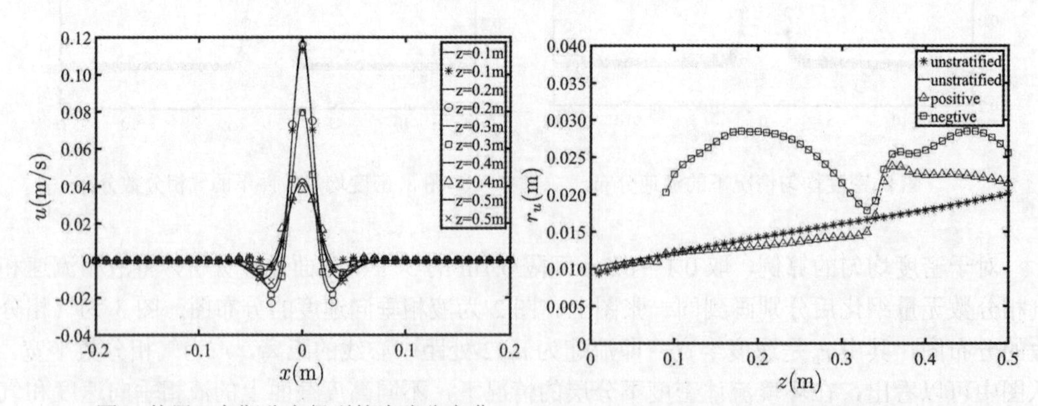

图 6 使用双高斯分布得到的流速分布曲　　图 7 浮射流半宽随高度的变化曲线

图 6 为不同高度上的流速使用双高斯分布拟合得到的结果，可以看到对于不同横截面双高斯分布曲线均有较好地模化效果。对密度梯度为-20kg/m^4 和-100kg/m^4 的算例也得到了

较好的拟合结果。

图 7 为密度不分层和分层情况下浮射流速度半宽的变化。可以看到，当环境流体密度不分层时，浮射流的速度半宽基本是满足线性扩展的；图 7 中三角形符号和圆形符号分别表示正高斯分布和负高斯分布的半宽，对应于气泡浮射流的双羽流结构，正高斯分布的半宽表示内羽流的边界，负高斯分布的半宽表示外羽流的边界。从图中可以看到，在第一个截留高度（0.132m）以下时，内羽流边界与不分层情况的边界基本重合，在第一个截留高度与第一个剥离高度（0.330m）之间时，内羽流边界比不分层情况的边界稍微偏小，但基本还是线性扩展的，在第一个截留高度之后，内羽流边界迅速变大，之后均保持一个较大的值。外羽流边界在第一个截留高度和剥离高度之间有一个先变大再变小的过程，在第一个剥离高度与内羽流边界重合，在第一个剥离高度之后又重复之前的过程。从浮射流半宽变化曲线可以明显地看出密度分层情况下浮射流的双羽流结构。

图 8 和图 9 分别为不同情况下浮射流中心线的液相垂向速度和气相分数随高度的变化。可以看到在不分层情况时，中心线流速一直在增加，但增加的幅度逐渐变缓，在密度分层时，流速变化存在较大的波动，分析可知波动的极小值点对应了浮射流的剥离高度，从图 8 中可以看出，随着密度梯度绝对值的增大，浮射流的剥离高度在逐渐减小。对于气相分数的分布，不管是分层情况还是不分层情况，气相分数都随着高度逐渐降低。在密度分层时，随着密度梯度绝对值的增加，气相分数的变化曲线与不分层相比重合的部分逐渐变少。

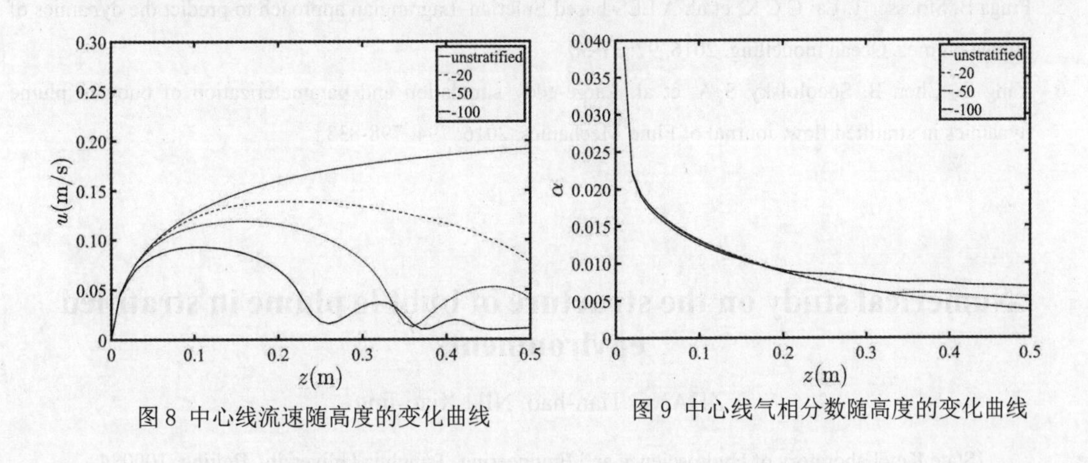

图 8 中心线流速随高度的变化曲线　　图 9 中心线气相分数随高度的变化曲线

5 结论

本研究讨论了环境流体密度分层和不分层情况下气泡浮射流的结构，为分层情况下的一维积分模型提供参考依据。结果表明，当环境流体密度均匀时，液相垂向速度和气相分数在横截面上呈高斯分布并具体较好的自相似性；当环境流体密度分层时，由于浮射流卷吸流体的剥离下沉，使用单个高斯分布的模化效果较差，而使用一个正高斯分布与一个负高斯分布叠加的模化效果很好。不分层情况下浮射流半径是线性扩展的，而分层情况下内羽流半径的扩展在第一个剥离高度下基本是线性的，外羽流半径的扩展在第一个剥离高度和截留高度之间先增大再减小，并且在第一个截留高度附近达到最大。不分层情况和分层情况下中心线上的气相分数分布规律基本一致，均为逐渐减小，不分层情况下的中心线流速分布较为平缓，而分层情况下的流速分布波动较大，而且波动的位置与浮射流的截留高度和剥离高度密切相关。

参 考 文 献

1 Iguchi M, Ueda H, Uemura T. Bubble and liquid flow characteristics in a vertical bubbling jet. International Journal of Multiphase Flow, 1995, 21(5): 861-873.

2 Rensen J, Roig V. Experimental study of the unsteady structure of a confined bubble plume. International journal of multiphase flow, 2001, 27(8): 1431-1449.

3 McDougall T J. Bubble plumes in stratified environments. Journal of Fluid Mechanics, 1978, 85(4): 655-672.

4 Seol D G, Bryant D B, Socolofsky S A. Measurement of behavioral properties of entrained ambient water in a stratified bubble plume. Journal of Hydraulic Engineering, 2009, 135(11): 983-988.

5 Fraga B, Stoesser T, Lai C C K, et al. A LES-based Eulerian–Lagrangian approach to predict the dynamics of bubble plumes. Ocean modelling, 2016, 97: 27-36.

6 Yang D, Chen B, Socolofsky S A, et al. Large-eddy simulation and parameterization of buoyant plume dynamics in stratified flow. Journal of Fluid Mechanics, 2016, 794: 798-833..

Numerical study on the structure of bubble plume in stratified environments

ZHANG Tian-hao, NIU Xiao-jing

(State Key Laboratory of Hydroscience and Engineering, Tsinghua University, Beijing, 100084.
Email: nxj@tsinghua.edu.cn)

Abstract: In this study, the open source computational fluid dynamics library OpenFOAM is applied to numerical simulation of bubbly plumes in stratified fluid, and the distribution of liquid vertical velocity and gas fraction is studied. The numerical simulation results reproduce well the double-plume structure of bubbly plume and agree well with the experimental data. When the ambient fluid density is constant, the profiles of liquid vertical velocity and gas fraction are in good agreement with Gaussian curves; When the density of the ambient fluid is stratified, the entrained ambient fluid peels off the bubble core within a certain height range and sinks to form a double-plume structure. In the stratified cases, the distribution of the gas fraction is in good agreement with the Gaussian distribution, but the distribution of the liquid vertical velocity is much complex. The superposition of a positive Gaussian distribution and a negative Gaussian distribution is used to describe the liquid vertical velocity, and satisfactory results can be obtained.

Key words: Bubbly plume; OpenFOAM; Stratified environments; Double-plume.

基于双层 Boussinesq 模型的波浪演化

刘忠波[1*]，房克照[2]，孙家文[3]

（1. 大连海事大学交通运输工程学院，大连 116026，Email: liuzhongbo@dlmu.edu.cn；2. 大连理工大学海岸和近海工程国家重点实验室，大连，116023；3. 国家海洋环境监测中心海域管理技术重点实验室，大连 116024）

摘要：针对 Liu 和 Fang[1] 推导的双层 Boussinesq 水波方程，在非交错规则均匀网格下，建立了基于混合四阶 Adams-Bashforth-Moulton 格式时间步进的立面二维有限差分模型。首先，数值模拟了常水深线性波、非线性波浪的传播变形，通过将数值解与解析解比较来检验模型在色散性、变浅性、非线性以及速度剖面的精准性，结果表明，数值模型具有良好的线性与非线性特征。其次，数值模拟了常水深聚焦波群传播变形，计算结果与实验数据的吻合程度较好。最后，设计了一组从深水到波浪破碎前水深的波浪演化实验，并讨论了方程中非线性对数值结果的影响。

关键词：双层 Boussinesq 数值模型；色散性；非线性；变浅性

1 引言

当波浪从深水传到浅水，其经历了多种复杂的变浅、折射、绕射和反射甚至波浪破碎等物理现象，对波浪精确模拟一直是国内外学者关注的话题。近年来，伴随计算机性能的提升和新型水波方程的出现，精准相位捕捉成为可能。作为一类相位识别模型，Boussinesq 型（BT）模型得到了较广泛的关注和应用，最新研究表明，BT 模型的适用水深大大拓展[1]，已完全摆脱了经典 BT 方程不能适用深水这一限制。

BT 数值模型能否精确捕捉非破碎波浪，主要看其理论方程是否具有精确线性与非线性性能。大多数 BT 方程将垂向速度用低阶的水平速度表达，它们的非线性适用水深远小于其线性色散适用水深。强色散的非线性 BT 方程中一般均含有垂直速度[1-3]，它们适用水深大大加深，最新方程色散适用水深 kh 可达 7600[1]。最近，Liu 和 Fang 开发了一组垂向二维 BT 波浪数值模型[4]，通过数值研究初步验证数值模型的有效性。本文则进一步对该数值模型进行了更为广泛的验证。在此基础上，设计了从深水到波浪破碎前水深的波浪演化实验，并讨论了波浪非线性对计算结果的影响。

2 垂向二维双层 Boussinesq 水波模型

2.1 控制方程

Liu 和 Fang 推导的双层 BT 方程[3]，在垂向二维情况下模型包含 9 个方程。自由波面处满足运动学边界条件和动力学边界条件：

$$\frac{\partial \eta}{\partial t} = w_\eta - u_\eta \eta_x \tag{1}$$

$$\frac{\partial u_\eta}{\partial t} = -g\eta_x - \frac{1}{2}(u_\eta{}^2 + 2u_\eta w_\eta \eta_x)_x - \eta_x \frac{\partial w_\eta}{\partial t} + w_\eta(u_\eta \eta_x)_x \tag{2}$$

自由波面处的速度与静止水位处速度的关系式为

$$u_\eta = u_{10} + \eta w_{10x} - \frac{1}{2}\eta^2 u_{10xx} - \frac{1}{6}\eta^3 w_{10xxx} \tag{3}$$

$$w_\eta = w_{10} - \eta u_{10x} - \frac{1}{2}\eta^2 w_{10xx} + \frac{1}{6}\eta^3 u_{10xxx} \tag{4}$$

静止水位处速度与第一层计算速度的关系式为

$$u_{10} = u_1^* - \sigma_1 u_{1xx}^* + \sigma_2 w_{1x}^* - \sigma_3 w_{1xxx}^* - \sigma_4 u_{1x}^* + \sigma_5 u_{1xxx}^* - \sigma_6 w_{1xx}^* \tag{5}$$

$$w_{10} = w_1^* - \sigma_1 w_{1xx}^* - \sigma_2 u_{1x}^* + \sigma_3 u_{1xxx}^* - \sigma_4 w_{1x}^* + \sigma_5 w_{1xxx}^* + \sigma_6 u_{1xx}^*. \tag{6}$$

连接位置处，第一层计算速度与第二层计算速度关系式为

$$\begin{aligned} &u_2^* - \sigma_7 u_{2xx}^* + \sigma_8 w_{2x}^* - \sigma_9 w_{2xxx}^* - \sigma_{10} u_{2x}^* + \sigma_{11} u_{2xxx}^*(1-c_1) - \sigma_{12}(1-\frac{1}{4}c_1) w_{2xx}^* \\ &= u_1^* - \sigma_1 u_{1xx}^* - \sigma_2 w_{1x}^* + \sigma_3 w_{1xxx}^* + \sigma_4 u_{1x}^* - 3\sigma_5 u_{1xxx}^* - \frac{3}{2}\sigma_6 w_{1xx}^* \end{aligned} \tag{7}$$

$$\begin{aligned} &w_2^* - \sigma_7 w_{2xx}^* - \sigma_8 u_{2x}^* + \sigma_9 u_{2xxx}^* - \sigma_{10} w_{2x}^* + \sigma_{11}(1-c_1) w_{2xxx}^* + \sigma_{12}(1-\frac{1}{4}c_1) u_{2xx}^* \\ &= w_1^* - \sigma_1 w_{1xx}^* + \sigma_2 u_{1x}^* - \sigma_3 u_{1xxx}^* + \sigma_4 w_{1x}^* - 3\beta_{13}\sigma_5 w_{1xxx}^* + \frac{3}{2}\beta_{12}\sigma_6 u_{1xx}^* \end{aligned} \tag{8}$$

水底满足的运动学条件为

$$\begin{aligned} &w_2^* - \sigma_7 w_{2xx}^* + \sigma_8 u_{2x}^* - \sigma_9 u_{2xxx}^* + \sigma_{10} w_{2x}^* - 3\beta_{23}\sigma_{11}(1+\frac{1}{3}c_1) w_{2xxx}^* \\ &+ \frac{3}{2}\beta_{22}\sigma_{12}(1+\frac{1}{6}c_1) u_{2xx}^* + h_x(u_2^* - \sigma_7 u_{2xx}^* - \sigma_8 w_{2x}^* + \sigma_9 w_{2xxx}^*) = 0 \end{aligned} \tag{9}$$

$$\begin{aligned} &\sigma_2 = \alpha_1 h,\ \sigma_8 = \alpha_2 h,\ \sigma_1 = \frac{2}{5}\sigma_2^2,\ \sigma_7 = \frac{2}{5}\sigma_8^2,\ \sigma_3 = \frac{1}{15}\sigma_2^3,\ \sigma_9 = \frac{1}{15}\sigma_8^3, \sigma_4 = \alpha_1^2 h h_x, \\ &\sigma_5 = \frac{1}{5}\alpha_1^4 h^3 h_x, \sigma_6 = \frac{4}{5}\alpha_1^3 h^2 h_x, \sigma_{10} = (2\alpha_1 + \alpha_2)\ \sigma_8 h_x,\ \sigma_{11} = \frac{1}{5}\sigma_8^2 \sigma_{10},\ \sigma_{12} = \frac{4}{5}\sigma_8 \sigma_{10}. \end{aligned} \tag{10}$$

式中，η为波面；u_η和w_η为自由表面处的水平和垂向速度；u_{10}和w_{10}为在静止水位处的速度分量；(u_i^*, w_i^*) $(i=1, 2)$与每层中间位置处速度对应的计算速度；下标 x表示对x求导； g 是重力加速度，系数取值为$(\alpha_1, \alpha_2, \beta_{12}, \beta_{13}, \beta_{22}, \beta_{23}) = (0.1053, 0.3947, 0.92, 0.85, 0.937, 0.607)$ 。

2.2 数值计算流程、造波与消波

时间步进格式采用混合四阶预测-校正的 Adams-Bashforth-Moulton 格式，在预报阶段，利用三阶 Adams-Bashforth 格式求解方程（1）和方程（2），可以得到波面和波面处水平速

度的预报值；求解方程（3）、方程（5）、方程（7）得到水平速度u_0、u_1^*和u_2^*的预报值；进一步求解方程（9）、方程（8）、方程（6）、方程（4）可得到垂向速度w_2^*、w_1^*、w_0和w_η的预报值。校正阶段则利用四阶 Adams-Moulton 格式求解方程（1）和方程（2）得到波面和波面处水平速度的校正值，其他过程类似。当所有变量校正值与预报值在设定误差 0.0001 内，则进入下一时间，否则更新校正值后重新校正过程。空间导数差分采用与 Liu 和 Fang 类似的数值格式[4]，这里不再赘述。

造波条件根据计算工况，可采用内部造波方法[5]、边界松弛造波方法[6]和传统边界造波法。采用内波造波采用两个海绵层消波，边界造波时采用一个海绵层消波。

3 数值验证和应用

3.1 线性色散性的检验

一组波群包含 141 个规则波，波高均为 0.1m，波浪周期范围为 6～20s，间隔为 0.1s。水槽长 4200 m，水深 156.13 m，水深范围为 $kh\approx1.68\sim17.45$。计算中采用线性边界造波，时间步长和空间步长为 0.2s 和 3.0m。在末端设置 1200 m 长的海绵层，并忽略底部摩擦影响。图 1 给出了在 t=4800 s 时计算波面和线性 Stokes 波解析解的对比，二者吻合程度很好，印证了双层 BT 模型在模拟线性波群时具有较好的色散性能。

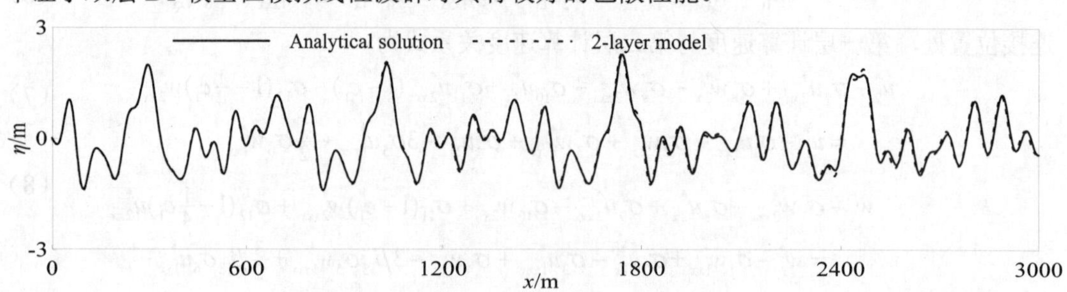

图 1 数值计算波面与波面解析解的比较

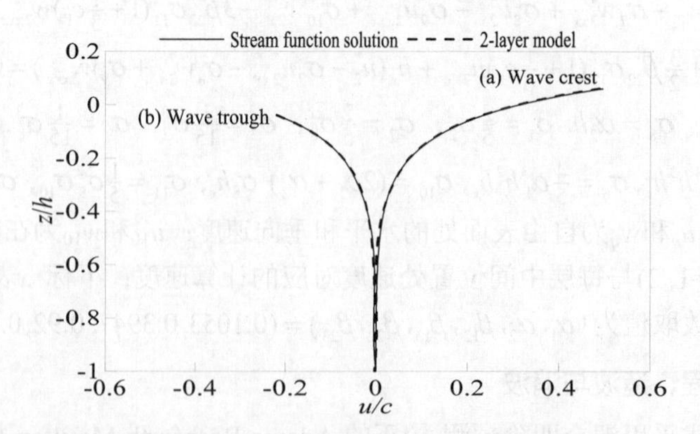

图 2 波峰和波谷处水平速度剖面与流函数解析解的比较

3.2 非线性波浪速度剖面的检验

数值实验中采用边界松弛造波，计算域长为 $10L$（L 为非线性波长），松弛造波区（覆盖 0～$2L$）和海绵层（覆盖 8～$10L$）分别施加在入射边界和右端边界。模拟了在 70 m 恒定水深上周期 $T = 6.0$ s，波高 $H = 7.0$ m 的强波浪传播，水深 $kh = 6.94$，波浪陡度 $H/L = 0.11$。计算时间为 $50T$，空间大小为 $L/32$，时间步长为 $T/120$。图 2 给出了在 $x/L = 4$ 处波峰和波谷时水平速度剖面与流函数解析解对比，二者吻合良好，这说明方程的非线性及速度剖面都很精确。

3.3 线性变浅的检验

线性波周期T=6.4 s，深水时方程中的下层速度均接近0，为了减少计算量，本文设置两个算例，其中算例1，深水h_1=30m (kh=2.95) 到浅水h_2=1m (kh=0.31)；算例2，则是h_1=300m (kh=29.5) 到h_2=30m (kh=2.95)，任何一个算例连接水深均采用：

$$h(x) = h_1 - \frac{h_1 - h_2}{2}\left[1 + \tanh\left(\frac{\sin(\pi x / 3180)}{1 - (2x / 3180)^2}\right)\right] \tag{11}$$

数值模拟中时间步长采用 0.05 s，两个算例空间步长分别采用 0.5 m 和 3 m，计算时间为 $200T$。图 3 给出了计算波面与变浅波幅轮廓线的对比，整体来看，数值计算比较稳定，且波面轮廓与控制轮廓线吻合程度良好，这说明方程具有良好的线性变浅性能。

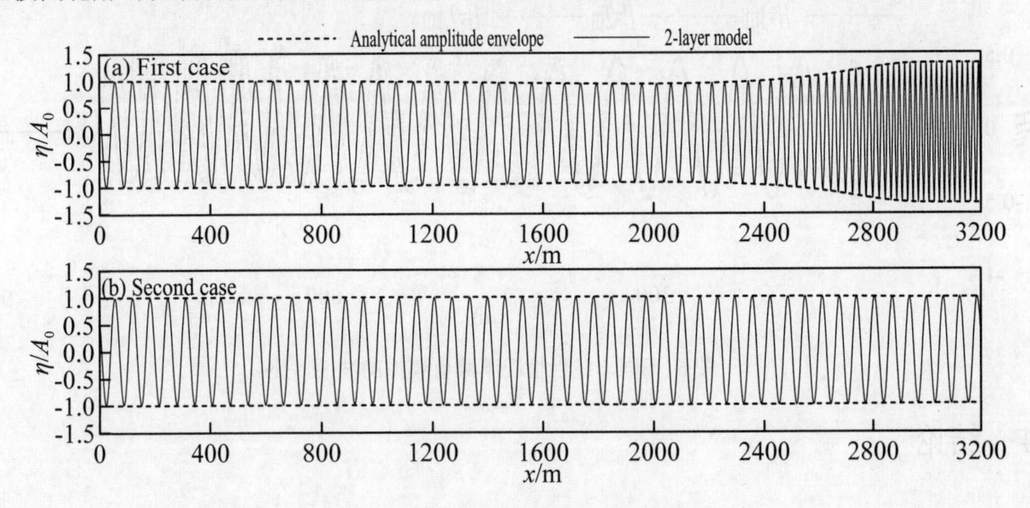

图3 计算波面与变浅波幅轮廓线的对比

3.4 聚焦波的传播模拟

对 Baldock 等[8]实验中的 B55 算例进行模拟，B55 由 $N = 29$ 个具有相等波幅的波分量组成，覆盖 0.714 Hz < f <1.667 Hz 的范围。数值水槽长 20 m，在 $x = 0$ m 处施加线性边界入射，并且在计算域末端施加 5 m 长的海绵层，空间和时间步长分别为 0.05 m 和 0.01 s。图 4 给出了计算波群波面与实验结果的比较，二者吻合良好，这反映出方程具有良好的非线性性能和非线性色散性能。

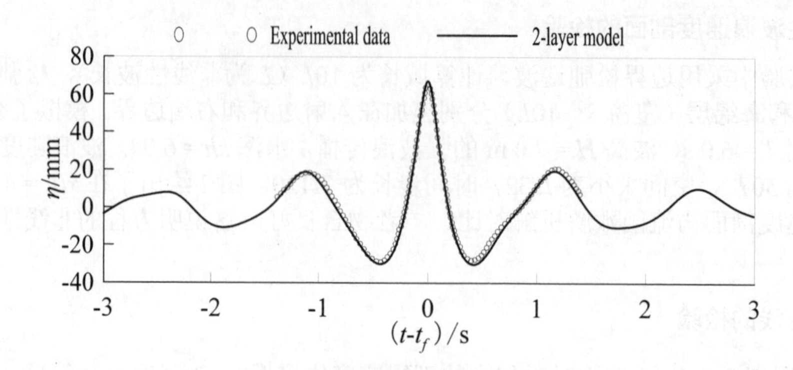

图 4 计算波群波面与实验结果的对比

3.5 数值应用

地形为 1:10 的斜坡连接两个常水深 h_1 和 h_2（h_1=28.2m, h_2=5m），波周期 T=6.0s，波高为 1m，2m 和 2.5m。模拟采用空间步长 2.0m，时间步长为 0.2s。在 t=400s 时计算波面和波面处水平速度见图 5。随着非线性增强，波峰尖锐，波峰和波谷出现明显不对称，波长也随着非线性在变长，这是波幅离散频散效应引起的。

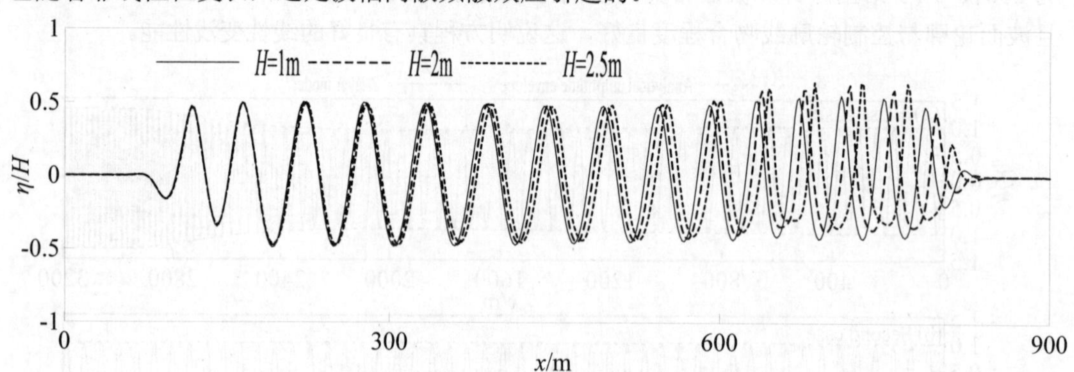

图 5 不同非线性情况下数值模拟的波面对比

4 结论

在均匀网格上采用混合四阶Adams-Bashforth-Moulton格式步进求解垂直二维双层BT模型，并开展了数值模拟研究，得到主要结论如下。

（1）数值模拟了含有141个频率的线性波群算例，充分证实了计算模型色散性能的精准，也印证了精确捕捉波浪相位需要方程应具备良好的线性色散精度的事实。

（2）数值模拟了深水非线性波浪传播，其计算水平速度沿着水深分布的剖面具有较高精度，表明出双层BT方程不仅具有精确线性速度剖面[3]，也具有较精确的非线性速度剖面。

（3）浅水变形算例证实方程具备良好的线性变浅性能，聚焦波模拟则反应了计算模型具有良好的线性与非线性性能。

总之，双层BT数值模型的计算结果与相关解析解吻合程度均很好，一方面采用格式求解数值模型是合理的；另一方面从数值角度印证双层BT方程具备良好的理论精度。

致谢

国家自然科学基金项目(编号51779022，51579034，51809053)资助，特此说明。

参 考 文 献

1 Liu ZB, Fang KZ, Cheng YZ. A new multi-layer irrotational Boussinesq-type model for highly dispersive surface waves over a mildly sloping seabed. J. Fluid Mech., 2018, 842: 323-353.
2 Madsen P A, Bingham H B, Liu H. A new Boussinesq method for fully nonlinear waves from shallow to deep water. J. Fluid Mech. 2002, 462: 1-30.
3 Liu Zhongbo, Fang Kezhao. A new two-layer Boussinesq model for coastal waves from deep to shallow water: Derivation and Analysis. Wave Motion, 2016, 67: 1-14.
4 Liu Zhongbo, Fang Kezhao. Numerical verification of a two-layer Boussinesq-type model for surface gravity wave evolution. Wave Motion, 2019, 85: 98-113.
5 Fuhrman D R. Numerical solutions of Boussinesq equations for fully nonlinear and extremely dispersive water waves. Ph.D. thesis, Technical University of Denmark, Denmark, 2004.
6 Hsiao S C, Lynett P, Hwung H H, Liu P L-F. Numerical simulations of nonlinear short waves using a multilayer model. J. Eng. Mech., 2005, 131: 231-243.
7 Baldock T E, Swan C, Taylor P H. A laboratory study of nonlinear surface waves on water. Phil. Trans. R. Soc. Lond. A, 1996, 354:649-676.

Numerical simulation of wave evolution by a two-layer Boussinesq-type model

LIU Zhong-bo[1], FANG Ke-zhao[2], SUN Jia-wen[3]

(1Transportation Engineering College, Dalian Maritime University, Dalian, 116026, China，Email: liuzhongbo@dlmu.edu.cn; 2 State Key Laboratory of Coastal and Offshore Engineering, Dalian University of Technology Dalian, 116024; 3 National Marine Environmental Monitoring Center, Dalian, 116024, China)

Abstract: Based on the two-layer Boussinesq-type model derived by Liu and Fang (2016), a vertical two-dimensional model is established and solved by a finite difference method. In this model, a compose fourth-order Adams-Bashforth-Moulton scheme is used for time integration on non-staggered regular uniform grids. Firstly, the numerical simulations of linear and nonlinear waves on a constant water depth and a slowly varying bottom are carried out. The accuracy of the dispersion, shoaling gradient, nonlinearity and velocity profile is verified by comparing the numerical solutions with the corresponding analytical solutions. The results show that the numerical model has good linear and nonlinear characteristics. Secondly, numerical simulation of a focused wave group evolution on a constant water depth is conducted, the simulated results agree well with the experimental data. Finally, the numerical experiments of wave evolution from deep water to a finite water depth where waves do not break are conducted, and the effect of wave nonlinearity to the results is discussed.

Key words: A two-layer Boussinesq numerical model; dispersion; nonlinearity; shoaling amplitude

孤立波与水平板相互作用过程涡演化的研究*

刚傲，马玉祥*，牛旭阳，张少华，董国海

（大连理工大学海岸和近海工程国家重点实验室，大连，116024，Email：yuxma@dlut.edu.cn）

摘要：本文通过物理模型实验对孤立波与下潜水平板的相互作用进行了研究。实验采用 PIV 技术测量了水平板周围流场的演化特征，实验结果发现在水平板的迎浪侧和背浪侧均会产生涡，但涡的演化过程有着明显的差别。本文基于小波变换的涡结构识别方法，对流场数据进行了分析，得到了孤立波与平板相互作用过程迎浪侧与背浪侧的涡结构。结果表明，水平板迎浪侧涡的尺寸会随着波高的增大而增大，与波高呈正相关；背浪侧涡的尺寸与波高的相关性较弱。

关键词：涡演化过程，小波变换，孤立波，淹没平板

1 引言

波浪与结构物的相互作用是海洋工程中常见的现象，研究波浪与结构物相互作用的机理对工程应用有较为深远的意义。近些年来，淹没结构物的应用越来越广泛，例如桥梁的桥面、海洋平台等等，而且这类结构物在台风等极端海况下是很容易被破坏的，所以研究极端海况与淹没结构物的相互作用是十分必要的。

在孤立波的作用下，淹没结构物前后两端会生成涡，随着波浪的传播，涡的位置也随之变化。Lin 等[1]应用亥姆霍兹分解法结合了边界积分法和涡方法，分析了孤立波与淹没矩形障碍物相互作用过程中涡的生成与演化过程；Lo 和 Liu[2]进行了实验研究与数值计算，详细分析了孤立波与淹没水平板相互作用的过程，测量了波高、点压力以及平板周围的涡结构，将实验数据与数值结果进行了充分的对比。了解涡的演化过程是深入分析湍流的形成机理的重要前提，所以研究涡的演化过程是十分有意义的。当前对涡演化过程的研究方法有很多，Chong 等[3]通过分析速度梯度张量的特征值来分析涡的运动，Adrian 等[4]将大涡模拟（LES）的方法应用在 PIV 数据上分析，过滤掉小尺度的涡，并通过模式化的方法来表征这些被过滤掉的涡，从而重点分析大尺度的涡结构。Camussi 等[5]利用小波变换的方法分析 PIV 数据，定量地计算涡的能量，并且反演出涡的位置，为细致地刻画涡结构提供了基础。本文基于 Camussi[5]提出的小波变换方法，分析孤立波与淹没平板相互作用中的淹没

* 基金资助：辽宁省“兴辽英才计划”资助项目（XLYC1807010），国家自然科学基金（51679031）

平板附近涡的演化过程，分别探究迎浪侧与背浪侧涡的结构与孤立波波高之间的关系。

2 实验及参数设置

本实验是在大连理工大学海岸与近海工程国家重点实验室的波浪水槽中进行的，水槽长 20m，宽 0.45m，高 0.6m。水槽的一端设置了推板造波机，另一端安置消波装置。本实验采用高速粒子图像速度系统(HSPIV)对淹没平板周围的二维速度场进行了测量。采用高速 CMOS 相机拍摄图像，分辨率为 2016*2016 像素，最大帧频为 1279 Hz。在 HSPIV 测量过程中，由于孤立波与淹没平板相互作用的涡在平板的两端较为明显，所以在淹没平板的迎浪侧和背浪侧分别选取了一个涡结构较为明显的测量区域，以此来分析平板周围的涡演化过程。迎浪侧与背浪侧测量区域的尺寸均为 23*23 cm^2，水平方向的零点设置于淹没平板的左端，竖直方向的零点设置于水槽底部，迎浪侧区域水平方向的位置为-0.1m ~ 0.13m，竖直方向的位置为 0.08m ~ 0.31m；背浪侧区域水平方向的位置为 0.23m ~ 0.46m，竖直方向的位置为 0.05m ~ 0.28m，PIV 装置以及测量区域的布置如下图所示。

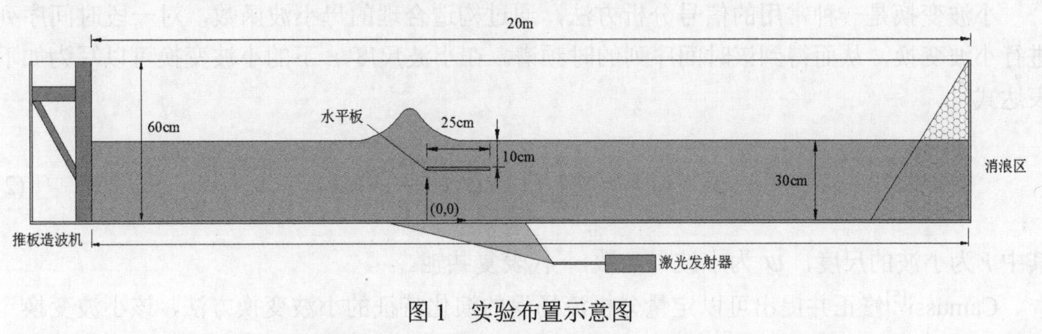

图 1　实验布置示意图

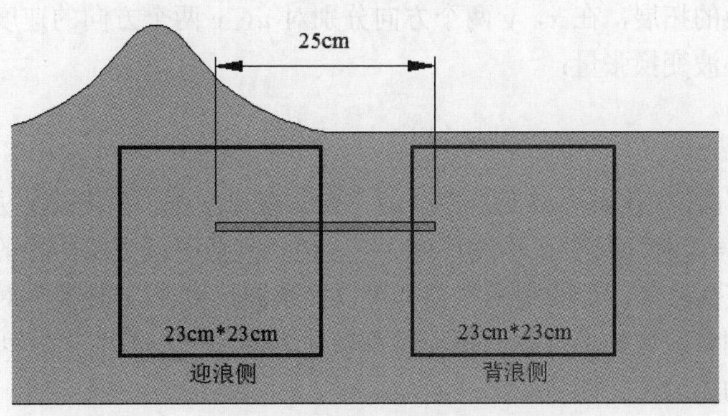

图 2　流场测量区域设置示意图

本实验为了对比不同孤立波波高下涡演化过程的差异，共设置了三组不同的波高，孤立波的波面升高 η 的表达式如下：

$$\eta = H\,\mathrm{sech}^2\sqrt{\frac{3H}{4h^3}}(x-ct) \ , \tag{1}$$

其中 H 为孤立波波高，h 为水深，c 为孤立波传播速度。实验参数设置如表 1 所示。

表 1　实验工况设置参数

CASE	水深 h(cm)	波高 H(cm)	板下潜深度 d(cm)	波速 c(m/s)
A		3.0		1.80
B	30.0	7.0	10.0	1.90
C		11.0		2.00

3　小波变换方法

小波变换是一种常用的信号分析方法，通过构造合理的母小波函数，对一段时间序列进行小波变换，从而得到该时间序列的时频谱。在小波尺度 r 下的小波变换可以写为如下表达式[5]：

$$w^r(x) = r^{-1/2}\int f(x')\psi^*(\frac{x-x'}{r})\mathrm{d}x', \tag{2}$$

其中 r 为小波的尺度，ψ 为小波母函数，*代表复共轭。

Camussi[5]修正并提出可以定量分析流场涡的演化特征的小波变换方法，该小波变换方法是对小波变换的拓展，在 x，y 两个方向分别对 u，v 两个方向的速度分别进行小波变换。首先定义小波变换张量：

$$w_{i,k}^r\ (x), \qquad i,k = 1,2 \tag{3}$$

其中 i 代表速度方向，j 代表小波变换序列的方向，在本文中，1 代表 x 方向，2 代表 y 方向。例如 $i = 1$，$j = 1$ 时，代表在小波尺度 r 下，PIV 测量区域中每一行的水平速度 u 沿着 x 方向进行小波变换，每一行的空间序列都可以在小波尺度 r 下转换为对应的小波变换序列，进而将整个测量区域的场数据的每一行都转化为对应的小波变换序列。

定义涡结构的无因次化能量：

$$E\left(x_1,x_2\right)^r = \left|\left[\left(\frac{w_{1,2}^r w_{1,2}^{r*}}{\left\langle w_{1,2}^r w_{1,2}^{r*}\right\rangle}\right)\left(\frac{w_{2,1}^r w_{2,1}^{r*}}{\left\langle w_{2,1}^r w_{2,1}^{r*}\right\rangle}\right)\right]^{1/2}\right|, \tag{4}$$

其中 $w_{1,2}^{r^*}$ 代表 $w_{1,2}^{r}$ 的共轭，< >代表在测量空间的全域上取平均值。

涡心位置一般是与涡能量相关的，即涡心处的能量一般都相对较大，所以为了更好地反演涡心位置，Camussi[5]选取具有较大能量的位置进行分析，因此需要确定出涡能量的一个阈值，并选取大于此阈值的涡能量进行分析，根据合理的推断，阈值的定义如下，

$$\left\langle \left[E\left(x_1, x_2\right)^r - \left\langle E\left(x_1, x_2\right)^r \right\rangle \right] \right\rangle, \tag{5}$$

选出所有大于此阈值的涡能量值进行求和平均，即得出在小波尺度为 r 时的平均涡能，

$$\tilde{E}(r) = \left\langle E\left(\tilde{x}_1, \tilde{x}_2\right)^r \right\rangle_{\tilde{x}_1, \tilde{x}_2}, \tag{6}$$

其中 $\tilde{x}_1$，$\tilde{x}_2$ 即为涡能大于阈值的位置。

从定义式中可以看出，平均涡能 $\tilde{E}(r)$ 是小波尺度 r 的函数，选出平均涡能最大时对应的尺度 $\bar{r}$，将其做为最优尺度，同时在最优尺度下找到对应的涡能 $E\left(x_1, x_2\right)^{\bar{r}}$ 最大的位置，即为当前时刻速度场对应的涡心的位置。

为了验证该方法的可行性，本文选用一个单一的涡进行该算法的测试，在 1m×1m 的区域中，设置一个点涡，速度矢量图如图 3 左侧所示，经过小波变换处理，可以得到图 3 右侧的能量图，并且可以计算出涡心的位置在(0,0)处，最优小波尺度为 0.08m，由此可以说明本方法处理涡结构可以较为有效地反演出涡的结构与位置。

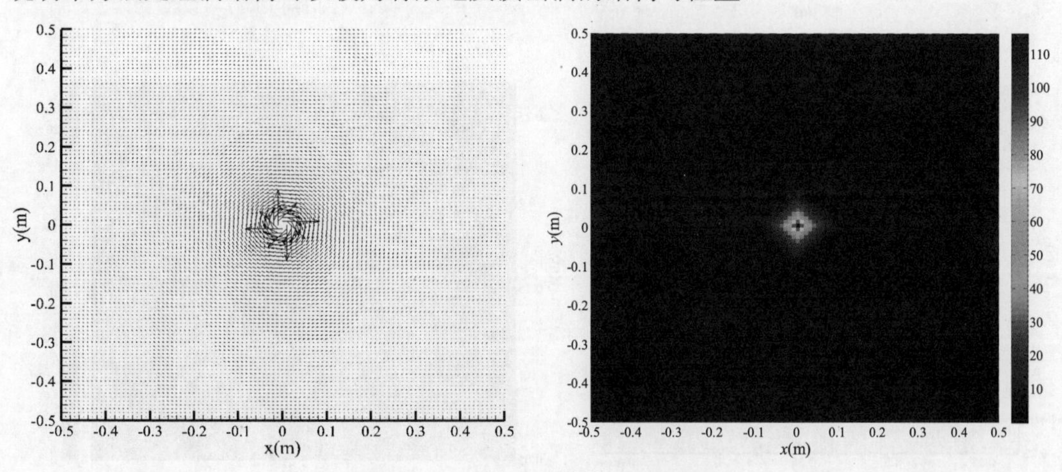

图 3　点涡的速度矢量图与涡能量图

4 实验结果与讨论

本实验中 PIV 测量的窗口大小为 0.002m，本文为了过滤掉较小的涡结构，所以选定五倍窗口大小为小波变换的最小尺度，即为 0.01m，测量区域的一半为最大尺度，即为 0.115m。本文应用小波变换方法，得出不同孤立波波高下涡的演化过程。

本文将时间零点定义为孤立波波峰传播至淹没平板前端的时刻，对于迎浪侧而言，$t = 0.6$s 时涡的结构发展较为充分，而在 $t = 0.4$s 时，在平板尾部附近生成了连续的涡，并且涡的结构较为明显。所以在迎浪侧和背浪侧分别选定 $t = 0.6$s 和 $t = 0.4$s 的速度场作为进行小波变换分析的场数据。

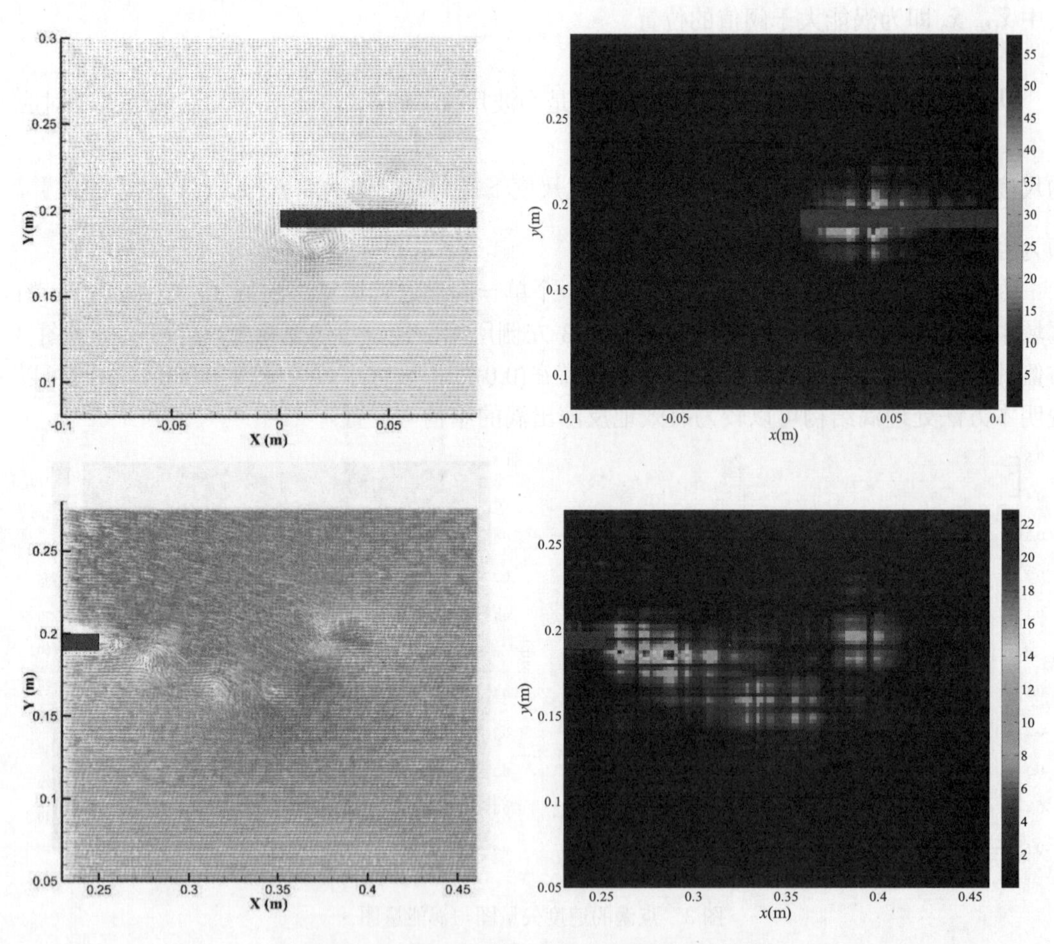

图 4 $H = 3$cm 工况下流场与涡能量的对比图

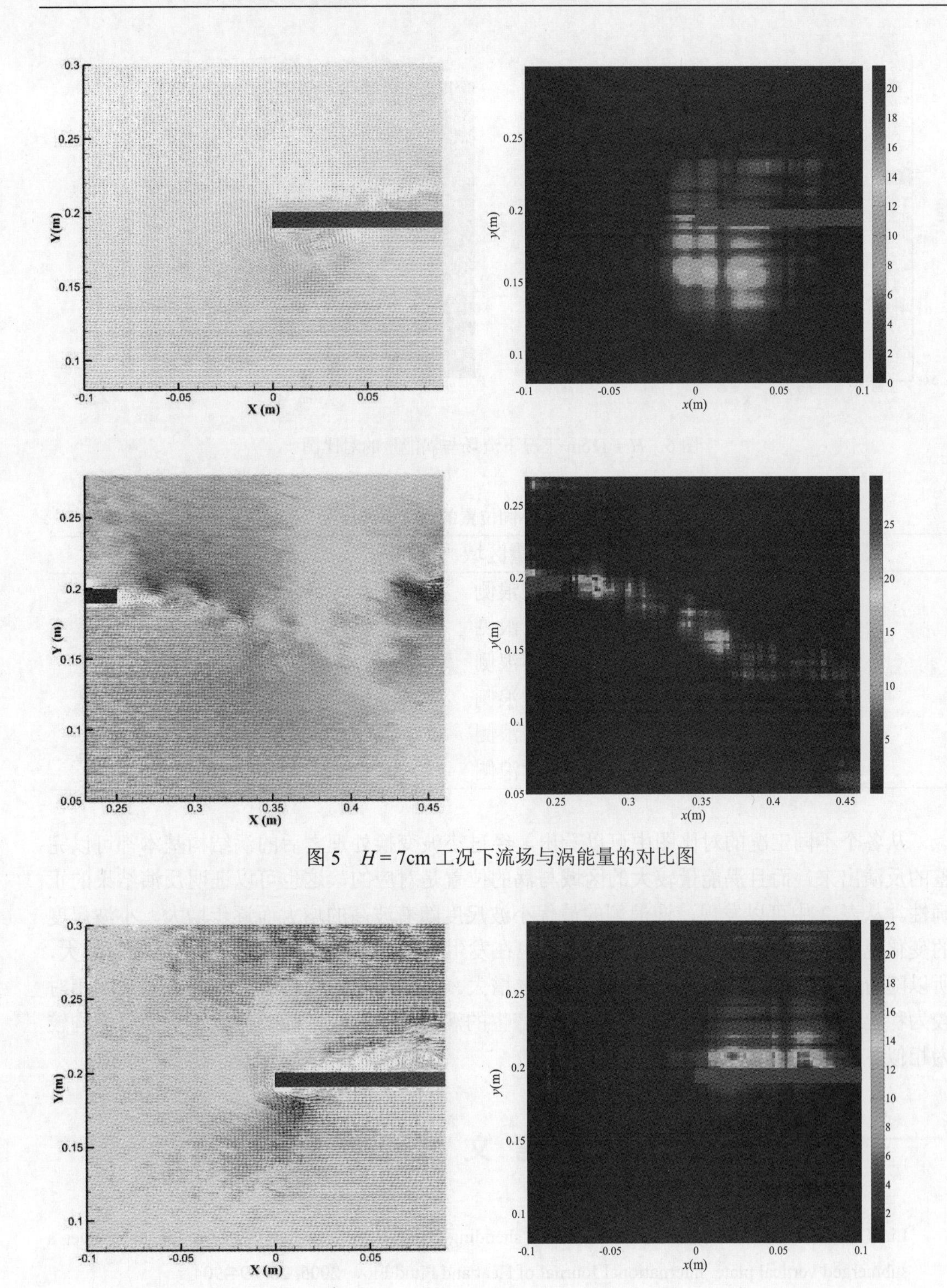

图 5　$H = 7$cm 工况下流场与涡能量的对比图

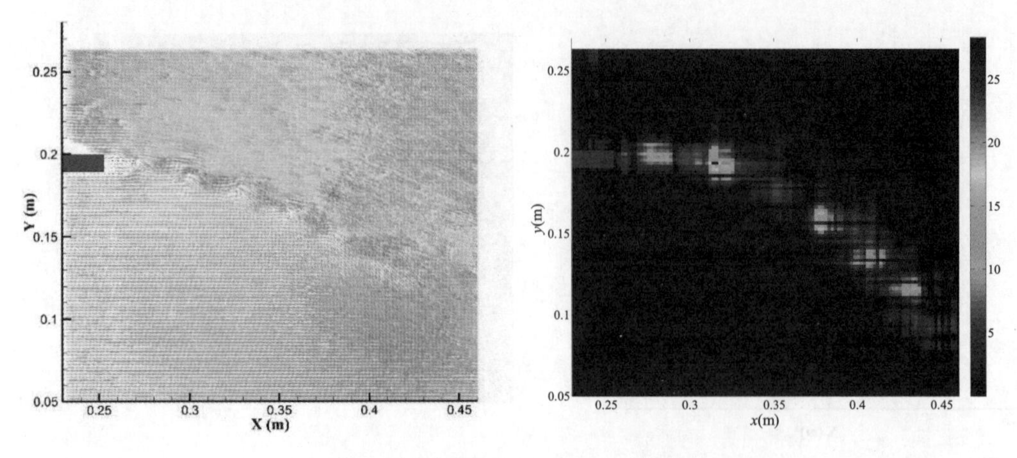

图 6 $H=11$cm 工况下流场与涡能量的对比图

表 2 不同工况下不同位置的最优小波尺度

工况	测量区域	最优小波尺度(m)
$H=3$cm	迎浪侧	0.0173
	背浪侧	0.0289
$H=7$cm	迎浪侧	0.0327
	背浪侧	0.0385
$H=11$cm	迎浪侧	0.0616
	背浪侧	0.0347

从各个不同工况的对比图中可以看出，经过小波变换处理之后的涡结构基本都可以完整的反演出来，而且涡能量较大的区域与涡的位置是对应的，这也可以证明反演结果的正确性。从表 2 中可以发现，迎浪侧的最优小波尺度随着波高的增大而逐步增大，小波尺度的变化说明了不同波高下迎浪侧涡的结构也在发生变化，小波尺度越大，涡的结构也越大，所以随着波高的增大，迎浪侧的涡结构随之增大。相比于迎浪侧，背浪侧的小波尺度相对较为稳定，为 0.03m 左右，说明平板后端产生的涡结构与波高的相关性较小，而且结构较为相似。

参考文献

1 Lin C , Ho T C , Chang S C , et al. Vortex shedding induced by a solitary wave propagating over a submerged vertical plate. International Journal of Heat and Fluid Flow, 2005, 26: 894-904

2 Lo, H.Y., Liu, P.L., Solitary waves incident on a submerged horizontal plate. J. Waterway Port Coastal

Ocean Eng. 2014, 14: 1–17

3 Chong MS; Perry AE; Cantweel BJ. A general classification of three-dimensional flow fields. Physics of Fluids A., 1990, 2: 765-777

4 Adrian RJ; Christensen KT; Liu ZC. Analysis and interpretation of instantaneous turbulent velocity fields. Experiment Fluids. 2000, 29: 275-290.

5 Camussi R. Coherent structure identification from wavelet analysis of particle image velocimetry data. Experiments in Fluids, 2002, 32(1): 76-86.

Study on the vortex evolution in the interaction between solitary waves and submerged plates

GANG Ao, MA Yu-xiang *, NIU Xu-yang, ZHANG Shao-hua, DONG Guo-hai

(State Key Laboratory of Coastal and Offshore Engineering, Dalian University of Technology, Dalian 116024.

Email: yuxma@dlut.edu.cn)

Abstract: In this paper, the interaction between solitary waves and submerged plates is studied by physical model experiments. In the experiment, PIV technology was used to measure the evolution characteristics of the flow field around the submerged horizontal plate. The experimental results showed that vortices were generated on both the weather side and the lee side of the horizontal plate, but the evolution process of vortices was obviously different. In this paper, the vortex structure Identification method based on wavelet transform is used to further analyze the flow field data, then the vortex structures on the weather side and the lee side are obtained. The results show that the size of the vortex increases with the increase of wave height and is positively correlated with wave height. The correlation between the size of the vortex and the wave height is weak.

Key words: vortex evolution, wavelet transform, solitary wave, submerged plate

水平振动斜齿平板上的液滴运动

李海龙，朱曦，丁航

(中国科学技术大学，合肥，230026，Email: hding@ustc.edu.cn)

摘要：本文研究了三维液滴在水平振动的斜齿平板上的运动，并通过数值模拟和理论分析揭示了液滴定向运动的力学机理。附着在平板上的液滴由于平板的水平振动而进行周期性运动，虽然平板的振动是对称的，但平板表面不对称的斜齿带来了对称破缺效应，因而液滴会发生定向移动。本文将斜齿平板简化为沿壁面方向不对称的润湿特性，使用带有移动接触线模型的扩散界面方法进行了三维数值模拟。依据液滴平均速度和表面张力波与移动接触线的相互作用，将液滴运动区分成两种模态。建立了包含液滴接触角迟滞效应的尺度率模型，该模型预测了液滴运动的模态转换，定量揭示了液滴平均速度与液滴的体积、粘性系数、表面张力和振动幅值等因素的依赖关系。数值模拟的结果验证了理论预测。

关键词：液滴振动；三维数值模拟；多相流动；移动接触线；液滴操控

1 引言

液滴操控在生物微阵列、微芯片实验、除雾和液滴收集等领域有重要的应用价值[1][2]。操纵液滴的方法可以分为两类：微管道中的两相流体运动和液滴附着在平板运动。对于后者来说，接触角迟滞的存在会阻碍液滴的运动，但这可以通过液滴振动克服[3]。液滴振动还是一个经典的流体力学问题，Rayleigh[5]和 Kelvin[4]最早分析了自由液滴的振动模态。之后，微重力情况下固着在平板上的液滴的受迫振动也受到了关注，但仅限于接触线固定的情况[6]。最近越来越多的研究开始关注液滴附着在振动平板上的运动，Brunet, Eggers 等人[7]实验报道了附着在倾斜平板上的液滴，当平板在竖直方向振动时，液滴会沿着平板向上爬升而不是因重力的影响而下滑。Noblin 等人[8]实验探究了同时在水平和垂直方向振动的平板上液滴的运动，他们的模型指出液滴定向移动速度与两个方向振动的相位差有关，通过改变平板两个方向上振动的幅值，频率和相位差即可实现液滴的定向输运。Ding 等[9]通过三维数值模拟对液滴在倾斜平板上爬升这一反常现象进行了理论探究，他们发现液滴非对称的润湿面积导致了液滴的定向移动。Savva 等人[10]研究了二维液滴在小振幅值振动的平板上的运动，理论预测了二维液滴的平均移动速度。

还有很多工作尝试如何通过平板的振动实现液滴的定向输运。Danie[11]指出在没有外力的情况下，仅通过平板的不对称振动即可实现液滴的定向移动。Duncombe[12]探究了液滴在带有纹理结构平板上的运动，纹理结构使液滴沿着平板向不同方向运动时，具有不同的润湿特性。当平板在水平方向振动时，由于毛细力产生对称破缺而实现了液滴的定向输运。他们还进一步探究了液滴体积和振动的频率、幅值对液滴定向移动的影响。

本文通过数值模拟和理论结合的方式对液滴在水平振动斜齿平板上的运动进行探究，旨在定量的揭示平板振动的幅值，液滴的体积、粘性和表面张力等因素对液滴定向输运的影响。我们首次通过三维的直接数值模拟对该问题进行了研究，数值模拟的结果表明，液滴总是向接触角迟滞较小的方向运动，并且增加液滴的雷诺数或减小韦伯数均可以提高液滴定向输运的速度。本文定义了液滴运动的两种模态，即速度较大的谐振模态和速度较小的迟滞模态，通过结合液滴表面张力波的传播规律和表面张力波与移动接触线的相互作用关系，分析了物理参数对液滴定向运输的速度的影响以及模态转变的规律。最后，本文提出了一个简单的力学模型，以定量解释模态转变的边界和液滴定向输运的速度和韦伯数及雷诺数的关联。

2 数值模型

本文结合扩散界面模型求解三维Navier-Stokes方程模拟液滴在振动的平板上的运动。该扩散界面模型可以求解具有大密度比和大粘性比的两相流动问题[13]。在扩散界面模型中，使用体积分数C区分液体和气体，气液两相界面由一定厚度网格代替。体积分数C的控制方程为Cahn-Hillard方程，

$$\frac{\partial C}{\partial t}+\nabla\cdot(\mathbf{u}C)=\frac{1}{Pe}\nabla^2\psi \tag{1}$$

其中化学势ψ定义为：

$$\psi = C^3-1.5C^2+0.5C-Cn^2\nabla^2 C \tag{2}$$

Cn 即Cahn数代表无量纲的界面厚度。如果用0.05<C<0.95表征界面，那么界面的厚度约为 $8.26Cn$。本文中固定 $Cn=0.75\Delta x$，其中 Δx 为网格间距，Peclet数定义为 $Pe=0.9/Cn$。在扩散界面模型中，表面张力为 $f_s=6\sqrt{2}\,\psi\nabla C/Cn$，并以体积力的形式添加到控制方程中。

为了便于计算，如图1.所示，本文将坐标轴在固定在平板上，平板沿着水平方向的简谐振动等效为施加于流场上的正弦形式的振动力 $f=a\cdot sin(2\pi T\cdot t)\mathbf{e}_x$，其中，$a$为等效的水平振动力的振幅，T为振动力的周期，$e_x$代表振动力的方向。流场控制方程为三维Navier-Stokes方程。其无量纲形式为，

$$\rho(\frac{\partial\mathbf{u}}{\partial t}+\mathbf{u}\cdot\nabla\mathbf{u})=-\nabla p+\frac{1}{Re}\nabla\cdot[\mu(\nabla\mathbf{u}+\nabla\mathbf{u}^T)]+\frac{\mathbf{f}_s}{We}-\rho sin\cdot(2\pi St\cdot t)\mathbf{e}_x \tag{3}$$

其中$\rho = C + \lambda_\rho (1-C)$和$\mu = C + \lambda_\mu \ (1-C)$分别代表无量纲密度和动力学粘性系数，$\lambda_\rho$和$\lambda_\mu$分别为空气与液滴的密度比和粘性系数比，本文分别固定为0.001和0.01。特征长度和特征速度分别为，$L = \sqrt[3]{V}$和$U = \sqrt{aL}$，其中V为液滴的体积，a为水平振动力的振幅。相应的无量纲参数为雷诺数$Re = \rho_L \sqrt{a}\ L^{3/2} / \mu_L$，韦伯数$We = \rho_L a L^2 / \sigma$，斯特哈尔数$St = \sqrt{L/aT^2}$。其中，$\rho_L$，$\mu_L$和$\sigma$分别为液滴的密度，粘性系数和表面张力系数。

本文采用基于几何形式的接触角模型施加带有接触角迟滞的润湿条件[14]，在这一模型中，润湿条件被等效为流体相体积分数的边界条件，使用如下方程描述，

$$\mathbf{n} \cdot \nabla C = -tan(\pi/2 - \theta) \left| \nabla C - (\mathbf{n} \cdot \nabla C)\mathbf{n} \right| \tag{4}$$

并采用如下过程实施接触角迟滞：在每个时间步长上，首先确定当地的实时接触角，如果该接触角在规定的前进接触角和后退接触角范围内，则该角度不变，否则，按照给定的前进接触角或后退接触角修改当地的接触角。

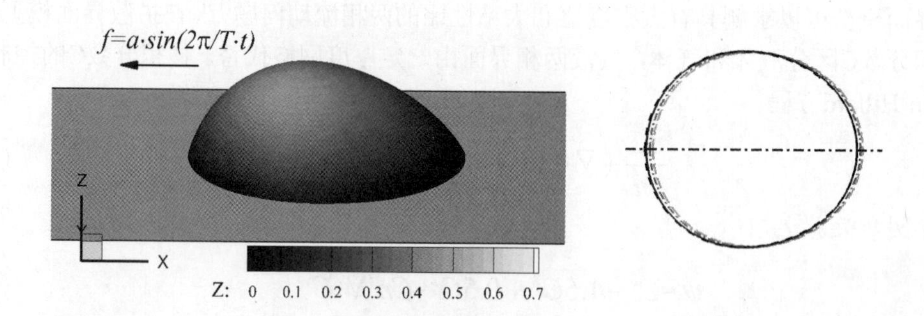

图1 左图：液滴和平板系统示意图。液滴附着在水平平板上，当参考系固定在平板上时，平板的振动等效为对流场施加水平的简谐力。右图：接触线处的网格收敛性验证，*Re=40*，*We=2*。使用均匀网格计算。其中，短划线为Δx=1/90，实线为Δx=1/70，点划线为Δx=1/60，双点划线为Δx=1/50。

由于问题的对称性，本文仅计算液滴的一半，计算域的大小为6*1.5*1.5，采用均匀网格计算，液滴移动的前后边界采用周期边界条件，其他边界为远场边界条件。图1. (右)展示了移动接触线的位置随网格收敛的情况（Δx=1/50,1/60,1/70,1/90)。结果表明，Δx=1/70,1/90的计算结果几乎重合。如不加说明，本文的计算结果均使用Δx=1/70的均匀网格进行计算。如图2. 展示了本文算法计算结果与Brunet等[7]实验的对比，液滴在不同相位时的数值模拟结果均与实验的结果符合较好，这进一步验证了本文的算法的有效性。

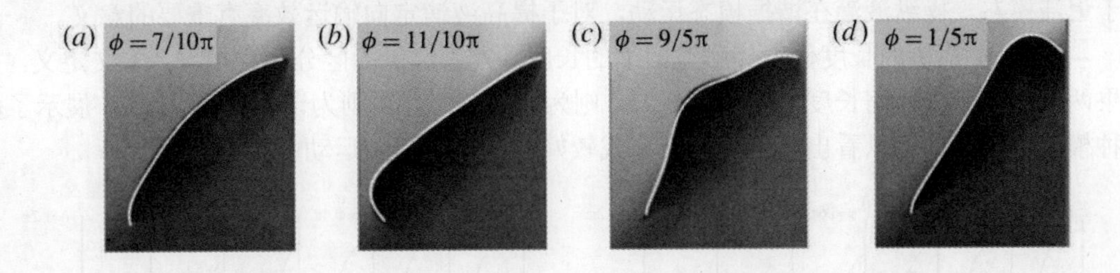

图 2 数值模拟与实验结果对比图。其中白色实线为数值模拟结果，无量纲参数为 Re=30.9, We=9.17, St=17.8, θa=77°, θr=44°, 平板倾角为 45°。背景为 Brunet et al. (2007)[7]的实验结果。

2 结果和讨论

2.1 液滴运动动力学

如图 1（左）所示，液滴附着在水平且具有斜齿表面的平板上，平板在水平方向振动。平板斜齿被简化为沿着振动方向不对称的润湿特性，即液滴向 x 轴正方向运动时，前进接触角 $\theta_{a1} = 80°$，后退接触角 $\theta_r = 60°$，液滴向 x 轴负方向运动时，前进和后退接触角分别为 $\theta_{a2} = 70°, \theta_r = 60°$。为了简便计算，本文将坐标轴固定在平板上，从而将平板的水平振动等效为施加于流场的沿水平方向的简谐形式外激励，本文将外激励无量纲频率固定为 $St = 0.2$。数值模拟结果表明，在对称的外激励作用下，沿外激励力方向不对称的润湿特性导致液滴系统的对称破缺，使液滴将向接触角迟滞较小的方向定向移动，且定向运输的方向与液滴粘性等物性参数以及振动的幅值无关。

当 $We > 10$ 时且 Re 较大时，液滴的惯性力大于粘性力和毛细力，初始演化比较剧烈，接触线上方的液体的移动速度可能大于接触线移动的速度而导致润湿转换。本文不考虑出现润湿转换的情况，因而研究参数范围为 $We < 10, Re < 200$。

液滴定向运动的速度定义为一个周期内液滴质心位置的变化和周期的比值，即 $U_m = \Delta x / T$ 。图 3. 展示了 Re=100,We=3 和 We=7 时液滴中轴线上剖面图，可以看到，液滴形态呈现两种典型的模态，分别记为谐振模态和迟滞模态。对平均速度的进一步统计表明：在谐振模态中，液滴表面变形不明显，液滴的平均速度较大随 We 变化敏感。在迟滞模态中，液滴表面变形剧烈，平均速度较小。这两种模态的差别还体现在接触线的运动上，图 4. 展示了 Re=100,We=3 和 We=7 时，液滴运动方向前后两端接触线位置在三个振动周期内随时间的变化关系。在迟滞模态中，液滴前后两端的接触线运动存在相位差，且前后两端的接触线运动形式存在一定的差异。由于处于谐振模态的液滴定向移动的速度明显高于迟滞模态，操纵液滴在谐振模态运动，对于提高液滴定向输运效率有重要的意义。

图 4. 中箭头的长度代表接触线回缩的长度。为了定量的区分两种模态，本文定义，如果两端的接触线回缩长度之差小于 0.01，则为迟滞模态，否则为谐振模态。图 6. 展示了两种模态的相图，可以看出，这种定义方式较好的区分了两种运动的模态。

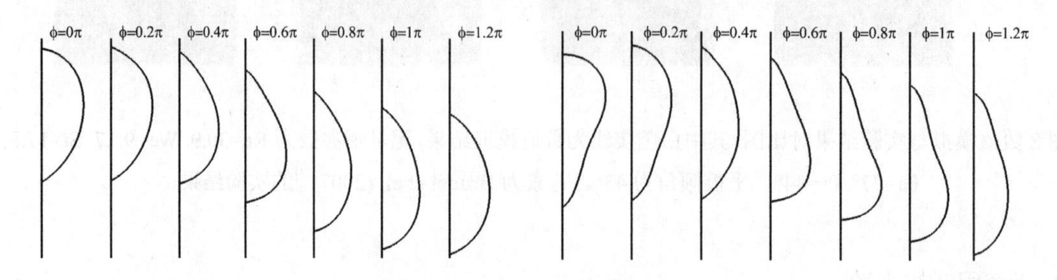

图 3 y=0 处的液滴截面上表面张力波传播图。左图：无量纲参数为 Re=100,We=3，右图：无量纲参数为 Re=100,We=7。

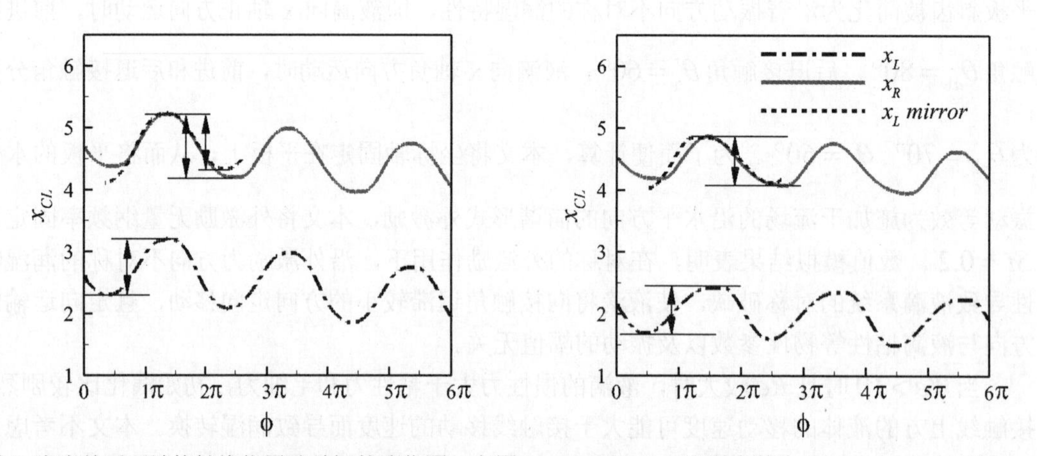

图 4 液滴前后两端接触线位置随时间的演化图。左图 Re=100,We=3，右图参数为 Re=100,We=7。其中，点划线和实线代表液滴沿运动方向两端接触线位置，箭头长度表示接触线回缩的距离。

当不考虑粘性对表面张力波的影响时，而表面张力波传播的惯性-毛细波的特征速度是 $u_0=\sqrt{\sigma/\rho L}$,其无量纲形式为 $c=\sqrt{1/\mathrm{We}}$ 。图 5. 给出了 Re=40 时表面张力波传播速度和 We 数的关系。当 We 较小时，液滴变形不明显，表面张力波不容易统计，这里仅给出部分 We 时的信息。且本文表面张力波的速度根据表面张力波起始时刻信息和表面张力波到达接触线附近时刻的信息计算。从图像可以看出，数值模拟的结果基本符合理论预测。当表面张力波的波峰从一侧产生并传递到移动接触线附近时，将与移动接触线相互作用，促进移动接触线移动，最后从移动接触线处返回另一侧。当液滴处于迟滞模态时，波速小，振动产生的表面张力波不容易从液滴的一端传递到液滴的另外一端，表面张力波对接触线运动的促进作用不明显。但在谐振模态中，表面张力波很容易的从一端传递到另外一端促进移动接触线运动，左右两侧的接触线运动更加同步。因而迟滞模态的平均速度明显小于谐振模态的平均速度。

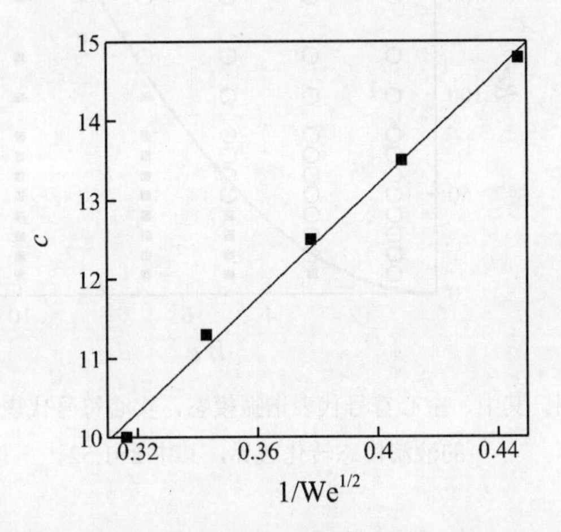

图 5 液滴表面张力波传播速度和 We 数的关系，Re=40, St=0.2。

2.2 液滴运动模态转换机理

为了解释液滴运动的动力学行为，需要分析液滴受到的作用力。液滴运动时，受到作用力来自于平板（平板粘性力，移动接触线附近的毛细力和平板振动等效来的外激励）和空气（空气的摩擦力）。取液滴为系统，其受力平衡关系为，

$$\int_{\Omega}\frac{Du}{Dt}dV=\frac{1}{\mathrm{Re}}\left(\int_{S_I}\left(\mathbf{n}_w\cdot\mathbf{T}\right)dS+\int_{S_{CL}}\left(\mathbf{n}_w\cdot\mathbf{T}\right)dS\right)+\frac{1}{We}\int_{CL}\boldsymbol{\tau}dl+\int_{\Omega}\sin\left(\phi\right)dl \tag{5}$$

其中，左端为液滴运动的非定常项。右端项中，$\mathbf{T}$代表应力张量，$\boldsymbol{\tau}$代表由于表面张力的存在而在接触线附近形成的毛细力，后面称该积分项为毛细力。上式为一般情况下的受力关系，下面我们将对各个力在一个振动周期内的平均值进行分析。

当液滴的棘齿运动处于平衡状态时，其定向移动速度不会发生变化，即液滴一个周期内平均速度在不同的运动周期保持不变。因此，对上式取周期平均，则左端的非定常项为零。并且，简谐形式的外激励在一周期内的平均值等于零。此外，由于空气的密度和粘性系数相对于液滴较小，因而空气和液滴之间的粘性力也可以忽略。

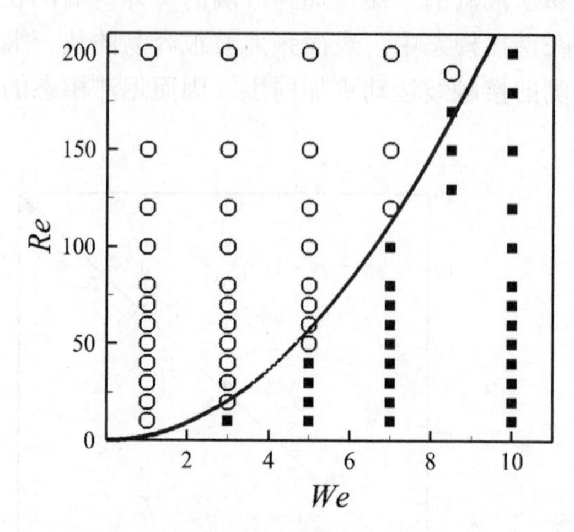

图 6 液滴运动模态图。其中，空心符号代表谐振模态，实心符号代表迟滞模态。实线代表理论预测的液滴模态转化边界，其中 k=1.52。

液滴与平板之间的在一个周期内平均的粘性力可以用下式估计，

$$f_v \propto \frac{u_c}{\mathrm{Re}\,h} S \tag{6}$$

其中，u_c 代表液滴的体平均速度，S代表液滴与平板的平均润湿面积，h为水平振动液滴的粘性剪切层厚度，h在Stokes长度的量级，即 $h \propto 1\big/\sqrt{\mathrm{Re}}$ ，带入(6)式得，

$$f_v \propto \frac{u_c}{\sqrt{\mathrm{Re}}} \mathrm{S} \tag{7}$$

周期平均毛细力项可以用下式估计，

$$f_S = St\int_T \frac{1}{We}\int_{CL} \tau dl dt \propto -\frac{W_m\left(\cos\left(\theta_{a2}\right)-\cos\left(\theta_{a1}\right)\right)}{2We} \tag{8}$$

其中，W_m 代表液滴的平均宽度，平均宽度在不同的We和Re时变化不大，假定为常数。将（7）和（8）式带入（5）式，整理得，

$$\sqrt{\mathrm{Re}} = \frac{u_c S}{W_m\left(cos\left(\theta_{a2}\right)-cos\left(\theta_{a1}\right)\right)} We = k \cdot We \tag{9}$$

（9）式为在给定液滴质心速度时Re和We的关系，其中k为拟合参数。事实上，当 $\mathrm{u_c} = 0.065$，$S = \pi$，$W_m = 1.6$时，$k = 1.52$，理论公式结果对应于图6. 中的实线。可以

看出，该理论较好的区分两种液滴运动的模态。在本文研究的参数范围内，增加Re或者减小We促使液滴的运动模式从迟滞模态进入谐振模态，从而增加液滴的定向移动速度。

3 结论

本文通过三维数值模拟探究了液滴在水平振动斜齿平板上的棘齿运动。液滴的定向输运由沿振动方向不对称的润湿特性产生，更具体的，这种不对称体现为在水-空气界面和平板的接触线处的毛细力在两个运动方向上的不对称。虽然液滴定向输运的方向与振动的幅值、液滴体积、粘性、表面张力等因素无关，但是这些物理参数会显著的影响液滴定向输运的平均速度。本文建立了一个简单的尺度率模型，将振动的幅值、液滴体积、粘性和表面张力等因素与液滴的定向移动速度联系起来，该模型成功预测了液滴两种模态的转换边界，数值模拟结果也验证了模型的预测。本文对液滴振动的动力学行为进行了解释，对于使用振动的方法来操纵液滴有一定的指导意义。本文的分析讨论都是在固定的振动频率下得到的，频率对液滴的平均运输速度的影响还有待进一步探究。

参考文献

1 Krupenkin, T. N., Taylor, J. A., Schneider, T. M. & Yang, S. From rolling ball to complete wetting: The dynamic tuning of liquid on nanostructured surfaces. Langmuir 20, 3824-3827 (2004).

2 Wang, J. Z., Zheng, Z. H., Li, H. W., Huck, W. T. S. & Sirringhaus, H. Dewetting of conducting polymer inkjet droplets on patterned surfaces. Nature Mater. 3, 171-176 (2004)

3 Manor, O. (2014). "Diminution of contact angle hysteresis under the influence of an oscillating force." Langmuir 30(23): 6841-6845.

4 KELVIN, LORD 1863 Dynamical problems regarding elastic spheroidal shells and speroids of incompressible liquid. Phil. Trans. R. Soc. Lond. 153, 583–616.

5 RAYLEIGH, LORD 1879 On the capillary phenomena of jets. Proc. R. Soc. Lond. 29, 71 – 97.

6 STRANI, M. & SABETTA, F. 1984 Free vibrations of a drop in partial contact with solid support. J. Fluid Mech. 141 , 233–247.

7 BRUNET, P., EGGERS, J. & DEEGAN, R. D. 2007 Vibration-induced climbing of drops. Phys. Rev. Lett. 99 , 144501.

8 Noblin, X., et al. (2009). "Ratchet like motion of a shaken drop." Physical Review Letters 102(19): 194504.

9 Ding, H., et al. (2018). "Ratchet mechanism of drops climbing a vibrated oblique plate." Journal of Fluid Mechanics 835.

10 Savva, N. and S. Kalliadasis (2014). "Low-frequency vibrations of two-dimensional droplets on heterogeneous substrates." Journal of Fluid Mechanics 754: 515-549.

11 Daniel, S., et al. (2005). "Vibration-actuated drop motion on surfaces for batch microfluidic processes." Langmuir 21(9): 4240-4248.

12 Duncombe, T. A., et al. (2012). "Controlling liquid drops with texture ratchets." Advanced Materials 24(12) 1545-1550.

13 DING, H., SPELT, P. D. M. & SHU, C. 2007 Diffuse interface model for incompressible two-phase flows with large density ratios. J. Comput. Phys. 226 , 2078–2095.

14 DING, H. & SPELT, P. D. M. 2007b Wetting condition in diffuse interface simulations of contact line motion. Phys. Rev. E 75, 046708.

The motion of droplet on a lateral vibrated plate with skewed texture pattern

LI Hai-long, ZHU Xi, DING Hang

(University of Science and Technology of China, Hefei, 230022. Email: hding@ustc.edu.cn)

Abstract: In this paper, we investigate the mechanism of drops motion on a lateral vibrated plate with skewed texture pattern using the numerical simulations and theoretical analysis. Sessile droplet will move period due to the lateral vibration of the plate. Although the vibration of the plate is symmetry, the droplet will move along one direction due to the symmetry breaking of the wetting condition, which is introduced by the skewed texture pattern. In this paper, the skewed texture pattern is simply to asymmetrical wetting condition and the three-dimensional diffuse interface method with a moving contact line model is used to simulate this problem. The flow of the droplet can be divided into two flow regimes according to the mean drift velocity and the interaction between the capillary wave and moving contact line. Then we propose the scaling models to interpret the critical condition for the two flow regimes, accounting for the contact angle hysteresis. The model is shown to provide a good correlation among the mean drift velocity and the vibration amplitude, the volume, surfaces tension and viscosity of the droplet.

Key words: Droplet vibration; 3D numerical simulation; Moving contact line; Droplet control

不可混溶液滴正面碰撞的数值模拟研究

张建涛，刘浩然，丁航

(中国科学技术大学近代力学系，合肥，230027，Email: hding@ustc.edu.cn)

摘要：液滴互相碰撞的现象广泛存在于自然界与工业应用中，对其动力学过程的研究对科学问题的理解及工业生产的指导都有着重要的意义。本研究针对不可混溶液滴正面碰撞的动力学过程进行了直接数值模拟研究。所使用的数值方法为三相扩散界面方法。研究中重点关注了液-液之间与气-液之间的表面张力系数比值以及韦伯数对液滴正面碰撞后的最大伸展直径的影响。由于碰撞后液滴之间不可混溶界面的存在，不可混溶液滴正面碰撞的最大伸展直径小于相同液滴正面碰撞的最大伸展直径。

关键词：液滴碰撞；不可混溶液体；扩散界面法；自适应网格

1 引言

液滴互相碰撞的现象广泛存在于自然界和工业应用之中，对其动力学过程的研究对科学问题的理解及工业生产的指导都有着重要的意义。人们最初研究两个水滴之间的碰撞是出于对气象学上降雨问题[1]的兴趣。随后为了更好解决工程实践中所遇到的问题的，例如扑灭火灾，乳化剂制备[2]，喷墨打印，喷雾燃烧等，人们广泛研究了包括水在内的各种液滴相互碰撞后的动力学行为。

对于同种液滴碰撞的情况，前人已经进行了大量研究。Ashgriz 等[3]通过实验观测的方法探究了水滴之间的碰撞，通过改变相对碰撞速度和液滴直径比以及撞击参数，得到了碰撞后丰富的模态，包括：融合、反向分离和拉伸分离，并给出了碰撞后模态随韦伯数和撞击参数变化的相图。Jiang 等 [4]研究了碳氢化合物液滴的碰撞问题，发现不同于水滴碰撞，在小韦伯数下，碰撞后会出现回弹模态，这是由于碰撞的液滴无法排开液滴之间的气膜，同时他们给出了融合模态与分离模态之间的临界条件。随后，Qian 等[5]研究了液滴周围气体组分和气体压力对碰撞结果的影响，发现降低气体压力，水滴碰撞会出现和碳氢化合物液滴碰撞同样的碰撞模态，统一了之前的研究。

以上对液滴碰撞的研究中，相撞的两个液滴均为相同的液体。近些年来，越来越多的研究开始关注不同种类液体组成液滴之间的碰撞。Gao 等[6]首先研究了酒精液滴和水滴之间的碰撞问题。Chen 等[7]和 Planchette 等[8]实验研究了不可混溶液滴之间的碰撞。在 Planchette 等的研究中，通过硅油液滴和水滴碰撞发现了不同于前人研究的新的碰撞结果。

对于液滴碰撞，影响碰撞结果的因素有液滴的直径、相对碰撞速度、液滴间的撞击参数以及液滴的物性参数，包括液滴各自的密度，动力学黏性系数，与环境气体之间的表面张力系数以及液滴与液滴之间的表面张力系数。为了减少影响碰撞结果的变量数目，我们可以定义如下的无量纲数：无量纲的撞击参数 $X = x/D$，直径比 $\Delta = D_1/D_2$，表征惯性力与表面张力之比的韦伯数 $We = \rho U^2 D/\sigma$，表征惯性力与黏性力之比的雷诺数 $Re = \rho UD/\mu$。

我们通过数值模拟研究了高雷诺数下不可混溶液滴正面碰撞的动力学过程。在自适应网格生成软件包 PARAMESH[9]的框架下，使用三相扩散界面方法，重点关注了液-液之间与气-液之间的表面张力系数比值以及韦伯数对液滴正面碰撞后的最大伸展直径的影响。数值结果和实验结果的对比验证了数值方法的准确性和收敛性。基于前人理论，我们对能量耗散机制进行修正，综合考虑了表面张力系数比的影响，从而可以预测不可混溶液滴正面碰撞后的最大伸展直径，理论预测结果与数值模拟结果符合较好。

2 数值方法

2.1 界面捕捉方法和流动控制方程

为了研究三相不可混溶流体的流动问题，我们采用了三相扩散界面方法[10]。在此方法中，三相流体的界面具有有限厚度，且通过体积分数C来表示。体积分数的演化方程为无量纲的 Cahn-Hilliard 方程：

$$\frac{\partial \boldsymbol{C}}{\partial} + \nabla \cdot (\boldsymbol{uC}) = \frac{1}{Pe} \nabla^2 \Psi \tag{1}$$

其中，$\boldsymbol{u}$是无量纲的流动速度，$\boldsymbol{C} = (C_1, C_2)$是体积分数向量，$C_i$是流体 i 的体积分数，第三相流体的体积分数C_3可以通过$C_3 = 1 - C_1 - C_2$得到，Ψ是无量纲的化学势。Pe数定义为对流通量和扩散通量之比。

流体运动的控制方程为无量纲的 N-S 方程和连续性方程：

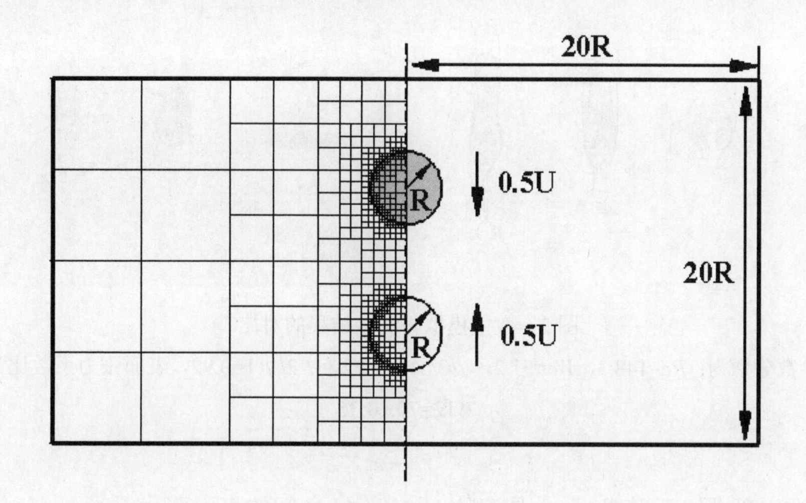

图 1　数值模拟示意图与自适应网格示意图，两液滴以相对速度 U 相碰撞

$$\rho\left(\frac{\partial \boldsymbol{u}}{\partial t}+\boldsymbol{u}\cdot\nabla\boldsymbol{u}\right)=-\nabla p+\frac{1}{Re}\nabla\cdot\left[\mu\left(\nabla\boldsymbol{u}+\nabla\boldsymbol{u}^{T}\right)\right]+\frac{\boldsymbol{f}_s}{We} \tag{2}$$

$$\nabla\cdot\boldsymbol{u}=0 \tag{3}$$

其中，$\boldsymbol{f}_s$ 为表面张力，ρ 和 μ 为无量纲的密度和黏性系数，定义如下：

$$\rho=C_1+\frac{\rho_2}{\rho_1}C_2+\frac{\rho_3}{\rho_1}C_3 \tag{4}$$

$$\mu=C_1+\frac{\mu_2}{\mu_1}C_2+\frac{\mu_3}{\mu_1}C_3 \tag{5}$$

我们使用上部液滴的物性参数和液滴间相对碰撞速度定义无量纲数：雷诺数 $Re=\rho_1 UD_1/\mu_1$，韦伯数 $We=\rho_1 U^2 D_1/\sigma_{31}$，$\sigma_{31}$ 是上部液滴和环境气体之间的表面张力系数。

2.2　三相表面张力模型

采用 Smith 等[11]提出的方法来计算三相流体间表面张力，该方法将物理的表面

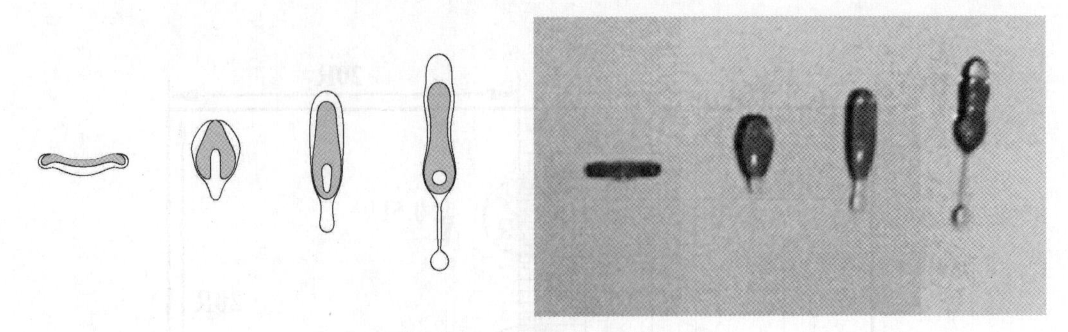

图 2　数值模拟与实验结果的对比

两组无量纲参数分别为：Re=148.3，We=51.2，$\rho 2/\rho 1$=1.72，$\mu 2/\mu 1$=0.92，表面张力系数比为 $\sigma 13$: $\sigma 23$: $\sigma 12$=70:20:35

张力系数 σ_{ij} 分解成如下形式，σ_{ij} 是流体 i 与流体 j 之间的表面张力系数：

$$\sigma_{ij} = \lambda_i + \lambda_j \tag{6}$$

对于三相流体，我们可以得到：

$$\lambda_1 = (\sigma_{12} - \sigma_{23} + \sigma_{31})/2 \tag{7}$$

$$\lambda_2 = (\sigma_{12} + \sigma_{23} - \sigma_{31})/2 \tag{8}$$

$$\lambda_3 = (-\sigma_{12} + \sigma_{23} + \sigma_{31})/2 \tag{9}$$

因此，表面张力可以写成：

$$\boldsymbol{F}_s = \sum_{i=1}^{3} \gamma_i \kappa(C_i) \nabla H(C_i) \tag{10}$$

其中 κ 是界面曲率，H 是 Heaviside 方程。

2.3　自适应网格

本研究数值模拟中采用了自适应网格，以期减少计算成本，提高计算效率。我们采用 MacNeice[9]开发的 PARAMESH 开源软件包来实现网格的自适应。PARAMESH 是基于 Fortran 语言和 MPI 通信协议发展的。PARAMESH 的基本功能是将现有代码便利地扩展成使用自适应网格和并行计算的程序，其中自适应网格是基于块自适应的笛卡尔网格。

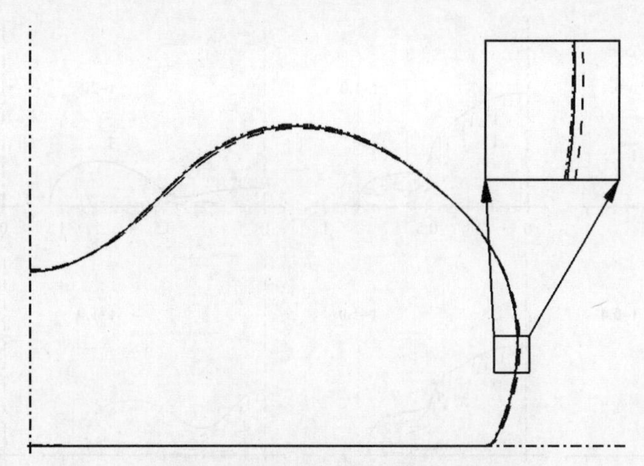

图 3　不可混溶液滴正面碰撞的网格收敛性验证

无量纲参数为 Re=1000，We=10，液-液之间与气-液之间表面张力系数比 γ=1，无量纲时间为 t=2.75，此时液滴达到最大伸展直径，数值结果基于不同网格间距：dx=0.0049（虚线），dx=0.0039（实线）和 dx=0.0032（点划线）。

2.4　问题描述

本研究数值模拟的不可混溶液滴正面碰撞问题，如图 1 所示。两个液滴直径大小相等，均为 R，分别以 0.5U 的速度相向运动。计算区域大小为 20R×20R，左边界为轴对称边界条件，下边界为固壁边界条件，上边界与右边界为远场边界条件，数值模拟结果显示增加计算区域对计算结果没有影响。在所有算例中，两个液滴密度相等，动力学粘性系数相等，与环境气体之间表面张力系数相等，环境气体密度为液滴千分之一，环境气体粘性系数为液滴千分之二。

2.5　数值结果验证

我们通过与 Planchette 等[8]文章中水与硅油相撞的实验结果进行比较，来验证我们数值模拟方法的准确性。图 2 中两组实验参数分别为 $Re=148.3$，$We=51.2$，$\rho_2/\rho_1=1.72$，$\mu_2/\mu_1=0.92$，我们在 dx=0.0039 网格分辨率和 dt=0.0001 时间步长下，计算了相同无量纲数下的算例。图 2 是不同时刻的数值模拟结果与实验结果的对比，可以看出，我们的计算结果在相同时间刻度与实验结果符合较好。验证结果说明了我们数值模拟方法的准确性。图 3 为网格收敛性验证，计算采用了 3 套不同的网格，依次是：dx=0.0049，dx=0.0039 和 dx=0.0032。其中 dx=0.0039 与 dx=0.0032 的计算结果相接近，网格收敛性较好。因此，在以下研究中，网格分辨率均选取 dx=0.0039。

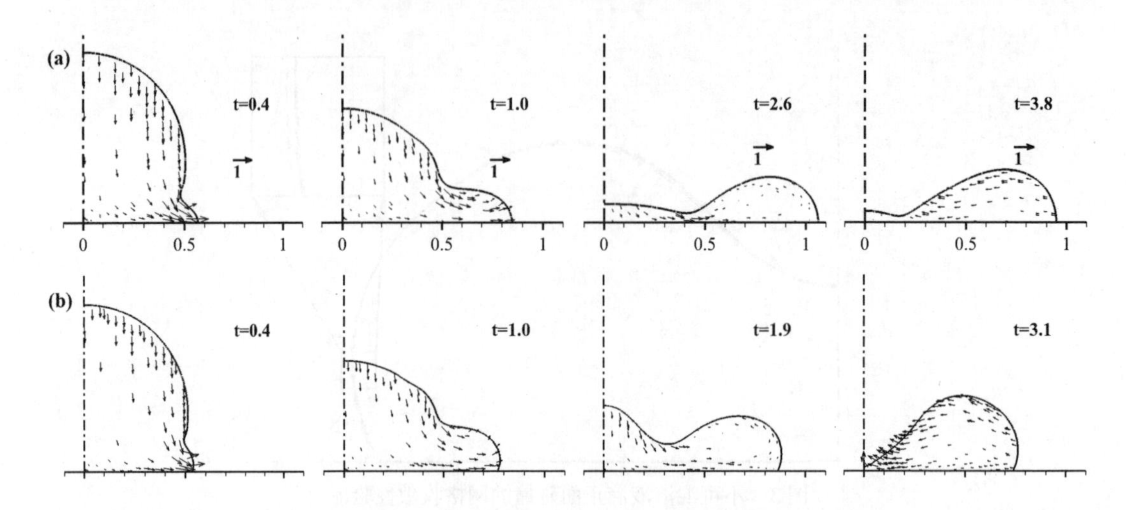

图4　不可混溶液滴正面碰撞的瞬时图

无量纲参数为 Re=1000，We=50，(a) γ=0; (b) γ=1，每行无量纲时间从左往右分别是 t=0.4，1.0，t_{max}，t_{max}+1.2，其中 t_{max} 代表液滴碰撞铺展达到最大直径的时刻，X 轴为液滴碰撞的对称面。

3　结果与讨论

除非有特别的声明，以下数值模拟中使用的 Re 数固定为 1000，所有的时间均通过时间尺度 D/U 作无量纲化处理，液滴界面轮廓分别通过体积分数 $C_1=0.5$ 和 $C_2=0.5$ 来表示，在使用的计算设置中，当液滴之间表面张力系数 $\sigma_{12}=0$ 时，不可混溶的液滴碰撞退化成为同种液滴碰撞。

3.1　流动特征

当相向运动的液滴互相靠近时，液滴面对另一液滴的一侧开始逐渐变扁，液滴之间存在有一层非常薄的气体层，根据不同碰撞参数，液滴与液滴之间可以捕获单个或多个微型气泡。液滴随后的运动与变形由液滴大小，相对碰撞速度和液滴与液滴之间界面张力系数所决定，因而，液滴铺展和回缩的过程都会受到其影响。为了研究不可混溶液滴碰撞问题，我们定义了韦伯数 We，韦伯数表征着液滴动能与液滴表面能之比，以及液-液之间与气-液之间的表面张力系数比值 $\gamma=\sigma_{31}/\sigma_{12}$。我们改变 We 数和 γ，进行了一系列数值实验。

图 4 展示了在固定韦伯数 $We=50$ 与不同表面张力系数比(γ=0,1)的条件下，不可混溶液滴碰撞之后在不同时间刻的轮廓图与速度矢量图。在两个液滴碰撞的初期($t=0.4$)，液滴与液滴间不可混溶的界面的存在对液滴伸展的形状没有太大的影响，而液滴伸展前端形状有略微的不同。当 γ=0 时，碰撞的两个液滴为同种液滴，从液滴对称剖面可以看出，液滴铺展前端处切线垂直于 X 轴；当 γ=1 时，两个不可混溶的液滴接触后会形成三相点，三相点的相对位置由三相表面张力系数所决定。当 $t=1.0$ 时，液滴伸展前端开始出现隆起，表面张力系数比值越大，液滴伸展越缓慢。图 4 第三纵列显示的是液滴达到最大伸展时刻时液滴形状，我们可以观察到，①液滴最大伸展直径，由于额外的液-液界面的出现而减小；

②液滴达到最大伸展的时间随表面张力系数比值的增大而减小；③液滴达到最大铺展时，不可混溶液滴撞击中液滴沿对称轴高度要大于相同液滴撞击的结果，但从图中可以看到，此时液滴顶端部分流体依然保持着向下的流动速度。随后，在毛细力作用下，液滴四周的流体会向液滴中线聚拢，并形成向上的射流。

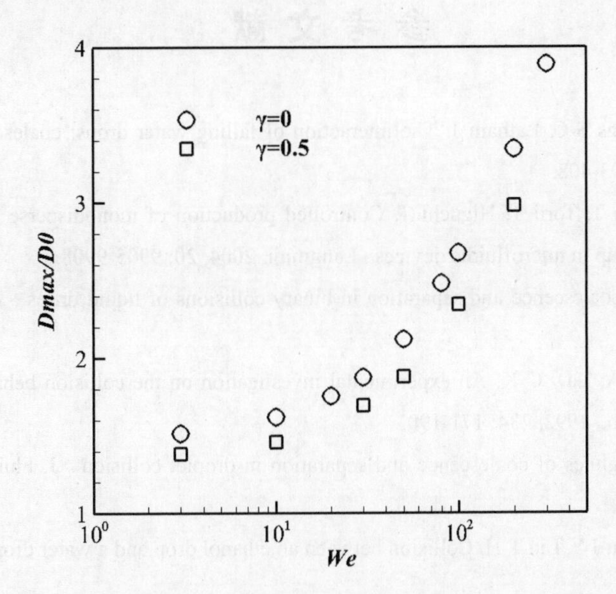

图 5 不可混溶液滴正面碰撞后，不同表面张力系数比液滴的最大铺展直径随 We 数变化

3.2 液滴最大铺展

图 5 展示了不可混溶液滴正面碰撞之后最大伸展直径随韦伯数的变化。从图中我们可以观察到以下两点：①液滴最大伸展直径随韦伯数的增大而增大；②在相同韦伯数条件下，由于不可混溶液滴撞击造成的额外的液-液界面的存在，不可混溶液滴撞击的最大伸展直径要小于相同液滴撞击的最大伸展直径。

4 结论

本研究使用三相扩散界面方法数值模拟了不可混溶液滴正面碰撞的动力学过程，定量研究了气-液之间与液-液之间的表面张力系数比值以及韦伯数对液滴正面碰撞后的最大伸展直径的影响。由于撞击液滴之间不可混溶界面的存在，我们发现不可混溶液滴碰撞的最大伸展直径要小于相同液滴碰撞的最大伸展直径。

在研究中，我们假设了正面碰撞的两个液滴与环境气体的表面张力系数相等，且两个液滴具有相同的尺寸大小、密度和黏性系数，因此碰撞的结果是关于碰撞平面对称的。两个液滴在前述物性参数上的差异会破坏碰撞的对称性，对液滴正面碰撞的结果产生巨大的影响。不可混溶液滴不对称的碰撞已经超过本研究的范围，后续研究有待进一步展开。
。

参 考 文 献

1 Brazier S P R, Jennings S G, Latham J. The interaction of falling water drops: coalescence . Proc. R. Soc. Lond. A, 1972, 326: 393-408.

2 Okushima S, Nisisako T, Torii T, Higuchi T. Controlled production of monodisperse double emulsions by two-step droplet breakup in microfluidic devices . Langmuir, 2004, 20: 9905-9908.

3 Ashgriz N, Poo J Y. Coalescence and separation in binary collisions of liquid drops . J. Fluid Mech., 1990, 221: 183-204.

4 Jiang Y J, Umemura A, Law C K. An experimental investigation on the collision behavior of hydrocarbon droplets . J. Fluid Mech., 1992, 234: 171-190.

5 Qian J, Law C K. Regimes of coalescence and separation in droplet collision . J. Fluid Mech., 1997, 331: 59-80.

6 Gao T C, Chen R H, Pu J Y, Lin T H. Collision between an ethanol drop and a water drop . Exp. Fluids, 2005, 38: 731-738.

7 Chen R H, Chen C T. Collision between immiscible drops with large surface tension difference: diesel oil and water . Exp. Fluids, 2006, 41: 453-461.

8 Planchette C, Lorenceau E, Brenn G. The onset of fragmentation in binary liquid drop collisions . J. Fluid Mech., 2012, 702: 5-25.

9 MacNeice P, Olson K M, Mobarry C, Fainchtein R D, Packer C. PARAMESH: A parallel adaptive mesh refinement community toolkit . Comput. Phys. Commun., 2000, 126: 330-354.

10 Zhang C Y, Hang D, Gao P, Wu Y L. Diffuse interface simulation of ternary fluids in contact with solid . J. Comput. Phys., 2016, 309: 37-51.

11 Smith K A, Solis F J, Chopp D L. A projection method for motion of triple junctions by level sets . Interfaces Free Bound., 2002, 4: 263-276.

Numerical simulation of head-on collision of immiscible droplets

ZHANG Jian-tao, LIU Hao-ran, DING Hang

(Department of Modern Mechanics, University of Science and Technology of China, Hefei, 230027. Email: hding@ustc.edu.cn)

Abstract: The phenomena of binary droplet collision is ubiquitous both in nature world and industrial application. The investigations of the dynamics of droplet collision have crucial significance in the understanding of scientific problems and the guidance to manufacture in industry. The dynamics of head-on collision of immiscible droplets has been researched by direct numerical simulation. The ternary phase diffuse interface method has been used in our numerical simulation. We particularly focus on the influence of the ratio of the surface tension coefficient between gas and liquid to that between liquid to liquid and the Weber number on the maximum spreading diameter of droplets after head-on collision. According to the numerical results, due to the existence of a liquid-liquid interface between two droplets after head-on collision, the maximum spreading diameter of immiscible droplet collision is larger than that of identical droplet collision.

Key words: Droplet collision; Immiscible fluids; Diffuse interface method; Adaptive mesh refinement.

高速物体入水过程的数值模拟研究

褚学森[1]，韩文骥[1]，张凌新[2*]

（1 中国船舶科学研究中心，无锡，214082；2 浙江大学工程力学系，杭州，310027
Email:zhanglingxin@zju.edu.cn）

摘要：本研究发展了一种可压缩性计算方法对高速物体入水过程进行研究。建模方面，考虑流场中存在3种流体，分别为空气、水蒸汽和液体水，其中水蒸汽由液体水蒸发而来。每种流体介质均认为可压缩，将 3 种流体的状态方程引入控制方程。另外，物体的移动通过动网格方法实现。对两种不同物体的垂直入水过程进行了数值模拟，包括小球和平头锥体。模拟结果给出了物体入水空泡形态、诱导冲击波传播过程，并与一些实验观测进行了对比。

关键词：入水过程；压缩性；激波

1　引言

物体高速入水，会形成巨大的冲击力和对流场的强烈干扰，干扰包括水下的冲击波以及细长的空穴生成等。低速时，空穴一般由空气组成，而高速时，除了空气外，一般也包含水汽化后的水蒸汽。最早的高速入水研究来自于 McMillen[1]的实验研究，他通过阴影法记录了小球高速入水的过程以及诱导的冲击波。Hrubes[2]则进行了水下物体超声速航行实验，过程中观察到了脱体激波。这些研究表明，高速入水过程中必需考虑流体的压缩性。

一些工作已对气液两相流的可压缩性计算方法进行了研究。Venkateswaran 等[3]、Neaves 和 Edwards[4]采用了一种预处理的算法来考虑两相流体的压缩性。Zhang 等[5]发展了一种基于压力的算法来处理气液两相流的压缩性。在可压缩的框架下，一些作者已对高速入水问题进行数值模拟和分析。不过，当前依然还没有超声速入水的工作报道。

在高速入水过程中，另一个重要的问题是空化。典型的高速，比如空气中的超声速，该速度范围已足以发生空化现象。近年来，已发展了一些空化模型，如基于输运方程的 Singhal[6]、Schnerr-Sauer[7]空化模型和基于状态方程的空化模型[8]。相比而言，基于状态方程的模型考虑的物理因素更为全面，比较适合高速入水问题的建模。

本研究尝试建立一种适用于高速入水问题的数值计算方法。在建模中，考虑流场中存

基金项目：国家自然科学基金面上项目（No.11772298）和国家自然科学基金重点项目（No.91852204）

在 3 种流体，分别为空气、水蒸汽和液体水，其中水蒸汽由液体水蒸发而来。采用基于输运方程的 Schnerr-Sauer 空化模型来解释液体与水蒸汽之间的相变率。考虑流体的压缩性，引入 3 种流体的状态方程。为了模拟物体运动，网格跟随物体运动，这样网格拓扑结构不需要改变。对两种不同物体的垂直入水过程进行了数值模拟，包括小球和平头锥体。

2 控制方程

控制方程如下：

$$\frac{\partial \rho_m}{\partial t} + \nabla \cdot (\rho_m \mathbf{u}) = 0 \tag{1}$$

$$\frac{\partial (\rho_m \mathbf{u})}{\partial t} + \nabla \cdot (\rho_m \mathbf{u}\mathbf{u}) = -\nabla p + \nabla \cdot (\boldsymbol{\tau}_f + \boldsymbol{\tau}_t) \tag{2}$$

$$\frac{\partial \alpha_w}{\partial t} + \mathbf{u} \cdot \nabla \alpha_w = 0 \tag{3}$$

$$\frac{\partial \alpha_l}{\partial t} + \nabla \cdot (\alpha_l \mathbf{u}) = \frac{\dot{m}}{\rho_l} \tag{4}$$

其中，$\mathbf{u}$ 和 p 分别为速度和压强，$\boldsymbol{\tau}_f$ 是流体应力，$\boldsymbol{\tau}_t$ 是湍流应力，由 RNG k-epsilon 模型封闭。α_w 是水相的体积分数，水相包括液体水和水蒸汽，液体水的体积分数由 α_l 表示。方程(4)中，$\dot{m}$ 代表 Schnerr-Sauer 模型的相变率。ρ_m 为混合流体的密度，由下式计算得到：

$$\rho_m = \alpha_w \rho_w + (1 - \alpha_w)\rho_g \tag{5}$$

$$\rho_w = \alpha_l \rho_l + (1 - \alpha_l)\rho_v \tag{6}$$

其中，ρ_g 和 ρ_w 为气相和水相的密度，ρ_l 和 ρ_v 为液体水和水蒸汽的密度。各相的状态方程表示为：

$$\rho_g = \frac{1}{c_g^{\ 2}} p \tag{7}$$

$$\rho_l = \frac{1}{c_l^{\ 2}} p \tag{8}$$

$$\rho_v = \frac{1}{c_v^{\ 2}} p \tag{9}$$

c_g、c_l 和 c_v 分别为三相的声速。

Schnerr-Sauer 空化模型中，相变源项的表达式为：

$$\dot{m} = B \cdot \sqrt[3]{(1+\alpha_{Nuc}-\alpha_l)^2 [1-(1-\alpha_l)(1-\rho_v/\rho_l)]} \cdot sign(p-p_v)\sqrt{|p-p_v|} \tag{10}$$

其中，α_{Nuc} 指初始体积分数，p_v 为饱和蒸汽压，B 的表达式为

$$B = 3\rho_v \sqrt[3]{\frac{4n_0\pi}{3}} \sqrt{\frac{2}{3\rho_l}} \tag{11}$$

这里，n_0 为单位体积内的气核数目。

3 结果与讨论

在模拟中，空气声速设定为 340m/s，水中声速设定为 1500m/s。第一个例子为小球入水，小球入水速度为 1073m/s，该速度在空气中为超声速，在水中为亚声速。第二个例子为平头锥体，其入水速度为 1540m/s，该速度在水中为超声速。计算全采用三维模拟，小球入水的网格大约 500 万左右，平头锥体的网格大约 780 万左右。

图 1 给出了小球高速入水的数值模拟结果。随着小球的运动，小球后方形成空泡，由于物体移动速度很快，所以空泡要很长时间才能闭合，我们的计算只给出了入水一段时间内的结果。空泡尾部呈开放状态，同时入水过程导致自由面上方水花喷溅，使得空泡尾部更加的复杂。一道强烈的冲击波在水下生成，呈半球形在水下传播。冲击波的速度快于小球的移动速度，因此冲击波的锋面离小球的距离越来越远，这也是水下亚声速运动的基本特征。在高速运动的小球头部前方，是一个高压区，是小球阻力的主要来源。

图 2 给出了平头锥体超声速入水的数值模拟结果。至今还没有看到超声速入水的实验，唯一可以参考的是 Hrubes[2]在水下进行的超声速实验。对于固定的水中声速，该入水速度换算成马赫数为 1.027。可以看到，物体头部有一道脱体弓形激波，与物体移动速度一致。在亚声速入水过程中，冲击波是远离物体的，而在超声速入水过程中，激波跟随物体运动，

这是超声速运动的基本特征。另外，由于物体是锥形，所以物体尾部与空泡以及流场存在比较显著的相互作用。这种相互作用导致空泡界面不是很光滑，流场中也存在局部激波。图 3 给出了 Hrubes 的实验观测结果，观测到的激波形状、脱体距离等结果均与数值结果较为吻合。

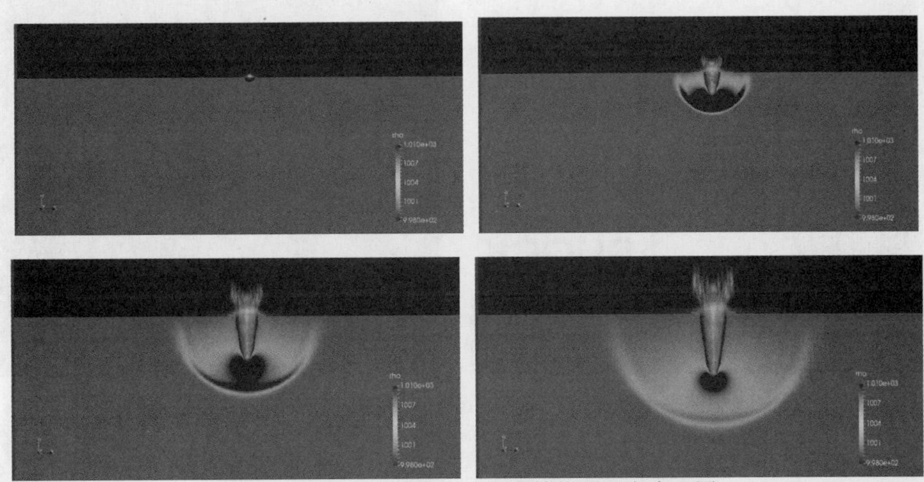

图 1 小球入水过程模拟的密度等值面及密度云图

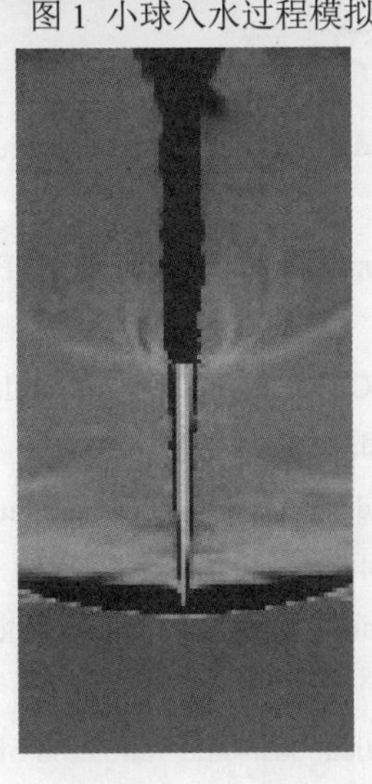
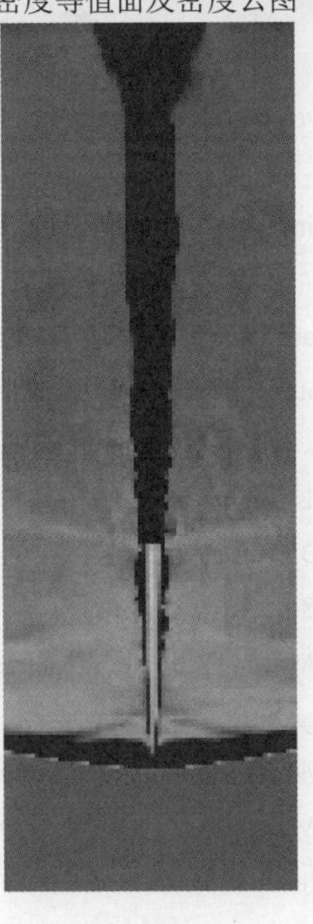
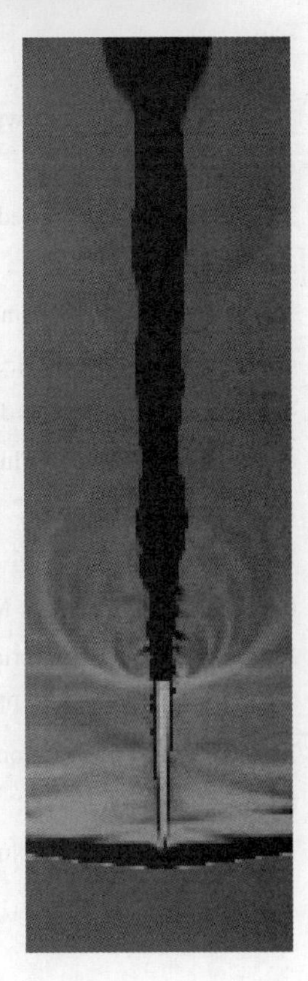

图 2 平头锥体高速入水模拟的压力云图

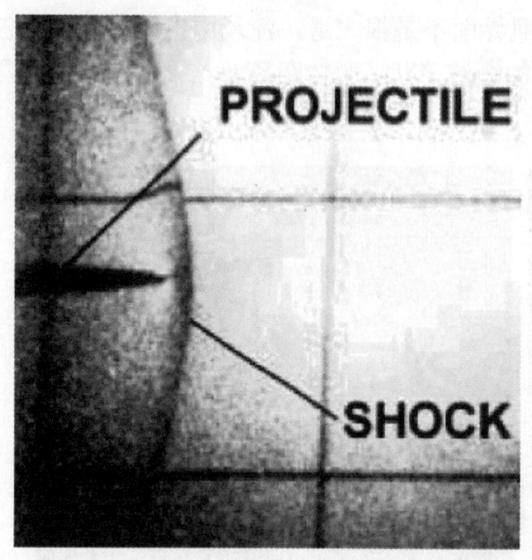

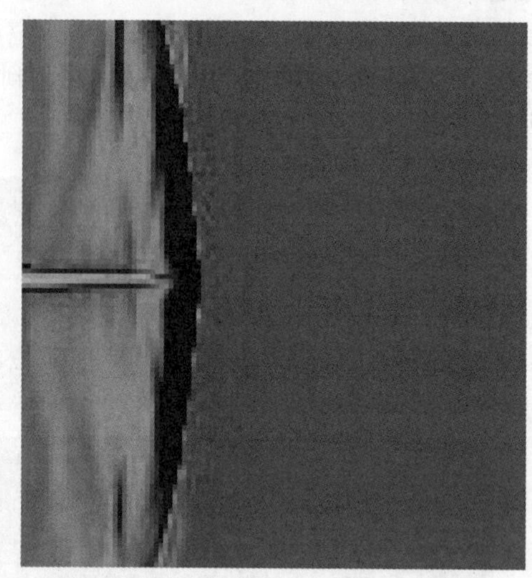

图 3 水中的弓形激波，左图为 Hrubes 的观测[2]，右图为数值模拟的结果

参 考 文 献

1 McMillen JH. Shock wave pressures in water produced by impact of small spheres[J]. Physical Review, 1945, 68:198-209.

2 Hrubes JD. High-speed imaging of supercavitating underwater projectiles[J]. Experiments in Fluids, 2001, 30:57-64.

3 Venkateswaran S, Lindau JW, Kunz RF, Merkle CL. Computation of multiphase mixture flows with compressiblility effects[J]. Journal of Computational Physics, 2002, 180: 54-77.

4 Neaves MD, Edwards JR. All-speed time-accurate underwater projectile calculations using a preconditioning algorithm[J]. Journal of Fluids Engineering, 2006, 128:284-296.

5 Zhang LX, Khoo BC. Dynamics of unsteady cavitating flow in compressible two-phase fluid[J]. Ocean Engineering, 2014, 87:174-184.

6 Singhal AK, Athavale MM, Li HY, Jiang Y. Mathematical basis and validation of the full cavitation model[J]. Journal of Fluids Engineering, 2002, 124:617-624.

7 Schnerr GH, Sauer J. Physical and numerical modeling of unsteady cavitation dynamics[C]. Proceeding of 4th International Conference on Multi-phase Flow, New Orleans, USA, 2001.

8 Coutier-Delgosha O, Reboud JL, Delannoy Y. Numerical simulation of unsteady cavitating fow[J]. International Journal for Numerical Methods in Fluid, 2003, 42:527-548.

Numerical study on the water entry of high-speed objects

CHU Xue-sen[1], HAN Wen-ji[1], ZHANG Ling-xin[2]

(1. China Ship Scientific Research Center, 214082 Wuxi; 2. Department of Mechanics, Zhejiang University, 310027 Hangzhou. Email: zhanglingxin@zju.edu.cn)

Abstract: A compressible multiphase numerical method is developed for the computation of high-speed water-entry. In the modeling, we consider there are three medium in the fluid field, including gas, vapor and liquid in which the vapor comes from the phase change of the liquid. Each medium is regarded as a compressible fluid so that the equations of state of three fluids are involved in the governing equations. In addition, the dynamic mesh method is used to simulate the movement of objects. The motions of two objects, i.e., a sphere and a flat-nose projectile, are simulated. Numerical results of cavity shape and induced pressure waves are presented. Some of the results are compared with the experimental observations.

Key words: Water-entry; Compressible method; Shock wave.

含相变过程的激光诱导空化泡在固体壁面附近反弹现象的数值模拟研究

尹建勇，张永学，张宇宁，吕良

（中国石油大学（北京）过程流体过滤与分离技术北京市重点实验室，北京，102249，Email: jianyongyin@foxmail.com）

摘要： 本研究基于开源计算流体动力学软件 OpenFOAM，考虑空化泡与液体之间相变过程，通过采用有限体积方法离散控制方程组，并利用 PISO 算法求解压力场与速度场的非线性耦合，同时运用流体体积法追踪相间运动界面，建立了含相变过程的激光诱导空化泡生长与溃灭过程的数值模型。实验验证结果表明：相比于不含相变的数值模型，含相变的数值模型计算的空化泡无论是在空化泡形状还是其演变时间上都与实验结果吻合更好，验证了该数值模型的可靠性及准确性。当初始条件都相同时（如初始半径、初始压力），泡内组成为空气的气泡的最大膨胀半径及其演变周期（第一周期）均高于泡内为蒸汽和空气的气泡。然而，泡内为蒸汽和空气的气泡能够溃灭至更小的半径。

关键词： 空化泡；OpenFOAM；有限体积法；相变；流体体积法

1 引言

空化现象普遍存在于自然界和各种工业领域中，如水力机械的空化与空蚀[1]、超声波清洗[2]、钻井工程中空化射流辅助强化破岩[3]等，这些空化现象大都以泡群空化为主，受空化和湍流的耦合影响，其物理机制极其复杂，要深入认识首先需从单空泡动力学研究做起。由于单空泡尺度小（微米级或毫米级），生长和溃灭过程剧烈，且常与周围介质和结构相互作用，溃灭后期会产生压力波[4]，其复杂变化过程对实验测量和数值模拟提出了巨大的挑战。而气泡在固体壁面附近时，其动力学过程往往伴随射流及压力波的产生，进而产生材料破坏等效应，因此受到广泛的关注。Philipp 等[5]对空泡的动力特性及其对固体壁面造成的损伤进行了详细的实验研究，发现当气泡与固体壁面的距离小于它最大半径 2 倍时（即 $\gamma<2$，$\gamma=L/R_{\max}$，L 是初始时刻气泡中心距离固体壁面的距离，$R_{\max}$ 是气泡最大半径），观测

[1] 基金项目：国家自然科学基金（51606221,51876220）

到固体表面有损伤。Koch 等[6]忽略相变及传热过程，基于 OpenFOAM，使用非冷凝气体数值模拟了激光泡溃灭过程，获得了与实验较为吻合的结果。但 Zeng 等[7]基于 OpenFOAM 分析空化泡射流造成的壁面切应力时发现气泡再次膨胀半径与实验存在较大偏差，他们认为是气泡内非冷凝气体的缓冲作用造成了能量损失的减少，从而导致气泡再次膨胀半径过大，并给出了通过增大气体绝热指数的方式来耗散过多的能量，但并未对气泡反弹过程中压力场及速度场进行分析。Lee 等[8]基于实验结果对气泡溃灭期间能量损失进行了修正，使用边界积分法成功模拟了气泡反弹现象，但并未对反弹气泡的形态进行分析。

基于开源的计算流体动力学软件 OpenFOAM（版本 4.1），运用流体体积法（Volume of Fluid, VOF）追踪相间的运动界面，考虑气（汽）液相间的可压缩性、表面张力、动力黏度等对空泡的影响以及空化泡与液体之间相变过程，着重模拟了固体壁面附近激光诱导空化泡溃灭后再次膨胀过程中的现象及其动态演化过程。

2 计算模型

2.1 控制方程

考虑气（汽）液相间的黏性，气泡的表面张力和重力的影响，其连续方程和动量方程分别为：

$$\frac{\partial \rho}{\partial t}+\nabla\cdot(\rho \boldsymbol{U})=0 \tag{1}$$

$$\frac{\partial(\rho \boldsymbol{U})}{\partial t}+\nabla\cdot(\rho \boldsymbol{U}\boldsymbol{U})=-\nabla p+\nabla\cdot \boldsymbol{T}+\rho \boldsymbol{g}+\int_{S(t)}\sigma\kappa(\boldsymbol{x}')\boldsymbol{n}(\boldsymbol{x}')\delta(\boldsymbol{x}-\boldsymbol{x}')\mathrm{d}S' \tag{2}$$

式中：ρ 表示流体的平均密度；$\boldsymbol{U}$ 为流体流动的速度；p 为压力场；σ 为表面张力系数；$\boldsymbol{g}$ 为重力加速度；κ 为表面曲率；$\boldsymbol{T}$ 为黏性应力张量；$\boldsymbol{n}$ 为界面的法向单位矢量；δ 为狄利克雷函数；S(t)为交界面；$\boldsymbol{x}'$ 为交界面上的参考点位置；$\boldsymbol{x}$ 为求解点空间位置。

实际的空化泡是由小部分的不可凝结气体和大部分的水蒸汽组成的。为便于研究，假设不可凝结气体为空气。因此，液相和气相（汽）的体积分数控制方程为：

$$\frac{\partial(\rho_l\alpha_l)}{\partial t}+\nabla\cdot(\rho_l\alpha_l\boldsymbol{U})=\dot{m} \tag{3}$$

$$\frac{\partial(\rho_v\alpha_v)}{\partial t}+\nabla\cdot(\rho_v\alpha_v\boldsymbol{U})=-\dot{m} \tag{4}$$

$$\frac{\partial(\rho_g\alpha_g)}{\partial t}+\nabla\cdot(\rho_g\alpha_g\boldsymbol{U})=0 \tag{5}$$

式中，$\dot{m}$ 为相变质量转换速率且满足 $\dot{m}=\dot{m}^{+}-\dot{m}^{-}$，$\dot{m}^{+}$ 为凝结速率，$\dot{m}^{-}$ 为蒸发生成速率；α_l，α_v 和 α_g 分别是液相，水蒸汽相和空气相的体积分数且满足 $\alpha_l+\alpha_v+\alpha_g=1$；$\rho_l$，$\rho_v$ 和 ρ_g 分别是液相，水蒸汽相和空气相的密度且满足 $\alpha_l\rho_l+\alpha_v\rho_v+\alpha_g\rho_g=\rho$。

采用 VOF 方法追踪相界面的体积分数输运方程（如液相）为：

$$\frac{\partial\alpha_l}{\partial t}+\nabla\cdot(\alpha_l U)+\nabla\cdot\left(\alpha_l\alpha_v\left(U_l-U_v\right)+\alpha_l\alpha_g\left(U_l-U_g\right)\right)=-\frac{\alpha_l}{\rho_l}\left[\frac{D\rho_l}{Dt}\right](1-\alpha_l)+\alpha_l(\nabla\cdot U)$$
$$+\alpha_l\left[\frac{\alpha_v}{\rho_v}\frac{D\rho_v}{Dt}+\frac{\alpha_g}{\rho_g}\frac{D\rho_g}{Dt}\right]+\dot{m}\left(\frac{1}{\rho_l}-\alpha_l\left(\frac{1}{\rho_l}-\frac{1}{\rho_v}\right)\right) \tag{6}$$

式中，第三项为人工压缩项，只作用于界面区域，目的是抵消界面数值扩散的影响，由于它的引入，可以对交界面进行更为精确的追踪。

考虑到气（汽）体和液体的可压缩性，使用理想的状态方程联系密度与压力，即：

$$\rho=\psi p \tag{7}$$

式中，ψ 为可压缩系数。

2.2 空化模型

Schnerr-Sauer 空化模型是基于气泡动力学的 Rayleigh-Plesset 方程发展而来的空化模型。为了考虑泡内还有少量的空气，其最终形式的蒸发生成速率和凝结速率[9]修正为：

$$\dot{m}^{-}=\frac{3\rho_l\rho_v}{\rho}\alpha_l\max(1-\alpha_l-\alpha_g,0)(rR_b)\sqrt{\frac{2}{3\rho_l\left(|p-p_v|+0.001p_v\right)}}\min(p-p_v,0) \tag{8}$$

$$\dot{m}^{+}=\frac{3\rho_l\rho_v}{\rho}\alpha_l\max(1-\alpha_l-\alpha_g,0)(rR_b)\sqrt{\frac{2}{3\rho_l\left(|p-p_v|+0.001p_v\right)}}\max(p-p_v,0) \tag{9}$$

$$rR_b=\left(\frac{4\pi n\alpha_l}{3\left(\max(1-\alpha_l-\alpha_g,0)+alpha_{Nuc}\right)}\right)^{1/3} \tag{10}$$

$$alpha_{Nuc}=\frac{n\pi\left(d_{Nuc}\right)^3}{6+n\pi\left(d_{Nuc}\right)^3} \tag{11}$$

式中：p_v 为饱和蒸汽压力；rR_b 为空化核半径的倒数；n 为液相中的空泡数目；$alpha_{Nuc}$ 为成核部位的体积分数。

3 结果分析

图 2 展示了气泡半径随时间变化的数值模拟结果和实验测量结果。实验中，气泡由脉冲激光生成（波长 532 nm，持续时间 6 μs，激光能量 10 mJ），使用高速相机记录气泡的生长与溃灭过程，实验中所使用的拍摄速度为 100000 帧/s，曝光时间为 1 μs。初始气泡中心距离壁面的距离为 2.0 mm，气泡最大膨胀半径为 0.81 mm。数值模拟中，初始气泡半径均为 0.072 mm，气泡初始压力均为 5×10^7 Pa，初始气泡中心距离壁面距离与实验值相同（如图 1 红色区域所示）。另外，对于气泡组成为蒸汽和空气的数值模拟，初始气泡内蒸汽与空气的体积比为 10:1。正如图 2 所示，当初始条件都相同时（如初始半径、初始压力），泡内组成完全是空气的气泡的最大膨胀半径及其演变周期（第一周期）均高于泡内为蒸汽和空气的气泡。然而，泡内为蒸汽和空气的气泡能够溃灭至更小的半径。此外，泡内为蒸汽和空气的气泡模拟结果在气泡第一周期及其反弹膨胀阶段与实验的结果吻合良好。图 3 细节地展示了特定时刻下模拟气泡与实验气泡形态的比较。正如图 3 所示，实验中气泡反弹阶段形成的细长射流尾迹能通过数值模拟的方式准确地预测出。

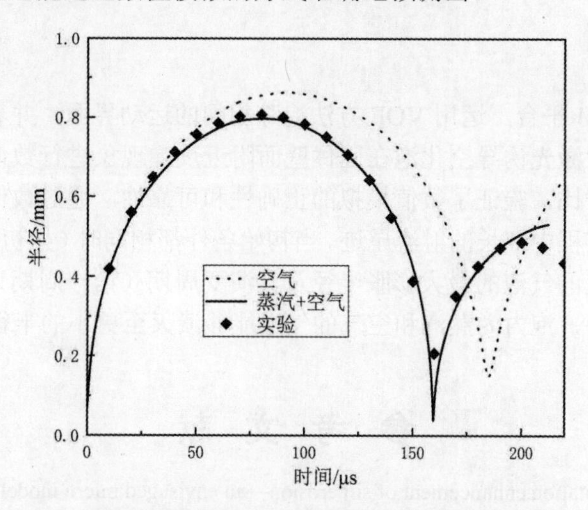

图 2 数值模拟与实验气泡当量半径比

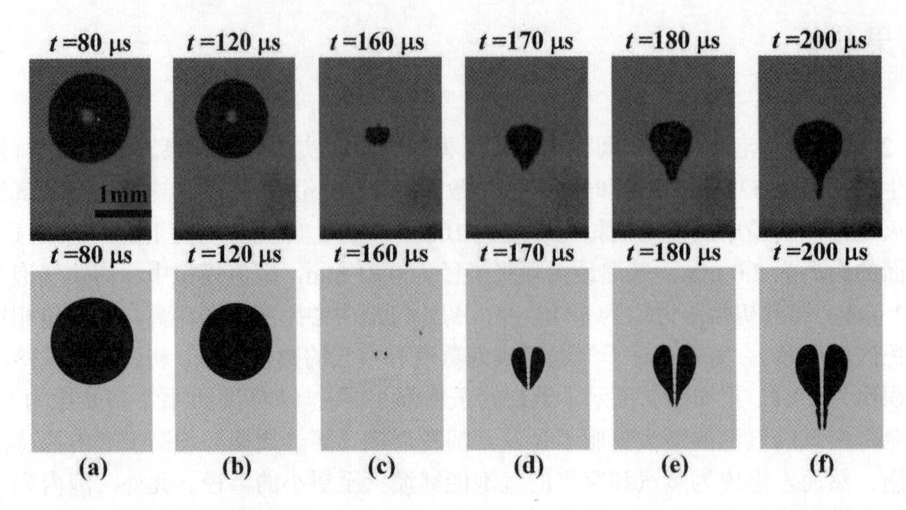

图 3 数值模拟与实验图像比较（实验与模拟每帧大小均为 2.35 mm × 3.31 mm）

4 结论

基于 OpenFOAM 平台，运用 VOF 方法追踪相间的运动界面，并着重考虑相变过程对气泡变化的影响，对激光诱导空化泡在固体壁面附近反弹现象进行数值模拟研究。并和已做的实验数据进行对比，验证了数值模拟的正确性和可靠性。通过数值模拟的方法，准确地捕捉到气泡反弹过程中细长的射流尾迹。当初始条件都相同时（如初始半径、初始压力），泡内组成完全是空气的气泡的最大膨胀半径及其演变周期（第一周期）均高于泡内为蒸汽和空气的气泡。然而，泡内为蒸汽和空气的气泡能够溃灭至更小的半径。

参 考 文 献

1 Shengcai L 2006 Cavitation enhancement of silt erosion—an envisaged micro model [J]. Wear. 260 1145-1150

2 Chahine G L, Kapahi A, Choi J K, et al. Modeling of surface cleaning by cavitation bubble dynamics and collapse [J]. Ultrasonics - Sonochemistry, 2015, 29:528-549.

3 李根生，沈忠厚，李在胜,等. 自振空化射流提高钻井速度的可行性研究 [J]. 石油钻探技术, 2004, 32(3):1-4.

4 Wang Q. Multi-oscillations of a bubble in a compressible liquid near a rigid boundary [J]. Journal of Fluid Mechanics, 2014, 745(4):509-536.

5 Philipp A, Lauterborn W. Cavitation erosion by single laser-produced bubbles [J]. Journal of Fluid Mechanics, 1998, 361: 75-116.

6 Koch M, Lechner C, Reuter F, et al. Numerical modeling of laser generated cavitation bubbles with the finite volume and volume of fluid method, using OpenFOAM [J]. Computers & Fluids, 2016, 126(3):71-90.

7 Zeng Q, Gonzalez-Avila S R, Dijkink R, et al. Wall shear stress from jetting cavitation bubbles [J]. Journal of Fluid Mechanics, 2018, 846:341-355.

8 Lee M, Klaseboer E, Khoo B C. On the boundary integral method for the rebounding bubble [J]. Journal of Fluid Mechanics, 2007, 570(570):407-429.

9 Yu H, Goldsworthy L, Brandner P A, et al. Development of a compressible multiphase cavitation approach for diesel spray modelling[J]. Applied Mathematical Modelling, 2017, 45: 705-727.

Numerical simulation of the rebound of the laser generated bubble near the solid wall considering phase change

YIN Jian-yong, ZHANG Yong-xue, ZHANG Yu-ning, LYN Liang

(Beijing Key Laboratory of Process Fluid Filtration and Separation, China University of Petroleum, Beijing 102249, Email: jianyongyin@foxmail.com)

Abstract: Based on open source software OpenFOAM, the phase change is considered. The finite volume method is applied for discretization the governing equations and velocity-pressure coupling is solved by PISO algorithm. Meanwhile, the volume of fluid method is established to track the movement of the gas-liquid interface. A numerical simulation model of a laser induced cavitation bubble with phase change near the solid wall is established. Compared with the model without phase change, the numerical results with phase change agree well with the experimental data, including the bubble shape and the bubble growth and collapse time (the first cycle time), which demonstrates the correctness and reliability of the model. The simulation also shows that when the initial conditions are the same (e.g., the initial radius and pressure), the maximum bubble radius and the first cycle time predicted by the model without phase change are higher than that predicted by the model with phase change. While, the collapse radius predicted by the model with phase change is smaller.

Key words: Cavitation bubbles; OpenFOAM; the Finite Volume Method; phase change; the volume of fluid method.

基于突扩明渠水流数值模拟的鱼类游泳行为研究

查伟[1]，曾玉红[1]，黄明海[2]

(1 武汉大学水资源与水电工程科学国家重点实验室，武汉，430072，Email: wzha@whu.edu.cn

2 长江水利委员会长江科学院，湖北武汉 430010)

摘要：为了优化鱼道设计，提高鱼道过鱼成功率，利用大涡模拟对突扩明渠中的分离流进行了数值模拟，探讨了突扩明渠流场的瞬时和时均特性，结合鱼类游泳试验资料，进一步分析讨论突扩明渠水流对鱼类游泳行为的影响。结果表明，建立的三维模型成功地模拟了突扩明渠水流运动，瞬态流和时均流在流场结构方面具有较大差异；随着流速增加，相同体长的鱼类在回流区的停留时间在增加。此而随着流速越大或者体长减小，增加趋势在变缓。

关键词：大涡模拟，洄游鱼类，停留时间，突扩流动，游泳行为

1 引言

现阶段我国建设了大量的水利水电工程，因此而带来的是鱼类栖息地被压缩，洄游通道被阻隔。为更好地保护鱼类资源，鱼道作为生态措施，已广泛应用于生态保护[1]。为保证鱼类能够成功通过鱼道上溯洄游，了解鱼类游泳行为成为当前生态水力学研究的重要课题。

目前，许多学者在流速、紊流强度和复杂流场对鱼类游泳行为的影响开展了大量研究，如 Haro 等认为洄游鱼类能够感觉在溢洪道拦鱼珊附近的流速变化，并作出相应调整[2]，Pavlov 等对非洄游性鱼类的研究中发现，水流紊动也会间接地吸引鱼类，并且可以促进洄游性鱼类的上溯迁移[3]，董志勇等发现鱼类进入鱼道池室后当流速不高，则沿主流游动，若流速过大，则转入回流区休息或徘徊[4]，但国内外对突扩明渠分离流下鱼类游泳行为研究较少。边界分离再附着流是突扩明渠水流的重要特征，主要经历边界层分离、再附合再发展[5]。本研究采用大涡模拟技术对突扩明渠水流进行数值计算，结合鱼类游泳试验资料，研究突扩明渠对鱼类游泳行为的影响，为优化鱼道设计提供参考。

2 数学模型

2.1 控制方程

大涡模拟采用的控制方程为滤波后的 N-S 方程，即连续性方程和动量方程如下：

$$\begin{cases} \dfrac{\partial \overline{u_i}}{\partial x_i}=0 \\ \dfrac{\partial \overline{u_i}}{\partial t}+\dfrac{\partial\left(\overline{u_i u_j}\right)}{\partial x_j}+\dfrac{1}{\rho}\dfrac{\partial \overline{P}}{\partial x_i}-\upsilon\dfrac{\partial^2 \overline{u_i}}{\partial x_i \partial x_j}-\dfrac{\partial \tau_{ij}}{\partial x_j}=0 \end{cases} \tag{1}$$

式中：$\overline{u_i}$ 、$\overline{P}$ 分别为滤波后的流速分量和压强；ρ、ν 分别为水的密度和动力黏性系数；x_i（i=1,2,3）代表坐标轴 x，y，z；τ_{ij} 为亚格子应力，体现小尺度扰动对大尺度运动的影响。

本次模拟采用标准 Smagorinsky-Lilly 模式模拟亚格子应力，如下所示：

$$\begin{cases} \tau_{ij}-\dfrac{1}{3}\delta_{ij}\tau_{kk}=-2\upsilon_t\overline{S_{ij}} \\ \upsilon_t=\left(C_s\Delta\right)^2\sqrt{2\overline{S_{ij}}\,\overline{S_{ij}}} \end{cases} \tag{2}$$

式中：υ_t 为亚格子涡黏性系数；τ_{kk} 为亚网格尺度各向同性的一部分；$\overline{S_{ij}}=\dfrac{1}{2}\left(\dfrac{\partial \overline{u_i}}{\partial x_j}+\dfrac{\partial \overline{u_j}}{\partial x_i}\right)$ 是可解尺度的变形率张量；Δ 为网格梯级；C_s 为经验系数，本次模拟中取 0.1。

2.2 模型建立与边界条件

选择单边突扩明渠结构为研究对象，突扩断面上游长 5m，下游 8m，上游渠道宽 B_0 和突扩壁面长度（特征长度）Bs 均为 0.25m，渠道宽度 B=0.50m，突扩比 2:1，结构布置如图 1 所示。采用 Gambit 建立三维突扩明渠模型并划分网格，采取 Cooper 的方式划分六面体结构化网格，进行了局部网格加密，划分的网格总数为 305.4 万。

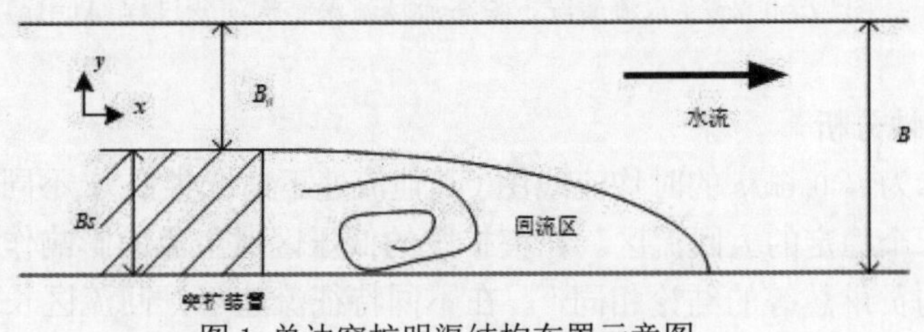

图 1 单边突扩明渠结构布置示意图

针对上述突扩明渠结构布置，模拟工况为上游收缩段渠道平均流速（特征流速）U_0 分别为 0.2m/s、0.4m/s、0.6m/s、0.8m/s 和 1.0m/s 共 5 种水流计算工况。上游进口以速度控制，取流量为边界条件；下游出口以压力控制，取水位为边界条件，控制下游出口断面水深 0.6m；

固壁面取无滑移边界条件。

3 数值模拟结果分析

3.1 流场瞬态特性分析

取流速 0.2m/s 为例分析漩涡的演变过程（其他流速下情况类似），图像取样时间间隔为 1s，如图 2 所示。从图 2 中可以看出：在各种来流情况下，突扩断面至下游 10*B*s 范围渠段内水流可以分为主流区、回流区和上壁漩涡区三部分。主流区流线较为顺直，流速相对较大，回流区由 3~5 个尺度与台阶高度同量级、纵向排列的分布漩涡组成，上壁漩涡区范围较小，在流场图中不太明显；从不同时刻流场结构中可观测到主流周期性摆动，回流区内分布涡在水流粘性摩阻等因素作用下会逐渐演化成一些离散的漩涡。流场的漩涡现象与已经开展的相关模型试验结果相似[6]，说明大涡模拟的模拟具有一定的可靠性。

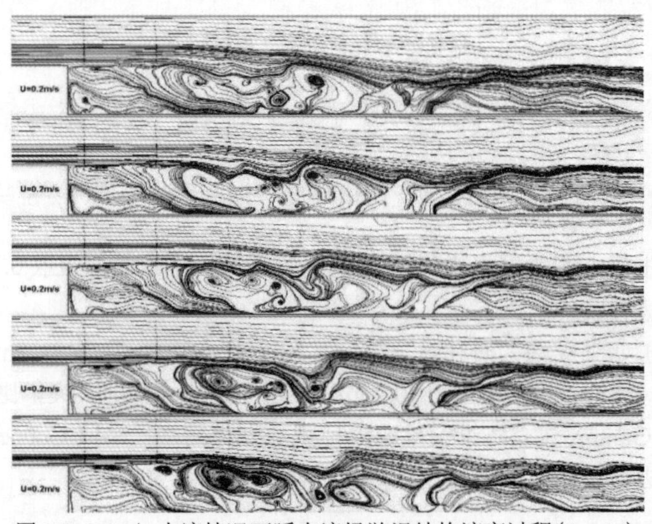

图 2 U_0=0.2m/s 水流情况下瞬态流场漩涡结构演变过程(Δt=1s)

3.2 流场时均特性分析

如图 3 所示为 U_0=0.6m/s 的时均流线图（其他流速下情况类似），不同特征流速的时均流线图表明存在一个稳定的大回流区。在突扩段的低压区对主流的影响作用下，会形成一个顺时针的涡，与贡琳慧等的结论相同[7]。在不同特征流速下，回流区长度基本维持在一定长度，没有太大的变化，说明回流区长度与雷诺数无关，该结论与文献研究结果相吻合[8]。

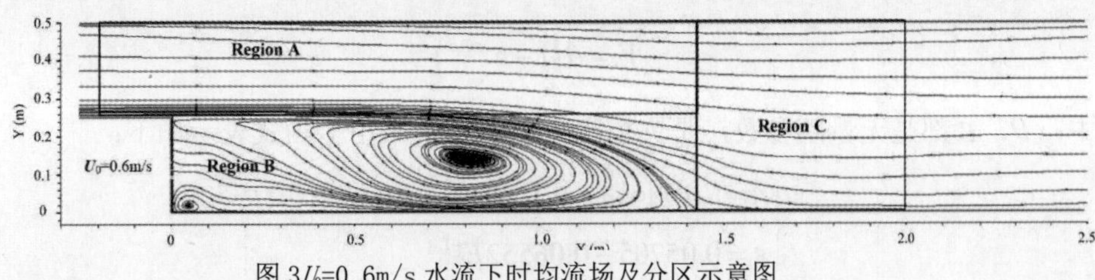

图 3 U_0=0.6m/s 水流下时均流场及分区示意图

4 鱼类游泳行为分析

4.1 鱼类游泳试验

根据上述对突扩明渠流场特性的讨论，结合现有的试验资料对鱼类游泳行为进行分析研究，现对突扩明渠中鱼类游泳行为试验研究进行简要描述。

试验选择对水流比较敏感的红鲫鱼作为研究对象，选择体长为 15cm、10cm 和 5cm 3 种大小的鱼。突扩明渠模型布置在玻璃水槽内，模型结构布置与上述数学模型相同。鱼类活动观测区域为突扩断面上游 0.2m 至下游 2.0m 水槽区段。采用高速摄像机采集鱼类游动图像视频，连续观测红鲫鱼的位置随时间的变化和游泳状态。

4.2 游动轨迹点分析

根据对突扩明渠流场的分析，依据时均流场的特点，可以将突扩流场大致分为 3 个区域，如图 3 所示，分别是区域 A 主流大流速区、区域 B 回流区以及区域 C 回流区下游。依据现有鱼类试验资料，分析不同流速下大、中、小 3 种体长的鱼在区域 B 的停留时间情况（图 4）。

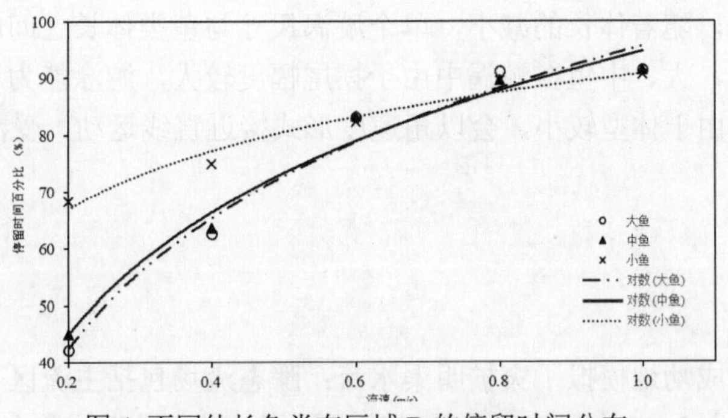

图 4 不同体长鱼类在区域 B 的停留时间分布

4.2.1 随流速增加，鱼在回流区的停留时间变长

一方面，根据林高平等[9]文献中所提回流强度概念来理解这种变化规律，回流强度 V 是指回流区内最大流量与入口处流量的比值，E 是渠道突扩比，Re 是来流雷诺数。当突扩比 E 一定时，回流强度 V 近似为 Re 的指数函数，表示为：

$$V=\theta\left(1-e^{-\varepsilon \mathrm{Re}}\right) \tag{3}$$

式中：θ、ε 都是无量纲参数，是突扩比 E 的函数，采用多项式表示如下：

$$\begin{cases}\theta=-0.24934+0.16184E+0.01548381E^2\\ \varepsilon=0.05705-0.06552E^{-1}\end{cases} \tag{4}$$

由此可见，随着流速的逐渐增大，回流强度会越来越大，回流区内流量会随之增大。试验所用红鲫鱼对水流较为敏感，具有较强的趋流性，往往会头部顶流趋向于朝流量更大的地方游动；其次流量增大会使得回流区内溶解氧增多；当流速越大的时候，回流强度 V 会越来越趋向于一个常数，即当流速增大到一定程度时，鱼类在回流区的分布会随之增加非常缓慢，这与实验结果刚好吻合。

另一方面，通过对突扩明渠的数值模拟，回流区域由于突扩段的低压区影响主流会存在一个顺时针的回流漩涡，漩涡内压强较小，会造成来流方向的微生物堆积，存在的微生物就会越多，鱼类捕食就越轻易，这也导致了鱼会较多出现在回流区。

4.2.2 随体长减小，对数曲线增长趋势变缓

不同体长鱼类在回流区的停留情况虽然大致相似，但也有差别：采用对数曲线进行拟合时，大、中、小鱼的系数分别为 0.3303、0.3086、0.1481，随着体长减小而减小。

鱼类游泳行为与漩涡有着密切的关系，漩涡对鱼类游泳行为的影响主要取决于单个漩涡大小与鱼类体长之间的相对尺寸。当 $\lambda/L \ll 1$（为漩涡直径特征值，L 为鱼体长度）时，紊流漩涡对于鱼类游泳行为的影响微乎其微。Tritico 发现：在 λ/L 为 0.75 至 0.9 的漩涡水流中，鱼体摆尾幅度较大，鱼类游泳能力和稳定性会较大程度减弱[10]。Webb 同样研究得到在尺寸足够大（$\lambda/L \gg 1$）的漩涡中，鱼类会以角速度形式作接近直线游动[11]。

由此我们得知，随着体长的减小，单个漩涡尺寸与鱼类体长之间的相对尺寸会逐渐增大。根据上述发现，大、中鱼在漩涡中由于摆尾幅度较大，游泳能力和游动稳定性会较大程度减弱，而小鱼由于体型较小，会以角速度形式接近直线运动，受漩涡影响不大。

5 结论

三维大涡模型成功地模拟了突扩明渠水流：瞬态流场包括主流区、回流区和上壁漩涡区三部分，回流是由 3～5 个尺度与台阶高度同量级、纵向排列的分布漩涡组成；时均流场存在一个稳定的大回流区，没有上壁漩涡区。

突扩明渠影响下，流速和体长会影响鱼类游泳行为：随着流速的增加，鱼类在回流区的停留时间会增加；在流速较小时增加的较快，当流速接近 1.0m/s 时，增加速度会变慢；随着体长减小，停留时间曲线的增长趋势在逐渐变缓。

参考文献

1 陈凯麒, 常仲农, 曹晓红,等. 我国鱼道的建设现状与展望[J]. 水利学报, 2012, 43(2):182-188.

2 Alex Haro, MufeedOdeh, John Noreika, et al. Effect of Water Acceleration on Downstream Migratory Behavior and Passage of Atlantic Salmon Smolts and Juvenile American Shad at Surface Bypasses[J]. Transactions of the American Fisheries Society, 1998, 127(1):118-127.

3 Pavlov D S, Lupandin A I, Skorobogatov M A. The effects of flow turbulence on the behavior and distribution of fish[J]. Journal of Ichthyology, 2000.

4 董志勇, 冯玉平, Alan Ervine.异侧竖缝式鱼道水力特性及放鱼试验研究[J]. 水力发电学报, 2008, 27(6):126-130.

5 曾诚. 带自由表面的后向台阶流动的流场研究[D]. 河海大学, 2006.

6 齐鄂荣, 黄明海, 李炜,等. 二维后向台阶流流动特性的实验研究[J]. 实验力学, 2006, 21(2):000225-232.

7 贡琳慧, 王泽,GONGLin-hui,等. 突扩明渠的三维紊流数值模拟[J]. 灌溉排水学报, 2014, 33(4):404-408.

8 Bf A, F D, Jc P, et al. Experimental and theoretical investigation of backward-facing step flow[J]. Journal of Fluid Mechanics, 1983, 127(6):473-496.

9 林高平, 龚晓波, 冯霄,等. 圆管突扩层流流动计算[J]. 西安交通大学学报, 2000, 34(6):108-110.

10 Tritico H M, Cotel A J. The effects of turbulent eddies on the stability and critical swimming speed of creek chub (Semotilusatromaculatus).[J]. Journal of Experimental Biology, 2010, 213(Pt 13):2284.

11 Webb P W, Cotel A J. Turbulence: does vorticity affect the structure and shape of body and fin propulsors?[J]. Integrative & Comparative Biology, 2010, volume 50(6):1155-1166(12).

Swimming behavior of fish based on numerical simulation of open channel flow with sudden-expansion

ZHA Wei[1], ZENG Yu-hong[1], HUANG Ming-hai[2]

(1 State Key Laboratory of Water Resources and Hydropower Engineering Science, Wuhan University, Wuhan, 430072. Email: wzha@whu.edu.cn

2 Yangtze River Scientific Research Institute, Wuhan 430010)

Abstract: In order to provide a technical reference for the design of fish passageways and improve the passage efficiency, numerical solutions of separation flows in sudden-expansion open channel are obtained by use of the large-eddy simulation. The characteristics of the transient flow field and the time averaged flow field is investigated. The results combined with experimental data can help to explore the fish swimming behavior in sudden-expansion open channel. The results show that the established three-dimensional model can simulate the flow in sudden-expansion open channel successfully and there are great differences between transient flow field and time averaged flow field. As the flow velocity increases, the residence time which the fish having the same body length stay in the recirculation zone is increasing. Moreover, the greater the flow velocity or the smaller fish, the slower the increasing trend.

Key words: Large-eddy simulation; Migratory fish; Residence time; Sudden-expansion flow; Swimming behavior.

双点涡生成界面内波的非线性相互作用

刘迪，王振

（大连理工大学 数学科学学院 辽宁大连 116024））

摘要：本文考察了二维两层稳定流中对称/反对称涡对相互作用对界面波的影响，其中涡对位于无限深的下层流体中。基于势流理论和边界积分方程法建立关于界面波的积分-微分方程组，并基于拟牛顿法进行数值计算。讨论模型中两点涡间距离变化对界面波的影响，发现下游稳定波的波高周期性变化，周期大约为仅存在上游单个点涡时的下游稳定波的波长，周期性变化的最值约为两个点涡分别引起的下游稳定波的振幅的叠加。最大波峰最多是单点涡情形的 1.742 倍且随着距离增加而减小。分别改变双点涡中单个的强度，其最大波峰相比于两个点涡的和，均整体降低，但其变化规律不同。

关键词：分层流；涡对；边界积分方程；积分-微分方程；非线性界面波

1 引言

自然存在的流动总是伴随着不同密度的流体，如温水和冷水、淡水和盐水。对稳定密度分层海水，在外界扰动下会产生内波。由于海水的垂直密度梯度通常非常小，不同于表面波内波的振幅可能非常大[1]。密度不同两层流体的界面内波经常作为内波的简化模型。已有很多学者对两层流体中不同扰动源产生的内波进行了研究，包括底地形[2]、水翼[3]、运动点源[4-5]和偶极子[6]的点涡[7-8]。

基于势流理论，研究界面内波问题可以归结为求解界面形状未知的拉普拉斯方程组。Forbes[9]在研究二维理想无旋流体中运动点涡[9]产生的表面波时，利用自然参数描述自由表面，用边界积分方程法建立描述问题的积分- 微分方程，求得数值解。Belward[2]和王振等[7-8]把这种方法应用于任意底地形和上下层中的点涡所产生的界面内波的研究中。

本文利用势流理论和边界积分方程法讨论下层中存在两个点涡所产生的二维稳定两层流的界面波，上下层流体均是理想流体且流动是无旋的，流向一致。假定上层密度低于下层密度，且具有不同的流速。上层有限深且满足刚盖假定，下层为无限深。类似于文献[7-8]建立积分-微分方程组，并通过拟牛顿法进行数值计算。讨论模型中两点涡间距离变化对界面波的影响，改变点涡强度比较结果。

2 建立边界积分方程

将分层流体简化为具有不同密度的稳定两层理想流体，上下层流速不同、流向一致，且流动是无旋的。建立笛卡尔直角坐标系，x 轴置于未扰动的水平分界面，方向与上游无穷远来流流向一致，y 轴竖直向上。上层流体深度为 T 且上表面满足刚盖假定。下层流体无限深，其中存在一对关于 y 轴对称的点涡，两个点涡间的距离是2D，与 x 轴距离均为H，涡强度分别为 K_1 和 K_2。本文以后分别用下标1和2来表示与上层流体和下层流体有关的物理量。两层流体的密度分别是 ρ_1、ρ_2，上游无穷远速度分别是 c_1、c_2。

以 c_2 为速度尺度，以H为长度尺度，对上面的物理量进行无量纲化，并引入如下无量纲量：

$$F=\frac{c_2}{\sqrt{gH}},\varepsilon_1=\frac{K_l}{c_2H},\varepsilon_2=\frac{K_2}{c_2H},\rho=\frac{\rho_1}{\rho_2},c=\frac{c_1}{c_2},\lambda=\frac{T}{H},d=\frac{D}{H}$$

其中，F 是Froude数；ε_1、ε_2 分别是两个点涡的无量纲强度；ρ 是上下层密度比；c 是上下层的上游无穷远流速比；λ 是上层的无量纲深度；d 是涡对到 y 轴的距离。流体界面用函数 $y=\eta(x)$ 描述。图1是无量纲示意图。

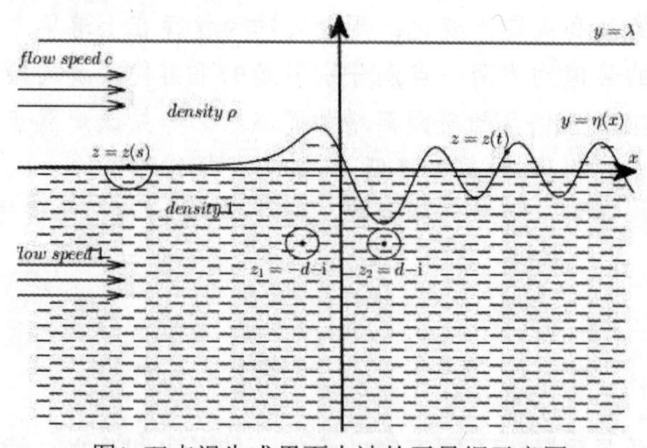

图1 双点涡生成界面内波的无量纲示意图

引入解析函数 $f_j(z)=\phi_j(x,y)+\mathrm{i}\,\psi_j(x,y), j=1,2, z=x+\mathrm{i}\,y$，其中 $\phi_j(x,y),\psi_j(x,y)$ 分别是第 j 层流体的势函数和流函数。在两个点涡处 f_2 满足

$$f_2 \to z+\frac{\mathrm{i}\varepsilon_1}{2\pi}\ln(z-z_1)+\frac{\mathrm{i}\varepsilon_1}{2\pi}\ln(z-z_2), z\to z_1, z_2 \tag{1}$$

上下层流体的无穷远条件

$$f_1\to cz, f_2\to z, \mathrm{Re}[z]\to-\infty \tag{2}$$

上层刚性表面满足边界条件

$$\nabla\phi_1\bullet\vec{n}=0, y=\lambda \tag{3}$$

用自然参数描述界面：$(x,\eta(x))=(x(s),y(s))$，且满足弧长公式：

$$\left(\frac{\mathrm{d}x}{\mathrm{d}s}\right)^2+\left(\frac{\mathrm{d}y}{\mathrm{d}s}\right)^2=1 \tag{4}$$

上下层满足伯努利方程，且界面上处处压强相等，由此得：

$$\rho\left(\frac{\mathrm{d}\phi_1}{\mathrm{d}s}\right)^2-\left(\frac{\mathrm{d}\phi_2}{\mathrm{d}s}\right)^2+\frac{2(\rho-1)\mathrm{y}}{F^2}=\rho c^2-1 \tag{5}$$

对于上层流体，考虑$G_1=\dfrac{df_1}{dz}-c$，利用柯西积分公式$\oint_{\Gamma_1}\dfrac{G_1(\xi)}{\xi-z(s)}\mathrm{d}\xi=0$，建立方程

$$\begin{aligned}\pi(x'(s)\phi_1'(s)-c)=-\int_{-\infty}^{+\infty}\frac{c(z(t)-z(s))\times\mathrm{d}z(t)+(y(t)-y(s))\mathrm{d}\phi_1(t)}{|z(t)-z(s)|^2}+\\ \int_{-\infty}^{+\infty}\frac{c(\tilde{z}(t)-z(s))\times\mathrm{d}z(t)+(\tilde{y}(t)-y(s))\mathrm{d}\phi_1(t)}{|\tilde{z}(t)-z(s)|^2}\end{aligned} \tag{6}$$

针对下层流体，考虑$G_2=\dfrac{\mathrm{d}f_2}{\mathrm{d}z}-1$，由留数定理有$\oint_{\Gamma_2}\dfrac{G_2(\xi)}{\xi-z(s)}d\xi=\sum\limits_{k=1,2}\mathrm{Res}\{\dfrac{G_2(\xi)}{\xi-z(s)},z_k\}$，利用相应边界条件计算并取虚部，得：

$$\begin{aligned}\pi(x'(s)\phi_2'(s)-1)=\int_{-\infty}^{+\infty}\frac{(z(t)-z(s))\times\mathrm{d}z(t)+(y(t)-y(s))\mathrm{d}\phi(t)}{|z(t)-z(s)|^2}+\\ \frac{\varepsilon_1(y(s)+1)}{|z(s)-(-d-\mathrm{i})|^2}+\frac{\varepsilon_2(y(s)+1)}{|z(s)-(d-\mathrm{i})|^2}\end{aligned} \tag{7}$$

其中$\tilde{z}(t)=x(t)+\mathrm{i}(2\lambda-y(t)),\tilde{y}(t)=2\lambda-y(t)$。具体推导过程与文献[7-8]类似。

最后得到控制方程(4)至方程(7)。根据远场条件(2)进行数值求解。

3 数值计算

数值求解过程类似文献[3,7-8]，取$y'(s)$的近似值，计算其他未知量并利用拟牛顿法更新$y'(s)$的近似值。用有限区间$[s_1,s_N]$截断整个积分区域并$N-1$等分得到N个格点$s_k=s_1+(k-1)\Delta s,\Delta s=(s_N-s_1)(N-1),k=1,\ldots,N$。用$x_k,y_k,\phi_{1,k}',\phi_{2,k}'$表示相应未知量在格点$s_k$的近似值。为了处理积分中的奇异性，引入半格点$s_{k-1/2}=(s_{k-1}+s_k)/2,k=2,\ldots,N.x(s)$在$s_{k-1/2}$的近似值为$x_{k-1/2}=(x_{k-1}+x_k)/2$，其他量类似处理。$s_1$点则应用无穷远条件且由弧长公式和伯努利方程(5)有

$y_1'=y_1=0,x_1'=1,x_1=s_1,\phi_1'=c,\phi_2'=1$

取初始近似$y_k=0,k=2,\ldots,N$，利用弧长公式(4)和梯形公式可以求出$x_k',x_k,y_k,k=2,\ldots N$. 利用梯形公式计算，把式(6)中的积分用在$[s_1,s_N]$上的数值积分近似，得到关于$[\phi_{1,2}',\ldots,\phi_{1,N}']^T$的线性方程组$\mathrm{A}_1[\phi_{1,2}',\ldots,\phi_{1,N}']^T=\mathrm{b}_1$.解得$[\phi_{1,2}',\ldots,\phi_{1,N}']^T=A_1^{-1}b_1$，再由式(5)计算$[\phi_{2,2}',\ldots,\phi_{2,N}']^T$. 同样利用梯形公式计算式(7)在$[s_1,s_N]$上的数值积分，整理成矩阵形式

$\mathrm{A}_2[\phi_{2,2}',\ldots,\phi_{2,N}']^T-\mathrm{b}_2\triangleq E[y_2',\ldots,y_N']$最后应用拟牛顿法[10]更新$y_2',\ldots,y_N'$：

$$\begin{cases} u_{i+1} = u_i - B_i^{-1} E[u_i] \\ B_{i+1} = B_i + (f_i - B_i v_i) v_i^T / (v_i^T v_i) \\ v_i = u_{i+1} - u_i, f_i = E[u_{i+1}] - E[u_i] \end{cases} ,i = 0,1,2,\ldots \tag{8}$$

其中$u = (y_2', \ldots, y_N')$，u_i表示第i次迭代的近似值。B_i是第i次迭代中雅可比阵的近似，初始阵$B_0 = ((E(he_1) - E(0,\ldots,0))/h, \ldots, (E(he_{N-1}) - E(0,\ldots,0))/h)$，$e_i$表示第$i$个$N-1$维单位向量.迭代过程直至$\| E \|_2 < \sigma$（$\sigma > 0$事先给定的充分小正数）停止。

4 结果分析

假定上下层流速相同，即$c = 1$。计算区域$[-25,30], N = 2201, F = 0.13, \rho = 0.9$。对于对称点涡对$\varepsilon_1$=$\varepsilon_2$=-0.23，上游稳定来流遭遇点涡对首先产生一个非常大的波峰，随后出现的

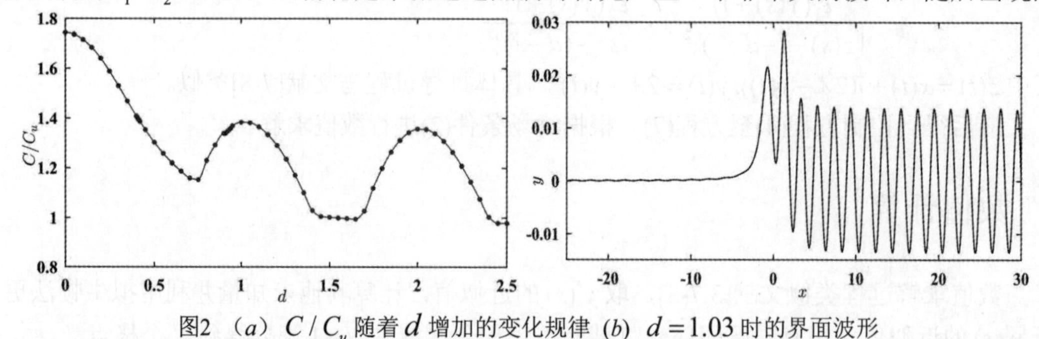

图2 （a） C/C_u随着d增加的变化规律 (b) $d = 1.03$时的界面波形

下游稳定波振幅小于这个波峰的幅度。记点涡对生成波形的最大波峰为C，仅在$(-d,-1)$存在单个点涡$\varepsilon =$ -0.23时对应界面波的最大波峰为C_u。如图2（a）所示，当d从0逐渐增大时，C/C_u从1.742逐渐下降。当d > 0.5，最大峰的下游附近出现一个波峰且振幅逐渐

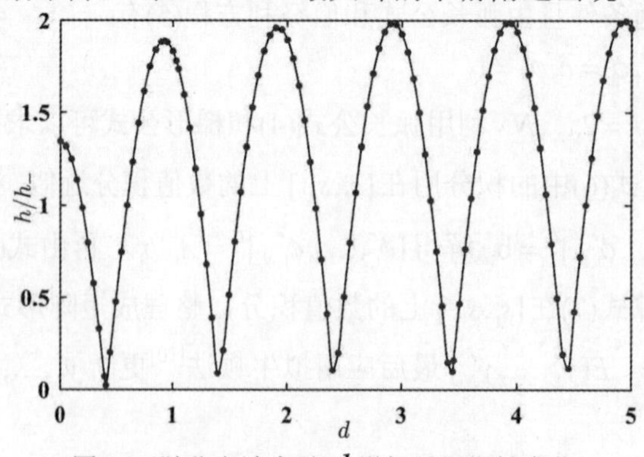

图3 下游稳定波高随d增加呈周期性变化

增大，$d>0.745$时它的振幅超过上游的波峰，$d=1.03$时其振幅最大，如图 3 所示，达到前面波峰的 1.31 倍，且此时$C/C_u=1.384$。之后振幅降低直至稳定值，低于前面的波峰。$d=1.5$时$C/C_u=1.002$，此时$(d,-1)$处的点涡对上游$(-d,-1)$的作用已非常小。

图 3 表明双点涡生成波形的下游稳定波的波高随着d周期性变化，周期接近单点涡$\varepsilon=-0.23$生成波形的下游稳定波长，最大波高 1.943h_-，h_-表示单个点涡$\varepsilon=-0.23$对应的下游稳定波波高，双点涡生成波形的最大波高为两个单点涡分别生成的波形的稳定波高的和的 0.972 倍。$d=0.413$时波高最低，仅为3.48×10^{-4}。图 4 比较了$d=0.413$时分别改变ε_1和

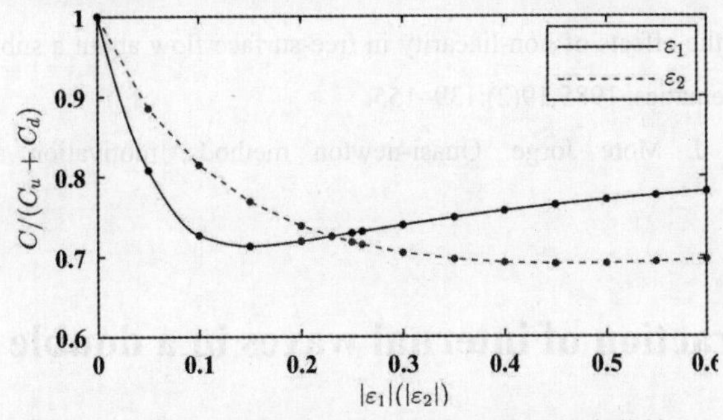

图 4 分别改变ε_1和ε_2时$C/(C_u+C_d)$的变化情况

ε_2时$C/(C_u+C_d)$的变化情况，其中C是双点涡生成波形的最大波峰，C_u、C_d分别是$(-d,-1)$、$(d,-1)$存在单个点涡$\varepsilon<0$时对应界面波的最大波峰。当ε_1增加，$C/(C_u+C_d)$降到 0.713，之后缓慢增加，$\varepsilon_1=-0.6$仅增至 0.781.而当ε_2增加，$C/(C_u+C_d)$始终降低，$\varepsilon_1=-0.6$仅为 0.696.两条曲线交点对应了对称点涡的情形，此时$C/(C_u+C_d)$=0.726 .仅改变上/下游点涡强度均使得$C/(C_u+C_d)$整体呈下降趋势，但是具体行为则截然不同。

参考文献

1 Stanisław R. Massel. Internal gravity waves in the shallow seas. Internal Gravity Waves in the Shallow Seas. Series: GeoPlanet: Earth and Planetary Sciences, ISBN: 978-3-319-18907-9. Springer International Publishing (Cham), Edited by Stanisław R. Massel, 2015.

2 S. R Belward and Larry K. Forbes. Fully non-linear two-layer flow over arbitrary topography. Journal of Engineering Mathematics, 1993,27(4):419–432.

3 Zhen Wang, Changhong Wu, Li Zou, Qianxi Wang, and Qi Ding. Nonlinear internal wave at the interface of two-layer liquid due to a moving hydrofoil. Physics of Fluids, 2017,29(7):65–69.

4 R. W Yeung and T. C Nguyen. Waves generated by a moving source in a two-layer ocean of finite depth. Journal of Engineering Mathematics, 1999,35(1-2):85–107.

5 Gang Wei, Jiachun Le, and Shiqiang Dai. Surface effects of internal wave generated by a moving source in a two-layer fluid of finite depth. Applied Mathematics and Mechanics (English Edition), 2003,

24(9):1025–1040.

6 Gang Wei, Dongqiang Lu, Shiqiang Dai. Waves induced by a submerged moving dipole in a two-layer fluid of finite depth. Acta Mechanica Sinica, 2005,21(1):24–31.

7 Zhen Wang, Li Zou, Hui Liang, Zhi Zong. Nonlinear steady two-layer interfacial flow about a submerged point vortex. Journal of Engineering Mathematics, 2016,103(1):1–15.

8 王振，吴常红，邹丽. 分层流体中点涡对非线性界面波的影响分析[J]. 江苏科技大学学报：自然科学版, 2017(31):566.

9 Larry K Forbes. On the effects of non-linearity in free-surface flow about a submerged point vortex. Journal of Engineering Mathematics, 1985,19(2):139–155.

10 John E Dennis , J. More Jorge. Quasi-newton methods, motivation and theory. Siam Review, 1977,19(1):46–89.

Nonlinear interaction of internal waves in a double point vortices

LIU Di, WANG Zhen

School of Mathematical Sciences, Dalian University of Technology, Dalian 116024.

Abstract: In this paper, we investigate the influence of the symmetric/antisymmetric vortex interaction on the interfacial wave in a two-dimensional two-layer steady flow, where the vortex pair is located in the lower layer fluid of infinite depth. The integral-differential equations of the interface are established based on the potential flow theory and the boundary integral equation method, and is solved numerically based on the quasi-Newton method. The influence of the distance between two vortices on the interface in the model is discussed. It is found that he of the wave height of the downstream steady wave profiles oscillates periodically, and the period is about the wavelength of the downstream stable wave for only a single point vortex upstream. The extreme values are about the superposition of the amplitudes of two downstream stady waves for two vortices respectively. The maximum value is at most 1.742 times that for the single point vortex and decreases as the distance increases. The individual strengths are changed separately. In these two cases the largest crest is lower than the sum of that for two point vortices and decrease overall, but the variation is different.

Key words: Stratified flow; vortex pair; boundary integral equation; integral-differential equation; nonlinear interface wave

基于多流体域匹配求解方法的港口内波浪共振特性研究

石玉云，李志富

(哈尔滨工程大学 船舶工程学院，黑龙江 哈尔滨 150001，Email: shiyuyun@hotmail.com；

江苏科技大学，船舶与海洋工程学院，江苏 镇江 212003，Email: zhifu.li@hotmail.com)

摘要：本研究基于势流理论，采用多流体域匹配求解方法，建立波浪与港口相互作用的三维数值模型。引入镜像格林函数和对流体速度势进行分解，移除向两端无限延伸海岸线上的积分。通过分别与矩形平底港口解析解、岸式平底振荡水柱解析解比较，验证了本研究数值方法的准确性。而后对一不规则底部地形港口进行了计算研究，结果表明，自由面升高形状与港口底部形状相关。

关键词：港口共振；多流体域；匹配分析

1 引言

相对于开敞水域，港口内地形多变，且其自身存在系列固有频率，波浪在港口内的传播则变得极为复杂，对其内浮体运动颇具危险性。因而，准确地预报港口内波型特征和浮体运动，对港口设计建造和安全装卸作业具有重大意义。针对港口流场问题，Mcnown[1-2]通过预先给定港口开口处的流场，推导了圆柱形和矩形港口近似解析解。Hwang and Tuck[3]，Lee[4]采用 Helmholtz 方程进行求解，前者在沿岸线上直接做积分，后者采用多流域分解法。Isaacson and Qu[5]研究了不同反射边界的港口内流场，Kumar, Zhang[6]计算了带局部夹角的港口。除了 Laplace 方程、Helmholtz 方程，Boussinesq 方程[7]也逐渐应用于浅水港口问题。本文基于势流理论，采用多流体域匹配求解方法，进行三维直接求解。

2 数学模型及数值方法

对于内部任意形状的港口，假设港口内外流体皆为理想流体，无黏无旋，不可压。整个流体域分成两个子流域，即港口内域Ω_1和外域开场水域Ω_2。定义两组笛卡尔坐标系。其中，$o-xyz$原点位于平均静水面，x垂直于交界面，y轴沿交界面，z垂直向上，港口沿岸边界线沿y轴向远方无限延伸。子域内总速度势可以表示为

$$\Phi^{(l)}(x,y,z,t)=Re\{[\phi_0^{(l)}(x,y,z)+\sum_{j=1}^{6}\mathrm{i}\omega\eta_j^{(l)}\phi_j^{(l)}(x,y,z)]e^{\mathrm{i}\omega t}\} \tag{1}$$

其中，ω为波浪频率，$i=\sqrt{-1}$，$l=1,2$表示内外域。等式右端第一项为散射势，第二项为辐射势，$j=1,2,3$为三个平动分量，$j=4,5,6$为三个转动分量。η_j为浮体第j个运动分量的复数幅值。$\phi_j^{(l)}$ $(j=0,...,6)$满足

$$\nabla^2\phi_j^{(l)}=0 \tag{2}$$

相比于波长，波幅为小值，边界条件中的高阶项可以忽略，则自由面条件为

$$\frac{\partial\phi_j^{(l)}}{\partial z}-\nu\phi_j^{(l)}=0 \tag{3}$$

相应的港口底部满足

$$\frac{\partial\phi_j^{(l)}}{\partial z}=0 \tag{4}$$

港口内域壁面表面不可穿透

$$\frac{\partial\phi_j^{(1)}}{\partial n}=0\ \ (j=0,...,6) \tag{5}$$

浮体表面应满足

$$\frac{\partial\phi_j^{(1)}}{\partial n}=n_j\ \ (j=1,...,6)\ ;\ \ \frac{\partial\phi_0^{(1)}}{\partial n}=0 \tag{6}$$

其中，$\vec{n}=(n_{x'},n_{y'},n_{z'})$为法向量

$$(n_1,n_2,n_3)=(n_{x'},n_{y'},n_{z'}),\ \ (n_4,n_5,n_6)=(x',y',z')\times(n_{x'},n_{y'},n_{z'}) \tag{7}$$

沿y轴向远方无限延伸S_y表面，物面不可穿透

$$\frac{\partial\phi_j^{(2)}}{\partial n}=0\ \ (j=0,\ldots,6) \tag{8}$$

无穷远应满足辐射条件

$$\lim_{R\to\infty}\sqrt{R}\left(\frac{\partial\phi_j^{(2)}}{\partial R}-ik_0\phi_j^{(2)}\right)=0\ \ (j=1,\ldots,6) \tag{9}$$

以保证波浪向外传播。其中，$R^2=x^2+y^2$，k_0 为下式色散方程

$$k_0\tanh(k_0 h)=\nu \tag{10}$$

的纯虚根。注意，对于绕射问题，定义 $\phi_7^{(2)}=\phi_0^{(2)}-\phi_I$。

采用格林定理，对于内域 Ω_1，得到边界积分方程

$$\alpha^{(1)}(p)\phi_j^{(1)}(p)=\int\limits_{S_W+S_H+S_a+S_B}[G^{(1)}(p,q)\frac{\partial\phi_j^{(1)}(q)}{\partial n_q}-\frac{\partial G^{(1)}(p,q)}{\partial n_q}\phi_j^{(1)}(q)]\mathrm{d}S\ (j=0,\ldots,6) \tag{11}$$

$\alpha^{(1)}(p)$ 为固角系数。选取自由面格林函数

$$G(p,q)=\frac{1}{r}+\frac{1}{r_2}+\int\limits_L\frac{2(k+\nu)e^{-kh}\cosh\left[k(\zeta+h)\right]}{k\sinh(kh)-\nu\cosh(kh)}J_0(kR)\cosh\left[k(z+h)\right]\mathrm{d}k \tag{12}$$

其中，$r=\sqrt{(x-\xi)^2+(y-\eta)^2+(z-\zeta)^2}$ 为场点 p 与源点 q 距离，r_2 为场点跟镜像点之间的距离。$J_0(kR)$ 为第一类零阶贝塞尔函数。

对外域 Ω_2 应用格林定理，得到外域边界积分方程

$$\alpha^{(2)}(p)\phi_j^{(2)}(p)=\int\limits_{S_y+S_a}[G^{(2)}(p,q)\frac{\partial\phi_j^{(2)}(q)}{\partial n_q}-\frac{\partial G^{(2)}(p,q)}{\partial n_q}\phi_j^{(2)}(q)]\mathrm{d}S\quad(j=1,\ldots,6) \tag{13}$$

格林函数依然满足自由面和远方控制面边界条件，其上积分可移除。若直接利用跟内域相同的格林函数，外域边界积分方程中会含有壁面 S_y 积分，而这个积分面为无穷大。对格林函数处理，定义外域格林函数为

$$G^{(2)}=G(p,q)+G(p,\overline{q}) \tag{14}$$

其中 $\overline{q}$ 为 q 关于 $x=0$ 的镜像点。该格林函数在 S_y 上满足 $\partial G^{(2)}/\partial n=0$。对于 $j=0$，对绕射势 $\phi_7^{(2)}$ 做如下分解

$$\phi_7^{(2)}=\phi_7^{(2)'}+\phi_7^{(2)''} \tag{15}$$

其中

$$\phi_7^{(2)'}(x,y,z)=\phi_I(-x,y,z) \tag{16}$$

利用入射势，可直接求得绕射势分量 $\phi_7^{(2)'}$。由式(8)不难得到 S_y 上 $\partial\phi_7^{(2)''}/\partial n=0$。$\phi_7''$ 满足辐射条件式(9)，进而绕射势分量 ϕ_7'' 的求解也适用于式(15)。

内外域交界面 S_a 上压力和速度连续

$$\phi_j^1 = \phi_j^2 \text{；} \quad \frac{\partial \phi_j^{(1)}}{\partial n} = -\frac{\partial \phi_j^{(2)}}{\partial n} \quad (j = 0, \ldots, 6) \tag{17}$$

利用式（11），式（13）和式（17），方程组封闭，即可求得流场内速度势。

3 数值验证与结果分析

选取入射势

$$\phi_I = \frac{\mathrm{i} g \zeta_a}{\omega} \frac{\cosh\left[k_0 (z+h)\right]}{\cosh(k_0 h)} e^{\mathrm{i} k_0 (x\cos\beta - y\sin\beta)} \tag{18}$$

其中，β 为浪向角，ζ_a 为入射波波幅。算例港口为全开口箱型，长和宽分别为 1，0.1939，水深 0.8268，皆为无因次量。幅值因子 R 为点 $(-L_w,0,0)$ 处 $\phi_0^{(1)}$ 与点 $(0,0,0)$ 处 $\phi_I^{'} + \phi_I$ 的比值。由图 1 可知，本文计算结果与 Lee[4]文中解析解结果吻合良好。

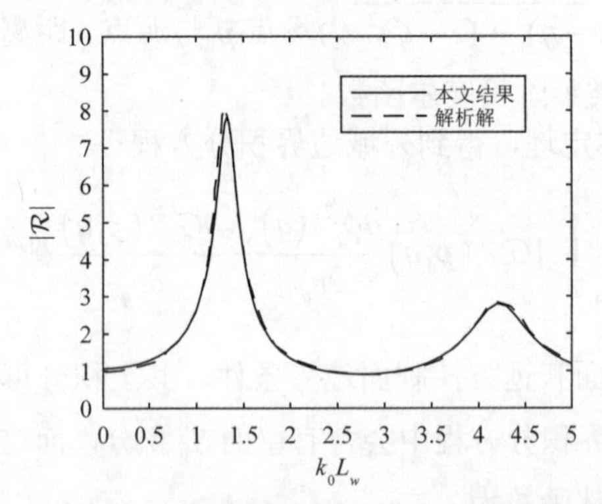

图 1　点 $(-L_w,0,0)$ 处波浪主干扰力与入射势比值幅值

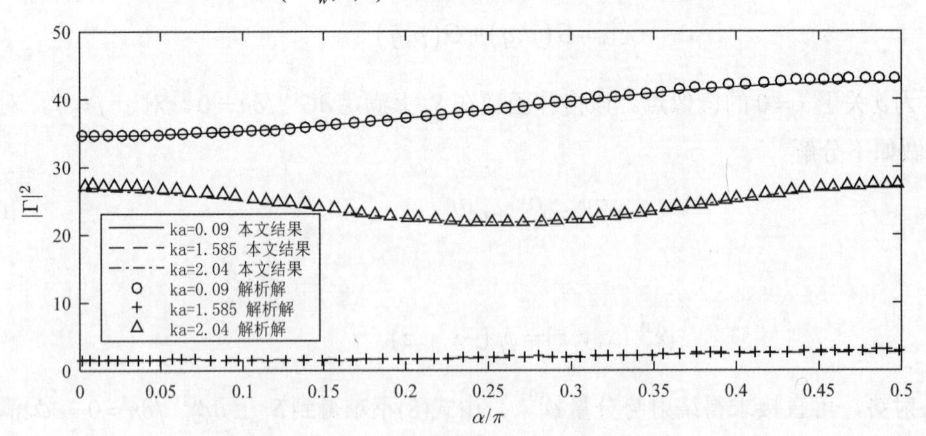

图 2　$|\Gamma|^2$ 沿入射角变化趋势（$a/h=0.5$，$d/h=0.2$）

选取Martins-Rivas和Mei[8]的近岸振荡水柱模型（OWC），港口内为直立圆柱壳体，内径为a，一半在港口内，一半在港口外，从底部到$z=-d$开口，开口处与港口外开敞水域连通。图2给出了$|\Gamma|^2$的计算结果（Γ为圆柱内部液面法向速度积分）。计算波数ka为0.901，1.585，2.04。波浪入射角为α（$\alpha=\pi/2-\beta$）。圆柱尺寸为$a/h=0.5$，$d/h=0.2$。单元长度为$\lambda_{\min}/39$。由图2可知，本文计算结果与解析解吻合良好。

选取一不规则底部港口，港口为圆柱形，内径为R，开口角度为$2\pi/3$，底部沿坐标轴方向$R/2$处各有一半径为a的半圆形突起（x轴上一个，y轴上两个），且$R/a=10$，波长λ/R取为0.25，0.5，0.75，1.00。图3给出了该港口内4个工况下的波面升高。结果表明，自由面升高形状与港口底部形状息息相关。在底部不平整地带，出现了多个波峰圈。随着波长增大，波面升高峰值相对减小，但其他区域数值明显变大，且整体波面形成具有更为缓和的波峰带和波谷圈。

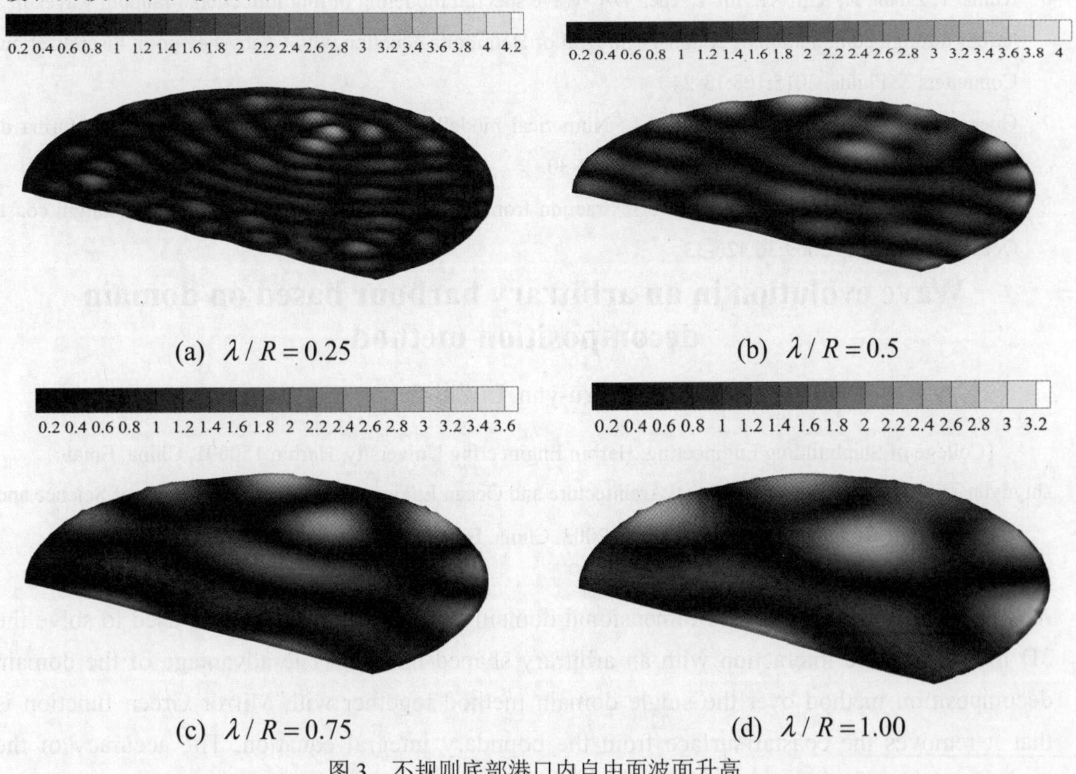

图3 不规则底部港口内自由面波面升高

4 结论

本研究利用势流理论，采用多流域匹配法，建立了港口内三维流场求解模型。通过与矩形港口，圆形近岸振荡水柱结构模型结果比较，验证了本研究计算方法和计算结果的准确性。通过对底部不规则港口流场的数值模拟，研究了底部形状对流场的影响，对港口流场和浮体运动数值预报具有重要意义。

参考文献

1 Mcnown JS. Waves and seiche in idealized ports. Gravity Waves Symposium, National Bureau of Standards. 1952;Cir.:153-164.

2 Kravtchenko J, Mcnown JS. Seiche in rectangular ports. Quart Appl Math. 1955;13:19-26.

3 Hwang L-S, Tuck EO. On the oscillations of harbours of arbitrary shape. J Fluid Mech. 1970;42:447-64

4 Lee JJ. Wave-induced oscillations in harbours of arbitrary geometry. J Fluid Mech. 1971;45:375-94.

5 Hamanaka KI. Open, partial reflection and incident-absorbing boundary conditions in wave analysis with a boundary integral method. Coast Eng. 1997;30:281-98.

6 Kumar P, Zhang H, Kim KI, Shi Y, Yuen DA. Wave spectral modeling of multidirectional random waves in a harbor through combination of boundary integral of Helmholtz equation with Chebyshev point discretization. Computers & Fluids. 2015;108:13-24

7 Guerrini M, Bellotti G, Fan Y, Franco L. Numerical modelling of long waves amplification at Marina di Carrara Harbour. Appl Ocean Res. 2014;48:322-30.

8 Martins-Rivas H, Mei CC. Wave power extraction from an oscillating water column along a straight coast. Ocean Engineering. 2009;36:426-33.

Wave evolution in an arbitrary harbour based on domain decomposition method

SHI Yu-yun, LI Zhi-fu

(College of Shipbuilding Engineering, Harbin Engineering University, Harbin 150001, China. Email: shiyuyun@hotmail.com; School of Naval Architecture and Ocean Engineering, Jiangsu University of Science and Technology, Zhenjiang 212003, China. Email: zhifu.li@hotmail.com)

Abstract: In this paper a three-dimensional domain decomposition method is used to solve the 3D model of wave interaction with an arbitrary shaped harbour. The advantage of the domain decomposition method over the single domain method together with Mirror Green function is that it removes the coastal surface from the boundary integral equation. The accuracy of the method is demonstrated through the comparison with the published data. Extensive results through a case with uneven seabed are provided. Highly correlations between the topography and the wave elevation are observed.

Key words: Harbour oscillation; Domain decomposition; Matching method.

Effect of Turbulence Modelization in Hull-Rudder Interaction Simulation

DENG G., LEROYER A., GUILMINEAU E., QUEUTEY P., VISONNEAU M., WACKERS J.

METHRIC, LHEEA/UMR 6598 CNRS, Ecole Centrale de Nantes, France.

Email: Ganbo.Deng@ec-nantes.fr

Abstract: This paper is devoted to the assessment of turbulence modelization for hull-rudder simulation. Hull-rudder configuration with different rudder angles is simulated to assess the performance of three different turbulence models by using the measurement data obtained by two different institutions. The Separation Sensitive Corrected explicit algebraic Reynolds stress model (SSC-EARSM) provides the best prediction at high rudder angles when flow is massively separated.

Key words: Hull-rudder interaction, Separated flow, Turbulence model.

1 Introduction

With progresses made both in simulation software and computer hardware in recent years, ship maneuvering simulations with CFD become possible now. One of the most challenging task in such simulation is the physical modelization of the complex flow around the rudder. At high rudder angle, flow separates. It is well known that conventional linear eddy-viscosity type turbulence model fails to predict separated flow with accuracy. The size of separation zone is usually over-predicted, resulting in under-estimation for the lateral force and the yaw moment. Detached eddy simulation and large eddy simulation are believed to be more suitable to simulate separated flow. However, they are too expensive for routine engineering applications. There is a renewed interest in turbulence model development aiming at improving RANSE model performance for more complex situation such as flow with separation. Monté et al. [1] has proposed a new SSC-EARSM model specially designed for improving the prediction of separated flow with RANS simulation. The improvement is achieved by increasing the turbulence production in a specific region of the flow and by increasing the turbulence mixing between the separated shear layer and the freestream with a sensitization to the separation correction term added to the turbulence frequency equation. The present paper aims at validating this newly proposed turbulence model for hull-rudder interaction simulation.

2 Numerical simulation

The selected test case is the well-known KCS container ship. To better assess the performance of turbulence model, we focus only to the hull-rudder configuration without propeller. Experimental data obtained by two different institutions are selected for validating CFD computation. The first one is contacted by NMRI at 1/75.5 model scale [2], while the second one is performed by CSSRC at 1/52.667 model scale[5]. Table 1 summarizes the main characteristics of the ship model for both measurements. They are all conducted at the designed Froude number Fr=0.2 with the designed draft T=0.04694Lpp. The rudder angles range from -25 degree to 25 degree with an interval of 5 degrees in the measurement performed by NMRI. The measurement performed by CSSRC use the same rudder angles with two additional configurations with -30 degree and 30 degree.

Table 1 Characteristic of ship model

	Lpp (m)	U (m/s)	T (m)	Re
CSSRC	4.367	1.318	0.205	5.19e6
NMRI	3.046	1.100	0.143	2.57e6

CFD computation has been performed with our in-house finite volume RANSE solver ISIS-CFD[4], also available in the commercial software Fine-Marine. The unstructured hexahedral mesh generator Hexpress provided in the Fine-Marine package is used for mesh generation. The gap between the mobile part and fix part of the rudder in the original geometry is very small. In order to reduce the computational resources, the rudder gap is enlarged in the present simulation. The rudder geometry is modified such that the surface area of the mobile part remains unchanged. Computation with two different modified rudder geometries with the width of rudder gap about 1/110 C and 1/44 C (C being the chord of the rudder section) shows that the effect of this rudder geometry modification is negligible. In order to avoid modelization uncertainty due to wall function, all computations except one series have been performed using low Reynolds number turbulence model. The number of cells ranges from 10 million to 14 million. Based on our experiences, such grid density is fine enough to ensure that the numerical discretization error is much smaller than the physical modelization error. As in the measurement, trim and sinkage are free in CFD computation. Three representative turbulence models have been selected for the simulation. The first one is the well-known K-ω SST model proposed by Menter. It is a linear eddy-viscosity RANS model widely used for industrial application. The second one is the above mentioned SSC-EARSM model. It is a two-equation non-linear model including quadratic and cubic non-linear terms recently implemented in the ISIS-CFD solver. The last one is also a recently implemented Reynolds stress turbulence model based on the SSG-LRR pressure strain model proposed by Cecora et al. [3]

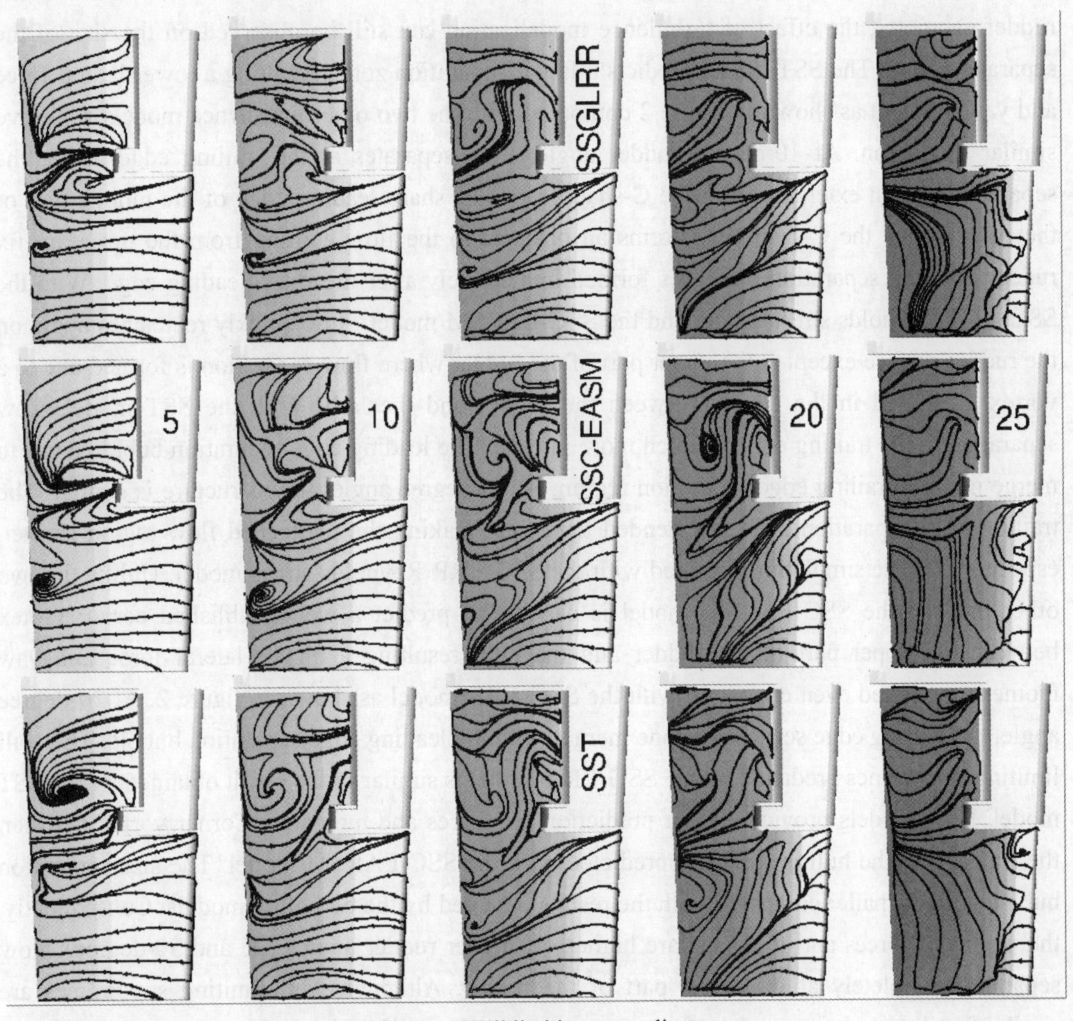

Figure Wall limiting streamlines

Figure 1 show the predicted wall limiting streamlines obtained with different turbulence models for different rudder angles ranging from 5 to 25 degree. The predicted flow around the rudder is quite different from flow around a hydrofoil. Flow around a hydrofoil usually remains attached for small incident angle up to about 15 degree in general. The situation is different for the flow around the rudder. The gap between the fix and the mobile part of the rudder forms a passage between the windward side and the leeward side of the rudder. When rudder deflects, flow is driven from the high pressure windward side to the low pressure leeward side through the gap. It is escaped near the C-shape gap at the leeward side of the rudder, forcing the flow to separate behind this gap even at the lowest rudder angle 5 degree. Flow remains attached in the other parts at this smallest rudder angle. Although it is a pressure induced separation due to the rudder geometry, the effect of turbulence modelization can still be observed on the size of the separation zone. The SST model predicts a larger separation zone, resulting a lower lateral force and yaw moment as shown in figure 2 compared with the two other turbulence models who give similar prediction. At 10-degree rudder angle, flow separates at the trailing edge above the separation region extended from the C-shape gap. The sharp leading edge of the mobile part of the ruder above the C-shape gap forms an obstacle to the flow coming from the upstream fix rudder. A small separation bubble is formed immediately after the sharp leading edge. With the SSG-LRR Reynolds stress model and the SSC-EARSM model, flow quickly reattaches again on the rudder surface except at the upper part of the rudder where flow separation is formed due to a vortex generated in the corner between the rudder and the hull. With the SST model, flow separation in the trailing edge is much more intense. The leading edge separation bubble tends to merge into the trailing edge separation region. At 15-degree angle, flow structure is similar. The trailing edge separation zone is extended upstream, making the reattached flow region shorter, especially for the simulation obtained with the SSG-LRR Reynolds stress model. Unlike the two other models, the SSC-EARSM model is capable to predict a well-established corner vortex between the upper part of the rudder and the hull, resulting a higher lateral force and yaw moment compared even compared with the SSG-LRR model as shown in figure 2. At 20-degree angle, the trailing edge separation zone merges with the leading edge separation bubble. The wall limiting streamlines predicted by the SSG-LRR model is similar to the result obtained by the SST model. Both models provide similar prediction for forces and moments. Corner vortex between the rudder and the hull is still well predicted with the SSC-EARSM model. The size separation bubble is also smaller compared with the results obtained by the two other models. Consequently, the predicted forces and moments are higher. At higher rudder angles (25 and 30-degree), flow separates completely at the upper part of the rudder. Although wall limiting streamlines are similar for all turbulence models, the separation zone observed with a X-Y cutting plane indicates that the SSC-EARSM model predicts a smaller recirculation zone. This is correlated with the higher force and moment prediction given by this model shown in figure 2. The predicted flow structures at the lower part of the rudder are similar for all turbulence models. The separation zone created from the C-shape gap extends downward with increasing rudder angle. Flow is completely separated at the highest 30-degree rudder angle for which highest discrepancies between the CFD prediction and measurement data are observed. Computations using wall function have been performed with the SST model for the CSSRC configuration. Results compared with those obtained with the low Reynolds number version of the same model differ only slightly around 10-degree rudder angle due to the existence of complex flow reattachment phenomena observed after the sharp leading edge at the upper part of the rudder.

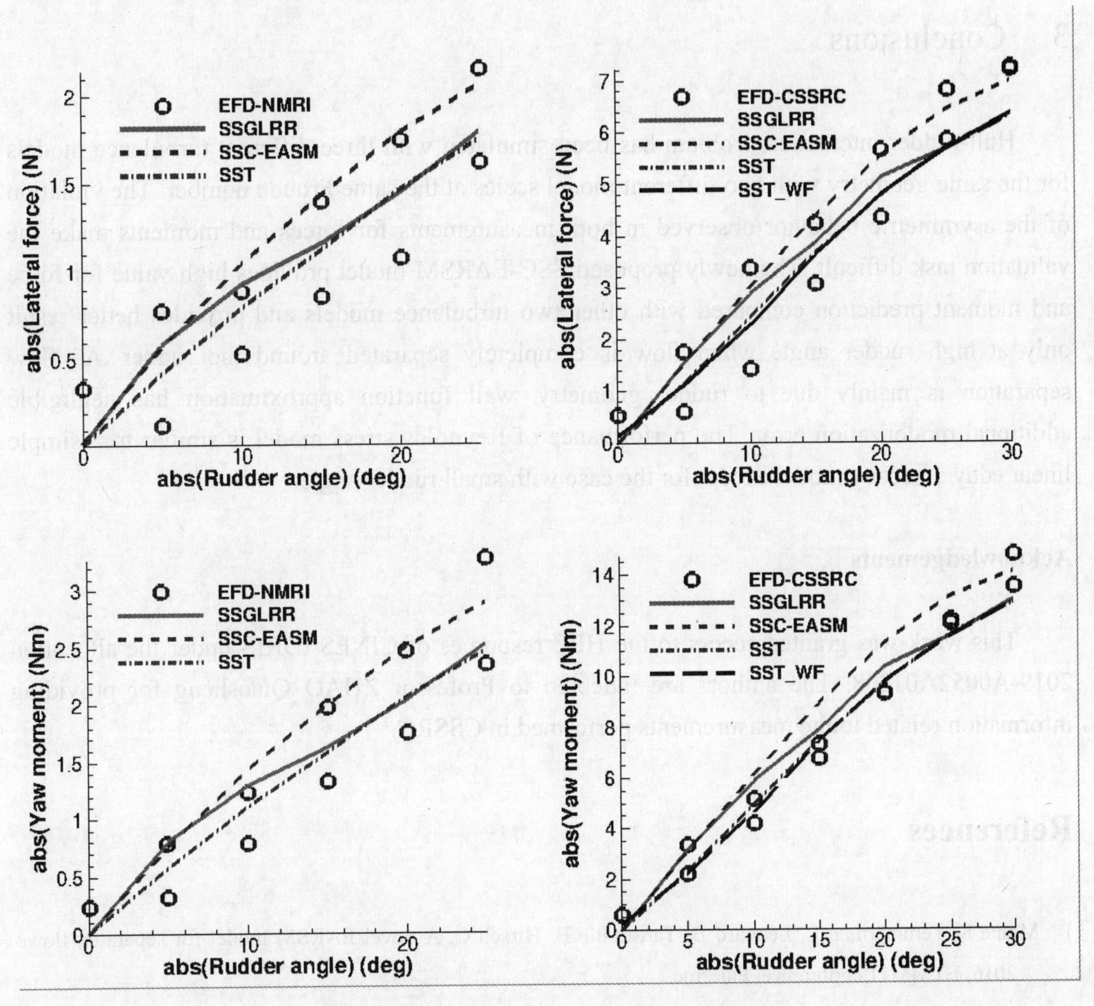

Figure 2 Predicted lateral force and yaw moment

There are some confusion concerning the validation with measurement data. Force and moment results obtained by both institutions are not asymmetric with respected to rudder angle as expected. At zero rudder angle for instant, yaw measurement results are far from zero, especially for the measurement data obtained by NMRI. Instead, CFD prediction using wall function shown in the right side in figure 2 contains both positive and negative rudder angles. Results are perfectly asymmetric as expected. If we consider that the mean measurement value is the expected solution, we can conclude that the SST model provides the best prediction at low rudder angles when geometry imposed separation is dominant. At high rudder angles when flow is completely separated around the rudder, the SSC-EARSM model improves the prediction.

3. Conclusions

Hull-rudder interaction problem has been simulated with three different turbulence models for the same geometry with two different model scales at the same Froude number. The violation of the asymmetric behavior observed in both measurements for forces and moments make the validation task difficult. The newly proposed SSC-EARSM model provides high value for force and moment prediction compared with other two turbulence models and provides better result only at high rudder angle when flow is completely separated around the rudder. As flow separation is mainly due to rudder geometry, wall function approximation has negligible additional modelization error. The performance of Reynolds stress model is similar to a simple linear eddy viscosity model except for the case with small rudder angle.

Acknowledgements

This work was granted access to the HPC resources of CINES/IDRIS under the allocation 2019-A0052A01308. The authors are indebted to Professor ZHAO Qiaosheng for providing information related to the measurements performed in CSSRC.

References

1 Monté S, Temmerman L, Léonard B, Tartinville B, Hirsch C. A novel EARSM model for separated flows. 2016, ETMM11 conference, Palerme.

2 Ueno M, Yoshimura Y, Tsukada Y, Miyazaki H. Circular motion tests and uncertainty analysis for ship maneuverability. J. Mar. Sci. Technol., 2009, 14: 469–483

3 Cecora R D, Eisfeld B, Probst A, Crippa S, Radespiel R. Differential Reynolds stress modelling for aeronautics. 2012. AIAA paper 2012-0465.

4 Queutey P, Visonneau M. An interface capturing method for free-surface hydrodynamic flows. Computers & fluids, 2007, 36(9), 1481-1510.

5 Zhao Q, Wu B, Du M, et al. Research on maneuverable of ship semi-constrained model test. Proceedings of the Academic Conference on Ship Hydrodynamics, 2015.

Algorithms on time-domain Green function integrated on a cylindrical surface

LI Rui-peng.[1], CHOI Y.M.[2], CHEN Xiao-bo.[1,3], DUAN Wen-yang.[1]

[1]Harbin Engineering University, Harbin, China

[2]Ecole Centrale de Nantes, Nantes, France

[3]Bureau Veritas, Paris, France

Email: liruipeng@hrbeu.edu.cn

Abstract: The Green function method has been widely applied to solve hydrodynamic problems. Both frequency-domain Green function and time-domain Green function, which satisfy not only the governing equation but also the free surface boundary condition, being complex in formulations and numerical evaluations, much efforts have then been made to their computations. Present study focuses on the time-domain Green function which is highly oscillatory and needed in boundary element methods. Integrals involving time-domain Green function and Fourier-Laguerre basis functions integrated on a cylindrical surface are considered. These integrals are derived from a multi-domain method where velocity potentials and corresponding normal derivatives are expanded by Fourier series along circumference and Laguerre functions in vertical direction on a deep cylindrical surface. Time-domain Green function itself is not explicitly computed but its integration needs to be evaluated efficiently and accurately. The multi-fold integrals are analytically integrated and reduced to single ones with respect to wavenumber. To evaluate the wavenumber integrals, contour integrals are introduced in detail and numerical results are given in this paper.

Key words: Time-domain Green function; Fourier-Laguerre expansions; Highly oscillatory integrals; Contour integrals.

1 Introduction

We are concerned here with the evaluation of oscillatory infinite integrals of the form:

$$\int_0^\infty f(k)J_m(ak)J_n(bk)\sin(t\sqrt{k})\mathrm{d}k\,, \tag{1}$$

where (m, n) are nonnegative integer constants, (a, b, t) are positive real constants and $J_n(\cdot)$ is the n-th order Bessel function of the first kind. Integrals such as (1) occur in the time-domain multi-domain method developed in Chen et al. (2018)[1], in which a cylindrical control surface is introduced to divide the whole fluid domain into inner domain and outer domain. On the cylindrical surface, the velocity potential and its normal derivative are expanded by Fourier-Laguerre series. It is of significance to note that the free-surface Green function is not explicitly evaluated but its integration over the control surface needs to be computed instead. Integrals given by (1) are associated with the memory term of transient free-surface Green function and the case of a=b=1 can be obtained from the integral boundary equation in the sense of Galerkin collocation.

Lucas (1995)[2] have considered the simpler problem of evaluating integrals of the form:

$$\int_0^\infty f(k) J_m(ak) J_n(bk) dk \,. \tag{2}$$

Though it is claimed that the method can be applied to infinite integrals involving products of more than two Bessel functions of general order and/or sine or cosine function, no example is given. The method will be extended to cope with (1) in this paper and a rather different method will also be presented in the complex plane.

2 Evaluations of oscillatory integrals along the real axis

Decompose the whole integral in (1) into two parts:

$$I_{mn}(a,b,t) = \int_0^{y\max} f(k)\Lambda(k)\mathrm{d}k + \int_{y\max}^\infty f(k)\Lambda(k)\mathrm{d}k \,, \tag{3}$$

where the choice of $y\max$ will be discussed later and $\Lambda(k)$ is defined by:

$$\Lambda(k) = J_m(ak) J_n(bk) \sin(t\sqrt{k}) \,. \tag{4}$$

The oscillatory $\Lambda(k)$ can be further split and given by:

$$\Lambda(k) = \sum_{j=1}^{4} B_{mn}^{(j)}(k;a,b,t) \,, \tag{5}$$

with $B_{mn}^{(j)}(k;a,b,t)$ defined by:

$$\begin{pmatrix} B_{mn}^{(1)}(k;a,b,t) \\ B_{mn}^{(2)}(k;a,b,t) \end{pmatrix} = \frac{1}{2}\left[J_{mn}^{+}(k;a,b) \sin\left(t\sqrt{k}\right) \mp Y_{mn}^{-}(k;a,b) \cos\left(t\sqrt{k}\right) \right], \tag{6a}$$

$$\begin{pmatrix} B_{mn}^{(3)}(k;a,b,t) \\ B_{mn}^{(4)}(k;a,b,t) \end{pmatrix} = \frac{1}{2}\left[J_{mn}^{-}(k;a,b) \sin\left(t\sqrt{k}\right) \mp Y_{mn}^{+}(k;a,b) \cos\left(t\sqrt{k}\right) \right], \tag{6b}$$

where $B_{mn}^{(j)}(k;a,b,t)$ and $B_{mn}^{(j)}(k;a,b,t)$ are defined by:

$$J_{mn}^{\pm}(k;a,b) = \frac{1}{2}\left[J_m(ak) J_n(bk) \pm Y_m(ak) Y_n(bk) \right], \tag{7a}$$

$$Y_{mn}^{\pm}(k;a,b) = \frac{1}{2}\left[J_m(ak) Y_n(bk) \pm Y_m(ak) J_n(bk) \right], \tag{7b}$$

where $Y_n(\cdot)$ is the n-th order Bessel function of the second kind. To avoid large magnitudes of $Y_m(ak)Y_n(bk)$ due to the singularity at k=0 for $Y_m(ak)$ and $Y_n(bk)$, $y$max in (3) is selected such that there is only a finite number of oscillations in [0, *y*max] where an adaptive method is easy to be applied. As suggested in Lucas (1995)[2], the largest of the first zeros of $Y_m(ak)$ and $Y_n(bk)$ can be chosen to be the *y*max.

Substituting (4) into the second integral on the right-hand side of (3), we have:

$$\int_{y\max}^{\infty} f(k)\Lambda(k)\mathrm{d}k = \sum_{j=1}^{4} S_{mn}^{(j)}\left(a,b,t\right), \tag{8}$$

with $S_{mn}^{(j)}\left(a,b,t\right)$ defined by:

$$S_{mn}^{(j)}\left(a,b,t\right) = \int_{y\max}^{\infty} f(k) B_{mn}^{(j)}\left(k;a,b,t\right)\mathrm{d}k . \tag{9}$$

Using asymptotic expressions for large k,

$$\begin{pmatrix} J_n(ak) \\ Y_n(ak) \end{pmatrix} \sim \sqrt{\frac{2}{\pi ak}} \begin{pmatrix} \cos \\ \sin \end{pmatrix} \left(ak - \frac{n\pi}{2} - \frac{\pi}{4} \right), \tag{10}$$

it can be shown that, provided $k \gg 1$,

$$\begin{pmatrix} B_{mn}^{(1)}\left(k;a,b,t\right) \\ B_{mn}^{(2)}\left(k;a,b,t\right) \end{pmatrix} \sim \frac{A_0}{2} \begin{pmatrix} \sin \\ -\sin \end{pmatrix} \left[(a-b)k \pm t\sqrt{k} - \frac{\pi}{2}(m-n) \right], \tag{11a}$$

$$\begin{pmatrix} B_{mn}^{(3)}\left(k;a,b,t\right) \\ B_{mn}^{(4)}\left(k;a,b,t\right) \end{pmatrix} \sim \frac{A_0}{2} \begin{pmatrix} -\sin \\ \sin \end{pmatrix} \left[(a+b)k \mp t\sqrt{k} - \frac{\pi}{2}(m+n+1) \right], \tag{11b}$$

with $A_0 = 1/(k\pi\sqrt{ab})$. The phase function in (11) can be written with the form of:

$$\Theta(k) = \sigma k \pm t\sqrt{k} - \chi . \tag{12}$$

Stationary points can be observed in Figure 1, locating at

$$k_0 = \left(\frac{t}{2\sigma} \right)^2, \tag{13}$$

which are positive roots of $\Theta^{'}(k) = 0$. The zeros of $B_{mn}^{(j)}\left(k;a,b,t\right)$ are denoted by k_i. $S_{mn}^{(j)}\left(a,b,t\right)$ has been studied by Choi (unpublished), who showed the decompositions:

$$S_{mn}^{(2,3)}\left(a,b,t\right) = \int_{y\max}^{k_0} f(k) B_{mn}^{(2,3)}\left(k;a,b,t\right) dk + S^{(2,3)} + R_{23,\infty}^{(2,3)}, \tag{14a}$$

$$S_{mn}^{(1,4)}\left(a,b,t\right) = \int_{y\max}^{k_0} f(k) B_{mn}^{(1,4)}\left(k;a,b,t\right) dk + R_{14,\infty}^{(1,4)}, \tag{14b}$$

where it is assumed *a*>*b*, indicating stationary points will be appeared in $S_{mn}^{(2,3)}\left(a,b,t\right)$, and

$$S^{(2,3)} = \sum_{\ell=0}^{l} b_{2\ell}^{(2,3)}, \ \ b_{\ell}^{(j)} = \int_{k_\ell}^{k_{\ell+2}} f(k) B_{mn}^{(j)}\left(k;a,b,t\right)\mathrm{d}k , \tag{15a}$$

$$R_{23,\infty}^{(j)} = \lim_{K\to\infty} \sum_{\ell=0}^{K} b_{2(l+1)+2\ell}^{(j)} \ \text{ and } \ R_{14,\infty}^{(j)} = \lim_{K\to\infty} \sum_{\ell=0}^{K} b_{2\ell}^{(j)} . \tag{15b}$$

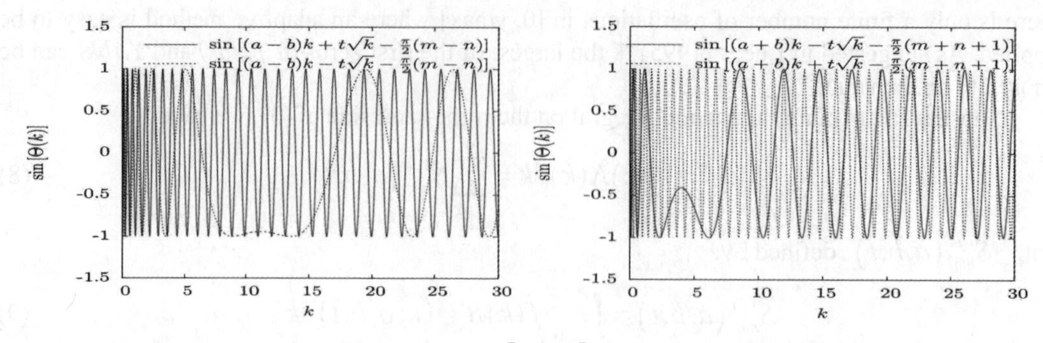

Figure 1 Oscillatory behavior of $\sin\left[\Theta(k)\right]$ with m=n=0, a=4, b=1 and t=20.

The infinite series summation may be accelerated by extrapolation, such as ε-algorithm and modified W-transformation used in Lucas (1995)[2]. The modified W-transformation to evaluate $g(k)$ over $[a, \infty]$ are:

$$F(k_s)=\int_a^{k_s} g(k)\mathrm{d}k,\ \Psi(k_s)=\int_{k_s}^{k_{s+1}} g(k)dk,\ M_{-1}^{(s)}=F(k_s)/\Psi(k_s),\ N_{-1}^{(s)}=1/\Psi(k_s),$$

$$M_p^{(s)}=(M_{p-1}^{(s)}-M_{p-1}^{(s+1)})/(k_s^{-1}-k_{s+p+1}^{-1}),\ N_p^{(s)}=(N_{p-1}^{(s)}-N_{p-1}^{(s+1)})/(k_s^{-1}-k_{s+p+1}^{-1}),$$

$$W_p^{(s)}=M_p^{(s)}/N_p^{(s)},$$

for s={0,1,…} and p={0,1,…} and k_s are zeros of $g(k)$ after a. The final $W_p^{(s)}$ will give the integral results. More details on this can be referred to Sidi (1988)[3].

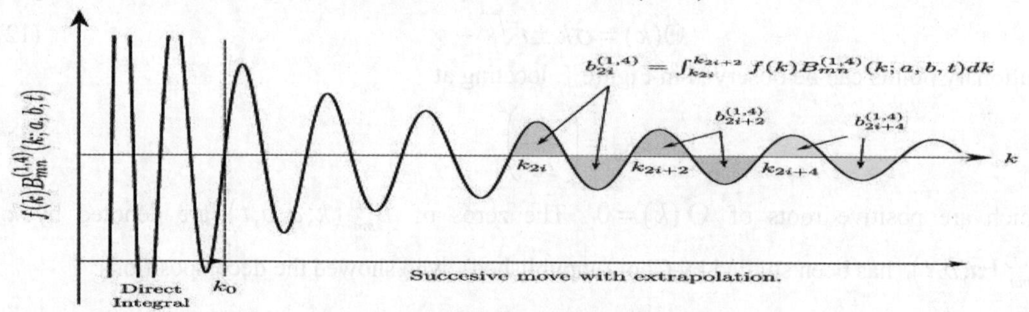

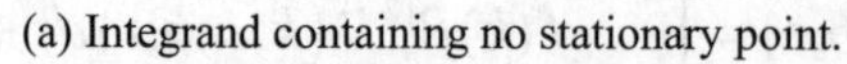

(a) Integrand containing no stationary point.

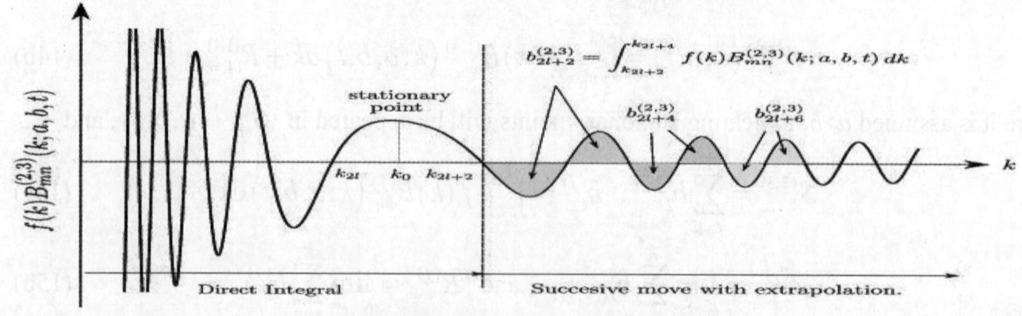

(b) Integrand containing a stationary point.

Figure 2 Evaluation procedure with the extrapolation method for integrals without and with a stationary point.

The determination of zeros k_i in (15) is of significance to the extrapolation acceleration. However, as illustrated in Figure 2, the stationary points shown in (13) make the present integral much more complicated than those only containing products of dual Bessel functions in (2) where there is no stationary point. By using asymptotic expressions given in (11), zeros can be approximately found by increasing phases by π, while a special attention is needed in the vicinity of the phase related with stationary points.

3 Evaluations of oscillatory integrals in complex plane

A rather different numerical method proposed in Chen and Li (2019)[4] can be extended to the evaluations of (1). To consider specified integrals appeared in Chen et al. (2018)[1], define $\beta=\sqrt{k}$ and let a=1, $h=b\geq 1$, ymax= k_i (here k_i is different from the definition k_i in previous section). The second integral on the right-hand side of (3) is then expressed by:

$$I_{\infty}(h,t)=\int_{k_1}^{\infty} f(k)J_m(k)J_n(kh)\sin(\beta t)\mathrm{d}k\,. \tag{16}$$

By substituting the followings into (16),

$$J_m(k)=\frac{1}{2}\left[H_m^{(1)}(k)+H_m^{(2)}(k)\right] \text{ and } \sin(\beta t)=\frac{e^{i\beta t}-e^{-i\beta t}}{2i}, \tag{17}$$

where $H_m^{(1)}(\cdot)$ and $H_m^{(2)}(\cdot)$ are m-th order Hankel function of the first and second kind, respectively. The infinite integral (16) can be rewritten as:

$$I_{\infty}(h,t)=\Re\left[\frac{1}{4i}\left(I_{\infty}^A-I_{\infty}^B+I_{\infty}^C-I_{\infty}^D\right)\right], \tag{18}$$

in which,

$$I_{\infty}^A=\int_{k_1}^{\infty} f^A(k)e^{ikx^{+}+i\beta t}\mathrm{d}k \text{ and } I_{\infty}^B=\int_{k_1}^{\infty} f^B(k)e^{ikx^{+}-i\beta t}\mathrm{d}k\,, \tag{19a}$$

$$I_{\infty}^C=\int_{k_1}^{\infty} f^C(k)e^{ikx^{-}+i\beta t}\mathrm{d}k \text{ and } I_{\infty}^D=\int_{k_1}^{\infty} f^D(k)e^{ikx^{-}-i\beta t}\mathrm{d}k\,, \tag{19b}$$

where $x^{\pm}=h\pm 1$ and the amplitude functions are defined by:

$$f^A(k)=f^B(k)=f(k)\overline{H}_m^{(1)}(k)\overline{H}_n^{(1)}(kh),\ \ f^C(k)=f^D(k)=f(k)\overline{H}_m^{(2)}(k)\overline{H}_n^{(1)}(kh), \tag{20}$$

where $\overline{H}_m^{(j)}(\cdot)$ is defined as:

$$\overline{H}_m^{(j)}(z)=H_m^{(j)}(z)e^{-i(3-2j)z} \text{ with } j=1, 2. \tag{21}$$

The integrals in (19) can be summarized to the following two kinds:

$$I^{\pm}(x,t)=\int_{k_1}^{\infty} f(k)e^{i(kx\pm\beta t)}\mathrm{d}k\,. \tag{22}$$

Following the work in Chen and Li[4], the phase function in (22) can be further arranged by:

$$kx\pm\beta t=\left[k\left(\frac{2x}{t}\right)^2\pm 2\sqrt{k}\left(\frac{2x}{t}\right)+1\right]\left(\frac{t^2}{4x}\right)-\left(\frac{t^2}{4x}\right), \tag{23}$$

with x>0 and t>0. The change of integral variable

$$u=\sqrt{k}\,(2x/t)\ \text{ inversely }\ k=u^2t^2/(4x^2)=u^2\tau/x, \tag{24}$$

is of interest, and define $\tau=t^2/(4x)$. Therefore, $I^{\pm}(x,t)$ in (22) may be rewritten as:

$$I^+(x,t)=e^{-i\tau}(2\tau/x)\int_{u_1}^{\infty}g(u)e^{i\tau(1+u)^2}\mathrm{d}u,\ \ I^-(x,t)=e^{-i\tau}(2\tau/x)\int_{u_1}^{\infty}g(u)e^{i\tau(1-u)^2}\mathrm{d}u, \tag{25}$$

with $u_1=\sqrt{k_1}(2x/t)$ and g(u) is defined by $g(u)=uf(u^2\tau/x)$.

Consider the integral associated with $e^{i\tau(1+u)^2}$,

$$I_1=\int_{u_1}^{\infty}g(u)e^{i\tau(1+u)^2}\mathrm{d}u, \tag{26}$$

and perform a change of integral variable $w=(1+u)^2$ inversely $u=\sqrt{w}-1$. For $w\ge w_1^+$ with $w_1^+=(1+u_1)^2$. The integral in (26) can then be transformed to:

$$I_1=\int_{w_1^+}^{\infty}g(\sqrt{w}-1)\frac{e^{i\tau w}}{2\sqrt{w}}dw. \tag{27}$$

As shown in Figure 3, integrals along complete contour are defined by that I_1 along the real w-axis, that $I_{1\infty}$ along the one quarter-circle path of radius $w_m\to\infty$ and that I_{i1} along the vertical path with $\Re\{w\}=w_1^+$. The sum of them is zero according to the theorem of Cauchy on the complex contour integral. Since $I_{1\infty}=0$ along the one-quarter-circle path of radius $w_m\to\infty$ according to Jordan's Lemma, we have:

$$I_1=-I_{i1}=\frac{i}{2}e^{i\tau w_1^+}\int_0^{\infty}\frac{g(\sqrt{w_1^++ip}-1)}{\sqrt{w_1^++ip}}e^{-\tau p}\mathrm{d}p. \tag{28}$$

Furthermore,

$$I^+=e^{-i\tau}(2\tau/x)I_1=\frac{i}{x}e^{i\tau(w_1^+-1)}\int_0^{\infty}\frac{g(\sqrt{w_1^++ip/\tau}-1)}{\sqrt{w_1^++ip/\tau}}e^{-p}\mathrm{d}p, \tag{29}$$

which is well suited for numerical computation since the integrand is exponentially decreasing with increasing p for any finite $\tau>0$.

The second integral is associated with $e^{i\tau(1-u)^2}$ for $u_1\ge 1$,

$$I_2=\int_{u_1}^{\infty}g(u)e^{i\tau(1-u)^2}\mathrm{d}u. \tag{30}$$

Similarly, we make the change of integral variable, $w=(1-u)^2$ inversely $u=1+\sqrt{w}$ for $w\ge w_1^-$ with $w_1^-=(1-u_1)^2$. The integral in (30) can be rewritten as:

$$I_2=\int_{w_1^-}^{\infty}g(1+\sqrt{w})\frac{e^{i\tau w}}{2\sqrt{w}}\mathrm{d}w. \tag{31}$$

The contour is depicted in Figure 4 and we have:

$$I_2 = \frac{i}{2} e^{i\tau w_1^-} \int_0^\infty \frac{g(\sqrt{w_1^- + ip} + 1)}{\sqrt{w_1^- + ip}} e^{-\tau p} dp . \tag{32}$$

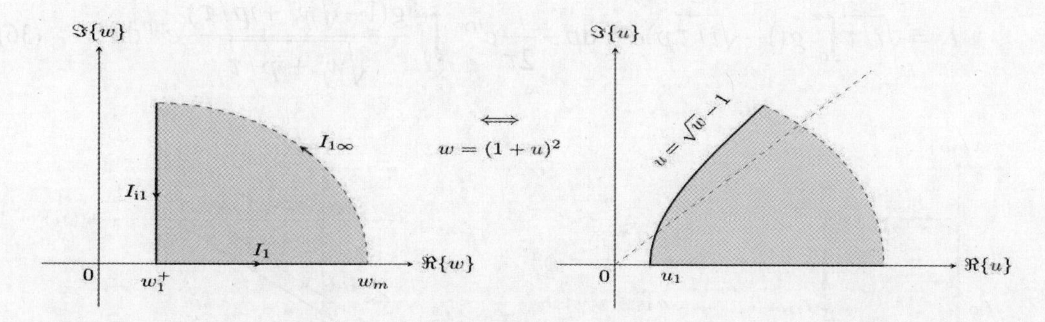

Figure 3 Contour I_1 in the complex w-plane (left) and its mapping in the complex u-plane (right) by $u = \sqrt{w} - 1$ for w from w_1^+ to ∞ with $w_1^+ = (1+u_1)^2$.

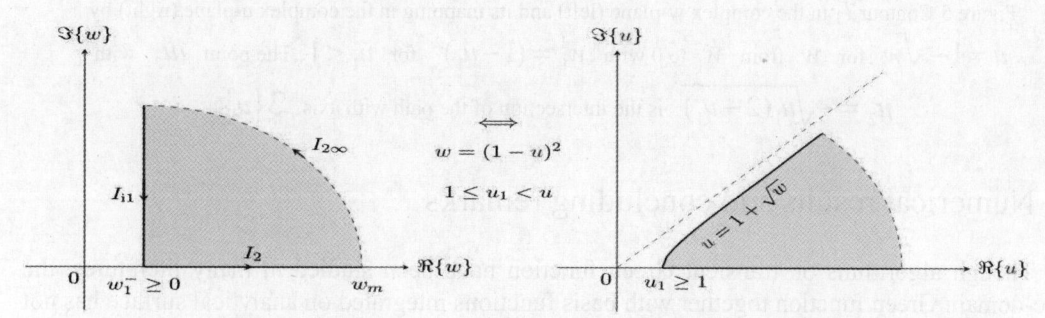

Figure 4 Contour I_2 in the complex w-plane (left) and its mapping in the complex u-plane (right) by $u = \sqrt{w} + 1$ for w from w_1^- to ∞ with $w_1^- = (1-u_1)^2$ and $u_1 \geq 1$.

There is a complementary integral for $u_1 < 1$,

$$I_3 = \int_{u_1}^1 g(u) e^{i\tau(1-u)^2} du . \tag{33}$$

Start with a change of the integral variable $w=(1-u)^2$ inversely $u = 1 - \sqrt{w}$. The integral in (33) can be rewritten as:

$$I_3 = \int_{w_1^-}^0 g(1-\sqrt{w}) \frac{e^{i\tau w}}{-2\sqrt{w}} dw , \tag{34}$$

with $w_1^- = (1-u_1)^2$. The contour is depicted in Figure 5 and we have:

$$I_{i0} = -\frac{i}{2} \int_0^\infty \frac{g(1-\sqrt{ip})}{\sqrt{ip}} e^{-\tau p} dp = -\frac{\sqrt{\tau}}{\tau} e^{i\pi/4} \int_0^\infty g(1-\sqrt{i/\tau}\, p) e^{-p^2} dp , \tag{35a}$$

$$I_{i1}=\frac{i}{2}e^{i\tau w_1^-}\int_0^\infty \frac{g(1-\sqrt{w_1^-+ip})}{\sqrt{w_1^-+ip}}e^{-\tau p}\mathrm{d}p\,. \tag{35b}$$

Furthermore,

$$I_3=\sqrt{i/\tau}\int_0^\infty g(1-\sqrt{i/\tau}p)e^{-p^2}\mathrm{d}p-\frac{i}{2\tau}e^{i\tau w_1^-}\int_0^\infty \frac{g(1-\sqrt{w_1^-+ip/\tau})}{\sqrt{w_1^-+ip/\tau}}e^{-p}\mathrm{d}p\,. \tag{36}$$

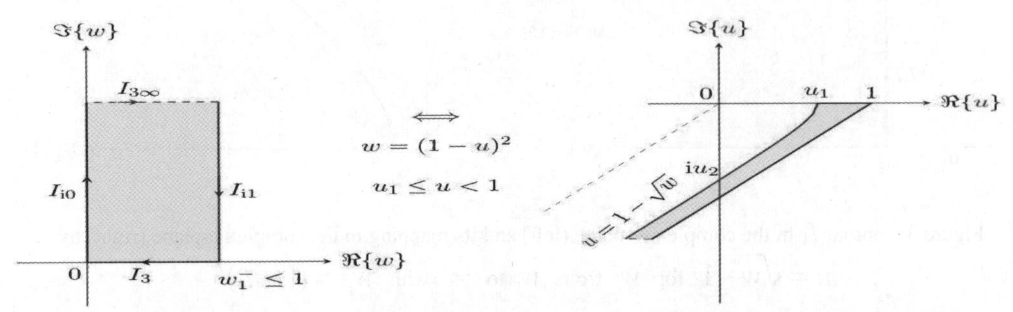

Figure 5 Contour I_3 in the complex w-plane (left) and its mapping in the complex u-plane (right) by $u=1-\sqrt{w}$ for w from w_1^- to 0 with $w_1^1=(1-u_1)^2$ for $u_1<1$. The point iu_2 with $u_2=-\sqrt{u_1(2-u_1)}$ is the intersection of the path with axis $\Im\{u\}$.

4 Numerical results and concluding remarks

Though algorithms on transient Green function have been studied in many literatures, the time-domain Green function together with basis functions integrated on analytical surface has not been studied. The integrated time domain Green function can be simplified to a class of highly oscillatory integrals involving the products of dual Bessel functions and a sine function. We have considered these integerals by extending the methods proposed in Lucas (1995)[2] and Chen and Li (2019)[4], respectively. Numerical results are illustrated in Figure 6, provided that $f(k)=\sqrt{k}(k+1/2)^{-1}$. The left is for ($a$=1, t=20) and b varying from 1 to 11. The right is for (a=1, b=2) and t varying from 1 to 51. Values at different orders (m=n={0,1,2}) are shown by curves.

Compared with the time domain Green function itself and its horizontal derivatives which are shown in Figure 7, the integrated Green function have relatively small amplitudes. This property is hopeful to make the novel time-domain multi-domain method numerically stable, where an analytical control surface is introduced and there is no need to discretize the surface as classical boundary element method.

The evaluation of these highly oscillatory integrals is an essential building block for the complete application of the time-domain multi-domain method. The developed algorithms for evaluating highly oscillatory integrals may be further applied to a large variety of oscillatory integrals appeared in fluid mechanics, electromagnetics and so on.

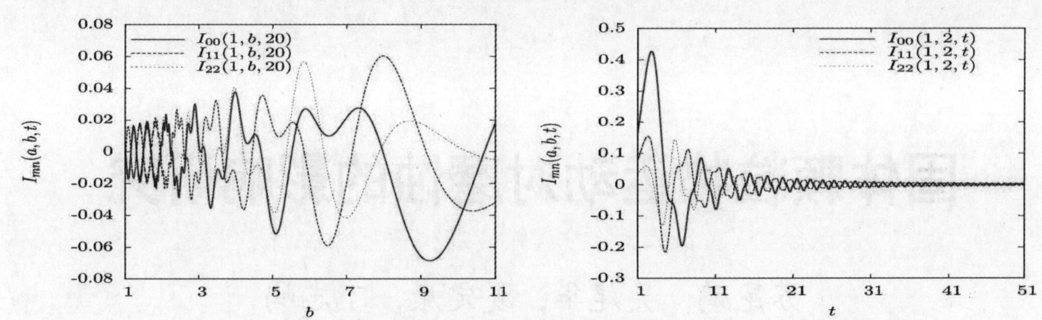

Figure 6 $I_{mn}(a,b,t)$ versus b at t=20 (left) and versus t at b=2 (right). All curves are obtained with a=1 and m=n={0,1,2}.

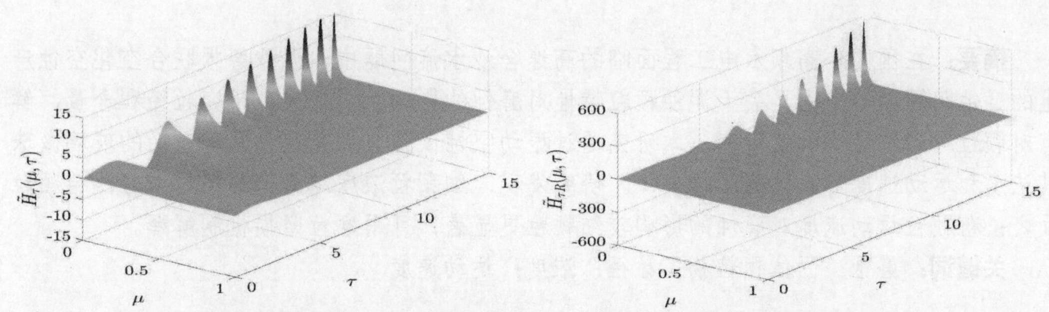

Figure 7 Time domain Green function itself and its horizontal derivatives.

Acknowledgement

This work has been partially supported by the National Natural Science Foundation of China, project number 51779054.

References

1 Chen XB, Liang H, Li RP, Feng XY. Ship seakeeping hydrodynamics by multi-domain method. Proc. 32nd Symposium on Naval Hydrodynamics, 2018.

2 Lucas SK. Evaluating infinite integrals involving products of Bessel functions of arbitrary order. Journal of Computational and Applied Mathematics, 1995, 64: 269–282

3 Sidi A. A user-friendly extrapolation method for oscillatory infinite integrals. Mathematics of Computation, 1988, 51: 249-266

4 Chen XB, Li RP. Reformulation of wavenumber integrals describing transient waves. Journal of Engineering Mathematics, 2019, 115: 121–140

固体颗粒物运动对磨蚀的影响研究

苏昆鹏，吴建华，夏定康，丁志屿

(河海大学水利水电学院，南京，210098，Email: kunpengsu@yahoo.com)

摘要：在国内外高坝水电工程面临的高速含沙水流问题中，泥沙磨损联合空化空蚀产生的磨蚀问题颇为突出。关于泥沙颗粒特性对磨蚀的影响，前人大多研究粒径和含量，鲜有对颗粒运动特性影响的研究。本研究通过振动空蚀试验，探究粗细两种粒径的玻璃微珠其浓度和运动速度对磨蚀的影响规律。研究发现，细颗粒浓度越大，磨蚀越减轻，粗颗粒反之；粗颗粒运动速度对磨蚀的影响较细颗粒更显著，可用磨粒磨损机制解释。

关键词：磨蚀；固体颗粒物；粒径；浓度；运动速度

1 引言

在“一带一路”沿线国家已建成和在建的高水头水工泄水建筑物面临的高速水流问题中，空化空蚀无疑是影响“超级工程”安全的重要问题[1-3]，再加上众多内陆河流特殊的多泥沙特点，含沙水流中的磨蚀问题更为复杂。

影响磨蚀的因素包括材料特性、水流特性和泥沙特性，多年来在泥沙特性方面主要研究集中在含沙量[4-9]、泥沙颗粒的尺寸[10-13]和级配[13-14]等。2013 年，Wu 和 Gou[15]基于磨蚀试验成果提出泥沙粒径存在临界情况，大于临界粒径时磨蚀加剧，小于临界粒径时磨蚀减轻，且随着含沙量增加影响更明显。然而，认识泥沙运动特性对磨蚀的影响也很必要。

前人对泥沙运动特性的影响研究[16]多直接针对水力空化联合磨粒磨损产生的材料剥蚀破坏，即高速含沙水流对过流壁面的磨蚀。由于空蚀机制十分复杂，既涉及空化机理，又涉及材料破坏机制，因此，含沙水流的速度主要从两方面对磨蚀产生影响，一是通过改变水流初生空化数 σ_i 影响空化，即流速越大越容易发生空化；二是通过改变泥沙颗粒运动影响磨损，即颗粒运动速度越大磨损越严重。但是，不论是水洞磨蚀试验[4-6]还是旋转喷射磨蚀试验[12, 14]均无法单独研究颗粒运动速度对磨蚀的影响。

本研究以振动空蚀装置和固体颗粒物悬浮装置为试验设备，以粗细两种粒径的颗粒物

基金项目：国家自然科学基金项目（51479057）；中央高校基本科研业务费专项资金（2019B70914）；江苏省研究生科研创新计划项目（SJKY19_0482）

对试件的磨蚀为研究对象，通过控制搅拌条件改变颗粒运动速度，进行磨蚀试验和清水空蚀试验，研究固体颗粒物运动对金属材料磨蚀特性的影响。

2 试验条件与方案

本试验是使用上海研永超声设备有限公司的 VCY-1500 型压电陶瓷式超声波振动空蚀设备进行的，试验系统如图 1 所示。为了规避吸气漩涡的影响，通过电动搅拌器偏心搅拌使固体颗粒物充分悬浮，超声波变幅杆带动嵌在端部的试件在颗粒物悬浮液中高频振动，发生振荡型空化，致使试件表面产生磨蚀破坏。

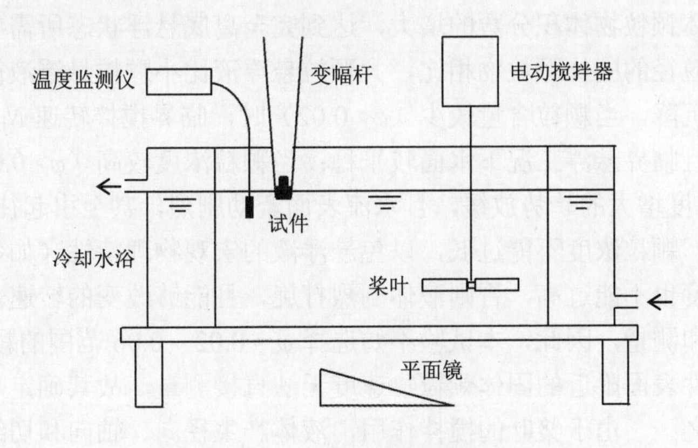

图 1 试验系统整体布置

电动搅拌器的桨叶转速可在 100 ~ 1500 r/min 范围内连续调节，桨叶直径为 7.5 cm，桨叶偏心距为 6.0 cm，桨叶离底高度为 2.5 cm，即偏心率 55%、相对离底高度 30%。考虑到避免使表面水流运动过于复杂，容器壁不粘贴挡水条。

试验溶液为含有固体颗粒物的蒸馏水，通过冷却水浴和温度监测仪使试液温度保持在 25℃。固体颗粒物采用窄分布玻璃微珠，有中值粒径 d_{50} 为 45μm 和 90 μm 两种，密度为 2.55 g/cm^3，莫氏硬度 6~7 级，成圆率大于 85%。试件材料为同一批次 45 号钢，密度为 7.85 g/cm^3，试件轴心距离容器壁 5.0 cm，试件表面浸没在液面下 2 mm 处。

试件设计和试验操作依照国家标准《GB/T 6383-2009 振动空蚀试验方法》[17]进行。每个试件的试验时间为 5 h，每隔 15 min 或 30 min 称量一次失重情况。超声波发生器输出功率为 1 kW，工作频率为 20 kHz，经电涡流式位移振幅测量仪测定，试件振幅为 50 μm（峰到峰），各种参数误差均控制在 5%范围内。

本试验设计的主要难点在于如何保证固体颗粒物完全悬浮以及如何确定和控制固体颗粒物速度。首先，为确保固体颗粒物处于完全悬浮状态，不妨通过观察容器底部固体颗粒物沉积情况来确定临界悬浮工况，即研究持续 1~2 s 没有颗粒沉积时的桨叶转速，通常称为完全离底临界搅拌转速 N_{js}，只要桨叶转速高于该值，颗粒即完全悬浮。Zwietering[18]通过大量研究发现，临界搅拌转速 N_{js} 既与固相的粒径和密度、液相的黏度和密度等物理特性有关，又和搅拌器、搅拌槽的几何特性有关。

表 1　不同固体颗粒物浓度 ϕ 下的临界搅拌转速 N_{js}　　r/min

φ (v/v)	0.01	0.02	0.03	0.04	0.05	0.06	0.07	0.08	0.09	0.10
d_{50}= 45 μm	518	584	602	619	647	658	674	699	710	730
d_{50}= 90 μm	562	609	648	668	680	685	692	708	724	748

表 1 为不同颗粒浓度 φ 下的临界搅拌转速 N_{js}，颗粒浓度在 $\varphi = 0.01 \sim 0.10$ 范围内变动。不难看出，随着固体颗粒物体积分数的增大，达到完全离底悬浮状态所需要的最低搅拌速度也越大；与两种粒径的固体颗粒物相比，大颗粒悬浮液比小颗粒悬浮液需要更高的桨叶转速来遏止颗粒物沉降。当颗粒含量较少（φ< 0.02）时，临界搅拌转速 N_{js} 随颗粒浓度增大的幅度较明显，且临界悬浮工况下水面较平稳；当颗粒浓度较高（φ> 0.06）时，临界搅拌转速 N_{js} 随颗粒浓度增大的趋势放缓，且水流表面紊动剧烈，甚至引起往复冲动的浪涛。在设计试验工况时，颗粒浓度不能过低，以免悬浮液的宏观物理特性（如黏滞性）较清水相差无几，颗粒浓度也不能过高，否则液体剧烈打旋，且能够改变的转速范围十分有限，颗粒速度不易控制和测量，因此，本试验不妨选择 $\varphi = 0.02 \sim 0.06$ 范围的颗粒浓度。

空蚀试验中试件表面附近的固体颗粒物速度无法直接测量，故其确定与控制也是本试验设计的主要难点之一。由于桨叶的搅拌作用，液体产生径向、轴向和切线 3 个分速度，其中，切线速度促使液体绕轴转动，可见试件表面附近水流速度与桨叶转速之间可能具有一定的相关性；当水流强度达到一定程度后，原来在静止液体中会沉降的颗粒由静止转入运动，由前人研究可知，颗粒相对水流具有一定的跟随性[19-21]，即固体颗粒物运动速度与水流速度之间也存在明显相关性。因此，只要厘清桨叶转速与水流速度之间、水流速度与颗粒速度之间的相关关系，即可直接通过桨叶转速控制颗粒运动速度。

在紊流力学中，通常用颗粒速度 v_p 和流体速度 v 的比值来表征颗粒跟随流体的程度，其取决于颗粒粒径 d_p、颗粒密度 ρ_p、液体黏度 μ、液体密度 ρ 和紊流脉动频率 f 等。$v_p/v = 1$ 表示颗粒完全跟随流体，$v_p/v <1$ 表示颗粒滞后于流体。根据描述紊流场中单个颗粒运动的 Basset-Boussinesq-Ossen 方程（简称 BBO 方程）并进一步推导[20]，可以得到关于固体颗粒物运动速度 v_p 与水流速度 v 之间的相关关系：

$$\frac{v_p}{v} = \sqrt{1 - \frac{(a + 2b\sqrt{\pi f})^2 - (a + 2\sqrt{\pi f})^2}{(a + 2\sqrt{\pi f})^2 - (a + c/\sqrt{\pi f})^2}} \tag{1}$$

式中，$a = \dfrac{18\sqrt{\rho_f \mu}}{(2\rho_p + \rho_f)d_p}$，$b = \dfrac{3\rho_f}{2\rho_p + \rho_f}$，$c = \dfrac{36\mu}{(2\rho_p + \rho_f)d_p^3}$。

充分发展的紊流通常包含从低频到高频的各种脉动频率，水流脉动频率越高，颗粒越不易跟随，由于本试验中水体表面紊动不甚剧烈，参考文献[21]的成果，不妨取 $f = 20$ Hz。将本文颗粒特性和 25ºC 时液体特性代入上式，可得不同粒径颗粒在水流中的跟随特性，对于中值粒径为 45 μm 和 90 μm 的玻璃微珠，算得 v_p/v 分别为 0.993 和 0.960，可见两种粒径的固体颗粒物均基本上能跟随水流质点运动。

不同桨叶转速下试件位置处的颗粒运动速度 v_p 如图 2 所示，该颗粒速度值由实测的水流速度乘以 v_p/v 得到，试件附近的水流流速 v 则采用浮标法，即释放泡沫塑料颗粒并通过摄影捕捉其运动轨迹和速度。图中桨叶转速均大于临界搅拌转速 N_{js}，可以看出，颗粒速度与桨叶转速正相关，在相同的搅拌转速下，细颗粒获得的速度比粗颗粒大。为了研究固体颗粒物运动对磨蚀的影响，不妨选择 $v_p = 25 \sim 35$ cm/s 范围的颗粒速度，从图 2 中即可读出各颗粒速度值对应的桨叶转速。

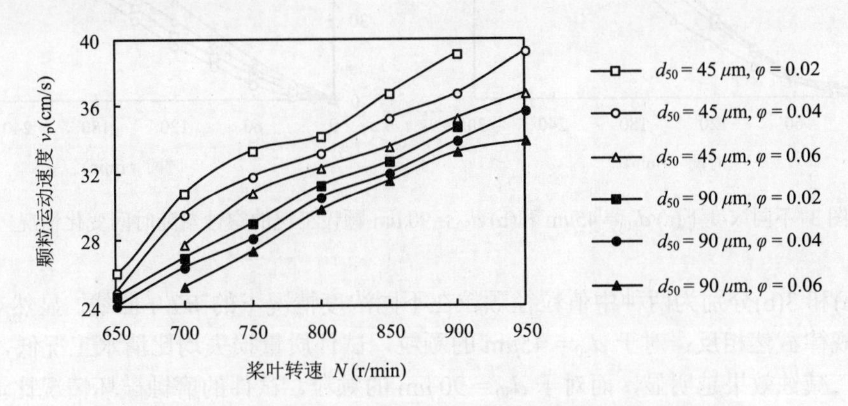

图 2 不同桨叶转速 N 下试件位置处的固体颗粒物运动速度 v_p

综上，试验工况设置如表 2 所示。工况 0 为不含有固体颗粒物的工况，即清水工况，工况 1~工况 6 研究固体颗粒物浓度的影响，工况 5~工况 10 研究固体颗粒物运动速度的影响，固体颗粒物均采用 $d_{50} = 45\mu$m 和 90 μm 的玻璃微珠。

表 2 试验工况

工况	颗粒浓度 φ (v/v)	颗粒尺寸 d_{50} (μm)	颗粒速度 v_p (cm/s)	桨叶转速 N (r/min)
0	/	/	/	/
1, 2	0.02	45, 90	30	688, 771
3, 4	0.06	45, 90	30	734, 803
5, 6	0.04	45, 90	30	708, 788
7, 8	0.04	45, 90	25	652, 687
9, 10	0.04	45, 90	35	818, 901

3 试验结果与分析

固体颗粒物浓度和运动速度对磨蚀的影响是依据试件累积质量损失 WL 进行研究的，试验结果如图 3 和图 4 所示，即各组工况的累积质量损失随试验时间 t 的变化。

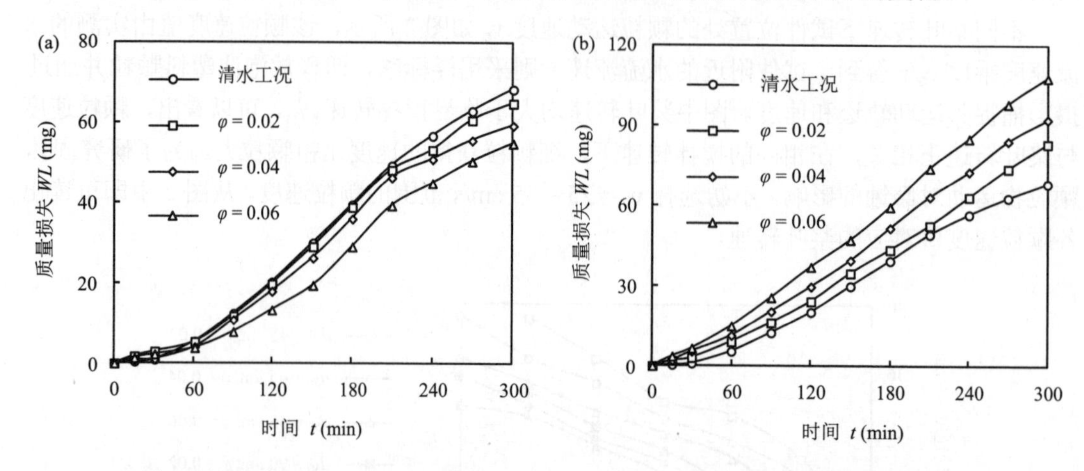

图 3 不同浓度下(a) $d_{50}=45\mu m$ 和(b) $d_{50}=90\ \mu m$ 颗粒工况的空蚀量随时间变化情况

图 3(a)和 3(b)分别为两种中值粒径颗粒在不同浓度情况下的 WL-t 曲线。显然对两种粒径而言，规律截然相反：对于 $d_{50}=45\mu m$ 的颗粒，试件质量损失均比清水工况低，且颗粒浓度越大，减蚀效果越明显，而对于 $d_{50}=90\ \mu m$ 的颗粒，试件的磨蚀破坏情况比清水工况要剧烈，且颗粒浓度越大，增蚀程度越显著。

从空蚀潜伏期的角度来看，清水中空蚀存在潜伏期，而加入 90 μm 固体颗粒物后几乎看不出明显的潜伏期，加入 45 μm 固体颗粒物则在起初 30 min 空蚀速度快于清水，随后 30 min 慢于清水，并从 60 min 左右起比清水中的空蚀量要小。另外，由曲线的斜率可以看出，粒径 90 μm 时蚀损速度比清水快 15%～25%，而粒径 45 μm 时则慢 5%～15%，尤其在浓度 $\varphi=0.02$ 时与清水的空蚀变化过程仅差 5%。若以持续 300 min 的试件质量损失为例分析，中值粒径为 90 μm 时体积浓度分别为 0.02、0.04 和 0.06 工况下相比清水中的质量损失率达到了 21.8%、35.1%和 57.8%，而 45 μm 时则为-5.1%、-13.2%和-19.6%。不难看出，固体颗粒物的粒径和浓度对空蚀破坏存在重要的影响，一方面细颗粒对空蚀存在抑制作用；另一方面粗颗粒对磨蚀破坏存在促进作用，两种作用都随着浓度的增大而愈发明显。

对于细颗粒而言，随着浓度的增加，颗粒之间的相互作用增大，在液体宏观物理性质上体现为固体颗粒物悬浮液的黏滞性增大[22-25]，根据黄继汤等[26-27]的高速摄影研究，增大液体黏度可使空泡的膨胀和压缩过程变缓，进而降低微射流速度和减弱冲击波压强，减轻空蚀破坏程度；对于粗颗粒而言，除非颗粒浓度足够大，否则悬浮液黏滞性几乎不受颗粒浓度的影响[28]，此时可能是颗粒的磨损作用在起着主要作用。

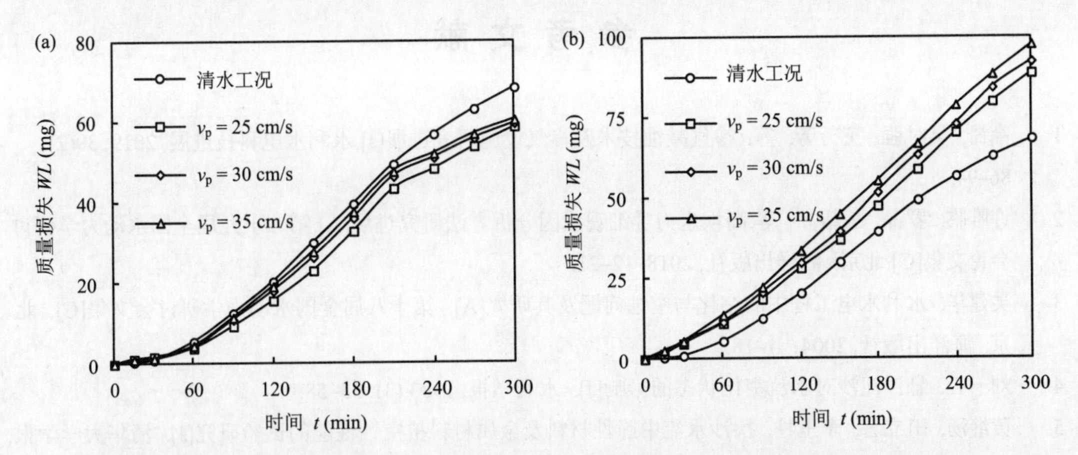

图 4 (a) d_{50} = 45μm 和(b) d_{50} = 90 μm 颗粒在不同速度工况下的空蚀量随时间变化情况

图 4(a)和 4(b)分别为两种中值粒径颗粒在不同速度情况下的 *WL-t* 曲线。不论是中值粒径为 45 μm 还是 90 μm 的固体颗粒物，增大颗粒运动速度都会对空蚀起到加剧作用，但对于细颗粒和粗颗粒工况的影响程度不同。若以持续 300 min 的试件质量损失为例分析，d_{50} = 45 μm 时颗粒速度从 25 cm/s 提高到 30 cm/s 和 35 cm/s 后，试件失质量分别增大了 1.4%和 2.9%，而粒径 90 μm 的固体颗粒物运动速度从 25 cm/s 上升到 30 cm/s 和 35 cm/s 时质量损失分别增大了 9.0%和 19.1%，这足以说明颗粒速度的改变对粗颗粒而言影响更为重要，而固体颗粒物速度对于细颗粒悬浮液中的磨蚀量几乎没有影响。

前文提到对于粗颗粒而言，颗粒磨损可能起主要作用，利用图 4(b)的结论可不妨作进一步解释和印证。在单纯的冲蚀磨损研究中，磨粒运动速度是影响过流面材料磨损的重要因素[29, 30]，实际上材料被磨蚀状况很大程度取决于固体颗粒物的动能，颗粒动能越大，磨损作用越强。另外，颗粒物对过流面的磨损同时存在着切削作用与冲击作用两类，主要体现在冲击角的差异，切削作用通常是水流携带和驱动颗粒以小冲击角撞击过流面，大冲击角则多因空泡溃灭冲击波和微射流推动颗粒物近乎垂直撞向固壁，后者破坏更显著。当然，细颗粒也存在冲击，只是可能受悬浮液黏滞性的影响相对更强而已。

4 结论

通过试验研究固体颗粒物的粒径、浓度和运动速度对磨蚀的影响，得到如下结论：基于颗粒的跟随性理论，可以通过桨叶转速控制固体颗粒物的运动速度；对于细颗粒（d_{50} = 45μm）其浓度越大，磨蚀越减轻，运动速度对磨蚀的影响不明显，悬浮液黏滞性可能是主要影响因素；对于粗颗粒（d_{50} = 90 μm）其浓度和速度越大，磨蚀越加剧，运动速度影响也不可忽视，此时颗粒磨损或起控制性作用。

参考文献

1 高昂, 吴时强, 王芳芳, 等. 掺气减蚀技术及掺气设施研究进展[J].水利水电科技进展, 2019, 39(2): 86–94.

2 许唯临, 罗晶, 卫望如, 等.高坝水力学细观成因分析方法研究进展[A].第二十九届全国水动力学研讨会论文集[C].北京: 海洋出版社, 2018, 12–21.

3 吴建华. 水利水电工程中的空化与空蚀问题及其研究[A]. 第十八届全国水动力学研讨会文集[C]. 北京: 海洋出版社, 2004: 1–18.

4 刘一心. 悬浮泥沙对水流空化状态的影响[J]. 水利学报, 1983 (3): 55–58.

5 黄继汤, 田立言, 李玉柱. 挟沙水流中脆性材料及金属材料抗空蚀性能的试验研究[J]. 清华大学学报, 1984, 24(4): 50–62.

6 程则久. 空化和磨蚀中临界含沙量的试验研究[J]. 水利水电技术, 1990, (2): 57–63.

7 韩东, 黄继汤. 振荡空化与泥沙磨损模拟试验研究[J]. 水利学报, 1990, (1): 34–37, 5.7

8 邢述彦. 应用磁致伸缩仪进行材料磨蚀试验研究[J]. 太原理工大学学报, 1999, 30(1): 75–78.

9 邓军, 杨永全, 沈焕荣, 等.水流含沙量对磨蚀的影响[J].泥沙研究, 2000, (4): 65–68.

10 Wang Y, Wu J H, Ma F. Cavitation-silt erosion in sand suspensions[J]. J. Mech. Sci. Technol., 2018, 32(12): 5697–5702.

11 Lian J J, Gou W J, Li H P, et al. Effect of sediment size on damage caused by cavitation erosion and abrasive wear in sediment-water mixture[J]. Wear, 2018, 398-399: 201–208.

12 卢金玲, 张欣, 王维, 等. 沙粒粒径对水力机械材料磨蚀性能的影响[J]. 农业工程学报, 2018, 34(22): 53–60

13 缑文娟, 练继建, 王斌, 等. 泥沙粒径对45号钢的磨蚀影响研究[A]. 第二十七届全国水动力学研讨会文集[C]. 北京: 海洋出版社, 2016:1334–1339.

14 姚启鹏. 泥砂粒径级配对材料磨损影响的试验研究[J]. 水力发电学报, 1997, (1): 87–93.

15 Wu J H, Gou W J. Critical size effect of sand particles on cavitation damage[J]. J.Hydrodyn., 2013, 25(1): 165–166.

16 黄细彬, 袁银忠, 王世夏. 含沙高速水流的磨蚀机理和掺气抗磨作用[J]. 水利与建筑工程学报, 2006, 4(1): 1–5

17 GB/T 6383-2009. 振动空蚀试验方法[S]. 北京: 中国标准出版社, 2009

18 Zwietering T N. Suspending of solid particles in liquid by agitators[J]. Chem. Eng. Sci., 1958, 8: 244–253

19 张羽, 王鸿翔. 紊流中泥沙颗粒的跟随性分析[J]. 太原理工大学学报, 2010, 41(4): 392–394

20 梁在潮. 紊流力学[M]. 郑州: 河南科学技术出版社, 1987

21 黄细彬. 高速含沙掺气水流及磨蚀机理的研究[D]. 南京: 河海大学, 2001

22 王宇. 液体空蚀特性试验研究[D]. 南京: 河海大学, 2018

23 Einstein A. Eine neuebestimmung der molekuldimensionen[J]. Ann. Phys., 1906, 19: 289–306

24 Krieger I M, Dougherty T J. A mechanism for non-Newtonian flow in suspensions of rigid spheres[J]. Trans. Soc.Rheol., 1959, 3: 137–152

25 Mueller S, Llewellin W E, Mader H M. The rheology of suspensions of solid particles[J]. Proc. Royal. Soc. A, 2010, 466(2116): 1201–1228

26 黄继汤. 液体粘性对空泡生存过程的影响[J]. 北京建筑工程学院学报, 1994, 10(2): 124–131

27 黄继汤, 陈嘉范, 丁彤. 含沙浓度对表面张力不同液体中单空泡膨胀及收缩过程的影响[J]. 水利学报, 1998, (2): 12–15, 41

28 Gou W J, Zhang H, Li H P, et al. Effects of silica sand on synergistic erosion caused by cavitation, abrasion, and corrosion[J]. Wear, 2018, 412-413: 120–126

29 Truscott G F. A literature survey on abrasive wear in hydraulic machinery[J]. Wear, 1972, 20(1): 29–50

30 Huang X B, Yuan Y Z. Mechanism and prediction of material abrasion in high-velocity sediment-laden flow[J]. J. Hydrodyn., 2006, 18(9): 760–764

Influence of solid particle motion on material removal caused by cavitation and abrasion

SU Kun-peng, WU Jian-hua, XIA Ding-kang, DING Zhi-yu

(College of Water Conservancy and Hydropower Engineering, Hohai University, Nanjing, 210098.
Email: kunpengsu@yahoo.com)

Abstract: Among those problems resulting from high-velocity silt-laden flows in chute spillways of high dams, the phenomena of cavitation erosion coupled with silt abrasion attract considerable attention. In terms of how silt particles affect cavitation erosion, much effort has focused on the influences of particle concentrations and sizes, while the impact of particle motion remains rarely reported. Based on acceleratederosion tests, the paper investigates the effects of the velocity, size andconcentration of perfectly round glass beads narrowly distributed around the mean diameters on cavitation erosion. Test results indicate that higher concentrations of small particles contribute to lesserosion while large ones aggravate pitting; and the velocity of large particles has greater influence on erosion than small ones, which may be explained by abrasivewear mechanisms.

Key words: Cavitation erosion, Abrasion, Concentration, Size, Particle velocity.

理解流动的相似性理论，一个模型实验解读

周晓泉[1]，胡新启[1]，NG How Yong[2]，陈日东[1]

(1.四川大学 水力学与山区河流开发保护国家重点实验室，成都，610065，mail: xiaoquan_zhou@126.com 2. Centre for Water Research, Department of Civil and Environmental Engineering, National University of Singapore, Singapore 117576)

摘要：本文将流场的固有特性——有效体积响应曲线来研究各个比尺下的流动相似问题，在刚性段，流场是严格等效的或相似的。研究表明，在流动的驱动相似条件下，不同比尺的流动将获得相近的响应曲线，或同一个有效体积率雷诺数响应曲线。驱动相似如Froude数相似准则就是将原型点位在响应曲线上进行平移，如果平移后还是等效的，则原型模型流场相似，可以进行缩尺实验，否则如果不等效，则不相似，不能进行缩尺实验。一般的流动均可能有大、小固壁边界，它们可以有不同的比尺来满足整体和局部的流场相似，这样既解决了实验中出现的困惑，也为以后的同一个实验多种比尺建模提供了理论依据。

关键词：总权重；等效方法；有效体积率；相似理论；CFD

1 引言

通过对紫外消毒器的研究，发现通过欧拉—拉格朗日方法DPM追踪进口处投放粒子，传统的方法是流量权重，它同粒子的停留时间无关，经研究发现如果加入时间因子而成为时间—流量权重(总权重)似乎更有物理意义。

用总权重分析流场，通过拉格朗日方法追踪，都能得到有效停留时间或有效体积，它们随流量的变化形成有效体积响应曲线，它是流场的属性，且在响应曲线的刚性区域，流场是等效的，而在非刚性区域则不等效；如果应用到欧拉方法追踪上，我们可以通过RTD曲线获得扩散停留时间，进而最终获得表征流动扩散强弱的扩散因子。一个完整的流动现象，如果它们要相似，必须要流场的等效，还必须扩散场的等效，在污染物扩散、消毒等领域中，后者是绝不能忽略的。

一般水力学的问题，均不考虑扩散场或不关心扩散问题，仅仅考虑流场的等效即可。如果将等效方法推广到不同比尺的流动中的，那么流场的等效就是流场的相似。翻开任何一本相似理论的著作[1]，均会有如下表述：在几何相似的空间中的两个物理现象，如果对每一个物理量在任何相对应的空间和相对应的瞬间都保持一定比例，就说这两个物理现象相似，它是相似理论的基础，也是等效方法的源头。

一般流体力学实验中常用的相似准则有 Froude 数相似、雷诺数相似、欧拉数相似等，它们常常彼此矛盾，让我们在具体的实验中无所适从，它有没有准则可循呢。

一般流体材质不变的情况下，进行比尺实验，但必须保持几何相似：

几何比尺 $\lambda_h = \lambda_l = L_p / L_m$ (1)

如果按重力相似的 Froude 数相似准则计算，则有：

流速比尺：$\lambda_u = \lambda_l^{0.5}$ (2)

如果按雷诺数相似，则有：

流速比尺 $\lambda_u = \lambda_l^{-1}$ (3)

举例说明，图 1 为一定典型的孔口出流问题，按 Froude 数相似准则，孔口将水头 H_1 变成速度头 $u = \sqrt{2gH_1}$，并经自由落体在 H_2 的高度达到 L_3 的位置。则很容易验证，在任何比尺上，流动都是同图 1 的运动轨迹完全相似。当孔口处是个有一定形状的流道，扣除局部损失，则可以表示为 $u = \sqrt{2g\zeta H_1}$，在任何比尺下，流动依然相似。

如果一般地淹没出流，也同样适用 Froude 相似原则（图 2）。但这时，如果强行要按 Reynold 数相似，则模型必须做成如图 3 样的，比尺缩小 λ_l 倍，速度就得扩大 λ_l 倍，几何相似(水位差)被彻底破坏了，这时如果强行保持几何相似，则必须在上游增加压力罐加压，如果再还原成孔口出流 (图 4)，则原型的流动(图 1)变成了如图 4 的出流形式，虽然满足 Reynold 数相似，但流动问题同原型比，已经相去甚远了。

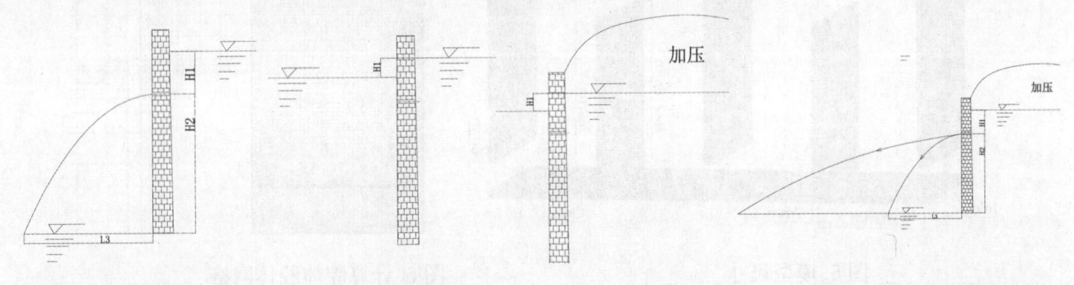

图 1 典型的孔口问题　　图 2　典型的淹没出流　　图 3 上游加压　　图 4　还原成孔口出流

对这样的悖论，我们通常认为，流动就是因为上下游的能量差所驱使，它是驱动流动的因素，它可以是水位差(Froude 数)，可以是压力差(欧拉数)，它们均有个长度比尺量纲，均可以归于统一 Froude 数相似，是流动的决定因素；而雷诺数，则归于因为流动所产生的此生因素，它可以参与校核而不能起主要作用。

我们现可以通过已有的 CFD 技术，提前获知各种比尺条件下的流动特性，尤其是有效体积响应特性，再考虑流场如何才能相似。为此，特别设计 3 个案例，第一个为一段概化的流道(单腔体)模型，表征一个典型的腔体流道；后两个是带固壁边界的概化模型，其中第二个是外部壁面边界，表征大尺度壁面边界对流动特性的影响；第三个是流道内部有结构物小壁面，表征微小的局部边界对流动特性的影响。3 个案例均简化成二维模型。

2　单腔体各种比尺条件下的流动特性

如果将一个腔体流道[2](图 5)并入到如图 2 的流道中，便是一个概化的流道的流动模型，则可以通过计算流体力学手段再现在各种比尺下的流动特性。本模型采用连续腔体中的 2 号腔体进行，采用二维建模，所有边间层最小网格尺度 0.01mm，增长因子 1.5 倍，共 11 层，后中央网格逐步增加，最终形成 95×160 网格单元(图 6)网格尺度。

计算均采用标准的 *k-e* 紊流模型，标准的壁函数，单一流体为水，密度 998.2kg/m^3，粘滞系数给定 0.001003kg/m-s，流速边界条件从 1m/s 开始，给定流量进口边界条件，比尺按 10 倍进行放大缩小，流量按 $\sqrt{10}$ 倍进行放大缩小，直至整个流速范围，出口设置成 outflow，其余均壁面，质点的追踪方法采用流线法，追踪每个粒子的轨迹和停留时间，然后用总权重加权计算有效停留时间及有效体积，最终形成有效体积响应曲线。

计算结果统一采用无量纲的有效体积率来统计，并以缩小 10 倍的模型尺寸 12mm×21mm 为标准模型 D1 记为 1:1，原型 D2 记为 10:1，扩大 10 倍 D3 记为 100:1，扩大 100 倍 D4 记为 1000:1。

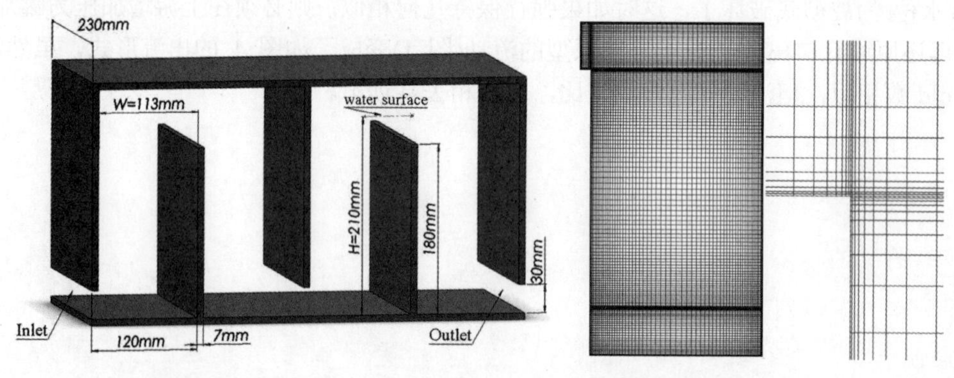

图 5 模型尺寸　　　　图 6 计算腔体腔体网格

缩小 10 倍的模型 D1，它的有效体积响应曲线见图 7，进口流速大于 0.0316m/s 的情况下，为流动的刚性区域，取出几个低于 0.1m/s 的典型的位置，它们的流线图分别展示于图 8。e 点位流速 0.001m/s 及以下，流线几乎没有变化，它们有同样的有效体积率，几乎可以占据整个流动域；f 点位则流速增大为 0.00316m/s，有效体积开始减少，形成一定的回流区；g 点位流速 0.001m/s，有效体积继续减少，回流区贯通；至 h 点位流速 0.0316m/s 有效体积达到接近最小，回流区也最大。

表 1 4 个模型计算结果

D1 模型		D2 模型		D3 模型		D4 模型	
平均速度（m/s）	有效体积率(R_{eff})	平均速度，m/s	有效体积率(R_{eff})	平均速度，m/s	有效体积率(R_{eff})	平均速度，m/s	有效体积率(R_{eff})
0.000001	0.74064	0.000001	0.7385513	0.000001	0.716436	0.0000001	0.720516
0.00001	0.738424	0.00001	0.73788685	3.16E-06	0.716022	0.000001	0.712861
3.162E-05	0.738099	3.16E-05	0.73708215	0.00001	0.730396	3.162E-06	0.666295
0.0001	0.737883	0.0001	0.73039601	3.16E-05	0.667268	0.00001	0.437057
0.0003162	0.737078	0.000316	0.66726215	0.0001	0.437055	3.162E-05	0.348241
0.001	0.730393	0.001	0.4370572	0.000316	0.348315	0.0001	0.329432
0.0017783	0.703853	0.003162	0.34830333	0.001	0.329303	0.0003162	0.341042
0.0031623	0.667257	0.01	0.32927595	0.003162	0.340967	0.001	0.357579
0.0056234	0.554383	0.031623	0.34105027	0.01	0.357321	0.0031623	0.361286
0.01	0.437056	0.1	0.35733418	0.031623	0.360985	0.01	0.357774
0.0177828	0.37779	0.316228	0.36091158	0.1	0.358914	0.0316228	0.35793
0.0316228	0.348303	0.562341	0.35888603	0.316228	0.358282	0.1	0.360466
0.0562341	0.333684	1	0.35766691	0.562341	0.359213	0.3162278	0.365324
0.1	0.329229	1.778279	0.35756202	1	0.360471	0.5623413	0.368154
0.1778279	0.332476	3.162278	0.35927491	1.778279	0.362558	1	0.369358
0.3162278	0.340921	5.623413	0.35925932	3.162278	0.365315	1.7782794	0.367217
0.5623413	0.349994	10	0.36048385	5.623413	0.368167	3.1622777	0.360875
1	0.357271	31.62278	0.36531833	10	0.369368	5.6234133	0.351674
1.7782794	0.361066	100	0.36939301	31.62278	0.360601	10	0.343462
3.1622777	0.360881	316.2278	0.36038432	100	0.343806	31.622777	0.335642
5.6234133	0.358833			316.2278	0.335621	100	0.338985
10	0.357873			1000	0.334705	316.22777	0.326495

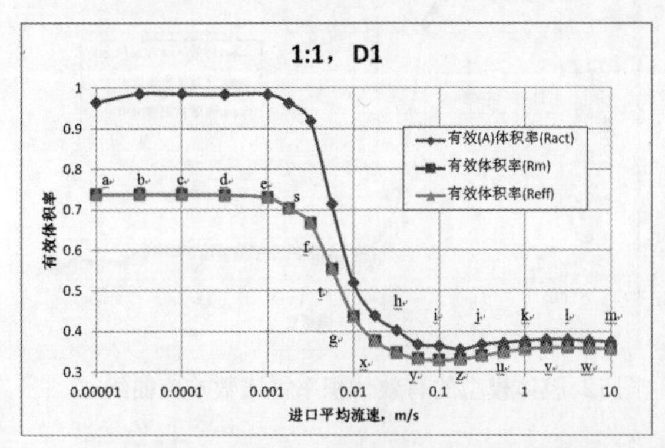

图 7 12mm×21mm 模型 D1 有效体积率响应曲线

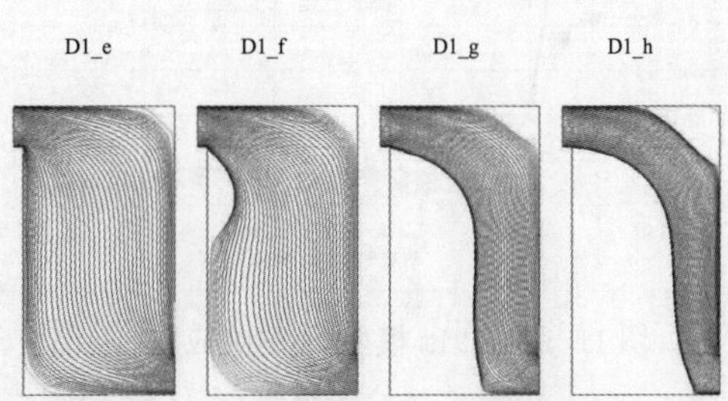

图 8 典型变动区域流线

剩下的 D2、D3、D4 模型列出各自的有效体积率响应曲线（图 9 至图 11），有个明显的特点，它们都有一个显著的有效体积变动区域(非刚性区)，如果将不同比尺的变动区内，相同有效体积率的点位取出来列出流线图，则同图 8 的完全一致。4 种比尺下的有效体积率响应曲线有共同点，就是有个长长的刚性区域。当模型缩小 10 倍，则非刚性区域的流速扩大 10 倍，这个正是雷诺相似的特征，因此各个比尺条件下的有效体积率响应曲线可以归为一个，即有效体积率雷诺数响应曲线(图 12)，或者任意一个比尺下的有效体积率响应曲线即可。

设在模型比尺缩小 λ_l 倍，流速则必须增大 λ_l 倍，雷诺数相等只是流场相似的必要条件，而不是充分条件，原因如下：①流体是水且是淹没的管流，则可能由于流速增大，水的连续性可能出现问题，它可能出现拉空的现象，或将水里带的气体给析出，甚至发生相变即汽化现象；②如果是水，开边界的流动，则流速的增加必将导致进出口峡口的局部损失增加，如图 6 的连续腔体中的水位会迅速下降，导致几何不相似；③如果流体是空气，则会出现可压缩性问题导致流动不相似，因此雷诺数相等不是流场相似的充分条件；④反之，如果在没有出现流体连续性问题，流场也相似的，则雷诺数相等是流场相似的必要条件。

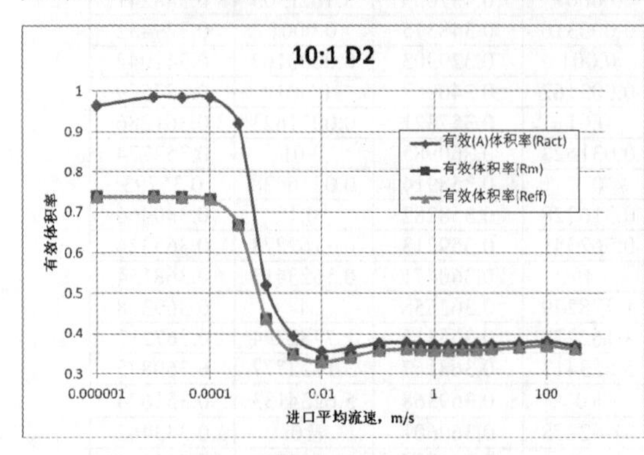

图 9 120mm×210mm 模型 D2 有效体积率响应曲线

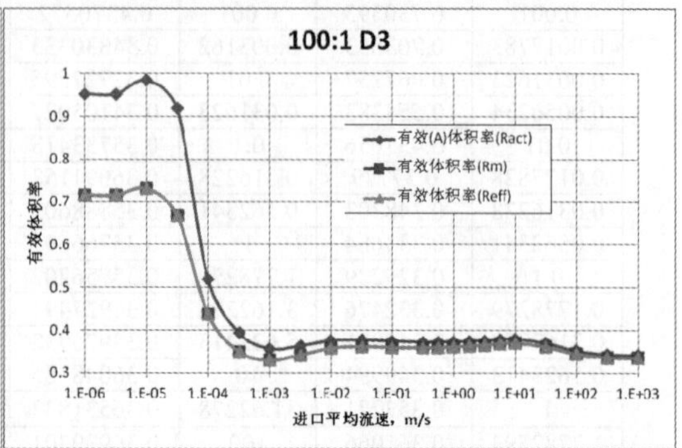

图 10 1200mm×2100mm 模型 D3 有效体积率响应曲线

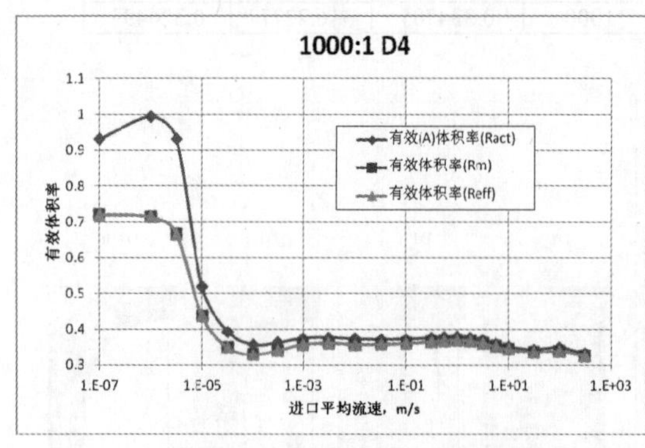

图 11 12m×21m 模型 D4 的响应曲线

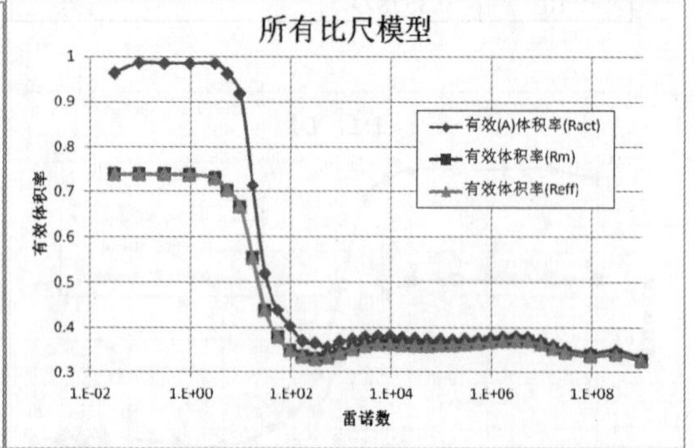

图 12 腔体模型的有效体积率雷诺数响应曲线

有效体积率的非刚性区域，在比尺较大时，它远远在我们关注的流速区域之外(D4 模型为 0.000031m/s 以下)，随着比尺缩小一个量级，非刚性区的速度便增加一个量级，至 D1 模型的小于 0.031m/s 以下。这个在一般的水力学模型中，非刚性区域均不影响的模型实验，除非有局部小结构(本身尺寸小)。还有在如消毒、污染物扩散等流速非常小的情况下，非刚性区域就可能要释放出来，且同时扩散效果也不能再忽略。

在任意一条有效体积率响应曲线(图 7 和图 9 至图 12)上，按驱动相似的 Froude 数相似考虑，比尺缩小 λ_l 倍，速度比尺缩小 $\lambda_l^{0.5}$，则原型的有效体积率的点位将左移至 $\lambda_l^{1.5}$ 倍至的模型点位，如果这两个点位均在有效体积响应曲线的刚性段，虽然雷诺数不一致，只是在有效体积率响应曲线上发生了平移，可以称为等效平移，则流场特性依然是等效的，即流动是相似的。

因此，对模型实验的比尺范围，根据每个具体流动的特性(有效体积率响应曲线)有个限定，如果原型点位大于刚性区域的最左边的临界点位，则可进行缩尺实验，设此点同临界位置的差异 $\lambda_{\max}$ 倍，则实验中可以采用的最大比尺为 $\lambda_{mzx}^{2/3}$ ，这就是任何模型试验极限比尺。；如果小于或等于临界点，则不能进行缩尺实验。

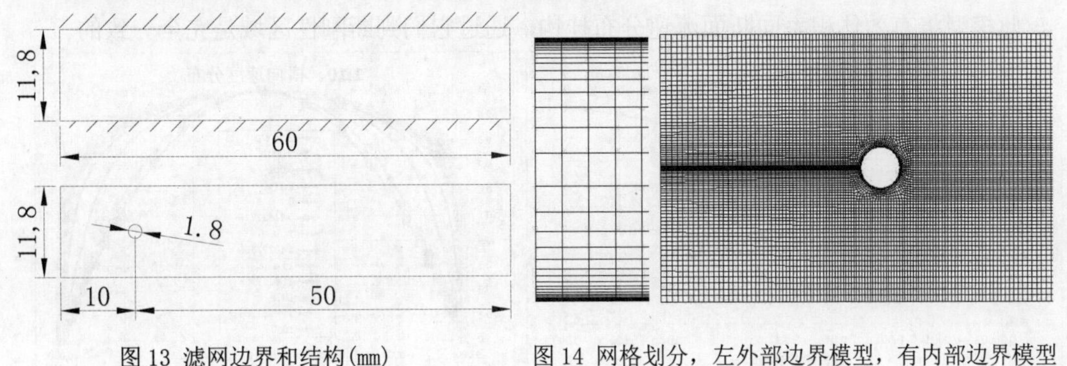

图 13 滤网边界和结构(mm)　　图 14 网格划分，左外部边界模型，有内部边界模型

3 不同比尺条件下，大、小固壁边界的流动特性

固壁边界模型来源于一组泵房流道实验，实验的原型上有一组旋转滤网，净空尺寸 10×10mm，网丝直径 1.8mm 的滤网，由于实验的比尺采用 λ_l=10，实验按 Froude 相似，查不锈钢规格，采用最近似的网孔 1×1mm，金属丝直径 0.2mm(本应 0.18mm)进行模型制作。在模型实验中，滤网前后的水位差最大有~0.9m(原型尺寸)，远远大于 0.3m，解释不了原因，只能解释滤网的阻塞等外部因素。项目验收时，专家有推荐模型中滤网尺寸用原型尺寸滤网来代替的方案，后采用直接拆掉滤网重做实验，滤网拆除后滤网位置前后水位差最大才 0.2m 左右，同实际比较符合，因水位差大于 0.3m，旋转滤网便自动开启清网。

二维固壁边界概化为外边界及滤网丝内边界模型见图 13，按有效体积网格划分原则，壁面及对称面边界层网格最小 0.001mm，增长因子 1.5，共 11 层，其余逐渐增加尺度，形成的网格见图 14。

3.1 外边界模型 A

按图 13 尺寸为标准尺寸定义，A2 为尺寸缩小 10 倍的模型，A3 为标准模型，A4 为放大 10 倍模型，A5 为放大 100 倍，A6 为放大 1000 倍。以此对它们进行有效体积率的计算。进出口如果均匀流给定边界，即采用周期边界并给定流量，计算的结果见图 15 至图 17，其中横向速度分布变化点位在有效体积率变动点位完全一致。因此相同的速度分布对应相同的有效体积率，并对应相同的雷诺数。在所有的比尺模型中，可以将高于 0.974 的有效体积率定义为刚性区域，它们有近似相同的断面流速分布，也近似等效。

如果更一般的情况下，进口采用流量进口，出口采用 Outflow，则有 AW 为原型 1:1 模型，AW1 为放大 100 倍的 100:1 模型。它们的有效体积率响应曲线分别见图 18 和图 19。边界条件同周期边界的虽然不一致，但是判别刚性区域的依据是一致的，将有效体积率大于 0.985 的区间定义为刚性区间，刚性区间范围同周期边界一致。

所以仍可以按驱动相似的 Froude 数相似，作等效平移，只要平移后的位置仍然在刚性区域内，就可以等效，流场就可以相似。

此模型将有效体积率同断面流速分布挂钩，通过它们判断刚性区域是完全一致的。

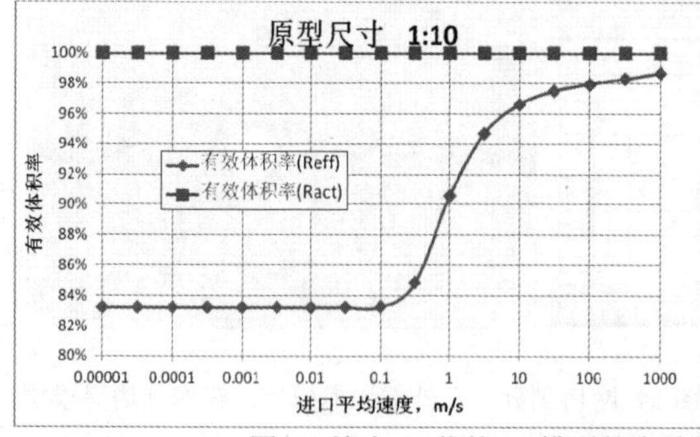

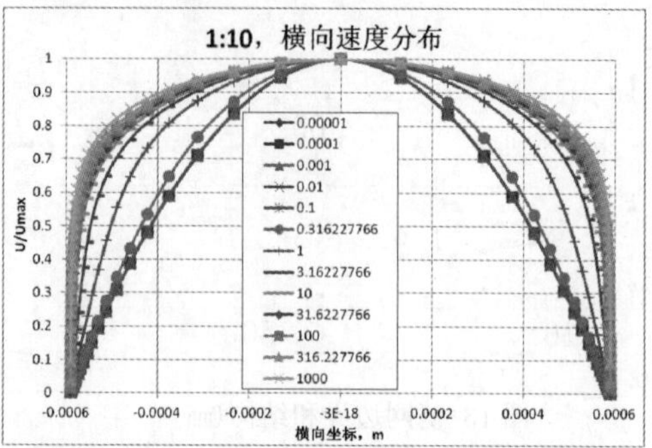

图 15 缩小 10 倍的 A2 模型的有效体积率响应曲线和横向流速分布

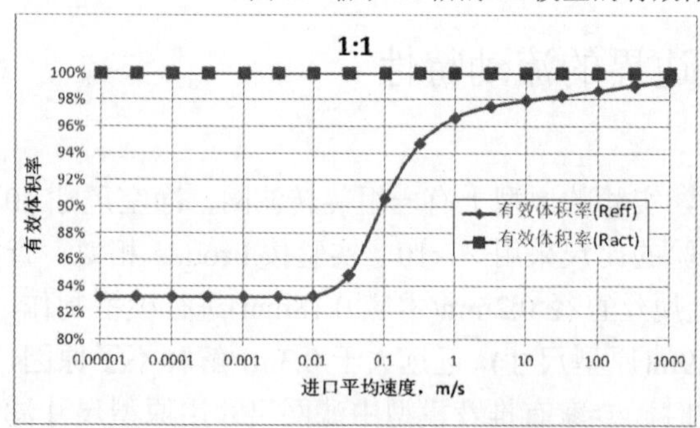

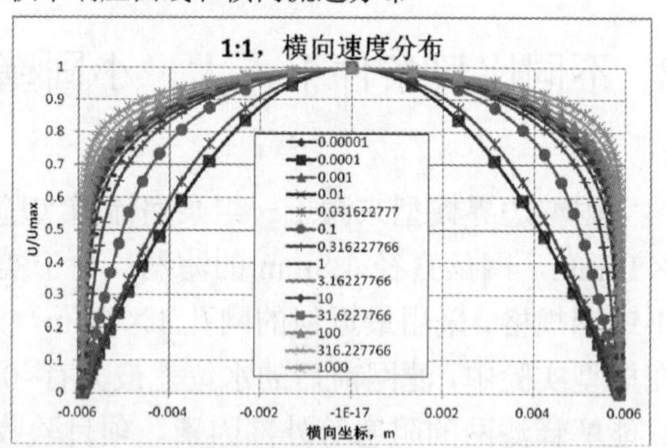

图 16 原型 A3 模型的有效体积率响应曲线和横向流速分布

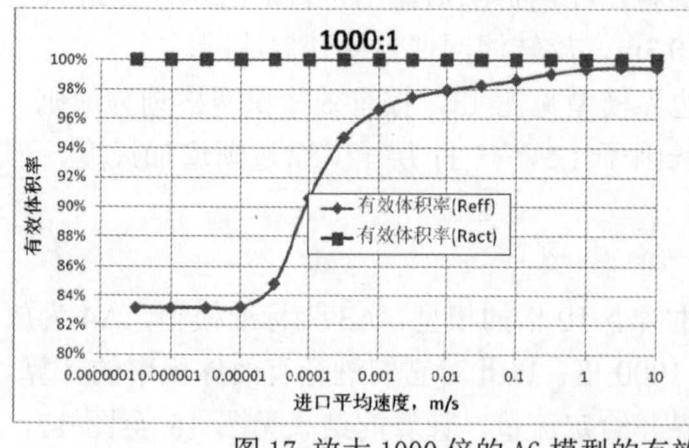

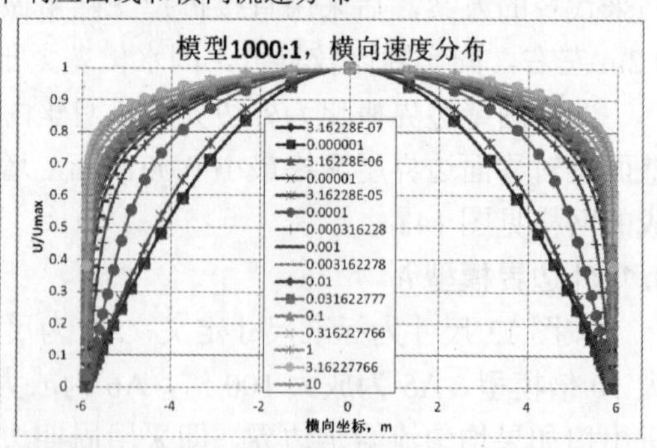

图 17 放大 1000 倍的 A6 模型的有效体积率响应曲线和横向流速分布

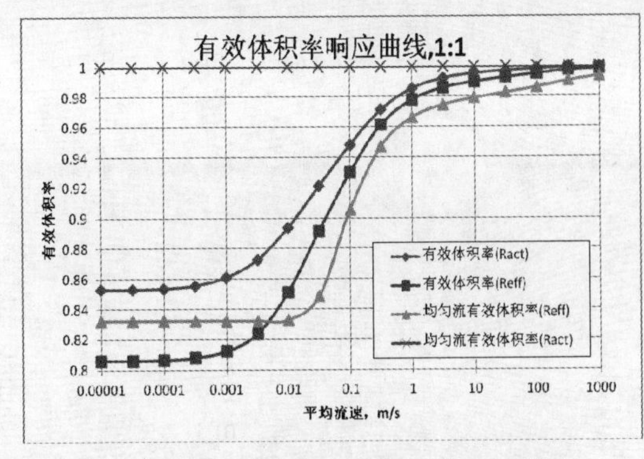

图 18 AW 模型有效体积率响应曲线

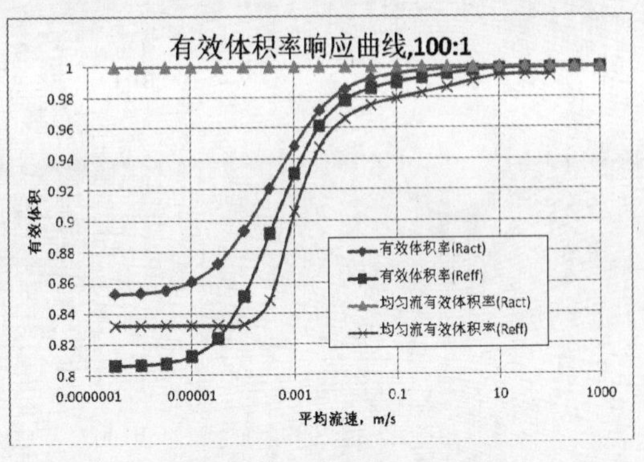

图 19 AW1 模型有效体积率响应曲线

3.2 内边界模型 B

内部边界，将缩小 10 倍 B1 定义为 1:10 模型，原型 B2 定义为标准模型，它们的有效体积率响应曲线见图 21 和图 22，其中有效体积率降到最低点 j 位后有反弹，j 位就是层流尾迹最大的点位(图 20)，如果再增加流速，将产生层流向湍流的过渡，并产生涡旋及脱离，严重时会发生水中气体析出或汽化现象，j 位后的有效体积均必将将继续减少，为最可能的预估曲线(图 20~21)，而不是计算中 j 点后的有效体积率的反弹(只因本单流体模型不适合计算这个过渡)，但流动尾迹(图 20)趋势在 j 点位后还是可以认为是相近。当然如果采用非恒定流计算，j 点位后的有效体积率也许也许更接近预测的，但这不影响对刚性区域的判断。

根据模型实验数据，在百年高水位下，流经滤网的流速在 0.05~0.06m/s 之间，97%低水位下流速在 0.085~0.105m/s 之间，如果换算成原型则高水位在 0.158~0.192m/s，低水位在 0.231~0.235m/s 之间。查原型 B2 的有效体积率响应曲线(图 21)，原型流速点位就在刚性区域的下限附近(如果将 0.1m/s 以上流速定义为刚性区域)，这里根本没有空间实施等效平移，k 位的将向左平移 $\lambda_l^{1.5}$ 倍(1.5 个 λ_l 量级)至 h 位，相当于流线由图 21 的 j(同 k 一致)平移到 h，这正是实验中所遇到的，因为流场的不相似导致实验结果不准确。

如果将 k 位(原型对应流速 0.1m/s 处)的数据，内部边界网尺寸不变(滤网不缩小比尺)，则根据大边界定义的比尺 λ_l 不变，而速度比尺仍然缩小 $\lambda_l^{0.5}$，则 k 位可以等效平移至 j 位，如果 j 位以上都可以算刚性区域的话，则还是等效的。这点就是评审专家推荐采用原型网尺寸的理论依据，只需等效平移 0.5 个 λ_l 量级，如果还有刚性区域空间的话。

当然如果 k 位就在非刚性区域或临界点附近，毕竟具体流场不明，可能牵涉到相变(要有单相变成双相流，水汽两相流)。这时要做到局部等效也是完全可以的，方法如下，大边界比尺按 λ_l 缩小，速度比尺按 $\lambda_l^{0.5}$ 缩小，但局部小结构(网丝)的比尺按 $\lambda_l^{-0.5}$ 计，即放大 $\lambda_l^{0.5}$ 倍(滤网孔按 31.6×31.6mm 计，网丝直径 5.69mm)，这样就可以严格做到过网流动同原型相似，即在响应曲线上未将 k 位作任何平移，则流场相似，条件是局部小尺度比整体流动域小非常多，局部的存在不影响整个大的流场，只能影响局部流场。

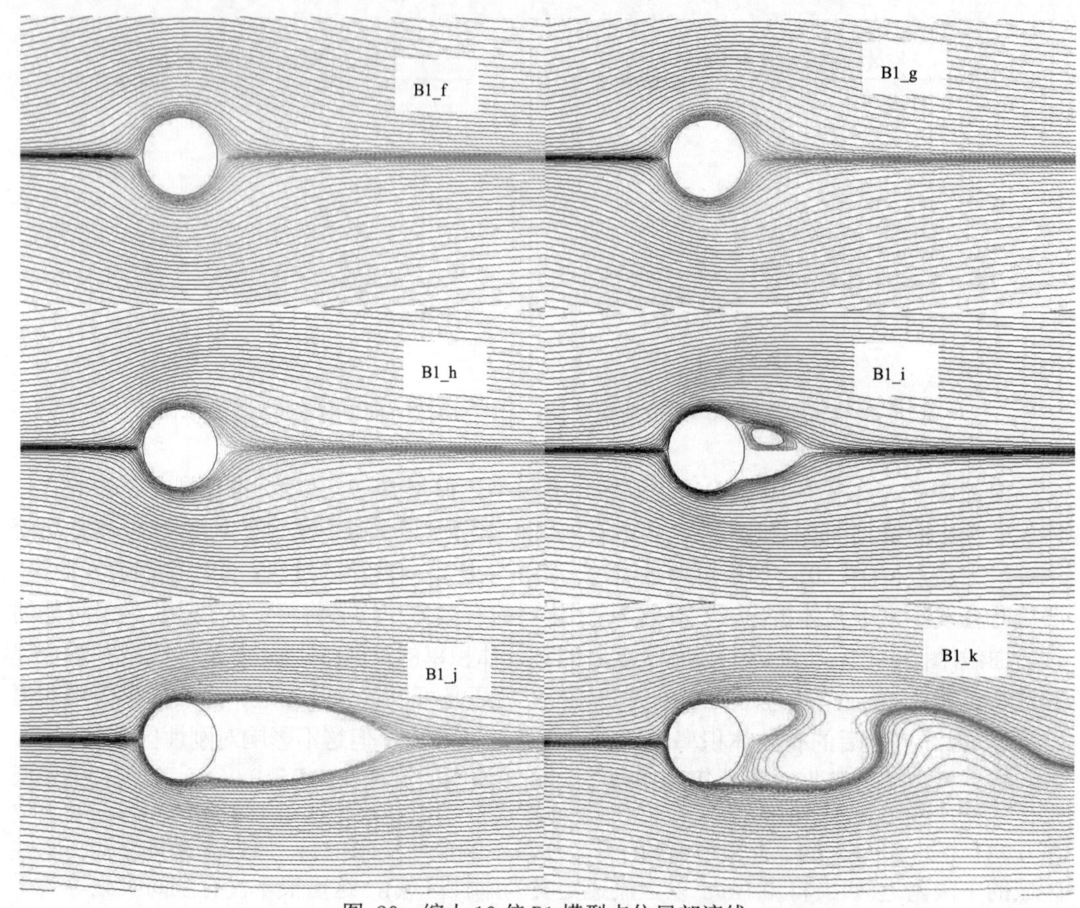

图 20 缩小 10 倍 B1 模型点位局部流线

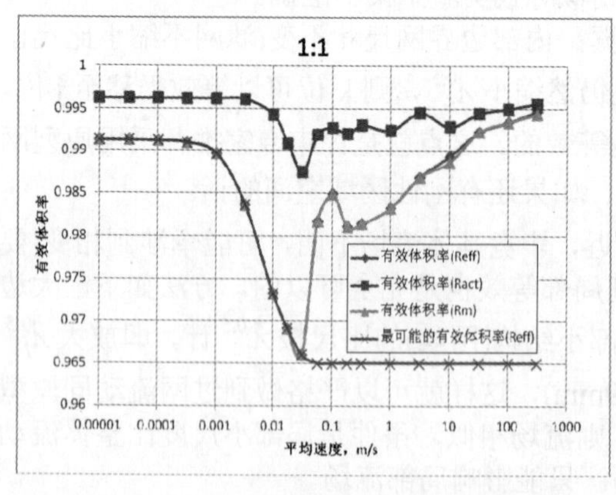

图 21 B2 模型有效体积率响应曲线

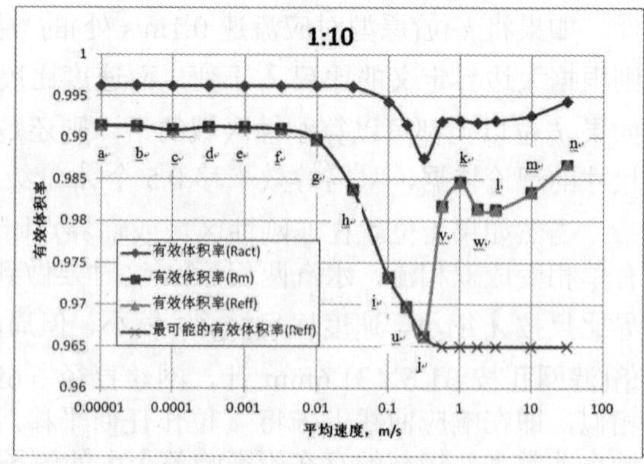

图 22 B1 模型有效体积率响应曲线

4 结论

（1）通过引入总权重，获得各种比尺条件下的 3 种概化模型的有效体积率响应曲线。通过研读，相同的有效体积率对应相同的流线经过的区域、相同的断面流速分布、相同的雷诺数、相同的尾迹，因此有效体积率是个判断流场流态的最为有效的工具，它展开后的响应曲线，将简单的相似准则由点相似扩展成一个刚性区域相似。

（2）通过分析，模型实验中实应优先尊重驱动相似准则，一般为 Froude 数相似，这相当于在有效体积率响应曲线上向左平移 $\lambda_l^{1.5}$ 倍，如果是等效平移，则流动严格相似，如果不能等效平移，则不能进行缩尺的模型实验。

（3）流动中同时有大小各种固壁情况下，大、小边界的比尺可以不一致，必须先满足整体的流场相似前提下，同时在局部流场也可以相似。这样一举解决了实验中出现的困惑，为同一个模型中，出现几种比尺的建模提供了理论依据。

（4）有效体积率响应曲线是判断各种比尺条件下流场是否相似的工具，它应优于雷诺数相似，且可以完全替代雷诺数准则。

参 考 文 献

1 程尚模，季中. 相似理论及其在热工和化工中的应用[M].武汉:华中理工大学出版社, 1990.

2 Zhang J, Tejada-Martínez, A. E, Zhang Q. Reynolds-Averaged Navier-Stokes Simulation of the Flow and Tracer Transport in a Multichambered Ozone Contactor[J]. Journal of Environmental Engineering, 2013, 139(3):450-454.

Understand the similarity theory of flow - interpretation of a model experiments

ZHOU Xiao-quan[1], HU Xin-qi[1], NG How Yong[2], CHEN Ri-dong[1]

(1. State Key Laboratory of Hydrodynamics and Mountain River Engineer, Chengdu, 610065. Email: xiaoquan_zhou@126.com, 2. Centre for Water Research, Department of Civil and Environmental Engineering, National University of Singapore, Singapore 117576)

Abstract: In this paper, the inherent characteristics of the flow field, the effective volume response curves, are used to study the flow similarity at different scales. In the rigid section, the flow field is strictly equivalent or similar. The research shows that under driving similarity, similar effective volume ratio response curves or a single effective volume ratio - Reynolds number response curve can be obtained for different scales of flow. Driving similarity, such as Froude number similarity criterion, is to translate the prototype point on the response curve. If it is equivalent after translation, the flow fields of the prototype and model are similar, and scaling experiments can be carried out. Otherwise, if it is not equivalent, scaling experiments can not be carried out. Generally speaking, there may be large and small solid wall boundaries, which can satisfy the similarity of the whole and local flow fields with different scales. This not only solves the confusion in the experiment, but also provides a theoretical basis for the multi-scale modeling of the same experiment.

Key words: Total Scale; Equivalent Method; Effective Volume Ratio; Similarity Theory; CFD

近壁面柱体涡激振动触发的临界速度

刘俊[1,2]，刘艳[3]，高福平[1,2*]

(1. 中国科学院力学研究所流固耦合系统力学重点实验室，北京，100190；2. 中国科学院大学工程科学学院，北京，100049；3. 湘潭大学土木工程与力学学院，湘潭，411105； E-mail：fpgao@imech.ac.cn)

摘要：柱体涡激振动是典型的流固耦合问题。海底管道的涡激振动通常会受到海床壁面影响，而呈现出与远离壁面柱体不同的幅频响应。本研究结合大型波流水槽，研制了具有微结构阻尼的柱体涡激振动装置；基于量纲分析理论，开展了系列水槽模型实验，同步测量柱体涡激振动位移时程和绕流流场变化，研究了壁面间隙比（e/D）对柱体涡激振动触发临界速度的影响规律。采用专门设计的自下向上扫射 PIV 流场测量系统，针对不同间隙比条件下的固定柱体和涡激振动柱体的绕流流场特征进行了对比分析。结果表明，当间隙比 $e/D \geqq 0.4$ 时，柱体尾涡脱落的壁面效应通常可以忽略；随着间隙比减小，底部壁面对柱体后方尾涡脱落的抑制作用逐渐增大。在涡激振动触发阶段发生锁频时，柱体振动幅值和频率均发生阶跃，振幅阶跃值随着间隙比的减小而减小，而频率阶跃值则随着间隙比的减小而增大。柱体涡激振动触发的临界速度呈现随壁面间隙比减小而减小的变化趋势，对于较大间隙比 $e/D \geqq 0.8$，涡激振动触发的约减速度约为 4.0；对于较小间隙比 $e/D \leqq 0.6$，涡激振动触发的约减速度在 2.0～4.0 之间。

关键词：柱体涡激振动；近壁面效应；锁频；PIV

1 引言

当流体流过柱体时，在一定的流速条件下柱体后方会出现周期性交替脱落的旋涡，从而诱导柱体表面周期性的压力脉动，对柱体施加周期性的作用力。当涡脱落频率和结构的固有频率接近时，会诱发结构涡激振动。流向振动的幅值约比横向振动的幅值小一个量级，所以多数研究只关注了横向涡激振动。柱体结构涡激振动触发的临界速度、振幅和频率特性直接影响到结构的疲劳安全性，因此受到了结构设计工程师和科研人员的广泛关注。

对于远离壁面的静止柱体，尾流通常以确定的频率周期性地脱落，遵循斯特劳哈尔定律，即 $f_s=StU/D$。其中 f_s 为固定柱体涡脱落频率；St 为 Strouhal 数，是雷诺数的函数。在亚临界雷诺数范围内，对于光滑圆柱体，St 可取为 0.2。当柱体靠近壁面时，St 数就不仅仅是 Re 的函数，还与柱体和壁面的距离以及边界层厚度有关。针对近壁面柱体绕流，国内外学者做了大量的实验和数值研究 [1-5]。Lei 等[3]发现，当柱体和壁面之间的距离较小时，柱体表面剪切层和壁面剪切层相互作用，柱体的涡脱落强度会受到壁面的抑制。涡脱落受到抑制的临界间隙比会由于雷诺数、壁面边界层厚度等条件的不同而不同，约为 0.3～0.5。而随着间隙比的减小，Strouhal 数及相应的涡脱落频率会有 5%～10%的增大 [1-2,6-7]。

涡激振动触发的临界速度和激发范围，通常采用约减速度 V_r 进行描述。对于远离壁面的柱体而言，涡激振动的激发范围主要受质量比 m^*影响，无量纲最大振幅则与质量比 m^* 和阻尼比 ζ 的组合参数相关（Scruton [8]; Skop 等 [9]; Skop 等[10]； Govardhan 等[11]）。对于近壁面柱体，Fredsoe 等[12]研究发现，接近刚性壁面管道涡激振动的最大振幅值和最大振幅对应的约减速度 V_r 都随着间隙比的减小而增大。Raven 等[13]全尺寸实验发现，涡激振动触发的临界约减速度将会受到初始间隙比 e/D 的影响。DNVGL-RP-F105 规范[13]建议，横向涡激振动触发的临界速度应考虑间隙比 e/D、St 数、沟槽效应等的影响，对于单独流主导的横向涡激振动，大幅值涡激振动触发通常发生在约减速度为 3.0～4.0 之间，对于低质量比、小间隙比情况，横向涡激振动可能在约减速度为 2.0～3.0 之间触发。

本文采用 PIV 技术对近壁面柱体绕流流场进行了定量测量，对振动柱体和固定柱体绕流流场进行了对比分析。采用研制的具有微结构阻尼的柱体涡激振动装置，实验观察了涡激振动触发的过程，研究了近壁面对柱体涡激振动的幅频响应特性及触发临界速度的影响规律。

2 量纲分析

近壁面柱体涡激振动是一个复杂的“流体-柱体-壁面”相互作用问题，其中影响柱体涡激振动响应特性的物理量有流体特征量、柱体特征量以及壁面特征量，柱体振动幅值和频率可表示为

$$A = \lambda_1(\rho, \nu, U, D, k_s, m, f_n, \zeta, e, ...) \tag{1a}$$

$$f = \lambda_2(\rho, \nu, U, D, k_s, m, f_n, \zeta, e, ...) \tag{1b}$$

式中，ρ 为流体密度；ν 为水的运动黏滞系数；U 为流速，取为一半水深处来流流速；D 为柱体直径；k_s 为柱体表面粗糙度；m 为柱体单位长度总质量；f_n 为柱体静水中的固有频率；ζ 为结构阻尼比；e 为柱体与壁面的初始距离。

根据 Buckingham Π 定理，选取 ρ、U、D 这 3 个相互独立的物理量为基本量，柱体无量纲振动幅值和频率可表示为

$$A / \mathrm{D} = \lambda_1'(Re, V_r, k, m^*, K_s, e/D, ...) \tag{2a}$$

$$f / f_n = \lambda_2'(Re, V_r, k, m^*, K_s, e/D, ...) \tag{2b}$$

式中，$m^*=4m/\pi\rho D^2$ 为结构质量比；$V_r= U/f_nD$ 为来流约减速度；$k= k_s/D$ 为柱体表面相对粗糙度；$K_s=4(m+m_a)\zeta/\pi\rho D^2$ 为振动柱体的稳定性系数；$Re= UD/\nu$ 为雷诺数；e/D 为管道与壁面的初始间隙比。

3 实验装置及实验条件

3.1 实验装置及布置

实验在中国科学院力学研究所大型流固土耦合波流水槽中进行，水槽长 52.0m，宽 1.0m，高 1.5m，实验水深为 0.5m(图 1)。其造流系统可以产生自动控制的双向水流，最大造流流量为 0.45m^3/s。在水槽中部实验段底部专门设计安装了 1.0m×1.0m 的透光玻璃，可自下向上扫射激光，进行流场的 PIV 测量。基于上述量纲分析，结合波流水槽，研制了具有微结构阻尼的柱体涡激振动装置，其在空气中的阻尼比 ζ=7.82×10^{-4}。该装置采用一对空气轴承进行导向，限制柱体沿水流方向的运动。气泵产生的高压气体在空气轴承和导轨之间形成气膜，使空气轴承和导轨无结构部件之间的摩擦和碰撞。竖向弹簧将整个运动系统悬挂于支撑系统上，从而使柱体是弹性支撑的，可以自由地在垂直于水流方向运动。

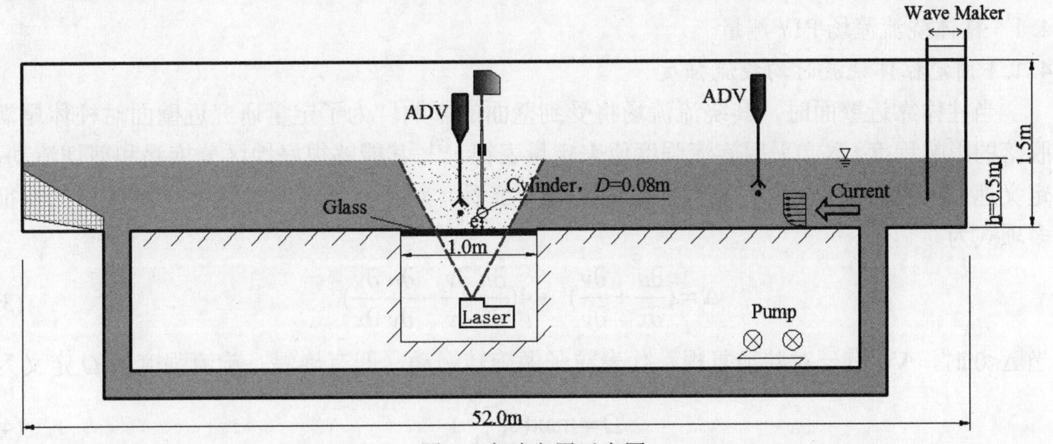

图 1　实验布置示意图

柱体绕流流场采用 PIV 测量。相机位于水槽外侧正对柱体的位置拍摄示踪粒子图像，PIV 在 *x-y* 平面的观察区域大小为 400mm×300 mm（5*D*×3.75*D*）。PIV 测量频率为 4.5Hz，每个工况拍摄 300 张粒子图像进行后续计算分析。在柱体上游侧约 3m 远处布置一个声学多普勒流速仪（ADV）测量一半水深处远场来流流速，在管道下游侧 1.5 倍管径处布置一个 ADV 测量柱体中心高度处的尾流速度。柱体振动位移采用激光位移传感器（LDT）测量。以上所有测量数据通过自主开发的流固土耦合多物理参数同步测试与实时监控系统进行同步测量，便于进行流固耦合分析。

3.2 实验条件

实验所用柱体为直径 8cm、长 98cm 的圆柱形有机玻璃管，柱体表面光滑，即表面相对粗糙度 k≈0。柱体内部可以添加配重调节质量比，本实验柱体模型的质量比 m^*=1.85。m_a 为单位长度圆柱附加质量，$m_a=C_A m_d$（对于圆柱而言，C_A=1.0，$m_d=\pi\rho D^2/4$）。柱体在静水中振动的固有频率 f_n，可以对管道在静水中做自由衰减振动的位移随时间变化曲线进行频谱分析获得，本文中，f_n=0.57Hz。系统的阻尼比 ζ，通常包括结构阻尼和流体阻尼两部分[15]，其中结构阻尼 $\zeta_s=\dfrac{C}{4\pi(m+m_a)f_n}$，流体阻尼 $\zeta_f=\dfrac{2\rho C_D AD}{3\pi(m+m_a)}$。采用自由衰减法测量系统的阻尼比（Blevins[16]），$\zeta=\ln(A_i/A_{i+n})/2\pi n$，$A_i$ 及 A_{i+n} 为自由衰减振动位移随时间变化曲线的第 i 个和 $i+n$ 个波峰对应的位移。本文研制的具有微结构阻尼柱体涡激振动装置在空气中阻尼比 $\zeta=7.82\times10^{-4}$，在静水中阻尼比 $\zeta=1.10\times10^{-2}$，即结构阻尼较流体阻尼小一个量级。振动柱体的稳定性系数 $K_s=3.14\times10^{-2}$。实验流速由零均匀稳态增速，加速度为 6.7×10^{-4}m/s^2，远小于柱体涡激振动的加速度。PIV 流场测量雷诺数 $Re=1.6\times10^4$，涡激振动触发时的雷诺数也在 10^4 量级，处于亚临界雷诺数范围内。实验间隙比 e/D 在 0～1.0 之间。

4 实验结果及分析

4.1 柱体绕流流场 PIV 测量

4.1.1 固定柱体绕流时均旋流强度

当柱体靠近壁面时，其绕流流场将受到壁面的影响。为了定量研究近壁面对柱体尾涡脱落的影响程度，本文采用旋流强度值来定量表征 [17]，其能够很好地区分旋涡和剪切流动，定义速度梯度张量 $\nabla\vec{u}$ 具有复特征值的区域为旋涡。对于二维流动，速度梯度张量的特征多项式为

$$\Delta=(\frac{\partial u}{\partial x}+\frac{\partial v}{\partial y})^2-4(\frac{\partial u}{\partial x}\frac{\partial v}{\partial y}-\frac{\partial u}{\partial y}\frac{\partial v}{\partial x}) \tag{3}$$

当 $\Delta<0$ 时，$\nabla\vec{u}$ 有一对共轭复根，代表粒子做旋转运动，即有旋涡。旋流强度值 $\varOmega$ 定义为

$$\varOmega=\max(0,\frac{-\Delta}{4}) \tag{4}$$

单位为 s^{-2}。

图 2 给出了流速 U=0.2m/s（$Re=1.6\times10^4$），固定柱体后方上下两侧时均旋流强度最大值 $\varOmega_{a\text{-}max}$ 随着间隙比的变化。$e/D\geqq0.4$ 时，A 区域和 B 区域旋流强度几乎相等且随间隙比减小变化很小，说明壁面对涡脱落的影响通常可以忽略；$0.4>e/D>0.2$，B 区域旋流强度减小，柱体下表面涡脱落受到抑制；$e/D\leqq0.2$，A 区域和 B 区域涡脱落均受到明显抑制。

4.1.2 振动柱体与固定柱体绕流瞬时旋流强度对比

当涡激振动触发后，柱体发生涡激振动，尾涡脱落和固定柱体会有显著不同。图 3 给出了间隙比 e/D=1.0、流速 U=0.2m/s（$Re=1.6\times10^4$）条件下，振动柱体和固定柱体绕流瞬时流场叠加旋流强度云图的对比。图 3（a）为固定柱体 t=0 时刻的瞬时流场叠加旋流强度云图，可以看到，柱体下表面旋涡脱落并向下游移动，柱体上表面旋涡刚刚脱落，最大旋流强度值约为 120 s^{-2}，涡脱落频率满足 Strouhal 定律。图 3（b）对应振动柱体 t=0 时刻在平衡位置向上运动，柱体周围瞬时流场叠加旋流强度云图。在柱体后方有一对旋转方向相反

的旋涡从柱体表面脱落，旋流强度最大值为 600 s^{-2}，相对于固定柱体显著增大。且涡脱落频率被柱体振动频率所控制，发生锁频，涡脱落频率不再遵循 Strouhal 定律。

图 2　固定柱体绕流时均旋流强度最大值随着间隙比的变化(U=0.2m/s，Re=1.6×10^4)

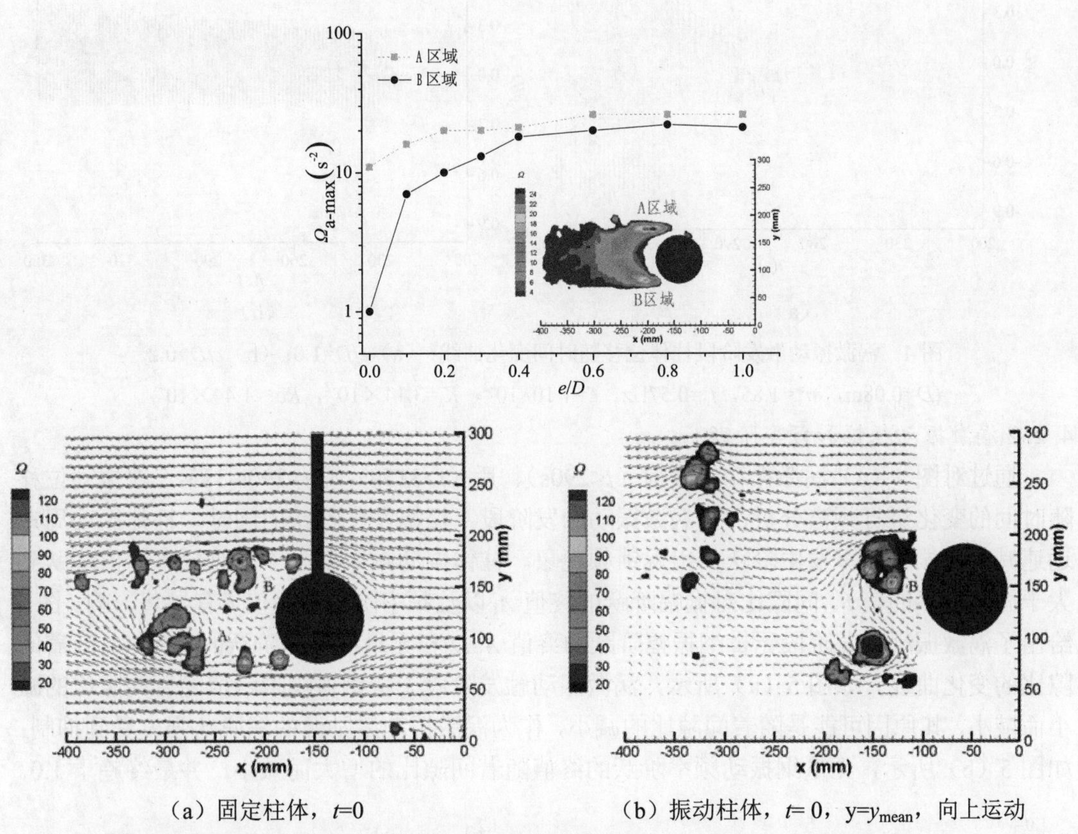

（a）固定柱体，t=0　　（b）振动柱体，t= 0，y=y_{mean}，向上运动

图 3　振动柱体与固定柱体绕流瞬时旋流强度对比(U=0.2m/s，Re=1.6×10^4)

4.2　柱体涡激振动

4.2.1 涡激振动触发过程

图 4 给出了不同间隙比条件下，随着流速的增加，柱体涡激振动触发阶段柱体位移随时间变化曲线。由图 4（a）e/D=1.0 可以看出，涡激振动触发可以分为四个阶段：（1）当流速较小时，管道保持静止状态，未发生振动；（2）随着流速的增加，t=230s，柱体开始在平衡位置附近微幅间歇振动；（3）当流速进一步增大，t=290s-315s，柱体振动幅值在短时间内急剧增大，发生阶跃，振幅阶跃到终值 A_j，涡激振动触发；（4）随着流速继续增大，柱体涡激振动触发后维持高幅值振动并有所增大。对于较大间隙比（e/D≧0.6），涡激振动触发过程和图 4（a）e/D=1.0 类似。但间隙比较小（e/D≦0.4）对比间隙比较大情况有所不同，如图 4（b）e/D=0.2，可以看到，随着间隙比的减小，涡激振动触发前的间歇振动阶段持续时间减少直至消失，涡激振动触发的时间也更早（t=220s），即涡激振动触发更加容易，但振幅阶跃值 A_j 减小。

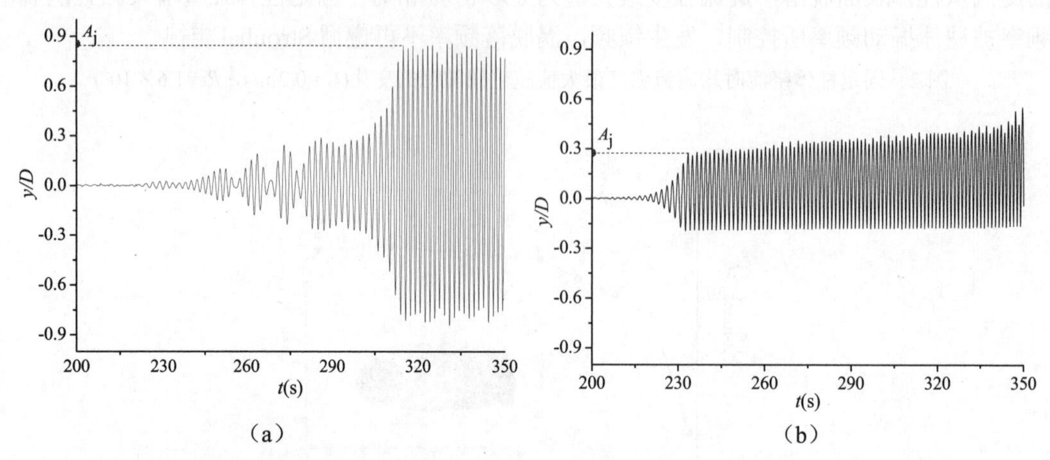

（a）　　　　　　　　　　　　（b）

图 4　涡激振动触发阶段柱体位移随时间变化曲线：（a）e/D=1.0；（b）e/D=0.2

（D=0.08m，m^*=1.85，f_n=0.57Hz，ζ=1.10×10^{-2}，K_s=3.14×10^{-2}，Re≈1.44×10^4）

4.2.2 涡激振动振幅和频率阶跃

通过对图 4（a）涡激振动触发前（t<290s）、后（t>315s）及 t=290s-315s，对振动位移随时间的变化进行频谱分析，在涡激振动触发阶段，振幅发生阶跃的同时，柱体振动周期迅速减小、振动频率发生阶跃，出现锁频现象。柱体振动频率由小于固有频率的值阶跃到大于固有频率的值 f_j。间隙比对振幅阶跃的终值 A_j 以及频率阶跃的终值 f_j 有显著影响。图 5 给出了涡激振动触发阶段无量纲振幅阶跃的终值 A_j/D 和无量纲频率阶跃的终值 f_j/f_n 随着间隙比的变化曲线。如图 5（a）所示，涡激振动触发阶段无量纲振幅阶跃值随着间隙比的减小而减小，其原因可能是随着间隙比的减小，作为涡激振动激励源的涡脱落强度受到抑制；如图 5（b）所示，无量纲振动频率阶跃的终值随着间隙比的增大而减小，并最终趋于 1.0。

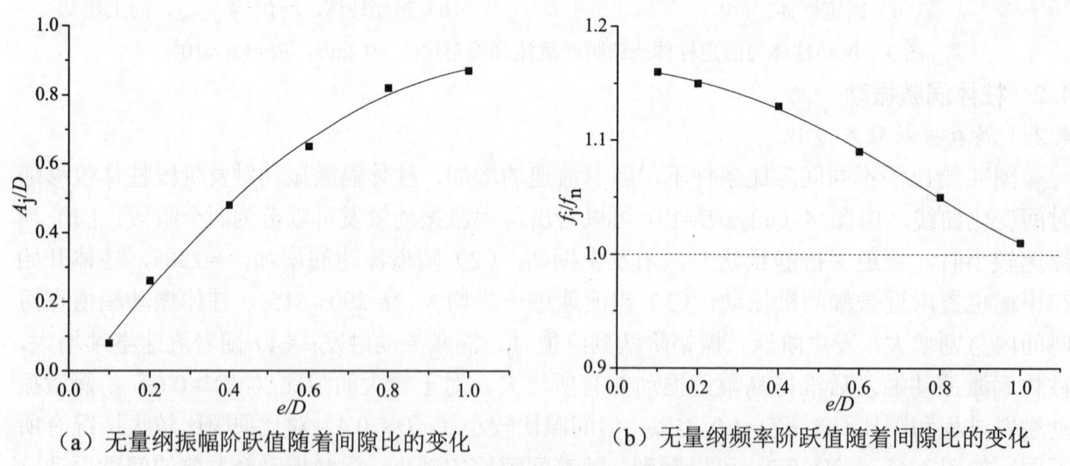

（a）无量纲振幅阶跃值随着间隙比的变化　　　（b）无量纲频率阶跃值随着间隙比的变化

图 5　涡激振动触发阶段无量纲振动幅值及频率阶跃值随着间隙比的变化

（D=0.08m，m^*=1.85，f_n=0.57 Hz，ζ=1.10×10^{-2}，K_s=3.14×10^{-4}，Re≈1.44×10^4）

4.2.3 涡激振动触发临界速度

由以上分析可知，随着间隙比的减小，涡激振动触发的时间越早。通过同步测量的数据将触发时间对应到涡激振动触发时的来流流速，得到涡激振动触发的临界速度随着间隙比的减小而减小，即随着间隙比的减小涡激振动触发越容易。其原因可能是随着间隙比的减小涡脱落频率增大，更容易和柱体振动固有频率耦合到一起。图 6 给出了涡激振动触发的临界速度 $V_{r,onset}$（A/D=0.15 对应的约减速度）随着间隙比的变化曲线。对于较大间隙比 $e/D \geqq 0.8$ 情况，涡激振动触发的约减速度约为 4.0；对于较小间隙比 $e/D \geqq 0.6$ 情况，涡激振动触发的约减速度在 2.0～4.0 之间。

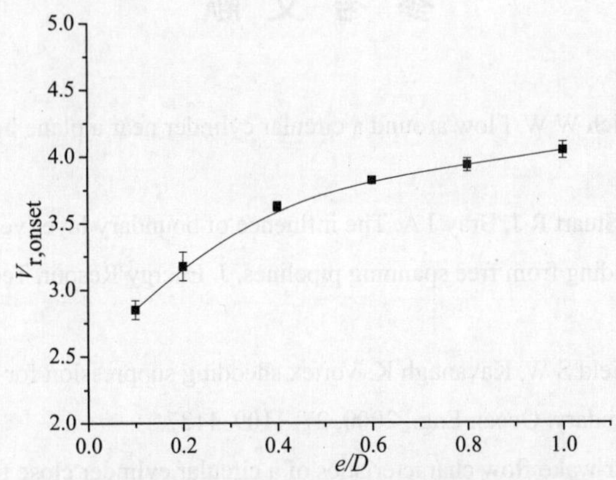

图 6　涡激振动触发的临界速度随着间隙比的变化

(D=0.08m，m^*=1.85，f_n=0.57 Hz，ζ=1.10×10^{-2}，K_s=3.14×10^{-4}，Re≈1.44×10^4)

5　结论

研制了基于大型流固耦合波流水槽的具有微结构阻尼柱体涡激振动装置；开展了系列水槽模型实验，同步测量柱体涡激振动位移时程和绕流流场变化，研究了壁面间隙比对柱体涡激振动触发临界速度的影响规律；对柱体绕流流场进行了 PIV 测量。得出以下结论。

（1）当间隙比 $e/D \geqq 0.4$ 时，柱体绕流尾涡脱落的壁面效应通常可以忽略；随着间隙比减小（$0.4>e/D>0.2$），壁面对柱体下侧的涡脱落抑制作用逐渐增大，旋流强度随之减小；而当 $e/D \geqq 0.2$ 时，壁面对柱体上侧和下侧的涡脱落均有明显抑制作用，柱体下侧旋流强度急剧减小。

（2）在远离壁面的情况下，固定柱体涡脱落频率可由 Strouhal 定律计算；而振动柱体尾涡脱落频率被柱体振动频率所控制，不再遵循 Strouhal 定律。相同流速条件下，振动柱体绕流尾流旋流强度相对于固定柱体显著增强，可达固定柱体旋流强度的 5～6 倍。

（3）随着流速的增加，涡激振动触发发生锁频，柱体振动幅值及频率发生阶跃。e/D>0 时，无量纲振幅的阶跃值随着间隙比的增大而增大并趋于定值，无量纲振动频率的阶跃值随着间隙比的增大而减小并趋于 1.0。随着间隙比的减小，柱体涡激振动触发的临界速度减小，对于较大间隙比 e/D≧0.8，涡激振动触发的约减速度约为 4.0；对于较小间隙比 e/D≦0.6，涡激振动触发的约减速度在 2.0～4.0 之间。

致谢

国家自然科学基金项目（11825205）、中国科学院战略性先导科技专项(B 类)(XDB22030000)资助。

参考文献

1 Bearman P W, Zdravkovich W W. Flow around a circular cylinder near a plane boundary. J. Fluid Mech., 1978, 89(1): 33–48.

2 Grass A J, Raven P W J, Stuart R J, Bray J A. The influence of boundary layer velocity gradients and bed proximity on vortex shedding from free spanning pipelines. J. Energy Resour. Technol., 1984, 106(1): 70–78.

3 Lei C W, Cheng L, Armfield S W, Kavanagh K. Vortex shedding suppression for flow over a circular cylinder near a plane boundary. Ocean Eng., 2000, 27: 1109–1127.

4 Wang X K, Tan S K. Near-wake flow characteristics of a circular cylinder close to a wall. J. Fluid Struct, 2008, 24(5): 605–627.

5 Lin W J, Lin C, Hsieh S C, Dey S. Flow characteristics around a circular cylinder placed horizontally above a plane boundary. J Eng Mech, 2009, 135(7): 697–716.

6 Gao F P, Yang B, Wu Y X, Yan S M. Steady currents induced seabed scour around a vibrating pipeline. Appl Ocean Res, 2006, 28(5): 291–298.

7 Yang B, Gao F P, Jeng D S, Wu Y X. Experimental study of vortex-induced vibrations of a cylinder near a rigid plane boundary in steady flow. Acta Mech. Sin., 2009, 25(1): 51–63.

8 Scruton C. On the wind-excited oscillations of towers, stacks and masts. Proc. Symp. Wind Effect Buil. Struct., 1965, 798–836.

9 Skop R A, Griffin O M. A model for the vortex-induced oscillation of structures. ASME J.Appl.Mech., 1973, 41: 581–586.

10 Skop R A, Balasubramanian S. A new twist on an old model for vortex-excited vibrations. J. Fluids Struct., 1997, 11:395–412.

11 Govardhan R N, Williamson C H K. Defining the 'modified Griffin plot' in vortex-induced vibration: revealing the effect of Reynolds number using controlled damping. J. Fluid Mech., 2006, 561: 147–1800.

12 Fredsøe J, Sumer B M, Andersen J, Hansen E A. Transverse vibrations of a cylinder very close to a plane wall. J. Energy Resour. Technol., 1987, 109: 52–60.

13 Raven P W J, Stuart R J. Full-scale dynamic testing of submarine pipeline spans. Offshore Technology Conferences, 1985, 5005: 395–404.

14 Det Norske Veritas. Free spanning pipelines . DNV Recommended Practice DNVGL-RP-F105, 2017.

15 Sumer B M, Fredsoe J. Hydrodynamics around Cylindrical Strucures. Singapore, World Scientific, 2006.

16 Blevins R D. Flow-Induced Vibration . New York, Krieger Pub Co, 1990.

17 Chong M S, Perry A E, Cantwell B J. A general classification of three-dimensional flow field. Phys. Fluids., 1990-A(2): 765–777.

Critical velocity for onset of vortex-induced vibration of a near-wall cylinder

LIU Jun[1, 2], LIU Yan[3], GAO Fu-ping[1, 2*]

(1. Key Laboratory for Mechanics in Fluid Solid Coupling Systems, Institute of Mechanics, Chinese Academy of Sciences, Beijing, 100190; 2. School of Engineering Science, University of Chinese Academy of Sciences, Beijing, 100049; 3. College of Civil Engineering and Mechanics, Xiangtan University, Xiangtan, 411105. E-mail：fpgao@imech.ac.cn)

Abstract: The vortex-induced vibration (VIV) of the cylinder is a typical fluid-solid coupling problem. The VIV of a submarine pipeline is usually affected by the wall surface of the seabed, and exhibits a different amplitude and frequency response than the wall free cylinder. In this study, in conjunction with a large-scale wave-flow flume, a device for VIV of a cylinder with micro structural damping has been developed. Based on the dimensional analysis theory, a series of flume model tests were carried out. The influence of the gap-to-diameter ratio (e/D) on the critical velocity for the onset of VIV of the near-wall cylinder is studied by synchronously measuring the VIV displacement time history and the flow field variation. A specially designed PIV flow field measurement system which can sweep laser sheets from bottom to top was used to capture the flow field characteristics of the fixed cylinder and vortex-induced vibration cylinder under different e/D conditions. The results show that when $e/D \geqq 0.4$, the wall effect of on wake vortex shedding is usually negligible; as e/D decreases, suppressing effects of bottom wall on the wake vortex shedding behind the cylinder increases gradually. When the frequency is locked during the VIV triggering stage, both amplitude and frequency of the cylinder vibration jump. The amplitude jump value decreases with the decrease of e/D, and the frequency jump value increases with the decrease of e/D. The critical velocity for the onset of VIV of the cylinder exhibits a decreasing trend with the decrease of e/D. For larger gap-to-diameter ratio $e/D \geqq 0.8$, the reduced velocity of the onset of VIV is approximately 4.0. For spanning scenarios with a low gap-to-diameter $e/D \leqq 0.6$, the VIV may be initiated for reduced velocity between 2.0 and 4.0.

Key words: Vortex-induced vibration of a cylinder; Near-wall effect; Lock-in; PIV

厄缶常数的统计热力学涵义

谢明亮，黄琳

(华中科技大学煤燃烧国家重点实验室，武汉，430074，Email: mlxie@mail.hust.edu.cn)

摘要：表面张力是液体的物理性质之一，厄缶定律是计算表面张力的重要公式。本文基于二元碰撞理论和最大熵原理，给出了表面张力常数的计算公式，其结果与厄缶定律一致。

关键词：表面张力；厄缶常数；热力学；二元碰撞；矩方法

1 引言

1886 年，厄缶提出了计算液体表面张力的计算公式[1]：

$$\sigma V_m^{\ 2/3} = k(T_C - T) \tag{1}$$

其中，σ 是表面张力；V_m 是液体的摩尔体积；T_C 为临界温度；k 为厄缶常数；其值为 2.1 ◊10^{-7} $JK^{-1}mol^{-2/3}$。

1956 年，Palit[2]指出方程的左手边是自由能，而右手边是温度的线性函数，方程在形式上与热力学吉布斯函数相似。基于这种认识，他进一步指出厄缶常数代表了分子由液体内部到液体表面的熵的变化，即

$$\Delta S \propto k N_A^{\ 1/3} \tag{2}$$

其中，S 代表熵，N_A 是阿伏伽德罗常数。

2 数学模型

2018 年，基于二元完全非弹性碰撞理论和最大熵原理，谢明亮和于明州提出了布朗凝并方程的热力学约束条件[3]：

$$3\left[\ln\left(M_0\lambda_{th}{}^3\right)-C\right]M_0 \ge \sigma s/k_B T \tag{3}$$

其中，k_B为玻尔兹曼常数，M_0是液滴的数密度或液滴尺寸分布函数的零阶矩，λ_{th}是热力学波长，s是液滴的表面积，C为常数。

在热平衡条件下，热力学约束条件与厄缶定律相似：

$$\sigma\left(\frac{M_1}{M_0}\right)^{2/3}=\frac{27\left[\ln\left(M_0\lambda_{th}{}^3\right)-C\right]}{(36\pi)^{1/3}(10-M_C)}k_B T \tag{4}$$

通过类比，可得到厄缶常数的表达式：

$$k=-\frac{27N_A{}^{2/3}[\ln(V_m)-C]}{(36\pi)^{1/3}(10-M_C)}k_B \tag{5}$$

对于水分子而言，k=3.0◊10^{-7} $JK^{-1}mol^{-2/3}$，与厄缶常数非常接近，说明了本方法的合理性。

3 结果与讨论

表面张力是布朗凝并的重要驱动力。因此，布朗凝并的一些结论必然反应了表面张力的某种属性。从分子运动论角度而言，液滴由液相向气相变化过程中，液滴分子存在一个扩散和输运现象，以往认为液滴在气相中是一个个单独的分子，而本文的结论指出，液滴分子在气相中会形成各种形式的聚合体，从而呈现一定的尺寸分布特征。

参 考 文 献

1 Friedlander S.K. Smoke, Dust, and Haze: Fundamentals of Aerosol Dynamics. 2nd Edition, Oxford University Press, London, (2000).

2 Palit S. Thermodynamic interpretation of Eötvös constant. Nature, 1956, 177, 1180-1180.

3 Xie M.L., Yu M.Z. Thermodynamic analysis of Brownian coagulation based on moment method. International Journal of Heat and Mass Transfer, 2018, 122, 922-928

Statistical thermodynamic interpretation of the Eötvös constant

XIE Ming-liang, HUANG Lin

(State Key Laboratory of Coal Combustion, Huazhong University of Science and Technology, Wuhan, 430074.

Email: mlxie@mail.hust.edu.cn)

Abstract: In this paper, a thermodynamic constraint of Brownian coagulation based on the binary perfectly inelastic collision theory and the principle of maximum entropy. Under the thermodynamically equilibrium, the constraint can be expressed the formula to calculate the surface tension. And the results are consistent with previous work based on Eötvös rule.

Key words: Surface tension; Binary collision; Brownian coagulation; Thermodynamically equilibrium.

基于不同多相流模型的气浮接触区流动的模拟研究

伏雨[1,2]，龙云[1,2]，龙新平[1,2*]

(1.水射流理论与新技术湖北省重点实验室，湖北 武汉 430072
2.武汉大学动力与机械学院，湖北 武汉 430072, Email: xplong@whu.edu.cn;)

摘要：气浮接触区是溶气气浮法的关键流动区域，是微气泡产生和气液混合的区域，内部涉及多相流、旋涡等复杂流动现象，其流动状态对分离结果具有重要影响。本文分别采用欧拉-欧拉和 Mixture 多相流模型耦合标准 k-ε 湍流模型对一典型的气浮接触区流动进行动态模拟研究。结果显示，在进气速度为 0.175m/s，含气率为 0.1 时，Mixture 模型模拟得到的气泡在接触区内混合更为均匀，接触时间更长，气泡浓度也相对较高。为进一步对气泡间的聚并行为进行探究，在欧拉-欧拉模型的基础上加入群体平衡模型进行模拟计算，进气口气泡初始粒径设置为 40μm。结果显示随着反应时间和气泡上升高度的增加，气泡在混合过程中发生碰撞、聚合，气泡粒径随之增大，最大粒径为 113μm。分析表明，伴随气泡粒径的增大，气泡上升速度增加；同时流场内涡旋结构的产生，增加了粒子间碰撞频率。

关键词：气浮；接触区；多相流模型；气泡聚并

1 引言

气浮工艺作为一种快速高效的两相分离技术，最初用于矿物浮选，现已广泛应用于海水淡化、污水处理等领域。其主要原理是向池内通入微气泡，使其在接触区内与流体充分混合裹挟微小颗粒，利用密度差分层在分离区实现分离除污目的。

气浮接触区是气浮池组成的重要部分，是微气泡产生、多相混合的区域，诸多学者对其流动进行了相关研究。在实验方面，研究者通过激光法[1,2]和图像分析法[3]可以实现对接触区的气泡粒径的有效观测。目前，图像分析法在测量气泡粒径上应用较为广泛，但仍存在一定的局限性。在模拟研究方面，Fawcet[4]在未考虑边界效应的情况下，用二维模型模拟了接触区和分离区的流型。Guimet[5]等采用欧拉-欧拉模型对一个小型气浮池进行了二维流动数值模拟，其模拟结果与 Lundh 的实验结果一致，但是模拟中的含气率很低。近年来，为进一步探究气泡之间的相互作用，不少学者将群体平衡模型（Population Balance Model, PBM）应用于气液两相流模拟中。段欣悦等[6]分别采用基于群数密度传递模型和多气泡组质量传递模型的群体平衡方程对多粒径气液泡状流进行模拟，陈阿强等[7]利用该模型对气浮接触区进行了模拟，得到气泡粒径分布与试验结果基本一致。

由于接触区内多相流动的复杂性，目前国内外对于接触区气泡粒径以及含气率分布缺乏系统性研究。本文分别采用欧拉-欧拉和 Mixture 多相流模型耦合标准 k-ε 湍流模型对一典型的气浮接触区流动进行动态模拟研究，以探究不同多相模型对于含气率和速度分布的影响。并在欧拉-欧拉模型的基础上加入 PBM 模型，对微气泡间的聚并行为进行分析。

2 控制方程及数值方法

接触区的流动为两相流动，本文分别采用 Mixture 和欧拉-欧拉多相流模型与标准 k-ε 湍流模型耦合对流场进行计算。而微气泡间的聚并行为则引入群体平衡模型。

2.1 群体平衡模型

根据群体平衡原理将离散相气泡分布与微观行为相结合，建立适用于两相流系统的气泡数密度输运方程为：

$$\frac{\partial n_i}{\partial t}+\nabla\cdot(u_i n_i)=B_i^C+B_i^B-D_i^C-D_i^B \tag{1}$$

式中：n_i 为单位时间、单位空间内气泡数量的分布函数，B_i^C、B_i^B 分别代表由聚并、破裂导致的气泡数量增多的变化，D_i^C、D_i^B 分别表示由聚并、破裂造成的气泡数量减少的情况。

本文研究的气浮池模型中气泡粒径极小，发生破碎的概率较小，因此只考虑气泡聚并过程。采用 Luo 聚并模型，其气泡碰撞频率和聚并概率公式如下：

$$\omega_{ag}\left(V_i,V_j\right)=\frac{\pi}{4}\left(d_i+d_j\right)^2 n_i n_j \bar{u}_{ij} \tag{2}$$

$$P_{ag}=\exp\left\{-c_1\frac{\left[0.75\left(1+x_{ij}^{\ 2}\right)\left(1+x_{ij}^{\ 3}\right)\right]^{1/2}}{\left(\rho_2/\rho_1+0.5\right)^{1/2}\left(1+x_{ij}\right)^3}We_{ij}^{\ 1/2}\right\} \tag{3}$$

2.2 几何区域及网格

本文对一典型气浮池的二维模型进行模拟，气浮接触区模型尺寸及网格划分如图 1 所示。整体采用结构化网格划分，在壁面及进气口附近进行局部加密处理。利用三套网格进行无关性验证，结点总数分别为：42637、65431、98742。其中，后两套网格计算所得接触区含气率分布基本无异，第一套网格略有偏差。因此本文采用结点数为 65431 的网格进行计算。边界条件设置为：进水口速度为 0.108m/s，进气口速度为 0.175m/s，含气率设置为

0.1，出口压力为101325Pa，其余设置为壁面。

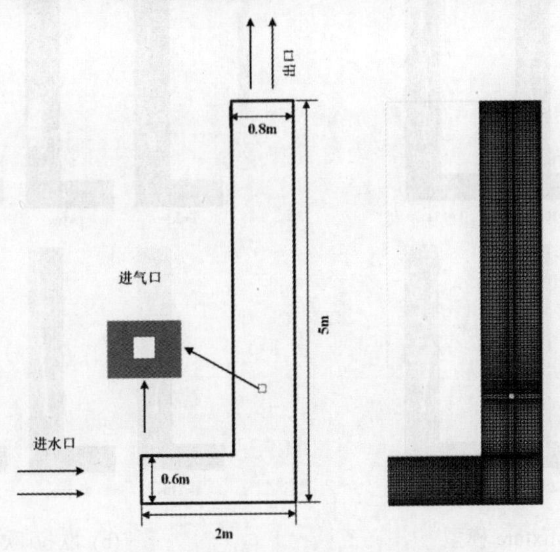

图1 气浮接触区模型及网格划分

3 计算结果及分析

3.1 多相模型对含气率分布影响

图2给出了不同多相流模型下得到的气体体积随时间变化曲线图。Mixture模型所得含气率分布在70s以后变化较为平稳，气泡在接触区内停留时间较长，有利于气液两相充分混合。欧拉-欧拉模型模拟曲线在45s之后出现两次不同幅度的下降，其中t=170s左右大量气体逸出，导致流场中气泡浓度整体低于Mixture模型预测结果。

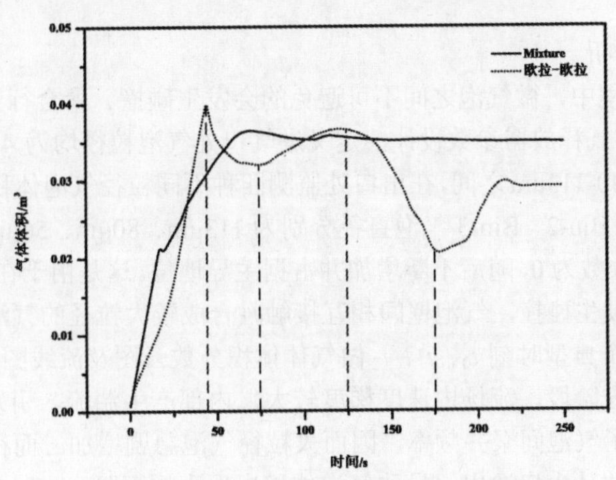

图2 不同多相流模型下气体体积随时间变化曲线图

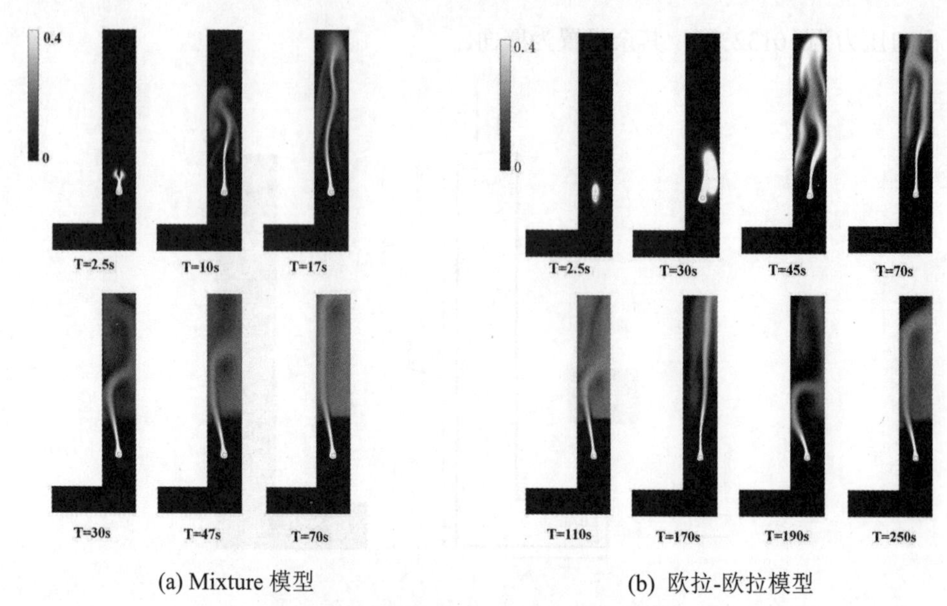

(a) Mixture 模型　　(b) 欧拉-欧拉模型

图 3 不同多相流模型下气体体积分数随时间变化云图

图 3 为不同多相流模型下气体体积分数随时间变化云图。Mixture 模型预测结果显示气体在初始时刻从进气口两侧对称均匀向上扩散，随着气泡高度升高，在混合过程中存在旋涡结构，导致气柱出现偏摆现象。随后不断推动气体不断向上聚集并与液相之间进行充分混合。图 3(b)为欧拉-欧拉模型模拟结果，气体开始从进气口一侧形成旋涡结构上升，上升过程中扩散较快。由于短时内大量气体聚集在出口位置，导致压力升高进而造成部分气体逸出，形成图 2 位置中的第一次气体体积出现下降现象。此后，气体在接触区上部不断聚集混合，当气体体积第二次达到极大值时，气体从出口大量逸出。由于流场内速度梯度的存在，剩余气体再次向上聚集，形成二次混合。

3.2 气泡聚并行为分析

在气体上升过程中，微气泡之间不可避免的会发生碰撞、聚合行为。根据国内常用的 TS、TV 及 TJ 型溶气释放器参数设计，定义进气口处气泡粒径均为 40μm。流场内气泡粒径分布范围主要在40-113μm之间，在出口处监测四种不同粒径气泡体积分数。如图4所示，其中 Bin-0、Bin-1、Bin-2、Bin-3 气泡直径分别为 113μm、80μm、56μm、40μm。初始时刻出口处 Bin-0 体积分数为 0，随后不断增加并占据主导地位。这是由于在气泡上升的过程中，微气泡间相互作用发生碰撞，气泡壁间相互接触融合成较大粒径的气泡。

截取图 4 中几个典型时刻 t_0、t_1、t_2 做气体体积分数云图及流线图，如图 5 所示。t_0 时刻气体处于持续上升阶段，流场内速度梯度较大，内部产生湍流，引发多个旋涡结构。旋涡结构的产生增加了气泡间聚并频率，因而大粒径气泡急剧增加。而在 t_1 时刻，由于气体大量堆积，部分气体从出口逸出，导致气泡体积出现小幅下降。t_2 时刻气体处于气液两相充分接触阶段，气液两相混合过程中相互碰撞带动粒子发生聚并，导致气泡粒径增大。

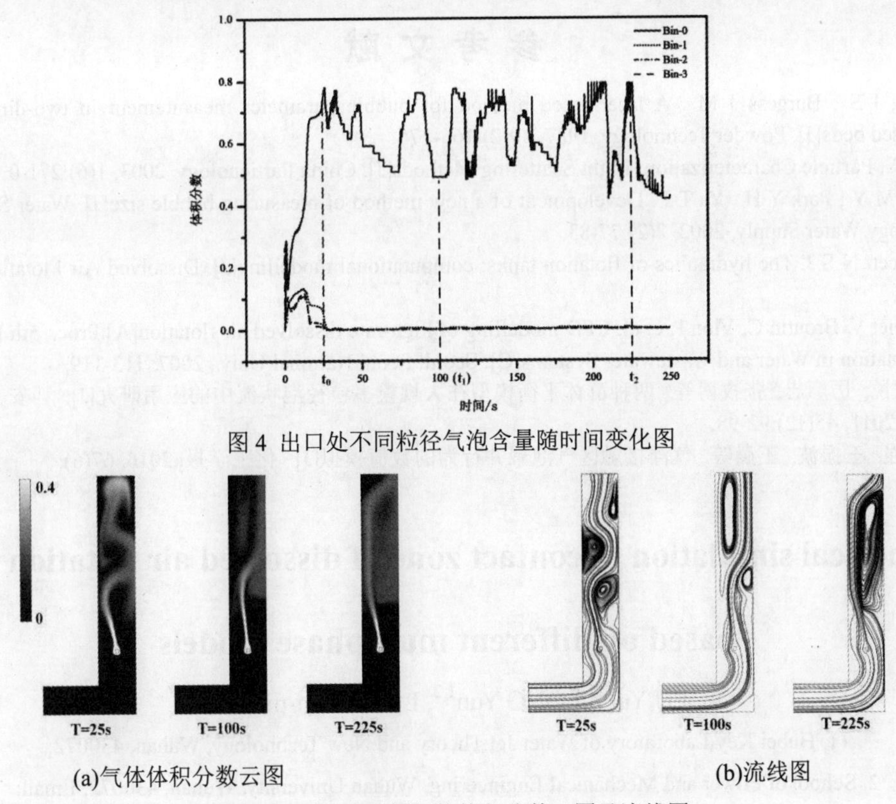

图 4 出口处不同粒径气泡含量随时间变化图

(a)气体体积分数云图　　(b)流线图

图 5 几个典型时刻气体体积分数云图及流线图

4 结论

本文采用数值模拟方法对一典型的气浮接触区流动进行动态模拟研究，对比了欧拉-欧拉和 Mixture 多相流模型对含气率分布的影响。并在欧拉-欧拉模型的基础上加入群体平衡模型对气泡间的聚并行为进行探究，得到主要结论如下：

（1）气浮两相接触区模拟中，在进气速度为 0.175m/s，含气率为 0.1 时，应用 Mixture 模型模拟得到的气体在接触区内混合更为均匀，接触时间更长，气泡浓度也相对较高。

（2）伴随反应时间和气泡上升高度的增加，气泡在混合过程中相互碰撞发生聚并行为，导致气泡粒径随之增大。

（3）在气泡上升阶段流场内速度梯度较大，内部产生湍流，引发多个旋涡结构。旋涡结构的产生增加了气泡间聚并频率。

参 考 文 献

1 Sung J S , Burgess J M . A laser-based method for bubble parameter measurement in two-dimensional fluidised beds[J]. Powder Technology, 1987, 49(2):165-175.

2 Xu R . Particle Characterization: Light Scattering Methods[J]. China Particuology, 2003, 1(6):271-0.

3 Han M Y , Park Y H , Yu T J . Development of a new method of measuring bubble size[J]. Water Science & Technology Water Supply, 2002, 2(2):77-83.

4 Fawcett N S J. The hydraulics of flotation tanks: computational modelling[J]. Dissolved Air Flotation, 1997: 51-71.

5 Guimet V, Broutin C, Vion P, et al. CFD modelling of high-rate dissolved air flotation[A].Proc., 5th Int. Conf. on Flotation in Water and Wastewater Systems[C]. Seoul: Seoul National Univ., 2007: 113-119.

6 段欣悦, 厉彦忠, 张孜博等. 两种群体平衡模型在大规模多粒径泡状流中的应用研究[J]. 西安交通大学学报, 2011, 45(12):92-98.

7 陈阿强, 王振波, 王晨等. 气浮接触区气泡聚并行为的数值模拟[J]. 化工学报, 2016, 67(6).

Numerical simulation of contact zone of dissolved air flotation tank based on different multiphase models

FU Yu[1,2], LONG Yun[1,2], LONG Xin-ping[1,2*]

(1. Hubei Key Laboratory of Water Jet Theory and New Technology, Wuhan, 430072;

2. School of Power and Mechanical Engineering, Wuhan University, Wuhan, 430072, Email: xplong@whu.edu.cn)

Abstract: The contact zone is a region where micro bubbles are generated and gas-liquid mixed and involves multiphase flow and vortex structure which has an important effect on the separation result. In this paper, the Mixture model and Euler-Eulerian model coupled with the standard k-ε turbulence model were employed to simulate the dynamic flow of a typical DAF tank. The gas distribution showed that when the inlet velocity is 0.175m/s and the gas content is 0.1, the bubbles were more evenly mixed, the contact time was longer, and the gas concentration was higher simulated by Mixture model. In order to further study the bubble coalescence behavior, the population balance model(PBM) was added to simulate the two phase flow based on the Euler-Eulerian model. The initial particle size was set to 40μm. As the reaction time and the bubble rising height increased, the bubbles collided and coalesced during the mixing process, and the particle size was increased to 113μm. It is found that with the increase of the particle size, the rising speed of the bubble also increases, and the vortex structure enhances the collision frequency between the bubbles.

Key words: flotation; contact zone; multiphase models; bubble coalescence

近壁空泡溃灭及能量传输机制

张靖，邵雪明，张凌新

（浙江大学工程力学系，杭州，310027，Email:zhanglingxin@zju.edu.cn）

摘要：本文通过直接数值模拟方法研究了近壁空泡溃灭的动力学特征。建模中，考虑了两相黏性、压缩性以及界面的表面张力，采用流体体积法（VOF）对气液界面进行捕捉。在数值模拟的基础上，定义了 3 种能量来描述空泡流场特征，分别为空泡势能、流场中的总动能以及压力波能。研究结果发现：溃灭完成前，气泡势能全部转化为流场中的动能；溃灭完成瞬间，部分动能转化为压力波能。

关键词：空泡；溃灭；压力波；能量

1 引言

Rayleigh 在 20 世纪初对空泡运动问题进行了分析，建立了不可压缩流中理想球形气泡运动的理论。后来为了进一步考虑流体黏性、表面张力和可压缩性等因素，Plesset 以及 Noltingk 等学者从不同方面发展了 Rayleigh 的气泡运动方程，其中影响比较广泛的是考虑了黏性和表面张力的 Rayleigh-Plesset 方程[1-2]。球泡模型常被直接应用于研究空化初生、溃灭及噪声等问题。

然而在空泡溃灭过程中汽泡并不总是保持球形。非球形汽泡首先在实验研究中被发现，经过多年的发展，这个领域的研究已经在技术手段、现象揭示等方面取得了积极的进展。Lauterborn 等[3] 以及 Tomita 等[4]通过激光诱导空泡进行了一系列的实验，分析了单个空泡溃灭的射流形态、近壁泡的距离对射流的影响。Ida 等[5]利用核磁成像技术显示了液态汞内多泡的生长过程，分析了泡-泡相互作用对空泡生长率的影响。数值模拟方面，Johnsen 等[6]以及 Tian 等[7]研究了单泡在无界和近壁流场中的溃灭过程，对空泡形态演化、诱导射流等问题进行了分析。Fortes-Patella 等[8]引入了压力波能的概念，分析了单泡溃灭中的波能转换率。Annaland 等[9]采用 VOF 方法模拟了两个泡的运动，分析了泡-泡间的相互作用。

鉴于汽泡溃灭壁面冲击机理尚不清晰，本文尝试对近壁空泡溃灭问题进行细致模拟和分析，在获得速度、压力场的演化过程的基础上，建立空泡溃灭流场中的能量概念，分析能量在空泡演化过程中的变化趋势以及传输机制。

基金项目：国家自然科学基金面上项目（No.11772298）和国家自然科学基金重点项目（No.91852204）

2 控制方程

控制方程如下：

$$\frac{\partial \rho_m}{\partial t} + \nabla \cdot (\rho_m \mathbf{u}) = 0 \tag{1}$$

$$\frac{\partial (\rho_m \mathbf{u})}{\partial t} + \nabla \cdot (\rho_m \mathbf{u}\mathbf{u}) = -\nabla p + \nabla \cdot \boldsymbol{\tau}_f + \sigma k \mathbf{N} \tag{2}$$

$$\frac{\partial \alpha}{\partial t} + \mathbf{u} \cdot \nabla \alpha = 0 \tag{3}$$

其中，$\mathbf{u}$ 和 p 分别为速度和压强，$\boldsymbol{\tau}_f$ 是流体应力，σ 为表面张力系数，k 为表面曲率，$\mathbf{N}$ 是表面法线方向。α 是水相的体积分数，ρ_m 为混合流体的密度，由下式计算得到：

$$\rho_m = \alpha \rho_1 + (1-\alpha)\rho_2 \tag{4}$$

其中，ρ_1 和 ρ_2 为水相和汽相的密度。为了考虑压力波的传播，引入液相的状态方程：

$$\rho_1 = \rho_{10} + \frac{1}{c_1^2} p \tag{5}$$

c_1 为水的声速。为了模拟蒸汽泡的行为，汽泡采用恒压模型。

3 结果与讨论

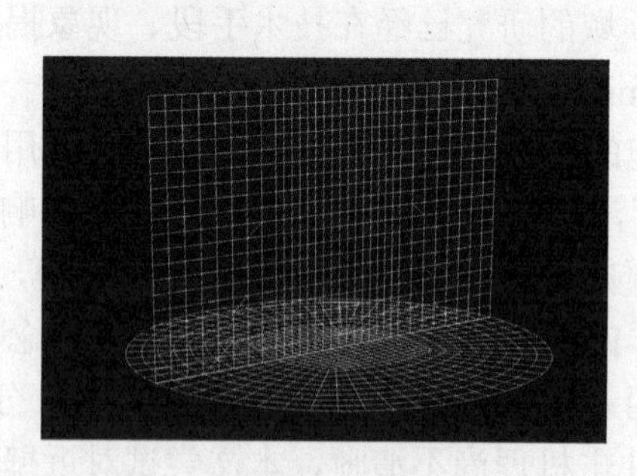

图 1 计算域及网格示意图

计算采用一个柱形计算域，如图 1 所示，直径 50mm，高 50mm。底部为壁面边界，其余为压力边界条件。初始时刻，流场静止，液体中压强为 1 个大气压，汽泡内压强为 3154Pa。初始汽泡为球形，半径 2mm。定义无量纲距离 γ，为汽泡中心距壁面的距离除以汽泡半径。首先在无界流场中对网格精度进行了验证。图 2 给出了不同网格精度下的汽泡半径演化结果，结果显示，当一个汽泡直径方向上分布 30 个网格时，结果达到了较高精度。

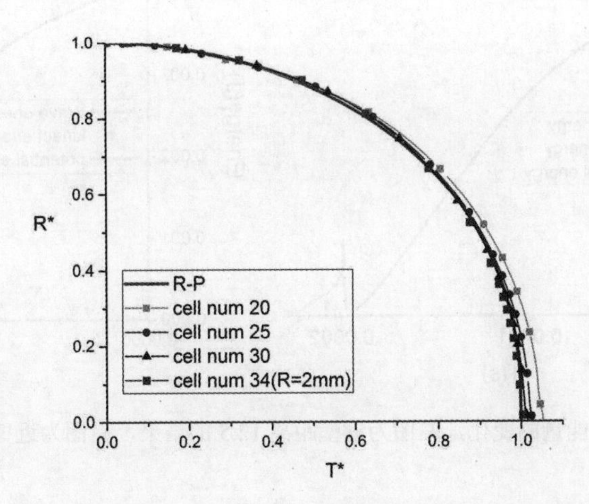

图 2 汽泡无量纲半径随时间的变化，时间轴由 Rayleigh 时间无量纲化。

定义了三个能量，分别为空泡势能、流场动能以及压力波能，它们的表达式如下所示：

$$E_{po} = \frac{4}{3}\pi R^3 \Delta p \text{，} E_k = \int \frac{1}{2}\rho U^2 dV \text{，} E_{wave} = \int \frac{\Delta p^2}{(\rho c_1)^2} dV \qquad (6)$$

压力波能与空泡起始势能的比率可以写为：

$$\eta = \frac{E_{wave}}{E_{po-\max}} \qquad (7)$$

图 3 给出了近壁距离 12.5 以及近壁距离 1.5 的能量变化图。从图 3 中可以看出，初始势能最大，随着汽泡的溃灭，势能减小，动能增大。在汽泡溃灭前，势能全部转化为动能。汽泡溃灭瞬间，动能快速下降，波能快速上升，部分动能转化为了波能。当汽泡近壁距离比较远时，最大波能要更为显著一些，而近壁距离小时，转化的波能要弱一些。与此相关联的，波能强的情况，动能下降要快一些，波能弱的情况，动能下降要慢一些。

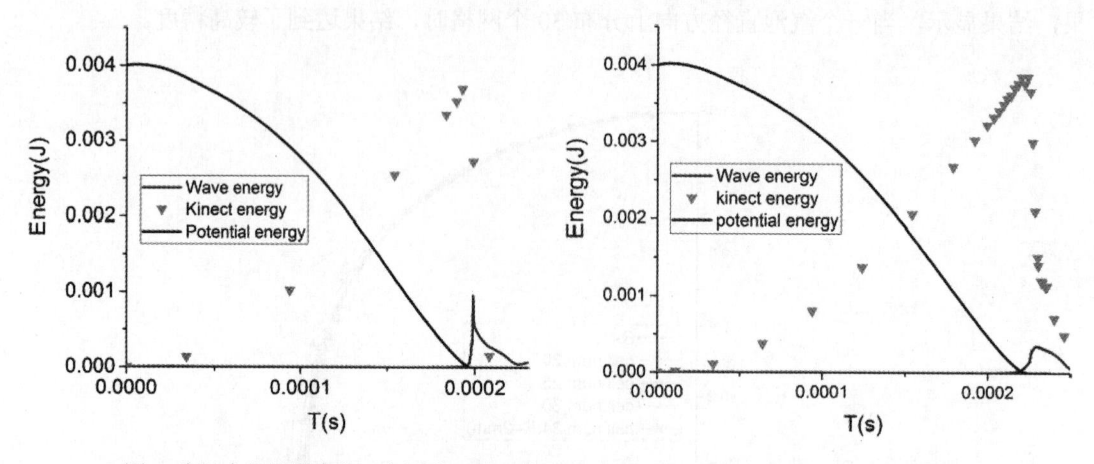

图 3 流场中能量的变化，左图为近壁距离 12.5 的结果，右图为近壁距离 1.5 的结果。

表 1 不同近壁距离下的最大能量及波能转化率

γ	E_k (mJ)	E_{wave} (μJ)	η (%)
1.5	3.94	352.2	10.73
1.65	3.90	418.1	12.74
1.85	3.97	543.8	16.57
2.0	3.94	564.2	17.19
2.5	4.08	608.8	18.55
3.0	3.95	579.3	17.65
3.5	4.01	630.1	19.20
4.0	4.10	620.6	18.91
12.5	4.36	961.3	29.29

表 1 给出了不同近壁距离下的最大动能、最大波能以及波能转化率。可以看出，随着近壁距离的减小，动能变化不大，而转化的波能却有相当大的变化，体现在波能转化率上，大致从无界流场的 30%转化率，变化到近壁工况下的 10%转化率。结合动能的演变过程可以发现，在汽泡近壁距离比较小的情况下，汽泡会发生凹形变形以及诱导射流，这一部分能量体现在动能中。波能不是壁面冲击的唯一来源，相反，离壁面近的时候，波能转化率反而更小，所以需要进一步对射流动能进行更为细致的分析。

参 考 文 献

1 戚定满，鲁传敬，何友声. 空泡溃灭及空化噪声研究综述.上海力学，1999，20:1-9.

2 Brennen CE. Cavitation and bubble dynamics. Oxford University Press, 1995.

3 Lauterborn W, Bolle H. Experimental investigations of cavitation-bubble in the neighborhood of a solid bourdary. Journal of Fluid Mechanics, 1975, 72:391-399.

4 Tomita Y, Robinson PB, Tong RP, et al.. Growth and collapse of cavitation bubbles near a curved rigid boundary. Journal of Fluid Mechanics, 2002, 466:259-283.

5 Ida M. Direct observation and theoretical study of cavitation bubbles in liquid mercury. Physical Review E, 2007, 75:046304.

6 Johnsen E, Colonius T. Numerical simulations of non-spherical bubble collapse. Journal of Fluid Mechanics, 2009, 629:231-262.

7 Tian WX, Qiu SZ, Su GH, et al. Numerical solution on spherical vacuum bubble collapse using MPS method. Journal of Engineering for Gas Turbines and Power, 2010, 132:102920.

8 Fortes-Patella R, Challier G, Reboud JL, et al. Energy Balance in Cavitation Erosion: From Bubble Collapse to Indentation of Material Surface. J. Fluids Eng., 2014, 135:011303.

9 Annaland M, Deen NG, Kuipers JAM. Numerical simulation of gas bubbles behavior using a three-dimensional volume of fluid method. Chemical Engi. Science, 2005, 60:2999-3011.

The collapse of a bubble near a wall and the mechanism of energy conversion

ZHANG Jing, SHAO Xue-ming, ZHANG Ling-xin

(Department of Mechanics, Zhejiang University, 310027 Hangzhou. Email: zhanglingxin@zju.edu.cn)

Abstract: The collapse of a bubble near a wall is investigated by using the direct numerical simulation method. We consider the viscosities, compressibility and the surface tension force in the modeling and capture the interface using the VOF method. Based on the simulation results, we further define and analyze three concepts of energy, including potential energy, kinetic energy and wave energy. The results show that the potential energy completely converts into the kinetic energy before the collapse, and then following the collapse, a part of the kinetic energy converts into the wave energy.

Key words: Cavitation bubble; Collapse; Pressure wave; Energy.

不同排列方式的双柔性圆柱流激振动脉动阻力系数特性研究

徐万海，吴昊凯，张书海，李宇寒

（天津大学水利工程仿真与安全国家重点实验室，天津，300072，Email:xuwanhai@tju.edu.cn）

摘要： 双圆柱结构广泛应用于各类工程结构中，根据两圆柱的相对位置及与流体流动方向的关系又可以具体地将其划分为串列、交错、并列 3 种排列方式。流激振动是实际环境中双圆柱结构常见的一种流-固耦合现象，是造成其结构疲劳损伤的重要因素之一。脉动阻力会引起结构顺流向的振动，因而脉动阻力系数是反映双圆柱结构流激振动特性的重要参数之一，对其进行研究有助于深入了解结构的流-固耦合特性，并为相关结构设计提供一定的参考和借鉴。本研究设计了串列及交错排列方式的双柔性圆柱的拖曳水池模型实验来研究其流激振动特性，并利用反解方法来计算结构的脉动阻力系数。通过对不同排列方式的双圆柱结构的脉动阻力系数的对比研究，探寻其中的变化规律并发现一些独特的现象。

关键词： 流致振动；脉动阻力系数；柔性圆柱；多圆柱

1 背景介绍

在各类海上结构物中，多圆柱结构得到了非常广泛的应用。双圆柱结构可以视为多圆柱结构的基础形式，依据两圆柱的相对位置及其与流体流动方向的关系又可以进一步将其划分为串列、交错、并列 3 种排列方式（图 1）。如果圆柱结构并非严格固定，在实际情况下可能受到来流的作用而产生复杂的流—固耦合现象，对结构安全可能产生不良影响。流激振动(Flow-induced Vibration，FIV)是一种常见的流—固耦合现象，也是造成多圆柱结构疲劳损伤的重要因素。脉动阻力系数是反映结构水动力特性的重要参数之一，与顺流向振动速度同相位，可由结构顺流向流体力分解得到。

针对不同排列方式的双圆柱结构，已经有很多研究者进行了相关的实验研究。Kim 和 Alam 在一个较大的间距比范围内分别开展了串列[1]、并列[2]、交错[3]排布的刚性双圆柱结构的模型实验，测定了各圆柱的振动特性，并根据两圆柱的振动特性的差异划分了一系列的间距比区域。Assi 等[4-5]则在固定上游圆柱的条件下研究了刚性下游圆柱横流向单自由度，除了遮蔽效应的影响外，尾流的作用使下游圆柱可能会产生尾流致振动(Wake-induced Vibration, WIV)现象。关于刚性双圆柱结构的流体动力特性的研究则相对较少。Huera-Huarte 等[6-7]开展了大长径比柔性双圆柱结构的模型实验，研究了柔性圆柱结构的多模态振动特性。相比刚性圆柱结构，长径比较大的柔性圆柱结构能够激发高阶振动模态，振动特性更为复杂。Sanaati 等[8]也开展了并列柔性双圆柱的模型实验，并测定了顺流向和横流向的流体力合力系数。他们发现两并列柔性圆柱在间距比较大时仍然存在较强的相互作用。

已有的文献中，关于双圆柱结构的研究大多集中于其振动特性，对于流体力特性的研究则相对较少。对于大长径比的柔性圆柱在高阶振动模态下的流体力特性的研究则更为稀少。脉动阻力系数是反映结构流体力特性的重要参数，与响应位移存在较强的相关性而与响应频率的相关性较弱。脉动阻力系数实际上能够反映圆柱结构与流体间的能量传递关系，对其开展研究能够为相关多圆柱结构的设计提供一定的参考和借鉴。为填补相关研究的空白，开展了串列与交错排列方式（图 1）的柔性双圆柱结构的流激振动模型实验，识别结构中各柔性圆柱的脉动阻力系数，探究结构的流体力特性并寻找脉动阻力系数的变化规律。

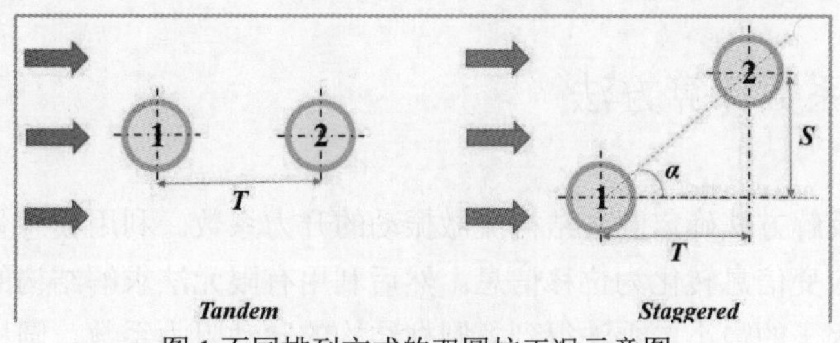

图 1 不同排列方式的双圆柱工况示意图

2 模型实验

模型实验在天津大学水利工程仿真与安全国家重点实验室的拖曳水池中进行。拖曳水池长 137.0m，宽 7.0m，深 3.3m。模型实验中所使用的柔性圆柱模型由内部的铜管和覆于铜管外部的硅胶管组成。圆柱模型安装在钢架上，一端用万向联轴节弹性固定于一侧的支撑板上，另一端则通过钢丝绳依次连接弹簧、弹性张紧器以及拉力传感器，从而确保圆柱模型处于弹性支撑的状态且不能发生扭转。沿内侧铜管轴向等间距设置 7 个测点，在每个测点横流向和顺流向各布置一组应变片采集模型的应变信息；外侧硅胶管可以确保圆柱模型表面光滑，并保护应变片和电路设备。圆柱模型的具体参数如表 1 所示。更加具体的实验设备描述可参考文献[8]。

表 1 柔性圆柱模型参数

物理量	参数
长度, L	5.60m
外径, D	0.016m
长径比, L/D	350
弯曲刚度, EI	17.45N·m^2
轴向预张力, T_z	450N
单位长度质量, m_s	0.3821kg/m
质量比, m^*	1.90

实验前将将钢架安装在拖车底部并完全浸没入水中。实验时拖车匀速运动带动圆柱模型匀速前进来模拟均匀来流条件。在不同的排列方式下分别对不同间距比的双圆柱模型进行实验并测定对应的应变数据。间距比分为以下几组：串列排布：T/D=4、6、8、10、16；交错排布：T/D=4、6、8，L/D=2、3、4、6。每组工况的来流速度范围为 0.05-1.00m/s，速度间隔为 0.05m/s，采样时间为 50s，信号采集频率为 100Hz。

3 脉动阻力系数计算方法

采用一系列反解方法确定圆柱结构流激振动的升力系数。利用模态分解法将模型实验中中获取的结构应变信息转化为位移信息。然后利用有限元法求解结构的流体力，最后通过一种考虑遗忘因子的最小二乘法得到各圆柱结构的脉动阻力系数。圆柱模型顺流向振动的控制方程可表示为：

$$EIx'''' - Tx'' + c_x\dot{x} + m_s\ddot{x} = \frac{1}{2}C_d\rho DU^2 - C_{ax}\frac{\pi}{4}\rho D^2\ddot{x} \tag{1}$$

其中 x 为顺流向位移中去除由来流引起平均位移后剩余的顺流向脉动位移，c_x 为顺流向的结构阻尼，C_d 为顺流向脉动阻力系数，C_{ax} 为顺流向附加质量系数，U 为来流速度。将上述方程转为有限元形式[7]：

$$M_s\ddot{X} + C_X\dot{X} + (K_E + K_P)X = F_x \tag{2}$$

其中 M_S 为质量矩阵，C_X 为顺流向结构阻尼矩阵，K_E 为结构弯曲刚度矩阵，K_P 为由轴向力引起的刚度矩阵，F_x 为横流向流体载荷矩阵。根据有限元方程(2)求解顺流向流体载荷矩阵 F_x，进而可以求得顺流向流体力 f_x。由 f_x 分解得到的与速度同相位的流体力成分即为所需的顺流向脉动阻力。脉动阻力系数 C_d 通过考虑遗忘因子的最小二乘法求得[9]：

$$f_x(z,t) = \frac{\rho DlU^2(z,t)}{2\sqrt{2}\dot{x}_{RMS}(z)}C_d(z,t)\dot{x}(z,t) - \frac{\rho\pi D^2 l}{4}C_{ax}(z,t)\ddot{x}(z,t) \tag{3}$$

其中 l 为结构单元长度，x_{rms} 为顺流向脉动位移均方根。具体方法请参照参考文献[9]，利用最小二乘法求解得到的 C_d 即为所需要的脉动阻力系数。

4 脉动阻力系数特征

串列排布下的柔性双圆柱的脉动阻力系数如图 2 所示。在几乎所有约化速度下，下游圆柱的脉动阻力系数低于上游圆柱或单圆柱，明显地受到上游圆柱的影响，这种影响是由上游圆柱的遮蔽效应和复杂的尾流作用引起的。下游圆柱所受到的影响与两圆柱间距关系不大，即使两圆柱间距增大到 16D，下游圆柱所受到的影响依然十分明显。而与此相反的是，上游圆柱受下游圆柱的影响相对不明显。仅在两圆柱间距为 4D 且 V_r≥20.00 时，上游圆柱的脉动阻力系数较低，可能是由于下游圆柱干扰了上游圆柱尾流漩涡的正常形成。总体上来说，随着两圆柱间距增大，上游圆柱受下游圆柱的影响逐渐减弱。

交错排布下的柔性双圆柱的脉动阻力系数如图 3 所示。相比于串列双圆柱，交错双圆柱中的下游圆柱受上游圆柱遮蔽效应的影响较弱，因而整体上脉动阻力系数下降并不明显。V_r=5.00-10.00 时(圆柱模型的振动主要体现为二阶模态)，上游圆柱的横流向振幅较大，因而下游圆柱仍会较明显地受到上游圆柱的影响。受上游圆柱尾流漩涡的作用，下游圆柱的脉动阻力系数可能有所增大，在脉动阻力轴向分布上也会体现出一定的差异，如图 4(*S/D*=4, *T/D*=6, V_r=8.75)所示。顺流向间距比 *T/D*=4 或 6 时，上游圆柱也会受到下游圆柱的影响，尾流中的漩涡脱落受到影响，因而计算得到的脉动阻力系数偏小，在 V_r=5.00-6.25 时尤为明显。随着顺流向间距比增大，这种影响也逐渐变得不明显。

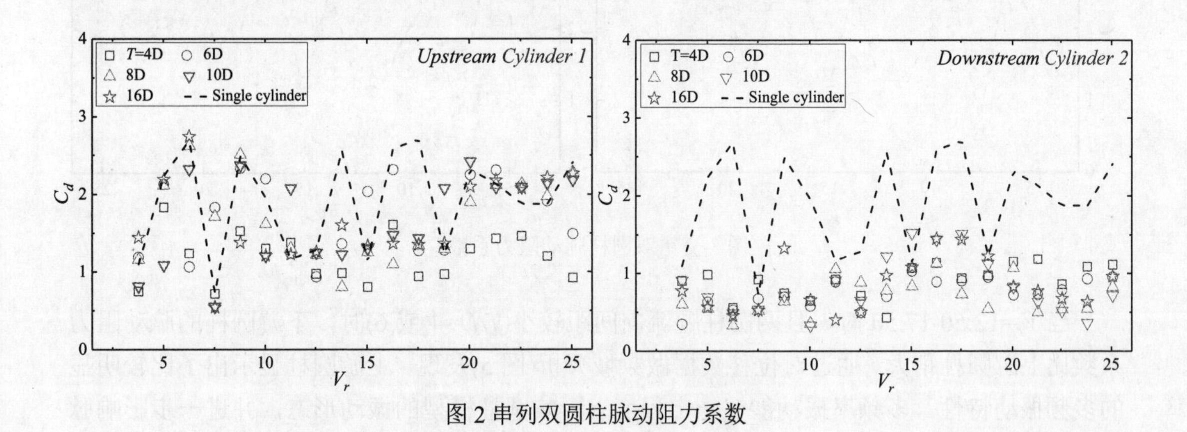

图 2 串列双圆柱脉动阻力系数

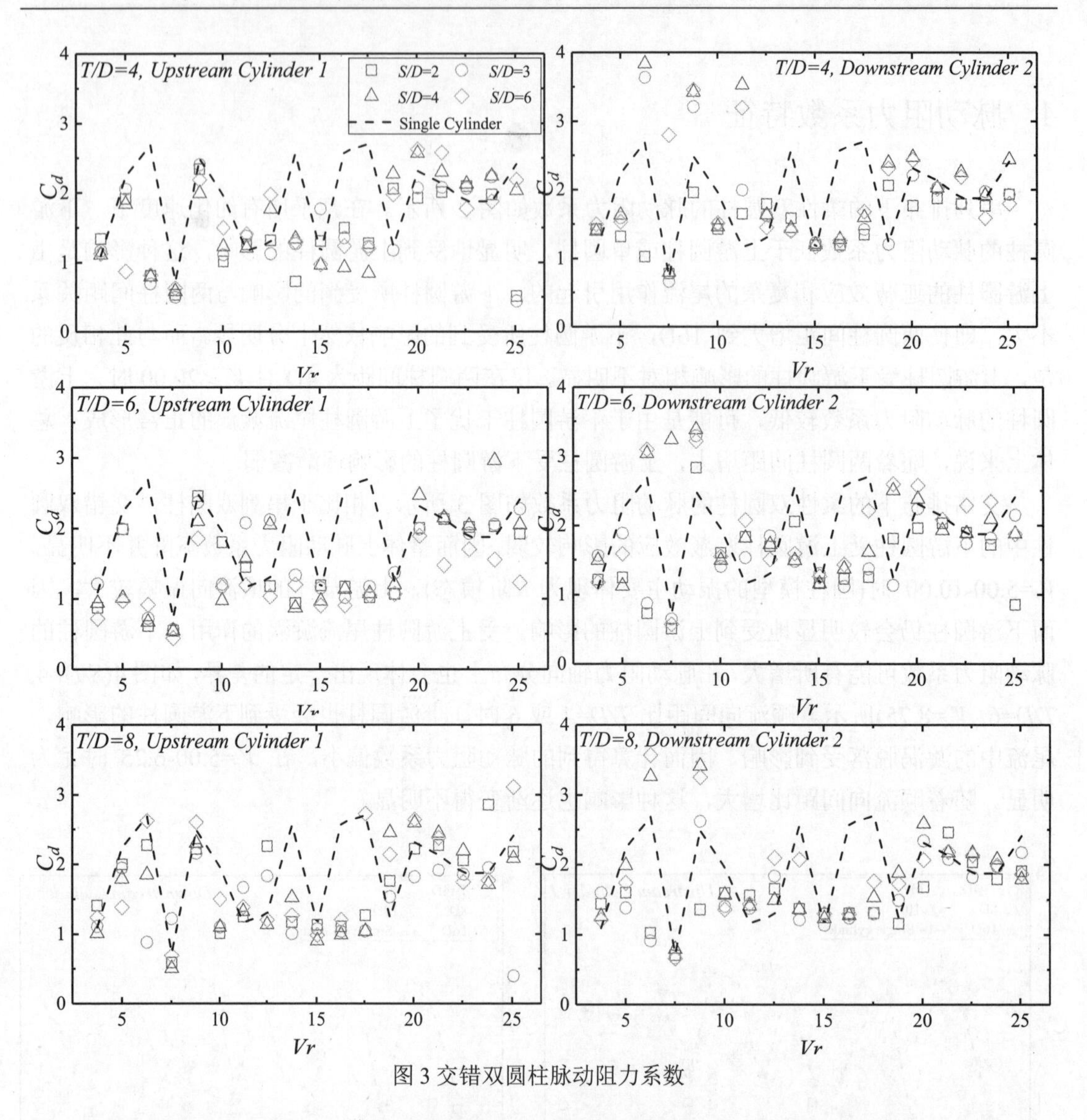

图 3 交错双圆柱脉动阻力系数

当 V_r=12.50-17.50 时，且两圆柱顺流向间距较小(T/D=4 或 6)时，下游圆柱的脉动阻力系数比上游圆柱稍大。通过对位移数据做频域分析(图 5)发现，上游圆柱显示出了比较明显的多频振动特性。多频率振动能够一定程度上影响圆柱模型的振动形态，并进一步影响脉动阻力系数。与此相反的是，下游圆柱的多频振动特性并不明显，似乎受到上游圆柱尾流的控制。因为模型实验中没有进行流场可视化分析，因此对于此现象产生的原因目前还无法得出准确的结论，并有待于进一步深入的研究。

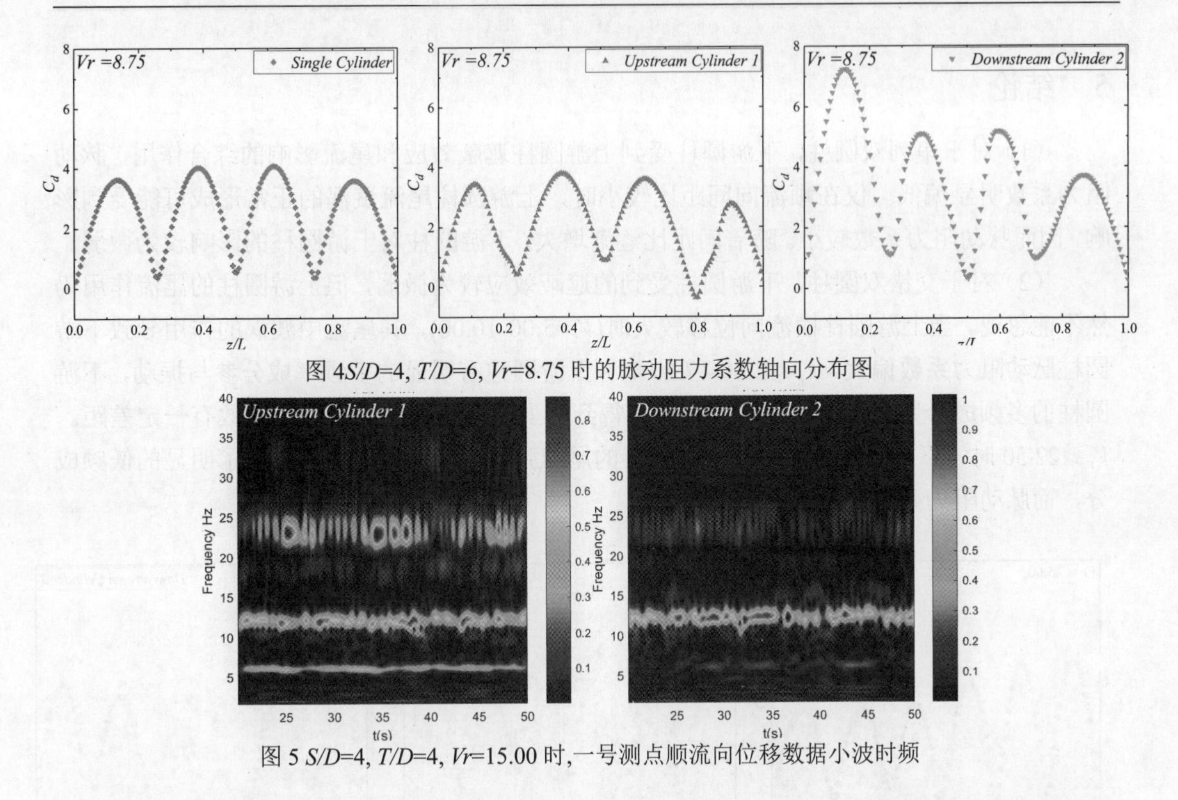

图 4*S/D*=4, *T/D*=6, *Vr*=8.75 时的脉动阻力系数轴向分布图

图 5 *S/D*=4, *T/D*=4, *Vr*=15.00 时,一号测点顺流向位移数据小波时频

对于一些特定排列方式的交错双圆柱，下游圆柱可能会出现一种独特的尾流弛振(Wake Flutter)现象。其主要表现为圆柱模型顺流向主要频率成分与横流向主要频率成分非常接近，因而圆柱模型表现出一种近似圆形的运动轨迹，而不是常见的“8”字形轨迹。此时圆柱模型的顺流向位移也将一定程度增大，基本与横流向位移同量级。在本研究的模型实验中，下游圆柱顺流向有两个主要的频率成分(图 6)，其中较低的频率成分与横流向振动频率非常接近，因而圆柱模型的振动表现出了一种接近尾流弛振的现象。而对于脉动阻力系数，这一现象的影响不太明显，依然体现出了正常的高阶振动模态特征，这主要是由于较高频率成分的影响。此外，在高频和低频成分的共同影响下，下游圆柱脉动阻力系数的轴向分布与上游圆柱或单圆柱存在一些差异（图 7）。

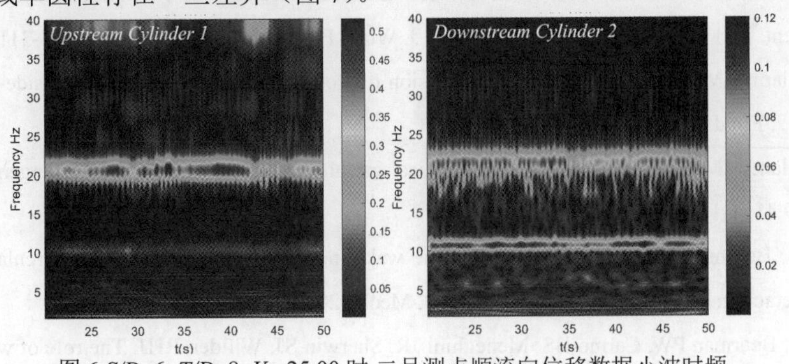

图 6 *S/D*=6, *T/D*=8, *Vr*=25.00 时,二号测点顺流向位移数据小波时频

5 结论

（1）对于串列双圆柱，下游圆柱受到上游圆柱遮蔽效应和尾流影响的综合作用，脉动阻力系数明显偏低。仅在顺流向间距比较小时，上游圆柱尾流漩涡的正常形成可能受到影响，因而脉动阻力系数较小。随着间距比逐渐增大，下游圆柱对上游圆柱的影响较为微弱。

（2）对于交错双圆柱，下游圆柱受到的遮蔽效应较为微弱，但上游圆柱的尾流作用仍然不能忽视。当上游圆柱横流向位移较大时(V_r=5.00-10.00)，其尾流中漩涡的作用导致下游圆柱脉动阻力系数偏大。V_r=12.50-17.50 时，上游圆柱有明显的多频率成分参与振动，下游圆柱的多频成分则相对不明显，因而计算得到的上下游圆柱的脉动阻力系数有一定差距。$V_r \geqslant$22.50 时，下游圆柱可能出现一种独特的尾流弛振现象，振动位移出现了明显的低频成分，而脉动阻力系数受此影响不大。

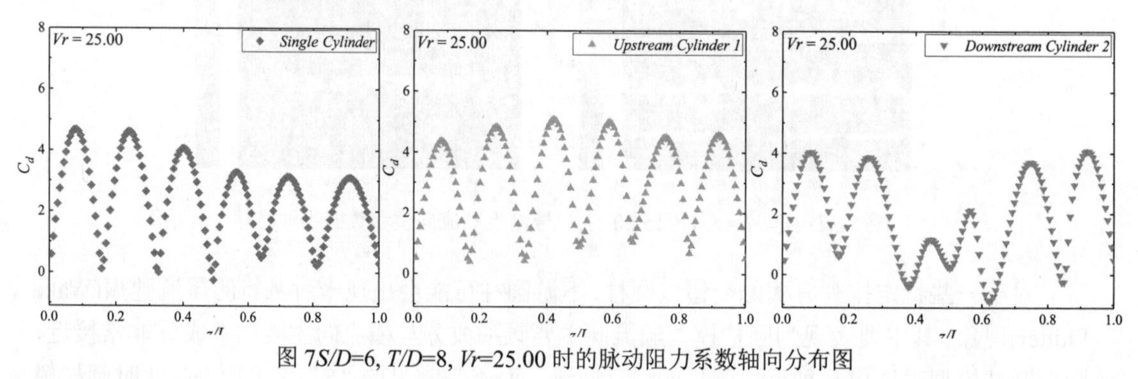

图 7S/D=6, T/D=8, Vr=25.00 时的脉动阻力系数轴向分布图

致谢

本文工作得到了国家自然科学基金（51679167）的支持，在此衷心表示感谢。

参 考 文 献

1 Kim S, Alam MM, Sakamoto H, Zhou Y. Flow-induced vibrations of two circular cylinders in tandem arrangement. Part 1: Characteristics of vibration. J. Wind. Eng. Ind.Aerod., 2009, 97: 304-311.

2 Kim S, Alam MM. Characteristics and suppression of flow-induced vibrations of two side-by-side circular cylinders. J. Fluid. Struct., 2015,54:629-642.

3 Kim S, Alam MM. Free vibration of two identical circular cylinders in staggered arrangement. Fluid Dyn Res., 2009,41: 1-17.

4 Assi GRS, Bearman PW, Meneghini JR. On the wake-induced vibration of tandem circular cylinders: the vortex interaction excitation mechanism. J. Fluid. Mech., 2010, 661:365-401.

5 Assi GRS, Bearman PW, Carmo BS, Meneghini JR, Sherwin SJ, Willden RHJ. The role of wake stiffness on

the wake-induced vibration of the downstream cylinder of a tandem pair. J. Fluid. Mech., 2013, 718:210-245.

6 Huera-Huarte FJ, Gharib M. Flow-induced vibrations of a side-by-side arrangement of two flexible circular cylinders. J. Fluid.Struct., 2011, 27:354-366.

7 Huera-Huarte FJ, Bangash ZA, González LM. Multi-mode vortex and wake-induced vibrations of a flexible cylinder in tandem arrangement. J. Fluid.Struct., 2016, 66:571-588.

8 Xu Wanhai, Cheng Ankang, Ma Yexuan, GaoXifeng. Multi-mode flow-induced vibrations of two side-by-side slender flexible cylinders in a uniform flow. Mar. Struct., 2018, 57: 219-236.

9 Liu Chang, Fu Shixiao, Zhang Mengmeng, Ren Haojie. Time-varying hydrodynamics of a flexible riser under multi-frequency vortex-induced vibrations. J. Fluid.Struct., 2018, 80:217-244.

Varying drag coefficients of two flexible cylinders with tandem and staggered arrangement

XU Wan-hai，WU Hao-kai，ZHANG Shu-hai，LI Yu-han

(State Key Laboratory of Hydraulic Engineering Simulation and Safety, Tianjin University,Tianjin, 300072. Email:xuwanhai@tju.edu.cn)

Abstract: Structure units composed of two cylinders are widely used in various engineering applications. The two cylinders can be further divided into three kinds of arrangement, namely, tandem, staggered and side-by-side arrangement. Flow-induced vibration (FIV) is a typical kind of fluid-structure interaction (FSI), and it may lead to the structural fatigue damage. The varying drag force gives rise to the structural vibration in the in-line direction, and furthermore, the varying drag coefficient becomes an important parameter to reveal the FSI characteristics of the structure. The present article produces a series of model tests on two flexible cylinders with tandem and staggered arrangement to investigate their FIV characteristics. The varying drag coefficients are calculated based on a series of inverse analysis methods. Some further discussions are also presented in the article.

Key words: Flow-induced Vibration; Varying drag coefficient; flexible cylinder; multiple cylinders

基于圆柱入水的孤立波生成新方法及其数值模拟检验

贺铭[1]，高喜峰[1]，徐万海[1]，任冰[2]

(1. 天津大学水利工程仿真与安全国家重点实验室，天津，300350，Email: xuwanhai@tju.edu.cn

2. 大连理工大学海岸和近海工程国家重点实验室，大连，116024)

摘要：为提高造波效率和减弱波浪二次反射作用，在一些波浪水池中安装了冲击式造波装置，但如何控制冲击体运动来生成波形稳定、波高可控的孤立波是尚未解决的难题。本文提出并验证了一种基于圆柱浸没体积等于孤立波体积原理的新式孤立波生成方法。首先推导了计算圆柱位移时程的隐式方程组以及生成波高受圆柱半径的约束条件。接着采用光滑粒子流体动力学方法模拟并比对了文献中的物理实验。最后应用验证过的数值模型计算了圆柱入水生成的孤立波波面和水质点水平速度的空间分布。与解析理论的比较证实，利用所提出的造波理论能够生成波形、流速准确且无明显尾波迹象的高质量孤立波。更为重要地是孤立波自生成起便已达到稳定，因此能够缩短测量和模拟孤立波对结构物作用时结构物与造波装置间的距离，既节约了实验场地空间，也提升了数值计算效率。

关键词：孤立波；造波理论；物体入水；数值波浪水槽；光滑粒子流体动力学

1 引言

孤立波是一种波形完全位于静水面以上且波长趋于无限的永行波，是描述自然界中海啸灾害的重要波浪理论。实验室通常采用 Goring[1]方法制造孤立波，其令推板造波机的运动速度等于板前水质点水平运动速度的深度平均值，即对流体施加一个速度边界条件。在此基础上，使用 Rayleigh 近似解替代 Boussinesq 理论[2]或考虑波浪生成初期的非稳态传播特性[3]均可进一步提升推板所造孤立波的质量。出于造波效率和波浪二次反射的考虑，一些波浪水池（特别是深水水池）中安装了冲击式造波装置。尽管利用冲击体入水是实验室中最早采用的孤立波制造方法[4]，后续也开展过不少关于冲击体尺寸、初始高度等参数对生成波面、波周期、速度场等物理量影响规律的研究[5-6]，但由冲击体在自重和流体浮力的作用下自由下落将不可避免地产生非稳态波浪，影响孤立波的生成质量。因此合理地控制冲击体运动轨迹至关重要。以此为出发点，本文以 1/4 圆柱体入水为例，介绍了一种基于冲击体浸没体积等于波浪体积原理的孤立波生成新方法。

对所提出造波理论的检验由光滑粒子流体动力学（SPH）方法[7-8]来实现。SPH 方法是一种 Lagrangian 型的无网格数值方法，在处理强非线性自由水面和复杂流固交界面问题上具有显著的优势，也因此在海洋、海岸工程领域获得了广泛的青睐[9]。本次研究选用 SPH 方法，正是考虑其既能便捷地模拟圆柱入水时干湿交界面的变化过程，也能准确地重现强非线性孤立波面的生成和传播。

2 孤立波制造理论

初始时刻将圆柱升至水面以上，并使其最低点与静水位高度相等。随后下降圆柱，产生如图 1 所示的逐渐远离圆柱的孤立波。圆柱下降过程中存在以下体积守恒关系：

$$V_{f1} + V_{f2} = V_s \tag{1}$$

式中：V_{f1} 为孤立波面与静水面间的流体体积；V_{f2} 为静水位以上的圆柱湿表面与静水面间的流体体积；V_s 为圆柱浸没体积。

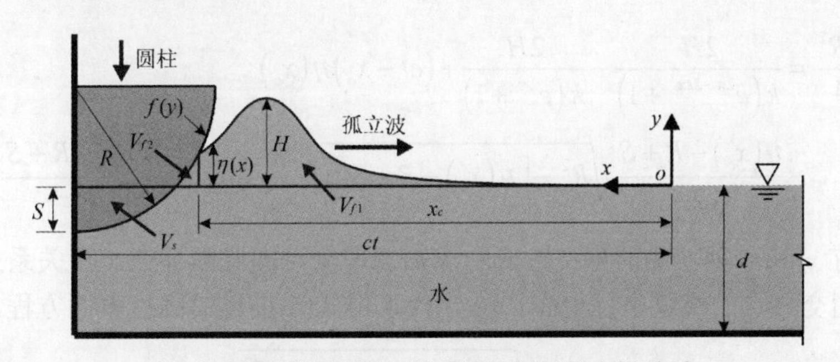

图 1　圆柱浸没体积与孤立波体积间的守恒关系

定义随孤立波匀速移动的直角坐标系 o-xy，x 轴指向圆柱，y 轴垂直静水面向上。于是 V_{f1} 可按下式计算：

$$V_{f1} = \int_0^{x_c} \eta(x)\,\mathrm{d}x \tag{2}$$

式中：x_c 为圆柱干湿表面交界点的水平坐标；$\eta(x)$为孤立波的波面升高，根据 Boussinesq 方程的一阶近似有

$$\eta(x) = H\,\mathrm{sech}^2(kx - \pi) \tag{3}$$

式中：H 为波高；$k = (3H/4d^3)^{1/2}$ 为有效波数，d 为水深；波浪相位取$-\pi$是为了近似满足$\eta(0) = 0$。将式(3)代入式(2)，积分得到

$$V_{f1}=\frac{2H}{k\left(e^{2\pi-2kx_c}+1\right)}-\frac{2H}{k\left(e^{2\pi}+1\right)} \tag{4}$$

V_{f2} 和 V_s 可分别按下式计算：

$$V_{f2}=\int_0^{\eta(x_c)}\left[f(y)-x_c\right]\mathrm{d}y;\quad V_s=\int_{-S}^{0}\left[ct-f(y)\right]\mathrm{d}y \tag{5}$$

式中：c 为波速；t 为时间；S 为圆柱浸没深度；$f(y)$为圆柱表面函数，服从

$$\left[f(y)-ct\right]^2+\left[y-(R-S)\right]^2=R^2 \quad 且 \quad f(y)\le ct 和 y\le(R-S) \tag{6}$$

其中 R 为圆柱半径。将式(6)代入式(5)，得到

$$\begin{aligned}V_{f2}=&(ct-x_c)\eta(x_c)-\frac{\eta(x_c)-R+S}{2}\sqrt{R^2-\left[\eta(x_c)-R+S\right]^2}\\&-\frac{R^2}{2}\arcsin\frac{\eta(x_c)-R+S}{R}-\frac{R-S}{2}\sqrt{2RS-S^2}-\frac{R^2}{2}\arcsin\frac{R-S}{R}\end{aligned} \tag{7}$$

$$V_s=\frac{\pi R^2}{4}-\frac{R-S}{2}\sqrt{2RS-S^2}-\frac{R^2}{2}\arcsin\frac{R-S}{R} \tag{8}$$

再将式(4)、式(7)和式(8)代入式(1)，整理后有

$$\begin{aligned}\frac{\pi R^2}{4}=&\frac{2H}{k\left(e^{2\pi-2kx_c}+1\right)}-\frac{2H}{k\left(e^{2\pi}+1\right)}+(ct-x_c)\eta(x_c)\\&-\frac{\eta(x_c)-R+S}{2}\sqrt{R^2-\left[\eta(x_c)-R+S\right]^2}-\frac{R^2}{2}\arcsin\frac{\eta(x_c)-R+S}{R}\end{aligned} \tag{9}$$

上式含有 x_c 和 S 两个随时间 t 改变的未知物理量，因此需补充一个关系式来闭合。将圆柱干湿表面交界点的横纵坐标值(x_c, $\eta(x_c)$)代入由式(6)描述的圆柱表面方程，得到

$$x_c=ct-\sqrt{R^2-\left[\eta(x_c)-(R-S)\right]^2} \tag{10}$$

利用拟牛顿法和全选主元高斯消去法求解由式(9)和式(10)组成的隐式方程组，可获得任意时刻圆柱的下降高度 S。

3　孤立波限制条件

利用圆柱入水制造孤立波受 4 个条件的限制。其一，如果圆柱半径 R 小于水深 d，圆柱的最大浸没深度不应大于半径，即圆柱浸没体积存在以下上限

$$V_s\le\frac{\pi R^2}{4} \tag{11}$$

在孤立波发育完全后并与圆柱分离的时刻，有

$$V_{f1}=\int_0^{\infty} H\,\mathrm{sech}^2(kx-\pi)\,\mathrm{d}x \approx \frac{2H}{k};\quad V_{f2}=0 \tag{12}$$

将式(11)和式(12)代入式(1)，整理得到：

$$L_1:\ \frac{H}{d} \le \frac{3\pi^2}{256}\left(\frac{R}{d}\right)^4 \quad 当 \quad \frac{R}{d} \le 1 \tag{13}$$

其二，对于半径 R 大于水深 d 的圆柱，其最大浸没深度不能超过水深，则有

$$V_s \le \frac{\pi R^2}{4} - \frac{R-d}{2}\sqrt{2Rd-d^2} - \frac{R^2}{2}\arcsin\frac{R-d}{R} \tag{14}$$

将式(12)和式(14)代入式(1)，整理得到：

$$L_2:\ \frac{H}{d} \le \left[\frac{\sqrt{3}\pi}{16}\left(\frac{R}{d}\right)^2 - \frac{\sqrt{3}}{8}\left(\frac{R}{d}-1\right)\sqrt{\frac{2R}{d}-1} - \frac{\sqrt{3}}{8}\left(\frac{R}{d}\right)^2 \arcsin\left(1-\frac{d}{R}\right)\right]^2 \quad 当 \quad \frac{R}{d} \ge 1 \tag{15}$$

其三，如图 2 所示，孤立波波面的最小曲率半径 $\Omega_{\min}$ 不宜小于圆柱的曲率半径 R：

$$\Omega_{\min} \ge R \tag{16}$$

否则波面将由于过度凹陷而与圆柱间形成空隙，以致波面在重力作用下坍塌，影响生成波浪的稳定性。

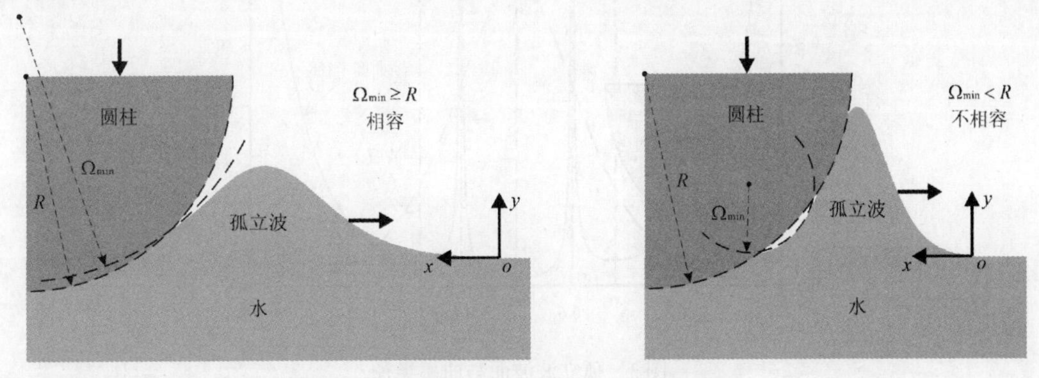

图 2 圆柱表面与孤立波波面间的相容关系

波面曲率半径的定义为

$$\Omega(x) = \left[1+\eta'(x)^2\right]^{3/2} \Big/ \left|\eta''(x)\right| \tag{17}$$

式中：$\eta'(x)$ 和 $\eta''(x)$ 分别为波面升高 $\eta(x)$ 在 x 方向的一阶和二阶导数。基于式(17)求解 $\Omega'(x)=0$ 十分困难，因此在计算波面曲率极值时近似取

$$\Omega(x) \approx 1 \Big/ \left|\eta''(x)\right| \tag{18}$$

这是因为孤立波的波长趋于无限，波面梯度 $\eta'(x)$ 是一个小量，其高次幂 $\eta'(x)^2$ 可忽略不计。

于是

$$\Omega'(x)=\frac{\cosh^3(kx-\pi)\sinh(kx-\pi)\left[\cosh(2kx-2\pi)-5\right]}{Hk\left[\cosh(2kx-2\pi)-2\right]^2}\operatorname{sgn}\left[\cosh(2kx-2\pi)-2\right] \tag{19}$$

其中 sgn 为阶跃函数。令式(19)等于零，解得由小到大的 5 个根：

$$x_1=\frac{\pi}{k}-\frac{\cosh^{-1}(5)}{2k};x_2=\frac{\pi}{k}-\frac{\cosh^{-1}(2)}{2k};x_3=\frac{\pi}{k};x_4=\frac{\pi}{k}+\frac{\cosh^{-1}(2)}{2k};x_5=\frac{\pi}{k}+\frac{\cosh^{-1}(5)}{2k} \tag{20}$$

由图 3 可见，x_2 和 x_4 处对应波面拐点，Ω无穷大。x_3 处Ω虽有最小值，但曲率圆在波面下方，同理 x_1 处虽为Ω的极小值点，但曲率圆在波浪前端。考虑到圆柱与波面的相对空间位置，可知圆柱表面与波面不相容的情况只可能发生在 x_5 处。于是，将 $x=x_5$ 代入式(18)得到

$$\Omega_{\min}=\frac{3}{2Hk^2} \tag{21}$$

再将式(21)代入式(16)，整理后有

$$L_3:\quad \frac{H}{d}\le\sqrt{\frac{2d}{R}} \tag{22}$$

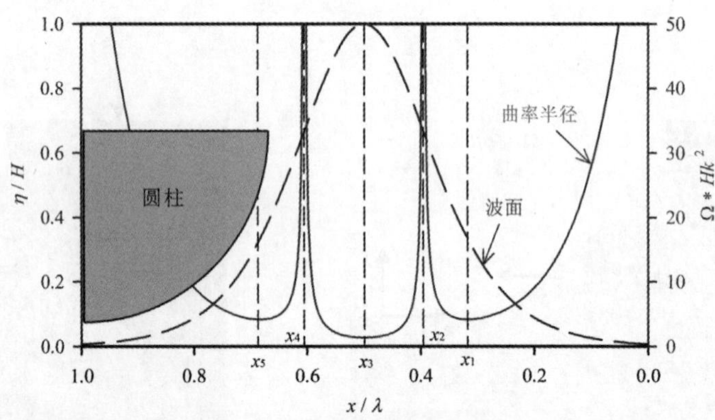

图 3　孤立波波面与曲率半径

其四，孤立波波高应小于极限波高，即

$$L_4:\quad \frac{H}{d}\le\varepsilon \tag{23}$$

式中：$\varepsilon=0.78$ 为 McCowan[10]提出的孤立波破碎临界条件。

将 L_1~$L_4$4 个限制条件绘于图 4 中，阴影区域标示出在给定圆柱半径/水深比值 R/d 下孤立波波高/水深比值 H/d 的限制范围。可见利用圆柱入水制造的孤立波其最大 H/d 仅为 0.68，且需 $R/d=4.36$ 方可达到。而理论上 Goring[1]和 Malek-Mohammadi 和 Testik[3]的推板造波方法仅受到极限波高的限制，能够制造相对较高的孤立波。

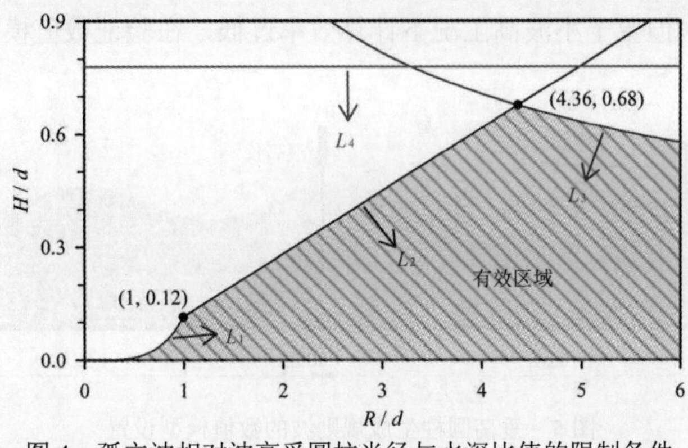

图 4　孤立波相对波高受圆柱半径与水深比值的限制条件

4　数值模拟方法及验证

在应用 SPH 方法检验所提出的孤立波制造理论之前，首先模拟了 Yu 和 Ursell[11]的物理实验，通过与实测结果的比较来验证数值模型的可靠性。实验在麻省理工学院水动力学实验室的波浪水槽中进行。水槽长 30.48 m、宽 76.2 cm、高 91.4 cm，两端均安装有消波装置。实验水深 $d = 26.67$ cm 和 57.79 cm。水槽正中间设一个“U”形柱体。柱体下端是恰好浸没于水中的半圆体，取 $R = 7.62$ cm 和 15.24 cm 两种半径。柱体上端是露出水面的矩形体，高 10.16 cm，长度与圆柱半径一致。实验中，U 形柱体以振幅 a、周期 T 的简谐运动形式垂荡，产生同时沿相反方向传播的两列规则波浪。使用匀速移动的浪高仪记录波包信息，从中分离得到柱体垂荡运动产生的辐射波高。

鉴于该问题的空间对称性，可取半个物理域进行计算。兼顾对数值计算效率的考虑，建立了图 5 所示的长度为 3.5λ（λ是波长）的数值波浪水槽。水槽下游设置 1.5λ（λ是波长）长的海绵层，通过减小其内流体粒子的加速度来减弱水槽末端的波浪反射作用。距水槽上游 1.8λ处固定单根浪高仪 W_1，用以测量所生成规则波的波高。计算时，流体运动由离散的连续性方程和动量方程控制，并引入状态方程来建立流体密度和压强间的关系[12]。水槽及柱体的固壁边界条件由动力学边界粒子方法实施[13]。使用δ-SPH 方法[14]和人工黏性[12]来提升压强场的稳定性，同时人工黏性还提供了必要的流体物理黏度。采用 Symplectic 算法结合可变时间步长更新粒子信息[15]。从 Yu 等[11]的实验结果中获取 $R = 7.62$ cm、$d = 26.67$ cm 和 $R = 15.24$ cm、$d = 26.67$ cm 两组工况下柱体各振荡幅值 a、周期 T 所对应的规则波波高 H。采用 $H / \delta_p = 4$ 的粒子分辨率开展数值计算，其中δ_p为初始粒子间距。

图 6 给出数值与实测波高的比较结果，图 6 中用误差线表示 5%的实验不确定度，横坐标中 k_0 为规则波在深水中的波数。可以看到，数值波高随 k_0R 的变化趋势与实测结果相吻合，且不同 k_0R 下数值与实测波高的误差基本在 5%以内，因此证实了所用数值模型在计算柱体运动、波浪生成和传播问题上的可靠性。理论上，使用更高的粒子分辨率可以得到更

加准确的计算结果，但鉴于小波高工况下计算效率过低，在验证数值模型时没有采用。

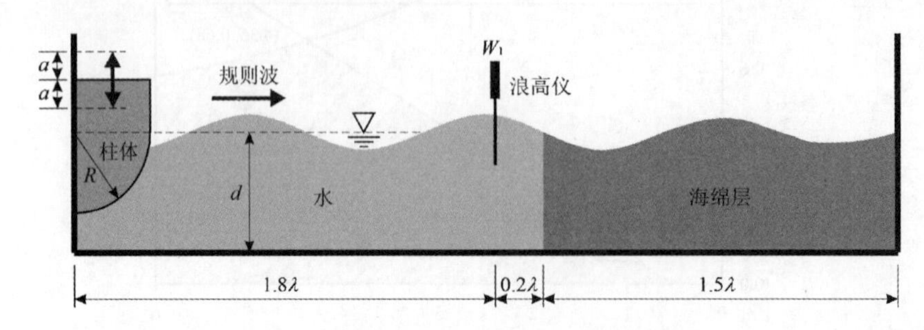

图 5　垂荡圆柱生成规则波的数值模型设置

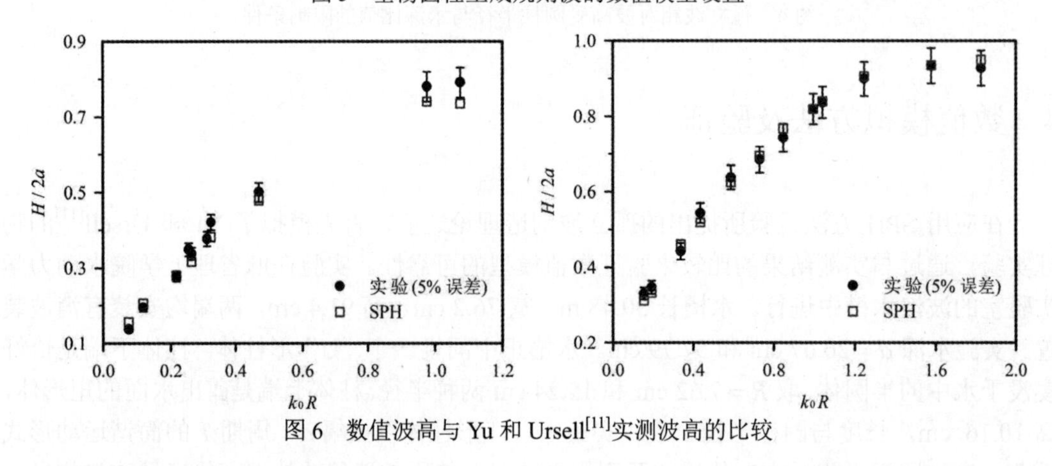

图 6　数值波高与 Yu 和 Ursell[11]实测波高的比较

5　孤立波生成质量检验

为检验所提出的孤立波制造理论，建立了图 7 所示的数值波浪水槽。此时不再设置海绵层，但水槽长度设为 3λ，以便在水槽末端反射波浪到来前获取未受干扰的孤立波数据。初始时刻圆柱位于静水面以上，随后联立求解式(9)和式(10)计算其下落轨迹。直角坐标系 o-xy 固定在水槽上游静水位处，x 轴指向波浪传播方向。距上游 1 m 处，沿波浪传播方向布置 W_1~W_5 五根浪高仪，相邻间距为$\lambda/4$。以 W_3 浪高仪为中心布置 V_1~$V_5$5 组流速计，水平方向上相邻间距为$\lambda/8$，水深方向上相邻间距为 0.05 m。测试水深 $d = 0.4$ m，圆柱半径 $R = 0.8$ m，目标波高 $H = 0.08$ m，则 $R / d = 2$、$H / d = 0.2$，在图 4 标示的有效区域内。采用 $H / \delta_p = 8$ 的粒子分辨率，计算需 87040 个粒子。

图 8(a)对 W_1~W_5 浪高仪采集的数值波面与 Boussinesq 一阶近似波面进行了比较，其中解析波面由式(3)计算，但经过了相位平移。可见基于圆柱入水制造的孤立波波形稳定，波高沿程衰减较小，波面历时曲线与解析解吻合良好。此外，使用 Goring[1]或 Malek-Mohammadi 和 Testik[3]的传统推板造波方法均会在孤立波尾部形成伴随波列，但应

用本文方法制造的孤立波其尾部水面波动微弱，即孤立波的生成质量更高。

图 8(b)给出 $t = 3.45$ s 时刻 V_1~V_5 流速计采集的水质点水平运动速度 u_x，并与由下式计算的二阶近似流速[16]进行了比较：

$$\frac{u_x}{\sqrt{gd}} = \frac{H}{d}\left[1 + \frac{H}{d}\left(1 - \frac{3y^2}{2d^2}\right)\right]\operatorname{sech}^2(kx + \varphi) - \frac{H^2}{4d^2}\left(7 - \frac{9y^2}{d^2}\right)\operatorname{sech}^4(kx + \varphi) \tag{24}$$

这里使用二阶 u_x 是因其能够反映出水质点水平运动速度沿水深改变的特征，而一阶 u_x 沿水深恒定。可以看到，所生成的孤立波的水质点水平运动速度也与解析解吻合较好。至于数值结果存在一定离散性的原因，推测是由于数值流体的湍流运动和数值离散误差所共同导致的。

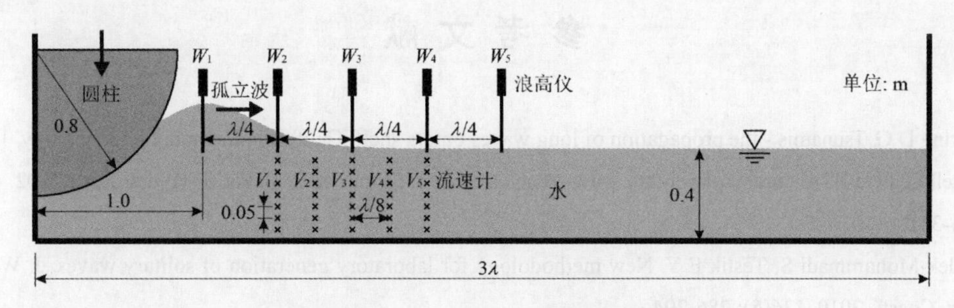

图 7　圆柱入水生成孤立波的数值模型设置

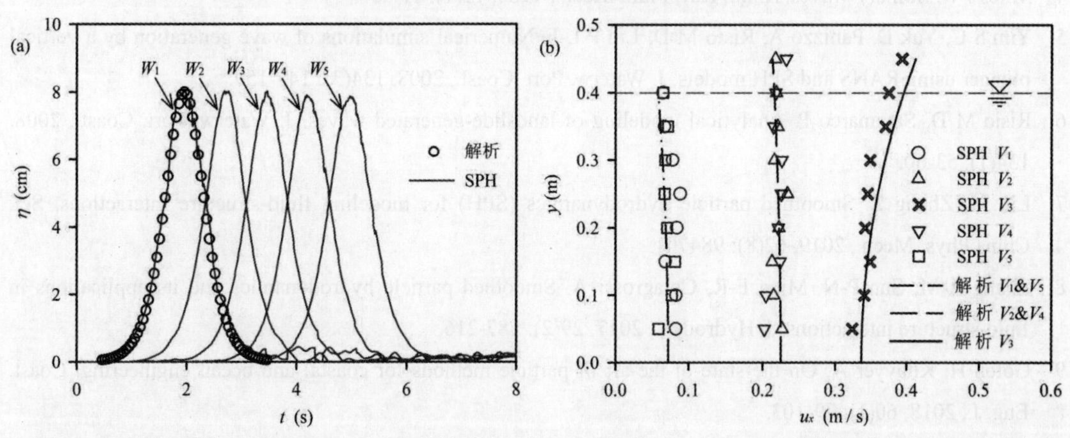

图 8　孤立波计算结果与 Boussinesq 解析解的比较：(a) 波面；(b) $t = 3.45$ s 时的水质点水平运动速度

5　结论

提出了基于圆柱入水的孤立波生成方法，并给出孤立波波高受圆柱半径的约束条件。在经过实验验证的 SPH 数值波浪水槽内检验了孤立波的生成质量。研究结果表明，基于体积守恒原理的圆柱入水方法能够制造出波形稳定、波高可控的孤立波，且数值波面和水质点水平运动速度均与 Boussinesq 解析理论符合良好。与经典的 Goring[1] 或 Malek-Mohammadi 和 Testik[3]推板造波方法相比，本文方法的波高生成范围相对较窄，最大波高仅为水深的 0.68 倍，且圆柱半径需达到水深的 4.36 倍。然而在圆柱近场区域，孤立波自生成起便达到稳定，且无明显的尾波现象，波浪质量高于推板式造波。

致谢

本文工作得到了国家自然科学基金（51709201、51679167）、中国博士后科学基金（2017M621074）的支持，在此衷心表示感谢。

参 考 文 献

1 Goring D G. Tsunamis - the propagation of long waves onto a shelf. California Institute of Technology, 1978.

2 Katell G, Eric B. Accuracy of solitary wave generation by a piston wave maker. J. Hydra. Res., 2002, 40(3): 321-331.

3 Malek-Mohammadi S, Testik F Y. New methodology for laboratory generation of solitary waves. J. Waterw. Port. Coast., 2010, 136(5): 286-294.

4 Miles J W. Solitary Waves. Annu. Rev. Fluid Mech., 1980, 12(1): 11-43.

5 Yim S C, Yuk D, Panizzo A, Risio M D, Liu P L-F. Numerical simulations of wave generation by a vertical plunger using RANS and SPH models. J. Waterw. Port. Coast., 2008, 134(3): 143-159.

6 Risio M D, Sammarco P. Analytical modeling of landslide-generated waves. J. Waterw. Port. Coast., 2008, 134(1): 53-60.

7 Liu M, Zhang Z. Smoothed particle hydrodynamics (SPH) for modeling fluid-structure interactions. Sci. China Phys. Mech., 2019, 62(8): 984701.

8 Zhang A-M, Sun P-N, Ming F-R, Colagrossi A. Smoothed particle hydrodynamics and its applications in fluid-structure interactions. J. Hydrodyn., 2017, 29(2): 187-216.

9 Gotoh H, Khayyer A. On the state-of-the-art of particle methods for coastal and ocean engineering. Coast. Eng. J., 2018, 60(1): 79-103.

10 Mccowan J. On the highest wave of permanent type. Lond. Edinb. Dubl. Phil. Mag., 1894, 38(233): 351-358.

11 Yu Y S, Ursell F. Surface waves generated by an oscillating circular cylinder on water of finite depth: theory and experiment. J. Fluid. Mech., 1961, 11(4): 529-551.

12 Monaghan J J. Simulating free surface flows with SPH. J. Comput. Phys., 1994, 110(2): 399-406.

13 Ren B, He M, Dong P, Wen H. Nonlinear simulations of wave-induced motions of a freely floating body using WCSPH method. Appl. Ocean Res., 2015, 50: 1-12.

14 Antuono M, Colagrossi A, Marrone S. Numerical diffusive terms in weakly-compressible SPH schemes. Comput. Phys. Commun., 2012, 183(12): 2570-2580.

15 Gómez-Gesteira M, Rogers B D, Crespo A J C, Dalrymple R A, Narayanaswamy M, Dominguez J M. SPHysics – development of a free-surface fluid solver – Part 1: Theory and formulations. Comput. Geosci., 2012, 48: 289-299.

16 Lee J-J, Skjelbreia J E, Raichlen F. Measurmment of velocities in solitary waves J. Waterw. Port. Coast. Ocean Div., 1982, 108(2): 200-218.

A new approach for solitary wave generation through water entry of a circular cylinder and its numerical validation

HE Ming[1], GAO Xi-feng[1], XU Wan-hai[1], REN Bing[2]

(1. State Key Laboratory of Hydraulic Engineering Simulation and Safety, Tianjin University, Tianjin, 300350. Email: xuwanhai@tju.edu.cn

2. State Key Laboratory of Coastal and Offshore Engineering, Dalian University of Technology, Dalian, 116024)

Abstract: Plunger-type wavemakers are installed in some wave basins to increase wave-making efficiency and weaken re-reflect waves. However, it is still unclear how to generate a stable and controllable solitary wave by precisely governing the plunger motion. A new solitary wave-making theory is therefore proposed based on the conservation between the immersed volume of a circle cylinder and the above-water volume of a solitary wave. First, implicit equations used to calculate the cylinder motion is derived, and restraint conditions on the generated wave height due to the radius of the cylinder is given. Then, a numerical model based on the Smoothed Particle Hydrodynamics method is built. After being validated by reproducing a physical experiment in the literature, it is used to simulate the solitary wave generation through water entry of a circular cylinder. The calculated wave profile as well as the horizontal velocities of fluid particles agrees well with the analytical solutions. It indicates that the proposed wave-making theory is capable of producing high-quality solitary waves that have accurate waveforms and flow velocities without obvious trailing waves. More importantly, the solitary wave reaches steady state as soon as being excited. Accordingly, the distance between the structure and wavemaker when measuring or simulating the solitary wave-structure interaction can be shortened. Much laboratory space and computational cost will be saved.

Key words: Solitary wave; Wave-making theory; Object water entry; Numerical wave flume; Smoothed Particle Hydrodynamics.

均匀流中顶张力立管涡激振动数值模拟研究

王恩浩，徐万海，高喜峰，吴昊恺

(天津大学水利工程仿真与安全国家重点实验室，天津，300072，Email: xuwanhai@tju.edu.cn)

摘要：本研究运用三维流固耦合数值模拟的方法研究了均匀流中顶张力立管涡激振动。立管参数选用埃克森美孚公司在挪威海洋技术研究院开展的顶张力立管涡激振动模型试验中的立管模型参数。模型长径比为 $L/D = 481.5$，质量比为 $m^* = 2.23$。数值模拟中立管的结构阻尼设置为 0，顶张力为 $T = 817$ N。立管两端铰支并可在顺流向与横流向自由运动。数值模拟结果与试验数据进行了对比，吻合程度较好。本研究还着重分析了立管的涡激振动响应特性及尾迹旋涡脱落模式。

关键词：涡激振动；顶张力立管；流固耦合

1 引言

涡激振动是造成海洋工程中细长柔性结构物（如立管、系泊缆、海底管线等）疲劳损伤的主要原因。疲劳损伤的可靠估计和振动抑制装置的研发依赖于对涡激振动现象的深入理解和对这种自激且自持振动的准确预报[1-2]

在过去的几十年中，国内外的学者对涡激振动开展了广泛的研究。代表性的综述论文如：Sarpkaya[3]、Bearman[4]、Williamson 和 Govardhan[5]、Gabbai 和 Benaroya[6]、Bearman[7]及最近的 Wu 等[8]。

由于立管的长径比通常为 10^3 数量级[9]，许多学者对大长径比的深水立管开展了模型试验[9-16]。这些实验对不同来流条件下柔性立管的涡激振动响应或不同涡激振动抑制装置的效率进行了研究，促进了人们对涡激振动现象的深入理解，为数值预报模型提供了很好的标准验证算例。

除了物理模型试验，也有一些学者利用流固耦合数值模拟的方法对柔性立管涡激振动进行了研究。Willden 和 Graham[17]、Meneghini 等[18]、Yamamoto 等[19]和 Duanmu 等[20]利用准三维的切片法，通过在立管展向方向布置二维切片数值研究了立管的涡激振动问题。然而，切片法仍存在一些不足，如立管尾流中的三维涡结构无法正确处理且对于带有螺旋列板的立管或来流有一定攻角的情形不能直接模拟等。因此，出现了一些三维的数值模拟研究。Newman 和 Karniadakis[21]、Evangelinos 和 Karniadakis[22]和 Bourguet 等[1-2]对柔性圆柱涡激振动开展了三维直接数值模拟，但雷诺数普遍较低。在较高雷诺数下，细长柔性立管涡激振动三维数值模拟还很有限。因此，将利用三维流固耦合数值模拟的方法对顶张力立管在均匀来流中的涡激振动进行研究，详细分析立管的响应特性及其尾迹模式。

2 数值计算方法

本研究中的流固耦合问题使用商业软件 ANSYS MFX 多场求解器进行求解。具体数值计算方法总结如下：

立管周围流场的模拟通过求解三维非定常不可压缩 Navier-Stokes 方程，湍流采用 Nicoud 等[23]提出的大涡模拟 (LES) 局部涡黏度的壁面自适应 (WALE) 模型。立管动边界的处理运用任意拉格朗日-欧拉法 (ALE)。笛卡尔坐标系中，ALE 形式的控制方程可以表示为：

$$\frac{\partial \overline{u}_i}{\partial x_i}=0 \tag{1}$$

$$\frac{\partial \overline{u}_i}{\partial t}+\left(\overline{u}_j-\hat{u}_j\right)\frac{\partial \overline{u}_i}{\partial x_j}=-\frac{1}{\rho}\frac{\partial \overline{p}}{\partial x_i}+\frac{\partial}{\partial x_j}\left[\nu\left(\frac{\partial \overline{u}_i}{\partial x_j}+\frac{\partial \overline{u}_j}{\partial x_i}\right)\right]-\frac{\partial \tau_{ij}}{\partial x_j} \tag{2}$$

其中，$(x_1, x_2, x_3) = (x, y, z)$ 为笛卡尔坐标，上划线表示过滤后的变量，u_i 和 $\hat{u}_i$ 分别为 x_i 方向的速度分量与网格运动速度分量，p 代表压强，t 为时间，ρ 表示流体的密度，ν 代表流体的运动黏度。亚格子尺度应力 τ_{ij} 的定义为

$$\tau_{ij}=\overline{u_i u_j}-\overline{u}_i\overline{u}_j \tag{3}$$

根据 Boussinesq 假设，

$$-\left(\tau_{ij}-\frac{\delta_{ij}}{3}\tau_{kk}\right)=2\nu_{sgs}\overline{S}_{ij} \tag{4}$$

δ_{ij} 为 Kronecker 符号。本研究对亚格子尺度应力中各向同性的部分 τ_{kk} 不进行模拟，而将其加入到过滤后的静压中。$\bar{S}_{ij}$ 为解析尺度的应变率张量：

$$\overline{S}_{ij}=\frac{1}{2}\left(\frac{\partial \overline{u}_i}{\partial x_j}+\frac{\partial \overline{u}_j}{\partial x_i}\right) \tag{5}$$

涡黏度可通过下式计算：

$$\nu_{sgs} = (C_w \Delta)^2 \frac{\left(S_{ij}^d S_{ij}^d\right)^{3/2}}{\left(\bar{S}_{ij}\bar{S}_{ij}\right)^{5/2} + \left(S_{ij}^d S_{ij}^d\right)^{5/4}} \tag{6}$$

模型常数 $C_w = 0.325$。$\Delta = \sqrt[3]{\delta x \delta y \delta z}$ 为截止尺度。S_{ij}^d 为速度梯度张量平方的对称部分：

$$S_{ij}^d = \frac{1}{2}\left(\bar{g}_{ij}^2 + \bar{g}_{ji}^2\right) - \frac{1}{3}\delta_{ij}\bar{g}_{kk}^2 \tag{7}$$

其中，$\bar{g}_{ij}^2 = \bar{g}_{ik}\bar{g}_{kj}$，$\bar{g}_{ij} = \partial \bar{u}_i / \partial x_j$。张量 S_{ij}^d 可改写为：

$$S_{ij}^d = \bar{S}_{ik}\bar{S}_{kj} + \bar{\Omega}_{ik}\bar{\Omega}_{kj} - \frac{1}{3}\delta_{ij}\left(\bar{S}_{mn}\bar{S}_{mn} - \bar{\Omega}_{mn}\bar{\Omega}_{mn}\right) \tag{8}$$

涡量张量为：

$$\bar{\Omega}_{ij} = \frac{1}{2}\left(\frac{\partial \bar{u}_i}{\partial x_j} - \frac{\partial \bar{u}_j}{\partial x_i}\right) \tag{9}$$

控制方程的离散采用有限体积法，应用 Rhie-Chow 插值技术在同位网格上得到压力和速度的耦合。瞬态项的离散运用二阶向后欧拉格式，对流项的离散使用有界中心差分格式。

利用有限元的方法对立管的结构动力学响应进行求解。顶张力立管的有限元模型采用三维 20 节点固体单元进行离散。离散后的控制方程可表示为：

$$[M]\{\ddot{q}\} + [C]\{\dot{q}\} + [K]\{q\} = \{F\} \tag{10}$$

其中，$\{q\}$代表节点位移向量，在其上加一点表示对时间的导数。$[M]$、$[C]$和$[K]$分别代表质量、阻尼和刚度矩阵，$\{F\}$为流体力向量。控制方程采用二阶精度的 Hilber-Hughes-Taylor 法[24]进行求解。

采用位移扩散网格运动模型处理立管的运动。网格节点的位移可根据下式得出：

$$\nabla \cdot \left(\gamma \nabla S_i\right) = 0 \tag{11}$$

S_i表示网格节点在 x_i 方向的位移，γ 为网格刚度。为避免近壁面网格变形过大，参数 γ 设置为$\gamma = 1/\forall^2$，$\forall$为控制体的体积。

本文采用双向显式流固耦合方法模拟顶张力立管的涡激振动，即流场和固体场的控制方程分开求解，且在一个时间步内流场和固体场之间不产生次迭代。一个时间步内的求解过程可简要描述为：首先求解流体控制方程，得到作用于立管表面的流体力；运用守恒插值的方法将流体力通过流固交界面插值到有限元网格上，然后对结构动力学方程进行求解，获得立管的运动量；再由保形插值将立管运动的位移经流固交界面插值回流体网格，继而根据方程 (11) 计算网格点位置并更新网格。

3 问题描述

立管参数选用埃克森美孚公司在挪威海洋技术研究院开展的顶张力立管涡激振动模型试验[25]中的立管模型参数 (见表 1)。立管模型长径比为 $L/D = 481.5$，质量比为 $m^* = 2.23$。结构阻尼设置为 0。立管涡激振动的示意图如图 1 所示。来流方向平行于 x 轴，立管的顶张力为 $T = 817$ N，两端铰支，可以在顺流向和横流向自由运动。本研究对模型试验中流速 $V = 0.2$ m/s 和 0.42 m/s 两个均匀来流的工况进行模拟。

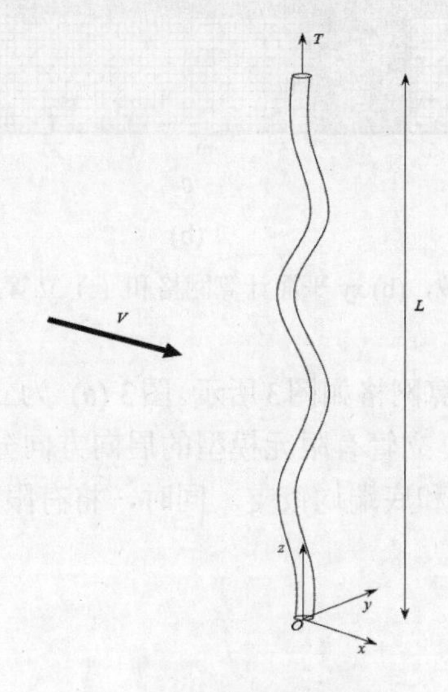

图 1 立管涡激振动示意图

表 1 立管模型参数

Properties	Values	SI units
L	9.63	m
D_o	20	mm
t_w	0.45	mm
E	1.025×10^{11}	N/m^2
T	817	N
m^*	2.23	-
L/D	481.5	-

图 2 (a) 为计算流体动力学模拟中使用的计算域。笛卡尔坐标系的原点位于立管底端中心处。计算域长度为 $40D$，立管位于进口边界下游 $10D$ 处。计算域横向宽度为 $20D$，展向长度为 $481.5D$。xy 平面的计算网格及立管周围网格特写如图 2 (b) 和 (c) 所示。立管周向布置 180 个节点，径向第一层网格节点距壁面 $0.001D$ 以保证 y+小于 1。流体控制方程的边

界条件为：假设立管表面光滑，采用无滑移边界条件。除无滑移边界条件外，还将壁面设置为流固交界面，用于耦合数据（力与位移）的传输。进口处速度为自由来流速度，出口处速度沿流向的梯度为 0 且参考压强为 0。计算域的横向与展向边界设为自由滑移边界。

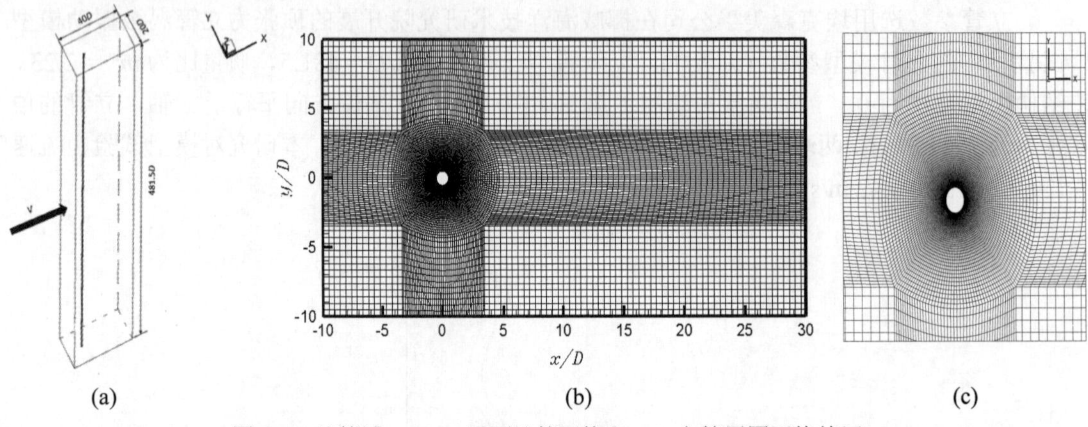

图 2 (a) 计算域，(b) xy 平面计算网格和 (c) 立管周围网格特写

有限元分析中所使用的计算网格如图 3 所示。图 3 (a) 为立管未发生形变时的初始网格，图 3 (b) 为立管变形后的网格。立管有限元模型的展向方向分为 250 段，在其顶端施加 $T=$ 817 N 的预张力，立管的顶端和底端均铰支。同时，将有限元模型的外表面设置为流固交界面用于数据传输。

4 结果分析

图 4 为数值模拟与模型试验得到的立管顺流向与横流向位移包络线的对比。通过比较可见，数值模拟结果与试验数据吻合较好。当 $V=0.2$ m/s 时，立管顺流向与横流向的主控模态分别为二阶模态和一阶模态。随着流速增大至 $V=0.42$ m/s，立管的顺流向与横流向的主控模态分别变为三阶模态与二阶模态。

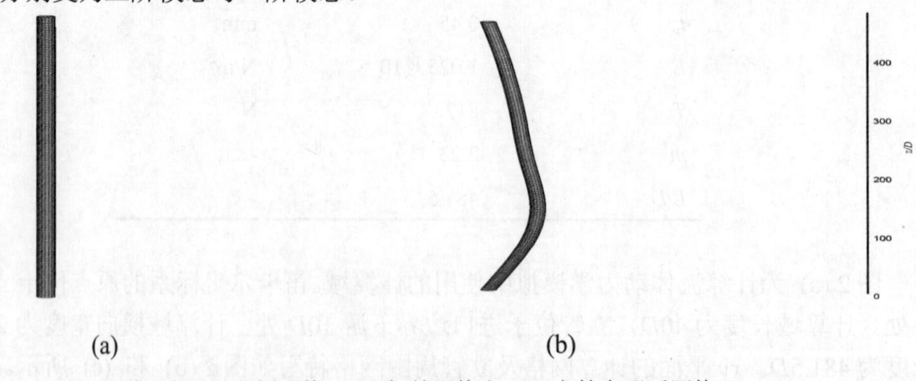

图3 有限元分析网格：(a) 初始网格和 (b) 立管变形后网格

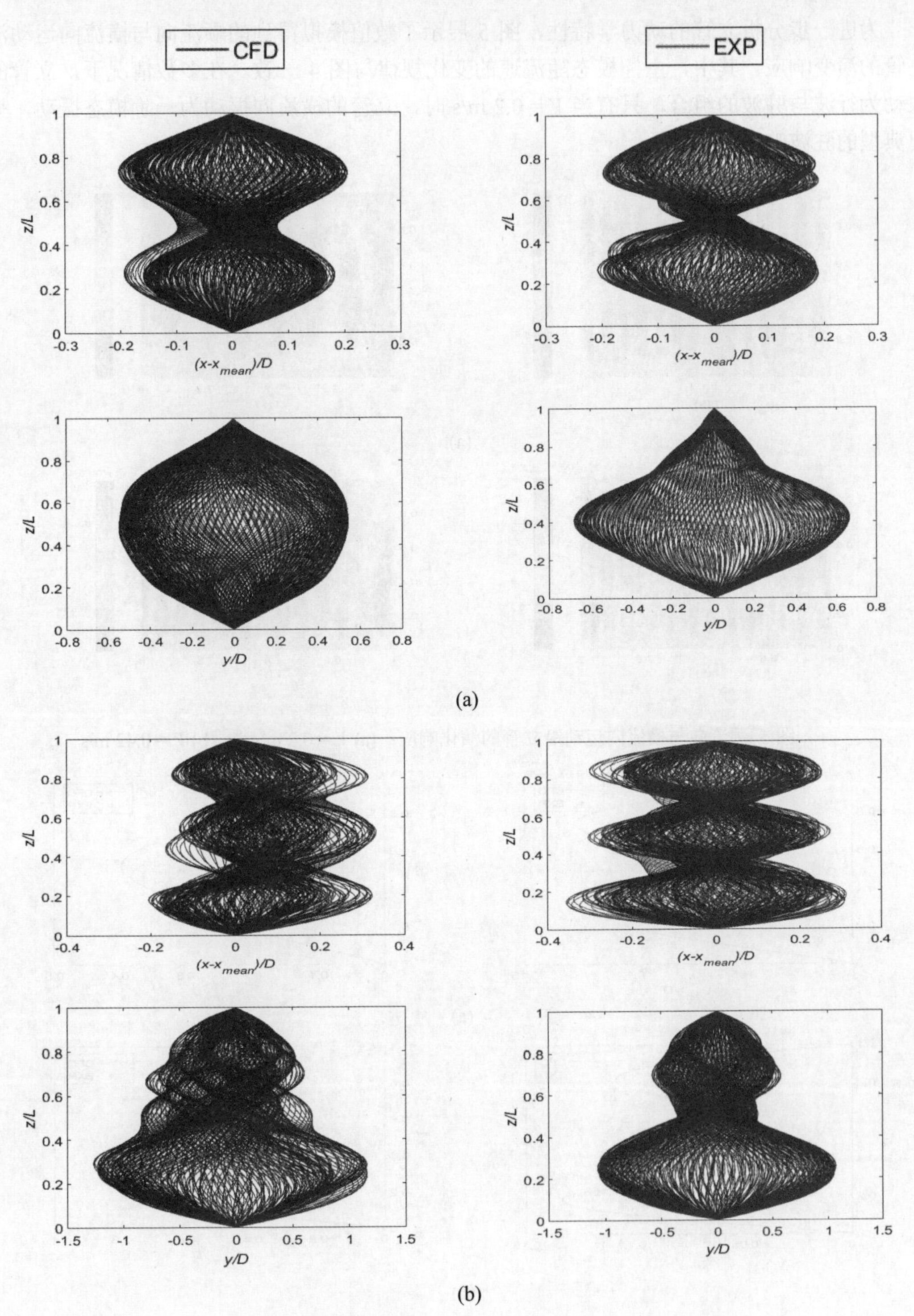

图 4 立管位移包络线：(a) $V = 0.2$ m/s 和 (b) $V = 0.42$ m/s

为进一步分析立管的动力学特性，图 5 展示了数值模拟得到的顺流向与横流向运动沿立管的演变响应。其中，主控模态随流速的变化规律与图 4 一致。在多数情况下，立管的振动为行波与驻波的组合，只有当 $V = 0.2$ m/s 时，立管的横流向振动为一阶模态振动，呈现典型的驻波响应特性。

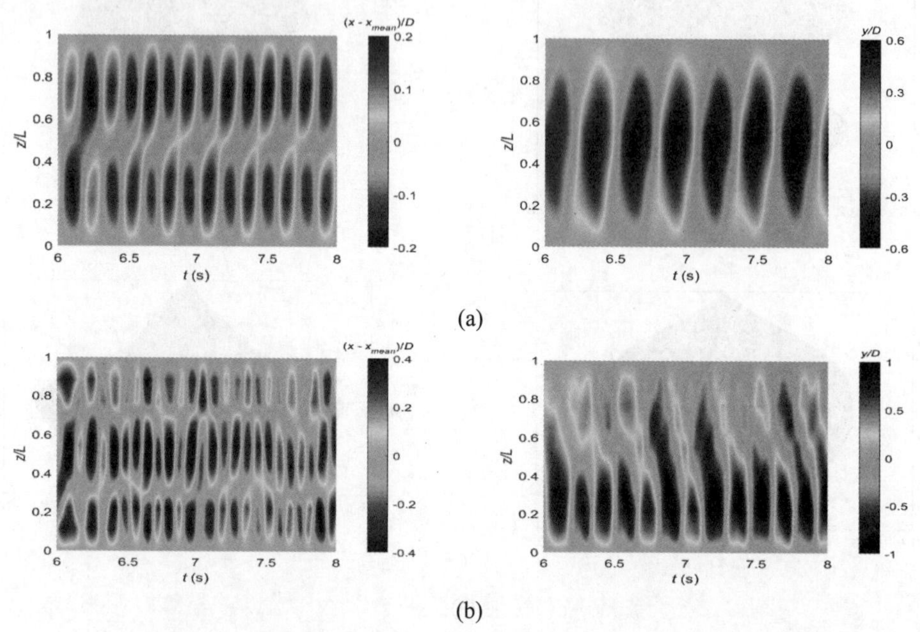

图 5 顺流向与横流向运动沿立管的演化响应：(a) $V = 0.2$ m/s 和 (b) $V = 0.42$ m/s

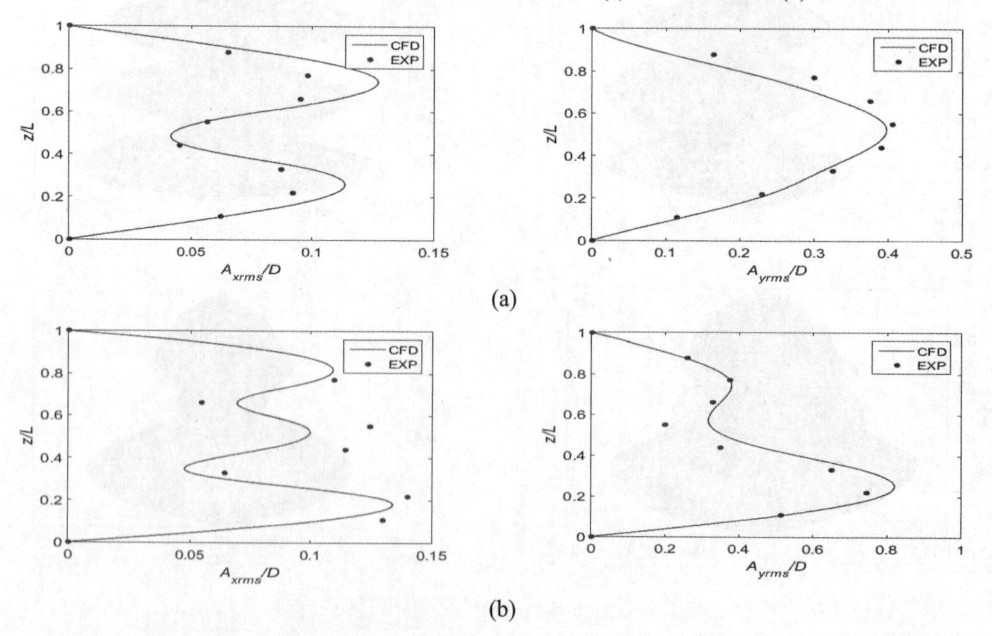

图 6 立管顺流向与横流向均方根振幅沿展向分布：(a) $V = 0.2$ m/s 和 (b) $V = 0.42$ m/s

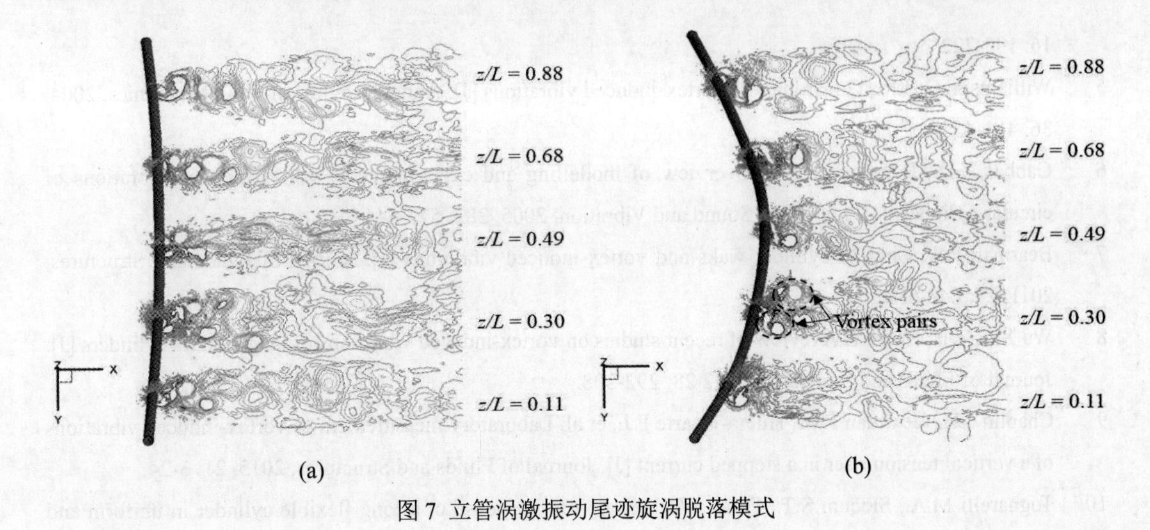

图 7 立管涡激振动尾迹旋涡脱落模式

5 结语

应用三维流固耦合数值模拟的方法研究了顶张力立管涡激振动。数值模拟的结果与模型试验数据进行了对比，吻合程度较高，验证了数值模型的可靠性。研究表明，随着流速的增大，立管顺流向与横流向的主控模态均有所增加，最大振幅也随之增大。除较低流速下立管横流向振动外，立管振动呈现行波与驻波组合的特性。圆柱尾迹泻涡多为 2S 模式，而最大振幅处对应的旋涡脱落模式为 2P 模式。总的来说，本研究所使用的数值方法能够对顶张力立管在均匀来流中涡激振动进行较为合理的预报。

致谢

本工作得到了国家自然科学基金（51679167）的支持，在此衷心表示感谢。

参考文献

1 Bourguet R., Karniadakis G.E., Triantafyllou M.S. Lock-in of the vortex-induced vibrations of a long tensioned beam in shear flow [J]. Journal of Fluids and Structures, 2011, 27: 838-847.

2 Bourguet R., Karniadakis G.E., Triantafyllou M.S. Phasing mechanisms between the in-line and cross-flow vortex-induced vibrations of a long tensioned beam in sheared flow [J]. Computers & Structures, 2013, 122: 155-163.

3 Sarpkaya T. Vortex-induced oscillations [J]. Journal of Applied Mechanics, 1979, 46: 241-258.

4 Bearman P.W. Vortex shedding from oscillating bluff body [J]. Annual Review of Fluid Mechanics, 1984,

16: 195-222.

5 Williamson C.H.K., Govardhan R. Vortex-induced vibrations [J]. Annual Review of Fluid Mechanics, 2004, 36: 413-455.

6 Gabbai R.D., Benaroya H. An overview of modelling and experiments of vortex-induced vibrations of circular cylinders [J]. Journal of Sound and Vibration, 2005, 282: 575-646.

7 Bearman P.W. Circular cylinder waks and vortex-induced vibrations [J]. Journal of Fluids and Structures, 2011, 27: 648-658.

8 Wu X., Ge F., Hong Y. A review of recent studies on vortex-induced vibrations of long slender cylinders [J]. Journal of Fluids and Structures, 2012 28: 292-308.

9 Chaplin J.R., Bearman P.W., Huera-Huarte F.J., et al. Laboratory measurement of vortex-induced vibrations of a vertical tension riser in a stepped current [J]. Journal of Fluids and Structures, 2015, 21: 3-24.

10 Tognarelli M.A., Slocum S.T., Frank W.R., et al. VIV response of a long flexible cylinder in uniform and linearly shear currents, OTC 16338; In: Proceedings of the 2004 Offshore Technology Conference, Houston, USA, F, 2004 [C].

11 Trim A.D., Braaten H., Lie H., et al. Experimental investigation of vortex-induced vibration of long marine risers [J]. Journal of Fluids and Structures, 2005, 21: 335-361.

12 Lie H., Kaasen K.E. Modal analysis of measurements from a large-scale VIV model test of a riser in linearly sheared flow [J]. Journal of Fluids and Structures, 2006, 22: 557-575.

13 Vandiver J.K., Swithenbank S., Jaiswal V., et al. The effectiveness of helical strakes in the suppression of high-mode-number VIV, OTC 18276; In: Proceedings of the 2006 Offshore Technology Conference, Houston, USA, F, 2006 [C].

14 Huang S., Khorasanchi M., Herfjord K. Drag amplification of long flexible riser models undergoing multi-mode VIV in uniform currents [J]. Journal of Fluids and Structures, 2011, 27: 342-353.

15 Gu J., Vitola M., J. Coelho, et al. An experimental investigation by towing tank on VIV of a long flexible cylinder for deepwater riser application [J]. Journal of Marine Science and Technology, 2013, 18: 358-369.

16 Gao Y., Fu S., Ren T., et al. VIV response of a long flexible riser fitted with strakes in uniform and linearly sheared currents [J]. Applied Ocean Research, 2015, 52: 102-114.

17 Willden R.H.J., Graham J.M.R. Numerical prediction of VIV on long flexible circular cylinders [J]. Journal of Fluids and Structures, 2001, 15: 659-669.

18 Meneghini J.R., Saltara F., Fregonesi R.A., et al. Numerical simulations of VIV on long flexible cylinders immersed in complex flow fields [J]. European Journal of Mechanics-B/Fluids, 2004, 23: 51-63.

19 Yamamoto C.T., Meneghini J.R., Saltara F., et al. Numerical simulations of vortex-induced vibration on flexible cylinders [J]. Journal of Fluids and Structures, 2004, 19: 467-489.

20 Duanmu Y., Zou L., Wan D. Numerical analysis of multi-modal vibrations of a vertical riser in step currents [J]. Ocean Engineering, 2018, 152: 428-442.

21 Newman D.J., Karniadakis G.E. A direct numerical simulaiton study of flow past a freely vibrating cable [J].

Journal of Fluid Mechanics, 1997, 344: 95-136.

22 Evangelinos C., Karniadakis G.E. Dynamics and flow structures in the turbulent of rigid and flexible cylinders subject to vortex-induced vibrations [J]. Journal of Fluid Mechanics, 1999, 400: 91-124.

23 Nicoud F., Duros F. Sugrid-scale stress modelling based on the squareof the velocity gradient tensor [J]. Flow, Turbulence and Combustion, 1999, 62: 183-200.

24 Chung J., Hulbert G.M. A time integration algorithm for structural dynamics with improved numerical dissipation: the generalised-α method [J]. Journal of Applied Mechanics, 1993, 60: 371-375.

25 Lehn E. Trondheim, Norway: Norwegian Marine Technology Research Institute, 2003.

26 Vandiver J.K. Dimensionless parameters important to the prediction of vortex-induced vibration of long marine risers [J]. Journal of Fluids and Structures, 1993 7: 423-455.

27 Huera-Huarte F.J., Bearman P.W. Vortex and wake-induced vibrations of a tandem arrangement of two flexible circular cylinders with near wake interference [J]. Journal of Fluids and Structures, 2011, 27: 193-211.

28 Sun L., Zong Z., Dong J., et al. Stripwise discrete vortex method for VIV analysis of flexible risers [J]. Journal of Fluids and Structures, 2012, 35: 21-49.

Numerical simulation of vortex-induced vibration of a top-tensioned riser in uniform flow

WANG En-hao，XU Wan-hai，GAO Xi-feng，WU Hao-kai

(State Key Laboratory of Hydraulic Engineering Simulation and Safety, Tianjin University, Tianjin, 300072.

Email: xuwanhai@tju.edu.cn)

Abstract: Combined in-line and cross-flow vortex-induced vibration (VIV) of a top-tensioned riser in uniform currents is studied using a fully three-dimensional fluid-structure interaction simulation approach. The model vertical riser tested at the MARINTEK by ExxonMobil is considered. The model riser has a length-to-diameter ratio L/D = 481.5 and a mass ratio m^* = 2.23. The structural damping is set to zero in the present simulation. A top tension T = 817 N is applied to the top end of the riser. The riser is pinned at both ends and free to move in both the in-line and cross-flow directions. The numerical results are compared with the experimental data and good agreement has been reached. Detailed analyses of the VIV response characteristics and the wake vortex shedding modes are carried out.

Key words: Vortex-induced vibration; Top-tensioned riser; Fluid-structure interaction.

湍流模型在低温流体空化数值模拟中的影响及适用性研究

冯健[1]，张德胜[1*]，施卫东[2]，高雄发[1]，沈熙[1]，金永鑫[1]

（1. 江苏大学流体机械工程技术研究中心，镇江，212013，2. 南通大学机械学院，南通，226019，*Email: zds@ujs.edu.cn）

摘要：为研究湍流模型在低温流体空化数值计算中的影响，本研究以Hord翼型为研究对象，采用基于密度修正（Density Corrected Model，DCM）的RNGk-ε湍流模型和滤波器（Filter-based Model，FBM）RNGk-ε湍流模型，计算液氮绕翼型的空化流动，获得了两种湍流模型计算得到的压力、空穴区域及相间质量传输的分布规律，通过与实验结果比较对两种湍流模型进行了评价。结果表明，与DCM模型相比，FBM模型计算得到的空化区域压降更大，空穴长度更小，蒸发质量梯度与凝结质量梯度更大，计算结果更接近实验值，说明FBM模型在低温流体空化模拟计算中适用性更好。

关键词：湍流模型；翼型；热力学效应；数值计算；空化流动

1 引言

近年来，随着我国能源需求的不断增长，高效清洁的液化天然气得到了大力发展[1]。由于液化天然气的温度为-160℃左右，属于低温液体，运用低温潜液泵输运时极易发生空化，严重影响泵的运行稳定性和使用寿命。空化包含湍流、相变、可压缩等多种复杂流动现象[2]，而且低温流体的物质属性受温度影响较大，在空化过程中具有较强的热力学效应。由于低温流体的实验研究难度大，成本高，且具有危险性，运用数值方法准确模拟低温流体的空化特性便尤为重要。

目前，Standard$k$-ε、RNGk-ε模型、SSTk-ω模型等被广泛应用于空化流动计算[3-4]，但是上述湍流模型对空穴尾部的涡黏度预测值过高，产生高于实际的黏滞力，导致无法准确模拟空化流场，故部分学者将大涡模拟（Large Eddy Simulation，LES）引入空化流场的计算，张德胜等[5]运用大涡模拟求解轴流泵的空化流场，分析了叶顶间隙泄漏流的瞬态特性，揭示了叶顶区的涡系类型及叶顶泄漏涡带的演变规律。Yamanishi N 等[6]采用大涡模拟分析诱导轮进口处的回流涡结构，计算得到的回流涡形态特征及尺寸与实验结果符合性较好。可见，与 RANS 方程模型相比，大涡模拟具有更高的求解精度，但是大涡模拟对网格精度较高，计算资源需求大。为解决该问题，Johansen[7]提出一种基于 Standard k-ε 模型的滤波器模型（FBM），Coutier-Delgosha[8]提出基于密度修正的湍流模型（DCM），余志毅等[9]采用 FBM 模型数值研究了栅中翼型的空化流动特性，Chen 等[10]采用 DCM 模型研究了不同水温下的空化流动特征，均取得到了较好的效果。

通过 CFX 二次开发，分别采用基于密度修正（DCM）的 RNGk-ε 湍流模型以及滤波器（FBM）RNGk-ε 湍流模型，数值计算液氮绕翼型的空化流场，并与实验结果对比分析，评价了两种湍流模型在低温流体空化中的影响和适用性。

2　控制方程和数学方法

2.1 控制方程

假定汽液两相为均相流动，同时由于计算时考虑了热效应，控制方程在连续方程和动量方程的基础上加入能量方程，依次为

$$\frac{\partial \rho_m}{\partial t}+\frac{\partial\left(\rho_m U_j\right)}{\partial x_i}=0 \tag{1}$$

$$\frac{\partial\left(\rho_{\mathrm{m}} u_i\right)}{\partial t}+\frac{\partial\left(\rho_{\mathrm{m}} u_i u_j\right)}{\partial x_j}=-\frac{\partial p}{\partial x_i}+\frac{\partial}{\partial x_j}\left[\left(\mu+\mu_t\right)\left(\frac{\partial u_i}{\partial x_j}+\frac{\partial u_j}{\partial x_i}-\frac{2}{3} \frac{\partial u_k}{\partial x_k} \delta_{ij}\right)\right] \tag{2}$$

$$\frac{\partial}{\partial t}\left[\rho_m\left(h+f_v L\right)\right]+\frac{\partial}{\partial x_j}\left[\rho_m u_j\left(h+f_v L\right)\right]=\frac{\partial}{\partial x_j}\left[\left(\frac{\mu}{P r_L}+\frac{\mu_t}{P r_t}\right) \frac{\partial h}{\partial x_j}\right] \tag{3}$$

2.2 空化模型的修正

本文采用文献[11]提出的一种混合空化模型并加以修正，该空化模型由蒸发凝结的机理推导得来，并且与其他空化模型相比，考虑了多种影响空化过程的因素，例如湍流，表面张力等。空化模型方程如下所示

$$\mathrm{m}^{+}=C_c \frac{3 \alpha_v}{r_b}\left(\frac{M}{2 \pi R}\right)^{(1/2)}\left(\frac{p_v^*-p^*}{\sqrt{T}}\right) \tag{4}$$

$$\mathrm{m}^{-}=C_e \frac{3(1-\alpha_v)}{r_b}\left(\frac{M}{2 \pi R}\right)^{(1/2)}\left(\frac{p_v^*-p^*}{\sqrt{T}}\right) \tag{5}$$

$$P^*=P+\frac{2S}{r_b} \tag{6}$$

式中：C_{cond} 为凝结系数，C_{vap} 为蒸发系数，α_v 为蒸汽体积分数，r_b 为空泡半径，M 为摩尔

质量，R 为气体常数，P_v^* 为饱和蒸气压，T 为当地温度

为描述纯物质的饱和蒸气压，国内外化工行业普遍采用三参数 Antoine 方程，如下所示

$$\lg P_{sat} = A - \frac{B}{T + C} \tag{7}$$

式中，A、B、C 为 Antoine 常数，P_{sat} 为液相的饱和蒸汽压

同时，实验研究表明，湍动能对空化具有重要影响，因此采用文献[14]提出的方法计算湍动能对当地饱和蒸汽压的影响，公式为

$$\Delta P_{tur} = 0.195\rho_m k \tag{8}$$

式中 ΔP_{tur} 为当地饱和蒸汽压的变化 k 为湍动能 ρ_m 为混合密度

综合上述考虑热力学效应以及湍动能对饱和蒸气压的影响，对原空化模型中的 P_v^* 进行修正，如下所示

$$P_v^* = P_{sat} + \Delta P_{tur} \tag{9}$$

考虑到液氮强烈的热力学效应，根据图 1，修正后的空化模型蒸发和凝结系数分别取：*Ce*=0.033，*Cc*=0.01。

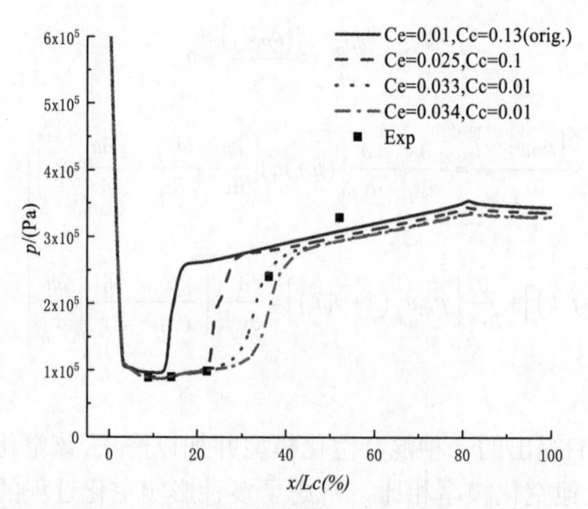

图 1 液氮中空化模型不同蒸发和凝结系数的计算结果

2.3 湍流模型的修正

RNG *k-ε* 模型是由 N-S 方程重整化群分析得到的。其输运方程中的湍流产生项和耗散项与标准 *k-ε* 模型中的一致，只是两种模型的系数不同，标准 *k-ε* 模型中的系数 $C_{\varepsilon 1}$ 被替换成函数 $C_{\varepsilon 1RNG}$。其涡黏度为

$$\mu_t = \frac{C_\mu \rho_m k^2}{\varepsilon} \tag{10}$$

式中，$C_\mu = 0.085$，ε 为湍动能耗散率。

2.3.1 滤波器湍流模型（FBM）

$$\mu_{t\_\mathrm{FBM}} = \frac{C_\mu \rho_m k^2}{\varepsilon} f_{\mathrm{FBM}} \tag{11}$$

$$f_{FBM} = \min\left(1, C_3 \frac{\Delta \cdot \varepsilon}{k^{3/2}}\right) \tag{12}$$

式中，**Δ为滤波尺寸** $C_3 = 1.0$ 滤波尺寸由网格尺寸 $L = (\Delta x \cdot \Delta y \cdot \Delta z)^{(1/3)}$ 决定，根据文献[9]，滤波尺寸取值略大于网格尺寸 Δ=1.05L

2.3.2 基于密度修正的湍流模型（DCM）

$$\mu_{t\_DCM} = \frac{C_\mu \rho_m k^2}{\varepsilon} f_{DCM} \tag{13}$$

$$f_{DCM} = \frac{\rho_v + (\alpha_l)^n (\rho_l - \rho_v)}{\rho_v + \alpha_l (\rho_l - \rho_v)} \tag{14}$$

式中：ρ_v 为汽相密度，ρ_l 为液相密度，α_l 为液相体积分数

Chen 等[10]发现 n 的取值对空化流动的计算有较大的影响。由于本研究使用液氮进行数值模拟计算，液氮与室温水的物性参数有较大不同，故对系数 n 重新标定，由图 2 可得，当 n=4 时与实验值更接近，说明 n=4 更适合当前工况。

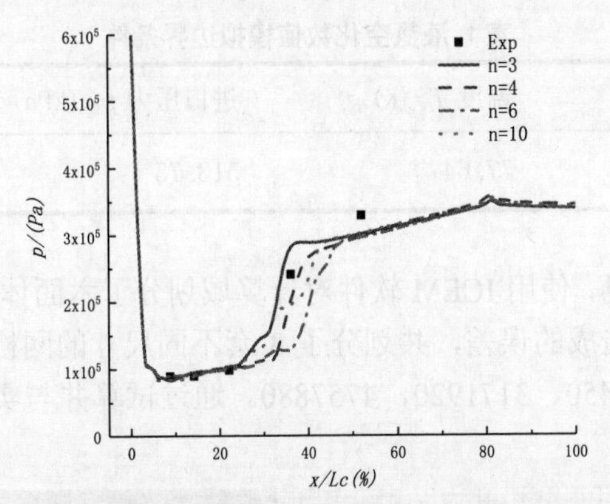

图 2　DCM 模型中不同 n 取值下的翼型表面压力分布

2.4 计算网格及边界条件

本研究的数值计算根据 Hord[12]实验进行，Hord 针对液氮绕翼型空化进行了一系列系统的低温空化研究，其实验模型和翼型结构分别如图 3 所示。

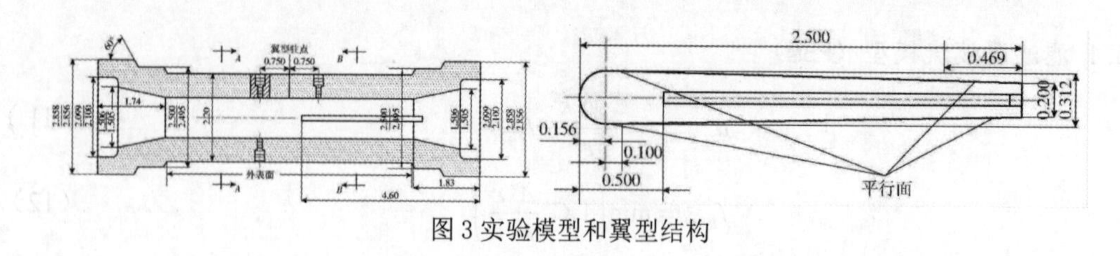

图 3 实验模型和翼型结构

考虑到计算的经济性，对实验模型进行一定简化，采用对称性结构进行数值模拟，设置对称边界条件。三维对称水体模型如图 4 所示。

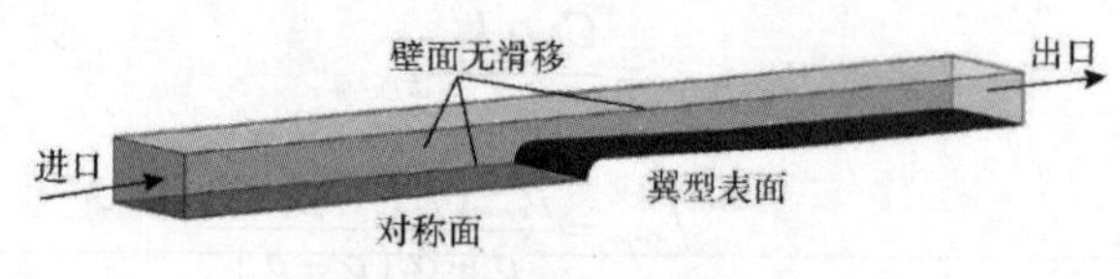

图 4 计算域及边界条件

计算采用的边界条件按照 Hord 实验进行设置：入口边界采用压力入口，所设压力值与实验值保持一致，来流温度根据实验进口测得的温度进行设置，出口边界采用速度出口，计算域出口速度大小与实验一致。翼型表面及四周壁面均设置为绝热无滑移壁面条件。具体边界条件如表 1 所示。

表 1 液氮空化数值模拟边界条件

介质	工况	温度 T_∞ (K)	进口压力 p_∞ (kPa)	出口速度 U_∞ (m/s)
液氮	293A	77.64	513.75	29.97

为准确模拟空化流场，使用 ICEM 软件对计算域划分了六面体结构网格（图 5）所示。为消除网格数量对模拟造成的误差，共划分了 3 套不同尺寸的网格，验证网格的无关性，网格节点数分别为 1982450、3171920，4757880。通过试算并与实验结果比较，最终取节点数为 3171920 的网格。

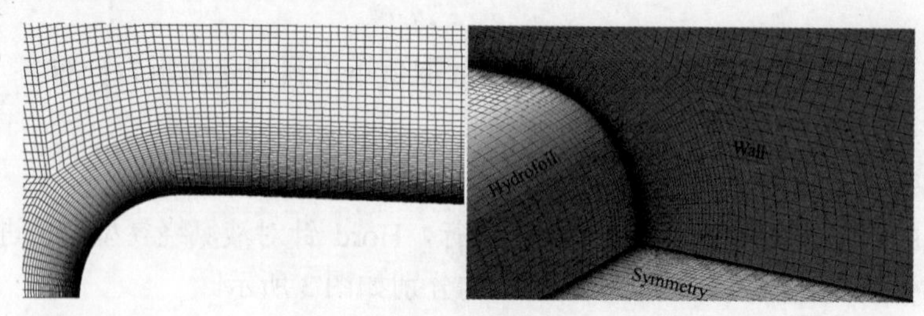

图 5 Hord 翼型网格划分

3 计算结果与讨论

3.1 不同湍流模型对压力分布的影响

图 6 给出了分别采用 DCM 模型和 FBM 滤波器模型模拟得到的液氮绕翼型空化的压力分布云图。其中，压力分布由压差表示，表达式为 $\Delta P=P-P_v(T_\infty)$，对比分析图 6(a)与图 6(b)可得，两种湍流模型计算得到的压差最小值均位于空化核心区，即该处流场的压力下降幅度最大。空化区域的压差源于考虑热力学效应后，介质汽化时吸收热量，导致空化区域温度下降，从而使空化区域的饱和蒸汽压小于远场的饱和蒸气压，因此，表现为空化区域的压差 ΔP 均为负值。

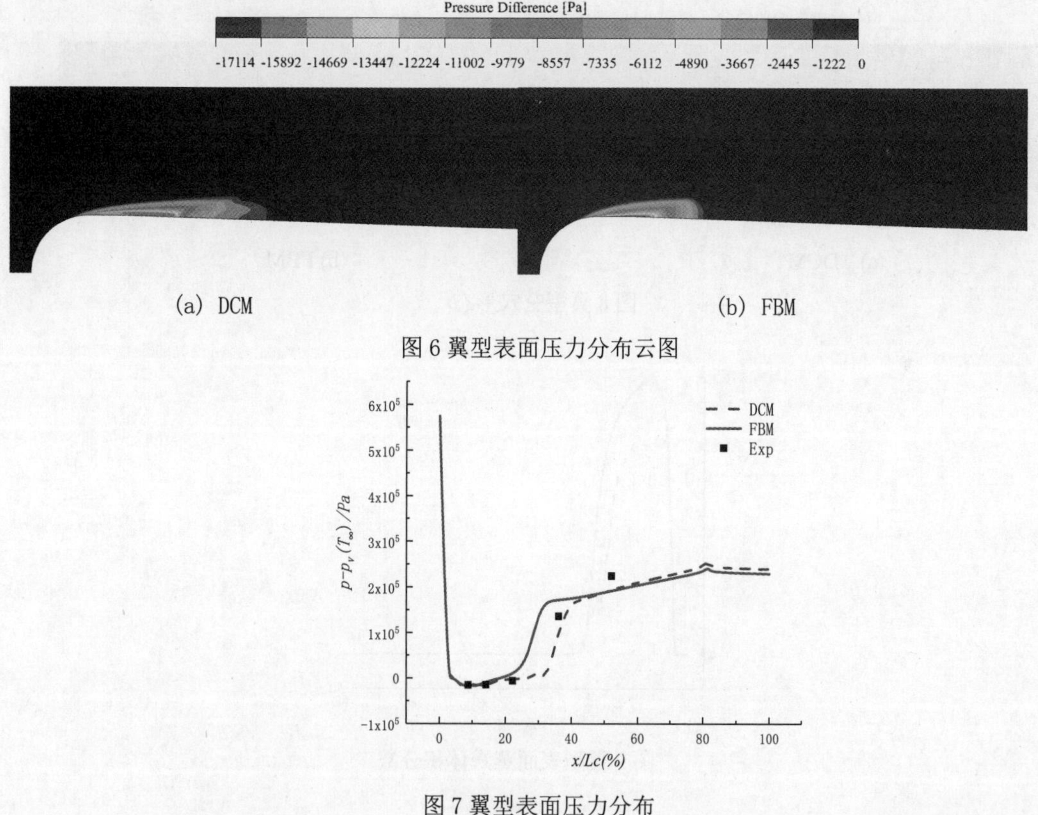

(a) DCM　　(b) FBM

图 6 翼型表面压力分布云图

图 7 翼型表面压力分布

结合图 7 的翼型表面压降变化，发现两种湍流模型计算得到的压降分布有所差别，FBM 模型的饱和蒸气压下降幅度比 DCM 模型的大，其中 DCM 模型的最大压降为 16239Pa，而 FBM 模型的最大压降为 17114Pa，对应压力云图中最小的 ΔP。此外，FBM 模型的压降负值区与 DCM 模型的相比较，范围较小，负值区域末端的压力梯度较大，即 FBM 模型计算得到的空穴区域尾端的压力恢复至远场压力的速度更快。

3.2 不同湍流模型对空穴形态的影响

图 8 给出了两种湍流模型计算所得空穴形态及翼型表面蒸汽体积分数变化。其中，空穴形态由蒸汽体积分数表征，红色区域表示高含汽率，蓝色区域则相反。

对比图 8(a)和图 8(b)可见，蒸汽体积分数高值区均位于翼型的头部空化区，与上文描述的压降最大值区域相符。相比 DCM 模型，FBM 模型得到的空穴区域较小，其空穴长度明显较短，但是其空穴尾部蒸汽体积分数变化梯度较大，空穴区域变化程度较大，这与其压降负值区域的变化一致。而 DCM 模型得到空化区域较大，空穴区域形态变化程度较小，其空穴末端与 FBM 模型相比较为平滑。由图 9 可得，DCM 模型与 FBM 模型的空穴在翼型表面的附着长度相近，但是 FBM 模型的蒸汽体积分数的高值区范围较大。

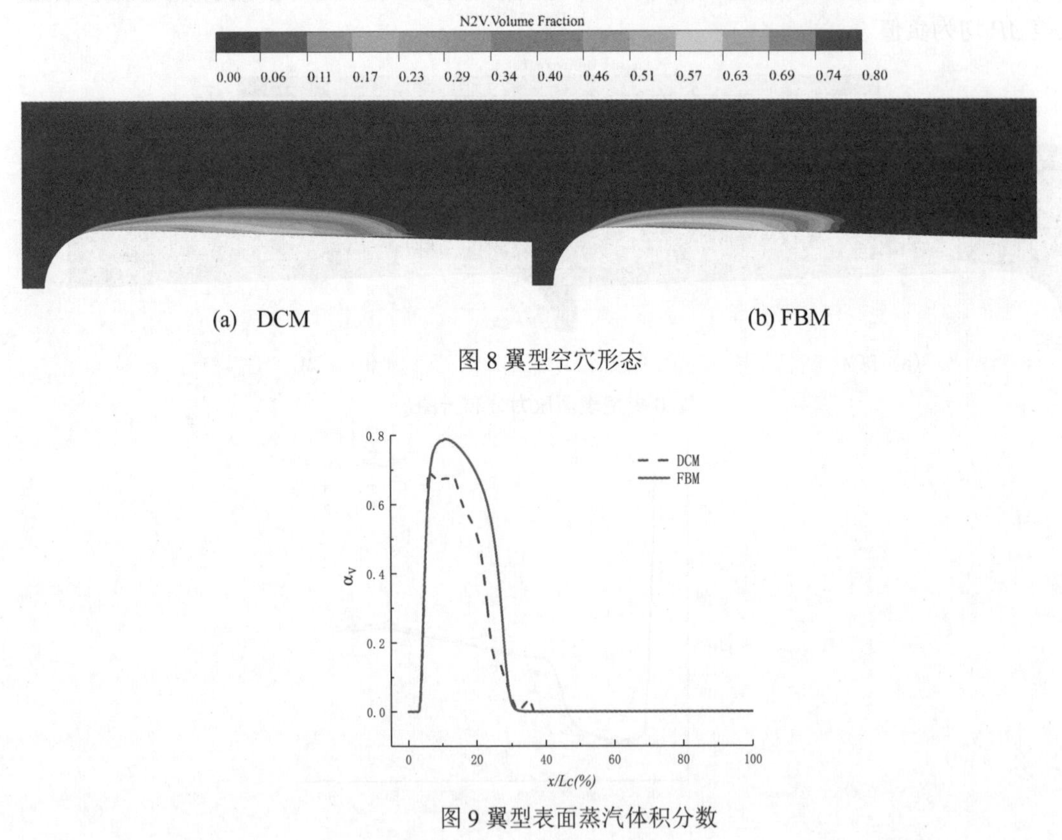

(a) DCM (b) FBM

图 8 翼型空穴形态

图 9 翼型表面蒸汽体积分数

比较两个模型计算得到的压降分布和蒸汽体积分数分布，可以发现，FBM 模型所得的压降较大，空化区域较小，这表明，在考虑热力学效应的计算中，FBM 模型的效果较为显著，能较好的反映热敏感介质空化的特征。

3.3 不同湍流模型对相间质量传输的影响

为进一步解释湍流模型在考虑热力学效应的空化计算中的作用，图 10 给出了采用 DCM 模型和 FBM 模型在考虑热力学效应的空化模拟中得到的液汽相间质量传输速率分布图。图 10 中，正值表示蒸发速率，负值表示凝结速率。

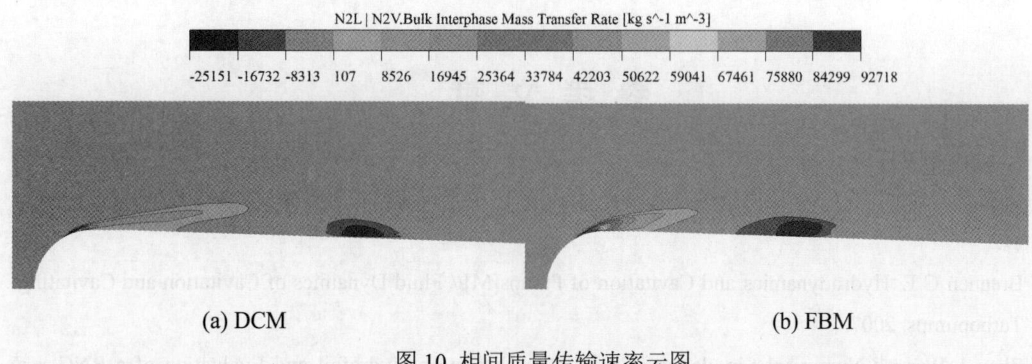

图 10 相间质量传输速率云图

图 10 可见，两个湍流模型对应的蒸发和凝结程度差异较大。对比图 10(a)和图 10(b)，DCM 模型计算所得的蒸发区域较大，蒸发质量梯度较小，而 FBM 模型计算所得的凝结区域和凝结质量均较大，其在翼型头部的空化区域的蒸发质量高值区范围比 DCM 模型的略大，蒸发质量较大，表明在该区域空化强度较大，这与图 9 所表现的高蒸汽体积分数相对应。在空穴尾部区域，FBM 模型计算所得的凝结质量较大，对应图 7 中较高的压力梯度，以及图 9 中较高的空穴尾部蒸汽体积分数梯度，即凝结质量越大，压力恢复至远场压力的速度越大，空穴长度越小。

4 结论

本研究以 Hord 的液氮实验数据为基础，在考虑热力学效应的情况下，计算了液氮绕翼型的空化流动，并通过对比分析两种湍流模型的计算结果，得到如下结论。

（1）基于 Antoine 方程及湍动能对当地饱和压强的影响修正了空化模型，同时基于密度修正及滤波器模型修正了 RNGk-ε 模型，并通过与 Hord 的实验数据对比分析，表明修正后的模型有较好的适用性。

（2）FBM 模型与 DCM 模型相比较，计算得到的空化区域较小，最大压降值较大，与实验结果符合性较好，说明其在低温液体的模拟计算中的适用性更好。

（3）在相同的工况下，FBM 模型计算得到的蒸发质量梯度和凝结质量梯度较大，空穴尾部压力恢复至远场压力的速度更快。

致谢

本研究得到国家重点研发计划（2017YFC0404201）；江苏省六大人才高峰项目；江苏省青蓝工程中青年学术带头人和江苏省“333”工程资助项目。基金项目：国家自然科学基金面上资助项目（51579118）；江苏省六大人才高峰项目；江苏省青蓝工程中青年学术带头人项目资助。

参 考 文 献

1 曾燕丽. 浅析中国 LNG 应用技术发展现状及前景[J]. 中国石油和化工标准与质量,2012, 33(16): 242-242.

2 Brennen C E. Hydrodynamics and Cavitation of Pumps[M]// Fluid Dynamics of Cavitation and Cavitating Turbopumps. 2007.

3 Zhou L,Wang Z.Numerical Simulation of Cavitation Around a Hydrofoil and Evaluation of a RNG κ-ε Model[J]. Journal of Fluids Engineering, 2008, 130(1):011302-011308.

4 张德胜,施卫东,张华, 等.不同湍流模型在轴流泵性能预测中的应用[J]. 农业工程学报, 2012, 28(1): 66-71.

5 张德胜,石磊,陈健,等. 基于大涡模拟的轴流泵叶顶泄漏涡瞬态特性分析[J]. 农业工程报,2015,31(11): 74-80.

6 Yamanishi N, Fukao S, Qiao X, et al. LES Simulation of Backflow Vortex Structure at the Inlet of an Inducer[J]. Journal of Fluids Engineering, 2007, 129(5):587.

7 Johansen S T, Wu J, Shyy W. Filter-based unsteady RANS computations[J]. International Journal of Heat & Fluid Flow, 2004, 25(1):10-21.

8 Coutierdelghosa O, Régiane Fortes Patella, Reboud J L. Evaluation of the turbulence model influence on the numerical simulation of unsteady cavitation[J]. Journal of Fluids Engineering, 2008, 125(1):38-45.

9 余志毅,时素果,黄彪,等.FBM 模型在栅中翼形空化流动计算中的应用[J].工程热物理学报,2010, V31(5):777-780.

10 Chen T, Huang B, Wang G, et al. Numerical study of cavitating flows in a wide range of water temperatures with special emphasis on two typical cavitation dynamics[J]. International Journal of Heat and Mass Transfer, 2016, 101:886-900.

11 Liu S, Li S, Liang Z, et al. A mixture model with modified mass transfer expression for cavitating turbulent flow simulation[J]. Engineering Computations: Int J for Computer-Aided Engineering, 2008, 25(4):290-304.

12 Hord J. Cavitation in liquid cryogens. 2: Hydrofoil[J]. 1973.

13 LINSTROM, Peter J, William G. The NIST Chemistry WebBook : A chemical data resource on the internet[J]. Journal of Chemical & Engineering Data, 2001, 46(5):1059-1063.

14 Singhal A. Mathematical basis and validation of the full cavitation model. J Fluid Eng 2002;124(3):617-624.

The influence and applicability of turbulence model in numerical simulation of cavitation in cryogenic fluid

FENG Jian[1], ZHANG De-sheng[1*], SHI Wei-dong[2], GAO Xiong-fa[1], SHEN Xi[1], JIN Yong-xin[1]

(1. National Research Center of Pumps, Jiangsu University, Zhenjiang, Jiangsu 212013, China.

2. Department of Mechanical Engineering, Nantong University, Nantong 226019, Jiangsu ,China.

*Email：zds@ujs.edu.cn)

Abstract: To study the effect of turbulence model in cryogenic fluid cavitation, turbulent cavitation flows of liquid nitrogen over the three-dimension Hord hydrofoil were numerically investigated based on two turbulence models, i.e. the RNG k-ε Model with local density correction and Filter-based RNG k-ε Model, respectively. The distributions of pressure, cavity region and interphase mass transfer were obtained based on two turbulence models and the two turbulence models were evaluated by comparing the calculation results with the experimental data. The results show that, compared with DCM model, the calculation results of FBM model is closer to the experimental results, with larger pressure drop in cavity region, smaller length of cavity and larger gradient of evaporation mass and condensation which indicates the better applicability of FBM model in numerical simulation of cryogenic fluids.

Key words: Turbulence model; Hydrofoil; Thermal effect; Numerical simulation; Cavitating flows.

瞬态高斯波包在船舶耐波性模型试验中的应用研究

刘震，范佘明，王海波，陈禧

(中国船舶及海洋工程设计研究院，上海市船舶工程重点实验室，上海，200011,

Email: liuzhen0829@126.com)

摘要：在船舶耐波性模型试验中，一般利用规则波或白噪声不规则波获得船舶的运动及加速度的响应幅值算子（RAO）曲线。一系列规则波试验耗时较长（60 min 左右）并且难以捕捉 RAO 曲线的峰值，白噪声不规则波耗时相对较短（10～30 min），但可能会遭遇池壁反射的影响。基于瞬态波（聚焦波）包的耐波性模型试验耗时很短（1～2 min），可以显著提高试验效率。本研究首先在大型拖曳水池模拟了满足高斯波谱的不同聚焦波幅的瞬态波包，然后针对一艘钻井船，考虑其迎浪、首斜浪以及横浪状态，开展了钻井船在瞬态高斯波包作用下的耐波性模型试验研究。研究发现：试验模拟得到的瞬态高斯波包具有较好的波形和谱形特征；利用聚焦波幅适当的瞬态高斯波包获得的钻井船垂荡、纵摇运动及垂荡加速度 RAO 结果与规则波及白噪声不规则波的试验结果吻合较好，并且可以有效地捕捉 RAO 曲线的峰值；为了获得合理的 RAO，聚焦波幅不宜过大，高斯波谱的谱峰周期需与相应摇荡运动固有周期相当。本研究对于提高船舶耐波性模型试验的效率具有重要意义。

关键词：瞬态波；高斯波包；响应幅值算子（RAO）；耐波性模型试验

1 引言

在船舶耐波性模型试验中，一般利用规则波或白噪声不规则波获得船舶的运动及加速度的响应幅值算子（RAO）曲线。一系列规则波试验耗时较长（60 min 左右）并且难以捕捉 RAO 曲线的峰值，白噪声不规则波耗时相对较短（10~30 min），但可能会遭遇池壁反射的影响。基于瞬态波（聚焦波）包的耐波性模型试验耗时很短（1~2 min），可以显著提高试验效率，并且可以避免池壁效应的影响。因此，开展基于瞬态波的试验技术研究对于提高船舶耐波性模型试验的效率具有重要的工程意义。

基于瞬态波的模型试验方法是由 Davis 和 Zarnick [1]提出的，他们利用线性扫频技术生

基金项目：工信部高技术船舶科研项目和装备预研基金（41407010202）资助

成一列波长逐渐增大的波浪，通过定点聚焦得到瞬态波包，由于他们没有考虑造波机传递函数的影响，因此难以控制波列和波谱的形状。Takezawa 和 Hirayama [2]通过引入造波机传递函数，改进了上述方法，可以得到谱形特征较好的瞬态波，但对波形的控制仍然需要改进。Clauss 和 Bergmann [3]导出了基于高斯波谱（振幅波数谱）的瞬态波包的解析表达式，并且该解析表达式中包含波包聚焦时的最大波幅，研究表明基于该解析表达式可以模拟得到波形和谱形特征较好的瞬态波，并且利用该瞬态波包获得的船舶垂荡和纵摇运动 RAO 与规则波的结果吻合较好，值得注意的是他们导出的解析表达式无法直接体现有义波高的影响。Zhao 等 [4]基于包含有义波高的高斯波谱，模拟了满足中等海况的瞬态“新波”聚焦波群[5]，研究了波浪气隙共振问题，由于采用了“新波”理论，可以有效模拟给定聚焦波幅的瞬态波。

高斯波谱可以通过调节形状因子控制谱宽，但对于一些试验，可能需要谱宽更大的波谱。Grigoropoulos 等 [6]采用类似白噪声的带宽较宽的波谱，计及了通过实测获得的波浪传播的相位差，模拟了瞬态聚焦波群并开展了模型试验研究，发现基于该瞬态波获得的不同航速的船舶垂荡和纵摇运动 RAO 与基于规则波的结果较为一致。应用瞬态波浪开展模型试验，可能会遭遇非线性影响，Reilhac 等 [7]提出了利用波峰和波谷聚焦来消除瞬态波的非线性影响，研究发现采用该方法获得的船舶运动纵荡、垂荡及纵摇运动 RAO 与基于规则波和不规则波的结果吻合较好，但他们没有对聚焦波幅的非线性对模型试验结果的影响做深入研究。

以往的一些基于瞬态波的耐波性模型试验研究通常采用聚焦波幅较小的瞬态波包，然而聚焦波幅更大（即非线性更强）的瞬态波包是否适用以及波包的非线性对船舶运动及加速度 RAO 有何影响还有待研究。此外，以往的研究主要集中在船舶在迎浪条件下的垂荡和纵摇运动 RAO，对于斜浪和横浪条件下的船舶运动，特别是非线性特征明显的横摇运动，采用瞬态波能否对其做出有效预报还需深入研究。基于上述问题，本研究首先在大型拖曳水池模拟了满足高斯波谱的不同聚焦波幅的瞬态波包，然后针对一艘钻井船，考虑其迎浪、首斜浪以及横浪状态，开展了钻井船在瞬态高斯波包作用下的耐波性模型试验研究。

2 瞬态高斯波包的模拟

实验室一般通过模拟满足高斯波谱的瞬态聚焦波来获得瞬态高斯波包。本研究采用的高斯波谱为

$$S(f)=\frac{H_s^2}{16\sqrt{2\pi\sigma^2}}e^{-\frac{(f-f_p)^2}{2\sigma^2}} \tag{1}$$

其中 H_s 为有义波高；f 为波浪频率（Hz）；f_p 为谱峰频率；σ 为形状因子。模型试验中选取 H_s=0.05 m，f_p=0.714 Hz，σ=0.16。其中，谱峰频率的选取与船模垂直面运动（垂荡

和纵摇）固有频率相当。瞬态聚焦波的模拟通常利用线性叠加原理，在指定位置、指定时刻通过组成波的波峰叠加产生一个大波，相关理论可以参考 Rapp 和 Melville [8]的工作，这里不做详细介绍。

表 1 给出了模型试验中瞬态高斯波包的工况参数。其中，试验水深 d=5 m，瞬态波的组成波数目 N=100， f_1 和 f_n 分别为组成波的最小和最大频率， f_c 为组成波的中心频率，k_c 为中心频率对应的波数，A 为基于线性理论假定的聚焦点处（距造波板 45 m）的波幅，Ak_c 为中心频率对应的组成波的无因次波陡，用来描述瞬态高斯波包的非线性程度。Chaplin 指出 [9]：基于等波陡谱的聚焦波在 Ak_c =0.30 时开始出现波浪破碎现象。通过试验发现瞬态高斯波包开始破碎时的坡陡 Ak_c 也在 0.30 左右，因此选取的用于船舶耐波性模型试验的高斯波包均为非破碎工况，以用来研究不同非线性程度的高斯波包对船舶运动及加速度 RAO 的影响。

图 1 给出了试验中在船首 6.5m 处模拟得到的一个典型瞬态高斯波包时历。可以看到，聚焦目标位置附近的高斯波包最大波峰两侧的波面呈现出较好的对称性。图 2 给出了图 1 中瞬态波包对应的振幅谱与靶谱的对比。可以看到，聚焦目标位置附近模拟得到的振幅谱与靶谱的吻合程度令人满意。

表 1　模型试验中瞬态高斯波包的工况参数（d=5 m）

工况	f_1~f_n (Hz)	f_c (Hz)	k_c(m^{-1})	A (m)	Ak_c
TA005	0.25~1.2	0.725	2.115	0.050	0.106
TA008	0.25~1.2	0.725	2.115	0.080	0.169
TA012	0.25~1.2	0.725	2.115	0.120	0.254

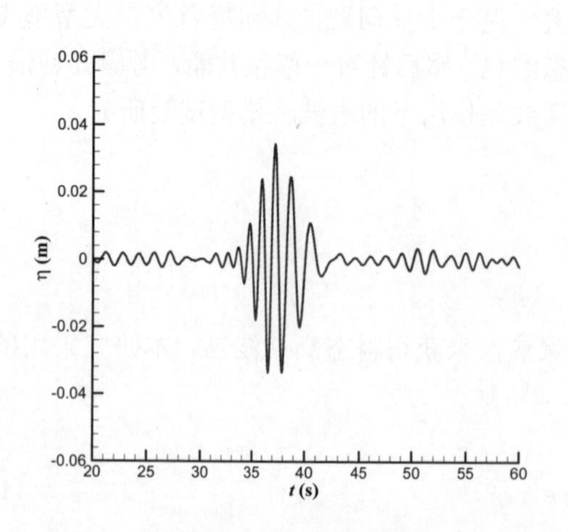

图 1　试验中模拟得到的典型瞬态高斯波包时历（船首前 6.5 m 处）

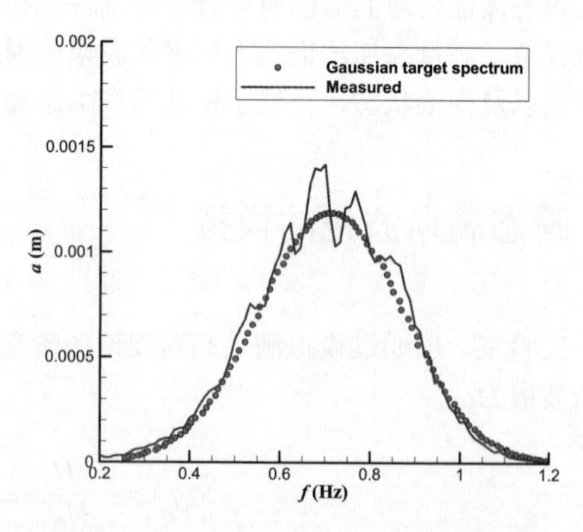

图 2　试验中模拟得到的振幅谱与靶谱的对比

3 模型试验装置和描述

模型试验是在中国船舶及海洋工程设计研究院（MARIC）的大型拖曳水池中开展的。水池长 280 m，宽 10 m，试验水深为 5 m。水池的一端为摇板式造波机，可以生成规则波和不规则波；另外一端为斜坡式消波滩，用于消除波浪反射。试验模型为一艘钻井船，模型缩尺比为 1:40，对应装载状况为设计吃水，表 2 给出了钻井船的主尺度参数。试验准备期间，利用惯量架对船模重心高度和惯性半径进行调整，满足几何相似要求。为适当约束船舶漂移且不影响船舶的主要摇荡运动，在船模首部和尾部各布置两根连接弹簧的钢丝绳，两根钢丝绳之间的夹角为 90°，弹簧刚度的选取确保系泊的船模纵荡和横荡运动固有周期远离模型试验中波浪的主要周期范围。试验中考虑其迎浪 180°、首斜浪 135° 以及横浪 90° 状态。图 3 给出了模型试验系泊系统布置图。图 4 给出了一张波浪中模型试验的照片。

采用非接触式光学六自由度运动测量仪测量船模在波浪中的 6 个自由度运动，即：纵荡、横荡、垂荡、横摇、纵摇及首摇。通过对重心处垂荡运动进行二次微分获得重心处的垂荡加速度。模型试验的采样频率为 20 Hz。

在耐波性模型试验之前，开展了倾斜试验、静水衰减试验，以确保船模重心高度和惯性半径调整的准确性。为了验证基于瞬态高斯波包获得的船舶耐波性模型试验结果，同时开展了规则波及白噪声不规则波试验。规则波试验采用一系列等波高试验，波高实船值为 2 m，周期实船值为 5~25 s，并且在船舶主要运动固有周期附近加密。白噪声不规则波的有义波高实船值为 2.4 m，周期实船值为 5~25 s，试验时间对应实船值为 1 h。

表 2 钻井船主尺度参数

项目	符号	单位	实船	船模
总长	L_{oa}	m	179.8	4.4950
垂线间长	L_{pp}	m	168.0	4.2000
型宽	B	m	32.0	0.8000
型深	D	m	15.5	0.3875
设计吃水	d	m	9.2	0.2300
排水量	Δ	t	41315.1	0.6298
重心纵向位置（距尾垂线）	LCG	m	81.72	2.0430
重心垂向位置（距基线）	VCG	m	13.03	0.3258
横摇惯性半径	R_{xx}	m	13.2442	0.3311
纵摇惯性半径	R_{yy}	m	46.2437	1.1561

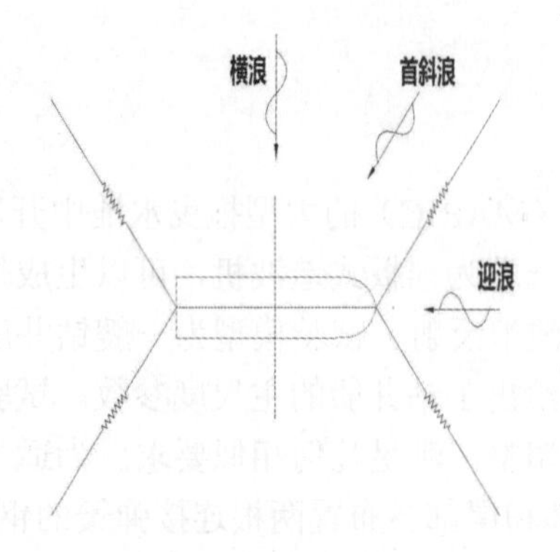

图 3　模型试验系泊系统布置

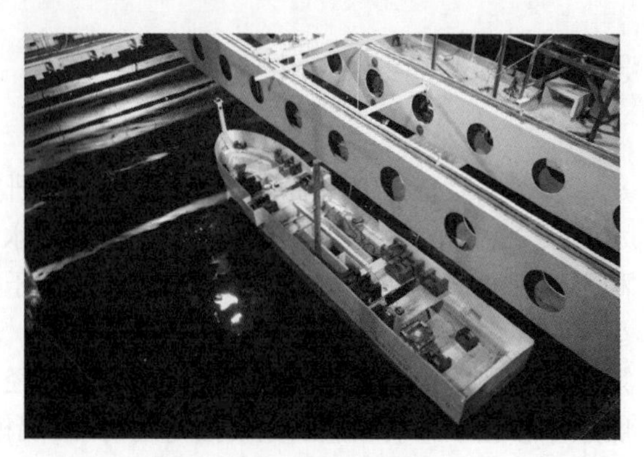

图 4　波浪中模型试验照片

4　结果与讨论

模型试验结果包括静水垂荡、横摇和纵摇运动自由衰减试验结果以及迎浪、首斜浪和横浪条件下主要运动及加速度 RAO。在计算瞬态波及白噪声不规则波作用下船舶运动及加速度 RAO 时，首先利用快速傅里叶变换（FFT）分别得到相应的响应谱和波浪谱，然后通过响应谱与波浪谱相除即可获得 RAO，试验结果均已换算至实船。

4.1 静水自由衰减试验结果

钻井船在静水中的垂荡、横摇、纵摇运动自由衰减试验结果如图 5 至图 7 所示。由静水自由衰减试验结果分析得到的固有周期和无因次阻尼系数如表 3 所示。

表 3　静水自由摇荡衰减试验结果

垂荡		横摇		纵摇	
固有周期(s)	阻尼系数	固有周期(s)	阻尼系数	固有周期(s)	阻尼系数
8.6	0.236	21.3	0.021	8.4	0.187

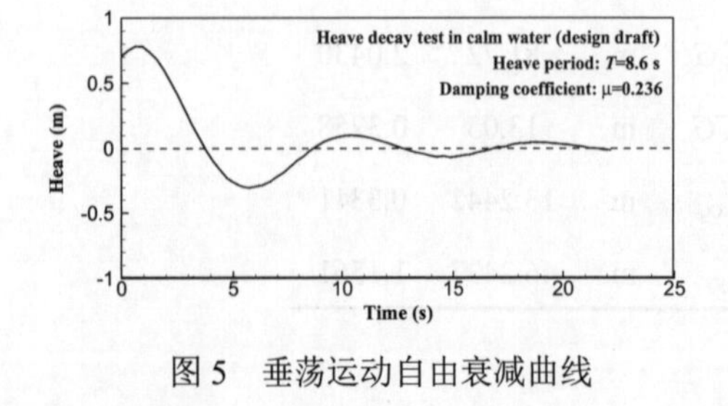

图 5　垂荡运动自由衰减曲线

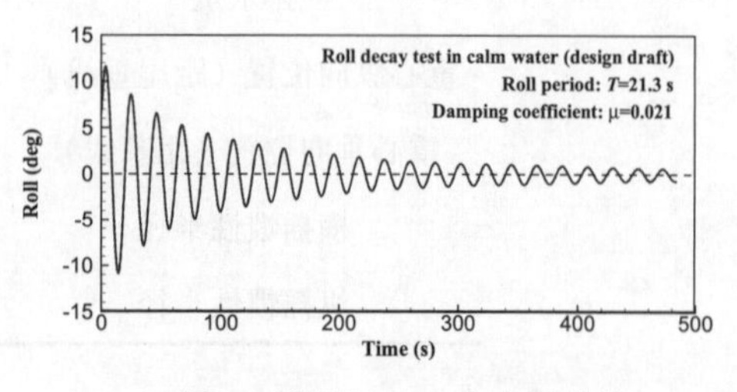

图 6　横摇运动自由衰减曲线

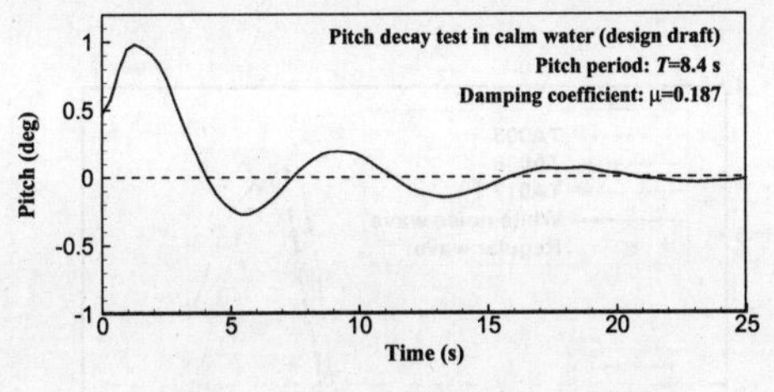

图 7　纵摇运动自由衰减曲线

4.2 运动 RAO

图 8 至图 10 分别给出了钻井船在迎浪、首斜浪和横浪条件下的垂荡运动 RAO。从图中可以看到，基于规则波与白噪声的垂荡运动 RAO 总体上随着波浪周期的增大而增大，并逐渐趋于一个稳定值（1 m/m 左右）。在首斜浪和横浪时垂荡运动 RAO 在 7.2 s 左右出现了峰值，可能是受到月池内流体活塞运动的影响。值得注意的是，在横浪时，垂荡运动 RAO 在 21 s 左右出现了较小的谷值，这可能是由于钻井船在 21 s 时发生了显著的横摇谐摇运动对垂荡运动的影响（图 14）。

从图 8 中可以看到，在迎浪条件下，基于 3 个工况的瞬态高斯波包获得的垂荡运动 RAO 在 5~20 s 的周期范围内与基于规则波及白噪声获得的垂荡运动 RAO 吻合较好；在 20~25 s 的范围内，随着瞬态高斯波包非线性的增加，差异逐渐增大。这主要是由于采用的高斯波谱在这个周期范围内的能量较小，因此带来了较大的误差。如图 9 和图 10 所示，首斜浪和横浪条件下基于瞬态高斯波包的垂荡运动 RAO 曲线的规律与迎浪条件下的相似。

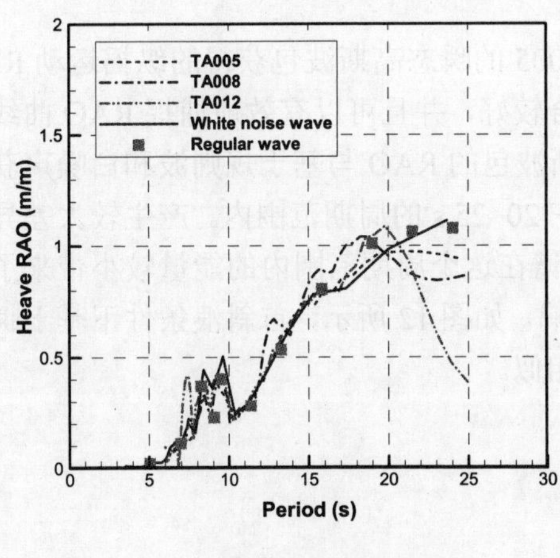

图 8　迎浪时垂荡运动 RAO

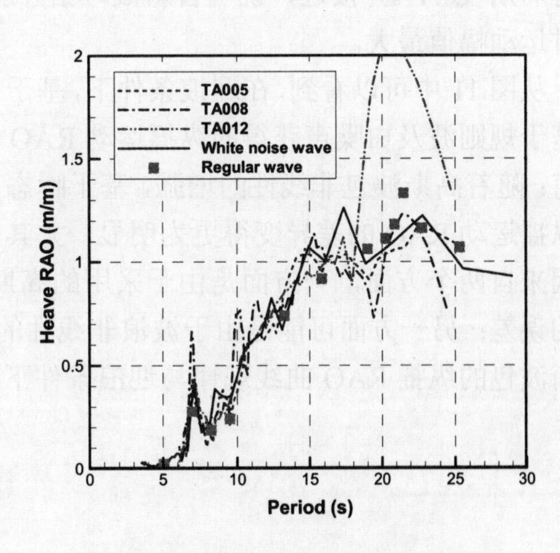

图 9　首斜浪时垂荡运动 RAO

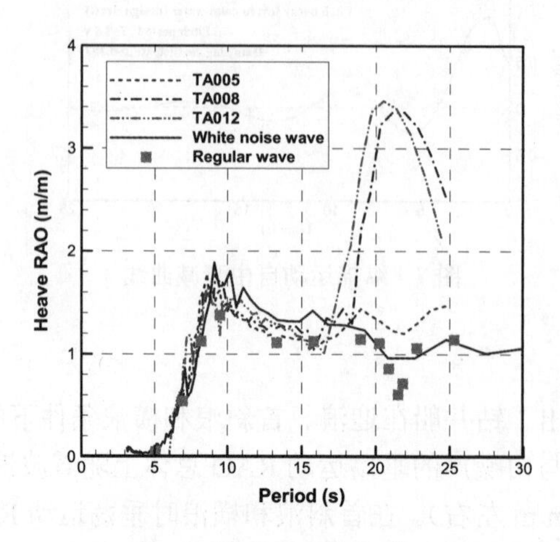

图 10 横浪时垂荡运动 RAO

图 11 和图 12 分别给出了钻井船在迎浪和首斜浪条件下的纵摇运动 RAO。从图中可以看到，在迎浪和首斜浪时，钻井船纵摇运动具有显著的波频特性。钻井船迎浪时的纵摇运动 RAO 峰值周期为 12 s（波长/船长=1.3），在纵摇固有周期（8.4 s）附近出现了一个较小的峰值。这说明在迎浪时钻井船的纵摇运动不是在其谐摇发生时最大，而是取决于波长和船长之比，这与一般船舶的纵摇运动特性是相似的，即当波长和船长相当时纵摇运动最为显著。首斜浪时，纵摇运动 RAO 峰值周期为 8.5 s 左右，与静水自由衰减试验得到的纵摇固有周期（8.4 s）接近，说明首斜浪时钻井船纵摇运动在其固有周期附近最大，即发生谐摇时运动幅值最大。

从图 11 中可以看到，在迎浪条件下，基于 TA005 的瞬态高斯波包获得的纵摇运动 RAO 与基于规则波及白噪声获得的纵摇运动 RAO 吻合较好，并且可以有效地捕捉 RAO 曲线的峰值；随着高斯波包非线性的增强，基于瞬态高斯波包的 RAO 与基于规则波和白噪声获得的纵摇运动 RAO 的差异变得更为明显，尤其是在 20~25 s 的周期范围内。产生较大差异的原因来自两个方面，一方面是由于采用的高斯波谱在这个周期范围内的能量较小带来了较大的误差；另一方面可能是由于波浪非线性的影响。如图 12 所示，首斜浪条件下基于瞬态高斯波包的纵摇 RAO 曲线规律与迎浪条件下的相似。

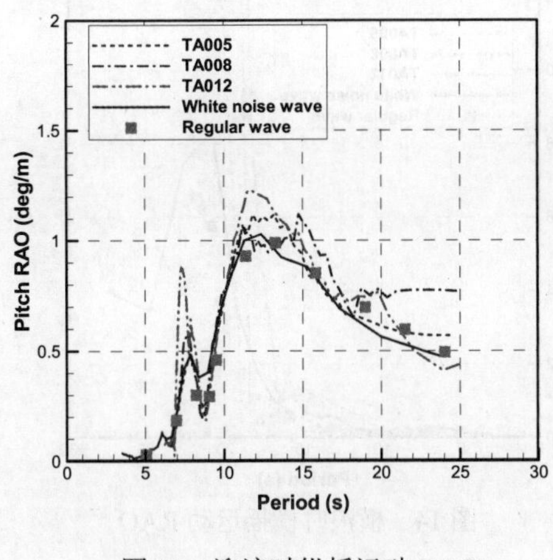

图 11 迎浪时纵摇运动 RAO

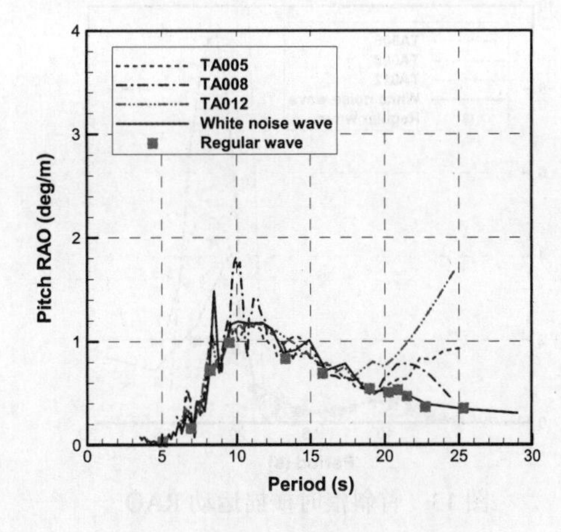

图 12 首斜浪时纵摇运动 RAO

图 13 和图 14 分别给出了钻井船在首斜浪和横浪条件下的横摇运动 RAO。在首斜浪和横浪时，基于规则波或白噪声获得的钻井船横摇运动 RAO 最大值达到 7 deg/m 左右，横摇运动 RAO 峰值周期均在 21 s 左右，与静水衰减试验结果获得的横摇固有周期（21.3 s）一致。

从图 13 中可以看到，在首斜浪条件下，基于 TA005 工况的瞬态高斯波包获得的横摇运动 RAO 与基于规则波及白噪声获得的横摇运动 RAO 存在较小差异，随着瞬态高斯波包非线性的增强，在 18~25s 的周期范围内的差异显著增大。分析其原因，一方面是由于模型试验所采用的高斯波谱的谱峰周期 1.4 s（对应实尺度 8.9 s）与船模横摇固有周期 3.4 s（对应实尺度 21.3 s）相差较大，即在 2.9~4.0 s（对应实尺度 18~25s）的周期范围内能量较小，导致误差较大；另一方面，可能是由于波浪非线性的增强，导致非线性的横摇运动，致使基于瞬态高斯波包获得的横摇运动 RAO 在钻井船横摇固有周期附近与基于规则波和白噪声的结果存在较大差异。从图 14 中可以看到，在横浪条件下，波包非线性对横摇运动 RAO 的影响更为显著。

4.3 加速度 RAO

图 15 至图 17 分别给出了迎浪、首斜浪和横浪条件下船舶重心处垂荡运动加速度的 RAO。从图中可以看到，基于工况 TA005 的瞬态高斯波包获得的垂荡加速度 RAO 曲线与基于规则波和白噪声获得的 RAO 曲线在整个周期范围内（5~25 s）具有较好的一致性，随着瞬态高斯波包非线性的增强，相应的 RAO 曲线在峰值附近及周期较大的区域出现较大的波动，与运动 RAO 相似，主要是由于波浪非线性影响以及所采用的高斯波谱在低频范围内能量分布较少带来的误差。

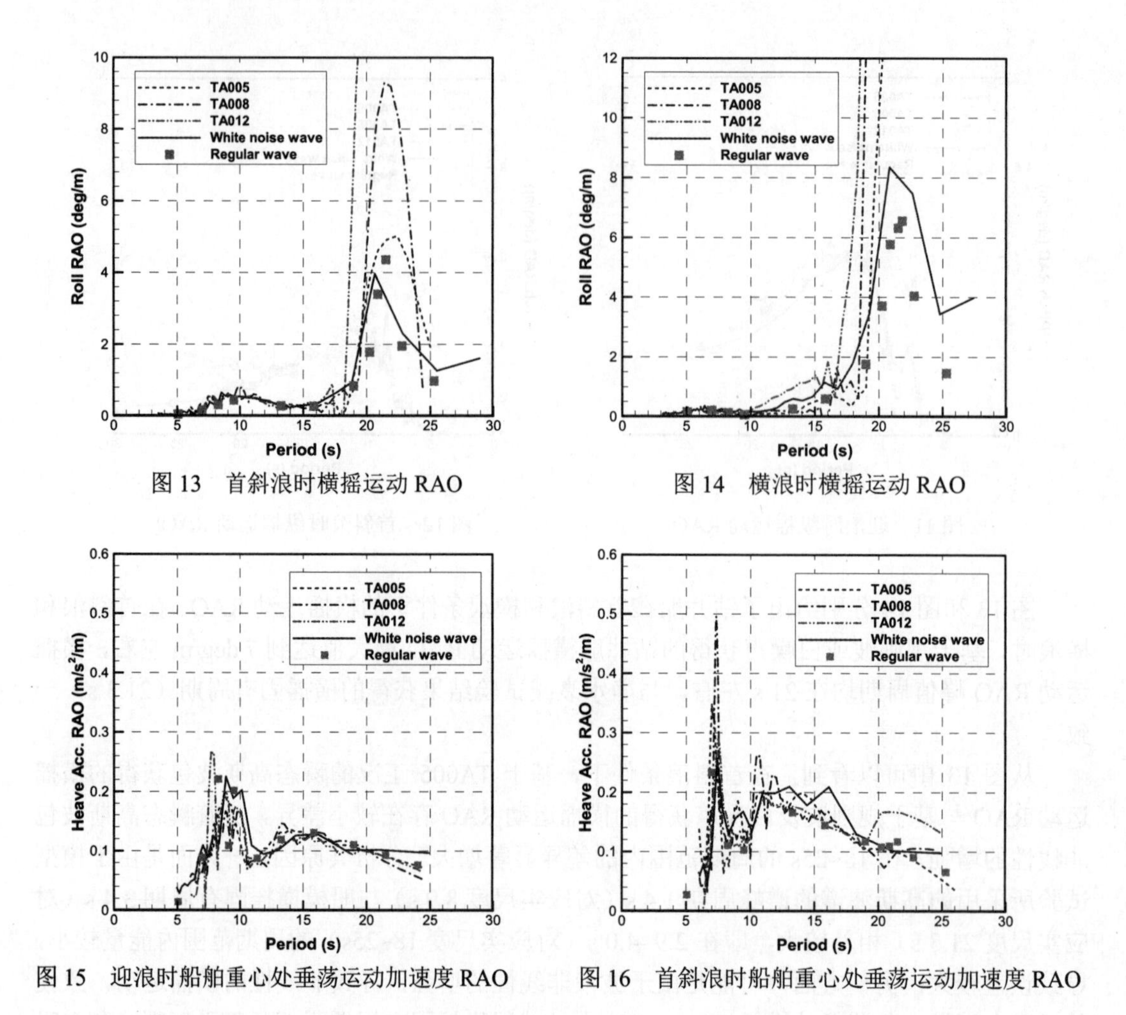

图 13　首斜浪时横摇运动 RAO

图 14　横浪时横摇运动 RAO

图 15　迎浪时船舶重心处垂荡运动加速度 RAO

图 16　首斜浪时船舶重心处垂荡运动加速度 RAO

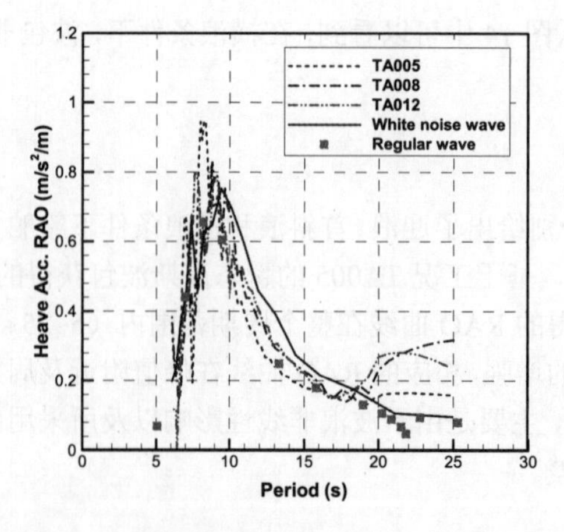

图 17　横浪时船舶重心处垂荡运动加速度 RAO

5 结论

本研究在大型拖曳水池中模拟了满足高斯波谱的不同聚焦波幅的瞬态波包，然后针对一艘钻井船，考虑其迎浪、首斜浪以及横浪状态，开展了钻井船在瞬态高斯波包作用下的耐波性模型试验研究。

（1）试验中模拟得到的瞬态高斯波包具有较好的波形和谱形特征。

（2）利用聚焦波幅较小的瞬态高斯波包（Ak_c=0.106）获得的钻井船垂荡、纵摇运动及垂荡加速度 RAO 结果与规则波及白噪声不规则波的试验结果吻合较好，并且可以有效地捕捉 RAO 曲线的峰值；聚焦波幅增大（Ak_c=0.169、0.254）对钻井船运动及加速度 RAO 的影响比较明显，RAO 本质上属于线性范畴，过强的非线性波浪激励难以获得合理的结果。

（3）本模型试验采用的瞬态高斯波包的谱峰周期靠近垂荡和纵摇运动固有周期，但是远离横摇运动固有周期，横摇运动 RAO 的结果与常规试验方法得到的结果差别较大，主要是由于采用的瞬态高斯波包在横摇固有周期附近的成分能量较小引起的，横摇运动 RAO 的获取需要采用谱峰周期靠近横摇固有周期的高斯波包。

参考文献

1 Davis, M C. and Zarnick, E E. Testing ship models in transient waves[C], Proceedings of the 5th Symposium on Naval Hydrodynamics, ONR, Bergen, Norway, 1964.

2 Takezawa and Hirayama. Advanced experiment technique for testing ship models in transient water waves[C]. Proceedings of the 11th Symposium on Naval Hydrodynamics, ONR, University College, London, 1976.

3 Clauss G F and Bergmann J. Gaussian wave packets – a new approach to seakeeping tests of ocean structures[J]. Applied Ocean Research, 1986, 8(4): 190-206.

4 Zhao W, Wolgamot H A, Taylor P H and Taylor R E. Gap resonance and higher harmonics driven by focused transient wave groups [J]. Journal of Fluid Mechanics, 2017, 812: 905-939.

5 Tromans, P. S., Anaturk, A. R. and Hagemeijer, P. A new model for the kinematics of large ocean waves – application as a design wave[C]. Proceedings of the First International Offshore and Polar Engineering Conference, Edinburgh, UK, 1991.

6 Grigoropoulos G J, Florios N S and Loukakis T. A. Transient waves for ship and floating structure testing[J]. Applied Ocean Research, 1994, 16: 71-85.

7 Reilhac P, Bonnefoy F, Rousset J M and Ferrant P. Improved transient water wave technique for the experimental estimation of ship responses [J]. Journal of Fluids and Structures, 2011, 27: 456-466.

8 Rapp R J and Melville W K. Laboratory measurements of deep water breaking waves[J]. Phil. Trans. R. Soc. Lond. A, 1990, 331: 735-800.

9 Chaplin J R. On frequency-focusing unidirectional waves[J]. International Journal of Offshore and Polar Engineering, 1996, 6: 131-137.

Study on the application of transient Gaussian wave packets in model testing of ships

LIU Zhen, FAN She-ming, WANG Hai-bo, CHEN Xi

(Marine Design and Research Institute of China, Shanghai Key Laboratory of Ship Engineering, Shanghai, 200011. Email: liuzhen0829@126.com)

Abstract: In sea-keeping model tests of ships, regular waves and white-noise irregular waves are frequently utilized to obtain response amplitude operators (RAOs) of the motion and acceleration of these ships. A series of experiments by means of regular waves needs a long duration (approximately 60 min) and is difficult to capture peak value of the RAOs. Although using white-noise irregular waves has a relatively short duration (10~30 min), the reflection of tank walls may affect the testing results. The experiment based on transient waves (focused waves) holds a quite less duration (1~2 min) and thus significantly improve the testing efficiency. In this study, the transient wave packets satisfying a Gaussian spectrum were generated in a large towing tank to conduct sea-keeping model tests of a drilling ship under the condition of head waves, oblique waves and beam waves, respectively. It is found that the measured transient Gaussian wave packets hold better wave profile and spectral characteristics. It is demonstrated that the RAOs of the heave and pitch motions as well as the heave acceleration by the transient Gaussian wave packet with a suitable specified focused amplitude are in good agreement with those obtained by regular waves and white-noise irregular waves, and can effectively capture the peak value of the RAOs. In order to obtain rational RAOs, the specified focused amplitude should not be too large and the peak period of the Gaussian wave spectrum should be close to the nature periods of the corresponding motions of the ship. This study is of significance for improving the efficiency of the sea-keeping model testing of ships.

Key words: Transient wave; Gaussian wave packet; response amplitude operator (RAO); sea-keeping model test.

螺旋桨水动力性能预报自动化程序开发及试验验证

李亮[1,2]，刘登成[1,2]，郑巢生[1,2]，周斌[1,2]

(1.中国船舶科学研究中心 船舶振动噪声重点实验室，无锡，214082；2.江苏省绿色船舶技术重点实验室，无锡 214082)

摘要：本文基于 MATLAB 平台，以商业黏流软件为核心，集成 UG 的几何建模功能开发了一套螺旋桨水动力预报自动化程序。以 DTMB4119 桨为例，介绍了自动化程序的工作流程，并应用该自动化程序对 6 个螺旋桨的水动力性能进行了数值预报，且与试验结果进行了对比分析，分析结果表明除新剖面桨外，CFD 推力扭矩计算值普遍小于试验值，推力和扭矩系数计算误差值总体在 5%以内，可满足螺旋桨设计过程中的评估精度要求。

关键词：螺旋桨；水动力性能；数值预报；二次开发

1 引言

螺旋桨水动力性能预报是螺旋桨设计过程中非常重要的一项内容，直接影响船—机—桨匹配性和船舶快速性能。现有关于螺旋桨性能预报的方法主要是模型试验、面元法和 CFD 方法，其中模型试验方法成本高、周期长，主要用于最终设计方案的水动力性能把关；面元法计算时间短，但由于忽略了水的黏性，计算精度受限，一般用于螺旋桨初步设计方案的水动力性能预报；CFD 方法有效弥补了上述两种方法的天然缺陷，随着计算能力的不断提升和 CFD 技术发展的日渐成熟，CFD 方法在计算周期和计算精度上都有着相当不错的表现，可有效缩短设计者在开展多轮方案设计过程中的迭代时间，提高设计精度。

目前已经有多款较为成熟的 CFD 商业软件可用于螺旋桨水动力性能预报，如 FLUENT[1]、CFX 和 STAR-CCM+[2]等，但是其预报精度在极大程度上依赖于使用者的个人经验，如网格划分过程中网格类型的选择、网格数的合理分配和边界层网格设置等，以及求解器设置过程中边界条件的指定、湍流模型的选择和收敛因子的调节等。不同的工程问题需要不同的 CFD 求解方案， 这要求使用者必须具备一定的计算流体力学理论基础和工程使用经验。另一方面随着计算机计算能力的快速发展，CFD 软件真正求解计算的时间正在被逐渐压缩，CFD 计算模型前、后处理过程成为了影响计算效率的重要方面，如几何模型的建立、计算网格的划分和计算结果的后处理，这些操作既占用了使用者大量的工作时间，又相对繁琐容易出错。为了解决 CFD 软件工程应用过程中的上述问题，中国船舶科学研究中心开展了大量自动化平台研究开发工作。2013 年，刘登成等[3]以 FLUENT 商用求解器为核心，集成 UG 的几何建模和 GAMBIT 的网格划分功能，开发了推进器水动力性能数值预报平台 PreFluP，经试验验证，该平台预报的螺旋桨水动力性能具有较高的精度。

本文以商业黏流软件求解器为核心，该软件具备简单几何的建模功能、主流网格类型的划分功能及强大的湍流求解和后处理功能，并集成 UG 的几何建模功能开发了一套螺旋桨水动力预报自动化程序。该程序可根据给定的螺旋桨型值自动进行三维模型建立，并用 JAVA 语言把适合于螺旋桨水动力数值分析的计算域设定、网格划分、求解器设计和数据后处理等过程固定化和自动化，实现了螺旋桨水动力性能预报的精确化和高效化，大大降低了对使用者 CFD 专业背景知识的要求。

2 程序结构

程序主要包如下部分：螺旋桨几何型值转换、UG GRIP 语言自动化建模、JAVA 宏语言生成、商业黏流软件调用宏语言开始求解计算（图 1）。整个计算过程基于 MATLAB 平台实现，下面以 DTMB4119 螺旋桨为例对各流程逐一进行介绍。

2.1 螺旋桨几何型值转换

为了描述螺旋桨的桨叶形状，需要给出桨叶的轮廓参数和剖面型值参数。桨叶轮廓参数主要包括截面半径、螺距、侧斜和纵倾等；图 2 所示为桨叶剖面型值参数，图 2 中 C 为剖面弦长；DLL 为导边到辐射参考线的距离；XS 为从随边到导边的弦向坐标；YB 为剖面叶背坐标；YF 为剖面叶面坐标；TMAX 为剖面最大厚度；RLE 和 RTE 为导边和随边的过渡圆角半径。

要建立螺旋桨三维模型，首选需要将二维剖面型值点转化为三维空间坐标值，以右旋桨为例，依据螺旋桨理论[4]其具体转换公式如下：

$$x = Z_R - S\sin\phi - f\cos\phi \tag{1}$$

$$y = r\cos(\frac{f\sin\phi - S\cos\phi}{r}) \tag{2}$$

$$z = r\sin(\frac{f\sin\phi - S\cos\phi}{r}) \tag{3}$$

$$S = XS - (C - DLL) \tag{4}$$

式中，r 为剖面半径；Z_R 为剖面纵倾值；ϕ 为螺距角；S 为型值点到基线的弦向距离，向导边为正；f 为剖面叶背和叶面的坐标值。

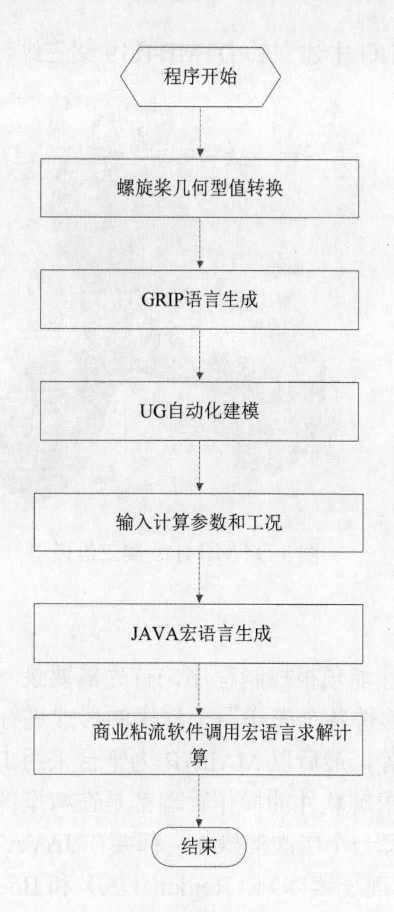

图1 程序流程

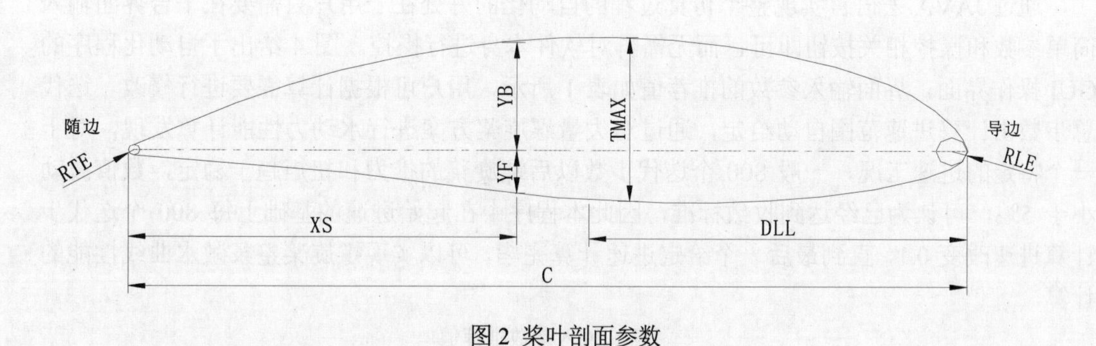

图2 桨叶剖面参数

2.2 UG GRIP 语言自动化建模

在螺旋桨二维剖面型值转换成三维空间坐标后，还需要将空间坐标书写成 GRIP 语言[5]，并编译成 UG 可执行的*.grx 文件形式。造型过程中先用 BCURVE 命令构造出压力面和吸力面曲线，待各个剖面轮廓构造完毕后，然后利用 BSURF 命令构造出整个桨叶的外表面，并缝合成实体。图 3 所示为 UG 中建立的 DTMB4119 桨三维计算模型。

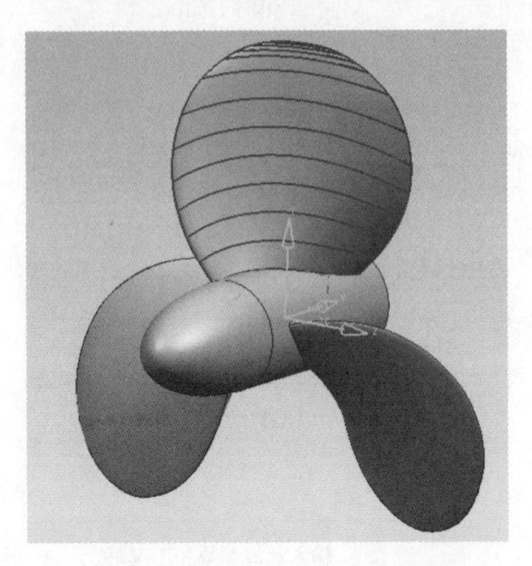

图 3 DTMB4119 桨三维模型

2.3 JAVA 宏语言生成

为了获得螺旋桨水动力性能预报控制程序，首先需要录制手动操作时的宏，然后分析宏文件提取控制方法[6]，将软件各个操作用子程序的形式进行封装，例如几何体建立、网格加密控制和物理模型设置等，最后以 MALAB 为平台采用 JAVA 语言对程序按需要进行功能重构。值得注意的是，求解软件的操作管理都是在树型图上进行展开的，因此必须遵守对象树的层次结构。对于每一个层次的操作，都要在 JAVA 宏中明确定义，如 Mesh（网格）、PhysicsContinuum（物理连续体）、Region（域）和 Boundary（边界）等。同层次类型操作的编号在一次模拟中不可重复使用，但编号不必连续。

通过 JAVA 宏语言实现整个仿真过程的自动化的好处在于用户只需要在平台界面输入简单参数和操控相关按钮即可，而无需再对软件本身进行操控。图 4 给出了自动化程序的 GUI 操作界面，界面输入参数的推荐值如表 1 所示，用户可根据计算需要进行修改。迭代总步数由计算进速范围自动给定，通过对大量螺旋桨方案进行水动力性能计算发现，对于一个特定的进速工况，一般 800 个迭代步数以后螺旋桨的推力和扭矩趋于稳定，数值波动小于 5‰，可认为已经达到收敛标准，因此本程序中在起始进速的基础上每 800 个迭代步计算进速改变 0.1，直到最后一个给定进速计算完毕，可以实现螺旋桨整条敞水曲线性能的计算。

表 1 输入参数推荐值

网格基准尺寸	边界层数	壁面 Y+	湍流模型
0.625*D	4	60	K Oemga-SST
压力松弛因子	速度松弛因子	自动保存步数	转速/（r/min）
0.2	0.5	800	1200

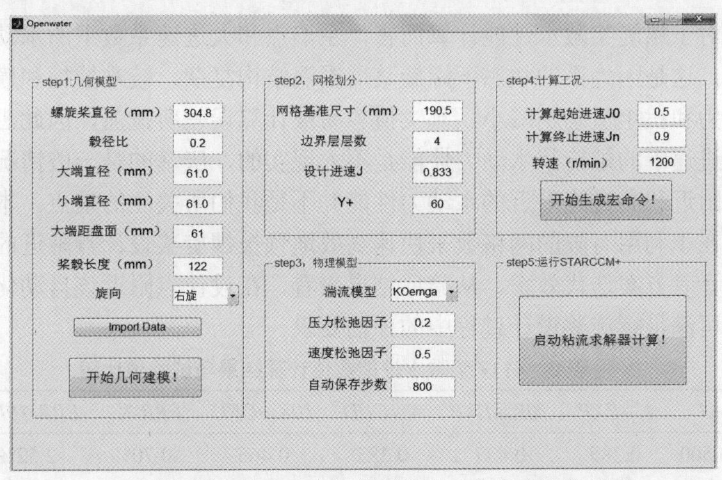

图 4 螺旋桨水动力性能预报自动化程序操作界面

2.4 启动商业黏流软件求解计算

在操作界面的 Step5 中按下按钮将启动商业黏流软件自动调用生成好的 JAVA 宏文本，开始进行计算域建立、网格划分和求解器设置，计算完成后自动保存模拟文件并输出水动力性能结果。图 5 给出了计算域和网格划分效果图，螺旋桨桨叶表面网格为网格基准尺寸的 2%，最小加密尺寸为网格基准尺寸的 0.5%，总的计算网格数在 70 万~80 万之间，网格数会因计算模型尺寸和桨叶数等的不同而略有差异。

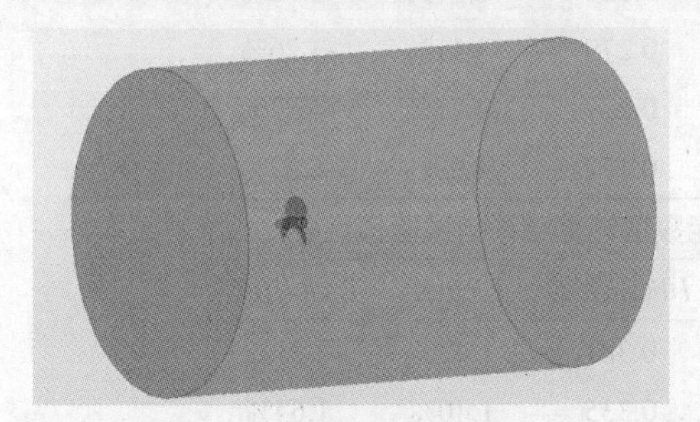

（1）计算域

（2）桨叶表面网格

图 5 计算域和网格划分效果

3 算例分析及试验验证

采用该自动化程序对 DTMB4119 桨在内的多个螺旋桨水动力性能进行数值分析，并提取出推力和扭矩系数计算值与试验结果[7]进行对比分析。表 2 至表 7 给出了 6 个螺旋桨算例水动力性能计算值与试验值的对比。分析表表 2 至表 7 中数据可知，除新剖面桨外，计算值普遍小于试验值，推力和扭矩系数计算误差值总体在 5%以内，且误差随着进速系数的增加而增大。对于螺旋桨敞水性能计算而言，系泊点和大进速系数下的水动力性能预报一直是一个难点，这是因为系泊状态下螺旋桨周围涡结构复杂，较难捕捉和模拟；大进速系数下螺旋桨推力和扭矩值急剧减小，真实值容易被计算误差所掩盖，因此想用同一套网格精确预报各个进速下的螺旋桨水动力性能是不太现实的，庆幸的是一般情况下螺旋桨设计过程中系泊点附近和高进速附近的水动力性能并不是我们所关注的重点。本文中自动化程序开发的重点在于利用有限的网格数来快速高效地预报螺旋桨设计点附近的水动力性能，提高螺旋桨设计者方案迭代效率，从验证结果来看，在设计点附近该自动化程序具有较高的计算精度，可满足螺旋桨设计过程中的评估要求。

表 2　4119 桨敞水性能数值计算结果与试验值比较

J	K_T-EXP	$10K_Q$-EXP	K_T-CFD	$10K_Q$-CFD	ERR-K_T	ERR-$10K_Q$
0.500	0.285	0.477	0.283	0.465	-0.70%	-2.52%
0.700	0.200	0.360	0.195	0.350	-2.50%	-2.78%
0.833	0.146	0.280	0.141	0.272	-3.42%	-2.86%
0.900	0.120	0.239	0.115	0.231	-4.17%	-3.35%
1.100	0.034	0.106	0.031	0.099	-8.82%	-6.60%

表 3　17KLNG 常规剖面桨敞水性能数值计算结果与试验值比较

J	K_T-EXP	$10K_Q$-EXP	K_T-CFD	$10K_Q$-CFD	ERR-K_T	ERR-$10K_Q$
0.300	0.302	0.381	0.298	0.378	-1.39%	-0.74%
0.400	0.258	0.336	0.253	0.330	-1.90%	-1.70%
0.500	0.212	0.289	0.206	0.279	-3.11%	-3.26%
0.600	0.165	0.238	0.158	0.227	-4.23%	-4.87%
0.700	0.116	0.184	0.111	0.172	-4.99%	-6.67%

表 4　17KLNG 新剖面桨敞水性能数值计算结果与试验值比较

J	K_T-EXP	$10K_Q$-EXP	K_T-CFD	$10K_Q$-CFD	ERR-K_T	ERR-$10K_Q$
0.300	0.302	0.372	0.306	0.381	1.42%	2.31%
0.400	0.257	0.329	0.260	0.335	1.40%	1.64%
0.500	0.211	0.285	0.212	0.287	0.79%	0.46%
0.600	0.164	0.238	0.164	0.235	0.15%	-1.07%
0.700	0.113	0.185	0.113	0.179	0.02%	-3.10%

表 5　3500LPG 桨敞水性能数值计算结果与试验值比较

J	K_T-EXP	$10K_Q$-EXP	K_T-CFD	$10K_Q$-CFD	ERR-K_T	ERR-$10K_Q$
0.200	0.360	0.460	0.361	0.467	0.28%	1.42%
0.300	0.316	0.415	0.315	0.407	-0.38%	-2.08%
0.400	0.270	0.366	0.266	0.353	-1.59%	-3.66%
0.500	0.222	0.314	0.216	0.299	-2.57%	-4.90%
0.600	0.173	0.258	0.167	0.243	-3.49%	-5.88%

表 6　80kDWT 桨敞水性能数值计算结果与试验值比较

J	K_T-EXP	$10K_Q$-EXP	K_T-CFD	$10K_Q$-CFD	ERR-K_T	ERR-$10K_Q$
0.200	0.225	0.227	0.215	0.226	-4.57%	-0.11%
0.300	0.185	0.194	0.176	0.195	-4.89%	0.12%
0.400	0.145	0.161	0.135	0.161	-6.96%	-0.49%
0.500	0.104	0.128	0.093	0.124	-11.03%	-2.60%

表 7　3500TEU 桨敞水性能数值计算结果与试验值比较

J	K_T-EXP	$10K_Q$-EXP	K_T-CFD	$10K_Q$-CFD	ERR-K_T	ERR-$10K_Q$
0.200	0.411	0.539	0.399	0.544	-2.95%	0.89%
0.300	0.366	0.495	0.354	0.494	-3.31%	-0.20%
0.400	0.321	0.449	0.307	0.441	-4.21%	-1.76%
0.500	0.274	0.402	0.262	0.391	-4.59%	-2.71%
0.600	0.227	0.351	0.215	0.338	-5.16%	-3.56%

4 结论

本文以 MATLAB 为平台，将 UG 三维建模功能和商业黏流软件的求解计算功能进行链接，通过录制螺旋桨水动力数值预报宏文件，依据 JAVA 的相关语法规则和黏流求解流程，开发了螺旋桨水动力预报自动化程序。应用该自动化程序对 6 个螺旋桨的水动力性能进行了数值预报，预报结果显示除新剖面桨外，计算值普遍小于试验值，推力和扭矩系数计算误差值总体在 5%以内，可满足螺旋桨设计过程中的评估精度要求，后续可在此程序基础上继续开发“桨-鳍”和“桨-船”一体的水动力性能预报自动化程序平台。

参 考 文 献

1　王超,黄胜,解学参. 基于CFD方法的螺旋桨水动力性能预报[J].海军工程大学学报,2008,20(4):

2　王恋舟,郭春雨,宋妙研,等. 空化流中具有升沉运动状态的螺旋桨数值模拟[J]. 华中科技大学学报（自然科学版）,2017,45(9):101-107.

3　刘登成,韦喜忠,洪方文,等. 推进器水动力性能数值预报自动化平台PrePluP开发之螺旋桨水动力性能数值预报及试验验证[C]. 2013.

4　王国强,董世汤. 船舶螺旋桨理论与应用[M]. 哈尔滨: 哈尔滨工程大学出版社.2007.

5　程东,朱新河,邓金文. 基于UG/GRIP的船用螺旋桨三维建模关键技术[J]. 大连海事大学学报,2009,35(4).

6　张杰. 跨座式单轨车辆外流场仿真流程自动化及主参数提取[D]. 重庆: 重庆交通大学, 2011.

7　黄胜,张立新,王超,等.螺旋桨水动力性能的大涡模拟计算方案分析[J].武汉理工大学学报,2014,6(3):473-477.

Development and experimental validation of automatic processes for propeller hydrodynamic performance prediction

LI Liang[1,2], LIU Deng-cheng[1,2], ZHENG Chao-sheng[1,2], ZHOU Bin[1,2]

(1. China Ship Scientific Research Center, National Key Laboratory on Ship Vibration&Noise, Wuxi 214082, China; 2. Jiangsu Key Laboratory of Green Ship Technology, Wuxi 214082, China)

Abstract: Based on MATLAB platform, a set of automatic processes for propeller hydrodynamic performance is developed in this paper, using the commercial viscous flow software as the core and integrated with UG geometry modeling function. Workflow of these automatic processes is introduced taking the DTMB4119 propeller as an example. And these automatic processes are applied to conduct the numerical prediction for six propeller hydrodynamic performance. The comparison and analysis are also made between numerical computational results and experimental results. It shows that CFD computational force and torque value is generally less than experimental value except new section propeller. Calculation error of thrust and torque coefficient are no more than 5 percent on the whole. It can meet the requirement of evaluation accuracy in the propeller design process.

Key words: Propeller, Hydrodynamic performance, Numerical prediction; Secondary development.

自由自航模全浪向波浪增阻试验研究

封培元[1]，王大建[2]，沈兴荣[1]，范佘明[1]，王金宝[3]

(1. 上海市船舶工程重点实验室，上海，200011，Email: jichu@maric.com.cn

2. 中国船舶工业集团公司第七〇八研究所，上海，200011

3. 喷水推进技术重点实验室，上海，201100)

摘要：随着 IMO 最小推进功率规范的实施和 ISO-15016 实船测试航速修正方法的修订改版，波浪增阻研究引起了广泛的关注，成为当前船舶耐波性领域研究的热点和难点。本研究针对传统的采用拖航方式的波浪增阻模型试验方法仅适用于迎浪和随浪两种浪向的问题，提出了一种基于自由自航方式的全浪向波浪增阻模型试验方法，并在拖曳水池中针对一型集装箱船开展了包含艏斜浪、横浪、艉斜浪等多个浪向下的模型试验，通过与荷兰MARIN水池的试验结果进行对比，证明了本试验结果的正确性和所提出方法的有效性，该方法能够用于全浪向中的波浪增阻试验预报。

关键词：波浪增阻；模型试验；全浪向；自由自航

1 引言

船舶在波浪中航行时所受的总阻力较静水中不同，在迎浪和艏斜浪中的总阻力均值往往较静水中有所增大，一般称之为波浪增阻；在艉斜浪和随浪中同样可能存在阻力增加的现象，但量值上较迎浪和艏斜浪小一些。近年来，在国际海事规范不断推陈出新的大背景下，波浪增阻领域研究焕发出了全新的活力，引起了广泛的关注，成为当前船舶耐波性领域研究的热点和难点。与波浪增阻相关的法规规范和技术标准包括：国际海事组织（IMO）推出的“新造船能效设计指数（EEDI）规范”[1]和为保障船舶在恶劣海况下能够维持操纵性所发布的“最小推进功率确定临时导则”[2]，以及国际标准化组织（ISO）新版的“实船测试航速和功率数据修正导则”[3]和国际拖曳水池大会（ITTC）正在更新中的“实船测试航速/功率数据分析推荐规程”等[4]，其中均对波浪增阻的正确预报提出了一定的要求。特别地，在进行实船测试的航速和功率修正时，需要用到全浪向中的波浪增阻信息，因为实船试航时难以保证船舶始终以迎浪状态航行，而艏斜浪中的波浪增阻有时较迎浪中更为显著（参见德国汉堡水池公开发表的试验结果[5]）。另外，船舶在艉斜浪和随浪中航行时也可能遭受波浪增阻的影响，而目前的实船测试航速修正中是不对此类情况进行考虑的，这对于船舶的交付是不利的。因此，有必要对全浪向下的波浪增阻预报及试验验证方法开展研究。

已有的波浪增阻理论计算方法早就能够对全浪下的波浪增阻进行预报。日本的Maruo[6]早在1980年就提出了一种基于远场公式的简化计算方法，然而国内当前主流的与波浪增阻相关的研究，无论是船型优化[7-9]还是先进数值计算研究[10-14]，几乎都只关注迎浪中的波浪增阻。其中很重要的一个原因就是缺乏可靠的迎浪以外浪向的波浪增阻试验数据用于对计算结果进行验证。传统的波浪增阻试验往往采用拖航方式，试验时约束模型的横荡和摇艏运动，因此仅适用于迎浪和随浪两种浪向。为能将拖航方法拓展至全浪向范围，德国汉堡水池专门开发了六自由度的适航仪[5]，但该试验设备结构复杂、造价高昂，且横向和纵向运动由弹簧约束，仍可能对模型运动产生限制作用，从而影响试验结果。针对以上问题，本研究借鉴荷兰 MARIN 水池的相关经验，阐述了一种基于自由自航方式的全浪向波浪增阻试验方法，通过测量螺旋桨发出的推力获得波浪增阻的结果。基于该方法，在中国船舶工业集团第708研究所（以下简称“708所”）闵行分部的拖曳水池中针对一型集装箱船开展了包含艏斜浪、横浪、艉斜浪等多个浪向下的模型试验，通过与荷兰 MARIN 水池的试验结果进行对比，证明了所提出试验方法的正确性。

2 试验方法

传统的波浪增阻试验研究以迎浪为主，通常采用约束模方法，利用拖车拖曳船模保持恒定航速在波浪中前进，并利用力传感器测量船模所受的波浪力时历，分别在静水中和波浪中开展试验，以所测得的波浪力时历的差值作为波浪增阻值。然而，传统的约束模方法对于全浪向（特别是斜浪）中的增阻试验不再适用，因为斜浪中船模将发生较大幅度的横摇、横荡和摇艏运动，若采用约束模方法，则会对船模运动产生限制。另外，即使是在迎浪和随浪中开展试验时，由于必须借助适航仪拖动船模前进，因此对船模的纵荡运动模态也会产生限制。目前一般采用弹簧约束的方式使船模在前进过程中仍能在纵荡自由度上保持一定程度的波频振荡运动，以此更真实地模拟实船在波浪中的运动特性，但波浪增阻的测试结果或多或少会受到影响。

采用自由自航模方式开展试验则能有效解决上述问题，对船模在斜浪、横浪等非迎（随）浪状态下航行时的运动不会产生任何限制，通过测量并对比螺旋桨发出的推力在波浪和静水中的差值来体现波浪增阻的程度。

整个的自航模测试系统如图1所示，需在船模上安装全套的推进系统，包括螺旋桨、用于测量螺旋桨推力的动力仪、用于驱动桨并控制桨转速的伺服电机、伺服电机驱动器，以及给电机供电的电池单元；另外，还需在船模上安装一套自动舵系统，包括舵、舵机、航向角陀螺、舵机控制模块和自动舵系统的动力模块。

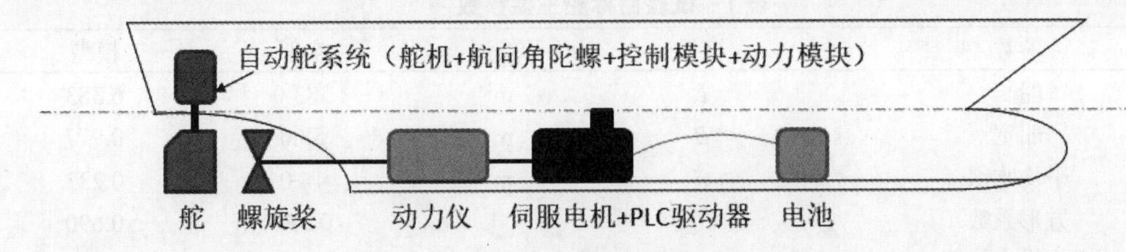

图 1　自航模测试系统

试验前，首先对船模的重量重心和转动惯量进行调节，使模型与实船间满足佛汝德数相似条件。正式试验时先进行静水中的试验，再开展相同模型状态下的波浪中试验。测试开始时，启动螺旋桨并使其以指定的转速旋转并推动船模按所要求的航速前进，船模在波浪中发生失速时应及时调节桨的转速确保模型速度达到试验工况指定值。在此过程中，自动舵系统用于保持船模的航向。由于船模在航行过程中受波浪作用会偏离既定航向，自动舵系统会根据航向角陀螺采集到的实时航向角信息由控制模块产生一个用于纠正航向的舵角反馈，并由舵机实现操舵，以此实现航向保持。

分析试验测得的螺旋桨推力数据，波浪中和静水中的平均值之差即为波浪增阻值。需要说明的是，由此得到的波浪增阻结果中既包含了波浪力的作用，还包含了波浪中螺旋桨推进效率变化和操舵的影响，因此更为全面。当然，一般规则波中试验时为保证线性假定不会采用大的波高，因此螺旋桨推进效率变化不大，为保持航向而产生的操舵也有限；但对于恶劣海况下的模型试验，这些额外影响的重要性就将有所体现，特别是存在螺旋桨飞车情况时。

3　样船试验

采用自由自航模方法，针对一型集装箱船在 708 所闵行分部的拖曳水池中开展了包含艏斜浪、横浪、艉斜浪等多个浪向下的模型试验。

708 所拖曳水池长 280 m、宽 10 m、水深 5 m，拖车最高速度可达 9 m/s。水池同时配备有池端和池侧造波机，可生成各种浪向下的规则波和不规则波。其中，池端造波系统由 4 台单板造波机组成，可以生成周期 0.5～5.0 s 的规则波（最大波高 0.5 m）；池侧造波系统由 160 台造波机组成，每块摇板宽 0.5 m，可以生成周期 0.5～3.0 s 的规则波（最大波高 0.3 m），浪向范围±45°。

如图 2 所示，试验对象为一艘超大型集装箱船，木模缩尺比为 60，其主要参数如表 1 所示。在试验准备阶段通过压载配置使船模的重心位置和横向、纵向惯量达到指定的值。

船模上所安装的自动舵系统如图 3 所示，采用比例控制策略实现航向角的快速纠偏；航向角陀螺型号为 HT-CJY-3，航向精度偏差在 10min 内小于 0.6°。

表1　试验目标船主要参数

参数	符号	单位	实船	模型
船长	L	m	383.0	6.383
船宽	B	m	58.6	0.977
平均吃水	d	m	14.0	0.233
方形系数	C_B	[-]	0.690	0.690
浮心纵向位置	LCB	m	3.700	0.062
重心垂向位置	VCG	m	24.2	0.403
横摇惯性半径	R_{xx}	m	23.4	0.391
纵摇惯性半径	R_{yy}	m	102.5	1.708

图2　试验目标船模型

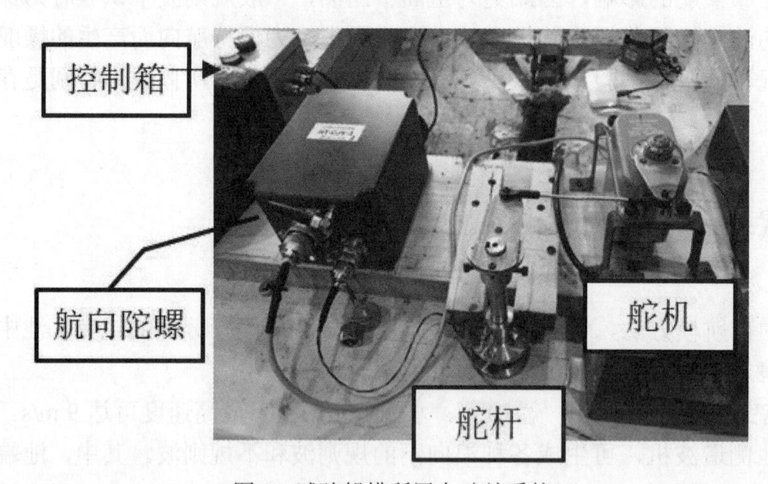

图3　试验船模所用自动舵系统

用于测量螺旋桨推力的动力仪为CUSSONS R31，可测量的最大推力为100N，扭矩为4Nm，最大转速限制为50 r/min，推力和扭矩的测量精度可达0.15%FS。推力的采样频率为20Hz。螺旋桨转速由伺服电机控制，精度可达0.01 r/min，足够满足本次试验对航速调控的精度要求。

在拖曳水池中开展试验的过程如下：如图4所示，船模位于侧桥之间，待造波稳定后启动船模上的螺旋桨和自动舵，同时启动拖车跟随船模一同前进；拖车上架设两台摄像机用于观察船模与拖车间的相对位置，根据船模和拖车间的速度关系实时调节螺旋桨的转速，确保船模的前进速度与拖车一致。另外，在水池中布置固定式的浪高仪，用于测量规则波的波高和周期。

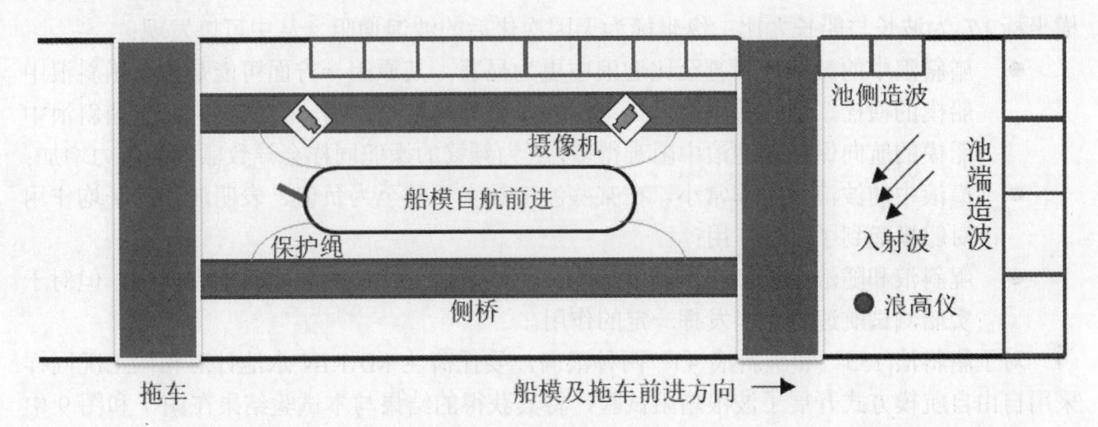

图4 试验布局示意

针对目标集装箱船的满载吃水状态，开展了服务航速 22.5kn（对应模型速度 1.49m/s）下 5 个不同浪向规则波中的波浪增阻试验，包括迎浪 180°、艏斜浪 135°、横浪 90°、艉斜浪 45°和随浪 0°。试验采用等波高方法，所选取的规则波波高为 6 cm，覆盖的波长船长比范围在 0.25~1.5 之间。图 5 为首部视角下的试验照片。

图5 自由自航波浪增阻试验照片（船首视角）

4 试验结果

通过试验获得了对应 5 个不同浪向的 5 组波浪增阻响应曲线图 6 至图 10 所示。图中，横坐标 λ/L 为波长与船长之比；纵坐标为无因次化后的波浪增阻。从中可以发现：

- 艏斜浪中的波浪增阻甚至比迎浪中更为显著，其原因一方面可能是由于艏斜浪中船模的横摇、艏摇等自由度运动消耗了额外的能量；另一方面则来源于艏斜浪中船模的航向保持较迎浪中困难得多，更为频繁的操舵同样会导致额外的阻力增加；
- 横浪中的波浪增阻非常小，在某些波浪频率下甚至为负值，表明波浪的平均作用对船模起到了推进作用；
- 艉斜浪和随浪中同样存在波浪增阻，虽然数值上比迎浪和艏斜浪中要小，但对于实船测试航速修正能发挥一定的作用。

对于艏斜浪 135° 和艉斜浪 45° 两种浪向，委托荷兰 MARIN 水池针对相同工况同样采用自由自航模方式开展了波浪增阻试验，将其获得的结果与本试验结果在图 7 和图 9 中进行了对比。从对比情况看，艏斜浪中两次试验的结果吻合良好；而对于艉斜浪情况，在个别工况点上存在一定的差异。考虑到艉斜浪工况中的波浪增阻值较小，因此测试时对航速、自动舵控制和传感器精度等因素较艏斜浪中敏感，测试的不确定性较大。总体而言，通过两组数据的对比基本能够证明本试验中所采用方法的有效性和正确性。

5 总结

本研究阐述了基于自由自航模方式的全浪向中波浪增阻模型试验方法，并运用该方法在 708 所的拖曳水池中针对一型集装箱船实际开展了模型试验，结果表明该船在艏斜浪中的波浪增阻甚至比迎浪中更为显著，值得更深入的理论分析和数值计算研究；另一方面，船舶在艉斜浪和随浪中同样可能受到波浪增阻的影响，需在进行实船测试的航速修正时有所警觉。

最后，通过与荷兰 MARIN 水池的试验结果进行对比，证明了本试验结果的正确性和所提出方法的有效性。该方法能够作为全浪向中波浪增阻的试验手段，具有良好的应用前景。

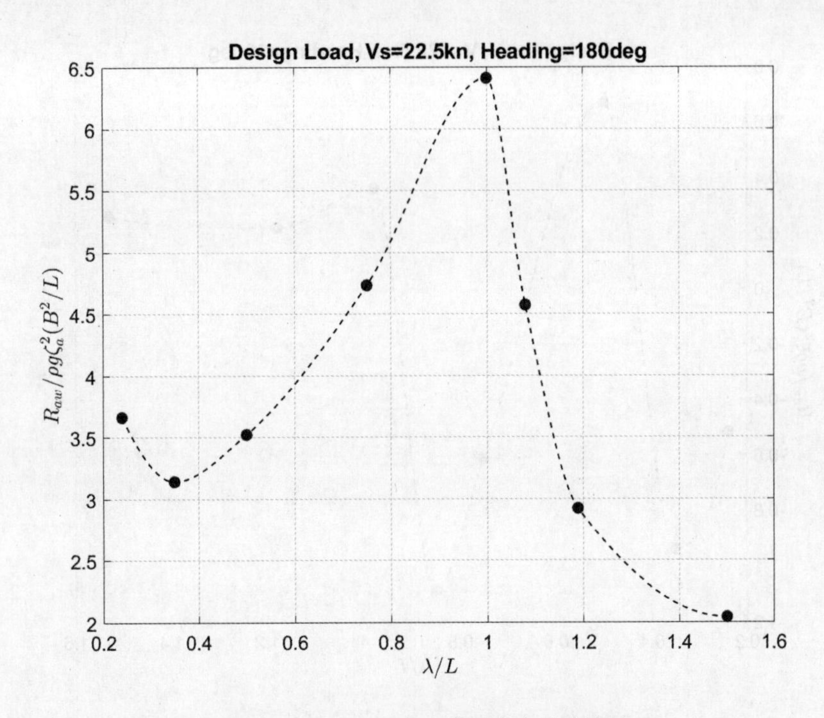

图 6　迎浪 180°波浪增阻响应试验结果

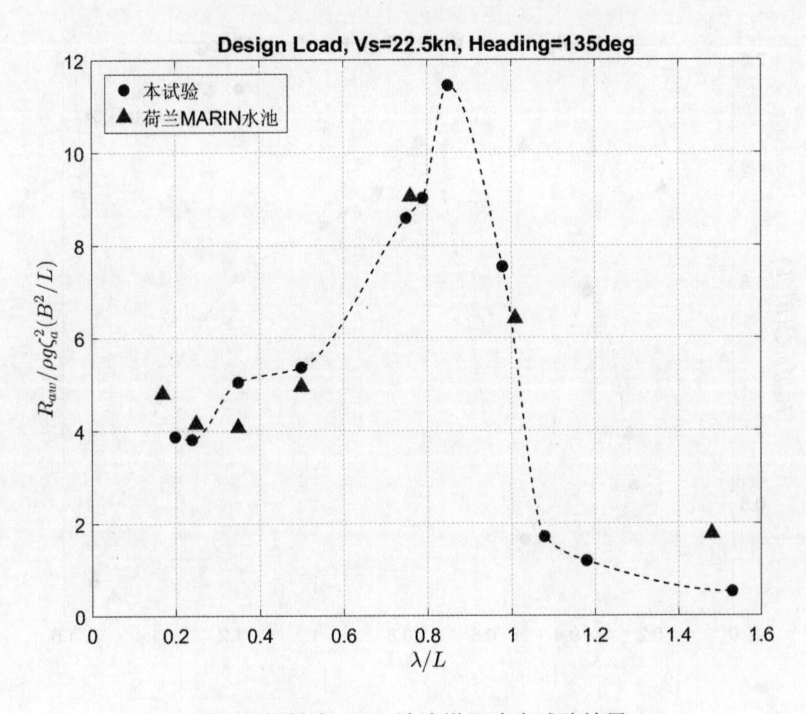

图 7　艏斜浪 135°波浪增阻响应试验结果

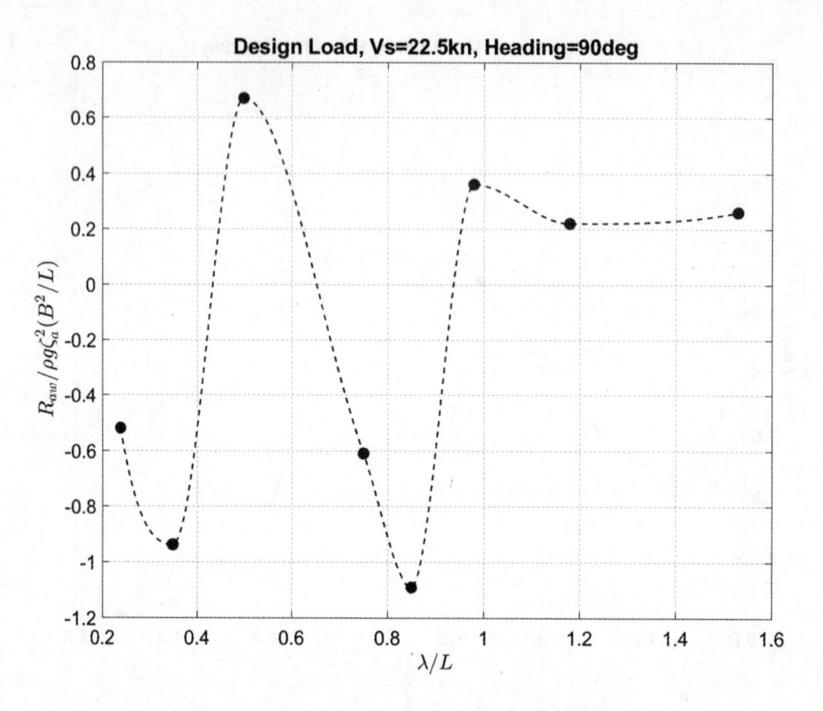

图 8　横浪 90° 波浪增阻响应试验结果

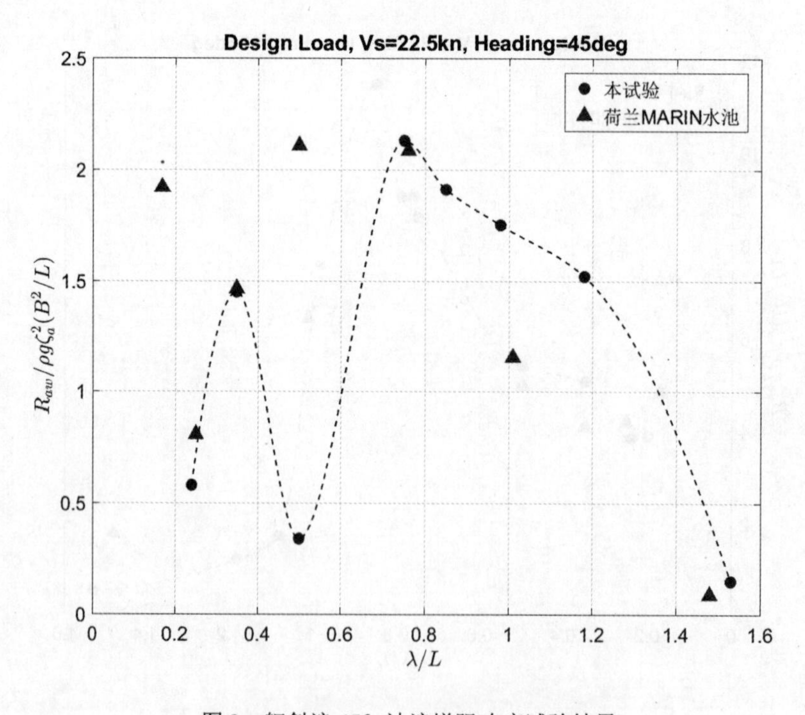

图 9　艉斜浪 45° 波浪增阻响应试验结果

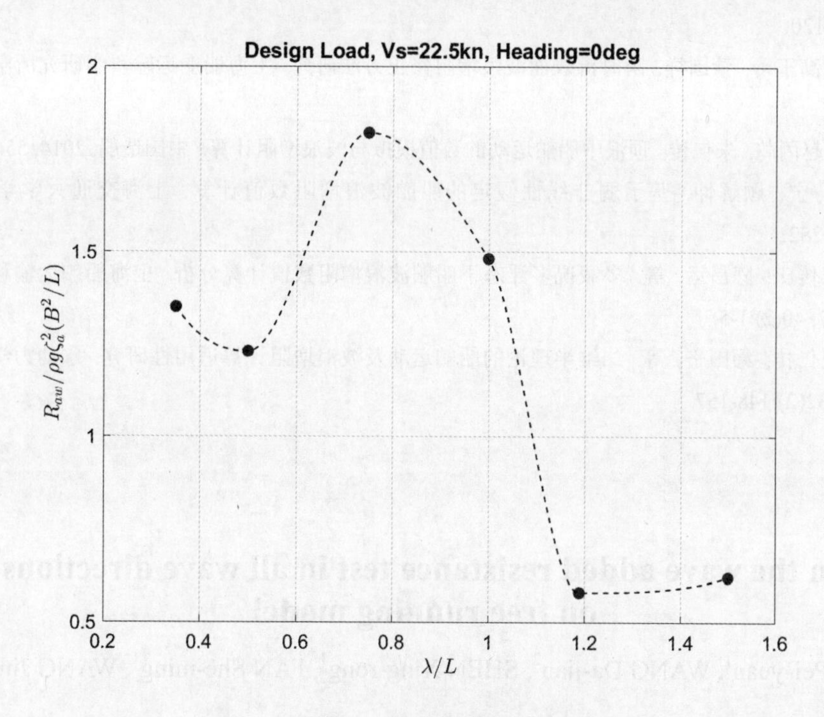

图10 随浪 0° 波浪增阻响应试验结果

参 考 文 献

1 IMO. Interim guidelines on the method of calculation of the energy efficiency design index [S]. MEPC.1/Circ.682, August, 2009.

2 IMO. Interim guidelines for determining minimum propulsion power to maintain the maneuverability of ship in adverse conditions [S]. MEPC.232 (65), May, 2013.

3 ISO. Ships and marine technology--Guidelines for the assessment of speed and power performance by analysis of speed trial data [S]. ISO 15016, 2015.

4 ITTC. Full Scale Measurements Speed and Power Trials Analysis of Speed/Power Trial Data [S]. Recommended Procedures and Guidelines 7.5-04-01-01.2, 2017.

5 Petri V. Measurement of Wave Added Resistance in Oblique Seas, HSVA Newswave, 2014, 1:8-12.

6 Maruo H. Calculation of Added Resistance in Oblique Waves, Trans SNAJ, 1980, 147:36-43.

7 张宝吉．基于静水阻力和波浪增阻的全船线型优化，华中科技大学学报, 2011, 39(10):32-35.

8 王杉，陈京普，魏锦芳，等. 静水阻力和波浪增阻集成优化系统开发与应用研究// 第二十五届全国水动力学研讨会论文集, 2013.

9 陈霞萍，陈伟民，陈兵，等. 直型艏与常规球艏静水阻力与波浪增阻比较研究．中国造船，2014,

55(1):113-120.

10 李传庆, 高玉玲, 董国祥. 瞬时湿表面波浪增阻修正方法研究, 上海船舶运输科学研究所学报, 2016, 39(4):1-4.

11 方昭昭, 赵丙乾, 朱仁传. 顶浪中船舶运动的数值模拟与波浪增阻计算. 中国造船, 2014, 55(2):8-17.

12 陈思, 马宁, 顾解忡. 基于弱非线性假定的船舶波浪增阻数值计算. 上海交通大学学报, 2017, 51(3):277-282.

13 许贺, 李传庆, 陈昌运, 等. 多载况多浮态下船舶波浪增阻数值计算分析. 上海船舶运输科学研究所学报, 2017, 40(2):1-5.

14 李帅, 朱仁传, 缪国平, 等. 二维半理论的船舶运动及波浪增阻计算适用性研究. 水动力学研究与进展, 2017, 32(2):148-157.

Study on the wave added resistance test in all wave directions based on free running model

FENG Pei-yuan[1], WANG Da-jian[2], SHEN Xing-rong[1], FAN She-ming[1], WANG Jin-bao[3]

(1. Shanghai Key Laboratory of Ship Engineering, Shanghai200011, China

2. Marine Design & Research Institute of China (MARIC), Shanghai200011, China

3. Science and Technology on Water Jet Propulsion Laboratory, Shanghai200011, China)

Abstract: With the implementing of IMO minimum propulsion power regulation and the revision of ISO-15016 sea trial speed correction method, the researches on wave added resistance have caused wide concern and have become one of the most hot but difficult topics in the ship seakeeping field at the moment. Focusing on the issue of conventional wave added resistance test through towed model being only valid for head waves and following waves, this paper proposes a wave added resistance model testing method based on free running model, and performs the wave added resistance model test in all wave directions for a containership in the towing tank. Through comparing the results with those from MARIN, the correctness and validity of the proposed method are proved, which can be used for the wave added resistance prediction in all wave directions.

Key words: Wave added resistance, Model test,All wave directions, Free running.

线性复合激励下弹性侧壁液舱内低液深液体晃荡冲击荷载特性试验研究

甄长文[1]，吴文锋[2]，张建伟[2]，涂娇阳[1]，张家阔[2]，高加林[2]

1. 浙江海洋大学 船舶与机电工程学院 浙江舟山 316022

2. 浙江海洋大学 港航与交通运输工程学院 浙江舟山 316022

摘要：低液深工况下舱内液体晃荡具有复杂的物理现象，并且会产生巨大的冲击荷载，是液舱结构设计的关键问题之一。通过物模实验，在低液深工况下，针对横摇与纵摇运动的前三阶固有频率，研究线性复合激励频率下弹性液舱内液体晃荡冲击荷载特性，运用统计学方法对晃荡冲击荷载进行分析。结果表明：最剧烈的液体晃荡出现在横摇与纵摇均位于一阶固有频率附近，其中横摇与纵摇的激励频率 f/f_1 位于 0.98～1.113 之间时，舱内液体出现冲顶现象，最大冲击压力出现在 f/f_1 为 1.09 附近。此外，对冲击压力在左侧舱壁与顶部舱壁的空间分布进行了分析，得出低载液工况下，自由液面附近与液舱顶部受到较大的冲击荷载，在近共振频率附近，侧舱壁冲击位置随随着频率的增加而上升。该研究可为 FPSO 船液舱结构设计与晃荡荷载测量提供有益参考。

关键词：复合激励；弹性液舱；低液深；冲击荷载；物模实验

1 引言

FPSO（Floating Production Storage and Offloading），作为“海上石油工厂”，能够将海底开采出来的原油进行初步加工并存储，其作业过程中液舱部分载液的情况不可避免。在其航行过程中，当外界激励频率接近液舱内液体的固有频率时，将导致舱内液体发生剧烈晃荡，剧烈晃荡的液体会对液舱内部结构产生巨大的砰击荷载，舱壁结构在砰击荷载作用下产生结构响应，极端情况下舱壁结构发生弹性变形，甚至会造成液舱结构破损，对船舶的安全运营存在极大隐患。

目前，国内外众多学者对弹性舱内液体晃荡问题进行了研究。由于计算机技术的深入发展，数值模拟分析成为研究液体晃荡问题的主要手段。周上然等[1]通过 system coupling 模块实现弹性液舱双向流固耦合，分析不同板厚与不同材质对晃荡荷载的影响；朱仁庆等[2]基于 MSC.Dytran 对弹性舱内的耦合作用进行计算，在纵荡激励下，分析不同外界激励参数、载液率对液舱晃荡荷载的影响；Strand 等[3]通过 2D 柔性侧舱壁晃动的数值研究，分析舱壁变形对舱壁线性压力的影响；陈星等[4]运用 ANIDA 软件模拟弹性液舱内小幅度液体晃荡，并与刚性液舱作对比，得出弹性液舱舱壁对晃荡冲击具有一定的缓冲作用；Zhang 等[5]基于 MPS 法开发了 MLParticles-SJTU 内部求解器，结合有限元法，模拟高载液率下晃动流体冲击弹性罐壁的行为，并给出冲击舱顶事件的特征。但是由于液体晃荡具有高度非线性因素的影响，其理论分析和数值模拟尚不完善[6-7]，试验方法可以有效地弥补理论分析和数值模拟的缺陷。

蒋梅荣等[8-9]开展物模实验，研究刚性舱与弹性舱内液体晃荡的共振与非共振问题，并与理论值相比较，得出非共振条件下弹性结果、刚性舱结果与理论值接近，在共振条件下弹性结果小于刚性结果；为进一步研究弹性液舱内液体共振问题，进一步开展实验，探究有限液深下弹性侧舱壁液舱内液体晃荡的共振问题，结果表明液舱顶部易受到较大的晃荡荷载。上述学者主要对单自由度下影响弹性液舱内液体晃荡荷载的因素进行分析，但实际海况下，船舶受风、浪、流等作用，产生复杂的运动，舱内液体受多自由度外界激励影响发生晃荡，而关于多自由度激励作用下的弹性舱内液体晃荡冲击荷载特性的研究少见报道。

本研究以某 FPSO 的中货舱为原型，运用相似理论构建立物模实验台，通过模型实验的方法，考虑船体横摇运动伴随纵摇运动的复合激励作用，研究前三阶固有频率下低液深时舱内液体晃荡冲击问题，通过分析晃荡冲击荷载的频域及其空间特征得出晃荡冲击荷载特性，为船舶荷载计算及液舱结构设计提供理论参考。

2 实验系统

图 1 为整个弹性液舱复合晃荡的实验系统，其中（a）为晃荡平台系统；（b）为模型液舱（其尺寸如图 2 所示）；（c）为高速摄像机；（d）为晃荡压力采集系统。

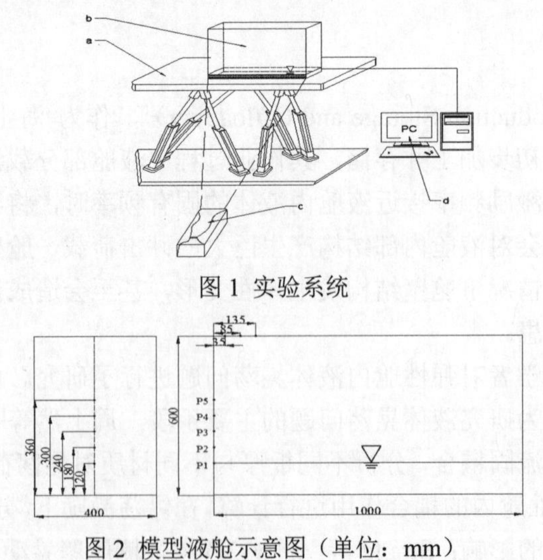

图 1 实验系统

图 2 模型液舱示意图（单位：mm）

2.1 物模实验设置

本研究选用 FPSO 船其中一个中货舱（50m×20m×30m）作为原型舱，采用缩尺比为 1/50 建立模型舱（图 2）。模型液舱采用亚克力板制作，顶盖和左、右两侧面的面板厚度为 4.8mm，其余面的厚度均为 12 mm。

为了充分了解 FPSO 船运输原油的过程中舱内原油的晃荡冲击特性，应用相似准则原理[10]，在不考虑液体密度的条件下，实验选用夏季室温下黏度为 0.056Pa·s 润滑油作为液体介质。

2.2 仪器装置设置

外激振动平台由六自由度晃荡平台及其控制系统构成，平台最大载重量为 1 t，可模拟海上船舶横摇、纵摇、艏摇、横荡、纵荡、垂荡及这 6 种运动的耦合运动。

为采集模型液舱内液体晃荡过程中产生的晃荡冲击压力，分别在模型舱的左侧面、顶面上设置监测点[11]（图 2）。晃荡压力采集系统由型号为 CYB-301 的压阻式压力传感器和型号为 EM9636M 的 PLC 数据采集单元共同构成，采集单元可将压力传感器输出的电信号转换为数字信号，从而完成对压力的采集过程。压力传感器的量程为 10kPa，精度为 0.1%FS，数据采集单元的分辨率为 0.01kPa。

2.3 固有频率的确定

在外界激励作用下，舱内液体的固有频率为 f_n，矩形舱内晃荡液体的固有频率可以由 Faltinsen[14]给出的 n 阶自振频率表达式进行计算：

$$f_n = \frac{1}{2}\sqrt{\frac{ng\tanh(\frac{n\pi h}{L})}{\pi L}} \tag{2}$$

式中：L 表示运动方向的液舱长度，m；h 表示液面高度，m；g 表示重力加速度，m/s^2；n 表示模态数。本研究主要考虑 n=1～3 时的低阶模态下的舱内液体的固有频率，即共振频率。

3 冲击荷载特性分析

3.1 侧壁冲击荷载频域特征

晃荡冲击荷载具有高度随机性与离散性，本研究采用统计学的方法对荷载特征值进行分析。其中，晃荡冲击荷载是指同组实验中自由液面处晃荡冲击荷载峰值的最大值。利用布置在侧舱壁的压力传感器捕捉舱壁受到的晃荡冲击压力，并通过数据采集仪将数据导出，运用统计学方法，得出横纵摇复合激励作用下晃荡冲击荷载频率特征（图 3）。

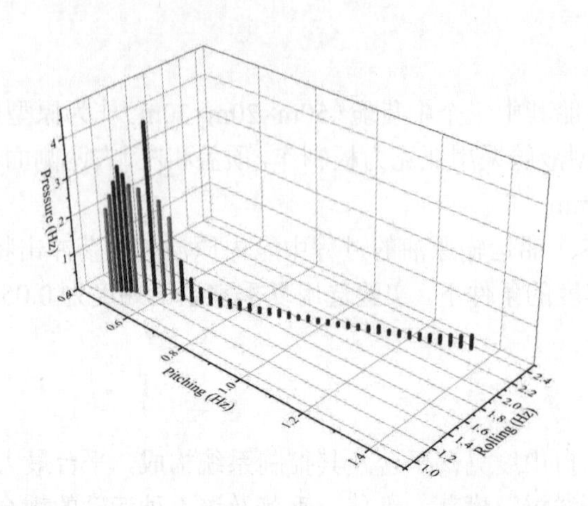

图 3　复合激励下冲击压力频域分布

如图 3 所示，随着横摇与纵摇运动的外激频率逐渐接近舱内液体的一阶固有频率，自由液面处晃荡冲击荷载也在逐渐增大，并在 0.96*f* 时达到第一个峰值；外激频率进一步增大至舱内液体的一阶固有频率甚至略大于一阶固有频率，即在 0.96～1.09*f* 阶段，此时晃荡冲击荷载先减小后陡增至第二个峰值；而后继续增大横摇与纵摇运动的外激频率，晃荡冲击荷载迅速减小，并在 1.36*f* 之后，晃荡冲击荷载呈小幅度波动变化的状态。

分析原因，在横摇与纵摇运动的外激频率逐渐接近舱内液体的一阶固有频率时，此时横摇运动起主导作用，舱内液体运动的速度越来越大，累积的动能增大，故晃荡冲击荷载逐渐增大；在 0.96～1.09 阶段，随着纵摇运动接近一阶共振频率，纵摇运动会削弱横摇运动的作用，晃荡冲击荷载开始降低，但在外激频率为 1.09 时，晃荡冲击载荷突然增大，结合自由液面波形变化可知，此时横摇与纵摇运动共同影响，舱内液体晃荡剧烈，舱内液体累积的动能再次增大，故晃荡冲击荷载陡增；外激频率进一步增大，此时外激频率超过舱内液体的一阶固有频率，舱内液体的运动速度小于液舱的运动速度，对侧壁的冲击荷载减小，故晃荡冲击荷载逐渐减小，并在 1.36 之后，结合实验波形变化可知，舱内液体运动波形趋于稳定，呈小幅度行进波状态，故晃荡冲击荷载小幅度波动变化。

3.2 冲击荷载空间分布特征

由晃荡冲击荷载的频域分析可知，随着外激频率逐渐接近舱内液体的一阶固有频率，晃荡冲击荷载也随之增大，故选取横摇与纵摇运动的外激频率为 0.96～1.18*f* 阶段时晃荡冲击荷载的空间分布进行分析，其中 1～5 代表的是左侧舱壁上的 P1～P5 监测点，6～8 代表的是舱顶 P6～P8 监测点。

由图 4 可知，在低载液率（*h*/*H*=20%）工况条件下，横摇与纵摇运动的外激频率逐接近舱内液体的一阶固有频率时，左侧舱壁晃荡冲击荷载集中在自由液面处，即 P1 处；然而在外激频率大于一阶共振频率时，液体冲击舱壁的位置具有差异性，可能出现在 P2 与 P3 处，同时液舱顶部也受到较大的冲击荷载。出现此现象的原因是外激频率逐渐增大至一阶共振频率时，舱内液体的晃荡程度加剧，舱内液体累积的动能增大，舱内液体主要冲击P1处，液体沿舱壁爬升，冲击舱顶，靠近左侧舱壁的液舱顶部同时受到较大晃荡冲击荷载；外激频率继续增大，超过一阶共振频率时，在横摇运动外激频率分别为0.554Hz、0.602Hz、0.626Hz，纵摇运动外激频率分别为1.234Hz、1.302Hz、1.336Hz时，此时液体冲击舱壁的位置在P2与P3处，分析原因，在外激频率大于共振频率时，舱内液体的晃荡剧烈，累积的动能增大，且横摇与纵摇运动共同存在，舱内液体随机冲击舱壁，故晃荡冲击荷载峰值出现在P2与P3处，因此液体冲击舱壁的位置具有差异性。

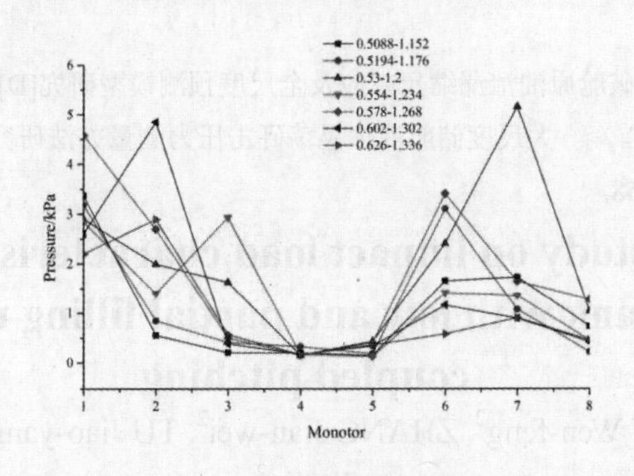

图4 冲击压力的空间分布

4 结论

本研究主要通过物理模型实验，研究低载液率时复合激励下弹性液舱内液体晃荡冲击荷载特性，通过分析自由液面处晃荡冲击荷载频域特性，得出在横摇与纵摇复合激励下，外激频率为 $1.09f_1$ 时自由液面处晃荡冲击荷载最大；由晃荡冲击荷载的空间分布可得，在一阶共振频率附近，自由液面处与液舱顶部受到较大的晃荡冲击荷载，外激频率超过一阶固有频率且近共振频率时，舱内液体冲击侧壁的位置会上升，但整体上来说低载液率工况下，舱内液体主要冲击自由液面处的侧壁。

参考文献

1 周上然，朱仁庆. 弹性液舱液体晃荡数值模拟[J]. 江苏船舶, 2014, 31(4):1-5.

2 朱仁庆,刘艳敏. 三维弹性液舱晃荡数值模拟[J].船舶力学,2012,16(10):1144-1151.

3 Strand I M, Faltinsen O M. Linear sloshing in a 2D rectangular tank with a flexible sidewall[J]. Journal of Fluids & Structures, 2017, 73:70-81.

4 陈星，蒋梅荣. 三维矩形弹性液舱内液体晃荡数值模拟研究[J]. 船海工程, 2013, 42(5):99-104.

5 Zhang Y, Chen X, Wan D. Sloshing Flows in an Elastic Tank with High Filling Liquid by MPS-FEM Coupled Method[C] The Twenty-Seventh. 2017.

6 王德禹. 液化天然气船液舱的晃荡[J]. 计算机辅助工程, 2010, 19(3): 1-4.
7 Yung TW，Ding y J, He H, et al. LNG sloshing:Characteristics and scaling, laws[C]. Proceedings of the Nine-teenth International Conference on Offshore Mechanics and Arctic Engineering. Osaka, Japan: The International Society of Offshore and Polar Engineers, 2009.
8 蒋梅荣, 任冰, 王国玉, 等. Laboratory investigation of the hydroelastic effect on liquid sloshing in rectangular tanks[J]. 水动力学研究与进展,B 辑, 2014, 26(5):751-761.
9 蒋梅荣, 任冰, 李小超, 等. 有限液深下弹性侧壁液舱内晃荡共振特性实验研究[J].大连理工大学学报, 2014(5):558-567.
10 吴豪霄. 双壳油船水下破舱原油泄漏缩尺效应及全尺度预测模型研究[D]. 41-42.
11 卫志军, 岳前进, 张文首,等. 大尺度储舱液体晃荡砰击压力测量方法研究[J].中国科学: 物理学 力学 天文学, 2014(7):746-758.

Experimental study on impact load characteristic of sloshing in elastic bulkhead tank with low and partial filling under linear rolling coupled pitching

ZHEN Chang-wen[1], WU Wen-feng[2], ZHANG Jian-wei[2], TU Jiao-yang[1], ZHANG Jia-kuo[2],GAO Jia-lin[2]

1. School of Naval Architecture and Mechanical-electrical Engineering, Zhejiang Ocean University, Zhoushan, Zhejiang 316022

2. School of Port and Transportation Engineering, Zhejiang Ocean University, Zhoushan, Zhejiang 316022

Abstract: Liquid sloshing in tank with low liquid depth present complex physical phenomena, and the dramatic impact load will be produced, which is one of the key problems in the tank structure design. The sloshing experiment covering lowest three natural frequencies of rolling coupled pitching were conducted, and the impact load characteristics of liquid sloshing in the elastic tank under the coupled excitation frequency were studied under the low liquid depth by the statistical method. The test results show that the most violent liquid sloshing occurs when the rolling and pitching are located near the first-order natural frequency. When the excitation frequency f/f_1 of the roll and pitch is between 0.98 and 1.113, the liquid in the tank appears to be topping. The maximum impact pressure occurs around f/f_1 of 1.09. In addition, the spatial distribution of the impact pressure on the left bulkhead and the top bulkhead were analyzed. It is concluded that under low carrier liquid conditions, the impact near the free liquid surface and the top of the tank is subject to a large impact load near the near resonant frequency. The side bulkhead impact position increases as the frequency increases. This study can provide a useful reference for FPSO ship tank structure design and sloshing load measurement.

Key words: Coupled excitation; Elastic tank; Low liquid depth; Impact load; Model experiment

某三艉豪华旅游船线型开发与模型试验验证研究

冯松波，魏锦芳，赵强

（中国船舶科学研究中心，无锡，214082）

摘要：本研究以某三艉豪华旅游船为研究对象，在满足排水量和总布置的前提下，结合计算流体力学（CFD）手段，开展线型开发和优化工作，确定了最终的优化线型。开展了最终优化线型的快速性模型试验，模型试验结果表明，最终优化线型在设计吃水指定功率下航速可达 27.8km/h，高于所要求的航速，进一步验证了该三艉豪华游船线型开发的有效性。

关键词：三艉；线型优化；模型试验

1 引言

长期以来船舶工程师进行船舶水动力性能预报的主要手段是船模水池试验或依靠个人经验。但模型试验的周期长、花费高；依靠个人经验的局部线型优化可以获得优选方案，但范围窄，一般只有少数几个，难以做到真正意义上的船型优化。这些方法均难以获得市场竞争优势。近十年来，随着计算机科学技术和计算流体动力学（CFD）的飞速发展，基于 CFD 的船型优化得到越来越广泛的应用，国内外众多研究成果展示了基于 CFD 数值方法的有效性。特别是近年来，CFD 已经成为船型开发、优化的一种常规辅助手段。本文针对某三艉豪华旅游船，结合 CFD 数值方法，确定了满足条件的优化线型，并对优化线型开展了快速性模型试验验证。

2 数值模拟方法

为了快速获得计算结果，进行多方案的比较，本研究采用快速的求解方法，也就是根据流动特点将船体分为两部分求解：第一部分采用非线性兴波数值计算方法，计算兴波阻力和波形。，计算兴波阻力和波形；第二部分是使用黏性流数值方法获得船尾的流场[1]。

2.1 非线性兴波数值计算方法

该方法假设受约束的船舶以常速 U 沿 x 轴的正向运动，o-xyz 为固定在船上的直角坐标系，xy 平面与静水面重合，z 轴垂直向上。在 o-xyz 坐标系中流动为定常势流，忽略表面张力的影响，水域为无限深，这样船舶绕流存在速度势 ϕ。

根据以上假设，则船舶绕流流场存在速度势 ϕ，且满足以下方程和边界条件：

在流场中满足 Laplace 方程，

$$\nabla^2\phi=0 \tag{1}$$

在自由面上满足运动学边界条件，

$$\phi_x\zeta_x+\phi_y\zeta_y-\phi_z=0 \qquad z=\zeta(x,y) \tag{2}$$

此外，在自由面上还要满足动力学边界条件，

$$\zeta=\frac{1}{2g}\left(U^2-\nabla\phi\cdot\nabla\phi\right) \qquad z=\zeta(x,y) \tag{3}$$

在船体湿表面上满足不可穿透条件，

$$\phi_n=0 \tag{4}$$

在无穷远前方满足辐射条件，

$$\phi=-Ux \tag{5}$$

在数值求解过程中，首先将船体和自由面离散为四边形单元，每个单元上布置均匀分布的源；自由面的离散采用静水面上的贴船体水线网格。将物面和自由面离散后，先求解基本流动 Φ 对应的流场。然后利用扰动速度势 φ 满足自由面条件势，这样就可以求解扰动流场,进而可求解出总的自由面流动。依次作为基本流动，进入下一次迭代。经过若干次迭代，直到波面与联合自由面边界条件收敛为止[2]。

2.2 黏流数值方法

船舶周围的三维流场是不可压缩流体的黏性流场，可以由以下的雷诺平均的连续性方程和动量守恒方程来描述：

$$\frac{\partial u_i}{\partial x_i}=0 \tag{6}$$

$$\frac{\partial u_i}{\partial t}+\frac{\partial(u_ju_i+\overline{u_j''u_i''})}{\partial x_j}=\overline{R_i}-\frac{1}{\rho}\frac{\partial p}{\partial x_i}+\frac{\partial}{\partial x_j}\left[\upsilon(\frac{\partial u_i}{\partial x_j}+\frac{\partial u_j}{\partial x_i})\right] \tag{7}$$

式中 x_i 为坐标分量，ρ 为流体质量密度，u_i 为平均速度分量，p 为平均流体压力，υ 是运动学黏性系数。

黏流数值求解时使用显式代数应力模型（EASM）；控制方程使用有限体积法离散，其中对流项使用 ROE 差分格式，扩散项采用中心差分格式；离散得到的差分方程组具有耦合性，使用 ADI 方法求解线性方程组[5]。

3 线型优化及 CFD 分析

3.1 线型要求

根据市场需要，该三艉豪华旅游船线型方面的要求如下：①垂线间长 139.98 m，型宽 21.2m，设计吃水 3 m。②设计吃水下满载排水量为约 6800t，浮心纵向位置中后 2%左右。③满足总体布置需求。

3.2 线型优化

表 1 给出了原型和优化线型在设计吃水状态的静水力计算结果，图 1 则给出了原型和优化线型的横剖面及横剖面面积曲线比较。可以看出，优化线型较原型排水体积增加了约 380m^3 ，平行中体有所加长，球艏形式变为水滴形，且球艏长度增加，浮心前移至-2.48%。

表 1 静水力计算比较

参数名	符号	单位	原型	优化线型
垂线间长	L_{pp}	m	139.98	139.98
型宽	B	m	21.2	21.2
吃水	T	m	3	3
排水体积	V	m^3	6384	6770
湿表面积	S	m^2	3020	3147
方形系数	Cb		0.717	0.7604
浮心纵向位置	Lcb	Lpp%	-4.21	-2.48

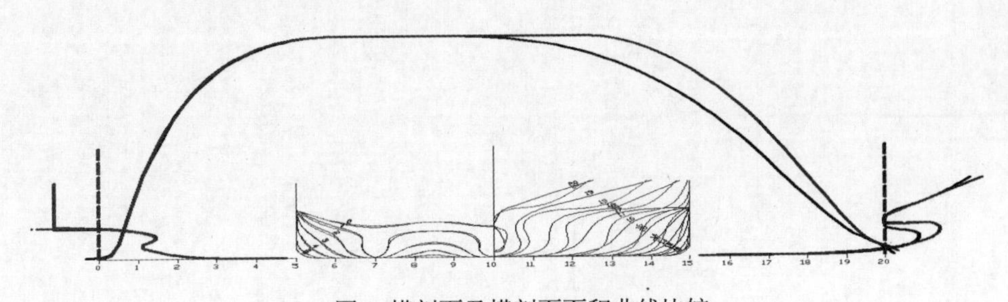

图 1 横剖面及横剖面面积曲线比较

3.3 CFD 计算分析

针对优化线型方案，计算了设计吃水下，实船航速为25km/h时的模型阻力与自航，并与原型方案进行了比较。表2给出了CFD计算的条件，表3给出了优化方案的总阻力系数计算值和收到功率与原型方案的相对值比较，图2至图4分别给出了各线型方案的舷侧波形图、船体表面压力分布图和桨盘面伴流图。

从表3可以看出，与原型相比，优化线型的模型总阻力系数下降了0.8%。但是，需要说明的是优化线型的排水量均增大了近400t，方形系数由0.717增大至0.76左右。优化线型的收到功率较原型增加了约3%，而优化线型的排水量较原型增加了6.3%。从图2可以看出，优化线型的船首波峰峰值较原型有明显下降，但在平行中体前出现了明显波谷，这主要是由于为了增大排水量，加长了平行中体。从图3可以看出，优化线型的船体表面压力分布较原型更为均匀。从图4桨盘面伴流图可以看出，对于中桨，优化线型的桨轴上方伴流好于原型。对于侧桨，优化线型的桨轴上方的伴流也好于原型。

表2 数值计算条件列表

参数名	符号	单位	数值
实船速度	Vs	km/h	25
缩尺比	scale	/	21.67
模型速度	Vm	m/s	1.4918
设计吃水	Td	m	3.0
计算温度	t	℃	20.0

表3 CFD 计算结果比较

方案编号	原型	优化线型
Ctm/Ctm0	100%	99.2%
Pd/Pd0	100%	102.99%

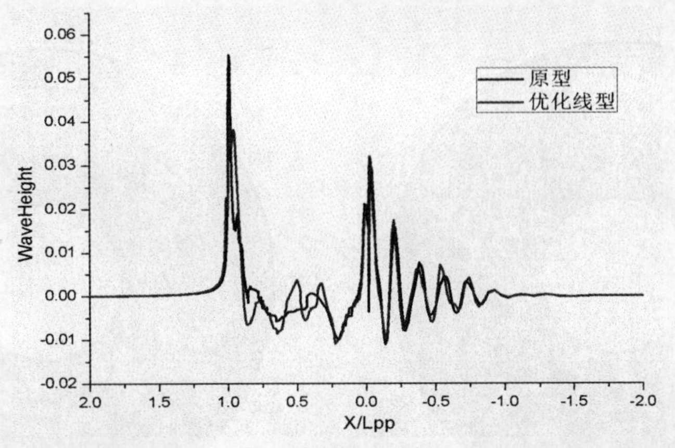

图 2 舷侧波形比较

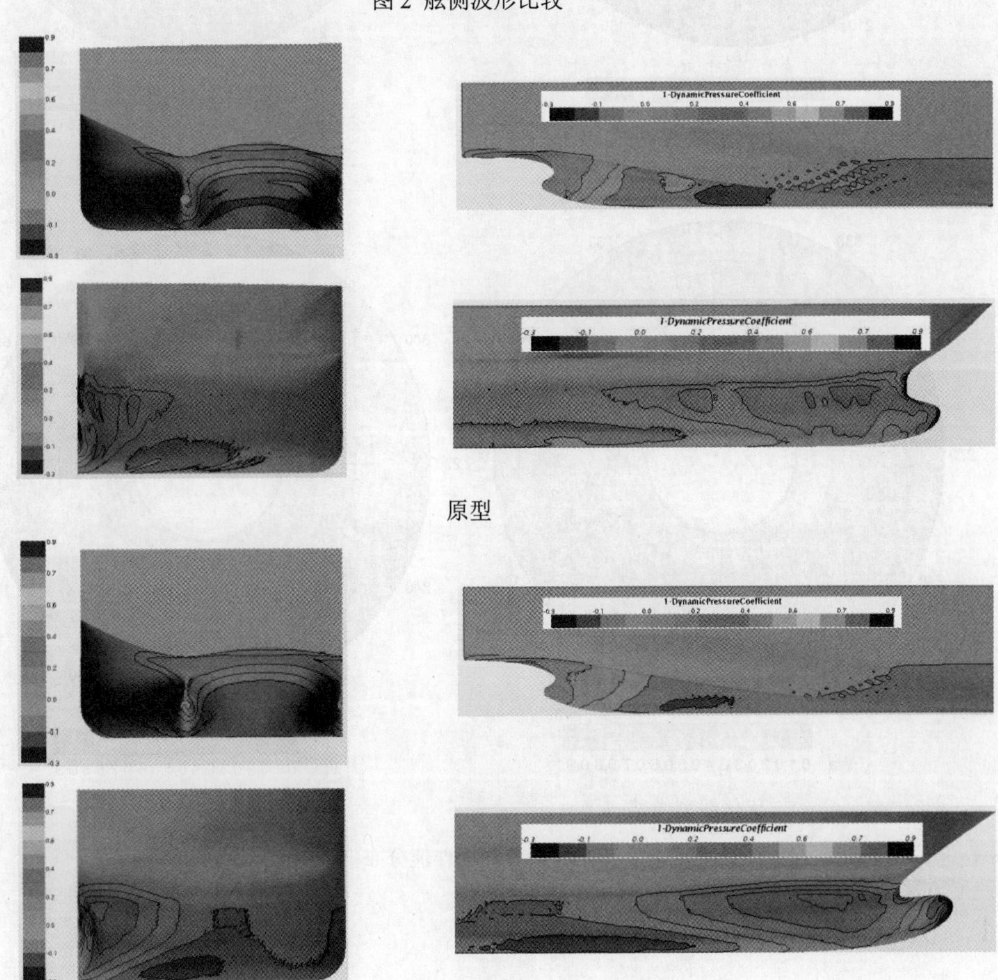

原型

优化线型

图 3 船体表面压力分布

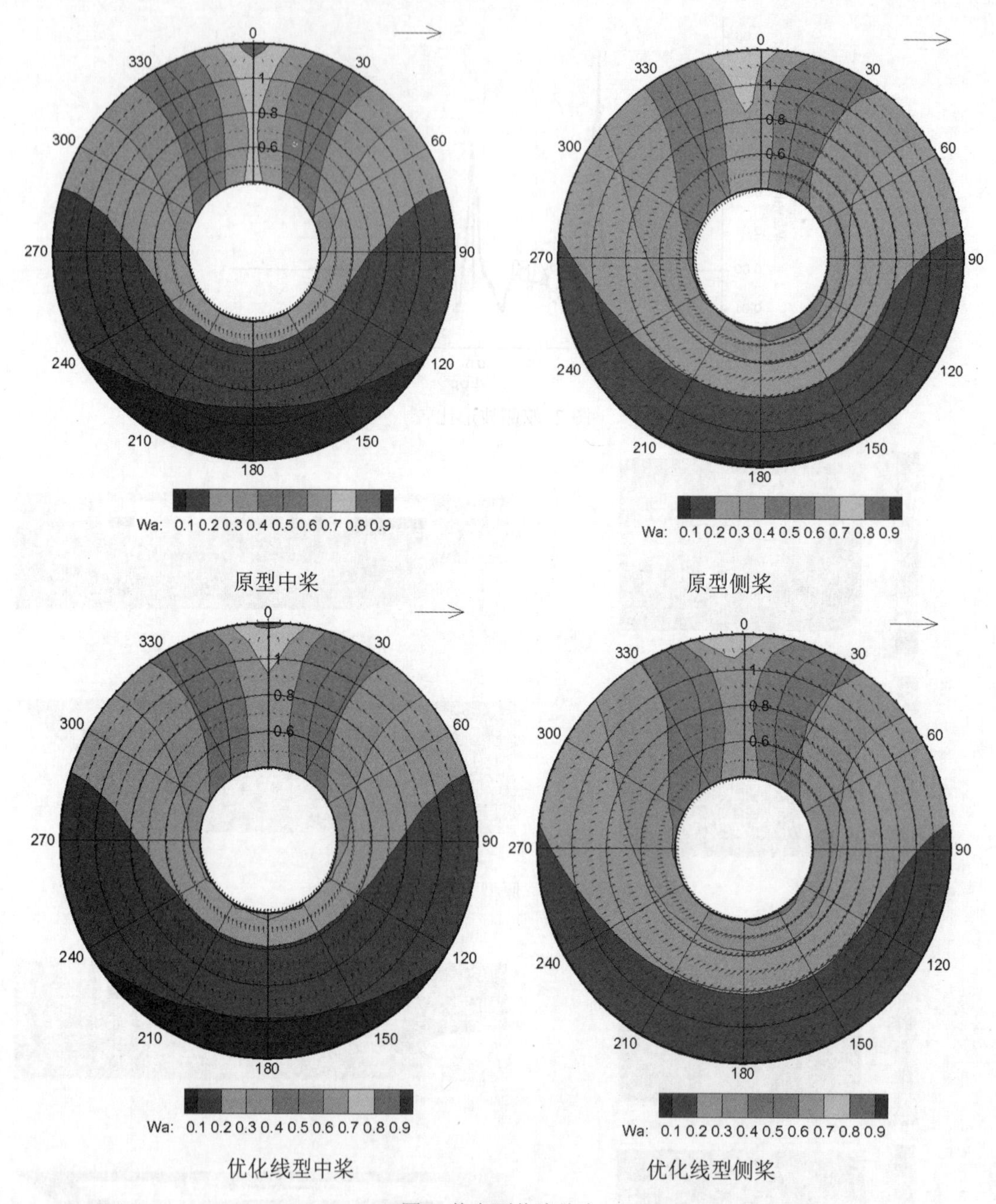

图 4 桨盘面伴流分布

4 快速性模型试验验证

针对该船进行了设计吃水下的快速性模型试验，包括阻力试验和自航试验。根据模型试验结果，对模型对应的实船在深水及良好海况条件下，进行功率及航速预估。根据所选用的主机参数，考虑92%的传动效率，当Pd=1400×3×0.92=3864kW时，其航速转速结果如下：

表5 航速预估结果

装载状态	设计状态
艏吃水（m）	3.000
舯吃水（m）	3.000
艉吃水（m）	3.000
排水体积（m^3）	6770
主机功率（kW）	1400×3
收到功率（kW）	3864
转速（r/min）	282.4
航速预报（km/h）	27.8

5 结论

结合CFD计算，综合考虑快速性能，浮心位置、总布置和排水量等方面的要求，对某三艉豪华旅游船开展线型开发和优化工作，最终优化线型与原型相比，排水量增大了6.3%，总阻力系数较原型有所下降，并且舷侧波形首波峰峰值明显降低，优化线型的收到功率较原型增加了约3%。针对优化线型开展了设计吃水下的快速性模型试验，模型试验结果表明，该船在设计吃水指定功率下航速可达到27.8km/h，高于所要求的航速。

参 考 文 献

1 K. J. Han, L. Larsson, B. Regnstrom. A numerical study of hull/propeller/rudder interaction[C]. 27th Symposium on Naval Hydrodynamics, Soul, Korea, 5-10 October 2008.

2 C.E.Janson. Potential flow Panel Methods for the Calculation of Free-Surface With Lift[D]. Ph.D. Thesis, Chalmers University of Technology, Sweden, 1997.

3 Lars Larsson. CFD in Ship Design-Prospects and Limitations. Ship Technology Research[J], Vol. 44, 1997.

4 Raven. Inviscid Calculations of Ship Wave Making-Capablitities, Limitations, and Prospects. 2nd Symposium on Naval Hydrodynamics, 1998.

5 Mattia Brenner. Integration of CAD and CFD for the hydrodynamics design of appendages in viscous flow[D]. Technical university of Berlin, 2008.

Lines development and model tests verification for a three-skeg luxury cruiser

FENG Song-bo, WEI Jin-fang, ZHAO Qiang

(China Ship Scientific Research Center, Wuxi 214082, China)

Abstract: Taking a Three-skeg Luxury Cruiser as a study subject, the lines optimization is conducted on the condition of satisfying the displacement and arrangement. In conjunction with the method of computational fluid dynamics (CFD), finally the optimized lines are obtained.. Model tests are carried out based on the optimized lines. The results show the ship speed of the optimized lines can reach 27.8km/h at specified delivered power at design draft.

Key words: three-skeg; lines optimization; model tests

石蜡蓄放热过程中响应特征的实验研究

李亚鹏，冷学礼，田茂诚，王效嘉，周慧琳

(山东大学 能源与动力工程学院，山东济南，250061，Email：sduliyapeng@163.com)

摘要：相变蓄热是储能的一种重要方式，石蜡作为相变材料具备无过冷和相分离等优点，但导热系数低是其主要缺点。检验提高石蜡导热系数的方法是否有效需要有纯物质的相变换热规律特征为检验基础。所以本研究采用差示扫描量热仪（DSC）测试了石蜡的相变焓值、相变温度等物性参数，搭建动态响应试验台研究石蜡蓄、放热过程中中心不同深度测点温度变化情况。实验结果表明，在蓄热过程中，当水浴温度高于石蜡熔点时，随着深度增加熔化所需时间逐渐增加。当水浴温度低于熔点时，传热始终在固相内进行，各测点升温速率大致相同；在放热过程中，各位置降温速率差异并不大，主要由于在放热过程中导热占主导地位。

关键词：石蜡；相变焓值；DSC；自然对流；热传导

1 引言

已有的研究发现石蜡具有相变焓值高、体积变化小、成核性高、蒸汽压低、无过冷和相分离、与容器相容性好等优势[1]，是目前应用最广泛的相变材料之一。而导热系数小、换热效率低一直限制石蜡在相变储能中发挥更大作用。为提高石蜡的导热系数，国内外专家学者进行的研究工作主要有：添加翅片[2]以及高导热金属颗粒；以泡沫金属为骨架制备石蜡/泡沫金属复合相变材料[3]大大提高了石蜡的导热系数；制备相变材料微胶囊[4]；加入石墨烯、碳纳米管等新型碳材料[5-6]。目前学者们对添加石墨烯是否提高石蜡熔化速率存在争议[7]，究其原因主要是对添加石墨烯后对固相热传导以及液相流动特性的改变最终造成熔化速率改变的最终效果缺乏足够的认识。因此本研究搭建储热材料蓄放热换热实验台，研究蓄放热过程中石蜡内部温度变化规律并检验实验台的可靠性。

2 实验

2.1 实验材料和仪器

(1) 材料：选用山东优索化工科技有限公司提供的中石油昆仑牌标称熔点 58℃的半精

炼石蜡，固相密度为 0.90 g/cm^2，液相密度为 0.81 g/cm^2。

(2) 仪器：Sartorius 电子天平，DS-0506 恒温水浴锅，美国 TA 公司生产 DSC25 差示扫描量热仪，阿尔泰数据采集模块。

2.2 材料性能测试

采用差示扫描量热仪对石蜡的相变焓值以及相变温度进行测试，测试时以氮气作为吹扫气和保护气，保护气流量为 100mL/min，吹扫气流量为 50mL/min，测试过程中升温速率为 5℃/min，升温范围为 40～80℃。通过分析软件获得样品的相变焓值、相变温度等。

2.3 实验台简介

为了测量恒定热源温度下石蜡不同深度处度温度随时间变化的规律特征，设计了动态响应试验台。实验时称取 15g 石蜡放置于内径 30mm,壁厚 2mm,长度 200mm 的试管中，T 型热电偶（精度为±0.5℃）分别插入距石蜡上液面 5mm、10mm、15mm、20mm、25mm 处，分别记为 A、B、C、D、E 测点，记录各测点位置处石蜡的温度数据。蓄、放热过程在水浴水箱中进行，四个辅助单元分别为水循环单元，电加热及冷却单元，温度采集与保存单元，系统运行控制单元。

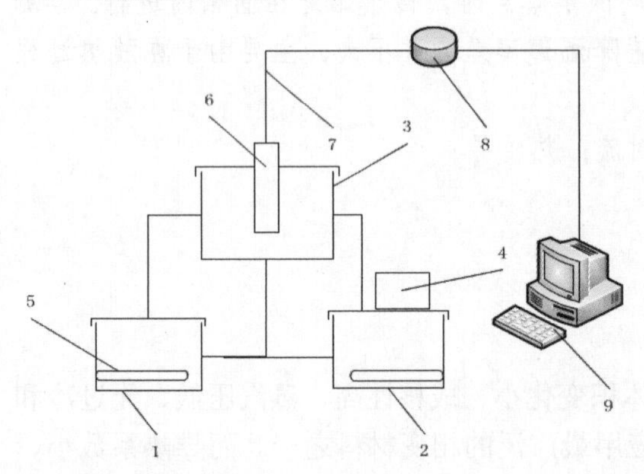

图 1 实验装置示意图

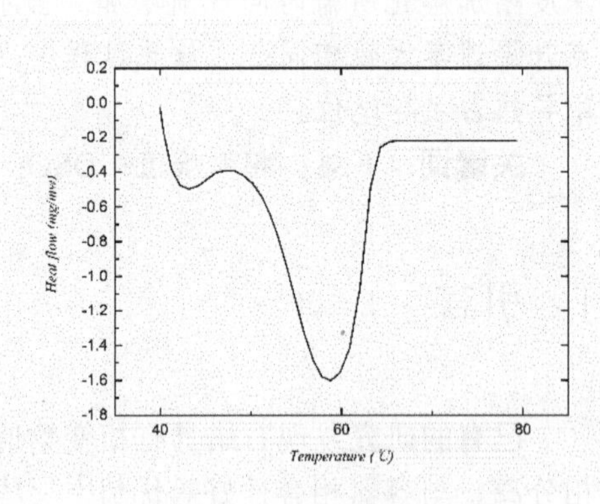

图 2 纯石蜡熔化过程 DSC 曲线

注：1.热水箱 2.冷水箱 3.水浴水箱 4.风扇 5.加热棒 6.试管 7.热电偶 8.数据采集仪 9.电脑

3 结果与讨论

由图 2 可知，DSC 曲线上出现了两个明显的波峰，在 43℃左右热流密度达到了一个小的波峰，此为石蜡的固—固相变峰，此温度为石蜡的转晶点，此时石蜡晶形发生转变，吸收热量。在 59℃左右热流密度达到了最大值，此为固—液相变峰，此时石蜡发生相态的变化。石蜡的相变焓值为转晶热与熔化热的总和[8]。通过分析软件得出纯石蜡的相变焓值为 212.39J/g。

3.2 实验结果

3.2.1 蓄热曲线分析

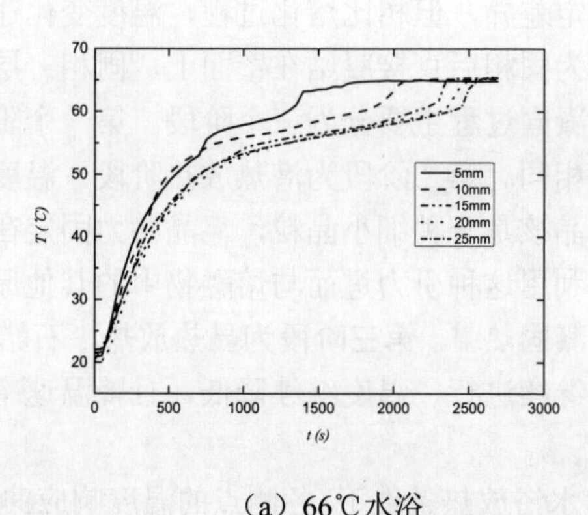

（a）66℃水浴

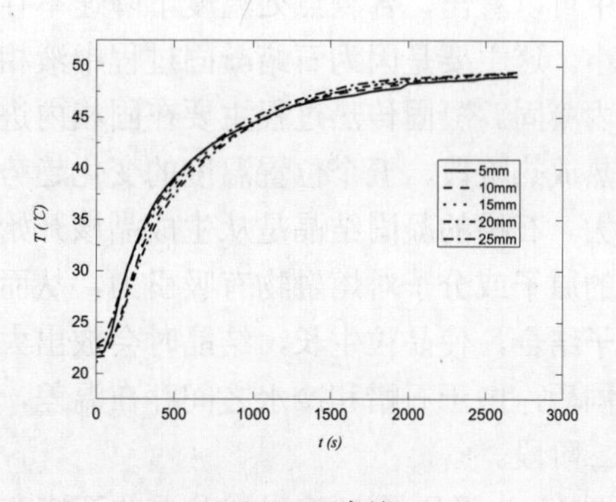

（b）50℃水浴

图 3 石蜡在水浴加热条件下各测点温度随时间的变化

图 3 给出了不同恒温水浴条件下，A、B、C、D、E 各测点处温度变化曲线，从图 3a 我们可以看出，在熔化过程中 5 个测点处温度都是逐渐升高。从室温（约 20℃）升温至 66℃，A-E 处所用时间分别为 1390s、2010s、2330s、2430s、2500s，随着深度的增加升温所用时间变长。E 处石蜡所用时间约为 A 处石蜡所用时间的 180%。这表明在石蜡熔化过程中，上部的石蜡熔化速率较快。52-59℃为相变平台期，在此期间石蜡逐渐由固相转变为液相且温度变化不大，A 处石蜡用时 675s，B 处用时比 A 处多 84%，而 C、D、E 处用时仅比上一深度处分别多用 7.6%、6.7%和 9.3%。产生这一现象的原因是温度达到 52℃后石蜡才开始逐渐变软，试管四周的固体温度越过相变点后逐渐转变为液相，液相中传热主要以导热为主。随着液相分数的增加，传热方式变为以固液间的对流传热为主。达到 59℃后各测点以较快的速率升高至 66℃，此过程为显热蓄热，热传导起主要作用。而从图 3.b 我们可以看出，石蜡未发生相变，无自然对流现象发生，没有出现相变恒温平台。热量传递主要以热传导为主，五个测点升温速率几乎相同。

表 1 不同深度石蜡升温所用时间统计表

测点编号	A	B	C	D	E
20～66℃所用时间（s）	1390	2010	2330	2430	2500
52～59℃所用时间（s）	675	1240	1335	1425	1560

3.2.2 放热曲线分析

图 4a 为 66℃水浴熔化后的石蜡在 38℃水浴放热条件下，5 个测点的温度变化曲线，从图中可以看出，各测点处温度下降速率存在一定差异，但相比熔化过程，温度变化速率差异小。这主要是因为石蜡凝固过程中液相转变为固相后直接凝结在壁面上，固相一层层的向内凝固。凝固传热过程主要在固相内进行。凝固过程主要分为三个阶段。第一个阶段为显热放热阶段，五个位置温度的变化趋势大致相同。第二阶段为潜热放热阶段，温度变化不大。石蜡的凝固结晶是从生成晶核开始的，晶核是一种细小晶粒，靠晶格力固定在晶核中的原子或分子对熔融物有吸引力，从而可以利用这种引力进而与熔融物中的其他原子或分子结合，使晶粒生长，结晶时会放出大量的凝固热[8]。第三阶段为显热放热，石蜡完全凝固后，由于石蜡和冷水之间存在温差，传热继续进行，温度继续降低，且降温速率高于第二阶段。

图 4.b 为经历了 50℃水浴升温的石蜡在 27℃水浴放热条件下，各测点的温度响应曲线。从图 4.b 我们可以看出，在放热过程中，由于缩孔现象，A 附近的石蜡与空气之间形成自然对流，使 A 处温度降低速率略快于其他几个测点。由于放热过程中未发生材料相变，因此未出现相变恒温平台。各位置降温曲线基本一致。

4 结论

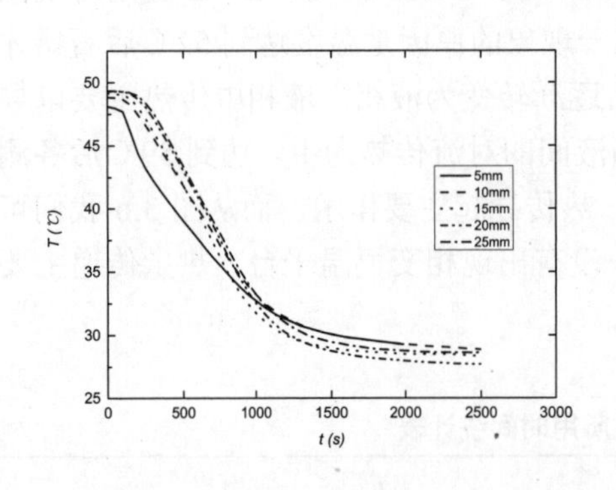

(a) 38℃水浴

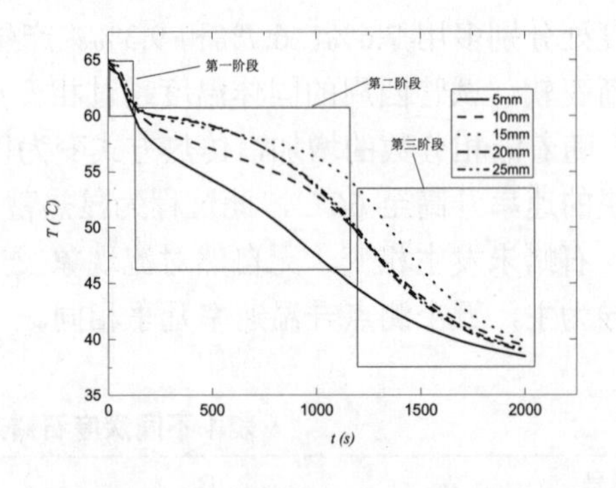

(b) 27℃水浴

图 4 石蜡在水浴降温条件下各测点温度随时间的变化

本研究搭建了石蜡相变蓄、放热实验装置，实验过程中主要采集了石蜡蓄、放热过程中距离石蜡上液面 5mm、10mm、15mm、20mm 以及 25mm 处的温度数据，分析对比不同位置处石蜡升温和降温过程的温度变化并得到了一些石蜡升降温过程中的温度变化规律。

（1）石蜡的熔化过程是由四周向中心进行，外部固体先熔化，在熔化后的液相中导热占据主导地位，随着液相分数的增加，自然对流慢慢逐渐占据主导地位。由于石蜡的固相密度大于液相密度，所以熔化过程中，固相下沉，液相向上流，致使上部测点温度升高较快。

（2）凝固过程中，壁面温度较低，石蜡由外向内递进凝固，因此凝结传热主要在固相内进行，传热方式主要以热传导为主。

（3）通过对比试验分析了石蜡吸/放热过程中发生或不发生相变的温度响应差异，检验了试验装置的可靠性，为后续提高材料导热系数方法的检验提供了基础数据。

参考文献

1 Jinjia Wei, Kawaguchi Yasuo, Hirano Satoshi, et al. Study on a PCM heat storage system for rapid heat supply[J]. Applied Thermal Engineering, 2005, 25(17): 2903-2920.

2 Zhongliang Liu, Sun Xuan, Ma Chongfang. Experimental investigations on the characteristics of melting processes of stearic acid in an annulus and its thermal conductivity enhancement by fins[J]. Energy Conversion and Management, 2005, 46(6): 959-969.

3 D Zhou, Zhao C-Y. Experimental investigations on heat transfer in phase change materials (PCMs) embedded in porous materials[J]. Applied Thermal Engineering, 2011, 31(5): 970-977.

4 Sana Sari-Bey, Fois Magali, Krupa Igor, et al. Thermal characterization of polymer matrix composites containing microencapsulated paraffin in solid or liquid state[J]. Energy Conversion and Management, 2014, 78796-804.

5 Tun-Ping Teng, Cheng Ching-Min, Cheng Chin-Pao. Performance assessment of heat storage by phase change materials containing MWCNTs and graphite[J]. Applied Thermal Engineering, 2013, 50(1): 637-644..

6 Ahmed Elgafy, Lafdi Khalid. Effect of carbon nanofiber additives on thermal behavior of phase change materials[J]. Carbon, 2005, 43(15): 3067-3074.

7 TingXian Li, Lee Ju-Hyuk, Wang RuZhu, et al. Heat transfer characteristics of phase change nanocomposite materials for thermal energy storage application[J]. International Journal of Heat and Mass Transfer, 2014, 751-11.

8 石蜡产品的性质、生产及应用[M]. 1988.

Experimental study on response characteristics in the process of phase change of paraffin

LI Ya-peng, LENG Xue-li, TIAN Mao-cheng, WANG Xiao-jia, ZHOU Hui-lin

(State School of energy and power engineering Shandong University, Jinan, 250061.

Email: sduliyapeng@163.com)

Abstract: Latent thermal energy storage is one of the most preferred forms of energy storage, paraffin waxes have desirable characteristics, such as negligible supercooling, and no phase segregation. However, low thermal conductivity is the inherent limitation. The laws of phase change of pure paraffin are used to test whether the method of improving the thermal conductivity of paraffin is effective. Therefore, the differential scanning calorimetry (DSC) was used to measure the parameters such as melting points and latent heats. And the temperature changes of the storage and exothermic process were experimentally investigated. The experimental results show that during the heat storage process, when the water temperature is higher than the melting temperature , the melting time increased with the depth increased. And when the water temperature was lower than the melting temperature, since the melting temperature was not reached, the heat transfer was always in the solid phase. And the rate of temperature increasing was almost the same at each measuring point; in the exothermic process, the rate of temperature reducing was not much difference in different measuring position mainly due to the thermal conduction dominated during the exothermic process.

Key words: Paraffin; Latent heat; DSC; Natural convection; Thermal conduction.

非对称头型对航行器入水空泡及弹道特性影响的实验研究

华扬，施瑶，潘光，黄桥高

(西北工业大学 航海学院，陕西 西安，710072)

(西北工业大学无人水下运载技术重点实验室，陕西 西安， 710072，Email: shiyao@nwpu.edu.cn)

摘要：本论文的主要研究工作是研究非对称异构头型对航行器入水空泡及弹道特性的影响规律，通过开展不同构型头型的航行器入水冲击试验，揭示在佛汝德数 62～322 范围条件下入水空泡生成演变机理、入水弹道变化特性。实验采用了高速摄影的方法，研究了同一切距下分别是 35°，40°，45° 三种不同切角的头型的航行器在 5～12m/s 的不同冲击速度和 60°，70°，80° 和 90° 的不同冲击角度下入水后的弹道轨迹和入水空泡的演变过程。研究结果表明：带有非对称异构头型的航行器入水后的弹道轨迹出现了较大幅度的偏转，偏转幅度的大小主要与航行器的头型，入水角度，入水速度相关。在同一入水角和入水速度下，头型切角更小的航行器弹道偏转更加显著；在不同实验工况下，航行器姿态角随时间的变化遵循抛物线变化规律；不同切角的非对称异构头型的航行器入水带空泡能力不同，切角越小，带空泡能力越强；在同一入水角和入水速度下，头型切角更小的航行器在斜入水时形成的开口空腔的直径更大；不同切角的非对称异构头型的航行器入水空泡稳定性存在差异，切角越小，其入水空泡稳定性越差，空泡更容易溃灭。

关键词：非对称头型；入水；空泡；弹道；实验研究

1 引言

在水下武器的发展趋势中，如何缩短从发现目标到打击目标的时间是人们一直以来的追求。在空投鱼雷的初期入水阶段中，由于周围复杂流场的非定常性，可能出现入水跳弹、反转或者沉底的现象，因此保证航行器入水过程后的水平稳定有着重要的意义。同时，在入水初期水轨迹阶段，由于入水空泡的存在，航行器只有头部与流体相接触，而不能提供合适的起姿态稳定作用的恢复力矩，所以空投鱼雷从入水阶段到开始水平航行阶段的过渡时间较长，因此如何缩短这一段时间显得极为迫切而必要。

第二次世界大战期间，由于许多入水导弹和鱼雷会出现弹跳、忽扑、沉底等失稳弹道，影响武器的打击效果，因此许多研究者展开了对入水弹道问题的研究与分析。E.G. Richardson[1]研究了小球倾斜入水后的弹跳现象以及其入水载荷。A.May[2]总结了相关入水问题的成果，分析了入水导弹在零攻角下的入水冲击载荷、空泡演变和弹道轨迹等问题。

国内对入水问题的研究起步较晚，但是近年来，许多国内研究者对入水问题进行了大量的研究。顾建农等[3]利用数字式高速录像机实验研究了头部为半球形的弹头与手枪普通制式弹头在两个水深、6 种速度下水平入水时的空泡及弹道特征。表明弹头形状对弹头空泡与入水弹道的稳定性有着重要影响。王云等[4]利用高速摄像机拍摄了弹体入水过程和空泡形态演变过程，并分析了头型、入水角、入水速度对水下弹道的影响，发现入水角对弹道影响比较显著，小的入水角条件下弹体迅速向水面偏转，而入水角增大到一定程度时弹道向缸体底部偏转。

本研究工作侧重于研究非对称异构头型对航行器入水空泡及弹道特性的影响规律，基于现阶段的实验平台，通过开展不同构型头型的航行器入水冲击试验，揭示不同条件下入水弹道变化特性和水空泡生成演变机理，以期为入水弯曲弹道设计提供一定的参考。

2 实验研究

2.1 实验装置

本文所做模型入水实验的实验装置示意图如图 1，实验装置由空气炮发射装置、水箱、高速摄像系统和照明系统组成。

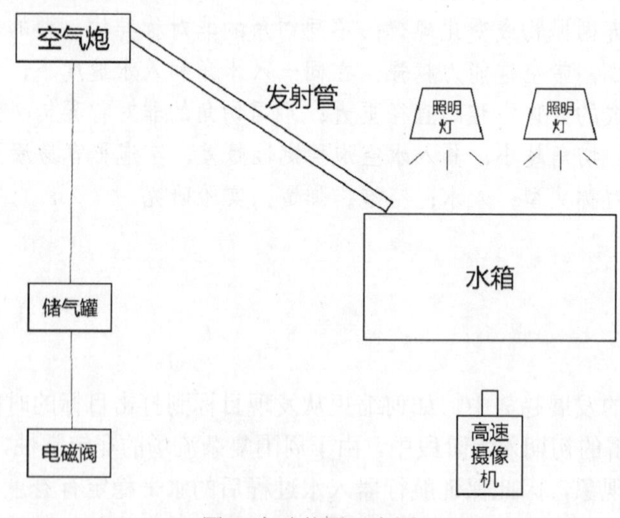

图1 实验装置示意图

实验所用水箱，主体由有机玻璃黏合而成，四周壁面透明，便于高速摄像机拍摄实验过程。水箱框架由钢架焊接而成，可以防止因为水压而导致水箱破裂。水箱的尺寸为1840mm×1200mm×1240mm，有机玻璃的厚度为20mm。由于实验模型以较高速度入水，模型触底后会对水箱底面造成较大的冲击力，因此在水箱底部铺有多层橡胶垫以缓冲冲击力。为了方便后续试验工况的数据处理和尺寸校准，在水箱后方的有机玻璃上粘贴了方格纸，每个方格的尺寸为50mm×50mm。实验所用空气炮发射装置的运行过程为：打开充气开关，空气被空压机压缩后通过通气管路和压力调节阀运送至储气罐，通过安置在发射架上的数字压力表以得知此时储气罐内的压强大小，当储气罐内的压强增加到实验预设值时，关闭压力调节阀停止供气。按下电磁阀开关，常闭电磁阀打开，储气罐内的压缩气体进入发射管，推动发射管内的实验模型达到一定速度并射出管口。通过丝杠可以调节发射架的角度，以完成不同的入水角要求。

2.2 实验模型

由于本研究工作侧重于研究非对称异构头型对航行器入水空泡及弹道特性的影响规律，因此设计了 3 种不同的非对称头型，使得模型入水后流体对头部质心的合力可以使得模型产生抬头力矩。

如图 2(a)所示，其中 x 为头型切距，θ 为头型切角，在本实验中头型切距是固定值，即 x=10mm，由于带有非对称异构头型的航行器入水时，流体对航行器头部的作用力主要影响因素是头部切面的面积大小，因此头型切角 θ 共设计了三个值分别是 35°，40°，45°，这三种切角的头型的切面面积相差较大，实验中可以带来较为明显的差别。由于本文需要研究切角头型对入水过程的影响，为了做对照试验，因此无切角头型即平头头型也一并列入实验对象。模型实验参数如表 1 所示。

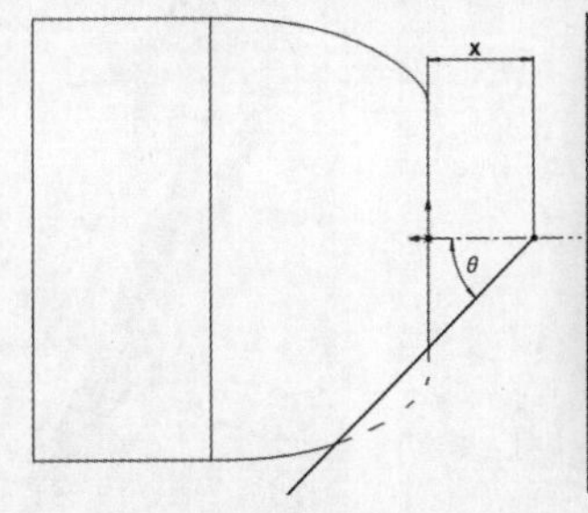

(a)模型头型设计

(b)实验所用头型实物

图 2　模型头型

表 1　模型实验参数

参数	参数值	参数	参数值
模型总长L_0 (mm)	344	入水速度U_0 (m/s)	4.93～11.25
模型直径D_0 (mm)	40	佛劳德数Fr	62～322
头型切距x (mm)	10	韦伯数We	13314～69331
头型切角θ (°)	35°，40°，45°	雷诺数Re	195.6～446.4

3 实验结果与分析

3.1 入水空泡特性分析

在实验中，相机距离水池的距离为4.2m，像素为1216×1024，帧速为2000fps，曝光时间是200μs，镜头为AF-S NIIOR 24mm f/1.4GED。图3(a)、图3(b)、图3(c)和图3(d)分别给出了在同一入水速度 U_0=9.76m/s，同一入水角度 α=60°下不同头型的实验模型在相同时刻下的空泡形态图。

由图3可以看到，带有不同头型的实验模型入水后均产生了明显的空泡现象，并且均经历了开空泡、闭空泡与空泡溃灭阶段。通过对比分析可知：带有35°和40°切角头型的实验模型其入水空泡的直径更大，这是因为由于头部的不对称性，导致流体对模型头部的作用力方向不通过模型的重心，因此模型入水后产生了相应的抬头力矩，弹道的抬头偏转使得模型下侧排开水的体积增大，导致其空泡直径增加。同时可以发现带有 45°切角头型的实验模型空泡直径最小，这是因为由于模型头部两侧空泡压力不对称，导致头部受到横向的压力差，以至于出现俯冲弹道，导致模型下侧排开水的体积减小，因此其空泡直径最小。平头头型的入水空泡最为稳定，其空泡闭合现象也更容易观测，而带有切角头型的模型入水后空泡不稳定，溃灭发生的时间要早于平头模型空泡溃灭发生时间，原因是带有切角头型的模型入水后弹道发生偏转，模型尾部在空泡深闭合前就开始撞击空泡壁面，导致空泡破碎，开始溃灭。

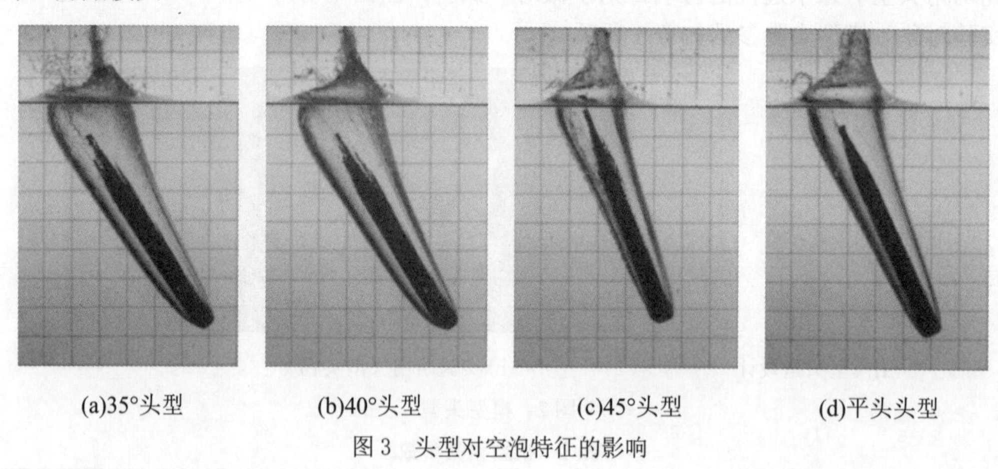

(a)35°头型　(b)40°头型　(c)45°头型　(d)平头头型

图3　头型对空泡特征的影响

3.2 入水弹道特性分析

通过编写MATLAB代码对实验工况进行逐帧分析，提取实验模型的轮廓信息，从而得出实验模型的弹道轨迹与姿态角的变化过程。在分析过程中，由于发现带有各个头型的实验模型质心运动轨迹接近于一条直线，弹道变化不明显，因此在本研究中选取模型头部中点轨迹来进行对比。图4(a)、图4(b)和图4(c)分别给出了不同头型的模型在同一入水角下和

同一入水速度 U_0=9.76m/s 条件下的弹道轨迹图。可以看出，头型切角更小的航行器弹道偏转更加显著，这是因为头型切角越小，切面面积越大，流体对切面的反作用力越大，该力的方向不通过模型的重心，也就是该力垂直于模型轴线的分量越大，使模型的抬头力矩增大，因此偏转幅度越大。可以在图 4(a)发现在 60°入水角下，45°切角头型的模型弹道轨迹处于无切角头型之下，并且是一个俯冲弹道。这是因为实验模型入水后，模型头部与水接触的地方分别是头部前端平面和头部曲面，而 45°切角头型的模型的切角面积较小，水对切面的反作用力较小，以至于不能产生足够大的垂直于模型轴线的分量的力以供模型向上偏转，导致模型头部下侧排开水后的空泡几乎没有空气进入，下侧空泡压力略大于水蒸气压力，以至于头部两侧空泡压力不对称，在头部沿铅锤方向产生压力差，该压力差使得模型出现俯冲弹道，且该压力差的最大值为大气压力与水蒸汽压力之差。

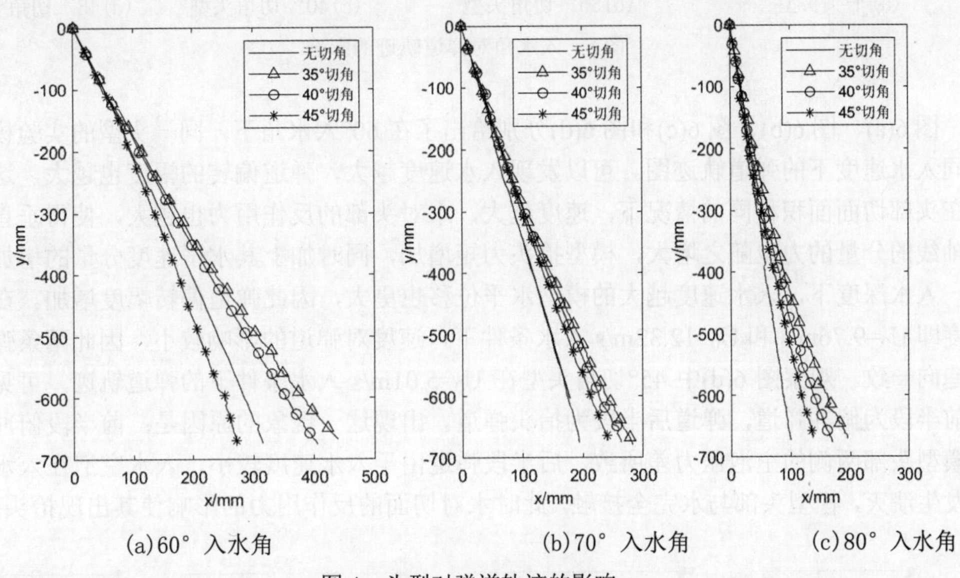

(a) 60° 入水角　　(b) 70° 入水角　　(c) 80° 入水角

图 4　头型对弹道轨迹的影响

图 5(a)、图 5(b)、图 5(c)和图 5(d)分别给出了同一入水速度 U_0=9.76m/s，不同入水角下同一头型的实验模型的弹道图。可以看到，不论何种头型，在同一入水深度下，模型的水平位移随着入水角的减小而增大；同时对于切角较小的头型的模型，入水角越小，弹道偏转幅度越大，弹道越趋向于水平。这是因为入水角越小，在同一速度入水下，速度的水平分量越大，垂直分量越小，导致入水至同一深度下，弹道偏转幅度越大。但是随着水下弹道的变长，其速度衰减也越大，因此在同一入水深度下，入水角越小，模型的速度也越小。在图 5(d)中同时还可以发现 45°切角头型的模型在 60°入水角下的入水弹道为俯冲弹道，但是在 70°和 80°入水角下的入水弹道却是抬头弹道。原因是在大入水角的情况下，模型头部两侧的空泡均有空气进入，使得模型头部两侧的空泡压力均为大气压，因此此时水对切面的反作用力的影响开始显现，垂直于模型轴线的分量的力使得模型弹道向上偏转。

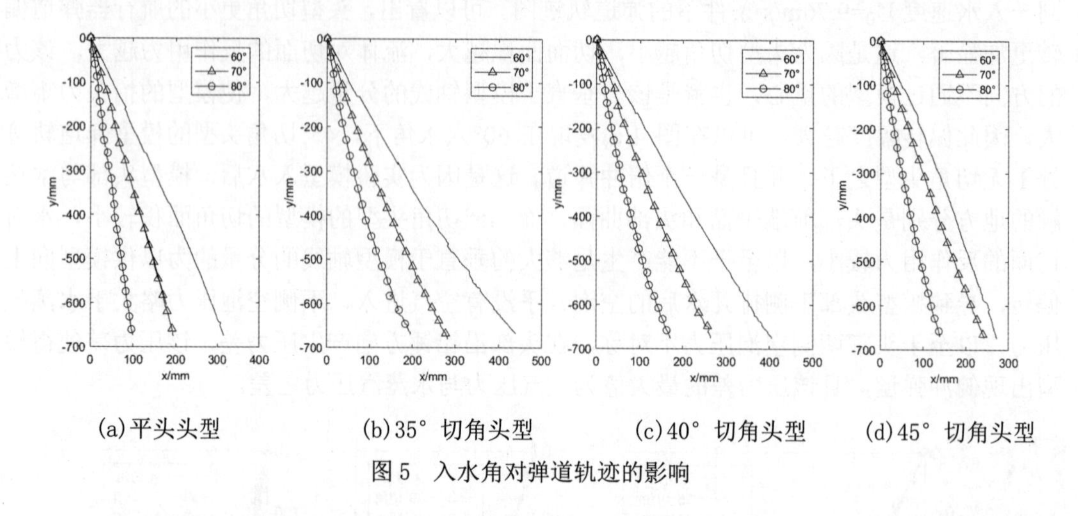

(a)平头头型　(b)35° 切角头型　(c)40° 切角头型　(d)45° 切角头型

图 5　入水角对弹道轨迹的影响

图 6(a)、图 6(b)、图 6(c)和图 6(d)分别给出了在 60°入水角下，同一头型的实验模型在不同入水速度下的弹道轨迹图。可以发现入水速度越大，弹道偏转的幅度也越大，这是因为在头部切面面积相同的情况下，速度越大，水对头部的反作用力也越大，使得垂直于模型轴线的分量的力也随之增大，模型抬头力矩增加，同时加上其水平速度分量的增加，在同一入水深度下，入水速度越大的模型水平位移也更大，因此弹道偏转幅度增加。在较高速度即 U_0=9.76m/s 和 U_0=12.32m/s 入水条件下，速度对弹道的影响较小，因此两条弹道轨迹趋向一致。观察图 6(d)中 45°切角头型在 U_0=5.01m/s 入水条件下的弹道轨迹，可见在弹道前半段为俯冲弹道，弹道后半段为抬头弹道。出现这一现象的原因是：前半段俯冲弹道由模型头部两侧的空泡压力差所致，后半段弹道由于入水速度较小，入水空泡在入水不久后发生溃灭，模型头部与水完全接触，此时水对切面的反作用力的影响使其出现抬头弹道。

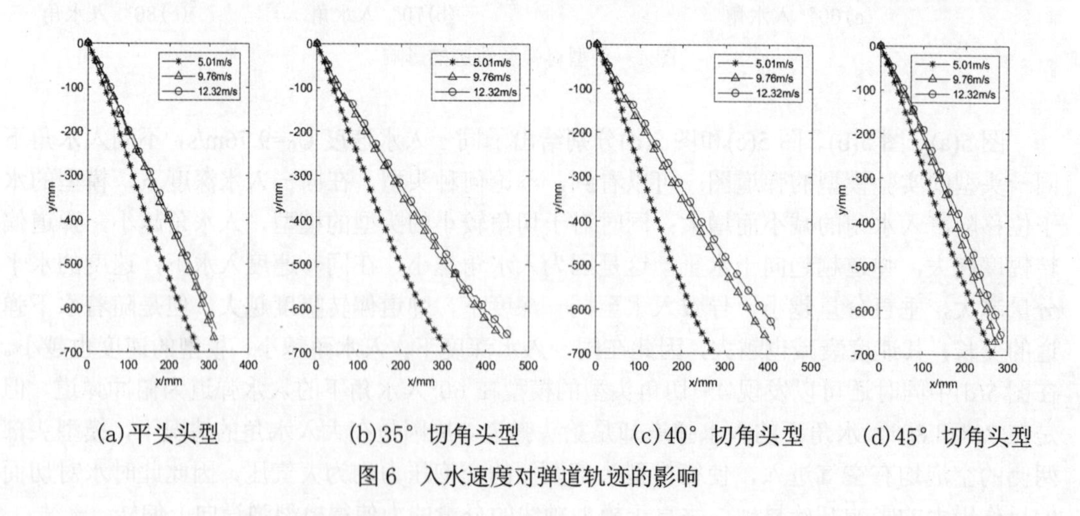

(a)平头头型　(b)35° 切角头型　(c)40° 切角头型　(d)45° 切角头型

图 6　入水速度对弹道轨迹的影响

4 结论

本文采用实验方法研究了带有非对称异构头型的实验模型低速入水下的空泡特性和弹道特性，重点分析了不同入水速度和入水角度对空泡演变和弹道轨迹的影响。

（1）不同切角的非对称异构头型的模型入水空泡稳定性存在差异，切角越小，其入水空泡直径越大，空泡稳定性越差，并且空泡更容易溃灭。

（2）带有非对称异构头型的模型入水后的弹道轨迹出现了较大幅度的偏转，偏转幅度的大小主要与航行器的头型，入水角度，入水速度相关。在同一入水角和入水速度下，头型切角更小的模型弹道偏转更加显著。

（3）平头头型和大角度切面头型的模型在一定范围内的入水角度入水后，由于存在头部两侧空泡压力差，会出现俯冲弹道。

参考文献

1 Richardson E G. The impact of a solid on a liquid surface[J]. Proceedings of the Physical Society, 1948, 61(4): 352.

2 May A. Water entry and the cavity-running behavior of missiles[R]. Navsea Hydroballistics Advisory Committee Silver Spring Md, 1975.

3 顾建农，张志宏，王冲．旋转弹头水平入水空泡及弹道的实验研究[J]．兵工学报, 2012, 33(5).

4 王云，袁绪龙，吕策．弹体高速入水弯曲弹道实验研究[J]．兵工学报, 2014, 35(12): 1998-2002.

5 曲宝纯．入水研究——入水现象[J]．舰船科学技术, 1984 (2): 1.

6 严忠汉．入水弹道学研究评述[J]．水动力学研究与进展, 1984 (2): 15.

7 黄凯，乐述文．不同头型弹体模型入水现象的实验研究[J]．物理实验, 2016 (2016 年 05): 13-18.

8 李永利，刘安，冯金富，等．航行器小角度入水跳弹过程研究[J]．兵工学报, 2016, 37(10): 1860-1872.

9 程文鑫，蔡卫军，杨春武．鱼雷小角度入水过程仿真[J]．鱼雷技术, 2014, 22(3): 161-164.

10 石汉成，蒋培，程锦房．头部形状对水雷入水载荷及水下弹道影响的数值仿真分析[J]．舰船科学技术, 2010, 32(10): 104-107.

11 韩晓东，王坚茹，孟秀清．水下航行体几何外形对阻力影响的数值模拟[J]．机械, 2011, 38(9): 15-18.

12 方城林，魏英杰，王聪，等．不同头型高速射弹垂直入水数值模拟[J]．哈尔滨工业大学学报，2016, 48(10): 77-82.

13 罗驭川,黄振贵,高建国,陈志华,侯宇,郭则庆.截锥体头型弹丸低速斜入水实验研究[J/OL].爆炸与冲击:1-10.

14 顾建农，高永琪，张志宏，等．系列头型空泡特征及其对细长体阻力特性影响的试验研究[D]., 2003.

Experimental study on the influence of aircraft with asymmetric head shape on the air bubble and ballistic characteristics

HUA Yang, SHI Yao, PAN Guang, HUANG Qiao-gao

(School of Marine Science and Technlogy, Northwestern Polytechnical University, Xi'an, Shaanxi 710072, China)

(Key Laboratory of Unmanned Underwater Vehicle Technology, Northwest Polytechnic University, Xi'an, Shaanxi, 710072. Email: shiyao@nwpu.edu.cn)

Abstract: The main research work of this paper is to study the influence of asymmetric isomeric head shape on the inflow cavitation and ballistic characteristics of the vehicle. By carrying out the impact tests of different head shapes, the formation and evolution mechanism of the inflow cavitation and the variation characteristics of the inflow trajectory are revealed in the range of Froude number 62-322. High-speed photography was used to study the trajectory and the evolution process of the water-entry cavitation of three types of aircraft with different tangential angles of 35°, 40°and 45°under the same tangential distance at different impact velocities of 5-12 m/s and at different impact angles of 60°, 70°, 80°and 90°. The results show that the trajectory of the vehicle with asymmetric isomeric head has a large deflection after entering the water. The deflection range is mainly related to the head shape of the vehicle, the angle of entering the water and the velocity of entering the water. Under the same water entry angle and velocity, the trajectory deflection of the vehicle with smaller head tangent angle is more significant; under different experimental conditions, the attitude angle of the vehicle follows the parabolic law of change with time; the asymmetric heterogeneous head with different tangent angles has different cavitation ability in the water entry zone, the smaller the tangent angle, the stronger the cavitation ability; at the same water entry angle and water entry velocity, the head has different cavitation ability in the water entry zone; and at the same water entry angle and water entry velocity, the head has different cavitation ability. The smaller the tangential angle, the larger the diameter of the opening cavity formed when the vehicle obliquely enters the water; the different angle of the asymmetric isomeric head-shaped vehicle has different stability of the cavitation entering the water. The smaller the tangential angle, the worse the stability of the cavitation entering the water, and the easier the cavitation collapses.

Key words: Asymmetric head; water entry; cavitation; trajectory; experimental study

不同横摇幅值下的强迫横摇水动力测试及参数分析研究

刘小健[1,2]，陈禧[2]，聂军[2]，王志南[2]，范佘明[1,2]

（1.中国船舶及海洋工程设计研究院 喷水推进技术重点实验室，上海，200011，Email:cz_liu_xj@sina.com）

（2.中国船舶及海洋工程设计研究院 上海市船舶工程重点实验室，上海，200011，Email:cz_liu_xj@sina.com）

摘要：本文以某 VLCC 船为研究对象，采用自研的横摇设备和控制系统，进行了该船模在三种横摇幅值下的强迫横摇试验研究，横摇试验周期为 0.8s-20s，目的是全方位探究零航速不同横摇周期时强迫横摇力矩、以及力矩和运动之间相位的变化规律。试验发现，随横摇周期的增大，横摇力矩先减小，试验周期到达横摇固有周期附近时横摇力矩最小，之后横摇力矩增大，直到横摇周期很大，船舶缓慢横摇，此时横摇力矩基本保持不变；同一横摇周期下和不同横摇角度下，横摇力矩与横摇角度成倍数关系。随着横摇周期的减小，附加惯量成线性增加，横摇阻尼非线性明显，并随横摇幅值的增加而增大。

关键词：强迫横摇；横摇力矩；横摇阻尼；附加惯量

1 引言

船舶耐波性和操纵性数值模拟时涉及两个非常重要的参数，横摇附加惯量与横摇阻尼，这些参数主要通过船模的自由横摇试验分析得到，船舶在静水中自由横摇试验时，需要事先将船模压到某一个横倾角，放开船模后自由横摇，并逐步衰减。但是船模在压到某一横倾角的过程中容易发生位移，导致所测数据不准确；带航速时的自由横摇衰减试验就更加不容易控制了。

对于横摇运动的研究来说，船模试验是一种非常重要的方式。早期比较出名的是 Ikeda 教授进行的一系列研究， Chakrabarti[1]、李远林等[2]也进行了船模横摇试验研究。最早使用势流理论来进行横摇计算，近年来非定常 N-S 方程被运用起来，各种基于非线性 N-S 方程的求解方法被逐渐使用，使得船舶预测结果的精度有了极大的提高。Sarkar[3]、Querard[4]、Chen 等[5]应用 RANS 方法对二维船矩形剖面横摇运动进行了数值模拟，计算了附加质量和阻尼系数。朱仁传等[7]对船体二维横剖面绕流进行了数值模拟，计算分析了不同振荡模态下浮体的附加质量与阻尼，并与相关势流理论结果进行了比较。针对三维船体强迫振荡运动，Chen[5] 等对三维船舶大幅横摇运动进行了数值模拟，得到了三维流场信息及船体压力分布情况。杨春蕾等[8]通过求解 RANS 方程，计及自由面影响情况，对 S60 船在有航速和无航速时不同幅值的横摇运动进行了数值模拟。分析计算了三维船模的横摇阻尼系数，研究了横摇幅值和航速对横摇阻尼的影响，但是三维的计算没有模型试验的比较。总的来说，无论是二维还是三维的数值模拟或者试验研究，由于存在计算时间较长以及横摇试验设备缺乏等问题，鲜有学者从短周期到长周期对不同横摇幅值下船舶的强迫横摇水动力特性进行研究，使我们很多时候缺乏对船舶横摇规律的整体认识。

本研究利用自研的强迫横摇试验装置以及控制系统和采集系统，解决了上述提出的问题，展示了相关的模型试验结果。文中进行了船模零航速时的自由横摇衰减试验和强迫横摇试验，横摇试验周期为 0.8～20s，全方位探索和掌握了强迫横摇试验方法、不同横摇周期时强迫横摇力矩和相位、不同横摇幅值时横摇力矩以及横摇阻尼、附加转动惯量等的变化规律，获取的试验数据将为数值计算以及今后类似试验的开展提供参考。

2 船体主要参数

船体主要参数见表 1。

表 1 船体主尺度及参数

名称	符号	单位	模型
垂线间长	L_{pp}	m	3.951
型宽	B	m	0.741
吃水	d	m	0.253
重心纵向坐标 (原点为 AP,CL,BL)	LCG	m	2.122
重心垂向坐标 （距离基线）	VCG	m	0.199
初稳性高	h	m	0.103
纵向惯性半径	Kyy	m	0.988
横向惯性半径	Kxx	m	0.259
横摇固有周期	T_{ϕ}	s	1.760

3 试验方法

采用 NI 主机和 DASP 采集软件、SINAMICS 控制器及控制软件控制和开发的横摇设备开展横摇运动试验，测试横摇周期 0.8s 以上。试验初始，调节船舶的重心、纵横向惯量，并进行自由横摇试验，获取船舶的横摇固有周期，在固有周期附近选定试验周期进行强迫横摇试验。试验安装见图 1。

图 1 强迫横摇试验安装图

4 试验结果及数据分析

4.1 强迫横摇力矩曲线和相位差分析

进行了 5°、10°和 15°船模强迫横摇试验研究，测量了船模的强迫横摇力矩，分析了力矩曲线与运动曲线的相位差，并根据力矩和相位差获得了船舶的强迫横摇阻尼和附加惯量。表 2 给出了 5°、10°和 15°横摇幅值下的强迫横摇力矩、强迫横摇力矩曲线与横摇运动曲线的相位差（简称相位差），图 2、图 3 和图 4 分别给出了表 2 中的数据曲线图。

从表中和图中可以看出，随横摇周期的增大，强迫横摇力矩先减小，当到达固有横摇周期附近时，横摇力矩最小，之后开始增大，最后基本保持不变，这是因为船舶基本处于静态，强迫横摇力矩与船舶的恢复力矩达到平衡。同一横摇周期下，横摇力矩与横摇角度基本成线性正比关系。这也说明，横摇 15°时所测横摇力矩还处于线性范围内。随周期的增大，相位差逐渐减小，在 1.0s 时，横摇力矩与横摇运动的相位接近 180°，在 20.0s 左右，相位差接近 0°，也就是说横摇力矩曲线与横摇运动曲线同相位。

表 2 零航速时强迫横摇力矩和相位差

	5°横摇幅值		10°横摇幅值		15°横摇幅值	
横摇周期（s）	横摇力矩 (Nm)	相位差 (°)	横摇力矩 (Nm)	相位差 (°)	横摇力矩 (Nm)	相位差 (°)
20.000	50.700	0.262	102.700	0.502	156.900	0.130
10.000	49.700	0.272	100.300	0.846	154.100	1.505
5.000	44.700	1.342	93.300	1.914	140.200	1.932
3.330	37.400	2.122	75.000	2.365	120.200	2.830
3.110	35.500	2.489	70.750	3.669	110.200	4.344
2.670	29.500	3.926	58.450	5.431	91.700	6.646
2.440	25.300	4.737	49.750	6.892	77.000	8.863
2.000	13.100	15.727	26.750	22.608	43.900	28.485
1.760	-	-	13.250	101.558	25.500	95.316
1.650	4.300	108.533	19.300	151.268	46.200	130.526
1.300	42.900	169.234	89.500	164.092	133.000	158.887
1.000	124.400	171.955	235.200	173.771	352.700	168.452

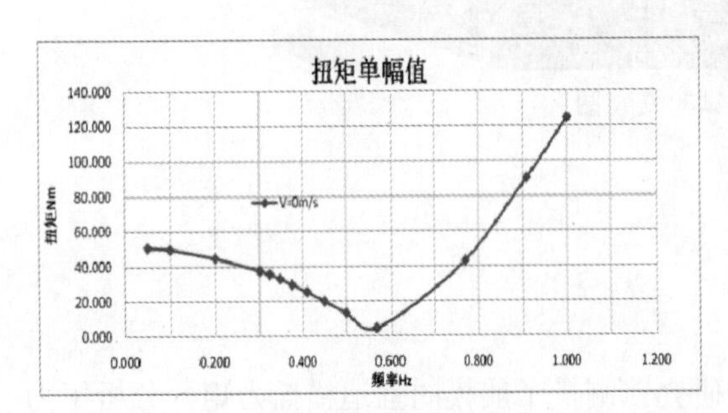

(a) 强迫横摇力矩

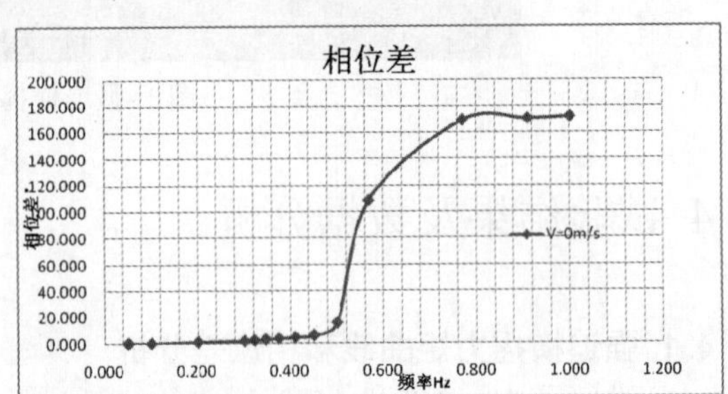

(b) 横摇力矩曲线与运动曲线的相位差

图 2 5°横摇幅值强迫横摇试验

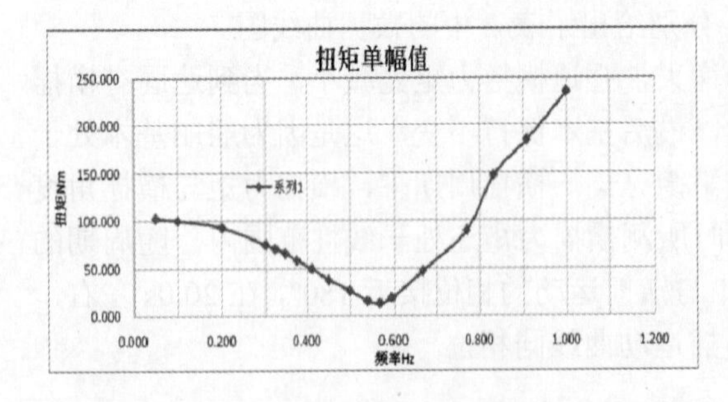

(a) 强迫横摇力矩

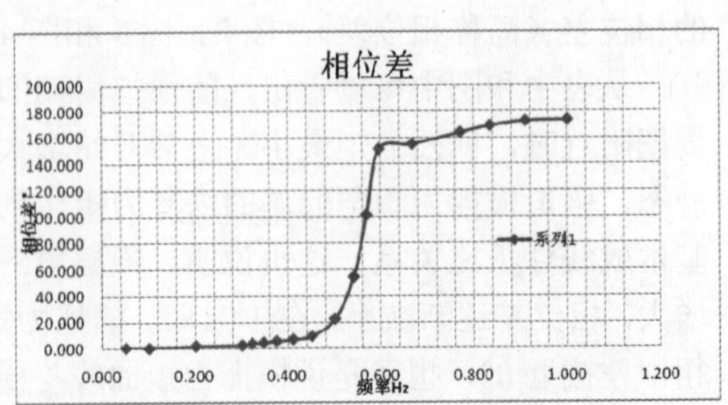

(b)横摇力矩曲线与运动曲线的相位差

图 3 10°横摇幅值强迫横摇试验

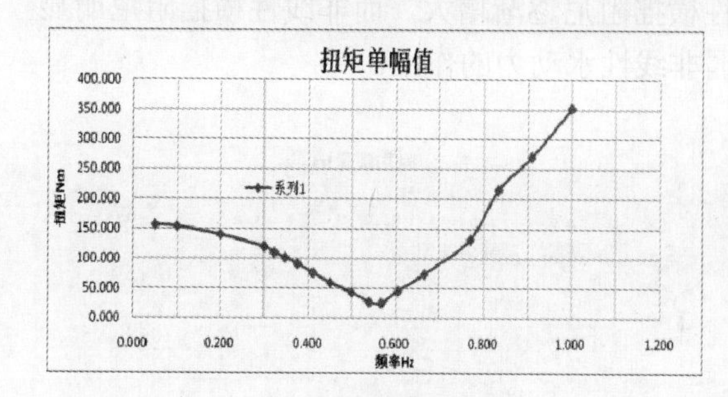

(a) 强迫横摇力矩

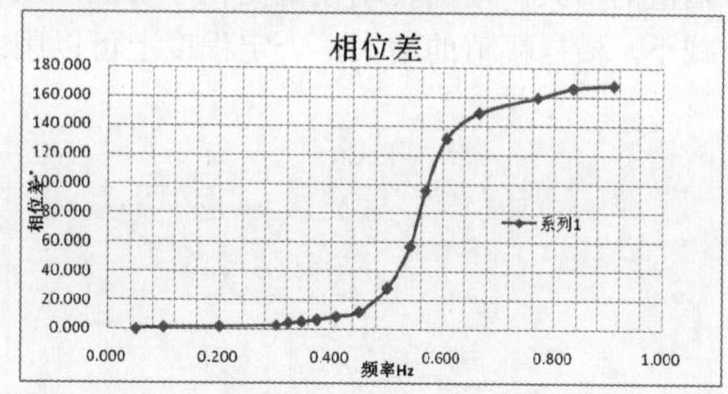

(b) 横摇力矩曲线与运动曲线的相位差

图4 15°横摇幅值强迫横摇试验图

4.2 横摇阻尼和附加转动惯量分析

已知船舶质量 m（kg），重力加速度 g，横摇周期 T（f=1/T），ω = 2πf，横摇角幅值 ϕ_A（°），船体绕 X 轴转动惯量 I（kg·m^2），所测横摇力矩幅值 M_A（Nm），所测横摇力矩与横摇运动时历的相位差 ε（°），初稳性高 h (m)，得到了图 5、6 和 7 所示曲线，由回归分析可以得到线性阻尼 N（Nm·s）和船体绕 X 轴的附加转动惯量 Jzz（kg·m^2）。

$$(I + Jzz)\ddot{\phi} + N\dot{\phi} + mgh\phi = M \tag{1}$$

$$\phi = \phi_A \sin(\omega t) \tag{2}$$

$$\dot{\phi} = \phi_A \omega \cos(\omega t) \tag{3}$$

$$\ddot{\phi} = -\phi_A \omega^2 \sin(\omega t) \tag{4}$$

$$M = M_A \sin(\omega t + \varepsilon) \tag{5}$$

表 3 船零速时的横摇阻尼及附加惯量

横摇幅值（°）	5	10	15
线性横摇阻尼（Nms）	1.558	3.522	7.375
非线性横摇阻尼（Nms^2）	58.300	17.560	23.140
附加转动惯量（kg·m^2）	9.442	9.692	9.224

把式（2）至式（5）分别代入式（1），等号两端的正弦和余弦项的系数应各自相等，可以得到：$Jzz = {(mgh\phi_A - M_A\cos\varepsilon)}/{\phi_A\omega^2} - I$，$N = {M_A\sin\varepsilon}/{\phi\omega}$，分析结果如表 3 所示。

从图 5 至图 7 中可以看出，随着横摇频率的增大，附加转动惯量成线性增加；随横摇幅值的增大，附加转动惯量变化不明显，线性横摇阻尼逐渐增大，而非线性横摇阻尼明显减小，横摇幅值的增大，一定程度上可以削弱非线性水动力的作用。

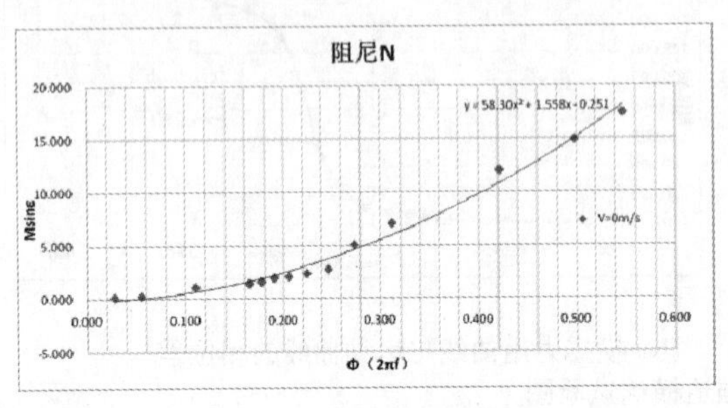

(a) 船零速时的阻尼

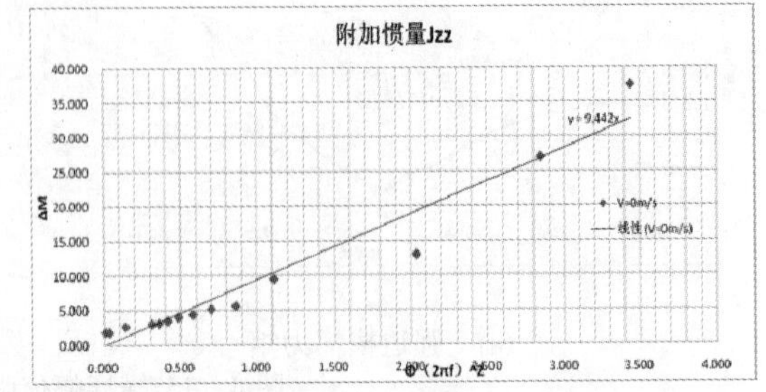

(b) 船零速时的附加惯量

图 5　5°横摇幅值时的阻尼和附加惯量

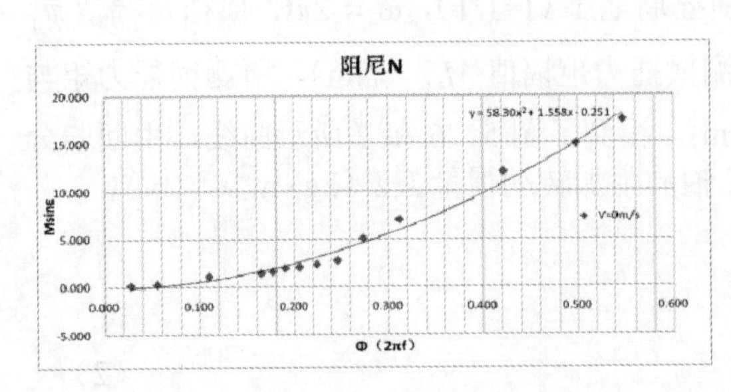

(a) 船零速时的阻尼

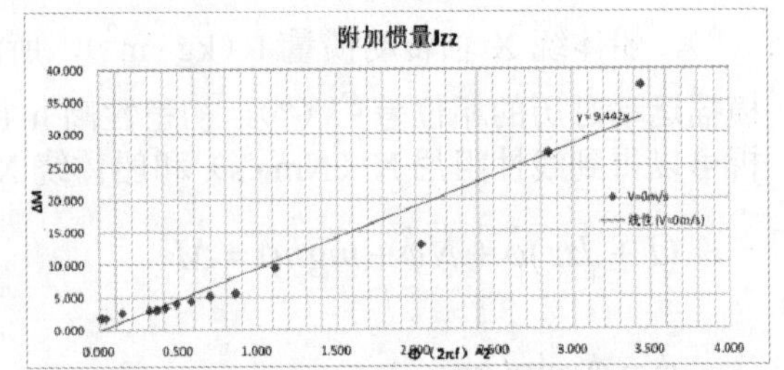

(b) 船零速时的附加惯量

图 6　10°横摇幅值时的阻尼和附加惯量

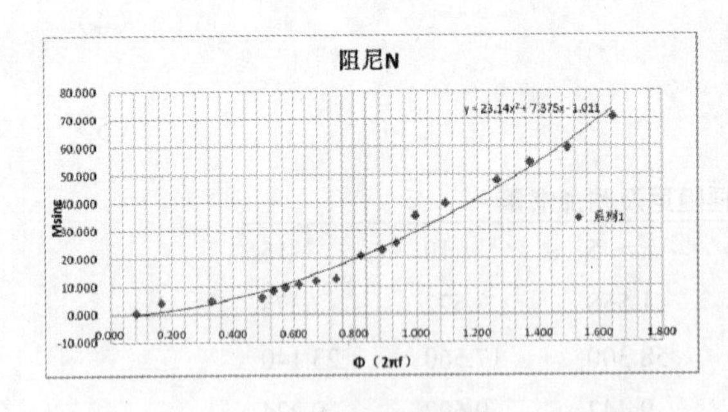

(a) 船零速时的阻尼

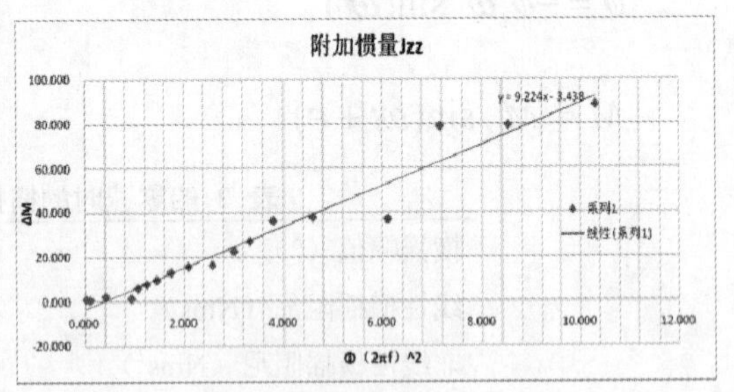

(b) 船零速时的附加惯量

图 7　15°横摇幅值时的阻尼和附加惯量

5　结论

本研究进行了某 VLCC 船模零航速时在 3 种横摇角幅值下的强迫横摇试验研究，横摇周期为 0.8～20s，分析了零航速不同横摇周期时强迫横摇力矩曲线和相位变化规律；同时分析得到了不同横摇幅值下的横摇阻尼和附加惯量。试验发现，随横摇周期的增大，横摇力矩先减小，后增大，最后基本保持不变，试验周期到达横摇固有周期附近时横摇力矩最小；同一横摇周期不同横摇角度下，横摇力矩与横摇角度基本成倍数关系；随着横摇周期的减小，附加转动惯量成线性增加；随横摇幅值的增大，附加转动惯量变化不明显，线性横摇阻尼逐渐增大，而非线性横摇阻尼明显减小，横摇幅值的增大，一定程度上可以削弱非线性水动力的作用。

参 考 文 献

1 Chakrabarti S. Empirical calculation of roll damping for ships and barges [J].Ocean Engineering，2001,28(7):915-932.

2 李远林，伍晓榕.非线性横摇阻尼的试验确定[J]. 华南理工大学学报（自然科学版），2002,30 (2): 79 -82.

3 Sarkar T,Vassalos D.A RANS-based technique for simulation of the flow near a rolling cylinder at the free surface[J].Journal of Marine Science and Technology.2000(5):66-77.

4 Querard A B G.,Temarel P,Turnock S R.Hydrodynamics of ship like section in heave,sway and roll motions using RANS[C].Proceedings of the 12th international Congress of the International Maritime Association.UK:Ocean Engineering and Coastal Resources,2007:227-237.

5 Chen Hamn-ching, Liu Tuan-jie. Time domain simulation of large amplitude ship roll motions by a Chimer RANS method[C].Proceedings of the 11th International offshore and Polar Engineering Conference. Srtavanger, Norway: The International Society of Offshore and Polar Enineers,2001:299-306.

6 Chang Huai-xin,Miao Guo-ping, Liu Ying-zhong. Numerical simulation of viscous flow around a rolling cylinder with ship like section [J]. China Ocean Engineering,1995(9):9-18.

7 朱仁传，郭海强，缪国平，等.一种基于 CFD 理论船舶附加质量与阻尼的计算方法[J]. 上海交通大学学报, 2009,43 (2): 198-203.

8 杨春蕾，朱仁传，等，一种基于计算流体力学的三维船舶横摇阻尼预报方法[J]. 上海交通大学学报, 2012,46 (8): 1190-1202.

The study of forced roll tests and roll parameters regarding to roll angles

LIU Xiao-jian[1,2], CHEN Xi[2], NIE Jun[2], WANG Zhi-nan[2], FAN She-ming[1,3]

（1.Science and Technology on Water Jet Propulsion Laboratory, Shanghai, 200011. Email:cz_liu_xj@sina.com）

（2.Shanghai Key Laboratory on Ship Engineering, Shanghai, 200011. Email:cz_liu_xj@sina.com）

Abstract: In this article, the forced roll tests of VLCC ship model were studied in three roll amplitudes by the systems self-developed. The roll period can reach 0.8s or less. The roll moments and phase delay between roll moment and roll motion were investigated and the phenomenon of the tests are exciting. As the roll periods increase, the roll moments decrease and then become large, finally the value of the roll moment almost keeps steady because of the static force balance. In the same roll period the roll moments are linear relation with the roll angles. Furthermore, as the roll periods become small, the added inertia increases linearly, but the roll damping also increases and shows the obviously nonlinear.

Key words: Forced roll; Roll moment; Roll damping; Added inertia of roll.

内倾船波浪中复原力试验和计算研究

王田华，顾民，曾柯，鲁江，祈江涛

(中国船舶科学研究中心，水动力学重点实验室，江苏 无锡，214082，Email: tianhua_wang@126.com)

摘要：目前国际海事组织第二代完整稳性衡准正在制定中，参数横摇和纯稳性丧失被列入5种稳性失效模式中，波浪中复原力丧失是参数横摇和纯稳性丧失薄弱性衡准和稳性直接评估的关键因素。本研究以一艘内倾船为对象，分别对波浪着不同波长波陡条件下的复原力丧失进行了试验测量，得到了不同横摇角度时的复原力变化曲线，分析了不同波浪条件下复原力的变化规律；同时开发波浪中复原力计算方法和程序，对波浪中船舶复原力变化进行了计算分析，并和试验结果进行了对比，有效验证了计算方法的准确性和有效性，为参数横摇和纯稳性丧失稳性直接评估方法的实现奠定了基础，为船舶第二代完整稳性衡准的建立提供了技术支撑。

关键词：内倾船；复原力；规则波；直接稳性评估；二代完整稳性

1 引言

目前国际海事组织第二代完整稳性衡准正在制定中，参数横摇和纯稳性丧失被列入5种稳性失效模式之一。参数横摇是波浪中船舶复原力周期性变化引起的伴随着显著垂荡、纵摇运动的非线性横摇现象，纯稳性丧失主要是指随浪航行时由于船舶稳性力臂减少而导致倾覆的稳性失效模式，横摇复原力变化是影响参数横摇衡准和纯稳性丧失衡准评估的关键因素。而内倾船型由于其船型特点为折角线以上内倾设计和穿浪型舰艏，这些船型特点使得其稳性性能和常规船型相比差别很大，其内倾设计导致船体倾斜时复原力矩较常规船型明显减少，尤其是大倾角时的复原力矩。因此内倾船型的倾覆危险会明显大于常规船型，稳性问题已成为制约内倾船型实际应用的关键。为确认参数横摇和纯稳性丧失薄弱性衡准提案中利用静平衡法求解内倾船型横摇复原力的可靠性，并在稳性直接评估中提出可靠的计算横摇复原力的方法，以提高数值预报的精度，本研究以IMO第二代完整稳性衡准通信组提供的ONR内倾船为研究对象，通过约束模型试验和数值计算开展了规则波中横摇复原

基金项目：工信部高技术船舶科研项目（[2017]614）：二代完整稳性直接评估方法与实船操作指南研究
作者简介：王田华（1986-），女，中国船舶科学研究中心高级工程师，Email:tianhua_wang@126.com
顾 民（1962-），男，中国船舶科学研究中心研究员

力研究。

2 船舶横摇复原力计算方法

基于 Froude 假设，规则波中的横摇复原力计算公式如下：

$$W \cdot GZ_{FK} = \rho g \int_L y'_{B(x)} \cdot A(x) \mathrm{d}x + \rho g \sin\chi \cdot \int_L z'_{B(x)} \cdot F(x) \cdot A(x) \cdot \sin(\zeta_G + x \cdot \cos\chi) \mathrm{d}x \tag{1}$$

$$F(x) = \varsigma_a k \frac{\sin(k \sin\chi B(x)/2)}{k \sin\chi B(x)/2} e^{-kd(x)} \tag{2}$$

其中，W 为船舶重量；GZ_{FK} 为基于 Froude 假设的横摇复原力臂；L 为船长；$A(x)$为各横剖面的浸水面面积；$y'_{B(x)}, z'_{B(x)}$为参考坐标系下浸水横剖面的形心坐标；ξ_G 为船舶重心在波浪行进方向到第一个波谷的距离；x 为剖面到船舶重心的距离；ζ_a 为波幅；k 为波数；x 为航向角；$B(x)$为剖面宽度；$d(x)$为剖面吃水；ρ 为水密度：g 为重力加速度。

规则波中，当船舶横倾某一角度时，可以通过排水体积相等，纵倾力矩为零的静平衡条件求出此时的升沉和纵倾，如公式所示：

$$W - \rho g \int_L A(x) dx + \rho g \cdot \int_L F(x) \cdot A(x) \cdot \cos(\zeta_G + x \cdot \cos\chi) d x = 0 \tag{3}$$

$$\rho g \int_L x A(x) dx + \rho g \cdot \int_L x F(x) \cdot A(x) \cdot \cos(\zeta_G + x \cdot \cos\chi) d x = 0 \tag{4}$$

垂荡、纵摇运动也可通过切片法求解，如公式所示：

$$(M + A_{33})\ddot{\varsigma} + B_{33}\dot{\varsigma} + C_{33}\varsigma + A_{35}\ddot{\theta} + B_{35}\dot{\theta} + C_{35}\theta = F_Z \tag{5}$$

$$A_{53}\ddot{\varsigma} + B_{53}\dot{\varsigma} + C_{53}\varsigma + (I_{yy} + A_{55})\ddot{\theta} + B_{55}\dot{\theta} + C_{55}\theta = M_\theta \tag{6}$$

通过以下公式考虑波浪中辐射力和绕射力对复原力变化的影响：

$$GZ_{R\&D} = -M_X / W \tag{7}$$

$$M_X = K - (KG - D)Y \tag{8}$$

$$M_X(X_G, t) = M_{Xa} \cos(\omega t - kX_G \cos\chi + \delta_{MX}) \tag{9}$$

$$Y = F_Y - (A_{23}\ddot{\varsigma} + B_{23}\dot{\varsigma} + C_{23}\varsigma + A_{25}\ddot{\theta} + B_{25}\theta + C_{25}\theta) \tag{10}$$

$$K = M_\varphi - (A_{43}\ddot{\varsigma} + B_{43}\dot{\varsigma} + C_{43}\varsigma + A_{45}\ddot{\theta} + B_{45}\dot{\theta} + C_{45}\theta) \tag{11}$$

其中，KG 为重心到基线距离；D 为吃水；M_{Xa} 为复原力变化振幅：M_X 为复原力变化的初始相位。各水动力系数表达式，波浪力 F_Z、F_Y 以及波浪力矩 M_θ、M_φ 的求解参见文献。

3 波浪中复原力试验和计算结果

复原力模型试验在中国船舶科学研究中心耐波性水池中进行，水池主尺度：长 69m、宽 46m、深 4m，该水池可进行任意浪向下的波浪模型试验。水池相邻两边安装了从荷兰引进的世界上最先进的由伺服电机驱动的三维造波系统，可模拟规则波、不规则波和短峰波。配置了从日本引进的浪高仪。试验采用 ONR 内倾船，模型缩尺比为 1:40.526，具体参数见表 1，模型照片如图 1 所示。试验采用中国船舶科学研究中心自主研发的船模波浪中稳性试验装置中的水动力性能测量机构测量波浪中船模横摇复原力变化和垂荡、纵摇运动。

表 1 内倾船参数

名 称	符号	单位	实船	模型
垂线间长	L_{PP}	m	154	3.8
型 宽	B	m	18.8	0.464
设计吃水	T	m	5.494	0.136
排水体积	Δ	m^3	8507	0.1278
横摇周期	T_φ	s	14.0	2.200
初稳性高	GM	m	1.5	0.037

图 1 内倾船复原力试验照片

波浪中基于Froude-Krylov假设，分别上述方法计算横摇复原力，即垂荡和纵倾通过求解水动力系数和波浪力求出。试验时设定横倾角分别为10° 和20° ，但实际测量结果分别为8° 和18° ，以试验测量结果为准。固定横倾角为8°，λ/L=0.8，H/λ =0.03时，零航速下横摇复原力变化结果和试验比对见图2，试验值为虚线，计算值为实线，可看出计算结果和试验值吻合较好。固定横倾角为18°，λ/L=0.8，H/λ =0.04时，零航速下横摇复原力变化结果和试验比对见图3，可看出计算结果略小于试验结果，二者变化规律一致，但计算复原力幅值小于试验值。

当λ/L=1.0，固定横倾角分别为10° 和20° 时，波陡对横摇复原力影响计算结果见图4和5所示，可看出复原力变化幅值随波陡增大而增大，复原力最大值跟波陡成正比，最小值跟波陡成反比；不同船波位置处复原力变化呈规律振荡，波峰在船中时复原力最小。λ/L=1.0时，不同船波位置处横摇复原力变化计算结果见图6所示，H/λ=0.01时复原力随船波位置变化较为缓和，即复原力变化幅值较小，随波陡增大，横摇复原力变化幅度增加，横摇消失角变小，船舶安全性降低。波浪中基于Froude-Krylov假设，采用切片法计算横摇复原力的变化，进而预报船舶二代稳性衡准是可行的，但在波陡较高时计算模型还需进一步改进。

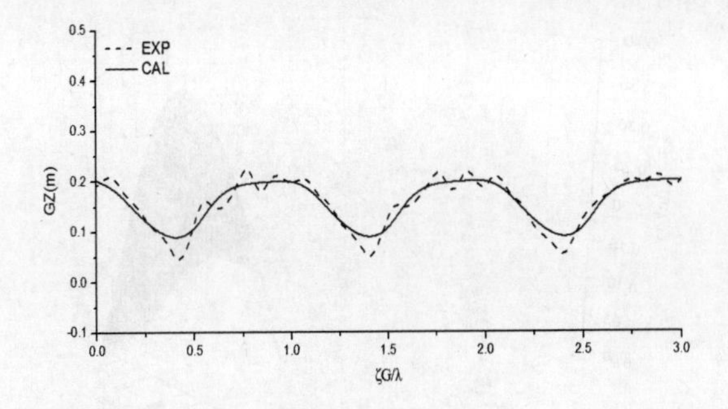

图 2 顶浪零航速复原力计算和试验比对（λ/L_{pp}=0.8, H/ L_{pp}=0.03, φ=8^0）

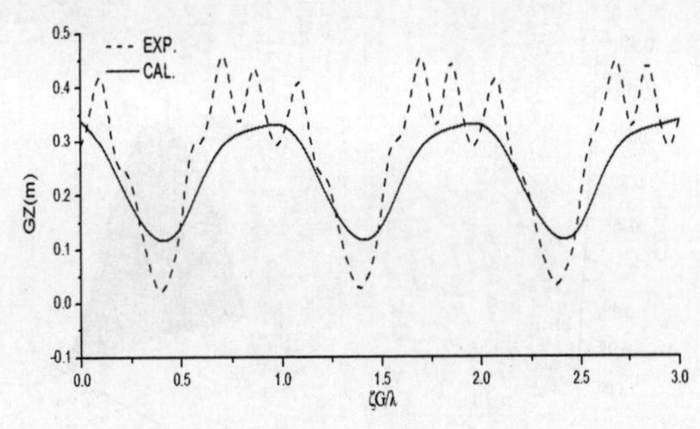

图 3 顶浪零航速复原力计算和试验比对（λ/L_{pp}=0.8, H/ L_{pp}=0.04, φ=18^0）

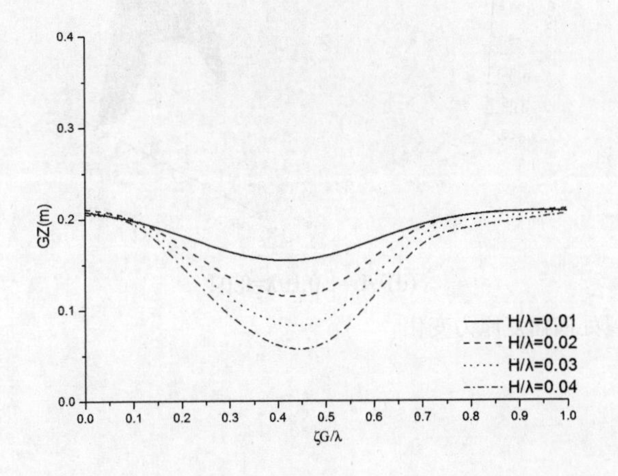

图 4 横倾 10 度时波陡对横摇复原力影响（ λ /L=1.0）

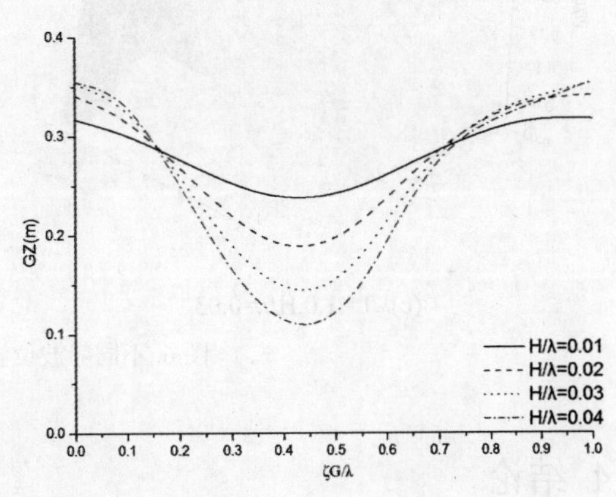

图 5 横倾 20 度时波陡对横摇复原力影响（ λ /L=1.0）

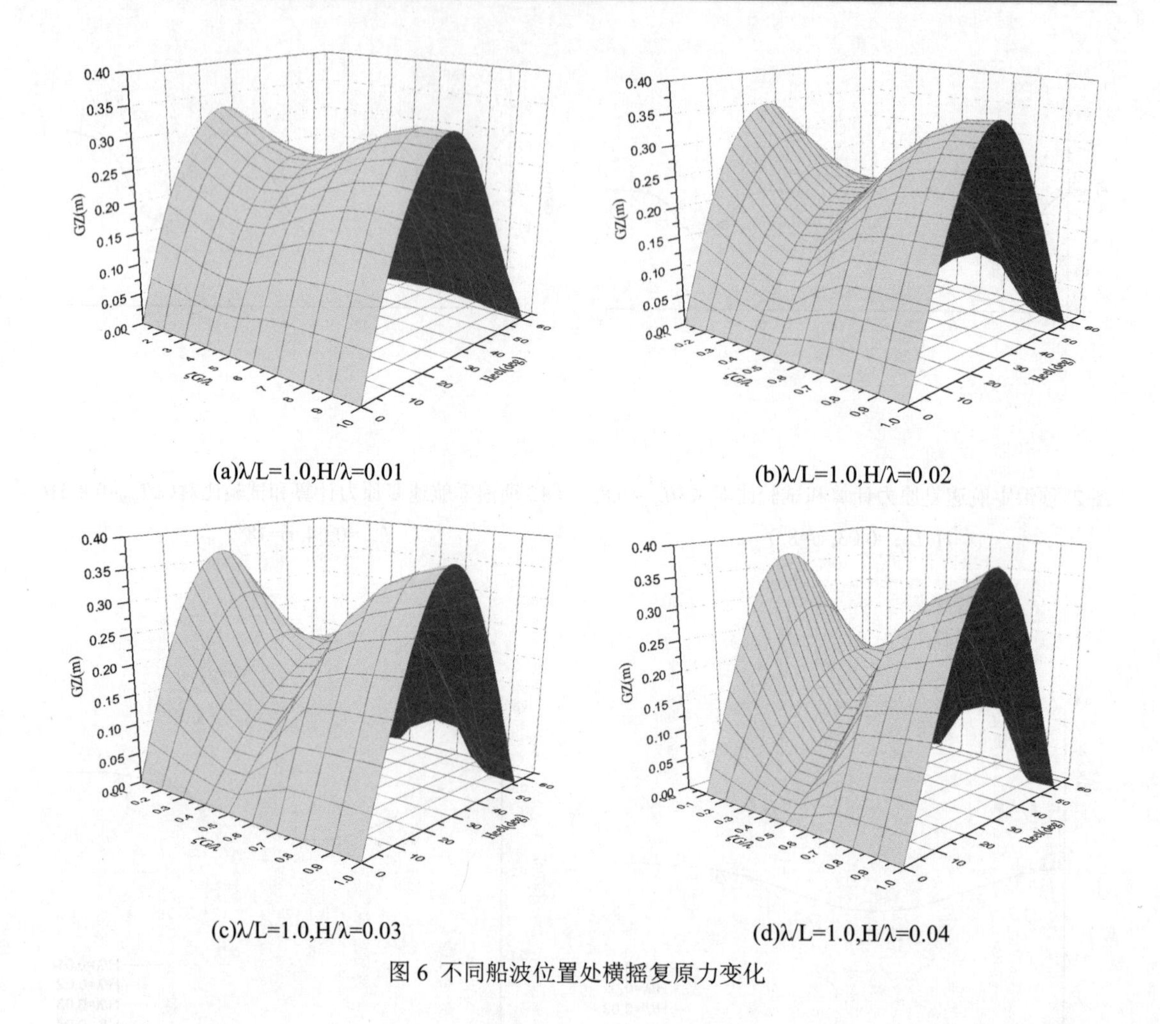

(a)λ/L=1.0,H/λ=0.01　　(b)λ/L=1.0,H/λ=0.02

(c)λ/L=1.0,H/λ=0.03　　(d)λ/L=1.0,H/λ=0.04

图 6 不同船波位置处横摇复原力变化

4 结论

本研究采用一艘内倾船型，通过试验和数值方法研究了随浪中横摇复原力的变化，得出如下结论：①该船在零航速时波浪复原力计算结果和试验吻合较好；复原力变化幅值随波陡增大而增大;②不同船波位置处复原力变化呈规律振荡，波峰在船中时复原力最小，随波陡增大横摇消失角变小，船舶安全性降低；③基于 Froude-Krylov 假设，采用切片法计算横摇复原力的变化，进而预报内倾船第二代稳性衡准是可行的。

参 考 文 献

1 IMO SDC 2/WP.4.Development of Second Generation Intact Stability Criteria[R]. 2015.
2 IMO SDC 4/5/1 .Report of the correspondence group (part 1) [R]. 2017.
3 IMO SDC 6/WP.6. Report of the Experts' Group on Intact Stability[R]. 2019.
4 顾民，王田华，鲁江，曾柯.随浪中船舶复原力计算和试验研究[J].水动力学研究与进展，2017.
5 鲁江，马坤, 黄武刚.规则波中船舶复原力和参数横摇研究[J]. 海洋工程，2011,29(1):61-67.
6 Wang Tianhua, Gu Min,Lu Jiang .Application assessment on vulnerability criteria of the pure loss of stability[C]. Proceedings of the 5th International Maritime Conference on Design for Safety and 4th Workshop on Risk-based Approaches in the Marine Industrie,Shanghai, 2013.
7 Jiang Lu，Min Gu. Experimental and numerical study on several crucial elements for predicting parametric roll in regular head seas.JMST,2017.
8 Hirotada Hashimoto, Naoya Umeda, Yasuhiro Sogawa.Parametric Roll of a Tumblehome Hull in Head Seas. Proceedings of the Nineteenth International Offshore and Polar Engineering Conference,pp717-721,Osaka, Japan, June 21-26, 2009.
9 Hamid Sadat-Hosseini, Frederick Stern, Angelo Olivieri et.al. Head-wave parametric rolling of a surface combatant. Ocean Engineering, 2010, (37):859－878.

Experimental and numerical study on restoring force of a tumblehome hull in waves

WANG Tian-hua, GU Min, ZENG Ke , LU Jiang, QI Jiang-tao

(China Ship Scientific Research Center, National Key Laboratory of Science and Technology on Hydrodynamics, Wuxi 214082, Email: tianhua_wang@126.com)

Abstract: The vulnerability criteria on parametric roll and pure loss of stability are now under development by the International Maritime Organization (IMO) in the second generation intact stability criteria. Roll restoring force variation in waves is a key factor for both vulnerability criteria and direct stability assessment for them. Model experiments are conducted to study the roll restoring variation in waves using a tumblehome hull. Firstly, captive model experiments with different wave length and slope were conducted to measure roll restoring variation in waves and the effect of waves on it was obtained. Secondly, one numerical method with heave and pitch motions by strip method is carried out to calculate roll restoring variation. Finally,the rule of roll restoring variation in waves is confirmed by experiments and simulations and the numerical methods are also validated through the comparisons between the model experiments and the simulations, which protected energetically support for numerical method of direct stability assessment for parametric roll and pure loss of stability and the IMO second generation intact stability criteria.

Key words: Tumblehome hull; Roll restoring variation; Regular waves; Direct stability assessment; Second generation intact stability.

海上风电导管架塔架转接段波浪冲击试验及冲击荷载概率模型

沈忠辉，魏凯，邓鹏

(西南交通大学 土木工程学院桥梁工程系，成都，610031, Email: zh-shen@my.swjtu.edu.cn)

摘要：塔架转接段受到的波浪冲击荷载是导致海上风电导管架发生结构破坏的主要原因之一。塔架转接段通常位于海平面以上，其受到的波浪冲击作用复杂，并具有明显的随机性。本文通过物理模型试验，探究了极端波浪作用下塔架转接段受到的水平冲击力峰值、冲击持续时间与波浪参数的关系，并基于Copula理论，建立了冲击荷载水平分量的概率模型。研究表明，波浪冲击过程具有明显的随机性，本文建立的联合概率模型可以反映不同累积非超越概率下的冲击过程，便于工程应用。

关键词：波浪冲击；水平冲击力峰值；冲击持续时间；联合概率

1 引言

我国东部沿海地区冬、春季受北方冷空气影响，夏、秋季受热带气旋影响，海上风能资源十分丰富。我国近海100m高度层、5～50m水深区的风能资源开发量约为5亿KW。导管架式海上风电结构，作为30～50m水深区海上风电开发采用最为广泛的结构形式之一，长期受到极端波浪作用的影响。根据现有研究，塔架转接段受到的波浪冲击荷载是导致海上风电导管架发生结构破坏的主要原因之一[1]。然而，塔架转接段通常位于海平面以上，其受到的波浪冲击作用具有明显的随机性。如何确定冲击力峰值及冲击持续时间是研究波浪冲击作用的关键。Cuomo等[2]研究波浪冲击沉箱防波堤，指出了冲击力峰值满足广义极值分布（GEV），冲击上升时间符合广义帕累托（GP）分布，并运用Copula理论建立了冲击力峰值与冲击上升时间的联合概率模型。Serinaldi等[3]研究波浪冲击沿海桥梁桥面板，也同样运用Copula理论联系了冲击力峰值与上升时间的关系。刘明等[4]对规则波冲击弹性支承水平板的冲击压力进行概率分析，表明冲击压力峰值满足三参数的威布尔（Weibull）分

基金项目：国家自然科学基金项目(51708455)
通讯作者：魏 凯(1984—)，男，山东人，副教授，博士，主要从事跨海桥梁防灾减灾研究(E-mail: kaiwei@home.swjtu.edu.cn)
作者简介：沈忠辉(1995—)，男，云南人，硕士研究生，主要从事跨海桥梁防灾减灾研究(E-mail: zh-shen@my.swjtu.edu.cn)

布。上述研究表明，针对具有随机性的波浪冲击过程，采用概率分析手段，能更全面地反应波浪冲击过程的可能性。

为研究海上风电导管架塔架转接段在极端波浪作用下的冲击过程，本研究开展了物理模型试验。通过对试验获取的水平冲击力峰值、冲击持续时间进行无量纲分析，研究了水平冲击力峰值、冲击持续时间与波浪参数的关系，建立了塔架转接段水平冲击力峰值及冲击持续时间的数学模型，同时基于 Copula 理论，建立了水平冲击过程的概率模型。

2 物理试验

本研究以 Upwind jacket 的混凝土立方体塔架转接段（下文简称"转接段"）为原型，根据 1：25 缩尺比设计物理模型，在西南交通大学深水大跨桥梁实验中心的波流试验水槽开展了 Strokes 五阶波冲击不同方位角的转接段的物理模型试验，如图 1（a）所示。物理模型长、宽、高分别为 0.384m，0.384m 和 0.16m。试验水深 d = 0.9m，塔架转接段净空 s_m = 0.15m，试验有效波高（H_s）分别取 0.3m，0.35m，0.4m，相对应周期分别（T）为 1.67s，1.76s，1.95s。

试验时采用采样频率为 1000Hz 的测力天平采集模型受到的水平冲击力、竖向冲击力及弯矩数据。为获得模型周围的液面情况，分别在结构物正前方 1m 和两侧分别布置了波高仪，采样频率为 100Hz。波流水槽、物理模型实物图如图 1（b）所示。

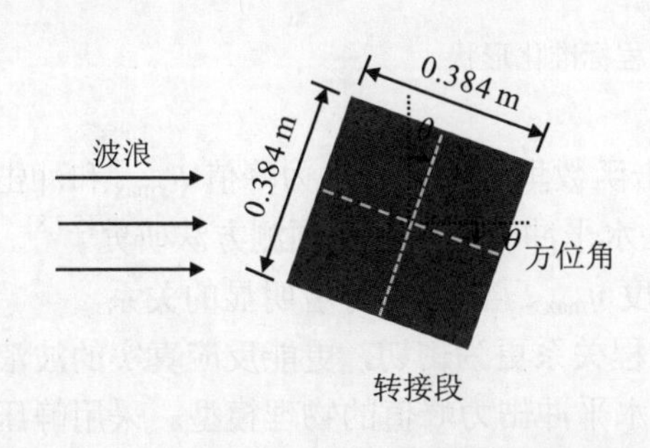

（a）不同方位角的转接段示意图

（b）实物图

图 1 物理模型及试验水槽示意图

3 波浪水平冲击荷载时程模型及概率模型

3.1 水平冲击荷载时程模型

对试验获取的每一个波浪水平冲击过程(本研究只讨论沿波浪方向)，先通过 Lowpassiir 低通滤波方法进行滤波处理，过滤掉结构物动力响应部分得到水平冲击力，然后以水平冲击力峰值为基准对水平冲击时程进行标准化，时间采用波浪周期进行无量纲处理。由于波浪冲击过程具有明显的随机性，即使在相似的试验条件下，测得的冲击过程也不一致[5]，同时存在水槽底部摩擦，试验误差等影响波浪条件的因素，使得冲击转接段的波浪波高和周期并未是严格的试验设计波高和周期，故将波浪周期 T_m 定义为：侧向波高仪记录的波列中相邻波谷与波谷之间的时间间隔。最终得到的水平冲击力时程形状如图 2 所示。由图 2 知，在净空不变的情况下，波高较小时，冲击力时程形状关于最大冲击力时刻对称，随着波高增加，对称性减弱，冲击持续时间增长。在波高较小时，可以选用式（1）[6] 描述水平冲击过程。式（1）记为水平冲击函数，形式如下：

$$F_x = F_{x\max} \sin^2\left(\frac{\pi t}{T_{\text{impact}}}\right) \tag{1}$$

其中，F_x 为水平冲击力，$F_{x\max}$ 为水平冲击力峰值，T_{impact} 为冲击持续时间。T_{impact} 定义为标准化形状 $F_x/F_{x\max}$=0.2 对应的 T_{impact} 值。

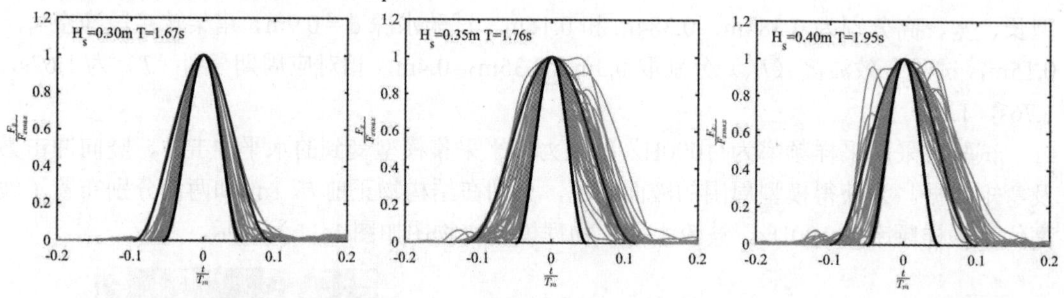

图 2 水平冲击时程标准化形状

3.2 水平冲击力峰值和冲击持续时间

需要确定水平冲击过程，只需确定水平冲击函数里的水平冲击力峰值 $F_{x\max}$ 和冲击持续时间 T_{impact}。以往许多学者开展了平台、甲板上水平冲击力峰值的预测方法研究[5,7,8]。研究表明[5]水平冲击力峰值与有效波高 H_s、波峰高度 $\eta_{\max}$、净空 s_m 有着明显的关系。

相比有效波高 H_s，波峰高度 $\eta_{\max}$ 与冲击过程关系更为密切，更能反应真实的波浪条件和冲击情况，所以本文采用波峰高度 $\eta_{\max}$ 确定水平冲击力峰值的物理模型。采用静压产生的波浪力对水平冲击力峰值做无量纲处理，得到的转接段方位角为 0°的水平冲击力峰值与波峰高度 $\eta_{\max}$、净空 s_m 的关系及采用式（2）的拟合结果如图 3 所示。

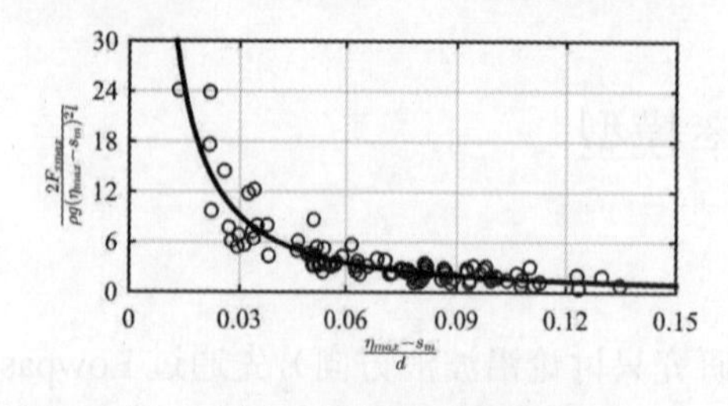

图 3 水平冲击力峰值

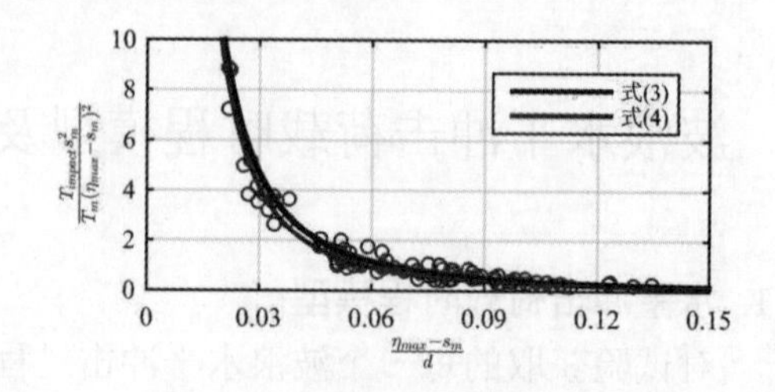

图 4 水平冲击持续时间

$$\frac{2F_{x\max}}{\rho g\left(\eta_{\max}-s_m\right)^2 l}=a_f\times\left(\frac{\eta_{\max}-s_m}{d}\right)^{b_f} \tag{2}$$

其中，ρ 为水的密度，g 为重力加速度，l 为结构物宽度，a_f、b_f为拟合系数，转接段不同方位角的拟合结果如表 1 所示。

表 1 不同方位角的水平冲击力峰值拟合系数

方位角（°）	0	5	10	15	20	25	30	35	40	45
a_f	0.070	0.089	0.072	0.056	0.108	0.061	0.137	0.059	0.119	0.071
b_f	-1.39	-1.30	-1.33	-1.43	-1.21	-1.39	-1.12	-1.38	-1.17	-1.35
R^2	0.89	0.74	0.92	0.89	0.79	0.71	0.64	0.96	0.85	0.93
RMSE	1.81	1.64	1.39	1.63	1.48	1.85	1.55	1.22	1.14	1.35

采用波浪周期对冲击持续时间进行无量纲处理，得到的转接段方位角为 0°的冲击持续时间与波峰高度 η_{max}、净空 s_m 的关系及采用式（3）的拟合结果如图 4 所示。

$$\frac{T_{\text{impact}}s_m^2}{T_m\left(\eta_{\max}-s_m\right)^2}=a_t\times\left(\frac{\eta_{\max}-s_m}{d}\right)^{b_t} \tag{3}$$

其中，a_t，b_t为冲击持续时间拟合系数，转接段不同方位角的拟合结果如表 2 所示。观察表 2 的拟合系数，发现转接段不同方位角的拟合系数 b_t 都接近于-2，a_t变化较小，所以式（3）改写为式（4），拟合结果于图 4 所示。

$$T_{\text{impact}}=a_T\frac{T_m}{s_m^2 d^{-2}}=KT_m \tag{4}$$

表 2 不同波向波浪冲击持续时间拟合系数

方位角（°）	0	5	10	15	20	25	30	35	40	45
a_t	0.0024	0.0038	0.0052	0.0039	0.0037	0.0050	0.0037	0.0050	0.0052	0.0050
b_t	-2.15	-2.00	-1.92	-2.00	-2.01	-1.93	-2.01	-1.92	-1.92	-1.93
R^2	0.99	0.98	0.99	0.98	0.98	0.97	0.96	1.00	0.98	0.99
RMSE	0.44	0.34	0.37	0.56	0.34	0.40	0.37	0.28	0.36	0.52

式（4）中，忽略转接段方位角的影响，a_T 取为表 2 拟合系数 a_t 的均值，K 为常数，本试验 $K\approx 0.15$。从式（4）可以看出，冲击持续时间与波峰高度无关，这主要是由于本文选取的波浪为极端波浪，有效波高与周期存在密切的关系（$T=9.224\sqrt{H_s/g}$）。

由于冲击过程的随机性、试验误差等因素的混杂，最大冲击力、冲击持续时间与转接段方位角的关系不易明确。从表 1 和表 2 拟合系数也可以看出，角度的影响规律复杂，所以为体现角度的影响，本研究给出了转接段不同方位角的水平冲击力峰值的拟合系数。角度对冲击持续时间的影响归到随机性里，认为冲击持续时间与角度无关。式（2）和式（4）

预测的水平冲击力峰值及冲击持续时间都近似为试验均值的情况，未能描述冲击过程的全部可能性。为了能将式（2）和式（4）运用到实际工程应用中，本研究采用概率分析手段，建立了水平冲击力峰值、冲击持续时间的联合概率模型，进一步评估了波浪水平冲击过程。

3.3 水平冲击力峰值、冲击持续时间联合概率模型

为探究水平冲击力峰值和冲击持续时间及它们联合的分布特点，本研究选用无因次冲击持续时间 $T_{\mathrm{impact}}/0.15T_m$ 和无因次水平冲击力峰值 $\dfrac{2F_{x\max}d^{b_f}}{a_f\rho g(\eta_{\max}-s_m)^{2+b_f}l}$ 为 X 和 Y 变量。通过对指数分布、广义极值分布、伽马分布、威布尔分布、正态分布、对数分布、瑞利分布、逆高斯分布进行 K-S 检验，寻找 X，Y 变量最优的分布形式作为 Copula 函数的边缘分布。K-S 检验表明，变量 X 满足广义极值分布（GEV），变量 Y 满足伽马（Gamma）分布。广义极值分布和伽马分布形式如下：

广义极值分布：
$$F(X)=\exp\left(-\left(1+k\frac{(X-A)}{B}\right)^{-1/k}\right) \tag{5}$$

伽马分布：
$$F(Y)=\frac{1}{b^a\Gamma(a)}Y^{(a-1)}\exp(\frac{-Y}{b}) \tag{6}$$

其中，k，A，B 为广义极值分布参数，b，a 为伽马分布参数。采用最大释然法估计分布参数得：$k=0.0152$，$A=0.8896$，$B=0.1995$，$a=9.2328$，$b=0.1151$，故 X、Y 变量的概率密度、累计概率及拟合情况如图 5 所示。

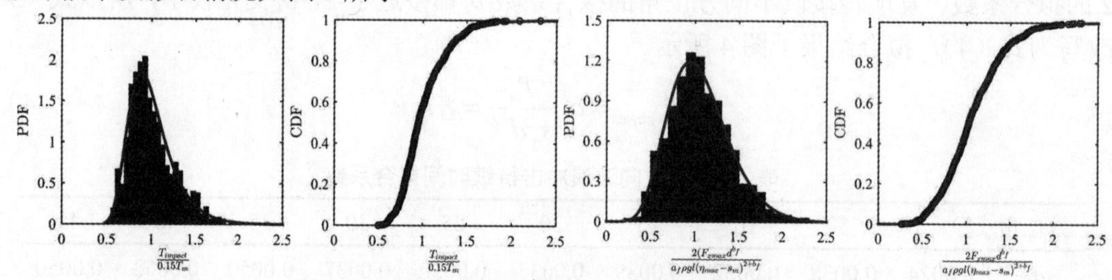

图 5 水平冲击力峰值与冲击持续时间概率分析

由于水平冲击力峰值与冲击持续时间不相互独立[2,3]，需要建立两者之间的联系。Copula 理论是建立双变量和多变量联合概率模型的常用手段。所以本文采用 Copula 理论建立了水平冲击力峰值与冲击持续时间的概率模型，其中 Copula 函数选用 Plackett Copula 函数，并通过均方根误差（RMSE），纳什系数（NSE）对拟合效果进行检验。检验结果为 RMSE = 0.4434，NSE = 0.9951，拟合效果较好。Plackett Copula 函数形式如下：

$$C(u,v)=\frac{1+(\theta-1)(u+v)+\sqrt{[1+(\theta-1)(u+v)]^2-4\theta(\theta-1)uv}}{2(\theta-1)} \tag{7}$$

其中，$u=F(X)$ 为变量 X 的分布函数，$v=F(Y)$ 为变量 Y 的分布函数，θ 为 Plackett Copula 函数参数，采用贝叶斯更新和蒙特卡洛方法对 Plackett Copula 函数参数估计，估计结果为：

$\theta = 0.9309$。采用 Plackett Copula 函数拟合的累计概率 P（$X<x$，$Y<y$）、概率密度（标准化）如图 6 所示。由图 6 可以确定不同非超越概率和概率密度下的无因次水平冲击力峰值与冲击持续时间，如非超越概率为 90%时，图 6 中红色点的概率密度最大，此时 $\frac{T_{\text{impact}}}{KT_m}=\frac{T_{\text{impact}}}{0.15T_m}=1.48$，$\frac{2F_{x\max}d^{b_f}}{a_f\rho g(\eta_{\max}-s_m)^{2+b_f}l}=1.7$。所以，通过 Plackett Copula 概率分布与 Plackett Copula 概率密度可以确定所需要的累计非超越概率下的无因次冲击持续时间和无因次水平冲击力峰值，以及该累计非超越概率下的最大概率点，进而可以得到相应的冲击时程，以便于工程应用。

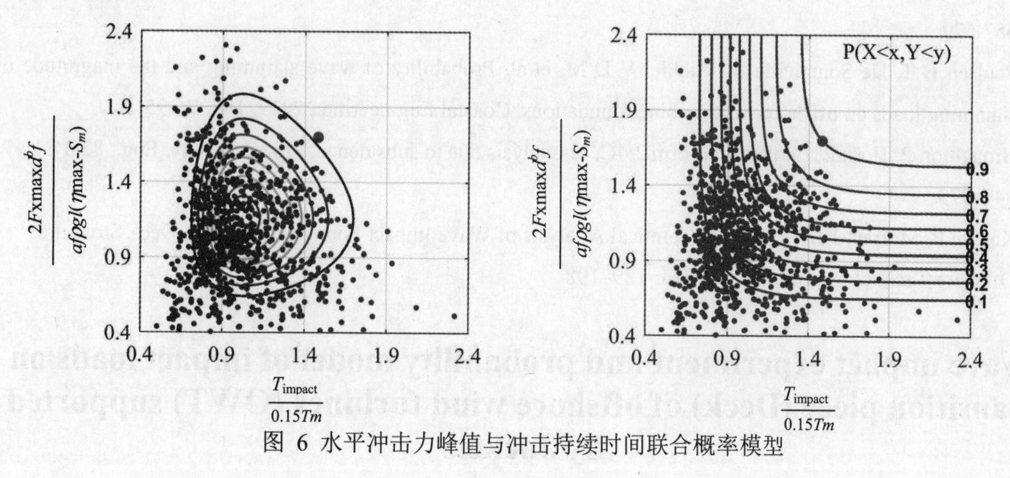

图 6 水平冲击力峰值与冲击持续时间联合概率模型

4 结论

通过物理模型试验，测试了海上风电导管架塔架转接段在极端波浪冲击下的波浪冲击荷载时程。为量化波浪冲击转接段的冲击过程，首先对水平冲击力峰值和冲击持续时间进行参数分析，建立了转接段受到的波浪水平冲击力峰值及冲击持续时间的数学模型，再通过 Copula 联合概率分析方法弥补了冲击过程的随机性，建立了水平冲击过程的概率模型。①□ 极端波浪冲击海上风电导管架塔架转接段时，冲击持续时间与波峰高度无关，可表示为 $T_{\text{impact}}=KT_m$；②无因次冲击持续时间 $\frac{T_{\text{impact}}}{KT_m}$ 满足广义极值分布（GEV），无因次水平冲击力峰值 $\frac{2F_{x\max}d^{b_f}}{a_f\rho g(\eta_{\max}-s_m)^{2+b_f}l}$ 满足伽马分布（Gamma）；③本研究建立的波浪水平冲击力峰值和冲击持续时间联合概率模型，可以确定不同累计非超越概率下的波浪水平冲击过程，便于工程应用。

参 考 文 献

1 Wei K, Myers A T, Arwade S R. Dynamic effects in the response of offshore wind turbines supported by

jackets under wave loading. Engineering Structures., 2017, 142: 36–45

2 Cuomo G, Piscopia R, Allsop W. Evaluation of wave impact loads on caisson breakwaters based on joint probability of impact maxima and rise times. Coastal Engineering., 2011, 58(1): 9-27

3 Serinaldi F, Cuomo G. Characterizing impulsive wave-in-deck loads on coastal bridges by probabilistic models of impact maxima and rise times. Coastal Engineering., 2011, 58(9): 908-926

4 刘明，任冰，王国玉，王永学. 规则波对弹性支承水平板冲击压力的概率分析[J]. 水道港口, 2013, 34(6): 493-500

5 Cuomo G, Tirindelli M, Allsop W. Wave-in-deck loads on exposed jetties. Coastal Engineering., 2007, 54(9): 657-679

6 Paulsen B T, De Sonneville B, Michiel V D M, et al. Probability of wave slamming and the magnitude of slamming loads on offshore wind turbine foundations. Coastal Engineering., 2019, 143: 76-95

7 Broughton P, Horn E. Ekofisk Platform 2/4C: re-analysis due to subsidence. Proc. Inst. Civ. Eng., 82(1): 949–979

8 Kaplan P, Murray, J J, Yu W C. Theoretical Analysis of Wave Impact Forces on Platform Deck Structures. Offshore Technology OMAE., 1995, 1: 189–198

Wave impact experiment and probability model of impact loads on transition piece (Deck) of offshore wind turbines (OWT) supported by Jackets

SHEN Zhong-hui, WEI Kai, DENG Peng

(State Key Laboratory of Coal Combustion, Huazhong University of Science and Technology, Wuhan, 430074. Email: zh-shen@my.swjtu.edu.cn)

Abstract: The wave impact on the transition piece (Deck) of offshore wind turbines (OWT) is one of the main reasons for the structural damage of offshore wind turbines supported by jackets. The Deck of OWT above sea level subject to complex wave impact action which is obviously stochastic. This paper investigates wave impact on Deck via physical model experiments. The relationship, between wave parameters and wave horizontal impact maxima under extreme wave, impact durations under extreme wave, was explored respectively, and the probability model of the wave horizontal impact is established using Copula method. The results show that the wave impact process is obviously stochastic and the established joint probability model can reflect the impact process under different cumulate non-exceedance probability, which is beneficial to engineering design.

Key words: wave impact; horizontal impact maxima; durations; joint probability

双层刚性植被水流水动力学特性试验研究

喻晋芳，张潇然，陈甜甜，张颖，赵明登

（武汉大学水利水电学院，武汉，430072，Email：mdzhao@whu.edu.cn）

摘要： 在顺直型的矩形玻璃水槽中进行了双层刚性植被水流试验，采用两种不同高度的木筷模拟直径沿水深方向变化的植被。利用 MicroADV 量测三维瞬时流速，分析了植被高度、植被密度、排列方式对水流内部结构及纵向时均流速、紊动强度、雷诺应力沿垂向和纵向分布规律的影响。结果表明，在低淹没度条件下，水流水动力学特性沿垂向分布规律受植被密度、排列方式影响较大。在高淹没度条件下，水流水动力学特性在高、低植被后沿垂向分布规律相似，且受植被密度影响较大，受排列方式影响很小。不论在何种淹没度下，紊动强度总存在“纵向紊动强度大于横向紊动强度大于垂向紊动强度”的关系，且稀疏植被密度下的双层刚性植被水流紊动强度沿纵向分布更均匀。

关键词： 双层刚性植被；纵向流速；紊动强度；雷诺应力；水槽试验

1 引言

水生植物在保护与修复河流生态环境中发挥着重要作用，植物的存在改变了水流内部紊动结构特性，直接影响了河流泥沙和污染物的扩散输移运动。因此在保证航运和行洪的前提下，合理选择植被类型、合理布置水生植被能有助于解决相关的水环境问题，对于人工湿地和生态河道建设、河道水环境治理与修复具有重要的实际意义。

国内外许多学者通过物理试验和数学模型两种方法对含单一植被类型的明渠水流进行了大量研究，主要研究内容包括时均流速、紊动强度、涡量、紊动能、植被阻力等水动力学特性，取得了丰硕成果。Stone 等[1]对分别含挺水和淹没刚性圆柱体的水流进行了水槽实验研究，Huthoff 等[2]、槐文信等[3,4]、Fischer-Antze 等[5]对淹没刚性植被水流平均流速沿垂向分布进行了数值研究。Nepf[6]、Zhang et al.[7]对挺水植被明渠流动进行了数值研究，王忖[8]通过水槽实验分别对流经刚性植被和柔性植被的水流紊动特性进行了分析，Nepf 和 Vivoni[9]、Tsujimoto 等[10]等分别对柔性植被水流运动进行了水槽实验和数值模拟研究。Liu 等[11]利用 LDV 研究了双层刚性植被水流的平均流速和紊动强度分布规律。赵芳等[12]

基金项目：国家自然科学基金项目“多层植被作用的水流运动及物质输移规律研究”(51479154)。

基于 PIV 研究了流量、水深和植被排列方式对双层刚性植被水流流速和紊动特性的影响。Abdolahpour et al.[13]研究了植被柔韧性对水流流动、紊动特性和垂向动量混合的影响。

本文通过矩形水槽实验，采用两种不同高度的木筷模拟直径沿水深方向变化的植被，利用 MicroADV 量测三维瞬时流速，讨论了在高低两种淹没度的水流条件下，植被密度、排列方式对水流纵向流速、紊动强度和雷诺应力沿垂向分布规律的影响，并探究高植被和低植被分别对水流内部结构的影响，分析了其水动力学特性沿纵向分布规律。

2 试验概况

本试验水槽长 20m，宽 1m，高 0.5m。通过槽首的电磁流量计控制流量大小，水流经过蜂窝煤状塑料套管消能后稳定进入水槽，具体试验布置如图 1。水深大小通过尾水闸控制，调整上下游水位差≤1mm。采用高度不同的木筷模拟直径沿水深方向变化的高低刚性植被，长木筷长 25cm，短木筷长 16cm，底部直径均为 7.5mm，顶部直径分别为 4mm 和 2.6mm，植被固定于素混凝土板上。

试验包含四种不同的布置方式：并列稠密(A)、并列稀疏(B)、交错稠密(C)、交错稀疏(D)，两种水深条件：16cm≤h≤25cm，即 YTYY 代表高植被挺水、低植被淹没的低淹没度条件；25cm≤h≤50cm，即 SY 代表高低植被均淹没的高淹没度条件，共 16 个试验工况。在水槽中心处设置了总长为 5.5m 的植被带，分别在高低植被后设置 3 条测垂线。采用 MicroADV 测得三维瞬时流速，筛得 COR≥80 的 n 个流速数据，并利用 Matlab 软件对其进行时均化处理，再进行无量纲化数据分析，得出结论。

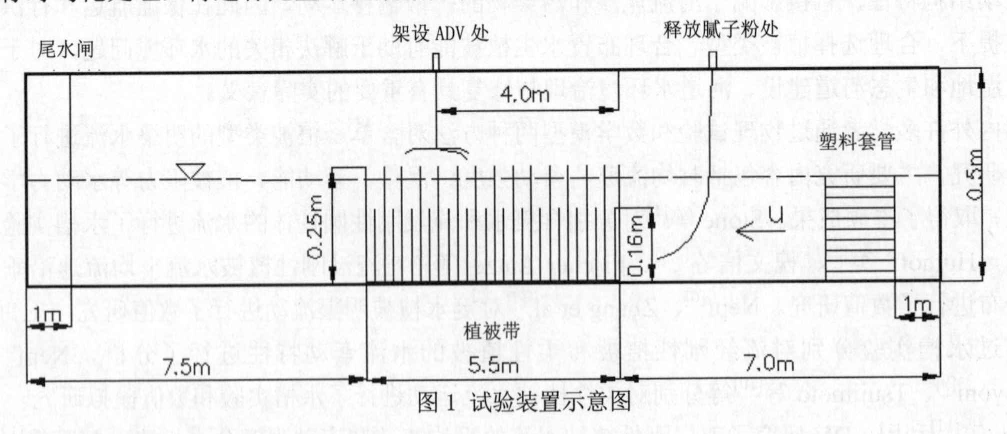

图 1 试验装置示意图

3 分析与讨论

3.1 双层刚性植被对水流纵向流速的影响

低淹没度下的双层刚性植被水流的纵向流速垂向上在低植被层顶部附近至粘性底层的水深范围内大体呈指数曲线。交错稀疏工况下高植被层范围内的纵向流速呈“3”型变化，且高植被后和低植被后的纵向流速变化规律基本一致，纵向流速沿纵向分布均匀。而在另外三种布置方式下，高植被后的纵向流速沿垂向分布相较于低植被后更均匀。并且交错排列下的水流纵向流速沿垂向分布更均匀，低植被层顶部对水流的阻滞作用更为明显，引起纵向流速出现突降；稀疏布置下的水流纵向流速数值更小，且沿纵向分布更均匀，至于接近水面处出现的流速值发生较强的紊动，可以理解为是上层水体与高植被有更充分的空间相互作用，从而产生界面波和水流阻力，引起水流结构发生较强的紊动，且流速减小。

在高淹没度下的双层植被水流，高植被后和低植被后的纵向流速沿垂向分布图相同，均在高植被层和低植被层顶部存在拐点；除接近水面处和黏性底层区以外，纵向流速分布图均收敛于对数曲线，在高植被层顶部附近至接近水面范围内变化梯度最大，低植被层顶部附近至接近渠底范围内变化梯度最小；相同植被密度下的纵向流速分布曲线相同，与排列方式无关；在稠密工况下，接近水面处的流速分布存在拐点，且黏性底层区域较不明显，这是由于植被密度较大引起了水面波动且水流阻力较大的缘故。

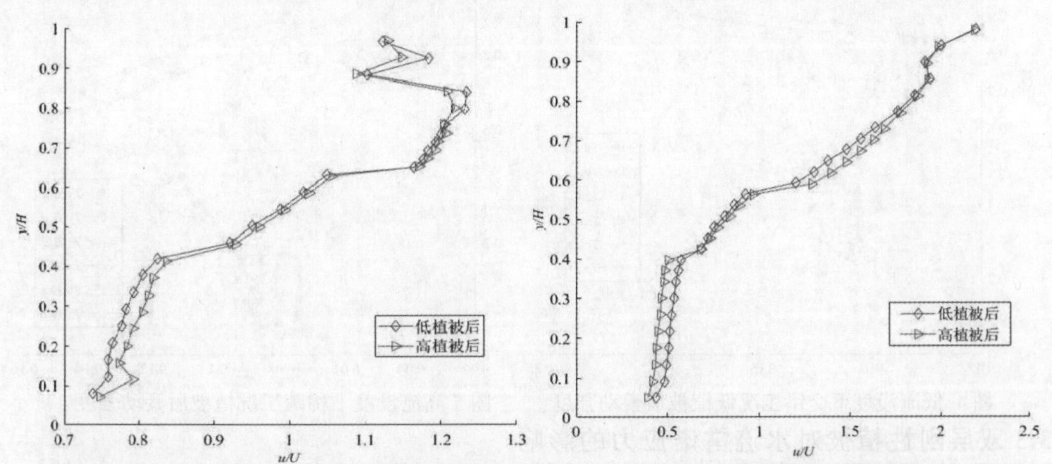

图 2 YTYYD2 高低植被后纵向流速对比图　　图 3 SYA2 高低植被后纵向流速对比图

3.2 双层刚性植被对水流紊动强度的影响

在低淹没度条件下，不论在高植被后还是低植被后，八种工况条件下的紊动强度均存在 $Tx>Ty>Tz$ 的规律，且纵向相对紊动强度变幅总是最大，这是由于垂向统计尺度受水深限制，纵向统计尺度受流速影响很大。在高植被后和低植被后的紊动强度沿垂向分布规律不尽相同，高植被处于挺水状态、低植被处于淹没状态，水流结构较为复杂。紊动强度最大值总位于低植被层顶部至水面区域，该区域存在较强的质量和动量交换，引起的水流紊动较大。

相同植被密度下，并列排列的双层刚性植被水流中高植被后的紊动强度沿垂向分布相比起低植被后更均匀。相同排列方式下，从低植被层顶部至水面处，稀疏工况下相对紊动强度突增并持续增大，而稠密工况下则单调递减，这是因为植被密度较大的情况下植被阻力也较大，而在植被密度较小的情况下，上层水体与高植被有更充分的空间相互作用，从而产生紊流涡，引起水流结构发生较强的紊动；另外，稀疏工况下双层刚性植被水流的紊动强度沿纵向分布更均匀，且植被密度越大，紊动强度最大值约接近低植被层顶部。

在高淹没度条件下，紊动强度最大值位于高植被层顶部附近，且同样存在 $Tx>Ty>Tz$，Tx 变幅最大。高植被层顶部以上，紊动强度随水深增大而减小，高植被层顶部以下，紊动强度随水深增大而增大；在低植被层顶部至高植被层顶部范围内，紊动强度大体随水深增大而增大；低植被层顶部以下紊动强度变化梯度相比起该位置以上较小，且 Ty、Tz 均呈“J”形半对数分布。稠密布置的并列工况下低植被后的紊动强度沿垂向分布均匀，交错工况下高植被后的紊动强度分布均匀，且并列排列工况低植被后的紊动强度分布与交错排列工况高植被后的变化规律基本一致。在同样排列方式下，稀疏工况下紊动强度分布近似呈“S”形曲线，稠密工况下的紊动强度分布图在靠近水面处均出现一个拐点；在低植被层顶部至高植被层顶部范围内，稠密工况下的紊动强度分布近似呈指数曲线；稀疏植被密度下紊动强度更小，沿纵向分布均匀，并且植被密度越大，紊动强度最大值越接近高植被层顶部。

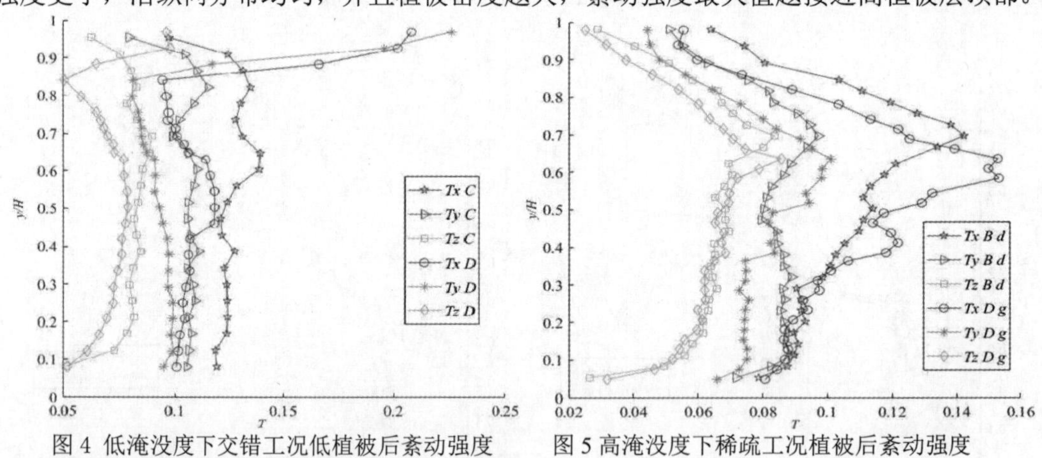

图 4 低淹没度下交错工况低植被后紊动强度　　图 5 高淹没度下稀疏工况植被后紊动强度

3.3 双层刚性植被对水流雷诺应力的影响

在低淹没度条件下，不论何种工况，双层刚性植被水流中高植被后和低植被后三向雷诺应力均存在以下关系：$Sx>Sz>Sy$，且在稠密植被布置下三者均在低植被层顶部以上单调递减且在水面处趋于 0，这是因为受到高植被产生的阻力的影响，而在稀疏工况下由于高植被后具有充分的空间发展紊流涡，在低植被层顶部以上存在较强的质量交换，雷诺应力值较大。另外在相同排列方式下，稠密布置的植被水流中 Sy 和 Sz 相较于稀疏工况更为接近，稀疏布置下纵向雷诺应力沿纵向分布更为均匀；同在稀疏工况下，并列排列方式下在高植被后分布更均匀，交错排列方式下双层植被水流的三向雷诺应力在低植被后分布更均匀。在高淹没度条件下，在各种工况条件下垂向雷诺应力 *Sz* 均在高植被层顶部附近取到最大值，在低植被层顶部附近存在一个拐点。相同排列方式下，稀疏布置植被水流中三维雷诺应力较小，且沿垂向分布更均匀；并且在高植被层顶部至水面处，稠密布置下垂向雷诺应力沿垂向分布存在极小值点，稀疏工况下则呈单调递减。

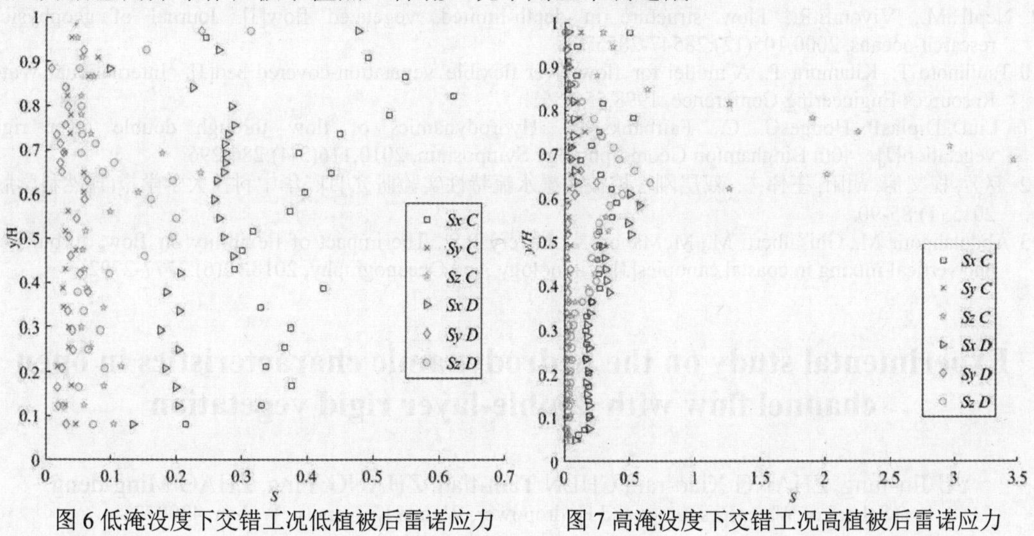

图 6 低淹没度下交错工况低植被后雷诺应力　　图 7 高淹没度下交错工况高植被后雷诺应力

4 结论

本文通过试验探讨了双层刚性植被水流在高低两种淹没度条件下，植被密度、排列方式对植被水流水动力学特性规律的影响，结果表明：在低淹没度条件下，水流水动力学特性沿垂向和纵向分布规律受植被密度、排列方式影响较大。在高淹没度条件下，水流水动力学特性沿垂向分布在高、低植被后分布规律相似，且受植被密度影响较大，受排列方式影响很小。不论何种淹没度，总存在“纵向紊动强度大于横向紊动强度大于垂向紊动强度”的关系，且稀疏植被密度下的双层刚性植被水流紊动强度沿纵向分布更均匀。

参 考 文 献

1 Stone B.M., Shen H.T..Hydraulic resistance of flow in channels with cylindrical roughness[J]. Journal of the Hydraulic engineering-asce, 2002,128(5):500-506.

2 Huthoff F., AugustijnD.C.M.,Hulscher S.J.M.H..Analytical solution of the depth - averaged flow velocity in case of submerged rigid cylindrical vegetation[J]. Water Resources Research, 2007,43(6):129-148.

3 Huai W.X., Zeng Y.H., Xu Z.G., Yang Z.H.Three-layer model for vertical velocity distribution in open channel flow with submerged rigid vegetation[J]. Advances in Water Resources, 2009,32(4):487-492.

4 槐文信，韩杰，曾玉红，安翔，.基于掺长理论的淹没柔性植被水流流速分布研究 [J]. Applied Mathematics and mechanics, 2009,3:325-332.
5 Fischer-Antze T., Stoesser T.,Bates P.,Olsen N.R.B.. 3D numerical modelling of open-channel flow with submerged vegetation[J]. Journal of Hydraulic Research/De Recherches Hydrauliques,2001,39(3):303-310.
6 H. M. Nepf. Drag, turbulence, and diffusion in flow through emergent vegetation[J]. Water resources research, 1999,35(2):479-489.
7 Zhang J.X.,LiangD.F, FanX., LiuH..Detached eddy simulation of flow through a circular patch of free-surface-piercing cylinders[J]. Advances in Water Resources,2019,123: 96-108.
8 王忖. 有植被的河道水流试验研究[D]. 河海大学, 2003.
9 NepfH.M., VivoniE.R.. Flow structure in depth-limited, vegetated flow[J]. Journal of geophysical research-oceans, 2000,105(12):28547-28557.
10 Tsujimoto T., Kitamura T.. A model for flow over flexible vegetation-covered bed[J]. International Water Resources Engineering Conference, 1998,556-561.
11 LiuD.,DiplasP., HodgesC. C., FairbanksJ.D.. Hydrodynamics of flow through double layer rigid vegetation[J]. 40th Binghamton Geomorphology Symposium, 2010,116(3-4):286-296.
12 赵芳, 槐文信, 胡阳, 王伟杰. 双层刚性植被明渠水流特性实验研究 [J]. 华中科技大学学报(自然科学版), 2015,(1):85-90.
13 Abdolahpour M., Ghisalberti M., McMahon K., Lavery P.S.. The impact of flexibility on flow, turbulence, and vertical mixing in coastal canopies[J]. Limnology And Oceanography, 2018,63(6):2777-2792.

Experimental study on the hydrodynamic characteristics in open channel flow with double-layer rigid vegetation

YU Jin-fang, ZHANG Xiao-ran, CHEN Tian-tian, ZHANG Ying, ZHAO Ming-deng
(School of Water Resources and Hydropower, Wuhan University, Wuhan, 430072.
Email: mdzhao@whu.edu.cn)

Abstract: Experiment of open channel flow with double-layer rigid vegetation was carried out in a rectangular straight glass sink. Two kinds of wood chopsticks with different heights were used to simulate the vegetation whose diameter changes along the water depth direction. The three-dimensional instantaneous velocities were measured by MicroADV. After the effects of vegetation height, vegetation density and arrangement on the internal structure of the flow and the longitudinal velocity, turbulence intensity and Reynolds stress along the vertical and longitudinaldistribution were analyzed, the results show that under the condition of low submergence, the hydrodynamics of the flow along the vertical and longitudinal direction were greatly affected by vegetation density and arrangement. And under the condition of high submergence, the hydrodynamic characteristics of the flow are similarly distributed along the vertical distribution in the high and low vegetation, and are affected by the vegetation density, which is little affected by the arrangement. Regardless of the submergence degree, there is always a relationship between the turbulence intensity “longitudinal turbulence intensity is greater than the lateral turbulence intensity than the vertical turbulence intensity”, and the turbulent intensity of the double-layer rigid vegetation under sparse vegetation density is more evenly distributed along the longitudinal direction.

Key words: Double-layer Rigid Vegetation; Longitudinal Velocity; Turbulence Intensity; Reynolds Stress; Flume experiment

花岗岩网络裂隙水流及热量分配实验研究

高峰钧，钱家忠*，王沐，王德建，马雷

（合肥工业大学 资源与环境工程学院，合肥，230009，Email:qianjiazhong@hfut.edu.cn）

摘要：网络裂隙由于其裂隙通道的复杂性，使得对于确定网络裂隙中水流形态具有很大的挑战。为了了解网络裂隙中优势流的分配规律，本研究设计了一种花岗岩网络裂隙模型，开展了不同水力梯度下的水流及温度运移研究，以探究裂隙宽度及角度对花岗岩裂隙中的水流控制机理，得到以下实验结果：在本实验条件下，裂隙水流流速 V 与水力梯度 J 呈非线性关系，应用 *Forchheimer* 公式能对其关系进行较好的拟合；隙宽及裂隙交角对裂隙中的流量分配具有不同程度的控制作用；裂隙中水流及热量的分配在一定情况下具有相似性，利用温度示踪裂隙水流规律具有一定的可行性。

关键词：花岗岩裂隙；优势流；流量分配；热量分配；实验研究

1 引言

作为地下水赋存的主要载体裂隙介质，由于受到自然界构造作用等的影响，具有各种各样的特征，不同的裂隙特征对于地下水的流动会形成不同的影响，特别是对于网络裂隙，由于裂隙通道的复杂性，使得网络裂隙中水流规律的确定具有较大的困难。确定网络裂隙的优势水力路径对于其中水流规律的研究具有重要意义。然而以往的研究主要集中在隙宽，裂隙粗糙度等对于基岩裂隙中渗流的影响[1-4]。当水流在流经裂隙交叉点时，会有偏流效应[5]，造成各个裂隙中的流量分配有一定的差异，确定裂隙中的优势路径对于岩土工程具有重要的意义[6]。然而以往的研究多集中在简单的“x”及“y”型交叉裂隙或者是天然原状裂隙[7,8]。裂隙中热量的变化情况与裂隙渗流特征有一定的联系，其相关研究始于 20 世纪 80 年代末，随着 Lapham[9]提出使用温度量化地下水流相互作用的方法相关研究逐渐获得关注，许多学者通过监测裂隙介质中的温度数据来研究渗流特性。Stonestrom 等[10]提出了温度可以用来监测地下水的渗透交换，特别是在防水温度记录仪出现后，热量与地下水之间的关系被广泛研究。Becker[11]使用机载温度传感器对区域地下水流量进行探测。Cherubini[12]等设计了网络裂隙热传递的实验研究，并用一定的网络模型模拟了温度曲线，结果表明，与溶质运移相比温度运移存在延迟效应。当掌握其中的联系之后我们便可以通过温度的变化来反映裂隙中水流特征，这对于研究地下水是十分具有帮助的。基于上述研究，本文设计了一种花岗岩裂隙，探讨一进多出条件下，花岗岩网络裂隙中的优势流问题，设计了不同角度及隙宽的裂隙，通过测量进出水口的流量及水力梯度，探究该裂隙模型中角度及隙宽对优势流的控制作用，及花岗岩裂隙中热量分配与水流流量分配之间的关系。

2 实验设计方案

为了研究裂隙中的水流及热量分配问题，本文设计了一种一进多出的裂隙，裂隙介质由花岗岩切割而成。实验模型由三部分组成，进出水箱，花岗岩裂隙，温度监测系统。温度监测系统由温度光纤传感器及光纤光栅解调仪构成。将温度光纤传感器插入裂隙中，以监测裂隙不同部位的温度变化。为方便起见，将温度传感器编号与裂隙编号对应，裂隙从左至右，从上到下依次编为8#，4#，1#，3#，7#，2#，5#，共7条裂隙，隙宽和角度如图1（a）所示。水流经8#裂隙流入，同时从4#，1#，3#，7#，2#，5#裂隙流出（水流方向如图1（b）中箭头所示）。通过调节进出水箱高度来改变裂隙中的水流速度，并对6个出口通道进行了流量测量及其相应的水力梯度的计算，探究不同条件下的水流分配问题。对于热量分配实验研究，将模型内注入一定量的热水，通过测出各裂隙通道不同位置处温度随时间的变化情况，分析过裂隙隙宽和偏转角度变化的对温度运移的影响，以及与每条出水通道中流量大小的对应关系。

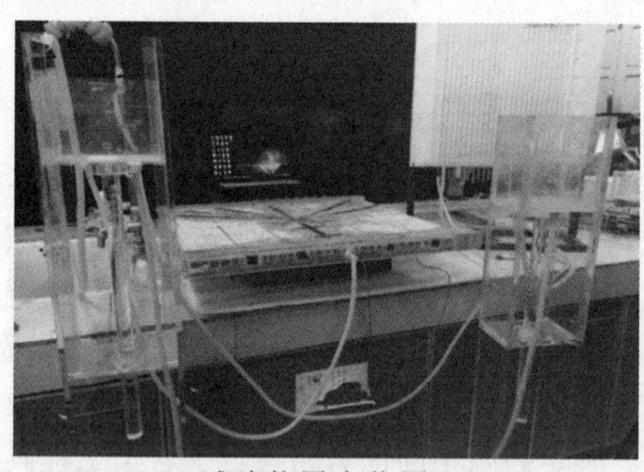

(a) 试验装置实物图

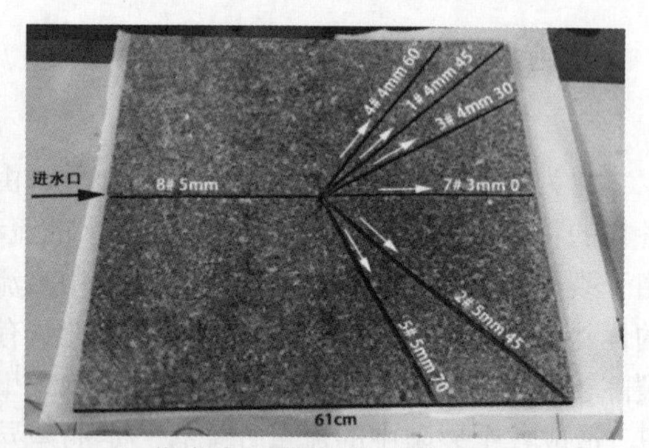

(b)花岗岩网络裂隙模型主体

图1 花岗岩网络裂隙模型

3 结果与分析

3.1 花岗岩网络裂隙水力梯度与流速的关系

首先进行裂隙的水力实验，探究该裂隙模型中的水流形态。

水力学中我们常用 Forchheimer 来表征水流的非达西流特征。其公式为

$$J=-(aV+bV^2)或-\frac{\partial P}{\partial x}=\frac{\mu}{\kappa}V+\beta\rho V^2$$

式中：J 为水力梯度；a 和 b 为参数，分别表示黏滞项和惯性项所造成的水头损失；β 为惯性项阻力系数又称非达西系数，负号表示梯度的方向。方程式右侧的线性项表示黏性力，而二次项表示惯性力，反映了裂隙介质中达西流动和非达西流动的特征。

每条裂隙中水力梯度和平均流速关系如图 2 所示。

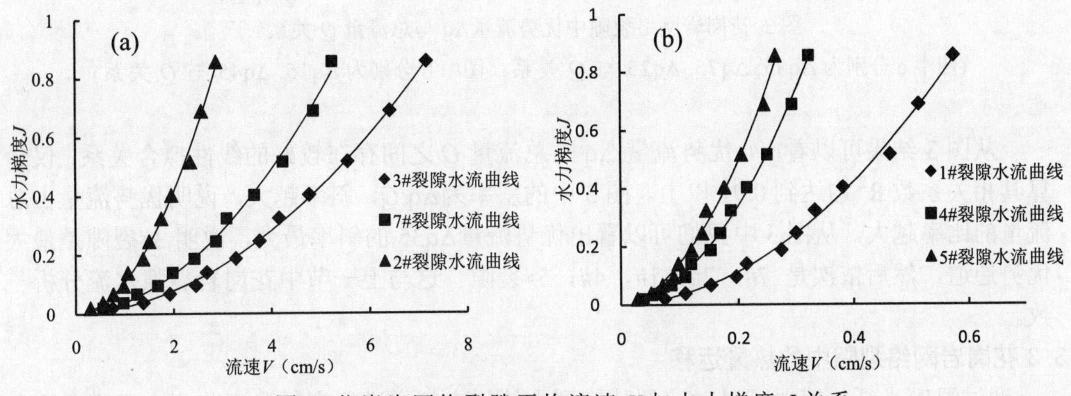

图 2 花岗岩网络裂隙平均流速 V 与水力梯度 J 关系

从图 2 可以看出，平均流速与水力梯度关系符合非线性流，用 Forchheimer 公式拟合效果较好。并且在同一水力梯度条件下，六条分支裂隙流速由高到低排序为：3#裂隙，7#裂隙，2#裂隙，1#裂隙，4#裂隙，5#裂隙。经过试验监测，前 3 条裂隙流速在同一量级，后 3 条裂隙流速较前者低一个数量级，所以将其流速分布分为两组。根据花岗岩裂隙通道不同隙宽和裂隙交角，从图（a）可以看出，3#裂隙与 7#裂隙夹角 30°，而其裂隙隙宽比 7#裂隙大 1mm，隙宽增大的影响超过了交叉角度的影响，所以 3#裂隙流速大于 7#裂隙流速。然后 7#裂隙和 2#裂隙相比，隙宽增加 2mm，但是角度增加 45°，此时角度的影响超过隙宽增大的影响，所以 7#流速大于 2#裂隙流速。图 2（a）中 3 条裂隙分流了大部分水流，使得剩下 3 条裂隙流速降低一个量级，其中 5#裂隙隙宽大于 1#和 4#裂隙，但是 5#裂隙偏离了 70°，1#和 4#裂隙分别偏离 45°和 60°，角度偏离较大，影响超过隙宽增大的影响，所以 5#裂隙中流速最小，水流流量最少。

3.2 不同裂隙类型对流量分配的影响

为了分析花岗岩网络裂隙中流量分配的影响因素。根据前面试验介绍和所得结论，在 6 条出水支裂隙中将较大支裂隙（1#，2#，3#，4#，7#裂隙）的流量与最小支裂隙（5#裂隙）流量差分别记为优势流量Δq35，Δq75，Δq25，Δq15，Δq45。统计优势流量与总流量的实验数据得到如下结果（图 3）。

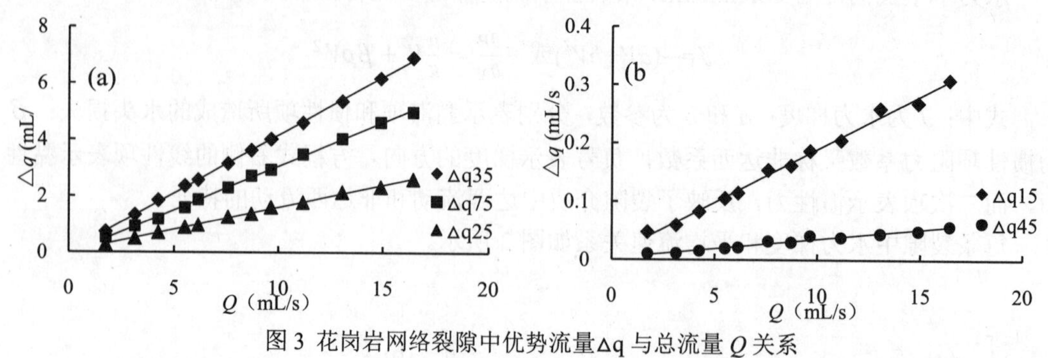

图 3 花岗岩网络裂隙中优势流量Δq 与总流量 Q 关系

(图中 a 分别为 Δq35, Δq75, Δq25 与 Q 关系；图中 b 分别为 Δq15, Δq45 与 Q 关系)

从图 3 结果可以看出，优势流量△q 与总流量 Q 之间存在较好的线性拟合关系，仅计算其相关系数 R^2 均达到 0.95 以上。图 3 中的斜率为Δq/Q，斜率越大，说明优势流量占总流量的比率越大，从图 3 中我们可以看出优势流量Δq35 的斜率最大，说明 3#裂隙是最大优势通道，然后依次是 7#，2#，1#，4#，5#裂隙。这与上一节中花岗岩裂隙水流分析一致。

3.3 花岗岩网络裂隙中的热量运移

通过温度光纤传感器可以对该裂隙模型中的特定部位进行实时温度监测，了解温度在裂隙中的运移情况。图 4 中所列为不同裂隙中探头（温度光纤传感器）中监测到的温度随时间的变化情况，限于篇幅，这里仅给出了 6 条出水裂隙中距离裂隙交叉点最近的温度监测点的温度变化（图 4）。

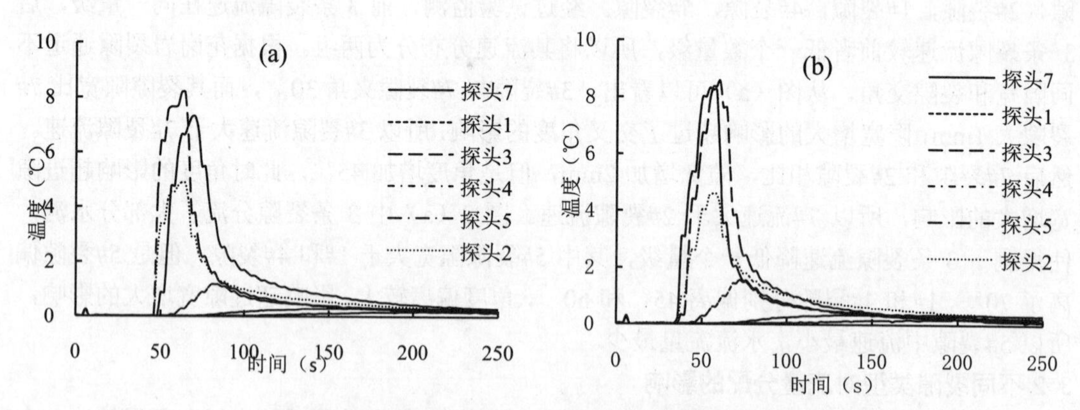

图 4 花岗岩网络裂隙不同点温度示踪剂穿透曲线对比图

(图 a 流量为 4.24mL/s；图 b 流量为 5.41mL/s)

图 4 为在注入量为 20mL 时的温度变化穿透曲线图。通过比较得出，同一组试验中，温度由高到低的探头顺序为 3>7>2>1>4>5，且前面三组温度变化值较接近，后面三组温度

变化很小，这与上一节优势流分析相对应，优势流量最多的 3 号探头温度变化也是最大的。另外，随着流速的增加，3 号探头温度峰值增加，前面几组与 7 号探头温度差值不大，但是流速最大时与 7 号探头温度有明显的差值。说明优势流的作用随着流量的增加而增大。

3.4 花岗岩网络裂隙中热量分配与流量分配的比较

分析了不同流量和注入量条件下热量分配和流量分配的差异，在花岗岩温度监测试验中记总温度变化为 Q，根据实验结果将 3 号、7 号、2 号探头（1 号、4 号与 5 号探头温度差值较小，未统计）与 5 号探头温度变化差值记为 T35、T75、T25，他们与 Q 的关系统计如图 5 所示。

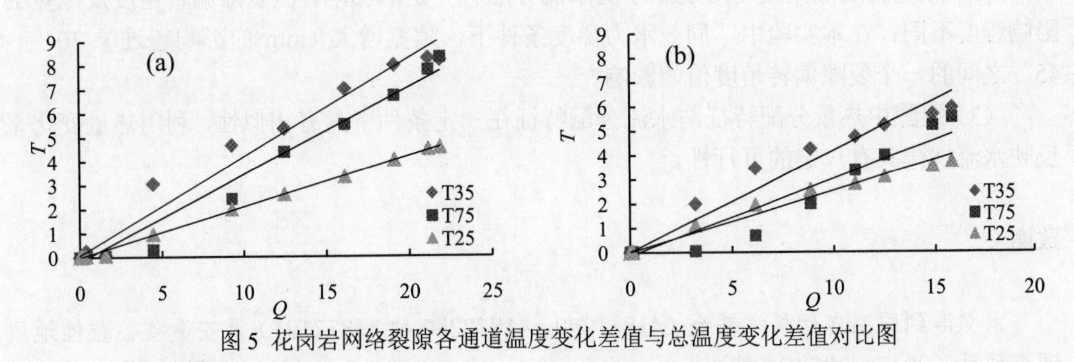

图 5 花岗岩网络裂隙各通道温度变化差值与总温度变化差值对比图

(图 a 流量为 4.24mL/s 注入量 20 mL；图 b 流量为 5.41mL/s 注入量 20 mL)

由于热量在运移的过程中会发生热传导，热对流及热辐射，会造成热量的耗散，而且裂隙中水流的运动和热量运移相互耦合，使得裂隙中热量运移的研究十分复杂，因此在不同的注入量及流速条件下，热量的分配会出现不同的结果，其不同条件下的热量分配结果与流量分配的对比关系如下表 1 所示。

表 1 热量分配与流量分配的比较

优势流	流量分配（%）	热量分配（%）			
		a	b	c	d
△35	41.2	41.1	41.7	39.0	47.0
△75	31.1	36.3	31.6	35.1	21.9
△25	15.8	21.2	25.3	23.5	24.0

(a 流量为 4.24mL/s 注入量 20 mL；b 流量为 5.41mL/s 注入量 20 mL；c 流量为 6.70mL/s 注入量 20 mL；d 流量为 4.24mL/s 注入量 10 mL)

结合图 5 及表 1 可以总结出以下结论：图 5 中(a)、(b)为不同流量在同一注入量 20mL 条件下各探头温度变化差值与总温度变化关系，经过与前文优势流差值占比图 3(a)对比得出，流速为 4.24mL/s 时，各探头温度变化分配与流量分配最接近。表 1 中详细列举了不同流速及注入量条件下热量分和流量分配的对比关系，综合分析得出，在流量为 4.24mL/s 注入量 20 mL 时，热量分配与真实的流量分配最接近，3 条曲线相对误差值分别为 0.34%、16.70%和 33.52%。

4 结论

（1）在该花岗岩不同隙宽和偏转角度的裂隙通道中，平均流速与水力梯度关系符合非线性流，用 Forchheimer 公式拟合效果较好。

（2）隙宽及裂隙角度均对裂隙中的水流分配有一定的影响，但裂隙偏转角度及隙宽的影响程度不同：在本实验中，同一水力梯度条件下，隙宽增大 1mm 的影响超过了 30°～45°之间的一个裂隙偏转角度值的影响。

（3）裂隙中热量分配特征与水流分配特征在一定条件下具有相似性，利用热量变化来反映水流规律具有一定的可行性。

致谢

本文得到国家自然科学基金（41831289、41772250 和 41877191）及安徽省公益性地质调查项目（2015-g-26）支持）。

参 考 文 献

1 Qian J Z，Chen Z，Zhan H B，et al. Experimental study of the effect of roughness and Reynolds number on fluid flow in rough-walled single fractures: A check of local cubic law. Hydrol. Processes, 2011, 25(4): 614-622.

2 Qian J Z，Zhan H B，Luo S H，et al. Experimental evidence of scale-dependent hydraulic conductivity for fully developed turbulent flow in a single fracture. J. Hydrol., 2007, 339(3/4): 206-215.

3 Qian J Z，Zhan H B，Zhao W D，et al. Experimental study of turbulent unconfined groundwater flow in a single fracture. J. Hydrol., 2005, 311(1): 134-142.

4 Zhang Z Y，Nemcik J. Fluid flow regimes and nonlinear flow characteristics in deformable rock fractures. J. Hydrol., 2013, 477(16): 139-151.

5 田开铭．裂隙水交叉流的水力特性．地质学报，1986（2）：90-102.

6 倪绍虎，何世海，汪小刚，等．裂隙岩体渗流的优势水力路径．四川大学学报：工程科学版，2012，44（6）：108-115.

7 Zou L C，Jing L R，Cvetkovic V. Modeling of flow and mixing in 3D rough-walled rock fracture intersections. Adv. Water Resour., 2017, 107: 1-9.

8 桑盛，刘卫群，宋良，等．岩体交叉裂隙水流分配特性研究．实验力学，2016，31（5）：577-583.

9 Lapham W W. Use of temperature profiles beneath streams to determine rates of vertical ground-water flow and vertical hydraulic conductivity. U.S.: Geol. Surv. Water-Supply Pap., 1989.

10 Stonestrom D A，Constantz J. Heat as a tool for studying the movement of ground water near streams. U.S.: Geol. Surv. Circ., 2003: 1 - 96.

11 Becker M W. Potential for Satellite Remote Sensing of Ground Water. Groundwater, 2006, 44(2): 306-318.

12 Cherubini C，Nicola P，Giasi C I，et al. Laboratory experimental investigation of heat transport in fractured media. Nonlinear. Proc. Geoph., 2017, 24(1): 23-42.

Study on flow and heat distribution in granite fracture network

GAO Feng-jun, QIAN Jia-zhong, WANG Mu, WANG De-jian, MA Lei

(School of Resources and Environmental Engineering, Hefei University of Technology, Hefei, 230009. Email: qianjiazhong@hfut.edu.cn)

Abstract: Because of the complexity of network fissures, it is a great challenge to determine the flow pattern in network fissures. In order to understand the distribution law of dominant flow in network fissures, a granite network fissure model is designed in this paper, and the flow and temperature migration under different hydraulic gradients are studied to explore the mechanism of fissure width and angle controlling the flow in granite fissures. The following experimental results are obtained: Under the experimental conditions, the velocity V of fissure flow has a non-linear relationship with the hydraulic gradient J. The Forchheimer formula can be used to fit the relationship well; the width and intersection of the fissures have different control effects on the flow distribution in the fissures; the distribution of water flow and heat in the fissures has similarity under certain circumstances, and it is feasible to trace the flow law in the fissures by using temperature.

Key words: granite fissures; dominant flow; flow distribution; heat distribution; experimental study

绕前缘粗糙水翼非定常空化流动实验研究

陈倩，吴钦*，黄彪，张汉哲，王国玉，刘韵晴

(北京理工大学 机械与车辆学院，北京，100081, Email: wuqin919@bit.edu.cn)

摘要：为了研究绕前缘粗糙水翼非定常空化流动的流场特性，以前缘粗糙和光滑的NACA 66型水翼为研究对象，基于高速水洞实验平台对不同空化阶段，绕水翼空化流动的流场形态、水动力系数等流动特性进行了实验观测。实验结果表明：由于前缘粗糙度的影响，无空化状态下前缘粗糙水翼的升力系数小于光滑水翼，阻力系数大于光滑水翼；此外，对比发现，采用前缘粗糙水翼有效抑制了水翼的初生空化。

关键词：非定常空化；水翼；前缘粗糙度；实验研究

1 引言

当液体内部的局部压强降低到液体的汽化压强以下时，在均质液体内部或液固交界面上就会产生蒸汽或气体的空穴(空泡)，这种现象称为空化。空化是水力机械内部不可避免的一种水动力学现象，会导致流动不稳定，引起结构的振动及空蚀等，并造成机械效率的下降及使用寿命的降低[1,2]。

根据空化的流动现象，可将空化形态分为：初生空化[3]、片状空化[4]、云状空化[5]和超空化[6]。研究表明，空化的发展受到多种因素的影响，如流速、压力、边界层流动等[7]，而边界层流动又受结构壁面粗糙度的影响。Churkin 等[8]研究了不同粗糙表面对 NACA 0005型水翼云状空化的影响，结果表明随着水翼表面粗糙度的增加，水翼的云状空化现象越剧烈。郝加封等[9]通过实验研究了全局表面粗糙度对 Clark-Y 水翼云状空化的影响，结果表明全局表面粗糙度对云状空化的形成有抑制作用。Rood 等[10]证明了全局表面粗糙度可以加剧流动不稳定性，对初生空化有着重要的影响。

目前，国内外学者主要针对全局表面粗糙对空化的影响进行了研究，部分学者也对局部粗糙度这一影响因素进行了研究，但缺乏对其流场结构演变及相应水动力特性的分析。因此，本研究针对前缘粗糙水翼，基于高速水洞试验平台对水翼空化流动的流场形态、水

基金项目：国家自然科学基金（批准号：51839001, 51679005 和 91752105），北京国家自然科学基金（批准号：3172029）和中央高校的基础研究经费资助项目。

动力系数等流动特性进行了实验观测。

2 实验设备

实验在 EPFL 空化水洞中进行[11]，实验中采用 NACA 66 水翼，其弦长 c=100 mm，展长 b=149mm，最大厚度比为弦长的 12%。为了研究前缘粗糙度对非定常空化流动的影响，在水翼滞止线下游 4 mm 处设立了粗糙带，其由直径为 0.06 mm 的沙子和胶水组成。这种前缘分布粗糙带与传统粗糙度不同，传统粗糙水翼的吸力面与压力面均布满粗糙带，而本研究采用实验水翼的粗糙带宽度为 4 mm，粗糙高度 h=0.15 mm，如图 1 所示。

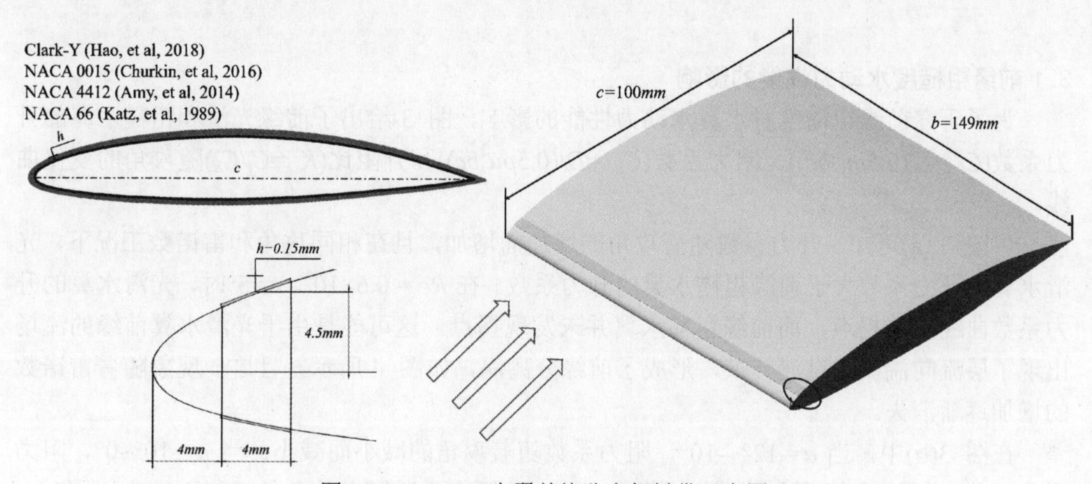

图 1 NACA 66 水翼前缘分布粗糙带示意图

实验水翼在试验段的安装位置及其攻角示意如图 2 所示。实验中，正负攻角定义如图 2 所示，重要的无量纲化参数分别定义为：空化数 $\sigma=(p_\infty-p_v)/(0.5\rho u_i^2)$；雷诺数 $Re=u_i c/v$，其中 p_∞、p_v 分别为流场压力和饱和蒸汽压，ρ 为流体密度，u_i 为来流速度，c 为水翼弦长，v 为液体的运动黏度。实验采用的流速分别为 u_1=6m/s、u_2=8m/s、u_3=10m/s 和 u_4=14m/s，对应的雷诺数分别为 $Re_1=0.6\times10^6$, $Re_2=0.8\times10^6$, $Re_3=1.0\times10^6$, $Re_4=1.4\times10^6$。

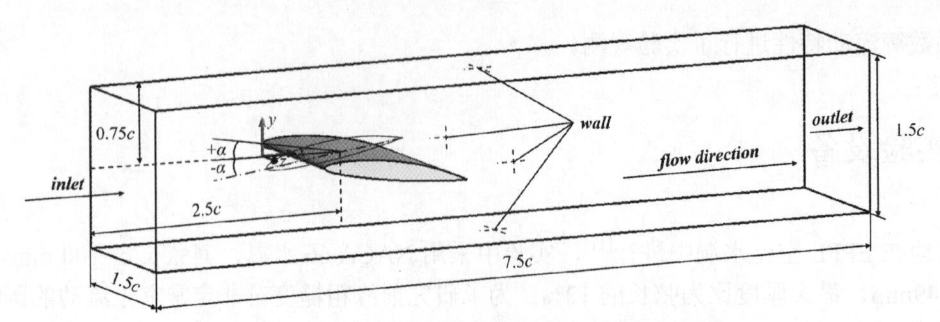

图 2 NACA 66 水翼安装位置及试验段示意图

3 实验结果及分析

3.1 前缘粗糙度水动力性能的影响

为了研究前缘粗糙度对水翼水动力性能的影响，图 3 给出了前缘光滑和粗糙水翼的升力系数($C_l = L/(0.5\rho u^2 bc)$)、阻力系数($C_d = D/(0.5\rho u^2 bc)$)和升阻比($K = C_l/C_d$)随攻角的变化曲线。

由图 3 (a)可知，升力系数随着攻角的增加而增加，且在相同攻角和雷诺数工况下，光滑水翼的升力系数大于前缘粗糙水翼的升力系数。在 $Re = 0.6\times10^6$，α=5°时，光滑水翼的升力系数曲线出现拐点，而前缘粗糙水翼并未发现拐点。这可能是由于光滑水翼前缘的流场出现了层流向湍流的过渡转捩，形成了前缘分离涡，如图 4 所示，且这一现象随着雷诺数的增加逐渐消失。

在图 3(b)中，当 α=-12°~-10°，阻力系数随着攻角的减小而减小；当 α=-10°~0°，阻力系数随着攻角的减小而缓慢增加；当 α=0°~12°，阻力系数随着攻角的增加而减小。同时，当 $Re = 0.8\times10^6$ 和 $Re = 1.0\times10^6$ 时，前缘粗糙水翼的阻力系数大于光滑水翼的阻力系数，而当 $Re = 0.6\times10^6$ 且 α>10°时，光滑水翼的阻力系数大于前缘粗糙水翼的阻力系数

从图 3(c)可知，当 α=-12°~-6°，升阻比随着攻角的减小而下降，其中前缘粗糙水翼的升阻比大于或等于光滑水翼的升阻比。当攻角由-6°减小至 0°再增加到有利迎角 α_e(最大升阻比对应的攻角)时，升阻比随着攻角的变化均呈现上升趋势。其中当 α<-3°时，前缘粗糙水翼的升阻比大于光滑水翼的升阻比，当 α>-3°时，光滑水翼的升阻比反而大于前缘粗糙水翼的升阻比。在达到最佳迎角之后，升阻比随着攻角的增加而减小，且光滑水翼的升阻比大于前缘粗糙水翼的升阻比，同时前缘粗糙水翼的最佳迎角增大。

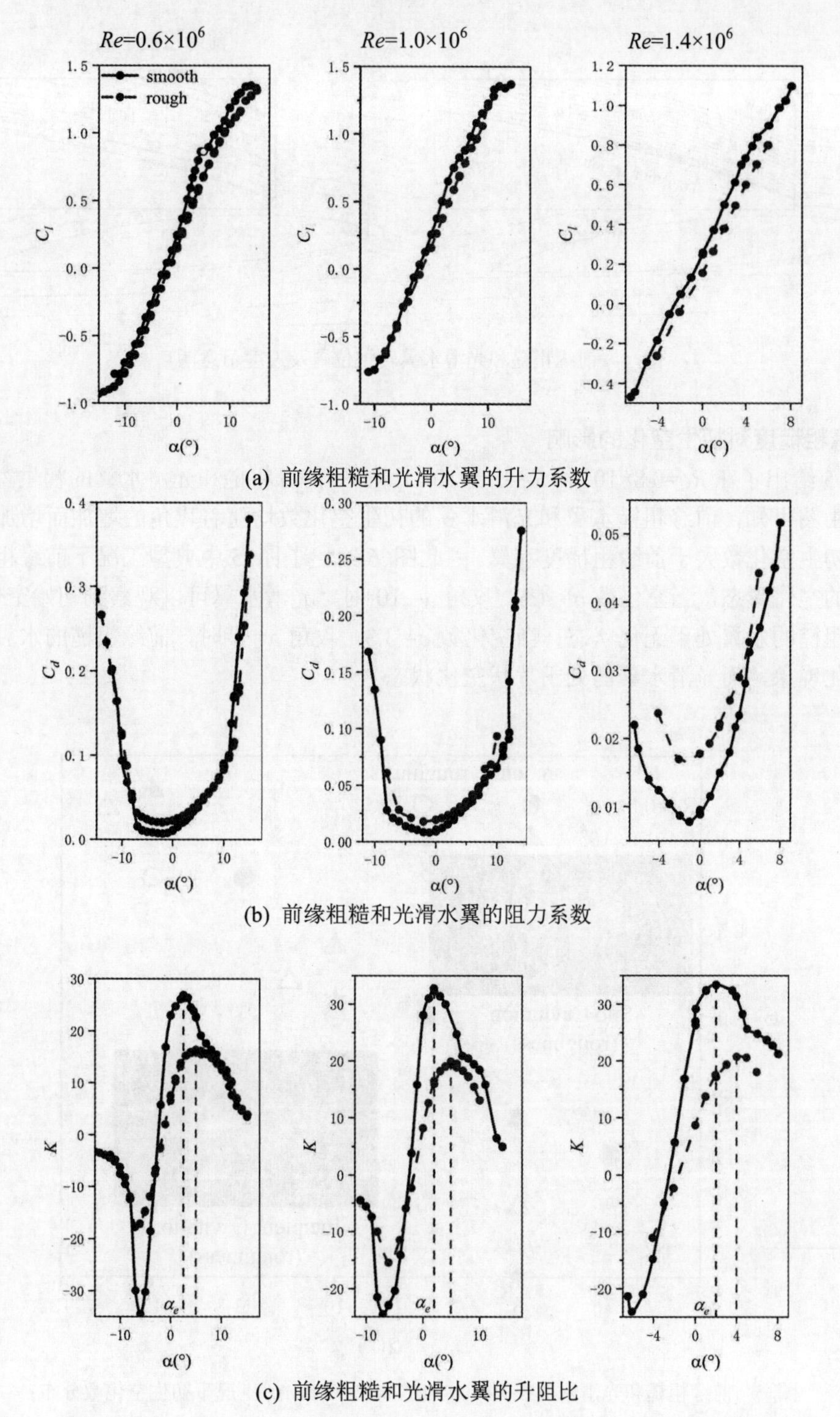

(a) 前缘粗糙和光滑水翼的升力系数

(b) 前缘粗糙和光滑水翼的阻力系数

(c) 前缘粗糙和光滑水翼的升阻比

图 3 前缘粗糙和光滑水翼升力系数(C_l)、阻力系数(C_d)和升阻比(K)随攻角 α 的变化曲线

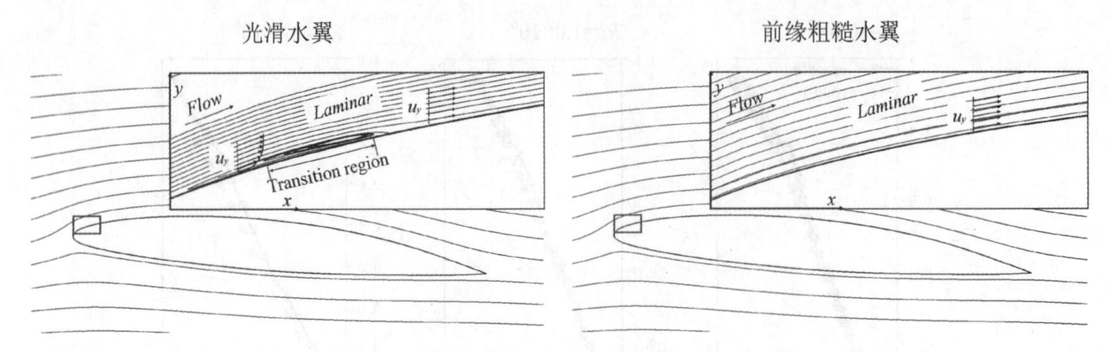

图 4　前缘粗糙和光滑水翼转捩位置及速度示意图

3.2 前缘粗糙度对初生空化的影响

图 5 给出了在 Re=0.8×10^6 和 Re=1.0×10^6 工况下，前缘粗糙和光滑水翼的初生空化数 σ_i 分布。由图可知，前缘粗糙水翼和光滑水翼的初生空化数均随着攻角的增加而增加，光滑水翼的初生空化数大于前缘粗糙度水翼。因此图 6 给出了图 5 中典型工况下前缘粗糙和光滑水翼的空化形态，当空化数 σ= 4.1，攻角 α= 10°时，光滑水翼可以观察到初始空化现象，而前缘粗糙的水翼处于无化状态；当空化数 σ= 3.3，攻角 α= 8°时，前缘粗糙的水翼观察到初生空化现象，而光滑水翼已处于片状空化状态。

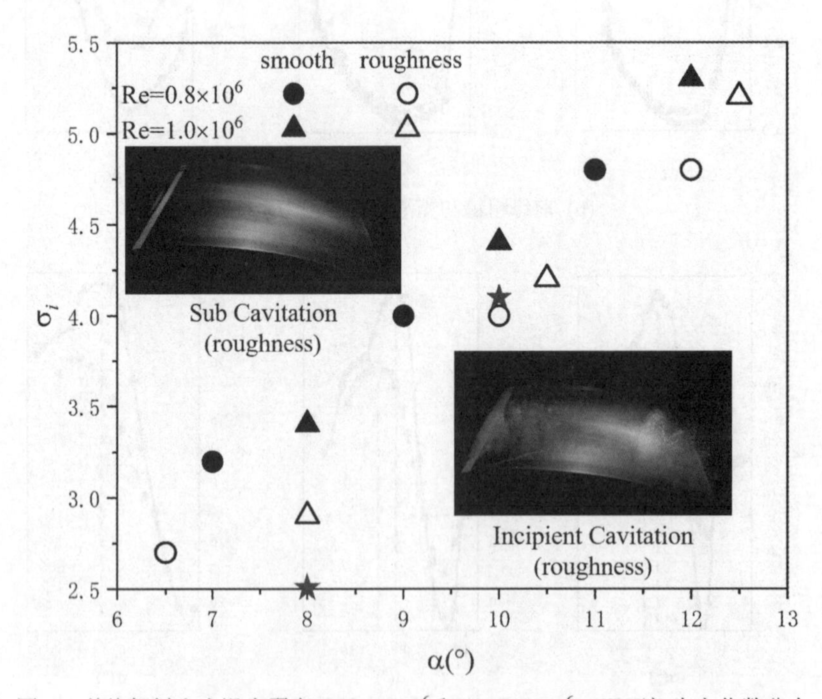

图 5　前缘粗糙和光滑水翼在 Re=0.8×10^6 和 Re=1.0×10^6 工况下初生空化数分布

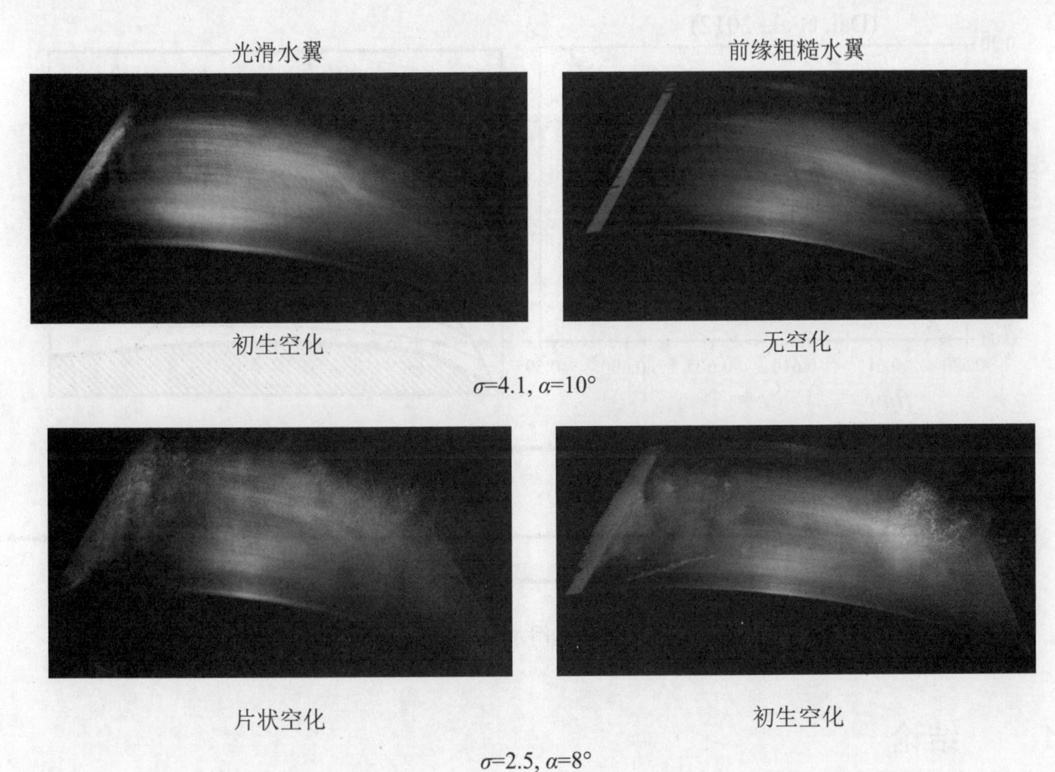

图 6 前缘粗糙和光滑水翼的空化形态($Re=0.8\times10^6$)

图 7 根据 Dai 等[12]的研究推测出了图 6 中产生实验现象的原因。图中最小压力系数 $C_{p,\min}=(p_i-p_\infty)/(0.5\rho u_i^2)$，式中 p_i 表示粗糙高度处的最小压力。由图 7 可知，最小压力系数 $C_{p,\min}$ 随着粗糙高度 h 的增加而增加，且在相同工况下，前缘粗糙水翼的最小压力系数 $C_{p,r}$、饱和蒸汽压的压力系数 $C_{p,v}$ 和光滑水翼的最小压力系数 $C_{p,s}$ 存在以下关系：$C_{p,r} > C_{p,v} > C_{p,s}$。因此根据图 7 可推测在本研究中，当粗糙度为 0.15 mm 时，它对壁面附近的湍流动能有显著影响，并且它可以将前缘区域的最小表面压力提高到饱和蒸汽压力以上，使空化现象消失。因此，前缘粗糙水翼有效抑制了水翼的初生空化。

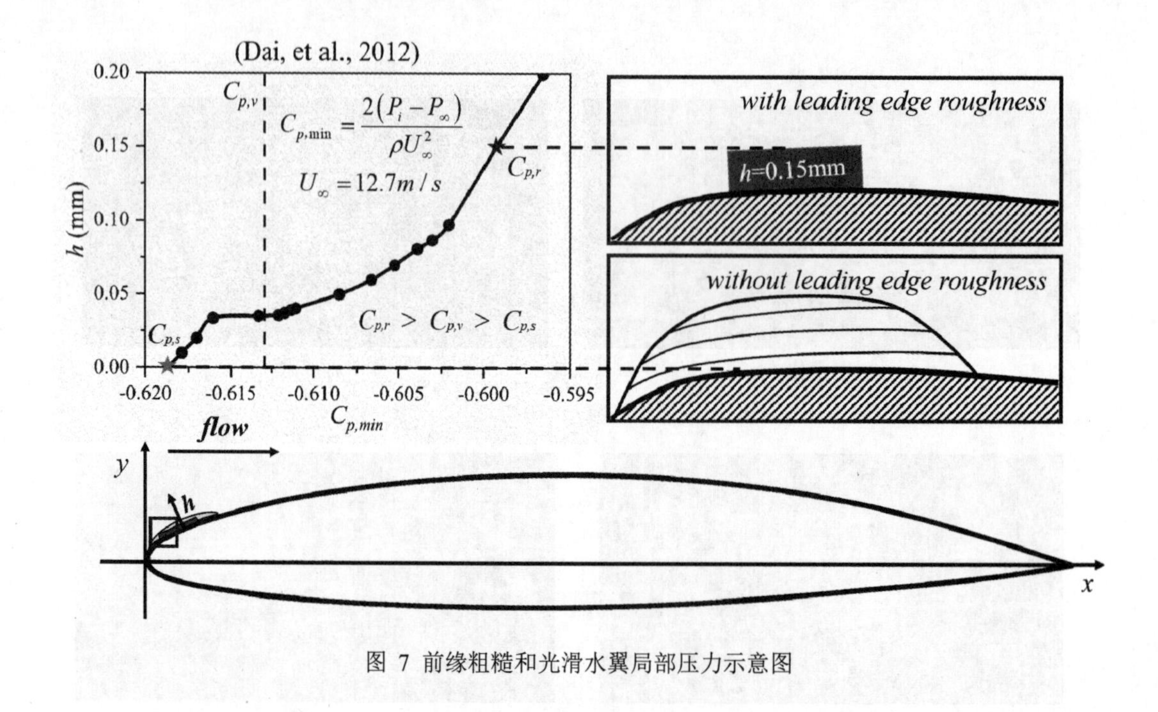

图 7 前缘粗糙和光滑水翼局部压力示意图

4 结论

本研究以绕前缘粗糙和光滑的 NACA 66 型水翼的非定常空化流动为研究对象，采用空化水洞实验平台获取了水翼空化流动的流场形态，, 并结合水动力系数等流动特性进行了研究分析，得出以下结论：

(1) 无空化状态下前缘粗糙水翼的升力系数小于光滑水翼，阻力系数大于光滑水翼，当 α<-3°时，升阻比大于光滑水翼；当 α>-3°时，反之。同时，前缘粗糙水翼的最佳迎角增大。

(2) 初生空化状态下前缘粗糙水翼的发展速度慢于光滑水翼，这可能是由于粗糙度提高了前缘局部压力至饱和蒸汽压力以上，从而有效抑制了水翼的初生空化的形成。

参 考 文 献

1 陈喜阳，郭庆，孙建平，等. 空化对离心泵低频水力振动影响的数值研究[J]. 华中科技大学学报（自然科学版），2014(6).

2 李忠，杨敏官，高波，等. 空化诱发的轴流泵振动特性实验研究[J]. 工程热物理学报，2012, V33(11):1888-1891.

3 Amromin, E., 2014. Development and validation of CFD models for initial stages of cavitation. J. Fluids Eng. 136, 1–33. doi: 10.1115/1.4026883 .

4 Foeth, E.J., Van Doorne, C.W.H., Van Terwisga, T., Wieneke, B., 2006. Time resolved PIV and flow visualization of 3D sheet cavitation. Exp. Fluids 40, 503–513. doi: 10.10 07/s0 0348-0 05-0 082-9 .

5 Wu Q , Huang B , Wang G , et al. The transient characteristics of cloud cavitating flow over a flexible hydrofoil[J]. International Journal of Multiphase Flow, 2018, 99.

6 Long, X., Zhang, J., Wang, Q., Xiao, L., Xu, M., Lyu, Q., Ji, B., 2016. Experimental in- vestigation on the performance of jet pump cavitation reactor at different area ratios. Exp. Therm. Fluid Sci. 78, 309–321. doi: 10.1016/j.expthermflusci.2016.06. 018 .

7 Wang, Z.Y., Huang, B., Wang, G.Y., et al.: Experimental and numerical investigation of ventilated cavitating flow with special emphasis on gas leakage behavior and re-entrant jet dynamics. Ocean Eng. 108, 191–201 (2015).

8 Churkin S A , Pervunin K S , Kravtsova A Y , et al. Cavitation on NACA0015 hydrofoils with different wall roughness: high-speed visualization of the surface texture effects[J]. Journal of Visualization, 2016, 19(4):587-590.

9 Hao J , Zhang M , Huang X . The influence of surface roughness on cloud cavitation flow around hydrofoils[J]. Acta Mechanica Sinica, 2017.

10 Rood, E.P.: Review–mechanisms of cavitation inception. J. Fluids Eng. 113, 85680U–85680U-7 (1991)

11 Avellan, F., Henry, P., and Rhyming, I. A new high speed cavitation tunnel for cavitation studies in hydaulic machinery. In American Society of Mechanical Engineers, Fluids Engineering Division FED ,1987, 57: 49-60.

12 Dai Yuejin, Zhang Yuanyuan, Huang Diangui. Numerical Study on the Effect of Rough Surface of Hydrofoil on Cavitation[J], Journal of Engineering Thermophysics, 2012, V33(5):770-773.

Experiment study on unsteady cavitating flow around hydrofoil with the leading edge roughness

CHEN Qian, WU Qin*, HUANG Biao, ZHANG Han-zhe, WANG Guo-yu, LIU Yun-qing

(School of Mechanical Engineering, Beijing Institute of Technology, Beijing, 100081.

Email: wuqin919@bit.edu.cn)

Abstract: The unsteady cavitating flows around a NACA 66 hydrofoil with and without the leading edge roughness is studied by using the high-speed cavitation tunnel, which used to measure the cavitation shapes and hydrodynamic parameters. The experiment results show that, firstly, in the sub cavitation, the lift coefficients of the hydrofoil with the leading edge roughness is less than that of the hydrofoil without the leading edge roughness and also, the drag coefficients of the hydrofoil with the leading edge roughness is large than that of the hydrofoil without the leading edge roughness; for the evolution of the incipient cavitation, the developmental velocity of the hydrofoil with the leading edge roughness is slower than that of the hydrofoil without the leading edge roughness, which displays the leading edge roughness can be used to suppress the incipient cavitation.

Key words: Unsteady cavitating; Hydrofoil; Leading edge roughness; Experiment study.

不同材料水翼水动力特性实验研究

刘韵晴，吴钦*，陈倩，黄彪，张汉哲，王国玉

(北京理工大学流体机械工程研究所，北京，100081, Email: wuqin919@bit.edu.cn.)

摘要：为了研究复合材料水翼的流场特性，以 Clark-Y 水翼为研究对象，基于高速空化水洞实验平台，对铝制水翼和复合材料水翼的水动力性能进行了实验测量。实验结果表明：铝制水翼和复合材料水翼发生转捩的攻角一致，且铝制水翼的转捩位置比复合材料水翼更接近水翼前缘；在攻角大于 19°时，铝制水翼的升力系数迅速增长，而复合材料水翼的升力系数随功角增加逐渐增大；两种水翼的升阻比均随着攻角和升力系数的增加先增大后减小，且复合材料水翼的升阻比大于铝制水翼。

关键词：复合材料水翼；水动力特性；实验研究

1 引言

水力机械作为重要的工业装备，在水电开发、农业灌溉、海洋运输等领域起着重要的作用。传统水力机械通常采用刚性材料，但由于复杂水下环境易造成叶轮机、螺旋桨等水力机械的严重腐蚀，致使其使用寿命降低。近年来，由于复合材料具有良好的适应性、减重效果显著、抗腐蚀性强等特点，被广泛应用于水力机械和航天航空[1-3]领域。

在实验研究方面，Motley 等[4]研究了不同来流条件下螺旋桨叶片倾角随水动力载荷的变化情况，结果表明：复合材料提高了结构系统在非设计工况下的水力性能。Zarruk 等[5]对不锈钢水翼、铝制水翼和铺层角为 0°和 30°的复合材料水翼水动力性能和结构响应进行研究，结果表明：在来流作用下，0°铺层复合材料水翼产生正扭转变形，水翼有效攻角增加，而 30°铺层复合材料水翼由于弯扭耦合特性的存在，使水翼呈现出负扭转变形，水翼有效攻角减小。王宁[6]对不同材料水翼的空化水弹性响应及其振动特性进行了实验及数值模拟研究，结果表明：水翼的振动幅度在云状空化阶段达到最大。张汉哲等[7]通过数值计算研究了复合材料水翼的变形特性，并提出复合材料水翼尖端扭转角和中面扭转曲率之间的关系。

基金项目：国家自然科学基金（批准号：51839001, 51679005 和 91752105），北京国家自然科学基金（批准号：3172029）和中央高校的基础研究经费资助项目。

目前国内外学者已对复合材料水翼做了部分研究，但现有研究较少对复合材料水翼和传统金属材料水翼的水动力性能差异进行分析。因此，本研究针对不同材料水翼的水动力特性，采用实验方法对铝制水翼和复合材料水翼的水动力特性进行了测量，并对可能造成两种水翼水动力特性差异的原因进行了分析。

2 实验方法

实验在瑞士洛桑联邦理工大学水力机械实验室（EPFL-LMH）的高速空化水洞实验台完成[8]，水洞由水管、收缩段、实验段、扩散段和回水管组成。实验采用 Clark-Y 水翼，其弦长 c=100mm, 展长 b=150mm, 最大厚度比约为 12%，水翼材质分别为铝和复合材料，其材料属性见表 1，复合材料水翼铺层材料为碳纤维，从水翼中间层向两侧呈镜像对称方式铺层，单侧的铺层序列为[45/90]s，共 50 层。

实验中，重要的无量纲化参数分别定义为：空化数 $\sigma=(p-p_v)/(0.5\rho u_i^2)$；雷诺数 $Re=u_ic/v$，其中 p、p_v 分别为来流压力和饱和蒸汽压，ρ 为流体密度，u_i 为来流速度，c 为水翼弦长，v 为液体的运动黏度。实验采用的流速分别为 u_1=5m/s、u_2=8m/s 和 u_3=12m/s，对应的雷诺数分别是 $Re_1=0.5\times10^6$, $Re_2=0.8\times10^6$, $Re_3=1.0\times10^6$。

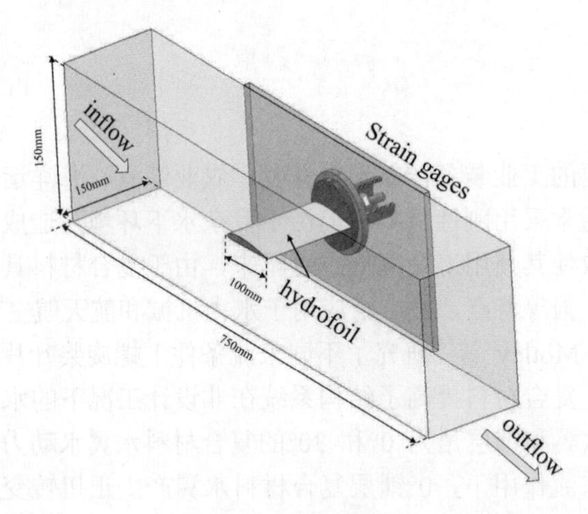

图 1 实验装置图

表 1 不同材料属性

材料	密度 ρ(g/cm^3)	杨氏模量 E(GPa)	泊松比 v	剪切模量 G(GPa)
Carbon-UD	2034	12.5	0.27	7
Al	2770	71	0.33	26.69

3 结果与讨论

为了研究不同材料水翼的水动力性能，图 2 和图 3 分别给出了铝制水翼和复合材料水翼升力系数($C_l = L/(0.5\rho u^2 bc)$)、阻力系数($C_d = D/(0.5\rho u^2 bc)$)和俯仰力矩($C_{MZ} = M/(0.5\rho u^2 bc^2)$)随攻角的变化曲线。

由图 2 可知，当攻角 α=0°~12°时，升力系数和俯仰力矩均随着攻角的增加而增加；当攻角 α=12°～14° 时，升力系数随着攻角的增加而下降，当 α>14°时，升力系数迅速增长，而俯仰力矩随着攻角的增加而减小。阻力系数随着攻角的增加均呈现增长趋势。由图 3 可知，复合材料水翼水动力性能的变化趋势与铝制水翼一致，但在攻角约为 19°时，铝制水翼升力系数出现迅速增长，而复合材料水翼升力随功角增加而逐渐增大。且由图 2 和图 3 可知，不同材料水翼的水动力性能随雷诺数的增加无明显变化。

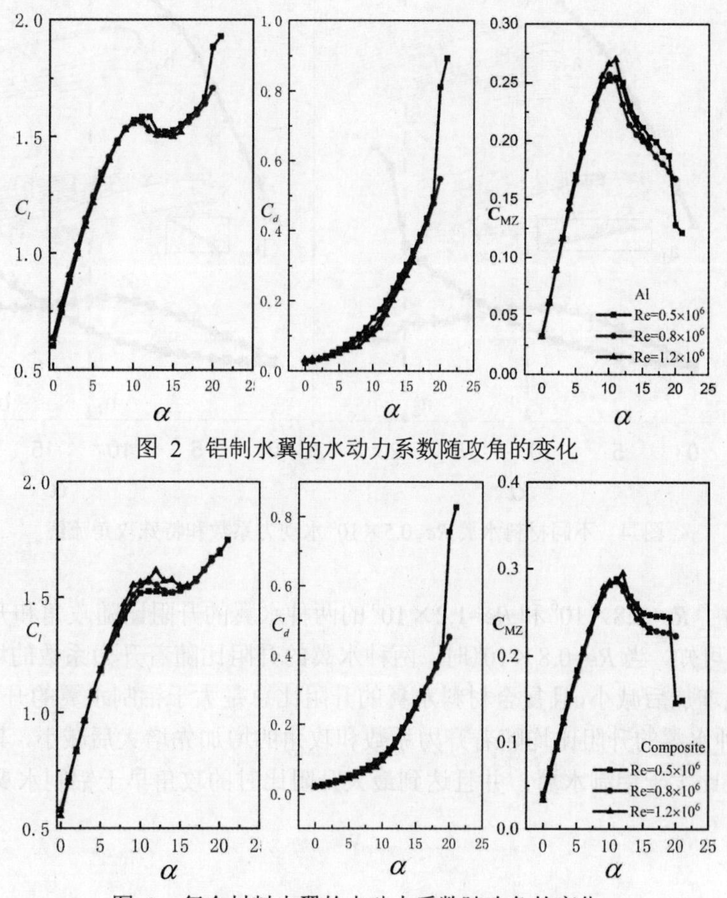

图 2 铝制水翼的水动力系数随攻角的变化

图 3 复合材料水翼的水动力系数随攻角的变化

为了阐明图 2 中水翼升力系数出现拐点和激增的原因，图 4 分别给出了雷诺数 Re=0.5×10^6 时，铝制水翼和复合材料水翼的水动力系数图和攻角分别为 12°和 19°的流线图。由图 2 可知，当攻角 α=12°时，水翼的前缘端均出现了转捩现象，产生了局部逆流，使其局部流动由层流转变为湍流状态，其中铝制水翼转捩位置更接近水翼前缘。同时铝制水翼产生了尾缘涡，而复合材料水翼尾缘并未出现涡流，使得铝制水翼的升力系数大于复合材料水翼。当攻角 α=19°时，由于逆压梯度作用使铝制水翼产生了尾缘涡，导致其升力系数出现迅速增长现象，而复合材料水翼无尾缘涡形成，其升力系数随攻角增大平缓增大。

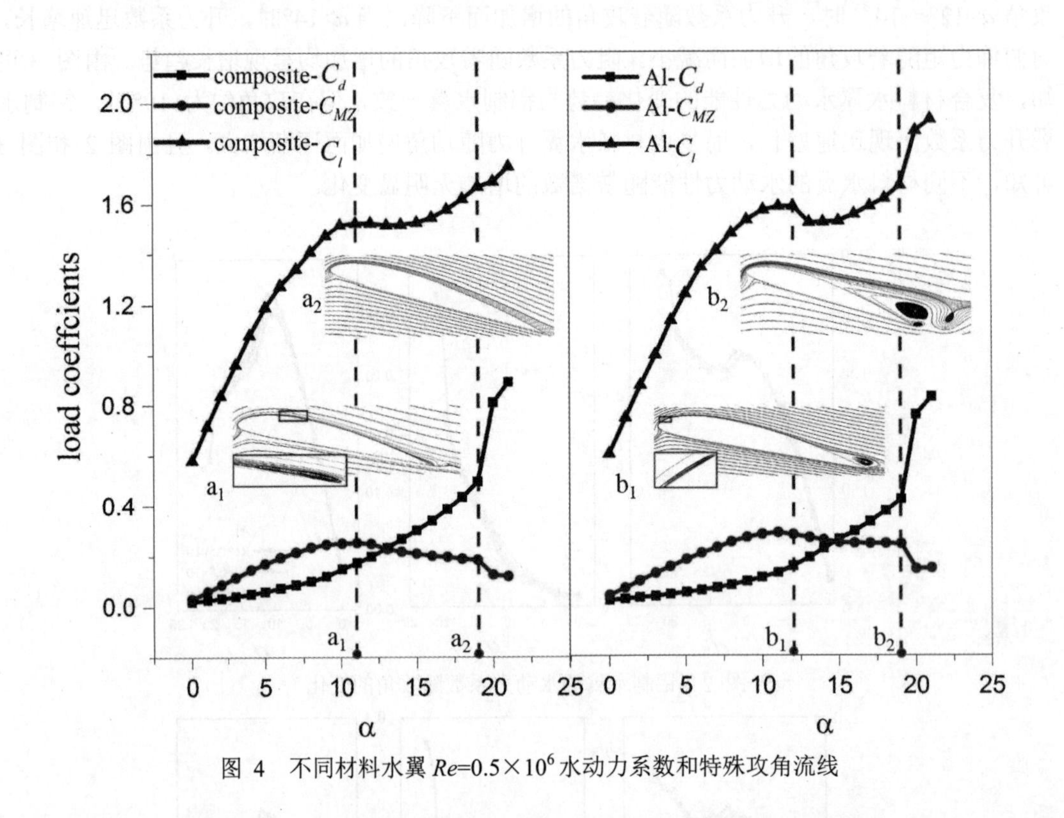

图 4 不同材料水翼 Re=0.5×10^6 水动力系数和特殊攻角流线

图 5 给出了 Re=0.8×10^6 和 Re=1.2×10^6 的两种水翼的升阻比随攻角和升力系数变化的曲线图。由图可知，当 Re=0.8×10^6 时，两种水翼的升阻比随着升力系数的增加而下降，随攻角的增加先增加后减小，且复合材料水翼的升阻比总是大于铝制水翼的升阻比。当 Re=1.2×10^6 时，两种水翼的升阻比均随着升力系数和攻角的增加先增大后减小，其中复合材料水翼的最大升阻比大于铝制水翼，并且达到最大升阻比时的攻角早于铝制水翼。

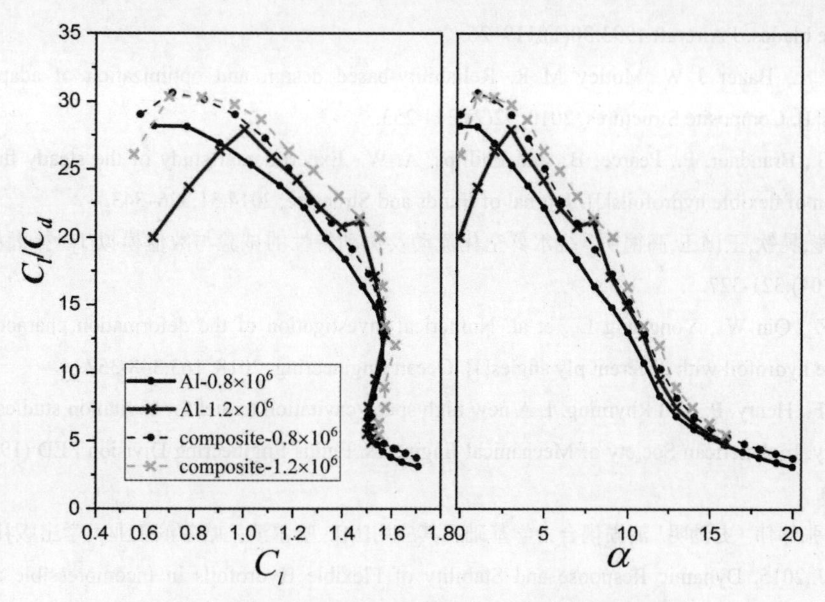

图 5　不同材料水翼升阻比随升力系数和攻角变化

4　结论

本研究以不同材料的 Clark-Y 水翼为研究对象，通过高速水洞实验平台获取了水翼的水动力特性，并对实验结果进行了研究分析，得出以下结论。

(1) 两种水翼的升力系数均随攻角的增加呈现先增大后缓慢减小再迅速增加的趋势，而阻力系数随着攻角的增加而增加，俯仰力矩系数随着攻角的增加而减小，同时不同材料水翼的水动力性能随雷诺数的增加无明显变化。

(2) 当攻角 α=12°时，两种水翼前缘处均出现了转捩现象，其中铝制水翼转捩位置更接近水翼前缘，且其水翼尾部出现了尾缘涡，而复合材料水翼尾缘处未形成尾缘涡；当攻角 α=19°时，铝制水翼产生了尾缘涡，而复合材料水翼无尾缘涡形成。

(3) 两种水翼的升阻比均随着攻角和升力系数的增加先增大后减小，且复合材料水翼的升阻比均大于铝制水翼，并且达到最大升阻比时的攻角小于铝制水翼。

参考文献

1　黄伯云, 肖鹏, 陈康华. 复合材料研究新进展(上)[J]. 金属世界, 2007(2):46-48

2　Green JA. Aeroelastic tailoring of aft-swept high-aspect-ratio composite wings. J Aircraft 1987;24(11):812–9.

3　Yamane T, Friedmann PP. Aeroelastic tailoring analysis for preliminary design of advanced propellers with composite blades. J Aircraft 1993;30(1):119–26.

4 Young Y L, Baker J W, Motley M R. Reliability-based design and optimization of adaptive marine structures[J]. Composite Structures, 2010, 92(2):244-253.

5 Zarruk, G., Brandner, P., Pearce, B., and Phillips, A. W.. Experimental study of the steady fluid-structure interaction of flexible hydrofoils[J]. Journal of Fluids and Structure, 2014,51:326–343.

6 王宁,黄彪,吴钦,王国玉,高德明. 绕水翼空化流动及振动特性的试验与数值模拟[J]. 排灌机械工程学报,2016,(04):321-327.

7 Hanzhe Z , Qin W , Yongpeng L , et al. Numerical investigation of the deformation characteristics of a composite hydrofoil with different ply angles[J]. Ocean Engineering, 2018, 163:348-357.

8 Avellan, F., Henry, P., and Rhyming, I. A new high speed cavitation tunnel for cavitation studies in hydaulic machinery. In American Society of Mechanical Engineers, Fluids Engineering Division FED (1987), vol. 57, pp. 49-60.

9 叶正寅，张伟伟，史爱明. 流固耦合力学基础及其应用[M]. 哈尔滨：哈尔滨工业大学出版社, 2010.

10 Chae, E.J.,2015. Dynamic Response and Stability of Flexible Hydrofoils in Incompressible and Viscous Flow.University of Michigan.

11 Theodorsen, T., 1935. General theory of aerodynamic instability and the mechanism of flutter.

Experiment investigate on hydrodynamic characteristics of hydrofoils with different materials

LIU Yun-qing, WU Qin*, CHEN Qian, HUANG Biao, ZHANG Han-zhe, WANG Guo-yu

(School of Mechanical Engineering, Beijing Institute of Technology, Beijing, 100081.
Email: wuqin919@bit.edu.cn)

Abstract: The hydrodynamic characteristics of hydrofoils with different materials is studied using the high-speed cavitation tunnel. It is used to measure the hydrodynamic parameters and experimental phenomena. The experiment results show that, firstly, the transition has taken place in the identical incidence angle for the aluminum and composite hydrofoils, in which the position of the transition for the aluminum hydrofoil is closer to the leading edge of hydrofoil than that of the composite; as the incidence angle raise to about 19°, the lift coefficient of the aluminum hydrofoil is rapidly increase, while that of the composite hydrofoil is slowly in a growth; with the increasing incidence angles and lift coefficients, the lift-to-drag ratio is firstly increase, then decrease for both of the hydrofoils, in which that of the composition hydrofoil is larger than that of the aluminum hydrofoil.

Key words: Composite hydrofoil; Hydroelastic characteristic; Experimental study.

梯形河道护岸糙率及水流紊动特性实验研究

李仟[1]，曾玉红[1]，晏成明[2]

（1. 武汉大学 水资源与水电工程科学国家重点实验室，武汉，430072，E-mail: liqianslsd@whu.edu.cn;

2. 广东水利电力职业技术学院水利工程系，广州，510635）

摘要：河道护岸兼具安全性、景观性、生态性等多种功能，不同护岸型式会对河道阻力及水流结构产生影响。本研究采用仿真草皮和三棱柱砖块来模拟生态护岸，通过室内非对称式梯形水槽，设置了变流量和变底坡工况，对不同护岸型式下的梯形河道的糙率、流速分布、紊动强度进行了研究。结果表明：糙率系数值不受流量的影响，随底坡的增大而增大；从主河道向边坡方向，流速垂向分布均符合对数分布规律，横向分布呈现逐渐减小的特征，流速的横向梯度受河道底坡和护岸型式影响较大；在主槽区，紊动强度沿垂向呈线性递减趋势，而边坡部分则先增大后减小；横向上，紊动能先增加后减小，在边坡与主槽交界处附近达到最大值，可见交界处的紊动交换最为强烈。

关键词：梯形河道；生态护岸；糙率系数；流速分布；紊动能

1 引言

梯形河道中水流受主槽和护岸的共同影响，护岸作为水陆交错的过渡地带，是河流生态系统的重要组成部分。不同的护岸型式，会改变河道阻力和水流结构，进而对河道中泥沙输移、水质净化、生物栖息等产生重要影响，因此，有必要对河道护岸的水动力特性进行系统的研究。很多研究关注了复式河道的水力特性问题[1-3]，其中主要针对流速分布和水流紊动特性，槐文信等[4]研究了有植被的复式断面河道中的流速分布问题；杨克君等[5]分析了复式河槽中植被对水流紊动的影响；王雯等[6]针对多级复式断面河道中流速及紊动能分布进行了实验研究。还有不少学者针对河道生态护岸进行了大量的理论研究和技术探索，刘丰阳等[7]进行了不同植被生态护坡现场试验，论证了护坡植被的减缓水流、抗冲固坡的作用；蔡婧等[8]以植草、柴笼、灌丛垫护坡为研究对象，通过实验研究了 3 种生态护坡对地表径流的延滞拦截作用。本研究将通过实验来研究梯形河道中不同类型护岸的糙率、流速分布及紊动特性，为生态护岸河道的水流结构、行洪能力、生态修复等研究提供理论依据。

2 实验概况

实验在长 20m，宽 1.2m，深 0.7m 的矩形变坡循环水槽中进行，在水槽进水口段布设稳流装置，确保入流的平稳均匀，在出口段设有栅栏式尾门来控制水深。通过阀门和电磁流量计实现对流量的控制，保证实验过程中流量恒定。在水槽中段选取 12m 作为实验段，布置梯形有机玻璃断面，在梯形边坡上布置仿真草皮和三棱柱砖块来模拟生态护岸，梯形河道横断面结构如图 1(a)所示。实验选取底面为直角三角形的直三棱柱砖块来模拟护岸上的挑流消能结构，该砖的材料为有机玻璃，实验选取两种不同尺寸的砖块粘贴在草皮上，两种砖块的迎水面与护岸面夹角分别为 15° 和 45° ，分别代表护岸 A 和护岸 B，布置形式如图 1(b)所示。在实验段每隔 2 m 设置水位测量断面，通过调节尾门控制水位，当各个断面水深差不超过 1 mm，即可认为水流为均匀流。采用三维超声波多普勒流速仪（ADV）对水流的三维流速进行测量，流速测量断面位于实验段 8m 处，此处水流已经得到充分发展达到了稳定状态。测量断面沿横向布置有 9~11 根垂向测线，测线布置形式如下：主槽部分从距边壁 20 cm 处开始，每隔 10 cm 布置一条测线；边坡部分则每隔 5cm 布置一条测线；根据水深不同，每条测线布置 8~11 个测点。针对护岸 A 和 B，设置了多组流量和底坡工况，首先固定底坡为 0.00025，依次选取 3 个流量分别为 45 L/s、60 L/s 和 75 L/s，然后保持恒定流量为 75 L/s，改变底坡分别为 0.00025、0.00050、0.00075、0.0021、0.0024 和 0.007，8 组实验工况分别表示为 A1-A8 和 B1-B8。为了进行对比，针对草皮护岸进行了 3 组实验工况，底坡为 0.00025，流量分别为 45 L/s、60 L/s 和 75 L/s，分别表示为草 1、草 2 和草 3。

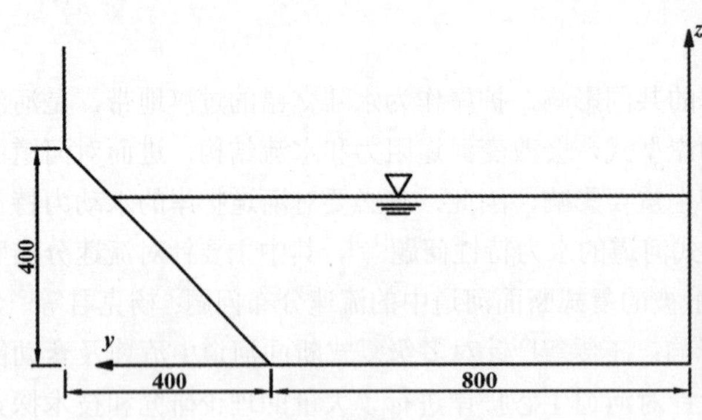

（a）梯形河道横断面（单位：mm）

（b）实验水槽

图 1 实验布置

3 结果分析

3.1 糙率系数

糙率系数 n 可由均匀流中 Chezy-Manning 公式得到：

$$n = \frac{1}{U} R^{2/3} i^{1/2} \tag{1}$$

式中，n 为糙率系数；U 为断面平均流速；R 为水力半径；i 为底坡。

当河道底坡固定（0.00025）时，不同护岸情况的糙率与流量的关系如图 2 所示。草皮护岸、护岸 A 和护岸 B 的糙率系数平均值分别为 0.0162、0.0190 和 0.0269，护岸 A 糙率大于护岸 B，而仅有草皮的护岸糙率值最小；同种护岸情况下，糙率系数几乎不随流量的改变而变化。因此，可认为河道底坡相同时，糙率值不受流量的影响。

当流量不变（75L/s）时，护岸 A 和护岸 B 的糙率系数与底坡的关系如图 3 所示。随着底坡的增大，糙率系数 n 值逐渐增大，护岸 B 的糙率变化幅度大于护岸 A。实验中各工况的弗汝德数的变化范围在 0.148～0.518，说明水流均为缓流，由于实验条件所限，本文未进行急流工况下的研究。

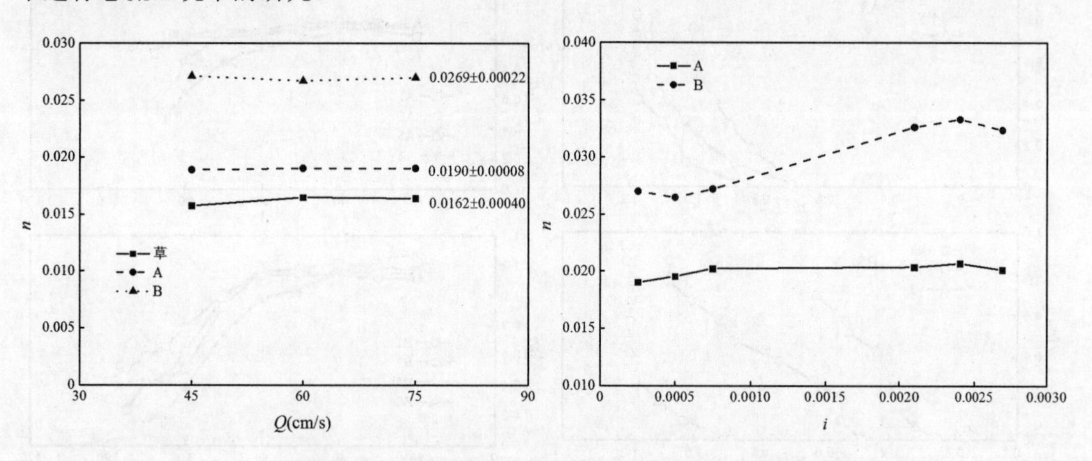

图 2 糙率与流量的关系图 3 糙率与底坡的关系

3.2 流速分布

图 4 给出了草 3、A3 和 B3 三种工况的纵向流速的垂向分布情况，图 4 中 Hr 为相对高度，$Hr = z_p / H(y)$，z_p 为测点到床面的距离，$H(y)$ 为 y 位置处的水深，u/U 为无量纲流速，u 为纵向流速，U 为断面平均流速，y1，y2，y3 为三条典型测线，分别为主槽中心测线（y=40cm），主槽与边坡交界线（y=80cm）和边坡内最接近河岸的测线，分别用来代表主槽区、主槽与边坡交界区和边坡区的流速分布情况。从图 4 中可以看出，尽管护岸型式和河道糙率不同，但流速的垂向变化是相似的，均符合明渠水流典型的对数分布规律。另

外，由主槽向边坡的方向，流速明显呈现出逐渐减小的趋势。

图 5 给出了不同护岸的纵向流速的横向分布情况，图中无量纲流速为各个测线的深度平均流速与断面平均流速的比值。结果表明：由于护岸的阻水减速作用，由主槽向边坡的方向，流速分布呈现出逐渐减小的特征。由 A1 与 A3、B1 与 B3 的对比可以看出，在底坡不变的情况下，改变流量对流速的横向梯度影响不大。通过比较 A3、A5 和 A8 以及 B3、B5 和 B8 发现，流量不变的情况下，随着底坡的增大，流速分布的横向梯度明显增大，即河道底坡较大时，纵向流速的横向不均匀性加强，流速由主槽向边坡减小得更快。由于护岸 B 的糙率系数更大，阻水效果更强，使得在相同底坡和流量情况下，护岸 B 的横向流速梯度明显大于护岸 A，说明梯形河道横向流速分布受护岸型式及其阻水特性影响较大。

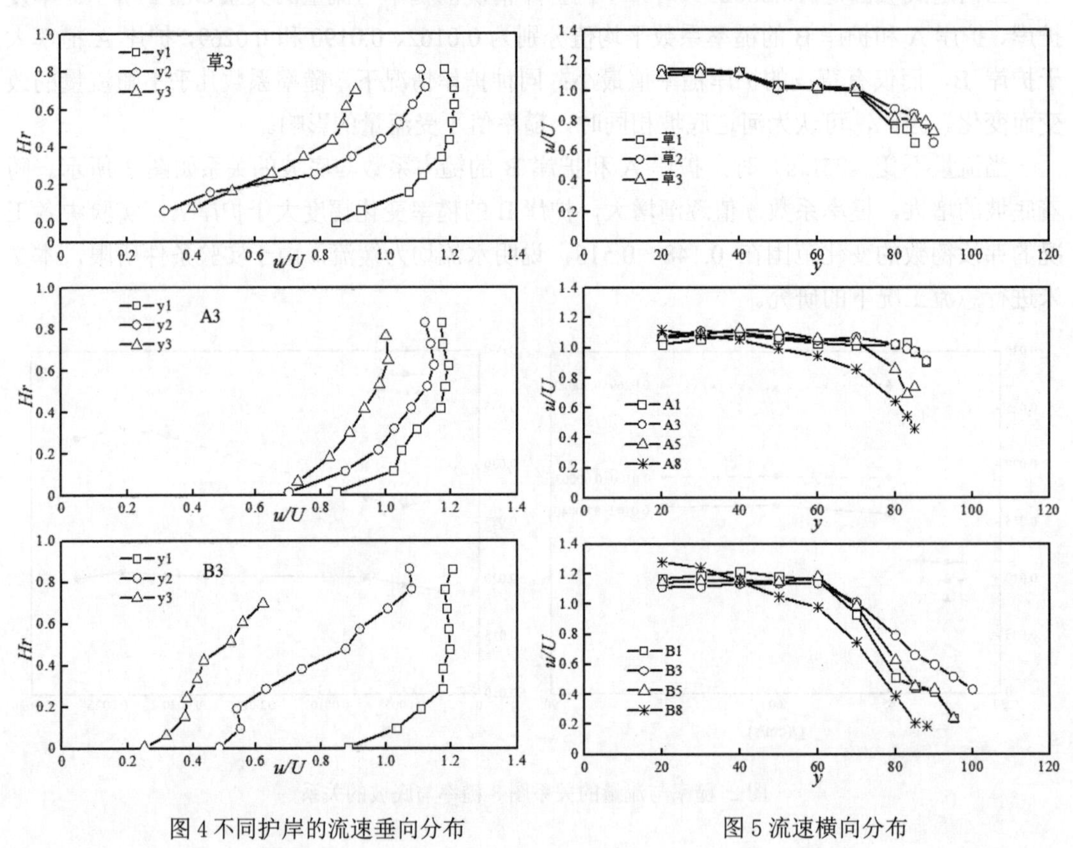

图 4 不同护岸的流速垂向分布　　　　图 5 流速横向分布

3.3 紊动特性

采用相对紊动强度来分析水流的紊动特性：

$$\sigma_i = \sqrt{\overline{u_i'^2}} / U \tag{2}$$

图 6 为主槽部分（y1）、主槽与边坡交界处（y2）、边坡部分（y3）的纵向相对紊动强度的垂向分布情况。从图 6 可以看出，在主槽区域，紊动强度沿垂向呈线性递减趋势，而

在边坡部分及主槽与边坡交界处，紊动强度沿垂向先增大后减小，近似为“>”形分布，不再遵循线性分布。另外可以发现，边坡部分紊动强度值大于主槽部分，而在两者交界处紊动强度值最大，说明交界处紊动交换最为强烈。

综合考虑水体三维脉动特性，用紊动能 T 来表征水流紊动的强弱：

$$T = 0.5\left(\overline{u_x'^2} + \overline{u_y'^2} + \overline{u_z'^2}\right) \tag{3}$$

紊动能横向分布情况如图 7 所示。图 7 中采用 U^2 对各个测线的深度平均紊动能进行无量纲化处理。可以看出，从主槽向边坡方向，紊动能先增加后减小，在边坡与主槽交界处附近达到最大值，可见交界处的紊动交换最为强烈。另外，不同护岸型式对紊动能横向变化的影响不同，护岸 B 紊动能明显大于护岸 A，说明了护岸 B 的阻水减速效果更强。

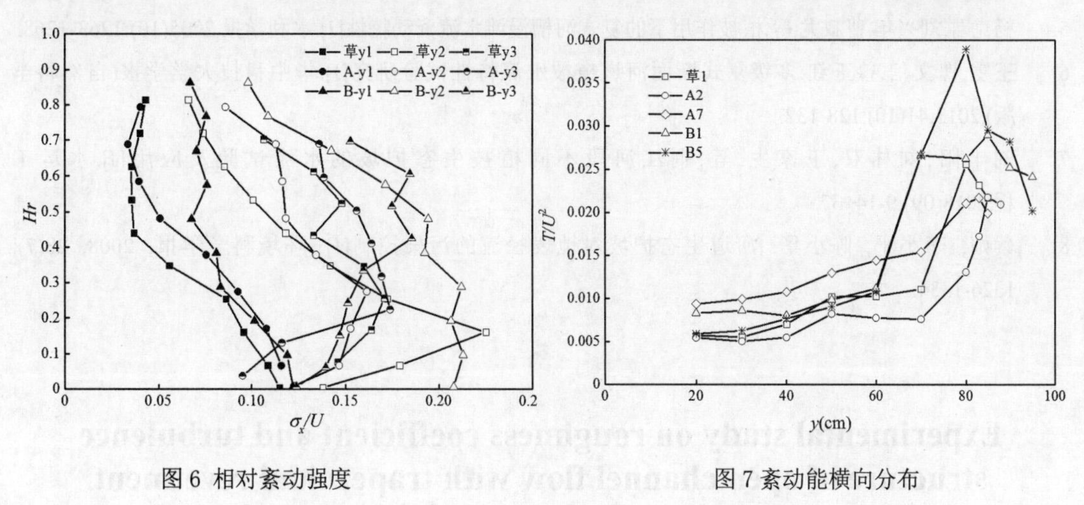

图 6 相对紊动强度　　　　图 7 紊动能横向分布

4 结论

本研究在实验室水槽中模拟 3 种型式的生态护岸，并对其糙率、流速分布和紊动特性进行了研究。结果表明：同种护岸情况下，糙率系数值不受流量的影响，但在缓流情况下，糙率系数值会随底坡的增大而增大。不同型式护岸的流速垂向分布均符合对数分布规律；由主槽向边坡的方向，流速分布呈现出逐渐减小的趋势；流速的横向梯度受流量影响较小，但受河道底坡和护岸型式及其阻水特性影响较大。在主槽区域，紊动强度沿垂向呈线性递减趋势，而在边坡部分及主槽与边坡交界处，紊动强度沿垂向先增大后减小；从主槽向边坡方向，紊动能先增加后减小，在边坡与主槽交界处附近达到最大值，可见交界处的紊动交换最为强烈。

参考文献

1 Huai W, Xu Z, Yang Z, et al. Two dimensional analytical solution for a partially vegetated compound channel flow [J]. Applied Mathematics and Mechanics(English Edition), 2008, 29(8): 1077.

2 Kozioł A P. Three-dimensional turbulence intensity in a compound channel [J]. Journal of Hydraulic Engineering, 2013, 139(8): 852-864.

3 Liu C, Luo X, Liu X, et al. Modeling depth-averaged velocity and bed shear stress in compound channels with emergent and submerged vegetation [J]. Advances in Water Resources, 2013, 60: 148-159.

4 槐文信,秦明初,徐治钢,等.滩地植被化的复式断面明渠均匀流的流速比[J].华中科技大学学报(自然科学版),2008(07):67-69.

5 杨克君,刘兴年,曹叔尤,等.植被作用下的复式河槽漫滩水流紊动特性[J].水利学报,2005(10):1263-1268.

6 王雯,槐文信,曾玉红.多级复式断面河道植被水流特性试验研究[J].华中科技大学学报(自然科学版),2013,41(10):128-132.

7 刘丰阳,刘林双,王家生,等.荆江河段不同植被生态护坡的水流试验及应用[J].水运工程,2018(09):9-14+37.

8 蔡婧，李小平，陈小华. 河道生态护坡对地表径流的污染控制[J]. 环境科学学报，2008，28(7): 1326-1334.

Experimental study on roughness coefficient and turbulence structure of open channel flow with trapezoidal revetment

LI Qian[1], ZENG Yu-hong[1], YAN Cheng-ming[2]

(1. State Key Laboratory of Water Resources and Hydropower Engineering Science, Wuhan University, Wuhan, 430072. E-mail: liqianslsd@whu.edu.cn; 2. Department of Hydraulic Engineering,Guangdong Polytechnic of Water Resources and ElectricEngineering,Guangzhou, 510635.)

Abstract: Ecological revetmenthas been widely applied because of it is safe, environmental and ecological friendly,diverse type river revetment can make different channel resistance and flow structure. In this study, the artificial turf and triangular prism brick were adopted to imitate ecological revetment, the experiments were conducted in an asymmetric trapezoidal flume with different flow rate and bed slope, the roughness coefficient, velocity distribution and turbulence structure of open channel flow with different trapezoidal revetment through laboratory experiments were investigated. The results showed that, the roughness coefficient increases with bed slope while unaffected by flow rate; the vertical distribution of streamwise velocity conformsto the logarithmic profile, the streamwise velocity decreasesfrom the main channel to the side slope,and the different bed slope and revetment type exert an obvious impact on the lateral distribution gradient of velocity; In the main channel,the turbulence intensity monotonically decreases from the channel bed in the vertical direction,while in the side slope increases first then decreases;In the lateral direction, the turbulent kinetic energy first increases with coordinate y, reaches a maximum value at the junction of the side slope and the main channel, then decreases with coordinate y, indicates that the turbulent exchange is strongest at the junction area.

Key words: Trapezoidal channel; Ecological revetment; Roughness coefficient; Velocity distribution; Turbulent kinetic energy.

对岸丁坝不同位置对固定距离双丁坝水流特性的影响试验

董伟，顾杰，戚福清

（上海海洋大学 海洋生态与环境学院，上海 201306，Email：jgu@shou.edu.cn）

摘要：本文利用水槽实验，应用PIV流速测量技术，研究对岸不同位置单丁坝对固定距离双丁坝水流结构的影响。实验时，保持进口流量和尾门水位不变，通过改变单丁坝的位置，测量双丁坝坝后水平剖面流速分布。结果表明：（1）单丁坝位于双丁坝中间时，上游丁坝相对回流区长度最短，下游丁坝相对回流区长度最长；（2）单丁坝沿双丁坝中间位置逐渐向上游或下游更远处移动时，上游丁坝相对回流区长度逐渐增大，下游丁坝相对回流区长度逐渐减小；（3）双丁坝的上丁坝及下丁坝与单丁坝的相对距离相同时，单丁坝对两丁坝坝后水流结构的影响程度较为恒定，即两丁坝坝后相对回流区长度与距离的变化存在对应关系；（4）两丁坝坝后涡量与相对回流区长度的变化趋势基本一致。研究成果有助于进一步了解对错口丁坝群的水流结构，对河道整治、河岸防护等工程具有实际的指导意义。

关键词：PIV测速；丁坝；纵向距离；回流区；涡量

1 引言

丁坝的回流区范围是河道整治工程设计的一个重要指标。在整治工程设计之初估算回流区的长度、宽度及其边线对了解回流区的掩护范围、决定丁坝的合理间距、了解修建丁坝后水流的变化以及预估工程的效果等都是十分必要的[1]。窦国仁等[2]通过水槽实验对丁坝回流区进行了观测,研究了正挑直立单丁坝坝后回流区尺度。冯永忠等[3-4]通过理论分析和水槽实验,得到了错口丁坝的回流区长度、回流与主流边界线最大宽度公式，揭示了错口丁坝间相互作用、相互影响的机理。韩玉芳等[1]根据水槽实验结果，分析了丁坝回流区长度与丁坝附近河床变化的规律，随着丁坝局部冲刷坑的形成，丁坝坝后回流区长度明显减小。韩晗等[5]利用粒子跟踪测速技术在大型实验水槽中对长度较大、连续正挑丁坝的坝后回流区特性进行试验研究，发现坝后回流流量的最大值接近主流流量的50%，且在坝前和坝后都会在坝根处形成小型的次生回流区。Garde[6]利用物理模型，研究分析了丁坝附近流线的缩窄程度对下游回流区的影响，并进一步研究了丁坝长度与坝后回流区长度之间的关系，发现丁坝下游回流区长度与丁坝长度成正比关系。这些成果都是针对单丁坝或者一种形式布置的丁坝群研究，对多种形式布置的错对口丁坝群水流特性研究较少。因此，利用水槽实验对不同布置形式下错对口丁坝群水流特性进行研究。

2 水槽实验

2.1 实验设备

实验在上海海洋大学水动力学实验室U形水槽中进行，实验物理模型主要由实验水槽、丁坝、流量控制系统和 PIV（流速测量系统）组成。水槽底板及侧壁均为钢化玻璃，直道段长 6.00m，宽 0.45m，高 0.55m，丁坝模型为水晶玻璃，规格为 0.05m×0.05m×0.15m（长×宽×高），实验时，丁坝模型紧贴水槽边壁置于直道中段，实验水槽见图 1。

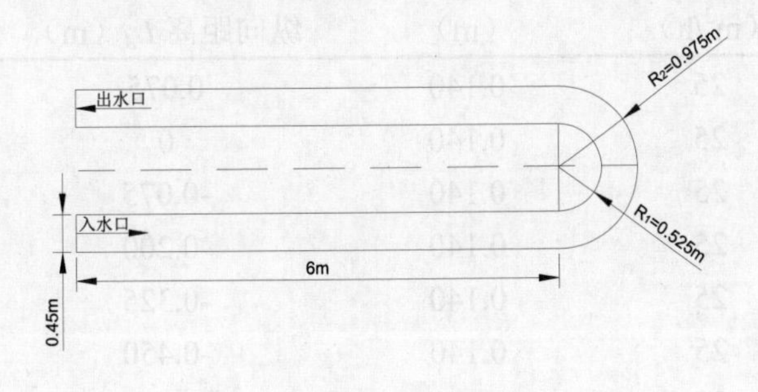

图 1 实验水槽

2.2 实验设计

将非淹没双丁坝（A、B 丁坝间距为 0.45m）紧贴边壁放置在水槽左侧，对岸单丁坝（C 丁坝）紧贴边壁放置在水槽的右侧（不同工况，C 丁坝位置不同），实验过程中，进口流量、尾门水位及 A、B 丁坝位置始终保持不变，通过改变 C 丁坝位置，研究 A、B 丁坝附近的水流特性，丁坝布置见图 2，实验工况见表 1。

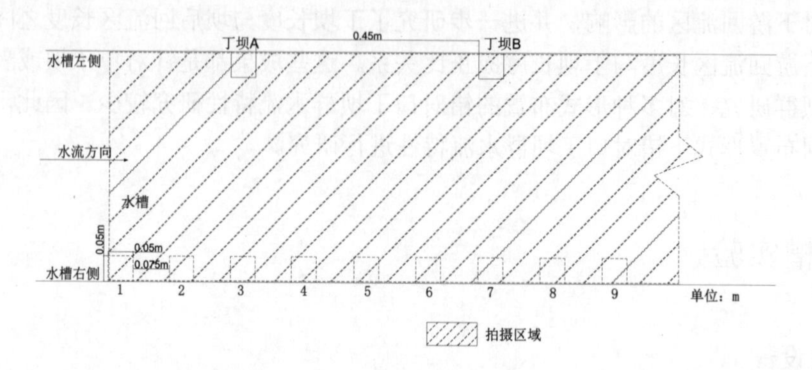

图 2　实验工况

表 1　实验工况

工况	流量 Q（m^3/h）	尾门水深 H（m）	C 丁坝与 A 丁坝纵向距离 L_A（m）	C 丁坝与 B 丁坝纵向距离 L_B（m）
1	25	0.140	0.075	0.575
2	25	0.140	0	0.450
3	25	0.140	-0.075	0.325
4	25	0.140	-0.200	0.200
5	25	0.140	-0.325	0.075
6	25	0.140	-0.450	0
7	25	0.140	-0.575	-0.075

注：C 丁坝在 A 丁坝上游时 L_A 为正，C 丁坝在 A 丁坝下游时 L_A 为负；C 丁坝在 B 丁坝上游时 L_B 为正，C 丁坝在 B 丁坝下游时 L_B 为负。

3 水流特性分析

3.1 流场分析

本次实验对各工况 A、B 丁坝周围区域都拍摄 500 张照片数据，导入 Tecplot 软件中处理、分析，得到每个工况 A、B 丁坝周围水流特性数据。图 3 是 A、B 丁坝坝后流场和流速矢量图。

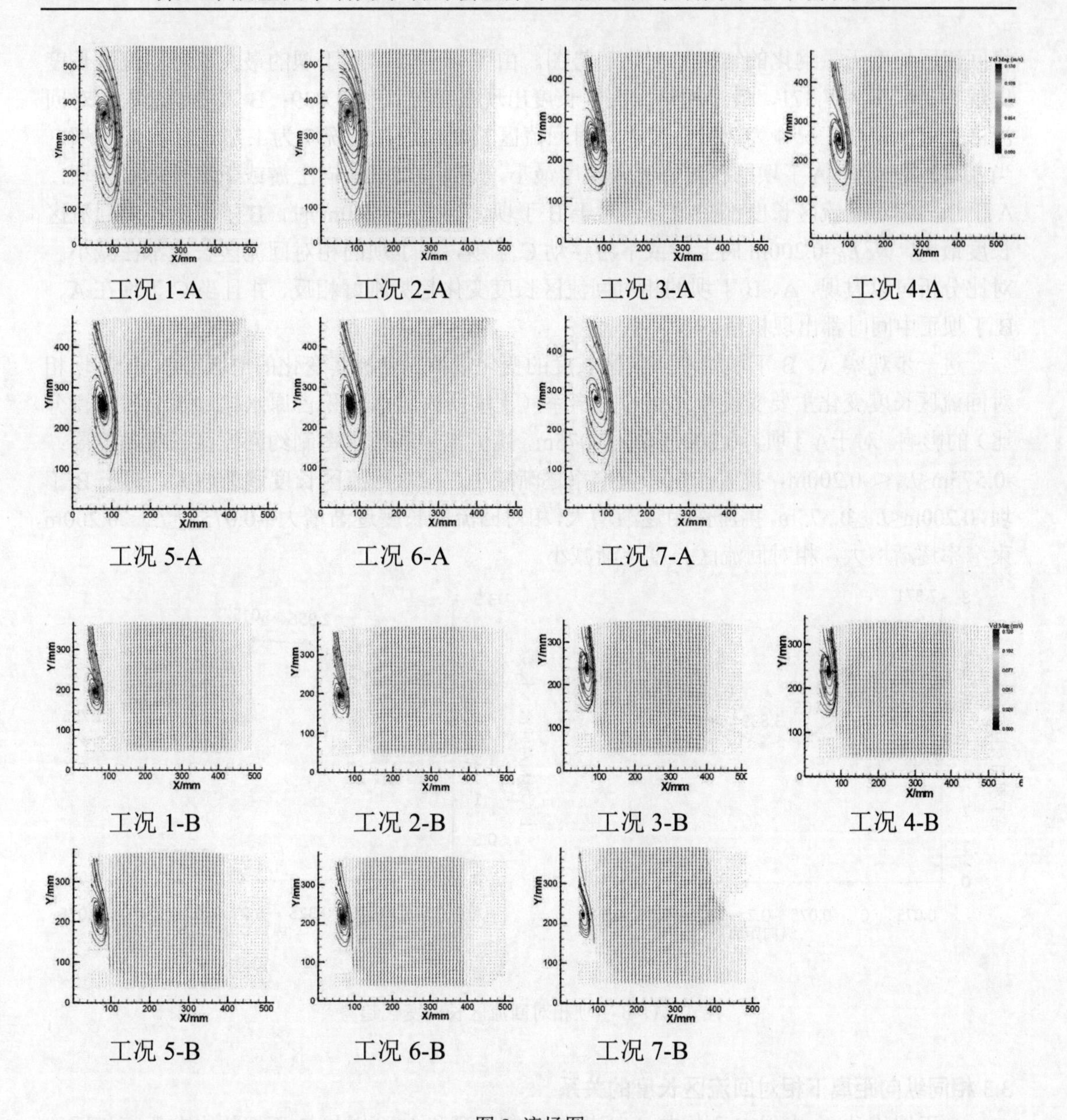

图 3 流场图

由图 3 可以看出，水流流速从主流区到两边边壁，逐渐减小。C 丁坝的位置对 A、B 丁坝的回流区长度、宽度都会产生影响，并且 A 丁坝下游回流区宽度都大于 A 丁坝宽度，B 丁坝下游回流区宽度不都大于 B 丁坝宽度。A 丁坝回流区区域整体大于 B 丁坝的回流区区域。

3.2 相对回流区长度变化规律分析

图 4 是 A、B 丁坝相对回流区长度（相对回流区长度是回流区长度与坝长的比值，是

将回流区长度无量纲化的结果）变化趋势图。由图 4 可知，A 丁坝的最大相对回流区长度出现在工况 1 为 7.371，最小相对回流区长度出现在工况 4 为 3.839；B 丁坝的最大相对回流区长度出现在工况 4 为 3.015，最小相对回流区长度出现在工况 7 为 1.755。对于 A 丁坝，当 L_A=-0.200m 时，A 丁坝的相对回流区长度最小，从 L_A=-0.200m 向上游或下游移动 C 丁坝，A 丁坝的相对回流区长度都在增大。对于 B 丁坝，当 L_B=0.200m 时，B 丁坝的相对回流区长度最大，从 L_B=0.200m 向上游或下游移动 C 丁坝，B 丁坝的相对回流区长度都在减小。对比分析可以发现，A、B 丁坝的相对回流区长度变化趋势刚好相反，并且当 C 丁坝在 A、B 丁坝正中间时都出现极值。

进一步观察 A、B 丁坝相对回流区长度的变化规律，分析其变化的原因。A、B 丁坝相对回流区长度变化主要受挑流作用和束窄率（丁坝所占过水面积占原水槽过水面积的百分比）的影响。对于A丁坝，-0.200m≤L_A≤0.075m，挑流作用和束窄率制约回流区长度的发展；-0.575m≤L_A＜-0.200m，挑流作用和束窄率逐渐减小，相对回流区长度逐渐增大。对于 B 丁坝，0.200m≤L_B≤0.575m，挑流作用逐渐增大，相对回流区长度逐渐增大；-0.075m≤L_A＜0.200m，束窄率逐渐增大，相对回流区长度逐渐减小。

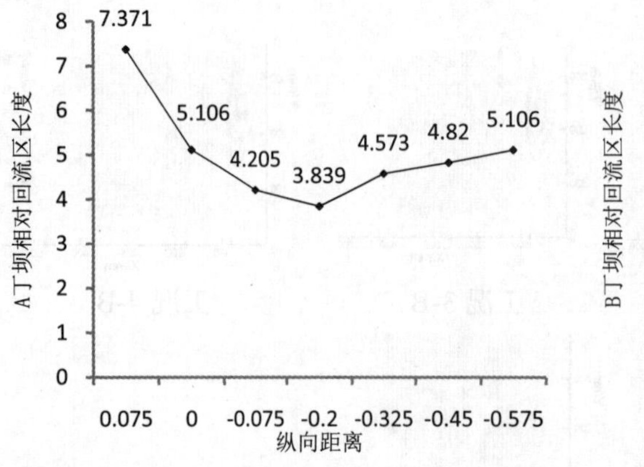

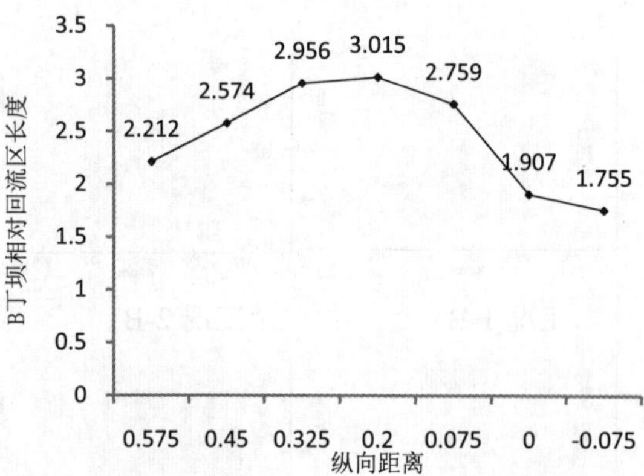

图 4　A、B 丁坝相对回流区长度变化趋势

3.3 相同纵向距离下相对回流区长度的关系

C 丁坝移动，会出现 C 丁坝与 A 丁坝的纵向距离和 C 丁坝与 B 丁坝的纵向距离相同的情况，即 L_A=L_B，这时 C 丁坝分别对 A、B 丁坝的挑流作用相似，故研究相同纵向距离下，A、B 丁坝相对回流区长度的关系。

表 2 相同纵向距离下 A、B 丁坝相对回流区长度

纵向距离（m）	A 丁坝相对回流区长度	B 丁坝相对回流区长度
0.075	7.371	2.759
0	5.106	1.907
-0.075	4.205	1.755

由表 1 实验工况表可以看出，工况 1 至工况 3 中 C 丁坝与 A 丁坝的纵向距离 L_A 与工况 5 至工况 7 中 C 丁坝与 B 丁坝的纵向距离 L_B 是相同的。将相同纵向距离下的 A、B 丁坝相对回流区长度统计在表 2，通过图 5 拟合相同纵向距离下相对回流区长度的关系，可以发现，相同纵向距离的相对回流区长度的关系几乎是一条线，其拟合方程的拟合度 R^2=0.9808，且成正相关。因此，可以得出结论：C 丁坝对 A、B 丁坝坝后水流结构的影响程度较为恒定，即两丁坝坝后相对回流区长度与距离的变化存在对应关系。

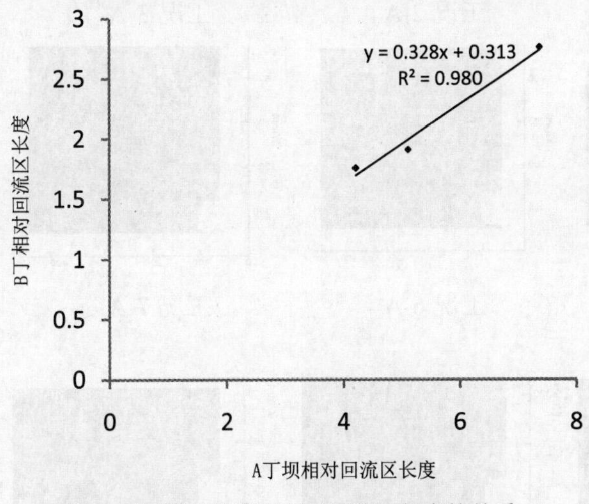

图 5 相同纵向距离下相对回流区长度的关系

3.4 涡量与相对回流区长度的关系

涡量(vorticity)是一个描写涡旋运动常用的物理量。流体速度的旋度 rot V 为流场的涡量。涡量的单位是秒分之一（s^{-1}）。计算公式为

$$\omega = \frac{\partial v}{\partial x} - \frac{\partial u}{\partial y} \tag{1}$$

式中，ω 为涡量；u 为 x 向流速；v 为 y 向流速。

将实验数据导入到 Tecplot 软件中处理和分析，得到了每个工况下，A、B 丁坝的涡量图。在本实验中，分别取 A、B 丁坝坝后涡量不小于 2 s^{-1} 的区域，涡量图如图 6 所示。涡量区域都出现在丁坝右上角，且呈条带状。

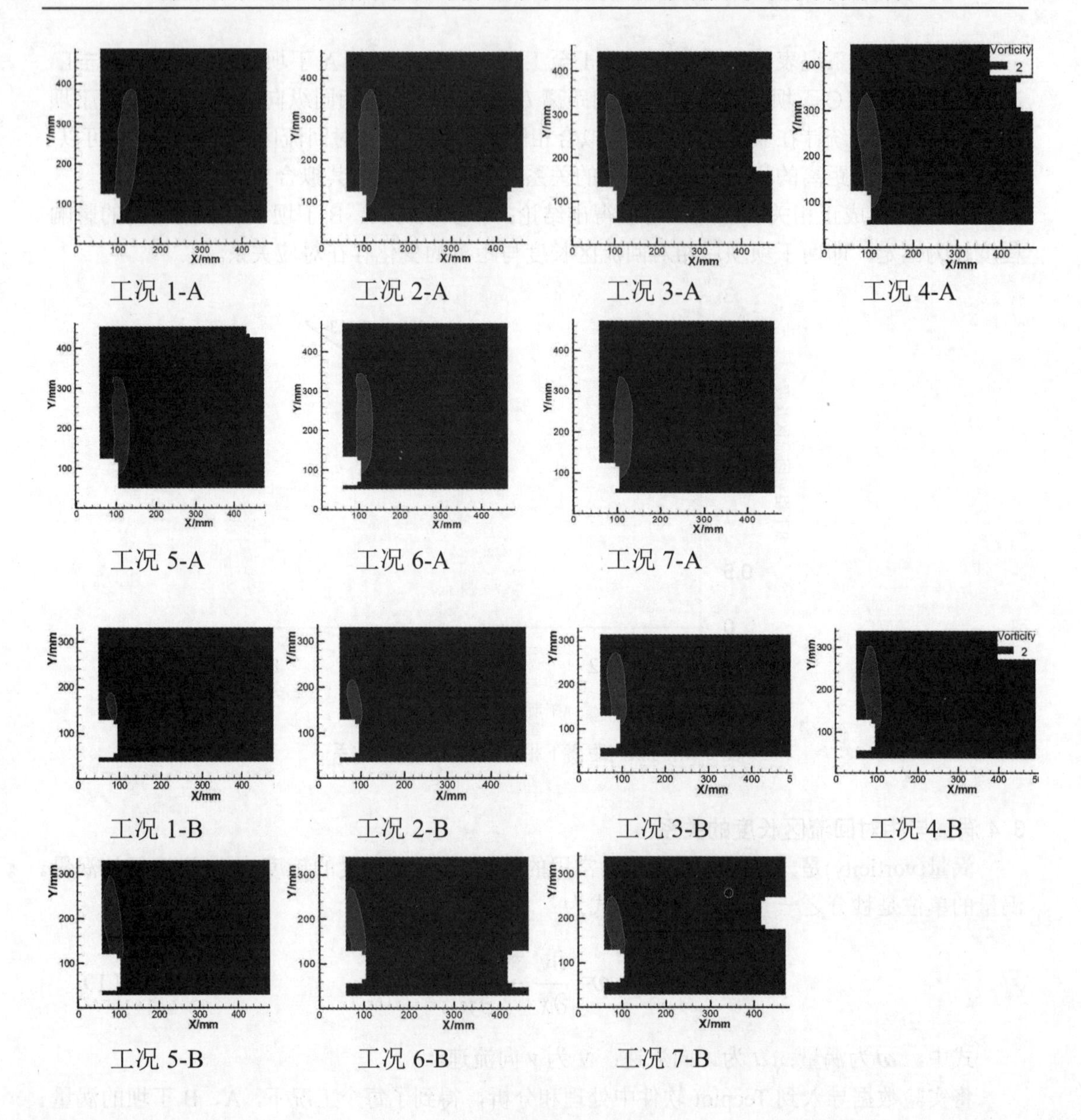

图 6 涡量图

白静等[5]采用动态亚格子模式和浸没边界法，对宽浅槽道中的丁坝群绕流的水动力学特性进行了三维大涡模拟研究，发现丁坝长度与丁坝之间距离的比值 *L/D* 对丁坝周围的水流流动形式、湍流强度、涡量分布有显著影响。潘军峰等[6]建立二维数值模拟模型研究发现涡旋区范围随丁坝占河宽度的加大而加大。本文在前人的基础上研究涡量与相对回流区长度的关系。

图 7 是涡量面积折线图，观察可以看出，工况 1 至工况 5，A 丁坝的涡量面积一直在

减小；工况 6 至工况 7，A 丁坝涡量面积增大。工况 1 至工况 4，B 丁坝涡量面积一直在增大；工况 5 至工况 7，B 丁坝涡量面积一直在减小。

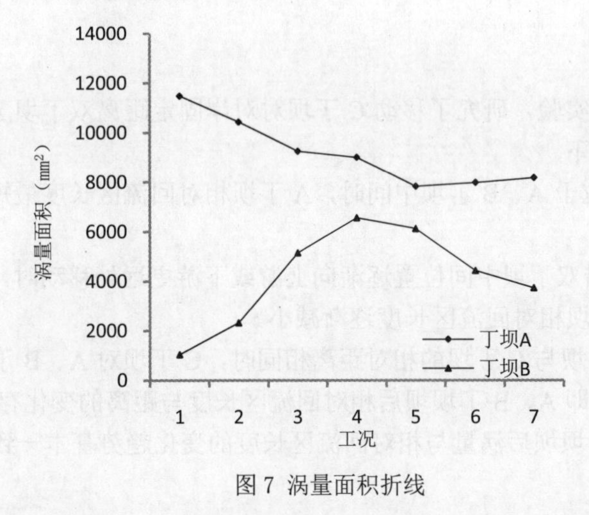

图 7 涡量面积折线

由于 A、B 丁坝的相对回流区长度变化均在工况 4 时出现拐点，且两边的变化率不同，而 A、B 丁坝涡量面积变化趋势分别在工况 5、工况 4 出现拐点。综合考虑，在研究相对回流区长度与涡量面积的关系时，以工况 4 为拐点分段研究。图 8 是相对回流区长度与涡量面积关系的拟合图。由图 8 可知，各段相对回流区长度与涡量面积的拟合精度均大于 0.9，拟合精度都比较高，且成正相关。可以得出结论：涡量与相对回流区长度的变化趋势基本一致，即相对回流区长度越长，涡量面积越大；相对回流区长度越短，涡量面积越小。

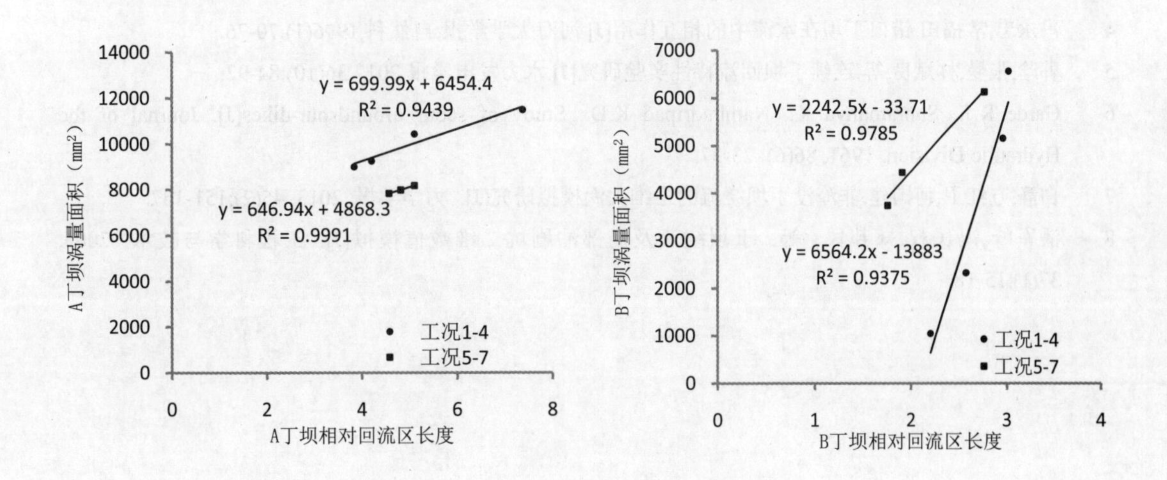

图 8 相对回流区长度与涡量面积关系

4 小结

本文通过水槽实验，研究了移动 C 丁坝对对岸固定距离双丁坝 A、B 丁坝水流特性的影响。主要结论如下。

（1）C 丁坝位于 A、B 丁坝中间时，A 丁坝相对回流区长度最短，B 丁坝相对回流区长度最长。

（2）C 丁坝沿双丁坝中间位置逐渐向上游或下游更远处移动时，A 丁坝相对回流区长度逐渐增大，B 丁坝相对回流区长度逐渐减小。

（3）A、B 丁坝与 C 丁坝的相对距离相同时，C 丁坝对 A、B 丁坝坝后水流结构的影响程度较为恒定，即 A、B 丁坝坝后相对回流区长度与距离的变化存在对应关系。

（4）A、B 丁坝坝后涡量与相对回流区长度的变化趋势基本一致。

参考文献

1 韩玉芳, 陈志昌. 丁坝回流长度的变化[J]. 水利水运工程学报, 2004(3).

2 窦国仁.丁坝回流及其相似律的研究[J]. 水利水运科技情报, 1978(3):3-26.

3 冯永忠.错口丁坝回流尺度的研究[J]. 河海大学学报：自然科学版, 1995(4):69-76.

4 冯永忠,常福田.错口丁坝在水流中的相互作用[J].河海大学学报:自然科,1996(1):70-76.

5 韩晗,张曼,林斌良,等.连续丁坝回流特性实验研究[J].水力发电学报,2017,36(10):84-92.

6 Garde R.J., Subramanya K., Nambudripad K.D.. Study of scour aroundspur-dikes[J]. Journal of the Hydraulic Division, 1961, 86(6): 23-37.

7 白静,方红卫,何国建.非淹没丁坝绕流的三维大涡模拟研究[J]. 力学学报, 2013, 45(2):151-157.

8 潘军峰,冯民权,郑邦民，等. 丁坝绕流及局部冲刷坑二维数值模拟[J]. 工程科学与技术，2005, 37(1):15-18.

Experiment on the influence of different positions of the opposite shore spur dike on the flow characteristics of fixed distance double spur dike

DONG Wei，GU Jie, QI Fu-qing

(College of Marine Ecology and Environment, Shanghai Ocean University, Shanghai 201306, Email: jgu@shou.edu.cn)

Abstract: This paper uses the experiment of water tank and applies PIV technical methods to study the influence of single spur dike on different positions on the water flow structure of fixed distance double spur dike. During the experiment, the inlet flow rate and the tailgate water level were kept unchanged. By changing the position of the single spur dike, the horizontal profile velocity distribution behind the double spur dikewas measured. The results show that: (1) When the single spur dike is located in the middle of the double spur dike, the relative recirculation zone length of upstream spur dikeis the shortest, andthe relative recirculation zone length of dowmstream spur dikeis the longest; (2)When the single spur dike moves further upstream or downstream from the middle position of the double spur dike, the relative recirculation zone length of upstream spur dikegradually increases, and the relative recirculation zone length of downstream spur dikegradually decreases; (3) When the vertical distance between the double spur dike and the single spur dike is the same, the influence of single spur dike on the water flow structure behind the double spur dike is relatively constant, that is, there is a corresponding relationship between the length of the recirculation zone and the change of relative distance; (4) The vorticity is basically consistent with the change of the length of the relative recirculation zone. The research results will help to further understand the water flow structure of the spur dike group, and have practical guiding significance for river regulation and riverside protection.

Key words: PIV technical methods; Spur dike; Vertical distance;Recirculation zone;Vorticity

阶梯式丁坝群水流结构的试验研究

戚福清，顾杰，董伟

（上海海洋大学 海洋生态与环境学院 上海 201306 Email:jgu@shou.edu.cn）

摘要：采用 PIV 流速测量技术，在水槽中试验研究了降低式阶梯丁坝群不同间距时丁坝附近的水流结构变化情况。研究结果表明：回流区长度由上至下逐渐减小，主流区特征线最大流速点逐渐向丁坝对岸侧移动；随着间距的减小，阶梯丁坝群紊动强度不断减弱，高紊动强度带逐渐变窄，第二座丁坝坝后回流区长度逐渐增加，第三座丁坝坝后回流区长度逐渐减小，而第一座丁坝当间距减小到一定距离时，坝后回流区长度与坝间距相等。研究结果对于进一步理解丁坝群的水流结构及实际河道工程设计具有理论上的指导意义。

关键字：阶梯式丁坝群；回流区；流速；紊动强度

1 引言

丁坝是河道整治中最常见的建筑物，在实际工程中，丁坝的布置分为单坝和群坝，且以群坝布置方式较多；不同的丁坝群布置方式对水流结构会产生不同的影响。近年来众多学者利用水槽试验和数值模拟对丁坝群的水流结构特性进行了研究。常福田等[1]通过试验水槽对丁坝群中主槽的流场进行了试验和分析，表明最大和最小流速区域分别位于第一座丁坝坝头和第二座丁坝坝头处，其他丁坝坝头周围流速在一定范围内波动。应强等[2]以水槽试验为基础，应用因次分析方法以及动量方程对不同间距情况下淹没丁坝群壅水公式进行了推导；彭静等[3]运用颜料示踪和油膜技术研究了丁坝群附近水流结构，表明在一定范围内丁坝群坝间距的大小对坝后回流区范围会产生影响；胡田[4]研究了流量和水位变化对于双丁坝附近流速和沿程水面线的影响，表明当水位一定时，随着流量的增大，第一个丁坝坝头区域的高流速区逐渐向丁坝上游移动，第二个丁坝附近的水流流态愈发紊乱；当流量一定时，随着水位的上升，第一个丁坝坝头区域的高流速区逐渐向丁坝下游移动，第二个丁坝附近的水流流态更加平稳。刘易庄等[5]采用 PIV（Particle Image Velocimetry）研究了淹没双丁坝对坝间水流结构的影响，表明丁坝间距与丁坝长度的比值对坝间漩涡中心位置、坝间回流区及涡量分布有着显著的影响；郭晓峰等[6]运用有限体积法对正挑高丁坝群附近流场进行了数值模拟，表明坝后会产生较大的逆时针漩涡，第一座丁坝坝头处有下潜水流，且横向上切应力达到最大值。杨兰等[7]运用 Flow-3d 软件对上挑丁坝群附近的流场进行了研究，表明丁坝群间涡系结构复杂，第一座丁坝坝头处有一对反向的漩涡和下潜水流，切应力达到最大值，使得坝头下有较大的冲刷坑发生。以上研究成果都是针对等高丁坝群布置形式，而对于非等高丁坝群布置形式研究较少，本文利用水槽试验，研究并分析阶梯降低式丁坝群近区及对水流结构的影响。

2 试验模型与工况

2.1 试验设备

实验在上海海洋大学水动力学实验室进行。试验设备主要由U形水槽、流量控制系统、流速测量系统及丁坝模型组成。U 形水槽底板及侧壁均为钢化玻璃，水槽直道长 6.00m，宽 0.45m，高 0.55m, 水槽示意图如图 1 所示。试验所采用的丁坝模型材质为水晶玻璃，形状为立方体，其长、宽、高分别为 5cm×5cm×15cm、5cm×5cm×10cm 和 5cm×5cm×5cm。

2.2 试验设计

在水槽直道中段，紧贴水槽边壁，按照不同间距布置丁坝群（图 1)。工况布置见表 1。试验流量设置为 $25m^3/h$，尾门水位控制为 14cm，试验过程中进口流量和尾门水位保持不变，依次改变丁坝间间距，以研究间距变化对丁坝群水流结构的影响。

流速测量系统采用 PIV 技术，该系统主要由示踪粒子、光路系统、CCD 相机、同步仪以及图像处理系统构成。由于相机拍摄范围以及激光宽度有限，本次实验水平剖面设置 3 个测量区，拍摄水平剖面距水槽底部 2cm；每次拍摄 500 张，然后取其平均。每个坝间分别取 y=0.25d，y=0.5d，y=0.75d（d 为间距）三线为特征断面[8]，第三座丁坝坝后取坝后距丁坝 5cm 和 10cm 断面两个断面，共 8 个特征断面，沿水流方向，特征断面按序号 1～8 编排；在该特征断面上按同一水深（本文为拍摄剖面高度）取水槽宽度的直线即为特征线，每个特征线上设置 8 个观察点，按丁坝侧至丁坝对岸侧序号 1～8 编排，丁坝位置及标识、流速测量区域、特征断面及特征线观察点布置如图 2 所示。

表 1　试验工况

工况	流量(m^3/h)	水位(cm)	间距(cm)	是否淹没/淹没深度(cm)		
				丁坝 A	丁坝 B	丁坝 C
1	25	14.01	40	非淹没	淹没/5	淹没/9
2	25	14.01	30	非淹没	淹没/5	淹没/9
3	25	14.01	20	非淹没	淹没/5	淹没/9

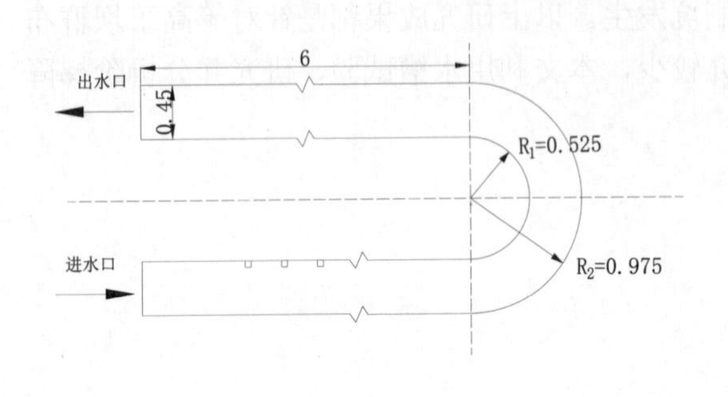

图 1 实验水槽示意图（单位：m）

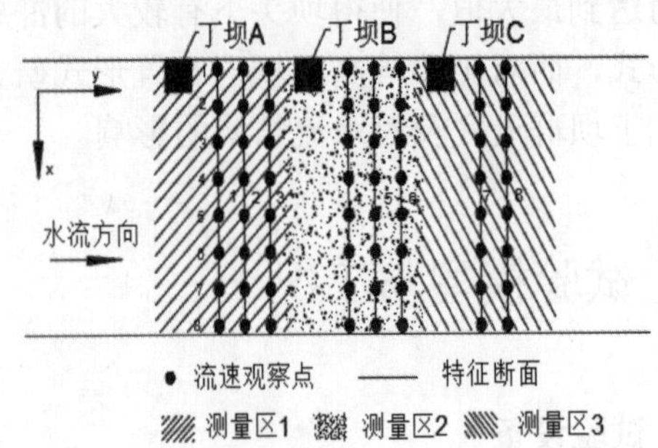

图 2 流速测量区域及观察点设置情况，以间距为 20cm 为例

3 实验结果与分析

3.1 回流区分析

图 3、图 4 和图 5 分别为丁坝 A、B、C 附近区域不同坝间距水平剖面流场图，由流线图可知，丁坝的存在会改变原来的水流状况，将水流挑向对岸，使得丁坝坝头前至对岸流速较大，而坝后流速较小，形成大小不等的回流区。

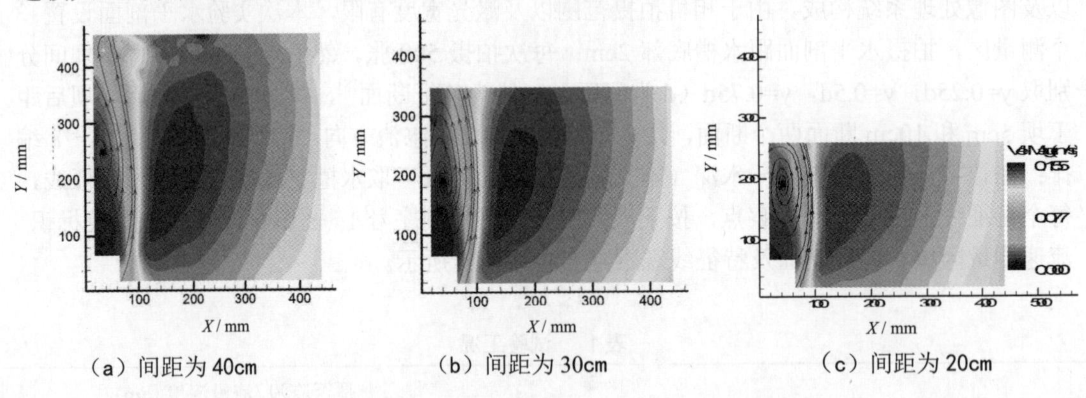

图 3 不同间距情况下丁坝 A 及其后方区域流场

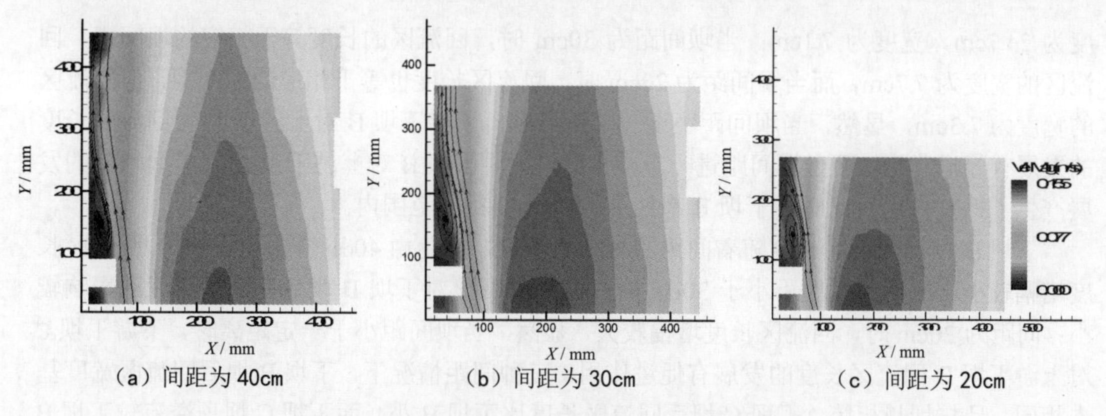

（a）间距为 40cm （b）间距为 30cm （c）间距为 20cm

图 4 不同间距情况下丁坝 B 及其后方区域流场图

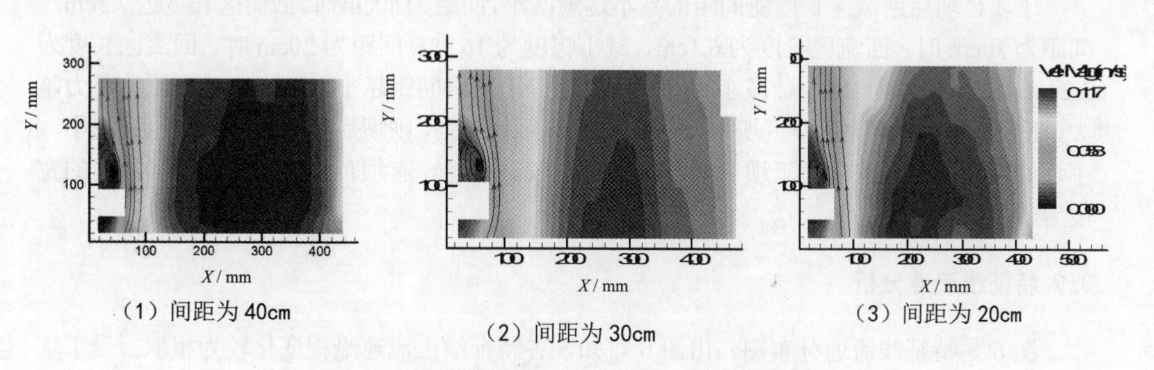

（1）间距为 40cm （2）间距为 30cm （3）间距为 20cm

图 5 不同间距情况下丁坝 C 及其后方区域流场

表 2 不同工况回流区长度及宽度实验结果 cm

间距	回流区长度/宽度	丁坝 A	丁坝 B	丁坝 C
40	长度	24.7	10.5	7.3
	宽度	7.1	5	5
30	长度	30	11.6	6.1
	宽度	7.7	5	5
20	长度	20	16.2	5.2
	宽度	7.3	5	5

表 2 为三丁坝坝后回流区长度和宽度统计结果。由表 2 可知，丁坝 A 坝后回流区长度最大，丁坝 B 次之，丁坝 C 坝后回流区长度最小，即顺着水流方向，回流区长度从上至下依次减小；随着间距的减小，各丁坝坝后回流区长度和宽度变化各有其特点。

丁坝 A 坝后回流区长度变化受间距变化影响较大。当间距为 40cm 时，坝后回流区长度为 24.7cm，宽度为 7.1cm；当坝间距为 30cm 时，回流区的长度等于相应的坝间距，回流区的宽度为 7.7cm，而当坝间距为 20cm 时，回流区长度也等于相应的坝间距，但回流区的宽度为 7.3cm，显然，当坝间距小于一定距离时，下游丁坝 B 对上游丁坝 A 回流区长度的发展有促进作用，而当坝间距进一步减小时，下游丁坝 B 对上游丁坝 A 回流区长度的发展产生了抑制作用，此时，丁坝 B 都处于丁坝 A 的挑流范围内。

丁坝 B 坝后回流区长度随着间距的减小而增加。间距由 40cm 变为 30cm 时，回流区长度增幅较小，表明当间距不小于 30cm 时，间距的变化对丁坝 B 坝后回流区长度的影响较小；间距为 20cm 时，回流区长度增幅较大，显然，当坝间距小于一定距离时，下游丁坝 C 对上游丁坝 B 回流区长度的发展有促进作用。三种间距情况下，丁坝 B 坝后回流区宽度基本相同，且与坝长相等。丁坝 C 坝后回流区长度比丁坝 B 小，而丁坝 C 坝顶溢流较丁坝 B 强，显然，坝顶溢流越强，坝后回流区长度则越小。

丁坝 C 坝后回流区长度随间距的减小逐渐减小，间距为 40cm 时，回流区长度为 7.3cm，间距为 30cm 时，回流区长度为 6.1cm，减小幅度为 16.4%，间距为 20cm 时，回流区长度为 5.2cm，减小幅度为 14.5%，减小幅度有所收缩。丁坝群间距越小，丁坝群对水流的阻力越大，丁坝 C 坝前水位越高，丁坝 C 坝顶的溢流作用就越强，则坝后的回流区长度也就越小。丁坝 C 坝后回流区宽度与丁坝 B 一样，等于坝长，显然，有坝顶溢流发生时，回流区的宽度等于坝长。

3.2 特征线流速分析

图 6 是特征线流速分布图。由图 6 可知，各特征线上流速沿程变化较为相似。受丁坝阻挡作用的影响，各特征线上最小流速点均为坝后点 1 处。受沿程丁坝挑流作用的影响，主流区流速较大，且沿程最大流速点越往后越向丁坝对岸侧偏移。当受丁坝 A 挑流影响时，前 3 个特征线上最大流速点均为点 3；受丁坝 A 和丁坝 B 挑流影响时，中间 3 个特征线最大流速点为点 5；受丁坝 A、丁坝 B 和丁坝 C 挑流影响时，最后两个特征线上最大流速点为点 5。丁坝对岸侧，因受边壁摩擦力的影响，近对岸侧流速有所减小。

随着丁坝间距的减小，不同丁坝间特征线流速变化有些差别。在丁坝 A 与丁坝 B 之间，各特征线流速逐渐减小，但间距从 40cm 变为 30cm 时，各特征线流速变化较小，而间距变为 20cm 时，各特征线流速减小较大；在丁坝 B 与丁坝 C 之间，间距为 30cm 时各特征线流速最大，间距为 20cm 时各特征线流速最小，间距为 40cm 居于二者之间；在丁坝 C 下游，间距为 20cm 时各特征线流速最小，间距为 30cm 时，特征线 7 主流区至对岸流速大于间距为 40cm 时的流速，特征线 8 只有主流区 3 个点的流速大于间距为 40cm 时的流速。

图 7 为各特征线各点平均流速沿程分布图。由图 7 可知，间距为 30cm 时，各特征线流速最大，间距为 40cm 时各特征线流速略有减小，间距为 20cm 时，各特征线流速最小，且减小幅度较大。坝间距为 40cm 和 30cm 时，特征线 1 至特征线 3 流速逐渐增加，至丁坝 B 坝后特征线 4 流速下降较大，说明水流壅水较明显，丁坝 B 与丁坝 C 之间即特征线 4 至特征线 6 流速变化较小，水流较平缓，至丁坝 C 坝后特征线 7 流速进一步下降，且下降幅

度更大，说明水流变化剧烈，至特征线 8 流速又有所上升；坝间距为 20cm 时，特征线 1 至特征线 3 流速略有下升，至丁坝 C 坝后特征线 7 流速逐渐下降，但下降幅度较缓，至特征线 8 流速又略有上升，沿程水流变化都较平缓。

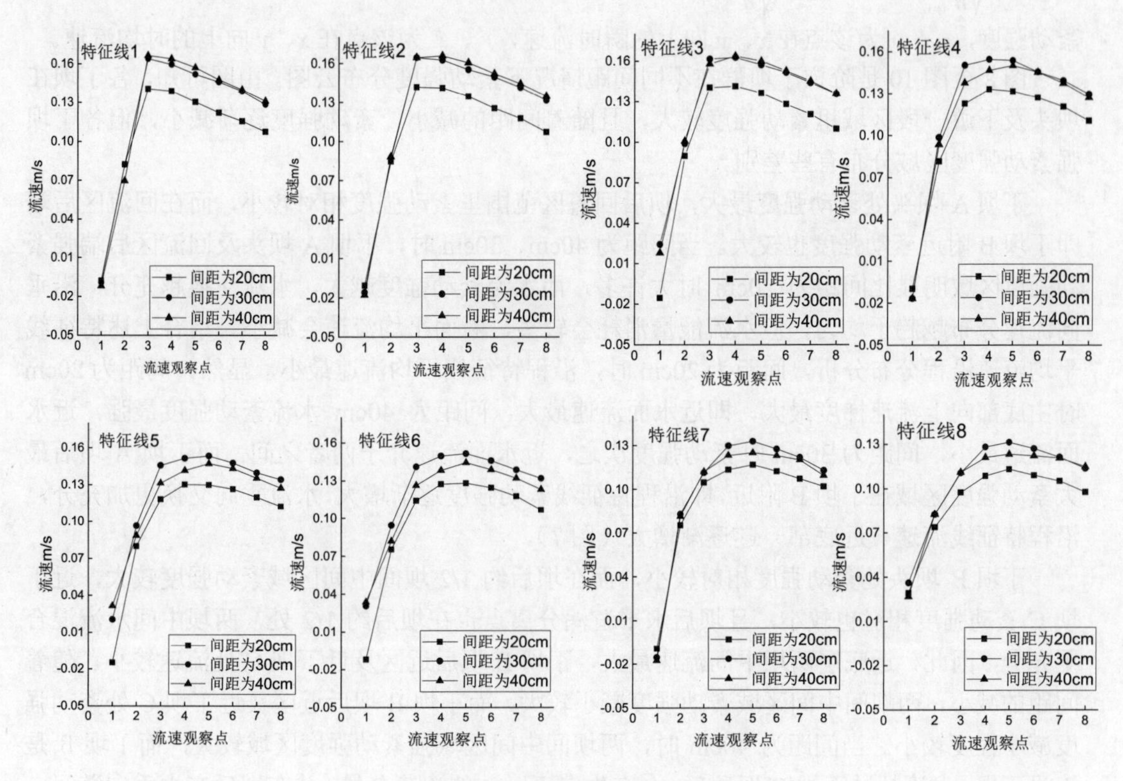

图 6 不同间距情况下特征线流速分布

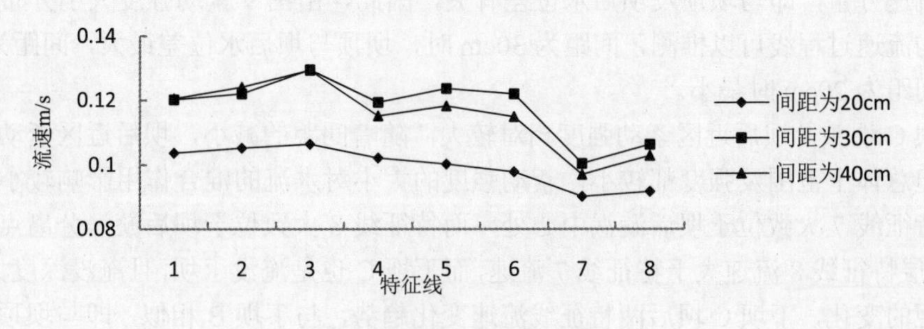

图 7 特征线平均流速分布

3.3 紊动强度分析

紊动水流一般采用脉动速度的均方根来表示紊动强度，其表达式为：$k=\sqrt{k_x^2+k_y^2}$，其中，$k_x=\sqrt{\frac{1}{n}\sum_{i=1}^{n}(u_i-\overline{u})^2}$，$k_y=\sqrt{\frac{1}{n}\sum_{n}^{1}(v_i-\overline{v})^2}$，$k$ 为某点的总紊动强度，k_x、k_y 分别为 x、y 向的紊动强度，u_i、v_i 为该点在 x、y 向上的瞬时流速，$\overline{u}$、$\overline{v}$ 为该点在 x、y 向上的时均流速。

图 8 至图 10 是阶梯丁坝群在不同间距情况下紊动强度分布云图。由图可知，各丁坝在坝头及下游一段区域里紊动强度较大，且随着间距的减小，紊动强度逐渐减小，但各丁坝强紊动强度区域分布有些差别。

丁坝 A 坝头处紊动强度最大，坝后回流区范围里紊动强度相对较小，而在回流区后端即丁坝 B 附近紊动强度也较大。当间距为 40cm、30cm 时，丁坝 A 坝头及回流区后端强紊动强度区域明显比间距为 20cm 时大许多，而水流紊动强度越大，水流交换越充分，沿垂向流速分布越趋于均匀，但水流能量消耗会较多，断面平均流速会减小。结合上述特征线平均流速沿程分布分析，间距为 20cm 时，沿程特征线平均流速最小，显然，间距为 20cm 时由底部向上流速梯度最大，即近水面流速最大，间距为 40cm 水流紊动强度最强，近水面流速最小，间距为 30cm 时紊动强度次之，近水面流速介于两者之间。而丁坝 A 坝后最大紊动强度区域在丁坝 B 附近，即沿程特征线紊动强度逐渐增大，水流垂向交换更加充分，沿程特征线流速（近底部）遂逐渐增大（图 7）。

丁坝 B 坝头处紊动强度相对较小，而在坝后约 1/2 坝间中间区域紊动强度较大，近丁坝 C 紊动强度相对也较小，且坝后水平漩涡分离点也在坝后约 1/2 处，两坝中间水流混合更充分，因此，近底层两坝中间流速最大，丁坝 B 坝后近区及近丁坝 C 处流速较小。随着间距的减小，两坝间中间区域紊动强度减小较大，而丁坝 B 坝后近区及近丁坝 C 处紊动强度减小程度较小。当间距为 40cm 时，两坝间中间区域强紊动强度区域较大，而丁坝 B 是淹没丁坝，水流超过丁坝 B 坝顶后，会产生向下运动的流速分量，并在坝后产生垂向漩涡，坝后垂向水流会得到更加充分的混合，而淹没丁坝坝后水流垂向混合能力主要取决于向下运动的流速分量，即与坝顶及坝后水位差有关，因此，由图 9 紊动强度大小分布及图 7 特征线平均流速过程线可以推测，间距为 30cm 时，坝顶与坝后水位差最大，间距为 40cm 时次之，间距为 20cm 时最小。

丁坝 C 坝头及坝后近区紊动强度相对较大，随着间距的减小，坝后近区紊动强度略有减小，但总体上范围及强度都较小，紊动强度的大小对水流的混合作用影响较小。由图 2 可知，特征线 7 大致位于坝后漩涡中心处，而特征线 8 大致位于坝后漩涡分离点附近，因此，近底层特征线 8 流速大于特征线 7 流速，而丁坝 C 也是淹没丁坝，且淹没深度大于 9cm，随着间距的变化，丁坝 C 坝后两特征线流速变化趋势，与丁坝 B 相似，即与坝顶及坝后水位差有关。

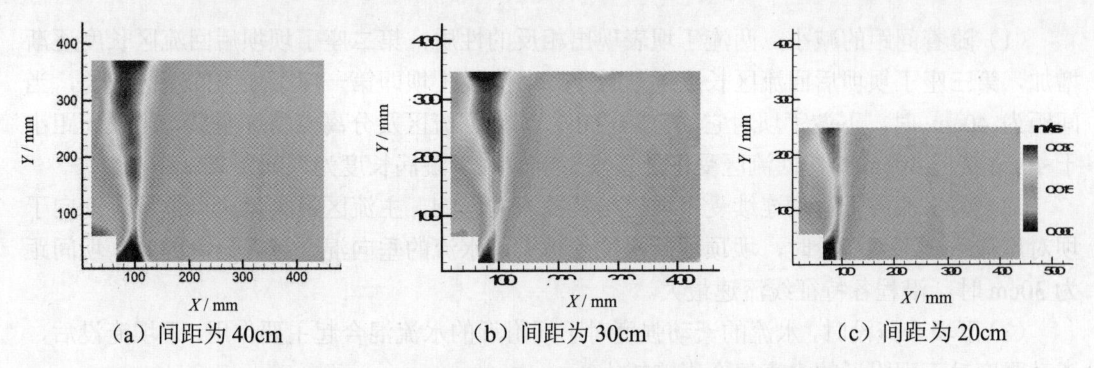

（a）间距为 40cm （b）间距为 30cm （c）间距为 20cm

图 8 丁坝 A 及其后方区域在不同间距情况下紊动强度分布

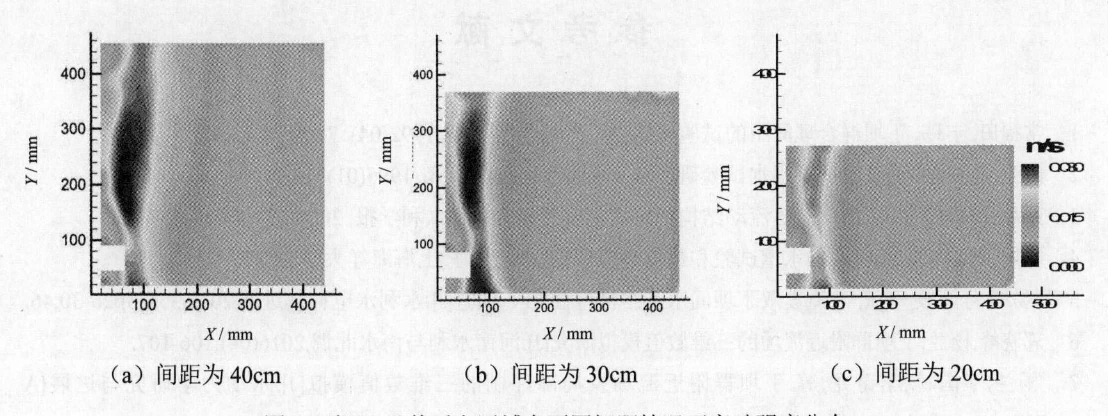

（a）间距为 40cm （b）间距为 30cm （c）间距为 20cm

图 9 丁坝 B 及其后方区域在不同间距情况下紊动强度分布

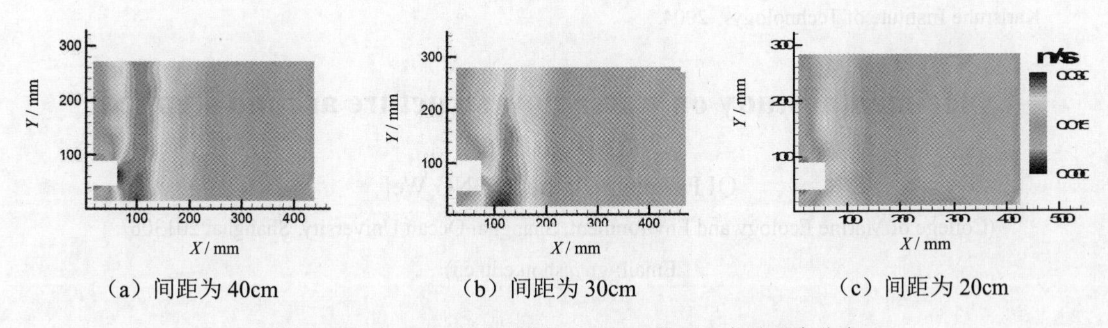

（a）间距为 40cm （b）间距为 30cm （c）间距为 20cm

图 10 丁坝 C 及其后方区域在不同间距情况下紊动强度分布

4 结论

本文通过水槽试验研究了阶梯式丁坝群在不同间距情况下的水流特性，并得到以下结论。

（1）随着间距的减小，两淹丁坝表现出相反的性质，第二座丁坝坝后回流区长度逐渐增加，第三座丁坝坝后回流区长度逐渐减小。非淹没丁坝即第一座丁坝因回流区较长，当间距为 40cm 时，下游丁坝对它的影响较小，坝后回流区及分离点特征明显，当坝间距小于 40cm 接近 30cm 时，回流区受下游丁坝影响较大，漩涡长度为坝间距离。

（2）因水流向下运动连续受丁坝阻挡及挑流的影响，主流区最大流速点位置逐渐向丁坝对岸移动。丁坝淹没时，坝顶坝后水位差越大，水流的垂向混合越充分，因此，坝间距为 30cm 时，沿程各特征线流速最大。

（3）丁坝未淹没时，水流的紊动强度对丁坝附近的水流混合起主要作用，丁坝淹没后，紊动强度对丁坝附近的水流混合影响较小。

参 考 文 献

1 常福田, 丰玮. 丁坝群合理间距的试验研究[J]. 河海大学学报, 1992(04): 7-14.

2 应强, 孔祥柏. 淹没丁坝群壅水试验研究[J]. 水利水运科学研究, 1995(01): 13-21.

3 彭静, 河原能久. 丁坝群近体流动结构的可视化实验研究[J]. 水利学报, 2000(03): 44-47.

4 胡田. 双丁坝水流特性的水槽试验和数值模拟研究[D]. 上海: 上海海洋大学, 2015.

5 刘易庄,蒋昌波,邓斌,等.淹没双丁坝间水流结构特性 PIV 试验[J].水利水电科技进展,2015,35(06):26-30,46.

6 郭晓峰,杨兰.丁坝群附近流场的三维数值模拟研究[J].河南水利与南水北调,2016(04):106-107.

7 杨兰,李国栋,李奇龙,等.丁坝群附近流场及局部冲刷的三维数值模拟[J].水动力学研究与进展(A辑),2016,31(03):372-378.

8 WEITBRECHT V. Influence of dead-water zones on the dispersive mass transport in rivers ［D］. Karlsruhe: Karlsruhe Institute of Technology，2004.

Experimental study on water flow structure around stepped spur dikes

QI Fu-qing, GU Jie, DONG Wei

(College of Marine Ecology and Environment, Shanghai Ocean University, Shanghai 201306,

Email:jgu@shou.edu.cn)

Abstract: Using PIV technology methods for measuring velocity, the variation of water flow structure near the spur dike at different intervals of the reduced stepped spur dikes was studied in a flume. Experimental results show that: The length of the recirculation zone gradually decreases from top to bottom, and the maximum velocity point of the characteristic line of the mainstream zone gradually moves to the opposite side of the spur dike. With the decreases of spacing, the turbulence intensity of the stepped spur dikes is continuously weakened and the high turbulence intensity band is gradually narrowed; the length of the recirculation zone after the second spur dike is gradually increased, and the third spur dike is gradually reduced; When the spacing is reduced to a certain distance, the length of the recirculation zone behind the first spur dike is equal to the spacing; The research results have theoretical guiding significance for further understanding of the water flow structure of spur dikes and the actual river engineering design.

Key words: Stepped spur dikes;Recirculationzone;Flowvelocity;Turbulence intensity.

低温气液分离器水击振动实验研究

刘海飞，刘照智，张雷杰，黄福友

(北京航天发射技术研究所，北京，100076，Email: hf_liou@163.com)

摘要：低温气液分离器在未完全预冷情况下打开排气阀排气时，易于引起低温液体填充低温气一液分离器的水击振动现象。本文优化设计了低温气一液分离器防水击振动装置，开展了低温气一液分离器内的液氮填充水击振动实验，以及防水击振动测试，实验结果表明所设计的防水击装置可有效抑制低温气液分离器内水击振动的发生，保障了液氮管路输送系统的安全稳定工作。

关键词：低温气一液分离器；水击振动；节流装置；实验

1 引言

液氮管路输送系统是低温氮气舞台特效的主要设备之一，为了达到理想的液氮制雾效果，液氮进入低温雾机之前需要利用低温气液分离器对管路中流体进行气—液分离。由于液氮的沸点极低（常压下为-196℃），在系统运行前，需要对管路等设备进行充分预冷，而如果低温设备未得到预冷，则液氮进入管路系统后将发生剧烈汽化，进而诱发管路系统出现不稳定振动，甚至出现低温液体填充水击振动现象，从而严重危害低温管路系统的安全和稳定运行。

低温管路系统中发生水击振动事故在国内外均有发生过，如美国土星 5 号液氧加注系统由于水击导致了管路突然断裂和接头损坏[1]；俄罗斯低温加注系统也出现了由于水击而导致的气动阀门固定杆断裂、壳体破裂、波纹管变形和容器封头损坏等事故[2]；国内在液氢加注过程中也曾发生过水击造成管路法兰连接处漏液现象[3]。为此，国内外学者对低温管路中的水击振动问题开展了相关的理论研究[4-6]，然而从实验上研究低温液体填充过程发生的水击振动问题却较少。本文主要从实验上研究液氮填充低温气液分离器的水击振动现象，并设计防水击振动装置，实验研究抑制水击振动的效果，为低温管路系统工程应用提供理论参考。

基金项目：国家自然科学基金项目(11602014)资助.

作者简介:刘海飞(1982-), 男, 博士, 高级工程师, 主要从事低温加注系统及设备的研究设计工作.

2　实验系统及实验装置

2.1 实验系统

实验流程如图1所示，实验系统主要由立式液氮贮罐（$20m^3$/1.27MPa）、低温气液分离器、低温绝热管路、低温截止阀（V1、V2）、低温电磁阀(V3)以及数据采集系统等组成。实验管路由13m长的水平管段和垂直管段组成，垂直段用于安装低温气液分离器，主管路预冷排气口高度为0.7m，低温气液分离器入口高度约为1.6m。低温气液分离器为立式圆柱形不锈钢筒，实物如图2所示，圆筒内径为0.15m、高度为0.34m，外部采用聚氨酯发泡绝热保温，筒体上端连接低温电磁阀排放管路。低温气－液分离器基于内部设置的T上、T下温度监测传感器控制电磁阀的启闭，以达到排气的目的。

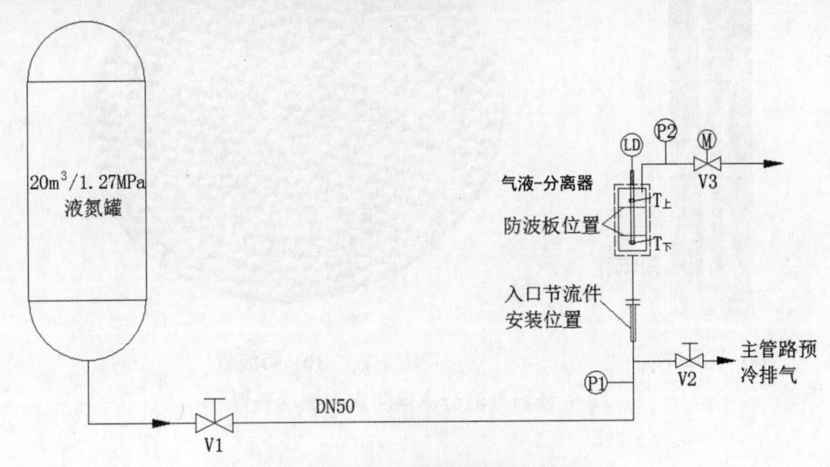

图 1　实验系统流程

图 2 现场实验装置照片

2.2 实验装置

为了消除低温气液分离器内的水击振动，设计了两种防水击振动装置（图3），分别是低温气液分离器的入口节流件和内部防波板，安装位置如图1所示。图3(a)节流件的主要结构特点为在入口管壁面上设置了上、下两排限流孔，下排限流孔主要用于限制液体快速充填气液分离器内部气腔，上排限流孔用于疏导管内积存的气体进入气液分离器，能及时得到分离；图3(b)防波板设置在低温气液分离器内部，共设置了上、下两层防波板，主要用于限制流体介质进入低温气液分离器后直接冲撞顶部而产生振动。防水击装置安装位置如图1所示。

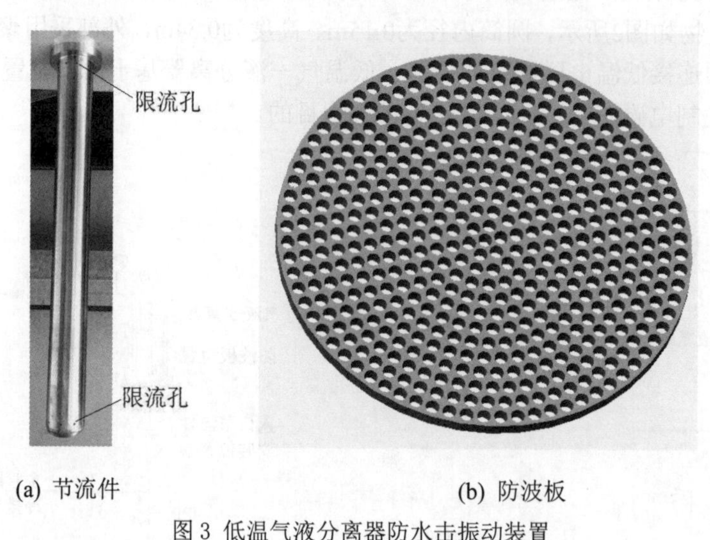

(a) 节流件　　(b) 防波板

图 3 低温气液分离器防水击振动装置

3 实验结果及分析

3.1 气液分离器水击振动实验

模拟低温气液分离器在未完全预冷情况下，开启排气电磁阀后液氮填充气液分离器而发生的水击振动现象。实验过程中液氮贮罐压力约为1.0MPa，主管路通过开启排放截止阀进行预冷，当排放口出液时完成预冷，然后打开气液分离器排气电磁阀，诱发水击振动。

图4为开启低温气液分离器排气电磁阀的压力变化曲线。从图4可以看出，在排气电磁阀开启前气液分离器排气管路上的压力P_2与主管路中的压力相当，当排气电磁阀开启后，气液分离器内的气体外排，压力迅速下降，由1.0MPa降低到约0.3MPa，此后在排气约3s后，压力再次下降到约0.12MPa，随后出现压力急剧升高。从主管路上的压力P_1曲线上看，在气液分离器排气电磁阀开启时管路P_1处保持为系统压力，当电磁阀打开约3s后，P_1开始出现下降，并随后压力急剧上升，压力峰值达到了3.26MPa。从实验现象可看到，在开启气液分

离器的排气电磁阀排气约3s后，低温气液分离器发生强烈振动，同时排气口处喷出小股液氮，然后持续排出液氮。

这是因为低温气液分离器未经预冷，内部气体及本体结构处于热态，当开启排气电磁阀时，气液分离器内热态的气体排出，表现为P_2压力第一次骤然下降，随之主管路中的液氮填充进入气液分离器内腔，低温液氮与热态的气体在气液分离器内发生传热、传质作用，液氮的冷量促使热气腔中的气体发生冷凝，使得压力降低，即P_1出现压力下降和P_2第二次下降。此后，液氮在气液分离器顶部产生急剧制动，发生水击冲击，压力在短时间内升到最高值，此时液氮充满仍处于热态的气液分离器。在气液分离器内腔壁面与液氮的换热作用下，排放口中的流体处于气液两相流状态，故此时排放口的流体以一股气体、一股液体的顺序向外排出，表现为压力P_2值为不断波动的压力曲线，而发生水击后的增压波在管路内传递过程中，逐渐发生衰减，因此P_1曲线产生振荡。

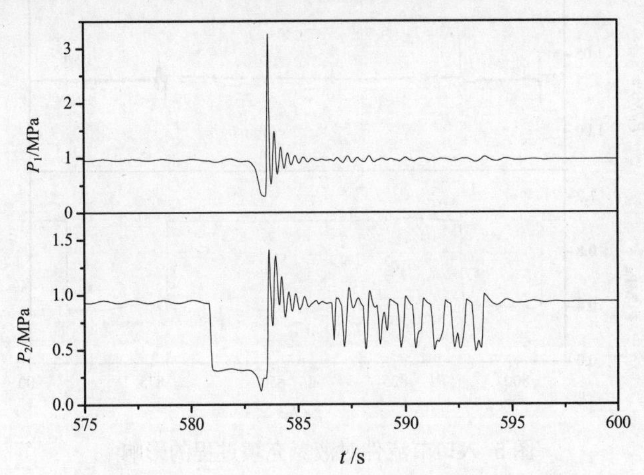

图 4 低温气液分离器内液氮填充水击压力曲线

3.2 气液分离器水击预防措施

从水击产生的机理来看，当液氮填充气液分离器的热气腔时，对热氮气传热冷凝，液氮快速充填后发生急速制动，产生水击。因此，可从减缓液氮充填速度上分析预防水击的效果。实验中考虑了在发生水击的低温气液分离器入口管中增设节流件和气液分离器中增加防波板两种抑制水击的措施。

3.2.1 入口处增设节流件

如图1所示在低温气液分离器入口处安装节流件（无内置防波板），实验操作流程与水击振动过程保持一致。

图5给出了入口安装节流件后压力变化曲线。从图5可以看出，安装节流件后的压力变化与上节未安装节流件的压力变化有所不同。实验中开启低温气液分离器排气电磁阀时，P_2压力从1.0MPa降低至0.4MPa，随后维持不变，直至排气约16s后控制系统关闭电磁阀，

P_2压力恢复至约1.0MPa，而主管路压力P_1在排气电磁阀打开、关闭动作期间，除了发生一定的小扰动变化外，主管路压力维持实验系统的压力。从实验现场现象记录上也可得出，在低温气液分离器安装入口节流件后，打开排气电磁阀时气液分离器和管路均无振动发生。这说明了入口节流件能较好地消除低温气液分离器水击振动。这主要在于入口节流件的结构特点是减缓液体进入气液分离器的速度，即当打开气液分离器排气电磁阀时，分离器腔体内的气体排出，液体通过节流件限流孔补充到分离器腔体内，由于限流孔流通面积较小，液氮不能快速填充分离器，而小流量的液氮填充进分离器后，其携带的冷量也较少，液氮在与气液分离器壁面及内部气体换热作用下，液氮发生汽化蒸发，而不是气液分离器内的热氮气发生冷凝。因此，小流量液氮对气液分离器起到了预冷效果，从而抑制了水击现象的发生。

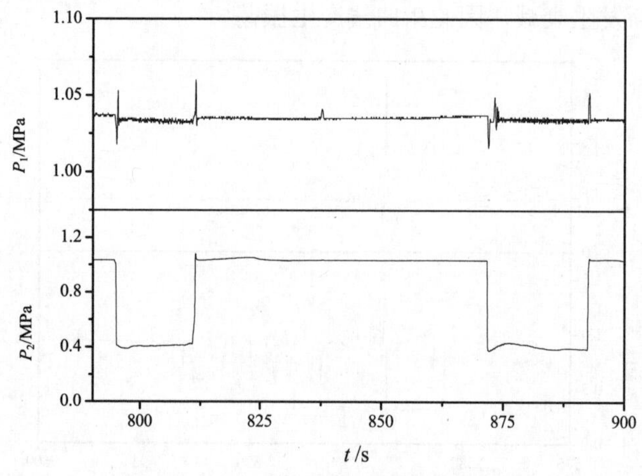

图 5 入口节流件对液氮充填过程的影响

3.2.2 内置防波板

如图1所示在低温气液分离器内部设置两层防波板（无入口节流件），实验操作流程与水击振动过程保持一致。

液氮从主管路充填进气液分离器后，由于气液分离器腔体内无其他流向改变装置，液氮将直接冲击气液分离器的顶部。因此，该部分实验旨在通过改变气液分离器内部结构，增设两层防波板，改变液氮填充进气液分离器后的流动方向和减缓冲击顶部的速度。

图6给出了低温气液分离器内安装防波板后压力变化曲线。从压力曲线上可知，在低温气液分离器内设置防波板后压力变化趋势与入口安装节流件的压力变化基本相同。实验中开启排气电磁阀后，P_2压力从0.84MPa降低至0.68MPa，随后保持小幅度波动；当排气电磁阀关闭后，P_2压力恢复至约0.84MPa；主管路压力P_1在排气电磁阀动作瞬间存在一个开阀和关阀水击压力，然而该压力变化值对整个管系的振动影响非常小，而在排气过程中，P_1基本维持在小幅值波动。此外，从实验现象记录上也可得知，当开启气液分离器排气电磁阀时，排放口首先排放低温气体，然后排出低温液体，整个管路系统处于稳定状态，没有发

生水击振动。这也说明了低温气液分离器内设防波板可有效抑制水击的发生。采用相同的方法，经过多次实验验证，在该工况下低温气液分离器均不发生水击振动。

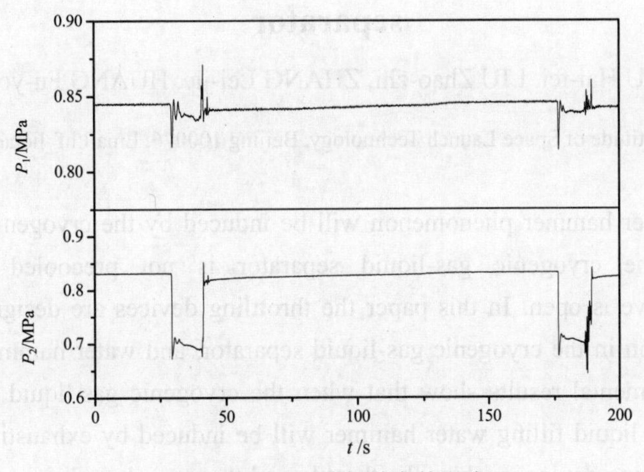

图 6 防波板对液氮填充的影响

4 结论

本文通过实验方法诱发了低温气液分离器中液氮填充水击振动，并设计了防水击振动装置。实验结果表明，当低温气液分离器处于热态时，液氮从主管路对低温气液分离器的填充易于发生剧烈的水击振动，而当低温气液分离器完全冷却时，液氮填充低温气液分离器较为稳定；低温气液分离器的入口处增设节流件和内置防波板，可有效抑制低温气液分离器内液氮填充水击振动，有利于低温管路系统稳定安全运行。

参 考 文 献

1 Moore W I , Arnold R J. 土星V的液氧加注故障[J]. 导弹与航天运载技术, 1979, 2:69-74.

2 尼˙瓦˙菲林, 亚˙波˙布拉诺夫. 液体的低温系统[M]. 北京:低温工程编辑部, 1993.

3 刘照智，丁鹏飞，田青亚. 液氢加注系统水击问题数值分析[J]. 导弹与航天运载技术,2010, 4:10-12.

4 Renaud Lecourt, Johan Steelant. Experimental investigation of waterhammer in simplified feed lines of satellite propulsion systems[J]. Journal of Propulsion and Power, 2007, 23(6): 1214-1224.

5 Alok Majumdar，Todd Steadman. Numerical modeling of thermofluid transients during childown of cryogenic transfer lines[C]. //SAE Technical Papers, 2003:1-16.

6 程谋森，刘昆，张育林. 低温推进剂供应管路预冷充填瞬变流计算[J]. 推进技术, 2000,21(5):38-41.

Experimental study on water hammer in cryogenic gas-liquid separator

LIU Hai-fei, LIU Zhao-zhi, ZHANG Lei-jie, HUANG Fu-you

(Beijing Institude of Space Launch Technology, Beijing 100076, Email:hf_liou@163.com)

Abstract: The water hammer phenomenon will be induced by the cryogenic liquid filling the separator, when the cryogenic gas-liquid separator is not precooled and the exhaust electromagnetic valve is open. In this paper the throttling devices are designed to avoid water hammer phenomenon in the cryogenic gas-liquid separator, and water hammer experiments are studied. The experimental results show that when the cryogenic gas-liquid separator is in hot state, the cryogenic liquid filling water hammer will be induced by exhausting from the top of separator; the throttling device, such as the throttle and the wave board, can effectively suppress water hammer vibration.

Key words: Cryogenic gas-liquid separator; Water hammer; Throttling device; Experiment.

基于肥皂膜直立水洞的典型钝体绕流实验研究

潘松，王怀成，李欣，田新亮*

(上海交通大学 海洋工程国家重点实验室，上海，200240)

摘要：本研究描述了一种由重力驱使的直立式肥皂膜水洞装置，提供了一种模拟较高雷诺数下的二维动力实验研究方法。此装置通过使用液体流量计，能够提供不同的稳定流速的实验条件。采用了几种典型钝体模型放置在水洞装置平行实验段，利用低压钠灯干涉法显示流场以及钝体尾流基本特征，并通过激光反射法测定模型所受的阻力大小。结果显示，实验能很清楚地揭示不同形状钝体尾流旋涡特征，并较好地实现对二维流场中钝体实际受力情况的实验测量。

关键词：直立肥皂膜水洞；钝体绕流；二维流动；水动力学

1 引言

钝体绕流一直以来都是流体力学领域最为经典而复杂的研究内容之一。钝体有着丰富的形状，应用领域十分广泛，例如航空、航天、船舶海洋工程等，因此了解其水动力学性质和流场特性有重要的意义。但是由于流动的复杂性，其中的很多机理仍没有研究清楚。人们为了简化实际流动问题，提出了一些二维流场模型，进行了相当多的理论和实验研究，取得了相当显著的成果。

肥皂膜水洞装置是一种典型的用于模拟二维流场的实验装置，核心在于使用肥皂液拉开的流动肥皂膜，其横向尺度通常可达厚度的 10^6 倍。该装置有操作简单、维护方便、重复性好、稳定可靠等优点，广泛应用于二维流场实验。肥皂膜装置经历了几个发展阶段[1-2]，目前较为成熟的类型是速度较高的直立式肥皂膜装置[3]和速度较低的水平式或倾斜式肥皂膜装置[4]，二者分别可以模拟高速和低速情形下的二维流动。1996 年，M. A. Rutgers 等[5]研究了直立式肥皂膜装置的层流速度分布情况，结果表明肥皂膜在流动时受到自身重力和

基金项目：国家自然科学基金项目“海底溃坝式异重流演化机理及海洋结构物动力响应研究”资助，项目编号：51779141

通信作者：田新亮。E-mail: tianxinliang@sjtu.edu.cn

空气阻力的共同作用。1998 年，B. K. Martin 等[6]使用垂直式肥皂膜装置研究了二维栅格湍流中空气阻力对湍流衰减的影响。1999 年，P. Vorobieff 等[7]使用倾斜式肥皂膜装置和 DPIV 技术测量了等距排列的圆柱插入肥皂膜后产生的栅格湍流的实时同步速度和厚度，并计算了平均能量衰减、涡量拟能以及速度、涡量和涡通量等的结构函数。2015 年，Ildoo Kim[8]在倾斜式肥皂膜装置中放置了不同形状的钝体，分析了钝体形状对 *St* 数和 *Re* 数之间关系的影响。上述实验虽然对肥皂膜的流场特性进行了很好的研究，但是对于钝体在流场中的水动力学性能例如升阻力大小等却没有涉及。因此，本研究基于上述垂直式肥皂膜装置进行了改进，设计制作了一个能够进行高精度阻力测量的直立式肥皂膜水洞装置。

本研究将介绍直立式肥皂膜水洞测力装置，以及基于此装置所做的一些关于 4 种形状的钝体模型：圆形、正方形、等边三角形和薄板的二维钝体绕流实验。利用低压钠灯干涉法显示流场特征，使用激光反射法进行钝体阻力的测量。

2 实验装置介绍

如图 1 所示，本文实验使用的直立式肥皂膜水洞装置包括 3 个主要组成部分：肥皂膜水洞主体、测力支撑机构、显示测量系统。本研究中使用的肥皂液配方为 90%去离子蒸馏水、4%商业洗洁精和 6%的甘油，可保证良好的肥皂膜寿命和实验质量。

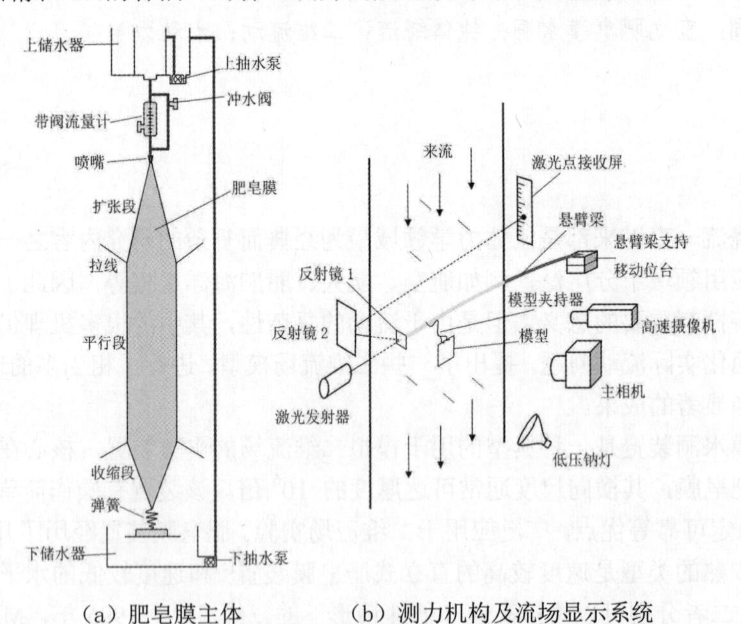

（a）肥皂膜主体　　（b）测力机构及流场显示系统

图 1 实验装置

上述肥皂膜配置完成后，需先放置在下储水器中，在下抽水泵的作用下完全泵入上储水器的外部。上储水器中的上抽水泵将肥皂液泵入上储水器的内部直到溢出，这样可保证使肥皂液流下的压力水头不变，在实验过程中表现为流速不会变化。打开流量计的阀门后，肥皂液通过流量计向下流。流量计和喷嘴下方是由两根尼龙线组成的导线框，间距 L_g=11cm。如图 1(a)所示肥皂液在此处被拉成膜，即肥皂膜。导线下部被弹簧拉紧，保证线上的张力。导线框分为三部分，扩张段、平行段和收缩段。所有实验内容均在肥皂膜平行段进行。

为达到调节流量和控制流速的目的，笔者在上储水器和喷嘴之间设置了一个带阀流量计，可实时读取通过管路的流量大小并通过控制阀门开关大小进行调节，进而得到不同的肥皂膜流速。由于在实验过程中一些操作不可避免会使肥皂膜破裂，这时空气会在喷嘴处进入管路形成气泡，严重影响管路中肥皂液的速率，导致肥皂膜速度减小。为保证实验连续性重复性和可实施性，我们设置了另一条冲水带阀管路。在正常实验过程中此管路闭合，不影响正常流动。一旦肥皂膜破裂，需将流量计关闭，打开冲水管路，此时没有流量计的限制因此流速很大，可将喷嘴处的气泡冲走，恢复之前的流速，误差可控制在 3%以内。

由于肥皂膜极薄且流速较快，单凭肉眼和环境光是无法观察的，因此我们使用了低压钠灯进行照明，并由一台高清单反相机和一台高速摄像机进行拍摄。由于钠灯光是一种单色光，波长为 589.0nm & 589.6nm，具有很好的相干性，可以显示肥皂膜的厚度变化和流场变化。单反相机用来记录流场的高清图像，具有很高的分辨率；高速摄像机分辨率为 1280×1024，最高拍摄速率为 1357fps，用于连续记录流场变化，此相机必须正对肥皂膜平面，否则图像产生畸变导致失真。

通常钝体模型在肥皂膜中所受阻力大小为 10^{-5}N 量级，即 1 dyn。使用常规的天平或测力机构是无法精确测得此值的。因此，本研究开发了一种用于测量单向微小力的测力天平，如图 1(b)中所示。钝体模型的形状各异，要在同一个流场内同时测得阻力大小比较困难。因此采用的方案是一种可更换的模型夹持器。此装置可比较方便地更换肥皂膜中的钝体模型而不至于使得肥皂膜破裂，这样在相同的外部条件下可测量不同模型所受的阻力大小进行比较，具有较好的准确性。

3 实验内容

实验中通过使用高速 CCD 相机追踪平行段中的示踪粒子，间隔拍摄时间为 1ms，测量相邻两次拍摄照片中粒子移动的距离即可得其速度，示踪粒子的速度就是粒子所在流体微团的流速，选择中线处的粒子来测得流速。另外，经过多次多点测量实验结果表明，距离喷嘴下方 30~40cm 处肥皂膜速度已经达到了最终速度，可作为理想的实验区域。本实验中通过取中心线处的多个示踪粒子的移动速度，得到平均速度 v_m=1.786m/s。根据液体流量计的读数，本实验中肥皂液流下的流量 Q=20mL/min。根据流速和流量之间的关系，即可得到示踪粒子所在位置的肥皂膜平均厚度：

$$B_\delta = \frac{Q}{UL_g} \tag{1}$$

式中，Q 为肥皂液流量；L_g 为导线间距即肥皂膜水洞宽度。计算得 B_δ=1.70μm。

另外我们关心的肥皂膜属性还包括其运动黏性系数 ν，只有知道肥皂膜的黏性后才能计算雷诺数 Re。但是肥皂膜的黏性系数 ν 还和肥皂膜的厚度 B 有关，因此无法事先测得。现考虑的方法则恰恰相反，采用 St-Re 拟合公式来先计算得出 Re，进一步可得 ν。本文实验中在肥皂膜中放置了一个直径 D_c =2mm 的圆柱测其脱涡频率 f 并算出 St=0.158，使用的圆柱绕流拟合公式[9]计算 Re，进而得出运动黏性系数 $\nu \approx 4\times10^{-5}\text{m}^2\cdot\text{s}^{-1}$。

使用的钝体模型共有 4 种形状：圆形、矩形、等边三角形和薄板，材料为紫铜（ρ=8.89g/cm^3），特征尺度 L_p 均相同并垂直于来流方向，雷诺数定义为 $Re = UL_p / \nu$。L_p=10mm 时，$Re \approx 420$。

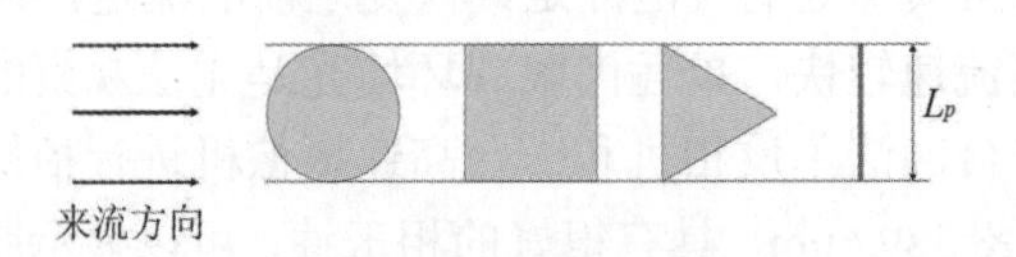

图 2 模型示意图

4 实验结果

4.1 流场显示

实验中由于雷诺数较大，若模型过大则无法显示涡街形状，因此取 L_p=10mm。

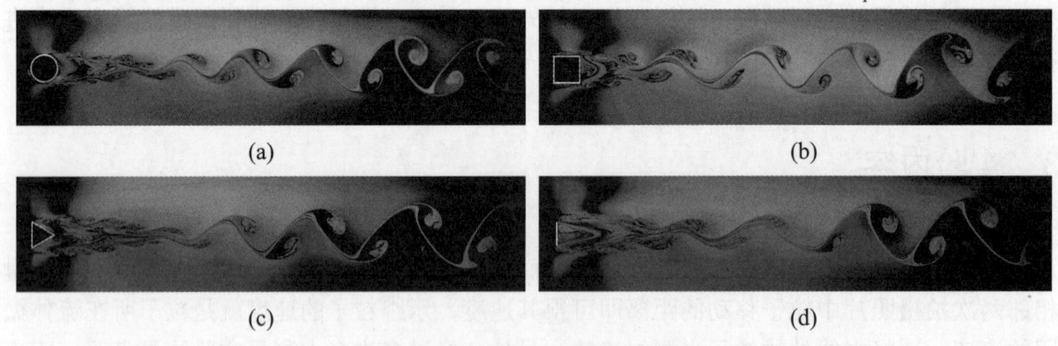

图 3 四种形状钝体的尾迹流场

图 3 中可观察到 4 种形状的钝体后均会产生旋向相反的双列线涡，即卡门涡街结构。可见在 $Re \approx 420$ 时，不同形状钝体后尾迹中涡结构的差异并不大。

4.2 阻力结果

实验实际测得阻力大小十分微小，当 L_p=25mm 时 4 种形状钝体的阻力大小如表 1 所示。

表 1 测量阻力结果（L_p=25mm，v_m=1.786m/s）

形状	圆形	薄板形	正方形	三角形
阻力值（dyn）	14.88	19.44	18.73	18.57
重复误差	1.47%	0.07%	0.67%	1.34%

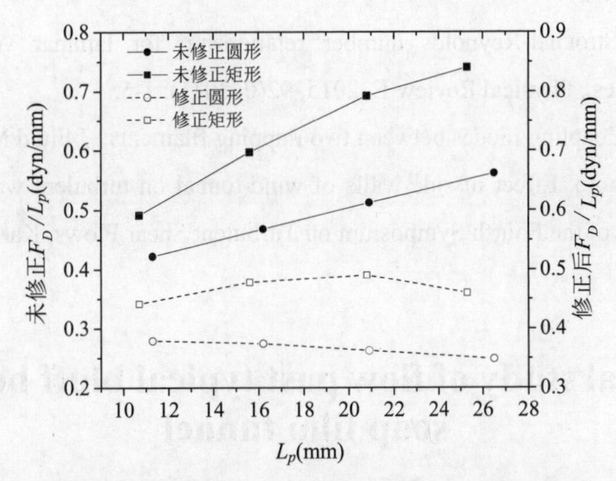

图 4 圆形和矩形钝体阻力随 L_p 变化（v=1.786m/s）

由于矩形、三角形、薄板形钝体在同一流速下阻力差异不大，因此如图 4 所示仅列出圆形和矩形钝体阻力 F_D 随特征长度 L_p 变化的情况，阻力使用 L_p 去除模型长度影响。考虑到二维平板绕流的阻塞效应[11]，随模型特征长度与管路直径之比 L_p/L_g 的增长，平板阻力系数 C_d 会增大。值得注意的是，文献[11]给出的阻塞效应修正公式源自三维流场中的实验数据，用于二维肥皂膜的问题是否合适，尚不得而知。无论如何，图 4 中比较了原始测量阻力数据和修正阻塞效应后的阻力系数，结果显示在肥皂膜中放置钝体模型时必须考虑阻塞效应，即使用 L_p/L_g 修正阻力系数 C_d。

参 考 文 献

1 Couder Y. The observation of a shear flow instability in a rotating system with a soap membrane . Journal de Physique Lettres, 1981, 42(19): 429-431.

2 Gharib M, Derango P. A liquid (soap film) tunnel to study two-dimensional laminar and turbulent shear flows . Physica D: Nonlinear Phenomena, 1989, 37: 406-416.

3 Rutgers MA, Wu XL, Daniel WB. Conducting fluid dynamics experiments with vertically falling soap films . Review of Scientific Instruments, 2001, 72(2): 3025-3037.

4 Georgiev D, Vorobieff P. The slowest soap-film tunnel in the Southwest . Review of Scientific Instruments,

2002, 73(3): 1177-1184.

5 M. A. Rutgers, X-I. Wu, R. Bhagavatula. Two-dimensional velocity profiles and laminar boundary layers in flowing soap films . Phys. of Fluids, 1996, 8(11): 2847-2854.

6 B. K. Martin, X. L. Martin, W. I. Goldburg. Spectra of decaying turbulence in a soap film . Physical Review Letters, 1998, 80(18): 3964-3967.

7 P. Vorobieff, M. Rivera, R. E. Ecke. Soap film flows: statistics of two-dimensional turbulence . Physics of Fluids, 1999, 11(8): 2167-2177.

8 Ildoo Kim. Unified Strouhal-Reynolds number relationship for laminar vortex streets generated by different-shaped obstacles . Physical Review E, 2015, 92(043011): 1-5.

9 Jia L B, Li F, Yin X Z. Coupling modes between two flapping filaments . J Fluid Mech, 2007, 581: 199-220.

10 M. Takeuchi, T. Okamoto, Effect of side walls of wind-tunnel on turbulent wake behind two-dimensional bluff body, Proceedings of the Fourth Symposium on Turbulent Shear Flows, Karlsruhe, Germany, September 12–14, 1983, 5:25–30.

An experimental study of flow past typical bluff bodies in vertical soap film tunnel

PAN Song, WANG Huai-cheng, LI Xin, TIAN Xin-liang

(State Key Laboratory of Ocean Engineering, Shanghai Jiao Tong University, 200240.
Email: panine@sjtu.edu.cn)

Abstract: In this paper a gravity driven vertical soap film tunnel is described. The soap film tunnel can provide a two-dimensional hydrodynamic experimental method at high Reynolds numbers. The device can provide different conditions of steady flow rate using liquid flowmeter. Several typical bluff body models were placed in the parallel section of the soap film. The basic characteristics of the flow wake were displayed by low pressure sodium lamp, which can show the interference fringes. The experimental results indicate that the wake vortices behind bluff bodies with different shapes can be clearly revealed, and the measurement of drag forces on bluff body in quasi-2D flow field can be well realized.

Key words: Vertical soap-film tunnel; Flow around bluff body; Two-dimensional flow; Hydrodynamics.

IMO 二代完整稳性模型试验技术综述

师超，兰波，韩阳，刘长德

(中国船舶科学研究中心，水动力学重点实验室，无锡，214082，Email: shichao@cssrc.com.cn)

摘要：国际海事组织(IMO)制定的第二代完整稳性衡准，确定了 5 种失效模式。国内外学者针对 5 种失效模式，开展其评估方法和衡准研究，而模型试验是验证评估方法不可缺少的手段。本文结合参数横摇、纯稳性丧失、瘫船稳性、骑浪/横甩和过度加速度五种稳性失效模式机理，凝练试验关键技术，形成了模型试验方法，并以 ONR 为研究对象，开展了模型试验。

关键词：二代完整稳性；模型试验；试验技术

1 引言

船舶完整稳性是船舶重要的水动力性能，是船舶航行安全的重要基础这一，在船舶的设计阶段，特别是船型开发阶段，需对其稳性性能进行评估，降低海上航行过程中船舶因稳性问题而倾覆的危险。多年来，人们不断地致力于探索能够保证船舶航行安全的完整稳性衡准，国际海事组织（IMO）经过持续评估和修订，起草了《2008 年国际完整稳性规则》，即第一代完整稳性规则，为船舶安全提供保障。

但是，随着海上运输的不断发展，航行日程也更加密集，尽管满足了现行稳性规范要求，但船舶的安全事故也时有发生，甚至会发生船舶倾覆，第一代稳性规则的不足已显现出来。因此，IMO 在 2008 年启动了新一代稳性衡准的制定工作，不断收集、讨论稳性衡准提案，于第 53 届会议上正式确定“第二代完整稳性衡准”的制定，同进确定了 5 种稳性失效模式，包括纯稳性丧失、参数横摇、骑浪/横甩、瘫船稳性和过度加速度。

五种失效模式评估体系由第一层薄弹弱衡准、第二层薄弱衡准和稳性直接评估组成，3 层评估方法由易到难，第一层和第二层薄弱性衡准没有通过的情况下，才需进行第三层评估。稳性评估涉及到船舶稳性、耐波性、操纵性等多学科交叉问题，是非常复杂的水动力学计算问题，所建立的评估方法需要经过模型试验的有效验证。本文结合二代完整稳性五种失效模式特点，提练模型试验方法的关键技术，形成了模型试验方法，并以目标船为研究对象，开展相应模型试验，是掌握船舶在波浪中稳性失效运动特性及数值评估方法验证的基础。

2 纯稳性丧失和骑浪/横甩模型试验技术

纯稳性丧失主要是指船舶在随浪/尾斜浪以较高航速航行时，波浪以接近船速的速度超越船舶，如果波峰在船中保持足够的时间，稳性力臂急剧减少，发生稳性损失而发生大幅横摇甚至倾覆的现象。

船舶在随浪/尾斜浪中航行时，波浪从船尾方向接近船舶，波浪的传播速度与船舶的航行速度相同，这样波形相对于船舶保持不变，称之为骑浪现象，在波浪作用下，船舶航行发生突然偏转，即使操满舵也无法保持航向，发生大幅转艏并伴有大幅横摇运动，剧烈情况下导致船舶倾覆，这种现象称之为横甩。

开展纯稳性丧失和骑浪/横甩模型试验，可能会发生倾覆，使仪器仪表进水，具有较大危险性，所以国内外开展试验研究工作较少。

纯稳性丧失现象最早是 Yamakoshi 研究渔船在波浪中倾覆特点时发现的。Nakamura 研发了自航模系统可用于开展随浪状态下纯稳性丧失模型试验。Masami 等开展了随浪中稳性试验研究重点测量模型在随浪中横摇力矩的变化。日本学者以 ONR 为研究对象，开展了随浪状态下不同波浪条件、稳性高状态下的纯稳性丧失模型试验。

Nicholson 和 Fuwa 等在耐波性/操纵性水池中，进行尾斜浪中操纵控制模型试验，再现了驱逐舰和高速渔船在波浪中的骑浪横甩现象，Kan 等和 Umeda 等在耐波性/操纵性水池中进行尾斜浪自航模试验，研究了集装箱船和渔船的骑浪横甩问题。

开展纯稳性丧失和骑浪/横甩两种模型试验，重点解决船舶的运动姿态测量，还需建立模型操控系统实现模型在波浪中自航及操舵保持航向功能。图 1 和图 2 为典型试验照片和结果。

（1）试验环境：建议试验水域有足够的长度和宽度，水深大于 1/2 最大波长。水池可模拟规则波、不规则波，且精度满足试验要求。

（2）试验模型：试验模型要保证与实船几何相似，满足加工误差，采用水密构造，避免发生倾覆现象损坏试验设备。

（3）试验状态调试：试验前需对船舶的重心、质量惯性矩及初稳性高进行调试，满足试验要求。

（4）试验测试系统：测迹采集系统可实时记录船舶的轨迹及状态，试验推进/控制系统，可实现船模自航及自动操舵保持航向。

（5）试验内容：开展模型试验，船模以自航方式在随浪或尾斜浪状态下航行，六自由度不受约束，通过自动稳向系统保持航向。波浪条件及航速根据纯稳性丧失、骑浪/横甩现象发生机理确定。

（6）试验结果分析：纯稳性丧失及骑浪/横甩模型试验以最大横摇运动来表达试验结

果。因两者发生机理不同，试验结果分析中关注舵角、艏向和横摇，因横摇运动过大而发生倾覆，如艏向无急剧偏转，舵角未满舵则是发生了纯稳性丧失，如艏向急剧偏转，舵角已为满舵则是发生了骑浪/横甩。

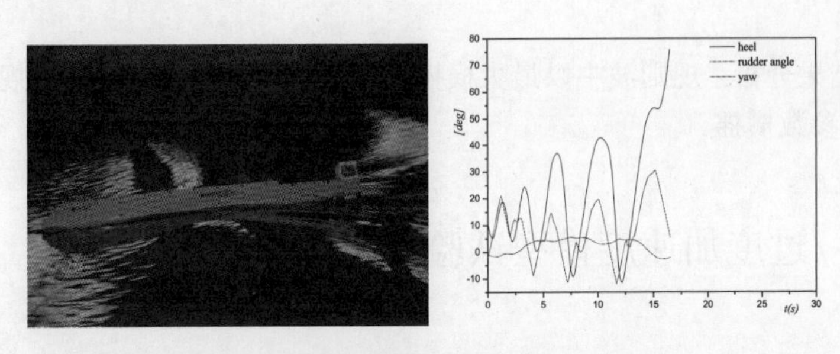

图 1　纯稳性丧失典型试验照片和结果

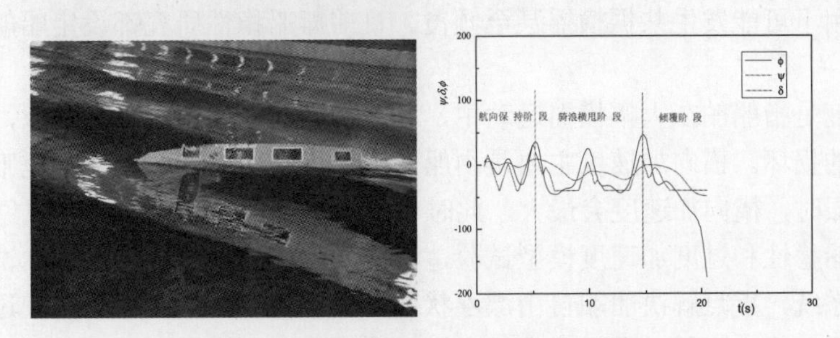

图 2　骑浪/横甩典型试验照片和结果

3　参数横摇模型试验技术

参数横摇是指阻尼较小的船，在遭遇到一定频率的波浪时，短时间内产生很大横摇角并伴随着显著的纵摇、升沉运动的非线性现象。根据参数横摇的特点及模型试验要求，形成了船舶参数横摇模型试验方法。

（1）试验环境：建议试验水域有足够的长度和宽度，水深大于 1/2 最大波长。水池可模拟规则波、不规则波，且精度满足试验要求。

（2）试验模型：试验模型要保证与实船几何相似，满足加工误差，模型甲板进行水密处理，避免因大幅摇荡运动使船模进水，破坏试验设备。

（3）试验状态调试：试验前需对船舶的重心、质量惯性矩及初稳性高进行调试，满足试验要求。

（4）试验测试系统：测迹采集系统可实时记录船模的六自由度运动，试验推进/控制系统，可实现船模自航及自动操舵保持航向，试验浪高仪采集系统，可记录试验过程中波高变化。

（5）试验内容：横摇衰减试验。通过横摇衰减试验测定船模固有周期和横摇衰减系数。

规则波中参数横摇试验。试验浪向为顶浪。因波长船长比为 1 时，复原力变化振幅最大，因此波长船长比 1 附近选取几个典型值。不规则中参数横摇试验。试验浪向为顶浪和随浪。波浪的平均周期取 1/2 倍固有横摇周期附近。不规则波运动响应单次试验时间不小于 10 min。

（6）试验结果分析：规则波中以最大横摇振幅表达参数横摇结果。不规则波中，采用标准偏差来评价参数横摇。

4 瘫船稳性/过度加速度模型试验技术

瘫船稳性是指船舶由于推进系统或操舵系统问题，处于无法推进或操舵的状态，此时船舶在风浪作用下可能发生共振横摇甚至倾覆。目前瘫船稳性研究都设定船舶处于横风、横浪状态。

过度加速度是指船舶在大幅横摇运动中，导致的横向加速度过大的现象，会导致人员的伤害和货物的损坏。横向加速度主要是由船舶横摇运动引起的，大多情况下船舶在横浪中发生横摇共振时，横向加速度会最大，此时也最有可能出现过度加速度现象。

波浪中瘫船稳性和过度加速度模型试验，浪向均为横浪，船模无动力。试验需有船模运动姿态测量系统，重点解决船舶自由漂浮状态下大幅横摇测量技术问题，过度加速度还需考虑关键位置加速度测量。本文形成了瘫船稳性，过度加速度模型试验方法。

（1）试验环境：建议试验水域长度有足够的长度和宽度，水深大于 1/2 最大波长。水池可模拟规则波、不规则波，且精度满足试验要求。

（2）试验模型：试验模型要保证与实船几何相似，满足加工误差，模型为水密结构，避免因大幅横摇运动使船模进水，破坏试验设备。

（3）试验状态调试：试验前需对船舶的重心、质量惯性矩及初稳性高进行调试，满足试验要求。

（4）试验测试系统：测迹采集系统可实时记录船模的六自由度运动，过度加速度试验需记录关键处的横向加速度。试验浪高仪采集系统，可记录试验过程中波高变化。

（5）试验内容：横摇阻尼试验。通过开展横摇阻尼试验测定横摇周期和阻尼系数。规则波中模型试验。试验浪向为横浪，航速为 0。对于参数横摇试验，波浪周期近似船舶横摇固有周期，取系列波浪进行试验，开展无风有浪和有风有浪状态下模型试验。对于过度加速度试验，不考虑风只考虑浪的影响。不规则中模型试验。试验浪向为横浪，航速为 0。对于参数横摇试验，开展无风有浪和有风有浪状态下模型试验。对于过度加速度试验，不考虑风只考虑浪的影响。

（6）试验结果分析：参数横摇模型试验，规则波中以最大横摇表达试验结果。不规则波中，采用横摇最大值和有义值表达试验结果。过度加速度模型试验，试验结果以关键位置处的横向加速度最大值来表达。

5 结论

二代完整稳性失效模式，会产生大幅的横摇运动，极端情况下会产生倾覆，涉及到船舶稳性、操纵性和耐波性多学科问题，研究难度很大，模型试验可有效验证失效模式评估方法。本文结合二代完整稳性失效模式特点，详细阐述了模型试验环境、试验设备试验内容和试验分析等，所形成的试验方法是掌握稳性失效模式运动特性，建立稳性失效模式预报方法的重要基础。

参考文献

1 顾民,鲁江,王志荣.IMO第二代完成稳性衡准评估技术进展综述.中国造船,2014.

2 师超,鲁江等. 随浪规则波中纯稳性丧失研究.第二十届全国水动力学研讨会文集,2018.

3 曾柯,顾民等. IMO船舶瘫船稳性倾覆根率研究.中国造船,2015.

4 张宝吉,鲁江等. 船舶骑浪/横甩薄弱性衡准研究综述. 中国造船,2015.

5 卜淑霞,顾民等. 波浪中过度加速度的非线性时域预报.船舶力学,2019年.

6 王田华,顾民等. 纯稳性丧失薄弱性衡准研究进展综述.第十三届全国水动力学学术会议.2015.

An overview on model test technology of the second generation intact stability criteria in IMO

SHI Chao, LAN Bo, HAN Yang, LIU Chang-de

(China Ship Scientific Research Center, Wuxi 214082, China.

Email: shichao@cssrc.com.cn)

Abstract: Five stability failure modes were established by the second generation intact stability criteria, which are development by the International Maritime Organization (IMO). The researchers focused on assessment criteria of stability failure modes. And model test was one essential approach to validate assessment criteria of stability failure modes. The mode test technology for stability failure modes, which included parametric rolling, pure loss of stability, stability under dead ship condition, cases of surf-riding, broaching and excess acceleration, were given in the paper.

Key words: Second generation intact stability criteria；Model test; Test technology..

高航速 KCS 船艏破波数值模拟和实验研究

王建华，万德成*

(上海交通大学 船舶海洋与建筑工程学院 海洋工程国家重点实验室 高新船舶与深海开发装备协同创新中心，上海 200240，*通讯作者 Email: dcwan@sjtu.edu.cn)

摘要：船舶阻力和兴波是船舶水动力学研究中最为基础的问题，但是高航速下船舶兴波会出现明显的破波现象，包含复杂的界面流动现象。本研究针对标准船模 KCS，分别开展实验观测和数值模拟研究。船模实验在上海交通大学多功能拖曳水池进行，实验中采用摄像机拍摄艏波演化过程。实验中对航速在 *Fr*=0.26 到 *Fr*=0.425 范围内的 8 个工况进行了拍摄和测量。数值模拟采用基于开源 CFD 工具包 OpenFOAM 自主开发的船舶水动力学数值求解器 naoe-FOAM-SJTU，对实验中已经出现较为明显艏波破碎的 *Fr*=0.35 工况进行了数值计算分析。通过数值计算得出了该航速下的兴波波形，并给出了自由面兴波的对比分析，验证了采用当前数值模拟手段可以模拟得到艏波破碎的现象。

关键词：船舶兴波；艏波破碎；高航速；naoe-FOAM-SJTU 求解器

1 引言

船舶在高航速下会产生明显的兴波破碎现象，伴随着复杂的界面变形，是目前船舶水动力学研究中较为复杂的问题之一。为了更好地了解高航速船舶艏波破碎的机理，国内外一些研究学者开展了针对船艏破波的试验观测和研究。Dong 等[1]针对水面舰船在低速和高速下的兴波进行了实验观测，可以观察到明显的艏波破碎现象，并进行了流场的 PIV 测量，探讨了兴波破碎与界面涡量场分布的关系。Roth 等[2]对 DDG-51 舰船进行了模型实验研究，分析了 *Fr*=0.3 工况下艏部破波区域的流动变化特性。Longo 等[3]对不同漂角下的船体兴波进行了研究，发现了艏波破碎的产生与一侧涡量分布的规律。Olivieri 等[4]对 DTMB5415 船模进行了多个航速下的模型试验，发现了艏部兴波不同的破碎形式，并对稳定形式的破波问题进行了深入分析。

随着计算流体力学数值方法的日臻完善以及高性能计算机性能的飞速提升，CFD 方法在船舶水动力学中的应用越来越广泛。由于模型试验进行流场测量的成本较高，且无法给出较为精确的流动数据，目前已经有部分学者开展了船体兴波破碎方面的数值研究。本研究将对照上海交通大学多功能拖曳水池中进行的船舶艏波破碎实验，采用课题组基于开源 OpenFOAM 开发的 naoe-FOAM-SJTU 求解器[5-6]进行标准船模 KCS 的艏波破碎数值预报研究。

2 KCS 艏波破碎实验观测

实验模型为标准船模 KCS，该船模已经在船舶水动力学 CFD 研讨会（Gothenburg，2010；Tokyo，2015），以及船舶操纵性会议（SIMMAN2008, 2014）上作为标准船型，进行了广泛的实验和数值模拟的对比验证研究。本次 KCS 高航速下船艏波破碎实验也将作为 2021 年的船舶水动力学会议上的标准算例。实验重点关注不同航速下的艏部兴波破碎现象，并且采用摄像机对艏部的破碎波形态进行记录。

上海交通大学多功能拖曳水池池长 300m，池宽 16m，池深 7.5m，最大拖曳速度 10m/s，可以满足高航速船模的实验测量要求。实验采用的 KCS 船模缩尺比为 1：37.89，船模垂线间长为 6.0702m，具体的船型尺度见表 1。

表 1　KCS 船模主尺度参数

主尺度	标识	模型尺度值
垂线间长	L_{pp} (m)	6. 070
水线长	L_{wl} (m)	6.135
型宽	B (m)	0.85
吃水	T (m)	0.285
排水量	Δ (kg)	957.02
湿表面积	S (m^2)	6.718

KCS 船体模型见图 1，艏部标注刻度线用于标定艏部波高。

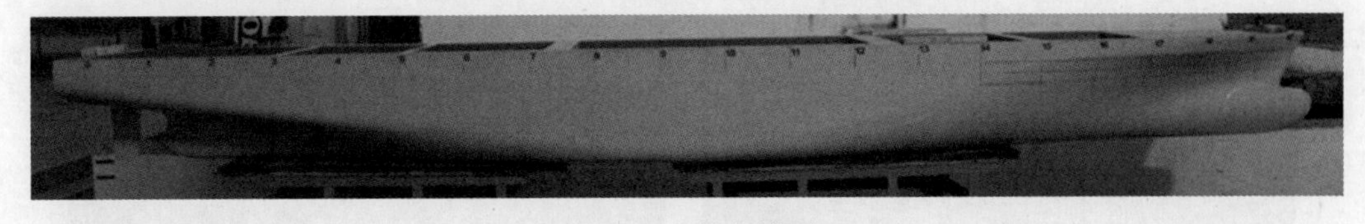

图 1　KCS 船体模型

本次实验共进行了从Fr=0.26到Fr=0.425共计8个航速的实验工况研究，具体的航速数据见表2。

表 2 实验工况说明

工况编号	*Fr*	U (m/s)
1	0.26	2.006
2	0.275	2.123
3	0.30	2.315
4	0.325	2.507
5	0.35	2.701
6	0.375	2.893
7	0.40	3.086
8	0.425	3.279

实验中船模放开了纵倾和升沉，8 个航速下的自由面波形如图 2 所示。从图中可以看出，航速在 *Fr* 小于 0.3 的时候没有发生艏波破碎现象；而随着航速的增加，在 *Fr*=0.30 的工况下船舶艏部出现了溢波（Spilling wave）形式的破碎波；而从 *Fr*=0.35 开始则出现了明显的艏波翻卷（Plunging wave）现象，并伴随有液滴飞溅等强非线性自由面变化。为了对该物理问题进行深入的探讨分析，下一部分将针对 *Fr*=0.35 工况进行数值模拟分析，进一步的研究高航速下艏波破碎的自由面变化和流场特性。

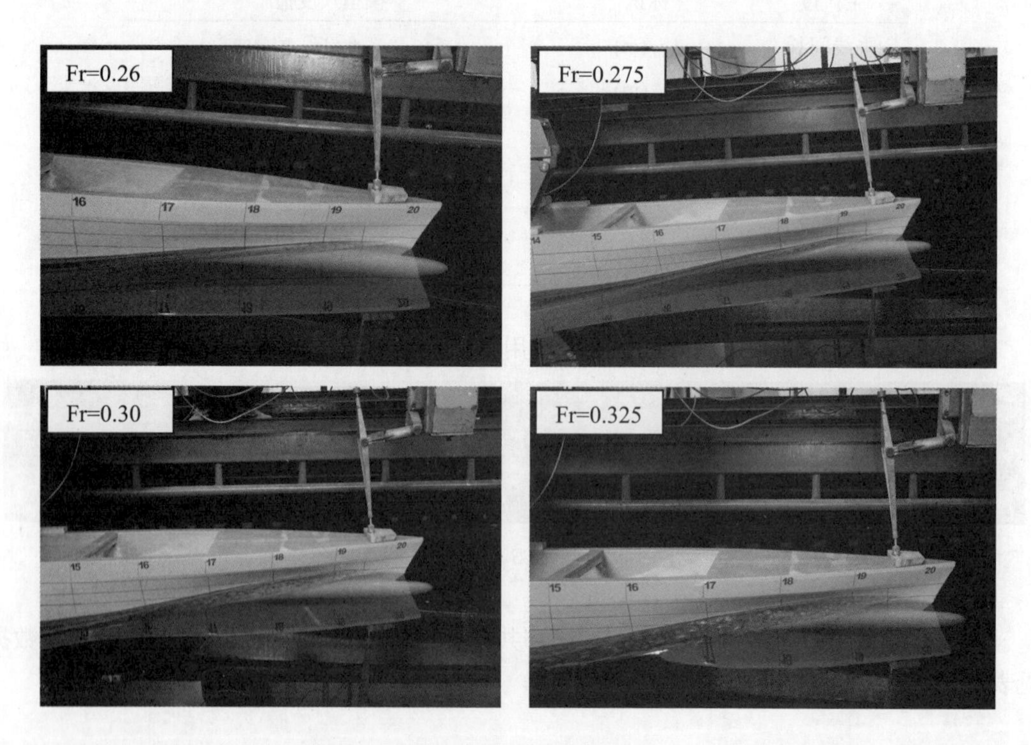

图 2 不同航速下船舶艏波破波

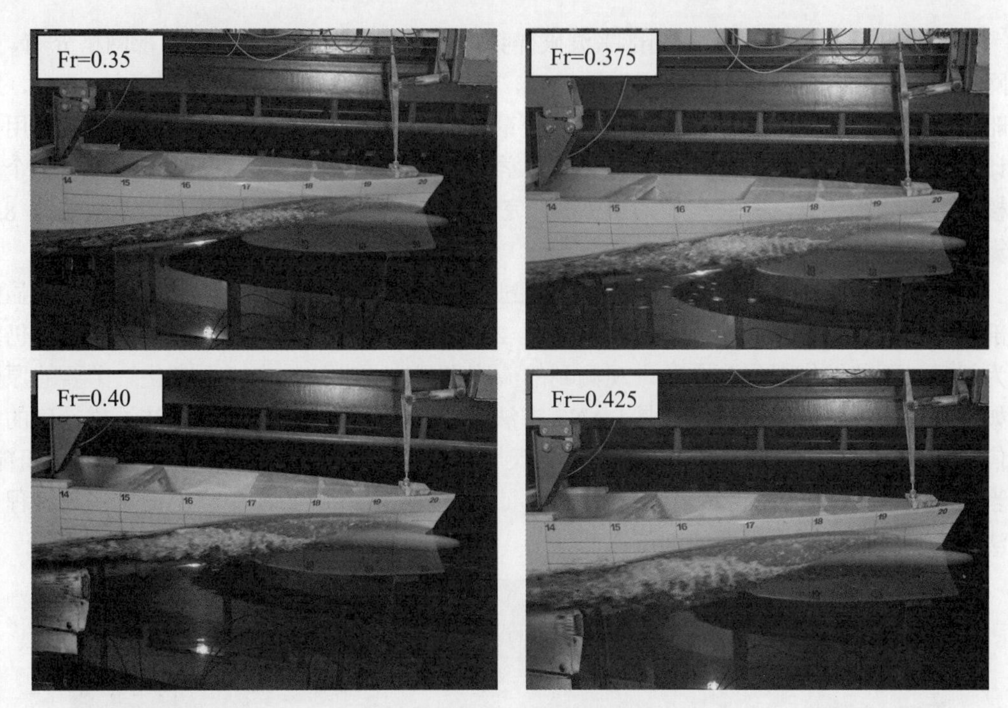

续 图2　不同航速下船舶艏波破波

2　KCS 艏波破碎数值模拟

本文中 KCS 艏波破碎的数值模拟采用课题组基于 OpenFOAM 平台自主开发的船舶水动力学求解器 naoe-FOAM-SJTU。该求解器已经广泛的应用于船舶与海洋工程的水动力学问题中，本次数值模拟采用的求解模型与以往不同的是采用了改进的 $k-\omega$ SST 湍流模型，主要是对湍流模型中的 TKE 方程增加了浮力修正项，从而可以更好的处理界面处的流场信息，浮力修正的具体过程可参见文献[7]。

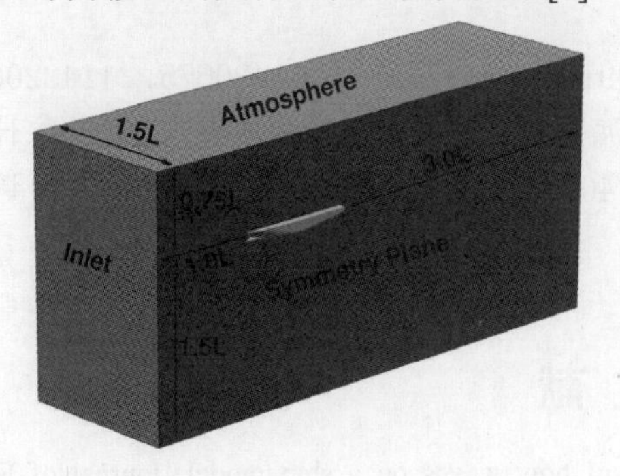

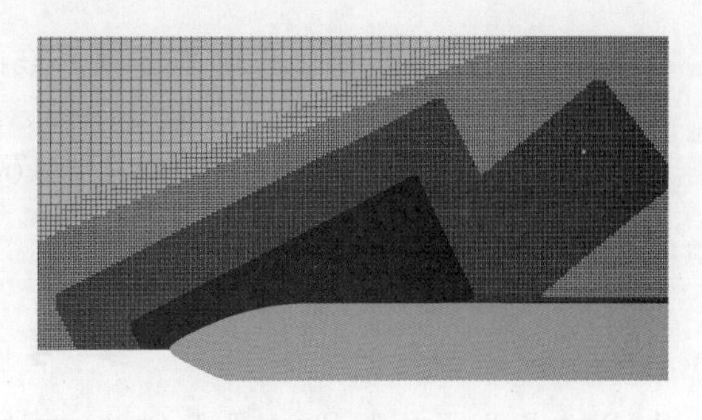

图3　计算域和艏部网格分布

图 3 给出了本次 KCS 船模艏部兴波破碎数值模拟所采用的计算域和艏部网格分布，计算网格共计 792 万，计算中采用了壁面函数，并且 y+值取为 30。计算工况为 Fr=0.35，对应船模航速为 2.701m/s，计算中为了保证变量较少，因此固定了船模自由度，并且采用半船计算域进行计算。数值计算在上海交通大学 CMHL 高性能计算中心进行，采用 60 个计算核心进行并行计算，时间步长为 0.1ms，完成了 50s 的模型尺度时间模拟，共花费 83h 计算时间。

图 4 给出了当前数值模拟得到的 KCS 船艏兴波结果，从数值预报结果可以看出明显的艏部破碎情况，该现象同实验观测结果（图 2）较为接近，但是目前模拟得到的结果仍然较为粗糙，不能够模拟得到实验中观测到的液滴飞溅等强非线性自由面变化。主要的原因有如下几点：①当前采用的仍然是 RANS 方法，经过时间平均后的流场无法给出精确的流动信息预报；②网格数量不够，当前的网格尺度相较于实验观测到的液滴尺寸仍然较粗糙；③当前采用的 VOF 方法仍然属于代数方法，没有几何类 VOF 方法中自由面重构等过程，无法更为真实的模拟自由面的细节流动。

图 4　数值模拟得到的 KCS 艏波破碎现象

致谢

本文工作国家自然科学基金项目(51809169，51879159，51490675，11432009，51579145)、长江学者奖励计划(T2014099)、上海高校特聘教授(东方学者)岗位跟踪计划(2013022)、上海市优秀学术带头人计划(17XD1402300)、工信部数值水池创新专项课题(2016-23/09)资助项目。在此一并表示感谢。

参 考 文 献

1　Dong, R. R., Katz, J., Huang, T. T. On the structure of bow waves on a ship model. Journal of Fluid Mechanics, 1997, 346: 77–115.

2 Roth, G. I., Mascenik, D. T., Katz, J. Measurements of the flow structure and turbulence within a ship bow wave. Physics of Fluids, 1999, 11(11): 3512–3523.

3 Longo, J., Stern, F. Effects of drift angle on model ship flow. Experiments in Fluids, 2002, 32(5): 558–569.

4 Olivieri, A., Pistani, F., Wilson, R., Campana, E. F., and Stern, F. Scars and Vortices Induced by Ship Bow and Shoulder Wave Breaking. Journal of Fluids Engineering, 2007, 129(11): 1445–1459.

5 Shen, Z., Wan, D.C., Carrica, P. M. Dynamic overset grids in OpenFOAM with application to KCS self-propulsion and maneuvering. Ocean Engineering, 2015, 108: 287–306.

6 Wang, J., Zhao, W., Wan, D.C. Development of naoe-FOAM-SJTU solver based on OpenFOAM for marine hydrodynamics. Journal of Hydrodynamics, 2019, 31(1): 1–20.

7 Liu, C., Zhao, W., Wang, J., Wan, D.C. Improving the Numerical Robustness of Buoyancy modified k-ω SST Turbulence Model. In the proceedings of MARINE 2019, May 13-15, Gothenburg, Sweden.

Numerical and experimental study of the bow wave breaking of high-speed KCS model

WANG Jian-hua, WAN De-cheng

Collaborative Innovation Center for Advanced Ship and Deep-Sea Exploration, State Key Laboratory of Ocean Engineering, School of Naval Architecture, Ocean and Civil Engineering, Shanghai Jiao Tong University, Shanghai 200240.

Email: dcwan@sjtu.edu.cn)

Abstract: Ship advancing in calm water is one of the most fundamental studies in the research field of ship hydrodynamics. For high-speed ships, significant wave breaking can be observed and the free surface flow is very complex. In the present paper, both numerical and experimental studies have been conducted to investigate the breaking bow waves of KCS ship model. The experiment is performed in the towing tank at SJTU and the breaking waves pictures of 8 ship speeds varies from Fr=0.26 to Fr=0.425 have been captured by high speed camera. Numerical simulations are carried out at Fr=0.35 and the predicted bow wave has been compared with the experiment. Good agreement has been achieved and it is showed that the present method can predict well with the breaking bow wave phenomenon of high speed surface ships.

Key words: Wave pattern; Breaking bow wave; High speed ship; naoe-FOAM-SJTU.

超临界 CO_2 在并联通道内流量偏差规律试验研究

白晨光，颜建国，郭鹏程*

（西安理工大学西北旱区生态水利国家重点实验室，陕西，西安，710048，E-mail: guoyicheng@126.com）

摘要：掌握并联通道内超临界 CO_2 流量分配规律对新型太阳能热发电吸热器等能量转换设备的设计和优化具有重要意义。本研究开展了超临界 CO_2 在内径 2 mm 水平并联圆管内流量分配试验，采用电加热方式分别控制两个并联支路的加热热流，分析热流密度偏差、系统压力和质量流量对并联管流量分配的影响规律。试验参数范围：系统压力 7.5~8.5 MPa，总质量流量 150~250 g/min，热流密度 55~100 kW/m^2，流体温度 20~100°C。试验表明，并联管路两支路热流密度偏差越大，流量分配偏差越明显；管内超临界 CO_2 因热偏差而导致的流动阻力偏差是流量分配不均的主要原因。提高系统压力、提高质量流量可以削弱超临界 CO_2 在并联通道内的流量偏差现象，有助于提升流动系统稳定性。研究成果为太阳能热发电技术能量转换系统的设计提供一定的理论基础与技术支撑。

关键词：流量分配；流量偏差；超临界流体；太阳能热发电

1 引言

太阳能光热发电具有可储热、可调峰、可连续发电、适用于大规模集中发电等一系列优点，是最具应用前景的太阳能发电方式之一[1]。目前，太阳能光热发电过程中热能到电能的转换过程采用传统的朗肯循环来进行，为了进一步提高其发电效率、降低建设成本，基于超临界 CO_2 布雷顿循环的太阳能热发电技术得到了广泛关注。与传统的朗肯循环相比，超临界 CO_2 布雷顿循环具有热转换效率高、功耗小、设备尺寸小、经济性好等优点[2]。

工程中，超临界二氧化碳吸热过程是在并联管路换热器中进行，由于其特殊的热物性规律（图 1），当并联管路的热流存在一定的偏差时，并联管路中的工质流量也将出现偏差，即存在流量分配不均的问题。流量分配不均现象使得管间的换热存在差异，引起热应力，威胁着换热设备的安全稳定运行。为此，亟需开展并联管超临界 CO_2 流量分配试验研究，揭示并联管内流量分配不均匀现象的规律。

基金项目：国家自然科学基金(51839010)，陕西省重点研发计划(2017ZDXM-GY-081)、中国博士后科学基金资助项目(2018M633546)、陕西省教育厅科学研究计划专项项目(17JK0560)

通讯作者：郭鹏程，E-mail: guoyicheng@126.com

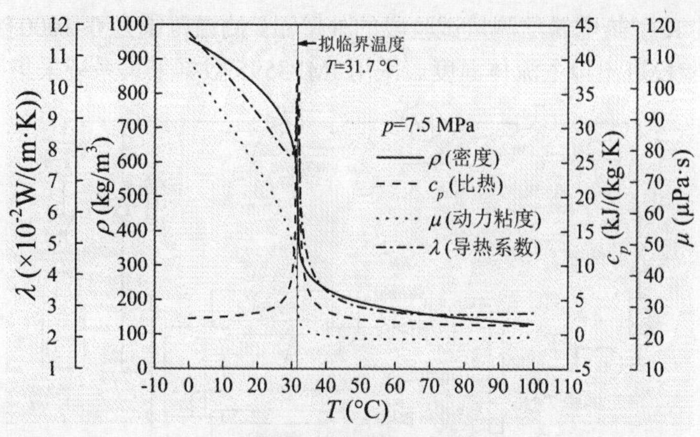

图 1 超临界 CO_2 物性

目前，关于并联管路流量分配的研究主要以水蒸汽-水两相流为对象。朱波等[3]试验发现，两相流干度越小，流量分配越不均匀；李夔宁等[4]对比了不同结构的平行流蒸发器流量分配特性，发现增加内径并不能改善其流量分配均匀性，两相流进口在集箱中间时更有利于流量均匀分配；Dario 等[5]综述了在不同支路直径下的气液两相流分配特性；Li 等[6]试验发现，在微小通道中增大并联支路间距有利于两相流动分配，在小间距情况下入口条件对流量分配的影响很大。

近年来，随着超临界流体技术的发展，许多学者也开展关注超临界流体在并联管路流量分配特性。冉振华等[7]研究了超临界状态下航空煤油（RP-3）在并联管路中流量分配规律及热流密度、压力对其影响，发现并联管间热流偏差会造成流量偏差，提高压力有助于系统稳定；Zhang等[8]研究了超临界水在并联管路内的流动不稳定性现象，发现增加流量和系统压力有助于增强系统稳定性。

归纳而言，关于超临界流体流量分配特性的试验研究仍明显不足，其流动分配规律及相关机理仍较模糊。因此，本文在课题组前期超临界 CO_2 传热研究的基础上[9,10]，进一步开展超临界 CO_2 在并联通道流量分配特性研究，阐明超临界 CO_2 流量分配规律，并分析主要热工参数对流量分配的影响。

2 试验系统

图 2 为本试验系统的示意图。高压恒流泵抽取储液罐内的液态 CO_2，工质进入进口集箱后分流至两条水平并联支路。两支路试验段为水平放置的 316L 不锈钢圆管，内径 2 mm，壁厚 0.5 mm，有效加热长度为 280 mm，采用电加热方式独立控制两支路的加热热流。CO_2 经过试验段后汇集至出口集箱，之后进入水冷套管冷却后进入储液罐，形成闭式回路。

采用罗斯蒙特压力变送器来测量系统压力，采用两台罗斯蒙特压差变送器分别测量试验段 1 和试验段 2 的压差。采用两台西门子质量流量计测量两个并联支路的质量流量。采用直径 0.2 mm 的 K 型热电偶丝测量试验段的外壁温，测温范围为 0~1000 °C。采用 T 型铠装热电偶测量试验段进出口主流体温度。采用 IMP3595 数据采集系统采集数据。

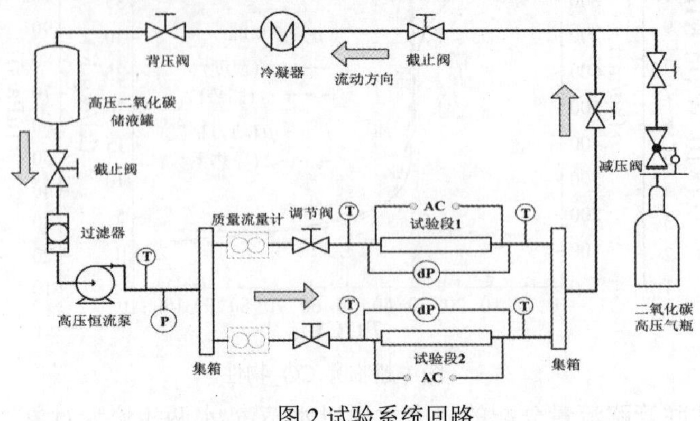

图 2 试验系统回路

3 结果分析

3.1 热流偏差对流量分配的影响

图 3 给出了两并联支路流量、温度随热流密度的变化趋势，将并联支路 1 设为基准管、支路 2 为加热管，横坐标为加热管热流密度比基准管热流密度，其中维持其系统压力为 7.5MPa、总质量流量 150g/min、试验段进口温度 20°C 不变，为基准管提供恒定不变的 55 kW/m^2 加热热流密度。试验过程中持续增加加热管热流密度（0~200 kW/m^2），以模拟并联管路受热不均现象。

由图 3 可以看出，加热管热流密度不断增加导致加热段内 CO_2 温度不断增加，温度达到超临界点时，CO_2 密度急剧降低，密度的降低引起其流速的增加，流速增加后管路阻力快速上升，从而导致加热管质量流量减小，基准管流量上升。随着加热管热流不断增加，该现象更明显。

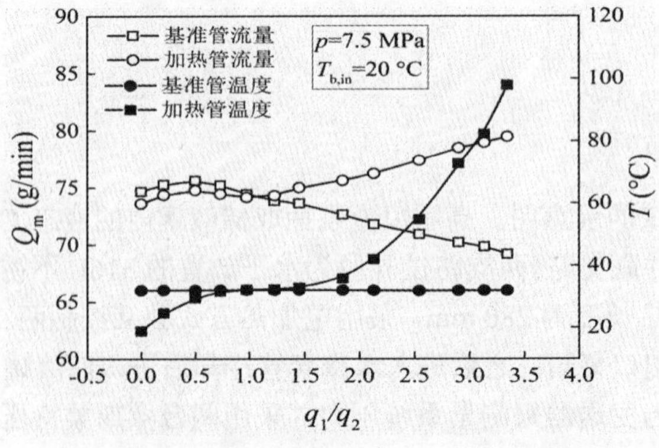

图 3 典型工况下的流量偏差与流体温度偏差

3.2 系统压力对流量分配的影响

图 4、**错误！未找到引用源。**分别为在其它条件不变的前提下，8.5 MPa 与 9.2 MPa 的支路流量随热流密度之比的变化关系，图 6 为 3 个压力条件下基准管与加热管流量之差与热流密度之比的关系。观察可知，随着系统压力升高，两管间流量偏差受到抑制。这是因为，当系统压力上升后，临界温度上升，CO_2 密度随温度的变化也趋于平缓（图 7），因而支路内管路阻力上升趋势变慢，流量偏差得以抑制。

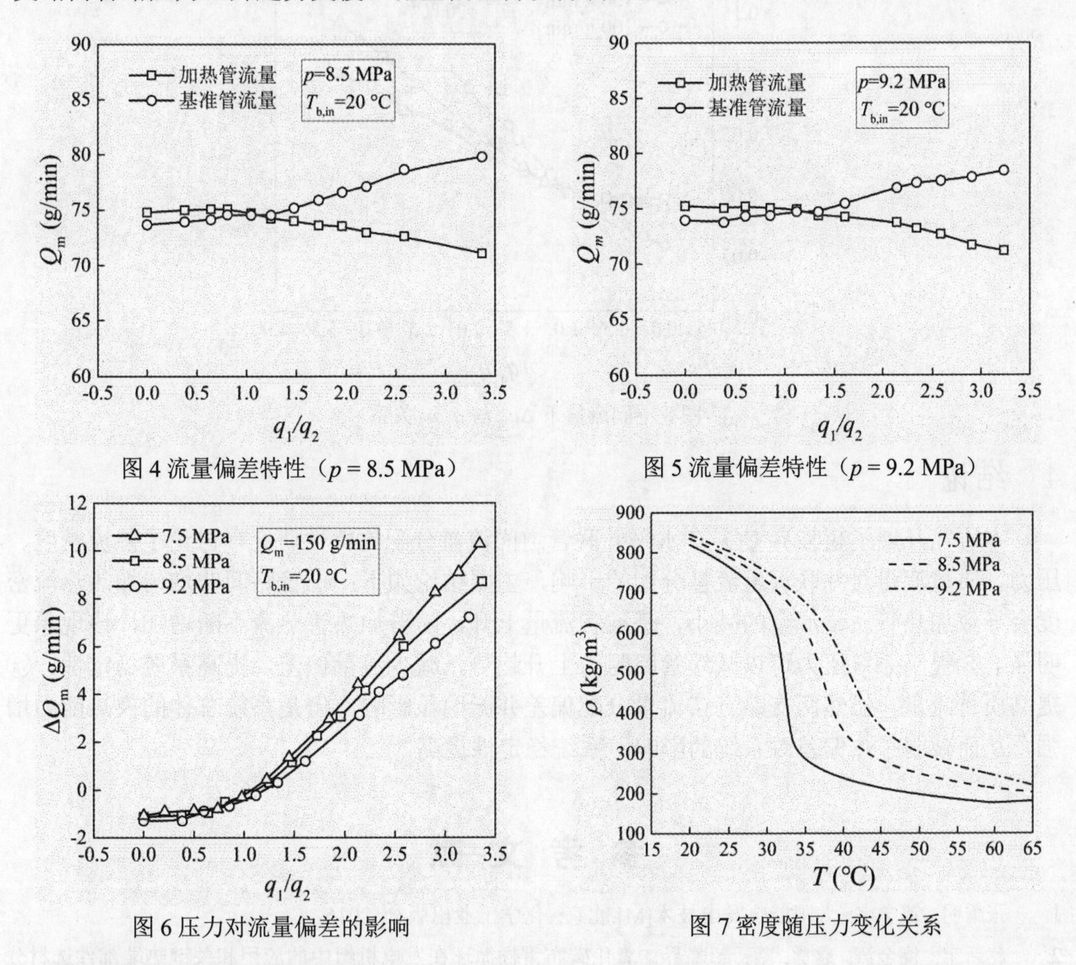

图 4 流量偏差特性（$p = 8.5$ MPa）

图 5 流量偏差特性（$p = 9.2$ MPa）

图 6 压力对流量偏差的影响

图 7 密度随压力变化关系

3.3 系统流量对流量分配的影响

系统总流量上升时，两支路间流量偏差变化并不明显，但是由于本小节系统总流量产生了变化，采用真实流量差比较已经不具有对比性，因此当采用支路流量比平均流量作为评价方法，即：

$$q_{\mathrm{m1}} = \frac{2Q_{\mathrm{m1}}}{Q_{\mathrm{m1}} + Q_{\mathrm{m2}}}$$

图 8 给出了系统压力 7.5MPa、试验段进口温度 20°C，100g/min、150g/min、185g/min 三个不同质量流量下两并联支路相对流量随热流密度的变化趋势。可见随着流量增大，两支路间相对流量差降低，即当质量流量增加时系统总体的耐热性增加，而因流量偏差而产生的加热管热负荷影响降低，系统稳定性提高。

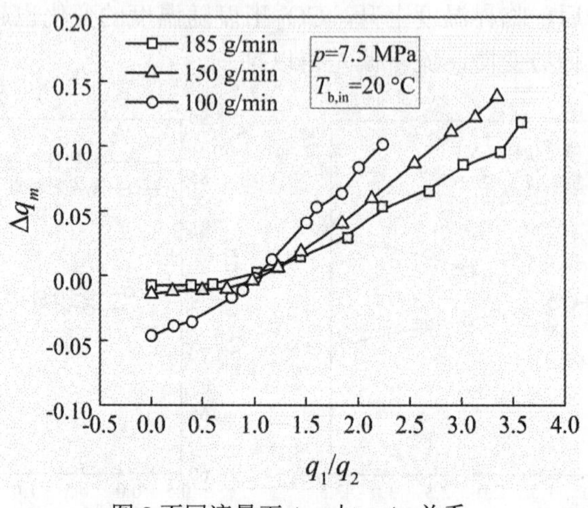

图 8 不同流量下 Δq_m 与 q_1/q_2 关系

4 结论

本研究开展了超临界 CO_2 在水平并联管道间流量分配的特性研究，讨论了热流密度、压力、质量流量对并联管道流量分配的影响，主要结论如下：①管路间非均匀加热热流密度会导致加热管质量流量的减小，基准管流量上升，随着加热管热流不断增加，该现象更明显。②提高系统压力可以减缓管路阻力上升趋势，减少流量偏差，提高系统稳定性。③提高质量流量，虽然两支路真实流量分配偏差并无明显影响，但是系统总体的换热能力增强，从而减弱了热偏差对系统的影响，系统稳定性提高。

参考文献

1. 张耀明，邹宁宇．太阳能热发电技术[M].北京：化学工业出版社, 2016.
2. 赵新宝，鲁金涛，袁勇，等．超临界二氧化碳布雷顿循环在发电机组中的应用和关键热端部件选材分析[J]．中国电机工程学报, 2016, 36 (1): 154-162.
3. 朱波，庞力平，吕玉贤．多并联分支管联箱气液两相流流量分配的研究[J]．华北电力大学学报(自然科学版), 2013, 40 (02): 95-100.
4. 李夔宁，吴小波，尹亚领．平行流蒸发器内气液两相流分配均匀性实验研究[J]．热能动力工程, 2009, 24 (06): 759-765+818-819.
5. Dario ER, Tadrist L, Passos JC. Review on two-phase flow distribution in parallel channels with macro and micro hydraulic diameters: Main results, analyses, trends[J]. Applied Thermal Engineering, 2013, 59 (1-2):

316-335.

6. Liu Y, Wang S. Distribution of gas-liquid two-phase slug flow in parallel micro-channels with different branch spacing[J]. International Journal of Heat and Mass Transfer, 2019, 132: 606-617.
7. 冉振华, 徐国强, 邓宏武, 等. 超临界压力下航空煤油在并联管中流量分配特性[J]. 航空动力学报, 2012, (01): 63-68.
8. Zhang L, Cai B, Weng Y, et al. Experimental investigations on flow characteristics of two parallel channels in a forced circulation loop with supercritical water[J]. Applied Thermal Engineering, 2016, 106: 98-108.
9. Wang JH, Guo PC, Yan JG, et al. Experimental study on forced convective heat transfer of supercritical carbon dioxide in a horizontal circular tube under high heat flux and low mass flux conditions[J]. Advances in Mechanical Engineering, 2019, 11 (3).
10. 颜建国, 朱凤岭, 郭鹏程, 等. 高热流低流速条件下超临界 CO_2 在小圆管内的对流传热特性[J]. 化工学报, 2019, 70 (05): 1779-1787.

Experimental investigation of flow distribution of supercritical carbon dioxide in parallel channels

BAI Chen-guang, YAN Jian-guo, GUO Peng-cheng*

(State Key Laboratory of Eco-hydraulics in Northwest Arid Region, Xi'an University of Technology, Xi'an 710048, E-mail: guoyicheng@126.com)

Abstract: It is significant to understand the distribution law of supercritical CO_2 flowing in parallel channels for the design and optimization of energy transformation equipment, especially for new type solar thermal power station. In this paper, the flow distribution of supercritical $CO_2$is carried out in two parallel tubes with an inner diameter of 2mm.The heating fluxesfor two parallel channelsare controlled by electric heating method. The influences of heat flux deviation, pressure and mass flow are analyzed.Test parameters range are as follows: system pressure 7.5-8.5 MPa, total mass flow 150-250 g/min, heat flux 15-100 kW/m^2, fluid temperature 20-100°C. The results show that the flow deviation is intensified with increasing deviation of heat flux. The main reason for the uneven distribution of flow is caused by the deviation of heat flux between two parallel channels. It could weaken the flow deviation and improve the stability of the system by increasing the system pressure and the mass flow rate. The research results provide a theoretical basis and technical support for the design of energy conversion system in solar thermal power technology.

Key words: Flow distribution; Flow deviation; Supercritical fluid; Solar thermal power generation

混流泵启动过程瞬态空化特性的数值模拟和实验研究

张德胜[1*]，顾琦[1]，陈宗贺[1]，施卫东[2]

（1. 江苏大学流体机械工程技术研究中心，镇江，212013，

2.南通大学机械学院，南通，226019，*Email: zds@ujs.edu.cn）

摘要：针对混流泵启动过程瞬态空化特性，采用数值模拟和高速摄影测量并重的方法，分析了同一启动时间（T_s=10s）不同进口压力下叶轮流道内流场分布。研究结果表明，在模型泵启动初期，泵内部的空化主要由叶顶泄漏涡引起的涡空化与叶顶泄漏流引起的间隙附着空化组成，随着转速的增大，可以观察到叶片背面的空化区域都是由叶片中部靠近轮缘处逐渐向叶片背面的后缘及轮毂的方向发展；叶顶区形成类似于几何三角形的空泡云，包含叶顶泄漏涡空化、卷吸区空化及间隙附着空化。随着进口压力的降低，模型泵发生空化的临界转速较小，空化的发展程度加剧。

关键词：混流泵；启动；漩涡；数值模拟；高速摄影

1 引言

近年来，在军事装备领域，混流泵已被应用在我国海军潜艇的水下发射武器系统中。在武器发射过程中，混流泵一直处于加速状态，流量、扬程和转速等外特性参数和内部流场在短时间内均发生快变化，引起十分强烈的瞬态流动现象，比如局部负压、发生空化等。而混流泵在启动过程中一旦发生较严重的空化，将会诱导发射机组产生振动和噪声，对潜艇的生存造成严重威胁。国外学者Duplaa、Shah和·Tanaka等[1-7]针对离心泵启动过程进行了实验研究，国内，甘加业、常书平、曹玉良等[8-10] 分别采用不同空化模型，对混流泵内部空化流场进行了数值模拟研究，捕捉到了空化的产生和发展过程。李伟等[11]对混流泵启动过程进行了瞬态外特性试验。其他学者[12-14]对水泵的启动过程进行了数值模拟，浙江大学的王乐勤、吴大转等[15-18]对离心泵启动过程中的瞬态空化特性进行了研究，发现较大的启动加速度时对泵启动中的空化有抑制作用。

从上述分析可见，针对水泵在启动过程中的瞬态特性，国内外学者早已关注，并进行

了大量的数值模拟和试验方面的研究，但主要集中于离心泵方面，关于混流泵启动过程中瞬态特性的相关研究较少，而且试验研究集中于外特性参数变化[19]，内部空化流场[20-23]的相关研究开展较少。

本研究通过CFD数值模拟软件，进行混流泵启动过程瞬态数值模拟，在额定1.0Q_{opt}工况下分别进行了不同进口压力（P=40kPa、60kPa和80kPa）下的启动过程的数值模拟，结合可视化研究结果，分析混流泵启动过程中的变化规律，为混流泵启动空化的深入研究提供了相关的研究基础。

2 数值模拟与实验设置

2.1 几何模型

本文研究的对象为高比转速混流泵，由比转速 n_s=829 的原型泵等比例缩放 1.5 倍得到。混流泵的设计参数如下：设计流量 Q_{opt}=126.6163L/s，设计扬程 H=2.99m，转速 n=1450r/min，比转速 n_s=829，叶轮叶片数 Z=3，叶轮进口直径 D_0=90mm，导叶叶片数 Z_d=5。模型进、出口段的直径分别为 D_1=200mm，D_2=250mm，输送的介质为常温清水。

为使数值模拟的结果更接近于混流泵模型实际的流动情况，并准确模拟出叶轮与转轮室之间的间隙流动，本文在三维造型的过程中考虑了叶轮与转轮室之间的叶顶间隙值 t_c=0.25mm，并决定采用全流场数值模拟，如图 1 所示。

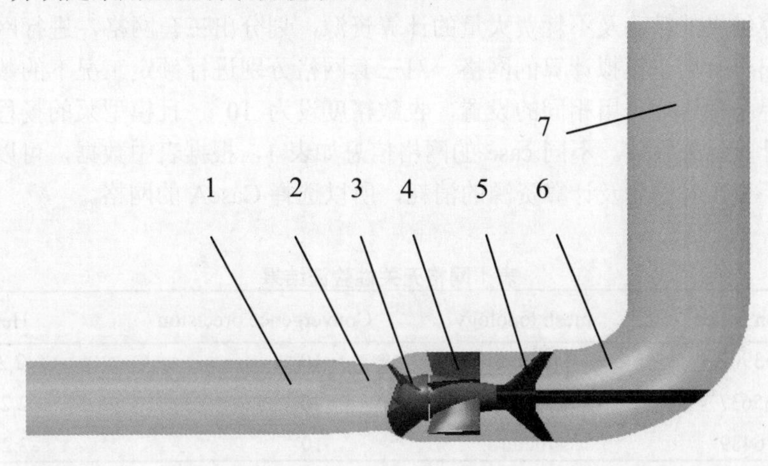

1.进口段　2.伸缩管　3.叶轮　4.导叶　5.支撑板　6.出口弯管　7.出口段

图 1 全流道计算域

2.2 网格划分

模型各部分水体采用 UG 造型后，对其进行网格划分。为了提高数值计算的速度和准确度，同时考虑到叶轮与转轮室之间的间隙值较小（t_c=0.25mm），为了保证间隙内的网格单元数和节点数，本文采用 ANSYS ICEM 18.0 软件对整个计算模型进行六面体结构化网格的划分。其中，对于叶轮和导叶，分别采用 *J/O* 型、*H/O* 型拓扑结构，进、出口段水体则采用 Y-Block 拓扑结构，调整每根拓扑线上的节点数，使网格在各壁面的曲率均匀变化，并且对叶轮处的网格进行局部加密。经计算，叶片表面的网格 $y^+<40$，转轮室壁面网格 $16.2<y^+<46.5$，符合 SST k-ω 湍流模型对近壁区 y^+的要求。主要过流部件及间隙处的网格划分见图 2。

(a) t_c=0.25mm 叶轮结构化网格划分

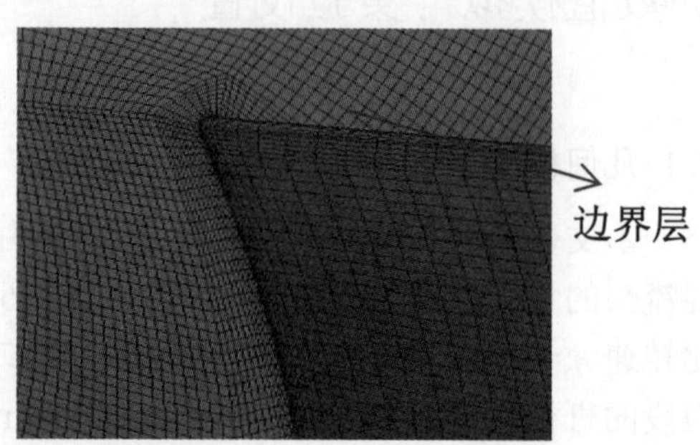

(b). 边界层附近网格图

图 2 计算模型网格图

为了计算结果的精确及不耗费大量的计算资源，划分出三套网格，进行网格无关性验证，从中选出一套用于模拟计算的网格。对三套网格分别进行额定工况下的数值模拟，湍流模型、边界条件等均采用相同的设置，收敛精度设为 10^{-5}，且模型泵的扬程趋于稳定不变时，定常计算结果收敛。不同 case 的网格信息如表 1，根据表中数据，可以发现三套网格扬程基本不变，考虑到及计算资源的消耗，所以选择 CaseA 的网格。

表 1 网格无关性验证结果

Case	mesh nodes	mesh topology	Convergence precision	Head
A	7653902	structure	10^{-5}	2.303
B	9065637	structure	10^{-5}	2.294
C	11876439	structure	10^{-5}	2.297

2.3 空化模型的选取

本次模拟计算选用的是 Zwart 空化模型，该模型中四个关键参数如下：空泡直径、空泡核点体积分数以及蒸发、凝结系数。该模型的蒸发项 R_e 及凝结项 R_c 的公式为：

$$R_{\varepsilon}=F_{vop}\frac{3\alpha_{nuc}\left(1-\alpha_{v}\right)\rho_{v}}{R_{B}}\left[\frac{2}{3}\left(\frac{P_{v}-P}{\rho_{1}}\right)\right]^{\frac{1}{2}}\left(P\leq P_{v}\right) \tag{1}$$

$$R_{c}=F_{cond}\frac{3\alpha_{v}\rho_{v}}{R_{B}}\left[\frac{2}{3}\left(\frac{P-P_{v}}{\rho_{1}}\right)\right]^{\frac{1}{2}}\left(P\geq P_{v}\right) \tag{2}$$

式(1)和式(2)中的经验常数取值如下，蒸发系数 $F_{vap}=50$；凝结系数 $F_{cond}=0.01$；汽核体积分数 $\alpha_{nuc}=5\times10^{-4}$；空泡半径 $R_{B}=10^{-6}\,\text{m}$。

2.4 边界条件设置

模型泵启动过程瞬态空化特性非定常数值模拟的计算设置是在无空化启动过程数值计算的基础上进行的。介质选择25℃的清水，其在对应温度下的汽化压力为3169Pa，参考压力设置为0Pa。边界条件则是根据高速摄影试验条件进行设置的，采用压力进口，同时，进口将液态介质的体积分数设置为1，气态介质的体积分数设置为0。为了研究采用不同进口压力对混流泵启动过程中瞬态空化特性的影响，根据高速摄影试验方案，分别进行了1.0Q_{opt}工况下P=80kPa、60 kPa和 40 kPa三种进口压力模型泵启动过程瞬态空化特性的非定常数值模拟，将数值计算的总时间延长至模型泵转速达到稳定时的状态，因此本文将总计算时间设置为11s，对应的时间步长设置为0.011s。流量和叶轮转速的变化曲线由模型泵启动试验数据拟合得到，然后采用软件自带的CEL语言进行控制。

2.5 实验装置及仪器

本文中的模型泵稳态外特性试验、额定工况下的空化特性试验、启动外特性试验及高速摄影试验均是在江苏大学国家水泵及系统工程技术研究中心科研实验室的Φ250mm混流泵闭式试验台上完成的，该试验台主要由动力驱动装置、试验模型泵装置及相关循环管路等三部分组成，试验台的示意图如图3所示。

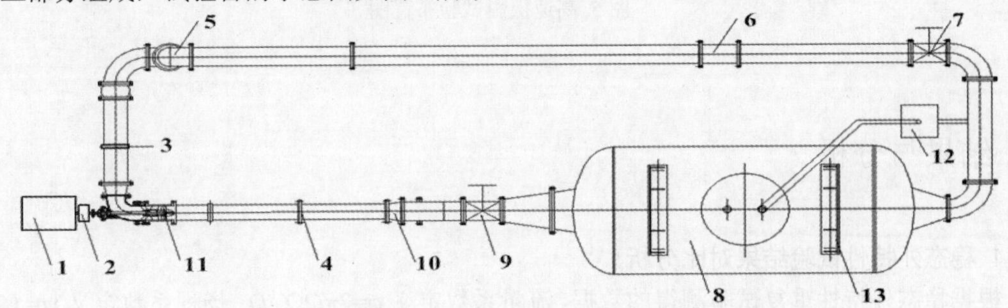

1.电机 2.扭矩仪 3.出口测压段 4.进口测压段 5.增压泵 6.涡轮流量计 7.出口闸阀 8.水箱 9.进口闸阀 10.伸缩管 11.试验泵段 12.真空泵 13.稳压罐

图3 混流泵试验台示意图

本次试验分为外特性试验和内流场试验，采用的混流泵模型的泵体材料分别为不锈钢和透明的有机玻璃，其相关实物照片见图4。

(a) 模型泵叶轮和导叶

(b) 有机玻璃制透明泵体图

图4 模型泵实物图

图5所示为本次试验应用高速摄像机拍摄混流泵内部空化流场时数据采集的照片。高速摄像机拍摄频率设置为5000Hz，曝光时间为107μs。

图5 高速摄影试验布置图

3 结果与分析

3.1 稳态外特性试验结果对比分析

根据稳态外特性重复试验测得的数据，流量系数定义 $\varphi=2\pi Q\Omega^{-1}D^{-3}$ 扬程系数定义 $\psi=(2\pi)^2gH(\Omega D)^{-2}$，其中Ω为转子叶顶的角速度（rad/s）。图6为扬程系数—流量系数图和效率—流量系数图。从图中可以看出，六次重复试验的外特性曲线基本重合，说明本次试验结果的可靠性和准确性高。同时，可以看出模型泵在流量为435m^3/h（120.83L/s，约0.956Q_{opt}）

时达到了效率最高点，此时效率为 75.95%。

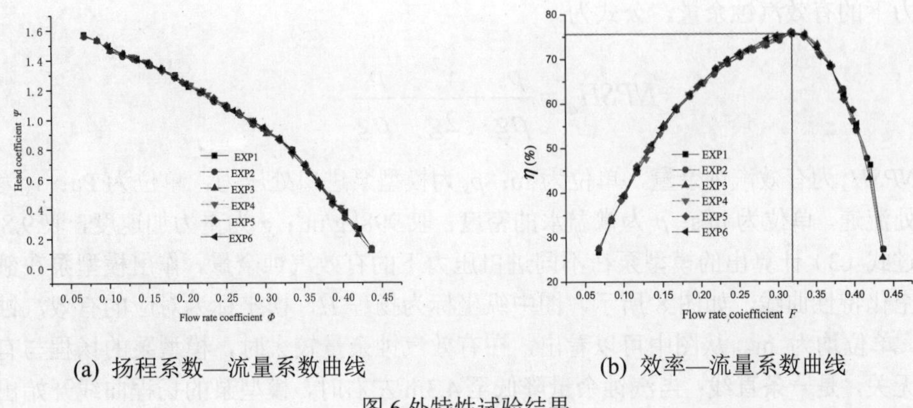

(a) 扬程系数—流量系数曲线　　(b) 效率—流量系数曲线

图 6 外特性试验结果

图 7 是利用 SST *k-ω* 模型得到的泵外特性数据与试验的对比示意图。由于在对模型进行三维造型时，仅针对主要过流部件进行了精确建模，加上简化的几何模型，忽略了很多泄露，导致模拟值得扬程系数总体比实验值小，但是，模拟值与实验值的误差在可以接受的范围。说明 SST *k-ω* 湍流模型能够很好地求解近壁面处复杂的涡流场。

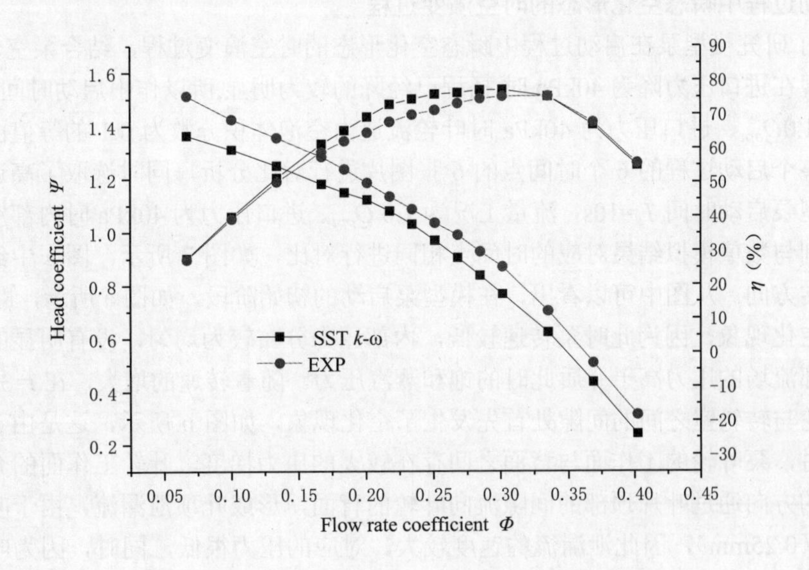

图 7 数值模拟与外特性试验的曲线对比

3.2 泵空化特性曲线

根据对模型泵在不同进口压力下数值计算结果进行整理分析，可计算得到模型泵在各进口压力下的有效汽蚀余量，公式为：

$$NPSH_a = \frac{p_s}{\rho g} + \frac{v_s^2}{2g} - \frac{p_v}{\rho g} \tag{3}$$

式中，$NPSH_a$为有效汽蚀余量，单位为 m；p_s为模型泵进口处压力，单位为 Pa；v_s为模型泵进口处流速，单位为 m/s；ρ 为常温水的密度，取 998kg/m^3；g 为重力加速度，取 9.8m/s^2。

通过式（3）计算出的模型泵在不同进口压力下的有效汽蚀余量，作出模型泵在额定工况下的空化特性曲线，如图 8 所示，图中纵坐标为扬程 H，横坐标为对应的有效汽蚀余量 $NPSH_a$，单位均为 m。从图中可以看出，在有效汽蚀余量较大时，模型泵的扬程与有效汽蚀余量无关，是一条直线；当汽蚀余量降低至 4.3m 左右时，模型泵的扬程曲线开始出现下降的拐点，当汽蚀余量降低至 4.25m 以下时，随着有效汽蚀余量的降低，模型泵扬程出现了直线下降，表明泵内部发生了空化并随着泵进口压力的减小迅速发展。目前，工程中一般规定在水泵扬程下降 3%时所对应的有效汽蚀余量，即为该水泵汽蚀余量的临界值，即必需汽蚀余量 $NPSH_r$。因此，从图中可以看出，模型泵扬程下降 3%时的扬程为 2.231m，此时所对应的有效汽蚀余量为 4.41m。所以，模型泵在额定流量工况下的必需汽蚀余量 $NPSH_r$ 等于 4.41m。

3. 3 启动过程中瞬态空化形态的时空演变过程

为了研究模型泵在启动过程中瞬态空化形态的时空演变过程，结合泵空化特性曲线，可以发现在进口压力降为 40kPa 时,扬程已经降的较为明显,所以作出启动时间 T_s=10s，流量工况为 1.0Q_{opt}、进口压力为 40kPa 时叶轮流道内空泡体积分数为 0.1 的等值面，选取代表模型泵整个启动过程的 6 个时间点的 6 张图片进行对比分析，同时选取了高速摄影试验拍摄的模型泵启动时间 T_s=10s，流量工况为 1.0 Q_{opt}、进口压力为 40kPa 时内部空化流场的照片，分别与数值模拟结果对应的时间点相同进行对比，如图 7 所示，图 a 中红色箭头表示叶轮旋转方向。从图中可以看出，在模型泵启动的初始阶段，如图 a 所示，即 t=2s 时，没有出现空化现象，因为此时泵转速较低，内部压力分布较为均匀，没有明显的压力梯度，同时内部流场的压力高于介质此时的饱和蒸汽压力。随着转速的增大，在 t=3s 时刻，在模型泵叶轮与转轮室之间的间隙处首先发生了空化现象，如图 b 所示，这是由于在模型泵转速较大时，泵叶轮的工作面与背面之间存在较大的压力梯度，叶轮工作面的介质会沿着压力梯度的方向通过叶片顶部的间隙流向叶轮的背面，形成叶顶泄漏流，由于叶顶间隙的尺寸很小（0.25mm），因此泄漏流的速度较大，对应的压力很低，同时，因为叶顶泄漏流的流动方向与叶轮流道中的主流方向不同，两股流动相互混合时会发生卷吸作用，形成叶顶泄漏涡，涡中心的压力很低，当其低于临界压力时，便会发生空化。随着模型泵转速的进一步增大，可以观察到叶顶泄漏涡空化的面积也在不断增大，并逐渐向卷吸区发展，同时，可以观察到在模型泵叶顶间隙区域发生了泄漏流引起的间隙附着空化，如图 c、d 所示。因此，在启动的初期,模型泵内部的空化主要由叶顶泄漏涡引起的涡空化与叶顶泄漏流引起的间隙附着空化组成。在模型泵启动的后期，进口压力到达最低点,泄漏涡空化与间隙附着空化的空泡团不断向着卷吸区发展，最终会连结在一起，形成类似于三角形的空泡云，空泡面积显著增加,如图 e、f 所示。同时，可以观察到叶轮流道中的空化区域随着启动时间的推进，逐渐向叶片后缘方向发展，最终在高压区脱落、溃灭。此外，在图 e 中，可以发现空化区域已经由叶顶开始扩展至叶片背面，而图 f 中的空泡已经扩展至叶片背面面积的大约 1/3，表明此时模型泵已经发生了严重空化，诱导产生较大的振动、噪声，水泵的各项性能大幅降低。通过对数值模拟和内流场试验的结果对比分析可知，本次数值模拟得到的模型泵启动过程中瞬态空化的演化过程与内流场高速摄影试验的结果基本一致。所以,本次模拟具有一定可信度,对之后的研究分析有一定借鉴作用。

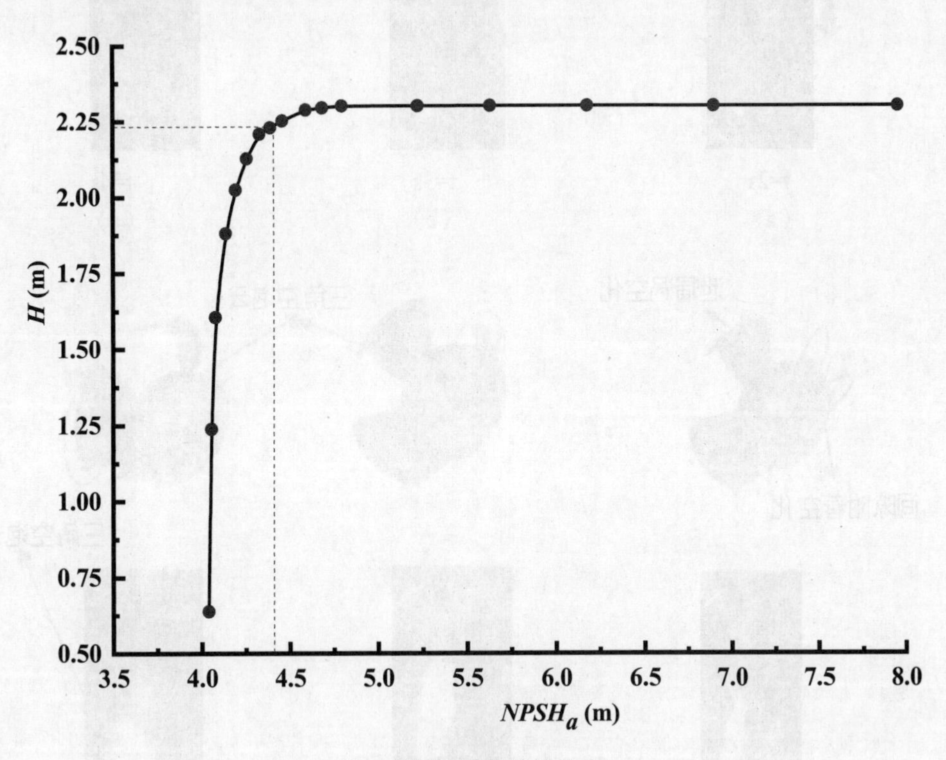

图 8 模型泵空化特性曲线

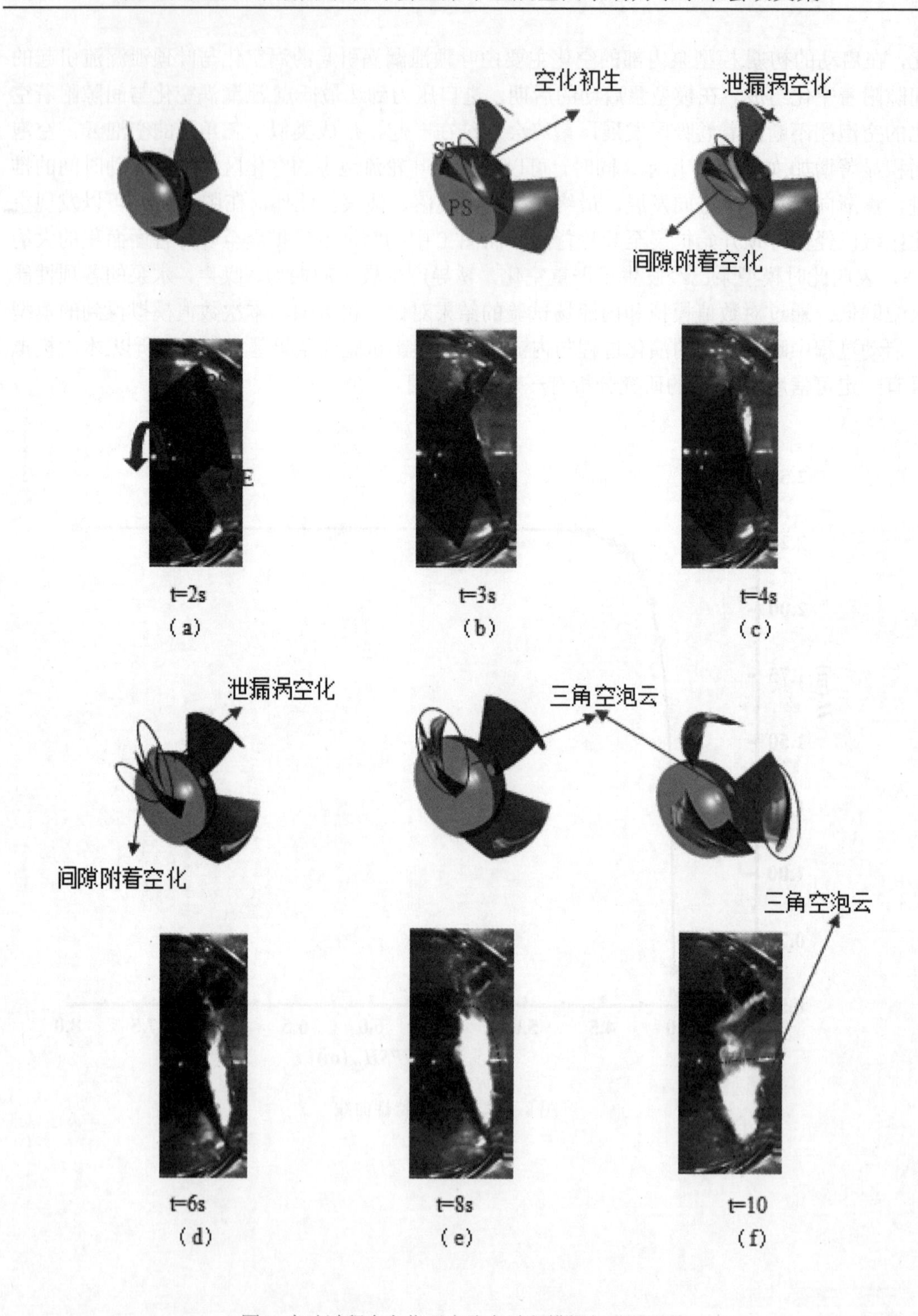

图 9 启动过程中空化形态演变过程模拟与试验对比

3.4 不同进口压力下叶轮流道内空泡体积分数分布

为了研究模型泵在采用不同进口压力条件时对其瞬态空化性能的影响，分别作出在80kPa、60kPa和40kPa三种进口压力条件下，启动时间 T_s=10s、流量工况为 $1.0Q_{opt}$ 时模型泵叶轮流道内空泡体积分数为0.1的等值面，同样选取代表模型泵整个启动过程的4个时间点的4张图片进行对比分析，如图10所示。

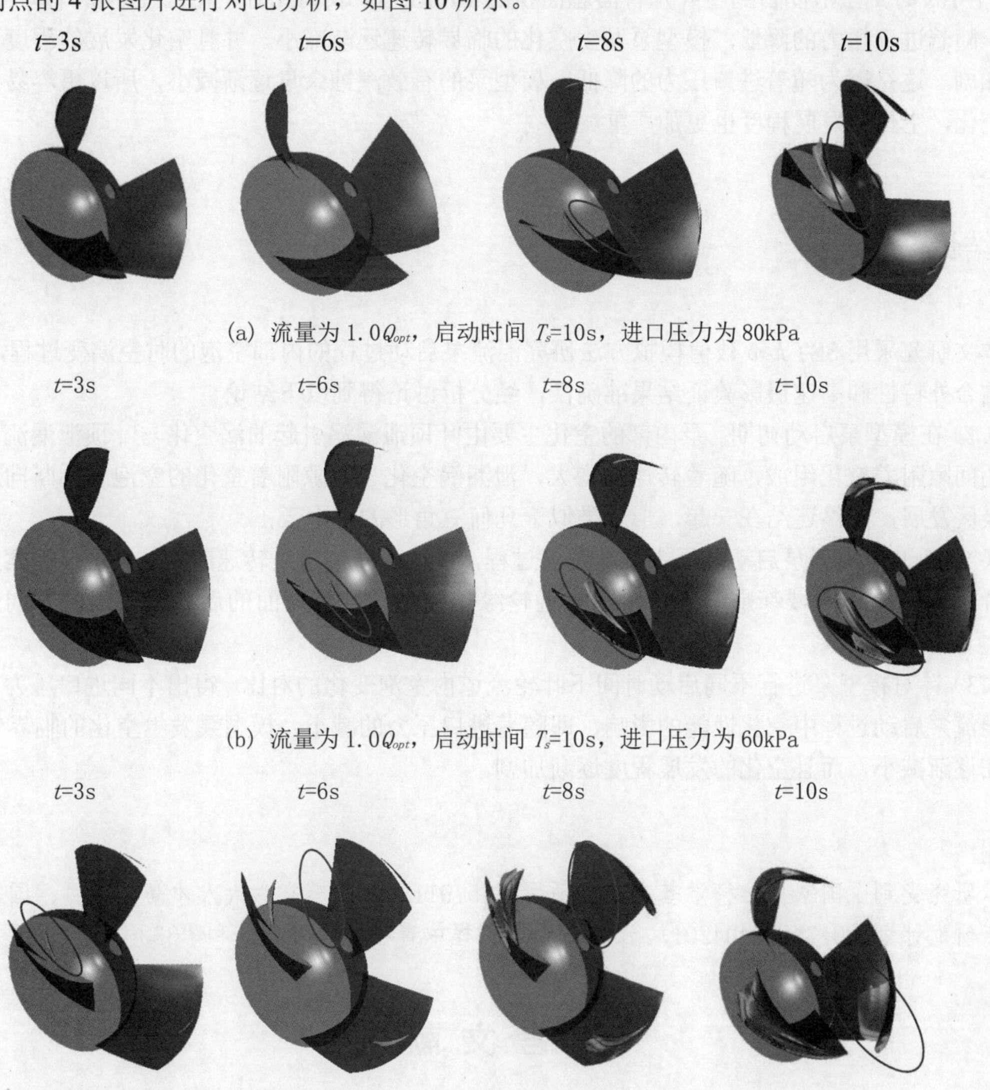

(a) 流量为 $1.0Q_{opt}$，启动时间 T_s=10s，进口压力为80kPa

(b) 流量为 $1.0Q_{opt}$，启动时间 T_s=10s，进口压力为60kPa

(c) 流量为 $1.0Q_{opt}$，启动时间 T_s=10s，进口压力为40kPa

图10 不同进口压力下的启动过程空化

从图10中可以看出，在不同的进口压力下，模型泵叶轮流道内的空化都是首先发生在叶轮与转轮室间隙处的叶顶泄漏涡空化。随着转速的增大，模型泵叶顶间隙处发生间隙附着空化，空泡团体积不断扩大，在启动即将完成时，形成了三角形空泡云。同时，通过对图 a、b、c 进行对比可以看出，随着进口压力的降低，叶轮内空化发生时的临界转速分别为 435r/min、870r/min 和 1160r/min，此外，模型泵内空化发展的程度逐渐加剧，比如在 b、c 两图中的 t=10s 时刻，形成了三角形空泡云，并且图 c 中 t=8s 时刻空化已经发展至叶片背面，t=10s 时刻空泡团占到了叶片背面总面积的 40%左右，表明此时空化已经非常严重。因此，随着进口压力的降低，模型泵发生空化的临界转速逐渐减小，并且空化发展的程度逐渐加剧。这是因为随着进口压力的降低，模型泵的有效汽蚀余量逐渐减小，所以更容易发生空化，空化的发展程度也更加严重。

4 结论

本文研究采用 SST k-ω 数值模拟方法研究混流泵启动过程的内部空泡的时空演变过程，并结合外特性和高速摄影验证结果准确性，经分析讨论得到以下结论。

（1）在模型泵启动初期，泵内部的空化主要由叶顶泄漏涡引起的涡空化与叶顶泄漏流引起的间隙附着空化组成，随着转速的增大，泄漏涡空化与间隙附着空化的空泡团不断向着卷吸区发展，最终连结在一起，形成类似于几何三角形的空泡云；

（2）通过对模型泵启动过程中空泡发展过程，发现随着模型泵转速的增加，可以观察到叶片背面的空化区域都是由叶片中部靠近轮缘处逐渐向叶片背面的后缘及轮毂的方向发展；

（3）针对模型泵进行不同启动时间下叶轮流道内空泡变化的对比，得出不同进口压力下对混流泵启动过程中空化性能的影响，即随着进口压力的减小，模型泵发生空化的临界转速在逐渐减小，而且空化的发展程度逐渐加剧。

致谢

本研究受到了国家自然科学基金面上项目(51579118)、江苏省六大人才高峰项目、国家重点研发计划(2017YFC0404201)、江苏省青蓝工程中青年学术带头人和“333”工程项目资助。

参 考 文 献

1 Duplaa S, Coutier-Delgosha O, Dazin A, et al. Experimental Study of a Cavitating Centrifugal Pump During Fast Startups[J]. Journal of Fluids Engineering, 2010, 132(2):365-368.

2 Sébastien D, Olivier C D, Antoine D, et al. Cavitation inception in fast startup[C]// The International Symposium on Transport Phenomena and Dynamics of Rotating Machinery - Isromac. 2008.

3 Duplaa S, Coutier-Delgosha O, Dazin A, et al. Experimental characterization and modelling of a cavitating centrifugal pump operating in fast start-up conditions[J]. Science, 2010, 66(1708):284-285.

4 Shah S, Merchant A, Luby S, et al. The Transient Characteristics of a Pump during Start Up[J]. Jsme International Journal, 2008, 25(201):372-379.

5 Tanaka T, Tsukamoto H. Transient Behavior of a Cavitating Centrifugal Pump at Rapid Change in Operating Condition : 1st Report, Transient Phenomena at Opening/Closure of Discharge Valve[J]. Nihon Kikai Gakkai Ronbunshu B Hen/transactions of the Japan Society of Mechanical Engineers Part B, 1999, 63(616):3984-3990.

6 Tanaka T, Tsukamoto H. Transient Behavior of a Cavitating Centrifugal Pump at Rapid Change in Operating Conditions—Part 2: Transient Phenomena at Pump Startup/Shutdown[J]. Journal of Fluids Engineering, 1999, 121(4):850-856.

7 Tanaka T, Tsukamoto H. Transient Behavior of a Cavitating Centrifugal Pump at Rapid Change in Operating Conditions—Part 3: Classifications of Transient Phenomena[J]. Nihon Kikai Gakkai Ronbunshu B Hen/transactions of the Japan Society of Mechanical Engineers Part B, 1999, 63(616):3984-3990.

8 甘加业，薛永飞，吴克启．混流泵叶轮内空化流动的数值计算[J]．工程热物理学报，2007, 28(z1):165-168.

9 常书平，王永生．基于CFD的混流泵空化特性研究[J]．排灌机械工程学报，2012，30(2):171-175.

10 曹玉良，贺国，明廷锋，等．修正湍流粘度的混流泵空化非定常分析[J]．哈尔滨工程大学学报，2016，37(5):678-683.

11 李伟．斜流泵启动过程瞬态非定常内流特性及实验研究[D]．江苏大学，2012.

12 刘竹青，朱强，杨魏，等．双吸离心泵关阀启动过程的瞬态特性研究[J]．农业机械学报，2015, 46(10):44-48.

13 许斌杰，李志峰，吴大转，等．离心泵启动过程瞬态特性的研究[J]．中国科技论文，2009, 4(9):644-649.

14 许斌杰，李志峰，吴大转，等．离心泵启动过程瞬态湍流流动的数值模拟研究[J]．中国科技论文，2010，05(9):683-687.

15 王乐勤，吴大转，胡征宇，等．基于键合图法的叶片泵启动特性仿真[J]．工程热物理学报，2004, 25(3):417-420.

16 张玉良，朱祖超，崔宝玲，等．离心泵起动过程的外特性试验研究[J]．机械工程学报，2013, 49(16):147-152.

17 张玉良，朱祖超，林慧超，等．离心泵启动过程中的附加理论扬程计算[J]．力学季刊，2012, 33(3):456-460.

18 吴大转，焦磊，王乐勤．离心泵启动过程瞬态空化特性的试验研究[J]．工程热物理学报，2008, 29(10):1682-1684.

19 张俊杰．混流泵及水翼加速流工况瞬态空化特性的数值模拟与实验研究[D]．江苏大学，2016.

20 张德胜，石磊，陈健，等．轴流泵叶轮叶顶区空化特性试验分析[J]．浙江大学学报(工学版)，2016, 50(8):1585-1592.

21 张德胜，石磊，陈健，等．基于大涡模拟的轴流泵叶顶泄漏涡瞬态特性分析[J]．农业工程学报，

2015, 31(11):74-80.

22 张德胜，陈健，张光建，等．轴流泵叶顶泄漏涡空化的数值模拟与可视化实验研究[J]．工程力学，2014(9):225-231.

23 张德胜，潘大志，施卫东，等．轴流泵叶顶区的空化流场与叶片载荷分布特性[J]．化工学报，2014，65(2):501-507.

Numerical simulation and experimental study on transient cavitation characteristics of mixed-flow pump startup process

ZHANG De-sheng [1*], GU QI [1], CHEN Zong-he [1], SHI Wei-dong [2]

(1. National Research Center of Pumps, Jiangsu University, Zhenjiang, Jiangsu 212013, China.

2. Department of Mechanical Engineering, Nantong University, Nantong 226019, Jiangsu ,China.

*Email：zds@ujs.edu.cn)

Abstract: Aiming at researching of the transient cavitation characteristics during the start-up process of mixed-flow pump, the flow field distribution in impeller passage under different inlet pressures at the same start-up time (T_s=10s) was analyzed by means of both numerical simulation and high-speed photography. It is found that in the initial stage of start-up process, the cavitation inside the pump is mainly composed of the vortex cavitation caused by the tip leakage vortex and the gap attachment cavitation caused by the tip leakage flow. With the increase of the rotational speed, it can be observed that the cavitation area has moved from the rim near the middle of the blade to the trailing edge of the suction side of the blade and the hub, then forming a cavitation area shaped as a geometric triangle; and the cavitation consists of the tip leakage vortex cavitation, the entrainment area cavitation and the clearance attachment cavitation. As the pressure of the inlet of the model pump is reduced, the critical speed when the cavitation happens will decrease, and the strength of cavitation is intensified.

Key words: Mixed-flow pump; Starting; Numerical simulation; High speed photography

基于自适应网格的三维数值波浪水池

张运兴，段文洋，廖康平，马山

(哈尔滨工程大学船舶工程学院，哈尔滨，150001，Email: duanwenyang@hrbeu.edu.cn)

摘要：本文基于自适应网格开发了三维两相流数值波浪水池，并进行相应验证。采用分步法求解两相 Navier-Stokes 方程，并采用 VOF 方法捕捉自由表面，网格结构的变化使用开源库 Paramesh 进行控制。首先模拟剪切流问题验证 VOF 方法，然后分别模拟线性液舱晃荡问题和孤立波传播问题验证当前模型。所有计算结果均与理论解进行比较，结果吻合良好，计算效率相对于均匀网格大大提升，证明了当前模型的准确性和可行性。

关键词：数值波浪水池；自适应网格；两相流；VOF

1 引言

近年来，基于 CFD 技术的数值波浪水池被广泛应用于船舶与海洋工程水动力学问题研究中，各种各样的 CFD 软件或代码随之产生。然而大多数软件或代码均使用提前划分好的、在计算过程中不变的固定网格，当所关心区域随时间可能发生变化时，使用者将不得不提前对所有关心区域的网格进行加密，这就导致计算量可能过大。

自适应网格方法是一种在计算过程中根据需要自动改变网格疏密程度的方法。该方法由 Berger 和 Oliger[1]提出并应用于双曲方程的求解。此后，大量学者将该方法应用于单相流问题和两相流问题。对单相流问题，Elli 等[2]基于弱可压缩结合直角网格和浸入边界法模拟了水轮机尾流场，Vanella 等[3]结合自适应网格与浸入边界法对刚体流固耦合问题进行了模拟。对两相流问题，Zuzio 和 Estivalezes[4]结合 level set 方法和 Ghost Fluid Method 方法分析气泡变形与 R-T 不稳定性问题，Liu 和 Hu[5-6]分别基于可压缩和不可压缩，在自适应网格上利用 THINC 方法对气泡演化问题和波浪破碎进行了模拟。这些研究充分证明了基于自适应网格开发数值波浪水池的可行性。

张运兴等[7]基于自适应网格开发的二维数值波浪水池，进一步拓展至三维。内容包括以下几个部分：第二节简要介绍数值算法；第三节为算例验证，包括剪切流、线性液舱晃荡和孤立波传播等 3 个问题的模拟；最后是本文结论。

2 数值方法

2.1 控制方程

不可压缩黏性两相流体的控制方程为连续性方程和 N-S 方程（忽略表面张力）：

$$\frac{\partial u_i}{\partial x_i}=0$$
$$\frac{\partial u_i}{\partial t}+\frac{\partial (u_i u_j)}{\partial x_j}=-\frac{1}{\rho}\frac{\partial p}{\partial x_i}+\frac{1}{\rho}\frac{\partial \tau_{ij}}{\partial x_j}+f_i \tag{1}$$

式中，u、p 和 ρ 分别为速度、压力和密度；τ 为黏应力。f 代表源项，如重力等。

本文基于有限差分法和交错网格对方程（1）在直角网格上进行离散。其中时间离散采用分步法，对流和扩散部分分别采用 TVD 格式和中心差分格式，压力通过求解压力泊松方程得到，自由表面流动采用 VOF 方法捕捉。该部分算法详细介绍请参考文献[7]。

2.2 自适应网格

基于开源库 Paramesh[8]，使用八叉树结构对网格进行控制（图 1）。计算过程中，所有网格块计算同时进行，块与块之间通过插值相互提供边界条件。网格块依据设定好的判断条件（如离自由面距离）自动进行加密或粗化。

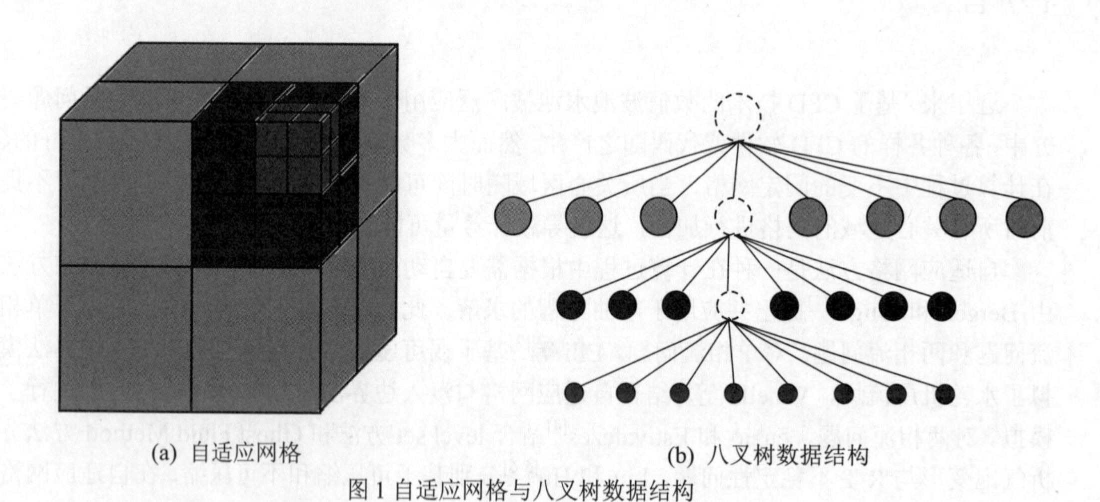

(a) 自适应网格　　(b) 八叉树数据结构

图 1 自适应网格与八叉树数据结构

3 计算结果

3.1 剪切流问题

剪切流问题是验证 VOF 准确性的常用算例，该问题在给定速度场中对如下 VOF 方程进行计算[9]，其中 C 为体积分数：

$$\frac{\partial C}{\partial t}+\nabla\cdot\left(\vec{u}C\right)=0 \tag{2}$$

计算域为边长为 1 的正方体，圆球初始半径为 0.15，在$100\times100\times100$均匀网格下，不同时刻 C=0.5 等值面计算结果如图 2 所示，可以看出计算结果满足要求。

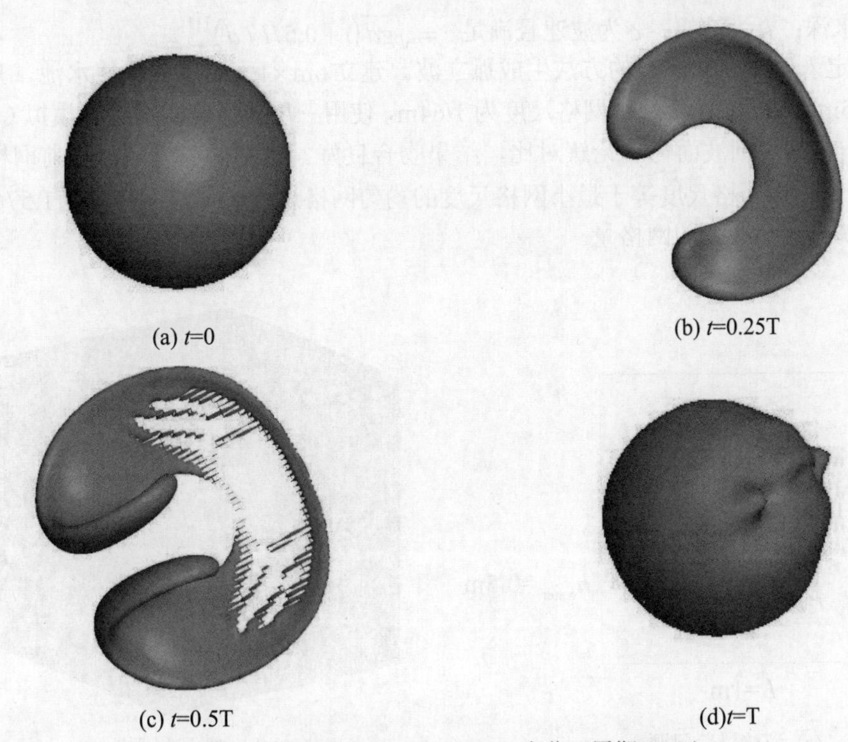

(a) t=0　　(b) t=0.25T

(c) t=0.5T　　(d)t=T

图 2 不同时刻等值面（C=0.5）变化（周期 T=3s）

3.2 线性液舱晃荡问题

线性液舱晃荡问题表示在封闭空间中，水在重力g和常数横向加速度a共同作用下的自由面运动问题见图 3(a)。根据势流理论，当a远小于g时，某点自由面高度有如下理论解[10]：

$$\xi(x,t)=\frac{a}{g}\left(x-\frac{L}{2}+\sum_{n\geq0}\frac{4}{Lk_{2n+1}^{2}}\cos(\omega_{2n+1}t)\cos(k_{2n+1}x)\right) \tag{3}$$

$$k_n=\frac{n\pi}{L},\quad \omega_n^2=\frac{gk_n\left(\rho_2-\rho_1\right)}{\rho_1\coth\left[k_n\left(h_{tank}-h_{water}\right)\right]+\rho_2\coth\left[k_n h_{water}\right]}$$

式中，k为波数；ω为频率；n为足够大整数（本文取 10000）。

使用三层自适应网格对该问题进行模拟，如图 3(b)所示。图 4 为不同网格下（最密网格为 1/256），左侧边界上自由面高度随时间变化的数值结果与理论解对比，可以看出结果收敛且与势流理论解吻合良好。

3.3 孤立波传播问题

根据线性孤立波理论，孤立波波面可表示为

$$\eta(x,t)=H\operatorname{sech}^2\left[\sqrt{\frac{3H}{4d^3}}(x-ct)\right] \tag{4}$$

式中，d为水深；H为波幅；c为波速且满足$c=\sqrt{gd}\left(1+0.5H/d\right)$[11]。

使用给定入口速度和波面的方法生成孤立波。建立6m×1m×1m的数值水池，具体参数为水深0.5m，波高0.1m，最小网格尺度为1/64m，使用三层自适应网格进行模拟（图6）所示。图 5 为某时刻波面与理论解对比，结果吻合良好。计算效率方面，当前网格量为5.26×10^5，若使用网格尺度等于最小网格尺度的均匀网格进行模拟，网格量为1.57×10^6，自适应网格减少了约2/3的网格量。

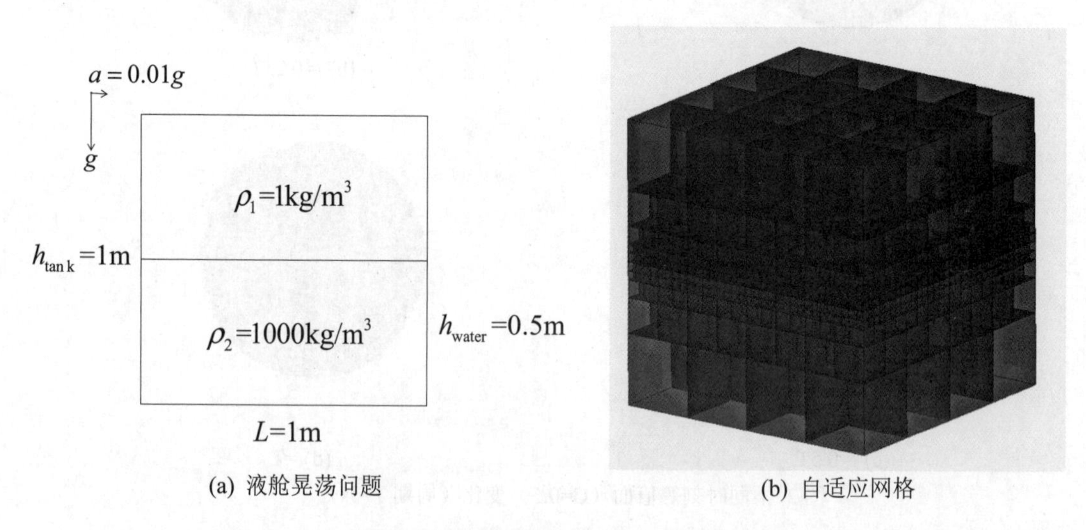

(a) 液舱晃荡问题　　(b) 自适应网格

图3 液舱晃荡问题相应参数与自适应网格

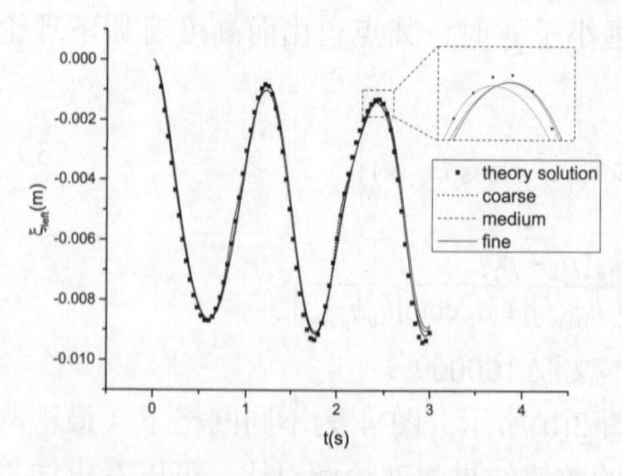

图4 左侧边界上自由面高度随时间变化

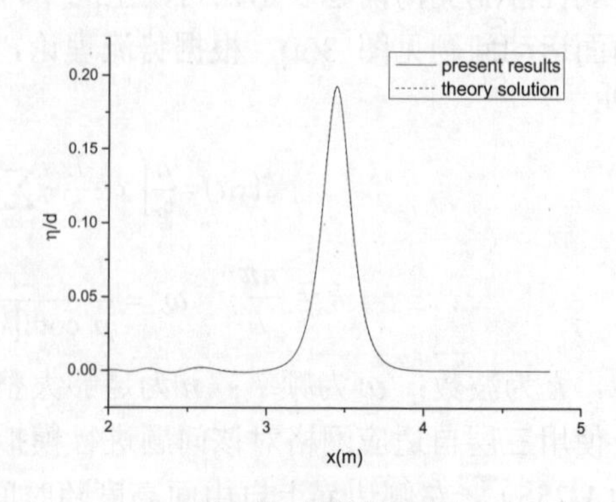

图5 某时刻波面对比

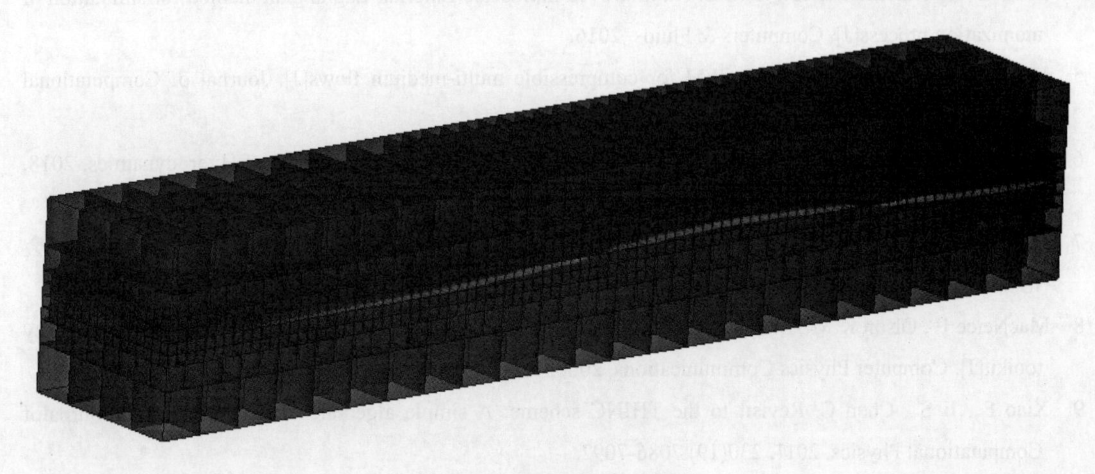

图 6 孤立波传播某时刻网格

4 结论与展望

本文基于自适应网格开发了三维数值波浪水池并进行相应验证。算例计算结果与理论解吻合良好，计算效率相对于均匀网格大大提升，证明了自适应网格在两相流问题模拟中的可行性。

致谢

本文工作得到国家自然科学基金（No. 51779049，No. 51409060，No. 51709064，No. 51879058，No. 51679043）和工信部数值水池创新专项的支持。

参 考 文 献

1 Berger M J, Oliger J. Adaptive mesh refinement for hyperbolic partial differential equations[J]. Journal of computational Physics, 1984, 53(3): 484-512.

2 Elie B, Oger G, Guillerm P E, et al. Simulation of horizontal axis tidal turbine wakes using a Weakly-Compressible Cartesian Hydrodynamic solver with local mesh refinement[J]. Renewable Energy, 2017, 108: 336-354.

3 Vanella M, Rabenold P, Balaras E. A direct-forcing embedded-boundary method with adaptive mesh refinement for fluid-structure interaction problems[J]. Journal of Computational Physics, 2010, 229(18): 6427-6449.

4 Zuzio D, Estivalèzes J L, DiPierro B. An improved multiscale Eulerian-Lagrangian method for simulation of atomization process[J]. Computers & Fluids, 2016.

5 Liu C, Hu C. Adaptive THINC-GFM for compressible multi-medium flows[J]. Journal of Computational Physics, 2017, 342: 43-65.

6 Hu C, Liu C. Simulation of violent free surface flow by AMR method[J]. Journal of Hydrodynamics, 2018, 30(3): 384-389.

7 张运兴, 段文洋, 廖康平, 等. 基于自适应网格的二维孤立波生成[M].第二十九届全国水动力学研讨会论文集. 北京，海洋出版社，2018.

8 MacNeice P , Olson K M , Mobarry C , et al. PARAMESH: A parallel adaptive mesh refinement community toolkit[J]. Computer Physics Communications, 2000, 126(3):330-354.

9 Xiao F , Ii S , Chen C. Revisit to the THINC scheme: A simple algebraic VOF algorithm[J]. Journalof Computational Physics, 2011, 230(19):7086-7092.

10 Chanteperdrix G. Modélisation et simulation numériqued'écoulementsdiphasiques à interface libre. Application à l'étude des mouvements de liquides dans les réservoirs de véhiculesspatiaux[D]. PhD thesis, Ecole Nationale Supérieure de l'Aéronautique et de l'Espace, Toulouse, France (in French), 2004.

11 Miles J W. Solitary Waves[J]. Annual Review of Fluid Mechanics, 1980, 12(12):11-43.

3D numerical wave tank based on adaptive mesh refinement grid

ZHANG Yun-xing, DUAN Wen-yang, LIAO Kang-ping, MA Shan

(College of Shipbuilding Engineering, Harbin Engineering University, Harbin, 150001.

Email: duanwenyang@hrbeu.edu.cn)

Abstract: In this paper, a three-dimensional two-phase flow Numerical Wave Tank (NWT) is developed based on Adaptive Mesh Refinement(AMR) grid, with corresponding validations. Fractional step method is applied for solving the Navier-Stokes equations and free surface flow is captured with VOF method. The AMR grid is managed with open source library Paramesh. Benchmark cases of shear flow advectionis used to validate the VOF method. Then linear sloshing and solitary wave propagation problemsare simulated to validate the model. All the results are compared with theory solutions, with good agreements obtained. The veracity of the model is verified.

Key words: NWT,AMRGrid,Two-Phase Flow,VOF.

基于 harmonic polynomial cell(HPC)方法的聚焦波非线性模拟[1]

孙小童，张崇伟*，宁德志

（大连理工大学海岸和近海工程国家重点实验室，大连，116024
*通讯作者 Email:chongweizhang@dlut.edu.cn）

摘要：通过前期发展，harmonic polynomial cell (HPC)方法已被认为是一种具有很大发展前景的计算流体力学方法。该方法基于势流理论建立，具有四阶精度，且形成稀疏系数矩阵，与传统满秩和不对称矩阵边界元法相比具有优势。目前人们仍在探索和扩大这种新方法的适用范围。本文基于 HPC 方法，在时域内建立非线性数值波浪水槽，采用半拉格朗日方法对瞬时自由面边界条件进行更新，对波浪在不平坦海底上的传播特性和聚焦波的生成过程开展模拟。通过与实验数据比较，验证了该数值模型用于上述两类非线性波浪问题的有效性。

关键词：harmonic polynomial cell; 波浪水槽;聚焦波;势流;地形

1 引言

Shao & Faltinsen[1-2]提出了一种求解势流问题的新方法，称为 harmonic polynomial cell (HPC)。该方法通过重叠单元离散计算域，利用完整谐波多项式集的线性叠加来表示每个单元的速度势，形成具有稀疏系数矩阵的线性方程组，完成边值问题的求解。与传统边界元方法相比，HPC 方法无需构造和求解满秩系数矩阵，在计算效率等方面具有优势。本文将利用 HPC 方法对两类非线性波浪问题开展研究，以验证该方法的有效性。①模拟波浪在不均匀海底上的传播问题，与 Beji & Beji[3-4]关于波浪经过潜堤传播的实验结果进行对比。②模拟聚焦波的生成问题，与 Ning 等[5]聚焦波实验结果进行对比。

[1]基金项目：国家自然科学基金（51709038，51679036），中国博士后科学基金 (2018M630289)和中央高校基本科研业务费(DUT19RC(4)027)资助项目

2 数学模型

建立一个二维数值波浪水槽，在水槽左侧设置造波板，水槽右侧设置一个人工阻尼区，以吸收右传波浪。建立笛卡尔坐标系 Oxz，O 位于初始时刻造波板和静水面的交点处，x 轴水平指向右边，z 轴垂直向上。假设流体是不可压缩的、无黏的和运动无旋的，引入势流理论中满足拉普拉斯方程下的速度势 φ 来描述波浪水槽内流体运动。

$$\frac{\partial^2\varphi}{\partial x^2}+\frac{\partial^2\varphi}{\partial y^2}=0 \tag{1}$$

在瞬时自由面上，运动学和动力学边界条件采用半拉格朗日的形式为

$$\frac{\delta\varphi}{\delta t}=-g\eta-\frac{1}{2}\nabla\varphi\cdot\nabla\varphi+\frac{\partial\varphi}{\partial z}\frac{\partial\eta}{\partial t}-\upsilon\varphi \tag{2}$$

$$\frac{\partial\eta}{\partial t}=\frac{\partial\varphi}{\partial z}-\frac{\partial\varphi}{\partial x}\frac{\partial\eta}{\partial x}-\frac{\partial\varphi}{\partial y}\frac{\partial\eta}{\partial y}-\upsilon\varphi \tag{3}$$

其中，η 表示自由面升高，g 是重力加速度。$\frac{\delta}{\delta t}=\frac{\partial}{\partial t}+\mathrm{V_P}\cdot\nabla$，$\mathrm{V_P}$ 为自由表面观察点的运动速度。在自由表面边界条件中引入了含 υ 的人工阻尼项。在人工阻尼区内阻尼强度 υ $=1.25\omega/2\pi$（ω为特征波频率），阻尼区的长度设置为特征波长的两倍。造波机边界条件表示为

$$\frac{\partial\varphi}{\partial n}=v\cdot\vec{n} \tag{4}$$

其中，v是造波板上一点速度，n是该点处物面的单位法矢量。海底边界条件为

$$\frac{\partial\varphi}{\partial n}=0 \tag{5}$$

采用四阶 Runge-Kutta 方法对自由面条件进行时间步进。

采用 HPC 方法求解上述关于速度势的边值问题，将计算域划分为相互重叠的单元格。各单元由 9 个节点组成（图 1）。各单元内，速度势由前 8 个多项式的线性组合插值得到

$$\varphi(x,y)=\sum_{j=1}^{8}b_j f_j(x,y) \tag{6}$$

其中，j 是每个单元格的局部索引值，b_j 是对应的系数。f 的表达式如下

$$\begin{aligned} &f_1(x,y)=1 && f_2(x,y)=x && f_3(x,y)=y \\ &f_4(x,y)=x^2-y^2 && f_5(x,y)=xy && f_6(x,y)=x^3-3xy^2 \\ &f_7(x,y)=3x^2y-y^3 && f_8(x,y)=x^4-6x^2y^2+y^4 && \end{aligned} \tag{7}$$

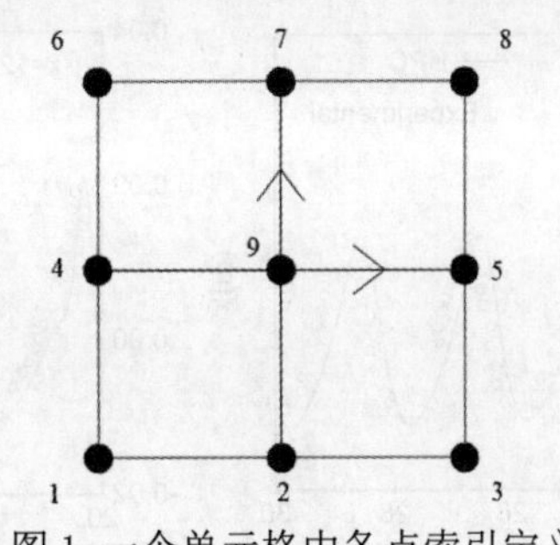

图 1 一个单元格中各点索引定义

3 数值结果和讨论

3.1 规则波在不均匀海底地形的传播

本小节将对比 HPC 的数值模拟结果与 Beji & Bettje [3-4]的实验测量结果。图 2 为波浪水槽布置图。根据实验装置选择以下几何参数，即 L=30m，d=0.4m，e=0.3m，a=2m，g=6m，b=6m，c=3m 和 h=16m。预期波高的振幅和周期分别设置为 A=0.01m 和 T=2s，圆频率 $\omega_0=\pi$，选取 6 个波面测量位置 x=10.5m，12.5m，13.5m，14.5m，15.7m 和 17.3m。入射波高 H=0.02m，周期 T=2s。其他详细情况请见 Beji & Bettje[3-4]。采用如图 3 离散网格计算。造波机的运动方程为 $S(t)=-F\cos\omega t$，其中，$F=A/2(\sinh 2kd+2kd)/(\cosh 2kd-1)$ 是推板造波机的传递函数，x_0 是聚焦位置，t_0 是聚焦时间，ω 为特征波频率，k 是波数，A 是预计波幅。图 3 对比了 6 个测试点处 HPC 数值计算和实验测得的自由水面升高时历曲线。可以看出数值和实验结果基本一致，但是有一定周期差别。图 4 和表 1 分别对 x=10.5m 处的数值和实验结果进行了主频率分析。图 5 在对数值结果进行快速傅里叶分析后，显示数值结果的主频率为目标频率（对应周期 2s）。表 1 提取了峰值实验数据的对应时间，发现实验数据的平均周期为 2.02s，与目标周期 2s 有微小差别。

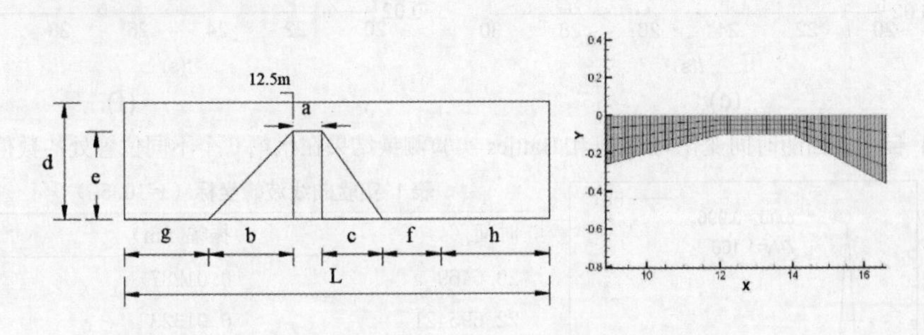

图 2 数值波浪水槽示意图　　图 3 波浪在不平整海底传播问题中的网格结构

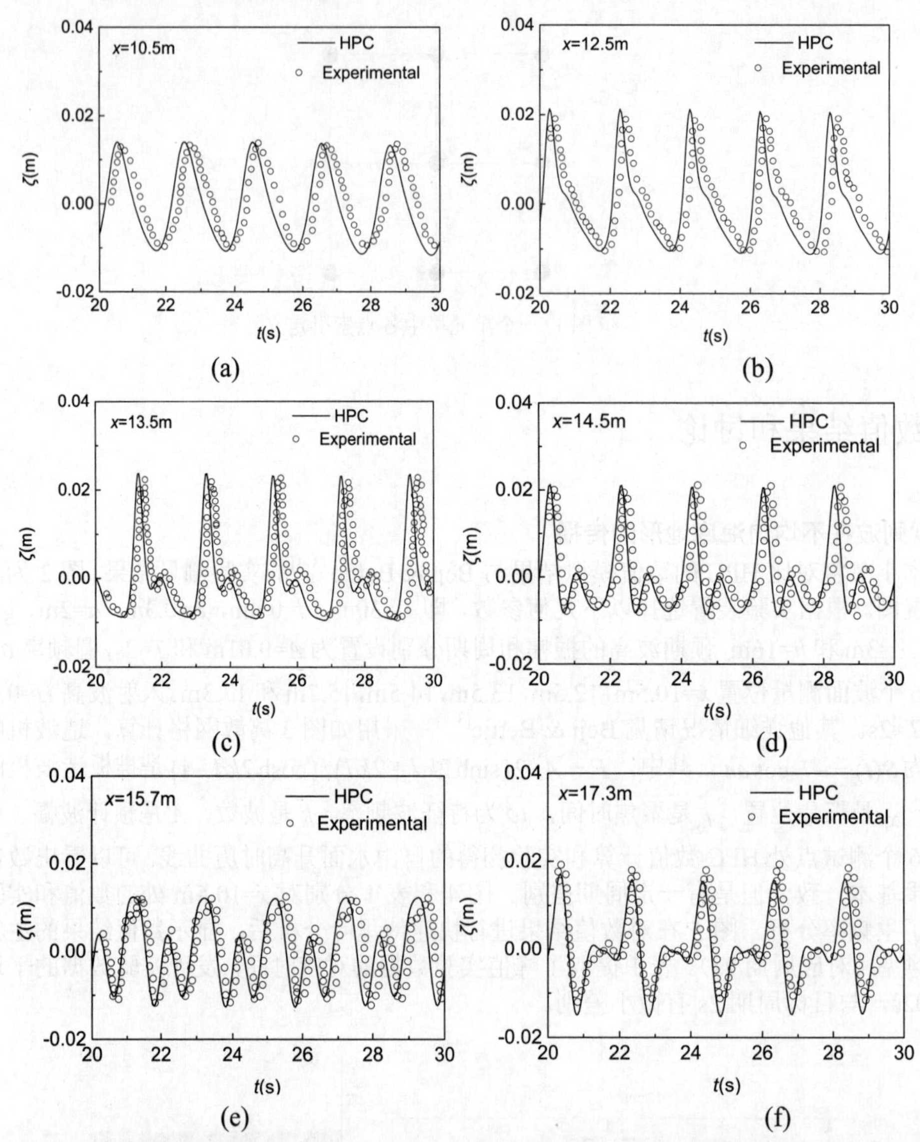

图 4 自由表面随时间变化与 Bejji 和 Battjes 实验测量结果在水槽 6 个不同位置处的数值比较

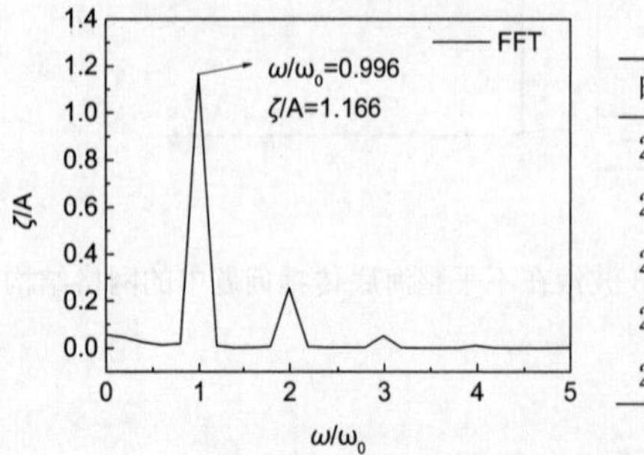

图 5 x=10.5m 处自由面波浪运动的 FFT 频谱

表 1 实验曲线波峰坐标（x=10.5m）

时间（s）	振幅（m）
20.6469	0.01287
22.695421	0.01323
24.71698	0.01372
26.71159	0.01311
28.76011	0.01348

3.2 聚焦波模拟

本小节考虑聚焦波经过平整海底的情况。设置水深 d= 0.5 m，数值水槽长度 L=69m，聚焦位置 x=11.4m，聚焦时间 t=100s，周期范围 T=0.83-1.67s，预期波高 H=0.0626m 和 0.01104m。入射波采用与 Ning[5]相同的频谱，聚焦波生成方式参见 Ning 等[6]。图 6 显示了两种波高条件下聚焦位置处的自由面升高的时间历程曲线，并将数值和实验结果进行了比较。结果显示数值结果与实验数据吻合良好，表明 HPC 方法可以对聚焦波问题进行较好的模拟。

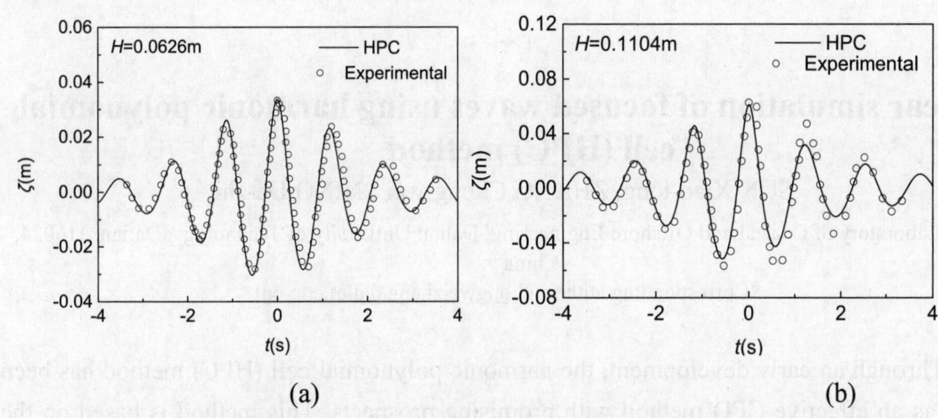

图 6 聚焦位置处自由面时间历程曲线(a) H= 0.0626 m 和(b) H=0.1104m

4 结论

本文基于 HPC 方法建立了非线性数值波浪水槽，模拟了波浪在不均匀海底上的传播和聚焦波的生成两类非线性波浪问题，并将计算所得时间历程曲线与实验数据进行了对比分析。研究发现数值结果与实验数据基本一致，表明 HPC 方法可以对本文两类波浪问题进行良好模拟，值得被进一步研究和拓展。

参考文献

1 Shao, Y.L. , Faltinsen, O.M. “Towards Efficient Full-nonlinear Potential-flow Solvers in Marine Hydrodynamics,” Proc. the 31st International Conference on Ocean, Offshore and Arctic Engineering (OMAE), Rio De Janeiro, Brazil, 2012,

2 Shao, Y.L., Faltinsen, O.M. “Fully-nonlinear Wave-current-body Interaction Analysis by a Harmonic Polynomial Cell Method,” J. Offshore. Mech. Arct. Eng., 2014, 136(3): 031301-031307.

3 Beji S., Battjes J., “Experimental Investigation of Wave Propagation over a Bar,”Coast. Eng., 1993, 19:151 –

162.

4 Beji S. , Battjes J. “Numerical Simulation of Nonlinear Wave Propagation over aBar.” Coast. Eng., , 1994,23:. 1-16.

5 Ning, D.Z., Zang, J., Liu, S.X., et al. “Free-surface Evolution and Wave Kinematics for Nonlinear Uni-directional Focused Wave Groups.” Ocean Eng. 2009, 36:1226–1243.

6 Ning, D. Z., Du. J. “Numerical Investigation of Wind Influence on the Focused Wave Group,” 20th Australasian Fluid Mechanics Conference. Perth, Australia ,2016.

Nonlinear simulation of focused waves using harmonic polynomial cell (HPC) method

SUN Xiao-tong, ZHANG Chong-wei*, NING De-zhi

(State Key Laboratory of Coastal and Offshore Engineering, Dalian University of Technology, Dalian, 116024, China

*Corresponding author: chongweizhang@dlut.edu.cn)

Abstract: Through an early development, the harmonic polynomial cell (HPC) method has been considered as an effective CFD method with promising prospects. This method is based on the potential-flow theory with fourth-order accuracy. The HPC method forms a sparse coefficient matrix, which is an advantage over the standard boundary element method(normally with a fully populated and unsymmetrical matrix). Efforts on extending the application scope of this method are still ongoing. Based on the HPC method, a nonlinear numerical wave tank is established in the time domain. The free surface boundary conditions are updated instantaneouslyusing the semi-Lagrangian method. Two cases, i.e. the wave propagation overan uneven seabed and the generation of focusing waves, are simulated. Throughcomparison with the experimental data, the effectiveness of the HPC method for the considered wave problems is confirmed.

Key words: Harmonic polynomial; wave tank; focusing wave; potential flow; seabed

基于有限元法的波-流与多柱结构物二阶非线性相互作用数值模拟[1]

杨毅锋，吕恒，王赤忠

(浙江大学海洋学院，舟山 316021，Email：cz_wang@zju.edu.cn)

摘要：基于时域二阶理论对波-流与多圆柱结构物的相互作用进行了数值模拟，一、二阶问题分别满足各自的自由表面及物面条件，采用人工阻尼区域来保证波外传波条件。每一时步流场内的一、二阶速度势通过求解有限元方程得到，采用四阶 Adams-Bashforth 格式配合时步处理来计算自由表面上的波高和速度势。模拟了波-流与 4 圆柱、10 圆柱等的二阶非线性相互作用，分析了均匀水流对一、二阶波高及作用在圆柱上的一、二阶力的影响，讨论其对水波干扰以及近俘获波现象的影响，数值结果表明水流对一、二阶波和水动力均有重要的影响。部分结果和相关文献进行了对比。

关键词：时域二阶理论；波-流-体相互作用；多柱结构物；有限元方法

1 引言

海洋平台等结构物工作在波-流联合作用的环境中，波-流的联合作用对结构物的受力产生显著的变化，研究波-流载荷对于结构物的设计与其疲劳寿命的评估具有普遍意义。

基于边界元法，文献[1]研究了线性波、稳态流与二维结构物的相互作用，分析了作用在结构物的波浪爬高与水动力；而文献[2]则将此方法拓展到了三维，数值模拟了线性波-稳态流与三维圆柱结构物的相互作用。他们的研究均表明水流会使结构物上游处的波高显著增大。文献[3-4]采用边界元方法考虑了二阶波与单圆柱的相互作用，其结果表明稳态流将会对二阶波与二阶力产生显著的影响；除此之外，波-流单体相互作用的还有文献[5]等。

波-流与多圆柱结构相互作用的论文相对较少，代表性的有文献[6]采用高阶边界元法分析了线性波-稳态流与四圆柱的相互作用，计算了圆柱周围波高、作用于结构体的一阶力和二阶平均力，其结果表明水流对结构物的水动力有一定的影响，多柱结构的水动力响应较单柱结构复杂。

本文基于时域二阶理论，采用有限元法数值模拟了波-流与多圆柱体的二阶非线性相互

[1] **基金项目** 国家自然科学基金资助项目(51679096, 51279179)

作用，讨论了流对波高、力及近俘获波现象的影响。研究对象包括两种 4 圆柱和 10 圆柱。

2 理论基础

本文采用势流理论与摄动理论处理二阶波-流体相互作用，其数学模型如下：拉普拉斯方程(1)、自由表面动力学与运动学边界条件(2)&(3)、物面边界条件(4)与水底边界条件(5)：

$$\nabla^2\phi = 0 \quad \text{in} \ \Omega_f \tag{1}$$

$$\frac{\partial\phi}{\partial z} - \frac{\partial\eta}{\partial t} - (U + \frac{\partial\phi}{\partial x})\frac{\partial\eta}{\partial x} - \frac{\partial\phi}{\partial y}\frac{\partial\eta}{\partial y} = 0 \ \text{ on } \ S_f \tag{2}$$

$$\frac{\partial\phi}{\partial t} + g\eta + \frac{1}{2}|\nabla\phi|^2 + U\frac{\partial\phi}{\partial x} = 0 \ \text{ on } \ S_f \tag{3}$$

$$\partial\phi / \partial n\big|_{S_b} = -Un_x \tag{4}$$

$$\partial\phi/\partial z\big|_{z=-h} = 0 \tag{5}$$

其中，ϕ 为速度势，η 为表面波高，n_x 为结构物 x 方向的法向量。Ω_f 为流场区域，S_f 为自由表面，S_b 为物体表面，水深为 h，g 为重力加速度。以上方程为典型的边界不固定的非线性偏微分方程，需采用摄动理论处理，将速度势与波高摄动展开到二阶：

$$\phi = \phi_b + \varepsilon(\phi_I^{(1)} + \phi_D^{(1)}) + \varepsilon^2(\phi_I^{(2)} + \phi_D^{(2)}) \tag{6}$$

$$\eta = \varepsilon(\eta_I^{(1)} + \eta_D^{(1)}) + \varepsilon^2(\eta_I^{(2)} + \eta_D^{(2)}) \tag{7}$$

其中，ϕ_I 与 ϕ_D 分别代表入射波与绕射波速度势，ϕ_b 为由结构所造成的扰动流速度势，其通过有限元方法求解；上标(1)和(2)分别代表阶数，η_I 与 η_D 分别代表入射与绕射波高，ε 为一与波陡相关的摄动常数，其值非常小。采用该方法即可将问题转化为入射波求解、流求解和绕射波求解三个问题。

波浪力可分为 4 个成分：

$$\vec{F} = \vec{F}^{(0)} + \vec{F}^{(1)} + \vec{F}^{(2)} + \bar{\vec{F}}^{(2)} \tag{8}$$

其中，$\vec{F}^{(0)}$ 为流引起的零阶水动力，$\vec{F}^{(1)}$ 为一阶力，$\bar{\vec{F}}^{(2)}$ 为二阶平均力，$\vec{F}^{(2)}$ 为二阶力。

数值求解采用有限元方法，其离散线性方程组为：

$$\mathbf{K\Phi} = \mathbf{F} \tag{9}$$

其中 **K** 为刚度矩阵，Φ 为节点速度势，**F** 为右端向量。其中 **K** 与 **F** 可利用形函数表达为：

$$\mathbf{K}=\iiint_{\Omega_f} \nabla \mathbf{N} \cdot (\nabla \mathbf{N})^{\mathrm{T}} \mathrm{d}\Omega \tag{10}$$

$$\mathbf{F}=-\iint_{S_n} \mathbf{N} \cdot (\partial \phi_I^{(k)} / \partial n) \mathrm{d}s \qquad (k=1,2) \tag{11}$$

其中，S_n 为 Neumann 边界条件。本文所采用的网格单元为 6 节点三棱柱单元，其通过生成二维非结构化网格后竖直下拉形成。

3 计算结果与讨论

先就文献[6]中 4 圆柱情况（图 1a）做数值模拟，相邻圆柱之间距离为 6 倍半径即 L_{cy}=6a（a 为圆柱半径），水深 h=a。图 2 对比了本文与文献[6]所计算的总二阶平均力，两者符合很好。

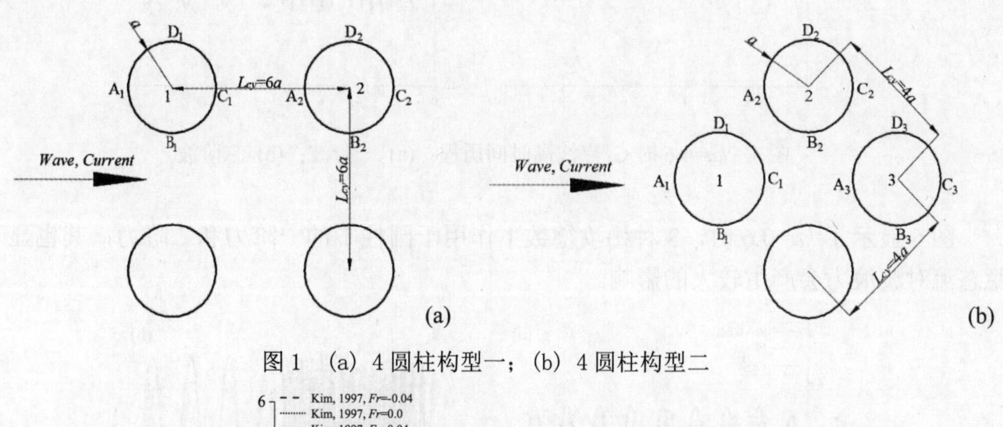

图 1 (a) 4 圆柱构型一；(b) 4 圆柱构型二

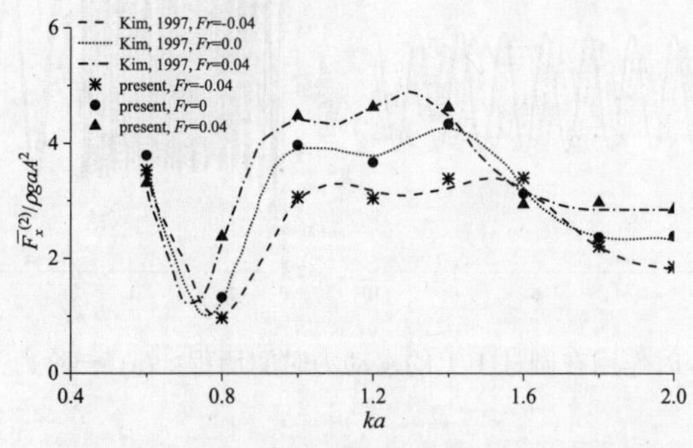

图 2 4 圆柱所承受的总二阶平均力对比

图 3 给出了无因次波数 ka=0.6 和佛汝德数 Fr=0.04 时的线性波与合成波对比图，图 3a 与 b 的对比说明了二阶波对波形有显著的影响。图 4 呈现了 ka=0.6 时，3 种佛汝德数下 C_1 点的波高，相比于一阶波高，二阶波高受 Fr 的影响更大，且顺流时波高会显著增大。

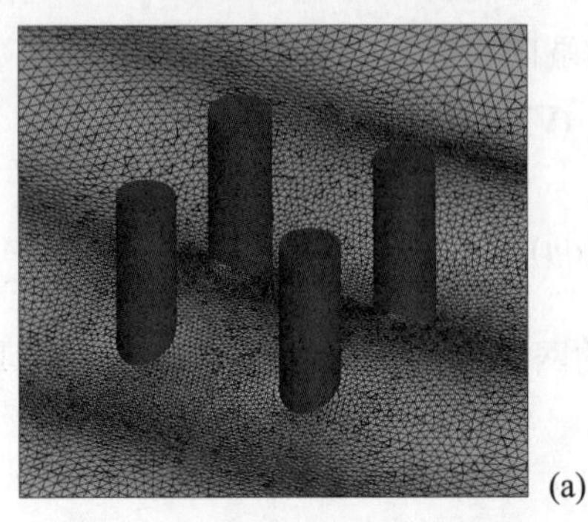

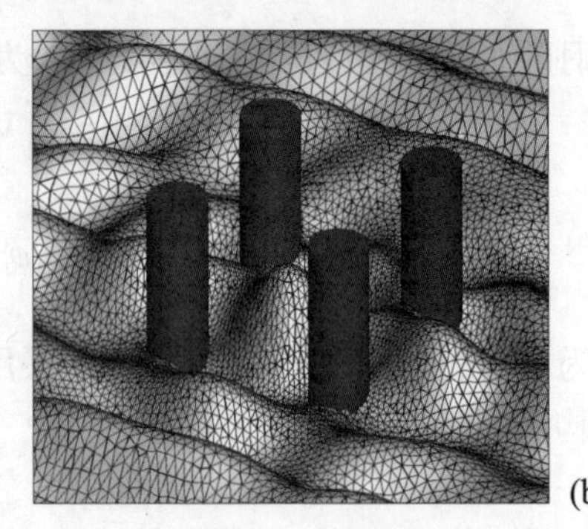

图 3　ka=0.6，Fr=0.04 时 4 圆柱波高分布图，(a) 线性；(b) 线性+二阶

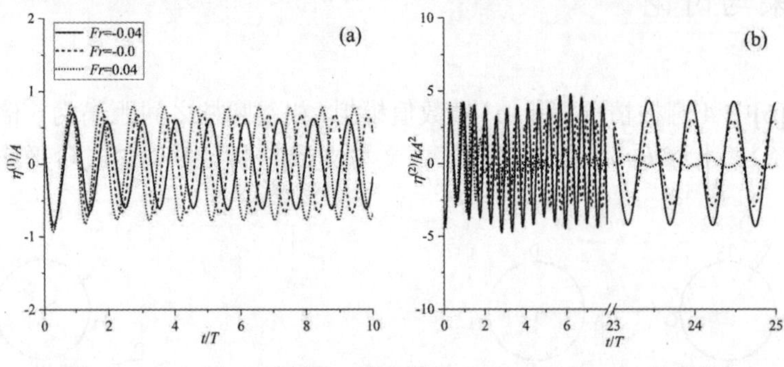

图 4　ka=0.6 时 C_1 点波高时间历程；(a) 一阶波；(b) 二阶波

图 5 显示了 ka=0.6 时，3 种佛汝德数下作用于圆柱 1 的一阶力和二阶力，其也显示出稳态流对波浪力会产生较大的影响。

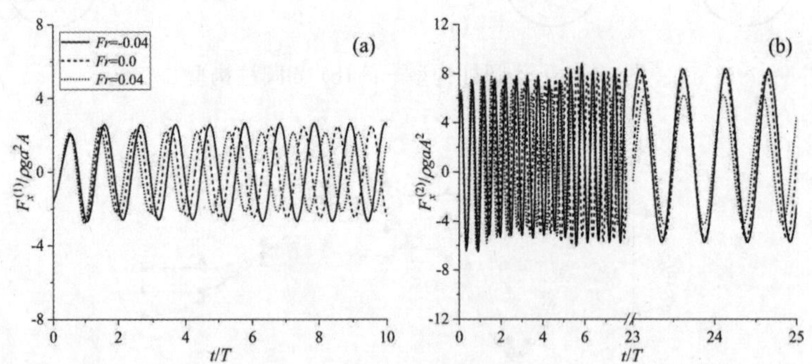

图 5　ka=0.6 时作用在圆柱 1 上的水动力时间历程；(a) 一阶力；(b) 二阶力

数值模拟 4 圆柱近俘获波现象的构型如图 1b 所示，其间距为 $4a$，水深 $h=3a$，该构型在佛汝德数为 0 时，存在一阶近俘获模态 ka=1.66 及二阶近俘获模态 ka=0.468。处于近俘获模态的水波将产生水波共振现象，导致 A_3 点的波高急剧增大。

本文研究了稳态流影响下近俘获模态的偏移现象，图 6 中波高为点 A_3 的波高。由图可知，顺流将使近俘获模态频率减小，逆流将导致其增大，且顺流会进一步增大该点的波高。

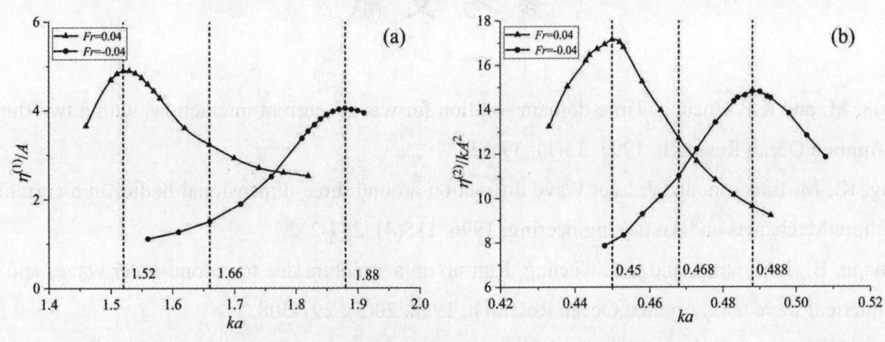

图 6　近俘获模态偏移情况，(a) 一阶；(b) 二阶

单排 10 圆柱组成的柱群间距为 $4a$，水深 $h=3a$，其在 $Fr=0$，$ka=0.673$ 时存在一 Neumann 近俘获模态。本文在图 7 中研究了佛汝德数对第 5 根圆柱所承受的水动力的影响。

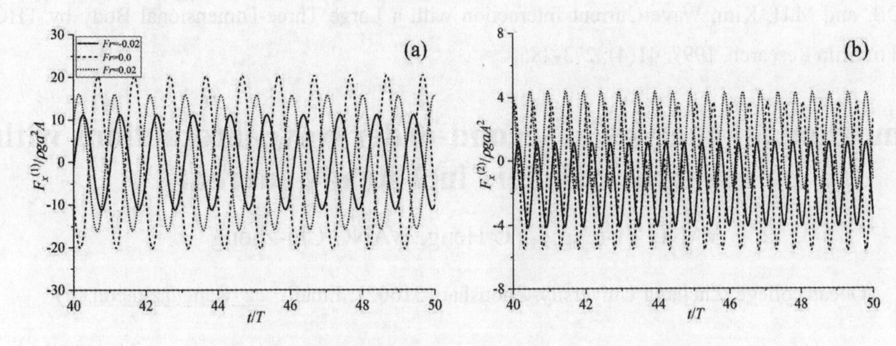

图 7　第 5 根圆柱所受的水动力；(a) 一阶；(b) 二阶

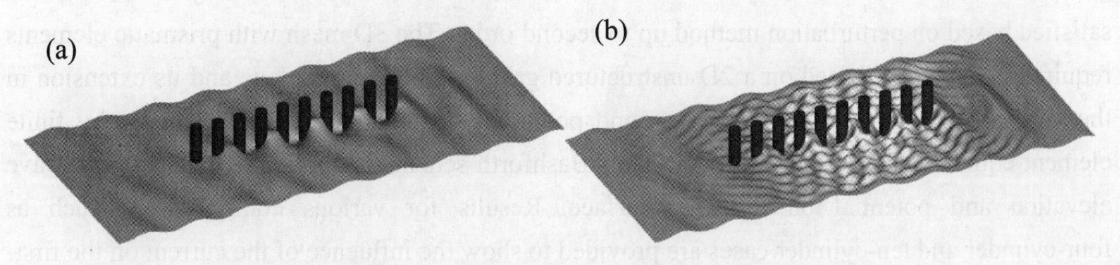

图 8　10 圆柱自由表面波形图；(a) 线性；(b) 线性+二阶

由图 7 可知，一阶力在佛汝德数为 0 时最大，而二阶力则 $Fr=0.02$ 时最大，分析造成此现象的原因为稳态流造成了此近俘获模态的偏移，导致稳态流作用时无法产生一阶水波共振现象，故一阶力减小。

图 8 展示了水波流经 10 圆柱时的绕射现象。对比图 8a 和 b 表面波形图，可知二阶波的影响非常显著。

参 考 文 献

1. Isaacson, M. and K.F. Cheung, Time-domain solution for wave—current interactions with a two-dimensional body. Applied Ocean Research, 1993. 15(1): 39-52.
2. Cheung, K., M. Isaacson, and J. Lee, Wave diffraction around three-dimensional bodies in a current. Journal of Offshore Mechanics and Arctic Engineering, 1996. 118(4): 247-252.
3. Büchmann, B., J. Skourup, and K.F. Cheung, Run-up on a structure due to second-order waves and a current in a numerical wave tank. Applied Ocean Research, 1998. 20(5): 297-308.
4. Skourup, J., et al., Loads on a 3D body due to second-order waves and a current. Ocean Engineering, 2000. 27(7): 707-727.
5. Shao, Y.-L. and O.M. Faltinsen, Second-Order Diffraction and Radiation of a Floating Body With Small Forward Speed. Jounrnal of Offshore Mechanics and Arctic Engineering, 2013. 135(1): 011301.
6. Kim, D.J. and M.H. Kim, Wave-Current Interaction with a Large Three-Dimensional Body by THOBEM. Journal of Ship Research, 1997. 41(4): 273-285.

Time domain analysis of second-order wave interactions with multiple cylinders in a steady current

YANG Yi-feng, LYU Heng, WANG Chi-zhong

(Ocean college, Zhejiang University, Zhoushan, 316021, Email：cz_wang@zju.edu.cn)

Abstract：A time domain method is employed to analyze the interactions between wave and a group of cylinders in a steady current. The nonlinear free-surface boundary conditions are satisfied based on perturbation method up to second order. The 3D mesh with prismatic elements required is generated based on a 2D unstructured grid on a horizontal plane and its extension in the vertical direction. The first- and second potentials are obtained through solving by finite element equations，The fourth-order Adams-Bashforth scheme is applied to calculate the wave elevation and potential on the free surface. Results for various configurations such as four-cylinder and ten-cylinder cases are provided to show the influence of the current on the first- and second-order waves and forces, and its effect on the wave interference due to multiple cylinders and the nearly trapped mode phenomenon are discussed. The result shows that the current has important influence on the waves, forces, wave interference and the nearly trapped mode. Some results are compared with previous studies.

Key words：Time-domain second order theory; Wave-current-body interaction；Multiple cylinders；Finite element method

基于 MEL 方法的水下滑坡数值分析

杨思文，汪淳

（上海交通大学船舶海洋与建筑工程学院，上海 201100，

Email: chunwang@sjtu.edu.cn TEL:13764818719）

摘要：水下滑坡问题在深海工程中广泛存在。研究水下滑坡发生的机理和特点，对于提高水下工程作业安全性具有重要意义。本文采用混合欧拉-拉格朗日（Mixed Eulerian-Lagrangian，MEL）方法对水下土体滑坡问题进行数值模拟。采用两相混合物理论，将水相当作欧拉介质，将土相视为拉格朗日介质。土相为弹塑性材料，服从 Drucker-Prager 失效准则。两相之间的相互作用通过浮力与达西阻力模型描述。基于上述 MEL 模型对水下沙体滑坡过程进行了数值模拟，并研究了初始堆积密实度对滑坡过程的影响。

关键词：MEL；水下滑坡；数值模拟

1 引言

水下滑坡问题是水下工程实践中十分关注的问题，对于保障水下作业安全性具有重要意义。刘杰[1]利用 UDF 自定义函数对商业软件 FLUENT 进行二次开发，模拟了滑坡体入水时产生的涌浪，并捕捉到了涌浪首浪传播和翻坝的过程。王志超等[2]利用达西渗透模型，提出了模拟宏观尺度下离散体与流体相互作用的耦合算法，在模拟刚性滑坡体和离散滑坡体入水时都取得了较为满意的结果。Khoolosi 和 Kabdasli 等[3]基于商业软件 Flow 3D，求解了刚性滑坡体下滑时的流域内的速度场、压力分布和湍流强度，其计算结果表明水面诱导波的最大波幅受坡角、滑坡冲击速度及滑坡形状的影响很大。荆海晓等[4]采用四阶预测校正格式和高阶有限差分格式对扩展浅水方程进行了数值求解，建立了基于浅水方程的滑坡涌浪有限差分模型。景路等[5]基于计算流体力学（CFD）和离散元（DEM）耦合算法描述了水和颗粒之间的相互作用，将其应用于海底边坡的失稳、流动和堆积过程的数值模拟取得了较为理想的结果。Liang 等[6]采用不可压缩光滑粒子流体动力学（ISPH）方法，利用压力泊松方程隐式求解法向正应力，从而避免了压力场的非物理震荡，在模拟刚性滑坡体入水问题时取得了良好的结果。Tajnesaie 等[7]开发了基于弱可压缩移动粒子半隐式方法（MPS）的多相无网格粒子数值模型，并将其应用于水下滑坡研究。该模型将水和粒状材料的多相系统视为多密度多黏度连续体，采用黏塑性流变模型预测粒状材料的黏性行为。

从工程实际来看，将滑坡体视为刚体不尽合理。滑坡发生时，土体材料经历了变形、

失稳、垮塌、流动和堆积等多个阶段，属于大变形问题。单独采用欧拉算法或拉格朗日算法进行大变形问题数值计算时各有优缺点。欧拉算法将网格固定在空间内，计算时保持网格不发生变形，从而可以模拟大变形问题，但对于捕捉自由边界有较大难度；拉格朗日算法让计算网格随物体一起运动，能够准确计算物体变形特征，但由于网格畸变问题通常难以进行大变形计算。粒子类方法，比如 SPH，MPS 和 DEM 等，以其无网格 Lagrange 特性，特别适合求解大变形问题。但对于水下滑坡这种两相流问题，如果将流体相和固体相都采用粒子类方法计算，其计算量往往过大，应用到工程实际中还面临许多困难。

本文采用混合欧拉-拉格朗日（Mixed Eulerian-Lagrangian，MEL）方法对水下土体滑坡问题进行数值模拟。采用两相混合物理论，将水相当作欧拉介质，将土相视为拉格朗日介质。土相为弹塑性材料，服从 Drucker-Prager 失效准则。两相之间的相互作用通过浮力与达西阻力模型描述。通过耦合基于欧拉算法的有限体积法（FVM）和基于拉格朗日算法的光滑粒子流体动力学方法（SPH）计算水土两相混合物流动。MEL 方法结合了欧拉算法和 Lagrange 算法各自的优点，既能实现大变形物体的数值模拟，又能够较为准确地捕捉到界面形态。基于上述 MEL 模型对水下沙土滑坡过程进行了数值模拟，并研究了初始堆积密实度对滑坡过程的影响，为工程实践提供一定参考。

2 两相混合物理论模型

2.1 控制方程

对水相和土相，分别有质量守恒方程和动量守恒方程：

$$\frac{D_i\rho_i}{Dt} = -\rho_i \nabla\cdot \boldsymbol{v}_i \tag{1}$$

$$\rho_i \frac{D_i \boldsymbol{v}_i}{Dt} = \nabla\cdot\boldsymbol{\sigma}_i + \rho_i \boldsymbol{g} + \boldsymbol{f}_i \tag{2}$$

式中：i 表示固体相（s）或者流体相（l）；ρ 表示密度；$\boldsymbol{v}$ 表示速度；σ 表示应力张量；$\boldsymbol{g}$ 表示重力加速度；$\boldsymbol{f}$ 表示两相之间的相互作用力，且有 $\boldsymbol{f}_l=-\boldsymbol{f}_s$。根据混合物理论，上式中的密度、速度、应力等场变量被称为部分（partial）变量，它们应该与各相介质的真实场变量（也称本质量，intrinsic variable）通过某种方式联系起来。本文采用如下假设：

$$\begin{aligned}\rho_{i,\text{partial}} &= \Phi_i \rho_{\text{intrinsic}} \\ v_{i,\text{partial}} &= v_{\text{i,intrinsic}} \\ \sigma_{s,\text{partial}} &= \Phi_s \sigma_{s,\text{intrinsic}} \\ \sigma_{l,\text{partial}} &= -pI + \Phi_l \tau_{l,\text{intrinsic}}\end{aligned} \tag{3}$$

式中：Φ_l（Φ_s）表示空间中水（固）相的体积分数，满足 $\Phi_s+\Phi_l=1$；p 表示孔隙水压力。上式表明，密度、应力的部分量和真实量之间均通过体积分数相联系，而速度场的部分量和真实量不加以区分。在计算应力时，总是用真实的速度场计算出真实应力场，然后再进行体积平均得到部分应力场的。

根据达西定律，水相和土相之间的相互作用力可以表示为：

$$\boldsymbol{f}_s = -\Phi_s \nabla p + C_d(\boldsymbol{v}_l - \boldsymbol{v}_s) \tag{4}$$

其中 C_d 表示达西阻力系数，可通过试验确定。

2.2 土的本构模型

水相被视为牛顿流体，其本构关系不用赘述。本节主要介绍土的本构模型。为表示方便，本节以下部分倘无特殊说明，各符号均表示土相的应力或应变状态，且为真实量。本文将土相视为理想弹塑性材料。由弹塑性理论，土相应变率张量可表示为[8]：

$$\dot{\varepsilon}^{\alpha\beta} = \dot{\varepsilon}_e^{\alpha\beta} + \dot{\varepsilon}_p^{\alpha\beta} \tag{5}$$

式中：$\dot{\varepsilon}_e^{\alpha\beta}$ 表示弹性应变率，$\dot{\varepsilon}_p^{\alpha\beta}$ 表示塑性应变率。弹性应变率由下面的 Hooke 公式计算：

$$\dot{\varepsilon}_e^{\alpha\beta} = \frac{\dot{s}^{\alpha\beta}}{2G} + \frac{1-2\upsilon}{3E}\dot{\sigma}^{\gamma\gamma}\delta^{\alpha\beta} \tag{6}$$

式中：$\dot{s}^{\alpha\beta}$ 表示偏剪应力率张量；υ 表示泊松比；E 表示杨氏模量；G 表示剪切模量；$\dot{\sigma}^{\gamma\gamma}$ 表示法向正应力，符合爱因斯坦求和约定；$\delta^{\alpha\beta}$ 表示克罗内克符号。塑性应变率由下式计算：

$$\dot{\varepsilon}_p^{\alpha\beta} = \dot{\lambda}\frac{\partial g}{\partial \sigma^{\alpha\beta}} \tag{7}$$

式中：$\dot{\lambda}$ 表示塑性系数对时间的变化率；g 表示塑性势函数。将（6）、（7）式代入（5）式可得：

$$\dot{\varepsilon}^{\alpha\beta} = \frac{\dot{s}^{\alpha\beta}}{2G} + \frac{1-2\upsilon}{3E}\dot{\sigma}^{\gamma\gamma}\delta^{\alpha\beta} + \dot{\lambda}\frac{\partial g}{\partial \sigma^{\alpha\beta}} = \frac{\dot{s}^{\alpha\beta}}{2G} + \frac{1}{9K}\dot{\sigma}^{\gamma\gamma}\delta^{\alpha\beta} + \dot{\lambda}\frac{\partial g}{\partial \sigma^{\alpha\beta}} \tag{8}$$

式中：K 表示弹性模量。弹性模量 K，杨氏模量 E 和泊松比 υ 之间有如下关系：

$$K = \frac{E}{3(1-2\upsilon)} \tag{9}$$

2.3 屈服准则

一般说来，在组合应力状态下，材料弹性极限会成为一条曲线或者一个曲面。弹性极限可以表示为：

$$f(\sigma_{ij})=0 \tag{10}$$

上式被称为屈服准则。函数 f 称为屈服函数，通常与材料属性有关。f=0 的面称为屈服面。本文选用 Drucker-Prager 准则判定土相是否发生剪切破坏和塑性应变。假设土体材料服从 Drucker-Prager（DP）准则，则判别土体是否发生剪切破坏，可由如下公式确定[9]：

$$f(I_1,J_2)=\sqrt{J_2}+\alpha_\theta I_1-k_c=0 \tag{11}$$

式中：f 表示屈服函数；I_1 表示应力张量 $\sigma^{\alpha\beta}$ 的第一不变量，$I_1=\sigma^{xx}+\sigma^{yy}+\sigma^{zz}$；$J_2$ 表示偏应力张量 $s^{\alpha\beta}$ 的第二不变量，$J_2=\frac{1}{2}s^{\alpha\beta}s^{\alpha\beta}$；$\alpha_\theta$ 和 k_c 是与内摩擦角和黏聚力的相关的参数，分别由如下两式计算：

$$\alpha_\theta=\frac{\tan\theta}{\sqrt{9+12\tan^2\theta}} \tag{12}$$

$$k_c=\frac{3c}{\sqrt{9+12\tan^2\theta}} \tag{13}$$

式中：θ 表示摩擦角；c 表示黏聚强度。土体发生剪切破坏后，会产生塑性流动。有两种描述材料的塑性流动模型，即关联流动律和非关联流动律，分别由如下两式定义:

$$g=\sqrt{J_2}+\alpha_\theta I_1-k_c \tag{14}$$

$$g=\sqrt{J_2}+3I_1\sin\psi \tag{15}$$

式中： ψ 表示剪胀角。于是，对于两种塑性流动定律，应力率张量和塑性系数随时间变化率由如下两式计算：

$$\dot{\sigma}^{\alpha\beta}-\sigma^{\alpha\beta}\,\dot{\omega}^{\beta\gamma}-\sigma^{\beta\gamma}\,\dot{\omega}^{\alpha\gamma}=2G\dot{e}^{\alpha\beta}+K\dot{\varepsilon}^{\gamma\gamma}\,\delta^{\alpha\beta}-\dot{\lambda}\left(3K\alpha_\theta\delta^{\alpha\beta}+\frac{G}{\sqrt{J_2}}s^{\alpha\beta}\right)$$
$$\dot{\lambda}=\frac{\frac{G}{\sqrt{J_2}}s^{\alpha\beta}\,\dot{\varepsilon}^{\alpha\beta}+3K\,\dot{\varepsilon}^{\gamma\gamma}\,\alpha_\theta}{G+9\alpha_\theta{}^2K} \tag{16}$$

$$\dot{\sigma}^{\alpha\beta}-\sigma^{\alpha\beta}\,\dot{\omega}^{\beta\gamma}-\sigma^{\beta\gamma}\,\dot{\omega}^{\alpha\gamma}=2G\dot{e}^{\alpha\beta}+K\dot{\varepsilon}^{\gamma\gamma}\,\delta^{\alpha\beta}-\dot{\lambda}(9K\sin\psi\delta^{\alpha\beta}+\frac{G}{\sqrt{J_2}}s^{\alpha\beta})$$
$$\dot{\lambda}=\frac{\frac{G}{\sqrt{J_2}}s^{\alpha\beta}\,\dot{\varepsilon}^{\alpha\beta}+3K\,\dot{\varepsilon}^{\gamma\gamma}\,\alpha_\theta}{G+27\alpha_\theta K\sin\psi} \tag{17}$$

其中塑性乘子对时间的变化率$\dot{\lambda}$根据一致性条件得到。本文采用了 Jaumann 应力率。

3 混合欧拉-拉格朗日（MEL）方法

MEL 方法的思路是将欧拉有限体积法（FVM）和拉格朗日光滑粒子流体动力学方法（SPH）耦合起来以计算水/土两相混合物流动。对于水相，采用 FVM 计算；对于颗粒相，则采用 SPH 方法计算。有限体积法的基本思路是，将计算域划分成网格并在每个网格点周围布置互不重叠的控制体，将控制方程在控制体上积分，并通过假定场变量在网格点之间的变化规律对控制体积分方程进行离散，最终求解得到场函数[10]。SPH 方法的基本思想是，在以粒子的形式表示的计算域，用核函数近似表示场函数的积分，然后用粒子叠加求和近似表示核函数的积分，最后求解经过粒子近似之后得到的常微分方程组[11]。关于 FVM 和 SPH 方法的具体实现过程，已有许多文献述及，因此本节仅仅论述它们的耦合实现方法。

动量方程式（2）中出现了两相之间的相互作用力项，包括孔隙水压力项和相对速度引起的阻力项。具体来说，在水相的动量方程中，出现了土相运动速度 $\boldsymbol{v}_s$；而在土相动量方程中，出现了水相运动速度 $\boldsymbol{v}_l$ 和孔隙水压力。土相运动速度 $\boldsymbol{v}_s$ 信息由描述土相的粒子携带，而水相 $\boldsymbol{v}_l$ 信息以及孔隙水压力定义在 FVM 离散网格的中心或者网格边的中心（以交错网格为例），如图 1 所示。

在进行数值计算时，需要将 SPH 土颗粒上的速度信息插值到 FVM 网格边上，或者将 FVM 网格上存贮的流体速度、孔隙水压力信息插值到 SPH 离散颗粒上。这种信息的双向插值方法如图 1 所示。在计算水相动量方程中的土相速度 $\boldsymbol{v}_s$ 时，需要以目标网格控制点为圆心，搜索其支持域内的土相粒子，将所得到所有粒子的速度利用 SPH 的核函数平均化之后，认为其值等于该网格控制点处的 $\boldsymbol{v}_s$；与此对应的是，为了获取土相动量方程中的 $\boldsymbol{v}_l$ 和孔压，需要以各粒子为圆心，搜索粒子支持域内的网格中心点和网格边的中心点，分别获取所有中心点上的孔压和网格线上的速度 $\boldsymbol{v}_l$ 值，将其利用 SPH 的核函数平均化之后得到粒子处的孔隙压力值和水相速度 $\boldsymbol{v}_l$ 值。通过上述插值过程，完成信息在网格和粒子之间的传递，从而实现了水相和土相的双向耦合。详细的插值过程可参见文献[12]。

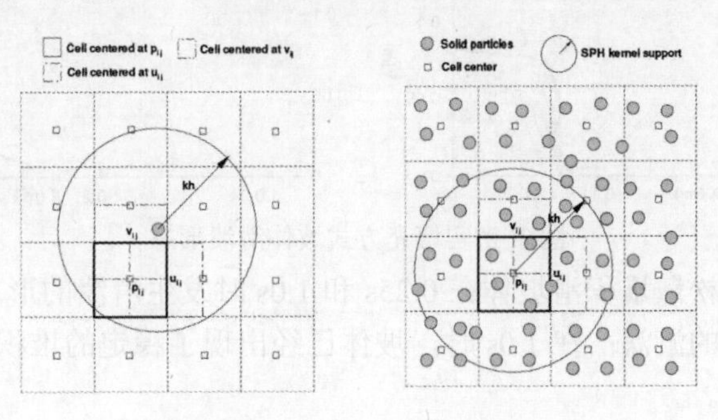

图 1 光滑粒子与欧拉网格双向插值过程

4 算例

如图2所示，在长50cm，高15cm的二维水箱中以挡板隔离出一块6cm宽、8cm高的水/沙混合物，水箱的水面高10cm。在t=0时刻，释放重物，将隔板移除，沙柱将发生垮塌。以上述MEL方法对这种水下滑坡过程进行数值模拟。

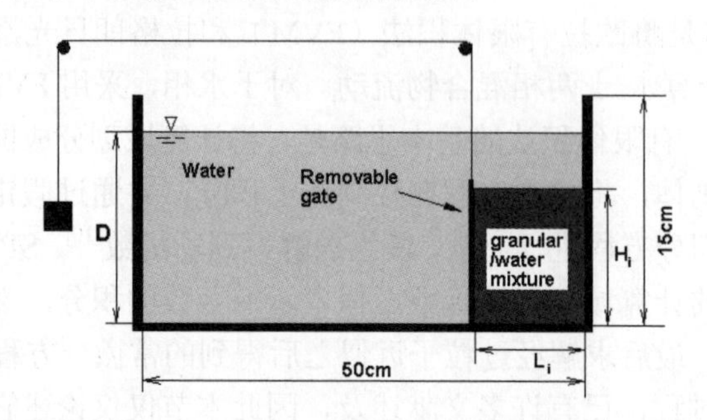

图2 二维水下沙土滑坡示意图

本文分别对密实和松散堆积的两种水下坡体的滑溃过程进行数值模拟。数值实验中采用的具体参数如下：土相滑坡体密度取为2700kg/m^3，杨氏模量为7MPa，泊松比为0.3，内摩擦角取为20°，黏聚力为0，渗透系数为0.005m/s，颗粒尺寸为225μm；水的密度取为1000kg/m^3，动力黏性系数为0.001Pa · s。密实堆积的滑坡体其土相的体积分数取为0.60，松散堆积体取为0.55。

图3分别给出了密集堆积的水下滑坡体在隔板移除后0.25s和3.0s时滑溃的形态。图中箭头表示计算域内流场速度和混合物速度。可以发现0.25s时，滑坡体肩部逐渐下泄，坡体底部开始出现水土混合物的堆积；同时，流场内形成了因坡体滑溃而产生的旋涡，这与实际物理模型实验的观测结果是相符的。在3s时，滑坡体趋于平稳，在计算域中形成了稳定的堆积形态；可以发现，此时土相和水相交界面处的还存在着较小的速度，这应该是土相中的小颗粒仍然处于流变状态导致的。

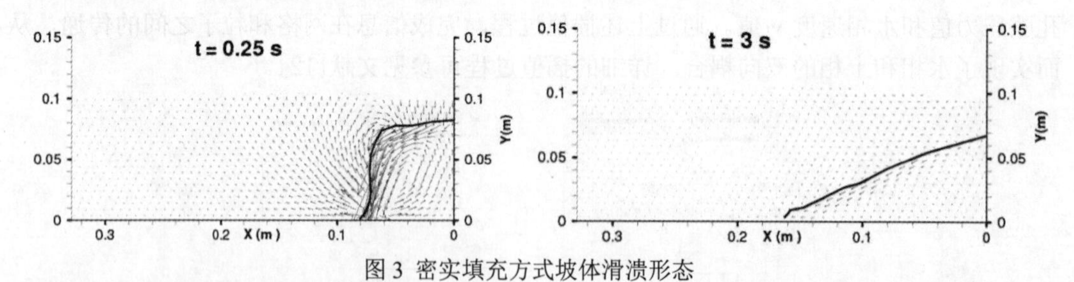

图3 密实填充方式坡体滑溃形态

图4分别给出了松散堆积滑坡体在0.25s和1.0s时发生滑溃的形态。可以发现0.25s时计算域内出现了较大的旋涡；在1.0s时，坡体已经出现了稳定的堆积形态，计算域内的速度场也已经保持稳定。

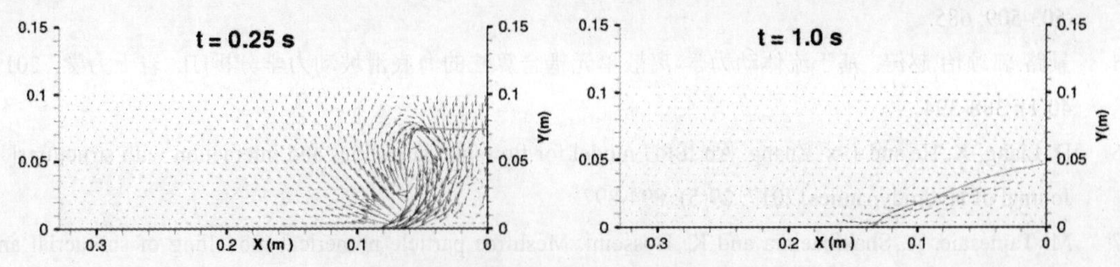

图 4 松散填充方式坡体滑溃形态

对比两种不同堆积密实度的水下滑坡过程可以发现，在计算域内都出现了非常明显的漩涡，而且松散坡体产生的漩涡较密实坡体为大。这说明在发生滑溃的初始时刻，松散坡体有较差的抗滑能力，从而产生了较大的变形，对坡体周围流场产生了大的干扰。同时，密实坡体滑坡后产生稳定堆积形态的时间明显晚于松散坡体，并伴有一定的体积膨胀，这说明在密实坡体滑溃中，水/沙混合物的塑性性质有着不可忽视的作用，孔隙水压力对滑坡动力学的影响也更显著。此外，两种堆积方式下的水下滑坡都产生了明显的涌浪现象，这说明不仅山体滑坡所产生的滑坡涌浪值得关注，而且水下滑坡产生的涌浪行为也是不可忽视的。

5 结论

本文采用混合欧拉-拉格朗日方法（MEL）研究了坡体滑溃过程。利用 FVM 方法求解水相控制方程，SPH 方法求解土相控制方程。水相和土相之间的信息传递，通过搜索欧拉网格和土粒子所携带的场变量值，并利用 SPH 核函数插值得以实现。数值计算结果表明，采用 MEL 方法能够准确地模拟水下坡体产生滑坡和最终稳定堆积的过程。这为工程实际中评估水下滑坡危害、提高水下作业安全性提供了有力的工具。本文仅提供了一些初步的结果，更详细的参数分析、实验验证等将另文叙述。

参 考 文 献

1 刘杰. 滑坡涌浪传播及翻坝过程数值模拟[J]. 人民长江, 2016, 47(14): 81-85.

2 王志超,李大鸣. 基于 SPH-DEM 流-固耦合算法的滑坡涌浪模拟[J]. 岩土力学, 2017, 38(4): 1226-1232.

3 V. Khoolosi and S. Kabdasli. Numerical Simulation of Impulsive Water Waves Generated by Subaerial and Submerged Landslides Incidents in Dam Reservoirs[J]. Civil Engineering Journal-Tehran, 2016, 2(10): 497-519

4 荆海晓,陈国鼎,李国栋. 水下滑坡产生涌浪波特性的数值模拟研究[J]. 应用力学学报, 2018, 35(3):

503-509, 685.
5 景路,郭颂怡,赵涛. 基于流体动力学-离散单元耦合算法的海底滑坡动力学分析[J]. 岩土力学, 2019, 40(1): 388-394.
6 D. Liang, X. He and J.-x. Zhang. An ISPH model for flow-like landslides and interaction with structures[J]. Journal of Hydrodynamics, 2017, 29(5): 894-897
7 M. Tajnesaie, A. Shakibaeinia and K. Hosseini. Meshfree particle numerical modelling of sub-aerial and submerged landslides[J]. Computers & Fluids, 2018, 172: 109-121
8 H. H. Bui, R. Fukagawa, K. Sako and S. Ohno. Lagrangian meshfree particles method (SPH) for large deformation and failure flows of geomaterial using elastic-plastic soil constitutive model[J]. International Journal for Numerical and Analytical Methods in Geomechanics, 2008, 32(12): 1537-1570
9 陈惠发，A.F.萨里普.弹性与塑性力学[M]. 北京：中国建筑工业出版社，2004.
10 王福军.计算流体动力学分析[M]. 北京：清华大学出版社，2004.
11 韩旭，杨刚，强洪夫. 光滑粒子流体动力学—一种无网格粒子法[M]. 湖南：湖南大学出版社，2005.
12 强洪夫. 光滑粒子流体动力学新方法及应用[M]. 北京：科学出版社，2017.

Numerical analysis of subaqueous landslides based on MEL method

YANG Si-wen，WANG Chun

(Shanghai Jiaotong University, School of Naval Architecture, Ocean & Civil Engineering, Shanghai 201100，
Email: chunwang@sjtu.edu.cn)

Abstract: The submerged landslides phenomenon is widespread in deep-sea engineering. The research on the mechanism and features of submerged landslides is of great value for improving the safety of deep-sea engineering operations. In this paper, the mixed Eulerian-Lagrangian method based on two-phase mixture theory was employed to study the submerged landslides phenomenon. In this model, the water phase was regarded as Eulerian material, soil phase as Lagrangian material. The soil phase was defined as elastic-plastic material with a Druck-Prager strength theory failure criterion. The interaction between the two phases was described by buoyancy and Darcy resistance model. The morphology and final accumulation shapes of the landslide with different packing patterns were investigated by the MEL model mentioned above.

Key words: MEL；submerged landslides；numerical simulation

飞机在波浪中着水的砰击载荷数值模拟

宋志杰，杨晓彬，许国冬

(哈尔滨工程大学船舶工程学院，哈尔滨，150001，Email: xuguodong@hrbeu.edu.cn)

摘要：飞机紧急情况下在海上着水时机身遭遇巨大的砰击载荷。海上波浪波高与波长对砰击载荷有重大影响。本文通过计算流体力学方法对 TN2929 飞机模型在波浪中着水砰击的耦合运动过程进行数值模拟，对飞机机身匀速砰击波浪载荷、飞机在波浪中不同位置自由着水的水动力砰击载荷与运动进行研究。首先研究飞机机身匀速砰击波浪，通过实验数据验证数值算法的可行性。其次采用耦合动力学方法模拟飞机在波峰与波谷着水的耦合运动,发现波谷处着水的砰击载荷较波峰处着水的砰击载荷小,但均大于静水中的砰击载荷。进一步研究了波长对砰击载荷的影响规律，波长与机身接近时的砰击最剧烈，波长大于两倍机身长度时的波浪砰击载荷变得缓和。

关键词：飞机着水；波浪；数值模拟；耦合运动

1 引言

当飞机在飞行中遇到突发状况时，若不能找到合适的场地安全降落，选择在水上紧急迫降是一个相对安全的方案。因此飞机在紧急情况下水上迫降的水动力学砰击载荷研究显得至关重要。飞机着水问题是一个强非线性耦合动力学问题，着水历时短且载荷大，存在很大的分析难度。早期美国的 Thompon[1]进行了飞机水池降落实验，根据实验判断飞机的纵向和垂向最大加速度可达到 3～5 倍重力加速度。Steiner[2]研究了全尺度 B-24D 军用飞机在水上降落的实验，他发现压力峰值超过 50 磅每平方英尺，而且大部分高压区域在飞机底部表面。McBride 和 Fisher[3]完成了 TN2929 飞机模型在水上降落的实验，他们研究了初始速度及飞机的尾部形状对飞机降落姿态的影响。这些实验研究表明飞机在水上降落是十分危险的，也为后人研究飞机水上降落提供了实验参考。

飞机水上降落的理论方法随着时代在发展。Von-karman[4]最早基于动量定理，忽略自由液面变化，对水上飞机浮箱着水的砰击载荷进行了计算。Wagner[5]利用相当平板理论，引入线性自由面修正，考虑水面的升高，计算了楔形入水砰击载荷。Korobkin[6]考虑自由面线性变形，对小底升角结构物入水进行了计算。Zhao 等[7]采用非线性自由面条件，时间步进分析了楔形体入水的压力分布。Xu 等[8]基于全非线性方法，将楔形结构的自由入水砰击理论拓展到多自由度。这些理论部分应用到飞机的水上降落问题。Shigunov 等[9]基于修正的瓦格纳方法计算了飞机水上降落的砰击载荷。除了简化方法和势流理论方法，商用 CFD 软件逐步应用于飞机水上降落的数值模拟。罗琳胤等[10]基于 LS-DYNA 仿真平台研究了水陆两栖飞机着水运动响应。屈秋林等[11]采用 CFD 技术模拟了飞机在静水中的耦合运动过程，分析了着水时仰角对飞机砰击载荷的影响。飞机在海上迫降时不可避免的遭遇风浪。波浪对砰击载荷有着至关重要的影响，使得降落的风险急剧增加，值得深入研究。

本文主要研究飞机砰击波浪过程中遭受的砰击载荷特性。首先研究飞机机身匀速砰击波浪，通过实验研究验证数值算法的可行性。其次采用耦合动力学方法模拟飞机在波峰与波谷着水的运动与砰击载荷，并进一步研究了波长对砰击载荷的影响规律。

2 数值计算模型与验证

本文主要采用商业 CFD 软件 STAR-CCM+（V12.02）计算，采用 Realizable k-epsilon 湍流模型求解雷诺平均纳维-斯托克斯方程计算机身和流体的相互作用，采用 VOF（Volume of Fluid）方法捕捉自由面的变化，采用重叠网格和 DFBI（Dynamic Fluid Body Interaction）模型模拟飞机着水耦合运动。重叠网格和 DFBI 模型的应用能保证 CFD 计算过程中网格质量，可以准确模拟飞机在六自由度大幅运动。VOF 模型通过在同一控制体内求解互不相容各相的体积分数确定交界面，对于本文涉及到的是水相和气相，在自由面的控制体内满足：

$$\rho = \rho_0 \alpha_0 + \rho_1 \alpha_1 \tag{1a}$$

$$\mu = \mu_0 \alpha_0 + \mu_1 \alpha_1 \tag{1b}$$

其中，$\alpha_n\ (n=0,1)$ 为各相体积分数，μ 为各相分子黏度，ρ 为各相的密度。

DFBI 模型模拟飞机入水过程的 6 自由度运动，飞机在笛卡尔坐标系下绕质心的平动和转动方程为：

$$m\frac{\mathrm{d}\vec{v}}{\mathrm{d}t} = \vec{F} \tag{2a}$$

$$\vec{I}\frac{\mathrm{d}\vec{\omega}}{\mathrm{d}t} = \vec{M} \tag{2b}$$

其中，m 为飞机质量，$\vec{I}$ 为绕飞机质心的惯性矩。

表 1 不同网格尺寸和时间步长的具体参数

	网格数量	机身网格尺寸	时间步
Case1	1738755	0.005	0.005
Case2	1738755	0.005	0.0025
Case3	1950351	0.0025	0.005
Case4	1950351	0.0025	0.0025

首先分析标准 TN2929 模型的机身匀速砰击波浪。图 1（a）为机身纵剖面，图 1（b）为实验模型，模型长度 1m，采用 3D 打印，中心线与静水面的有效攻角为 8°。图 1（c）为数值模拟网格划分，考虑对称性，数值模拟中计算一半飞机模型。首先验证 CFD 数值模拟的网格和时间步的收敛性，网格和时间步设定的具体参数如表 1 所示。考虑飞机以匀速在波浪上水平飞行并砰击波浪。波浪为五阶 Stokes 波，波高 $H=0.08\mathrm{m}$，波长 $\lambda=3.0625\mathrm{m}$。图 2（a）、（b）、（c）分别为不同网格尺寸和时间步长的机身匀速砰击波浪遭受的水平力、垂向力和转矩，可以看到不同网格和时间步长得到的时历曲线趋势吻合。下文的数值计算中采用 Case2 所使用的网格尺寸和时间步长，即机身表面尺寸取 0.005m，时间步长 0.0025s。

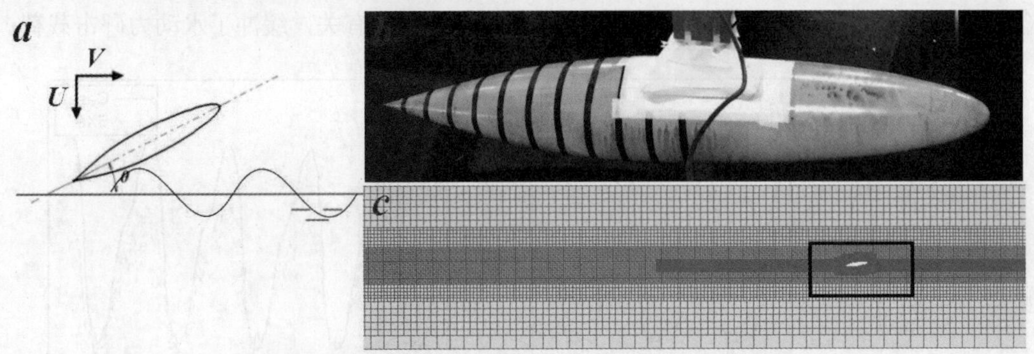

图 1 (a)机身纵剖面图(b)实验模型(c)数值模拟计算网格

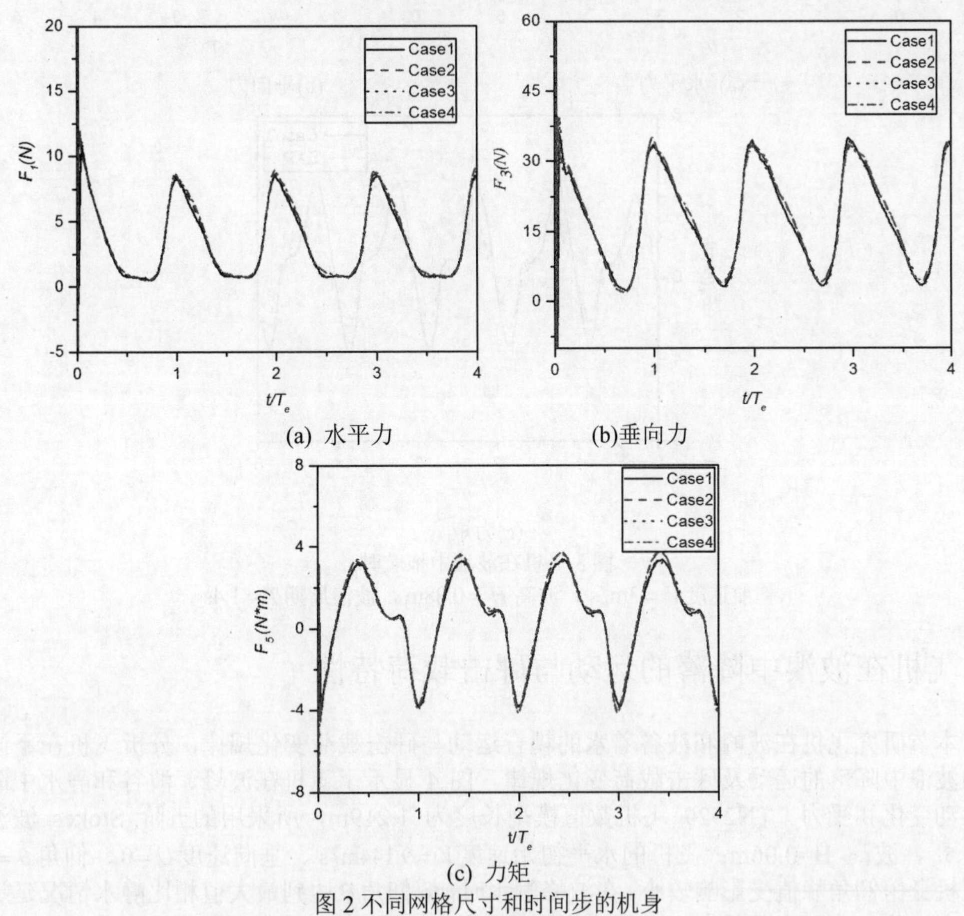

图 2 不同网格尺寸和时间步的机身

波高 $H = 0.08\text{m}$，波长 $\lambda = 3.0625\text{m}$

将飞机机身砰击实验和数值计算结果进行对比，验证数值模拟的可行性。图 3 为飞机机身遭遇的水平力、垂向力和转矩。在一个遭遇周期内，水平力与垂向力均在零线以上波动。转矩在零线上下波动。实验数据与数值计算结果趋势吻合，但峰值偏小，这可能与实

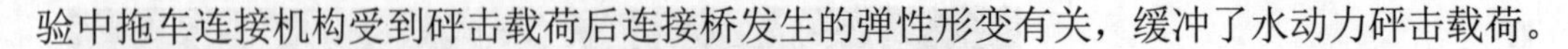

验中拖车连接机构受到砰击载荷后连接桥发生的弹性形变有关，缓冲了水动力砰击载荷。

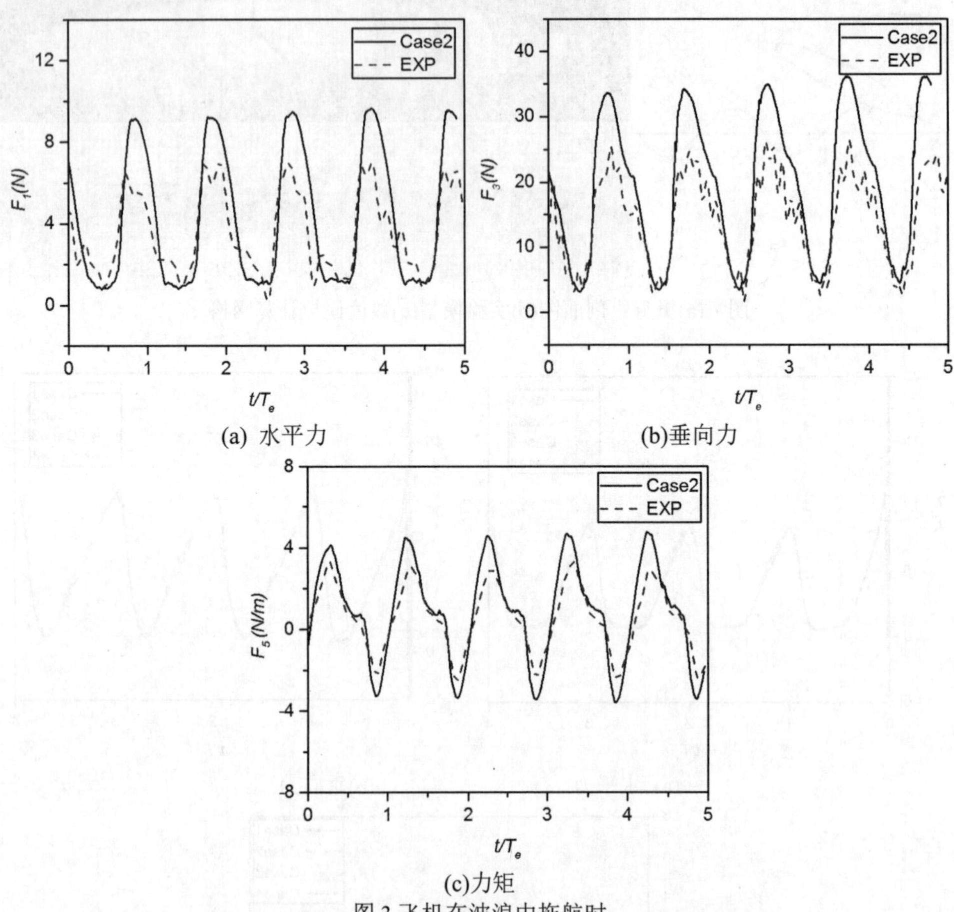

(a) 水平力

(b)垂向力

(c)力矩

图 3 飞机在波浪中拖航时

拖航速度 $V = 3\text{m/s}$ ，波高 $H = 0.08\text{m}$ ，波浪周期 $T = 1.4\text{s}$

3 飞机在波浪中降落的运动与砰击载荷特性

本节研究飞机在波峰和波谷着水的耦合运动与砰击载荷变化规律，分析飞机在不同波长的波浪中降落的运动及砰击载荷变化规律。图 4 显示了飞机在波峰、波谷和静水中降落的运动变化和受力。TN2929 飞机数值模型长度为 1.219m，所采用的五阶 Stokes 波波长 $\lambda = 1.5L$ 、波高 H=0.06m；飞机的水平初始速度 $V = 9.144\text{m/s}$ 、垂向速度 $U = 0$ 、仰角 $\theta = 0^\circ$ 。飞机机身俯仰角峰值受影响较小。在波峰触水时，俯仰角 θ 达到最大值相比静水情况延迟；飞机在波谷触水时，俯仰角 θ 达到峰值比静水快。对应的机身遭遇砰击载荷有类似规律：在波峰降落时水动力峰值延迟出现；而在波谷降落的砰击载荷峰值出现较早。飞机在波峰降落后经过波谷，波浪的砰击不明显；飞机在波谷降落，迅速与迎面而来的波峰作用，砰击载荷迅速增大。图 4（c）中机身遭受的水平力峰值变化不大，仅仅峰值出现的时间延迟或提前；图 4（d）中表明在波峰降落时砰击载荷峰值明显大于静水中的载荷峰值，是静水降落砰击载荷峰值的 2 倍；而在波谷降落的砰击载荷与静水中砰击载荷峰值接近。在波谷降落时所受力矩的峰值小于在静水和波峰降落。飞机在波谷降落的砰击过程更快，但其所受的垂向力和力矩较小且相对缓和，因此飞机在波谷降落相对安全。

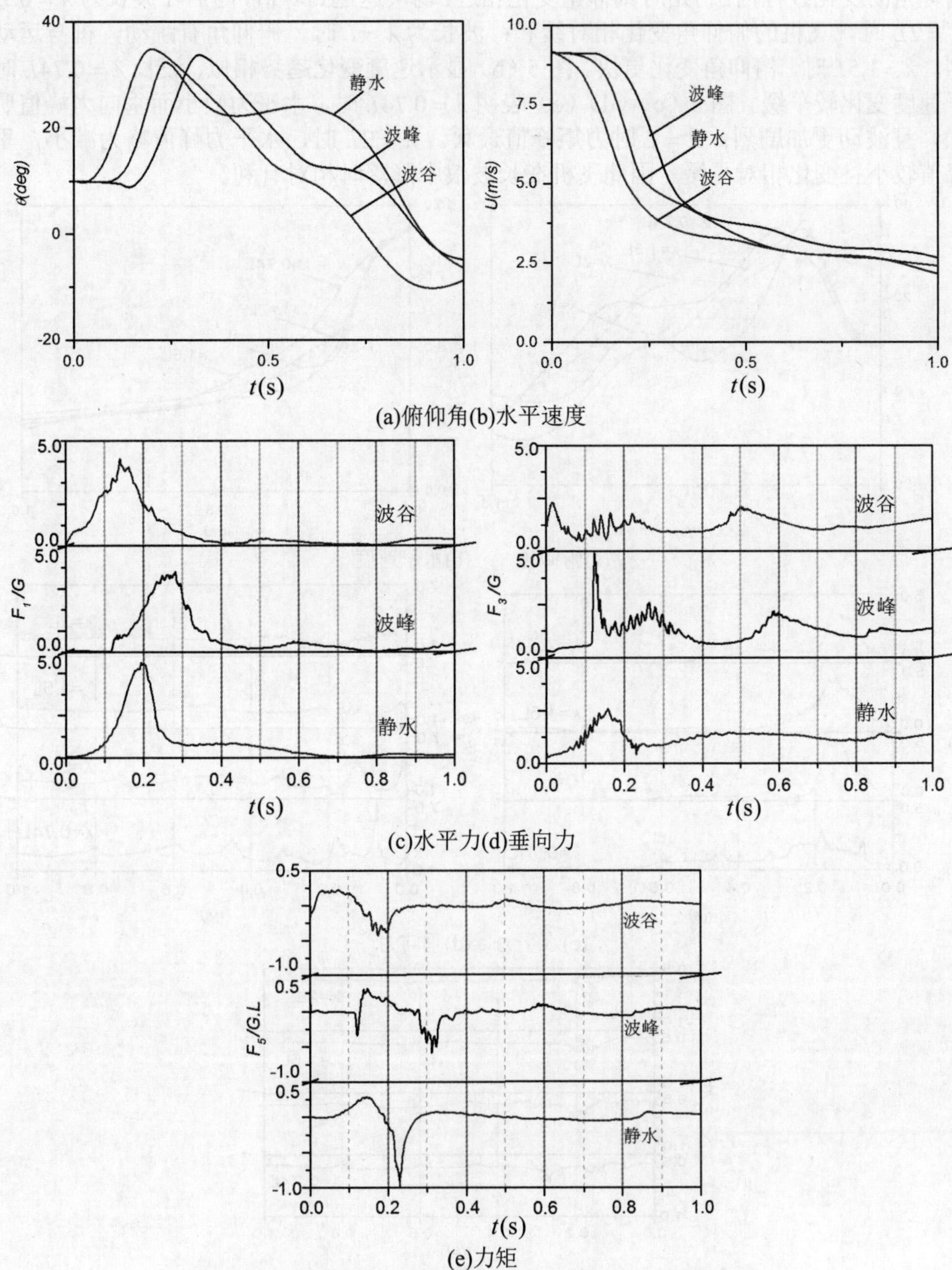

图 4 飞机在波浪中降落时俯仰角、水平速度和载荷随时间变化

砰击速度 $v_0 = 9.144\mathrm{m/s}$，波高 $H = 0.06\mathrm{m}$，波长 $\lambda = 1.5\mathrm{L}$

接下来研究飞机在波谷降落时波长变化对飞机砰击载荷的影响。入射波波长分为 $\lambda = 0.74L$、$\lambda = L$、$\lambda = 1.5L$、$\lambda = 2L$ 其中 $L = 1.219\text{m}$ 为机身长度。图 5 给出了飞机在不同波长波浪中降落时俯仰角、水平速度、所受砰击载荷随时间的变化过程。图 5（a）显示了俯仰角的变化过程，在初始时刻仰角变化相近，均快速达到峰值，随后在波长为 $\lambda = 0.74L$ 和 $\lambda = 2L$ 时，飞机的俯仰角变化相对缓和；波长为 $\lambda = L$ 时，俯仰角有跳动，机身运动最剧烈。$\lambda = 1.5L$ 时，俯仰角变化更快。图 5（b）显示速度变化趋势相似，波长 $\lambda = 0.74L$ 时，水平速度变化较平缓。图 5（c）（d）（e）表明 $\lambda = 0.74L$ 时，水平力较小而垂向力峰值明显增加，且波动更加剧烈；$\lambda = L$ 时力矩峰值最大。$\lambda = 2L$ 时，水平力峰值略为减小，垂向力峰值较小且变化相对平缓。因此飞机在长波浪中降落时相对有利。

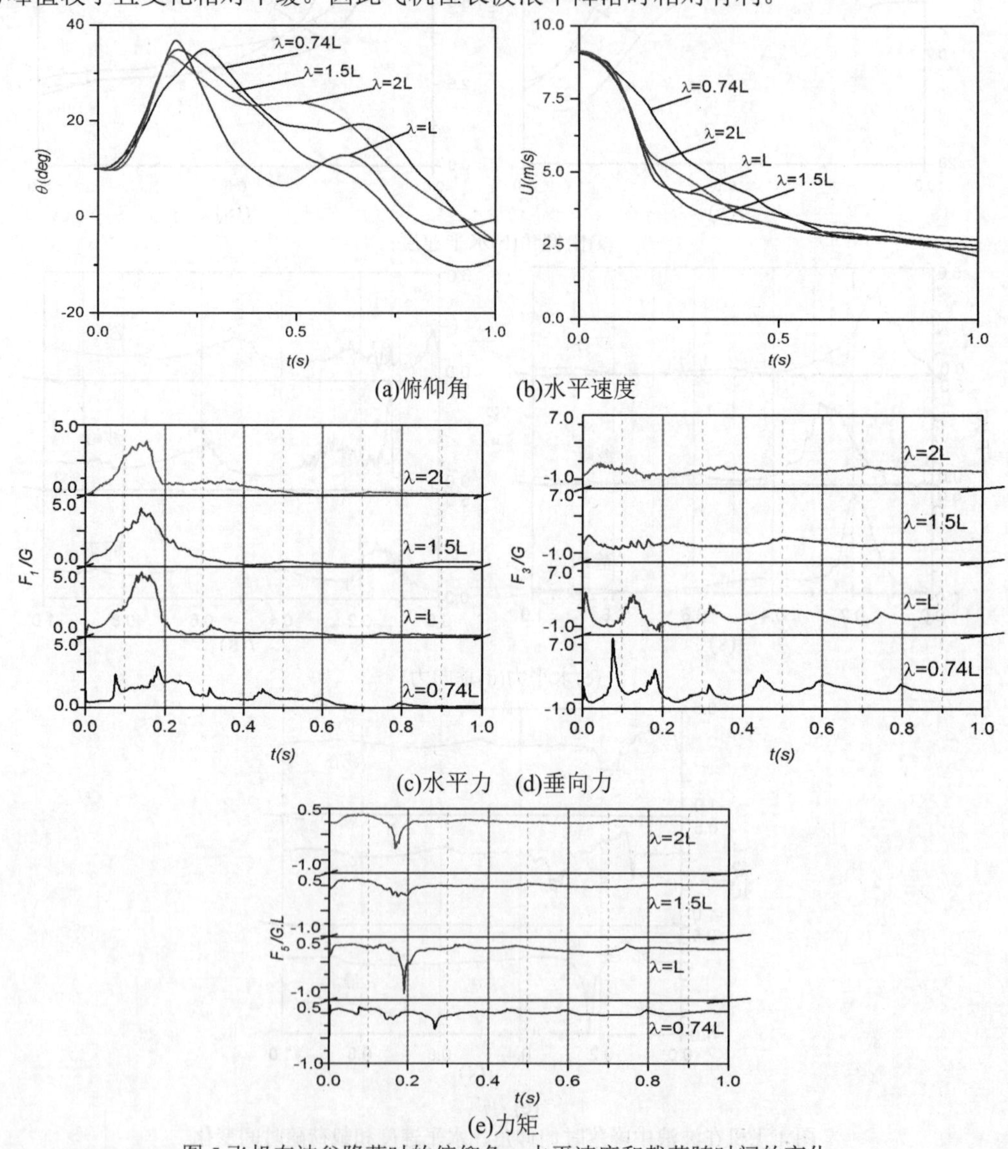

(a)俯仰角　(b)水平速度

(c)水平力　(d)垂向力

(e)力矩

图 5 飞机在波谷降落时的俯仰角、水平速度和载荷随时间的变化

砰击速度 $v_0 = 9.144\text{m/s}$，波高 $H = 0.06\text{m}$

4 结论

本文采用重叠网格方法对标准 TN2929 飞机模型水上降落过程进行了数值模拟，通过实验对比验证了数值模拟的可行性，分析了降落位置与波长对飞机水上迫降过程的影响，得到如下结论。

（1）飞机在典型波浪中降落时，在波谷着水时砰击载荷峰值与静水中降落接近；在波峰上着水时飞机遭受到的砰击载荷是静水中降落的两倍，飞机水上迫降在波谷上相对安全；波浪中降落选择横浪向可近似为静水中降落，相对较为安全；

（2）飞机在不同波长波浪中着水时，机身长度与波长相近时砰击载荷更为剧烈，当波长达飞机长度两倍时砰击载荷相对较小，运动相对平缓。

参考文献

1Thompson, W.C. Model ditching investigation of a jet transport airplane with various engine installations[R]. Technical Report Archive & Image Library, 1956.

2Steiner, M.F. Accelerations and bottom pressures measured on a B-24D airplane in a ditching test[R]. Technical Report Archive & Image Library, 1944.

3McBride, E.E. and Fisher, L.J. Experimental investigation of the effect of rear-fuselage shape on ditching behavior[R]. Technical Report Archive & Image Library, 1953.

4Von Karman, T. The impact on seaplane floats during landing[R]. Technical Report Archive & Image Library, 1929.

5Wagner, H. ÜberStoß und Gleitvorgänge an der Oberfläche von Flüssigkeiten[J]. Z. Angew. Math. Mech; 1932,12:192-215.

6Korobkin, AA. Analytical models of water impact[J]. Eur. J. Appl. Maths; 2004,15:821-838.

7Zhao, R and Faltinsen, OM. Aarsnes J. Water entry of arbitrary two-dimensional sections with and without separation[C]. Proc. 21st Symposium on Naval Hydrodynamics pp: 1996,118-133. Trondheim, Norway

8Xu, G.D., Duan, W.Y. and Wu, G.X. Simulation of water entry of a wedge through free fall inthree degrees of freedom[J]. Proc. Roy. Soc. A; 2010,466:2219-2239.

9 Shigunov, V., Söding, H. and Zhou, Y. Numerical Simulation of Emergency Landing of Aircraft on a Plane Water Surface[C]. 2-Nd Int. Conf. on High-Perform. Marine Vehicles Hiper.2001.

10 罗琳胤，杨仕福，吕继航．水陆两栖飞机着水响应模型与数值分析[J]．机械设计, 2013, 30(8).

11 屈秋林，胡茗轩，郭昊．整体运动网格法在飞机水上迫降模拟中的应用[J]．航空科学技术, 2015(11):1-9.

Numerical simulation of theimpactload of aircraft ditching in waves

SONG Zhi-jie, YANG Xiao-bin, XU Guo-dong

College of Shipbuilding Engineering, Harbin Engineering University, Harbin 150001 China

Email:xuguodong@hrbeu.edu.cn

Abstract: When the aircraft land on the sea in emergency, the fuselage is subjected to huge impact load. Wave height and wavelength have significant effects on the impact loads. In this paper, the computational fluid dynamics method is adopted to simulate the coupled motion of the TN2929 aircraft model impact on the wave numerically.The hydrodynamic impact load and the coupled motion of the aircraft landing at different positions in the waves are studied. Firstly, the aircraft fuselage impacting in the waves at a constant velocity is studied. The feasibility of the numerical method is verified by experimental data. Secondly, we simulated the motion of the aircraft ditching on the wave crests and troughs. The impact load on the trough is lower than the impact load on the crest, but both are higher than that on the initial calm water surface. The influence of wavelength on the impact load is further studied. The impact load is most severe when the wavelength is close to the fuselage, and the wave impact load become gentle when the wavelength is more than twice of the fuselage.

Key words: Aircraft ditching; waves; CFD; coupled motion;

分层流体中圆球激发尾流效应内波数值模拟

周根水，洪方文，姚志崇

(中国船舶科学研究中心船舶振动噪声重点实验室，江苏无锡，214082，Email: 1070369021@qq.com)

摘要：水下物体运动对周围流体产生的扰动传播到水面形成水面尾迹，这一尾迹在适当的环境和条件下会长期滞留，成为探测水下物体的信号源。其中，高内傅氏数下圆球运动产生的尾流效应内波生成机制复杂，呈非稳态性，本文通过大涡模拟-Mix 多相流模型对线性分层流体中高内傅氏数下运动圆球产生的尾流效应内波展开数值模拟。分析结果表明，运动圆球过后，尾流相继出现混合效应、塌陷效应以及振荡，发现尾流塌陷过后的振荡频率小于背景频率，满足内波激发条件。另外，尾流中的涡结构是尾流效应内波的主要产生机制。

关键词：分层流体；尾流效应内波；塌陷；涡结构

1 引言

内波最早发现于挪威探险家 Nansen 所称的“死水”现象，其生成机理与一般海浪有所不同，它是发生在密度稳定层化海水内部的一种波动，生成条件有两个：一是稳定的分层流体介质；二是扰动源的存在。研究人员根据扰动源的不同将运动物体产生的自生内波分为两类：一类是排水体积与分层流体相互作用生成的体效应内波；另一类是运动物体尾流在自身的演化过程中与分层流体相互作用生成的尾流效应内波。由于海水密度分层的层间密度差值小，类似于将分层介质置于微重力环境中，仅为表面波的千分之一量级，很小的扰动也能激发大振幅的内波，且分层密度差值小、回复力弱，自生内波周期长、波长长，从而成为空、天、水下非声探潜捕捉的目标，受到各海洋强国的重视。

体效应内波，低速时占主导作用，其产生机制是水下物体运动时迫使流体质点偏离平衡位置，在恢复力和惯性的合作用下，在平衡位置上、下振荡，从而引发的。许多学者已经有较为深入的理论研究，且建立了相应的预报模型，取得与实验、数值研究相一致的结果。其中势流理论的奇点分布法是一种有效理论模型方法，最具代表性的工作是 Tuck[1]的研究成果，他给出了包含自由面变形影响的点源内波模型，并且还研究了用 Rankie 体表示潜艇运动激发的自生内波情况。体效应内波理论仅考虑了水下航行体排水体积效应产生的内波，随着速度的增高，尾流效应逐渐增强，尾流效应也会扰动分层流体激发生成内波。

尾流效应内波生成机理复杂，呈现非稳态性，主要与分层流体水下航行体的尾流特性湍流、涡旋结构及分离泡等流体现象有关，为此 Chomaz[2]、Lin[3]、Hopfinger[4]对尾流演化特性进行了详细的试验研究，研究表明尾流的演化过程主要分为近尾流阶段、中间阶段（非平衡阶段）和远尾迹阶段。基于尾流的演化特性，Schooley 等[5]及 Lin 等[6]相继在试验中总结了尾流湍流的演化特性并发现尾流塌陷内波。Wu[7]通过对湍流尾流混合区域的观测总结出尾流的初次塌陷激发生成内波，并以射线形式向外传播。Robey[8]采用电导率仪阵列对内波的空间传播特性进行了测量，得到了内波传播速度和幅值随内傅氏数的变化关系。

尾流效应内波激发机制相当复杂，目前对尾流效应内波的激发机制还没有一个清晰的认识，建立的预报模型也无法完整预报尾流效应内波的特征参数。之前的思路主要借鉴体效应内波源汇表达方法，采用振荡源来模拟尾流效应内波，关键点在于源汇的布置、振荡频率及移动速度的选取上，本文主要研究途径则是采用 CFD 模拟尾流效应，通过大涡模拟-Mix 多相流模型对线性分层流体中高内傅氏数下运动圆球产生的尾流效应内波展开数值模拟。

2 控制方程

2.1 大涡模拟

CFD 数值模拟在内波的最早应用是根据势流理论求解运动源致内波，可以解决低速运动物体激发的体效应内波，由于忽略黏性及非线性项，难以模拟高速时运动尾流中的大小尺度涡结构，后来运用基于黏性理论的数值方法如雷诺平均、大涡模拟和直接数值模拟研究内波成为主要手段。

大涡模拟基于合理网格尺度，能够弥补 RANS 对尾流场模拟的不足，能够较好地捕捉小尺度的流动瞬态流动特征弥补 RANS 的不足，且对计算机要求不高。大涡模拟方法中，质量守恒方程和动量守恒方程如下：

$$\frac{\partial \rho}{\partial t}+\frac{\partial \rho \bar{u}_i}{\partial x_i}=0 \tag{1}$$

$$\frac{\partial(\rho \bar{u}_i)}{\partial t}+\frac{\partial}{\partial x_j}(\rho \overline{u_i u_j})=\frac{\partial}{\partial x_j}(\mu \frac{\partial \bar{u}_i}{\partial x_j})-\frac{\partial \bar{p}}{\partial x_i}-\frac{\partial \tau_{ij}}{\partial x_j} \tag{2}$$

式中，$\tau_{ij}=\rho \overline{u_i u_j}-\rho \bar{u}_i \bar{u}_j$ 为亚格子应力项，代表小尺度涡对求解运动方程的影响，须构造亚格子应力模型计算实现方程的封闭性，在本文计算中，采用 Smagorinsky-Lilly 模型。

2.2 多相流模型

本文将密度较轻的淡水和密度较重的盐水看作为两种广义的流体相，通过 UDF 编译组合两种流体相可以实现密度分层流的模拟，采用多相流 Mixture 模型求解该流体问题。Mixture 模型是通过求解混合相的连续性、动量方程及次相的体积分数方程而得到结果，其方程如下：

$$\frac{\partial(\rho_m)}{\partial t}+\nabla\bullet(\rho_m\overrightarrow{u_m})=0 \tag{3}$$

$$\frac{\partial(\rho_m\overrightarrow{u_m})}{\partial t}+\nabla\bullet(\rho_m\overrightarrow{u_m}\overrightarrow{u_m})=-\nabla p+\nabla\bullet[\mu_m(\nabla\overrightarrow{u_m}+\nabla\overrightarrow{u_m}^T)]+\rho_m g \tag{4}$$

$$\frac{\partial(\alpha_p\rho_p)}{\partial t}+\nabla\bullet(\alpha_p\rho_p\overrightarrow{u_m})=0 \tag{5}$$

式中，g 是重力加速度，$\overrightarrow{u_m}$ 是混合流体的速度，ρ_m 是混合流体的密度，μ_m 是多相流黏性，α_p 是第 p 相流体体积分数。

3 数值离散及边界条件

对分层流体中圆球运动激发的内波进行计算，模型和计算域如图 1 所示，圆球直径 D 为 2.5cm，计算区域长 70D，半宽 40D，深度 10D，其中上游边界距球心 20D，侧面边界距球心 40D，圆球深度为 6D。网格划分方式选择结构网格，对圆球的周围以及下游区域做加密处理，最小网格为 1mm，为了计算精度的提高，近尾流场网格长细比控制在 5：1 内，远流场网格控制在 15:1 内。

图 1 计算模型

边界条件设置为：入口为速度入口边界，给定均匀速度来流速度条件；出口为自由出口条件；对称面选择 Symmetry 条件；上、下边界选择壁面剪切条件；圆球表面为壁面无滑移边界条件。

本文采用有限体积法来离散大涡模拟的控制方程，压力项采用 Body Force Weighted 格式，动量项采用 Bounded Central Differencing 离散格式，体积分数采用 Quick 格式，时间推进项采用 Bounded Second Order Implicit 离散格式，离散得到的代数方程组采用逐点 Gauss-Sediel 法迭代求解。

4 计算结果分析

分层流体采用密度线性分层，上边界是体积分数为 100%的淡水，密度为 998.2kg/m^3；下边界是体积分数为 100%的盐水，密度为 1098.2kg/m^3；中间为混合相，密度线性分布。根据式（6），可得到浮力频率 N 以及内傅氏数 Fri。

$$N^2(z) = -\frac{g}{\rho_0}\frac{\mathrm{d}\rho}{\mathrm{d}z}，\ Fri = \frac{U_0}{NR} \tag{6}$$

在文献[9]中已有阐述，LES-Mix 数值模型能够较好地模拟低内傅氏数（Fri=0.6～4）下的体效应内波，另外结果显示高内傅氏数（*Fri*>4）下，圆球背后的尾流相继出现混合效应以及在势能作用下发生塌陷效应。本文在此基础上，针对高内傅氏数时的内波场及流场特征，对尾流效应内波的产生机制进行探讨。

4.1 低 Fri 数时流场及体效应内波特征

图 2（a）是内傅氏数 Fri 为 2 时圆球上方 2D 处的水平面速度散度云图，横、纵坐标采用小球直径无量纲化处理，图 3 是流线图。从图中可以看到圆球轴线附近的小“V”字形，波形呈一定夹角，如图 2（b）所示，其波长和波形夹角与理论计算、试验结果相一致[9]，为物体自身诱导的体效应内波；体效应内波在向外围的传播过程中，由于黏性及尾流的扰动作用，波形变得较为紊乱，但整体呈现一个较大夹角的稳定波形特征。

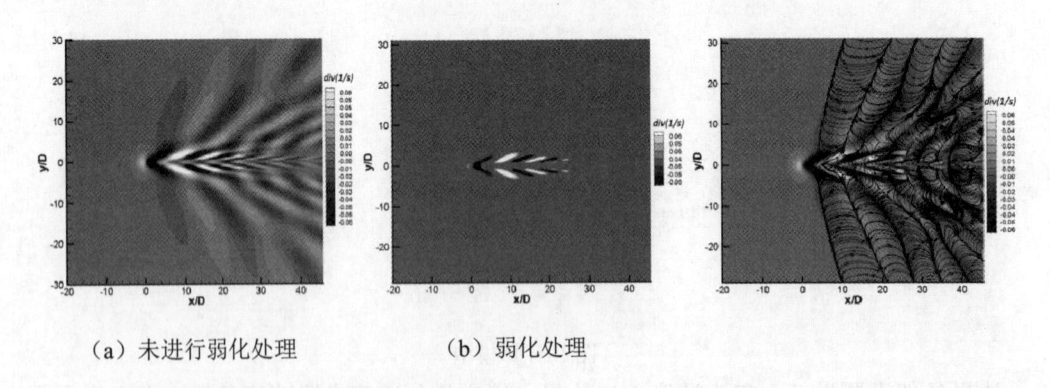

（a）未进行弱化处理　　（b）弱化处理

图 2 圆球上方 2D 处水平面速度散图　　图 3 圆球上方 2D 处水平面流线图

4.2 高 Fri 数时流场及尾流效应内波特征

图 4 和图 5 分别是内傅氏数为 12 和 24 时圆球中心处水平面速度散度云图。从图 4～

图 5 中可以看到，轴线两侧附近有明显的流动现象，出现较小"V"字形波，且波长较短，有一定的随机性，其波长与内傅氏数无关；在远离轴线的外侧，内傅氏数为 12 时可以看到约 3 个波长左右的波形，夹角约 25°，当内傅氏数增加到 24 时，隐约能看到 1 个波长，夹角几乎不变。从流线图可以看到，内傅氏数为 12 和 14 时轴线附近均有涡结构及聚散现象，卷吸附近的流体，从而出现尾流效应内波；在轴线外围，内傅氏数为 12 时明显可以看到约 3 个波形结构，内傅氏数为 24 时仅能看到 1 个波。

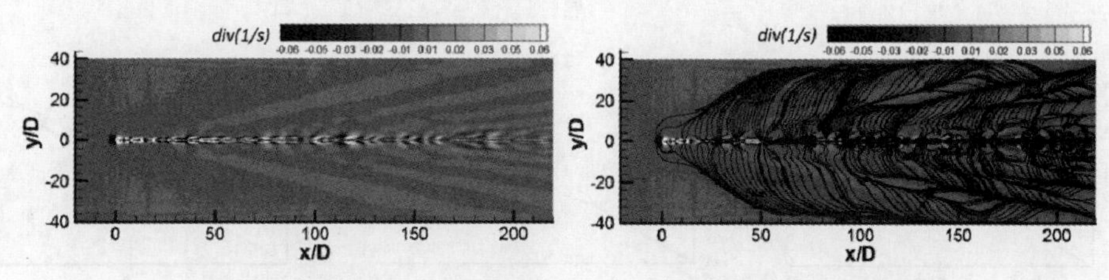

图 4 内傅氏数为 12 时圆球中心处水平速度散度云图及流线

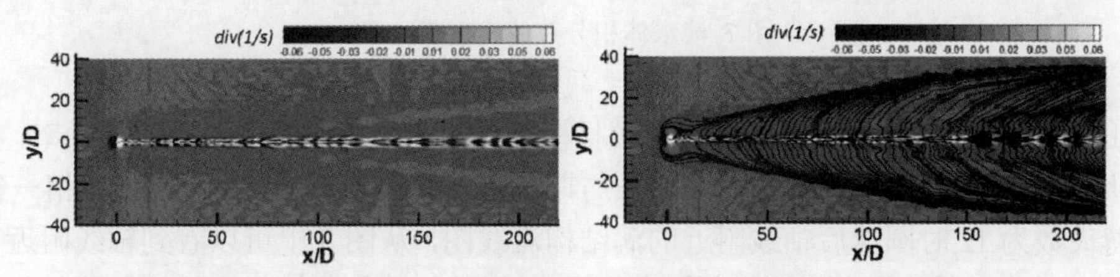

图 5 内傅氏数为 24 时圆球中心处水平速度散度云图及流线

图 6 为内傅氏数为 12 时纵剖面淡水体积分数为 0.6 的空间分布图，从图 6（a）中可以看到，近内波场主控波形主要为波长 3D～7D 的碎波，振幅较小；远内波场内波分布较为规律，波长约 40D 左右，相比较近内波场，振幅突然增加，然后随着距离的增加呈减小的趋势。从图 6（b）中可以看到，整个分布为碎波为主导的内波场，同时叠加着波长 40D 的波形结构。

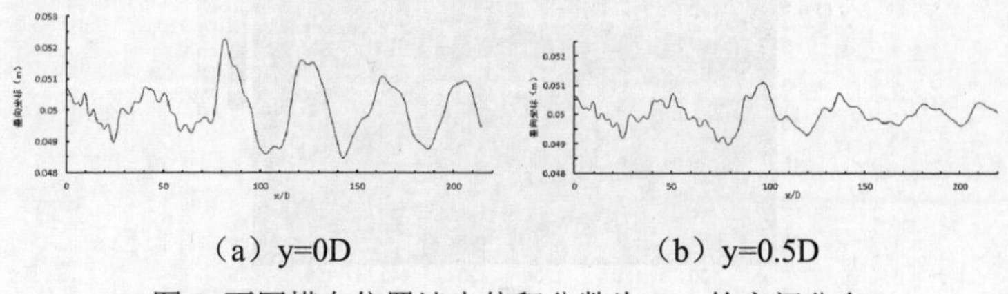

（a）y=0D　　　　（b）y=0.5D

图 6 不同横向位置淡水体积分数为 0.6 的空间分布

4.3 尾流效应内波产生机制探讨

在文献[9]中已表明尾流演化到 Nt=3.366（N 为浮力频率，t 为时间）并开始发生塌陷，

图7为继续跟踪中纵剖面上圆球下游0.6D处的淡水体积分数垂向分布曲线变化图，图7(a)实线演化到虚线说明混合区域不同垂向位置处的淡水体积分数整体降低，此区域得到下层密度重盐水的补充，图7（b）则说明混合区域得到上层密度轻盐水的补充，图7（c）则为循环过程，整个过程是在初始未扰动时淡水体积分数曲线上下反复振荡，且幅值逐渐减小，同时可发现振荡周期平均约为3.5s左右，其振荡频率小于分层流体的浮力频率大，满足内波的激发条件，波长约为42D与图6中的长波为相一致的波形结构，说明尾流塌陷后，尾流在背景分层流体的浮力频率作用下多次振荡激发生成塌陷内波。

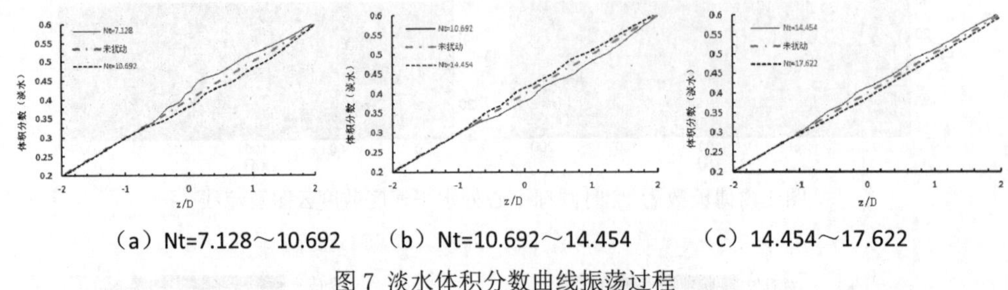

（a）Nt=7.128～10.692　（b）Nt=10.692～14.454　（c）14.454～17.622

图7 淡水体积分数曲线振荡过程

Robey[8]采用斯特哈尔数准则来确定预报模型中的尾流效应内波激发源的频率，姚志崇等[10]采用PIV测量内波场确认了内波波长与斯特哈尔数准则确定的涡间距5D相一致。图8为内傅氏数为12时圆球后轴线附近的涡结构流线图，从图8中可以看到轴线附近有着间距3D～7D的涡结构，同时伴有流动聚散现象，涡间距与数值计算得到的碎波波长相一致，说明尾流中的涡结构是产生尾流效应内波的一种机制，该涡结构与尾流中的Kelvin-H不稳定性相互作用随机生成波长为3D～7D的随机内波。

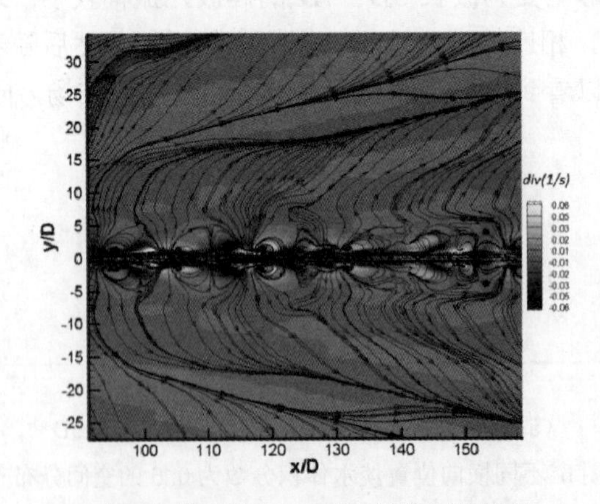

图8 内傅氏数为12时轴线附近涡结构

4 结论

本文通过大涡模拟-Mix多相流模型对线性分层流体中高内傅氏数下运动圆球产生的尾流效应内波展开数值模拟，对尾流效应内波的产生机制进行了探讨，得到以下结论：

（1）高内傅氏数下（Fri>4）,圆球运动轴线两侧附近有明显的流动现象，出现较小"V"字形波，且波长较短，有一定的随机性，波长约为 3D～7D，与内傅氏数无关；轴线外侧伴有稳定的波形，波长较大。

（2）尾流效应内波主要有塌陷内波和随机内波，其中通过对淡水体积分数垂直分布曲线的分析，高内傅氏数为12时圆球运动尾流塌陷后会发生持续振荡，振荡频率小于分层流体浮力频率，激发生成波长较大的塌陷内波；尾流中轴线附近间距为 3D～7D 的涡结构与尾流中的 Kelvin-Helmholtz 不稳定性相互作用生成波长较短的随机内波。

参 考 文 献

1 Tuck EO. Submarine internal waves[R]. National Technical Information Service Document. 1992. No.AD:264-080

2 J.M. Chomaz, P. Bonneton, E.J. Hopfinger. The structure of the near wake of a sphere moving horizontally in a stratified fluid[J]. J Fluid Mech. 1992, 254(-1):1-21

3 J. T. Lin, Y. H. Pao, Wakes in stratified fluids[J]. Ann. Rev. Fluid Mech. 1979, 11(1):317-338

4 Bonneton P, Chomz J M, Hopfinger E J. Internal waves produced by the turbulent wake of a sphere moving horizontally in a stratified fluid[J]. J Fluid Mech. 1993, 254(-1): 23-40

5 A. Shooley and R. W. Stewart. Experiments with a self-propelled body submerged in a fluid with a vertical density gradient[J] J. Fluid Mech. 1963, 15(1):83-96

6 J. T. Lin, Y. H. Pao, Wakes in stratified fluids[J]. Ann. Rev. Fluid Mech. 1979, 11(1):317-338

7 J. Wu. Mixed region collapse with internal wave generation in a density-stratified medium[J]. J Fluid Mech. 1969, 35(3):531-544

8 Harry F.Robey. The generation of internal waves by a towed sphere and its wake in a thermocline. Phys of Fluid. 1997, 9(11):3353-3367.

9 周根水，姚志崇，洪方文. 分层流体中尾流混合效应数值模拟[J]. 水动力学研究与进展，A 辑.2018, 33(1):40-47

10 姚志崇，赵峰等. 拖曳球体尾流效应内波表现特征及其产生机理研究[J]. 船舶力学. 2017, 21（1）：8-14

Numerical simulation of the Wake-generated internal waves by a moving sphere in stratified fluids

ZHOU Gen-shui, HONG Fang-wen, YAO Zhi-chong

(China Ship Scientific Research Center，National Key Laboratory on Ship Vibration&Noise, Jiangsu wuxi 214082, Email：1070369021@qq.com)

Abstract: Disturbance generated by an underwater body moving in fluids can spread to the surface and become the wake as the detection of signal source owing to long-term stranded in appropriate environment and conditions. The wake-generated internal waves by a moving sphere at high Froude Numbers is complexand unsteady, the paper takes the moving ball in a linear stratified fluid as the object and simulate of the wake-generated internal waves by LES-Mix multiphase flow numerical simulation at high Froude Numbers. The results show that the ball's wakes experience the mixing, collapsing, oscillating in succession and the collapsed wakes' oscillating frequency less-than the background frequency satisfies the condition of internal waves excitation. Besides, the vortex structure in wakes is the main generation mechanism of the wake-generated internal waves.

Key words：Stratified fluids; The wake-generated waves; Collapsing; The vortex structure.

基于位移法浅水波理论波浪破碎数值模拟

黄东威[1]，吴锋*，钟万勰，张洪武

(大连理工大学工业装备结构分析国家重点实验室，大连，116023)

摘要：本文在 Lagrange 坐标系下推导了二维浅水波波浪破碎项。考虑水底不光滑引起的摩阻项。基于位移法浅水波理论构建了包含破碎项和摩阻项的浅水波数值模型。利用保辛算法和有限元建立了相应的求解格式。最后通过文献算例验证了本文所得到的浅水波数值模型可以有效的模拟近海岸波浪浅化的运动情况。

关键字：浅水波；位移法；波浪破碎；保辛算法；有限元

1 引言

近海岸波浪的运动过程属于浅水波问题。传统的浅水波问题是在 Euler 坐标下以流速作为基本未知量进行描述，很难得到相应的变分原理。而且在处理动边界（干湿界面问题）和不平水底的源项等问题时存在虚假振荡、负水深、质量损失等数值困难[1-7]。基于此，文献[8-14]等采用位移法研究浅水波问题。通过假定水平位移与竖向坐标无关，给出了位移法的不可压缩条件，基于分析力学的Hamilton变分原理，导出了位移法浅水波方程，并采用有限元和保辛算法计算非线性浅水波的演化。所构造的算法可以克服负水深、虚假振荡等数值现象，可以长时间仿真浅水波的非线性演化，没有质量、能量损失等数值问题。但上述研究工作中没有考虑浅水波波浪破碎现象，实际上浅水波的波浪破碎十分常见。文献[16-18]研究海浪破碎对近海岸的珊瑚礁的影响进行了试验模拟和数值模拟。文献[19-21]通过分析海洋建筑在承受海浪破碎影响下结构的损害情况给出了具体的数值分析。准确分析波浪破碎对近海岸的海洋生态环境影响以及对海洋工程设施和水工建筑的载荷设计具有重要意义。因此，本文在文献[8,13]的基础上推导了基于 Lagrange 坐标下的波浪破碎项。构建了考虑波浪破碎、底摩阻和水底不平滑的近海岸波浪浅化数值模型。

基金项目：国家自然科学基金（51609034，11472076）；中央高校基本科研业务费（DUT17RC(3)069）
作者简介：黄东威（1994-），男，辽宁省营口市人，博士（E-mail:2808592000@qq.com）
吴锋（1985-），男，江苏省靖江市人，副教授，博士（E-mail:wufeng_chn@163.com）
通讯地址：辽宁省大连市大连理工大学综合实验一号楼 506 房，电话: 13940846142.

2 含破碎项、摩阻项的作用量

基于 Lagrange 坐标系，不考虑破碎作用的浅水波方程有[13-14]

$$\ddot{u}-\frac{1}{3}\ddot{u}_{xx}h^2-\frac{\partial\left(\ddot{u}hh_x\right)}{\partial x}=g\frac{\partial^2}{\partial x^2}\left(hu\right)+g\left(\frac{1}{2}h_{xxx}u^2-3u_x\frac{\partial\left(hu_x\right)}{\partial x}\right) \tag{1}$$

式中，u 表示水平位移，$\ddot{u}$ 表示水平加速度，u_x 表示水平位移的一阶偏导，$\ddot{u}_{xx}$ 表示水平加速度的二阶偏导；g 表示重力加速度；h 表示水面静止时的水深，h_x 表示静水深的一阶偏导，h_{xxx} 表示静水深的三阶偏导。式(1)可以通过 Hamilton 变分原理导出。因此，可以采用有限元和保辛方法求解。与传统 Euler 浅水方程相比，位移法浅水波方程仅采用水平位移作为基本未知量，少了一个未知量和微分方程，数值计算时计算量减少一半，在处理干湿面时没有虚假振荡，计算精度和稳定性好。但是(1)式中还没有考虑破碎效应，实际上浅水波的波浪破碎十分常见。在传统 Euler 坐标系下，参考文献[23]考虑破碎项的浅水波方程有

$$\begin{cases}\dfrac{\partial\overline{\eta}}{\partial t}+\dfrac{\partial U}{\partial\xi}\overline{d}+\dfrac{\partial\overline{\eta}}{\partial\xi}U=0\\[2ex]\dfrac{\partial U\left(\xi,t\right)}{\partial t}+U\dfrac{\partial U}{\partial\xi}+\dfrac{\partial\overline{\eta}}{\partial\xi}g+\dfrac{1}{3}\overline{d}\dfrac{\partial^3\overline{\eta}}{\partial t^2\partial\xi}+R=g\overline{h}_\xi\end{cases} \tag{2}$$

式中，$\overline{\eta}$ 是 t 时刻 ξ 处的水面高度，ξ 是 Euler 坐标下的水平坐标，U 是 ξ 处的流速，$\overline{d}=h+\overline{\eta}$ 为当地水深，h 为初始时刻水深，$\overline{h}\left(\xi\right)=h\left(x+u\right)$；$R=R_f+R_b$ 即为扩展项，其中 $R_f=g\dfrac{nU\left|U\right|}{\overline{d}}$ 为摩阻项，n 为摩阻系数，R_b 为波浪破碎引起的耗散项。本文基于文献[21]用涡粘法来处理波浪破碎，则有

$$R_b=\frac{1}{\overline{d}}[(B\sigma^2\,|\,\overline{\eta}\,|)(\overline{d}U)_\xi]_\xi \tag{3}$$

式中，σ 是控制波浪破碎强度参数；B 的确定由指标 η_t^*（与水波破碎的起止时间相关）控制

$$B=\begin{cases}1, & \eta\ge 2\eta_t^*\\ \dfrac{\eta}{\eta_t^*}-1, & \eta_t^*<\eta\le 2\eta_t^*\\ 0, & \eta\le\eta_t^*\end{cases},\quad \eta_t^*=\begin{cases}\eta_t^{(F)}, & t\ge T^*\\ \eta_t^{(I)}+\dfrac{t-t_0}{T^*}\left(\eta_t^{(F)}-\eta_t^{(I)}\right), & 0\le t-t_0\le T^*\end{cases} \tag{4}$$

式中，T^* 为破碎持续时间，$\eta_t^{(I)}$，$\eta_t^{(F)}$ 为破碎开始和终止参数，t_0 为破碎起始时间。考虑到不同坐标系下的浅水波方程之间存在如下转换形式

$$\xi = x+u \text{，} U(\xi,t)=\dot{u}(x,t) \text{，} \overline{\eta}(\xi,t)=\eta(x,t) \text{，} \overline{d}(\xi,t)=d(x,t)=\frac{h(x)}{1+u_x} \tag{5}$$

式中，$u(x,t)$为水平位移，$\eta(x,t)$为竖直位移，$d(x,t)$为水深，$h(x)$为初始时刻水深。因此，基于 Lagrange 坐标系含摩阻项和破碎项的浅水波方程为

$$\ddot{u}-\frac{1}{3}\ddot{u}_{xx}h^2-\frac{\partial(\ddot{u}hh_x)}{\partial x}+R_f+R_b=g\frac{\partial^2}{\partial x^2}(hu)+g\left(\frac{1}{2}h_{xxx}u^2-3u_x\frac{\partial(hu_x)}{\partial x}\right) \tag{6}$$

式中：

$$R_f=g\frac{n\dot{u}|\dot{u}|}{d}$$

$$R_b=\frac{sign(\eta)B\sigma^2}{\beta}[\beta_x(1-2u_x+3u_x^2)\left(\eta_x\dot{u}+\frac{2\eta\dot{u}_x(1-2u_x+3u_x^2)}{(1-u_x+u_x^2)}\right)$$
$$+\eta_x\beta\dot{u}_x+\frac{\eta\beta_{xx}(1-3u_x+6u_x^2)\dot{u}}{(1-u_x+u_x^2)}] \tag{7}$$

$$\eta=\frac{-u_x}{1+u_x}h-h_xu-\frac{1}{2}h_{xx}u^2-\frac{1}{6}h_{xxx}u^3$$

$$\eta_x=\left(-2u_x+u_x^2-u_x^3+u_x^4\right)h_x-u(1+u_x)h_{xx}-\frac{u^2}{2}(1+u_x)h_{xxx}-\frac{1}{6}h_{xxxx}u^3$$

由于浅水波方程只有二阶精度，忽略了R_b中关于u的二阶偏导数及其高阶偏导数。

摩阻项和破碎项可看做非保守力。因此，含摩阻项、破碎项的 Hamilton 动力系统作用量为

$$S=\int_0^t(T-U)\mathrm{d}t-\int_0^t Rdt \tag{8}$$

式中，ρ为液体密度，L为计算水域总长，T和U为系统的动能和势能，R为耗散能。

$$T=\frac{1}{2}\int_0^L\left[h\rho\dot{u}^2+\rho hh_x^2\dot{u}^2+\rho\dot{u}_x^2\frac{1}{3}h^3+\rho\dot{u}_x\dot{u}h^2h_x\right]\mathrm{d}x$$

$$U=\int_0^L\frac{\rho gh^2(x)}{2}(u_x^2-u_x^3)\mathrm{d}x+\int_0^L\rho gh\left(-h_xu-\frac{1}{2}h_{xx}u^2-\frac{1}{6}h_{xxx}u^3\right)\mathrm{d}x$$
$$-\int_0^L\frac{\rho gh^2(x)}{2}\mathrm{d}x-\frac{\rho gh^2(L)}{2}u(L)+\frac{\rho gh^2(0)}{2}u(0) \tag{9}$$

$$R=\int_0^L\rho h(R_f+R_b)udx$$

3 有限元离散格式

由于浅水波方程为非线性偏微分方程，需要进行数值求解。在 Lagrange 坐标下进行有

限元离散，并定义

$$u = \boldsymbol{N}^{\mathrm{T}}(x)\boldsymbol{u} \tag{10}$$

式中，$\boldsymbol{N}(x)$是形函数，$\boldsymbol{u}=(u_1 \quad u_2 \quad \cdots \quad u_n)^{\mathrm{T}}$是节点位移向量，$n$是自由度数。将式(10)代入式(9)中，可得到对应的刚度阵$\boldsymbol{K}_0$，$\boldsymbol{K}_1$，质量阵$\boldsymbol{M}$，恢复力$\boldsymbol{G}_0$，$\boldsymbol{G}_1$（考虑水底不平顺），阻尼力$\boldsymbol{F}_f$，破碎引起的耗散力$\boldsymbol{F}_b$如下

$$\boldsymbol{K}_0 = \int_0^L \rho g h^2 \boldsymbol{N}_x \boldsymbol{N}_x^{\mathrm{T}} \mathrm{d}x\text{，}\quad \boldsymbol{K}_1(\boldsymbol{u}) = \frac{3}{2}\int_0^L \rho g h^2 \boldsymbol{N}_x \left(\boldsymbol{N}_x^{\mathrm{T}}\boldsymbol{u}\right)\boldsymbol{N}_x^{\mathrm{T}} \mathrm{d}x \tag{11}$$

$$\boldsymbol{M} = \int_0^L \rho h \left[\boldsymbol{N}\boldsymbol{N}^{\mathrm{T}} + \boldsymbol{N}_x\boldsymbol{N}_x^{\mathrm{T}}\frac{1}{12}h^2 + \left(h_x\boldsymbol{N} + \frac{1}{2}\boldsymbol{N}_x h\right)\left(h_x\boldsymbol{N} + \frac{1}{2}\boldsymbol{N}_x h\right)^{\mathrm{T}}\right]\mathrm{d}x \tag{12}$$

$$\boldsymbol{G}_0 = \int_0^L \rho g h h_{xx} \boldsymbol{N}\boldsymbol{N}^{\mathrm{T}} \mathrm{d}x\text{，}\quad \boldsymbol{G}_1(\boldsymbol{u}) = \frac{1}{2}\int_0^L \rho g h h_{xxx} \boldsymbol{N}\left(\boldsymbol{N}^{\mathrm{T}}\boldsymbol{u}\right)\boldsymbol{N}^{\mathrm{T}} \mathrm{d}x \tag{13}$$

$$\boldsymbol{F}_f(\boldsymbol{u}) = \int_0^L \rho g h n \frac{\left(\boldsymbol{N}^T\dot{\boldsymbol{u}}\right)\left|\boldsymbol{N}^T\dot{\boldsymbol{u}}\right|\left(1+\boldsymbol{N}_x^{\mathrm{T}}\boldsymbol{u}\right)}{h}\boldsymbol{N}^{\mathrm{T}}\mathrm{d}x\text{，}\quad \boldsymbol{F}_b(u) = \int_0^L \rho h R_b \boldsymbol{N}^{\mathrm{T}}\mathrm{d}x \tag{14}$$

$\boldsymbol{K}_1$，G_1为考虑非线性情况。阻尼项和破碎项不参与变分过程。则变分得

$$\boldsymbol{M}\ddot{\boldsymbol{u}} + \boldsymbol{K}_0\boldsymbol{u} - \boldsymbol{K}_1(\boldsymbol{u})\boldsymbol{u} = \boldsymbol{G}_0\boldsymbol{u} + \boldsymbol{G}_1(\boldsymbol{u})\boldsymbol{u} - \boldsymbol{F}_f(\boldsymbol{u}) - \boldsymbol{F}_b(\boldsymbol{u}) \tag{15}$$

浅水波是 Hamilton 系统，根据式(8)可知虽然系统为非保守系统，但是保辛算法的性能[24]和反应能量的变化仍比非保辛算法要好[25]。因此本文仍采用保辛算法即时间有限元法进行数值仿真，具体实现过程详见文献[26]。

4 数值算例

本文研究文献[23]中的算例，该算例分析孤立波在常数斜坡上的浅化过程。孤立波具体形式为

$$\eta = \frac{h\left(c^2 - gh\right)\mathrm{sech}^2\left(x\cdot\sqrt{\frac{W}{2}}\right)}{gh - \left(c^2 - gh\right)\mathrm{sech}^2\left(x\cdot\sqrt{\frac{W}{2}}\right)} \tag{16}$$

式中波速c，波宽相关参数W为

$$c^2=gh\left(1+\frac{\eta_0}{h+\eta_0}\right),\quad W=\frac{3\left(c^2-hg\right)}{2h^2c^2} \tag{17}$$

式中，η_0为初始波高，x为Lagrange坐标下的水平坐标。需要注意的是，该浅化模型是从无穷远处到近海岸的一个浅化过程，初始水深h要选在无穷远处，且在无穷远处位移边界条件为零。本文算例参数参考文献[23]，其中孤立波波高为0.2m，缓坡坡度为1:35，破碎项相关参数$\sigma=1.5$，$T^*=6\sqrt{h/g}$，$\eta_t^I=0.05\sqrt{gh}$，$\eta_t^F=0.65\sqrt{gh}$，远端水深为$h_0=-1\,\mathrm{m}$，单元长度$\Delta x=0.1\mathrm{m}$，时间步长取为$\Delta t=0.02\mathrm{s}$，本文孤立波破碎起始时间约为$t_0=11.84\,\mathrm{s}$，其判定依据根据位移法浅水波方程的约束条件来确立的，即液体不可压缩条件

$$(1+w_z)(1+u_x)=1 \tag{18}$$

其中w_z为竖向位移一阶偏导，u_x为水平位移的一阶偏导。当u_x或w_z趋近于-1时即认为发生破碎。基于以上参数设置，本文计算结果与文献结果比对如图1所示

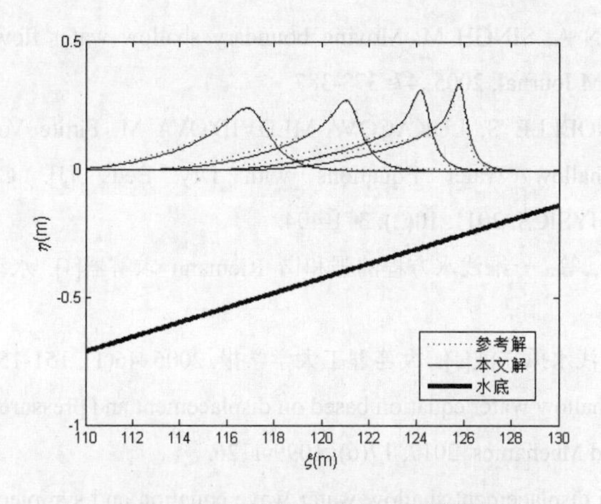

图1 本文计算结果与文献结果比对

从图1可以看出，本文结果与参考文献结果具有很好的吻合度。验证了本文所研究的基于Lagrange坐标下考虑波浪破碎、底摩阻和水底不平滑的近海岸波浪浅化的数值模型的正确性。同时基于保辛算法的稳定性，本文的水波浅化数值模型具有长时间的仿真能力。

5 结束语

本文承接前人的工作基础，基于位移法浅水波理论框架，给出了包含破碎项和摩阻项的作用量。对作用量进行变分得到了包含破碎、摩阻的不平水底浅水波方程。通过有限元对非线性偏微分方程进行离散，从而得到了基于Lagrange坐标下考虑波浪破碎的浅水波数

值模型。在数值计算上本文仅考虑了二维情况，后续工作将推广到三维情况。此外，为构建完整的基于 Lagrange 坐标系的浅水波数值水槽，之后的工作还将考虑消波问题。

参考文献

1 VREUGDENHIL C B. Numerical Methods for Shallow-Water Flow [M]. Netherlands: Springer, 1994: 1-15.

2 兰姆 H. 理论流体动力学[M]. 北京：科学出版社, 1990. (LAMB H. Hydrodynamic [M]. Beijing: Science press, 1990. (In Chinese))

3 STOKER J J. Water Waves: The Mathematical Theory With Applications [M]. New York: Interscience Publishers LTD, 1957.

4 MORRISON P J. Hamiltonian description of the ideal fluid [J]. REVIEWS OF MODERN PHYSICS. 1998, 70(2): 467-521.

5 SAMPSON J, EASTON A, SINGH M. Moving boundary shallow water flow above parabolic bottom topography [J]. ANZIAM Journal. 2005, 47: 373-387.

6 BOLLERMANN A, NOELLE S, LUKACOVA-MEDVID'OVA M. Finite Volume Evolution Galerkin Methods for the Shallow Water Equations with Dry Beds [J]. COMMUNICATIONS IN COMPUTATIONAL PHYSICS. 2011, 10(2): 371-404.

7 宋利祥, 周建中, 邹强, 等. 一维浅水方程的强和谐 Riemann 求解器[J]. 水动力学研究与进展 A 辑, 2010(02): 231-238.

8 钟万勰, 姚征. 位移法浅水孤立波[J]. 大连理工大学学报, 2006, 46(1): 151-156.

9 WU F, ZHONG W. A shallow water equation based on displacement and pressure and its numerical solution [J]. Environmental Fluid Mechanics. 2017, 17(6): 1099-1126.

10 WU F, ZHONG W. On displacement shallow water wave equation and symplectic solution [J]. Computer Methods in Applied Mechanics and Engineering. 2017, 318: 431-455.

11 WU F, YAO Z, ZHONG W. Fully nonlinear (2+1)-dimensional displacement shallow water wave equation [J]. CHINESE PHYSICS B. 2017, 26(0545015).

12 WU F, ZHONG W X. Constrained Hamilton variational principle for shallow water problems and Zu-class symplectic algorithm [J]. APPLIED MATHEMATICS AND MECHANICS-ENGLISH EDITION. 2016, 37(1): 1-14.

13 吴锋, 钟万勰. 不平水底浅水波问题的位移法[J]. 水动力学研究与进展：A 辑, 2016, 31(5): 549-555

14 吴锋, 钟万勰. 浅水动边界问题的位移法模拟[J]. 计算机辅助工程, 2016, 25(2): 5-13.

15 吴锋, 钟万勰. 关于《保辛水波动力学》的一个注记[J]. 应用数学和力学, 2019, 40(1): 1-7.

16 诸裕良，宗刘俊，赵红军，等. 复合坡度珊瑚礁地形上波浪破碎的试验研究[J]. 水科学进展,2018,29(05):717-727.

17 刘清君，孙天霆，王登婷.岛礁陡坡地形上波浪破碎试验研究[J].水运工程,2018(12):42-45.

18 郑茜，张陈浩.近岸带珊瑚礁台波浪破碎变形流场结构的试验和数值模拟[J].中国港湾建设,2019,39(02):36-40.

19 刘正浩，万德成.波流作用下海上固定式风机基础的水动力性能数值模拟[J].江苏科技大学学报(自然科学版),2017,31(05):555-560+566.

20 姜云鹏，陈汉宝，赵旭，高峰.长周期波浪冲击下胸墙受力试验[J].水运工程,2018(05):35-39.

21 彭程，耿宝磊，张慈珩，等.不同因素对潜堤波浪传播的影响[J].水运工程,2018(05):16-22+48.

22 KIRBY J T, WEI G, et al. FUNWAVE 1.0 Fully nonlinear Boussinesq wave model documentation and use's manual[R]. NewMark, CACR, 1998.

23 房克照，邹志利. 应用二阶完全非线性 Boussinesq 方程模拟破碎波浪[J]. 水科学进展，2012, 23(1):96-103.

24 邢誉峰，杨蓉. 动力学平衡方程的 Euler 中点辛差分求解格式[J]. 力学学报，2007, 23(1):100-105.

25 马秀腾，陈立平，张云清. 约束力学系统运动方程积分的数值耗散研究[J]. 系统仿真学报，2009, 21(20):6373-6377.

26 Zhong W X，Gao Q，Peng H J. Classical Mechanics - Its symplectic description[M]. Dalian: Dalian University of Technology Press, 2013 (in Chinese).

Numerical simulation of wave breaking based on displacement method Shallow Water Wave Theory

HUANG Dong-wei[1], WU Feng*, ZHONG Wan-xie, ZHANG Hong-wu

(State Key Laboratory of Structural Analysis of Industrial Equipment,Dalian,116023)

Abstract: In this paper, the two-dimensional shallow wave breaking term is derived under the Lagrange coordinate system. Consider the frictional resistance caused by the uneven bottom of the water. Based on the shallow water wave theory of displacement method, a numerical model of shallow water wave including fracture term and friction term is constructed. The corresponding solution format is established by using the symplectic algorithm and finite element method. Finally, a numerical example is given to verify that the shallow water wave numerical model obtained in this paper can effectively simulate the motion of near-shore waves shallowing.

Key words: Shallow water wave; Displacement method; Wave breaking; Symplectic algorithm; Finite element method

基于 SST-DES 方法的离心泵叶轮内流场涡结构特性研究

袁志懿[1, 2]，张永学[1, 2]

(1. 中国石油大学（北京） 机械与储运工程学院，北京 102249；
2. 过程流体过滤与分离技术北京市重点实验室，北京 102249)

摘要：本研究采用分离涡方法（DES），选择 SST-$k-\omega$湍流模型，对一离心泵内流场进行了数值模拟，使用拓扑分析讨论了叶片壁面分离涡的生成及发展，并应用 Omega 涡识别方法研究了叶轮流场内的涡结构特性。结果表明：吸力面附近出现大范围分离涡主要受吸力面进口闭式分离泡、压力面与吸力面间的横向压力梯度与吸力面上的逆压梯度这 3 个因素控制；涡团间的能量传递可由碰撞、附着与破碎脱落 3 个过程组成。

关键词：离心泵；分离涡方法；拓扑分析；Omega 涡识别；涡结构

1 引言

对内流场涡结构进行流动控制是目前泵优化设计的主要方法之一，它依赖于准确的数值计算与细致的内流场分析。Strelets[1]在 2001 年提出了 SST-DES 分离涡模拟，大量实践表明该方法能够比 RANS 方法得到更加准确的流场结构，并且能够进行机理性的分析研究[2]。

对泵内流场的涡结构特性进行研究，能够更进一步认识泵内流动不稳定现象，如流动分离、射流—尾迹、动静干涉，失速等[3-5]。使用拓扑分析能够掌握流动分离与旋涡结构的基本骨架[6-7]，曹璞钰[8]通过对离心泵叶片吸力面的拓扑结构分析，捕捉到与压气机中的 Spike 式失速[9]类似的双龙卷分离涡结构，杨宝锋[10]使用 Omega 涡识别方法对涡轮氧泵中离心轮与扩压器之间的动静干涉机理进行了阐释。但到目前为止，对泵叶轮流道内壁面流谱的拓扑分析研究还较少，对涡团间的相互作用过程研究也鲜有见到。因此，为了对离心泵叶轮内流场有更全面细致的分析，以 IS150-125-250 型离心泵为研究对象，对流动分离与涡团能量传递过程进行模拟研究，为高性能的离心泵内流场涡结构的流动控制提供一定的

[1] 基金项目：国家自然科学基金（51876220）

理论基础。

2 数值计算

模型泵的主要参数如表 1 所示，图 1 为使用 ICEM 划分的混合网格。在 CFX 中设置转速为 1450rpm，非定常计算时间步设置为叶片转过 2° 对应的时间 1.149×10^{-4}s。图 2 为网格无关性验证，综合考虑 DES 模拟的准确性与计算性能，选定网格数量为 702 万。如图 3 为模拟结果与实验外特性比较，其平均误差在 3%左右，数值计算的结果是可信的。

表 1 离心泵参数

性能参数		结构参数	
比转速	130	进口直径(mm)	150
设计流量(m^3/h)	200	出口直径(mm)	125
设计扬程(m)	20	叶轮直径(mm)	270
叶片数	6	叶片出口宽(mm)	30

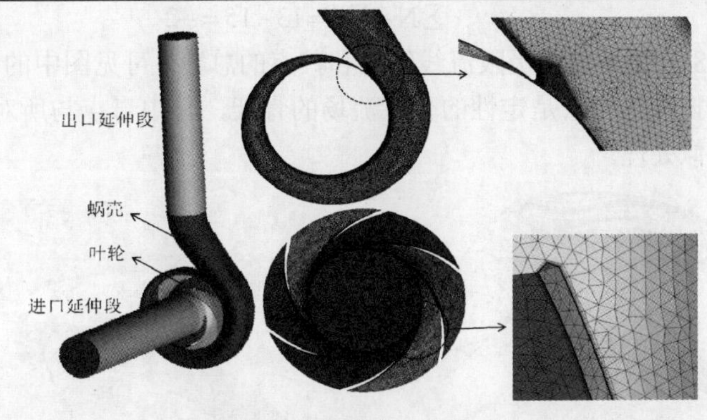

图 1 离心泵模型与网格图

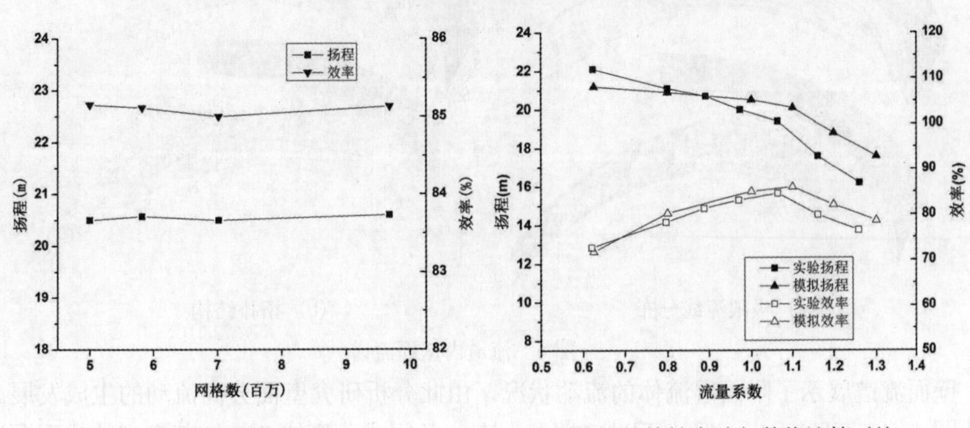

图 2 网格无关验证　　图 3 外特性实验与数值计算对比

3 结果与讨论

3.1 拓扑分析

拓扑图由流谱中奇点的特性绘制，其中奇点是表面摩擦力为零的点，根据其性质分为结点和鞍点，尽管随着工况或结构的改变，物面流谱形状和奇点数会随之变化，但鞍点和结点的总数之差始终等于某个常数，即拓扑不变量。根据张涵信的描述[11]，分离线是流线的包络或是周围极限流线渐进靠拢的一条极限流线，王国璋[12]将壁面分离分为开式分离和闭式分离，开式分离的分离线起始点不能是鞍点，并且对来流极限流线不是闭合的；而闭式分离的分离线起始点为鞍点，并对来流极限流线闭合，是来流和回流极限流线的交界线。附面层来流在分离线上离开壁面，从再附线上回到壁面。根据拓扑法则，可以验证流谱的正确性并将复杂流场简化分析。

图 4 是流量系数为 0.8 时流道的壁面流谱，其中 N 表示结点，S 表示鞍点，R 表示分离涡结构，下标中 sh 表示上盖板，h 表示下盖板，s 表示吸力面，p 表示压力面，根据表面极限流线上的奇点分布，满足康顺[13]推导的拓扑法则：

$$\sum N-\sum S=13-15=-2$$

式中 ΣN、ΣS 分别是壁面极限流线结点和鞍点的总数，可见图中的流谱满足拓扑规律。需要说明的是，拓扑结构只是定性的分析流场的骨架，其中奇点与所对应分离线、再附线的位置经过了近似处理。

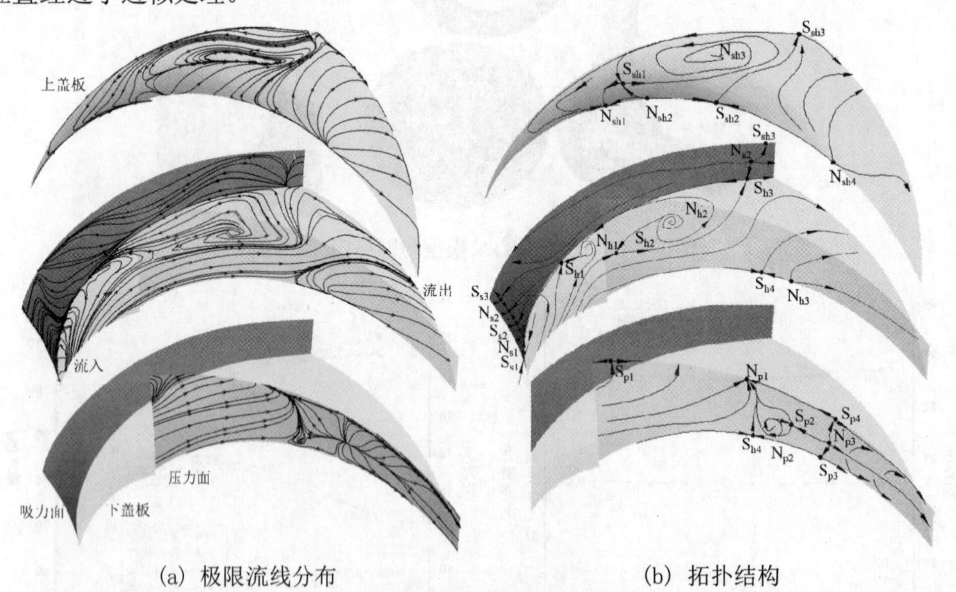

(a) 极限流线分布　　(b) 拓扑结构

图 4 流道内壁面流谱

壁面流谱展示了附面层流体的流动状况，由此分析研究壁面分离流动的生成发展。从拓扑图 4（b）可以看出，吸力面进口端壁上有一条闭式分离线 SL_{s1}，其奇点的排列顺序为

$S_{s1}\rightarrow N_{s1}\leftarrow S_{s2}\rightarrow N_{s2}\leftarrow S_{s3}$，出口端壁有一条再附线 RL_{s1}，奇点排列顺序为 $S_{sh3}\leftarrow N_{s2}\rightarrow S_{h3}$。分离线 SL_{s1} 处存在一个闭式分离泡，低能流体在此处堆积，堵塞了进口流道。附面层流体从分离线 SL_{s1} 离开壁面，在压力面与吸力面之间横向压力梯度作用下从再附线 RL_{s1} 回到壁面，在吸力面逆压梯度和进口流道堵塞的影响下，使得吸力面附面层出现了几乎覆盖整个物面的回流，分离涡在下盖板形成附着螺旋结点 N_{h2}，在上盖板为附着螺旋结点 N_{sh3}，并与闭式分离泡相互作用搓洗出分离螺旋结点 N_{h1}。在压力面上存在闭式分离线 SL_{p1}，奇点排列顺序为 $S_{h4}\rightarrow N_{p1}$，压力面附面层来流在逆压梯度作用下从分离线 SL_{p1} 离开壁面，随后从再附线 RL_{p1} 的 $S_{p4}\leftarrow N_{p3}\rightarrow S_{p3}$ 段回到壁面，回流与分离流面的搓洗下在分离线 SL_{p1} 右侧形成附着螺旋点 N_{p2}。

3.2 涡结构非定常演化

由流线显示涡结构存在较大的局限性，比如对局部涡结构展示困难，不满足伽利略不变性等。这里采用刘超群提出的 Omega 涡识别方法[14-15]对局部涡结构进行展示，其物理意义为刚性旋转在涡量中的占比，当 omega 值大于 0.5 时，认为此时流体微团是旋转状态。

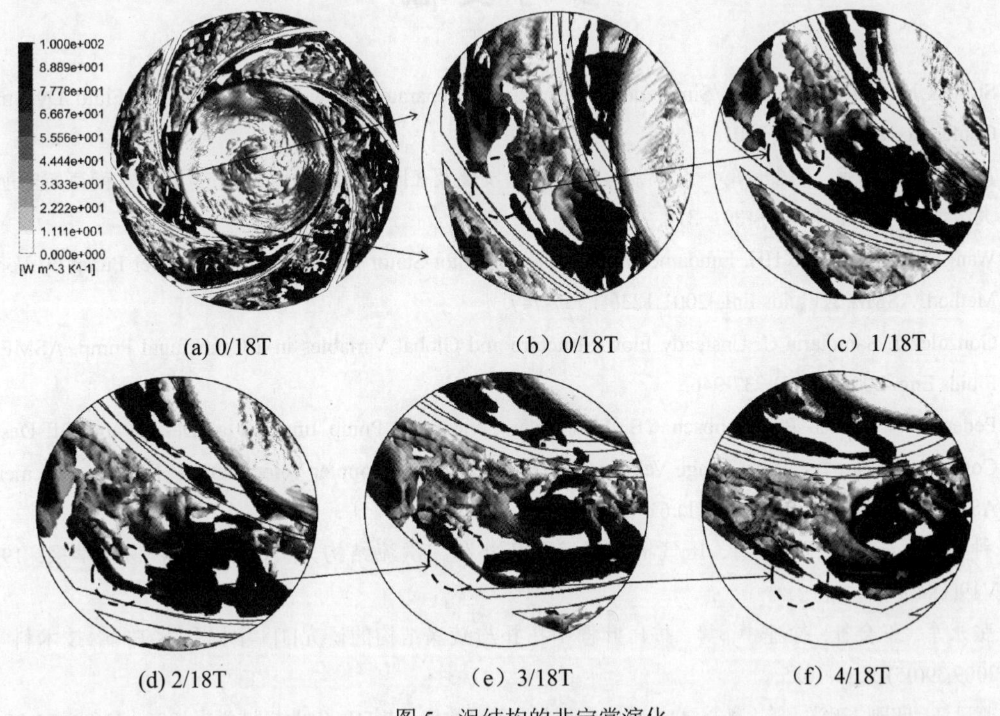

图 5 涡结构的非定常演化

为了便于分析，提取 Omega 为 0.65 时的涡结构等值面，如图 5 所示，灰度图为湍流熵产[16]云图，颜色越深表示耗散越高，内能越大。以叶轮旋转一周为一个周期。其中（a）是叶轮区域整体的涡结构图，（b）是对白色圆圈区域放大后的图像，在 1/18T 时，圆圈内两涡团碰撞连接在一起，随后条状涡团的头部（碰撞区域）湍流熵产降低，认为是能量向低能涡团传递出去而耗散减小，在 3/18T 时条状涡团的尾部收缩，头部区域附着融合，到下一时刻尾部脱落破碎，最开始的条状涡消失，可以认为是完成一次涡团间的能量传递过程。

3 结果与讨论

通过 SST-DES 方法对离心泵叶轮内流场进行了模拟计算，采用拓扑方法分析了主流尺度的分离涡特征，借助Omega的涡识别方法对局部的涡结构非定常演变过程进行初步讨论。研究发现，由于吸力面进口处附面层流体分离，形成闭式分离泡堵塞来流，分离流在横向压力梯度与逆压梯度作用下从吸力面出口附近壁面再附形成回流至分离泡区，使得吸力面附近出现大范围的分离涡；涡团在非定常运动过程中，高能涡团与低能涡团发生碰撞，高能涡团头部附着，尾部破碎脱落，使能量从高能涡团向低能涡团传递。

参 考 文 献

1 Strelets M . Detached Eddy Simulation of Massively Separated Flows[C]// 39th AIAA Fluid Dynamics Conference and Exhibit. 2001.

2 高丽敏，李瑞宇，赵磊，等. 分离涡模拟类方法发展及在叶轮机械内流场的应用[J]. 南京航空航天大学学报，2017, 49(03):301-312.

3 Wang HH, Tsukamoto HH. Fundamental Analysis on Rotor-Stator Interaction in a Diffuser Pump by Vortex Method. ASME. J. Fluids Eng. 2001;123(4):737-747.

4 González J, Santolaria C. Unsteady Flow Structure and Global Variables in a Centrifugal Pump. ASME. J. Fluids Eng. 2006;128(5):937-946.

5 Pedersen N, Larsen PS, Jacobsen CB. Flow in a Centrifugal Pump Impeller at Design and Off-Design Conditions—Part I: Particle Image Velocimetry (PIV) and Laser Doppler Velocimetry (LDV) Measurements. ASME. J. Fluids Eng. 2003;125(1):61-72.

6 钟兢军，苏杰先，王仲奇. 压气机叶栅壁面拓扑和二次流结构分析[J]. 工程热物理学报，1998, V19(1):40-44.

7 张永军，王会社，徐建中，等. 扩压叶栅中拓扑与漩涡结构的研究[J]. 中国科学(E 辑:技术科学), 2009,39(05):1016-1025.

8 曹璞钰，印刚，王洋，等. 离心泵内双龙卷风式分离涡数值分析[J]. 农业机械学报, 2016,47(04):22-28.

9 Pullan GG, Young AM, Day IJ, Greitzer EM, Spakovszky ZS. Origins and Structure of Spike-Type Rotating Stall. ASME. J. Turbomach. 2015;137(5):051007-051007-11.

10 杨宝锋，李斌，陈晖，等. 新 Omega 涡识别法在液体火箭发动机涡轮氧泵中的应用[J]. 推进技术,2019

11 张涵信. 分离流与旋涡运动的结构分析[M]. 2002.

12 Wang K C . Separation Patterns of Boundary Layer Over an Inclined Body of Revolution[J]. AIAA Journal,

1971, 10(8):14.

13 康顺. 拓扑方法在叶栅三元流场分析中的应用(Ⅰ)——表面摩擦力线和截面流线的拓扑法则[J]. 应用数学和力学, 1990, 11(5):457-462.

14 ChaoQun L, YiQian W, Yong Y, et al. New omega vortex identification method[J]. Science China(Physics,Mechanics & Astronomy), 2016(08):62-70.

15 Liu C, Gao Y, Tian S, et al. Rortex A New Vortex Vector Definition and Vorticity Tensor and Vector Decompositions[J]. Physics of Fluids, 2018, 30(3).

16 张永学，侯虎灿，徐畅，等. 熵产方法在离心泵能耗评价中的应用[J]. 排灌机械工程学报, 2017(04):277-282.

Study on flow field vortex characteristics of centrifugal pump impeller Based on SST-DES Method

YUAN Zhi-yi[1,2], ZHANG Yong-xue[1,2]

(1 College of Mechanical and Transportation Engineering, China University of Petroleum, Beijing 102249, China; 2 Beijing Key Laboratory of Process Fluid Filtration and Separation, Beijing 102249, China)

Abstract: Detached Eddy Simulation method based on SST-k-ω was applied to simulate the flow field in a centrifugal pump. The generation and development of the separation vortex near the blades was discussed with the help of topological analysis, and the vortex structure characteristics in the impeller flow field was studied by omega vortex identification method. The results show that the separation vortex of the suction surface is mainly affected by the following three factors: the closed separation bubble at leading edge of the suction surface, the transverse pressure gradient between the pressure surface and the suction surface and the back pressure gradient on the suction surface; In the unsteady flow, the energy transfer between the vortex can be composed of three processes: collision, adhesion and fracture.

Key words: centrifugal pump; detached eddy simulation; topological analysis; omega vortex identification; vortex structure.

基于 INSEAN E779A 螺旋桨的水动力及流动噪声数值仿真预报

贾力平，隋俊友

(纽美瑞克（北京）软件有限责任公司，北京，100080, Email: jane.jia@numeca.com.cn)

摘要：针对某 INSEAN E779A 螺旋桨进行了水动力以及流动噪声数值仿真预报，利用 NUMECA 的船舶水动力学软件 FINE/Marine 进行螺旋桨的水动力学仿真，给出了螺旋桨的水动力特性以及空化特征，并与实验结果进行了比较，仿真结果与实验结果符合较好。基于 INSEAN E779A 螺旋桨的水动力学数值模拟结果，提取流动噪声声源以及初场边界特征，采用 NUMECA 全频流噪分析软件 FINE/Acoustics 里的 FWH（Ffowcs Williams Hawings）模型对螺旋桨的流动噪声的传播与辐射进行了数值仿真预报，模拟给出了 INSEAN E779A 螺旋桨的噪声频谱特征，对其流动噪声特征进行了分析，可以为螺旋桨的进一步降噪设计提供理论依据。

关键词： INSEAN E779A；螺旋桨；水动力；流动噪声；声源；频谱特性

1 引言

螺旋桨是现代船舶的主要推进器，能够准确、快速获得其水动力学性能，对于船舶的制造业而言至关重要。一种方法是进行实体模型试验，则周期长、费用高，另一种方法则是基于高速发展的计算机技术和黏性流理论方法的发展对螺旋桨周围水动力特性进行数值仿真，进而给出其水动力特性。相比与试验方法流体仿真计算周期短、成本低，目前在螺旋桨的设计上已是普遍采用，且随着螺旋桨水动力性能的高精度预报，伴随而产生的螺旋桨产生的噪声也越来越引起人们的关注，比如螺旋桨转动引起低频噪声、空化引起的高频噪声以及螺旋桨在水中运动引起的湍流产生的噪声。但是真正对螺旋桨展开有效的流噪仿真的还不多，本文基于 INSEAN E779A 螺旋桨对其水动力性能以及空化性能进行数值仿真，在高精度水动力学仿真的基础上进行噪声预报。

2 数学模型及数值方法

FINE/Marine 是专门用船舶水动力学仿真软件，包括全六面体非结构网格生成器

HEXPRESS、求解器 ISIS-CFD 和后处理器 CFView，其中求解器是由法国国家科学院/法国南特中央理工大学开发[1~2]。ISIS-CFD 求解器采用非结构形网格动网格技术模拟多相流复杂流场结构，适用于求解刚体运动及细长体变形运动，可以处理破碎波及复杂的自由液面的演化特征。

本文针对 INSEAN E779A 螺旋桨水动力学模拟，采用 FINE/Marine 软件里带壁函数的 EASM (Explicit Algebraic Stress Model)湍流模型；空化模型 Kunz 模型，其中液体水汽化常数取 4100，水蒸气液化常数取 455。采用 FINE/Acoustics 全频谱流动、振动声学分析软件基于螺旋桨的水动力学仿真结果进行流动噪声模拟，模拟针对空化和非空化工况下分别采用不可穿透模型 FWH 模型（Not Permeable FWH（1A））以及可穿透 FWH 模型（Permeable FWH（1A））[6-7]进行仿真计算。

3 计算模型和计算域

计算模型为 INSEAN E779A 螺旋桨，几何模型见图 1，螺旋桨参数见表 1。

计算域为圆柱形计算域：半径为 1.47D_p，长度为 5.51.47D_p。上游和侧壁为给定来流速度 5.808m/s 的远场边界条件，下游为压力出口条件。

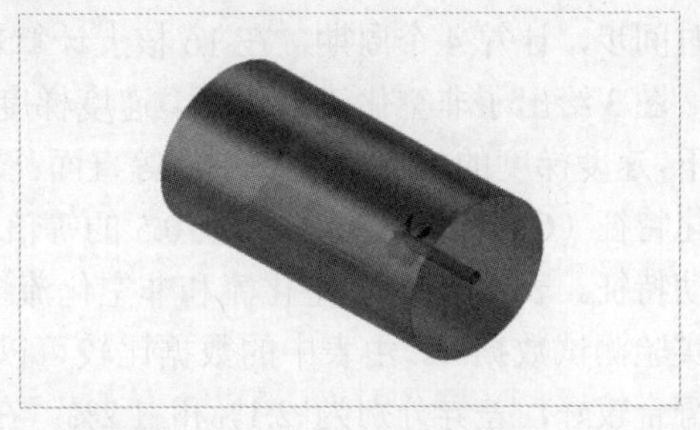

图 1 INSEAN E779A 螺旋桨几何模型以及计算域

表 1 INSEAN E779A 螺旋桨参数

	桨叶数 Z	螺旋桨直径 Dp(m)	转速 n（r/min)	来流速度 ms^{-1}	进速比 J	空化数 (σn)
参数值	4	0.227	36	5.808	0.71	1.763

4 计算网格

众所周知，计算网格的质量直接影响数值计算的可行性、收敛性及精度。采用 HEXPRESS 全六面体非结构网格生成器进行网格制作，网格单元总数约 940 万，螺旋桨表面网格单元约 90 万。在计算域中的绝大部分区域网格单元都接近于长方体，且正交性高于

80°的网格单元占其总数的90%以上。计算域中网格的最小正角约为25°，整体网格具有较高的正交性，网格的长宽比较小，整体网格质量较高，可以为高精度的螺旋桨性能数值仿真提供保障。

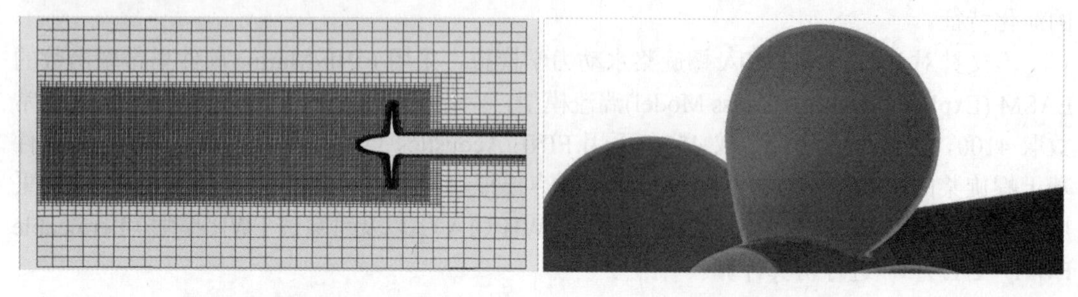

a）计算域中切面网格　　b）螺旋桨表面网格

图2 计算网格图示

5 水动力性能仿真结果

无空化流动计算时间步长为每个旋转周期上200个时间步，计算5个周期，在16核上计算耗时约30 h。空化流动以无空化流动计算为初场，时间步长仍旧为每个旋转周期上200个时间步，计算4个周期，在16核上计算耗时约40 h。

图3给出了非空化流条件下，速度梯度的二阶变量Q=100等直面；图4给出了空化情况下，速度梯度的二阶变量Q=100等直面；图5给出了空化条件下吸力面压力分布和图6的空化特征（Cavitation Fraction取0.5的等值面）。可以看出，模拟结果较好模拟出了流场的流动特征。表2给出了空化流和非空化流情况下，J=0.71，推力和扭矩的数值模拟结果以及实验测试数据[8]。由表中的数据比较可以看出，在无空化状态下，推力与扭矩与实验结果符合较好，差异分别为2.1%和1.2%；在空化状态，模拟数据与实验测量数据的差异推力为5.9%、扭矩为1.5%，都可以准确模拟给出螺旋桨的水动力特征。

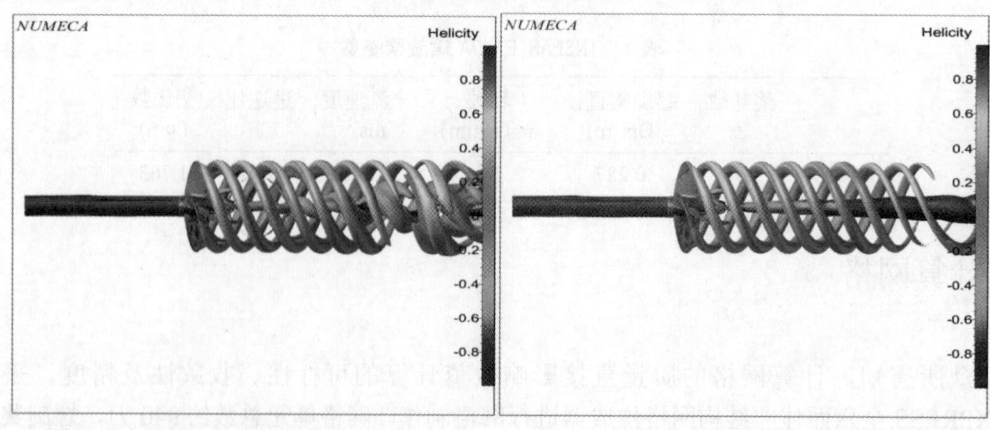

图3 非空化流，速度梯度的二阶变量Q=100　　图4 空化流，速度梯度的二阶变量Q=100

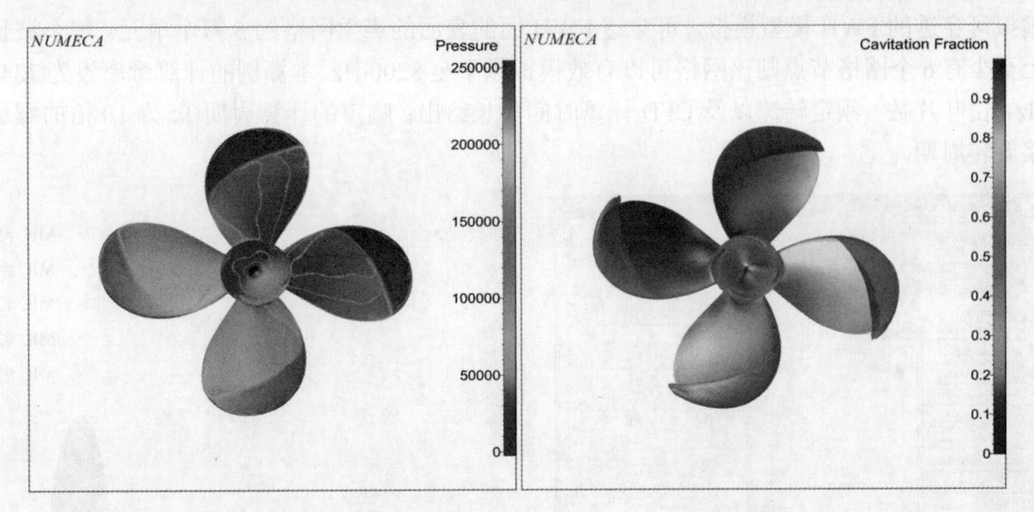

图 5 空化流，螺旋桨吸力面压力分布

图 6 J=0.71 空化特征

（Cavitation Fraction 取 0.5 的等值面）

表 2 螺旋桨推力和扭矩的模拟结果以及实验结果

流动条件	非空化流				空化流			
参数	推力 T（N）	推力系数 KT	扭矩 Q（N•m）	扭矩系数 10*KQ	推力 T（N）	推力系数 KT	扭矩 Q（N•m）	扭矩系数 10*KQ
计算值	805.5	0.233	34.06	0.434	827.46	0.240	35.56	0.453
实验值	-	0.238	-	0.429	-	0.255	-	0.460
差异	-	2.1%	-	1.2%	-	5.9%	-	1.5%

6 噪声场的数值仿真结果

通过前面 CFD 计算输出一个旋转周期内螺旋桨表面的压力分布以及网格，直接读入 FINE/Acoustics 里进行 FWH 模型计算。考虑桨叶叶尖涡脱落的湍流四极子噪声，创建虚拟可穿透的 FWH 面，输出可穿透面上的压力、速度以及密度变化作为噪声声源。可穿透 FWH 面的定义需要包含叶尖涡的信息，位置定义如图 7。麦克风点定义在 1.3~2.3Dp 均布 5 个，详细的示意与坐标值见图 8。

通常敞水螺旋桨的性能数值仿真，对于额定转速、均匀来流工况可以采用定常计算进行仿真预报。而实际上，四叶片的螺旋桨并不是真正的旋成体，也就是并不是真正的定常计算，尽管叶片在每一个时间步上的压力分布变化很小，却影响着噪声的传播与辐射，本文对 INSEAN E779A 螺旋桨均质来流的空泡流和非空泡流均进行非定常仿真计算。

对于不可穿透 FWH 模型模拟，声学模拟中螺旋桨表面的声学网格约 76 万单元；对于虚拟可穿透的 FWH 模型模拟，可穿透 FWH 面的表面的声学网格约 5 万个单元。每个波长上至少有 6 个网格节点则该网格可以有效模拟频率至 8200 Hz。本算例的计算频率设为 7240 Hz，由叶片数、额定转速以及 CFD 计算时间步长给出；噪声的计算周期 Tc 为 10 倍的螺旋桨旋转周期。

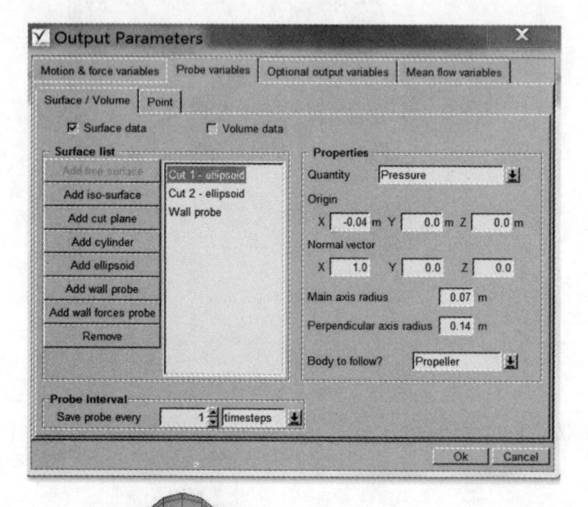

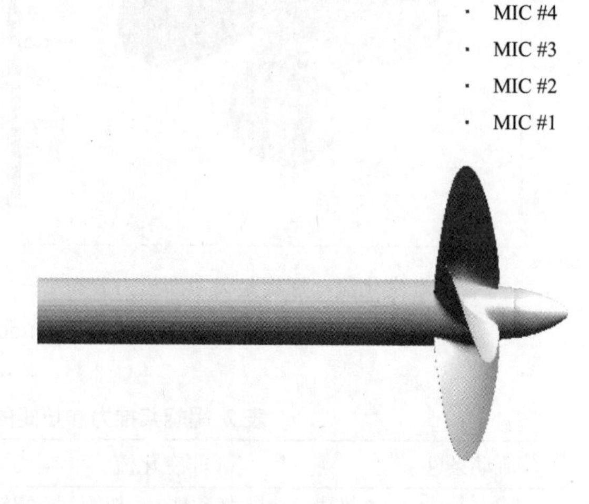

MIC Points	MIC #1	MIC #2	MIC#3	MIC #4	MIC #5
x（m）	-0.0375	-0.0375	-0.0375	-0.0375	-0.0375
y（m）	0	0	0	0	0
z（m）	0.14755	0.17593	0.2043	0.23268	0.26105

图 7 虚拟可穿透 FWH 面定义

图 8 麦克风定义

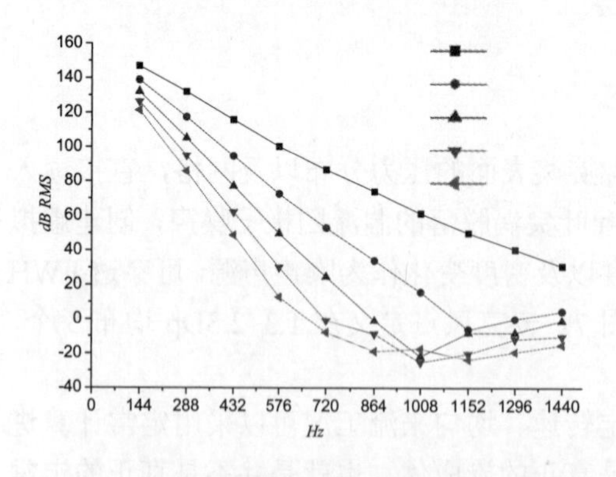

图 9 非空化流，不可穿透 FWH 模型，
不同麦克风点在不同基频下的声压级分布不同

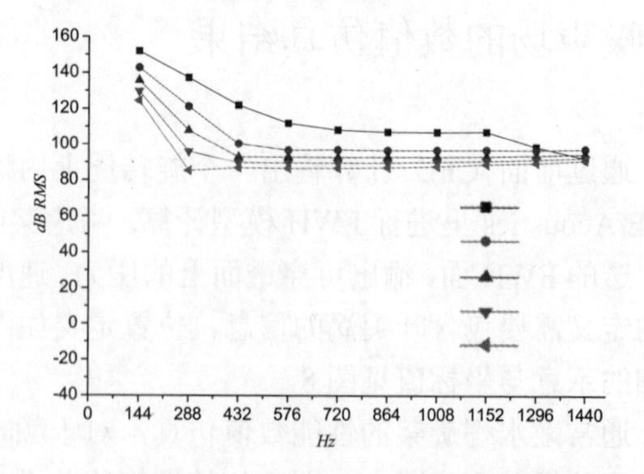

图 10 非空化流，可穿透 FWH 模型，
麦克风点在不同基频下的声压级分布

图 9 给出了非空化流条件下，不可穿透 FWH 模型，不同麦克风点在不同基频下的声压级分布曲线，以及表 3 给出了图 9 对应点具体数值；图 10 给出了非空化流条件，可穿透

FWH 模型，不同麦克风点在不同基频下的声压级分布，以及表 4 给出图 10 对应点的具体数值。可以看出，随着麦克风点的远离，噪声逐渐降低；可穿透 FWH 模型模拟结果因为包含湍流四极子噪声明显高于未包含湍流噪声的不可穿透面 FWH 的模拟结果。考虑湍流四极子噪声的螺旋桨的 1 倍基频处的噪声高达 152.05dB，即使在本文模拟的最远离点麦克风#5 噪声也高到 124.55dB，且在 10 倍基频下仍旧高达 91.09dB，可见湍流噪声在螺旋桨噪声中占有重要份额。

表 3 非空化流，不可穿透 FWH 模型，不同麦克风点在不同基频下的声压级数据

基频（Hz）	144	288	432	576	720	864	1008	1152	1296	1440
MIC#1	147.00	131.97	115.84	100.33	86.65	73.91	61.19	49.82	40.28	30.73
MIC#2	138.89	117.40	94.63	72.60	52.91	33.98	15.67	-6.32	-0.20	4.42
MIC#3	132.14	105.27	77.06	49.69	24.62	-1.03	-21.76	-8.31	-8.24	-1.28
MIC#4	126.34	94.84	61.97	30.04	-0.97	-8.77	-25.33	-20.31	-11.93	-10.40
MIC#5	121.24	85.68	48.73	12.82	-7.89	-18.90	-17.61	-23.78	-19.50	-15.28

表 4 非空化流，可穿透 FWH 模型，不同麦克风点在不同基频下的声压级数据

基频（Hz）	144	288	432	576	720	864	1008	1152	1296	1440
MIC#1	152.05	137.23	122.02	111.99	108.39	107.15	107.05	107.28	98.69	92.45
MIC#2	142.90	121.29	100.49	96.79	96.95	96.68	96.72	96.83	96.91	97.36
MIC#3	135.76	108.06	92.99	92.98	92.90	92.96	93.07	93.29	93.86	94.67
MIC#4	129.77	95.99	89.82	89.74	89.69	89.88	90.20	90.77	91.56	92.67
MIC#5	124.55	85.41	86.83	86.67	86.74	87.14	87.76	88.88	89.69	91.09

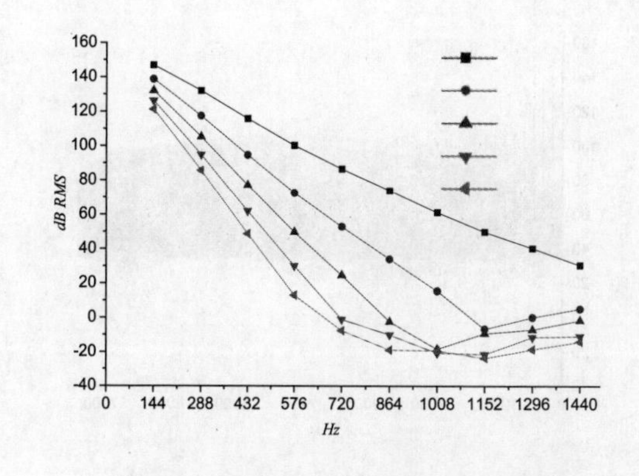

图 11 空化流，不可穿透 FWH 模型，
不同麦克风点在不同基频下的声压级分布

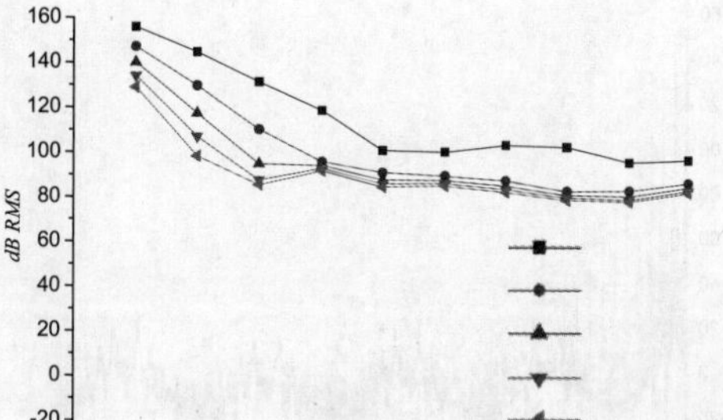

图 12 空化流，可穿透 FWH 模型，
不同麦克风点在不同倍频下的声压级分布

图 11 给出了空化流条件下，不可穿透 FWH 模型，不同麦克风点在不同基频下的声压级分布曲线，以及表 5 给出了图 11 对应点具体数值；图 12 给出了空化流条件，可穿透 FWH 模型，不同麦克风点在不同基频下的声压级分布，以及表 6 给出图 12 对应点的具体数值。

同样，随着麦克风点的远离，噪声逐渐降低；可穿透 FWH 模型模拟结果因为包含湍流四极子噪声明显高于未包含湍流噪声的不可穿透面 FWH 的模拟结果。考虑湍流四极子噪声的螺旋桨的 1 倍基频处的噪声高达 155.05dB，所模拟的 5 个麦克风点在 1 倍基频下均高于非空化流状态 2~3dB。未考虑湍流噪声的空化和非空化情况，各个麦克风在各个基频下基本相同，这主要可能原因是空化与非空化状态，叶片表面的压力分布并未发生较大变化所致。

表 5 空化流，不可穿透 FWH 模型，不同麦克风点在不同基频下的声压级数据

基频（Hz）	144	288	432	576	720	864	1008	1152	1296	1440
MIC#1	147.00	131.97	115.84	100.33	86.65	73.91	61.19	49.81	40.27	30.54
MIC#2	138.89	117.40	94.63	72.60	52.91	33.93	15.44	-6.61	0.11	5.09
MIC#3	132.14	105.27	77.06	49.69	24.60	-2.39	-18.37	-9.25	-7.08	-1.59
MIC#4	126.34	94.84	61.97	30.05	-1.07	-10.16	-20.60	-21.38	-11.46	-10.82
MIC#5	121.24	85.68	48.73	12.89	-7.57	-18.87	-19.31	-23.67	-18.59	-14.01

表 6 空化流，可穿透 FWH 模型，不同麦克风点在不同基频下的声压级数据

基频（Hz）	144	288	432	576	720	864	1008	1152	1296	1440
MIC#1	155.84	144.64	131.26	118.53	100.78	100.09	103.23	102.34	95.40	96.48
MIC#2	147.03	129.60	110.13	95.76	90.86	89.45	87.26	82.59	82.74	86.13
MIC#3	140.00	117.31	94.75	93.91	87.67	87.43	84.99	80.92	80.31	84.21
MIC#4	134.07	106.92	87.52	92.78	85.87	86.04	83.39	79.70	78.78	82.81
MIC#5	128.89	98.18	85.44	91.67	84.48	85.01	82.18	78.65	77.95	81.83

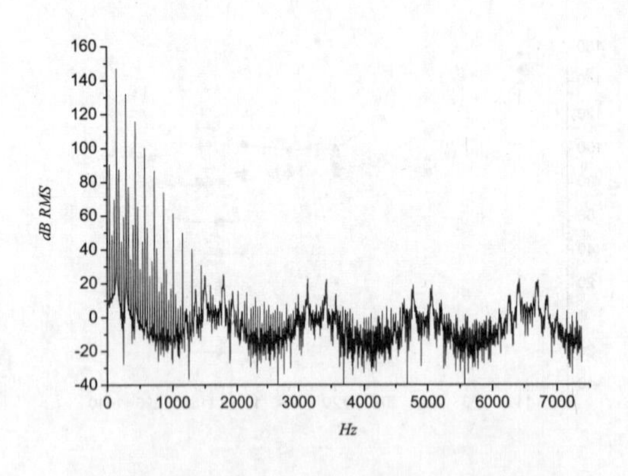

图 13 非空化流，不可穿透 FWH 模型，麦克风 MIC#1 点的频谱特性曲线

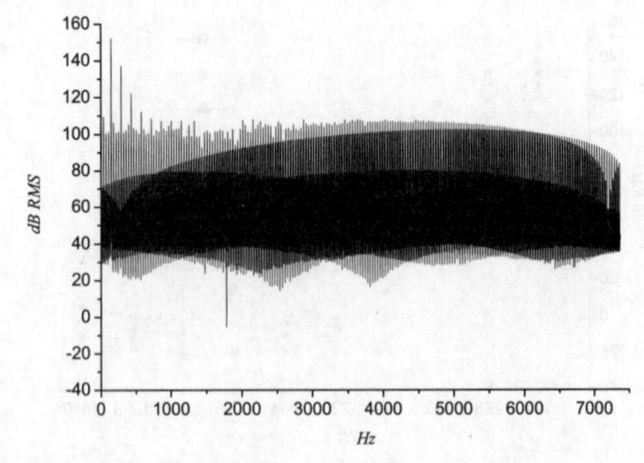

图 14 非空化流，可穿透 FWH 模型，麦克风 MIC#1 点的频谱特性曲线

图 13 给出了非空化流条件下，不可穿透 FWH 模型，麦克风 MIC#1 点的频谱特性曲线；图 14 给出了非空化流条件下，可穿透 FWH 模型，麦克风 MIC#1 点的频谱特性曲线；两图比较，也明显看出湍流噪声的明显特征。图 15 给出了空化流条件下，不可穿透 FWH 模型，

麦克风 MIC#1 点的频谱特性曲线；图 16 给出了空化流条件下，可穿透 FWH 模型，麦克风 MIC#1 点的频谱特性曲线；同样也明显看出湍流噪声的明显特征。但是由于空化和非空化状态噪声差异较小，较难从频谱特性曲线上直观区别。

此外，本文的噪声仿真计算是从 CFD 计算结果中提取声源，然后进行螺旋桨噪声的传播与辐射数值仿真预报，则 CFD 仿真结果必然存在着数值误差，但是在目前的噪声结果分析中，仍旧无法获取数值误差产生的噪声份额，后续将继续针对该问题进行进一步的研究。

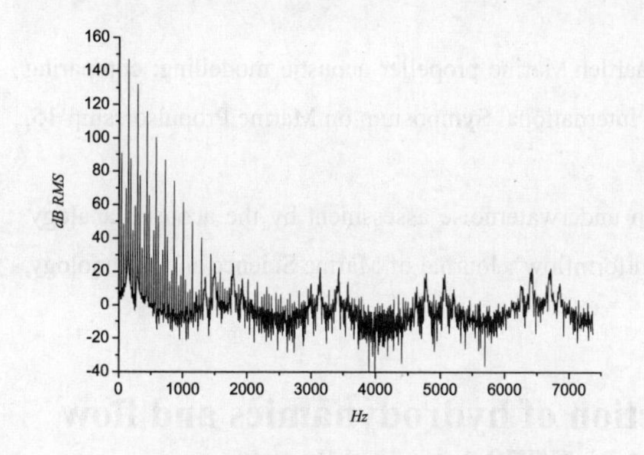

图 15 空化流，不可穿透 FWH 模型，
麦克风 MIC#1 点的频谱特性曲线

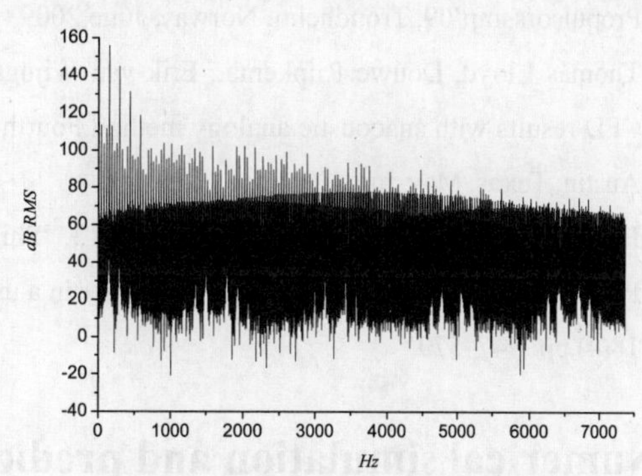

图 16 空化流，可穿透 FWH 模型，
麦克风 MIC#1 点的频谱特性曲线

7 结论

本文针对 INSEAN E779A 螺旋桨进行了水动力和流动噪声仿真分析，螺旋桨的推力、扭矩、空化等水动力特征与实验测试数据符合较好。基于水动力的仿真结果，提取声源，采用 FWH 方程的可穿透和不可穿透面模型，针对空化和未空化条件、考虑湍流四极子噪声和未考虑工况对其远场噪声特性进行模拟分析。通过模拟结果可以看出在 1.3Dp 处 NSEAN E779A 螺旋桨的噪声高到 152dB 左右，考虑空化则约达到 155dB，且湍流四极子噪声影响显著，不可忽略。关于 CFD 数值耗散产生的噪声以及近场由于空泡生成、溃灭等非定常特性产生的噪声将在后续采用 DES 和 LES 进行进一步的研究。

参考文献

1 Theoretical Manual ISIS-CFD v8.1. Equipe METHRIC,Laboratoire de recherche en Hydrodynamique, Energétique et Environnement Atmosphérique, CNRS-UMR 6598,Centrale Nantes, B.P. 92101, 44321 Nantes Cedex 3, France.

2 USER GUIDE FINE/Marine 8.1. NUMECA International, all rights reserved EN201710120949

3 陆军，陈万，张玉. 基于 CFD 的螺旋桨水动力性能研究. 声学与电子工程，2018，(04).

4 孟巧，高洁. 基于CFD的螺旋桨粘性流场的数值模拟研究.南通航运职业技术学院学报. 2016, 15(1).

5 李卉，邱磊.螺旋桨水动力性能研究进展.舰船科学技术. 2011, 33(12).

6 FineAcousticsTheoretical Manual.Release 8.1, July 2018.NUMECA International

7 USER GUIDEFINE™/Acoustics 8.1.© NUMECA International, all rights reservedEN201809191346

8 Francesco Salvatore, Heinrich Streckwall, Tom van Terwisga.Propeller Cavitation Modelling by CFD -Results from the VIRTUE 2008 Rome Workshop. First International Symposium on Marine Propulsorssmp'09, Trondheim, Norway, June 2009

9 Thomas Lloyd, Douwe Rijpkema., Erik van Wijngaarden.Marine propeller acoustic modelling: comparing CFD results with anacoustic analogy method.Fourth International Symposium on Marine Propulsorssmp'15, Austin, Texas, May-June 2015.

10 Ianniello, S., Muscari, R. &Mascio, A., 2013. 'Ship underwaternoise assessment by the acoustic analogy. PartI: nonlinear analysis of a marine propeller in a uniformflow'. Journal of Marine Science and Technology, 18(4),pp. 547–570.

Numerical simulation and prediction of hydrodynamics and flow noise based on INSEAN E779A propeller

JIA Li-ping, SUI Jun-you

(NUMECA BEIJING Software Limited, Beijing,100080, E-mail：jane.jia@numeca.com.cn)

Abstract：In this paper, the hydrodynamics and flow noise simulation for INSEAN E779A propeller are carried out. Ship hydrodynamic software FINE/Marine by NUMECA company is used to simulate the hydrodynamics for INSEAN E779A propeller and give the hydrodynamic characteristics and cavitation characteristics of the propeller，which accord well to experimental data.Based on the simulated hydrodynamic results of INSEAN E779A propeller, the flow noise source and the initial boundary characteristics are extracted. FWH（Ffowcs Williams Hawings） model in FINE/Acoustics of NUMECA is used to predict the propagation and radiation of the flow noise of the propeller, which simulates and gives the noise spectrum characteristics of the INSEAN E779A Propeller. The analysis for the characteristics of its flow noise can provide a theoretical basis for the further noise reduction design of the propeller.

Key words：INSEAN E779A; Propeller; Hydrodynamics; Flow noise; Noise source; Spectrum characteristics;

多海况下 Barge 运动响应的数值模拟

荆芃霖，何广华，赵传凯，谢滨阳

(哈尔滨工业大学（威海）船舶与海洋工程学院，威海，264209，Email:ghhe@hitwh.edu.cn)

摘要：船舶在海上航行时会遭遇各种海况，其运动响应也各不相同；准确预报船舶在不同海况下的运动响应十分重要。本文基于 CFD(Computational Fluid Dynamic)方法，建立了黏性数值波浪水池，并结合重叠网格技术数值模拟了时域下、在规则波作用下 Barge 的顶浪运动响应，并对其进行了详细的研究和分析。研究发现：本文建立的数值波浪水池与能准确预报 Barge 在不同波况下的运动响应,并分析了波长变化对 Barge 运动响应的影响。

关键词：重叠网格；Barge；耐波性；RAO；CFD

1 引言

船舶在海上航行时会遭遇各种复杂的海况，在强烈海况下时常发生首部砰击等强非线性现象，在不同海况下准确预报船舶的运动响应有十分重要的意义。近年来，许多学者通过不同的方法对船舶运动响应的预报进行了研究。Chen 等[1-2]基于 HOBEM (High Order Boundary Element Method)求解了有航速船舶在波浪中的运动问题。何广华等[3]基于 CIP(Constrained Interpolation Profile)方法建立了波浪中船舶强非线性响应分析模型，在研究水花飞溅、甲板上浪、底部砰击等问题时也能得到良好的效果。自编程方法虽然可以根据不同问题自主建立数值模型，但是周期长、难度大；OpenFOAM 作为开源软件，在自定义数值模型方面也有一定的优势[4-5]：Seo 等[4]分析了船舶在规则波中的运动响应；Cha 等[5]则使用 naoe-FOAM-SJTU 求解器对船舶在规则波中的强非线性运动进行了计算分析。随着 CFD (Computational Fluid Dynamic) 软件的发展，更多学者使用 CFD 软件求解船舶运动响应[6-9]：刘可等[6]使用 FLUENT 的 UDF (User Define Function)模块对其进行二次开发，求解了船舶在不规则波中的顶浪纵向运动；龚丞等[7]基于 FLUENT 通过 UDF 二次开发，求解了局部船首的甲板上浪砰击问题。FLUENT 在求解船舶运动响应问题时虽有较多应用[6-9]，但都需要通过 UDF 进行二次开发，且其动网格技术在求解船舶大幅运动时还有其局限性。

基于 STAR-CCM+，建立了黏流数值波浪水池，并结合使用重叠网格技术和 DFBI (Dynamic Fluid Body Interaction)技术，可求解船舶在波浪中的顶浪大幅运动，并提高了计算效率。本文的计算结果与 Malenica[10]的实验结果进行了对比，吻合较好。

2 数值模型

2.1 控制方程

STAR-CCM+使用有限体积法求解 RANS (Reynolds-Averaged Navier Stokes) 方程，将流体域离散化为有限个控制体积，采用 SIMPLE (Semi-Implicit Method for Pressure-Linked Equations)实现压力和速度之间的隐式求解. 积分形式的控制方程如下所示：

$$\frac{d}{dt}\int_V \rho dV + \int_S \rho(\mathbf{v}-v_b)\cdot\mathbf{n}dS = 0 \tag{1}$$

$$\frac{d}{dt}\int_V \rho\mathbf{v}dV + \int_S \rho(\mathbf{v}-v_b)\cdot\mathbf{n}dS = \int_S (\mathbf{T}-p\mathbf{I})\cdot\mathbf{n}dS + \int_S \rho\mathbf{b}dV \tag{2}$$

$$\frac{d}{dt}\int_V dV - \int_S v_b\cdot\mathbf{n}dS = 0 \tag{3}$$

式中，$\mathbf{v}$ 是流体速度矢量；v_b 表示控制体积表面的速度；$\mathbf{n}$ 是控制体积曲面的单位法向量，控制体积的面积为S；体积为V。流体应力以张量$\mathbf{T}$的形式表示；$\mathbf{I}$ 是单位张量;。物体力的矢量表示为$\mathbf{b}$。

通过 VOF (Volume of Fluid) 方法引入体积分数来计算出多相流中的自由液面位置，交界面的相分布和位置由下式给出：

$$\alpha_i = \frac{V_i}{V} \tag{4}$$

其中，α_i 为相体积分数，V_i 为网格单元中相 i 的体积，V 为网格单元的体积。

因为所有相的体积分数之和必须为 1，故有：

$$\sum_{i=1}^{N}\alpha_i = 1 \tag{5}$$

其中，N 为总相数。

使用 HRIC (High Resolution Interface Capturing)离散格式来精确捕捉自由液面的流体变化。

2.2 数值水池

使用 STAR-CCM+建立了三维黏流的数值波浪水池，经过收敛性验证，入口边界至船首距离 L_1=1.5λ，尾流区长度 L_2=2λ，消波区长度 L_3=2λ，计算域宽度（一侧）3L。计算域的入口、出口和顶部分别使用 velocity inlet, outlet pressure 和 velocity inlet 边界，其他边界条件除对称边界外都设为无滑移边界（图 1）。速度入口边界通过场函数设定自由液面的位置和一阶波的速度，压力出口边界给出了出口压力和自由面位置，出口处的压力被设定为波浪的静水压力。

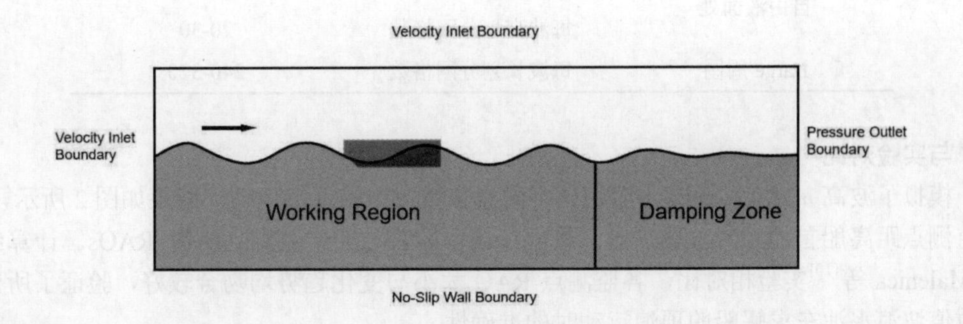

图 1　计算域和边界条件

3　结果与讨论

3.1 Barge 模型与网格划分

Malenica 等[10]为研究 Barge 的水弹性效应，将 Barge 分为 12 个分段，分段间通过刚性或弹性连接，通过实验得到了不同波况下，Barge 上不同监测点处的垂直位移 RAO(Response Amplitude Operator)；本文使用其刚性连接所得的实验结果。实验所用 Barge 见 Malenica 等[10]和 Barge 的参数（表 1）。

表 1　Barge 的主要参数

船长 L	2.445 m
船宽 B	0.6 m
型深 D	0.25 m
吃水 d	0.12 m

网格划分采用了切割体网格生成器、拉伸体网格生成器和重叠网格等模块的组合，高效地生成了高质量网格。在 Barge 的周围建立网格的核心区域，在该区域中由切割体网格生成器高效且稳定地生成高质量的六面体网格，使用三层的体积控制来加密自由液面的网格来实现波面的精确捕捉，同时能有效防止波面衰减。核心网格区域之外使用渐疏网格。在 Barge 及其周围建立随体运动的重叠网格，由于该重叠网格的整个区域都随 Barge 运动，而背景域网格无需进行变形来捕捉 Barge 运动，所以可以精确预报 Barge 的运动响应并节省计算成本。具体网格尺寸由表 2 给出。

表 2 计算域网格尺寸

自由液面处	每波长划分网格数	60-80
	每波高划分网格数	20-30
Barge 周围	每波长划分网格数	240-320

3.2 与实验对比

模拟了波高 h = 0.1 m 时，船舶在不同波长波浪中的顶浪运动，结果如图 2 所示，x/L 为监测点距离船首的相对位置，限于篇幅仅展示船首与船中监测点所得 RAOs。计算结果与 Malenica 等[10]实验相对比，各监测点 RAO 大小与变化趋势均吻合较好，验证了所建立的数值波浪水池在求解船舶顶浪运动时的准确性。

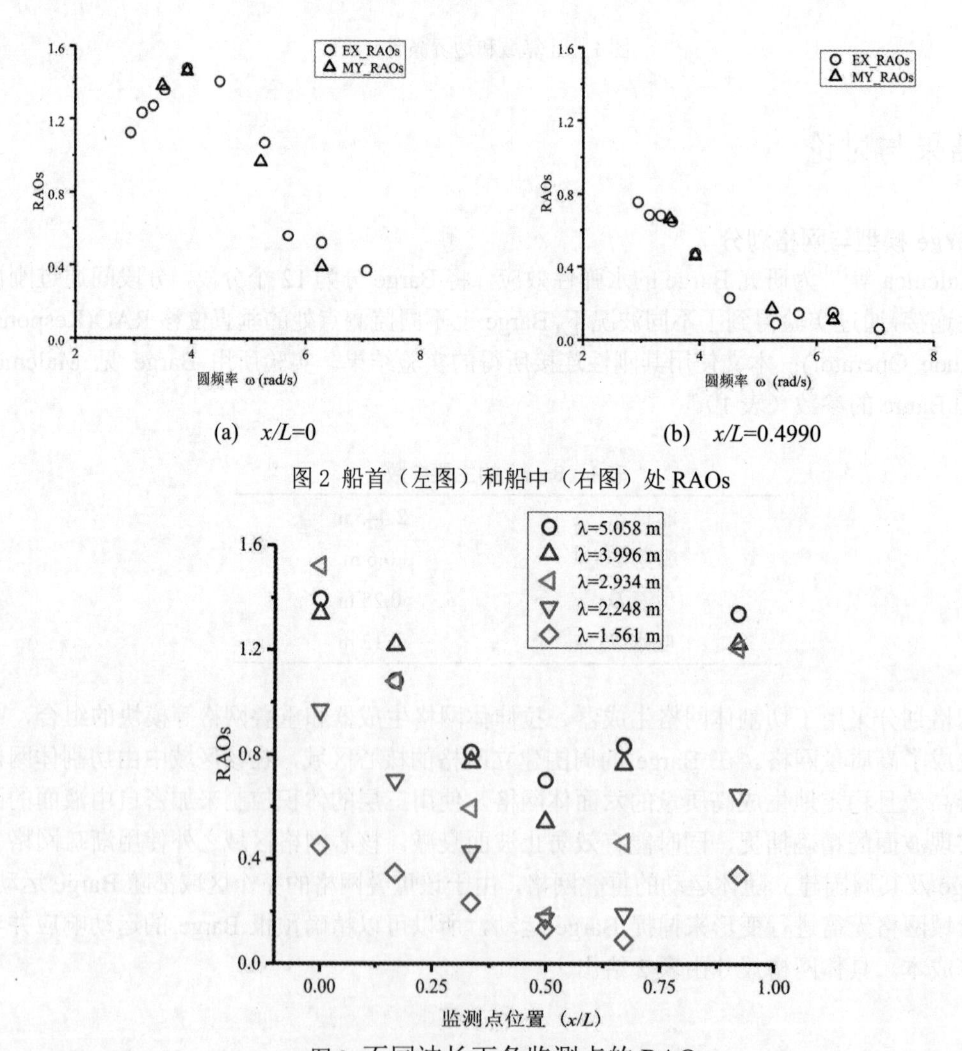

(a) x/L=0　　(b) x/L=0.4990

图 2 船首（左图）和船中（右图）处 RAOs

图 3 不同波长下各监测点的 RAOs

3.3 波长对Barge运动响应分析

在本小节中，保持波浪的波陡 h/L=0.445 不变，计算了同一 Barge 在不同波长下的运动响应，计算所得 RAOs 如图 3 所示。发现当波长 $\lambda \geq$ 船长 L 时，随着波长的增加 Barge 首尾的 RAOs 十分接近在 1.4 左右；此时越靠近船中，各 case 间 RAOs 相差越大。当波长 $\lambda \leq$ 船长 L 时，反而是越靠近船中各 case 的 RAOs 越接近。

对波面进行分析，发现在大波陡 h/L = 0.445 下，所有 case 中，船首都发生入水砰击，伴随入水砰击的发生船首兴起辐射波系。

4 结论

本文建立了分析船舶运动响应的黏流数值模型，模拟了 Barge 在不同海况下的运动响应，并分析了波长对 Barge 运动响应的影响。研究发现：本文建立的三维黏流数值水池能准确预报船舶在波浪中的运动响应；随着波长的增加 Barge 各处的 RAOs 趋于一致；在 h/L = 0.0445 时，所有 case 首部均发生入水入水砰击。

致谢

本工作得到了国家自然科学基金资助项目(51579058)的资助，在此表示感谢。

参考文献

1 Chen X, Zhu R C, Zhao J, et al. Study on weakly nonlinear motions of ship advancing in waves and influences of steady ship wave[J]. Ocean Engineering, 2018, 150: 243-257

2 Chen X, Zhu R C, Zhao J, et al. A 3D multi-domain high order boundary element method to evaluate time domain motions and added resistance of ship in waves[J]. Ocean Engineering, 2018, 159: 112-128

3 何广华，陈丽敏，王佳东. 船舶在波浪中运动的强非线性时域模拟[J]. 哈尔滨工业大学学报, 2017, 49(4): 142-148

4 Seo S, Park S, Koo B Y. Effect of wave periods on added resistance and motions of a ship in head sea simulations[J] . Ocean Engineering, 2017, 137: 309-327

5 Cha R, Wan D. Numerical Investigation of Motion Response of Two Model Ships in Regular Waves[J]. Procedia Engineering, 2015, 116(1): 20-31

6 刘可，吴明，杨波. 船舶在长峰不规则波中顶浪纵向运动的数值模拟[J]. 舰船科学技术, 2013, 35(7): 18-24

7 龚丞，朱仁传，缪国平，等. 基于 CFD 的高速船甲板上浪载荷的工程计算方法[J]. 船舶力学, 2014, (5): 524-531

8 石博文, 刘正江, 吴明. 船模不规则波中顶浪运动数值模拟研究[J]. 船舶力学, 2014, (8): 906-915

9 石博文，刘正江，杨波．基于 CFD 方法的船舶骑浪稳性研究[J]. 哈尔滨工程大学学报, 2017, 38(7): 1035-1040

10 Malenica, S., Moan, B., Remy, F. & Senjanovic, I.. "Hydroelastic reponse of a Barge to impulsive and non-impulsive wave loads". Hydroelasticity in Marine Technology. 2003, pp. 107-115

Numerical simulation of Barge motion response under different wave conditions

JING Peng-lin, HE Guang-hua, ZHAO Chuan-kai, XIE bin-yang

(School of Naval Architecture and Ocean Engineering，Harbin Institute of Technology (Weihai)，Weihai 264209，China. Email: ghhe@hitwh.edu.cn)

Abstract: When a ship sails at sea, it will encounter various sea conditions with different motion responses. It is of great significance for accurately predicting ship motions under different head waves. In this paper, a numerical model of viscous numerical wave tank is established based on CFD (Computational Fluid Dynamic) method. The motion response of Barge, in time domain under the action of regular head wave, is simulated by overset mesh technique, and the results are analyzed and discussed. It is found that the numerical wave tank combined with the overset mesh technique can accurately predict Barge's motion response under different regular head waves, and the influence of the incident wavelength on Barge's motion was analyzed.

Key words: Overset mesh; Barge; Sea keeping; RAO; CFD.

滑坡涌浪问题的 Kurganov-ODE 耦合算法

王晓亮[1]，刘青泉[1]，安翼[2]，程鹏达[2,*]

(1 北京理工大学，北京，100081, wangxiaoliang36@bit.edu.cn)

(2 中国科学院力学研究所，北京，100190，pdcheng@imech.ac.cn)

摘要：本文提出了一个流固耦合模型分析大型滑坡涌浪问题。水波部分采用基于全局坐标系的圣维南方程（色散模型将在未来发展），而滑坡模型采取基于局部曲线坐标系的刚体模型。水波模型采用有限体积法求解，滑坡运动则采用二阶方法求解，滑坡的局部高程与整体高度在局部坐标系和全局坐标系中不断插值交换数据，如此形成了一套滑坡涌浪问题的 Kurganov-ODE 耦合算法。多个例子用来展示流固耦合模型的有效性，诸如 Well-Balancing 特性、溃坝问题、底床障碍物运动导致的三波结构等。最后将模型初步应用于滑坡涌浪的问题，给出首浪传播演化特征。

关键词：滑坡涌浪；流固耦合；圣维南；插值

1 引言

滑坡涌浪是一种重要的水库和近海灾害。一个典型的例子是 1963 年发生在意大利的 Vajont 滑坡涌浪，其中滑坡体体积约 $270\times10^6 m^3$，共计造成 2000 人死亡[1]。国内滑坡涌浪事件也时有发生，和滑坡堵江一起构成了两种重要的灾害链模式，是西南高海拔地区水库和河流面临的重要风险。滑坡涌浪主要包含两个部分，滑坡体的运动和水波的传播，过去 20 年在这两个方面均取得了较大的进展。Tinti 等[2]推导得到了底床障碍物匀速运动诱导线性水波的三波结构。Lo 和 Liu[3]考虑了色散效应，得到了底床障碍物匀速运动诱导水波的首波行为。关于圣维南方程（非线性双曲波）的计算方面，过去 20 多年也有长足的进展，特别是发源于气体动力学的 Godunov 算法的应用大大地促进了圣维南方程的求解效率和精度[4-5]。关于滑坡体运动过程也从最早的刚块模型[6]逐步发展到考虑变形的著名 Savage-Hutter 模型[7]。色散水波模型，如扩展的 Boussinesq 方程，在水利领域的发展才刚刚开始，主要集中在海洋工程领域[8]。近几年也出现了一些滑坡涌浪的两层模型，如 Kurganov[9]和 Liu[10]，然后这些模型对滑坡的描述基本来自于对浅水动力学方程的简单修正，很难描述滑坡体运动的真实动力学过程，同时关于水波的部分也几乎没有考虑色散。

因此本研究中，我们提出了一个新颖的两层模型描述滑坡涌浪过程。其中水波问题采用基于整体坐标的圣维南方程（色散模型正在发展中），滑坡体模型采用建立在局部曲面坐标系中的刚块模型。同时发展了求解这套耦合方程的数值算法，并给出了一些验证和应用算例。

2 流固耦合模型与基本算法

如图 1 所示，水波模型采用建立在全局坐标系的一维圣维南方程，而滑块运动则采用建立在局部曲线坐标系上的牛顿第二运动方程。色散效应和滑坡体可变形效应均不考虑。控制方程如式（1）至式（3）所示：

$$\frac{\partial h}{\partial t}+\frac{\partial hu}{\partial x}=0 \tag{1}$$

$$\frac{\partial hu}{\partial t}+\frac{\partial(hu^2+0.5gh^2)}{\partial x}=-gh\frac{\partial(z_b+z_s)}{\partial x} \tag{2}$$

$$\frac{\mathrm{d}^2\xi_c}{\mathrm{d}t^2}=f_{\mathrm{grav}}+f_{\mathrm{fric}}+f_{\mathrm{drag}} \tag{3}$$

这里 h 和 u 分别代表水体深度和运动速度，g 表示重力加速度。z_b 和 z_s 分别是床面高程和滑块的深度，ξ_c 表示滑坡体质心的位置。滑坡体所受的作用力包括 3 个部分，分别是下滑力 f_{grav}，摩擦力 f_{fric} 以及拖曳力 f_{drag}。涉及入水问题相对复杂，作为简化考虑，目前使用在空气中受力和水中受力的加权平均，其中取水中滑体体积占总体积比为权函数，滑坡体的运动和水波运动通过变化的滑块高程 z_s 进行耦合。

滑坡运动的控制方程包含了一套描述水波运动的双曲方程和一个滑块运动的常微分方程。求解式（1）和式（2）通常需要满足这么几个特征，能捕捉间断、能保持静水平衡以及捕捉干湿边界条件，本项工作采用近年来发展起来的一种高效方法，Kurganov 二阶格式[5]。而滑坡体的运动方程是一个常微分方程，求解算法采用简单的二阶 Runge-kutta 算法。需要注意的是困难之处在于如何将曲线坐标系下的滑坡体厚度转变成全局坐标系下的深度，和圣维南方程进行耦合计算滑坡涌浪。本文首先由地形数据生成一套沿着地表的曲线坐标系，接着在该曲线坐标系计算滑体的运动，然后利用局部坐标系滑块厚度数据重构滑体全局坐标系深度数据，再在圣维南方程计算网格上进行插值得到 z_s，最后求解圣维南方程。时间步长则取两者的较小值。这套求解算法我们称之为耦合 Kurganov-ODE 算法。

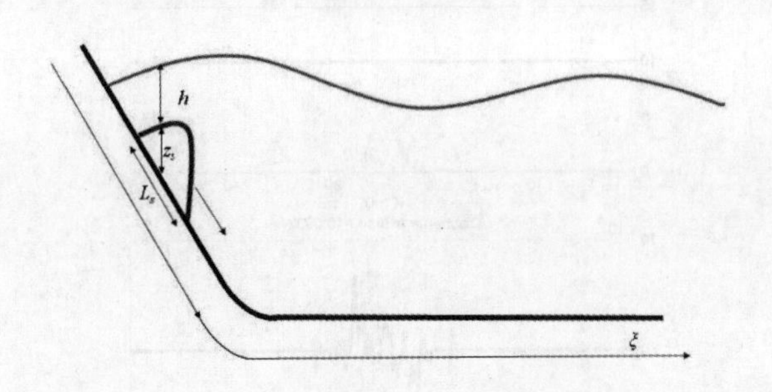

图 1　滑坡涌浪示意图

3　模型验证与初步应用

第一个例子是 Well-balance 特性，含有地形的浅水流动存在一个静水分布解（$h+z_b=const$），数值计算要保持这种行为称之为 well-balance 特性，本文的 Kurganov 算法能够捕捉主要的行为(图 2)。第二个例子是经典溃坝问题，即一侧有水，另一侧无水的溃坝问题，这个问题含有简单波解，本文的计算结果和理论结果吻合较好（图 3）。第三个例子给出了底床障碍物运动诱发的波系问题，对于浅水线性波情况，底床障碍物运动能够诱发 3 个波，分别为前行波(Leading Wave)、捕获波(Trapped Wave)和后缘波(Tailing Wave)，本文的耦合算法很好地捕捉到了这样的三波结构（图 4），线性情况下和理论解吻合良好[2]，其中物理参数为(F_r=0.2, d/L_s=0.2, H_s/L_s=0.01)。

模型验证过后，初步计算了一个典型的滑坡涌浪例子。其中滑坡体发生在一个坡度为 45º ,水库静水深度为 6m,滑坡体的长度为 30m,高度为 3.75m,下滑时高程为 30m 的一个典型案例。图 5(a~d)给出了 4 个典型时刻滑体位置和水波形态图。滑坡发生后，滑体快速加速然后冲击水面，然后快速入水，抬高水位，之后生成和图 4 类似的一个三波结构，前行波持续地往前传播，保持高度缓慢地变小，后缘波则由于爬升和反射很快消亡，而捕获波随着滑体的停止而逐渐淹没变得不明显。

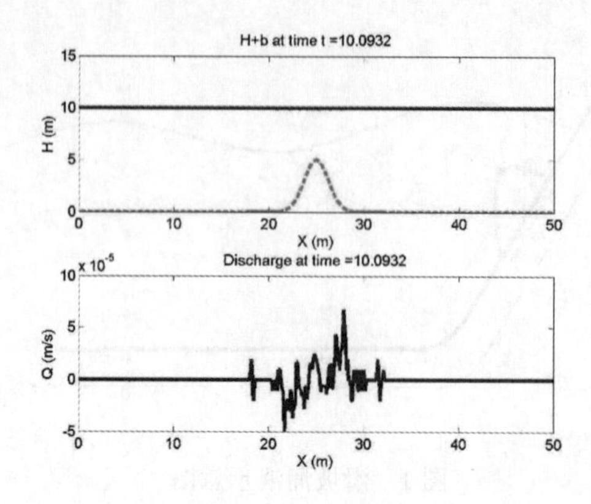

图 2　静水分布行为

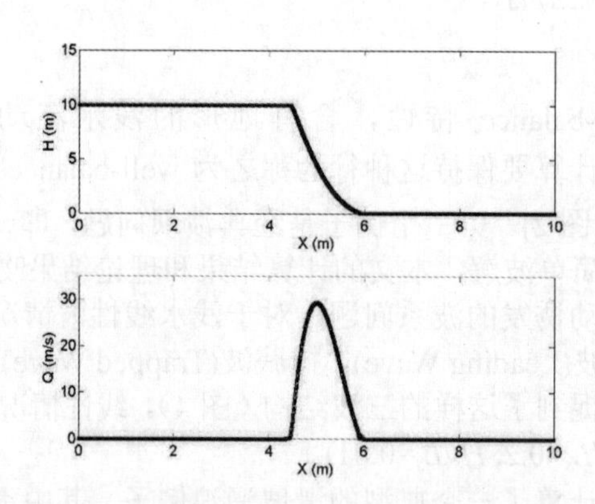

图 3　典型溃坝问题计算和理论结果对比

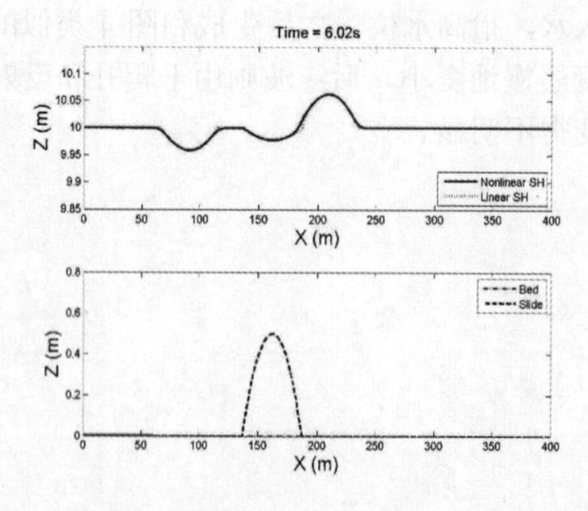

图 4　底床障碍物运动诱导三波结构计算结果和理论对比

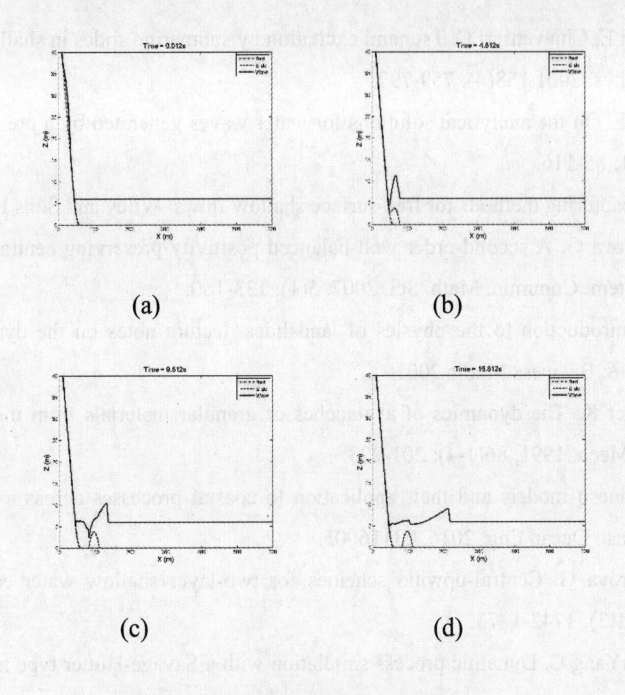

图 5　某典型滑坡涌浪计算结果

4　结论

本文建立了滑坡涌浪的一个新颖的流固耦合模型，特别是滑坡动力学模型采用建立在曲线坐标系下的方程，能够很好地描述滑坡运动的动力学过程，同时发展了求解该耦合模型的 Kurganov-ODE 耦合算法，多个算例表明本文建立的模型能够捕捉浅水流动的诸多特征、底床运动诱导水波产生和演化，一个滑坡涌浪的初步算例表明本模型具备模拟滑坡运动诱导水波的产生和演化过程，特别是前行波的传播可望对工程设计提供参考。未来研究工作包括：水波色散问题、滑坡变形过程以及三维问题。

致谢

本文研究得到了自然科学基金（11602278、11432015、11872117、11802313 和 11672310）和“北京理工大学青年教师学术启动计划”的支持，在此表示感谢。

参考文献

1　Bosa S, Petti M. Shallow water numerical model of the wave generated by the Vajont landslide. Environ. Modell. Softw. 2011,26(4): 406-418.

2 Tinti S, Bortolucci E, Chiavettieri C. Tsunami excitation by submarine slides in shallow-water approximation. Pure Appl. Geophys. 2001,158(4): 759-797.

3 Lo H Y, Liu P L F. On the analytical solutions for water waves generated by a prescribed landslide. J. Fluid Mech., 2017, 821: 85-116.

4 Toro E F. Shock-capturing methods for free-surface shallow flows. Wiley and Sons Ltd. 2001

5 Kurganov A, Petrova G. A second-order well-balanced positivity preserving central-upwind scheme for the Saint-Venant system. Commun. Math. Sci. 2007, 5(1): 133-160.

6 De Blasio F V. Introduction to the physics of landslides: lecture notes on the dynamics of mass wasting. Springer Science & Business Media.2001

7 Savage S B, Hutter K. The dynamics of avalanches of granular materials from initiation to runout. Part I: Analysis". Acta Mech. 1991, 86(1-4): 201-223.

8 Kirby J T. Boussinesq models and their application to coastal processes across a wide range of scales. J. Waterw. Port Coast. Ocean Eng. 2016, 03116005.

9 Kurganov A, Petrova G. Central-upwind schemes for two-layer shallow water equations". SIAM J. Sci. Comput. 2009, 31(3): 1742-1773.

10 Liu W, He S, OnYang C. Dynamic process simulation with a Savage-Hutter type model for the intrusion of landslide into river. J Mt. Sci., 2016, 13(7): 1265-1274.

Coupled Kurganov-ODE solver for landslide induced wave problems

WANG Xiao-liang[1], LIU Qing-quan[1], AN Yi[2], CHENG Peng-da[2,*]

(1 Beijing Institute of Technology, Beijing, 100081, wangxiaoliang36@bit.edu.cn)

(2 Institute of Mechanics Chinese Academy of Sciences, Beijing, 100190, pdcheng@imech.ac.cn)

Abstract: This paper presents a new fluid-solid coupled model for landslide induced water wave problem. The water wave motion is governed by Saint Venant mode in global coordinate system, and the landslide motion is controlled by block model in local coordinate system. Bed topography change is realized through interpolation between bed height in global system and slide geometry in local system. Several examples including steady state problem, dam break flow and the three waves induced by bottom motion are successfully simulated to verify the new model. Then the generation and traveling process of a typical subaerial landslide induced wave is well simulated.

Key words: Landslide Induced Wave; Fluid Solid Coupling; Saint Venant; Interpolation

基于多目标遗传算法的双向贯流式水轮机正反工况联合优化设计

郑小波，魏雅静，郭鹏程*，王兆波

(西安理工大学西北旱区生态水利国家重点实验室，陕西 西安，710048，Email: guoyicheng@126.com)

摘要：为了实现双向贯流式水轮机发电工况与抽水工况的协同优化，本文对双向贯流式机组转轮的多工况优化设计进行了初步探索。根据双向贯流式水泵水轮机的特点，构建了集成几何参数化、网格自动划分、数值计算、应力计算以及整体优化的转轮优化设计系统。以转轮叶片七个翼型骨线的挠度参数、厚度变量以及进口偏移量等21个参数为优化变量，以水力效率最大值、水压力的最小值以及结构应力最大值为优化目标函数，对正向水轮机工况和反向水泵工况进行了联合优化。结果表明：优化后叶片的效率和最低压力都有不同程度的提高，结构最大应力极大降低，应力分布更加均匀，转轮总体性能得到提升，为开展双向贯流式水轮机的多工况联合优化提供了参考。

关键词：双向贯流式水轮机；叶片参数化；联合优化；S 型叶片

1 引言

能源应用和环境保护已成为全球关注的热点，世界各国都在积极发展可再生的清洁能源，其中海洋能尤其是潮汐资源最具开发潜力和工业价值[1]。潮汐发电作为潮汐能资源利用的主要形式，开发规模不断趋于大型化[2]，开发模式也由单库单向发电发展为效率更高的单库双向发电[3]。双向贯流式水泵水轮机是潮汐电站中使用的有效机型，包括正反向发电、正反向抽水以及正反向泄水 6 种工况[4]。

国内外对于潮汐电站已经进行了相关的研究工作。郑璇对双向贯流式水轮机的正反向发电工况进行了性能预估[5]；杨杰在对贯流式机组正反向水泵工况进行性能预测的同时对叶片进行改型[6]，对于水轮机的多工况优化也进行了相关研究。朱国俊等引入 NSGA-II 算法作为寻优算法对贯流式叶片以及水轮机固定导叶开展了多学科优化设计[7-8]。郭鹏程等对

基金项目：国家自然科学基金(51839010)，陕西省重点研发计划(2017ZDXM-GY-081)，陕西省教育厅服务地方专项计划(17JF019)
通讯作者：郭鹏程，E-mail: guoyicheng@126.com.

水平轴海流能水轮机的转轮叶片以及水轮机活动导叶进行了多目标优化设计[9-10]。

以上研究仅针对抽水工况或者发电工况，运行工况单一，本文在此研究的基础上采用优化算法对抽水工况以及发电工况进行联合优化。主要方法为：应用 UG 的二次开发 GRIP 语言对转轮叶片进行参数化建模，在 ISIGHT 平台上搭建优化系统对正向水轮机工况以及反向水泵工况进行联合优化计算。

2 几何模型及基本参数

以某双向贯流式水泵水轮机模型为研究对象，在转轮前后分别设置前置导叶和后置导叶，前置导叶采用正曲率翼型，后置导叶采用对称翼型，其流道模型如图 1 所示。

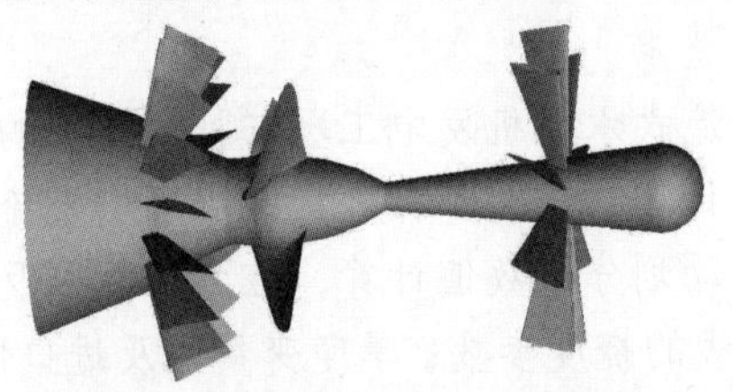

图 1 双侧导叶机组流道模型示意图

该水轮机的具体设计参数如表 1 所示。进行优化的两个工况为反向水泵工况（工况一）以及正向水轮机工况（工况二），两个工况的具体参数如表 2 所示。

表 1 机组模型参数

设计参数	数值
试验水头/m	7.73
转轮直径/m	0.34
叶片数	3
轮毂比	0.38
前置导叶数	16
后置导叶数	9

表 2 计算点工况

工况点	工况一	工况二
桨叶角/°	22	22
前置导叶开度/ °	70	55
后置导叶开度/ °	90	75
单位流量 Q_{11} / (m^3/s)	1.673	1.532
单位转速 n_{11} / (r/s)	28.798	20.944
水头/ m	7.73	7.73

3 转轮叶片参数化建模

选取从上冠到下环 7 个截面翼型对转轮叶片进行参数化建模。采用四次贝塞尔曲线对翼型骨线进行拟合，其二维骨线的参数化示意图如图 2 所示。在参数化过程中需先将三维翼型转换为平面的二维翼型。

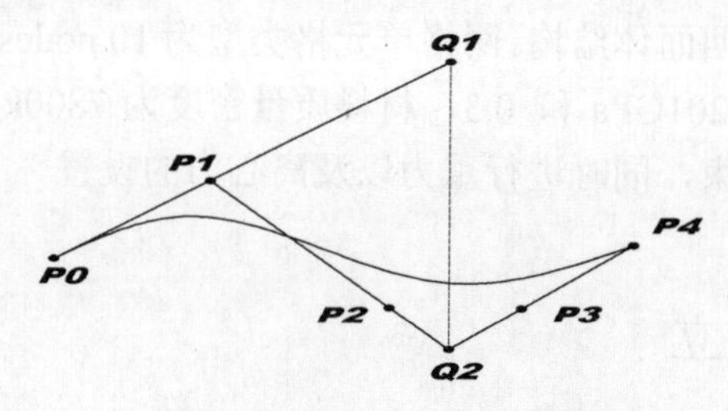

图 2 转轮叶片参数化示意图

翼型的 5 个控制点为 P_0、P_1、P_2、P_3、P_4，根据贝塞尔曲线控制点反算方法，通过 Matlab 求解病态方程组，计算得到控制点坐标。为了减少控制变量，引入变量 x_{01}、x_{02}、x_{03}，通过控制变量 x_{01}、x_{02}、x_{03} 的值从而使得骨线的挠度发生变化，进而改变整个骨线。

其中：$x_{01}=|P_0P_1|/|P_0Q_1|$；　$x_{02}=|P_1P_2|/|P_1Q_2|$；　$x_{03}=|P_4P_3|/|P_4Q_2|$

通过上述方法得到参数化后的二维翼型骨线以后，将原始翼型的上下侧厚度分布规律分别叠加到各断面翼型骨线上，即可得到变化后产生的新二维翼型。将各二维翼型转换成三维翼型以后，通过造面即可产生新的转轮叶片。

4　网格划分及求解设置

4.1　流体域网格划分以及求解设置

本文流体域的网格是结构化网格，因此采用单周期计算。其网格划分如图 3 所示，包括前置导叶、转轮叶片和后置导叶。近壁面区域采用壁面函数法，在固壁面区域采用无滑移边界条件。湍流模型为 SST k-ω模型。

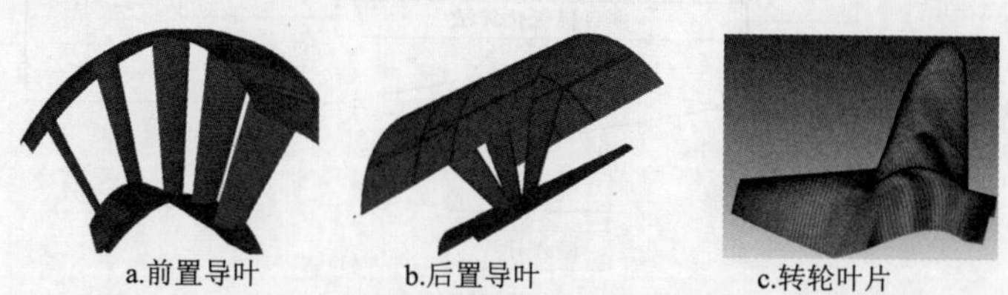

a.前置导叶　　b.后置导叶　　c.转轮叶片

图 3　过流部件网格划分

以工况二为例，对转轮区域进行网格无关性验证。由表 3 可知，在网格数为 518820 时，机组的效率趋于稳定，因此选定转轮区域的网格数为 518820。

表 3 网格无关性

网格数	201938	396215	518820	649304	795218	853605
效率/%	78.0	78.09	78.15	78.16	78.15	78.16

4.2 有限元网格划分以及求解设置

本文的有限元网格为四面体结构。网格单元格类型为 10 nodes 187，叶片材料为不锈钢，弹性模量和泊松比分别为 201GPa 和 0.3，材料质量密度为 7800kg/m^3。在有限元计算过程中，对轮毂面施加固定约束，同时进行重力以及离心力的设置。

5 转轮优化系统建立

5.1 权重系数的确定

在联合优化的过程中，对于各工况权重系数的确定尤为重要。为了方便研究，本文设定正向水轮机工况的重要性是反向水泵工况的 6 倍。本文采用的超传递近似法是基于特征向量法的基础上提出的，通过构建二元比较矩阵对各个指标之间的重要性进行模糊分析以及模糊评价来确定权系数[11]。最终确定本文正向水轮机工况和反向水泵工况的目标权重系数分别为 0.8571，0.1429。

5.2 转轮优化系统图模块的实现

本文的双向贯流式水泵水轮机正反工况联合优化设计主要是针对该转轮叶片在流体域中的水力性能以及固体域中的结构性能进行优化。优化的整体流程如图 4 所示。

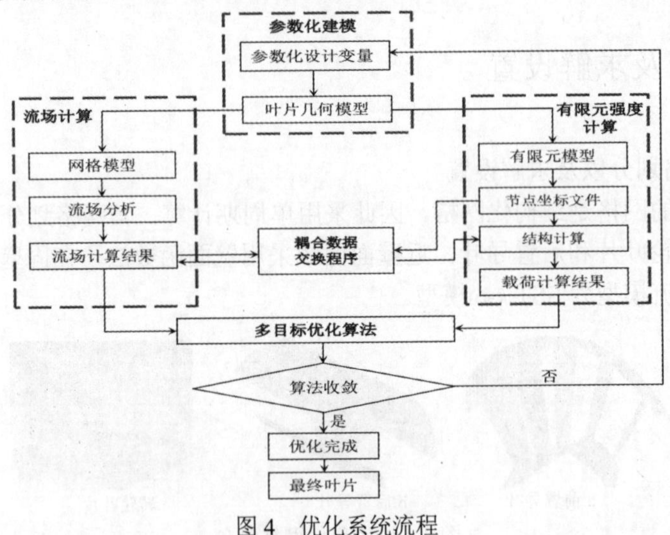

图 4 优化系统流程

本文的系统优化器建立在 Isight 平台上，采用了多目标遗传算法进行系统寻优，系统的优化目标为：

$$\begin{cases} X = \left(x_{11}, x_{12}, x_{13}, x_{21}, x_{22}, x_{23}, \cdots, x_{71}, x_{72}, x_{73}, P_0, T_{\max}\right) \\ Y = Minp, Maxs, Effi \\ s.t..\delta = \left(He_i - He\right) / He \le 5\%, i = \left(1, 2, 3, \cdots, n\right) \end{cases} \tag{1}$$

6 优化结果分析

本文的优化计算选取的是两个工况效率都有显著提高且水压力以及静应力均有明显下降的一组解作为最优解。该最优解对应的目标性能函数值如表 4 所示。

表 4 优化前后的转轮综合性能对比

目标函数名	原始目标函数值	优化目标函数值	变化率
总水头差/m	7.73	7.71	0.2%<5%
转轮效率/%	83.79	84.29	0.597%↑
转轮叶片最大静应力/MPa	27.719	24.760	10.67%↓
转轮叶片最小水压力/MPa	-0.6332	-0.6259	1.153%↑

从表 4 中可以看出，与原始转轮相比，优化后的各加权目标函数均有所改善，转轮的效率提升了 0.597%，转轮叶片表面压力提升了 1.153%，转轮叶片最大静应力降低了 10.67%。目标函数的改变表明：优化后，转轮在这两种工况下运行的综合性能相比原始转轮都有了一定程度的提升。

7 结论

本文通过建立转轮优化系统，考虑正向水轮机工况和反向水泵工况，以水力性能和强度为优化目标，对双向贯流式水轮机转轮进行了多工况多目标联合优化设计，结论如下。

（1）结合贝塞尔曲线参数化方法，基于 UG 二次开发平台对叶片几何进行参数化，实现了对几何的控制。通过对转轮叶片进行参数化建模，验证了这一方法的可行性。

（2）对转轮的水力性能和结构性能进行了联合优化，建立了基于水力性能与结构性能联合优化的多工况优化系统。

（3）优化结果表明，水轮机的整体效率、叶片表面最低静压有所提高，转轮最大静应力显著降低，水轮机的整体水力性能和结构性能均得到改善。

参考文献

1 王曰平. 潮汐发电机组[M]. 北京:中国水利水电出版社，2014.

2 高杨，李玉超，张红涛.潮汐发电技术的展望[J].国网技术学院报，2016，19(06):60-62+73.

3 Rafael M F , Segen F E. Alternative concept for tidal power plant with reservoir restrictions [J]. Renewable Energy.2009 , (34):1151-1157.

4 于波，肖慧民. 水轮机原理与运行[M]. 北京:中国电力出版社，2008.

5 郑璇. 基于计算流体动力学的双向贯流式水轮机的水力设计[D].西安理工大学，2013

6 杨杰.双向贯流式水泵水轮机泵工况特性研究[D].西安理工大学.2018

7 朱国俊,郭鹏程,罗兴锜,等.贯流式水轮机转轮叶片的多学科优化设计[J].农业工程学报,2014,30(02):47-55.

8 朱国俊,郭鹏程,罗兴锜.基于 NSGA-II 的水轮机固定导叶多学科优化设计[J].水力发电学报,2013,32(06):256-261.

9 郭鹏程,朱国俊,罗兴锜.水平轴海流能水轮机的多目标优化设计[J].排灌机械工程学报,2013,31(09):778-782.

10 罗兴锜,郭鹏程,朱国俊,等.基于 NSGA-II算法的水轮机活动导叶多目标优化设计[J].排灌机械工程学报,2010,28(05):369-373.

11 黄德才，李秉焱.AHP 中群决策的几何平均超传递近似法[J].控制与决策， 2012，27(5): 797-800.

Joint optimization design of bidirectional tubular turbine positive and negative condition based on multi-objective genetic algorithm

ZHENG Xiao-bo, WEI Ya-jing, GUO Peng-cheng*, WANG Zhao-bo

(State Key Laboratory of Eco-hydraulics in Northwest Arid Region, Xi'an University of Technology, Xi'an 710048, E-mail: guoyicheng@126.com)

Abstract: In order to realize the synergistic optimization of the bi-directional tubular turbine power generation and pumping conditions, this paper makes a preliminary exploration on the multi-case optimization design of the two-way tubular unit runner. According to the characteristics of the bidirectional tubular pump turbine, this paper constructs a runner optimization design system with integrated geometric parameterization, grid automatic division, numerical calculation, stress calculation and overall optimization. Taking 21 parameters such as deflection parameters, thickness variables and inlet offset of the seven airfoil bone lines of the runner blade as the optimization variables, the maximum hydraulic efficiency, the minimum water pressure and the maximum structural stress are used as the optimization objective function. Joint optimization of forward turbine operating conditions and reverse pump operating conditions. The results show that the optimized efficiency and minimum pressure of the blade are improved to different extents, the maximum stress of the structure is greatly reduced, the stress distribution is more uniform, and the overall performance of the runner is improved, which is jointly optimized for the development of the two-way tubular turbine.

Key words: Bidirectional tubular turbine; Blade parameterization; Joint optimization; S-shaped blades.

考虑表面张力的两相流动自适应网格直接数值模拟

刘成，万德成*

(上海交通大学 船舶海洋与建筑工程学院 海洋工程国家重点实验室 高新船舶与深海开发装备协同创新中心，上海 200240，*通讯作者 Email: dcwan@sjtu.edu.cn)

摘要：随着算法和计算机浮点运算能力的进步，直接数值模拟逐渐成为分析复杂两相流动机理的有效手段。传统直接数值模拟方法对数值格式耗散控制和网格分辨能力有较高的要求，大幅增加了计算负载。本研究采用多矩有限体积法（CIP-CSL，即 Constraint Interpolation Profile - Semi-Lagrangian 格式）离散两相流动控制方程；在单元内部使用代数方法重构 VOF（Volume of Fluid）界面；同时改进了高度函数法计算局部曲率的精度。除此之外，为保证直接数值模拟计算效率，采用块自适应网格方法对自由面、大速度梯度等关键区域进行局部加密。本研究设计了数值实验，计算表面张力波（Capillary Wave）在不同 Laplace 数下的自由表面流动不稳定性问题，其自由面变形率与经典势流理论吻合较好。然后，使用该自适应网格求解器对不同 Weber 数和 Reynolds 数下的液滴碰撞问题进行了直接数值模拟，数值结果与实验数据进行了比对，充分证明了本方法的数值精度和有效性。

关键词：表面张力；自适应网格；直接数值模拟；两相流

1 引言

两相流问题中表面张力对许多微流动现象起主导作用，对包含自由面的流动不稳定性现象的发生发展有重要影响。现有的实验手段难以实现对微观界面流动现象的完整观测，而利用直接数值模拟（Direct Numerical Simulation，DNS）技术，可以提取流动演化过程中包括湍流脉动在内的丰富的流场信息。目前，将 DNS 技术应用于复杂两相流动微观机理分析的有 J. Shinjo 和 A. Umemura [1]、Y. Ling 等[2]、S. Popinet 等[3]。其中，S. Popinet 等[3]采用基于格子自适应策略（Cell-Based Adaptive Mesh Refinement，CAMR）的有限体积法研究了表面张力流动问题，但 CAMR 在大规模并行计算时可扩展性较差，难以实施高阶数值格式。本研究中采用基于块自适应策略（Block Structured Adaptive Mesh Refinement，BAMR）开发多矩有限体积法用于表面张力流动的直接数值模拟。以下将从数值离散方法、数值实验结果两方面介绍相关工作。

2 数值方法

2.1 控制方程

积分形式的两相流动 Navier-Stokes（N-S）控制方程可被写为以下形式，

$$\int_{\Gamma} \mathbf{u}\cdot\mathbf{n}\, dS = 0,$$

$$\frac{\partial}{\partial t}\int_{\Omega} \mathbf{u}\, dV + \int_{\Gamma} \mathbf{u}(\mathbf{u}\cdot\mathbf{n}) dS = \frac{1}{\rho}\int_{\Gamma} p\mathbf{n}\, dS + \frac{1}{\rho}\int_{\Gamma} \boldsymbol{\tau}\cdot\mathbf{n}\, dS + +\frac{1}{\rho}\mathbf{F}_s + \frac{1}{\rho}\mathbf{F}_g, \tag{1}$$

其中，$\boldsymbol{u}$ 和 p 分别代表速度矢量和压力。对于牛顿流体，剪应力张量 $\boldsymbol{\tau} = \mu[\nabla\mathbf{u} + (\nabla\mathbf{u})^T]$。控制体 Ω 被法向量为 $\mathbf{n}$ 的边界 Γ 所围成。流体密度(ρ)和黏性系数(μ)由体积分数 C 确定，

$$\rho = \rho_l C + \rho_g(1-C),$$
$$\mu = \mu_l C + \mu_g(1-C), \tag{2}$$

下标 l 和 g 分别代表液体和气体相。$\mathbf{F}_g$ 和 $\mathbf{F}_s$ 分为体积力（重力）项和表面张力项，其表达式如下，

$$\mathbf{F}_s = \sigma\mathcal{K}\mathbf{n}\delta_s = \sigma\mathcal{K}\nabla H_{\epsilon}(\mathbf{x}-\mathbf{x}_s), \tag{3}$$

这里σ为表面张力系数，$\mathcal{K}$ 为界面局部曲率，其计算形式可由高度函数（Height Function）法进行；H_{ϵ} 为阶跃函数（Heaviside Function）的数值离散形式。根据 Brackbill 等[4] 研究结论，本文取由体积分数 C 构造的 H_{ϵ}，其平滑区域宽度 $\epsilon = \Delta$ ，Δ 为格子间距。

采用二阶精度的分步法（fractional step method）对 N-S 方程压力和速度项解耦，因此方程（1）的数值求解由以下三步组成，

I. 计算预测步速度矢量 $\mathbf{u}''$，

I-1：对流项部分，

$$\frac{\partial}{\partial t}\int_{\Omega} \mathbf{u}'\, dV + \int_{\Gamma} \mathbf{u}^{n-1}(\mathbf{u}^{n-1}\cdot\mathbf{n}) dS = 0, \tag{4}$$

I-2：**扩散项及其他部分**，

$$\frac{\partial}{\partial t}\int_{\Omega} \mathbf{u}'' \, dV - \frac{1}{\rho}\int_{\Gamma} \boldsymbol{\tau} \cdot \mathbf{n} \, dS = \frac{1}{\rho}\mathbf{F}_s + \frac{1}{\rho}\mathbf{F}_g, \tag{5}$$

II．压力 Poisson 方程求解，

$$\frac{1}{\rho}\int_{\Omega} \nabla p^n \cdot \mathbf{n} \, dS = \frac{1}{\Delta t}\int_{\Gamma} \mathbf{u}'' \cdot \mathbf{n} dS, \tag{6}$$

III．速度修正得到满足不可压缩条件的 $\mathbf{u}^n$，

$$\frac{\partial}{\partial t}\int_{\Omega} \Delta \mathbf{u}^n \, dV = \frac{1}{\rho}\int_{\Gamma} p^n \mathbf{n} dS, \tag{7}$$

这里$\Delta \mathbf{u}^n$ 为由压力梯度提供的修正量。方程（4）至方程（7）的数值离散方法采用多矩有限体积法[5]进行。

2.1 离散方法

传统有限体积法只在单元面心定义物理量，多矩有限体积法通过引入"矩"的概念，在单元内部实现高阶重构，数值实验表明构造得到的数值格式耗散小、鲁棒性好、计算数值通量所需的模板数量少。本文使用 VIA（Volume Integration Average）和 SIA（Surface Integration Average）[5]离散控制方程，对于标量或矢量分量 ϕ，SIA 和 VIA 分别定义在$[i, j-1/2]$和$[i, j]$处，其表达式如下，

$$\phi_{i,j-1/2} = \frac{1}{\Delta x}\int_{i-1/2}^{i+1/2} Q(x,y,t)\, dx. \qquad \phi_{i,j} = \frac{1}{\Delta x \Delta y}\int_{j-1/2}^{j+1/2}\int_{i-1/2}^{i+1/2} Q(x,y,t)\, dxdy.$$

其中，$Q(x,y,t)$用于逼近 ϕ 在单元内的分布。由于速度矢量和压力分别定义在面心和格子中心，数值格式的稳定性得到保证。

对于如下形式的守恒律方程，可采用多种 CIP-CSL 格式进行离散求解，

$$\frac{\partial}{\partial t}\int_{\Omega} \phi \, dV + \int_{\Gamma} \phi \, (\mathbf{u} \cdot \mathbf{n}) dS = 0. \tag{8}$$

比如，CIP-CSL2[6] 使用二次多项式构造三阶格式，通过引入一阶导数变量，CIP-CSL4[6] 方法可进行四阶多项式重构。CIP-CSLR0[7] 使用分段有理函数避免非物理震荡解的出现。本文使用较为简单的CIP-CSL2格式，具体实施过程如下，

本文涉及的多维问题使用维数分裂方法（Dimensional Splitting Method）[8]，因此以下对方程（8）只给出沿x方向的数值离散实现过程，方程（8）的一维形式下如下，

$$\frac{\partial}{\partial t}\int_{\Omega}\phi\, dV+\int_{\Gamma} u\frac{\partial \phi}{\partial x}dx=-\int_{\Gamma}\phi\frac{\partial u}{\partial x}dx. \tag{9}$$

一维问题中，VIA变为定义在i处的线积分平均变量，SIA成为定义在$i-1/2$ 和 $i+1/2$处的点变量，CIP-CSL2 使用二阶多项式 $Q_i(x)$ 模拟 $[i-1/2, i+1/2]$区间内的物理量分布，

$$Q_i(x)=\sum_{m=0}^{2}C_n(x-x_{i-1/2})^m.$$

其中，

$$\begin{cases}C_0=\phi_{i-1/2},\\ C_1=\dfrac{3}{\Delta x^2}\left(-2\phi_i+\phi_{i-1/2}+\phi_{i+1/2}\right),\\ C_2=\dfrac{2}{\Delta x}\left(3\phi_i+2\phi_{i-1/2}-\phi_{i+1/2}\right),\end{cases} \tag{10}$$

其计算参数 $C_i(i=0,1,2)$ 的推导过程参考文献[6]得到。

一旦插值函数形式被确定，下一个时间步的SIA变量 $\phi''_{i-1/2}$ 的数值解可以通过如下半拉格朗日方法更新，

$$\phi''_{i-1/2}=\begin{cases}Q_{i-1}\left(x_{i-1/2}-u_{i-1/2}\Delta t\right), & if\ \ u_{i-1/2}\geq 0\\ Q_i\left(x_{i-1/2}-u_{i-1/2}\Delta t\right), & if\ \ u_{i-1/2}\leq 0\end{cases}. \tag{11}$$

对于VIA 变量 ϕ_i 的数值解通过以下守恒形式给出，

$$\frac{\partial \phi_i}{\partial t}=\frac{1}{\Delta x}\frac{\partial}{\partial t}\int_{i-1/2}^{i+1/2}Q(x,t)\,dx=\frac{1}{\Delta x}\left(F_{i+1/2}-F_{i-1/2}\right). \tag{12}$$

方程（12）表明随时间变化体积通量等于所有面通量 $F_{i\pm1/2}$ 的和，$F_{i\pm1/2}$ 定义如下，

$$F_{i-1/2}=\begin{cases}-\displaystyle\int_{x_{i-\frac{1}{2}}-u_{i-\frac{1}{2}}\Delta t}^{x_{i-\frac{1}{2}}}Q_{i-1}(x)dx, & if\quad u_{i-1/2}\geq 0\\ -\displaystyle\int_{x_{i-1/2}}^{x_{i-1/2}-u_{i-1/2}\Delta t}Q_i(x)dx, & if\quad u_{i-1/2}\leq 0\end{cases}. \tag{13}$$

上述一维重构过程可以沿各个坐标方向实施。比如对于二维问题，首先沿x方向利用上一时间步 $\phi_{i,j}^{n-1},\phi_{i\pm1/2,j}^{n-1}$ 得到更新后的 $\phi_{i,j}'',\phi_{i\pm1/2,j}''$ ，之后，y方向的SIA值 $\phi_{i,j\pm1/2}''$ 可使用TEC (Time Evolution Converting) 方法[12] [20]进行更新,

$$\phi_{i,j-1/2}'' = \phi_{i,j-1/2}^{n-1} + \frac{1}{2}\left(\phi_{i,j}'' - \phi_{i,j}^{n-1} + \phi_{i,j-1}'' - \phi_{i,j-1}^{n-1}\right). \tag{14}$$

黏性项方程（5）的数值离散过程可采用传统有限体积法进行。压力方程（6）的数值求解中用到定义在格子中心的压力变量和定义在面心的速度SIA变量，离散形式如下，

$$\frac{\dfrac{\mathcal{D}_{i+1/2,j}(p^n)}{\rho_{i+1/2,j}} - \dfrac{\mathcal{D}_{i-1/2,j}(p^n)}{\rho_{i-1/2,j}}}{\Delta x} + \frac{\dfrac{\mathcal{D}_{i,j+1/2}(p^n)}{\rho_{i,j+1/2}} - \dfrac{\mathcal{D}_{i,j-1/2}(p^n)}{\rho_{i,j-1/2}}}{\Delta y} = \frac{1}{\Delta t}\left(\frac{u_{i+1/2,j}'' - u_{i-1/2,j}''}{\Delta x} + \frac{v_{i,j+1/2}'' - v_{i,j-1/2}''}{\Delta y}\right), \tag{15}$$

压力梯度算子 $\mathcal{D}_{i\pm1/2,j}(p),\mathcal{D}_{i,j\pm1/2}(p)$ 定义在面心处，以 $\mathcal{D}_{i+1/2,j}(p)$ 为例，其数值表达式为

$$\mathcal{D}_{i+1/2,j}(p) = \frac{p_{i+1,j}^n - p_{i,j}^n}{\Delta x}. \tag{16}$$

自适应网格上压力 Poisson 方程的求解方法在参考文献[9][10]有详细论述。

本文中表面张力的数值离散过程采用较为简单的连续表面力（Continuum Surface Force）方法进行。局部曲率的计算参照 Torrey 等[11]提出的高度函数方法进行，本文针对涉及较小液滴或气泡的情况，使用二阶多项式拟合局部曲面，再计算曲率值。除此之外，本文选取较为常用的锐利界面 VOF 方法捕捉运动界面，采用代数方法由体积组分和局部法向量近似计算界面线性方程参数，及其反问题。

2.2 网格自适应策略

本文方法基于块自适应网格实施，选用合适的网格细分准则对相交界面和流场大梯度区域进行网格加密操作。由于自适应网格的使用，需要对不同加密层级的网格进行插值操作。在此插值过程中，数值通量的守恒性是首要考虑的问题。在由细网格到粗网格的插值过程中守恒性容易得到保证；而由粗网格到细网格的提升（Prolongation）操作，需要发展守恒的插值方式进行。本文主要参考[9]的方法，通过诸维开展 CIP-CSL 插值保证不同加密层级插值守恒。

3 数值结果讨论

3.1 表面张力驱动的液膜不稳定性

表面张力影响下的液膜不稳定性现象是液滴产生的重要原因之一，通过大量雾化实验观察到：通常液膜的破裂会形成液丝，由于流动不稳定性的存在，液丝在轻微扰动下由于表面张力会进一步断裂为液滴，从而形成了大量雾滴。液膜不稳定性现象最早由 L. Rayleigh [12] 和 C. Weber [13]利用势流理论进行详细研究。其具体问题描述如下，初始时，圆柱形自由面施加正弦函数扰动，

$$r(x)=r_0[1+\varepsilon\sin(kx)], \tag{17}$$

其中 $r_0=0.2,\ \varepsilon=0.02$ 并且 $k=\pi$。自由面将在表面张力作用下发生变形。计算区域选取为$x,y,z\in[-1,1]$。在 $x=\pm1$ 侧施加周期性边界条件；在 $y,z=\pm1$ 侧施加 0 速度梯度条件； 在 $y,z=\pm1$ 侧施加 0 压力边界条件。

由 L. Rayleigh [12]的线性理论，无黏流动的扰动增长率 ς 由下式给出，

$$\varsigma=\frac{\sigma}{\rho_l r_0^3}\frac{I_1(kr_0)kr_0(1-k^2r_0^2)}{I_0(kr_0)}, \tag{18}$$

其中，ρ_l 和 σ 分别代表液体密度和其表面张力系数，函数$I_0(\alpha)$, $I_1(\alpha)$, $J_0(i\alpha)$ 和 $J_1(i\alpha)$ 定义如下，

$$I_0(\alpha)=J_0(i\alpha)=1+\frac{\alpha^2}{2^2}+\frac{\alpha^4}{2^2\cdot4^2}+\cdots,$$
$$I_1(\alpha)=-iJ_1(i\alpha)=\frac{\alpha}{2}\left(1+\frac{\alpha^2}{2\cdot4}+\frac{\alpha^4}{2^2\cdot4^2\cdot6}+\cdots\right). \tag{19}$$

C. Weber [13]发展了 L. Rayleigh [12]的线性理论，提出考虑黏性影响的扰动增长率计算方法，

$$\varsigma^2+\frac{3\mu k^2}{\rho_l}\varsigma-\frac{\sigma}{2\rho r_0^3}(1-k^2r_0^2)k^2r_0^2=0. \tag{20}$$

在本算例中，Laplace 数定义为

$$La=\frac{\sigma\rho_l r_0}{\mu_l^2}, \tag{21}$$

两相流体的性质考虑为水和空气，其中 $\rho_l/\rho_g = 1000.0/1.2, \mu_l/\mu_g = 1.0\times10^{-3}/1.8\times10^{-5}$。本研究中，考虑三种 Laplace 数 $La = 2000,\ 238.34,\ 23.834$ 下液膜不稳定性的计算。本计算用到三层自适应网格（2-5 层），其中，加密层级 5 相当于对计算区域采用 $512\times512\times512$ 的均匀网格，加密层级 2 相当于对计算区域使用 $64\times64\times64$ 的均匀网格。无量纲时间 τ 定义如下，

$$\tau = \frac{t}{T_\sigma},\qquad T_\sigma = \sqrt{\frac{\rho r_0^3}{\sigma}}.$$

总计算时间 $\tau = 18$。按照 S. Popinet [3]，定义如下两个无量纲参数(χ_{max}，χ_{min}) 用于记录自由面变形情况，其中

$$\chi_{max} = \frac{r_{max} - r_0}{\varepsilon r_0},\qquad \chi_{min} = \frac{r_0 - r_{min}}{\varepsilon r_0},$$

这里 r_{max} 和 r_{min} 分别指液膜的最大和最小半径。

图 1 显示了 χ_{min} 和 χ_{max} 随时间 τ 变化情况。图 2 将 L. Rayleigh [12] 和 C. Weber [13] 的势流理论结果连同本 BAMR 求解器数值结果进行了比较。发现扰动增长率随着 Laplace 数的增加而变大。当 $La = 2000$ 时，$\tau = 10.6$ 时刻液膜发生断裂；对 $La = 238.34$ 和 $La = 23.834$，液膜断裂的时间分别为 $\tau = 11.9$ 和 $\tau = 15.6$。观察图 2 发现，液膜发生断裂之前，理论和数值预测结果吻合较好。

图 1 $La = 2000$ 时液膜形状随时间变化情况

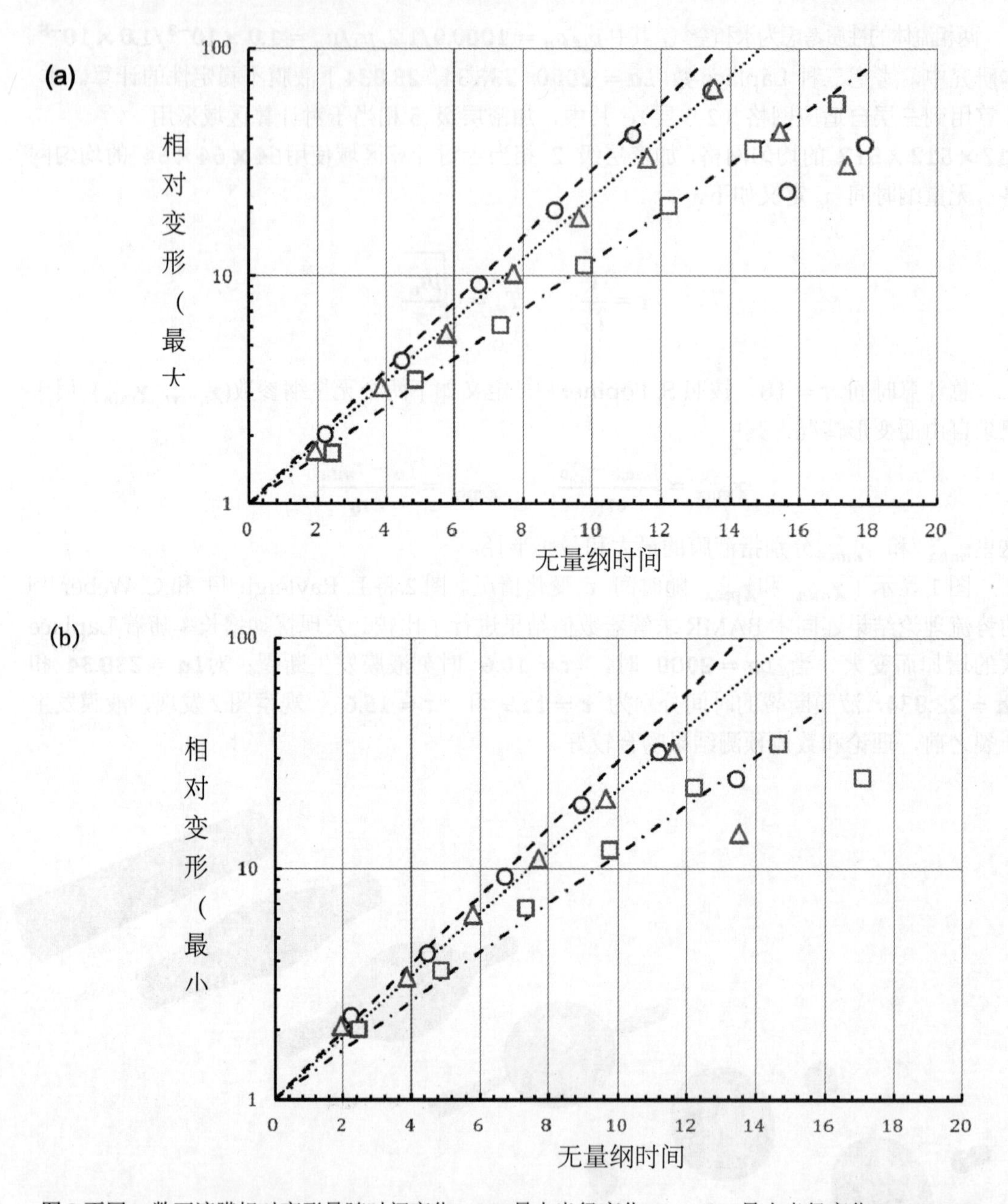

图 2 不同La数下液膜相对变形量随时间变化。(a) 最大半径变化χ_{max}, (b) 最小半径变化 χ_{min}. – – –: L. Rayleigh [12] （$La = 2000$），·····: C. Weber [13] （$La = 238.34$），–·–·: C. Weber [13] （$La = 23.834$），○：本研究中 BAMR 计算值（$La = 2000$），△：本研究中 BAMR 计算值（$La = 238.34$），□：本研究中 BAMR 计算值（$La = 23.834$）

3.2 液滴碰撞模式的直接数值模拟

液滴碰撞作为一种重要物理现象在自然界和工业界广泛存在。比如，云雾和雨滴的形成、波浪破碎、射流雾化等。已有的实验研究（Qian 和 Law）[14] 显示对气液两相系统存在四种典型碰撞模式包括 反弹（Bouncing）、合并（Coalescence）、反射分离（Reflexive Separation）和拉伸分离（Stretching separation）。在 Qian 和 Law [14] 的实验研究了烃类液滴和氮气组成的气液两相系统液滴碰撞模式，大量照片可用于数值预测结果的对比。

表 1 碰撞液滴的物理特性

流体	密度 (kg/m^3)	动黏度 (kg/m·s)	表面张力系数 (kg/s)
烃($C_{14}H_{30}$)	758	2.128×10^{-3}	0.026
氮气	1.138	1.787×10^{-5}	

表 2 液滴碰撞参数

Case	液滴直径(D, μm)	η	λ	We	Re
1	354	1.05	0.71	64.9	312.8
2	356	1.05	0.39	48.1	270.1

本研究中考虑同等大小两个液滴的碰撞情况，主要参数 Re，We，λ 和 η 的定义方式如下，

$$Re=\frac{\rho_l D(2U_0)}{\mu_l},\qquad We=\frac{\rho_l D(2U_0)^2}{\sigma},\qquad \lambda=\frac{b}{D},\quad \eta=\frac{w}{D}. \tag{22}$$

其中，D 为液滴直径，b 两个液滴的偏心距离。初始时刻，两个液滴被分别施加相对速度（U_0）引发碰撞发生。ρ_l，μ_l 和 σ 分别指代烃类的密度、黏性系数和表面张力系数（表 1）。本研究考虑两种拉伸分离液滴碰撞模式，其详细计算参数如表 2 所示。

本研究者选取计算区域为 $x\in[-0.002m,0.002m],y,z\in[-0.001m,0.001m]$。速度 0 梯度条件施加在 $x=\pm0.002m$ and $y,z=\pm0.001m$ 处，大气压力条件施加在 $y,z=\pm0.001m$ 侧。计算中采用 3 层自适应网格（2~6），其中加密层级 6 等效于将计算区域分为 $1280\times640\times640$ 的均匀网格，加密层级 2 等效于 $80\times40\times40$ 的均匀网格。所有的液滴碰撞算例中，液滴直径 D 包含 100-120 个格子，自适应网格加密准则依据体积分数 C 确定。

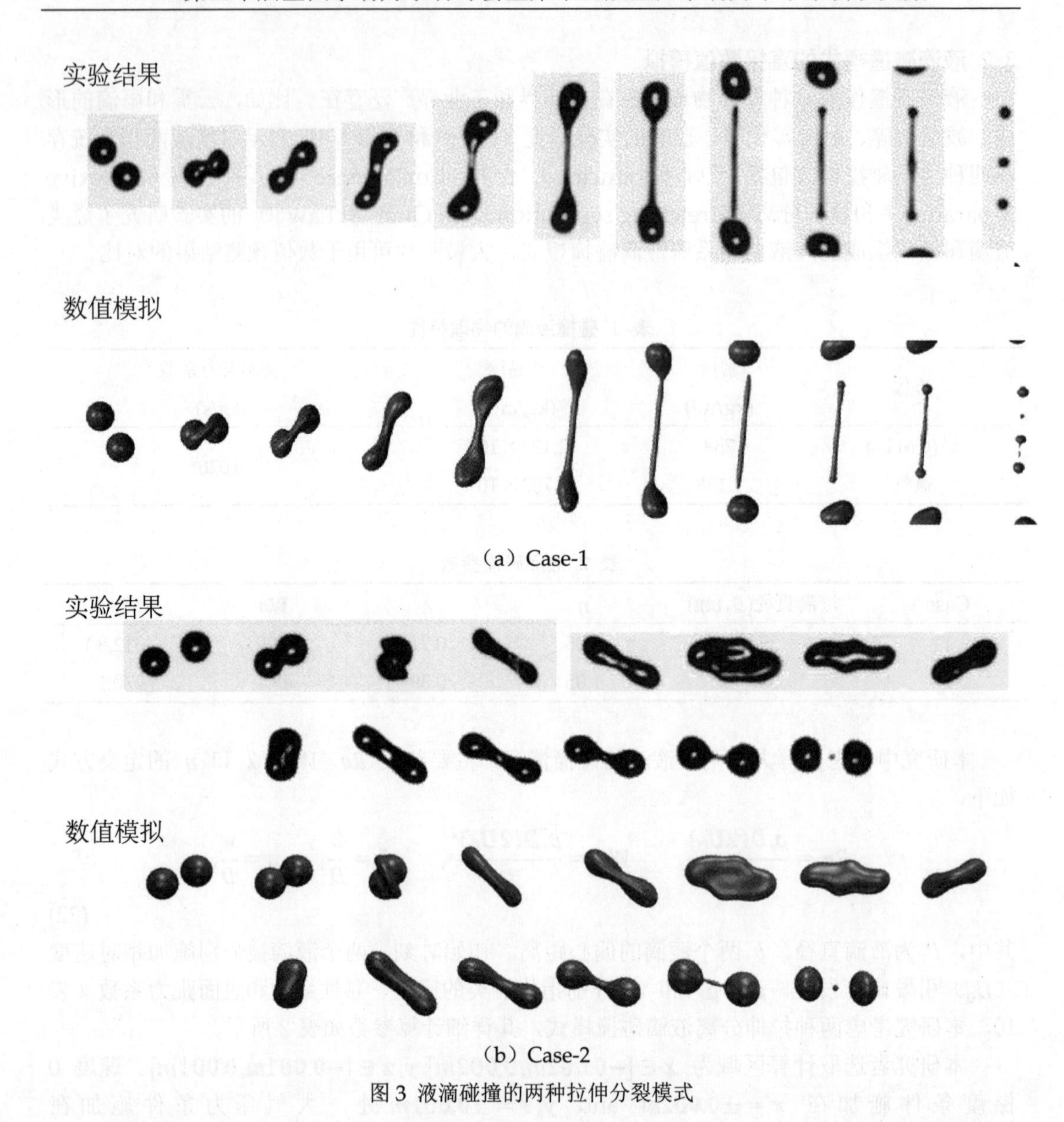

（a）Case-1

（b）Case-2

图 3 液滴碰撞的两种拉伸分裂模式

图 2 和图 3 分别显示了一种典型的拉伸分离碰撞模式。总体上，直接数值模拟得到了和实验值一致的结果，最终分离生成的液滴数量、大小与实验吻合较好。本方法中表面张力模型的有效性得到初步验证。

4 结论

本研究基于块自适应网格实施了 CIP-CSL 格式、VOF 界面捕捉方法、高度函数曲率计算方法、连续力表面张力模型等。对表面张力驱动的液膜不稳定性和多种液滴碰撞模型进行了直接数值模拟。实验结果分别与势流理论和实验观测取得一致，证明了本方法模拟表面张力流动的精度和有效性。未来将拓展该方法在破碎波、波浪砰击等微观机理方面的研究。

致谢

本文得到国家自然科学基金（51879159，51490675，11432009，51579145）、长江学者奖励计划(T2014099)、上海高校特聘教授(东方学者)岗位跟踪计划(2013022)、上海市优秀学术带头人计划(17XD1402300)、工信部数值水池创新专项课题(2016-23/09)资助项目。在此一并表示感谢。

参考文献

1 Shinjo J, Umemura A. Surface instability and primary atomization characteristics of straight liquid jet sprays. International Journal of Multiphase Flow, 2011, 37(10): 1294-1304.

2 Ling Y, Fuster D, Zaleski S, et al. Spray formation in a quasiplanar gas-liquid mixing layer at moderate density ratios: A numerical closeup. Physical Review Fluids, 2017, 2(1): 014005.

3 Popinet S. An accurate adaptive solver for surface-tension-driven interfacial flows. Journal of Computational Physics, 2009, 228(16): 5838-5866.

4 Brackbill J U, Kothe D B, Zemach C. A continuum method for modeling surface tension. Journal of Computational Physics, 1992, 100(2): 335-354.

5 Xiao F, Yabe T. Completely conservative and oscillationless semi-Lagrangian schemes for advection transportation. Journal of Computational Physics, 2001, 170(2): 498-522.

6 Yabe T, Tanaka R, Nakamura T, et al. An exactly conservative semi-Lagrangian scheme (CIP–CSL) in one dimension. Monthly Weather Review, 2001, 129(2): 332-344.

7 Xiao F, Yabe T, Peng X, et al. Conservative and oscillation - less atmospheric transport schemes based on rational functions. Journal of Geophysical Research: Atmospheres, 2002, 107(D22).

8 Xiao F, Ikebata A, Hasegawa T. Numerical simulations of free-interface fluids by a multi-integrated moment method. Computers & structures, 2005, 83(6): 409-423.

9 Liu C, Hu C. An adaptive multi-moment FVM approach for incompressible flows. Journal of Computational Physics, 2018, 359: 239-262.

10 Liu C, Hu C. Block-based adaptive mesh refinement for fluid–structure interactions in incompressible flows. Computer Physics Communications, 2018, 232: 104-123.

11 Torrey M D, Cloutman L D, Mjolsness R C, et al. NASA-VOF2D: a computer program for incompressible

flows with free surfaces. Los Alamos National Lab., NM (USA), 1985.

12 Rayleigh L. XVI. On the instability of a cylinder of viscous liquid under capillary force. The London, Edinburgh, and Dublin Philosophical Magazine and Journal of Science, 1892, 34(207): 145-154.

13 Weber C. Zum zerfall eines flüssigkeitsstrahles. ZAMM - Journal of Applied Mathematics and Mechanics/Zeitschrift für Angewandte Mathematik und Mechanik, 1931, 11(2): 136-154.

14 Qian J, Law C K. Regimes of coalescence and separation in droplet collision. Journal of Fluid Mechanics, 1997, 331: 59-80.

Direct numerical simulation for two-phase flow considering surface tension by using adaptive mesh refinement

LIU Cheng, WAN De-cheng

(State Key Laboratory of Ocean Engineering, Collaborative Innovation Center for Advanced Ship and Deep-Sea Exploration, School of Naval Architecture, Ocean and Civil Engineering, Shanghai Jiao Tong University, Shanghai, 200240. Email: dcwan@sjtu.edu.cn)

Abstract: With the rapid development of computer hardware, DNS (Direct Numerical Simulation) becomes an efficient tool for the fundamental analysis of complex two-phase flow problems. DNS has strict requirements for low-dissipative scheme and high mesh resolution, which may enlarge the computational cost. In present study, the CIP-CSL (Constraint Interpolation Profile - Semi-Lagrangian) is adopted for discretizing advection part of momentum equations. An algebraic VOF (Volume of Fluid) is developed for capturing the moving interface, with a modified curvature estimation method by using height function. To improve the computational efficiency, a block-structured adaptive mesh refinement (BAMR) strategy is employed to refine the crucial regions including the interface and high gradient regions. In the simulation of capillary wave instability under different Laplace numbers, the predicted deformation rate also agrees well with potential theory solutions. Finally, the droplet collision problems with various Weber number and Reynolds number are simulated and compared with experiment, the accuracy and efficiency of the BAMR solver are validated.

Key words: Surface Tension; Adaptive Mesh; Direct Numerical Simulation; Two-Phase Flow.

直立圆柱波浪爬升 HOS-CFD 数值模拟

韩勃，万德成*

(上海交通大学船舶海洋与建筑工程学院海洋工程国家重点实验室高新船舶与深海开发装备协同创新中心，上海 200240，*通讯作者 Email: dcwan@sjtu.edu.cn)

摘要：对于处在极端海况下的海洋工程结构物，准确预报水动力性能对其设计的安全性和经济性具有重要意义。规则波中的单个固定直立圆柱背流侧，流场受到波浪和圆柱之间的非线性相互干扰严重。势流方法不能考虑黏性导致的流动分离以及高阶波浪可能带来的影响，而全黏性 CFD 求解又需要大量的计算时间和空间资源。

本文基于全黏性 CFD 求解器 naoe-FOAM-SJTU，结合高阶谱方法(HOS)，在保证对圆柱周围流场高精度计算的同时减少了所需的计算时间和空间需求，对单个直立截断固定圆柱在规则波作用下的波浪爬升进行了数值模拟，把圆柱周围波面爬升的计算结果与全黏性 CFD 求解计算结果进行了比较，并通过 Fourier 变换分析了各阶波浪对波面爬升的影响。对比了结合 HOS-CFD 时与全黏性 CFD 方法所求解圆柱周围的流场与计算速度，并讨论了在势流计算域中黏性计算域的合适尺寸问题。

关键词：直立圆柱；高阶谱方法 HOS；数值波浪水池；CFD ；波浪爬升

1 引言

对海洋结构物设计而言，安全一直以来都是至关重要的问题。海洋结构物一般难以接受事故的发生，因此从设计的角度上，它就应该能在最恶劣的海况下存活。石油和天然气平台都应该留有充足的气隙，以避免波浪对甲板处上部结构以及设备的冲击载荷。对于浮式结构物而言，要最大限度地减小平台对波浪的响应运动，以减轻立管以及钻柱所受的疲劳载荷，尽可能避免它们可能会发生的疲劳损坏。

波浪状态和波浪力预报的准确性就成为了海洋结构物设计的关键问题。虽然势流求解器具有计算时间短、计算收敛所需网格数量少等优点，但是对于黏性效应较为关键的情况，特别是在模拟波陡较大以及具有波浪破碎的现象时，势流求解器模拟的局部非线性自由面正确性将面临巨大的挑战。而对于 CFD 求解器而言，虽然可能需要投入大量的计算资源，但是它可以考虑黏性效应，并且可以对自由面的大变形进行模拟，进而提供更为准确的预报。而高阶谱数值波浪水池(HOS-NWT)能够在保证快速收敛和高精度的情况下高效生成目标非线性波浪，因此为了缓解全黏性 CFD 求解需要大量计算时间和空间资源的问题，可以考虑在求解的过程中将 CFD 求解器和高阶谱方法(HOS)相结合。

本文研究目的在于评估将全黏性 CFD 求解器 naoe-FOAM-SJTU 以及与 HOS-CFD 相结合方法分别应用于规则波中的海洋结构物时的表现。本文研究了在规则波中的单个固定直立截断圆柱周围波浪爬升情况，对比了流场与计算速度，并考虑了不同黏流计算域方案带来的影响。

2 数值方法

2.1 通过高阶谱数值波浪水池(HOS-NWT)造波

HOS-NWT 是法国南特中央理工学院 LHEEA 实验室研究、设计并发布的一种基于高阶谱方法在数值水池中对非线性波浪进行模拟的求解器。

高阶谱方法是一种基于势流理论的方法，适用于对由无黏性、不可压缩流体运动所产生的无旋度流场进行研究。势流理论是通过满足 Laplace 方程的速度势 $\Phi(x,y,z,t)$ 来描述流场的流动的。本文通过 HOS-NWT 对目标工况的规则波进行模拟求解，那么就要在计算中将速度势 Φ 分解为

$$\Phi(x,y,z,t)=\Phi^{spec}(x,y,z,t)+\Phi^{add}(x,y,z,t) \tag{1}$$

式中，Φ^{add} 为由造波板运动所产生的速度势；

Φ^{spec} 为无造波板情形下的速度势，其在自由面处的情形定义为

$$\Phi^{s}(x,y,t)=\Phi^{spec}(x,y,\eta,t) \tag{2}$$

式中，$\eta(x,y,t)$ 为自由面高度，势流理论的前提要求它是一个连续的函数。

将式(2)代入自由面的运动学和动力学边界条件，得

$$\begin{aligned}&\eta_t+\nabla\left(\Phi^S+\Phi^{add}\right)\cdot\nabla\eta-\partial_z\Phi^{add}-(1+\nabla\eta\cdot\nabla\eta)\Phi_z(x,y,\eta,t)=0\\&\Phi^S{}_t=-\eta-\frac{1}{2}\left|\nabla\Phi^S\right|^2-\frac{1}{2}\left(1+\left|\nabla\eta\right|^2\right)W^2-\nabla\Phi^S\cdot\nabla\Phi^{add}-\frac{1}{2}\left|\tilde{\nabla}\Phi^{add}\right|^2-\Phi^{add}{}_t-\nu\eta_t\end{aligned} \tag{3}$$

式中，W 为自由面处的垂向速度；$\tilde{\nabla}\Phi_{add}$ 为自由面处附加速度势的水平梯度；ν 为造波板的水平速度。

对于确定的造波板运动，各边界条件均已知，则两部分速度势均可以求解

$$\Phi^{add} \Rightarrow \begin{cases} \Delta\Phi^{add} = 0, & \text{在计算域之中;} \\ \partial_n \Phi^{add} = 0, & x = L_x; y = 0, L_y; z = -h; \\ \partial_x \Phi^{add} + \nabla_V X . \nabla_V \Phi^{add} = \partial_t X \partial_x \Phi^{spec} - \nabla_V X . \nabla_V \Phi^{spec}, & x = X(y,z,t). \end{cases} \tag{4}$$

$$\Phi^{spec} \Rightarrow \begin{cases} \Delta\Phi^{spec} = 0, & \text{在计算域之中;} \\ \partial_n \Phi^{spec} = 0, & x = 0, L_x; y = 0, L_y; z = -h; \\ \text{自由表面边界条件，同式(3)} & z = \eta(x,y,t). \end{cases} \tag{5}$$

式中，L_x 为计算域 x 方向的尺寸；L_y 为计算域 y 方向的尺寸；h 为水深。

详细的求解算法在 Ducrozet 等[1]的工作中有具体的介绍，本文不再赘述。

2.2 基于 Navier-Stokes 方程对黏性流场进行求解

本文为精确模拟圆柱周围的流场，在其周围的一定范围内，采用基于开源软件 OpenFOAM 开发的黏性波浪求解器 waves2Foam，采用有限体积法(FVM)对计算域进行空间离散，并对 Navier-Stokes 方程进行求解。控制方程具体形式为

$$\nabla \cdot \mathbf{u} = 0 \tag{6}$$

$$\frac{\partial \rho \mathbf{u}}{\partial t} + \rho(\nabla \mathbf{u})\mathbf{u} = -\nabla p_d - (\mathbf{g} \cdot \mathbf{x})\nabla\rho + \nabla \cdot (\mu \nabla \mathbf{u}) + \mathbf{f}_\sigma \tag{7}$$

式中，p_d 为流场动压力；μ 为流体动黏性系数。

OpenFOAM 通过流体体积法（VOF 法）捕捉自由面信息，主要通过体积分数 α 进行控制。在通过 PISO 算法（Pressure Implicit Splitting Operatoralgorithm，压力隐式算子分裂算法）求解速度场后，就可以对体积分数 α 由输运方程进行这个时间步下的计算

$$\frac{\partial \alpha}{\partial t} + \nabla \cdot \mathbf{u}\alpha + \nabla \cdot \mathbf{u}_r \alpha(1-\alpha) = 0 \tag{8}$$

式中，$\mathbf{u}_r$ 为流体质点与其所在网格之间的相对速度。然后通过体积分数 α 对自由面位置进行判断，最终获得黏性波浪信息。

2.3 势流与黏流计算模型的耦合

本文采用 SWENSE(Spectral Wave Explicit Navier-Stokes Equations) 模型[2]，以 HOS-NWT 造波的结果作为输入，导入 waves2Foam 中求解绕射问题，并在 waves2Foam 中设置松弛区，建立单向耦合模型，即仅将 HOS-NWT 中的流场信息单向传递到黏性域中，而黏性域中的信息不会对势流域的流场造成干扰。由于 HOS-NWT 与 OpenFOAM 编写语言不同，以及波浪场重构、时间和空间的插值等问题，所以需要通过接口模块 Grid2Grid 来实现二者之间的信息交流。

3 计算模型设定

本文的计算模型为一个在水中固定的直立截断圆柱，本研究主要通过进行实尺度的模拟计算来分析规则波流过圆柱时的自由面波浪爬升情况。圆柱的主要尺度以及规则波参数如表 1 所示。

表 1 计算模型及工况主要参数

参数名称	参数值
模型直径 d / m	16
模型吃水 D/m	24
波长 L/m	76.44
波高 H/m	4.7775
周期 T/s	7

由于势流计算域内可以通过 HOS-NWT 进行快速求解，所以为了使波浪充分发展，也尽可能避免边界对圆柱周围流场产生影响，本文选取了水平方向足够大的势流计算域，而竖直方向上为了满足两种计算域水底边界条件的一致性，就选取了和黏流计算域相同的尺寸。研究黏性计算域的尺寸对流场模拟效果的影响，本文采用两套黏性计算域对该工况进行模拟计算。坐标系原点设于直立截断圆柱的对称轴与静水面的交点处，z 轴正方向与圆柱的母线平行且竖直向上。圆柱在水平方向上布置于黏流计算域的中心，黏流计算域又布置于势流计算域的中心；竖直方向上，水深设置为一个波长，静水面以上的高度设置为半个波长。具体计算域尺寸布置如图 1 和图 2 所示，左侧为黏流计算域，右侧为势流计算域。

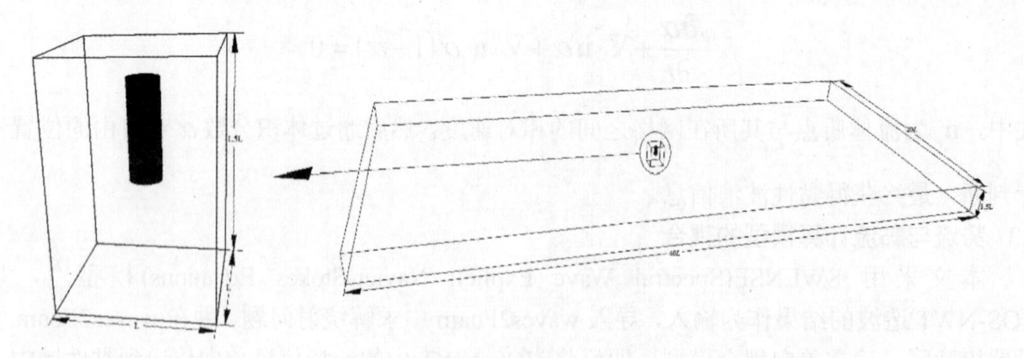

图 1 计算域 1 布置示意图

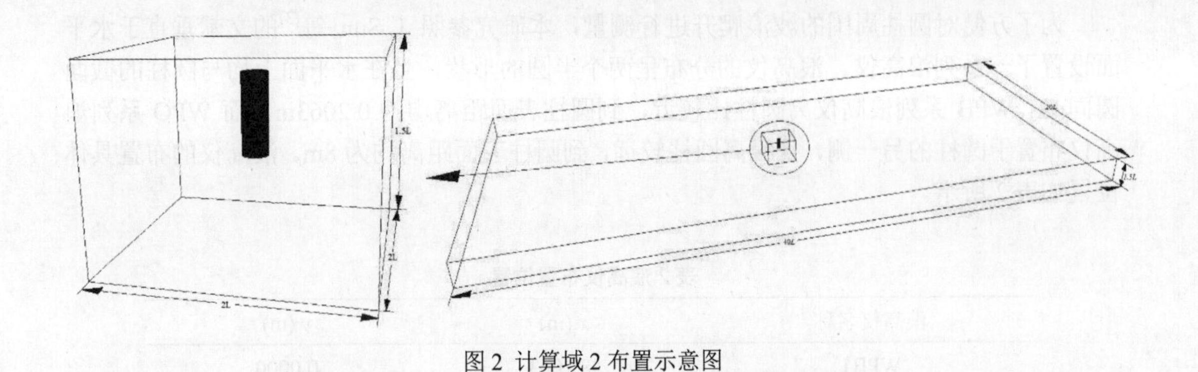

图 2 计算域 2 布置示意图

圆柱的网格如图 3 所示，黏流计算域网格如图 4 和图 5 所示。由于黏流计算域水平剖面均为正方形，x 方向与 y 方向的网格画法也完全相同，因此上述两个角度这里仅展示 x 方向视角的网格。

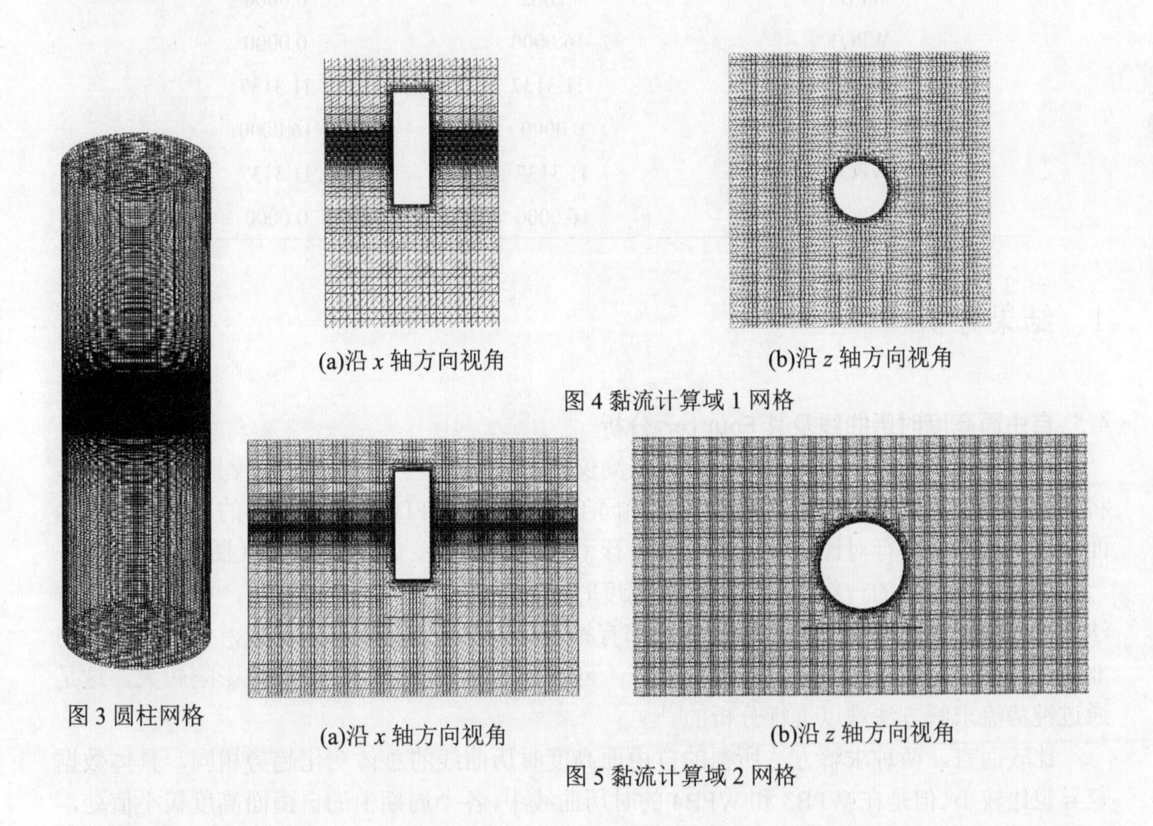

图 3 圆柱网格

(a)沿 x 轴方向视角　(b)沿 z 轴方向视角

图 4 黏流计算域 1 网格

(a)沿 x 轴方向视角　(b)沿 z 轴方向视角

图 5 黏流计算域 2 网格

本研究的计算网格由 OpenFOAM 中的 snappyHexMesh 求解器生成，为更精确的自由面获取与研究提供方便，还对自由面附近的网格进行了加密。最终生成黏流计算域 1 的网格数为 272860，黏流计算域 2 的网格数为 3622721。计算时间步长采用 0.005s。

为了方便对圆柱周围的波浪爬升进行测量，本研究参照 L.Sun 等[3]的文献垂直于水平面设置了一系列浪高仪。浪高仪的分布呈两个半圆的形状，且在水平面上均与圆柱的截面圆同心。WPB 系列浪高仪离圆柱比较近，到圆柱表面距离均为 0.2063m，而 WPO 系列浪高仪布置于圆柱的另一侧，且距离圆柱较远，到圆柱表面距离均为 8m。浪高仪的布置具体位置如表 2 所示。

表 2 浪高仪布置位置

浪高仪名称	x (m)	y (m)
WPB1	-8.2063	0.0000
WPB2	-5.8027	-5.8027
WPB3	0.0000	-8.2063
WPB4	5.8027	-5.8027
WPB5	8.2063	0.0000
WPO1	-16.0000	0.0000
WPO2	-11.3137	11.3137
WPO3	0.0000	16.0000
WPO4	11.3137	11.3137
WPO5	16.0000	0.0000

4 结果分析

4.1 自由面高度时历曲线及其 Fourier 分析

在计算模型设定中所布置的一系列浪高仪中，本文选择了 6 个位置比较具有代表性的，将其所测量的自由面高度时历曲线与在相同工况全黏性 CFD 求解算例中的相同位置自由面高度时历曲线进行对比，并分别对其进行了 Fourier 变换，得到频率谱（图 6 至图 9）。

对距圆柱较近的一组测波点自由面高度时历曲线进行分析，可以看出，在两种求解方法下，WPB4 处的自由面高度时历曲线都有相对较为明显的多次波峰形式，体现了较强的非线性特征，具体从波浪成分上进行分析，可以看出 WPB4 处的三阶波浪影响较大，这是通过纯势流求解方法难以进行分析的[3]。

比较而言，两种求解方法所得的自由面高度时历曲线的总体变化趋势相同，具体数据差异也比较小。但是在 WPB3 和 WPB4 的时历曲线中，各个周期中的自由面高度极小值处，黏势流耦合计算的结果比全黏性的结果偏小，这一特征与用纯势流方法对该工况进行求解的计算结果[3]相似，这说明势流理论的假设对流体和流场所产生的影响在本研究的黏势流耦合求解中仍然有所体现。

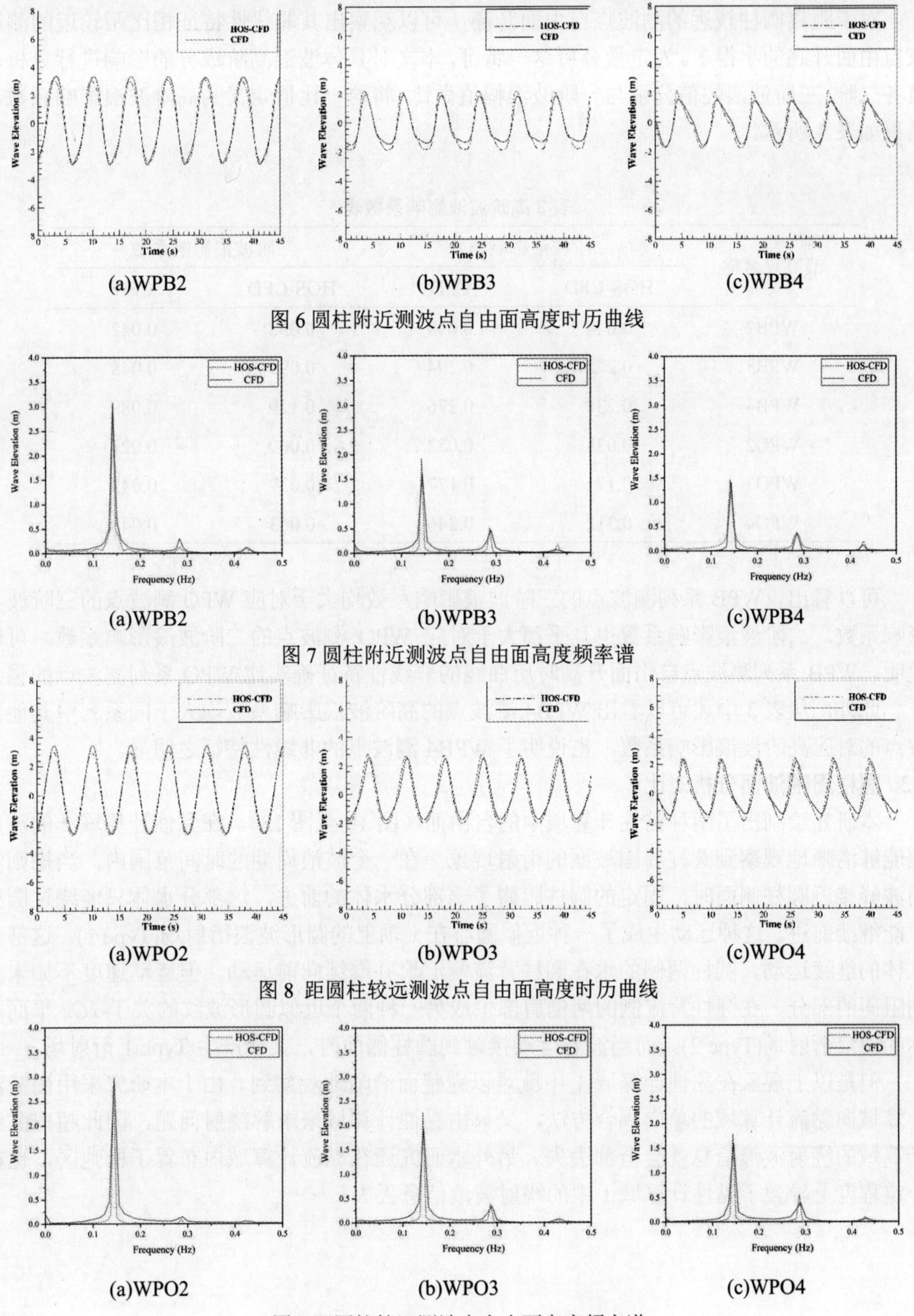

(a)WPB2 (b)WPB3 (c)WPB4

图 6 圆柱附近测波点自由面高度时历曲线

(a)WPB2 (b)WPB3 (c)WPB4

图 7 圆柱附近测波点自由面高度频率谱

(a)WPO2 (b)WPO3 (c)WPO4

图 8 距圆柱较远测波点自由面高度时历曲线

(a)WPO2 (b)WPO3 (c)WPO4

图 9 距圆柱较远测波点自由面高度频率谱

对于距离圆柱较远的测波点自由面升高，可以观察出其非线性特征相比距较近的测波点自由面升高的小得多。为定量分析这一特征，本文对具体波浪高阶成分的影响进行分析，将各二阶、三阶波浪幅值分别与一阶波浪幅值做比，将这一比值定义为高阶波浪影响系数，结果如表 3 所示。

表 3 高阶波浪影响系数表

浪高仪名称	二阶波浪影响系数		三阶波浪影响系数	
	HOS-CFD	CFD	HOS-CFD	CFD
WPB2	0.044	0.099	0.038	0.042
WPB3	0.272	0.294	0.099	0.048
WPB4	0.238	0.276	0.129	0.089
WPO2	0.038	0.052	0.009	0.021
WPO3	0.171	0.177	0.037	0.043
WPO4	0.312	0.246	0.063	0.048

可以看出，WPB 系列测波点的三阶波浪影响系数均大于对应 WPO 测波点的三阶波浪影响系数，二阶波浪影响系数也几乎都大于对应 WPO 测波点的二阶波浪影响系数。可以说明，WPB 系列测波点自由面升高时历曲线的非线性特征确实比 WPO 系列测波点的强。

此外，从表 3 中还可以看出 WPB4 测波点的高阶波浪影响系数均大于同系列中其他测波点的对应高阶波浪影响系数，也说明了 WPB4 测波点的非线性特征之明显。

4.2 圆柱周围波面分析对比

本研究绘制出了两种黏性计算域中的自由面（图 10 至图 13）。在黏性计算域 2 的波面上能够清晰地观察到圆柱周围波面的衍射现象。在一个波浪周期的时间范围内，当规则波的波峰接近圆柱侧面时，固定的圆柱阻碍了一部分水体的前进，这部分水体只能绕过圆柱才能继续前进，这种运动生成了一种近似圆心在 x 轴上的圆形波浪衍射场(Type 1)。这部分水体的继续运动，圆柱两侧的水在圆柱背流侧汇聚并继续向前运动，但运动速度不如未受到阻碍的部分，在圆柱背流侧的两侧肩部生成另一种两个近似圆形波纹的关于 xOz 平面对称的波浪衍射场(Type 2)。而当波谷运动接触到圆柱侧面时，又会产生 Type 1 衍射场。

但是以上现象在黏性计算域 1 中就难以完整而清晰地观察到。由于本研究采用由势流计算域向黏流计算域的单向耦合方法，又只由黏性计算域来求解绕射问题，因此超出黏性计算域的绕射波浪信息就会全部丢失。另外本研究还在黏流计算域内布置了松弛区，也在一定程度上导致了黏性计算域 1 中的绕射波浪信息丢失。

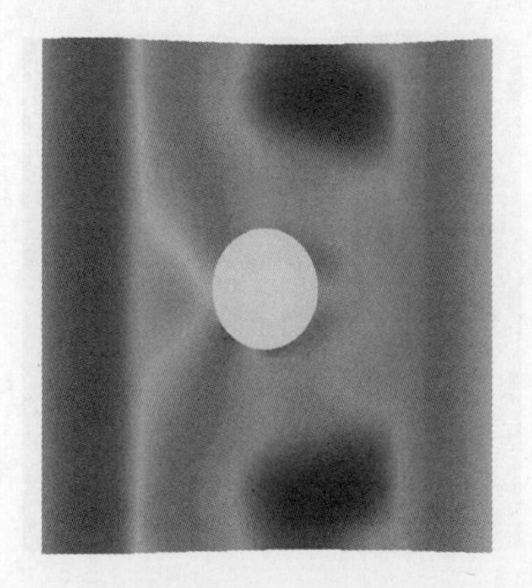

(a)黏性计算域 1 内的波面

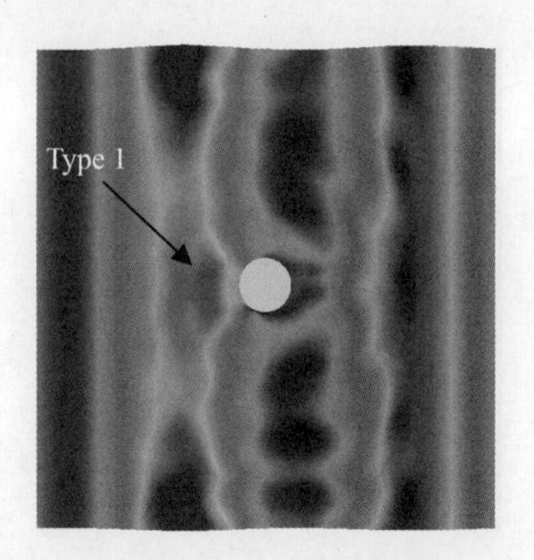

(b)黏性计算域 2 内的波面

图 10 t=71.4s 时黏性计算域内的波面

(a)黏性计算域 1 内的波面

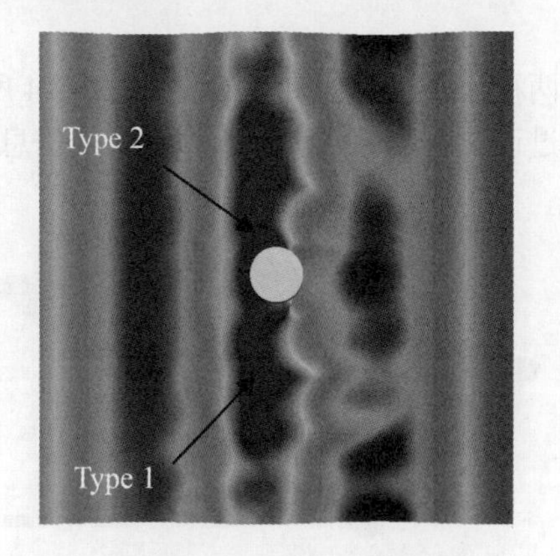

(b)黏性计算域 2 内的波面

图 11 t=73.5s 时黏性计算域内的波面

(a)黏性计算域 1 内的波面

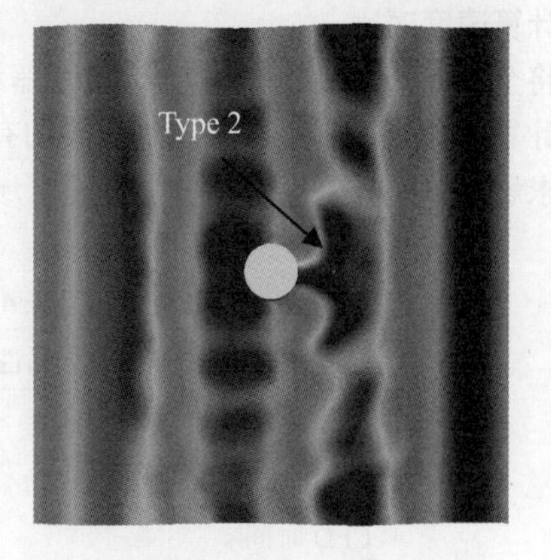

(b)黏性计算域 2 内的波面

图 12 t=76.3s 时黏性计算域内的波面

(a)黏性计算域 1 内的波面

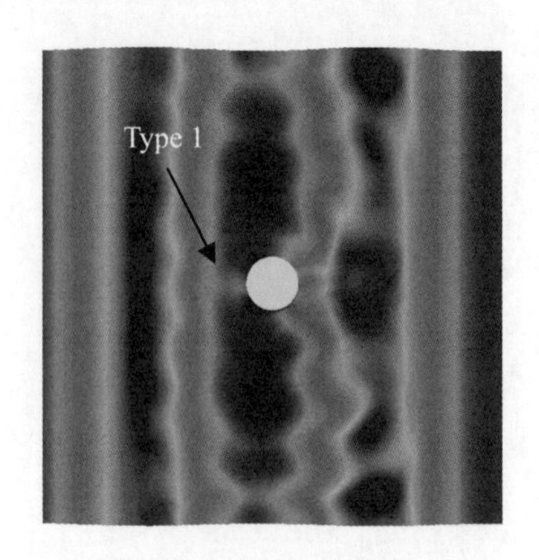

(b)黏性计算域 2 内的波面

图 13 t=77s 时黏性计算域内的波面

两种计算域布置的整体波面如图 14 所示。可以看出黏势流计算域交界处波面连续，说明通过设立松弛区域进行计算域间的信息交流效果很好。

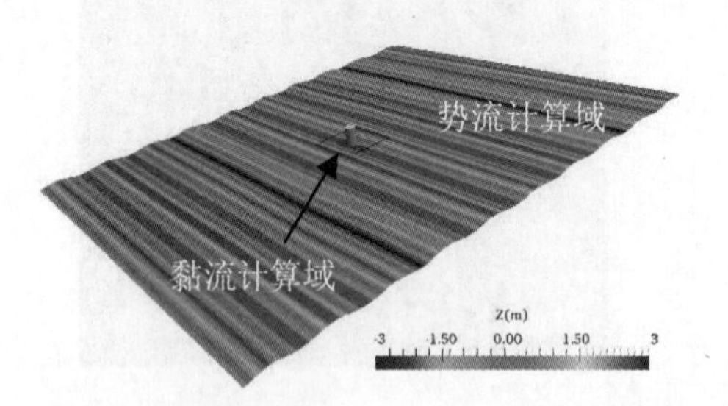

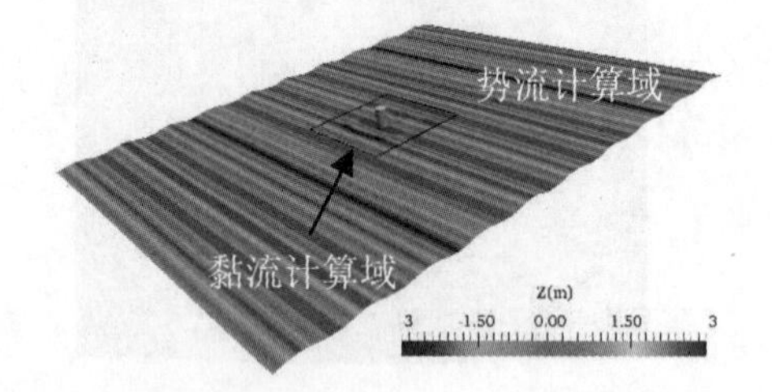

图 14 t= 77s 时完整计算域波面

4.3 计算速度对比

将全黏性 CFD 求解器和势流求解器相耦合的初衷是提高计算速度，因此需要对两种方法的计算速度进行对比。考虑到计算的有效性是更为重要的条件，这里参与对比的黏势流耦合求解的算例只采用选用了黏性计算域 2 的算例，相关计算信息如表 4 所示。

表 4 算例计算信息

计算信息类别	全黏性 CFD 求解算例	黏势流耦合求解算例
网格数	168 万	362 万
计算使用核心数	32	28
CFD 时间/s	150	203.62
墙上时间/s	244542	185507

全黏性 CFD 求解算例在网格数更少、计算使用核心更多的情况下、所计算 CFD 时间较少的情况下，墙上时间仍明显比黏势流耦合求解算例多，说明本文所采用的黏势流耦合方法确实能够大幅节省计算时间，提高计算速度。

5 结论

本文基于高阶谱方法(HOS)和在开源软件 OpenFOAM 基础之上开发的黏性波浪求解器 naoe-FOAM-SJTU，对单个直立截断固定圆柱在规则波作用下的波浪爬升进行了数值模拟。本文把圆柱周围波面爬升的计算结果与全黏性 CFD 求解计算结果进行了比较，二者时历曲线较为接近。然后通过对时历曲线的 Fourier 变换定量分析了不同测波点的各阶波浪对波面爬升的影响，在圆柱背流侧肩部的测波点非线性特征最为明显，而且圆柱附近的所选测波点处自由面高度时历曲线非线性特征比距离圆柱侧面一个半径位置的相应测波点强。此外，本文还对比了两种黏流计算域布置算例的波面信息，对圆柱直径 16m，规则波周期为 7s，波高为 4.7775m 的工况而言，x，y 方向总长度各为一个波长的布置会损失掉较多圆柱周围的波浪信息，而 x，y 方向总长度各为两个波长，并将圆柱置于计算域中心的布置就能够观察到较为完整的波浪衍射现象，该结果能够为今后的黏势流耦合计算中黏流计算域的布置提供一定的指导。最后，本文比较了相同工况下全黏性 CFD 求解算例和有效的黏势流耦合求解算例的计算速度，证明了黏势流耦合方法确实能够节省计算时间，提高计算速度。

致谢

本文得到国家自然科学基金（51879159，51490675，11432009，51579145）、长江学者奖励计划(T2014099)、上海高校特聘教授(东方学者)岗位跟踪计划(2013022)、上海市优秀学术带头人计划(17XD1402300)、工信部数值水池创新专项课题(2016-23/09)资助项目。在此一并表示感谢。

参考文献

1 Ducrozet, Guillaume, Bonnefoy, Félicien, Le Touzé, David, Ferrant, P. A modified High-Order Spectral method for wavemaker modeling in a Numerical Wave Tank. J. European Journal of Mechanics - B/Fluids. 2012, 34:19–34

2 FerrantP ,Gentaz L , Alessandrini B , et al. A Potential/RANSE Approach for Regular Water Wave Diffraction about 2-d Structures .J. Ship Technology Research, 2003, 50(4):165-171.

3 L. Sun, J. Zang, L. Chen, R. Eatock Taylor, P.H. Taylor. Regular waves onto a truncated circular column: A

comparison of experiments and simulations . J. Applied Ocean Research, 2016,59: 650-662

4 West B J ,Brueckner K A , Janda R S , et al. A new numerical method for surface hydrodynamics .J. Journal of Geophysical Research, 1987, 92(C11):11803.

5 Monroy C , Ducrozet G , Bonnefoy F , et al. RANS Simulations of a Calm Buoy in Regular and Irregular Seas Using the SWENSE Method . J. International Journal of Offshore & Polar Engineering, 2011, 21(4):81-90.

6 Choi, Youngmyung,Gouin, Maïté, Ducrozet, Guillaume, Bouscasse, Benjamin, Ferrant, P. Grid2Grid : HOS Wrapper Program for CFD solvers. Nantes,2017.

7 宋家琦,万德成.基于高阶谱方法与 CFD 计算的耦合模型在不规则波模拟中的应用. 水动力学研究与进展(A 辑),2019,34(01):1-12

Numerical simulation of surface elevation around a circular column based on HOS-CFD

HAN Bo, WAN De-cheng

(School of Naval Architecture, Ocean and Civil Engineering, Shanghai Jiao Tong University, Collaborative Innovation Center for Advanced Ship and Deep-Sea Exploration, Shanghai, 200240,Email: dcwan@sjtu.edu.cn)

Abstract: As to the ocean engineering structures under extreme sea conditions, accurate prediction of hydrodynamic performance is of great significance to the safety and economy of their design.The flow field of the back direction of a single fixed cylinder in regular waves is seriously disturbed by the non-linear interaction between the wave and the cylinder.Potential flow method can not consider the flow separation caused by viscous flow and the possible influence of high-order waves, while the full viscous CFD solution requires a lot of computational time and space resources.Based on our in-house solver naoe-FOAM-SJTU, a full viscous CFD solver, and combined with HOS-NWT, this paper simulates the wave climb of a single vertical truncated fixed cylinder under regular waves while ensuring the high-precision calculation of the flow field around the cylinder. Comparisons are made between the calculated resultsof the wave surface elevation around the cylinder and the ones with full viscous CFD solver.The effects of different wave orders on wave surface climbing are also analyzed by Fourier transform.The flow field and computational speed around the cylinder solved by full viscous CFD method independently and combined with HOS-NWTare compared. The appropriate size of viscous computational domain in potential flow domain is discussed.

Key words: Circular cylinder; HOS-NWT; CFD; Surface elevation.

基于自适应网格技术的 Clark-Y 水翼空泡数值模拟

梁尚，李勇，万德成*

(上海交通大学 船舶海洋与建筑工程学院 海洋工程国家重点实验室 高新船舶与深海开发装备协同创新中心，上海 200240，*通讯作者 Email: dcwan@sjtu.edu.cn)

摘要：空化流动具有高度非定常性，界面模糊而且处于不断地形变之中。本研究基于开源的 CFD 平台 OpenFOAM，利用 interPhaseChangeDyMFoam 求解器对 Clark-Y 水翼的空泡流进行数值模拟，并利用自适应网格技术对空化区域尤其是两相界面附近的网格进行了局部加密，考察并分析了水翼的水动力性能和空泡形态。文中将模拟结果与试验结果相比较，发现通过自适应网格加密可以有效捕捉空泡形态的变化尤其是片空泡脱落过程。研究表明，针对空化区域的自适应网格加密能够在计算量一定的情况下有效提高空泡流模拟精度。

关键词： OpenFOAM；空泡流；自适应网格；Clark-Y 水翼

1 引言

空化作为一种复杂的水动力学现象，具有明显的三维流动特征与剧烈的非定常性，按照发展阶段可分为初生空化、片空化、云空化和超空化等[1]。水利机械表面发生空化后会产生剥蚀和噪声，严重时可影响设备的水动力学性能。对空化现象和空泡流的非稳定特性的研究是目前水动力研究的热点和难点课题之一。

自适应网格方法（AMR）是指计算中，对于某些物理解变化特别剧烈的区域，如湍流区、激波面等，网格在迭代过程中不断细化，从而为重要区域的精确求解提供足够高的分辨率；而在物理解变化平缓区域网格相对稀疏，这样在保持计算高效率的同时可得到高精度的解[2]。近年来，自适应网格方法的发展十分迅速，已经成为网格方法研究的热点问题，在诸多领域有非常好的应用前景。目前网格自适应算法主要分为两种类型：一种在网格总数不变的情况下移动网格，增加局部区域的网格密度从而提高解的精度；另一种是基于生成树在局部区域细化或粗化网格，加密区域具有更高的网格密度和更小的网格尺寸。还有一些方法通过提高局部网格的插值精度来实现解的精度的自适应调整。

对于气-液两相流动，自适应网格和界面追踪相结合的方法已被广泛应用于复杂流动界面的精确求解，例如波浪破碎，激波，气泡生长、聚并和破碎等问题[3]。然而对于同样包含复杂流动界面和质量传输特性的空化流模拟，自适应网格技术的应用尚不充分。Lin-min Li 等[4]基于 OpenFOAM 平台应用自适应网格技术研究了圆柱形回转体表面的空泡流动，成功捕捉到了片空泡的生长与脱落过程。Claes Eskilsson 等[5]将自适应网格技术应用于 NACA0015 水翼的空化流模拟，并对比了采用不同误差参数的模拟结果。Thomas 等[6]使用自适应网格模拟螺旋桨梢涡空化，结果表明通过自适应加密，梢涡空泡上卷的细节特征得到更好的呈现。

本文选取了 Clark-Y 水翼，利用开源平台 OpenFOAM 的动网格求解器 interPhaseChangeDyMFoam，使用 SchnerrSauer 空泡模型和 SST k-omega 湍流模型，模拟了绕二维水翼的空泡流动。文中给出了不同自适应网格等级的加密对空泡模拟效果的比较，并将计算结果与试验数据相比较，验证了自适应网格技术对绕水翼空泡模拟精度的提高。

2 数学模型和研究方法

2.1 控制方程

根据单相均质假设，将汽、液组成的混合介质看成一种变密度流体，并引入空化模型用于描述汽、液间质量交换。连续性方程和动量方程可表示为:

$$\frac{\partial\rho}{\partial t}+\nabla\cdot\left(\rho\vec{U}\right)=0 \tag{1}$$

$$\frac{\partial}{\partial t}\left(\rho\vec{U}\right)+\nabla\cdot\left(\rho\vec{U}\vec{U}\right)=\nabla p+\frac{\partial\rho}{\partial t}+\nabla\cdot\mu\nabla\vec{U}+\rho\vec{g}+\vec{F} \tag{2}$$

其中，$\vec{U}$为绝对速度，p为静压，$\rho\vec{g}$和$\vec{F}$分别为重力体积力和外部体积力，ρ为密度，μ为分子黏性系数，并由下式确定：

$$\rho=\alpha\rho_l+\left(1-\alpha\right)\rho_v \tag{3}$$

$$\mu=\alpha\mu_l+\left(1-\alpha\right)\mu_v \tag{4}$$

式中，下标l和v分别代表液相和气相，α为液相体积分数。

2.2 空泡模型

本文采用的空泡模型为基于输运方程提出的 SchnerrSauer 模型[7]，该模型将水、汽的混合物看做是包含大量球形蒸汽泡的混合物，气相体积分数与气核密度和气核半径相关。代表汽化率和冷凝率的质量源项定义为：

$$\dot{m}_c = C_c \frac{3\rho_v \rho_l \alpha_v (1-\alpha_v)}{\rho R} \mathrm{sgn}(P_V - P) \sqrt{\frac{2|P_V - P|}{3\rho_l}}$$
$$\dot{m}_v = -C_v \frac{3\rho_v \rho_l \alpha_v (1-\alpha_v)}{\rho R} \mathrm{sgn}(P_V - P) \sqrt{\frac{2|P_V - P|}{3\rho_l}} \tag{5}$$

其中，$\boldsymbol{R}$ 满足：

$$\alpha_v = \frac{n_o \frac{4}{3}\pi R^3}{n_o \frac{4}{3}\pi R^3 + 1} \tag{6}$$

2.3 湍流模型

本文采用的湍流模型为 SST k-omega 模型，该模型由 Menter[8]提出，用来模拟雷诺应力。这种模型在近壁面采用 k-omega 模型，在远场使用 k-epsilon 模型，从而可以有效地规避 k-omega 模型对于入口的湍流的大小过于敏感这一问题，其主要方程如下：

$$\frac{\partial \rho k}{\partial t} + \frac{\partial \rho u_i k}{\partial x_i} = \tilde{P}_k - \beta^* \rho k \omega + \frac{\partial}{x_i}\left[\left(\mu + \sigma_k \mu_t\right)\frac{\partial k}{\partial x_i}\right] \tag{7}$$

$$\frac{\partial \rho \omega}{\partial t} + \frac{\partial \rho u_i \omega}{\partial x_i} = \alpha \rho S^2 P_k - \beta \rho \omega^2 + \frac{\partial}{x_i}\left[\left(\mu + \sigma_\omega \mu_t\right)\frac{\partial \omega}{x_i}\right] + 2\left(1 - F_1\right)\rho \sigma_{\omega 2} \frac{1}{\omega}\frac{\partial k}{\partial x_i}\frac{\partial \omega}{\partial x_i} \tag{8}$$

式中，$\boldsymbol{F_1}$是混合方程，y 指的是边界层中最内层的厚度，在边界层中，$\boldsymbol{F_1}$趋向于 1，此时表现为 k-omega 模型，在远场区域，F1 的取值接近 0，则该湍流模型表现为 k-epsilon 模型。

2.4 界面追踪方法

本文使用 VOF（Volume of Fluid）方法处理气相与水相的动态界面。有关 VOF 方法的实现算法可在有关文献中找到，在此不再赘述[9]。本文重点关注的是 VOF 方法与自适应网格的结合。在 VOF 方法中为每一个网格单元定义的一个变量——流体体积分数$\boldsymbol{\alpha}$，表示液相在网格中占据空间的比例，从而实现自由面的跟踪；对于空泡两相流，$\boldsymbol{\alpha}$的定义如下：

$$\begin{cases} \alpha = 0, \text{网格位于气相内} \\ \alpha = 1, \quad \text{网格位于液相内} \\ 0 < \alpha < 1, \quad \text{网格中含有相界面} \end{cases}$$

由流体体积分数的定义可知，对于两相界面急剧变化的区域，如片空化脱落及云空化溃灭的区域，必须适当地加密网格以保证对自由面追踪的精度，局部区域的网格太粗则会因为物理解析率的不足而导致模拟的“失真”。对 VOF 方法，自适应网格相比传统静网格的优势就在于，在需要提高物理分辨率的区域可进行网格的自动加密，而在物理量梯度较为平缓过渡的区域则适当使网格稀疏，这样在提高模拟精度的同时又保证整体网格数不会过大。

2.5 自适应网格

采用四叉树结构在原有网格的基础上生成子网格，对局部区域进行自适应加密。自适应网格与四叉树的对应关系如图 1 所示。在每一次迭代中，根据 VOF 方法中定义的体积分数的值决定是否对该区域进行加密，当体积分数α=0 或 1 时，不进行加密；当α介于 0 与 1 之间时进行加密，也就是对相界面区域进行加密。加密等级每提升一级，都会在现有细化网格的基础上再生成一层子网格；生成子网格的工作量相对比较小，自适应网格的计算时间主要花费在网格间的插值和交换信息上。

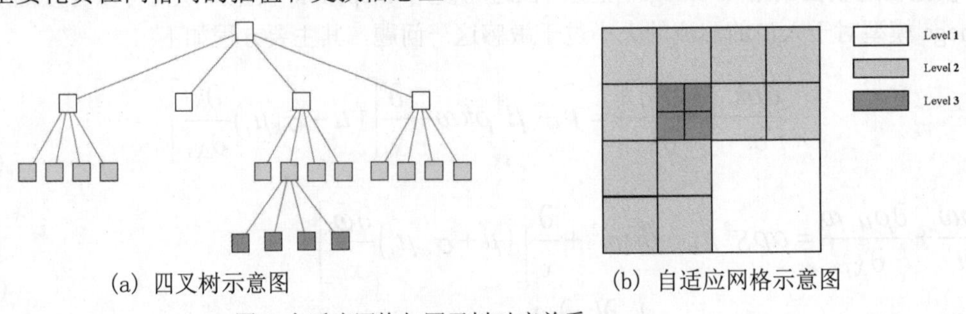

(a) 四叉树示意图　　(b) 自适应网格示意图

图 1 自适应网格与四叉树对应关系

3 数值方法

本文选取 Clark-Y 二维水翼作为研究对象，参照已有文献[10]的计算域设置，如图 2 所示，上游入口位于翼前 2 倍弦长处，下游位于翼后 7 倍弦长处。

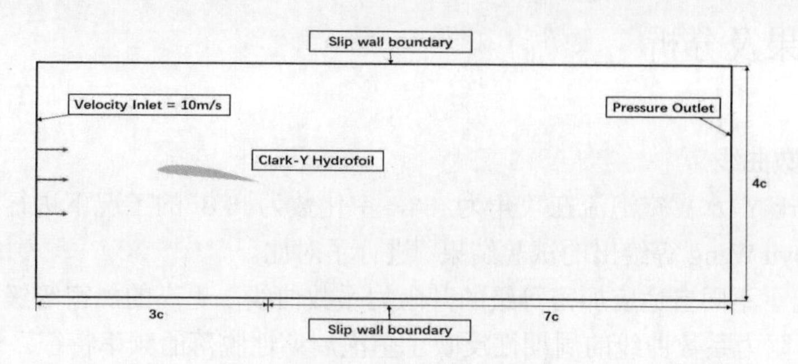

图 2 计算域和边界条件设置

水翼攻角为8°,弦长$c = 7cm$，入口的来流速度$U = 10m/s$，对应雷诺数$Re = 7 \times 10^5$，空化数$\sigma = 0.8$。空化数的定义如下式所示：

$$\sigma = \frac{P - P_v}{\frac{1}{2}\rho U^2} \tag{9}$$

其中，P_v为试验温度下的饱和蒸汽压，取2970 Pa。

自适应网格方面，背景网格划分如图 3 所示，网格量为 8 万左右；使用两个加密等级对背景网格进行自适应加密，平均网格量如表 1 所示，同时选取一套不使用自适应加密的网格作为对照，即表 1 中的 Non-AMR 项，背景网格量为 40 万左右。

表 1 加密等级和平均网格量

加密等级	平均网格量
Level 1	20 万
Level 2	40 万
Non-AMR	40 万

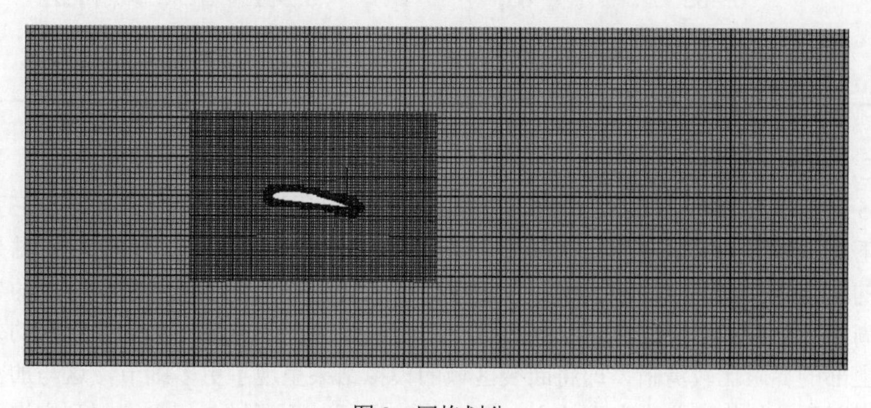

图 3 网格划分

4 计算结果及分析

4.1 升阻力系数曲线

对于 Clark-Y 水翼空泡流在攻角为 8°，空化数为 0.8 的工况下进行模拟，数值模拟的结果与 Guoyu Wang 等给出的试验结果[9]进行了对比。

图 4 给出了不同自适应加密等级的升阻力系数曲线，更高的加密等级需要更小的计算时间步长。升阻力系数曲线的周期性反映了空泡周期性脱落的频率特征。表 2 给出了升阻力系数的平均计算结果与试验结果的对比，可以看到在不同的加密等级下，阻力系数的计算误差值都要明显大于升力系数的误差值；加密等级为 2 级时，升力系数的计算误差最小。

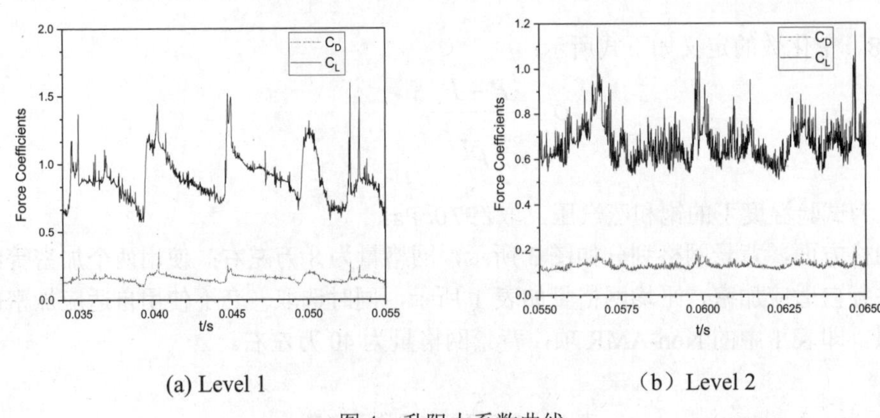

(a) Level 1　　(b) Level 2

图 4　升阻力系数曲线

表 2　升阻力系数计算结果

	C_L	Error %	C_D	Error %
Non − AMR	0.754	7.9	0.133	10.8
Level 1	0.765	6.6	0.141	17.5
Level 2	0.764	5.3	0.131	9.2
Experiment[7]	0.760	−	0.120	−

4.2 片空泡脱落过程模拟

图 5 给出了使用自适应网格和不使用自适应网格在同一时刻的空泡形态。三张图自上而下分别是不进行自适应加密、加密等级为 1 级和加密等级为 2 级的模拟结果；每一行的右侧为左侧的局部放大图。不进行自适应加密的算例在空泡断裂区域的界限比较模糊，不能很好地反映空泡脱落的细节；而进行 1 级加密后带来的最直观的效果是空泡上部的界限比较清晰，即将断裂区域的模拟结果呈现了更多细节，这与加密网格提高了断裂处的物理分辨率有关，如图 6（a）所示。而通过 2 级加密得到空泡区域

的界面最为清晰，甚至能比较清晰的观察到回射流的产生，如图 6（b）所示。比较图(a)和(b)可知，在片空泡即将脱落的局部区域，空泡界面不仅形状复杂而且变化率很大，对网格尺度和疏密比较敏感，此时通过局部加密来捕捉变形过程尤为重要。

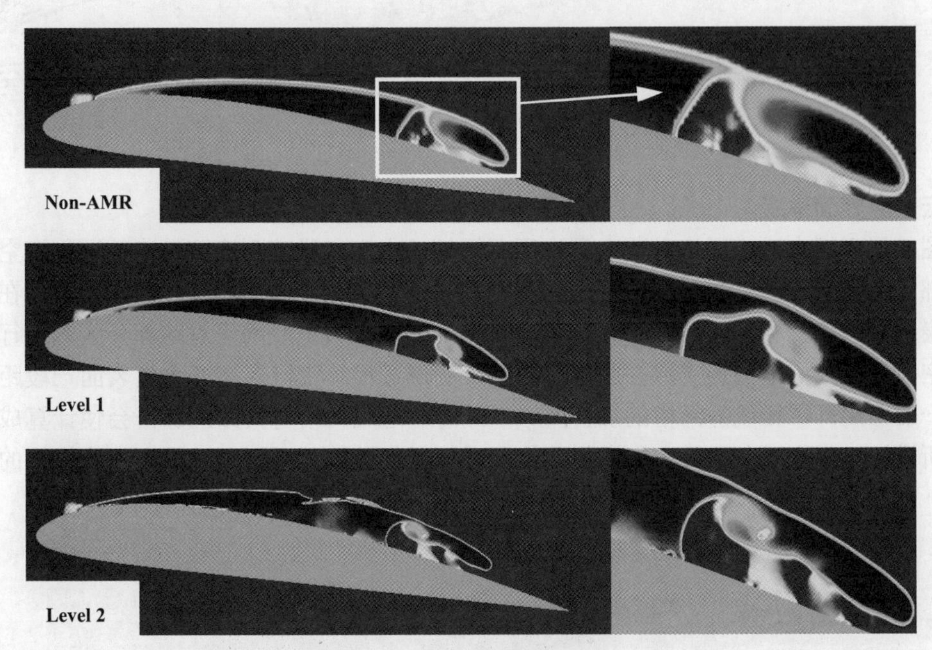

图 5 片空泡脱落时刻云图对比

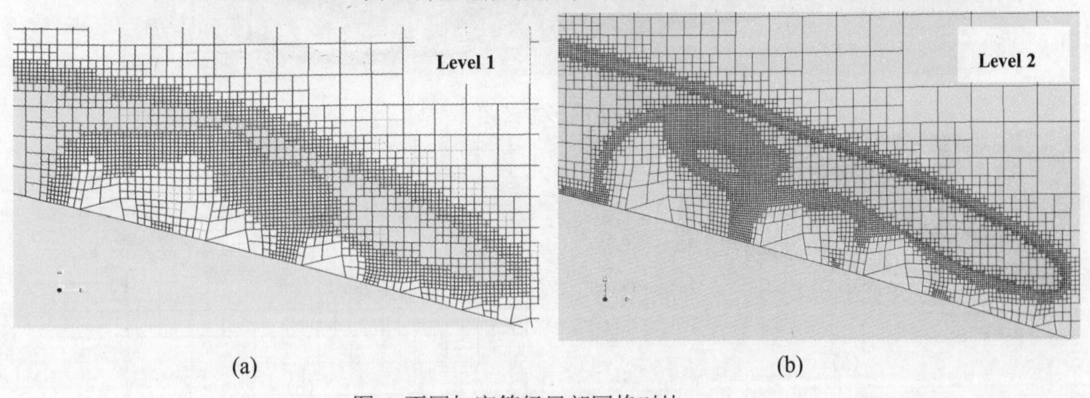

图 6 不同加密等级局部网格对比

图 7 给出了图 5 对应时刻的速度矢量图，可以发现由于水翼上下表面流体运动速度不同，导致流体到达水翼末端时会在尾部形成一个顺时针旋转的涡结构。该涡结构在靠近水翼表面处的速度恰好与来流方向相反，这一部分水流在逆压梯度的影响下紧贴水翼表面向前端移动，遭遇到片空化后将其截断，并与来流一起作用于脱落下来的空化片段，施加剪切作用从而形成云状空化。之后，回射流继续向前端移动，直至片空化缩小至最短。因此，

可以认为尾部回射流是造成本算例中空化脱落的主要原因。

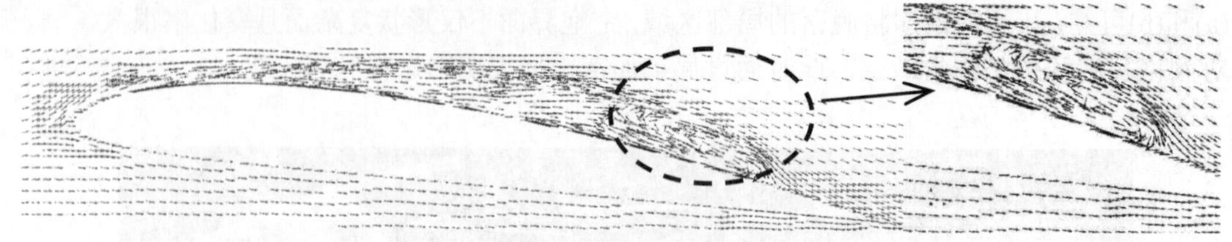

图 7 速度矢量图

4.3 云空泡界面追踪

图 9 展示了自适应网格对图 8 黑框所示区域的空泡从脱落到溃灭的追踪过程。空泡内部（气相）和空泡外部（水相），没有进行网格的加密，网格相对比较稀疏；而在空泡表面即两相的相界面，体积分数介于 0 和 1 之间，自适应网格对这部分区域进行了加密，可以较好地捕捉空泡在脱落后的整个变形过程。空泡在离开水翼表面一段距离后一般也离开了传统静网格的加密区域，此时自适应网格对其跟踪加密会使计算成本有所增加，但也避免了云空泡在粗网格区域过早耗散掉，同样可以提高数值模拟的精度。

图 8 空泡形态云图

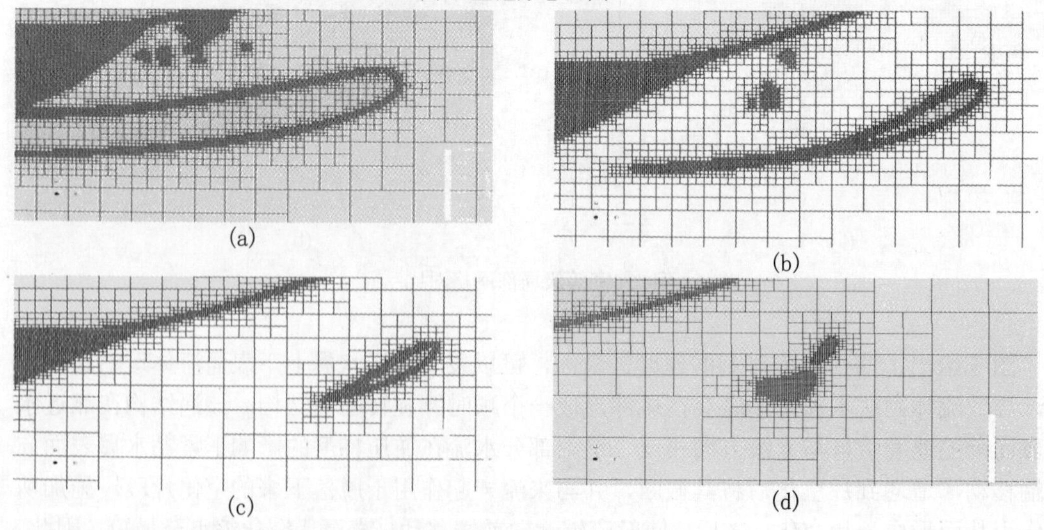

(a) (b) (c) (d)

图 9 空泡脱落过程追踪

4. 4 空泡形态周期性云图

图 10 给出了不同自适应加密等级的空泡形态云图，选取了四个典型时刻与试验对比，分别为 0.1T，0.5T，0.7T 和 0.9T。图（b）与图（c）预测得最大稳定片空泡长度都与试验比较接近，然而对于云空化时的形态，图（c）对应的 2 级加密预测的结果与试验更为接近，这一结论也与前文已有的分析一致。

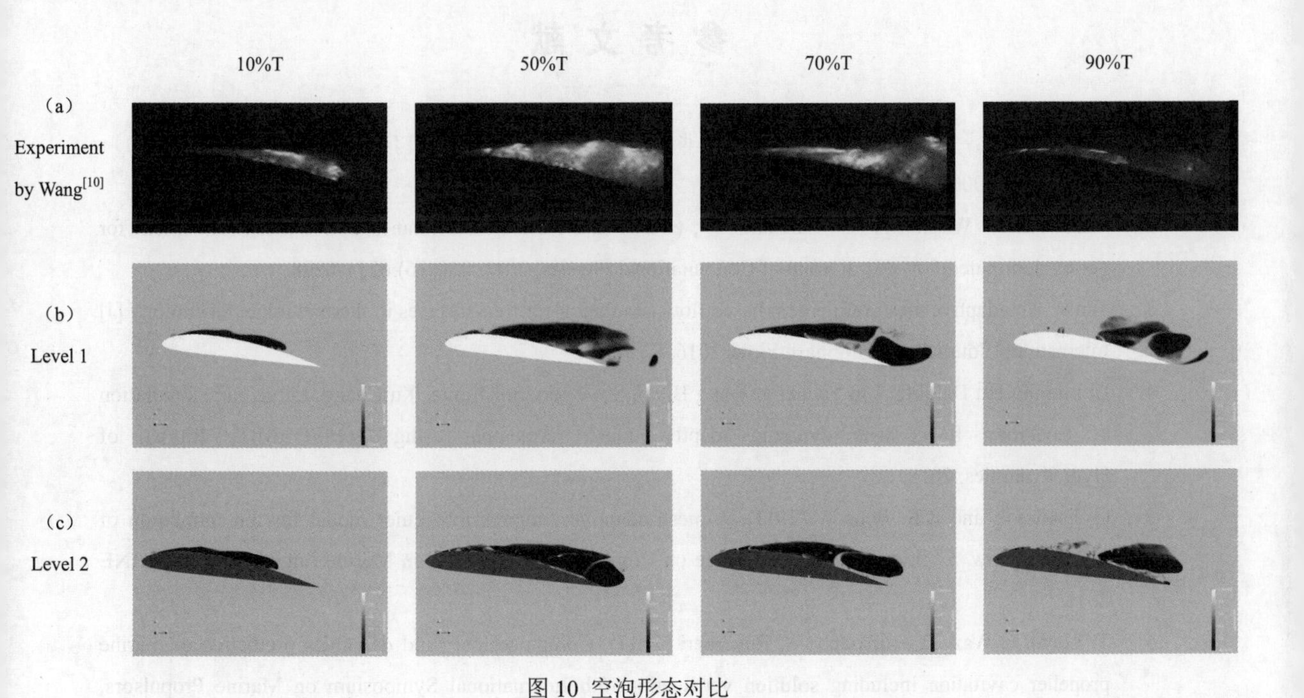

图 10 空泡形态对比

5 结论

本文基于 CFD 平台 OpenFOAM 中动网格空化求解器 interPhaseChangeDyMFoam 对 Clark-Y 水翼空化进行了数值模拟。通过 VOF 方法与自适应网格相结合，选取了静网格和两个加密等级的自适应网格的算例计算并与试验结果对比分析，并重点考察了升阻力系数的计算结果和空泡形态。

通过自适应网格技术可以显著提高局部区域的物理分辨率，从而实现在片空化从发展到脱落的整个过程中对不断变动的相界面的精确捕捉，尤其是片空化脱落的瞬间，此时由于回射流的作用导致相界面的变形十分剧烈，自适应网格加密的效果尤为显著。对脱离水翼表面的云空泡同时进行网格加密追踪，也可以较好地捕捉到从变形到溃灭的整个过程。

致谢

本文得到国家自然科学基金（51879159，51490675，11432009，51579145）、长江学者奖励计划(T2014099)、上海高校特聘教授(东方学者)岗位跟踪计划(2013022)、上海市优秀学术带头人计划(17XD1402300)、工信部数值水池创新专项课题(2016-23/09)资助项目。在此一并表示感谢。

参 考 文 献

1 季斌，程怀玉，黄彪，等．空化水动力学非定常特性研究进展及展望[J]．力学进展，2019，49(1)：201906-201906.

2 Kamkar S J , Wissink A M , Sankaran V , et al. Feature-driven Cartesian adaptive mesh refinement for vortex-dominated flows[J]. Journal of Computational Physics, 2011, 230(16):6271-6298.

3 Tan H. An adaptive mesh refinement based flow simulation for free-surfaces in thermal inkjet technology [J]. International Journal of Multiphase Flow, 2016, 82:1-16

4 Li Linmin, Hu Daiqing, Liu Yucheng, Wang Bitao, Shi Chen, Shi Junjie, Xu Chang, Large eddy simulation of cavitating flows with dynamic adaptive mesh refinement using OpenFOAM[J], Journal of Hydrodynamics, 2018.

5 C. Eskilsson and R.E. Bensow (2011). A mesh adaptive compressible Euler model for the simulation of cavitating flow. 5th International Conference on Computational Methods in Marine Engineering, MARINE 2011.

6 T. Lloyd, G. Vaz, D. Rijpkema, A. Reverberi (2017). Computational fluid dynamics prediction of marine propeller cavitation including solution verification. 5th International Symposium on Marine Propulsors, SMP 2017.

7 Schnerr G H, Sauer J. 2001. Physical and numerical modeling of unsteady cavitation dynamics. Proceedings of 4th international Conference on Multi-Phase Flow, New Orleans.

8 Roohi, Ehsan, Zahiri, et al. Numerical Simulation of Cavitation around a Two-Dimensional Hydrofoil Using VOF Method and LES Turbulence Model[J]. Applied Mathematical Modelling, 2013, 37(9):6469-6488.

9 Hirt C W , Nichols B D . Volume of fluid (VOF) method for the dynamics of free boundaries[J]. Journal of Computational Physics, 1981, 39(1):201-225.

10 Wang G , Senocak I , Shyy W , et al. Dynamics of attached turbulent cavitating flows[J]. Progress in Aerospace Sciences, 2001, 37(6):551-581.

Numerical simulation of cavitation around Clark-Y hydrofoil based on adaptive mesh refinement

LIANG Shang, LI Yong, WAN De-cheng *

(State Key Laboratory of Ocean Engineering, School of Naval Architecture, Ocean and Civil Engineering, Shanghai Jiao Tong University, Collaborative Innovation Center for Advanced Ship and Deep-Sea Exploration, Shanghai 200240.

Email: dcwan@sjtu.edu.cn)

Abstract: The cavitation flow is highly unsteady, and the interface is blurred and is constantly deformed. Based on the open source CFD platform OpenFOAM, this study uses the interPhaseChangeDyMFoam solver to numerically simulate the cavitation flow of the Clark-Y hydrofoil, and uses the adaptive grid technique to localize the cavitation region, especially the mesh near the two-phase interface. Investigation and analysis of the hydrodynamic performance and cavitation morphology of the hydrofoil are carried out. Comparing the simulation results with the experimental results, it is found that the adaptive mesh refinement can effectively capture the change of cavitation morphology, especially the cavitation shedding process. Research shows that adaptive mesh refinement for cavitation regions can effectively improve the simulation accuracy of cavitation flow with a certain amount of computation.

Key words: OpenFOAM; Cavitation flow; Adaptive mesh refinement; Clark-Y hydrofoil.

基于高阶谱方法的不规则波数值模拟的参数研究

杨晓彤，庄园，万德成*

(上海交通大学 船舶海洋与建筑工程学院 海洋工程国家重点实验室 高新船舶与深海开发装备协同创新中心，上海 200240，*通讯作者 Email: dcwan@sjtu.edu.cn)

摘要：基于高阶谱（HOS）方法的数值水池可以快速生成与传播波浪，旨在研究基于高阶谱方法的 HOS-ocean 求解器在进行数值波浪模拟过程中，高阶谱参数 M 对计算结果精度和计算时间的影响，以及输出频率 f 对输出波形数据完整性和计算时间的影响，验证了基于高阶谱方法进行不规则波数值模拟的适用性，为后期合理选择相应参数提供了参考。

关键词：高阶谱方法；聚焦波；不规则波；参数研究

1 引言

高阶谱（High-Order Spectral）方法是由 West 等[1]和 Dommermuth 等[2]提出的模拟非线性重力波的方法，其通常使用大量的自由波模式，通过对非线性波自由表面条件进行伪谱处理来确定非线性波的振幅演化。基于高阶谱方法，Ducrozet 等[3]开发了在开阔海域演化非线性波的开源求解器 HOS-ocean。Song 等[4]在 HOS-ocean 求解器中扩展引入了 ITTC 双参数谱以及聚焦波，对 ITTC 双参数谱进行了波谱分析，对聚焦波进行了数值模拟，并且对多向不规则波进行了畸形波研究。Zhuang 等[5]将 HOS 方法和 CFD 方法耦合，并基于此做了 2D、3D 规则波和不规则波的模拟验证。宋家琦[6]应用此耦合方法对 2D、3D 规则波和不规则波进行模拟，并对势流模型中的多向不规则波的聚焦模拟以及长时间模拟后极端波浪海况在耦合模型中进行重构。

基于高阶谱方法，对多向不规则波中的特殊波浪聚焦波进行了数值模拟，分别考虑了不同的高阶谱参数 M 和输出频率 f 对计算精度、输出精度、计算时间的影响，给出了聚焦波在聚焦时刻附近 4 个时刻下的全场波高云图和聚焦位置附近的波高云图，并给出了不同参数选择下在聚焦位置的波高时历曲线，以探讨对计算精度、输出精度和计算时间的影响。

2 高阶谱方法介绍

假定流体为不可压、无黏、有势无旋的理想流体，且不考虑流体表面张力，坐标系建立在静水面，z 轴正方向竖直向上，则势流流场的控制方程为：

$$\nabla^2\Phi(x,z,t)=0 \tag{1}$$

在自由面$z=\eta(x,t)$处的动力学边界条件和运动学边界条分别是（2a）和（2b）：

$$\Phi_t + gz + \frac{1}{2}(\nabla\Phi)^2 = 0 \tag{2a}$$

$$\eta_t + \nabla_x\eta\bullet\nabla_x\Phi = \Phi_z \tag{2b}$$

其中，$\nabla_x \equiv (\frac{\partial}{\partial x},\frac{\partial}{\partial y})$ 为水平梯度

定义表面速度势$\Phi^s(\mathrm{x,t})$为：

$$\Phi^s(\mathrm{x,t})=\Phi(\mathrm{x},\eta(\mathrm{x,t}),\mathrm{t}), \tag{3}$$

自由面的动力学边界条件和运动学边界条件可相应写成（4a）（4b）的形式

$$\Phi_t^s + g\eta + \frac{1}{2}(\nabla_x\Phi^s)^2 - \frac{1}{2}(1+(\nabla_x\eta)^2)\Phi_z^2(x,\eta,t) = 0 \tag{4a}$$

$$\eta_t + \nabla_x\Phi^s\bullet\nabla_x\eta - (1+(\nabla_x\eta)^2)\Phi_z(x,\eta,t) = 0 \tag{4b}$$

对速度势Φ作摄动展开，即假定：Φ和η是$O(\varepsilon)$的量，ε是度量波陡的小参数，并把Φ展为ε的摄动级数，

$$\Phi(x,z,t) = \sum_{m=1}^{M}\Phi^{(m)}(x,z,t) \tag{5}$$

把$\Phi^{(m)}$在$z=0$处泰勒展开，可得到：

$$\Phi^s(x,t) = \Phi(x,\eta,t) = \sum_{m=1}^{M}\sum_{k=0}^{M-m}\frac{\eta^k}{k!}\frac{\partial^k}{\partial z^k}\Phi^{(m)}(x,0,t) \tag{6}$$

在给定的瞬时时刻，已知Φ_s和η，上式对未知的Φ是Dirichlet边界条件，展开上式，合并阶数相同的项，我们可以得到在$z=0$处，关于未知项$\Phi^{(m)}$一系列边界条件：

$$\Phi^{(m)}(x,0,t) = R^{(m)}, m=1,2,...,M \tag{7}$$

$$R^{(1)} = \Phi^s \tag{8}$$

$$R^{(m)} = -\sum_{k=1}^{m-1}\frac{\eta^k}{k!}\frac{\partial^k}{\partial z^k}\Phi^{(m-k)}(x,0,t), m=2,3,...,M, \tag{9}$$

这一系列Dirichlet边界条件，以及Laplace方程和物体表面和底部的边界条件，定义了全流场对$\Phi^{(m)}, m=1,2,...,M$的一系列边值问题。对于给定的Φ_s和η，这些问题可以逐阶计算。我们将$\Phi^{(m)}$展开：

$$\Phi^{(m)}(x,z,t) = \sum_{n=1}^{\infty}\Phi_n^{(m)}(t)\Psi_n(x,z), z\le 0, \tag{10}$$

$\Psi_n(x,z)$ 是满足 Laplace 方程，物面条件、海底条件但是不满足 Dirichlet 自由面条件的本征函数。

然后我们可以得到问题的关键，即自由面的垂向速度 $\Phi_z(x,\eta,t)$：

$$\Phi_z(x,\eta,t)=\sum_{m=1}^{M}\sum_{k=0}^{M-m}\frac{\eta^k}{k!}\sum_{n=1}^{N}\Phi_n^{(m)}(t)\frac{\partial^{k+1}}{\partial z^{k+1}}\Psi_n(x,0), \tag{11}$$

在无限水深情况下，$\Phi^{(m)}(x,\eta,t)$ 可表示为:

$$\Phi^{(m)}(x,z,t)=\sum_{n=0}^{\infty}\Phi_n^{(m)}(t)\exp[|k_n|z+ik_n\cdot x] \tag{12}$$

在有限水深 h 情况下，$\Phi^{(m)}(x,\eta,t)$ 可表示为:

$$\Phi^{(m)}(x,z,t)=\sum_{n=0}^{\infty}\Phi_n^{(m)}(t)\frac{\cosh[|k_n|(z+h)]}{\cosh(|k_n|h)}\exp(ik_n\cdot x) \tag{13}$$

3 应用高阶谱方法进行聚焦波的数值模拟

在 HOS-ocean 中，对速度势进行 M 阶摄动展开，高阶谱阶数 M 的选取会对 HOS-ocean 的计算结果和计算时间有一定的影响。下面将在 $M=3$ 和 $M=5$ 两种情况下进行聚焦波的模拟，探讨不同高阶谱阶数对聚焦位置和聚焦时刻以及计算时间的影响。

此外，在 HOS-ocean 中输出频率 f（一个谱峰周期 T_p 内输出数据的个数）的设置也会对计算时间有很大的影响，f 选取较小时，不能输出足够的数据，f 选取较大时，计算时间又太长，所以合理选取输出频率 f 也是高效计算的关键。由于本文选取的谱峰周期 $T_p=1.2048s$，所以这里探讨了 $f=1$，$f=8$，$f=15$ 及的情况，其相对应输出的数据组数量如下表 1 所示。

表 1　输出频率 *f* 的含义

输入参数	实际含义
f=1	1s 输出约 0.83 组数据
f=8	1s 输出约 6.64 组数据
f=15	1s 输出约 12.25 组数据

由于 Song[4]在 HOS-ocean 中引入 ITTC 双参数谱时，对 ITTC 双参数谱的参数设定沿用了原有的 JONSWAP 谱参数设定，选用谱峰周期 T_p 和有义波高 H_s 进行周期表达，故其谱密度函数可表示为:

$$F_I(\omega)=\frac{173\cdot H_s^{\ 2}}{(0.78T_p)^4\omega^5}\exp\left(-\frac{691}{(0.78T_p)^2\omega^4}\right) \tag{14}$$

计算域设置：x 和 y 方向长度设置均为 30 个波长，约为 67.987m×67.987m。

聚焦波的参数设置：采用 ITTC 双参数谱，有义波高 $H_s = 0.06\text{m}$，谱峰周期 $T_p = 1.2048s$；聚焦时间选取为 $50s$，聚焦位置选取在计算域中央，约为 $(33.99,33.99)$。

图 1 展示了聚焦时刻 50s 附近的四个时间点的聚焦波形成图像，左图为全计算域图像，右图为全计算域图像在聚焦位置附近的局部放大图。

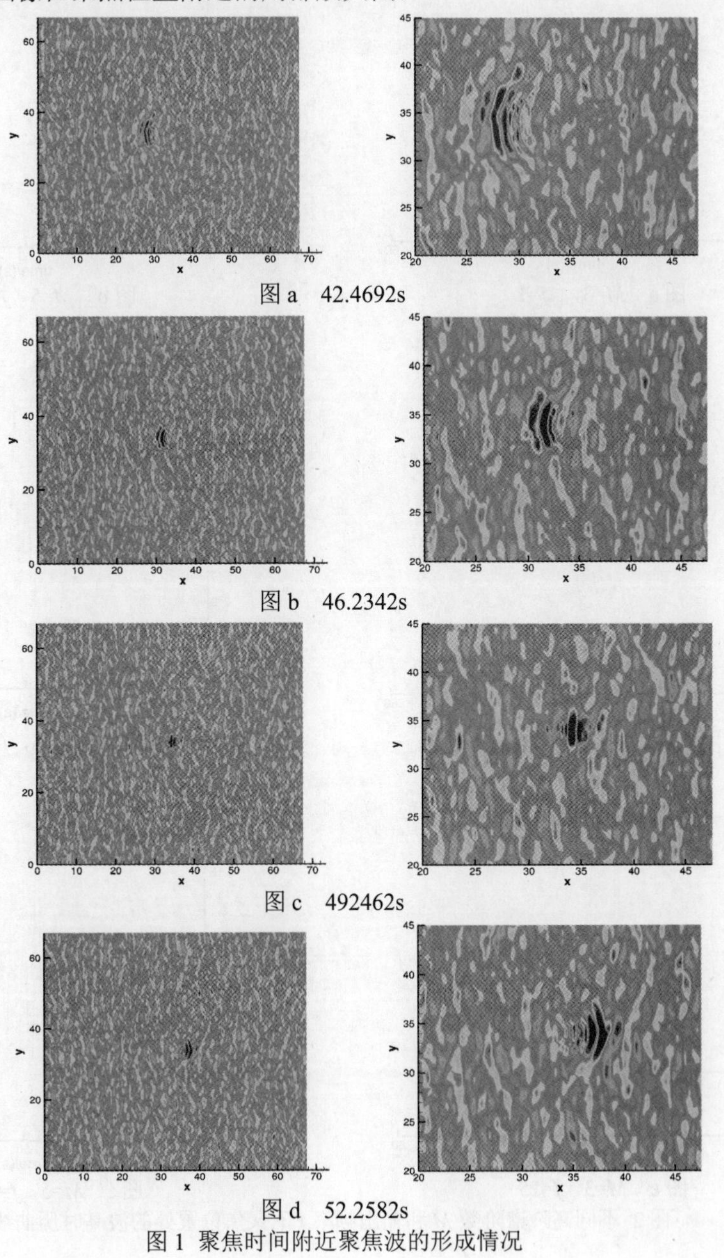

图 1 聚焦时间附近聚焦波的形成情况

在(33.99,33.99)处放置波高仪，监测聚焦位置的波高，聚焦位置处的波高时历曲线见图2。

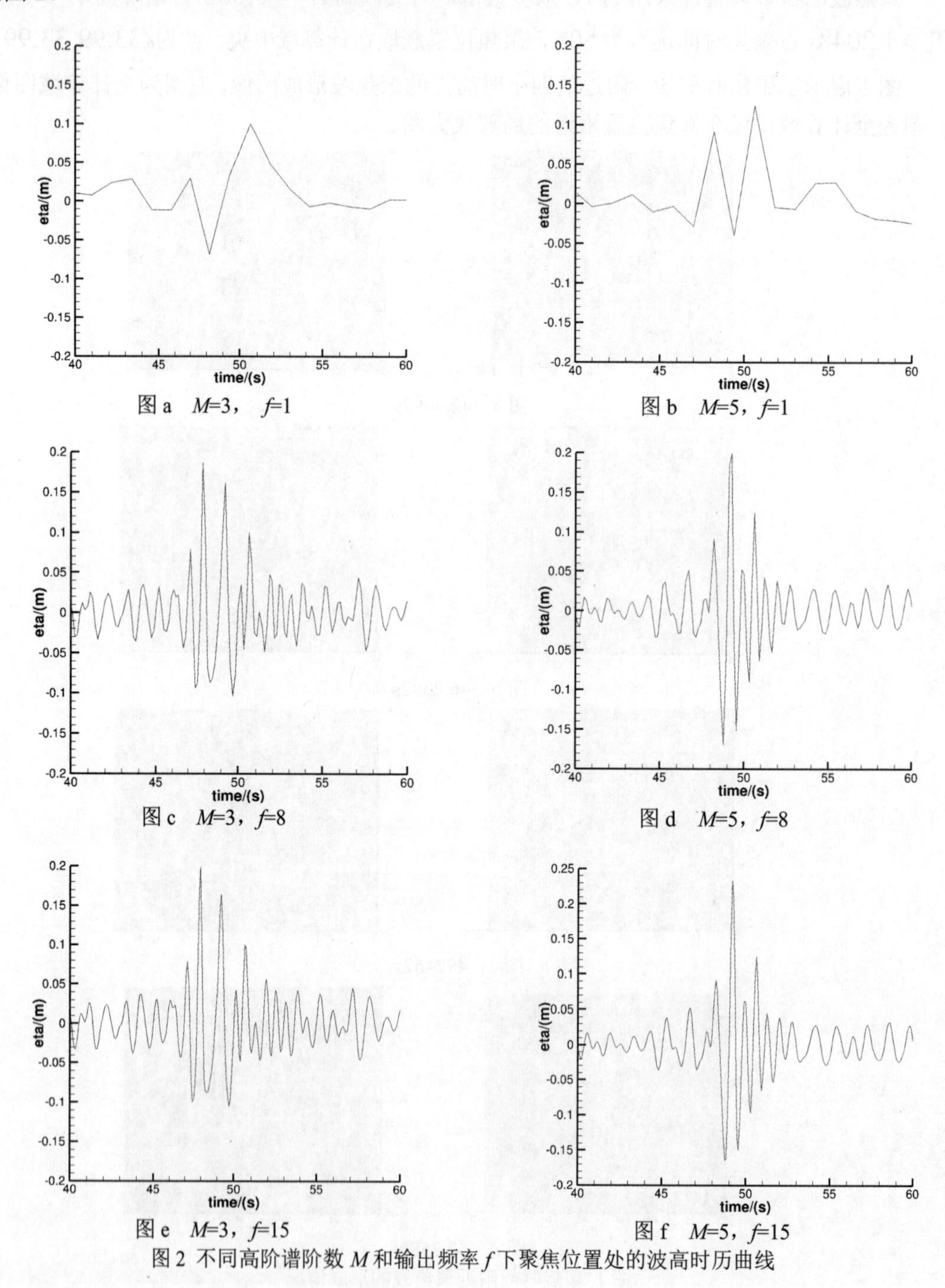

图a　M=3，f=1　　图b　M=5，f=1

图c　M=3，f=8　　图d　M=5，f=8

图e　M=3，f=15　　图f　M=5，f=15

图2 不同高阶谱阶数M和输出频率f下聚焦位置处的波高时历曲线

由$H_{max} / H_s > 2.2$定义畸形波，统计了分别在高阶谱阶数$M = 3$和$M = 5$以及输出频率$f = 1$，$f = 8$，$f = 15$六种不同情况下聚焦位置处畸形波开始、结束的时间和波高，以及出现最大波高的时间及波高值，统计结果如表 2 和表 3 所示， 相应计算时间如下表 4 所示：

表 2　M=3 情况下聚焦位置处聚焦情况统计表

M=3 时间(s)/波高(m)	*f*=1	*f*=8	*f*=15
畸形波开始	48.175/ -0.0668	47.137/ 0.0787	47.146/ 0.0777
畸形波结束	50.582/ 0.0986	50.601/ 0.0992	50.602/ 0.0995
最大波高出现	50.582/ 0.0986	47.891/ 0.1861	47.951/ 0.1987

表 3　M=5 情况下聚焦位置处聚焦情况统计表

M=5 时间(s)/波高(m)	*f*=1	*f*=8	*f*=15
畸形波开始	48.199/ 0.0908	48.190/ 0.0912	48.196/ 0.0909
畸形波结束	50.602/ 0.1243	50.602/ 0.1240	50.605/ 0.1231
最大波高出现	50.602/ 0.1243	49.229/ 0.1973	49.157/ 0.2330

表 4　不同 *M*、*f* 参数选择计算时间统计表

计算时间	*M*=3	*M*=5
f=1	58 min 40	2h 2min 34
f=8	4h 38min	11h 31min
f=15	7h 40min	20h 6min

由计算结果可以看出，*f*=1 时，数据缺失严重，不能捕捉到聚焦波的峰值。相比 *f*=8 和 *f*=15 都可以较好地给出我们关于聚焦时刻附近聚焦波的情况，但是 *f*=8 相比 *f*=15 时间节省近一半，所以为节省计算成本，输出频率 *f* 选取 8 即可，不同数据需求情况下可对输出频率 *f* 酌情修改。

此外，在输出频率 *f*=8 和 *f*=15 的情况下，高阶谱参数 *M*=5 时，对小波的捕捉更好，波形更完整，*M*=3 时对水平面以下的波峰捕捉不好，但都在聚焦位置和聚焦时间附近给出了较好的聚焦波情况，*M*=3 的计算时间相比于 *M*=5 时，计算时间节省了一半以上，可根据具体需求选取不同的高阶谱参数 *M*。

4 结论

高阶谱方法可以高效快速地造波，并且可以和其他方法耦合使用，比如 Zhuang[5]和宋家琦[6]就将高阶谱方法和 CFD 方法耦合，并进行了 2D 和 3D 下的规则波和不规则波以及畸形波的耦合分析，为在这种耦合方法下进行结构物在波浪海况下的计算奠定了基础。本文则着重进行了聚焦波的数值模拟，并且探讨了如何设定高阶谱参数 M 和输出频率 f 使基于高阶谱方法的 HOS-ocean 进行高效造波，并给出所需数据，为后期耦合方法中结构物的引入奠定了基础，

致谢

本研究得到国家自然科学基金（51879159，51490675，11432009，51579145）、长江学者奖励计划(T2014099)、上海高校特聘教授(东方学者)岗位跟踪计划(2013022)、上海市优秀学术带头人计划(17XD1402300)、工信部数值水池创新专项课题(2016-23/09)资助项目。在此一并表示感谢。

参 考 文 献

1 West B J, Brueckner K A, Janda R S, et al. A new numerical method for surface hydrodynamics[J]. Journal of Geophysical Research: Oceans, 1987, 92.

2 Dommermuth D G, Yue D K P. A high-order spectral method for the study of nonlinear gravity waves[J]. Journal of Fluid Mechanics, 1987, 184:267-288.

3 Ducrozet G, Bonnefoy, Félicien, Le Touzé, David, et al. HOS-ocean: Open-source solver for nonlinear waves in open ocean based on High-Order Spectral method[J]. Computer Physics Communications, 2016:S0010465516300327.

4 Jiaqi Song, Yuan Zhuang, Decheng Wan, New Wave Spectrums Models Developed Based on HOS Method, the Twenty-eighth (2018) International Ocean and Polar Engineering Conference Sapporo, Japan, June 10-15, 2018, pp.524-531.

5 Yuan Zhuang, Decheng Wan, Benjamin Bouscasse, Pierre Ferrant, Regular and Irregular Wave Generation in OpenFOAM using High Order Spectral Method, The 13th OpenFOAM Workshop (OFW13), Shanghai, China, 2018, 189-192.

6 宋家琦，万德成. 基于高阶谱方法与 CFD 计算的耦合模型正在不规则波模拟中的应用[J]. 水动力学研究与进展, A 辑,2019, 34(1)：1-12.

Numerical simulation of irregular waves based on High-Order Spectral method

YANG Xiao-tong, ZHUANG Yuan, WAN De-cheng

(Collaborative Innovation Center for Advanced Ship and Deep-Sea Exploration, State Key Laboratory of Ocean Engineering, School of Naval Architecture, Ocean and Civil Engineering, Shanghai Jiao Tong University, Shanghai 200240. Email: dcwan@sjtu.edu.cn)

Abstract: The numerical wave tank based on the Higher Order Spectral method can generate and propagate waves rapidly. This paper studied the influence of higher-order spectral parameter M on the accuracy and time of calculation, and the influence of output frequency on the integrity of output datas and time of calculation in the applications of numerical simulation of irregular waves based on higher-order spectral method, which provides a reference for reasonable selection of corresponding parameters in the later study.

Key words: High-Order Spectral (HOS) method; focus wave; directional irregular waves; parameter research.

分隔板对细长柔性立管涡激振动抑制的数值模拟

李敏，邓迪，万德成*

(上海交通大学 船舶海洋与建筑工程学院 海洋工程国家重点实验室 高新船舶与深海开发装备协同创新中心，上海 200240，*通讯作者 Email: dcwan@sjtu.edu.cn)

摘要：细长柔性海洋立管是连接海底生产系统与海面作业平台的关键设备，当洋流流经立管结构时，在立管两侧会不断产生周期性的漩涡脱落，其诱发的涡激振动（VIV）问题成为引起结构疲劳损坏的主要因素。为有效抑制海洋立管的涡激振动，有学者提出了用分隔板抑制涡激振动的方法。目前对于分隔板的研究，多数实验和数值模拟仅限于从流动控制的角度进行研究，且大多基于刚性立管，而随着工作水深的增加，愈加重视对细长柔性立管的研究。本文基于开源软件 OpenFOAM 下的细长柔性立管流固耦合求解器 viv-FOAM-SJTU，采用切片法对均匀来流下的裸管和加装分隔板长度为 0.1、0.25、0.35、0.5 倍立管直径的细长柔性立管进行数值模拟，研究了几个不同工况下的立管横流向振动频率、位移响应以及泻涡模式等参数的变化特征。数值模拟结果表明裸管响应特性与带分隔板的立管响应特性区别较大，加装一定长度的分隔板可有效抑制涡激振动，流向不同长度的分隔板对立管涡激振动抑制效果有显著差异。

关键词：涡激振动抑制；分隔板；柔性立管；viv-FOAM-SJTU 求解器

1 引言

随着海洋资源的勘探开发不断向深海迈进，对深海环境下海洋立管结构的可靠性提出了更高的要求。细长柔性海洋立管是连接海底生产系统与海面作业平台的关键设备，也是系统中最薄弱的构件之一。由于海洋立管处于复杂的深水环境条件下，受到波浪和洋流的持续作用，在立管两侧会不断产生周期性的漩涡脱落，其诱发的涡激振动问题成为引起结构疲劳损坏的主要因素，严重时甚至导致重大事故的发生。因此深水海洋立管涡激振动的抑制问题受到国内外学者的密切关注。

涡激振动的抑制方法主要分为两类：主动控制法和被动控制法。主动控制法通过向流场中注入能量，对流场进行扰动从而抑制漩涡脱落，如：旋转振荡法、抽吸法、喷吹法等。

被动控制法是通过在结构表面或尾流区添加附加装置来改变漩涡发展形态，抑制漩涡脱落，如分隔板、螺旋条纹、整流罩等。相比于主动控制法，被动控制法结构简单，成本较低，在海洋工程领域得到了广泛应用。分隔板是被动控制法中应用最广泛的涡激振动抑制装置之一，它是安装在立管结构正后方的一个薄平板，它的抑制原理是通过干扰尾流区的流线，将漩涡脱落推迟到结构较远处从而抑制漩涡脱落，削弱涡激振动，大量学者研究发现，分隔板的流向长度 L 是影响抑制效果的关键因素，这一问题在学术界引起了许多学者的大量研究与探讨。

Roshko[1]最早提出了将分隔板作为流动控制装置，发现分隔板能够起到抑制柱体旋涡脱落的作用；Nakamura[2]研究了 $300<Re<5000$ 范围内带有分隔板的圆柱绕流问题，并给出了不同雷诺数下随抑制板长变化 St 数的变化规律；wang 等[3]进行了不同长度的分隔板对流动控制的研究，发现分隔板对阻力和升力具有很好抑制的效果，在 $Re=1000$ 和 $Re=30000$ 下，平均阻力系数降低了 20%～35%，升力系数的幅值降低了 94%～97%；Huera-Huarte[4]研究了柔性立管附加不同流向长度的分隔板的涡激振动抑制情况，随着 Cd 的下降，立管的涡激振动响应振幅得到了有效抑制；张弘扬[5]开展了不同雷诺数时一系列的二维黏性流体圆柱绕流问题的数值模拟，研究抑制板流向长度对圆柱各个水动力系数和流态的影响，进而拓展到三维计算研究，探索了分隔板空间位置与展向长度对圆柱各个水动力系数和相关性的影响。

目前对于分隔板的研究，多数实验和数值模拟仅限于从流场控制的角度进行静止模型绕流问题的研究，关注分隔板对漩涡脱落及阻力升力的抑制作用、涡脱落形态以及绕流场流动模式，缺乏对结构的动力特性响应分析；另一方面，大多数研究基于刚性立管，对柔性立管涡激振动抑制措施的研究非常有限，而随着工作水深的增加，对细长柔性立管的研究更为重要，因此迫切需要深入开展细长柔性立管涡激振动抑制的研究工作。

基于以上背景，本文以细长柔性立管为研究对象，利用 CFD 的方法，改变分隔板的长度 L 的值，分析不同长度的分隔板对细长柔性立管涡激振动抑制效果的影响，研究了各个工况下漩涡脱落的流场结构，泻涡频率以及立管位移、频率响应等参数的变化特征。数值模拟通过开源软件 OpenFOAM 下的细长柔性立管流固耦合求解器 viv-FOAM-SJTU 来实现。本文首先介绍了采用的数值方法，然后给出了不同工况下几何模型的构建，最后对数值模拟结果进行分析讨论，得出了涡激振动抑制效果随分隔板长度变化的相关结论。

2 数值方法

2.1 viv-FOAM-SJTU 求解器

该求解器是基于开源程序库 OpenFOAM 开发的，求解器应用切片理论数值求解各个切片处的黏性不可压流场，应用 Bernoulli–Euler 弯曲梁理论实现结构的有限元求解，自编耦合松弛迭代程序实现结构动力学与流体动力学的耦合求解。为了验证求解器的有效性和可靠性，Duan 等[6]进行了单立管标准试验的数值模拟研究，无论流向还是横向的涡激振动响应都与实验吻合较好。

2. 2 流体动力学控制方程

采用不可压缩流动，流体域的控制方程为雷诺平均 N-S 方程，在笛卡尔坐标系下，控制方程描述如下：

$$\frac{\partial \overline{u_i}}{\partial x_i}=0 \tag{1}$$

$$\frac{\partial}{\partial t}\left(\rho \overline{u_i}\right)+\frac{\partial}{\partial x_j}\left(\rho \overline{u_i u_j}\right)=-\frac{\partial \overline{p}}{\partial x_i}+\frac{\partial}{\partial x_j}\left(2\mu \overline{S_{ij}}-\rho \overline{u_j' u_i'}\right) \tag{2}$$

式中，$S_{ij}=\frac{1}{2}\left(\frac{\partial \overline{u}_i}{\partial x_j}+\frac{\partial \overline{u}_j}{\partial x_i}\right)$为时均应变率张量，方程多了雷诺应力项$-\rho \overline{u_j' u_i'}$，该项由脉动速度产生，代表湍流效应，通常用$\tau_{ij}$表示。这是一个新的未知数，需要引入湍流模型来使问题封闭，本文采用湍流模型为 SST $\mathbf{k-\omega}$，SST $\mathbf{k-\omega}$湍流模型由 Menter[7]提出，该方法的原理为采用标准的 k-ω 湍流模型处理近壁处边界层区域内的流动，采用 k-ε 湍流模型处理边界层边缘及自由剪切层区域的流动。SST 湍流模型对各种问题尤其是圆柱绕流问题都有较为优秀的模拟精度。

2. 3 结构动力学控制方程

结构动力学计算使用 Bernoulli-Euler 弯曲梁模型。立管两端边界条件设定为简支，立管轴向张力受重力影响沿着展向变化，不考虑张力随时间变化。结构动力学方程离散为：

$$[M][\ddot{x}]+[C][\dot{x}]+[K][x]=[F_x] \tag{3}$$

$$[M][\ddot{y}]+[C][\dot{y}]+[K][y]=[F_y] \tag{4}$$

式中：$[\boldsymbol{M}]$为质量矩阵，$[\boldsymbol{C}]$为阻尼矩阵，$[\boldsymbol{K}]$为刚度矩阵，$[\boldsymbol{F_x}]$、$[\boldsymbol{F_x}]$分别为顺流向和横流向的载荷矩阵，$[\boldsymbol{x}]$、$[\dot{\boldsymbol{x}}]$、$[\ddot{\boldsymbol{x}}]$以及$[\boldsymbol{y}]$、$[\dot{\boldsymbol{y}}]$、$[\ddot{\boldsymbol{y}}]$分别为顺流向和横流向的结构位移、速度和加速度向量。

对结构进行有限元离散后，采用 Newmark-β 法[8]求解结构动力学方程。

2.4 基于切片理论的准三维数值模拟

对于深水中细长柔性立管的求解，直接采用三维数值模拟会消耗庞大的计算资源，因此采用切片法数值求解细长柔性立管的涡激振动问题，这是处理此类超大计算域问题的一种简化方法，被广泛采用。

其主要思想是沿着立管轴向等间距划分若干二维切片，在每个切片处求解流体控制方程，计算流体力，并将流体力转换成均布载荷作用在每个切片所代表的立管长度上，从而求解立管模型所受水动力载荷和该时刻的结构动力响应。图 1 是切片法流固耦合示意图。

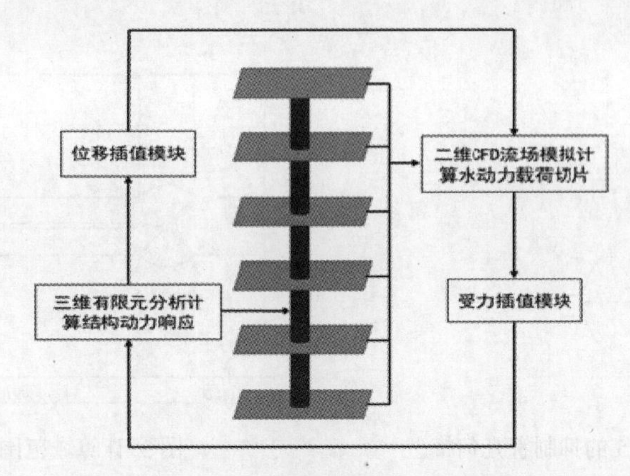

图 1　流固耦合切片法示意图

3 计算模型

3.1 几何模型

本研究采用 Lehn 等 [9]的试验建立计算几何模型。柔性立管直径 0.02m,长度 9.63m，长细比 L/D=481.5，质量比$m^* = 2.23$。立管处于均匀流中，流速为 0.2m/s。立管两端简支，顶端施加预张力 T=817N。本研究中裸管的参数值设置与试验模型相同，裸管的具体参数值设置如表 1 所示。Wang 等[10] 用商业软件 ANSYS MFX 数值模拟了此流动工况下的涡激振动响应，与试验值吻合较好。

本文首先数值模拟裸管的涡激振动响应，并与试验值进行对比，然后改变立管正后方附加分隔板的长度，分隔板长度与直径之比范围为 0.1～0.5，图 2 为 L/D=0.5 的立管几何模型。加分隔板后的立管（下文简称抑制管）EI 值发生了相应的改变，由于主要研究横流向的振动响应，因此对于 x 轴（顺流向方向）计算立管的惯性矩，最终得到的 EI 值相比于裸管略微增大。

表 1　立管模型的主要参数

参数名称	符 号	数 值	单 位
立管直径	D	0.02	m
立管长度	L	9.63	m
长细比	L/D	481.5	–
弯曲刚度	EI	135.4	$N{\cdot}m^2$
预张力	T_t	817	N
质量比	m^*	2.23	–
流速	U	0.2	m/s
雷诺数	Re	4000	–

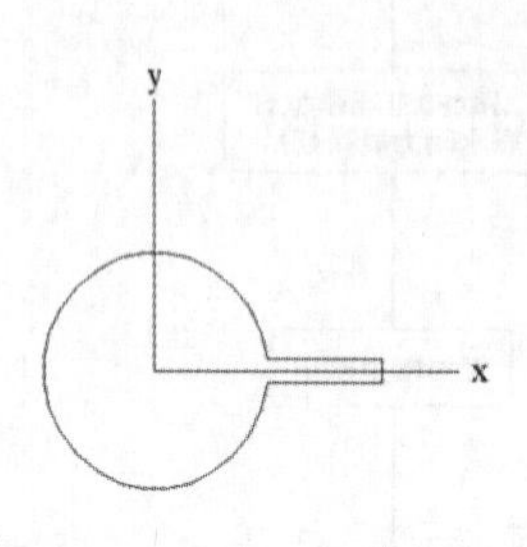

图 2 L/D=0.5 的抑制管几何模型

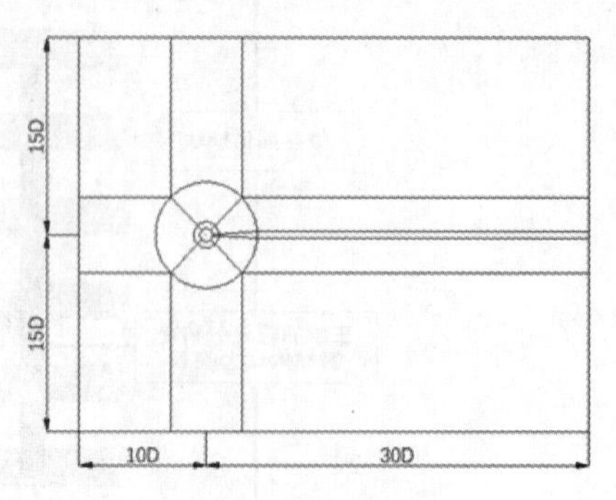

图 3 计算域范围

3.2 计算域及网格划分

计算域范围：$-10D \leq x \leq 30D$，$-15D \leq y \leq 15D$（图 3），结构动力学上将立管沿轴向均分为 40 个单元，流场区域 10 个切片沿立管轴向均匀分布，立管切片划分的模型如图 4。图 5 给出了附加分隔板长度为 0.5 倍直径时的抑制管各切片的局部计算域网格划分示意图。分隔板长度为半径内的区域网格均匀加密，以精确捕捉结构场附近的流场信息。以立管截面圆心为圆心，4 倍直径为半径形成外圆，沿立管结构到外圆方向网格逐渐变稀疏，不同工况的网格数量如表 2 所示。

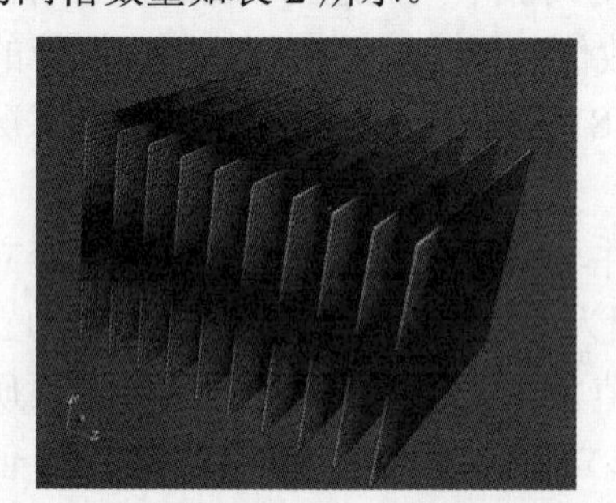

图 4 沿立管展向均匀分布 10 个切片

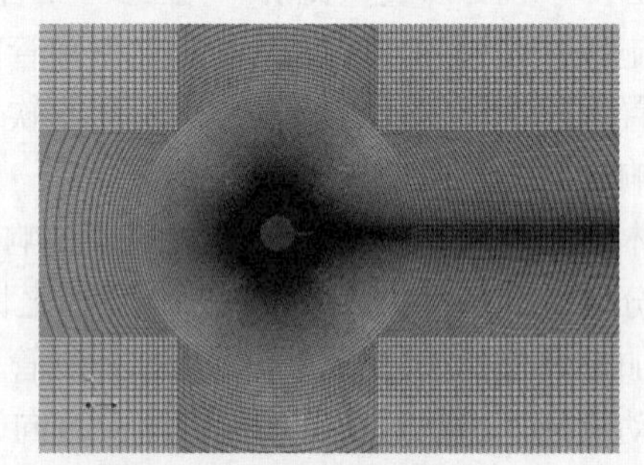

图 5 结构附近的计算网格

表 2 不同工况的网格数量

L/D	网格数量
0.1	657800
0.25	740120
0.35	797050
0.5	871650

4 结果分析

4.1 位移

图 6 为横流向位移标准差曲线图，图 6（a）为裸管的横流向位移标准差的试验值与 Wang 等人的数值模拟结果，图 6（b）为本文给出的计算结果，发现吻合较好。如图 6（c）（d）(e)所示，与裸管对比发现，附加一定长度范围内（L/D=0.1,0.25,0.35）的分隔板以后立管横向位移振幅有不同程度的减小，位移标准差最大值分别为 0.241、0.325、0.38。如图 6(f)所示，当分隔板长度增大到 L/D=0.5 时，位移标准差最大值 0.427，对涡激振动抑制产生了相反的效果，原因见尾涡分析部分。可见附加一定长度范围内的分隔板对柔性立管涡激振动位移响应抑制作用明显，抑制效果与分隔板长度有关。另外，如图 6（c）所示，当 L/D=0.1 时，立管主振模态为二阶模态，出现这一现象的原因是湍流的随机性及不稳定特点可能会造成模态振幅的不稳定，从而导致多模态的发生。

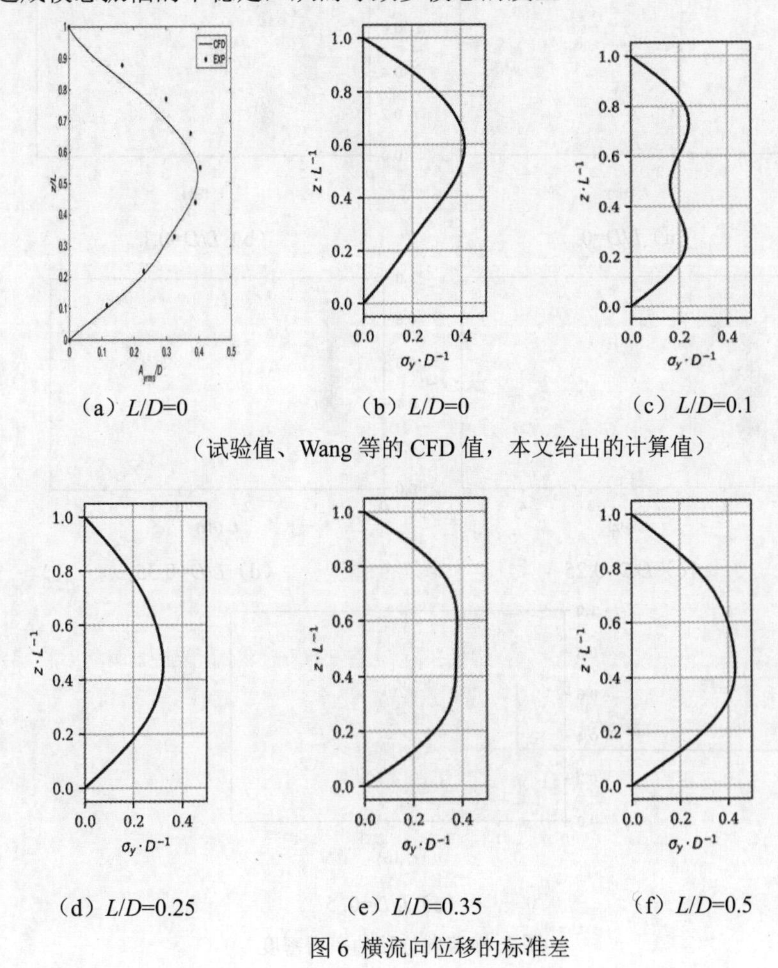

（a）L/D=0　（b）L/D=0　（c）L/D=0.1

（试验值、Wang 等的 CFD 值，本文给出的计算值）

（d）L/D=0.25　（e）L/D=0.35　（f）L/D=0.5

图 6 横流向位移的标准差

4.2 频率

图 7 为横流向位移功率谱密度图，横轴是立管振动频率，纵轴是立管展向位置。参与振动的频率越多，图中的频域部分（横轴区间）覆盖范围越宽。如图 7（a），对于不加分隔板的立管来说，只存在单一漩涡发放的主频，主控频率为 1.67Hz，这从另一角度表明不加分隔板的裸管在尾流区存在稳定的卡门涡街。如图 7（b）所示，当分隔板长度 L/D=0.1 时，主控频率为两阶，与前面的模态分析相一致。如图 7（c）（d）所示，当分隔板长度 L/D=0.25，0.35 时，对振动频率产生明显影响，主控频率显著降低，且频域覆盖范围显著变宽，说明附加分隔板对漩涡脱落产生干扰，参与振动的频率变多。如图 7（e），当板长度继续增加到 L/D=0.5 时，恢复单一主频，主控频率在 0.71 附近。综合以上分析得出，横向振动频率对分隔板长度变化敏感，但总体上振动频率都得到显著降低。发生涡激振动时，漩涡脱落频率与立管振动频率接近，据此可以分析不同分隔板长度对漩涡脱落频率的影响。

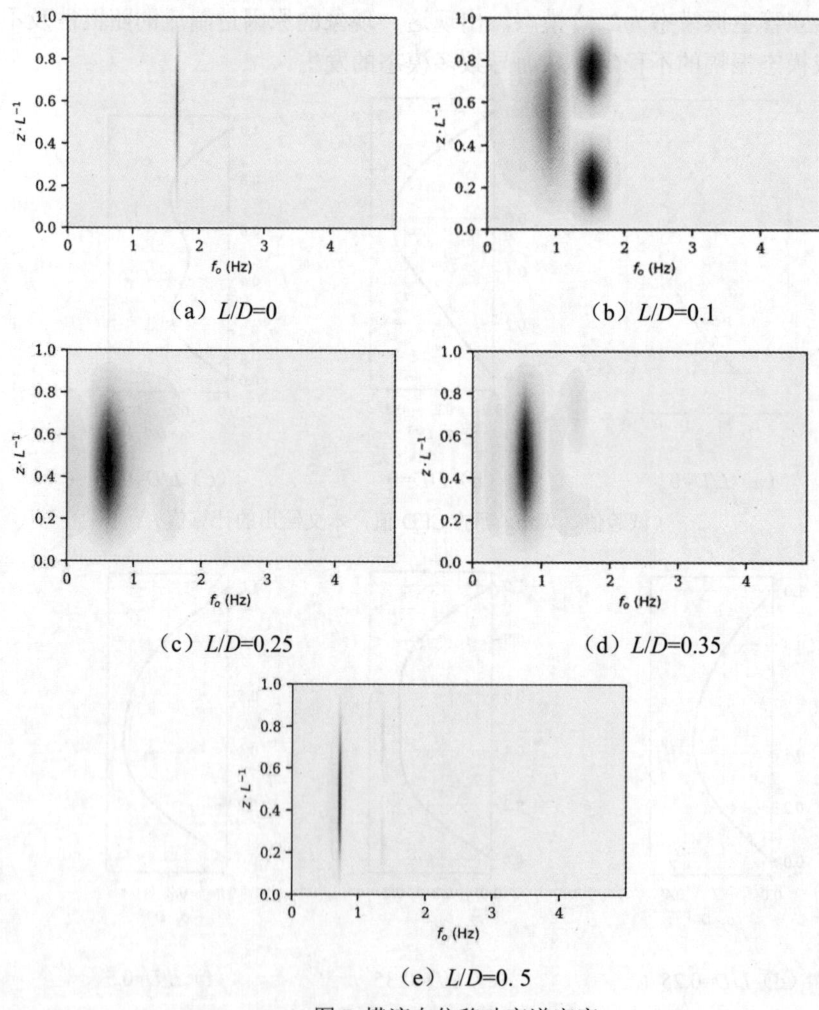

（a）L/D=0　　（b）L/D=0.1

（c）L/D=0.25　　（d）L/D=0.35

（e）L/D=0. 5

图 7 横流向位移功率谱密度

图 8 为频域下横流向各阶模态权重对应的功率谱密度曲线图，如图 8（a）所示，裸管横流向振动为单一的一阶主振模态。如图 8（b）所示，*L*/*D*=0.1 的抑制管的主控模态为两阶，一阶模态占比重较小，各阶模态的频率覆盖范围较裸管更广。如图 8（c）、图 8（d）、图 8（e）所示，*L*/*D*=0.25,0.35,0.5 的抑制管的模态特性与裸管相似，表现为单一的一阶振动模态，二阶振动极为微弱，且主振频率显著降低，与前面频率分析一致。

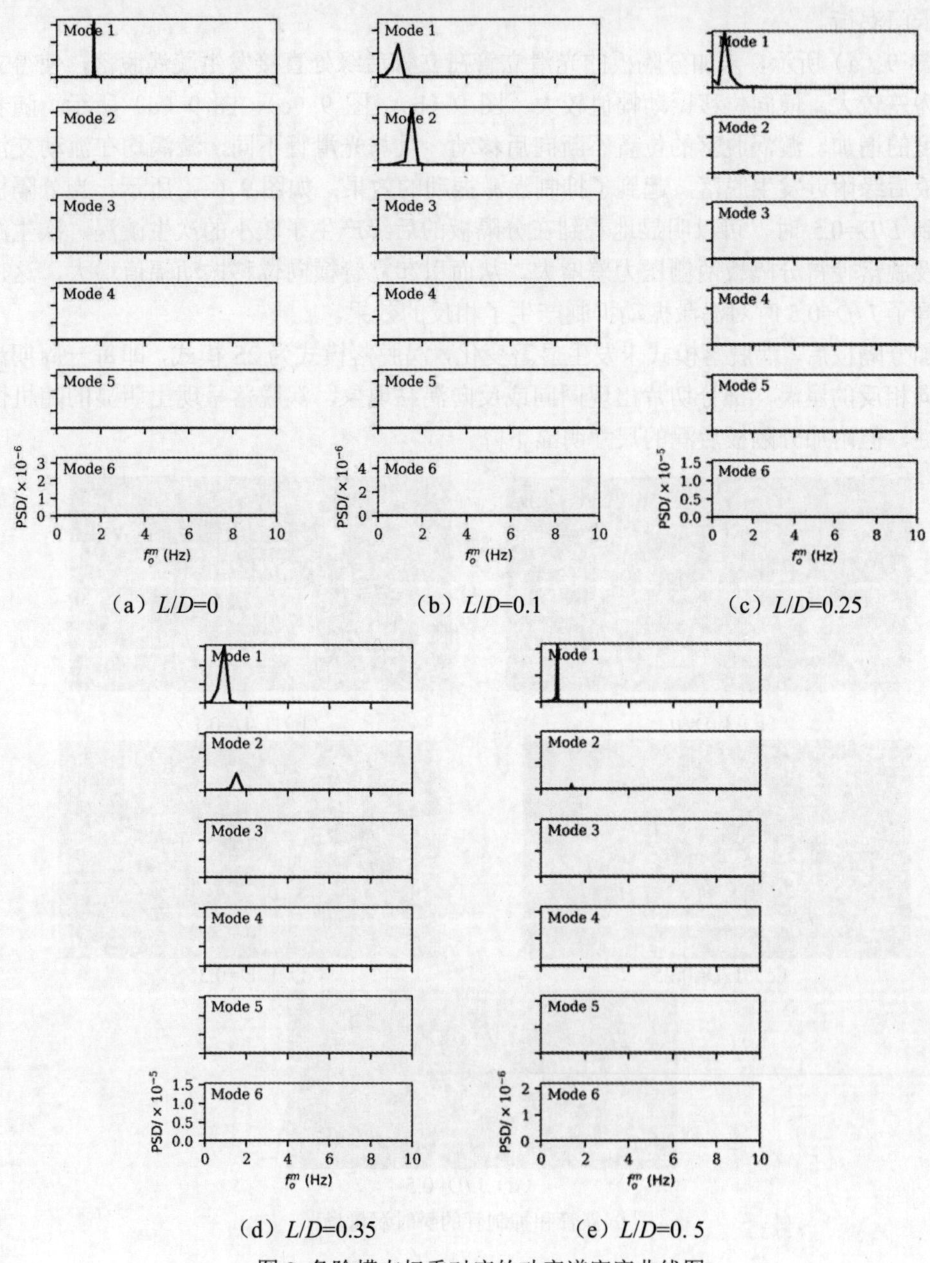

（a）*L*/*D*=0　（b）*L*/*D*=0.1　（c）*L*/*D*=0.25

（d）*L*/*D*=0.35　（e）*L*/*D*=0. 5

图 8 各阶模态权重对应的功率谱密度曲线图

4.3 尾涡分析

图 9 显示了裸管和抑制管的瞬时涡量场，本算例中雷诺数为4000，处于亚临界雷诺数范围，出现旋涡周期性脱落现象[11]。从图 9 中可以清晰地看到，在分离点位置处由于边界层分离产生的漩涡随着立管的横向运动向两侧摆动，并在近尾流场交叠脱落，在离立管较远的位置产生交替脱落的正负涡对，在黏性的作用下漩涡能量发生了耗散直至漩涡消失，形成了卡门涡街。

如图 9（a）所示，未加分隔板的光滑立管在立管后缘处直接发生漩涡脱落，使得立管后缘压力差较大，横向位移振动幅值较大。图 9（b）、图 9（c）、图 9（d）所示，随着分隔板长度的增加，漩涡脱落的位置不断向后移动，且与光滑管不同，漩涡均在流动交汇后在分隔板后缘附近发生脱落，起到了抑制涡激振动的效果；如图 9（e）所示，当分隔板长度增大到 L/D=0.5 时，可以明显地看到在分隔板的后缘产生了较小的次生漩涡，次生漩涡的产生及脱落使得分隔板两侧压力差增大，从而引起立管横向位移振动幅值增大，这也很好地解释了 L/D=0.5 时对涡激振动抑制产生了相反的效果。

附加分隔板后，涡脱落模式未发生显著变化，涡脱落模式为2S 模式，即每一周期泄出一对方向相反的尾涡，部分切片出现同向或反向涡黏现象，涡脱落呈现出明显的随机性和不规则性，但附加分隔板后涡的尺寸明显下降。

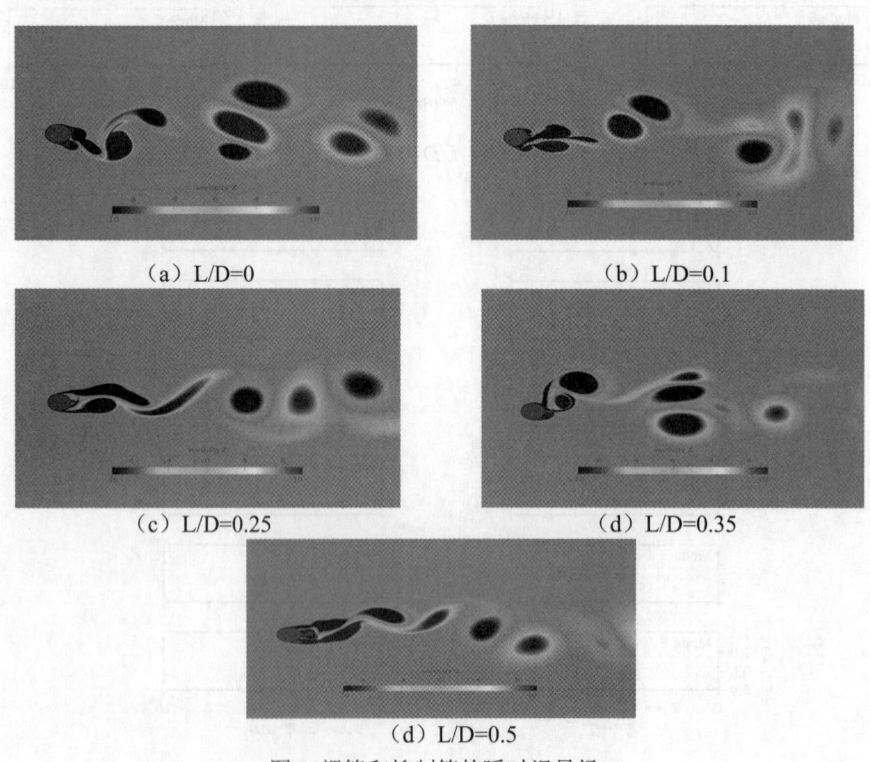

（a）L/D=0　　（b）L/D=0.1

（c）L/D=0.25　　（d）L/D=0.35

（d）L/D=0.5

图 9 裸管和抑制管的瞬时涡量场

4.4 抑制效率分析

利用 CF 方向最大位移标准差的减小率来定义抑制效率如下：

$$\eta = \frac{y_1 - y_2}{y_1} \times 100\%$$

其中y_1是无分隔板时裸管的位移标准差幅值，y_2是附加分隔板后的位移标准差幅值，η值越大则抑制效果越好。由上式可以得到分隔板的抑制效率随分隔板长度变化的柱状图，如图 10 所示。从图 10 中可以看出 *L*/*D*=0.1，0.25，0.35 的分隔板均对横流向振动位移起到了一定的抑制作用，最高抑制效率为 42.1%，但综合考虑抑制涡激振动的位移和振动频率，*L*/*D*=0.25 的分隔板在此计算工况下抑制效果最佳，可以很好的抑制横流向的涡激振动的振动频率和位移。

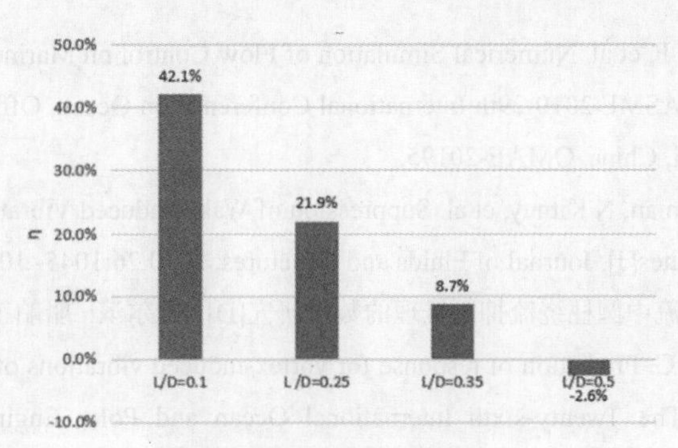

图 10 抑制效率柱状图

5 结论

本研究应用 viv-FOAM-SJTU 求解器对细长柔性立管和附加分隔板的抑制管进行数值模拟，获得了不同长度分隔板下的涡激振动响应，并分析比较了不同长度分隔板的抑制效果，得出了以下结论：①一定长度范围的分隔板可以有效抑制涡激振动，抑制效率η可达 42.1%，涡激振动响应频率和幅值显著降低，可以很好地减少立管疲劳；②在一定的分隔板长度内尾流场漩涡脱落点后移，使得立管前后表面压差降低，所受涡激力减小。③分析 Re=4000 下带分隔板细长柔性立管数值模拟结果，从位移响应、频率、漩涡脱落等方面综合考虑，得出本文中在细长柔性立管后方附加分隔板长度 L=0.25D 时能够达到抑制涡激振动的最优效果。

致谢

本文得到国家自然科学基金（51879159，51490675，11432009，51579145）、长江

学者奖励计划(T2014099)、上海高校特聘教授(东方学者)岗位跟踪计划(2013022)、上海市优秀学术带头人计划(17XD1402300)、工信部数值水池创新专项课题(2016-23/09)资助项目。在此一并表示感谢。

参考文献

1 A Roshko. On the Development of Turbulent Wakes from Vortex Street, NACA Technical Note 2913，1953.

2 Nakamura, Y., 1996. Vortex shedding from bluff bodies with splitter plates. Journal of Fluids and Structures 10(2), 147-158.

3 Wang, JS, Liu, H, Gu, F, et al. Numerical Simulation of Flow Control on Marine Riser With Attached Splitter Plate, Proceedings of the ASME 2010 29th International Conference on Ocean, Offshore and Arctic Engineering, June 6-11, 2010, Shanghai, China. OMAE-20195.

4 G R S Assi, P W Bearman, N Kitney, et al. Suppression of Wake-Induced Vibration of Tandem Cylinders with Free-to-Rotate Control Plates[J]. Journal of Fluids and Structures, 2010,26:1045- 1057.

5 张弘扬. 抑制板对湍流中圆柱绕流抑制机理的数值研究[D]. 哈尔滨: 船舶工程学院, 2017.

6 DUAN M Y, WAN D C. Prediction of response for vortex-induced vibrations of a flexible riser pipe by using multi-strip method[C]// The Twenty-sixth International Ocean and Polar Engineering Conference. Rhodes, Greece, 2016.

7 Menter F R. Influence of freestream values on k-omega turbulence model predictions[J]. AIAA journal, 1992, 30(6): 1657-1659.

8 Clough R W, Penzien J. Dynamics of Structures[J]. Journal of Applied Mechanics, 2001, 44(2): 366.

9 Lehn, E., 2003. VIV Suppression Tests on High L/D Flexible Cylinders. Norwegian Marine Technology Research Institute, Trondheim, Norway.

10 Wang E , Xiao Q . Numerical simulation of vortex-induced vibration of a vertical riser in uniform and linearly sheared currents[J]. Ocean Engineering, 2016, 121:492-515.

11 BLEVINSR. Flow-induced vibration[M]. 2nded. Malabar, Florida: Krieger Publishing Company, 2001.

Numerical simulation of vortex-induced vibration suppression of a flexible riser with attached splitter plate

LI Min, DENG Di, WAN De-cheng

（Collaborative Innovation Center for Advanced Ship and Deep-Sea Exploration, State Key Laboratory of Ocean Engineering, School of Naval Architecture, Ocean and Civil Engineering, Shanghai Jiao Tong University, Shanghai 200240, China)

Abstract: The slender flexible marine riser is the key equipment for connecting the subsea production system and the sea surface working platform. When the ocean current flows through the riser structure, periodic vortex shedding will occur continuously on both sides of the riser, and the induced vortex-induced vibration will be induced. The (VIV) problem has become a major cause of structural fatigue damage. In order to effectively suppress the vortex-induced vibration of the marine riser, a method of suppressing vortex-induced vibration by a splitter plate is proposed. At present, most of the experimental and numerical simulations of the splitter plate are limited to the research from the perspective of flow control, and most of them are based on rigid risers, and with the increase of the working water depth, the research on the elongated flexible riser is paid more and more attention. This paper adopts the slicing method and is based on the viv-FOAM-SJTU of the slender flexible riser fluid-solid coupling solver under the open source software OpenFOAM. A riser system attached with splitter plates of length to diameter L/D =0.1~0.5 was numerically simulated. The variation characteristics of the riser frequency, displacement response and effusion vortex mode of the vortex shedding under several different working conditions were studied. The numerical simulation results show that the response characteristics of the bared riser are different from those of the riser with the splitter plate. The addition of the splitter plate can effectively suppress the vortex-induced vibration. There is a significant difference in the vortex-induced vibration suppression effect of the riser with the splitter plates of different lengths.

Key words: vortex induced vibration suppression; splitter plate; flexible riser; viv-FOAM-SJTU solver.

基于重叠网格方法模拟物体入水

谢路毅，张晓嵩，万德成*

(上海交通大学 船舶海洋与建筑工程学院 海洋工程国家重点实验室 高新船舶与深海开发装备协同创新中心，上海 200240，*通讯作者 Email: dcwan@sjtu.edu.cn)

摘要：研究物体入水问题对船舶下水、子弹入水等实际问题有重要的指导作用，物体入水问题涉及物体与水的相互作用，物体入水瞬间会引起液面骤变，入水过程伴随着液体飞溅、空泡等复杂的物理现象，对物体入水问题的数值模拟可以预测砰击力的大小和物体入水后平衡位置，为工程应用中的入水问题提供重要的理论依据。采用基于开源平台OpenFOAM 开发的 CFD 求解器 naoe-FOAM-SJTU，结合重叠网格方法对方柱和圆柱入水的问题进行数值模拟。

文中先模拟了方柱入水问题，将计算得到的方柱入水瞬间的砰击力进行定性的分析，验证了求解器在模拟物体入水问题的可靠性，随后模拟了圆柱高速入水问题，得到了圆柱位移、受力以及详细的流场信息，与已有实验结果吻合良好。本文的结果可为后续研究更加复杂的物体入水问题奠定基础。

关键词：物体入水；砰击；重叠网格；naoe-FOAM-SJTU 求解器

1 引言

物体入水问题广泛出现在船舶、军事、航空等领域。物体入水时产生的水面砰击、液面飞溅及空泡等现象使得物体入水过程十分复杂，因此要准确模拟物体入水问题具有一定的难度。国内外的学者们研究物体入水问题已有近百年的时间，研究手段有实验方法、概率统计法、解析半解析方法和数值方法等，其中常用的是实验方法和数值方法。

实验方法一直以来都是研究入水问题的重要手段，许多学者通过实验方法观察物体入水时产生的物理现象，根据实验结果总结出入水砰击力的近似公式，同时为数值模拟提供可靠的数据。Worthington[1]是最早开始用实验方法研究入水问题的学者之一，他使用闪光拍摄技术，观察了小球进入各种液体产生的液面飞溅和空泡等现象，为之后入水问题的实验设计提供了思路和研究方向。Chuang[2-3]对刚体和弹性体的入水冲击问题设计了模型试验，并根据平底和 10°～60° 楔形体的自由落体入水实验数据总结出了砰击压力的近似公式。黄震球等[4-5]通过实验研究平底物体斜向入水，分析得出通过设置翼缘减小砰击力的方法，并根据实验结果总结出了一系列的入水砰击力公式。Chuang 的公式关注点在于楔形体角度变化时入水砰击力的变化规律，黄震球的公式针对平底物体以较小的斜向角入水的情况，根据使入水砰击力达到最大值的临界角将砰击力公式分成三段来描述砰击力的变化。通过实验结果总结的近似公式虽然无法精确地预测砰击压力结果，但也可以为定性分析砰击压力的数量级提供参考依据。Wei 等[6]利用高速数字摄像机系统，针对不同密度、长径比的圆柱，做了一系列的高速入水实验，很好地记录了水平圆柱高速入水产生的自由液面的变化情况和水下空腔形状的演变，成功捕捉水平圆柱入水的三维效应，也为数值模拟入水问题提供了详细的实验数据。

随着计算机硬件的不断更新和计算流体力学的兴起，数值模拟成为研究物体入水问题的重要手段。数值模拟入水问题主要难点在于自由面位置的判断。体积函数法（Volume of the fluid:VOF）是由 Hirt 和 Nichols 于 1981 年提出的一种自由面捕捉方法，其思路简单、精度和计算效率较高，目前已为多种主流 CFD 商业软件如 FLUENT，Flow3d 和 Starccm+，以及开源代码 OpenFOAM 和 Gerris 等所采用。VOF 方法被提出以来，许多学者使用该方法对物体入水进行数值模拟。Arai 等[7]进行了楔形体、圆柱和船艏以恒定速度入水的数值模拟，结合实验数据，验证了 VOF 方法在模拟物体入水这种瞬态问题的可靠性。Xing-Kaeding[8]使用 VOF 方法进行了二维圆柱体出入水模拟，得到了与实验较为接近的结果。陈宇翔[9]应用 VOF 方法结合动网格技术，对零浮力的圆柱入水问题进行了数值模拟，成功捕捉了入水过程中形成的射流和自由表面形成的气垫等现象，结果与 Greenhow 等[10]的实验结果相吻合。综合几位前人所做的工作，可见 VOF 方法在模拟物体入水问题时可以比较准确地捕捉到自由面的瞬态变化，因此本文选用 VOF 方法捕捉自由液面，使用 naoe-FOAM-SJTU 求解器，应用重叠网格技术实现入水物体在计算域内的大幅度运动，并且以较高的速度入水，选择 RANS 方程和 SST $k-\omega$ 两方程模型进行流场求解，并将结果与 Zhaoyu We 和 Changhong Hu[6]设计的水平圆柱入水实验相比较，得出相关结论。

2 数值方法

本文的数值模拟采用基于开源软件 OpenFOAM 开发的船舶与海洋工程水动力学求解器 naoe-FOAM-SJTU。使用其中的重叠网格和物体多级运动模块，对圆柱和方柱的入水问题进行数值模拟。

2.1 控制方程

采用的控制方程是非定常两相不可压的RANS方程：

$$\nabla \cdot U = 0 \tag{1}$$

$$\frac{\partial \rho \boldsymbol{U}}{\partial t} + \nabla \cdot (\rho \boldsymbol{U}\boldsymbol{U}) = -\nabla p_d - \boldsymbol{g} \cdot x \nabla \rho + \nabla \cdot (\mu_{eff} \nabla \boldsymbol{U}) + (\nabla \boldsymbol{U}) \cdot \nabla \mu_{eff} + f_\sigma \tag{2}$$

式中：$\boldsymbol{U}$ 为速度的矢量场；ρ 为流体（气体和液体）密度；P_d 为流体动压力，即 $P_d = P - \rho g x$；t 为时间；x 代表空间坐标；g 为重力加速度，大小取 $g = -9.81\text{m/s}^2$；f_σ 为表面张力项；μ_{eff} 为有效动力黏度，通过表达式 $\mu_{eff} = \rho\left(\upsilon + \upsilon_t\right)$ 确定，该式中的 υ 为运动黏度，υ_t 为涡黏度。

湍流模型采用 SST k-ω 两方程模型。该模型即在边界层的内部使用能够良好处理低雷诺数的 k-ω 模型，在边界层外部使用 k-ε 模型。该模型可使计算不受自由面的影响，并且在壁面也可以保证计算精度。

自由面的捕捉采用 OpenFOAM 中自带的带有人工压缩相的 VOF(Volume of Fluid)方法，两相的 VOF 输运方程为：

$$\frac{\partial \alpha}{\partial t} + \nabla \cdot (\boldsymbol{U}\alpha) + \nabla \cdot \left[\boldsymbol{U}_r (1-\alpha)\alpha\right] = 0 \tag{3}$$

式中：$\boldsymbol{U}_r$ 为压缩界面的速度矢量场；α 为流体的体积分数，当 $\alpha = 0$ 时表示气体，$\alpha = 1$ 时表示液体，0～1 之间则表示自由面。通过体积分数 α 将气体域跟液体域统一为一个流体域。

2.2 离散格式

本文所使用的 RANS 方程、流体体积输运方程以及湍流方程都使用有限体积法进行离散。采用 OpenFOAM 自带的离散格式对偏微分方程进行离散，时间项采用一阶隐式 Euler 格式，梯度项采用高斯线性插值格式，对流项采用二阶迎风格式，扩散项采用中心差分格式，VOF 方程中对流项采用 Van Leer 格式离散。速度和压力的解耦采用 PIMPLE 算法。PIMPLE 算法是 SIMPLE 和 PISO 算法的结合，在 PISO 的基础上对一个时间步进行多次迭代修正，取最后一次修正结果作为下一步的初始值，因此 PIMPLE 算法可以使用较大的时间步进行计算。

2.3 重叠网格方法

重叠网格方法是目前求解物体多级运动和大幅度运动问题的有效方法之一。其中心思想是将各部分物体的网格进行单独划分，并使各个部分的网格可以无约束地在计算域内部进行移动，利用重叠部分的网格以一定的插值形式进行流场信息交互，最终达到全流场计算的目的。重叠网格对比起传统网格最大的优势在于可以实现物体的大幅度运动，并且在运动过程中网格不会发生变形。

对于物体入水问题，由于物体运动幅度较大，而且涉及入水物体和背景的两级运动，所以使用重叠网格方法可以有效模拟物体入水问题。在物体入水问题中，连接远场与物体网格的背景网格是第一级网格，可以与背景网格进行无约束的六自由度运动的物体网格是第二级网格。

本文采用的求解器naoe-FOAM-SJTU在开源软件OpenFOAM的基础上自主开发了重叠网格和多级物体六自由度运动模块，可以对物体入水问题直接进行数值模拟。更加详细的重叠网格相关内容可以参考文献[11]。

3 计算域及网格布置

3.1 几何模型

表 1 是圆柱和方柱的模型参数，其中的 U_0 表示物体的初速度，D 表示初始时刻物体最低点距液面的垂直高度。

表 1　方柱和圆柱几何参数

	圆柱	方柱
直径/边长（m）	0. 05	0.1
高度（m）	0.2	0.1
密度（kg/m^3）	1370	500
U_0（m/s）	6.18	0
D（m）	0.05	0.05

3.2 计算域和网格布置

计算域范围：0≤x≤1.3,0≤y≤1.4，-0.1≤z≤0.5，如图 1 所示，顶端设置为大气边界条件，前后两个面为对称边界条件，左右及水池底端设置为固壁，圆柱表面为无滑移边界条件。方柱工况下的计算域和边界条件设置成圆柱相同，只将入水物体换成对应的方柱。方柱和圆柱的具体参数见表 1.

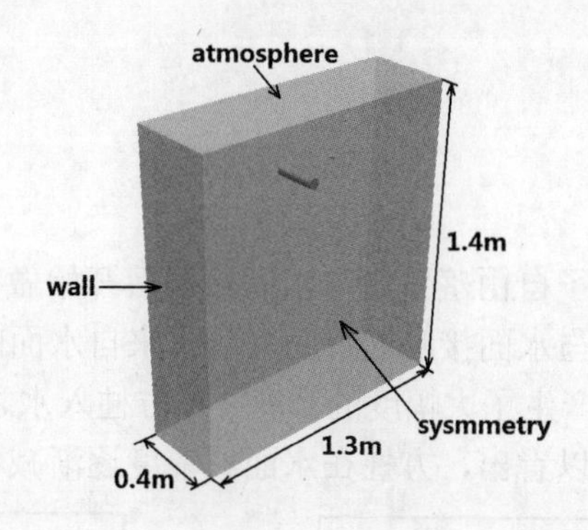

图 1 计算域示意图

网格的生成使用 OpenFOAM 自带的结构化网格生成工具 blockMesh。先后生成了背景网格和贴体网格，在自由面处和物体周围进行了适当加密。最终生成的网格数量如表 2 所示。

表 2　方柱和圆柱网格数量

	圆柱	方柱
背景网格（万）	54.7	54.7
贴体网格（万）	7.1	7.7
网格总数（万）	61.8	62.4

生成的重叠网格效果图如图 2 和图 3 所示。蓝色的网格为插值边界单元，用于实现背景网格与贴体网格的流场信息交流，红色的网格为普通的活动单元，正常参与流场的计算。

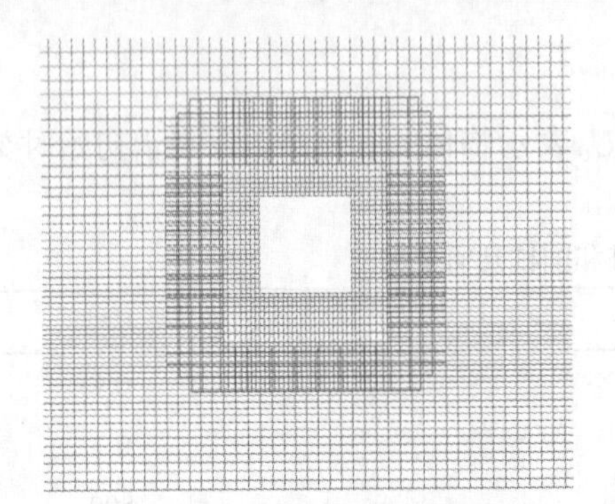
图 2 网格布置图(方柱)

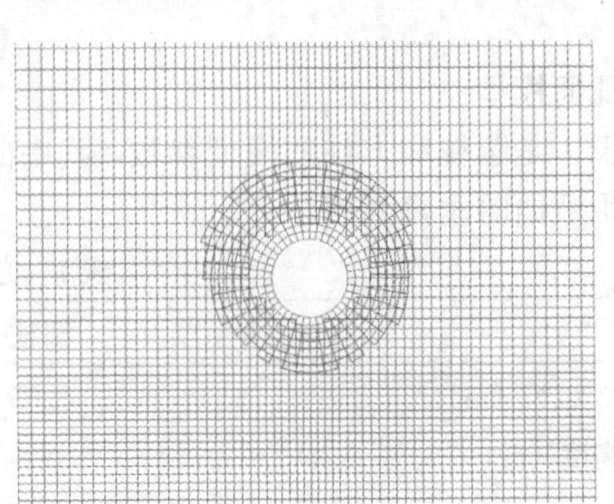
图 3 网格布置图(圆柱)

3.3 计算工况

方柱入水是为检验所使用的求解器在计算入水问题时的可行性而设置的工况，方柱的密度 ρ=500kg/m^3，在初始时刻从水面上方 0.05m 释放方柱，方柱的初速度设置为 0。

圆柱的密度为 ρ=1370kg/m^3，为了节约网格减少计算量，让圆柱最低点距自由液面的垂直距离为 0.05m 开始下落，并且使圆柱接触自由液面时的速度与实验值[6]相同，为 6.22m/s。

4 结果分析

4.1 方柱入水结果与分析

方柱的入水过程经历了自由落体、与水面接触后开始做变加速运动和在水面做周期性垂荡运动三个阶段，其中与水面接触的瞬间受到了来自水面的砰击力，如图 5 的受力曲线所示，方柱的垂向受力都产生了大幅度的骤变。在方柱入水之后，开始在水面做垂荡运动。从图 4 的垂荡运动曲线可以看出，方柱在水面做幅度逐渐减小的周期性垂荡运动。

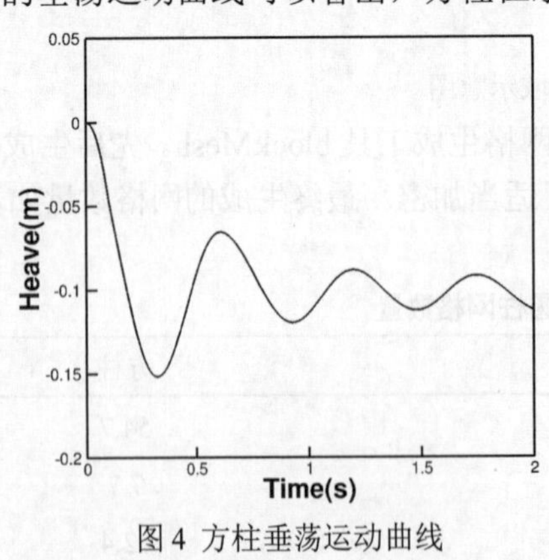

图 4 方柱垂荡运动曲线

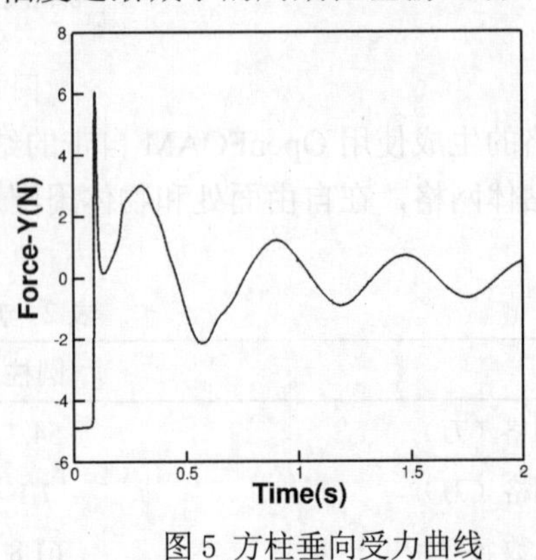

图 5 方柱垂向受力曲线

方柱入水的结果显示本文所使用的求解器在模拟物体入水问题时可以捕捉到物体低速入水瞬间的垂向受力骤变，以便后面模拟物体高速入水问题。

4.2 圆柱入水结果与分析

本节呈现三维水平圆柱入水的数值模拟结果，为了验证结果的可靠性，将数值模拟的结果与 Zhaoyu Wei 和 Changhong Hu[6]的实验数据进行对比。图 6 是圆柱入水以后的位移情况与实验的对比曲线，可以看到位移情况与实验数据吻合良好，与实验结果的误差在合理范围内。图 7 是圆柱入水过程中的垂向受力曲线，从数量级上看，高速入水瞬间物体所受的砰击力远大于低速入水，而且砰击力作用时间极短，在圆柱完全入水之后，所受垂向力逐渐趋于平稳，随速度的降低逐渐减小。综合两张曲线图，从定性角度看圆柱的受力是符合物理规律的，加之圆柱位移与实验结果吻合较好，可以验证对圆柱高速入水的数值模拟可信度高。

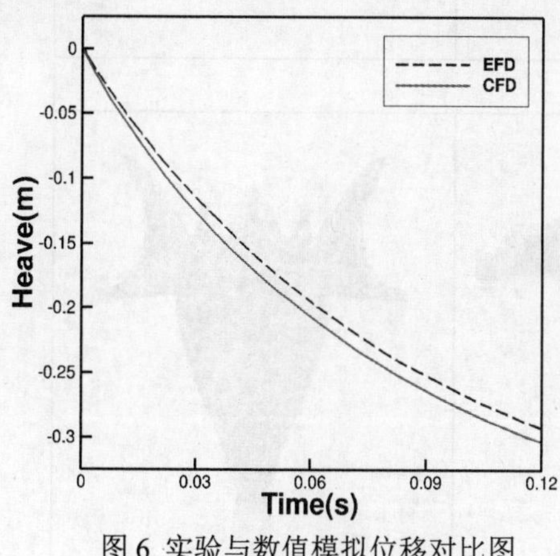

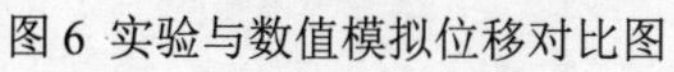
图 6 实验与数值模拟位移对比图

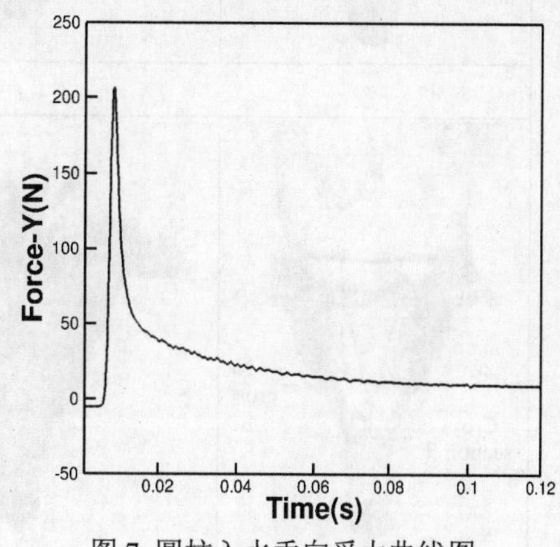

图 7 圆柱入水垂向受力曲线图

图 8 是空腔及自由液面形状的对比图，对比的对象是实验和 A. Iranmanesh[12]所模拟的结果，展示了自由液面和水下空腔的演化过程。从数值模拟的结果中提取出流场中的水气交界面形状，与实验拍摄得到的空腔和自由液面情况进行对比。自由液面的整体形状大致相同，但数值模拟的自由液面变化不如实验结果剧烈。在实验图片中，液面飞溅形成的crown（也就是液面飞溅较高的部分）液膜厚度非常小，进而导致水的体积分数 α 值非常接近于 0，由于网格尺寸及动量方程对流项离散格式精度的限制，数值模拟得到的飞溅 crown 形状与实验相比仍有差距，但也能够捕捉到液面飞溅到 crown 形成的过程。在水下，空腔的形状和大小都十分接近，从空腔开始形成到发展成即将与圆柱脱离的过程也基本和实验相同。

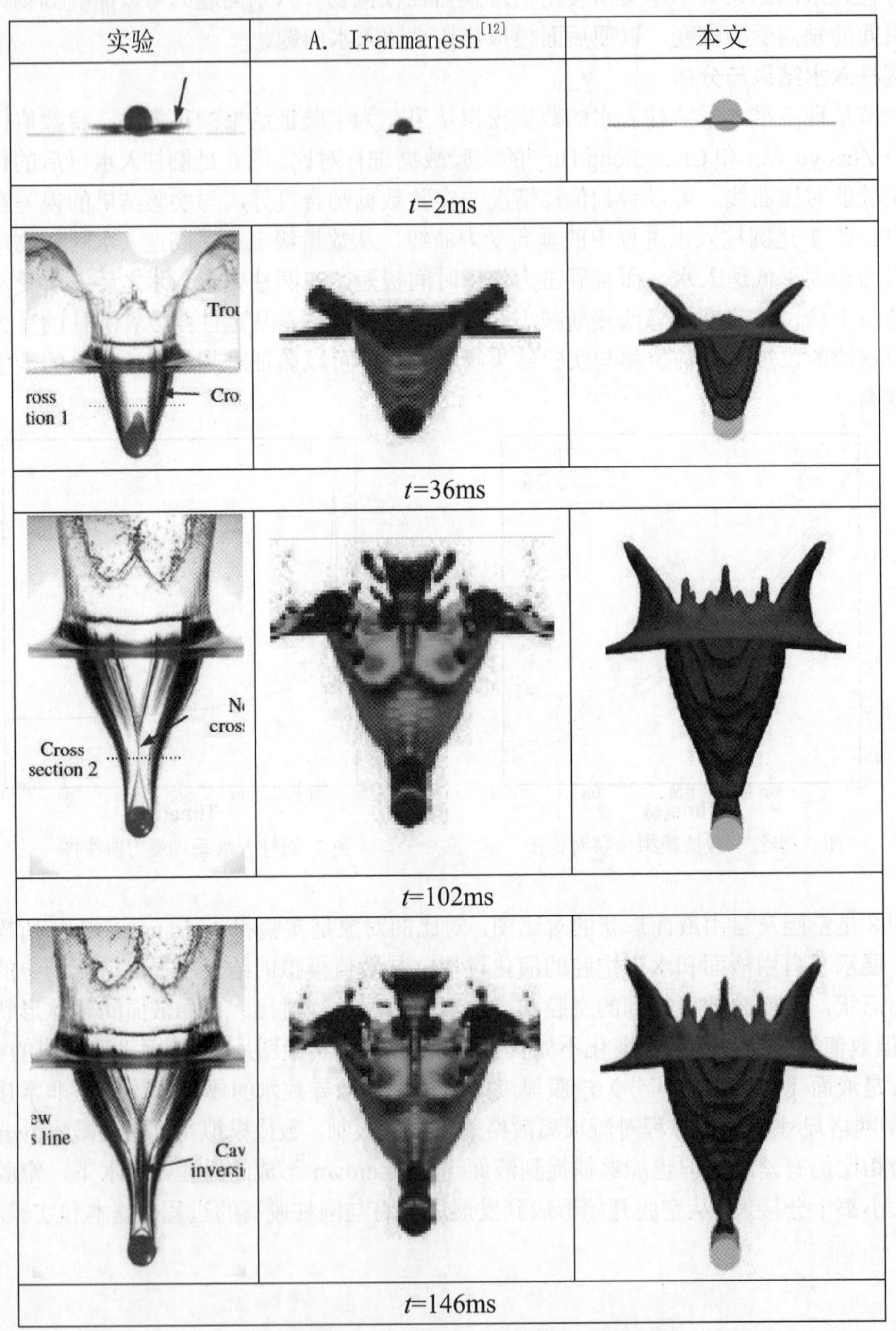

图 8 数值模拟水气交界面与实验结果的对比

4.3 结论

本文以方柱和圆柱为研究对象，使用 RANS 方程和 SST k-ω 湍流模型，对物体入水问题进行初步研究。对低速入水问题，本文以方柱为研究对象，目的在于定性地验证所使用的求解器和数值方法可以对物体入水问题中所出现的主要物理现象进行预测，模拟结果也证实了 naoe-FOAM-SJTU 求解器可以成功捕捉到方柱入水所受到的砰击力。对于高速入水问题，本文以圆柱为研究对象，受力情况从定性角度符合物理规律，位移模拟结果与实验数据对比吻合程度较高，并且没有呈现出误差继续增大的趋势。模拟得到的水下空腔形状和实验结果很相近，空腔从形成到与圆柱脱离的过程也基本一致，液面飞溅的形状与实验大致相符，但是飞溅的高度比实验结果更低，这是由于飞溅得到的液膜厚度太薄，在数值模拟中水的体积分数接近于 0，而本文控制方程中动量方程对流项的离散格式精度不足以捕捉液面飞溅形成的 crown，这也是以后在研究入水问题时可以改进的一个方面。

致谢

本文得到国家自然科学基金（51879159，51490675，11432009，51579145）、长江学者奖励计划(T2014099)、上海高校特聘教授(东方学者)岗位跟踪计划(2013022)、上海市优秀学术带头人计划(17XD1402300)、工信部数值水池创新专项课题(2016-23/09)资助项目。在此一并表示感谢。

参考文献

1 Worthington A M , Cole R S . Impact with a Liquid Surface, Studied by Means of Instantaneous Photography. [Abstract][J]. Proceedings of the Royal Society of London, 1900, 194:175-199.

2 Chuang S L. Experiments on flat-bottom slamming [J]. Journal of Ship Research. 1966,10:10-17.

3 Chuang S L. Investigation of impact of rigid and elastic bodies with water[R]. Naval Warfare and Marine Engineering, 1970.

4 黄震球，张文海．减小平底体砰击的试验研究[J]．华中工学院学报，1986(5):97-102.

5 李国钧，黄震球．平底物体对水面的斜向冲击[J]．华中理工大学学报，1995(S1):145-147.

6 Wei Z , Hu C . An experimental study on water entry of horizontal cylinders[J]. Journal of Marine Science & Technology, 2014, 19(3):338-350.

7 Arai M, Cheng L Y, Inoue Y. A computing method for the analysis of water impact of arbitrary shaped bodies (2nd report)[J]. Journal of the Society of Naval Architects of Japan, 1995, 1995(177): 91-99.

8 XING-KAEDING Y , JENSEN G , PERIC M . Numerical simulation of water-entry and water-exit of a horizontal circular cylinder[C]//Proceedings of the 6th International Conference on Hydrodynamics . Perth , 2004: 663-669 .

9 陈宇翔，郜冶，刘乾坤．应用 VOF 方法的水平圆柱入水数值模拟[J]．哈尔滨工程大学学报，2011,

32(11):1439-1442.

10 GREENHOW M, LIN W M. Nonlinear free-surface effects: Experiments and theory. MIT report 83-19 [R] . Cambridge: Massachusetts Institute of Technology, 1983.

11 沈志荣. 船桨舵相互作用的重叠网格技术数值方法研究[D]. 2014.

12 Iranmanesh A, Passandideh-Fard M. A three-dimensional numerical approach on water entry of a horizontal circular cylinder using the volume of fluid technique[J]. Ocean Engineering, 2017, 130:557-566.

Numerical simulation of water entry of cylinder and box square column based on overset grid method

XIE Lu-yi, ZHANG Xiao-song, WAN De-cheng

(Collaborative Innovation Center for Advanced Ship and Deep-Sea Exploration, State Key Laboratory of Ocean Engineering, School of Naval Architecture, Ocean and Civil Engineering, Shanghai Jiao Tong University, Shanghai 200240, China)

Abstract: Research on water entry has an important guiding effect on ship launching and projectile water entry. The problem of water entery involves the interaction between objects and water. An object entering water will cause the liquid level to change suddenly, water entry is accompanied by complex physical phenomena such as splash and cavitation. Numerical simulation of the water entry problem of an object can predict the size of the slamming force and the equilibrium position of the object after it enters the water and provide important theoretical basis for water entry in engineering application. The main work of this paper is numerical simulation of water entry of cylinder and square column. First, square column water entry is simulated and qualitatively analyzes the slamming force on the square column entering water, which verifies the feasibility of the solver used in simulating the water entry problem. Then the cylinder water entry was simulated, the simulation results are in good agreement with the experiment. The solver used in this paper is naoe-FOAM-SJTU which is developed based on OpenFoam.

Key words: Water entry; Slamming; Overset grid; naoe-FOAM-SJTU solver.

船舶波浪中复原力臂时域预报方法研究

卜淑霞，顾民，鲁江，王田华

(中国船舶科学研究中心，无锡，214082, Email: bushuxia8@163.com)

摘要：波浪中复原力臂的变化是与复原力臂相关失效模式（参数横摇和纯稳性丧失）的主要发生原因，因此完善的波浪稳性预报方法需要以波浪中复原力臂变化的准确评估为依据。本研究分别选取了二维切片法和三维时域混合源法，对比分析了两种评估方法对波浪中复原力臂变化的计算精度。研究表明，不同的方法均可以较好地计算常规 FK 和静水力引起的复原力臂成分；由于三维时域混合源法根据瞬时湿表面的变化计算了垂荡和纵摇对横摇运动的耦合影响，因此，与模型试验相比，更好地计算了辐射力和绕射力引起的成分；顶浪和艏斜浪中由于辐射力和绕射力引起的复原力臂成分是船舶波浪稳性预报中不能忽视的成分。

关键词：IMO 二代完整稳性；波浪中复原力臂；三维时域混合源法；二维切片法

1 引言

目前，国际海事组织正在制定的船舶第二代完整稳性衡准，包括了影响船舶安全航行的 5 种失效模式，并且提出了采用多层次的评估框架以保证船舶的航行安全，其中第三层次的稳性直接评估对失效模式的精度提出了较高的要求[1]。

波浪中复原力臂的变化是与复原力臂相关失效模式（参数横摇和纯稳性丧失）的主要发生原因，因此完善的波浪稳性预报方法需要以波浪中复原力臂变化的准确评估为依据。当波长近似船长，船中位于波峰时，复原力臂比静水复原力臂小；当船中位于波谷时，复原力臂会比静水复原力臂大，进而引起波浪复原力臂的周期性变化，对于具有大型外飘船艏和方艉的船，这种变化在纵浪中十分明显。因此，研究波浪中复原力臂的变化规律，以及建立相应的数值模拟方法，对于了解波浪稳性的发生机理，提高相应的预报精度至关重要。波浪中复原力臂变化主要包括两部分，一部分是由常规 Froude-Krylov 力和静水力引起的成分；一部分是辐射力和绕射力引起的成分。早期的研究认为，Froude-Krylov 假设可以解释波浪对横摇复原力臂的影响[2]，但是一些约束模型试验表明，基于 Froude-Krylov 假设的数值模拟结果与模型试验结果之间存在较大的误差[3-4]。目前在波浪稳性的研究中，

Froude-Krylov 力和静水力引起的成分均采用了瞬时湿表面，也就是考虑了非线性特征，而大部分研究中忽略了辐射力和绕射力引起的成分，或者基于近似非线性物面条件考虑辐射力和绕射力的影响[5-6]。本文作者前期基于二维切片法，研究了辐射力和绕射力部分对参数横摇精度的影响[7]；后基于三维时域混合源法，采用近似非线性物面条件计算辐射力和绕射力引起的复原力臂成分，对该成分进行了详细的研究，并引入精确物面处理条件，研究了考虑物面全非线性的辐射力和绕射力引起的复原力臂成分[8]。

本文在前期已有预报方法的基础上，重点研究了辐射力和绕射力引起的复原力臂成分，以国际 C11 集装箱船为对象，对比分析了三维时域混合源法和二维切片法在计算 GZ_{FK} 和 GZ_{FK+RD} 计算精度上的区别。

2 理论模型和预报方法

2.1 理论模型

一般刚体运动具有 6 个自由度，但可以通过考虑一些限制条件，将其减少[9]。首先，假设船舶在顶浪航行时航向固定，此时横荡和艏摇运动可以忽略；其次，假设船体可以保持恒定的航速，此时纵荡运动可以忽略，这时仅剩下垂荡、纵摇和横摇运动。考虑到顶浪航行时垂荡和纵摇对横摇运动存在强耦合作用，两者不能忽略，因此本文选取垂荡-横摇-纵摇相互耦合的三自由度数学模型。

$$
\begin{aligned}
&(m+A_{33})\ddot{\zeta}+B_{33}\dot{\zeta}+A_{34}\ddot{\phi}+B_{34}\dot{\phi}+A_{35}\ddot{\theta}+B_{35}\dot{\theta}=F_3^{\mathrm{FK+H}}+F_3^{\mathrm{D}}\\
&(I_{xx}+A_{44})\ddot{\phi}+N_1\dot{\phi}+N_3\dot{\phi}^3+A_{43}\ddot{\zeta}+B_{43}\dot{\zeta}+A_{45}\ddot{\theta}+B_{45}\dot{\theta}=F_4^{\mathrm{FK+H}}+F_4^{\mathrm{D}}\\
&(I_{yy}+A_{55})\ddot{\theta}+B_{55}\dot{\theta}+A_{53}\ddot{\zeta}+B_{53}\dot{\zeta}+A_{54}\ddot{\phi}+B_{54}\dot{\phi}=F_5^{\mathrm{FK+H}}+F_5^{\mathrm{D}}
\end{aligned}
\tag{1}
$$

其中，m 是船体质量；I_{xx} 是船体横摇惯性矩；I_{yy} 是船体纵摇惯性矩；A_{ij} 是船体附加质量；B_{ij} 是船体阻尼系数；ζ 是船体垂荡位移；θ 是船体纵摇运动；ϕ 是船体横摇运动；N_1、N_3 分别是线性和立方项的横摇阻尼，本文采用模型试验结果；$F^{\mathrm{FK+H}}$ 是 Froude-Krylov 力和静水力，沿船体瞬时湿表面进行压力积分得到；F^{D} 是船体绕射力。船体运动的偏微分方程利用 Runge-Kutta 方法求解。

动稳性研究的关键在于横摇力矩求解的准确性，因此，可以通过评估不同成分在横摇力矩方向的贡献进而研究不同成分作用力的影响，为了方便计算，在研究中将所有作用在横摇方向的力/力矩转换为横摇方向的复原力臂。此时波浪中复原力臂可以进一步划分成两部分，一部分是静水和 Froude-Krylov 力引起的成分（GZ_{FK}），另一部分是辐射力和绕射力引起的成分（GZ_{RD}）。公式可表示为：

$$GZ = -\frac{F_4^{\mathrm{FK+H}} + F_4^{\mathrm{D}} - (A_{43}\ddot{\zeta} + B_{43}\dot{\zeta} + A_{45}\ddot{\theta} + B_{45}\dot{\theta})}{mg}$$
$$= -\frac{F_4^{\mathrm{FK+H}}}{mg} - \frac{F_4^{\mathrm{D}} - (A_{43}\ddot{\zeta} + B_{43}\dot{\zeta} + A_{45}\ddot{\theta} + B_{45}\dot{\theta})}{mg} = GZ_{\mathrm{FK}} + GZ_{\mathrm{RD}} \tag{2}$$

上述公式中，静水力和 Froude-Krylov 力的计算沿物面瞬时湿表面积分；对于辐射力和绕射力的计算，可进一步划分为：仅考虑初始平均湿表面的线性方法，对于纵浪中航行的对称正浮船体，此时，辐射力和绕射力引起的横摇复原力臂变化几乎为 0，因此，此种方法可认为未考虑辐射力和绕射力引起的复原力臂变化，也就是该方法中仅考虑了 Froude-Krylov 力和静水力引起的复原力臂变化，称为 GZ_{FK}；另一种方法是考虑瞬时平均湿表面的近似非线性物面方法，也就是近似非线性物面方法。

因此，计算中由于 Froude-Krylov 力和静水力引起的力/力矩以及复原力臂可表示为：

$$\vec{F}(F^{\mathrm{FK}}, F^{\mathrm{H}}) = \iint_S p\vec{n}\mathrm{d}s = \iint_S -\rho(\frac{\partial \Phi_w}{\partial t} + gz)\vec{n}\mathrm{d}s \Rightarrow mgGZ_{\mathrm{FK}} = \iint_S \rho(\frac{\partial \Phi_w}{\partial t} + gz)\vec{n}\mathrm{d}s \tag{3}$$

由于辐射力和绕射力引起的力/力矩可以采用两种方式计算，一种是考虑瞬时位置引起的平均湿表面，也即近似非线性物面方法，计算公式可以表示为：

$$\vec{F}(F^{\mathrm{D}}, F^{\mathrm{R}}) = \iint_S p\vec{n}\mathrm{d}s = \iint_{\overline{S}(\phi)} -\rho(\frac{\partial \Phi_D}{\partial t} + \frac{\partial \Phi_R}{\partial t})\vec{n}\mathrm{d}s \Rightarrow mgGZ_{\mathrm{RD}} = \iint_{\overline{S}(\phi)} \rho(\frac{\partial \Phi_D}{\partial t} + \frac{\partial \Phi_R}{\partial t})\vec{n}\mathrm{d}s \tag{4}$$

其中，$\overline{S}(\phi)$ 代表考虑横倾角度之后的平均湿表面；ϕ 代表固定横倾角度。

2.2 三维时域混合源法

该三维时域混合源法在数值求解中引入了控制面 S_{C}，将流场分为内场 I 和外场 II。内场 I 是由船体湿表面 S_{b}、部分自由液面 S_{f1} 和控制面 S_{C} 包围的闭合区域；外场 II 由控制面 S_{C}、剩余的自由液面 S_{f2} 和无穷边界 S_∞ 组成，流场分布和船体网格划分如图 1 所示[10-11]。

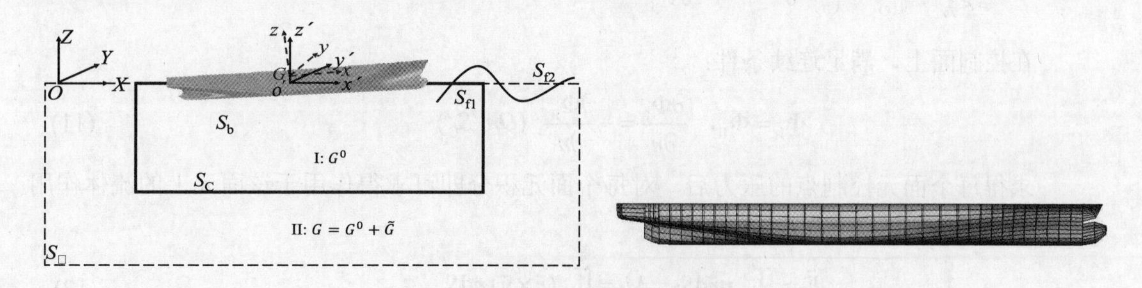

图 1　混合源法区域划分示意图

记内场总扰动势 $\Phi(P,t)$为 $\Phi_{\mathrm{I}}(P,t)$，那么 $\Phi_{\mathrm{I}}(P,t)$在大地坐标系下应该满足以下条件：

$$\begin{cases} \nabla^2\Phi_{\mathrm{I}} = 0 & \text{内部流场} \\ \dfrac{\partial^2\Phi_{\mathrm{I}}}{\partial^2 t} + g\dfrac{\partial\Phi_{\mathrm{I}}}{\partial Z} = 0 & \text{on } S_{\mathrm{f1}}, t>0 \\ \dfrac{\partial\Phi_{\mathrm{I}}}{\partial\vec{n}} = \vec{V}_n - \dfrac{\partial\Phi_w}{\partial\vec{n}} & \text{on } S_{\mathrm{b}}, t>0 \\ \Phi_{\mathrm{I}} = \dfrac{\partial\Phi_{\mathrm{I}}}{\partial t} = 0 & \text{at } t=0 \end{cases} \tag{7}$$

则内场 I 中 Rankine 源的边界积分方程如下：

$$2\pi\Phi_{\mathrm{I}}(P) + \iint_{S_{\mathrm{I}}} (\Phi_{\mathrm{I}} G_n - \Phi_{\mathrm{I}n} G)\mathrm{d}S = 0 \tag{8}$$

其中，Φ_{I} 是内场 I 总扰动速度势；$G = 1/r_{PQ}$ 为简单格林函数。定义 $\vec{x} = P(X(t),Y(t),Z(t))$ 为场点、$\vec{\xi} = Q(\xi(t),\eta(t),\zeta(t))$ 为源点，则 $r_{PQ} = |P-Q| = \sqrt{(X-\xi)^2+(Y-\eta)^2+(Z-\zeta)^2}$ 。

记外场总扰动势 $\Phi(P,t)$为 $\Phi_{\mathrm{II}}(P,t)$，那么 $\Phi_{\mathrm{II}}(P,t)$在大地坐标系下应满足以下条件：

$$\begin{cases} \nabla^2\Phi_{\mathrm{II}} = 0 & \text{外部流场} \\ \dfrac{\partial^2\Phi_{\mathrm{II}}}{\partial^2 t} + g\dfrac{\partial\Phi_{\mathrm{II}}}{\partial Z} = 0 & \text{on } S_{\mathrm{f2}},\ t>0 \\ \nabla\Phi_{\mathrm{II}} \to 0 & \text{on } S_{\infty} \\ \Phi_{\mathrm{II}} = \dfrac{\partial\Phi_{\mathrm{II}}}{\partial t} = 0 & \text{at } t=0 \end{cases} \tag{9}$$

则外场 II 中边界积分方程可以写成：

$$\begin{aligned} 2\pi\Phi_{\mathrm{II}} + \iint_{S_{\mathrm{C}}(t)} \left\{\Phi_{\mathrm{II}}\frac{\partial G^0}{\partial n_Q} - G^0\frac{\partial\Phi_{\mathrm{II}}}{\partial n_Q}\right\}\mathrm{d}S_Q &= \int_{t_0}^{t} d\tau \iint_{S_{\mathrm{C}}(\tau)} \left\{\tilde{G}\frac{\partial\Phi_{\mathrm{II}}}{\partial n_Q} - \Phi_{\mathrm{II}}\frac{\partial\tilde{G}}{\partial n_Q}\right\}\mathrm{d}S_Q \\ &+ \frac{1}{g}\int_{t_0}^{t}\mathrm{d}\tau \oint_{w(\tau)} \vec{V}_N \left\{\tilde{G}\frac{\partial\Phi_{\mathrm{II}}}{\partial\tau} - \Phi_{\mathrm{II}}\frac{\partial\tilde{G}}{\partial\tau}\right\}\mathrm{d}l_Q \end{aligned} \tag{10}$$

在控制面上，满足连续条件：

$$\Phi_{\mathrm{I}} = \Phi_{\mathrm{II}},\quad \frac{\partial\Phi_{\mathrm{I}}}{\partial n} = -\frac{\partial\Phi_{\mathrm{II}}}{\partial n}\quad (On\ \ S_{\mathrm{C}}) \tag{11}$$

求得每个面元控制点的压力后，对每个面元积分即可求得作用于该面元上的流体作用力 F 和力矩 M。

$$\vec{F} = \iint_{S_b} p\vec{n}\mathrm{d}S;\quad \vec{M} = \iint_{S_b} (\vec{r}\times\vec{n})p\mathrm{d}S \tag{12}$$

2.3 二维切片法

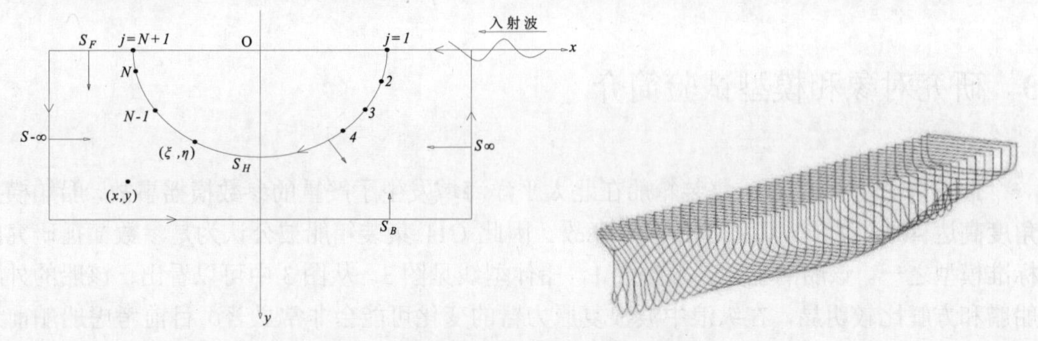

图 2　速度势求解和船体剖面示意图

基于切片理论求解水动力系数，求解的关键在于速度势的求解。可采用二维格林函数求解剖面的速度势，也即在船体剖面的浸湿表面上连续分布脉动源，然后根据剖面的边界条件求出连续分布脉动源的速度势，进而求出各剖面的水动力系数，最后沿船体积分求出整个船体的水动力系数[12]。如图 2 所示，将物面分成 n 段（n=1~N），设 $P=(x,y)$ 为场点，$Q=(\xi,\eta)$ 为源点，则辐射势和格林函数应满足以下条件：

$$
\begin{aligned}
&[L]\ \nabla^2\varphi_j=0\,; && \nabla^2 G=\delta(x-\xi)\delta(y-\eta) \\
&[F]\ \frac{\partial\varphi_j}{\partial n}=\frac{\partial\varphi_j}{\partial\eta}=-K\varphi_j; && \frac{\partial G}{\partial n}=\frac{\partial G}{\partial\eta}=-KG \quad \text{on } \eta=0 \\
&[B]\ \frac{\partial\varphi_j}{\partial n}=\frac{\partial\varphi_j}{\partial\eta}=0; && \frac{\partial G}{\partial n}=\frac{\partial G}{\partial\eta}=0 \qquad \text{as } y\to\infty \\
&[R]\frac{\partial}{\partial n}=\mp\frac{\partial}{\partial\xi}; \quad \varphi_j\sim Ae^{-K\eta\mp iK\xi}; && G\sim Be^{-K\eta\mp iK\xi}
\end{aligned}
\tag{13}
$$

积分方程可写成：

$$
\frac{1}{2}\varphi_j(P)+\int_{S_H}\varphi_j(Q)\frac{\partial}{\partial n_Q}G(P;Q)ds(Q)=\begin{cases}\int_{S_H} n_j(Q)G(P;Q)ds(Q), & j=2\sim 4\\ \varphi_0(P), & j=D\end{cases}
\tag{14}
$$

选取如下的格林函数：

$$
\begin{aligned}
G(x,y;\xi,\eta)&=\frac{1}{2\pi}\log\frac{r}{r_1}-\frac{1}{\pi}\lim_{\mu\to 0}\int_0^\infty\frac{e^{-k(y+\eta)}\cos k(x-\xi)}{k-(K-i\mu)}dk \\
&=\frac{1}{2\pi}\log\frac{r}{r_1}-\frac{1}{\pi}\oint_{0\to\infty}\frac{e^{-k(y+\eta)}\cos k(x-\xi)}{k-K}dk+ie^{-K(y+\eta)}\cos K(x-\xi) \\
&=\frac{1}{2\pi}\log\frac{r}{r_1}-\frac{1}{\pi}\int_0^\infty\frac{k\cos k(y+\eta)-K\sin k(y+\eta)}{k^2+K^2}e^{-k|x-\xi|}dk \\
&\quad +ie^{-K(y+\eta)-iK|x-\xi|}
\end{aligned}
\tag{15}
$$

其中 $r=\sqrt{(x-\xi)^2+(y-\eta)^2}$；$r_1=\sqrt{(x-\xi)^2+(y+\eta)^2}$

对该方程进行离散，可得到二维剖面的辐射式 φ_j 和绕射势 φ_D，进而得到相应的作用力。

3 研究对象和模型试验简介

1998 年巴拿马型 C11 集装箱船在北太平洋海域发生了严重的参数横摇事故，船舶横摇角度高达 40°，属于典型的参数横摇事故。因此 C11 集装箱船被公认为是参数横摇研究的标准模型之一。该船的主要参数见表 1，船体型线见图 3。从图 3 中可以看出：该船的外飘船艏和方艉比较明显，在纵浪中波浪复原力臂的变化可能会非常显著。目前考虑船舶前进速度的大倾角复原力臂模型试验开展的较少。因此，本文以 C11 集装箱船为对象，首先通过模型试验测量了顶浪规则波及不规则波、随浪规则波中复原力臂的变化规律。

模型与实船的缩尺比为 1:65.5，实船吃水 d=11.5m，该吃水状态也是目前国际上采用该模型进行参数横摇研究常用的吃水状态。区别于常规耐波性试验，波浪稳性的研究与 GM 值密切相关，因此，在模型重心位置和纵向惯量调试完成后，在静水中进行 GM 值的调试，以保证 GM 值的精度。波浪中复原力臂的模型试验采用中国船舶科学研究中心自主研发的随动平衡式船模波浪稳性力臂测量仪[13]，该装置基本构造如图 4 所示，装置由基座、位移机构、三分力组合式传感器及重量平衡机构等部件组成。该装置可实现多种船舶水动力性能的测量，包括不同方向的力/力矩以及模型运动姿态。模型试验中释放垂荡、横摇和纵摇运动，约束纵荡、横荡和艏摇运动，将模型固定在某一横倾角度下，模型可以在该固定横倾角度下进行自由垂荡和纵摇运动，测量此时的横摇力矩，进而得到对应的横摇复原力臂。模型试验在中国船舶科学研究中心耐波性水池中进行，在不同浪向下开展波浪中复原力臂的模型试验，模型试验照片如图 4 所示。

表 1　C11 集装箱船主尺度参数（缩尺比 1:65.5）

项目	值	项目	值	项目	值
垂线间长 (L_{pp})	262.00m	型深 (D)	24.45m	横摇固有周期 (T)	24.68s
平均吃水 (d)	11.50m	船宽 (B)	40.00m	纵摇惯性半径 (k_{yy})	0.24L_{pp}
排水量 (W)	67508.0ton	初稳性高 (GM)	1.928m		

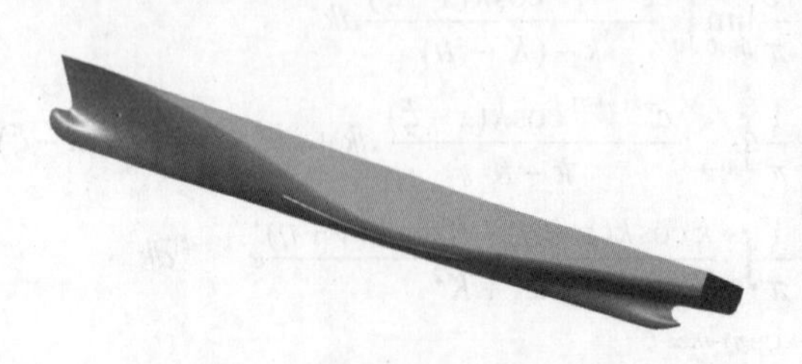
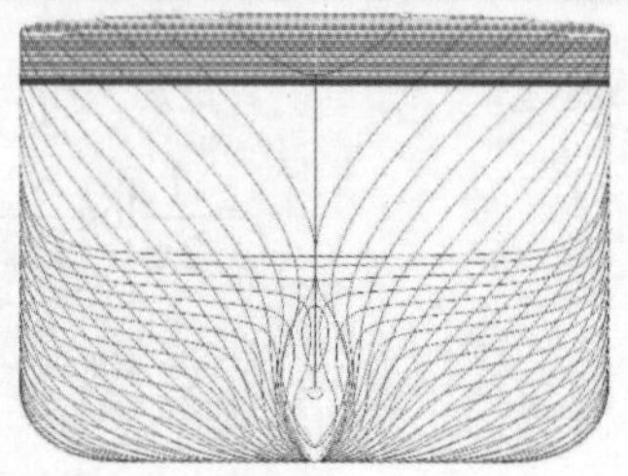

图 3　巴拿马型 C11 集装箱船船体几何外形和船体剖面

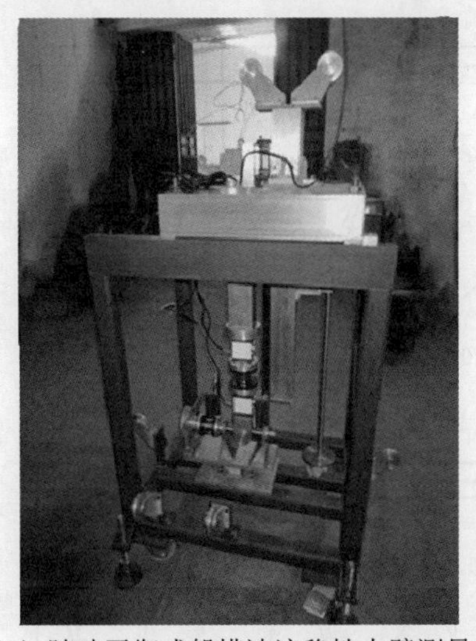

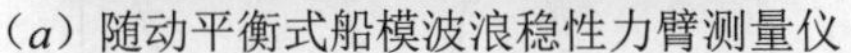

（*a*）随动平衡式船模波浪稳性力臂测量仪　　　（*b*）波浪中复原力臂模型试验照片

图 4　波浪中复原力臂测量设备和模型试验照片

4　计算结果和分析

分别采用三维时域混合源法和二维切片法计算不同波浪条件下复原力臂的变化，并通过模型试验对比两种计算方法的区别。

4.1 随浪计算结果和分析

图 6 为随浪状态不同航速对应的 GZ_{FK}，其中横坐标代表船舶-波浪的相对位置。从图 6 中可以看出，两种计算方法计算得到的 GZ_{FK} 基本一致，均和模型试验结果吻合良好。由于 FK 和静水力产生的 GZ，主要取决于船舶-波浪相对位置计算的准确性，因此，两种方法计算结果区别不大。考虑 GZ_{RD} 之后的 GZ_{FK+RD}，两种方法计算结果区别也不大。上述对比结果表明，两种方法对于随浪中 GZ_{FK} 和 GZ_{FK+RD} 的计算结果均与模型试验结果吻合良好。

另外，从模型试验结果可以看出，随浪中 GZ 曲线基本符合规则振动的余弦曲线，多频率叠加现象不明显，间接证明了第二共振响应不明显，可以忽略。从计算结果也可以看出，GZ_{FK+RD} 和 GZ_{FK} 近似相等，并且与模型试验结果也吻合较好。因此，可以认为辐射力和绕射力对 GZ 的影响在随浪中可以忽略。

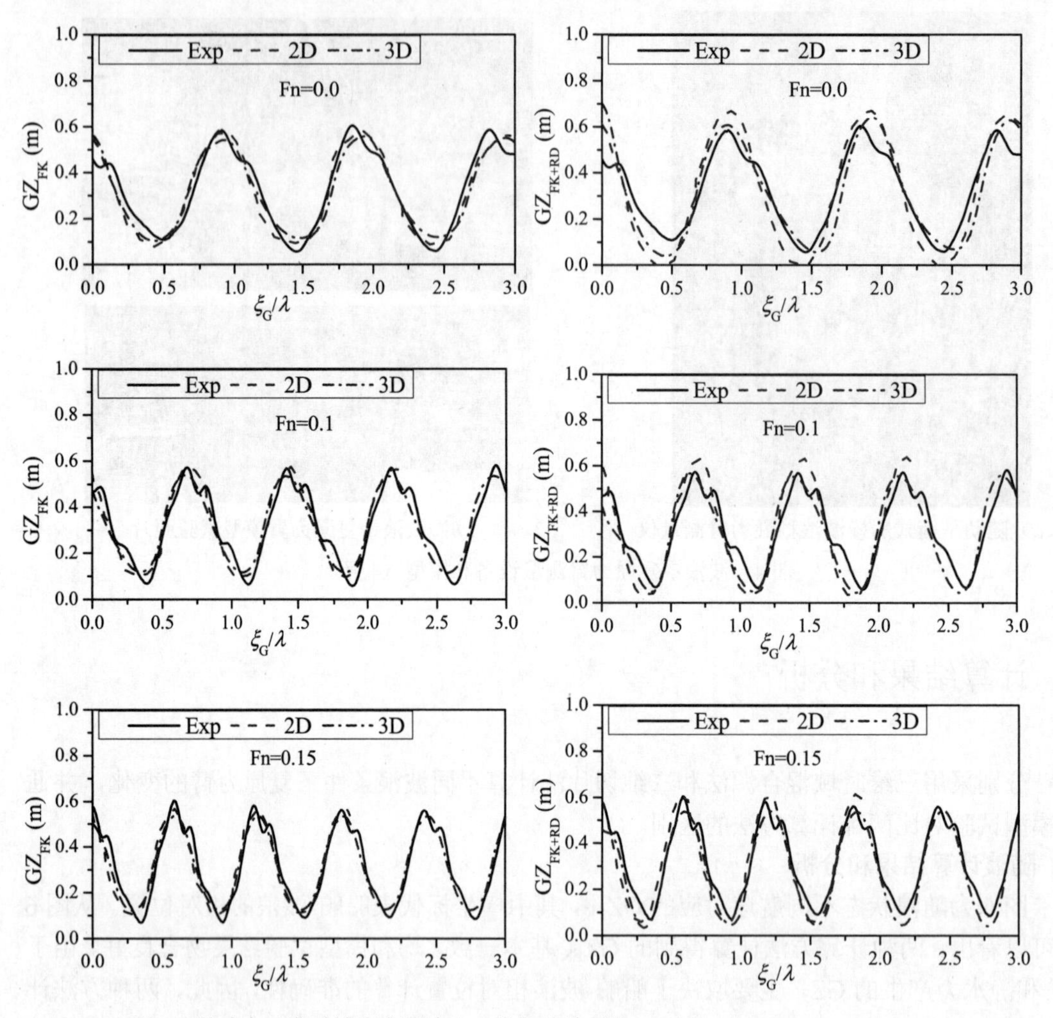

图 6 随浪中三维时域混合源法和二维切片法对比(λ/L_{pp}=1.0, H/λ=2.62, ϕ_c=8.0º, χ=0°)

4.2 顶浪计算结果和分析

图 7 为顶浪状态下，三维时域混合源法和二维切片法的对比结果。对于 GZ_{FK}，从图 7 中可以看出，两种方法对于 GZ_{FK} 的计算精度区别不大。对于 GZ_{FK+RD}，两种方法计算结果在零航速下区别不大；随着航速的增加，二维切片方法计算结果偏大，可能是因为顶浪状态，垂荡和纵摇较为明显，且对横摇的影响也较为明显，而目前二维切片方法计算中，对垂荡和纵摇的处理采用频域计算的思想，即首先计算初始时刻的垂荡和纵摇幅值，然后根据单幅波幅和相位进行转换。

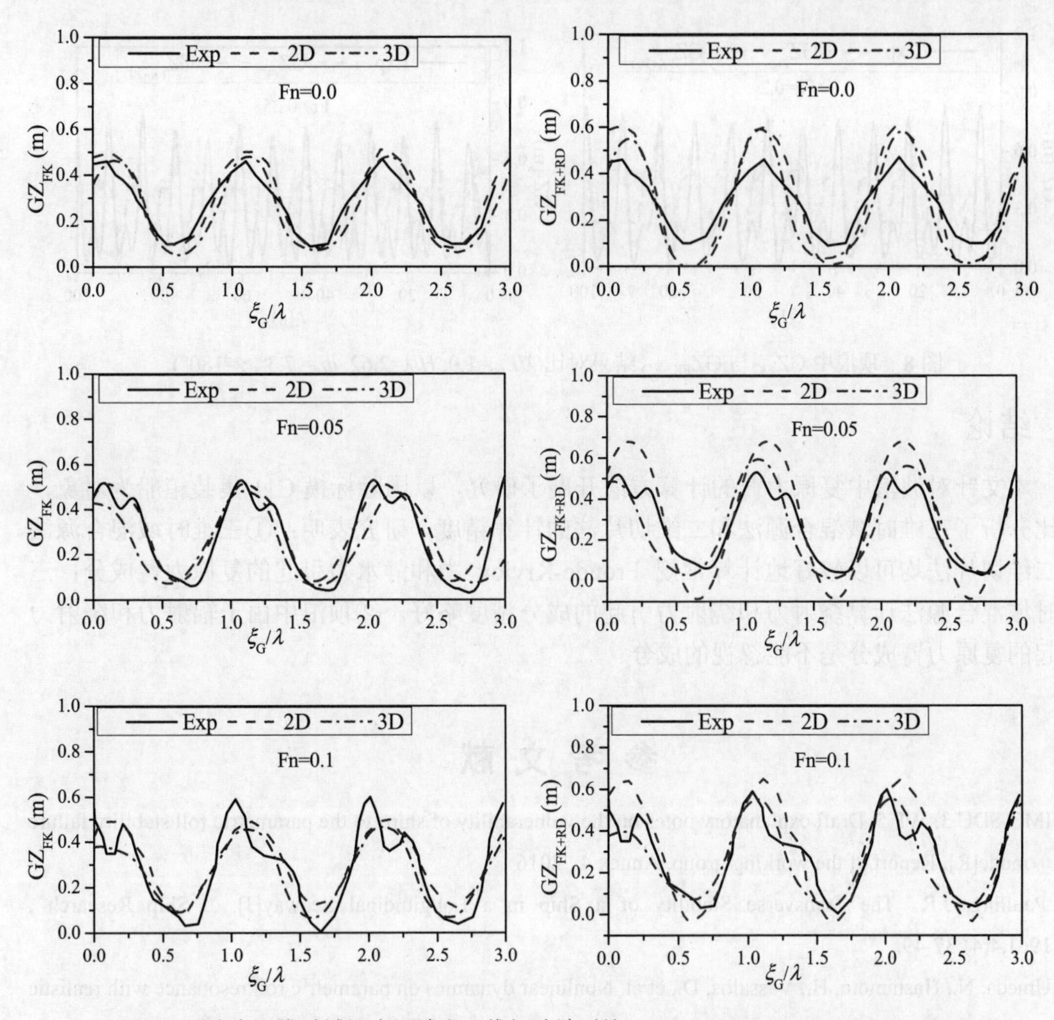

图 7 顶浪中三维时域混合源法和二维切片法对比(λ/L_{pp}=1.0, H/λ=2.62, ϕ_c= 7.3°, χ=180°)

从上述模型试验结果可以看出，随着航速的增加，复原力臂曲线越来越不符合简谐规律，多频率叠加现象变的明显，这种非线性现象使得高航速下 GZ 的预报十分复杂。从数值模拟结果可以看出，当 Fn=0.0 和 Fn=0.05 时，GZ_{FK} 和模型试验吻合良好，GZ_{FK+RD} 比模型试验稍微偏大，可以推断出此种情况下 GZ_{RD} 所占的成分比较小，仅用 GZ_{FK} 就可以较好地预报波浪中的 GZ。但随着速度的增大（图 8），GZ_{FK} 远小于模型试验结果，而 GZ_{FK+RD} 和模型试验结果吻合越来越好，可以间接地推断出 GZ_{RD} 的作用在不断增加，也可以证明基于 Froude-Krylov 假设不足以精确预报 GZ，高航速下复原力臂多频率叠加现象主要是 GZ_{RD} 的影响。

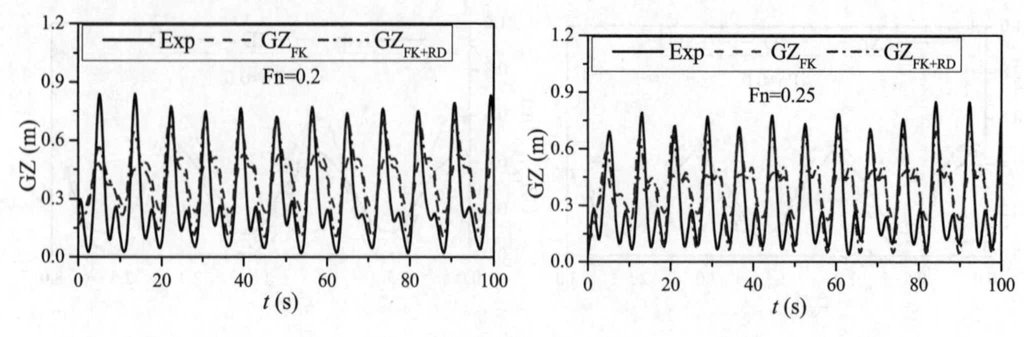

图 8　顶浪中 GZ_{FK} 与 GZ_{FK+RD} 结果对比(λ/L_{pp}=1.0, H/λ=2.62, ϕ_c= 7.3°, χ=180°)

5　结论

本文针对波浪中复原力臂的计算方法开展了研究，以国际标模 C11 集装箱船为对象，对比分析了三维时域混合源法和二维切片法的计算精度，研究表明：①三维时域混合源法和二维切片法均可以较好地计算常规 Froude-Krylov 力和静水力引起的复原力臂成分；三维时域混合源法计算绕射力和绕射力引起的成分精度略好。②顶浪中由于辐射力和绕射力引起的复原力臂成分是不能忽视的成分。

参考文献

1　IMO SDC 3, WP.5. Draft explanatory notes on the vulnerability of ships to the parametric roll stability failure mode[R]. Report of the working group, Annex 4 , 2016

2　Paulling, J.R.. The Transverse Stability of a Ship in a Longitudinal Seaway[J]. J. Ship Research , 1961,4(4):37-49.

3　Umeda, N., Hashimoto, H., Vassalos, D., et al. Nonlinear dynamics on parametric roll resonance with realistic numerical modelling[J]. International Shipbuilding Progress, 2004,51 (2-3): 205-220.

4　Hashimoto, H., Umeda, N. Nonlinear analysis of parametric rolling in longitudinal and quartering seas with realistic modelling of roll-restoring moment[J]. J Mar Sci Technol, 2004,9(3): 117–126.

5　Umeda, N., Hashimoto, H., Sakamoto, G. et al. Research on estimation of roll restoring variation in waves[C]// Proc. Kansai Society of Naval Architects, 2005,24:17-19.

6　Hashimoto, H., Head-sea parametric rolling of a car carrier[C]//Proc. 9th ISSW, Hamburg, Germany, 2007.

7　卜淑霞, 鲁江, 顾民, 等. 顶浪规则波中参数横摇数值预报研究[J]. 中国造船, 2014, 55(2): 1-7.

8　Shuxia Bu, Min Gu, Moustafa Abdel-Maksoud. Study on roll restoring arm variation using a three-dimensional hybrid panel method[J]. J. Ship Research. https://doi.org/10.5957/JOSR.09180078

9　Lu J, Gu M, Umeda N. Experimental and numerical study on several crucial elements for predicting parametric roll in regular head seas[J]. Journal of Marine Science and Technology, 2017(22): 25-37

10　Shuxia Bu, Min Gu, Jiang Lu, Moustafa Abdel-Maksoud. Effects of radiation and diffraction forces on the prediction of parametric roll[J]. Ocean Engineering. 175(2019):262-272.

11 Min Gu, Shuxia Bu, Jiang Lu. Study on parametric roll in oblique waves with a three-dimensional hybrid panel method[J]. Journal of Hydrodynamics. https://doi.org/10.1007/s42241-019-0029-X

12 卜淑霞. 船舶参数横摇衡准技术研究[D]. 硕士论文，中国船舶科学研究中心, 2014.

13 Gu, M., Lu,J., Wang, T.H., 2014. Experimental and numerical study on roll restoring variation using the C11 containership[C]//Proc. 14th ISSW, Kuala Lumpur, Malaysia, pp. 126-132.

Study on the time domain prediction method for roll restoring arm variation in waves

BU Shu-xia, GU Min, LU Jiang, WANG Tian-hua

(China Ship Scientific Research Center, National Key Laboratory of Science and Technology on Hydrodynamics, Wuxi, 214082. Email: bushuxia8@163.com)

Abstract: It is acknowledged that the occurrence of parametric roll and pure loss of stability is mainly attributed to the variation of roll restoring arm, which should be calculated accurately. In this paper, two methods are used for the prediction of roll restoring arm variation in waves, one is two dimensional strip method and the other is three dimensional time domain hybrid method. The results calculated by these two methods are compared with the experimental results. The research show that, the normal component of roll restoring arm caused by FK and hydrostatic forces can be calculated very well by both methods. However, the results of the component caused by radiation and diffraction forces calculated by three dimensional time domain hybrid method are compared better with experimental results than two dimensional strip method, because the coupled heave and pitch motions are calculated instantaneously in three dimensional time domain hybrid method, while calculated based on linear theory in two dimensional strip method. The results also show that the component caused by radiation and diffraction forces can not be ignored in head waves.

Key words: IMO second generation intact stability; roll restoring arm variation in waves; three dimensional time domain hybrid method; two dimensional strip method.

基于三维水弹性理论的 COMPASS-THAFTS 软件开发及应用

倪歆韵，王墨伟，田超

(中国船舶科学研究中心，无锡，214082，Email: nixinyun@cssrc.com.cn)

摘要：三维水弹性理论是评估船体结构性能和水动力性能的重要理论，尤其在结构的载荷特性、疲劳特性、结构强度等的评估方面起到了重要的作用。但目前国内尚未形成一款性能优良、界面友好、被用户广泛接受的三维水弹性力学分析软件。中国船舶科学研究中心和中国船级社通过战略合作，将现有的、国际领先的三维水弹性程序源代码进行包装，开发了 COMPASS-THAFTS 软件，该软件集成了频域、时域计算模块。本文对该软件的频域模块进行了简单的介绍，并给出了一个应用测试算例。

关键词：水弹性；软件；框架；短期预报

1 引言

水弹性理论是将结构力学和浮体水动力学有机地结合起来，对评估浮体结构的总体性能提供了一个更有效的方法。传统上分析结构的载荷特性是将结构所受到的流体压力转移给结构单元，再进一步做结构性能分析，这一过程是单向的，无法考虑结构变形对流体压力的影响。而三维水弹性理论可以突破这一限制，基于模态分析方法，建立广义动力学方程，耦合求解结构的模态响应和水动力，从而实现结构变形和流体压力的双向耦合。对小尺度结构而言，虽然结构的变形基本可以忽略，但通过此方法可以直接获得结构的疲劳特性、结构强度等，对大尺度、超大尺度结构而言，流体压力引起的弹性变形不可忽略，应用三维水弹性理论可以获得更加符合实际情况的结果。因此，相比于传统的方法，此方法对船体或平台结构性能的准确、快速评估具有更加实际的意义。

从 Bishop 等的经典著作开始[1]，船舶水弹性力学成为一门学科，基于耐波性理论和结构动力学理论，Price 等于 1984 年发展了可以分析三维复杂外形浮式结构物水弹性响应的分析理论和方法，提出了一个适用范围更广的流固耦合边界条件，即 Price-Wu 边界条件，建立了一般三维水弹性的线性理论[2]，。杜双兴[3]和王大云[4]分别对航行船体线性水弹性进行了频域和时域研究，杜双兴在已经发展起来的三维水弹性力学分析方法的基础上完善了三维水弹性力学频域分析方法，建立起来的方法可以考虑非均匀稳态流和航速的影响，进一步拓展了水弹性理论的应用范围，王大云根据三维时域格林函数和广义的流固耦合边界条件，推导了水弹性三维时域积分方程和时域水动力系数的计算公式，建立了在时域内对超大型浮式结构物进行分析的三维水弹性方法。1997 年，吴有生院士将三维线性水弹性理论拓展到二阶非线性理论[5]，推导出了弹性模态的二阶波浪力计算表达式，基于此研究成果，陈徐均建立了锚泊浮体一阶及二阶水弹性力学分析方法[6]，在进行水弹性计算时可以考虑一阶和二阶力对系泊浮式结构物的运动响应、强度及系泊力等的影响[7]，田超更为严格地考虑了航速与定常兴波流场对船舶水弹性响应的影响，并建立了大浪中航行船舶的三维非线性水弹性分析方法[8]，倪歆韵在计算锚泊系统的张力时考虑了浮体弹性变形的影响，并开发了时域锚泊系统分析软件模块[9]。近十几年，水弹性力学的研究和应用得到了很大的发展[10]10，水弹性力学在超大型浮式结构物[12]~[14]、小水线面双体船[15][16]等大型浮式结构和船舶的运动响应和强度分析等方面得到了大量的应用。

目前，国内外已经出现了基于三维水弹性理论的软件开发和应用，如法国 BV 船级社的 Homer 软件、国内哈尔滨工程大学发布的 WALCS 软件等。中国船舶科学研究中心在三维水弹性理论的研究方面一直走在世界的前列，在 2016 年与中国船级社签订了三维水弹性软件开发的战略合作协议，经过两年的技术攻关，现已形成一套集频域功能和时域功能的三维水弹性软件。本文将对其中的频域模块做简要介绍，并采用此软件对某一船型做应用测试。

2 三维水弹性理论

三维线性水弹性力学理论[2]可用于分析船体结构与流体耦合作用下的船体水弹性响应，船体结构的总变形可以用若干主模态的线性叠加来实现，流场内任意一点的总速度势可以表示为：

$$\phi(x,y,z,t)=\phi_I(x,y,z,t)+\phi_D(x,y,z,t)+\sum_{r=1}^{m}\phi_r(x,y,z,t) \tag{1}$$

其中，$\phi_I(x,y,z,t)$ 为波浪入射势，$\phi_D(x,y,z,t)$ 为波浪绕射势，$\phi_r(x,y,z,t)$ 结构弹性变形诱导的辐射势，m 为自由浮体的主模态数，其中前六阶为刚体运动。

在微幅入射波和微幅运动假设前提下，各速度势可以使用分离变量法将位置坐标和时间分离开，可以表示为：

$$\phi_I(x,y,z,t)=\phi_I(x,y,z)e^{i\omega t}$$

$$\phi_D(x,y,z,t)=\phi_D(x,y,z)e^{i\omega t} \tag{2}$$

$$\phi_r(x,y,z,t)=\phi_r(x,y,z)p_r e^{i\omega t}$$

所有模态线性叠加后，船体任一点的位置矢量可以表示为：

$$\bar{u}=\sum_{r=1}^{m}p_r(t)\bar{u}_r=\bar{\Omega}+\sum_{r=7}^{m}p_r(t)\bar{u}_r \tag{3}$$

其中，$p_r(t)$ 为 r 阶模态的主坐标响应，$p_r(t)=\mathrm{Re}\left\{p_r e^{i\omega t}\right\}$；$\bar{u}_r=\left\{u_r,v_r,w_r,\alpha_r,\beta_r,\gamma_r\right\}$ 为各阶广义位移；$\bar{\Omega}=\left\{u_0,v_0,w_0,\alpha_0,\beta_0,\gamma_0\right\}$ 为广义刚体位移。

假定船体结构周围为理想、不可压缩流体，波浪幅值为小量，可得到船体的线性水弹性力学运动方程为[2]：

$$[\mathrm{a+A}]\{\ddot{\mathrm{p}}\}+[\mathrm{b+B}]\{\dot{\mathrm{p}}\}+[\mathrm{c+C+C_m}]\{\mathrm{p}\}=\{\Xi(\mathrm{t})\} \tag{4}$$

其中，$\{p\}=\{p_1(t),p_2(t),\cdots,p_m(t)\}$，是船体的主坐标响应；$[\mathbf{A}]$，$[\mathbf{B}]$ 和 $[\mathbf{C}]$ 分别为广义附加质量矩阵、附加阻尼矩阵、流体恢复力矩阵；$\{\Xi(t)\}$ 为广义波浪激励力列阵。

根据模态叠加原理，可得到该频率下浮体结构任意剖面上的外载荷传递函数：

$$F(t)=\sum_{r=1}^{m}F^{(r)}p_r(t)\text{，}\quad M(t)=\sum_{r=1}^{m}M^{(r)}p_r(t) \tag{6}$$

3 COMPASS-THAFTS 软件框架

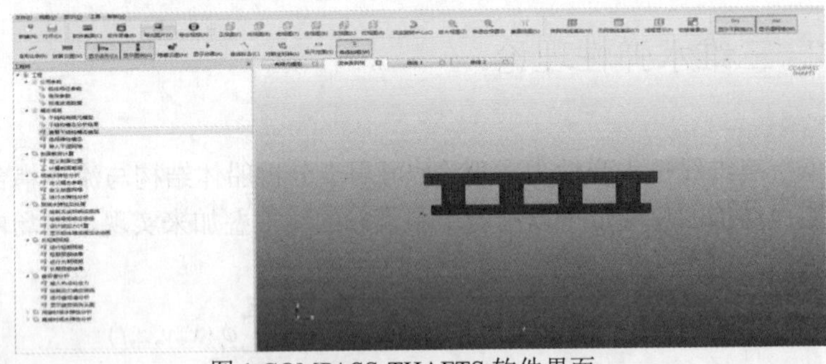

图 1 COMPASS-THAFTS 软件界面

图 1 给出了软件的整体界面，软件界面包含了上部的工具栏、左侧的参数配置和执行计算窗口、右侧的图形显示窗口。整个软件分为业务层、框架层、功能层。业务层主要针对的是软件可以实现的功能，框架层是整个软件框架的设置，功能层是前后处理功能的开发等（图 2）。

在业务层中会涉及到软件核心代码的计算，频域水弹性计算模块的核心主要包含三部分，分别是几何处理模块、水动力参数计算模块和结构动

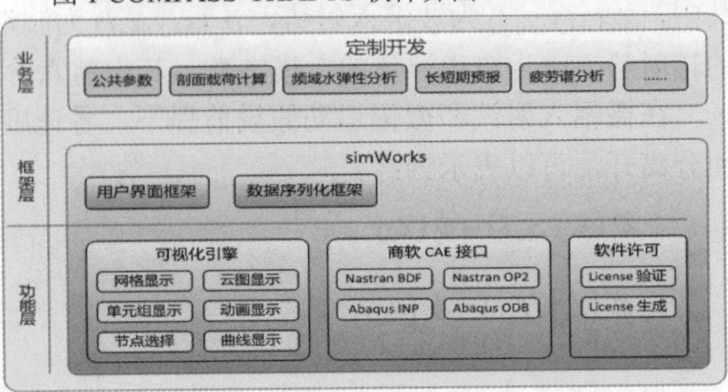

图 2 COMPASS-THAFTS 软件整体框架

力学方程求解模块。图 3 给出了每一个模块的计算过程。几何处理模块通过读取输入数据，获取相关几何信息，计算单元面积、法向以及其它的几何特征量，获取广义流体恢复力矩阵，将计算结果输出到数据文本，实现湿表面网格的图形显示。水动力参数计算模块读取几何处理模块生成的数据和波浪条件，计算入射波速度势和辐射和绕射速度势，获取船体不同频率下的波浪激励力和水动力系数。将水动力参数计算模块中获得的结果提供给结构动力学方程求解模块，计算各模态的主坐标响应。在获得主坐标响应和各种模态信息后即可对结构物的结构性能进行评估。

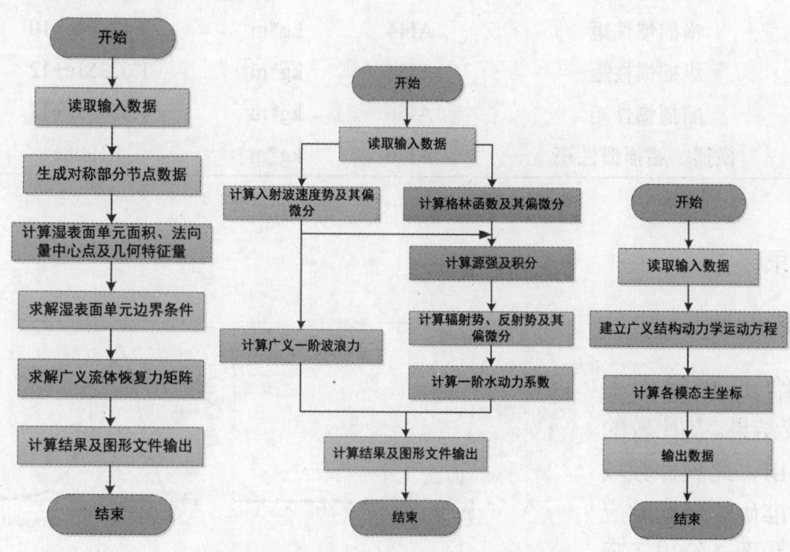

图 3 频域模块主坐标响应计算流程

4 算例应用

4.1 计算对象

本算例的分析对象为一大型散货船，船长 295m，船宽 46m，结构吃水 18.1m。通过 MSC.Patran 建立整船三维模型，并输出干结构有限元模型、干结构表面网格和湿表面水动力网格。其中，干结构有限元模型包含 11427 个节点，31839 个单元；干结构表面网格包含 1785 个面单元，水动力表面网格采用“THAFTS”分析程序规定的湿坐标系。Patran 建立的有限元模型如图 4 所示，其主尺度及其他主要参数见表 1。

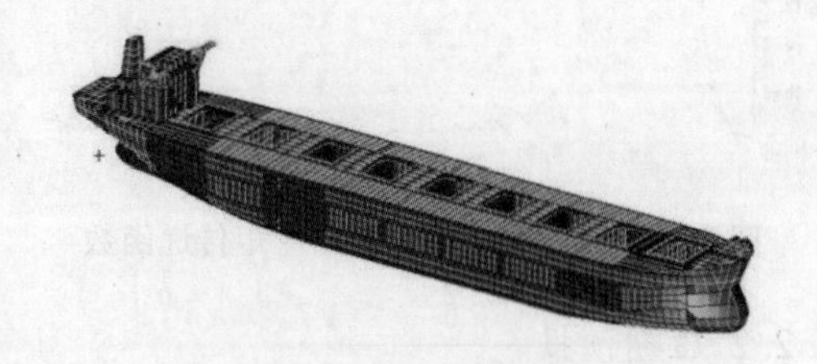

图 4 180KDWT 散货船有限元模型

表 1 180KDWT 散货船主要参数

名称	符号	单位	量值
两柱间长	LBP	m	285
船艏距重心的水平距离	LCG	m	136.4
重心距静水面的垂直距离	CG	m	-3.946
排水体积	DISPV	m^3	201490
船体质量	M	kg	2.0678e+08
横摇惯性矩	AI44	kg*m^2	3.42104e+10
纵摇惯性矩	AI55	kg*m^2	1.02351e+12
艏摇惯性矩	AI66	kg*m^2	1.05773e+12
横摇、艏摇惯性矩	AI46	kg*m^2	4.19086

4.2 计算结果

4.2.1 传递函数比对

图 5 给出 0°浪向下 RAO 的比较结果。从比较的曲线可以看出，此软件频域模块给出了准确的运动响应结果。图 6 和图 7 给出了顶浪和斜浪 45°状态下船体中横剖面的垂向弯矩传递函数。

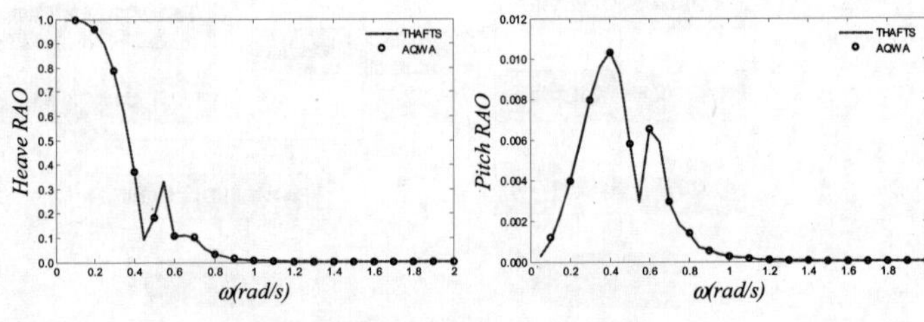

图 5 浪向角为 0°的 RAO 计算

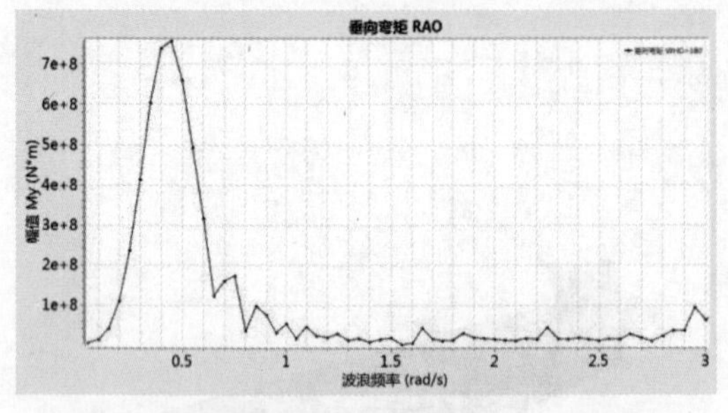

图 6 顶浪船体中横剖面垂向弯矩传递函数

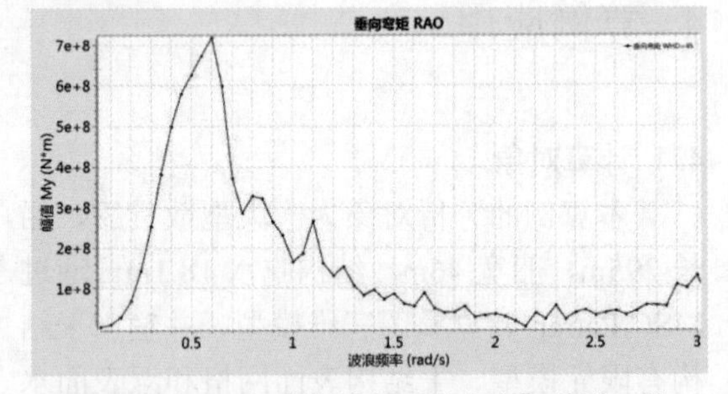

图 7 斜浪 45°船体中横剖面垂向弯矩传递函数

4.2.2 短期预报

采用 Jonswap 波浪谱对船体中横剖面载荷进行短期预报，谱峰提升因子取 3.3，有义波高取 5.0m，谱峰周期取 8.0s，表 2 给出了此海况条件下船体中横剖面载荷在各浪向下的有义值。从表 2 中数据可以看出，垂向弯矩和轴向力在浪向 60°时出现最大值，扭转弯矩和水平力在浪向 75°时出现最大值，水平弯矩在浪向 120°、垂向剪力在浪向 45°时出现最大值。图 8 给出了垂向弯矩有义值随浪向的变化关系，总体而言，随着浪向角变大，垂向弯矩有义值先变大后变小，在浪向 60°时出现最大值。

表 2 中横剖面载荷短期预报有义值

浪向角（°）	Mx (N·m)	My (N·m)	Mz (N·m)	Fx (N)	Fy (N)	Fz (N)
0	7.94E+05	5.82E+08	9.25E+04	8.89E+05	6.72E+02	5.42E+06
15	6.08E+08	6.03E+08	1.93E+08	9.16E+05	5.60E+05	5.57E+06
30	1.28E+09	6.76E+08	4.02E+08	1.01E+06	1.18E+06	6.19E+06
45	2.12E+09	7.85E+08	6.64E+08	1.19E+06	1.97E+06	7.71E+06
60	4.25E+09	1.09E+09	1.31E+09	1.40E+06	3.95E+06	7.43E+06
75	4.51E+09	1.01E+09	1.35E+09	1.23E+06	4.24E+06	5.14E+06
90	9.32E+08	7.67E+08	2.86E+08	8.56E+05	8.69E+05	2.78E+06
105	3.90E+09	4.92E+08	1.28E+09	6.05E+05	3.54E+06	3.24E+06
120	4.51E+09	6.41E+08	1.44E+09	6.46E+05	4.14E+06	4.95E+06
135	2.34E+09	4.67E+08	7.38E+08	5.67E+05	2.15E+06	5.53E+06
150	1.42E+09	3.71E+08	4.40E+08	3.90E+05	1.32E+06	4.34E+06
165	6.83E+08	3.01E+08	2.08E+08	2.75E+05	6.38E+05	3.81E+06
180	6.82E+05	2.89E+08	6.50E+04	2.68E+05	6.92E+02	3.74E+06

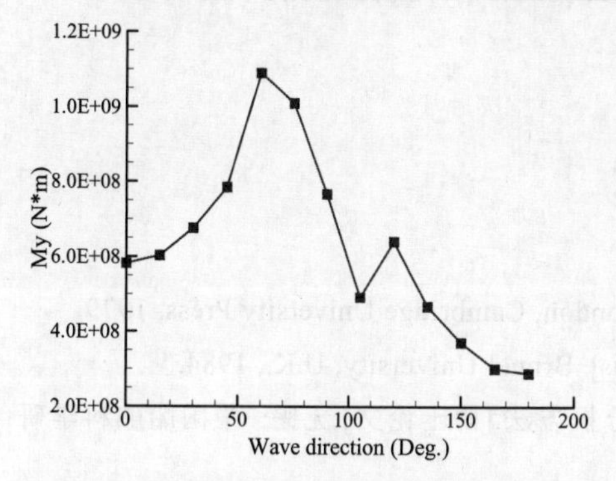

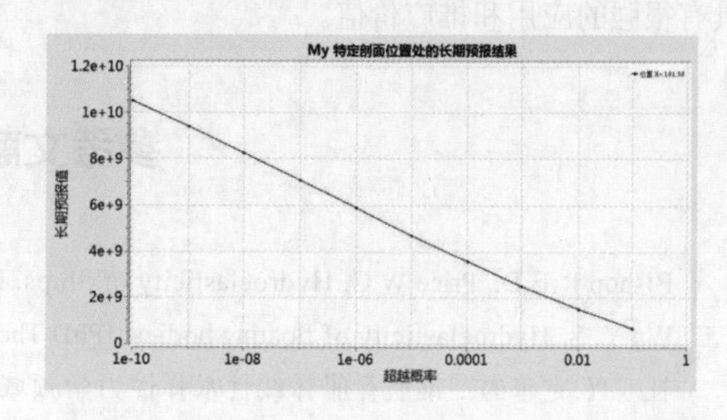

图 8 中横剖面垂向弯矩有义值随浪向变化关系　　图 9 中横剖面垂向弯矩长期预报值随超越概率的变化

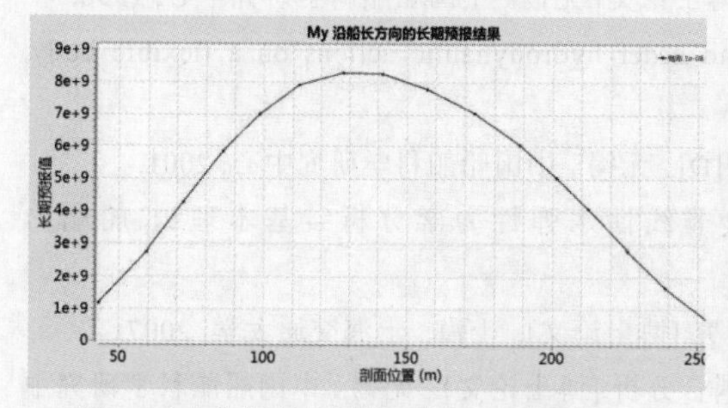

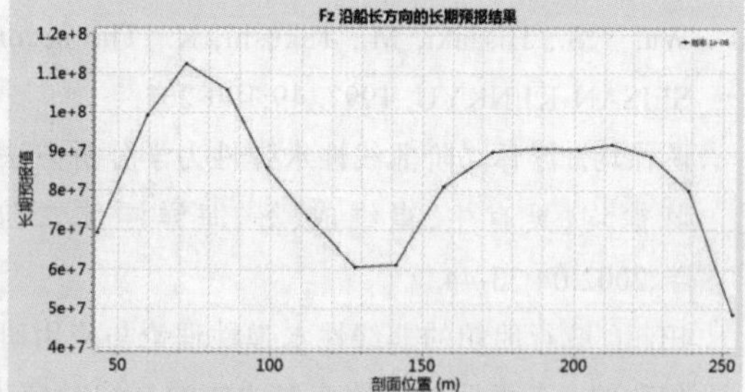

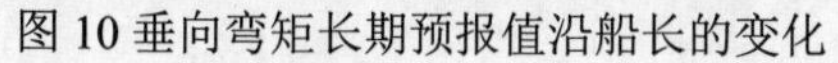

图 10 垂向弯矩长期预报值沿船长的变化　　图 11 垂向剪力长期预报值沿船长的变化

4.2.3 长期期预报

基于全球波浪散布图，本文采用 COMPASS-THAFTS 软件对对船体中横剖面载荷进行长期预报，波浪谱为 Jonswap 波浪谱，谱峰提升因子取 3.3 。图 9 给出了不同超越概率水平下的垂向弯矩长期预报值，在超越概率取 10^{-8} 时，其长期预报值为 8.25E+9N·m。图 10

和图 11 分别给出了垂向弯矩和垂向剪力长期预报值沿船长的变化，弯矩随船长先变大后变小，在中横剖面附近垂向弯矩出现最大值；垂向剪力呈现"M"形状，在中横剖面附近较小，在 1/4 剖面和 3/4 剖面值较大。

5 小结

基于三维水弹性水弹性理论开发了 COMPASS-THAFTS 软件，对频域模块的整体功能框架和核心计算流程进行了介绍。针对某一散货船，采用此软件计算了其水动力系数和运动传递函数，并与商业软件的计算结果进行了比对，两者吻合很好。在某一波浪条件下，对船体的中横剖面载荷进行了短期预报，并对垂向弯矩预报值沿浪向的变化规律做了分析。此软件亦可实现对船体剖面载荷的长期预报，基于全球波浪散布图，对散货船在不同超越概率水平下的剖面载荷进行预报。此软件的开发应用将使得工程技术人员能够更加方便快捷地对船体和海洋结构的结构性能进行分析，可以实现海洋结构物在波浪中的动态显示，具有很强的应用和推广价值。

参考文献

1 Bishop R.E.D., Price W.G..Hydroelasticity of Ships. London, Cambridge University Press, 1979.

2 Wu Y. S..Hydroelasticity of floating bodies. [PhD Thesis]. Brunel University, U.K., 1984.

3 杜双兴.完善的三维航行船体线性水弹性力学频域分析方法.[博士论文].无锡：中国船舶科学研究中心, 1996.

4 王大云. 三维船舶水弹性学的时域分析方法.[博士论文].无锡：中国船舶科学研究中心, 1996.

5 Wu, Y.S., Hisaaki, M., Takeshi, K.. The second order hydrodynamic actions on a flexible body. SEISAN-KENKYU, 1997, 49:190-201.

6 陈徐均. 浮体二阶非线性水弹性力学分析方法[D]. 无锡：中国船舶科学研究中心, 2001.

7 陈徐均,吴有生,崔维成,等.海洋浮体二阶非线性水弹性力学分析—基本理论.船舶力学,2002,04:33-44.

8 田超. 航行船舶的非线性水弹性理论与应用研究.[博士论文]. 上海：上海交通大学, 2007.

9 倪歆韵. 考虑浮体弹性变形的锚泊系统时域耦合分析.[博士论文]. 无锡：中国船舶科学研究中心, 2016.

10 田超,吴有生.船舶水弹性力学理论的研究进展[J].中国造船,2008,04:1-11.

11 Wu Y S. and Cui W C. Advances in the three-dimensional hydroelasticity of ships. Special Issue on Fluid-Structure Interactions to Honour Geraint Price, Journal of Engineering for the Maritime Environment, 2009, 223 (3): 331-348.

12 Wang Zhijun, Li Runpei, Shu Zhi. Study on hydroelastic response of box-shaped very large floating structure in regular waves. Ocean Engineering, 2001,19(3):9-13.

13 Liu Yingzhong, Cui Weicheng. Mat-type VLFS on a seaway over an uneven bottom. Journal of Ship Mechanics, 2007, 11(3):321-327

14 杨鹏, 顾学康. 超大型浮体模块水弹性响应和结构强度分析. 船舶力学,2015,19(5): 553-565.

15 Wu Yousheng, Ni Qijun, Xie Wei, et al. Hydrodynamic performance and structural design of a SWATH ship Journal of Ship Mechanics, 2008, 12(3):388-400.

16 叶永林,吴有生,邹明松,等.基于水弹性力学的SWATH船结构振动与噪声分析.船舶力学,2013,17(4):430-438.

The development and application COMPASS-THAFTS based on three-dimensional hydroelasticity theory

NI Xin-yun, WANG Mo-wei, TIAN Chao

(China Ship Scientific Research Center, Wuxi, 214082, Email: nixinyun@cssrc.com.cn)

Abstract: Three-dimensional Hydroelasticity theory is an important theory to evaluate the performance of hull structure and hydrodynamic performance, especially in the evaluation of load characteristics, fatigue characteristics, structural strength and so on. However, at present, there is not yet a three-dimensional hydroelastic analysis software with good performance, friendly interface and widely accepted by users in China. Through strategic cooperation, China Ship Scientific Research Center and China Classification Society have developed COMPASS-THAFTS software, which integrates frequency domain and time domain computing modules, by packaging the existing and internationally leading three-dimensional hydroelastic program source code. In this paper, the frequency domain module of the software is briefly introduced, and an application test example is given.

Key words: Hydroelasticity; Software; framework; short-term forecast

时间权重思想在连续腔体流动中的研究

周晓泉[1]，NG How Yong[2]，陈日东[1]

(1.四川大学 水力学与山区河流开发保护国家重点实验室，成都，610065，mail: xiaoquan_zhou@126.com 2. Centre for Water Research, Department of Civil and Environmental Engineering, National University of Singapore, Singapore 117576)

摘要：本研究引入时间权重思想，将传统的流量权重及时间流量权重(总权重)两种权重处理方法，应用到拉格朗日传质及欧拉传质计算中，以它们停留时间为主线，获取各种计算方法下的综合停留时间及综合体积。研究将表明拉格朗日方法是一种没有扩散的欧拉方法，是欧拉方法的特例，总权重是连接两种方法的桥梁。因此我们将流动问题分为流场问题和扩散场问题，真实的流动是以上两种问题的叠加，当扩散场问题可以忽略时，才能退化为单纯的流场问题，当它不可忽略时，却常常被我们忽视；流场问题可用有效体积来进行解读；扩散场问题可以用扩散因子来解读，就是解读液龄分布曲线(RTD)；严格说两个流动是相似的，不仅是流场应该等效，它的扩散场也应该等效，这是便是相似理论的基础。时间权重思想，为我们理解流动，开辟了一个新的视角。

关键词：总权重；流量权重；停留时间;等效方法；欧拉方法；拉格朗日方法；CFD

1 简介

一般来说，流动问题的数值计算绝大部分来源于 N-S 方程，通常可以通过拉格朗日方法(如 SPH)或欧拉方法求解 N-S 方程(一般的商用软件，如 Fluent、CFX、Star-CD、Phoenics 等)来获得，但也有不是来源于 NS 方程，如格子玻尔兹曼 (LBM)方法。这些对流动问题的求解均能获得瞬态流场或时均流场。如何解读流场，尤其是流体中流体质点的运动，可以是拉格朗日方法，也可以是欧拉方法，前者在时均流场的基础上通过求流线或粒子追踪方法求得云动轨迹，后者则解传质方程或如浓度方程求解，获得停留时间分布曲线。

作者通过对时间权重的系列研究，用拉格朗日粒子追踪方法已经构建起了一整套完整的关于时间权重理论基础，它是与传统的流量权重计算方法有重要的不同；等效方法产生于一种假定：流量的改变不影响流场中任意点的流速方向，只改变其大小。总权重同等效方法一起，是开启本研究的基石。

通常认为 RTD 曲线反映了一个反应器的水力性能(hydraulic performance)或水力效率(hydraulic efficiency)，并可以由水力效率指示器(HEI，Hydraulic Efficiency Indicators)来表示，它们分为短路流指示器(Short-Circuit Indexes，如 t_{10}, t_{50}…等)和混合指示器(Mixing Index，

如 t_{90}，t_{90}/t_{10}...等)，其实这些指示器其实只是表明 RTD 曲线的形状，只是对 RTD 曲线进行的简单描述而已，可能并不能反映反应器内流动的实质。

纵观相关的文章，关于停留时间的研究并有实验数据和 CFD 计算结果的文章较少，其中连续腔体的研究较多，其中对臭氧[1-2]的研究是一个非常难得的算例，它的全部腔体尺寸完全相同，有实验中实测 RTD 曲线，而 RTD 曲线可以通过 CFD 计算进行再现。

2 研究思路

用总权重可以进行消毒效果的统计，也可以对停留时间进行统计。传统的拉格朗日追踪，采用的是进口处的流量权重，而欧拉追踪，获得出口处的停留时间分布函数(RTD)，采用的是出口处的流量权重。本研究是全面将时间权重思想引入到综合停留时间的研究上，以期探讨时间权重和流动的意义。

2.1 拉格朗日方法

当采用拉格朗日方法(DPM)追踪，假设在进口处 n 颗粒子投入，出口只有 $m(m\le n)$颗粒子流出，传统采用进口处的流量权重来计算，权重为：

$$\omega_i = q_i \Big/ \sum_{i=1}^{m} q_i \tag{1}$$

下标 i 为粒子编号，q_i 为 i 号粒子的流量，t_i 是 i 号粒子的停留时间。而总权重为：

$$\omega_i = \left(q_i / t_i\right) \Big/ \sum_{i=1}^{m} \left(q_i / t_i\right) \tag{2}$$

流量权重加权的综合停留时间按下式计算，有效(A)停留时间(Active Residence Time)：

$$T_{act} = \sum_{i=1}^{m} (q_i \cdot t_i) \Bigg/ \sum_{i=1}^{m} (q_i) \tag{3}$$

总权重加权的有效停留时间(Effective Residence Time)，可按下限计算：

$$T_{eff} = T_m = \sum_{i=1}^{m} q_i \Bigg/ \sum_{i=1}^{m} \left(q_i / t_i\right) \tag{4}$$

总权重在实际计算中，同样可能总有很多粒子不能流出，所以也推荐用下式计算：

$$T_{eff} = \sqrt{T_m T_n} = \sqrt{Q \sum_{i=1}^{m} q_i \Bigg/ \sum_{i=1}^{m} \left(q_i / t_i\right)} \tag{5}$$

其中上限为 $T_n = Q \Big/ \sum_{i=1}^{m} \left(q_i / t_i\right)$，下限即式 4 中的 T_m。

于是便可以获得有效体积 $V_{\text{eff}}=T_{\text{eff}}*Q$，$V_{\text{act}}=T_{\text{act}}*Q$，有效体积率 $R_{\text{eff}}=V_{\text{eff}}/V$，$R_{\text{act}}=V_{\text{act}}/V$。

2.2 欧拉方法

当采用欧拉方法的传质计算来统计综合停留时间，一般的做法是在进口投放一定浓度的示踪物质，在出口处截取随时间变化数据示踪物浓度数据，便可以获得如浓度(C-t)函数或 E-t 函数(RTD 曲线)等，传统是通过式(6)来计算其平均停留时间：

$$t_m = \int_0^{\infty} tE(t)dt \tag{6}$$

并满足

$$\int_0^{\infty} \mathrm{E}(\mathrm{t})\mathrm{dt} = 1 \tag{7}$$

这里 t_m 为平均停留时间，采用的为出口处的流量权重，流量权重为 $E(t)$dt。

本研究是通过 CFD 数值模拟，在已经求得的稳定流基础上，于 t_0=0 时刻在进口断面投放示踪物质，将示踪物质浓度由 0 增加到 C_0 的阶梯方式输入，后在出口断面处或中间断面处监控流出的浓度 C，固定时间步长为一恒定的 dt，计第 i 步 t_i 时刻出口浓度统计为 C_i，最终形成浓度变化曲线，直至出口的浓度非常接近 C_0(这时计算步可记为 m)为止。则在第 i 时间步(停留时间为 t_i)出口浓度增加 C_i-C_{i-1}，这是流体浓度分数 C_i-C_{i-1} 便相当于流量权重中的流量 q_i，于是有：

$$q_i = C_i - C_{i-1} \tag{8a}$$

$$\text{或}\; q_i = \left(C_i - C_{i-1}\right) * dt \tag{8b}$$

如果按式(6)的权重，应该写成式(8b)的形式，但如果 dt 恒定，直接用式(8a)即可。

用流量权重的综合停留时间即是传统意义上的平均停留时间 t_m(式 6)，为区别这里特命名为当量停留时间 T_{equ} (Equivalent Residence Time)：

$$T_{equ} = \sum_{i=1}^{m}(q_i \cdot t_i) \Bigg/ \sum_{i=1}^{m}(q_i) = \sum_{i=1}^{m}((C_i - C_{i-1}) \cdot t_i) \Bigg/ \sum_{\mathrm{i=1}}^{\mathrm{m}}(C_i - C_{i-1}) = t_m \tag{9}$$

总权重加权的综合停留时间定义为扩散停留时间 T_{dif} (Diffusive Residence Time)：

$$T_{dif} = \sum_{1}^{m} q_i \Bigg/ \sum_{1}^{m} q_i \big/ t_i = \sum_{i=1}^{m}(C_i - C_{i-1}) \Bigg/ \sum_{\mathrm{i=1}}^{m}((C_i - C_{i-1})/t_i) \tag{10}$$

于是便可以获得当量体积或扩散体积：V_{equ}=T_{equ}*Q，V_{dif}=T_{dif}*Q，及相应的有效体积率。

3 连续腔体的边界条件及建模

CFD 建模：根据文献[1-2]提出的模型(图 1)，并按其中的数据反推：①如果按雷诺数[1]反推，则流量为 0.2023kg/s；②如果按平均停留时间[1]反推，流量 0.2013kg/s；故流量圆整为 0.202kg/s(三维)，二维计算则为 0.87826kg/s。

进口边界条件按均匀的质量流进口，出口自由出流(outflow)，水面按对称边(symmetry)即相当于全滑移的固壁边界，其他壁面均采用无滑移的壁面，按标准壁函数处理，流动的材质为水。

实验的停留时间分布数据来源于文献[2]，并将其数值化(图 2)。明显可见实验中每个腔体的出口均有两个波峰，第一波峰随着腔室的增加，逐渐降低，第二个波峰则逐渐增大，至第四腔室第二波峰同第一波峰几乎相当。

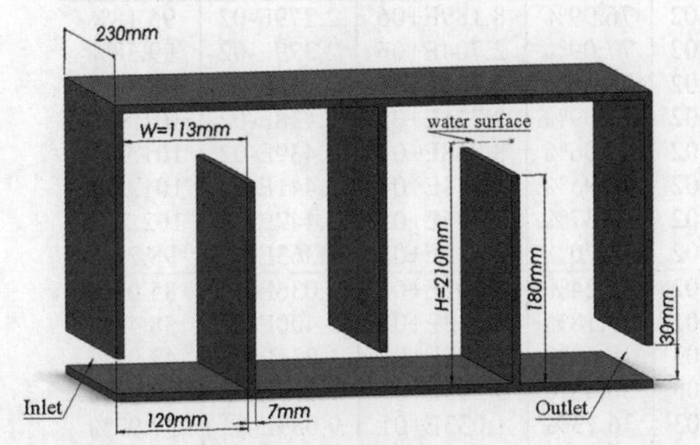

图 1　文献[1]中的计算域

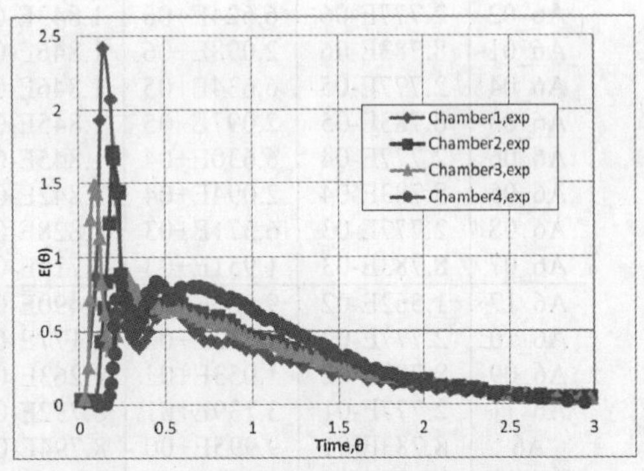

图 2　文献[2]中的停留时间分布

经过网格疏密性检查及有效体积网格划分原则，确定单个腔体计算尺度：有效体积响应曲线计算的最小边界层厚度 0.01mm，增长因子 1.5，共 11 层，后中央网格逐步增加，最终形成 95*160 网格单元(图 3)；其余 14 腔体的拉格朗日及欧拉计算均采用同样网格便于比较：边界最小网格尺度 1mm，逐步向中间扩大，每个腔室形成 55×100 网格单元(图 4)。

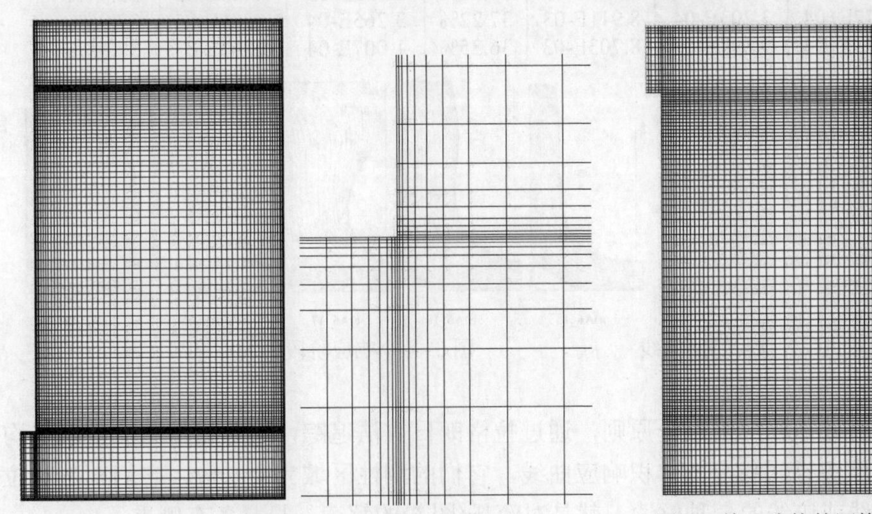

图 3　有效体积响应计算的网格划分　　　　图 4　单一腔体的网格划分

经过前期研究，确定采用连续 14 腔体为整个计算域(图 7)。

3.1 有效体积响应特性

单独取出第二号腔体(图 3)来进行，变化流量范围直至获得完整的有效体积响应曲线(图 5)为止，图 6 为从刚性区域至非刚性区域一些典型流量下的质点追踪图。只有在刚性区域满足等效方法假定：流量的变化仅改变流动域中各点的流速大小而不改变其方向。

表 1 有效体积响应曲线计算表

Case	Q, kg/s	Effective Residence Time, s	Effective Volume, m^3	Effective Volume Ratio	Active Residence Time, s	Active Volume, m^3	Active Volume Ratio
A6_02	2.777E-06	6.624E+06	1.843E-02	76.99%	8.189E+06	2.279E-02	95.18%
A6_01	8.783E-06	2.098E+06	1.846E-02	77.09%	2.704E+06	2.379E-02	99.38%
A6_04	2.777E-05	6.634E+05	1.846E-02	77.10%	8.763E+05	2.438E-02	101.85%
A6_03	8.783E-05	2.097E+05	1.845E-02	77.09%	2.771E+05	2.438E-02	101.84%
A6_06	2.777E-04	6.630E+04	1.845E-02	77.06%	8.768E+04	2.439E-02	101.90%
A6_05	8.783E-04	2.094E+04	1.842E-02	76.95%	2.774E+04	2.441E-02	101.96%
A6_08	2.777E-03	6.571E+03	1.828E-02	76.37%	8.795E+03	2.447E-02	102.21%
A6_07	8.783E-03	1.951E+03	1.716E-02	71.70%	2.686E+03	2.363E-02	98.72%
A6_17	1.562E-02	9.523E+02	1.490E-02	62.24%	1.301E+03	2.036E-02	85.03%
A6_10	2.777E-02	4.232E+02	1.177E-02	49.18%	5.033E+02	1.400E-02	58.49%
A6_09	8.783E-02	1.053E+02	9.263E-03	38.69%	1.171E+02	1.031E-02	43.05%
A6_11	2.777E-01	3.139E+01	8.732E-03	36.48%	3.293E+01	9.163E-03	38.27%
A6	8.783E-01	9.995E+00	8.794E-03	36.73%	1.033E+01	9.089E-03	37.97%
A6_13	2.777E+00	3.300E+00	9.182E-03	38.35%	3.414E+00	9.498E-03	39.68%
A6_12	8.783E+00	1.055E+00	9.285E-03	38.78%	1.090E+00	9.594E-03	40.07%
A6_15	2.777E+01	3.343E-01	9.302E-03	38.86%	3.441E-01	9.574E-03	39.99%
A6_14	8.783E+01	1.061E-01	9.334E-03	38.99%	1.089E-01	9.584E-03	40.03%
A6_16	2.777E+02	3.374E-02	9.387E-03	39.21%	3.467E-02	9.647E-03	40.30%
A6_18	8.783E+02	1.075E-02	9.455E-03	39.50%	1.100E-02	9.682E-03	40.44%
A6_19	2.777E+03	3.414E-03	9.499E-03	39.68%	3.494E-03	9.721E-03	40.60%
A6_20	8.783E+03	1.050E-03	9.236E-03	38.58%	1.073E-03	9.443E-03	39.44%
A6_21	2.777E+04	3.203E-04	8.911E-03	37.22%	3.265E-04	9.086E-03	37.95%
A6_22	8.783E+04	9.892E-05	8.703E-03	36.35%	1.007E-04	8.863E-03	37.02%

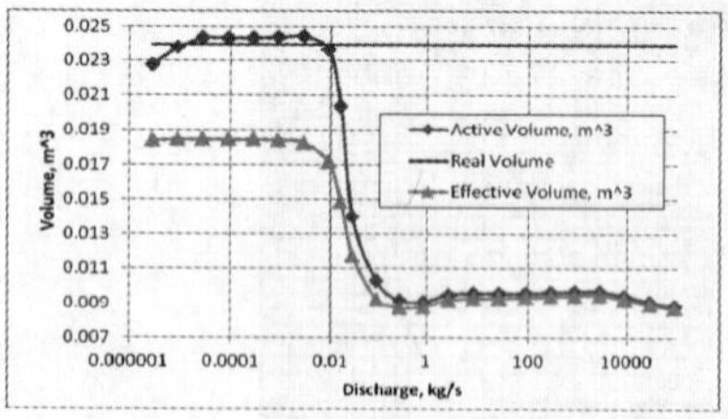

图 5 两种权重下的有效体积响应曲线

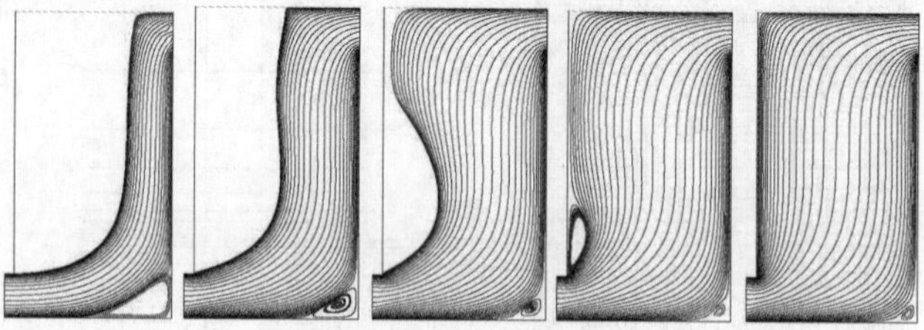

a)A6_13 b)A6_10 c)A6_17 d)A6_07 e)A6_06

图 6 各个响应阶段的质点追踪

因此当采用有效体积网格划分原则，通过拉格朗日方法追踪，用总权重和流量权重均能获得两组有效停留时间和有效体积响应曲线，它们的刚性区域完全一致，它们都是对拉格朗日追踪的流线或迹线的一种解读，就是对流场(图 6)的解读，只是各有侧重。

3.2 拉格朗日方法进行 14 腔体计算

采用拉格朗日追踪，综合停留时间结果见表 2，在停留时间分布函数的表述上采用原始变量(总权重，图 8)。实验中的 RTD 曲线一直在变化中，而拉格朗日方法计算的 RTD 曲线结果几乎不随腔体的增加而变化，同实验的差异非常大。图 7 给出流场及流线图，拉格朗日追踪反映了流场特性的不变性，这与两种权重下的单腔体有效体积率完全一致(表 2)。

表 2 拉格朗日方法停留时间计算表

No. of Chamber	Effective Residence Time, s			Active Residence Time, s		
	Multi-	Single	Effective Volume Ratio	Multi-	Single	Active Volume Ratio
1	11.36	11.36	41.76%	11.77	11.77	43.27%
2	20.20	8.84	32.50%	20.98	9.20	33.83%
3	30.84	10.63	39.08%	31.76	10.78	39.62%
4	40.61	9.77	35.90%	41.83	10.08	37.03%
5	51.64	11.04	40.56%	52.99	11.15	40.99%
6	61.32	9.68	35.59%	62.89	9.91	36.40%
7	72.23	10.91	40.08%	73.87	10.98	40.36%
8	81.75	9.52	35.00%	83.54	9.67	35.54%
9	92.53	10.78	39.61%	94.36	10.82	39.77%
10	101.90	9.38	34.46%	103.83	9.47	34.79%
11	112.57	10.67	39.20%	114.51	10.68	39.26%
12	121.82	9.25	33.98%	123.81	9.29	34.16%
13	132.39	10.57	38.86%	134.37	10.57	38.85%
14	141.61	9.22	33.89%	143.61	9.23	33.94%

图 7 流场图 a) 流速等值图，b) 流线，c) 质点追踪

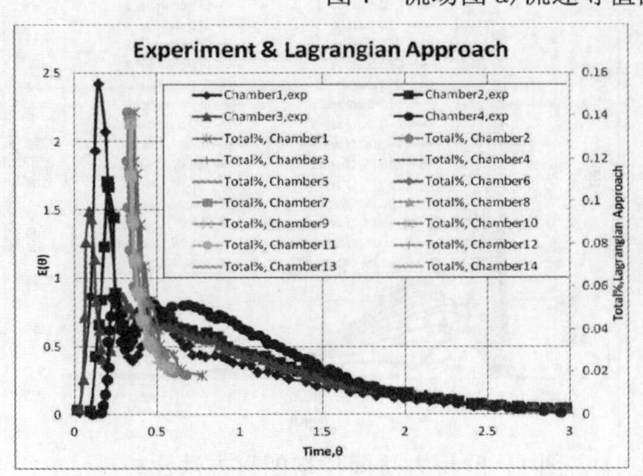

图 8 拉格朗日计算

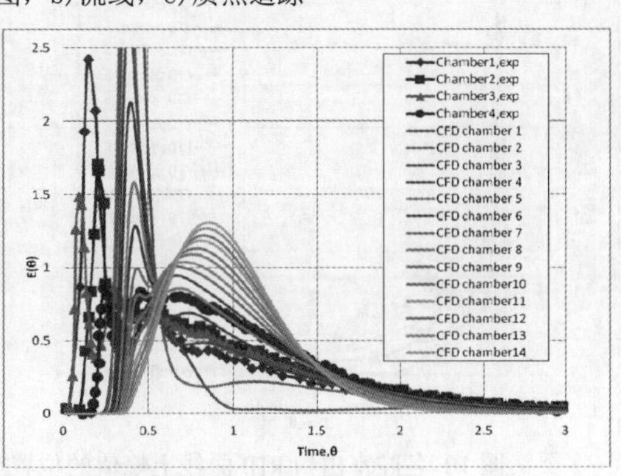

图 9 用欧拉方法的 14 腔室计算结果

3.3 欧拉方法进行 14 腔体计算

欧拉方法采用对流扩散模型，在进口投入示踪物质，它的特性同水完全一致，体积浓度定为 0.1，在每个腔体的出口进行浓度统计，其扩散系数常用 Wilke-Chang 公式估算，取为 1.73055E-08。

表 3 便是 14 腔体的综合停留时间计算表，图 9 是对应的停留时间分布曲线，同实验比，欧拉方法计算结果表明直至第 8 腔体 RTD 曲线都有双峰(图 10)。第一波峰出现的无量纲时间位置大致不变，峰值则随着腔体的增加而逐渐减少，至第 9 腔体及以后慢慢融合在第二峰之中，至第 14 腔体几乎完全不可识别第一峰的痕迹(图 10)，同时第二波峰则呈接近完美的正态分布，按现有对 RTD 曲线的理解，它表明示踪物已经接近完全扩散，已经没有短路流、没有回流，但实际上短路流依然存在(图 7)。

表 3 欧拉方法停留时间计算

Eulerian Approach	Multi Chambers					Single Chamber				
	Residence Time, s			Volume Ratio		Residence Time, s			Volume Ratio	
No. of Chamber	T_{dif}	T_{equ}	τ_{th}	R_{dif}	R_{equ}	T_{dif}	T_{equ}	τ_{th}	R_{dif}	R_{equ}
1	13.373	26.869	27.209	0.4915	0.9875	13.373	26.869	27.209	0.4915	0.9875
2	29.755	54.012	54.419	0.5468	0.9925	16.382	27.143	27.209	0.6021	0.9975
3	52.271	81.534	81.628	0.6404	0.9988	22.516	27.522	27.209	0.8275	1.0115
4	75.518	108.469	108.837	0.6939	0.9966	23.248	26.935	27.209	0.8544	0.9899
5	101.713	135.955	136.047	0.7476	0.9993	26.195	27.486	27.209	0.9627	1.0102
6	126.894	162.891	163.256	0.7773	0.9978	25.181	26.936	27.209	0.9255	0.9900
7	154.092	190.376	190.465	0.8090	0.9995	27.197	27.485	27.209	0.9996	1.0101
8	180.017	217.313	217.675	0.8270	0.9983	25.926	26.936	27.209	0.9528	0.9900
9	207.559	244.796	244.884	0.8476	0.9996	27.541	27.483	27.209	1.0122	1.0101
10	233.830	271.733	272.093	0.8594	0.9987	26.271	26.937	27.209	0.9655	0.9900
11	261.496	299.218	299.303	0.8737	0.9997	27.666	27.485	27.209	1.0168	1.0101
12	287.949	326.154	326.512	0.8819	0.9989	26.454	26.936	27.209	0.9722	0.9900
13	315.656	353.638	353.722	0.8924	0.9998	27.707	27.485	27.209	1.0183	1.0101
14	342.583	380.947	380.931	0.8993	1.0000	26.927	27.309	27.209	0.9896	1.0037

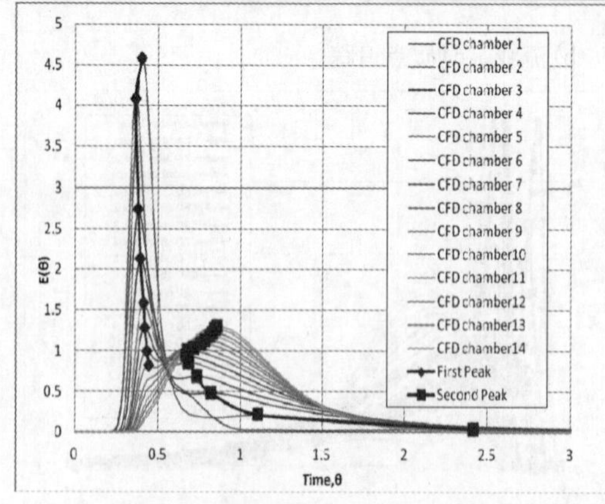

图 10 各腔室出口 RTD 曲线上峰值的位置

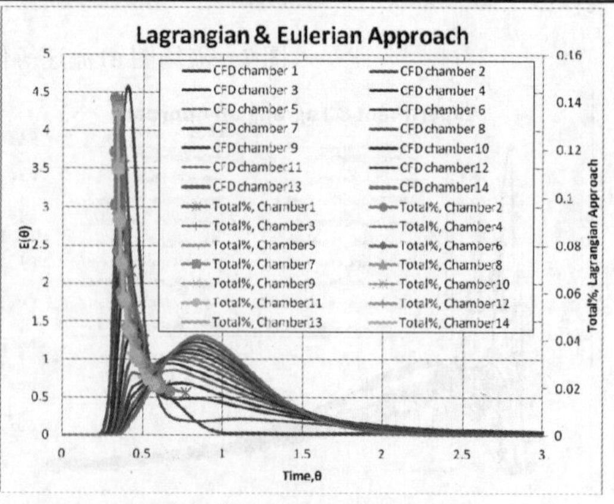

图 11 欧拉方法同拉格朗日方法比较

如果将拉格朗日方法同欧拉方向的 RTD 曲线进行对比(图 11)，不难发现：①欧拉方法的第一峰的位置就是拉格朗日方法的主流位置(图 7 中主流)，它随腔体的增加而被扩散逐渐掩盖；②第二峰的位置便是扩散流的位置；③如果从第 14 腔体向前推，它由接近完美的扩散流逐渐向双峰过渡，至第一腔体第二波峰几近消失，因此推论如果第二峰消失便是只有主流一峰的拉格朗日停留时间分布；④因此得出结论：拉格朗日追踪方法就是没有扩散的欧拉方法的特例。

同样，单从综合停留时间(图 12)来看，似乎没有规律，但将停留时间分配到每个腔体中(图 13)，便得出规律：①单个腔体的当量停留时间总在理论停留时间附近摆动；②单个腔体的扩散停留时间逐渐向理论停留时间靠近，说明当地的扩散程度不断在增加，同 RTD 曲线(图 11)展示的一致。

因此将几个综合停留时间汇总(表 4)，将有效停留时间定为扩散为零的下限，将当量停留时间作为扩散的上限，中间变化的就是扩散停留时间，因此可以构造扩散因子 *DF*(Diffusive Factor)：

$$DF = (T_{dif} - T_{eff})/(T_{equ} - T_{eff}) \tag{11}$$

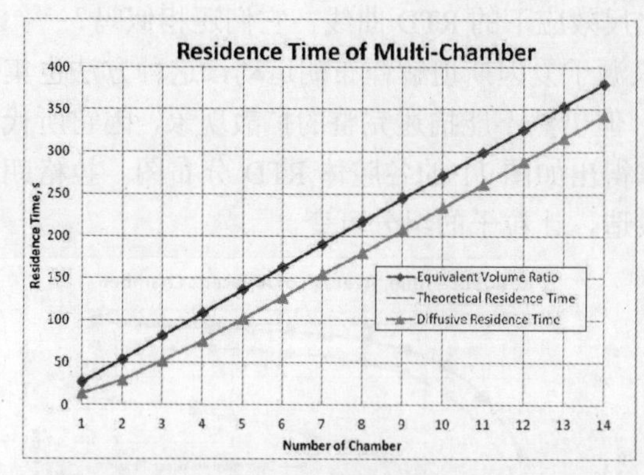

图 12 两种方法的停留时间计算结果(多腔体)

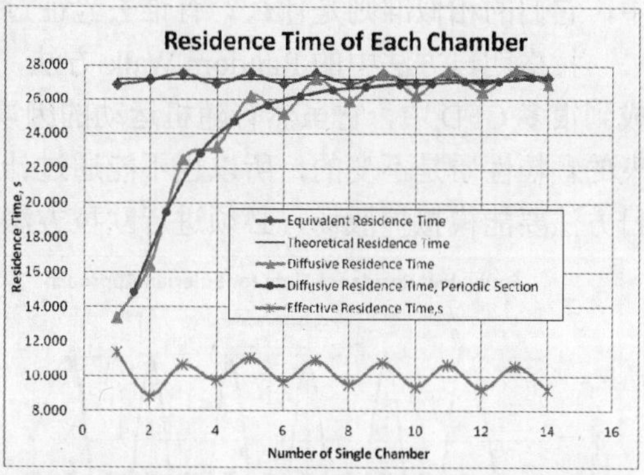

图 13 两种方法的停留时间计算结果(单独腔体)

表 4 各种综合停留时间汇总

	Lagrangian 追踪	**Eulerian** 追踪
流量权重	T_{act} 和 V_{act}	T_{equ} 和 V_{equ}
	当流量接近 0 时接近理论停留时间及真实体积	扩散的上限
时间权重	T_{eff} 和 V_{eff}	T_{dif} 和 V_{diff}
	扩散为 0，扩散的下限	实际的扩散值
汇总	解读流场的方法，通过有效体积或有效体积率	解读扩散场的方法，通过扩散因子

如果放大每个腔体的当量停留时间(图 14)，则表明：①当量停留时间总在理论停留时间附近波动，如果将相邻的两个腔体合并成一个周期边界段，则当量停留时间(平均停留时间 t_m)严格等于理论停留时间，就是说当量体积严格等于实际体积。②进口边界影响 3 个腔体，让单个腔体的停留时间发生漂移；出口边界条件让最后一个腔体的停留时间发生漂移；自由水面边界条件让停留时间发生定向漂移，水面靠进口边时(单号腔体)，停留时间偏大，

双号腔体停留时间偏小，同 Demirel[3]的研究一致。

由于当量停留时间及扩散停留时间的波动性，故将相邻的两个腔体合并求平均，因此每个 RTD 曲线均反映了一个 *DF* 的值，当地的和整体的均可，一般实验中只知道最终出口处的结果，推荐用整体的。一旦求得 *DF* 值，便可以查其近似的 *RTD* 曲线(图 10)，确立扩散的影响。

3.4 讨论

所以扣除边界条件的影响，在一个封闭的流动域或周期边界流动域中，它的当量停留时间一定等于理论停留时间，即使 $T_{equ}=t_m=\tau_{th}$。而不等于时都为边界条件影响，各种文献中将 $t_m<\tau_{th}$解释成因为回流、短路流的存在，这是严重错误的，实验中得到这个 $t_m<\tau_{th}$多半因为测量时间不够，RTD 曲线有个长长的尾部被截掉了，或实验的误差所导致。因此当量停留时间和当量体积反映了模型真实的规模，时间和空间的尺度。

流动的特性，可以分为流场和扩散场的特性，流场的特性就是通常说的 Hydraulic Performance，是一种没有被扩散影响的流动特性(即流场特性)，以往的研究者部分全部来源于 RTD 曲线，以后可以停止了。扩散场的特性往往被忽略，尤其在有关扩散的比尺实验中，它们的相似准则是什么？有谁去验证过比尺效应下的 RTD 曲线，它们还相似吗？

拉格朗日方法中的 Random Walk 方法，来源于爱因斯坦解释布朗运动，这种方法也集成到很多 CFD 中，它虽然有随机运动的因素，但仍然不能描述完整的扩散现象，因它所代表的颗粒性质是不变的，所以也不能通过计算得出如图 11 的各腔体 RTD 分布图。拉格朗日方法要能模拟扩散场，必须进行欧拉方法改造，让粒子的组分可变。

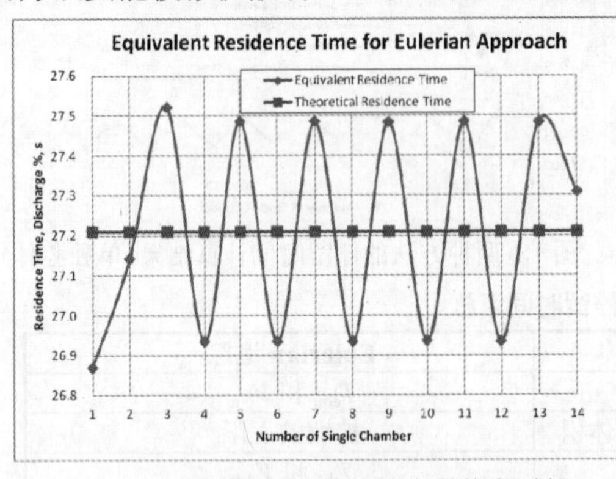

图 14 每个腔体的当量停留时间

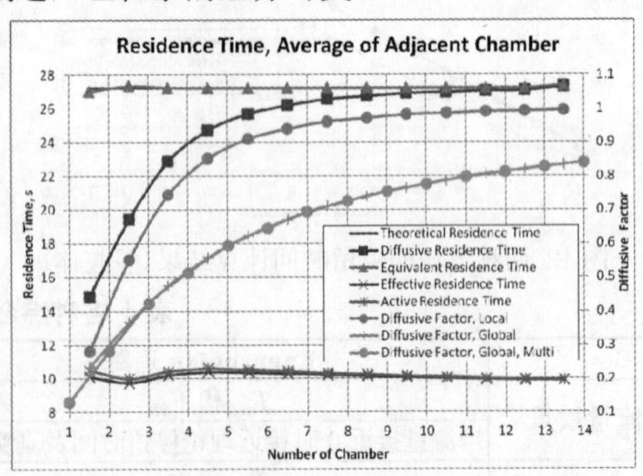

图 15 扩散因子的确立

4 结论

（1）RTD 曲线中，平均停留时间(当量停留时间)一定大致等于理论停留时间，不等于一定有原因(进口、出口、自由水面边界)；如果小于理论停留时间过多，一定是 RTD 曲线长长的尾迹没能捕捉到，或计算域中还在继续扩散，计算时间还没有到位，或实验误差。

（2）通常的流动都是流场问题和扩散场问题的叠加，类似于波粒二象性，它们同时存在，当扩散可以被忽略时，流动问题才演变成单一的流场问题，可以通过 N-S 方程进行定义、量纲分析；但当不可被忽略时，扩散通常被忽视。

（3）无扩散的流场问题可以通过有效停留时间或有效体积率来定义，这就是 Hydraulic Performance 或 Hydraulic Efficiency 的实质，而不是通过 RTD 曲线获得各种水力效率指示器(HEIs)，后者将彻底退出历史舞台；而扩散问题可以通过扩散因子来进行定义，它是扩散问题逐渐掩盖流场问题的过程，这是对 RTD 曲线唯一的解读方式。

（4）两个流动相似必须是在流场相似的基础上，同时也满足扩散场的相似，当两者均等效时，才是严格的等效。

（5）没有扩散场的拉格朗日方法是不能描述流体质点的扩散场的，即使采用 Random Walk 的方法，因为它的质点性质是不变的，故不能求解出扩散场问题，除非它精确描述各腔体的 RTD 曲线(图 11)，对此不乐观。只有将拉格朗日同欧拉方法结合，改造拉格朗日追踪方法，它的流场不变，但颗粒性质即其组分必须改变，这样才能改善其求解扩散场问题。

参考文献

1 Zhang J, Tejada-Martínez, A. E, Zhang Q. Reynolds-Averaged Navier-Stokes Simulation of the Flow and Tracer Transport in a Multichambered Ozone Contactor[J]. Journal of Environmental Engineering, 2013, 139(3):450-454.

2 Kim Dongjin, Kim Doo-Il K, Kim J, et al. Large eddy simulation of flow and tracer transport in multichamber ozone contactors[J]. Journal of Environmental Engineering, 2010, 136(1):22-31.

3 Demirel E, Aral M. Unified Analysis of Multi-Chamber Contact Tanks and Mixing Efficiency Based on Vorticity Field. Part I: Hydrodynamic Analysis[J]. Water, 2016, 8(11):495.

Time scale method in CFD residence time research in multi-chamber contactors

ZHOU Xiao-quan[1], NG How Yong[2], CHEN Ri-dong[1]

(1. State Key Laboratory of Hydrodynamics and Mountain River Engineer, Chengdu, 610065. Email: xiaoquan_zhou@126.com, 2. Centre for Water Research, Department of Civil and Environmental Engineering, National University of Singapore, Singapore 117576)

Abstract: In this paper the traditional Discharge Scale and new developed Time Scale were applied into both Lagrangian and Eulerian species transport, the main purpose is to get their comprehensive residence times and their comprehensive volume. The research showed that the Lagrangian approach is one of a special Eulerian approach with no diffused in species transport simulation, and the Total Scale is a bridge of the two approaches. Any flow problem can be divided into velocity field and diffusive field. When the diffusion can be ignored or unimportant, the flow problem is just a velocity filed problem, but in most cases the diffusion cannot be neglected. The effective volume or active volume can be used to explain velocity field, the diffusive factor can be used to explain diffusive field which is the only meaning of RTD curve. Strictly speaking, two flows are similar, not only the velocity field but also the diffusive field should be equivalent, which is the basis of similarity theory.

Key words: Total Scale; Discharge Scale; Residence time; Equivalent Method; Eulerian Approach; Lagrangian Approach; CFD.

横向水流作用下圆孔向上通气气泡流场数值模拟

方明明[1]，李杰[1,2]

（1.上海交通大学 船舶海洋与建筑工程学院工程力学系，上海，200240；

2. 水动力学教育部重点实验室，上海，200240）

摘要：横向水流作用下圆孔向上通气气泡流场广泛出现在船舶、化工、水中兵器等领域，在此过程中表面张力、重力、气体压缩性等作用均不能忽略，其流场往往呈现出多相、非定常的复杂流动特性。针对此问题开展的研究主要集中在通气泡形状演化、流场涡结构等方面。本文基于有限体积方法，结合 VOF 界面捕捉方法与大涡模拟（LES）方法，采用商用工程软件（FLUENT），建立了横向水流作用下圆孔向上通气气泡多相非定常流场的数值模拟方法，其结果与相关文献实验结果接近。

研究结果表明：受到横向水流的影响，通出气体形成细长型通气泡，随着长度增长、断裂的往复进行，形成串型气泡流场。圆孔通气的通气泡前端表面呈现波动特征。通气泡的周期性断裂引起壁面经历高压脉冲。

关键词：横流通气；数值模拟

1 引言

横流作用下通气指的是气体以一定角度（一般是 90°）射入某种流体，呈现出多相，非定常的复杂流场状态，在船舶海洋、化学化工、水中兵器等领域有着较多体现。根据两种流体的性质，可以粗略地将流动分成两者同相的单相流和两者不同相的多相流。横向水流作用下圆孔向上通气气泡流场的研究来源于环境科学中的烟囱排烟的研究，这是一种单相流。对此流动的研究主要集中在通气泡形状演化，流场涡结构等方面。Marshall[1]研究了气泡形态变化，其中单个泡是通过非球形界面形成，气泡与孔口连接，随后颈部断裂导致气泡分离，这种现象依赖于气体动量，表面张力和流体压力。Zlatko 等[2]实验结合数值模拟，分析总结通气泡轨迹与偏转角的拟合公式。关于流场涡结构的研究，Margason[3]早期认为存在 3 种涡，包括反旋涡对，马蹄涡和尾迹涡，在此基础上，Fric[4]得出存在第四种涡，即射流剪切层涡，这方面的研究尚未定论。

采用雷诺平均 NS 方程来研究横流作用下圆孔通气流场的文献占到大多数，使用最广

泛的是 k-ε 模型，肖洋[5]验证了 k-ε 模型对横流作用下多孔射流数值模拟的可靠性和有效性。也有学者采用其他的湍流模型，比如大涡模拟，直接数值模拟等方法验证了流场特征。李国能[6]认为，大涡模拟在捕捉流场细节上优于 k-ε 湍流模型。吴钦[7]认为滤波器湍流模型可以更精细地描述与时间相关的气液多相复杂流动现象，提高对非定常流动计算过程的预测精度。

2 数学模型及数值计算方法

本研究的通气气泡流场呈现多相、非定常的特征，在建模及计算过程中需要考虑气体压缩性、黏性、重力等的影响。

2.1 数学模型

连续性方程：

$$\frac{\partial \rho}{\partial t}+\frac{\partial}{\partial x_i}(\rho u_i)=0 \tag{1}$$

动量方程：

$$\frac{\partial}{\partial t}(\rho u_i)+\frac{\partial}{\partial x_j}(\rho u_i u_j)=-\frac{\partial p}{\partial x_j}+\rho g_i+\mu\frac{\partial^2 u_i}{\partial x_i \partial x_j}-\frac{\partial \tau_{ij}}{\partial x_j}+\sigma\kappa\frac{\partial \alpha}{\partial x_i} \tag{2}$$

能量方程：

$$\frac{\partial}{\partial t}(\rho E)+\frac{\partial}{\partial x_i}(u_i(\rho E+p))=\frac{\partial}{\partial x_i}(k\frac{\partial T}{\partial x_i})+S_h \tag{3}$$

体积分数方程：

$$\frac{\partial \alpha_q}{\partial t}+u_i\frac{\partial \alpha_q}{\partial x_i}=0 \qquad \sum_{q=1}^{n}\alpha_q=1 \tag{4}$$

气体状态方程：

$$p=\rho RT \tag{5}$$

多相流模型：

$$\begin{aligned}\rho&=\alpha\rho_g+(1-\alpha)\rho_l\\ \mu&=\alpha\mu_g+(1-\alpha)\mu_l\end{aligned} \tag{6}$$

大涡模拟亚格子模型：

$$\tau_{ij}=\mu(\frac{\partial u_i}{\partial x_j}+\frac{\partial u_j}{\partial x_i}-\frac{2}{3}\frac{\partial u_k}{\partial x_k}\delta_{ij}) \tag{7}$$

上述方程中，ρ 为流场流体密度，u_i 为流体速度，α 为气体体积分数，κ 为气液分界面曲率，k 为热传导系数，p 为压力，σ_{ij} 为应力张量，τ_{ij} 为亚格子应力张量，S_h 为源项。

2.2 数值计算方法

使用 SIMPLE 算法来耦合压力速度，二阶迎风格式离散密度和能量项，压力项使用 PRESTO!格式。

2.3 计算域、网格及边界条件

参照 ZlatkoRek[2]的实验，本文建立带有圆柱的长方体计算域(图 1)。计算域的 X, Y, Z 三个方向几何尺寸分别为 67.5D，24D，25D，通气孔中心距离水流入口 5D，通气孔长度为 2D, 其中 D=1.6mm 为通气圆孔直径。如图 2，计算域采用六面体结构化网格，网格总数为 520000，壁面附近区域的网格加密。

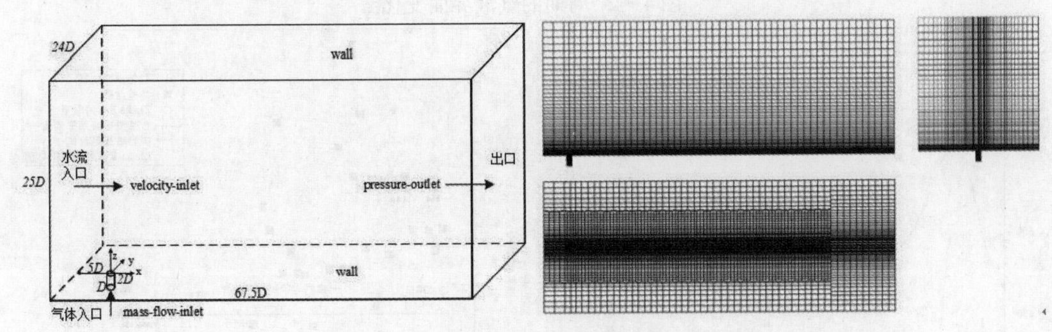

图 1 计算域图 2 网格三视图

横向水流沿 X 方向，左侧为速度入口，右侧为压力出口，沿与横流垂直的 Z 方向向上通气，其余边界均为壁面。迭代步长为10^{-4}s。计算工况的环境压力为 1atm，重力加速度 $g=9.81\text{m/s}^2$，水流密度 $\rho_l=998.2\text{kg/m}^3$，黏度 $\mu_l=1.008\times10^{-3}\text{kg/ms}$，气体为理想气体，$\mu_g=1.789\times10^{-5}\text{kg/ms}$，表面张力系数 $\sigma=0.072\text{N/m}$。横向水流速度入口边界 $v_l=0.723\text{m/s}$，气体质量流量入口 $Q_g=3\times10^{-5}\text{kg/s}$。

3 计算结果及讨论

3.1 气泡外形演化

受到横向水流的影响，通出气体形成细长型通气泡，随着长度增长、断裂的往复进行，形成串型气泡流场。任意选取一个近似的周期，$t=1.050$—1.080s，气液界面变化如图 4 所示。可以看出，从 $t=1.050\text{s}$ 发生断裂开始，通气泡沿 X 方向逐渐变细小。继续通气，通气泡下游明显增大，同时也可以看到，通气泡断裂分离出来的气泡因表面张力而收缩，表面趋于光滑。$t=1.075\mathrm{s}$ 时发生明显的颈缩现象，水流在颈缩处向气泡挤压，使其大约在通气泡长度的 60%处发生断裂分离。圆孔通气的通气泡前端表面呈现波动特征。

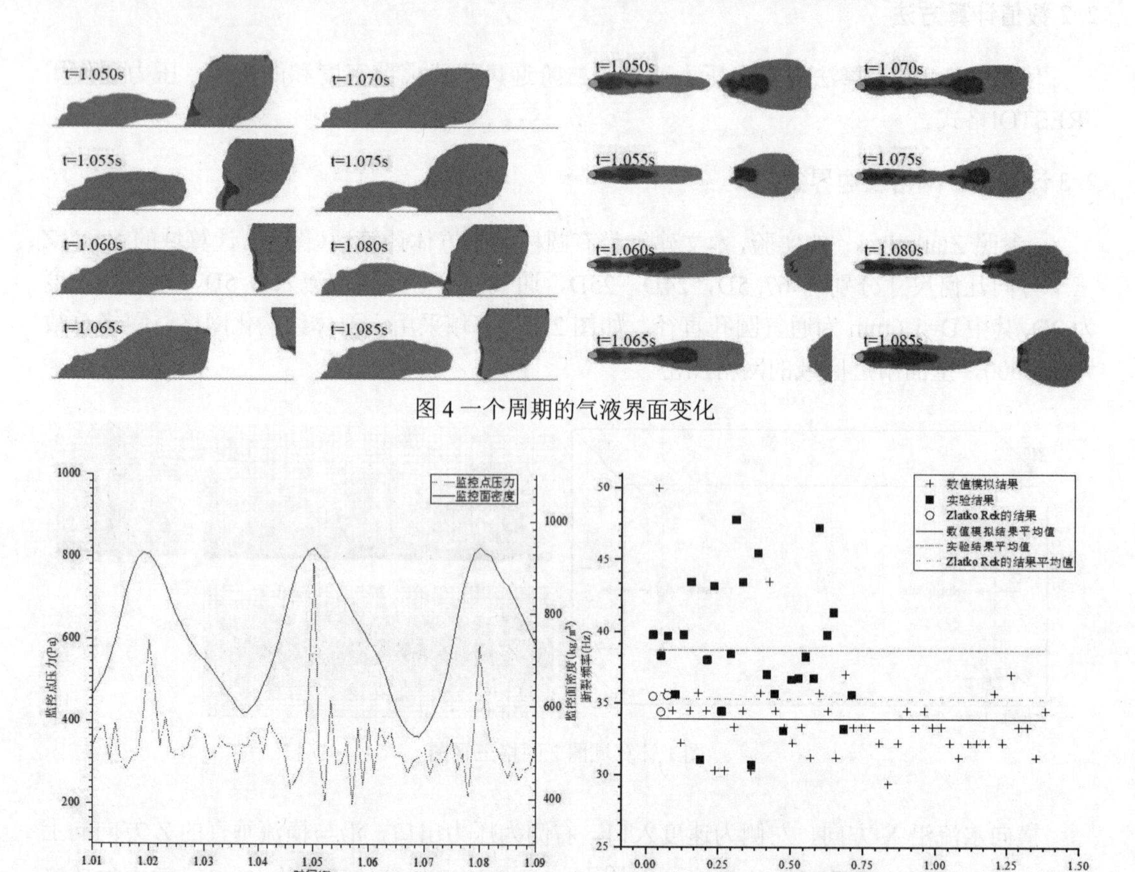

图 4 一个周期的气液界面变化

图 5 监控点压力与监控面密度变化

图 6 气泡断裂频率

在通气泡断裂的平均位置 $x=10\mathrm{D}$ 处设置 $14\mathrm{D}\times14\mathrm{D}$ 的密度监控面，并在壁面 (10D,0,0) 处设置压力监控点，图 5 显示监控点压力与监控面平均密度随时间变化曲线。通过 $t=1.05\mathrm{s}$，$t=1.08\mathrm{s}$ 两个时刻可以发现压力，密度，气液界面变化的特征是相对应的，通气泡的周期性断裂引起壁面经历高压脉冲。高压点之间的壁面压力呈现不规则小幅振荡。

3.2 气泡位置

参考 ZlatkoRek[2]用来确定气泡位置的方法，用一个矩形框将气泡包围，矩形框的中心坐标 $(x/D, y/D)$ 定义成气泡位置坐标。

将其实验结果与本文数值模拟结果进行对比，选取 t=1.070s 时的气液界面图像，如图 7 所示。横向水流作用下圆孔向上通气气泡流场是一种复杂的非定常流动，不同周期内气泡的位置和形状存在差异，因此将气泡位置取平均值，如表 1 所示。除了气泡 2 误差超过 10%，其它气泡位置坐标在实验值附近轻微波动。

从气泡分布及整体形态来看，数值模拟能够反映圆孔通气流场主要特征。但是数值模拟结果气泡表面比实验更加光滑，气泡 1 在 X 方向偏短，原因可能是局部网格还不够精细。

表 1 不同时刻气泡坐标 (x/D, y/D)

项目	通气泡	气泡 1	气泡 2
平均值	(8.34,2.30)	(25.63,5.55)	(40.38,10.31)
实验结果	(8.9,2.5)	(27.8,5.6)	(42.6,9.2)
误差（%）	(6.29,8.00)	(7.80,8.93)	(5.21,12.06)

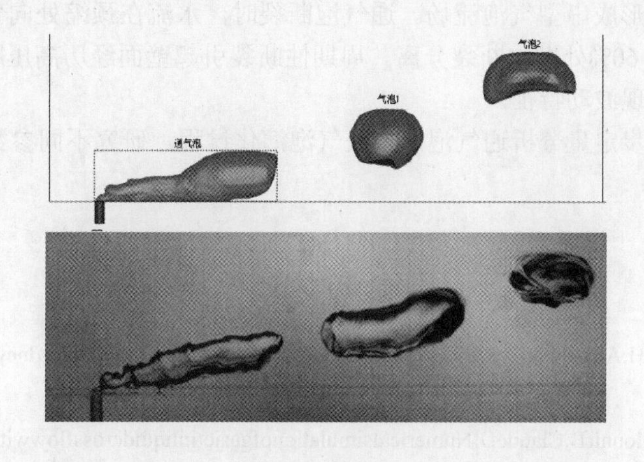

图 7（上图）气液界面模拟结果（下图）实验结果

3. 3 断裂频率

在一定速度的横向水流作用下，通气泡会发生偏转，拉长，断裂分离等周期行为，断裂频率由通气泡的两个相邻断裂的时间间隔计算得到。

如图 6，绘制断裂频率的实验结果，参考文献 Zlatko [2]的模拟结果以及本文数值模拟结果。表 2 中实验的断裂频率平均值为 38. 7Hz，本文得到的平均值为 33. 9Hz，计算结果与实验结果均有一定的散布，体现出气泡发展演化、断裂分离的不规则性。

表 2 实验与模拟对比

	平均值（Hz）	方差
实验结果	38.7	18.4
Zlatko Rek 的结果（误差）	35.3(8.8%)	0.4
本文模拟结果（误差）	33.9(12.4%)	10.9

4 结论

参照 Zlatko [2]实验，基于有限体积方法，结合 VOF 界面捕捉方法与大涡模拟（LES）方法，建立了横向水流作用下圆孔向上通气多相非定常流场的数值模拟方法，气泡位置，断裂频率的数值模拟结果与实验接近。

给定的实验条件下，受横向水流的影响，通出气体形成细长型通气泡，随着长度增长、断裂的往复进行，形成串型气泡流场。通气泡断裂时，水流在颈缩处向气泡挤压，使其大约在通气泡长度的 60%处发生断裂分离。周期性断裂引起壁面经历高压脉冲。圆孔通气的通气泡前端表面呈现波动特征。

接下来将进一步定量分析通气泡形态及气泡演化过程，研究不同参数下流场规律。

参考文献

1 Marshall,StephenH.Airbubbleformationfromanorificewithliquidcross-flow[D].Sydney:UniversityofSydney, 1992.

2 Zlatko R ,JurijG,MounirB,ClaudeD.Numericalsimulationofgasjetinliquidcrossflowwithhighmeanjettocrossflowvelocityratio[J].ChemicalEngineeringScience,2017,172:667-676.

3 Margason,R.J.,FiftyYearsofJetinCrossflowResearch.ComputationalandExperimental.AssessmentofJetsinCrossFlow.1993.Agard-Cp-534:1–41.

4 Fric T F,RoshkoA.Vorticalstructureinthewakeofatransversejet[J].JournalofFluidMechanics.1994.279:1-47.

5 肖洋，梁嘉斌，李志伟．射流孔间距对横流中两孔射流稀释特性的影响[J]．水利水电科技进展, 2016,36(3):20-25.

6 李国能, 周昊, 杨华. 横流中湍流射流的数值研究[J]. 中国电机工程学报, 2007,27(2):88-91.

7 吴钦，王国玉，付细能，等．绕平板气液两相流数值计算方法[J]．北京理工大学学报, 2014,34(5):475-500.

Numerical Simulation of upwards ventilation flow fieldfrom a circular orificewith liquid cross flow

FANG Ming-ming[1], LI Jie[1,2]

1(DepartmentofEngineeringMechanics,SchoolofNavalArchitecture,OceanandCivilEngineering, ShanghaiJiaotongUniversity,Shanghai,200240)

2(KeyLaboratoryofHydrodynamics,MinistryofEducation,Shanghai,200240)

Abstract: The upwards ventilation flow field from a circular orifice with liquid cross flow is widely used in ships, chemical industry, underwater weapons and other fields. In this process, surface tension, gravity, gas compressibility and other effects cannot be ignored, and the flow field often presents multiphase, unsteady and complex flow characteristics. The research on this issue mainly focuses on the shape of the bubble and vortex structure. Based on the finite volume method, combined with the VOF interface capture method and the large eddy simulation (LES) method, the commercial engineering software (FLUENT) is used to establish a numerical simulation method for the multi-phase unsteady flow field. The results are in good agreement with the experimental results of related literatures.The results show that, with the influence of the cross flow, the outgoing gas forms a slender bubble, and as the length increases and the fracture reciprocates, a string-shaped bubble flow field is formed. The front end surface of the bubble exhibits a wave characteristic. The periodic breakage of the jet bubble causes the wall to experience high pressure pulses.

Key words: Cross-flowventilation;Numericalsimulation

Parallel, hybrid KD tree and geometry level set method for simulating ship hydrodynamics using unstructured dynamic overset grid

HUANG Jun-tao

(OHMUGA Fluid Dynamics Inc., St. John's, NL, Canada, A1A 1Z4. Email: jhuang@ohmuga.com)

Abstract: A parallel, hybrid KD tree search and geometry method is advised for CFD-OHMUGA for calculating close points for level set reinitialization for ship hydrodynamics with motions in unstructured dynamic overset grids. The aim is to resolve the difficulties of keeping accuracy and robust for level set reinitialization in non-orthogonal curvilinear structured grids or unstructured grids. In this method, positions of free surface points are calculated at first, efficient KD tree search is then performed to choose three best free surface points following the constraints of the smallest distance to tagged point and the closest three orthogonal axis created recursively, finally the level set values at close points are calculated from those three points using geometry method. MPI parallel method is also advised to make the process more efficiently by extending the fiction region of the free surface points from other related processors. Unstructured dynamic overset grid solver named Overset-OHMUGA is coupled to solve the problems of complicated geometries, relative body motions, and local grid refinements. Validations show that computational results have good agreements with the experimental data. An example of course keeping is also demonstrated including autopilot, controllers, and 6DOF motions in irregular waves.

Key words: Unstructured dynamic overset grid; Free surface; Level set method; Parallel KD tree and geometry method; Ship hydrodynamics.

1 Introduction

Level set method (Osher and Sethian[1], Sussman et al.[2]) is a surface capture method for simulating viscous moving interface or free surface flow of ship hydrodynamics (Huang et al.[3-4],

Huang[5], Stern et al.[6-7], Vukcevic et al.[8]). Level set reinitilization is always required to keep distance function. The reinitilization is usually classified as two methods, one is full-field derivative method advised by Sussman et al.[2], which however faces challenges to keep efficiency in the condition of very skew grids of such as non-orthogoanl structured grids or unstructured grid (Huang[5]). Another is an efficient method named as close point based method, where the close points are first calculated, then level set looks close points as computational boundaries and its values in far field are solved either by fast matching (Sethian[9]) method or derivative equation (Carrica et al.[10]). As for close point based method, the important and first step is how to calculate level set values at close points locating at grid nodes, which are calculated from the position information of free surface points around them. As introduced by Sethian[9], level set value at a tagged close point is calculated as distance to a plane constructed by the closest three (two or one if not available) free surface points on corresponding three orthogonal coordinates. Carrica et al.[10], extend this method to the curvilinear structured grid, however, it is still a challenge to keep accurate and robust in very skew non-orthogonal grids. The situation is even more difficult for unstructured grid, since the points of free surface are dispersive and irregular and also there are not three coordinates to rely on.

In order to resolve the above difficulties, in this paper, we provide a parallel, hybrid KD tree search and geometry method to reinitialize the level set values at close points for non-orthogonal structured girds and unstructured grids. Validations and demonstrations for ship hydrodynamics are performed considering the situations of free surface flow, ship autopilot, controllers, 1-6 DOF motions, incoming linear regular or irregular waves, etc.

2 Mathematical model

CFD-OHMUGA (Huang[5,11-12]) is a parallel, unstructured, dynamic overset grid (coupled with Overset-OHMUGA, Huang[13]), viscous turbulence flow solver, which is designed for simulating wave and multi-body (or flow and multi-body) interactions with 6DOF body motions in marine hydrodynamics (e.g. ship resistance, maneuvering and seakeeping). The free surface is modeled with a single-phase capturing method used for predicting arbitrary interface topology changes, where only the water flow is solved, enforcing interface physical conditions. It uses either dynamic overset multi-block structured (transform to unstructured grid automatically) or unstructured grids being compatible to very complicated physical geometries and relative body motions. Capabilities include RANS/DES turbulence models, incoming regular or irregular waves (considering dispersion relationship of water depth), prescribed or predicted (captive or free) rigid multi-body 6DOF motions, propulsion models, controllers for speed and heading

(3DOF independent rotation motions from body, appendage or model, open-loop or feed-back method), linear mooring model, and so on.

3 Numerical methods

In current work, finite volume methods are adopted for all governing equations in the dual control volume centered by element-vertex and constructed from tetrahedral, hexahedral, prismatic or pyramid elements, PISO or projection method are applied for the velocity and pressure coupling, isoparametric method is advised to discretize the pressure Poisson equation, 2nd-order implicit method is used for temporal and spatial discretization for momentum and level set governing equation, limiter functions are adopted for convection term discretization (Venkatakrishnan or barth jesperson limiter, or TVD method of Roe's minmod, Roe's superbee, van Albada, Van Leer, etc.), narrow band and geometry method is provided for level set equations, and implicit 2nd-order method is used for rigid body dynamic equations. Note of that dynamic overset grid technique is implemented by using Overset-OHMUGA with ALE technique (Arbitrary Lagrangian Eulerian method), where Overset-OHMUGA is an independent, fully MPI parallel, unstructured, overset grid solver, who couples with CFD solvers by files (static) or MPI interface (dynamic), and provides DCI (Domain Connectivity Information) and surface area weight coefficients serving for different CFD solvers[5,11-13].

A hybrid KD tree fast search and geometry method, and derivative equation method is adopted for level set reinitialization. The KD tree fast search and geometry method is used to calculate the distance for the close points (with a neighbor point on the other side of free surface), and the derivate equation is used to solve the rest parts looking the close points as computational boundaries, and communicating information from free surface to the far regions.

In our method, data structure of KD tree (Bentley[14]), a multidimensional binary tree, which is utilized here to search the nearest-neighbor point necessary. The main task is to find a point which is the closest to a tagged point with some special constraints.

Studying from Sethian's method[9] applied in orthogonal grid, the current method tries to approximate the orthogonal coordinate method as possible as it can.

step 1, we should set all the free surface points, by using the position interpolation between close points as following

$$\mathbf{X}_I = \left[(1-\lambda)\mathbf{X}_P + \lambda \mathbf{X}_Q \right] \tag{1}$$

where $\lambda = \varphi_P / \varphi_P - \varphi_Q$ is ratio calculated by the level set values. Note of that P is tagged point, Q is another point in other fluid, and point p and Q are two end points of an edge.

For parallel computation, an extended bounding box including fiction region and necessary information in other related processors is required. Thus, we have enough information to calculate the distance to free surface for all close points in current processor. Following Fig. 1, we are going to handle a close point P in water who has some free surface points nearby. Assume the dark circle points are free surface points (A,B,C,Q1,Q2,Q3,Q4,Q5,…), which have irregular 3D distributions all of the computational domain.

Step 2, Create a KD tree by inserting all free surface into the data structure.

Step 3, find a closest free surface point A to point P, and found the first coordinate with the direction of $\overrightarrow{PA}$.

Step 4. Found a plane named plane1 in Fig.1 which is perpendicular to the coordinate $\overrightarrow{PA}$, then create bounding lines of line1 and line2 which go trough point P but have an given angle (for example 30 degree) with plane tangent direction and get v shapes of line1-P-line2 . Afterwards, we can obtain 3D volume by rotating V-shapes along the rotation axis $\overrightarrow{PA}$. After that, we search all candidate points inside that rotation volume using fast KD tree procedure, and finally find the goal point B. Similarly, we also name $\overrightarrow{PB}$ as the second coordinate.

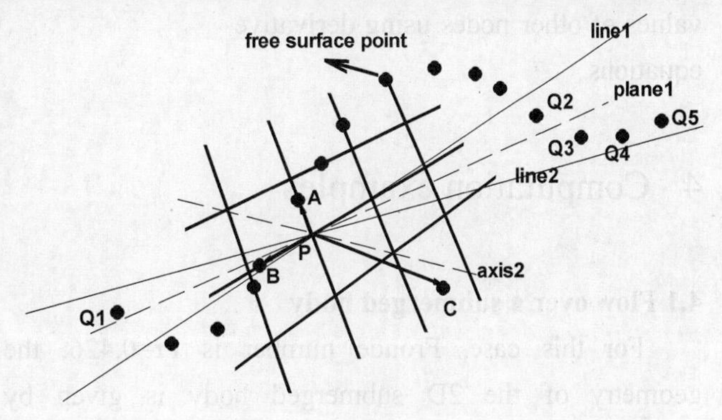

Figure 1 Schematic view of free surface points, close point (P) for KD tree and geometry method for level set reinitialization

Step 5. Create an axis (named axis2 in Fig.1) who is constructed by the cross multiply of $\overrightarrow{PA}\times\overrightarrow{PB}$. Then search all rest candidate points using fast KD tree procedure, and finally find the goal point C according to three conditions of 1) the smallest distance, 2) small enough angle (for example 30 degree, or 60 if the former is not available) between $\overrightarrow{PC}$ and axis2, and 3) not too big angle (for example less than 120 degree) between $\overrightarrow{PC}$ and $\overrightarrow{PA}$, and $\overrightarrow{PC}$ and $\overrightarrow{PB}$.

Step 6. calculate the distance from point P to the face ABC in a new constructed tetrahedral element PABC with the expression of

$$d=\frac{\left[\left(\overrightarrow{PB}-\overrightarrow{PA}\right)\times\left(\overrightarrow{PC}-\overrightarrow{PA}\right)\right]\cdot\overrightarrow{PA}}{\left|\left(\overrightarrow{PB}-\overrightarrow{PA}\right)\times\left(\overrightarrow{PC}-\overrightarrow{PA}\right)\right|} \tag{2}$$

Note of that equation (2) are using three valid free surface points to calculate the distance.

The distance can be calculated similarly if there are only one or two valid free surface points found. Also note of that the KD tree have to be rebuilt at each iteration once the free surface points are changing dynamically. Fortunately, the procedure speed of distance calculations for close points is very fast, and the wall-clock time used for this procedure is much smaller than non-linear iteration of rest procedure of level set reinitialization.

After the close points have solved, they will be looked as Dirichlet boundaries to solve the values of other nodes using derivative equations.

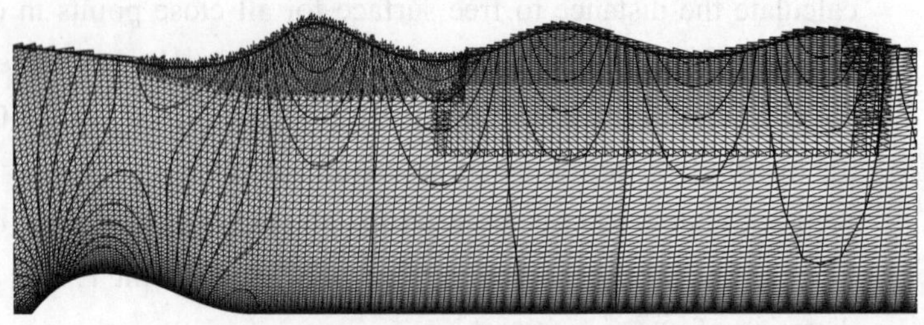

Figure 2 Grid arrangement and pressure distribution

4 Computation examples

4.1 Flow over a submerged body

For this case, Froude number is Fr=0.426, the geometry of the 2D submerged body is given by Cahouet[15], and the submerged body is placed on the bottom of a channel (Fig. 2). In this work, the 2D problem is solved by 3D grid arrangements (3 nodes are arranged into the paper in Fig. 2). Two static overset grids are arranged, one is the hybrid grid of prismatic and hexahedral elements including all physical boundaries, another is Cartesian refinement grid locating at region around second and third waves. The DCI information is communicated to CFD solver through output files for the static overset grids. The detail computational conditions are also introduced in Huang[5].

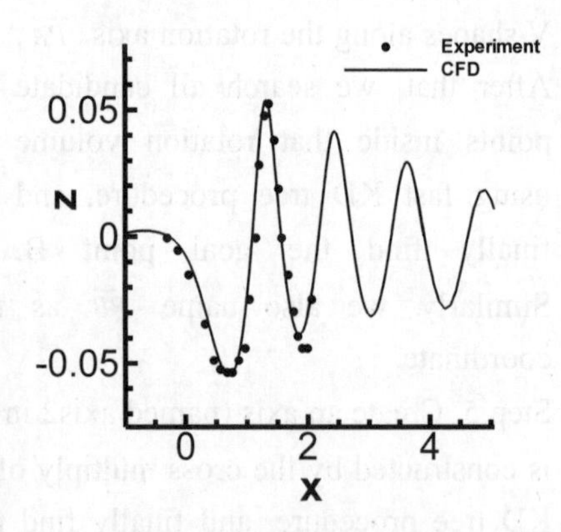

Figure 3 Wave elevation

The grid arrangement, free surface, and pressure distribution in interesting region are shown in Fig. 2. A comparison between computed free surface elevations and experimental data is presented in Fig. 3, where the results are in good agreement with the experimental data measured by Cahouet[15].

4.2 Free surface flow around a surface combatant model

Validation studies were also performed on the David Taylor Model Basin (DTMB) model 5512, which is a 3.048m geosim model of DTMB 5415 (5.72m). The computations were carried out for the model advancing in calm water with fixed trim and sinkage. The numerical results were compared with the experimental data measured at the IIHR towing tank by Gui et al.[16], and Longo and Stern[17].

Simulations were performed at medium and high speeds corresponding to Froude numbers of Fr=0.28 and Fr=0.41, and Reynolds numbers of Re=4.85×10^6 and Re=7.10 × 10^6, respectively. The double-O and H-type structured grids were used with the total node number of 0.615 million (Huang et al.[3]).

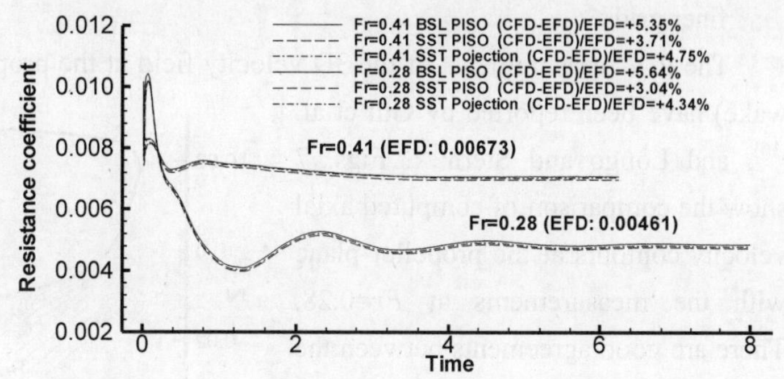

Figure 4 Convergence history of the resistance coefficient

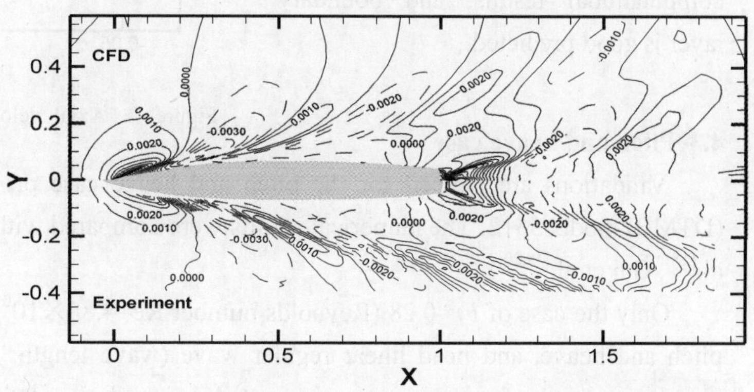

Figure 5 Comparison of wave elevation with experiment data

Fig. 4 shows the time history of the resistance coefficient of water flow on the ship with different conditions. The results show the resistances are a little bit over predicted, but basically have good agreements with experiment data either for the case of Fr=0.28 or Fr=0.41. It also can be seen that the solutions of PISO and SST model are better than the one of Projection and BSL models. But note of that the Projection method runs faster than PISO method since the former only runs one iteration for velocity correction.

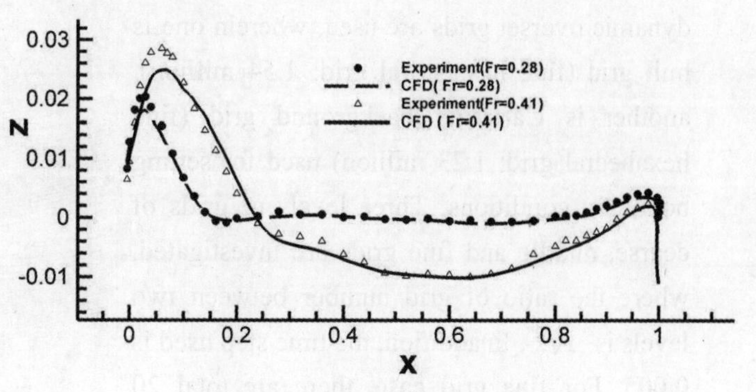

Figure 6 Wave profiles at the hull

A typical Kelvin wave can be observed in Fig. 5 for the case of *Fr*=0.28, where the computational results are also compared with the experimental data. It can be seen that the agreement is good. Fig. 6 presents the wave profiles on the hull surface. The solutions, both for *Fr*=0.28 and *Fr*=0.41 are in good agreements with experimental data. The bow wave was slightly under-predicted, and the solution can probably be improved by using finer grids.

The PIV measurements of the 3D velocity field at the propeller plane x=0.935 (the nominal wake) have been reported by Gui et al. [16], and Longo and Stern[17]. Figs. 7 show the comparison of computed axial velocity contours at the propeller plane with the measurements at *Fr*=0.28. There are good agreements between the experimental data and the computational results, and boundary layer is good predicted.

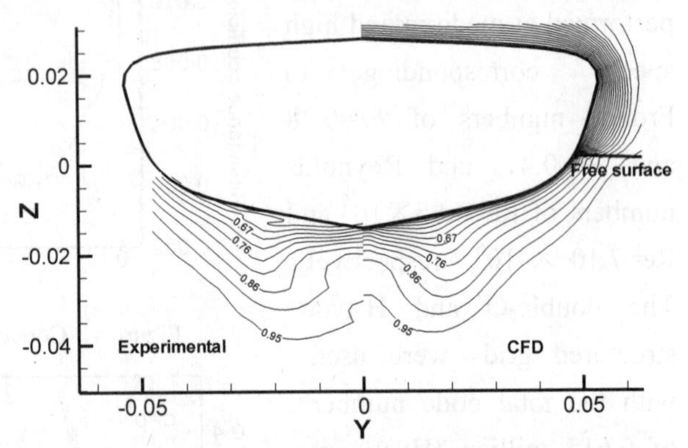

Figure 7 Axial velocity contour at the nominal wake

4.3 Pitch and heave case

Validations are studied for the pitch and heave case on the David Taylor Model Basin (DTMB) model 5512. The numerical results were compared with the experimental data (Irvine et al.[18], Gui et al.[19,20]).

Only the case of *Fr*=0.28 (Reynolds number Re=4.85×10^6) is studied, with free motions of pitch and heave, and head linear regular wave (wave length: 1.5, wave slop: *ak*=0.025). The coordinate system for computation is created, being static relative to the ship in surge direction, thus the inlet velocity is 1.0 finally. Two dynamic overset grids are used, wherein one is hull grid (fine hexahedral grid: 1.54 million), another is Cartesian background grid (fine hexahedral grid: 1.23 million) used for setting boundary conditions. Three levels of grids of coarse, middle and fine grids are investigated, where the ratio of grid number between two levels is $2\sqrt{2}$. In addition, the time step used is 0.005. For fine grid case, there are total 20 processors used for MPI parallel computation,

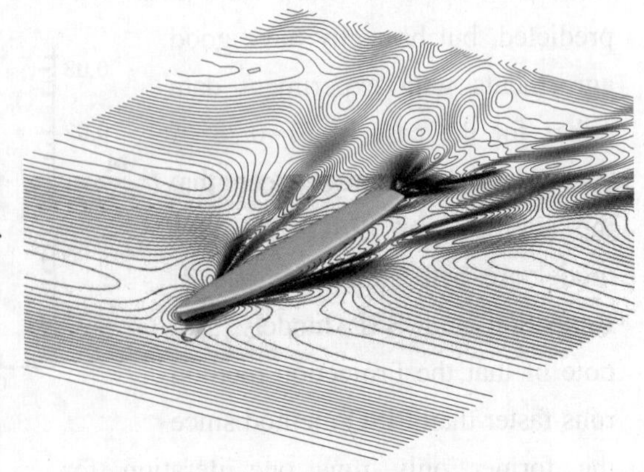

Figure 8 Free surface around ship (time=2.5)

wherein 16 processors are arranged for CFD-OHMUGA solver, and 4 processors are arranged for Overset-OHMUGA solver. Different grid partition method is permitted for CFD and overset solvers for parallel computation, and they communicate information directly with related processors (not mater and slave mode) in MPI interface. Note of that the time used by Overset-OHMUGA usually can be neglected, since it runs much faster than CFD-OHMUGA solver.

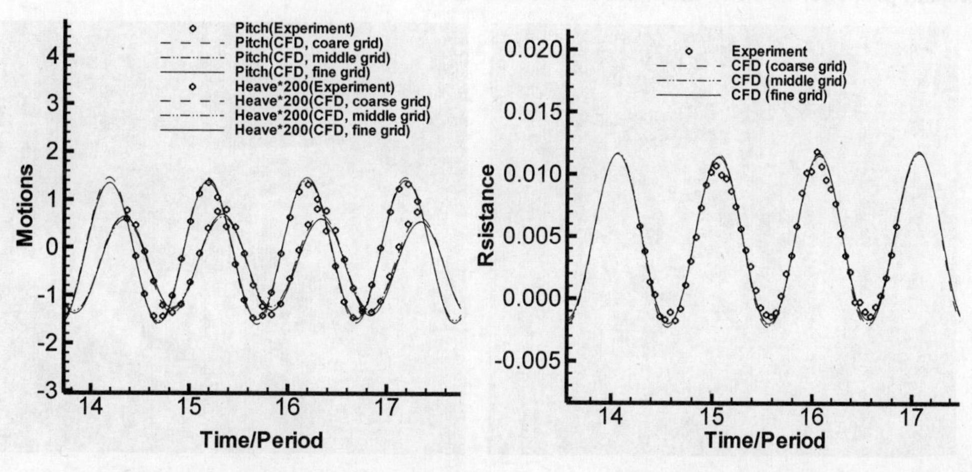

Figure 9　Time history of motions　　Figure 10　Time history of resistance

Fig. 8 is the frees surface around ship at time=2.5. Fig.9 and Fig. 10 show the time history of pitch and heave, and resistance respectively, demonstrating good agreement with experimental data basically. Finer grid looks better for the solutions.

4.4 Course keeping case

Course keeping of DTMB 5512 ship with similar North Atlantic SS5 environment is studied with condition of Fr=0.28, Re=4.85×10^6 (according to target ship speed). A Bretschneider frequency spectrum with a $\cos^2$ directional spectrum was used to simulate the incoming linear irregular waves, with a principal direction of Southeast (135°), and most probable wave length of 1.25 (dimensionless), and mean significant wave height of 0.025 (dimensionless). Double propeller of body force model (Hough and Ordway[21]) is used to control ship speed to the target value, and one active rudder is used to keep ship heading to north direction (rudder is a little bit down from design position to keep enough overlap region for coarse overset grids). Both controllers use PD

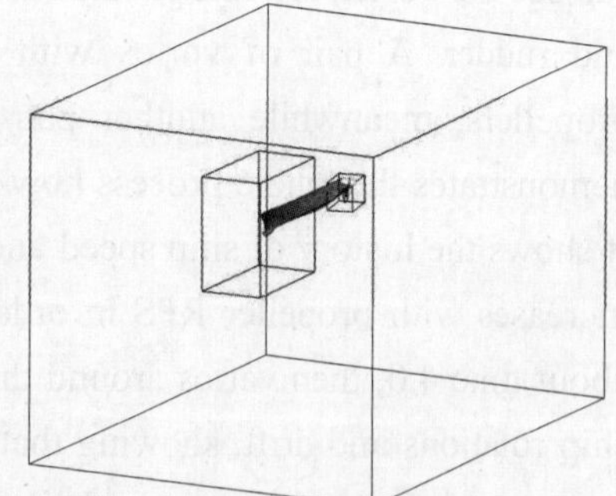

Figure 11　Dynamic overset grid outline

feed back control mode according to errors between current values and target values[4,11]. There are five coarse dynamic overset grid used of hull (0.625 million), rudder (0.114 million), bow refinement (0.05 million), rudder background (0.065 million), and background (0.167 million) (Fig. 11). All the grids are constructed by hexahedral element for this case.

The simulations are both started with the ship in even keel condition and zero forward speed. An autopilot develops where the ship accelerates to full speed while the controllers operate the rudders and propeller RPM to maintain course and speed.

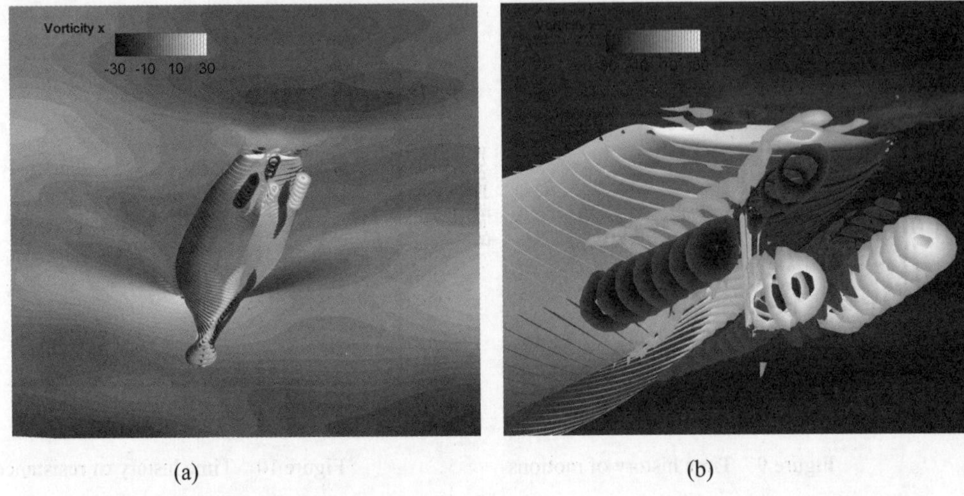

(a) (b)

Figure 12 free surface and vortex distribution around ship at time 4.0 (a: bottom view, b: zoom in)

Fig. 12 demonstrates the free surface, vortex and velocity distribution at time=4.0, where we can see the vortex are complicated around ship bottom, especially around the region of propellers and rudder. A pair of vortex with opposite directions appear obviously due to rotations of propellers, meanwhile another pair of vortex appear at top and bottom of rudder. Fig. 13 demonstrates the whole process how the PD controller works for ship speed by active propellers. It shows the history of ship speed and propeller RPS, from which we can see that the ship speed increases with propeller RPS in order to get the target speed, and approximates target speed at about time 4.0, then varies around the target speed. Fig. 14 is the time history of rudder actions, ship rotations and drift, showing that the target heading is well kept by the rudder PD controller at most of time, except around time 5.0 and 9.0 when heading is a little bit big to the west direction. It can be seen that the rudder always adjusts its angle according to errors of current and target headings in order to keep the course, the rudder angle is usually opposite to heading, and its value increases while the heading error increases, and get the maximum values of 15 degree at time about 9.2. Fig. 15 illustrates the ship trajectory during the procedure of course keeping. Although the heading is basically controlled, but there still exist ship drifts and some heading deviations to west direction during some stages in the history, which explains the trajectory is not always going to north direction, but drifts to west somewhat in the tracked time.

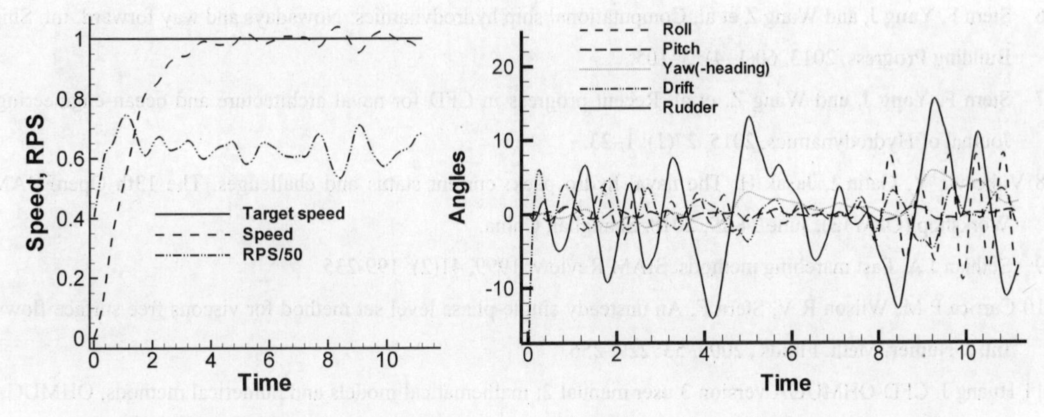

Figure 13　ship speed and propeller RPS　　Figure 14　ship motions and rudder angle

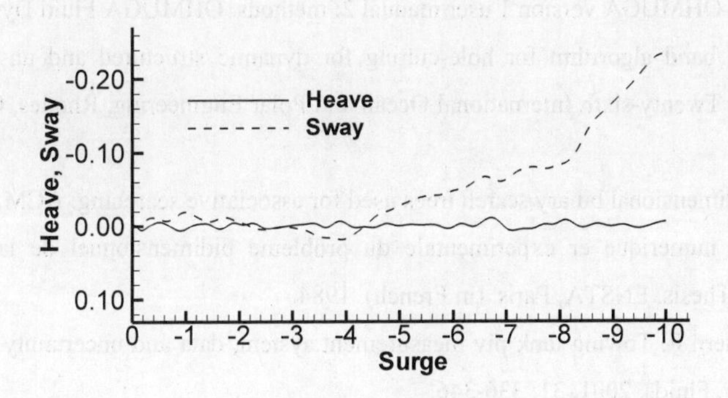

Figure 15　ship trajectory

References

1 Osher S, Sethian J A. Fronts propagating with curvature-dependent speed: algorithms based on Hamilton–Jacobi formulations. Journal of Computational Physics, 1988, 79:12–49.

2 Sussman M, Smereka P, Osher S. A level set approach for computing solutions to incompressible two-phase flow. Journal of Computational Physics, 1994, 114: 146–159.

3 Huang J, Carrica P M, Stern F. Coupled ghost fluid/two-phase level set method for curvilinear body fitted grids. Int. J. Numer. Meth. Fluids, 2007, 55(8): 867-897.

4 Huang J, Carrica P M, Stern F. Semi-coupled air/water immersed boundary approach for curvilinear dynamic overset grids with application to ship hydrodynamics. Int. J. Numer. Meth. Fluids, 2008, 58(6): 591-624.

5 Huang J. An unstructured grid method for free surface turbulence flow in ship hydrodynamics. Proceedings of the Twenty-third International Offshore and Polar Engineering, Anchorage, Alaska, USA, June 30–July 5, 2013, 3: 1011-1018.

6 Stern F, Yang J, and Wang Z et al. Computational ship hydrodynamics: Nowadays and way forward. Int. Ship Building Progress, 2013, 60(1–4): 3–105.

7 Stern F, Yang J, and Wang Z. et al. Recent progress in CFD for naval architecture and ocean engineering. Journal of Hydrodynamics, 2015, 27(1): 1–23.

8 Vukcevic V, Gatin I, Jasak H. The naval hydro pack: current status and challenges. The 13th OpenFOAM Workshop (OFW13), June 24-29, 2018, Shanghai, China.

9 Sethian J A. Fast marching methods. SIAM Review, 1999, 41(2): 199-235.

10 Carrica P M, Wilson R V, Stern F. An unsteady single-phase level set method for viscous free surface flows. Int. J. Numer. Meth. Fluids , 2007, 53: 229–256.

11 Huang J. CFD-OHMUGA version 3 user manual 2: mathematical models and numerical methods, OHMUGA Fluid Dynamics Inc., 2019.

12 Huang J. Overset-OHMUGA version 1 user manual 2: methods. OHMUGA Fluid Dynamics Inc., 2019.

13 Huang J. Iterative band algorithm for hole-cutting for dynamic structured and unstructured overset grid. Proceedings of the Twenty-sixth International Ocean and Polar Engineering, Rhodes, Greece, June 26-July 1, 2016, 3: 368-375.

14 Bentley J L. Multidimensional binary search trees used for associative searching. ACM, 1975; 18(9): 509-517.

15 Cahouet J. Etude numerique er experimentale du probleme bidimensionnel de la resistance de vaques non-lineaire. PhD Thesis, ENSTA, Paris. (in French), 1984.

16 Gui L, Longo J, Stern F. Towing tank piv measurement system, data and uncertainty assessment for DTMB model 5512. Exper. Fluids, 2001, 31: 336-346.

17 Longo J, Stern F. Uncertainty assessment for towing tank tests with example for surface combatant DTMB model 5512. J. Ship Res., 2005, 49: 55-68.

18 Irvine M, Longo J, Stern F. Pitch and heave tests and uncertainty assessment for a surface combatant in regular head waves. Journal of Ship Research, 2008, 52(2): 146-163.

19 Gui L, Longo J, Metcalf B, Shao J. Stern F. Forces, moment and wave pattern for surface combatant in regular head waves part I: measurement systems and uncertainty analysis. Exp. Fluids, 2001, 31: 674-680.

20 Gui L, Longo J, Metcalf B, Shao J, Stern F. Forces, moment and wave pattern for surface combatant in regular head waves part I: measurement results and discussion. Exp. Fluids, 2002, 32: 27-36.

21 Hough, G, and Ordway, D. The generalized actuator disk. Technical Report TAR-TR 6401, Therm Advanced Research, Inc., 1964.

基于 SFEM-DFPM 方法的流固耦合问题模拟技术

张智琅，龙厅，刘谋斌*

(北京大学工学院，北京，100871，* Email: mbliu@pku.edu.cn)

摘要：流固耦合问题涉及固体在流场作用下的运动、变形与破坏的各种行为以及固体位形对流场的影响，其广泛存在于自然现象及工程系统之中。流固耦合问题往往具有强非线性、时变性，含有介质大变形及运动界面，给数值模拟造成了很大的挑战。解耦有限粒子法（DFPM）是一种高精度光滑粒子动力学方法（SPH）方法，能够自然追踪运动界面，方便处理大变形，自由液面流动问题。光滑有限元(SFEM)能够解决传统有限元方法模拟结构“过刚”的问题，可以精确高效的模拟结构变形。因此将解耦有限粒子法同光滑有限元结合为处理流固耦合问题提供了可靠的选择。本文阐述了 SFEM 同 DFPM 的耦合方式，并进行了结构入水，溃坝冲击弹性板等典型流固耦合算例测试。模拟结果表明 SFEM-DFPM 耦合方法可以有效处理各类带自由液面的流固耦合问题。

关键词：光滑有限元法；解耦有限粒子法；流固耦合；自由液面

1 引言

流固耦合问题涉及固体在流场作用下的运动、变形与破坏的各种行为以及固体位形对流场的影响，其广泛存在于自然现象及工程系统之中。因此研究流固耦合问题对于解决科学和工程问题有着重要的意义。因为流固耦合现象的强非线性特征，想要采用理论方法解决该类问题十分困难。而实验研究费用较高，往往难以观察到该问题的细节特征。最近因为计算机技术的快速发展，数值模拟为研究流固耦合问题提供了有效的途径。

目前对于流固耦合问题大部分的数值模拟基于网格类方法，比如有限差分法[1]，有限单元法[2]以及有限体积法[3]等。当处理比较复杂的边界形状时，这些网格类方法往往需要自适应网格加密技术以刻画边界特征，而这会大大增加计算时间。同时采用网格类方法模拟带有自由液面，变形边界以及运动物质界面的问题时也具有一定的挑战性。因为在该情况下通常需要特殊的方法比如VOF法[4]或是level set法[5]来处理这些运动界面或是自由表面。

最近，粒子类方法发展迅速，因为他们在处理带有自由液面的不可压缩流动问题时有着天然的优势[6]。粒子类方法采用任意分布的点或是粒子来求解积分或是偏微分方程，因此也就不需要采用网格进行计算。而光滑粒子动力学（SPH）方法被认为是一种最早的粒子类方法，该方法最初被提出用于模拟三维开放空间的天体问题[7]，而如今广泛应用于各类工程和科学问题中[8]。因为不需要网格进行计算，SPH粒子的运动可以直接代表物质的变形或运动，SPH方法可以方便的处理大变形以及自由液面问题。因此它也在模拟流固耦合问题中有着很大的优势。

除了流体的运动，流固耦合问题往往还涉及结构的运动及变形。而拉格朗日型网格类方法如有限单元法（FEM）可以精确、稳定、高效地处理结构变形问题。为了利用SPH方法模拟自由液面流动以及FEM方法模拟结构变形的优势，很多学者将两种方法进行耦合进而模拟流固耦合问题[9]，并取得了理想的结果。

尽管FEM-SPH的耦合方法可以有效的处理一些流固耦合问题，但也存在着许多缺陷。比如采用传统的FEM方法进行模拟时，经常会出现模拟结果“过刚”的问题，从而导致计算精度的缺失。因此刘等人[10]基于梯度光滑技术提出了一种光滑有限元方法（SFEM）可以很好的解决传统有限元方法的模拟“过刚”问题。SPH方法也受限于其精度问题。传统的SPH方法只有一阶精度，它甚至不能准确的近似线性函数。为了提高SPH方法的精度并保持其效率及稳定性，张等[11-12]提出了一种解耦有限粒子法（DFPM），可以精确的模拟各类不可压缩流动问题。因此将这两种方法耦合，有望可以有效的处理流固耦合问题。

本文的结构如下，第二章节将介绍光滑有限元与解耦有限粒子法，以及相关的耦合技术，第三章节给出结构入水以及溃坝冲击弹性板的算例来测试该耦合方法的精度，最后在第四章节得出相关的结论。

2 SFEM-DFPM 耦合方法

2.1. 光滑有限元法

本文采用基于边的光滑有限元方法[13]来模拟结构的运动及变形。在该方法中，结构在当前构型下的速度及空间位置由如下公式获得

$$\begin{cases} v^{\alpha} = N_I v_I^{\alpha} \\ x^{\alpha} = N_I x_I^{\alpha} \end{cases} \tag{1}$$

式中，v_I 和 x_I 分别代表节点 I 的速度和位置。N_I 为型函数，“α” 是张量指标。接着将结构单元划分光滑域，光滑域的速度梯度为

$$\overline{v}^{\alpha,\beta}=\frac{1}{A_k^s}\int_{\Gamma_k^s}v^{\alpha}n^{\beta}\mathrm{d}\Gamma=\frac{1}{A_k^s}\int_{\Gamma_k^s}N_I v_I^{\alpha}n^{\beta}\mathrm{d}\Gamma=\overline{\left(\frac{\partial N_I}{\partial x^{\beta}}\right)}v_I^{\alpha} \tag{2}$$

$$\overline{\left(\frac{\partial N_I}{\partial x^{\beta}}\right)}=\frac{1}{A_k^s}\int_{\Gamma_k^s}N_I n^{\beta}\mathrm{d}\Gamma \tag{3}$$

“β” 为张量指标，A_k^s 是光滑域 Ω_k^s 的面积。n^{β} 是基于光滑域边界 Γ_k^s 的单位正向量。因此，根据虚功原理，柯西应力可以由以下公式计算

$$\int_{\Omega}\overline{\left(\frac{\partial N_I}{\partial x^{\beta}}\right)}\overline{\sigma}^{\beta\alpha}\mathrm{d}\Omega-\int_{\Omega}N_I\rho b^{\alpha}\mathrm{d}\Omega-\int_{\Gamma_t}N_I\overline{T}^{\alpha}\mathrm{d}\Gamma+\int_{\Omega}N_I\rho N_J a_J^{\alpha}\mathrm{d}\Omega=0 \qquad \forall I\notin\Gamma_v \tag{4}$$

δv，$\overline{\sigma}$，ρ，$\overline{T}$，a，和 b 分别代表虚拟速度，光滑柯西应力，密度，表面力，加速度以及体积力。进而 SFEM 中计算结构变形的公式如下

$$\begin{cases}M_I a_I^{\alpha}+f_{I\_\mathrm{int}}^{\alpha}=f_{I\_\mathrm{ext}}^{\alpha}\\ f_{I\_\mathrm{int}}^{\alpha}=\int_{\Omega}\overline{\left(\frac{\partial N_I}{\partial x^{\beta}}\right)}\overline{\sigma}^{\beta\alpha}\mathrm{d}\Omega\\ f_{I\_\mathrm{ext}}^{\alpha}=\int_{\Omega}N_I\rho b^{\alpha}\mathrm{d}\Omega+\int_{\Gamma_t}N_I\overline{T}^{\alpha}\mathrm{d}\Gamma\end{cases} \tag{5}$$

M_I 为节点 I 的质量。f_{I_int} 和 f_{I_ext} 分别为等效内力和等效外力。

2.2. 解耦有限粒子法

解耦有限粒子法将初始的有限粒子法[14]进行解耦。有限粒子法基于泰勒展开进行求解，比如将一个核函数在其邻近空间位置$\mathbf{x}_i$进行泰勒展开可得

$$f(\mathbf{x})=f_i+f_{i,\alpha}(x^{\alpha}-x_i^{\alpha})+r((\mathbf{x}-\mathbf{x}_i)^2) \tag{6}$$

其中 $f_i=f(\mathbf{x}_i)$, $f_{i,\alpha}=(\partial f/\partial x^{\alpha})_i$。将该公式两端同时乘以核函数及其空间导数可得

$$\int_{\Omega}f(\mathbf{x})W(\mathbf{x}-\mathbf{x}_i)\mathrm{d}\mathbf{x}=f_i\int_{\Omega}W(\mathbf{x}-\mathbf{x}_i)\mathrm{d}\mathbf{x}+\nabla f_i\int_{\Omega}(\mathbf{x}-\mathbf{x}_i)W(\mathbf{x}-\mathbf{x}_i)\mathrm{d}\mathbf{x} \tag{7}$$

$$\int_{\Omega}f(\mathbf{x})\nabla W(\mathbf{x}-\mathbf{x}_i)\mathrm{d}\mathbf{x}=f_i\int_{\Omega}\nabla W(\mathbf{x}-\mathbf{x}_i)\mathrm{d}\mathbf{x}+\nabla f_i\int_{\Omega}(\mathbf{x}-\mathbf{x}_i)\nabla W(\mathbf{x}-\mathbf{x}_i)\mathrm{d}\mathbf{x} \tag{8}$$

Ω 为问题域，并在下面的公式中不再标注。因此场变量及其导数可根据以下矩阵方程求得

$$\begin{Bmatrix} f_i \\ \nabla f_i \end{Bmatrix} = \mathbf{L}^{-1} \begin{bmatrix} \int f(\mathbf{x}) W(\mathbf{x}-\mathbf{x}_i)\, \mathrm{d}\mathbf{x} \\ \int f(\mathbf{x}) \nabla W(\mathbf{x}-\mathbf{x}_i)\, \mathrm{d}\mathbf{x} \end{bmatrix} \tag{9}$$

$$\mathbf{L} = \begin{bmatrix} \int W(\mathbf{x}-\mathbf{x}_i)\, \mathrm{d}\mathbf{x} & \int (\mathbf{x}-\mathbf{x}_i) W(\mathbf{x}-\mathbf{x}_i)\, \mathrm{d}\mathbf{x} \\ \int \nabla W(\mathbf{x}-\mathbf{x}_i)\, \mathrm{d}\mathbf{x} & \int (\mathbf{x}-\mathbf{x}_i) \nabla W(\mathbf{x}-\mathbf{x}_i)\, \mathrm{d}\mathbf{x} \end{bmatrix} \tag{10}$$

因为涉及到求解矩阵方程，该方法计算量大，稳定性差。而可逆矩阵又经常出现病态情况，导致计算的中断。由于可逆矩阵对角线元素主要影响计算结果，因此可以将以上矩阵方程解耦得到DFPM对场变量及其导数的求解

$$\begin{cases} f_i = \dfrac{\sum_{j=1}^{N} f_j W_{ij} \Delta V_j}{\sum_{j=1}^{N} W_{ij} \Delta V_j} \\ f_{i,x} = \dfrac{\sum_{j=1}^{N} (f_j - f_i) \dfrac{\partial W_{ij}}{\partial x_i} \Delta V_j}{\sum_{j=1}^{N} x_{ji} \dfrac{\partial W_{ij}}{\partial x_i} \Delta V_j}, \quad f_{i,y} = \dfrac{\sum_{j=1}^{N} (f_j - f_i) \dfrac{\partial W_{ij}}{\partial y_i} \Delta V_j}{\sum_{j=1}^{N} y_{ji} \dfrac{\partial W_{ij}}{\partial y_i} \Delta V_j}, \quad f_{i,z} = \dfrac{\sum_{j=1}^{N} (f_j - f_i) \dfrac{\partial W_{ij}}{\partial z_i} \Delta V_j}{\sum_{j=1}^{N} z_{ji} \dfrac{\partial W_{ij}}{\partial z_i} \Delta V_j} \end{cases} \tag{11}$$

2. 3. 单元粒子耦合算法

在处理流固耦合问题中，我们将虚粒子法[10]与DFPM方法相结合，进而发展了高精度的单元粒子耦合算法[16]。在该界面耦合准则中，我们将一个流体粒子的截断区域划分成不同的子区域，并在该子区域中生成虚拟粒子。子区域 Ω_1，Ω_2，Ω_3分别对应着单元线段AB，BC和CD，如图 1所示。该图中的3个子区域被分成小的三角形以及圆弧，每个三角形及圆弧的中心放置一个虚拟粒子。流体粒子i同结构单元的相互作用力即通过虚拟粒子求得。比如线段BC施加在流体粒子i上的作用力为

$$\mathbf{F}_{S_{BC}tF_i} = \sum_{j\in\Omega_{BCMN}} \mathbf{F}_{G_j tF_i} = m_i \left[-\sum_{j\in\Omega_{BCMN}} m_j \left(\frac{p_i}{\rho_i^2} + \frac{p_j}{\rho_j^2} \right) \nabla_i W_{ij} + \sum_{j\in\Omega_{BCMN}} \frac{4 m_j (\mu_i + \mu_j) \mathbf{x}_{ij} \cdot \nabla_i W_{ij}}{(\rho_i + \rho_j)^2 (\mathbf{x}_{ij}^2 + \eta^2)} \mathbf{v}_{ij} \right] \tag{12}$$

$\mathbf{F}_{G_j tF_i}$ 为虚拟粒子 j 施加到流体粒子 i 上的作用力。因此，流体粒子 i 施加到线段 BC 上的边界力为$\mathbf{F}_{F_i t S_{BC}} = -\mathbf{F}_{S_{BC}tF_i}$。为了获得更高阶的精度，我们将解耦有限粒子法同该虚拟粒子法相结合来同时获得流体粒子以及虚拟粒子的信息，具体见文献[9,15]。

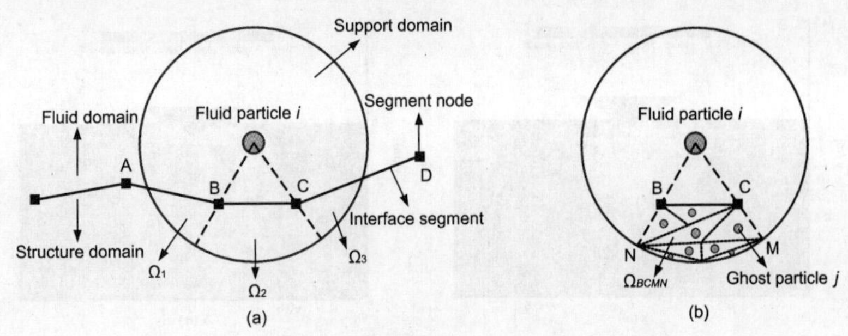

图 1 基于虚拟粒子的单元粒子耦合示意图

3 算例测试

在本章节我们测试了两个典型的流固耦合算例，第一个为楔形体入水，该问题涉及自由液面的运动、破碎以及流体与楔形结构的相互作用，但不含结构变形。该算例用来测试单元和粒子耦合方法的准确性。第二个算例为溃坝冲击弹性板，该问题涉及到流体作用下的结构变形，用以验证 SFEM-DFPM 耦合方法可以有效模拟带有结构变形的流固耦合问题。

3.1 楔形体入水

首先，我们测试了楔形体入水问题。在该算例中，楔形体以 6.15 m/s 的初始竖向速度进入水中。赵等人[17]对该问题进行了实验研究，本文模拟使用的模型参数与实验设置相同。在模拟时水的密度取 1000 kg/m^3，重力加速度为 g=9.81m/s^2，时间步长为 1.0 μs。楔形结构采用光滑有限元模拟，流体运动采用解耦有限粒子法描述。同时在模拟中我们记录了楔形体侧面压力，与实验结果进行对比分析。

图 2 给出了楔形体入水过程中 4 个典型时刻下的压力分布图。从图中可以看出目前的耦合方法可以很好的模拟楔形体入水的过程，并且有效的重现自由液面的运动以及沿楔形侧面的射流情况。同时该方法还能得到非常光滑的压力分布。 进一步我们定量地将目前的模拟结果同实验结果[16]以及 Oger 等[17]的模拟结果进行了对比，如图 3 所示。 结果显示，对于楔形体的整体受力而言，目前的模拟结果同参考结果在楔形入水的前半段非常吻合，而在后半段与实验结果有一定误差。这是因为在入水后半段流体运动涉及自由液面破碎等强非线性特征，给数值模拟造成了一定困难。尽管如此，我们的模拟结果同参考的数值结果也是非常接近。而对于楔形表面的压力而言，目前的数值模拟结果同 Oger 等人[17]的结果吻合较好，同时与实验结果在入水后半段有一定误差，原因同上。从该算例中，我们可以看到本文的耦合方法可以很好的模拟涉及自由液面的流体与结构相互作用问题。

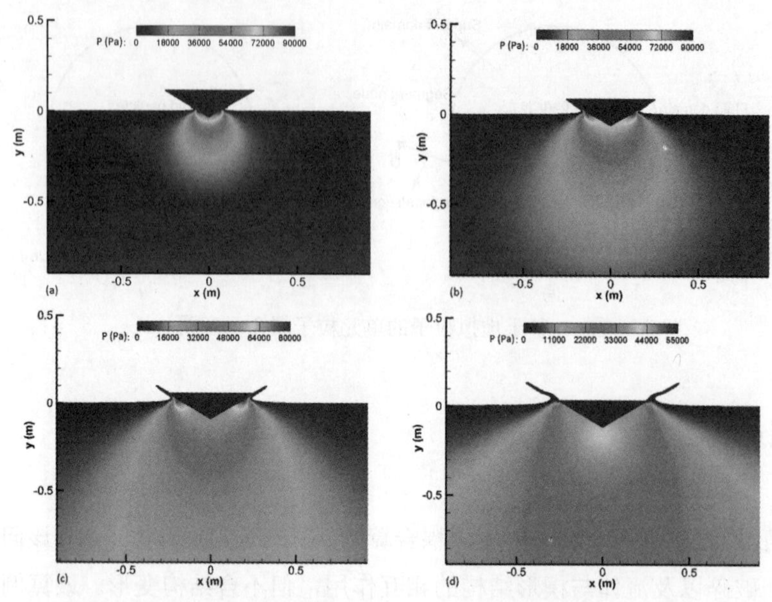

图 2 楔形体入水各时刻压力分布图，从(a)至(d)，T=0.005 s, 0.01 s, 0.015 s, 0.02 s

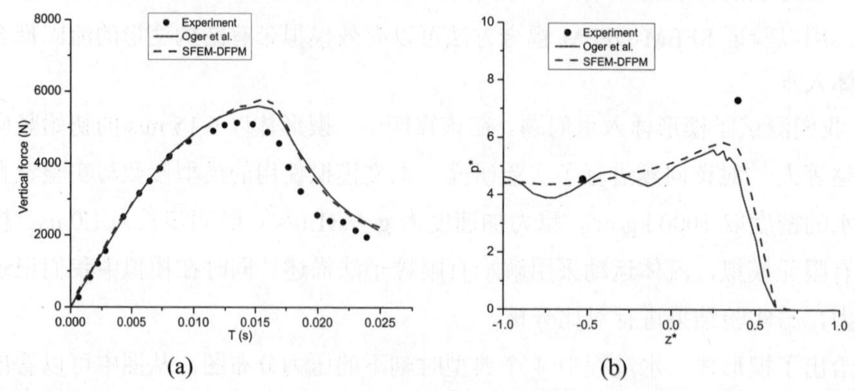

图 3 楔形体在竖直方向上的受力(a)，T=0.00435 s 时楔形体侧面的压力分布(b)，参考数据为实验结果[16]以及 Oger 等人[17]的模拟结果

3.2 溃坝冲击弹性板

进一步我们测试了带有结构变形的流固耦合问题：溃坝冲击弹性板问题。在该问题中，容器内初始静止的水体在重力作用下运动，冲击容器底面固定的弹性板。该问题具体的参数设置见文献[18]。弹性板的密度为 ρ_s=2500 kg/m^3，弹性模量为 E=10^6 Pa，泊松比为 υ=0。我们采用 DFPM 模拟流体的运动，弹性板的变形以及容器的边界由 SFEM 进行模拟。

(a) T=0.25 s (b) T=0.5 s

图 4 给出了两个典型时刻下溃坝流体中的压力分布以及弹性板中的应力分布。从该图中我们可以看到目前的耦合方法可以很好的模拟结构与流体相互作用的问题。有效的重现流体的运动及自由液面破碎的情况，也能很好的模拟结构的大变形。由于模拟采用了高精度的

网格类及粒子类方法的耦合，流体中的压力场以及结构中的应力场非常的光滑。我们进而定量地比较了弹性板顶端位移情况，如图 5 所示。目前采用耦合算法所计算的结果同文献中的参考结果非常接近。可见本文的耦合方法可以有效的模拟流体作用下的结构变形特征。

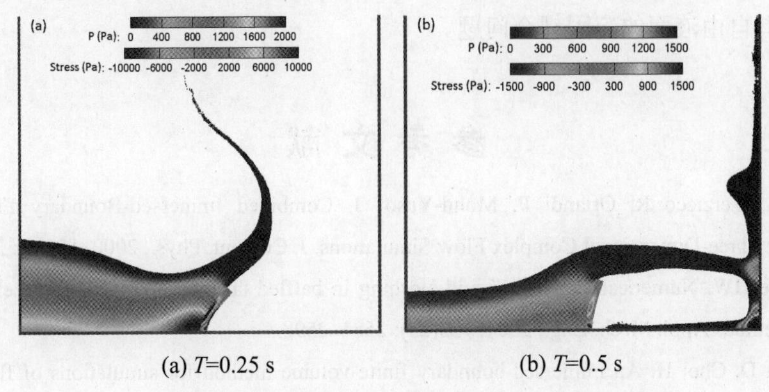

(a) T=0.25 s (b) T=0.5 s

图 4 溃坝流体中的压力分布以及弹性板中的应力分布

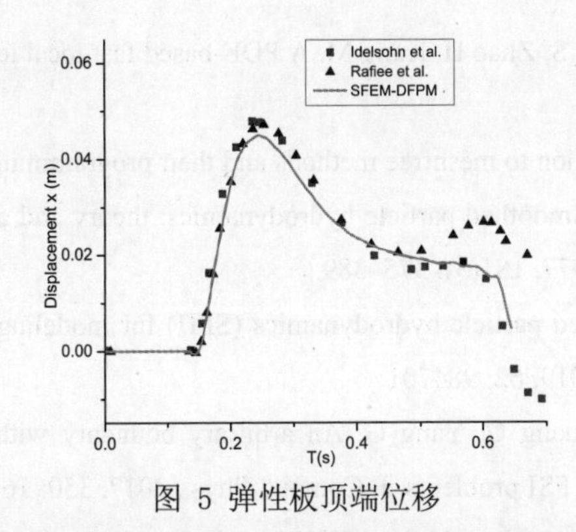

图 5 弹性板顶端位移

（参考数据为 Idelsohn 等[18]以及 Rafiee 等[19]的模拟结果）

4 结论

本文将解耦有限粒子法（DFPM）同光滑有限元方法（SFEM）耦合模拟流固耦合问题。DFPM 是一种高精度的 SPH 方法，SFEM 可以解决传统 FEM 方法求解“过刚”的问题。在本文的模拟中，流体的运动采用粒子类方法 DFPM 模拟，结构的运动及变形使用网格类方法 SFEM 模拟。我们采用虚粒子法同 DFPM 相结合的方式处理结构单元与流体粒子之间的信息交换，该方法可以取得较高的精度。该方法随后被用于模拟两个典型的流固耦合问题，即楔形体入水及溃坝冲击弹性板。数值模拟结果表明，本文的耦合方法可以很好的模拟流体的运动，自由表面的变形及破碎等情况，也可以有效的模拟结构的变形特征，获得光滑的流场压力分布及结构应力分布。同时，采用本文耦合方法的模拟结果与文献中的实验结果及其他参考的数值模拟结果较为吻合。可见本文中的 SFEM-DFPM 耦合方法可以有效的处理带有自由液面的流固耦合问题。

参 考 文 献

1 Fadlun EA, Verzicco R, Orlandi P, Mohd-Yusof J. Combined Immersed-Boundary Finite-Difference Methods for Three-Dimensional Complex Flow Simulations. J. Comput. Phys., 2000, 161(1): 35–60.

2 Cho JR, Lee HW. Numerical study on liquid sloshing in baffled tank by nonlinear finite element method. Comput. Methods Appl. Mech. Eng., 2004, 193(23): 2581–2598.

3 Kim J, Kim D, Choi H. An immersed-boundary finite-volume method for simulations of flow in complex geometries. J. Comput. Phys., 2001, 171(1): 132–150.

4 Hirt CW, Nichols BD. Volume of fluid (VOF) method for the dynamics of free boundaries. J. Comput. Phys., 1981, 39(1): 201–225.

5 Peng DP, Merriman B, Osher S, Zhao H, Kang M. A PDE-based fast local level set method. J. Comput. Phys., 1999;155: 410–438.

6 Liu GR, Gu YT. An introduction to meshfree methods and their programming. Springer 2005.

7 Gingold RA, Monaghan JJ. Smoothed particle hydrodynamics: theory and application to non-spherical stars. Mon. Not. R. Astron. Soc., 1977, 181(3): 375–389.

8 Liu MB, Zhang ZL. Smoothed particle hydrodynamics (SPH) for modeling fluid-structure interactions. Sci. China Phys. Mech. Astron. 2019, 62: 984701.

9 Long T, Hu D, Wan D, Zhuang C, Yang G. An arbitrary boundary with ghost particles incorporated in coupled FEM-SPH model for FSI problems. J. Comput. Phys., 2017, 350: 166–183.

10 Liu GR, Nguyen-Thoi T, Nguyen-Xuan H, Lam KY. A node-based smoothed finite element method (NS-FEM) for upper bound solutions to solid mechanics problems. Comput. Struct., 2009, 87(1): 14–26.

11 Zhang ZL, Walayat K, Chang JZ, Liu MB. Meshfree modeling of a fluid-particle two-phase flow with an improved SPH method. Int. J. Numer. Methods Eng., 2018, 116: 530–569.

12 Zhang ZL, Liu MB. A decoupled finite particle method for modeling incompressible flows with free surfaces. Appl. Math. Model., 2018, 60: 606–633.

13 He ZC, Liu GR, Zhong ZH, Wu SC, Zhang GY. An edge-based smoothed finite element method (ES-FEM) for analyzing three-dimensional acoustic problems. Comput. Methods Appl. Mech. Eng., 2009, 199(1): 20–33.

14 Liu MB, Xie WP, Liu GR. Modeling incompressible flows using a finite particle method. Appl. Math. Model., 2005, 29(12): 1252–1270.

15 Zhang ZL, Long T, Liu MB. Numerical simulation of violent liquid sloshing using an element-particle

coupling strategy. Coast. Eng., 2019: Submitted.

16 Zhao R, Faltinsen O. Water entry of two-dimensional bodies. J. Fluid Mech., 1993, 246: 593–612.

17 Oger G, Doring M, Alessandrini B, Ferrant P. Two-dimensional SPH simulations of wedge water entries. J. Comput. Phys., 2006;213(2): 803–822.

18 Idelsohn SR, Marti J, Limache A, Oñate E. Unified Lagrangian formulation for elastic solids and incompressible fluids: Application to fluid–structure interaction problems via the PFEM. Comput. Methods Appl. Mech. Eng., 2008, 197(19): 1762–1776.

19 Rafiee A, Thiagarajan KP. An SPH projection method for simulating fluid-hypoelastic structure interaction. Comput. Methods Appl. Mech. Eng., 2009, 198(33): 2785–2795.

An SFEM-DFPM coupling approach for modeling fluid-structure interactions

ZHANG Zhi-lang, LONG Ting, LIU Mou-bin*

(College of Engineering, Peking University, Beijing, 100871.

*Email: mbliu@pku.edu.cn)

Abstract: Fluid-structure interactions (FSI) involve the motion, deformation and destruction of solid structures as well as their influences on flow field. This problem widely exists in many natural phenomena and engineering applications. The nonlinearity and time-dependent nature inherent in FSI together with possible large deformations and moving interfaces present great challenges to develop numerical models with conventional grid-based methods. The decoupled finite particle method (DFPM) is an improved smoothed particle hydrodynamics (SPH) method with a better accuracy, and it can conveniently treat large deformations and naturally capture the rapidly moving interfaces and free surfaces. The smoothed finite element method (SFEM) can solve the "overly-stiff" problem in conventional FEM and thus obtains more reasonable structural deformations. Therefore, the coupling of DFPM with SFEM provides an alternative approach for modeling FSI problems. In this paper, we introduced the coupling method and conducted different numerical examples. The simulation results demonstrated that the SFEM-DFPM can effectively treat various FSI problems with free surfaces.

Key words: Smoothed finite element method (SFEM); decoupled finite particle method (DFPM); fluid-structure interactions; free surfaces.